Helmut Fischer, Helmut Kaul

# Mathematik für Physiker
# Band 1  Grundkurs

4., überarbeitete Auflage

Teubner

B. G. Teubner  Stuttgart · Leipzig · Wiesbaden

Die Deutsche Bibliothek – CIP-Einheitsaufnahme
Ein Titeldatensatz für diese Publikation ist bei
der Deutschen Bibliothek erhältlich.

**Dr. rer. nat. Helmut Fischer**
Geboren 1936 in Wuppertal. Ab 1955 Studium der Mathematik und Physik U Tübingen bei E. Kamke,
H. Wieland und W. Braunbek. Von 1962 bis 1964 im Rechenzentrum bei H. Wielandt. Seit 1969 Akad.
Rat/Oberrat am Mathematischen Institut U Tübingen.

**Prof. Dr. rer. nat. Helmut Kaul**
Geboren 1936 in Gleiwitz. Von 1958 bis 1965 Studium der Mathematik und Physik U Göttingen und
FU Berlin bei H. Grauert, K. P. Grotemeyer, W. Klingenberg und S. Hildebrandt. 1970 Promotion U Mainz.
Von 1971 bis 1977 Assistententätigkeit und 1976 Habilitation U Bonn, 1977 Wiss. Rat und Professor
GHS Duisburg, seit 1978 Professor U Tübingen.

1. Auflage 1988
2. Auflage 1990
3., überarb. Auflage 1997
4., überarb. Auflage November 2001

Alle Rechte vorbehalten
© B. G. Teubner GmbH, Stuttgart/Leipzig/Wiesbaden, 2001

Der Verlag Teubner ist ein Unternehmen der Fachverlagsgruppe BertelsmannSpringer.

Das Werk einschließlich aller seiner Teile ist urheberrechtlich geschützt.
Jede Verwertung außerhalb der engen Grenzen des Urheberrechts-
gesetzes ist ohne Zustimmung des Verlags unzulässig und strafbar. Das gilt
insbesondere für Vervielfältigungen, Übersetzungen, Mikroverfilmungen
und die Einspeicherung und Verarbeitung in elektronischen Systemen.

www.teubner.de

Die Wiedergabe von Gebrauchsnamen, Handelsnamen, Warenbezeichnungen usw. in diesem Werk berechtigt auch ohne besondere Kennzeichnung nicht zu der Annahme, dass
solche Namen im Sinne der Warenzeichen- und Markenschutz-Gesetzgebung als frei zu
betrachten wären und daher von jedermann benutzt werden dürften.

Umschlaggestaltung: Ulrike Weigel, www.CorporateDesignGroup.de
Druck und buchbinderische Verarbeitung: Druckhaus Beltz, Hemsbach/Bergstraße
Gedruckt auf säurefreiem und chlorfrei gebleichtem Papier.
Printed in Germany

ISBN 3-519-32079-7

# Vorwort

Bei unseren Mathematikvorlesungen für Physiker stellten wir immer wieder fest, daß es zwar eine Fülle vorzüglicher Einzeldarstellungen der verschiedenen mathematischen Teilgebiete gibt, daß aber eine auf naturwissenschaftliche Fragestellungen zugeschnittene Zusammenfassung bisher fehlte.

Mit diesem ersten von insgesamt drei Bänden wollen wir dem Physiker eine integrierte Darstellung der für ihn wichtigsten mathematischen Grundlagen, wie sie üblicherweise im Grundstudium behandelt werden, an die Hand geben.

Im zweiten Band behandeln wir gewöhnliche und partielle Differentialgleichungen und Operatoren der Quantenmechanik. Der dritte Band ist der Variationsrechnung, der Differentialgeometrie und den mathematischen Grundlagen der Relativitätstheorie gewidmet.

Beim Aufbau des ersten Bandes war zu berücksichtigen, daß der Differential– und Integralkalkül bis hin zur Schwingungsgleichung sowie die Vektorrechnung möglichst früh bereitgestellt werden müssen. Schon deswegen verbot sich eine Gliederung nach getrennten mathematischen Einzeldisziplinen. Darüberhinaus sind wir nach dem Prinzip verfahren, Lösungsmethoden gleich dort vorzustellen, wo die entsprechenden Hilfsmittel bereitstehen. Dies gilt insbesondere für Differentialgleichungen.

Wegen der Fülle des zu behandelnden Stoffs fiel uns die gezielte Auswahl nicht leicht, und wir mußten schweren Herzens auf viele schöne Anwendungen, Beispiele und historische Anmerkungen verzichten.

Es sollen hier nicht in erster Linie fertige Lösungsverfahren vermittelt werden, wichtiger — und übrigens oft leichter zu merken — ist der Weg dorthin. Erst wer sich die dabei auftretenden Probleme bewußt gemacht hat kann deren Lösung würdigen. Oft ist mit der Klärung einer mathematischen Schwierigkeit auch eine physikalische Einsicht verbunden. Dem Problembewußtsein sollen die eingestreuten historischen Bemerkungen sowie die Gegenbeispiele und „pathologischen" Fälle dienen, vor allem aber auch die Beweise.

Für die zunehmend anspruchsvollen Theorien der Physik bedarf es neben der unerläßlichen Intuition auch der Sicherheit im Umgang mit der Mathematik. Deshalb werden im ersten Teil die meisten Beweise ausgeführt. Erst später gehen wir dazu über, in Einzelfällen auf die Literatur zu verweisen, insbesondere bei technisch schwierigen Beweisen, wenn diese keine besonderen Einsichten vermitteln.

Wenn wir an manchen Stellen nicht volle Allgemeinheit anstrebten, sondern uns auf typische Fälle beschränkt haben, so geschah dies in der Erwartung, daß der Leser analoge Fälle durch Übertragung der gelernten Methoden selbst bewältigen kann.

Durch den Anklang, den die bisherigen Auflagen fanden, fühlen wir uns in dem eingeschlagenen Weg bestätigt. Weniger zufrieden waren wir über eine Reihe von Druckfehlern und einige sachliche Unstimmigkeiten, von denen auch die dritte Auflage nicht frei war. Da sich im praktischen Einsatz zeigte, daß einige Passagen noch nicht klar und verständlich genug formuliert waren, haben wir eine weitere gründliche Überarbeitung vorgenommen.

Wir danken allen, die uns durch Verbesserungsvorschläge, Hinweise auf Fehler und kritische Anmerkungen unterstützt haben. Insbesondere danken wir den Herren Ralph Hungerbühler, Harald König und Thomas Träuble für die drucktechnische Gestaltung mit Hilfe von LaTeX und ihre Mithilfe beim Korrigieren der beiden ersten Auflagen. Unserer ganz besonderer Dank gilt Herrn Hungerbühler für die Korrektur und den Druck aller Auflagen. Ohne seinen Einsatz, seine Geduld und sein Verständnis für die Wünsche und Nöte der Autoren hätte dieses Buch weder entstehen noch neu bearbeitet werden können.

Tübingen, September 2001 H. Fischer, H. Kaul

## Zum Gebrauch

Gegliedert wurde nach Paragraphen, Abschnitten und Unterabschnitten. Mit dem Zitat § 9 : 4.2 wird Abschnitt 4, Unterabschnitt 2 in Paragraph 9 aufgerufen; innerhalb von § 9 wird die betreffende Stelle einfach mit 4.2 zitiert. Nummer und Überschrift des gerade anstehenden Paragraphen und Abschnittes befinden sich in der Kopfzeile.

Durch das Symbol ÜA (Übungsaufgabe) wird der Leser aufgefordert, einfache Rechnungen, Beweisschritte und Übungsbeispiele selbst auszuführen.

Mit einem * sind solche Abschnitte markiert, die zwar inhaltlich an die betreffende Stelle gehören, bei der ersten Lektüre aber übergangen werden können.

Der Namensindex enthält die Lebensdaten der in den historischen Anmerkungen erwähnten Personen. Ein Verzeichnis der Symbole und Abkürzungen befindet sich vor dem Index am Ende des Buches.

## Wegweiser

Der Leser muß sich nicht streng an die hier gewählte Reihenfolge halten. Wer beispielsweise einen schnellen Zugang zur Differential– und Integralrechnung sucht, kann die Paragraphen 4–7 zunächst übergehen. Die Lineare Algebra setzt im wesentlichen nur die Paragraphen 1, 2 und 5 voraus. Für die Funktionentheorie sind nur ganz wenige Begriffe aus den Kapiteln IV, V und VI erforderlich. Die Paragraphen 4, 6 und 13 gehen in den übrigen Stoff nicht wesentlich ein.

# Inhalt

## Kapitel I Grundlagen

**§ 1 Natürliche, ganze, rationale und reelle Zahlen**
1. Vorläufiges über Mengen und Aussagen .............. 11
2. Vorläufiges über die reellen Zahlen .................. 13
3. Rechengesetze für reelle Zahlen .................... 14
4. Das Rechnen in $\mathbb{Q}$, $\mathbb{Z}$ und $\mathbb{N}$ ...................... 14
5. Die Anordnung der reellen Zahlen .................. 15
6. Vollständige Induktion .......................... 19
7. Intervalle .................................... 23
8. Beschränkte Mengen, obere und untere Schranken .......... 24
9. Maximum und Minimum ......................... 25
10. Archimedische Anordnung von $\mathbb{Q}$ ................... 26
11. Die Abzählbarkeit von $\mathbb{Q}$ ........................ 26
12. Die Lückenhaftigkeit von $\mathbb{Q}$ ....................... 27

**§ 2 Die Vollständigkeit von $\mathbb{R}$, konvergente Folgen**
1. Supremum und Infimum ......................... 28
2. Folgerungen aus dem Supremumsaxiom ................ 29
3. Folgen, Rekursion, Teilfolgen ...................... 32
4. Nullfolgen ................................... 33
5. Sätze über Nullfolgen ........................... 37
6. Grenzwerte von Folgen .......................... 38
7. Existenz der $m$-ten Wurzel, rationale Potenzen ........... 42
8. Intervallschachtelungen .......................... 43
9. Grenzwertfreie Konvergenzkriterien .................. 46

**§ 3 Elementare Funktionen**
1. Die Folge $\left(\left(1+\frac{x}{n}\right)^n\right)$ .......................... 50
2. Die Exponentialfunktion ......................... 52
3. Funktionen (Abbildungen) ........................ 55
4. Die Logarithmusfunktion ......................... 58
5. Die allgemeine Potenz und der Zehnerlogarithmus .......... 59
6. Zusammengesetzte Funktionen ..................... 60
7. Polynome und rationale Funktionen .................. 61
8. Die trigonometrischen Funktionen ................... 67

**§ 4 Mengen und Wahrscheinlichkeit**
1. Einfache Mengenalgebra ......................... 74
2. Exkurs über logisches Schließen und Beweistechnik ......... 76
3. Notwendige und hinreichende Bedingungen ............. 78
4. Beliebige Vereinigungen und Durchschnitte ............. 78

| 5 | Beispiele zur Wahrscheinlichkeit | 79 |
| 6 | Das mathematische Modell endlicher Zufallsexperimente | 81 |
| 7 | Das Rechnen mit Wahrscheinlichkeiten | 84 |
| 8 | Kombinatorische Grundformeln (Teil I) | 86 |
| 9 | Binomialkoeffizienten und Binomialverteilung | 91 |
| *10 | Kombinatorische Grundformeln (Teil II) | 96 |

## Kapitel II Vektorrechnung im $\mathbb{R}^n$

### § 5 Vektorrechnung im $\mathbb{R}^2$, komplexe Zahlen

| 1 | Vektorielle Größen in der Physik | 98 |
| 2 | Vektoren in der ebenen Geometrie | 98 |
| 3 | Koordinatendarstellung von Punkten und Vektoren | 102 |
| 4 | Punkte und Vektoren | 105 |
| 5 | Geraden und Strecken, Schnitt zweier Geraden | 106 |
| 6 | Lineare $2 \times 2$-Gleichungssysteme | 108 |
| 7 | Abstand, Norm, Winkel, ebene Drehungen | 109 |
| 8 | Die komplexen Zahlen | 112 |
| 9 | Die komplexe Exponentialfunktion | 118 |
| 10 | Der Fundamentalsatz der Algebra, Beispiele | 119 |
| 11 | Drehungen und Spiegelungen in komplexer Schreibweise | 122 |

### § 6 Vektorrechnung im $\mathbb{R}^n$

| 1 | Der Vektorraum $\mathbb{R}^n$ | 124 |
| 2 | Skalarprodukt, Längen, Winkel | 126 |
| 3 | Das Vektorprodukt im $\mathbb{R}^3$ | 130 |
| 4 | Entwicklung nach Orthonormalsystemen, Orthonormalbasen | 135 |
| 5 | Aufgaben | 137 |

## Kapitel III Analysis einer Veränderlichen

### § 7 Unendliche Reihen

| 1 | Reihen im Reellen | 139 |
| 2 | Konvergenzkriterien für Reihen | 143 |
| 3 | Komplexe Folgen, Vollständigkeit von $\mathbb{C}$ | 146 |
| 4 | Reihen mit komplexen Gliedern | 148 |
| 5 | Cauchy–Kriterium und Majorantenkriterium | 150 |
| 6 | Umordnung von Reihen | 152 |
| 7 | Das Cauchy–Produkt | 156 |

### § 8 Grenzwerte von Funktionen und Stetigkeit

| 1 | Grenzwerte von Funktionen | 157 |
| 2 | Stetigkeit | 163 |
| 3 | Stetigkeit zusammengesetzter Funktionen | 164 |
| 4 | Die Hauptsätze über stetige Funktionen | 166 |
| 5 | Die Stetigkeit der Umkehrfunktion | 170 |

# Inhalt

*6 Der Satz von der gleichmäßigen Stetigkeit . . . . . . . . . . . . . . 171

## § 9 Differentialrechnung
1 Vorbemerkungen . . . . . . . . . . . . . . . . . . . . . . . . . . . 173
2 Differenzierbarkeit und Ableitung . . . . . . . . . . . . . . . . . . 175
3 Differentiation zusammengesetzter Funktionen . . . . . . . . . . . 178
4 Mittelwertsätze und Folgerungen . . . . . . . . . . . . . . . . . . 181
5 Differenzierbarkeit der Umkehrfunktion und Beispiele . . . . . . . 183
6 Höhere Ableitungen und $C^n$-Funktionen . . . . . . . . . . . . . . . 185
7 Taylorentwicklung . . . . . . . . . . . . . . . . . . . . . . . . . . 187
8 Lokale Minima und Maxima . . . . . . . . . . . . . . . . . . . . . 191
9 Bestimmung von Grenzwerten nach de l'Hospital . . . . . . . . . . 193

## § 10 Reihenentwicklungen und Schwingungen
1 Taylorreihen . . . . . . . . . . . . . . . . . . . . . . . . . . . . . 195
2 Potenzreihen . . . . . . . . . . . . . . . . . . . . . . . . . . . . . 201
3 Gliedweise Differenzierbarkeit und Identitätssatz . . . . . . . . . . 204
4 Theorie der Schwingungsgleichung . . . . . . . . . . . . . . . . . . 206
5 Lösung der Schwingungsgleichung durch komplexen Ansatz . . . . 211

## § 11 Integralrechnung
1 Treppenfunktionen und ihr Integral . . . . . . . . . . . . . . . . . 215
2 Der gleichmäßige Abstand zweier beschränkter Funktionen . . . . 218
3 Integrierbare Funktionen und Eigenschaften des Integrals . . . . . 220
4 Zwei wichtige Klassen integrierbarer Funktionen . . . . . . . . . . 223
5 Der Hauptsatz der Differential- und Integralrechnung . . . . . . . 225
6 Partielle Integration . . . . . . . . . . . . . . . . . . . . . . . . . 229
7 Die Substitutionsregel . . . . . . . . . . . . . . . . . . . . . . . . 232
8 Integration rationaler Funktionen . . . . . . . . . . . . . . . . . . 236
9 Integrale mit Potenzen von $\sqrt{x^2 + \alpha x + \beta}$ . . . . . . . . . . . . . . . 241
10 Übergang zum halben Winkel . . . . . . . . . . . . . . . . . . . . 243
11 Schlußbemerkungen . . . . . . . . . . . . . . . . . . . . . . . . . 244

## § 12 Vertauschung von Grenzprozessen, uneigentliche Integrale
1 Problemstellungen, Beispiele . . . . . . . . . . . . . . . . . . . . . 246
2 Gleichmäßige Konvergenz von Folgen und Reihen . . . . . . . . . 247
3 Vertauschung von Grenzübergängen . . . . . . . . . . . . . . . . . 252
4 Uneigentliche Integrale . . . . . . . . . . . . . . . . . . . . . . . . 256
5 Substitution und partielle Integration, Gamma–Funktion . . . . . 261

## § 13 Elementar integrierbare Differentialgleichungen
1 Die lineare Differentialgleichung $y' = a(x)y + b(x)$ . . . . . . . . . 266
2 Zwei aufschlußreiche Beispiele . . . . . . . . . . . . . . . . . . . . 271
3 Die separierte Differentialgleichung $y' = a(x) \cdot b(y)$ . . . . . . . . . 273
4 Zurückführung auf getrennte Variable . . . . . . . . . . . . . . . . 280
5 Wegweiser: Differentialgleichungen in Band 1 und Band 2 . . . . . 281

**Kapitel IV  Lineare Algebra**

**§ 14 Vektorräume**
1 Wovon handelt die lineare Algebra? .................. 282
2 Vektorräume ..................................... 284
3 Teilräume ....................................... 287
4 Linearkombinationen, lineare Hülle, Erzeugendensystem ....... 289
5 Lineare Abhängigkeit und Unabhängigkeit .............. 290
6 Vektorräume mit Basis ............................ 292

**§ 15 Lineare Abbildungen und Matrizen**
1 Beispiele linearer Abbildungen ...................... 297
2 Die Dimensionsformel ............................. 299
3 Verknüpfung linearer Abbildungen .................... 301
4 Lineare Abbildungen und Matrizen ................... 301
5 Matrizenrechnung ................................ 305
6 Invertierbare lineare Abbildungen und reguläre Matrizen ...... 309
7 Basiswechsel und Koordinatentransformation ............. 311

**§ 16 Lineare Gleichungen**
1 Problemstellungen und Beispiele ..................... 313
2 Allgemeines zur Lösbarkeit und zur Lösungsmenge ......... 314
3 Rangbedingungen ................................ 315
4 Das Eliminationsverfahren für lineare Gleichungssysteme ...... 317
5 Interpolation und numerische Quadratur ............... 322
6 Die Methode der kleinsten Quadrate .................. 325

**§ 17 Determinanten**
1 Beispiele ....................................... 327
2 Die Definition der Determinante ..................... 329
3 Die Eigenschaften der Determinante .................. 334
4 Das Volumen von Parallelflachen ..................... 338
*5 Orientierung und Determinante ..................... 341

**§ 18 Eigenwerte und Eigenvektoren**
1 Diagonalisierbarkeit und Eigenwertproblem .............. 342
2 Eigenwerte und Eigenvektoren ....................... 344
3 Das charakteristische Polynom ...................... 346
4 Diagonalisierbarkeit von Operatoren .................. 348
5 Entkopplung von Systemen linearer Differentialgleichungen ..... 351

**§ 19 Skalarprodukte, Orthonormalsysteme und unitäre Gruppen**
1 Skalarprodukträume .............................. 353
2 Orthonormalsysteme und orthogonale Projektionen ......... 356
3 Das Orthonormalisierungsverfahren von Gram–Schmidt ....... 360
4 Unitäre Abbildungen und Matrizen ................... 362
5 Matrix- und Transformationsgruppen .................. 367

Inhalt 9

## § 20 Symmetrische Operatoren und quadratische Formen
1 Quadratische Formen ............................. 372
2 Symmetrische Operatoren und quadratische Formen .......... 374
3 Die Diagonalisierbarkeit symmetrischer Operatoren ......... 376
4 Hauptachsentransformation quadratischer Formen .......... 378
5 Gekoppelte Systeme von Massenpunkten ............... 382

## Kapitel V  Analysis mehrerer Variabler

## § 21 Topologische Grundbegriffe normierter Räume
1 Normierte Räume ............................... 386
2 Konvergente Folgen ............................. 388
3 Offene und abgeschlossene Mengen ................... 389
4 Inneres, Äußeres, Abschluß und Rand einer Menge .......... 392
5 Vollständigkeit ................................ 394
6 Kompakte Teilmengen .......................... 395
7 Stetige Funktionen ............................. 397
8 Stetige Funktionen auf kompakten Mengen ............... 401
9 Zusammenhang, Gebiete ......................... 402

## § 22 Differentialrechnung im $\mathbb{R}^n$
1 Differenzierbarkeit und Ableitung ................... 404
2 Rechenregeln für differenzierbare Funktionen ............. 412
3 Reellwertige Funktionen: Gradient, Richtungsableitung, Hauptsatz  416
4 Der Satz von Taylor ............................ 421
5 Der Umkehrsatz und der Satz über implizite Funktionen ...... 426
6 Lokale Extrema unter Nebenbedingungen ............... 436

## § 23 Integralrechnung im $\mathbb{R}^n$
1 Das Integral für Treppenfunktionen ................... 440
2 Integration stetiger Funktionen über kompakte Quader ....... 444
3 Das Volumen von Rotationskörpern ................... 448
4 Das Integral stetiger Funktionen über offene Mengen ........ 449
5 Parameterintegrale über offene Mengen ................ 454
6 Sukzessive Integration .......................... 456
7 Das $n$–dimensionale Volumen ...................... 460
8 Der Transformationssatz und Anwendungen ............. 463

## Kapitel VI  Vektoranalysis

## § 24 Kurvenintegrale
1 Kurvenstücke ................................ 468
2 Länge und Bogenlänge .......................... 470
3 Skalare Kurvenintegrale .......................... 473
4 Vektorielle Kurvenintegrale ........................ 474
5 Konservative Vektorfelder und Potentiale ............... 478

*6 Kurvenintegrale und Potentiale in der Thermodynamik ....... 487
7 Divergenz, Laplaceoperator, Rotation, Vektorpotentiale ....... 489

§ 25 Oberflächenintegrale
1 Flächenstücke im $\mathbb{R}^3$ ............................ 491
2 Der Flächeninhalt von Flächenstücken ................. 494
3 Oberflächenintegrale ............................... 498

§ 26 Die Integralsätze von Stokes, Gauß und Green
1 Übersicht ........................................ 502
2 Der Integralsatz von Stokes ......................... 503
3 Der Stokessche Integralsatz in der Ebene .............. 513
4 Der Integralsatz von Gauß ......................... 517
5 Anwendungen des Gaußschen Satzes, Greensche Formeln ...... 523
6 Anwendungen der Integralsätze in der Physik ............ 525

**Kapitel VII Einführung in die Funktionentheorie**

§ 27 Die Hauptsätze der Funktionentheorie
1 Holomorphie und Cauchy–Riemannsche DGln ............. 531
2 Komplexe Kurvenintegrale und Stammfunktionen .......... 535
3 Analytische Funktionen ............................. 542
4 Der Cauchysche Integralsatz ....................... 545
5 Die Cauchysche Integralformel und ihre Konsequenzen ....... 547
6 Ganze Funktionen und Satz von Liouville ............... 550
7 Der Satz von Morera und Folgerungen ................. 552
8 Zusammenfassung der Hauptsätze .................... 553

§ 28 Isolierte Singularitäten, Laurent–Reihen und Residuensatz
1 Einteilung isolierter Singularitäten .................... 554
2 Die Laurent–Entwicklung ........................... 555
3 Charakterisierung isolierter Singularitäten .............. 560
4 Der Residuenkalkül ............................... 563
5 Der Residuensatz .................................. 565
6 Berechnung von Reihen mit Hilfe des Residuensatzes ........ 565
7 Berechnung von Integralen mit Hilfe des Residuensatzes ...... 568

**Namen und Lebensdaten** ............................ 571

**Literaturverzeichnis** ................................ 572

**Symbole und Abkürzungen** ......................... 574

**Index** ............................................ 576

# Kapitel I  Grundlagen

## §1 Natürliche, ganze, rationale und reelle Zahlen

### 1  Vorläufiges über Mengen und Aussagen

„Unter einer *Menge* $M$ verstehen wir jede Zusammenfassung von bestimmten wohlunterschiedenen Objekten $m$ unserer Anschauung oder unseres Denkens (welche die *Elemente* von $M$ genannt werden) zu einem Ganzen". So beginnen die 1895 erschienenen „Beiträge zur Begründung der Mengenlehre" von Georg CANTOR. Diese „naive" Definition soll uns als Ausgangspunkt genügen.

**1.1 Bezeichnungen.** Mengen bezeichnen wir i.a. mit Großbuchstaben. Ist $m$ ein Element von $M$, d.h. gehört $m$ zur Menge $M$, so schreiben wir $m \in M$.

Daß $n$ nicht zu $M$ gehört drücken wir durch $n \notin M$ aus. In §1, §2 betrachten wir nur Mengen von reellen Zahlen. Hier gelten folgende Bezeichnungen:

$\mathbb{R}$  für die Menge der reellen Zahlen,
$\mathbb{Q}$  für die Menge der rationalen Zahlen,
$\mathbb{Z}$  für die Menge der ganzen Zahlen,
$\mathbb{N}$  für die Menge der natürlichen Zahlen $1, 2, 3, \ldots$,
$\mathbb{N}_0$ für die Menge der Zahlen $0, 1, 2, 3, \ldots$.

### 1.2  Beispiele und Schreibweisen

$\{n \in \mathbb{N} \mid n \text{ ist einstellige Primzahl}\} = \{2, 3, 5, 7\}$
$\{x \in \mathbb{R} \mid x^2 - 4x = 0\} = \{0, 4\}$
$\{x \in \mathbb{N} \mid x^2 - 4x = 0\} = \{4\}$
$\{x^2 \mid x \in \mathbb{Z}\} = \{0, 1, 4, 9, \ldots\}$
$\{n \in \mathbb{Z} \mid n \text{ ist eine gerade Zahl}\} = \{2m \mid m \in \mathbb{Z}\} = \{0, 2, -2, 4, -4, \ldots\}$.

Damit haben wir die wichtigsten Darstellungsformen für Mengen:

1. Auflisten der Elemente in einer Mengenklammer $\{\ldots\}$.

2. Für eine Aussageform $E(x)$ bezeichnet $\{x \in M \mid E(x)\}$ die Menge aller $x \in M$, für welche die Aussage $E(x)$ erfüllt ist.

3. Ist $f(x)$ ein Funktionsausdruck, so ist $\{f(x) \mid x \in M\}$ die Menge aller Zahlen der Form $f(x)$ mit $x \in M$.

**1.3 Inklusion.** $N \subset M$ (bzw. $M \supset N$) soll besagen, daß $N$ eine Teilmenge von $M$ ist. Das schließt den Fall $M = N$ ein.

BEISPIELE: $\mathbb{N} \subset \mathbb{Z} \subset \mathbb{Q} \subset \mathbb{R}$. Betrachten wir $K = \{x^3 \mid x \in \mathbb{R}\}$, so ist jedenfalls $K \subset \mathbb{R}$. Später werden wir sehen, daß sogar $K = \mathbb{R}$ ist.

## 1.4 Leere Menge.
Ist die Aussage $E(x)$ für kein $x \in M$ richtig, so nennen wir die Menge $\{x \in M \mid E(x)\}$ *leer* und bezeichnen sie mit $\emptyset$. So ist z.B. $\{x \in \mathbb{R} \mid x^2 + 1 = 0\} = \emptyset$. Aus formalen Gründen bezeichnen wir leere Mengen immer mit $\emptyset$ und setzen fest, daß $\emptyset$ Teilmenge von jeder Menge ist.

## 1.5 Gebrauch der Mengenschreibweise

Wenn wir mit Mengen arbeiten, treten diese immer als Teilmengen einer festen Grundmenge auf; in §1 und §2 immer als Teilmengen von $\mathbb{R}$.

Die Worte „bestimmte wohlunterschiedene Objekte" bei Cantor sollen folgendes besagen: Es muß immer klar sein, welcher Natur die Elemente sind und wann zwei Elemente als gleich gelten sollen. Betrachten wir die Elemente von

$$S = \left\{\tfrac{1}{1}, \tfrac{1}{2}, \ldots, \tfrac{1}{9}, \tfrac{2}{1}, \tfrac{2}{2}, \ldots, \tfrac{2}{9}, \ldots, \tfrac{9}{1}, \tfrac{9}{2}, \ldots, \tfrac{9}{9}\right\}$$

einfach als Schreibfiguren, so besteht $S$ aus 81 verschiedenen Elementen. Deuten wir dagegen $\tfrac{n}{m}$ als Bruch, so ist $\tfrac{1}{2} = \tfrac{2}{4} = \tfrac{3}{6}$, $\tfrac{1}{1} = \tfrac{2}{2} = \cdots = \tfrac{9}{9}$ usw., und

$$T = \left\{\tfrac{n}{m} \in \mathbb{Q} \mid n, m \in \{1, 2, \ldots, 9\}\right\}$$

ist etwas ganz anderes als $S$. (Wie viele Elemente hat $T$?)

Bei der Auflistung einer Menge kommt es auf die Reihenfolge der Elemente und auf Wiederholung gleicher Elemente (wie bei $T$) nicht an.

## 1.6 Bemerkungen über Aussagen

Hier kann und soll keine Formalisierung der Aussagenlogik stattfinden. Noch viel weniger soll Grundlegendes über mathematisches Schließen gesagt werden. In den folgenden zwei Abschnitten werden wir die mathematischen Schlußweisen an vielen Beispielen kennen und gebrauchen lernen; in §4 werden dann die wichtigsten Schlußweisen zusammengefaßt.

Über Aussagen sei hier nur so viel gesagt:
Mathematische Aussagen beziehen sich immer auf einen bestimmten Gegenstandsbereich der Mathematik; dort sind sie entweder wahr oder falsch, ein Drittes gibt es nicht (*tertium non datur*). Die Aussage „Die Gleichung $x + 2 = 1$ ist lösbar" ist wahr in der Theorie der ganzen Zahlen, aber falsch in der Theorie der natürlichen Zahlen.

Über den Gebrauch des Wortes „oder" vereinbaren wir:
Sind $\mathcal{A}$, $\mathcal{B}$ mathematische Aussagen, so soll die Aussage „$\mathcal{A}$ oder $\mathcal{B}$" besagen: $\mathcal{A}$ ist wahr oder $\mathcal{B}$ ist wahr oder $\mathcal{A}$ und $\mathcal{B}$ sind wahr. Ist man sicher, daß $\mathcal{A}$ und $\mathcal{B}$ sich gegenseitig ausschließen und daß eine dieser beiden Aussagen wahr ist, so sagt man „Entweder $\mathcal{A}$ oder $\mathcal{B}$". Der Sinn der Aussagen „$\mathcal{A}$ und $\mathcal{B}$" und „Nicht $\mathcal{A}$" ist klar.

## 2 Vorläufiges über die reellen Zahlen

### 2.1 Was sind und was sollen die Zahlen?

So lautet der Titel einer 1888 erschienenen Abhandlung von Richard DEDEKIND. Der Autor sagt dazu : „Die Zahlen sind freie Schöpfungen des menschlichen Geistes, sie dienen als ein Mittel, um die Verschiedenheit der Dinge leichter und schärfer aufzufassen. Durch den rein logischen Aufbau der Zahlen-Wissenschaft und durch das in ihr gewonnene stetige Zahlen-Reich sind wir erst in den Stand gesetzt, unsere Vorstellung von Raum und Zeit genau zu untersuchen, indem wir dieselben auf dieses in unserem Geiste geschaffene Zahlen-Reich beziehen." [DEDEKIND]. Der hier angesprochene „rein logische Aufbau der Zahlen-Wissenschaft" war kurz zuvor, nicht zuletzt durch Dedekind, geleistet worden und markiert den Schlußpunkt einer fast viertausendjährigen Entwicklung der zunehmenden Erweiterung und Präzisierung des Zahlbegriffs, vergleiche dazu [TROPFKE]. Dieser Aufbau besitzt allerdings einen hohen Abstraktionsgrad und setzt Konstruktionsprinzipien der Mengenlehre und Methoden der Algebra voraus, die dem Leser nicht zur Verfügung stehen. Wir können daher nur zur Kenntnis nehmen, daß eine logisch saubere Fundierung des Zahlbegriffs auf der Basis der Mengenlehre möglich ist.

**2.2** Wir stellen uns also auf den Standpunkt, daß uns die reellen Zahlen zur Verfügung stehen. Da wir sie auf „Raum und Zeit" beziehen wollen, nehmen wir die geometrische Vorstellung zu Hilfe und denken uns die reellen Zahlen als Punkte auf der *Zahlengeraden*. Wegen der grundlegenden Bedeutung für die gesamte Mathematik müssen wir uns nur darüber verständigen, welche Eigenschaften wir den reellen Zahlen zuschreiben, und zwar im Hinblick auf das Rechnen und die Anordnung (Größenvergleich).

Es hat sich gezeigt, daß alle Eigenschaften von $\mathbb{R}$ auf wenige Grundannahmen zurückgeführt werden können, die im folgenden durch einen Balken am Rand gekennzeichnet sind. Für das Ihnen allen aus dem Schulunterricht geläufige Rechnen sind dies die nachfolgend aufgeführten Grundregeln (3.1 bis 3.3). Daß in diesen wirklich alle anderen Rechenregeln wie $(a + b) \cdot (a - b) = a^2 - b^2$, $(-a) \cdot (-b) = a \cdot b$ usw. enthalten sind, wollen wir nicht nachprüfen, sondern den Algebraikern glauben. Anders steht es mit der Anordnung von $\mathbb{R}$, die im Schulunterricht nicht immer mit der notwendigen Ausführlichkeit und Strenge behandelt werden kann. Hier werden wir sehr gründlich vorgehen müssen, da Präzision und Sicherheit im Umgang mit Ungleichungen und den mit der „Vollständigkeit" (§2) zusammenhängenden Begriffsbildungen grundlegend für die gesamte höhere Analysis sind.

**2.3** Für physikalische Messungen, Größenangaben und Rechnungen würden die rationalen Zahlen ausreichen. Für die Zwecke der höheren Analysis erweisen sie sich als „zu lückenhaft". Erst ihre Ergänzung zu den reellen Zahlen machen die Differential- und Integralrechnung möglich. Auf der Analysis aber und ihrer Verbindung mit der Geometrie beruht der Erfolg der mathematisch-naturwissenschaftlichen Methode.

## 3 Rechengesetze für reelle Zahlen

### 3.1 Addition

($A_1$)   $(a+b)+c = a+(b+c)$   (Assoziativität)

($A_2$)   $a+b = b+a$   (Kommutativität)

($A_3$)   $a+0 = a$   (0 ist neutrales Element der Addition)

($A_4$)   Die Gleichung $a+x = b$ hat immer eine und nur eine Lösung $x$, bezeichnet mit $b-a$. Statt $0-a$ schreibt man $-a$.

### 3.2 Multiplikation

($M_1$)   $(a \cdot b) \cdot c = a \cdot (b \cdot c)$   (Assoziativität)

($M_2$)   $a \cdot b = b \cdot a$   (Kommutativität)

($M_3$)   $a \cdot 1 = a$   (1 ist neutrales Element der Multiplikation, $1 \neq 0$)

($M_4$)   Die Gleichung $a \cdot x = b$ hat für jedes $a \neq 0$ eine und nur eine Lösung $x$, bezeichnet mit $\frac{b}{a}$.

### 3.3 Distributivgesetz

($D$)   $a \cdot (b+c) = a \cdot b + a \cdot c$

Statt $a \cdot b$ schreibt man meistens $ab$.

**3.4** Alle weiteren Rechenregeln lassen sich auf die obengenannten zurückführen. Zwei Beispiele sollen uns genügen:

(a) $0 \cdot a = 0$. Denn nach ($A_3$) und ($D$) ist $0 \cdot a = (0+0) \cdot a = 0 \cdot a + 0 \cdot a$. Nach ($A_3$) ist ferner $0 \cdot a = 0 \cdot a + 0$. Da die Gleichung $0 \cdot a + x = 0 \cdot a$ nach ($A_4$) nur eine Lösung haben sollte, folgt $0 \cdot a = 0$.

(b) $(-1) \cdot a = -a$. Dazu beachten wir, daß vereinbarungsgemäß $-a$ diejenige Zahl ist, die, zu $a$ addiert, Null ergibt. Insbesondere ist $1 + (-1) = 0$. Aus $0 \cdot a = 0$ und ($D$) folgt $0 = 0 \cdot a = (1+(-1)) \cdot a = 1 \cdot a + (-1) \cdot a = a + (-1) \cdot a$. Wie oben folgt nach ($A_4$) $(-1) \cdot a = -a$.

## 4 Das Rechnen in $\mathbb{Q}$, $\mathbb{Z}$ und $\mathbb{N}$

### 4.1 $\mathbb{Q}$ als Körper

Für rationale Zahlen $a = \frac{n}{m}$, $b = \frac{p}{q}$ mit $n, p \in \mathbb{Z}$, $m, q \in \mathbb{N}$ sind

# 5 Die Anordnung der reellen Zahlen

$$a \cdot b = \frac{n \cdot p}{m \cdot q} \quad \text{und} \quad a + b = \frac{nq + pm}{m \cdot q}$$

wieder rationale Zahlen.

Die Rechenoperationen · und + führen nicht aus $\mathbb{Q}$ heraus oder, wie wir sagen, $\mathbb{Q}$ *ist abgeschlossen bezüglich · und +*. Ferner gelten innerhalb $\mathbb{Q}$ die Rechengesetze 3.1 für die Addition, 3.2 für die Multiplikation und das Distributivgesetz 3.3. Wir sprechen in einem solchen Fall von einem **Körper**.

**4.2** Auch $\mathbb{Z}$ ist abgeschlossen bezüglich · und +, und es gelten alle Rechengesetze von Abschnitt 3 mit der wesentlichen Ausnahme, daß $(M_4)$ verletzt ist: In $\mathbb{Z}$ hat die Gleichung $nx = m$ nicht immer eine Lösung, z.B. die Gleichung $2x = 3$. Das gibt Anlaß zu folgender Definition:

## 4.3 Teilbarkeit in $\mathbb{Z}$

Sind $m$, $n$ ganze Zahlen, so sagen wir „$n$ teilt $m$" (in Zeichen $n \mid m$), wenn $n \neq 0$ und wenn die Gleichung $nx = m$ eine Lösung $x \in \mathbb{Z}$ besitzt. Das bedeutet einfach $\frac{m}{n} \in \mathbb{Z}$. Eine ganze Zahl $m$ heißt *gerade*, wenn $2 \mid m$ oder $\frac{m}{2} \in \mathbb{Z}$. Solche Zahlen lassen sich in der Form $2k$ schreiben mit $k \in \mathbb{Z}$. Offenbar sind Summe und Produkt gerader Zahlen wieder gerade. Eine ganze Zahl, die nicht gerade ist, heißt *ungerade*. Jede Zahl der Form $2k + 1$ mit $k \in \mathbb{Z}$ ist ungerade, denn $\frac{1}{2}(2k + 1) = k + \frac{1}{2} \notin \mathbb{Z}$. Umgekehrt ist jede ungerade ganze Zahl von der Form $2k + 1$, wie wir in 6.7 sehen werden. Daher ist das Produkt ungerader Zahlen wieder ungerade: $(2k + 1)(2l + 1) = 2(2kl + k + l) + 1$.

**4.4** Auch $\mathbb{N}$ ist abgeschlossen bezüglich Addition und Multiplikation. Die Gleichung $n + x = m$ ist in $\mathbb{N}$ aber im allgemeinen nicht lösbar. Sie hat nur dann eine Lösung, wenn $n$ kleiner als $m$ ist. Damit kommen wir zur Anordnung von $\mathbb{R}$.

# 5 Die Anordnung der reellen Zahlen

Die Kleiner–Beziehung $a < b$ ($a$ ist kleiner als $b$), auch in der Form $b > a$ geschrieben, hat folgende Eigenschaften:

## 5.1 Die Gesetze der Ordnung

($O_1$) Es gilt immer genau eine der Beziehungen $a < b$, $a = b$, $a > b$ (*Trichotomie*).

($O_2$) Aus $a < b$ und $b < c$ folgt $a < c$ (*Transitivität*).

($O_3$) Aus $a < b$ folgt $a + c < b + c$ für jedes c.

($O_4$) Aus $a < b$ und $c > 0$ folgt $a \cdot c < b \cdot c$.

Eine Zahl $a$ heißt **positiv**, wenn $a > 0$ und **negativ**, wenn $a < 0$.

**5.2 Einfache Folgerungen**

(a) Für $a > 0$ ist $-a < 0$. Für $a < 0$ ist $-a > 0$.

(b) Für $a \neq 0$ ist $a^2 > 0$. (Insbesondere ist also $1 = 1^2 > 0$, damit $2 > 1$ nach ($O_3$), woraus $2 > 0$ nach ($O_2$) folgt usw.)

(c) Für $a > 0$ ist $\frac{1}{a} > 0$. Für $a < 0$ ist $\frac{1}{a} < 0$.

(d) Aus $a < b$ und $c < 0$ folgt $a \cdot c > b \cdot c$.

BEWEIS.

(a) Ist $a > 0$, so folgt nach ($O_3$) durch Addition von $-a$ auf beiden Seiten $a - a > 0 - a$, d.h. $0 > -a$ oder $-a < 0$.

ÜA  Zeigen Sie in analoger Weise: Aus $a < 0$ folgt $-a > 0$.

(b) durch Fallunterscheidung. Wegen $a \neq 0$ gibt es nach ($O_1$) nur zwei Alternativen:

Fall I: Ist $a > 0$, so folgt $a \cdot a > 0 \cdot a$, also $a^2 > 0$.

Fall II: Ist $a < 0$, so folgt $-a > 0$ und damit nach Fall I $(-a)^2 > 0$, d.h. $a^2 > 0$.

(c) durch Fallunterscheidung. Von den drei Möglichkeiten

$$\frac{1}{a} > 0, \quad \frac{1}{a} = 0, \quad \frac{1}{a} < 0$$

scheiden die beiden letzten aus:

Aus $\frac{1}{a} = 0$ würde folgen $a \cdot \frac{1}{a} = a \cdot 0$, also $1 = 0$.

$\frac{1}{a} < 0$ hätte nach ($O_4$) zur Folge $a \cdot \frac{1}{a} < a \cdot 0$, also $1 < 0$.

(d) Ist $c < 0$, so folgt $-c > 0$ nach (a). Aus $a < b$ folgt dann nach ($O_4$) $a \cdot (-c) < b \cdot (-c)$ oder $-ac < -bc$.
Nach ($O_3$) folgt $-ac + (ac + bc) < -bc + (ac + bc)$, das ist $bc < ac$. □

**5.3 Ketten von Ungleichungen**

(a) Die Schreibweise $a < b < c$ ist zu lesen als: $a < b$ und $b < c$ (und damit $a < c$ nach ($O_2$) ).

(b) In diesem Sinne gilt: Aus $0 < a < b$ folgt $0 < \frac{1}{b} < \frac{1}{a}$.

BEWEIS.
Nach Voraussetzung ist $b > 0$. Nach ($O_4$) folgt $a \cdot b > 0 \cdot b$, also $ab > 0$. Wegen 5.2 (c) folgt $\frac{1}{a \cdot b} > 0$. Mit ($O_4$) ergibt sich $a \cdot \frac{1}{ab} < b \cdot \frac{1}{ab}$, also $\frac{1}{b} < \frac{1}{a}$. Daß $\frac{1}{b} > 0$ gilt, folgt ebenfalls aus 5.2 (c). □

**5.4 Definition.** $a \leq b$ (bzw. $b \geq a$) soll heißen $a < b$ oder $a = b$. (lies: $a$ ist kleiner oder gleich $b$, kurz „$a$ kleiner gleich $b$")

# 5 Die Anordnung der reellen Zahlen

## 5.5 Eigenschaften von $\leq$

(a) Aus $a \leq b$ und $b \leq a$ folgt $a = b$.

(b) Aus $a \leq b$ und $b \leq c$ folgt $a \leq c$. Wie in 5.3 schreiben wir in dieser Situation $a \leq b \leq c$.

(c) Für $a \leq b$ ist auch $a + c \leq b + c$ für alle Zahlen $c$.

(d) Für $a \leq b$ und $c \geq 0$ ist $a \cdot c \leq b \cdot c$.

Diese Eigenschaften folgen unmittelbar aus $(O_1)$ bis $(O_4)$ durch Fallunterscheidung $a < b$, $a = b$ ÜA.

## 5.6 Das Rechnen mit Ungleichungen

(a) Aus $a \leq b$ und $c \leq d$ folgt $a + c \leq b + d$; Ungleichungen darf man addieren.

(b) Aus $a + c \leq b + d$ und $c \geq d$ folgt $a \leq b$.

(c) Aus $a \cdot c \leq b \cdot c$ und $c > 0$ folgt $a \leq b$.

(d) Die Ungleichung $a + x \leq b$ ist gleichbedeutend mit $x \leq b - a$.

(e) Für $a > 0$ ist die Ungleichung $a \cdot x \leq b$ gleichbedeutend mit $x \leq \frac{b}{a}$.

BEWEIS.
(a) Aus $a \leq b$ folgt zunächst $a + c \leq b + c$. Aus $c \leq d$ folgt $b + c \leq b + d$. Also ist $a + c \leq b + c \leq b + d$.
(b), (c) und (d) sind als leichte ÜA dem Leser überlassen.
(e) Ist $ax \leq b$ und $a > 0$, so folgt durch Multiplikation mit $\frac{1}{a}$ nach 5.5 (d) $x \leq \frac{b}{a}$. Ist umgekehrt $x \leq \frac{b}{a}$ und $a > 0$, so folgt $ax \leq b$ durch Multiplikation mit $a$ auf beiden Seiten. □

## 5.7 Ungleichungen zwischen Quadraten

Für $0 \leq a < b$ ist $a^2 < b^2$. Ist umgekehrt $a^2 < b^2$ und $b > 0$, so folgt $a < b$.
Aus $a^2 \leq b^2$ und $b \geq 0$ folgt $a \leq b$ ÜA.
Aber: Aus $a^2 \leq b^2$ allein folgt nicht $a \leq b$. Gegenbeispiel $a = -1$, $b = -2$.

ÜA Beschreiben Sie die Menge $\{x \in \mathbb{R} \mid x > 0, \frac{10}{x} - 3 \leq \frac{4}{x} + 1\}$ geometrisch.

ÜA Dasselbe für $\{x \in \mathbb{R} \mid x < x^2\}$.

## 5.8 Der Betrag einer reellen Zahl

Wir definieren $\quad |a| := \begin{cases} a & \text{falls } a \geq 0 \\ -a & \text{falls } a < 0 \,. \end{cases}$

Beispiele: $|3| = 3$, $|-3| = 3$, $|0| = 0$, $\left|-\frac{1}{3}\right| = \frac{1}{3}$.
Es gilt also $|a| \geq 0$, $|-a| = |a|$, $|a|^2 = a^2$ und $-|a| \leq a \leq |a|$.

## 5.9 Eigenschaften des Betrages

(a) $|a| \geq 0$ für alle $a \in \mathbb{R}$, $\quad |a| = 0$ nur für $a = 0$.

(b) $|a \cdot b| = |a| \cdot |b|$

(c) $|a + b| \leq |a| + |b| \quad$ (*Dreiecksungleichung*)

BEWEIS.

(a) $|a| \geq 0$ ist klar. Ist $a > 0$, so ist $|a| = a > 0$. Ist $a < 0$, so ist $|a| = -a > 0$. Ist also $|a| = 0$, so bleibt nur die Möglichkeit $a = 0$.

(b) ergibt sich durch Unterscheidung der 5 Fälle: $ab = 0$; $a > 0$, $b > 0$; $a > 0$, $b < 0$; $a < 0$, $b > 0$ und $a < 0$, $b < 0$ ÜA.

(c) ergibt sich aus (b):

$$\begin{aligned}|a+b|^2 &= (a+b)^2 = a^2 + 2ab + b^2 \\ &\leq a^2 + |2ab| + b^2 \\ &= |a|^2 + 2 \cdot |a| \cdot |b| + |b|^2 = (|a| + |b|)^2 \,. \end{aligned}$$

Die Behauptung folgt jetzt wegen $|a| + |b| \geq 0$ aus der letzten Behauptung 5.7. □

## 5.10 Die Dreiecksungleichung nach unten

$$\bigl||a| - |b|\bigr| \leq |a - b|$$

BEWEIS.
Nach der Dreiecksungleichung ist $|a| = |b + (a-b)| \leq |b| + |a - b|$, also ist

(1) $\quad |a| - |b| \leq |a - b|$.

Analog ist $|b| = |a + (b-a)| \leq |a| + |b - a| = |a| + |a - b|$, daraus

(2) $\quad |b| - |a| \leq |b - a|$.

Nun ist $\bigl||a| - |b|\bigr|$ eine der beiden Zahlen $|a| - |b|$, $|b| - |a|$. Somit folgt die Behauptung aus (1) oder aus (2). □

## 5.11 Weitere wichtige Ungleichungen

(a) *$|a \cdot b| \leq \frac{1}{2}\left(a^2 + b^2\right).$*

(b) *$(a+b)^2 = |a+b|^2 \leq 2a^2 + 2b^2$.*

(c) *Für $a < b$ ist $a < \frac{1}{2}(a+b) < b$.*

(d) *Für $a, b > 0$ gilt $ab \leq \frac{1}{4}(a+b)^2$, und Gleichheit tritt nur für $a = b$ ein.*

ÜA . Beweisen Sie diese Ungleichungen. Bringen Sie dazu in (a) und (d) alle Terme auf die rechte Seite und schreiben Sie sie diese dann als Quadrate.

ANMERKUNG: Das Rechnen mit Ungleichungen und Beträgen ist ebenso grundlegend für die Analysis wie das Rechnen mit Gleichungen für die Algebra. Absolute Sicherheit in beiden Techniken ist unerläßlich für das weitere Verständnis!

# 6 Vollständige Induktion

**6.1 Wohlordnung von $\mathbb{N}$.** Die Anordnung von $\mathbb{R}$ zieht eine Anordnung von $\mathbb{N}$ nach sich. Diese hat eine besondere Eigenschaft:

▌ *Jede nichtleere Menge natürlicher Zahlen hat ein kleinstes Element*,

d.h. ist $A \subset \mathbb{N}$, $A \neq \emptyset$, so gibt es ein $m \in A$ mit $m \leq a$ für alle $a \in A$.

Als Folgerung ergibt sich das

### 6.2 Induktionsprinzip

Ist $M$ eine Teilmenge von $\mathbb{N}$ mit den Eigenschaften

(a) $1 \in M$,

(b) aus $k \in M$ folgt auch $k + 1 \in M$,

so ist $M = \mathbb{N}$.

Die Aussage 6.1 erscheint evident. Wie wir im folgenden sehen werden, ist das Induktionsprinzip von erheblicher Tragweite. Dennoch ist 6.2 eine logische Folgerung aus 6.1: Ist $M$ eine Teilmenge von $\mathbb{N}$ mit den Eigenschaften (a), (b), so bilden wir die Menge $A := \{x \in \mathbb{N} \mid x \notin M\}$. Ist $M$ nicht die ganze Menge $\mathbb{N}$, so ist $A$ nicht leer und besitzt nach 6.1 ein kleinstes Element $m$. Es ist $m > 1$, denn wegen $1 \in M$ ist $1 \notin A$. Also ist auch $m - 1$ eine natürliche Zahl, und da $m$ das kleinste Element von $A$ sein sollte, ist $m - 1 \in M$. Wegen $(b)$ ist dann auch $m \in M$ im Widerspruch zu $m \in A$. Somit scheidet der Fall $A \neq \emptyset$ aus. □

### 6.3 Das Beweisprinzip der vollständigen Induktion

Es soll die Gültigkeit einer Aussage $\mathcal{A}(n)$ für alle natürlichen Zahlen $n$ bewiesen werden, z.B. für die Summe der ersten n Quadratzahlen

$$\mathcal{A}(n): \qquad 1^2 + 2^2 + \ldots + n^2 = \tfrac{1}{6}n(n+1)(2n+1)\,.$$

*Wir zeigen zunächst, daß $\mathcal{A}(1)$ richtig ist (Induktionsanfang).*

In unserem Beispiel ist für $n = 1$ die linke Seite $1^2 = 1$, die rechte $\tfrac{1}{6} \cdot 1 \cdot 2 \cdot 3 = 1$.

Dann zeigen wir: *Falls $\mathcal{A}(k)$ richtig ist, muß auch $\mathcal{A}(k+1)$ richtig sein (Induktionsschritt).*

Wir nehmen also an, $\mathcal{A}(k)$ sei richtig (*Induktionsannahme*):
$$1^2 + 2^2 + \ldots + k^2 = \tfrac{1}{6}k(k+1)(2k+1).$$
Dann folgt
$$1^2 + 2^2 + \ldots + k^2 + (k+1)^2 = \tfrac{1}{6}k(k+1)(2k+1) + (k+1)^2$$
$$= \tfrac{1}{6}(k+1)\left[k(2k+1) + 6(k+1)\right] = \tfrac{1}{6}(k+1)\left[2k^2 + 7k + 6\right]$$
$$= \tfrac{1}{6}(k+1)\left[(k+2)(2k+3)\right] = \tfrac{1}{6}(k+1)(k+2)(2(k+1)+1).$$

Ergebnis: *Falls $\mathcal{A}(k)$ richtig ist, ist auch $\mathcal{A}(k+1)$ richtig.*

Nun ist $\mathcal{A}(1)$ richtig, nach dem eben bewiesenen also auch $\mathcal{A}(2)$. Da aber $\mathcal{A}(2)$ richtig ist, folgt auch $\mathcal{A}(3)$. Mit $\mathcal{A}(3)$ folgt $\mathcal{A}(4)$ „und so weiter". Aber was heißt „und so weiter"? Soll $\mathcal{A}(463)$ als richtig nachgewiesen werden, so können wir uns in 462 Induktionschritten bis 463 hinaufhangeln. Der Nachweis von $\mathcal{A}(10^{90})$ dürfte auf diese Weise allerdings schon einige Zeit beanspruchen, auch mit Computerhilfe. Und woher nehmen wir die Gewißheit, daß wir so „schließlich" die unendliche Gesamtheit der natürlichen Zahlen erfassen?

Das Induktionsprinzip erlaubt uns den *Induktionsschluß* : $\mathcal{A}(n)$ *ist richtig für alle* $n \in \mathbb{N}$, denn die Menge $M = \{n \in \mathbb{N} \mid \mathcal{A}(n)\}$ hat die in 6.2 genannten Eigenschaften (a) und (b).

**6.4 Historische Anmerkung.** Die unerschöpflichen Möglichkeiten, die im Zahlensystem stecken, faszinierten vor allem die Inder. Sie stellten sich vor, daß der „Zahlenturm" über das Menschliche hinausragt in den Raum der Götter, und sie ersannen weit über alle praktischen Bedürfnisse hinaus Zahlsysteme und Zahlwörter, um gleichnishaft eine Idee von der Unerschöpflichkeit der denkbaren Welt zu geben. Das Buch Lalitavistara (um 300 v.Chr.) schildert Buddhas bei seinen Prüfungen angestellte Staubrechnung: 7 Atome kommen auf ein ganz feines Stäubchen, 7 ganz feine Stäubchen auf ein feines, 7 feine auf eins, das der Wind noch fortträgt. So fortfahrend gibt BUDDHA die Zahl der Atome aller wirklichen und sagenhaften Länder dieser Erde und sogar auf den 3000 von Tausenden von Erden an. Ähnlich dazu gab ARCHIMEDES eine Zahl an, welche größer ist als die Zahl der Sandkörner, welche die Welt bis zur Fixsternsphäre füllen würde.

Es ist schon kühn, diese potentielle Unendlichkeit in einer „fertigen" Menge $\mathbb{N}$ zu fassen. Niemand wird je alle natürlichen Zahlen sehen. Das Induktionsprinzip rückt das scheinbar nicht Faßbare wieder in Griffweite: Nur solche Aussagen über die Gesamtheit der Zahlen gelten als bewiesen, die sich *im Endlichen* nach diesem Prinzip entscheiden lassen.

Wir halten fest:

*Eine Aussage $\mathcal{A}(n)$ ist für alle $n \in \mathbb{N}$ richtig, wenn folgendes nachgewiesen ist:*

(a) *$\mathcal{A}(1)$ ist richtig,*

(b) *Falls $\mathcal{A}(k)$ richtig ist, ist auch $\mathcal{A}(k+1)$ richtig.*

## 6 Vollständige Induktion

Bei der vollständigen Induktion kann auch mit irgend einer natürlichen Zahl $n_0$ anstelle der 1 gestartet werden:

*Eine Aussage $\mathcal{A}(n)$ ist für alle natürlichen Zahlen $n \geq n_0$ richtig, falls gilt*:

(a) $\mathcal{A}(n_0)$ *ist richtig,*

(b) *für $k \geq n_0$ folgt aus der Richtigkeit von $\mathcal{A}(k)$ die von $A(k+1)$.*

Der Beweis ergibt sich wieder aus der Wohlordnung der natürlichen Zahlen ÜA.

**6.5 Beispiel.** *Die Summe der ersten $n$ ungeraden Zahlen ist $n^2$.*
*Induktionsanfang*: Für $n = 1$ heißt das einfach $1 = 1^2$.
*Induktionschritt*:
Ist für irgend ein $k$  $\mathcal{A}(k) : 1 + 3 + \ldots + (2k-1) = k^2$ richtig, so folgt $1 + 3 + \ldots + (2k-1) + (2k+1) = k^2 + 2k + 1 = (k+1)^2$, also $\mathcal{A}(k+1)$.
*Induktionsschluß*: Also gilt $\mathcal{A}(n)$ für alle $n \in \mathbb{N}$.

### 6.6 Die Bernoullische Ungleichung

Aus $h \geq -1$   folgt  $(1+h)^n \geq 1 + nh$    für alle $n \in \mathbb{N}$.

BEWEIS *durch Induktion*.

Für $n = 1$ besteht Gleichheit: $(1+h)^1 = 1 + 1 \cdot h$.
Ist $(1+h)^k \geq 1 + k \cdot h$, so folgt nach 5.5 (d) wegen $1 + h \geq 0$ auch

$$(1+h)^{k+1} = (1+h)^k(1+h)$$
$$\geq (1+kh)(1+h) = 1 + (k+1)h + kh^2 \geq 1 + (k+1)h.$$

Aus $(1+h)^k \geq 1 + kh$ folgt also auch $(1+h)^{k+1} \geq 1 + (k+1)h$. Nach dem Induktionsprinzip folgt $(1+h)^n \geq 1 + nh$ für alle $n \in \mathbb{N}$ und $h \geq -1$.  □

**6.7 Bemerkung.** Daß jede ungerade natürliche Zahl $k$ von der Form $2m - 1$ ist mit $m \in \mathbb{N}$ (vgl. 4.3), folgt aus der Wohlordnungseigenschaft 6.1:
Die Menge $A = \{n \in \mathbb{N} \mid 2n > k\}$ ist nicht leer wegen $2k \in A$. Also hat $A$ ein kleinstes Element $m$. Es ist $2(m-1) \leq k < 2m$, ja sogar $2m - 2 < k < 2m$, da $k$ nicht gerade ist. Es bleibt für $k$ nur der Wert $2m - 1$.

**6.8\* Eine Variante des Induktionsprinzips,** die wir erst wesentlich später benötigen und die bei der ersten Lektüre übergangen werden kann, sei der Vollständigkeit halber hier aufgeführt.

SATZ. *Eine Menge $M \subset \mathbb{N}$ besteht schon dann aus allen natürlichen Zahlen, wenn für sie gilt:*

(a) $1 \in M$.

(b) *Aus $1, 2, \ldots, k \in M$ folgt $k + 1 \in M$.*

BEWEIS.

Wir betrachten $A = \{n \in \mathbb{N} \mid \{1, \ldots n\} \subset M\}$. Ist $n \in A$, so ist insbesondere $n \in M$. Also genügt es zu zeigen, daß $A = \mathbb{N}$ ist. Dies geschieht durch Induktion. Offenbar ist $1 \in A$. Ist $k \in A$, so bedeutet das $m \in M$ für alle $m \leq k$. Nach (b) folgt $k+1 \in M$. Insgesamt ist dann sogar $m \in M$ für alle $m \leq k+1$. Es folgt $k+1 \in A$. □

### 6.9 Summenzeichen und Produktzeichen

Die Summe $a_1 + a_2 + \ldots + a_n$ kürzen wir ab durch $\sum_{k=1}^{n} a_k$. Dabei vereinbaren wir $\sum_{k=1}^{1} a_k = a_1$. Die oben bewiesenen Formeln lassen sich jetzt so schreiben:

$$\sum_{k=1}^{n} k^2 = \tfrac{1}{6}n(n+1)(2n+1), \qquad \sum_{k=1}^{n}(2k-1) = n^2$$

Auf den Namen des „Summationsindex" $k$ kommt es nicht an, statt $\sum_{k=1}^{n} a_k$ können wir genausogut $\sum_{i=1}^{n} a_i$, $\sum_{j=1}^{n} a_j$ schreiben. Ist $I$ eine endliche Teilmenge von $\mathbb{N}$, etwa $I = \{n_1, \ldots, n_m\}$, so definieren wir $\sum_{k \in I} a_k := a_{n_1} + \ldots + a_{n_m}$. Aus formalen Gründen ist es zweckmäßig, $\sum_{k \in I} a_k = 0$ zu setzen, falls $I = \emptyset$. Allgemein setzen wir für $l, m \in \mathbb{Z}$

$$\sum_{k=l}^{m} a_k := \begin{cases} a_l & \text{falls } m = l \\ a_l + a_{l+1} + \ldots + a_m & \text{falls } m > l \\ 0 & \text{falls } m < l \, ; \end{cases}$$

ferner schreiben wir $\sum_{k=0}^{n-1} a_{k+1}$ statt $\sum_{k=1}^{n} a_k$.

Ganz analog definieren wir

$$\prod_{k=l}^{m} a_k := \begin{cases} a_l & \text{falls } m = l \\ a_l \cdot a_{l+1} \cdot \ldots \cdot a_m & \text{falls } m > l \\ 1 & \text{falls } m < l \, . \end{cases}$$

Die **Fakultät** ist definiert durch

$$\mathbf{n}! := \prod_{k=1}^{n} k = 1 \cdot 2 \cdot \ldots \cdot n$$

für $n \in \mathbb{N}$ (und verabredungsgemäß $0! := 1$).

Für die $n$-te Potenz gilt $a^n = \prod_{k=1}^{n} a$ und verabredungsgemäß $a^0 = 1$. Die Rechenregeln $a^{m+n} = a^m \cdot a^n$, $(a^m)^n = a^{m \cdot n}$ ergeben sich per Induktion $\boxed{\text{ÜA}}$.

**6.10 Aufgabe.** Verifizieren Sie die Abschätzung

$$n! \leq 4 \left(\frac{n}{2}\right)^{n+1} \quad \text{für} \quad n = 1, 2, \ldots$$

durch Induktion und mit der Bernoullischen Ungleichung, und prüfen Sie deren Güte anhand einiger Zahlenbeispiele.

**6.11 Die geometrische Summenformel**
(a) $a^n - b^n = (a - b) \cdot \left(a^{n-1} + a^{n-2}b + \ldots + ab^{n-2} + b^{n-1}\right)$

$$= (a - b) \cdot \sum_{k=0}^{n-1} a^k \cdot b^{n-1-k} = (a - b) \cdot \sum_{i+j=n-1} a^i b^j.$$

Für $n = 2$ ist dies einfach die Formel $a^2 - b^2 = (a - b)(a + b)$.

(b) Mit $a = 1$ und $b = q$ folgt daraus unmittelbar

$$\sum_{k=0}^{n} q^k = \frac{1 - q^{n+1}}{1 - q} \quad \text{für} \quad q \neq 1.$$

(c) BEMERKUNG. Für $a > b > 0$ folgt $a^n > b^n$ nach (a).

Die Formel (a) ist wie folgt einzusehen:

$$(a - b) \cdot \left(a^{n-1} + a^{n-2}b + \cdots + b^{n-1}\right)$$
$$= a^n - ba^{n-1} + a^{n-1}b - a^{n-2}b^2 + a^{n-2}b^2 - \cdots - ab^{n-1} + ab^{n-1} - b^n$$
$$= a^n - b^n,$$

da sich innere benachbarte Glieder gegenseitig wegheben.

$\boxed{\text{ÜA}}$ Beweisen sie die Formel (a) durch Induktion!

**6.12** Zeigen Sie durch Induktion: $\left| \sum_{k=1}^{n} a_k \right| \leq \sum_{k=1}^{n} |a_k|$.

# 7 Intervalle

## 7.1 Abgeschlossene Intervalle

Für reelle Zahlen $a, b$ heißen die folgenden Mengen abgeschlossene Intervalle:

$$[a, b] := \{x \in \mathbb{R} \mid a \leq x \leq b\} \qquad (a \leq b)$$
$$[a, \infty[ := \{x \in \mathbb{R} \mid a \leq x\}$$
$$]-\infty, b] := \{x \in \mathbb{R} \mid x \leq b\}.$$

Auch $\mathbb{R}$ zählt als abgeschlossenes Intervall. Die Symbole $-\infty$ und $\infty$ haben keine eigenständige Bedeutung.

### 7.2 Offene Intervalle

Offene Intervalle heißen die Mengen

$$]a,b[ := \{x \in \mathbb{R} \mid a < x < b\} \quad (a < b), \quad ]a,\infty[ := \{x \in \mathbb{R} \mid x > a\},$$
$$]-\infty,b[ := \{x \in \mathbb{R} \mid x < b\} \quad \text{und} \quad \mathbb{R} = ]-\infty,\infty[.$$

In der Literatur finden Sie auch $(a,b)$ statt $]a,b[$.

### 7.3 Halboffene Intervalle

Sind $a, b$ reelle Zahlen mit $a < b$, so setzen wir

$$]a,b] := \{x \in \mathbb{R} \mid a < x \leq b\}, \quad [a,b[ := \{x \in \mathbb{R} \mid a \leq x < b\}.$$

### 7.4 Abgeschlossene und offene Halbgerade

$$\mathbb{R}_+ := \{x \in \mathbb{R} \mid x \geq 0\}, \quad \mathbb{R}_{>0} := \{x \in \mathbb{R} \mid x > 0\}.$$

### 7.5 Kompakte Intervalle

Wir nennen Intervalle der Form $[a,b]$ mit $a, b \in \mathbb{R}$, $a \leq b$ **kompakt**.

## 8 Beschränkte Mengen, obere und untere Schranken

**8.1 Definition.** Eine Teilmenge $M$ von $\mathbb{R}$ heißt **nach oben beschränkt**, wenn es eine Zahl $K$ gibt mit $x \leq K$ für alle $x \in M$. $K$ heißt in diesem Fall eine **obere Schranke** für $M$. Ist $K$ eine obere Schranke und $K' \geq K$, so ist auch $K'$ eine obere Schranke. Analog werden die Begriffe **nach unten beschränkt** und **untere Schranke** definiert.

**8.2 Beispiele** (a) $\mathbb{N}$ ist nach unten beschränkt, eine untere Schranke ist 1.

(b) $\mathbb{R}_{>0}$ ist nach unten beschränkt, 0 ist eine untere Schranke.

(c) Die Menge $W = \{x \in \mathbb{R} \mid x^2 < 2\}$ hat 2 als obere Schranke. Denn für jedes $x \in W$ gilt $x^2 < 2 < 2^2$, also $x < 2$ nach 5.7.

**8.3 Beschränkte Mengen.** Eine Teilmenge $M$ von $\mathbb{R}$ heißt **beschränkt**, wenn es ein $K \geq 0$ gibt mit $|x| \leq K$ für alle $x \in M$. $K$ heißt in diesem Fall eine **Schranke** für $M$. Aus formalen Gründen gilt $\emptyset$ als beschränkt. Ist $M$ beschränkt mit Schranke $K$, so ist $M \subset [-K, K]$, also ist $M$ nach oben und nach unten beschränkt. Ist umgekehrt $M$ nach oben beschränkt mit oberer Schranke $S$ und nach unten beschränkt mit unterer Schranke $T$, so ist $M$ beschränkt mit der größeren der beiden Zahlen $|S|, |T|$ als Schranke.

## 9 Maximum und Minimum

**9.1** Für zwei Zahlen $a, b$ setzen wir

$$\max\{a, b\} := \begin{cases} b, & \text{falls } b \geq a \\ a, & \text{falls } b < a, \end{cases}$$

$$\min\{a, b\} := \begin{cases} a, & \text{falls } a \leq b \\ b, & \text{falls } a > b. \end{cases}$$

Allgemeiner gibt es zu je endlich vielen Zahlen $a_1, \ldots, a_n$ eine größte und eine kleinste, bezeichnet mit

$$\max\{a_1, \ldots, a_n\} \quad \text{bzw.} \quad \min\{a_1, \ldots, a_n\}.$$

Dies ergibt sich durch Induktion nach der Elementezahl $n$ ÜA.

**9.2** Ist $M$ eine nichtleere Teilmenge von $\mathbb{R}$, so schreiben wir

$$m = \max M$$

($m$ ist das größte Element, bzw. das **Maximum** von $M$), falls folgendes gilt

(a) $m$ ist eine obere Schranke für $M$ und

(b) $m \in M$.

Entsprechend schreiben wir $l = \min M$ ($l$ ist das kleinste Element, bzw. das **Minimum** von $M$), falls

(a) $l$ eine untere Schranke für $M$ ist und falls

(b) $l \in M$.

**9.3 Vorsicht:** *Nicht jede nichtleere, nach unten beschränkte Teilmenge von $\mathbb{R}$ besitzt ein kleinstes Element!*

Zum Beispiel ist $\mathbb{R}_{>0}$ nach unten beschränkt, hat aber kein kleinstes Element. Ist nämlich $x \in \mathbb{R}_{>0}$, so ist $0 < \frac{x}{2} < x$. Also gibt es zu jedem Element von $\mathbb{R}_{>0}$ noch ein kleineres. Die Zahl 0 gehört nicht zu $\mathbb{R}_{>0}$!

Weitere BEISPIELE:

(a) $a = \min[a, b], \quad b = \max[a, b]$

(b) Das Intervall $]a, b[$ besitzt kein Maximum und kein Minimum. Denn ist $x \in ]a, b[$, so enthält $]a, b[$ immer noch größere Zahlen (z.B. $\frac{1}{2}(x+b)$, vgl. 5.11 (c)) und noch kleinere (z.B. $\frac{1}{2}(a + x)$).

(c) Jede nichtleere Teilmenge von $\mathbb{N}$ besitzt ein Minimum (6.1).

## 10 Archimedische Anordnung von $\mathbb{Q}$

(a) *Sind $p, q$ positive rationale Zahlen, so gibt es mindestens eine natürliche Zahl $N$ mit $N \cdot p > q$. Insbesondere gibt es zu jeder noch so großen positiven Zahl $r \in \mathbb{Q}$ eine natürliche Zahl $N$ mit $N > r$.*

(b) *Zwischen je zwei rationalen Zahlen $p < q$ gibt es eine weitere, ja sogar unendlich viele weitere rationale Zahlen.*

BEWEIS.

(a) Sind

$$p = \frac{n}{m}, \quad q = \frac{n'}{m'}$$

rationale Zahlen mit $n, m, n', m' \in \mathbb{N}$, so setzen wir $N := m \cdot n' + 1$. Dann ist

$$N \cdot p = \frac{n(mn'+1)}{m} > \frac{nmn'}{m} = nn' \geq n' \geq \frac{n'}{m'} = q$$

Der zweite Teil ergibt sich für $p = 1$, $q = r$.

(b) Ist $p < q$, so ist $p < \frac{1}{2}(p+q) < q$ (5.11 (c)). Bezeichnen wir $\frac{1}{2}(p+q)$ mit $r_1$, so gibt es ein $r_2 \in \mathbb{Q}$ mit $r_1 < r_2 < q$, dann ein $r_3 \in \mathbb{Q}$ mit $r_2 < r_3 < q$ usw. Per Induktion folgt, daß es zu jedem $n \in \mathbb{N}$ ein $r_n$ gibt mit $p < r_n < q$, welches von $r_1, r_2, \ldots, r_{n-1}$ verschieden ist.

□

BEMERKUNGEN.

Zu (a): Für die reellen Zahlen werden wir in §2:2.1 einen entsprechenden Satz beweisen. Seine geometrische Deutung ist, daß eine noch so kleine Strecke $AB$, wenn man sie genügend oft aneinandersetzt, schließlich jede vorgegebene Strecke $CD$ übertreffen muß:

Zu (b): Zu der Unendlichkeit von $\mathbb{Q}$ in Bezug auf die Ausdehnung kommt sozusagen eine Unendlichkeit nach innen hinzu: Die rationalen Zahlen liegen unendlich dicht gepackt auf der Zahlengeraden. Umso überraschender muß die folgende Tatsache erscheinen:

## 11 Die Abzählbarkeit von $\mathbb{Q}$

*Die rationalen Zahlen lassen sich durchnumerieren.*

Das bedeutet: $\mathbb{Q}$ hat nicht mehr Elemente als $\mathbb{N}$. Wir sehen das mit Hilfe des *ersten Cantorschen Diagonalverfahrens:*

Wir ordnen die positiven rationalen Zahlen in dem nebenstehenden Schema an und gehen bei der Numerierung den Pfeilen nach. Dabei werden alle Zahlen, die schon einmal (in anderer Darstellung) erfasst wurden, übergangen (in der Figur eingekreist).

Die positiven rationalen Zahlen sind so in der Form $r_1 = 1$, $r_2 = \frac{1}{2}$, $r_3 = 2$, $r_4 = 3$, $r_5 = \frac{1}{3}$ usw. numeriert. In der Auflistung $0, r_1, -r_1, r_2, -r_2, \ldots$ kommt jede rationale Zahl genau einmal vor. Daraus ergibt sich die Numerierung von $\mathbb{Q}$.

## 12 Die Lückenhaftigkeit von $\mathbb{Q}$

Nehmen wir einmal an, unsere Zahlengerade bestünde nur aus den rationalen Zahlen. Wir errichten über dieser „Zahlengeraden $\mathbb{Q}$" das Einheitsquadrat und beschreiben um den Nullpunkt den Kreis mit Radius $d$ (Fig.). Dann hätte dieser mit der Zahlengeraden keinen Schnittpunkt. Denn nach Pythagoras wäre $d^2 = 1^2 + 1^2 = 2$. Es gilt aber:

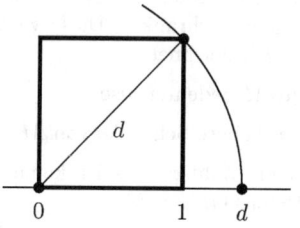

*Es gibt keine rationale Zahl $r$ mit $r^2 = 2$.*

Damit reichen die rationalen Zahlen zur Beschreibung einfachster geometrischer Konstruktionen nicht aus!

Der folgende Beweis ist über 2000 Jahre alt: Wäre $r^2 = 2$, $r = \frac{n}{m}$, $n \in \mathbb{Z}$, $m \in \mathbb{N}$, so könnten wir durch sukzessives Kürzen mit 2 erreichen, daß $m$ oder $n$ ungerade ist. Aus $n^2 = 2m^2$ folgte dann, daß $n^2$ gerade ist. Dann müßte auch $n$ gerade sein, denn das Produkt zweier ungerader Zahlen ist ungerade. Also wäre $|n| = 2k$ mit $k \in \mathbb{N}$. Das hätte zur Folge $4k^2 = 2m^2$ oder $m^2 = 2k^2$. Damit wäre $m^2$ gerade, also $m$ gerade im Widerspruch zur Annahme.

## §2 Die Vollständigkeit von $\mathbb{R}$, konvergente Folgen

### 1 Supremum und Infimum

#### 1.1 Vorbemerkungen

Bisher wissen wir von den reellen Zahlen folgendes: Sie bilden einen Körper, der $\mathbb{Z}$ enthält; je zwei Zahlen sind ihrer Anordnung nach vergleichbar, und für die Ordnungsrelation $<$ gelten $(O_1)$ bis $(O_4)$. All dies gilt ebenso für den Körper $\mathbb{Q}$ der rationalen Zahlen. Die entscheidende Eigenschaft, welche $\mathbb{R}$ vor $\mathbb{Q}$ auszeichnet, ist die „Vollständigkeit". Sie erst garantiert die Lösbarkeit von Aufgaben, die im Bereich der rationalen Zahlen im allgemeinen unlösbar sind: Quadratwurzel aus positiven Zahlen, Grenzwerte von Folgen und Reihen, Länge von Kurven, Flächen- und Rauminhalt, Auflösen nichtlinearer Gleichungen. Es gibt verschiedene Zugänge zur Vollständigkeit; wir gehen von der Vollständigkeit der Anordnung aus, beschrieben durch das folgende Axiom.

#### 1.2 Das Supremumsaxiom

> Jede nach oben beschränkte, nichtleere Teilmenge $M$ von $\mathbb{R}$ besitzt eine kleinste obere Schranke. Diese wird das **Supremum** von $M$ genannt und mit $\sup M$ bezeichnet.

$s = \sup M$ bedeutet also:

(a) $s$ ist obere Schranke von $M$: $x \leq s$ für jedes $x \in M$.

(b) Jede Zahl $r < s$ ist keine obere Schranke von $M$: Es gilt $r < x$ für mindestens ein $x \in M$.

Aus dem Supremumsaxiom folgt unmittelbar:

**1.3** FOLGERUNG. *Jede nach unten beschränkte, nichtleere Teilmenge $M$ von $\mathbb{R}$ besitzt eine größte untere Schranke, das **Infimum** $\inf M$ von $M$.*

Denn spiegelt man die Menge $M$ am Ursprung der Zahlengeraden (Ersetzen von $x$ durch $-x$), so gehen untere Schranken in obere Schranken über und umgekehrt.

$t = \inf M$ bedeutet:

(a) $t$ ist untere Schranke von $M$: $t \leq x$ für jedes $x \in M$.

(b) Jede Zahl $r > t$ ist keine untere Schranke von $M$: Es gilt $r > x$ für mindestens ein $x \in M$.

#### 1.4 Bemerkungen und Beispiele

(a) Für $I = ]a, b[$ gilt $b = \sup I$. Denn $b$ ist obere Schranke für $I$, und für $r < b$ gibt es ein $x \in I$ mit $r < x$, nämlich $x = \frac{1}{2}(r' + b)$ mit $r' = \max\{a, r\}$.

## 2 Folgerungen aus dem Supremumsaxiom

Ganz analog ergibt sich $a = \inf I$.

(b) *Man beachte den Unterschied zwischen Maximum und Supremum*: Im vorangehenden Beispiel besitzt $I$ weder ein Maximum noch ein Minimum. Das Supremum einer Menge $M$ muß also nicht zu $M$ gehören.

(c) Besitzt $M$ allerdings ein Maximum: $m = \max M$, so ist $m$ auch das Supremum von $M$. Entsprechendes gilt für das Minimum.

(d) Den Kreisumfang werden wir später als das Supremum der Längen aller einbeschriebenen Sehnenpolygone definieren.

(e) In $\mathbb{Q}$ gilt das Supremumsaxiom nicht. Wir werden anschließend sehen, daß die Menge

$$M = \left\{ x \in \mathbb{Q} \mid x^2 < 2 \right\}$$

nichtleer und nach oben beschränkt ist und daß aus $s = \sup M$ notwendigerweise $s^2 = 2$ folgt. Es gibt aber keine rationale Zahl $s$ mit $s^2 = 2$ (vgl. §1:12). Also hat $M$ kein Supremum in $\mathbb{Q}$.

**1.5 Aufgabe.** Beantworten Sie für die nachfolgenden Mengen $M \subset \mathbb{R}$ die Fragen:

Ist $M$ nach oben beschränkt? Wenn ja, geben Sie $s = \sup M$ an und begründen Sie, warum $s = \sup M$ ist.

Die entsprechende Frage für „nach unten beschränkt" und $\inf M$.

Hat $M$ ein Maximum? Wenn ja, welches?

Hat $M$ ein Minimum? Wenn ja, welches?

(a) $M_1 = \left\{ 1 - \frac{1}{n} \mid n \in \mathbb{N} \right\}$

(b) $M_2 = \{ t \in \mathbb{R} \mid t \text{ ist obere Schranke von } M_1 \}$

(c) $M_3 = \left\{ (1 - \frac{1}{n^2})^n \mid n \in \mathbb{N} \right\}$ (Hier hilft eine wichtige Ungleichung weiter!)

(d) $M_4 = \{ x \in \, ]-\infty, 2] \mid x \text{ ist irrational} \}$

(e) $M_5 = \left\{ x \in \mathbb{R} \mid x^3 \leq 8 \right\}$

(f) $M_6 = \left\{ x \in \mathbb{R} \mid x^2 - 7x + 12 \geq 0 \right\}$

# 2 Folgerungen aus dem Supremumsaxiom

## 2.1 Die archimedische Eigenschaft von $\mathbb{R}$

Wir geben drei äquivalente Formulierungen (vgl. §1:10):

(a) *Für positive Zahlen $a, b$ gibt es eine natürliche Zahl $n$ mit $n \cdot a > b$.*

(b) *Zu jeder positiven Zahl $r$ gibt es ein $n \in \mathbb{N}$ mit $n > r$.*

(c) *Zu jedem $\varepsilon > 0$ gibt es ein $N \in \mathbb{N}$ mit $\frac{1}{N} < \varepsilon$.*

BEWEIS von (b). Sei $r > 0$ gegeben. Angenommen, es gebe kein $n \in \mathbb{N}$ mit $n > r$. Dann wäre $\mathbb{N}$ nach oben beschränkt mit oberer Schranke r. Nach 1.2 hätte dann $\mathbb{N}$ ein Supremum: $s := \sup \mathbb{N}$. Es wäre dann $n + 1 \leq s$ für alle $n \in \mathbb{N}$, also $n \leq s - 1$ für alle $n \in \mathbb{N}$; damit wäre $s - 1$ obere Schranke von $\mathbb{N}$ im Widerspruch dazu, daß $s$ die kleinste obere Schranke sein sollte.

(a) folgt aus (b) mit $r = \frac{b}{a}$; (c) mit $r = \frac{1}{\varepsilon}$. □

## 2.2 Die Zahl [$x$]

*Jede nach unten beschränkte, nichtleere Menge M ganzer Zahlen besitzt ein Minimum.* Denn zu $t := \inf M$ gibt es nach 2.1 (b) ein $k \in \mathbb{N}$ mit $k > |t|$. Die verschobene Menge $M' := \{k + m \mid m \in M\}$ hat als Teilmenge von $\mathbb{N}$ ein Minimum. *Für jede reelle Zahl $x$ gibt es genau eine ganze Zahl $n$ mit*

$$n \leq x < n + 1,$$

*nämlich* $n = \min\{m \in \mathbb{Z} \mid x < m + 1\}$. Wir bezeichnen diese Zahl mit [$x$] (bei Computern: INT(x)). [$x$] ist offenbar die größte ganze Zahl $\leq x$.

**2.3 Ein kleiner Hilfssatz.** *Von der reellen Zahl $x$ sei bekannt, daß es eine Konstante $c > 0$ gibt mit*

$$x \leq \frac{c}{n} \text{ für alle genügend großen natürlichen Zahlen.}$$

*Dann folgt $x \leq 0$.*

ÜA  Warum kann $x$ nicht positiv sein?

## 2.4 Die Existenz der Quadratwurzel

*Zu jeder Zahl $a \geq 0$ gibt es genau eine Zahl $x \geq 0$ mit $x^2 = a$; bezeichnet mit $\sqrt{a}$.*

BEWEIS.
Für $a = 0$ ist die Behauptung klar; sei also $a > 0$.

(a) *Eindeutigkeit*: Aus $x^2 = a$ und $y^2 = a$ folgt $0 = x^2 - y^2 = (x - y) \cdot (x + y)$, also $x = y$ oder $x = -y$. Da nur positive Lösungen in Frage kommen, bleibt $x = y$.

(b) *Existenz der Wurzel*: Wir betrachten die Menge

$$M = \left\{ x \in \mathbb{Q} \mid x^2 < a \right\}.$$

$M$ ist nicht leer, denn $0 \in M$. $M$ ist nach oben beschränkt durch $1 + \frac{a}{2}$, denn für $x \in M$ gilt

## 2 Folgerungen aus dem Supremumsaxiom

$$x^2 < a < 1 + a + \frac{a^2}{4} = \left(1 + \frac{a}{2}\right)^2 \quad \text{und daraus} \quad x < 1 + \frac{a}{2}.$$

Für das Supremum $s = \sup M$ wollen wir $s^2 = a$ zeigen. Wir zeigen zuerst $s^2 \geq a$. Für $n = 1, 2, \ldots$ gilt $s + \frac{1}{n} \notin M$, also

$$a \leq \left(s + \frac{1}{n}\right)^2 = s^2 + \frac{2s}{n} + \frac{1}{n^2} \quad \text{und daraus}$$

$$a - s^2 \leq \frac{2s}{n} + \frac{1}{n^2} \leq \frac{2s}{n} + \frac{1}{n} = \frac{2s+1}{n}.$$

Es folgt $a - s^2 \leq 0$ nach 2.3.

Jetzt zeigen wir $s^2 \leq a$. Wegen $s^2 \geq a > 0$ gilt $s > 0$, also gibt es ein $N \in \mathbb{N}$ mit $\frac{1}{N} < s$, und damit haben wir für alle $n \geq N$

$$0 < s - \frac{1}{N} \leq s - \frac{1}{n}.$$

Da $s - \frac{1}{n}$ keine obere Schranke von $M$ ist, gibt es jeweils ein $x_n \in M$ mit

$$0 < s - \frac{1}{n} < x_n, \quad \text{vgl. 1.2 (b)}.$$

Wir haben dann

$$a > x_n^2 > \left(s - \frac{1}{n}\right)^2 = s^2 - \frac{2s}{n} + \frac{1}{n^2} > s^2 - \frac{2s}{n} \quad \text{bzw.}$$

$$\frac{s^2 - a}{2s} < \frac{1}{n} \quad \text{für alle} \quad n \geq N \quad \text{und damit nach 2.3}$$

$$\frac{s^2 - a}{2s} \leq 0, \quad \text{d.h.} \quad s^2 \leq a. \qquad \square$$

BEMERKUNG. Die Menge $M = \{x \in \mathbb{Q} \mid x^2 < 2\}$ besitzt kein Supremum in $\mathbb{Q}$, obwohl sie nichtleer und nach oben beschränkt ist. Denn für ein solches Supremum $s$ würde nach den rein rationalen Rechnungen des Beweises folgen $s^2 = 2$.

### 2.5 $\mathbb{Q}$ liegt dicht in $\mathbb{R}$

*In jedem (noch so kleinen) Intervall $]a, b[$ gibt es eine, ja sogar unendlich viele rationale Zahlen.*

BEWEIS.
Wir wählen zuerst $n \in \mathbb{N}$ mit $\frac{1}{n} < \frac{b-a}{2}$ und suchen ein $m \in \mathbb{Z}$ mit

$$a < \frac{m}{n} < \frac{m+1}{n} < b.$$

Hierzu setzen wir $m := [na] + 1$, so daß $m \in \mathbb{Z}$ und $m - 1 \leq na < m$. Es gilt dann

$$a < \frac{m}{n} \quad \text{und} \quad \frac{m+1}{n} = \frac{m-1}{n} + \frac{2}{n} < a + (b-a) = b.$$

Mit diesen beiden rationalen Zahlen liegen nach §1:10(b) noch unendlich viele weitere rationale Zahlen zwischen $a$ und $b$. □

**2.6** *Auch die irrationalen (nicht rationalen) Zahlen liegen dicht in $\mathbb{R}$, d.h. in jedem Intervall $]a,b[$ findet sich eine irrationale Zahl.*

BEWEIS.
Wir wählen gemäß 2.5 zwei rationale Zahlen $p < q$ in $]a,b[$ und ein $n \in \mathbb{N}$ mit $\frac{1}{n} < \frac{q-p}{\sqrt{2}}$. Dann gibt es ein $m \in \mathbb{Z}$ mit $p < \frac{m}{n}\sqrt{2} < q$.

Festlegung von $m$ und Nachweis der letzten Ungleichungen als ÜA. □

## 2.7 Aufgaben

(a) Zeigen Sie, daß $1 + \frac{x}{2} - \frac{x^2}{2} \leq \sqrt{1+x} \leq 1 + \frac{x}{2}$ für alle $x \in [-1, +1]$.

(b) Zeigen Sie: Ist $1 + \alpha x - \beta x^2 \leq \sqrt{1+x} \leq 1 + \alpha x$ für alle $x \in [-1, +1]$, so folgt $\alpha = \frac{1}{2}$ und $\beta \geq \frac{1}{2}$.

# 3 Folgen, Rekursion, Teilfolgen

## 3.1 Folgen

Ist durch irgendeine Vorschrift jeder natürlichen Zahl $n$ eine reelle Zahl $a_n$ zugewiesen, so sprechen wir von einer *Zahlenfolge*, bezeichnet mit $(a_n)_{n \in \mathbb{N}}$ bzw. $(a_k)_{k \in \mathbb{N}}$ usw. Solange keine Mißverständnisse möglich sind, schreiben wir kurz $(a_n)$ bzw. $(a_k)$ usw. In manchen Fällen bezeichnen wir die Folge auch mit $(a_1, a_2, a_3, \ldots)$.

BEISPIELE

$$\left(\frac{1}{n}\right) = \left(1, \frac{1}{2}, \frac{1}{3}, \frac{1}{4}, \ldots\right)$$

$$\left(\left(1 + \frac{1}{n}\right)^n\right) = \left(2, \frac{9}{4}, \frac{64}{27}, \frac{625}{256}, \ldots\right)$$

$$(q^n) = \left(q^1, q^2, q^3, q^4, \ldots\right)$$

$$((-1)^n) = (-1, 1, -1, 1, \ldots)$$

$$\left(\frac{n!}{20^n}\right) = \left(\frac{1}{20}, \frac{1}{200}, \frac{3}{4000}, \frac{3}{20000}, \frac{3}{80000}, \frac{9}{800000}, \frac{63}{16 \cdot 10^6}, \cdots\right)$$

Man sieht hier, daß die Auflistung der Elemente keinen Einblick in das Bildungsgesetz liefert. Andererseits läßt sich bei der Folge $(1, 0, 1, 0, 0, 1, 0, 0, 0, 1, 0, \ldots)$ das Bildungsgesetz nur sehr mühsam formelmäßig angeben.

### 3.2 Rekursive Definition von Folgen

(a) Setzen wir $a_1 = 1$, $a_2 = \sqrt{1 + a_1}$, $a_3 = \sqrt{1 + a_2}$, allgemein $a_{n+1} = \sqrt{1 + a_n}$, so ist hierdurch eine Folge $(a_n)$ definiert. Das ist eine Folgerung aus dem Induktionsprinzip.

(b) Ebenso ist durch $a_1 = 1$, $a_2 = 1$, $a_{n+2} = a_n + a_{n+1}$ eine Folge $(a_n)$ definiert.

### 3.3 Teilfolgen

entstehen, grob gesprochen, aus Folgen durch Weglassen von Folgengliedern, z.B. $(a_1, a_4, a_9, a_{16}, \ldots) = (a_{k^2})_{k \in \mathbb{N}}$.

So sind $(1, 1, 1, \ldots)$ und $(-1, -1, -1, \ldots)$ Teilfolgen von $(1, -1, 1, -1, \ldots)$. Wir präzisieren dies: *Eine Teilfolge von* $(a_n)$ *hat die Gestalt* $(a_{n_k})_{k \in \mathbb{N}}$, wobei die $n_k$ natürliche Zahlen sind mit $n_1 < n_2 < n_3 < \cdots$. Der Fall $n_k = k$ ist dabei zugelassen. In unserem Beispiel ist $n_k = k^2$.

Beachten Sie: *Ist* $(a_{n_k})_{k \in \mathbb{N}}$ *eine Teilfolge von* $(a_n)$, *so gilt immer* $n_k \geq k$.

## 4 Nullfolgen

### 4.1 Programm

Wir wollen mathematisch streng fassen, was wir unter der Formulierung „*Die Folge* $(a_n)$ *hat den Grenzwert* $a$" ($a_n \to a$ für $n \to \infty$) verstehen wollen.

Dazu gehen wir in zwei Schritten vor. Zunächst präzisieren wir die Aussage „$a_n \to 0$ für $n \to \infty$". Anschließend definieren wir „$a_n \to a$ für $n \to \infty$" durch „$a_n - a \to 0$ für $n \to \infty$".

### 4.2 Die Unzulänglichkeit der Intuition

Die Feststellung $\frac{1}{n} \to 0$ für $n \to \infty$ wird jeder unterschreiben, ebenso unproblematisch ist die Behauptung $\left(\frac{9}{10}\right)^n \to 0$ für $n \to \infty$. Wie steht es aber mit der Folge $\left(n \cdot \left(\frac{9}{10}\right)^n\right)$? Zwar strebt $\left(\frac{9}{10}\right)^n$ gegen Null, aber $n$ wächst über alle Grenzen. Das Studium der ersten Glieder

$$\frac{9}{10}, \frac{162}{100}, \frac{2187}{1000}, \frac{26244}{10000}$$

vermittelt keine klare Vorstellung. Eine klare Vorstellung dagegen scheinen die ersten Glieder der Folge $a_n = \frac{n!}{20^n}$ zu vermitteln: Sie sind der Reihe nach 0.05, 0.005, $7.5 \cdot 10^{-4}$, $1.5 \cdot 10^{-4}$ und werden im folgenden rasch sehr klein. So ist $a_{20} \approx 2.32 \cdot 10^{-8}$. Alles klar? Denkste: $a_{60} \approx 7217.3$.

### 4.3 Weitere Bemerkungen.
Die gesamte höhere Analysis und damit auch die mathematische Physik stützt sich auf Konvergenzbetrachtungen. Diese werden in aller Regel auf reelle Nullfolgen zurückgeführt. Daher werden wir an dieser Stelle größten Wert auf mathematische Strenge und Beherrschung der Techniken legen.

Eine strenge Fassung des Konvergenzbegriffes scheint zunächst schwierig: Um das finale Verhalten der $a_n$ zu klären, muß man scheinbar die Reise ins Unendliche antreten. In Wirklichkeit werden wir aber die Entscheidung im Endlichen treffen.

### 4.4 Definition
Eine Folge $(a_n)$ heißt **Nullfolge** (in Zeichen $\lim_{n\to\infty} a_n = 0$ oder $a_n \to 0$ für $n \to \infty$), wenn es zu jeder (noch so kleinen) Zahl $\varepsilon > 0$ eine Zahl $n_\varepsilon \in \mathbb{N}_0$ gibt, so daß $|a_n| < \varepsilon$ für alle $n > n_\varepsilon$.

### 4.5 Beispiele
(a) *Die Folge* $\left(\frac{1}{n}\right)$ *ist eine Nullfolge*: Zu gegebenem $\varepsilon > 0$ setzen wir $n_\varepsilon := \left[\frac{1}{\varepsilon}\right]$. Für $n > n_\varepsilon$ gilt dann $n > \frac{1}{\varepsilon}$, also $\frac{1}{n} < \varepsilon$. ÜA : $\left(\frac{c}{n}\right)$ ist Nullfolge für jedes $c \in \mathbb{R}$.

(b) *Die Folge* $\left(\frac{1}{\sqrt{n}}\right)$ *ist Nullfolge.* Die Ungleichung $\frac{1}{\sqrt{n}} < \varepsilon$ ist nach §1:5.7 gleichwertig mit $\frac{1}{n} < \varepsilon^2$, d.h. $n > \frac{1}{\varepsilon^2}$. Für $n > n_\varepsilon := \left[\frac{1}{\varepsilon^2}\right]$ gilt $n > \frac{1}{\varepsilon^2}$ und damit $\frac{1}{\sqrt{n}} < \varepsilon$.

### 4.6 Ein fiktives Streitgespräch
A: Ich habe die ersten Glieder der Folge $a_n = \frac{2^n}{n!}$ mit dem Computer berechnet:

$$a_1 = 2,\ a_2 = 2,\ a_3 = \frac{4}{3},\ a_4 = \frac{2}{3},\ a_5 = \frac{4}{15},\ a_6 = \frac{4}{45},$$

$$a_7 \approx 0.0254,\ a_8 \approx 0.00635\,.$$

Man sieht schon: $a_n \to 0$.

B: Glaube ich nicht. $2^n$ wächst über alle Grenzen, wie schon den Zeitgenossen Buddhas klar war.

A: Aber $n!$ wächst noch stärker!

B: Berechne doch mal $a_{781}$. (Computer von A: „Error!")

A: Geht nicht. Aber $a_{781}$ ist bestimmt fürchterlich klein, und die folgenden Glieder sind noch kleiner. Denn $a_{n+1} = \frac{2}{n+1} \cdot a_n$.

# 4 Nullfolgen

B: Die Glieder von $1 + \frac{1}{n}$ werden auch immer kleiner.

A: Ich meine, $n!$ wächst so stark, daß $a_n$ *beliebig klein* wird.

B: Was heißt „beliebig klein"?

A: So klein Du willst!

B: Kleiner als $\frac{1}{1000}$?

A: $a_{10} \approx 2.822 \cdot 10^{-4}$. Und die folgenden $a_n$ sind noch kleiner, wie ich schon begründet habe.

B: Kleiner als $10^{-6}$?

A: $a_{15} < 2.506 \cdot 10^{-8}$.

B: O.K. Aber kleiner als $10^{-12}$?

A: $a_{20} < 4.31 \cdot 10^{-13}$.

B: Reiner Zufall. Ich habe heute nur einen schlechten Tag beim Ausdenken kleiner Zahlen. Ich sage: $10^{-1000}$! (Computer: „Error!")

A: So kommen wir nicht weiter! Ich zeige Dir jetzt, daß es ganz gleich ist, was Du Dir ausdenkst.

Nehmen wir an, Du hast Dir eine kleine Zahl ausgedacht, nennen wir sie $\varepsilon$. Positiv muß sie sein, denn ich habe nie behauptet, daß $a_n$ irgendwann einmal Null wird. Also jetzt warte mal! (A begibt sich ins Nebenzimmer).

A (für sich): Machen wir eine Analyse! Für $n \geq 3$ ist $\frac{2}{n+1} \leq \frac{1}{2}$, also $a_{n+1} = \frac{2}{n+1} \cdot a_n \leq \frac{1}{2} a_n$. Damit

$$a_4 \leq \frac{1}{2} a_3, \quad a_5 \leq \frac{1}{2} a_4 \leq \left(\frac{1}{2}\right)^2 a_3, \ldots, a_k \leq \left(\frac{1}{2}\right)^{k-3} \cdot a_3 = \frac{8 a_3}{2^k}.$$

Nach der Bernoullischen Ungleichung ist $2^k = (1+1)^k \geq 1 + k > k$. Also haben wir insgesamt $|a_k| \leq \frac{8 a_3}{k} = \frac{32}{3 \cdot k}$ für $k \geq 3$. Damit $|a_k| < \varepsilon$ wird, brauche ich also nur dafür zu sorgen, daß $\frac{32}{k \cdot 3} < \varepsilon$ ausfällt. (A wendet sich wieder an B.)

A: Ich hab's! Wenn Du Dir ein $\varepsilon > 0$ ausgedacht hast, wähle ich $n_\varepsilon = \left[\frac{32}{3 \cdot \varepsilon}\right]$. Dann bin ich sicher, daß $a_n = |a_n| < \varepsilon$ für alle $n > n_\varepsilon$ sein wird. Jetzt brauchst Du mich nicht mehr, meine Formel arbeitet für mich. Übrigens: Mein $n_\varepsilon$ ist natürlich viel zu großzügig bemessen. Es ist $a_n < \varepsilon$ nicht erst ab $n_\varepsilon$, sondern schon bedeutend eher. Mir kam es aber nur darauf an, möglichst einfach eine Abschätzung des qualitativen Verhaltens zu gewinnen.

**4.7 Zur Bezeichnung $n_\varepsilon$.** Wir knüpfen an die letzte Bemerkung von A an. $n_\varepsilon$ ist durch $\varepsilon$ nicht festgelegt, jede größere Zahl tut's auch. Man wird aber $n_\varepsilon$ umso größer wählen müssen, je kleiner $\varepsilon$ ist. Nur das soll durch das angehängte $\varepsilon$ angedeutet werden.

[ÜA] Nützen Sie die Ungleichung $2^{10} = 1024 > 10^3$ dazu aus, das von A angegebene $n_\varepsilon$ nach unten zu verbessern.

## 4.8 Aufgabe

Beweisen Sie nach dem Muster von 4.6, daß $\dfrac{20^n}{n!} \to 0$ für $n \to \infty$.

## 4.9 Das wichtigste Kriterium für Nullfolgen: Vergleichskriterium

*Gilt von einer bestimmmten Nummer ab (etwa für $n \geq N$) eine Abschätzung*

$$|a_n| \leq b_n,$$

*wobei $(b_n)$ eine bekannte Nullfolge ist, so ist auch $(a_n)$ eine Nullfolge.*

*Ändert man insbesondere endlich viele Folgenglieder in einer Nullfolge ab, so entsteht wieder eine Nullfolge.*

BEWEIS.
Nach Voraussetzung gibt es zu jedem $\varepsilon > 0$ ein $n_\varepsilon$, so daß $|b_n| < \varepsilon$ für $n > n_\varepsilon$. Wir wählen $N_\varepsilon = \max\{N, n_\varepsilon\}$. Dann gilt für $n > N_\varepsilon$ einerseits $n > N$, also $|a_n| \leq b_n$ und insbesondere $b_n \geq 0$, andererseits $n > n_\varepsilon$, also $|b_n| < \varepsilon$. Damit ist $|a_n| \leq b_n = |b_n| < \varepsilon$ für $n > N_\varepsilon$. □

## 4.10 Anwendungsbeispiel

$\left(\dfrac{n}{n^2+1}\right)$ ist eine Nullfolge. Denn es ist

$$\left|\frac{n}{n^2+1}\right| = \frac{n}{n^2+1} < \frac{n}{n^2} = \frac{1}{n},$$

und $\left(\dfrac{1}{n}\right)$ ist Nullfolge.

## 4.11 Für $|q| < 1$ ist $(q^n)$ eine Nullfolge

BEWEIS.
Für $q = 0$ ist dies klar. Für $0 < |q| < 1$ setzen wir $|q| = \dfrac{1}{1+h}$ mit $h = \dfrac{1}{|q|} - 1 > 0$. Nach der Bernoullischen Ungleichung § 1 : 6.6 gilt dann

$$\frac{1}{|q^n|} = \frac{1}{|q|^n} = (1+h)^n \geq 1 + nh > nh,$$

somit ist $|q^n| \leq \dfrac{1}{h \cdot n}$. Nach 4.5 (a) ist $\left(\dfrac{1}{h} \cdot \dfrac{1}{n}\right)$ eine Nullfolge, vgl. auch 5.2 (a). Die Behauptung folgt jetzt aus dem Vergleichskriterium. □

## 4.12 Übungsaufgabe

Zeigen Sie, daß $(a_n)$ Nullfolge ist für

(a) $a_n = \dfrac{n^2-1}{n^2+1} \dfrac{1}{\sqrt{n}}$ (b) $a_n = \dfrac{1}{\sqrt{\sqrt{n}}}$ (c) $a_n = \dfrac{n^2+n+1}{n^3+4n^2+5}$

## 5 Sätze über Nullfolgen

### 5.1 Jede Nullfolge ist beschränkt.
Ist nämlich $(a_n)$ eine Nullfolge, so gibt es nach Definition zu jedem positiven $\varepsilon$ ein $n_\varepsilon$ mit $|a_n| < \varepsilon$ für $n > n_\varepsilon$. Wählen wir $\varepsilon = 1$. Dann gibt es ein $n_1$, so daß $|a_n| < 1$ für alle $n > n_1$. Setzen wir $M = \max\{|a_1|, |a_2|, \ldots, |a_{n_1}|, 1\}$, so ist $|a_n| \leq M$ für alle $n \in \mathbb{N}$.

### 5.2 Das Rechnen mit Nullfolgen

(a) Ist $(a_n)$ Nullfolge, so auch $(c \cdot a_n)$.

(b) Sind $(a_n)$, $(b_n)$ Nullfolgen, so sind auch $(a_n + b_n)$, $(a_n - b_n)$, $(a_n \cdot b_n)$ und $(ca_n + db_n)$ Nullfolgen.

(c) Ist $(a_n)$ Nullfolge und ist die Folge $(b_n)$ beschränkt, so ist $(a_n \cdot b_n)$ eine Nullfolge.

(d) Ist $(a_n)$ Nullfolge, so auch $(\sqrt{|a_n|})$.

Vor dem Beweis noch eine

### 5.3 Bemerkung zum Nachweis der Nullfolgeneigenschaft

Es genügt zum Nachweis der Nullfolgeneigenschaft eine Konstante $c > 0$ anzugeben mit der Eigenschaft

*Zu jedem $\varepsilon > 0$ gibt es ein $N_\varepsilon \in \mathbb{N}_0$ mit $|a_n| < c \cdot \varepsilon$ für alle $n > N_\varepsilon$.*

Denn ist dieses gelungen, so gilt $|a_n| < \varepsilon$ für $n > N_{\varepsilon'}$, wobei $\varepsilon' = \dfrac{\varepsilon}{c}$.

Dieses Kriterium wird sich im folgenden Beweis und auch später als bequem erweisen.

BEWEIS von 5.2:

(a) folgt jetzt unmittelbar aus 5.3.

(c) Ist $(a_n)$ Nullfolge und $|b_n| \leq M$ für alle $n \in \mathbb{N}$, so ist $|a_n \cdot b_n| \leq M \cdot |a_n|$ für alle $n \in \mathbb{N}$. Die Folge $(|a_n|)$ ist Nullfolge, also nach (a) auch die Folge $(M|a_n|)$, also nach dem Vergleichssatz auch die Folge $(a_n b_n)$.

(b) Sind $(a_n)$, $(b_n)$ Nullfolgen und ist $\varepsilon > 0$ eine beliebige vorgegebene Zahl, so gibt es ein $n_\varepsilon$ und ein $m_\varepsilon$ mit $|a_n| < \varepsilon$ für $n > n_\varepsilon$, $|b_n| < \varepsilon$ für $n > m_\varepsilon$. Für $n > N_\varepsilon := \max\{n_\varepsilon, m_\varepsilon\}$ ist dann $|ca_n + db_n| \leq |c| \cdot |a_n| + |d| \cdot |b_n| < (|c| + |d|)\varepsilon$. Damit ist $(ca_n + db_n)$ Nullfolge nach dem Kriterium 5.3. Sind $(a_n)$, $(b_n)$ Nullfolgen, so ist insbesondere die Folge $(b_n)$ beschränkt nach 5.1, also die Folge $(a_n b_n)$ Nullfolge nach (c).

(d) Ist $\varepsilon > 0$ vorgegeben, so wähle $N_\varepsilon = n_{\varepsilon^2}$ so, daß $|a_n| < \varepsilon^2$ für $n > n_{\varepsilon^2}$. Dann ist $\sqrt{|a_n|} < \varepsilon$ für $n > N_\varepsilon$. □

### 5.4 Jede Teilfolge einer Nullfolge ist Nullfolge

Wir beachten die letzte Bemerkung von 3.3: Ist $(a_{n_k})$ Teilfolge von $(a_n)$, so ist $n_k \geq k$ für alle $k \in \mathbb{N}$. Ist daher $|a_k| < \varepsilon$ für $k > n_\varepsilon$, so ist erst recht $|a_{n_k}| < \varepsilon$ für $k > n_\varepsilon$.

### 5.5 Weitere Beispiele

(a) Für $|q| < 1$ ist $(nq^n)$ eine Nullfolge,

(b) ebenso $(n^2 q^n)$.

(c) Für beliebige $x \in \mathbb{R}$ ist $\left(\dfrac{x^n}{n!}\right)$ eine Nullfolge.

BEWEIS.

(a) Ähnlich wie im Beweis zu 4.11 erhalten wir mit $\sqrt{|q|} = \frac{1}{1+h}$ nach der Bernoullischen Ungleichung

$$\left(\sqrt{|q|}\right)^n \leq \frac{1}{h \cdot n}.$$

Hieraus folgt

$$|n \cdot q^n| = n \cdot \left(\sqrt{|q|}\right)^n \cdot \left(\sqrt{|q|}\right)^n \leq \frac{1}{h} \cdot \frac{1}{h \cdot n}$$

und damit $n \cdot q^n \to 0$ nach dem Vergleichssatz.

(b) geht nach demselben Muster $\boxed{\text{ÜA}}$.

(c) Wählt man eine natürliche Zahl $N > 2|x|$, so ergibt sich für $n > N$

$$\left|\frac{x^n}{n!}\right| = \left|\frac{x^N}{N!}\right| \cdot \frac{|x|}{N+1} \cdots \frac{|x|}{n} \leq \frac{|x|^N}{N!} \cdot \left(\frac{1}{2}\right)^{n-N} = \frac{2^N |x|^N}{N!} \left(\frac{1}{2}\right)^n,$$

woraus wieder mit dem Vergleichssatz die Behauptung folgt. □

## 6 Grenzwerte von Folgen

**6.1 Definition.** Eine Folge $(a_n)$ **konvergiert** gegen $a$ oder hat den **Grenzwert** $a$, wenn $(a - a_n)$ eine Nullfolge ist, d.h. wenn es zu jedem $\varepsilon > 0$ ein $n_\varepsilon$ gibt mit

$$|a - a_n| < \varepsilon \quad \text{für alle} \quad n > n_\varepsilon.$$

# 6 Grenzwerte von Folgen

Eine Folge kann nicht zwei Grenzwerte haben, denn sind $a$ und $a'$ Grenzwerte, so sind $(a - a_n)$ und $(a' - a_n)$ Nullfolgen, also ist auch $((a - a_n) - (a' - a_n)) = (a - a')$ eine Nullfolge, somit $a' = a$.

Ist $a$ der Grenzwert der Folge $(a_n)$, so schreiben wir

$$\lim_{n \to \infty} a_n = a \quad \text{oder auch} \quad a_n \to a \quad \text{für} \quad n \to \infty.$$

*Eine Folge muß keinen Grenzwert haben.* ÜA Zeigen Sie durch Betrachtung geeigneter Teilfolgen, daß $((-1)^n)$ keinen Grenzwert haben kann.

BEISPIELE.

(a) $\left(1 - \frac{1}{\sqrt{n}}\right)$ hat den Grenzwert 1. (b) $\left(1 - \frac{1}{n^2}\right)^n \to 1$ für $n \to \infty$.

(b) ergibt sich mit der Bernoullischen Ungleichung §1:6.6:

$$0 < 1 - \left(1 - \frac{1}{n^2}\right)^n \leq 1 - \left(1 - n \cdot \frac{1}{n^2}\right) = \frac{1}{n}$$

und damit $\left(1 - \frac{1}{n^2}\right)^n \to 1$ nach dem Vergleichssatz.

Wir untersuchen jetzt zwei Fragen:

Wie verträgt sich der Grenzübergang mit der Anordnung von $\mathbb{R}$, und wie mit dem Rechnen in $\mathbb{R}$?

**6.2 Satz.** *Unter der Voraussetzung* $a = \lim\limits_{n \to \infty} a_n$ *gilt*:

(a) *Sind von einer bestimmten Nummer ab alle* $a_n \geq s$, *so ist auch* $a \geq s$.

(b) *Sind von einer bestimmten Nummer ab alle* $a_n \leq t$, *so ist auch* $a \leq t$.

(c) *Ist* $a > 0$, *so gibt es ein* $n_0 \in \mathbb{N}$, *so daß* $a_n > \frac{a}{2}$ *für* $n > n_0$.

BEMERKUNG: Aus $a_n > s$, $a_n \to a$ folgt nicht $a > s$, wie man am Beispiel $a_n = 1 + \frac{1}{n}$, $s = 1$ sieht.

BEWEIS.

(a) Ist $a_n \geq s$ für $n \geq N$ und $a = \lim\limits_{n \to \infty} a_n$, so gilt

(*) $\quad s - a \leq a_n - a$.

Ist $\varepsilon$ eine beliebige positive Zahl und $n_0 \geq N$ so gewählt, daß $|a_n - a| < \varepsilon$ für $n > n_0$, so folgt $s - a < \varepsilon$ nach (*). Also ist $s - a < \varepsilon$ für jede positive Zahl $\varepsilon$, und damit $s - a \leq 0$.

(b) Analog.

(c) Ist $a > 0$, so wählen wir $\varepsilon = \frac{a}{2}$ und finden nach Voraussetzung ein $n_0$, so daß $|a - a_n| < \varepsilon$ für $n > n_0$. Dann ist

$$a_n = a + a_n - a \geq a - |a_n - a| > a - \varepsilon = \frac{a}{2} \quad \text{für} \quad n > n_0\,. \qquad \Box$$

### 6.3 Jede konvergente Folge ist beschränkt

Denn gilt $a_n \to a$, so ist $(a_n - a)$ als Nullfolge beschränkt und

$$|a_n| = |a + a_n - a| \leq |a| + |a_n - a| \leq |a| + \sup\{|a_n - a| \mid n \in \mathbb{N}\}\,.$$

### 6.4 Konvergenz der Beträge

*Aus $a_n \to a$ folgt $|a_n| \to |a|$.*

BEWEIS.

Aus der Dreiecksungleichung nach unten § 1 : 5.10 folgt

$$\bigl||a| - |a_n|\bigr| \leq |a - a_n|\,.$$

Also gilt $|a| - |a_n| \to 0$, d.h. $|a| = \lim\limits_{n \to \infty} |a_n|$. $\qquad \Box$

### 6.5 Supremum und Infimum als Grenzwert

*Ist $s = \sup M$, so gibt es eine Folge $(a_n)$ mit Gliedern $a_n \in M$ und $s = \lim\limits_{n \to \infty} a_n$.*

Denn nach 1.2 gibt es zu jedem $n \in \mathbb{N}$ ein $a_n \in M$ mit

$$s - \tfrac{1}{n} < a_n \leq s\,.$$

Für das Infimum gilt Entsprechendes.

### 6.6 Dreifolgensatz.
*Ist $b = \lim\limits_{n \to \infty} a_n = \lim\limits_{n \to \infty} c_n$ und $a_n \leq b_n \leq c_n$ für alle $n \in \mathbb{N}$, so ist auch $b = \lim\limits_{n \to \infty} b_n$. Beweis als* ÜA .

### 6.7 Das Rechnen mit Grenzwerten

*Unter der Voraussetzung $a = \lim\limits_{n \to \infty} a_n$, $b = \lim\limits_{n \to \infty} b_n$ gilt*

(a) $\lim\limits_{n \to \infty} (\alpha a_n + \beta b_n) = \alpha a + \beta b$,

(b) $\lim\limits_{n \to \infty} (a_n \cdot b_n) = a \cdot b$,

(c) $\lim\limits_{n \to \infty} \dfrac{b_n}{a_n} = \dfrac{b}{a}$, *falls $a \neq 0$.*

*(Dabei kann der Nenner höchstens endlich oft Null sein; die entsprechenden Glieder der Folge $\left(\frac{b_n}{a_n}\right)$ müssen wir natürlich fortlassen.)*

# 6 Grenzwerte von Folgen

BEWEIS.

(a) $|(\alpha a_n + \beta b_n) - (\alpha a + \beta b)|$

$= |\alpha(a_n - a) + \beta(b_n - b)| \leq |\alpha| \cdot |a_n - a| + |\beta| \cdot |b_n - b|$,

und die rechte Seite geht gegen Null nach Voraussetzung und wegen der Rechengesetze über Nullfolgen. Nach dem Vergleichskriterium 4.9 folgt somit $(\alpha a_n + \beta b_n) - (\alpha a + \beta b) \to 0$, also die Behauptung.

(b) Nach 6.3 ist die Folge $(b_n)$ beschränkt, etwa $|b_n| \leq M$ für alle $n \in \mathbb{N}$. Der folgende Trick wird uns im folgenden noch oft begegnen:

$|a_n \cdot b_n - a \cdot b| = |(a_n - a)b_n + a(b_n - b)| \leq |a_n - a| \cdot |b_n| + |a| \cdot |b_n - b|$

$\leq M \cdot |a_n - a| + |a| \cdot |b_n - b| \to 0$,

also nach dem Vergleichssatz $a_n b_n - ab \to 0$.

(c) Wegen (b) reicht es, $\lim_{n \to \infty} \frac{1}{a_n} = \frac{1}{a}$ zu zeigen. Sei zunächst $a > 0$. Nach (6.2) (c) gibt es ein $n_0$ mit $a_n > \frac{a}{2}$ für $n > n_0$. Es ist dann

$$\left|\frac{1}{a_n} - \frac{1}{a}\right| = \left|\frac{a - a_n}{a_n \cdot a}\right| = \frac{|a - a_n|}{a \cdot a_n} \leq \frac{2|a - a_n|}{a^2}$$

für $n > n_0$. Die rechte Seite geht gegen Null, also auch die linke nach dem Vergleichssatz. Der Fall $a < 0$ ergibt sich analog. □

**6.8 Konvergenz von Teilfolgen.** *Hat die Folge $(a_n)$ den Grenzwert $a$, so hat auch jede Teilfolge den Grenzwert $a$.*

Das ergibt sich direkt aus 5.4.

## 6.9 Die Konvergenztreue der $m$–ten Potenz

*Konvergiert die Folge $(a_n)$ gegen $a$, so konvergiert auch die Folge der $m$–ten Potenzen $a_n^m$ gegen $a^m$ für $m = 1, 2, \ldots$.*

BEWEIS.

Nach 6.3 ist die Folge $(a_n)$ beschränkt. Aus $|a_n| \leq M$ folgt $|a| \leq M$ nach 6.4, 6.2. Die geometrische Summenformel und die Dreiecksungleichung liefern

$$|a_n^m - a^m| = |a_n - a| \cdot \Big|\sum_{j=1}^{m} a_n^{m-j} a^{j-1}\Big|$$

$$\leq |a_n - a| \sum_{j=1}^{m} \left|a_n^{m-j}\right| \cdot \left|a^{j-1}\right| \leq |a_n - a| \cdot m \cdot M^{m-1}.$$

Also gilt $a_n^m - a^m \to 0$ nach dem Vergleichssatz. □

## 6.10 Aufgaben

Geben Sie den Grenzwert der Folge $(a_n)$ an und begründen Sie Ihre Wahl.

(a) $a_n = \frac{3n^3+n-2}{(2n+\sqrt{n})^3}$,

(b) $a_n = (1 + \frac{1}{n^2})^n$ (mit Hilfe von 6.1 (b)),

(c) $a_n = \sqrt{4n^2 + 5n + 2} - 2n$ (mit Hilfe von 2.7 (a)).

## 7 Existenz der $m$–ten Wurzel, rationale Potenzen

### 7.1 Die $m$–te Wurzel

*Zu $a \geq 0$ und $m \in \mathbb{N}$ gibt es genau ein $x \geq 0$ mit $x^m = a$, bezeichnet mit $\sqrt[m]{a}$.*

BEWEIS.

Für $a = 0$ ist die einzige Lösung $x = 0$ (warum?). Sei also $a > 0$.

(a) *Existenz.* Die Menge $M = \{x \in \mathbb{R} \mid x^m \leq a\}$ ist nicht leer, da $0 \in M$. Ferner ist $1 + a$ eine obere Schranke von $M$. Denn aus $x > 1 + a$ folgt $x^m > (1+a)^m \geq 1 + ma > ma \geq a$ nach der Bernoullischen Ungleichung. Ist also $x \in M$, so kann $x$ nicht größer als $1 + a$ sein; es bleibt $x \leq 1 + a$.

Wir betrachten $s = \sup M$. Nach 6.5 gibt es zu jedem $n \in \mathbb{N}$ eine Zahl $a_n \in M$ mit $s - \frac{1}{n} < a_n \leq s$; insbesondere ist $a_n \to s$. Wegen 6.9 folgt $a_n^m \to s^m$, und wegen $a_n^m \leq a$ folgt nach 6.2 (b), daß $s^m \leq a$.

Andererseits ist $a_n + \frac{1}{n} > s$, also $a_n + \frac{1}{n} \notin M$, d.h. $(a_n + \frac{1}{n})^m > a$. Natürlich ist $s = \lim_{n\to\infty} (a_n + \frac{1}{n})$, also ist $s^m = \lim_{n\to\infty} (a_n + \frac{1}{n})^m$ und damit $s^m \geq a$ nach 6.2 (a). Insgesamt folgt $s^m = a$.

(b) *Eindeutigkeit.* Aus $x > 0$, $y > 0$ und $x^m = y^m = a$ folgt

$$0 = x^m - y^m = (x-y) \cdot \sum_{k=0}^{m-1} x^k y^{m-k-1} \qquad \text{(vgl. § 1 : 6.11)},$$

daher ist einer der Faktoren auf der rechten Seite Null. Der zweite kann es nach Voraussetzung $x > 0$, $y > 0$ nicht sein. □

### 7.2 Rationale Potenzen

ÜA Warum ist für natürliche Zahlen $n$, $m$ und $a \geq 0$

$$\sqrt[n]{\sqrt[m]{a}} = \sqrt[n \cdot m]{a} = \sqrt[m]{\sqrt[n]{a}} \ ?$$

ÜA Zeigen Sie: Sind $n$, $m$, $k$ natürliche Zahlen und ist $a > 0$, so gilt

$$\sqrt[n]{a^m} = \sqrt[nk]{a^{mk}}.$$

Aufgrund dieser Vorüberlegungen dürfen wir definieren:

Für $a > 0$ und $r = \frac{m}{n}$ mit $m, n, \in \mathbb{N}$ erklären wir die **$r$–te Potenz von $a$** durch

$$a^r := \sqrt[n]{a^m} \quad \text{und} \quad a^{-r} := \frac{1}{a^r}\,.$$

Ferner setzen wir $a^0 := 1$. Hierfür gelten die folgenden Rechenregeln $\boxed{\text{ÜA}}$:

$$a^{r+s} = a^r \cdot a^s\,, \qquad a^{r \cdot s} = (a^r)^s\,, \qquad (a \cdot b)^r = a^r b^r\,.$$

## 7.3 Aufgaben

(a) Bringen Sie $\sqrt{\dfrac{648^{\frac{4}{3}}}{\sqrt{2} \cdot 2^{\frac{3}{2}}}}$ auf möglichst einfache Form.

(b) Warum ist $0 < \sqrt[n]{1+h} \leq 1 + \frac{h}{n}$ für $h > -1$?

(c) Zeigen Sie: Ist $a_n \geq 0$ und $a = \lim\limits_{n \to \infty} a_n$, so ist auch $\sqrt{a} = \lim\limits_{n \to \infty} \sqrt{a_n}$.

Für $a = 0$ siehe 5.2 (d), für $a > 0$ beachten Sie 6.2 (c).

**7.4 Satz.** Für $a > 0$ ist $\lim\limits_{n \to \infty} \sqrt[n]{a} = 1$.

BEWEIS.

(a) Sei zunächst $a > 1$, also $a = 1 + h$ mit $h > 0$. Dann ist $1 < \sqrt[n]{1+h} \leq 1 + \frac{h}{n}$ nach 7.3 (b), also $0 < \sqrt[n]{1+h} - 1 \leq \frac{h}{n}$ und damit $\sqrt[n]{1+h} \to 1$ nach dem Vergleichssatz für Nullfolgen.

(b) $\boxed{\text{ÜA}}$ Wie kann man den Fall $0 < a < 1$ auf den vorigen zurückführen? □

## 8 Intervallschachtelungen

**8.1 Definition.** Eine Folge von Intervallen $[a_n, b_n]$ bildet eine **Intervallschachtelung**, wenn

(a) $[a_{n+1}, b_{n+1}] \subset [a_n, b_n]$ für $n \in \mathbb{N}$,

(b) $b_n - a_n \to 0$ für $n \to \infty$.

SATZ. *Eine Intervallschachtelung erfaßt genau eine reelle Zahl $a$, d.h. es gibt eine und nur eine Zahl $a$, die allen Intervallen angehört. Für diese Zahl $a$ gilt:* $a = \lim\limits_{n \to \infty} a_n = \lim\limits_{n \to \infty} b_n$.

BEWEIS.

1. Schritt: Bestimmung von $a$. Nach Voraussetzung (a) ist

(∗) $\quad a_1 \leq a_2 \leq \ldots \leq a_n \leq a_{n+1} \leq b_{n+1} \leq b_n \leq \ldots \leq b_2 \leq b_1\,.$

Insbesondere ist $a_n \leq b_1$ für alle $n \in \mathbb{N}$, und es existiert

$$a = \sup\{a_n \mid n \in \mathbb{N}\}.$$

2. Schritt: $a \in [a_n, b_n]$ für alle $n \in \mathbb{N}$. Per Definition ist $a \geq a_n$ für $n \in \mathbb{N}$.
Zwischenbehauptung (Z): $a_n \leq b_m$ für alle $n, m \in \mathbb{N}$. Denn ist $m \leq n$, so ist $a_n \leq b_n \leq b_m$. Ist aber $m > n$, so ist $a_n \leq a_m \leq b_m$.

Nach (Z) ist jedes $b_m$ obere Schranke von $A = \{a_n \mid n \in \mathbb{N}\}$. Da $a$ die kleinste obere Schranke von $A$ ist, folgt $a \leq b_m$ für alle $m \in \mathbb{N}$, insgesamt $a_m \leq a \leq b_m$ für alle $m \in \mathbb{N}$.

3. Schritt: $a = \lim\limits_{n \to \infty} a_n = \lim\limits_{n \to \infty} b_n$ (und damit die eindeutige Bestimmtheit von $a$). Es ist nämlich $0 \leq a - a_n \leq b_n - a_n$, und damit $a = \lim\limits_{n \to \infty} a_n$ nach dem Vergleichskriterium für Nullfolgen. Entsprechend ist $0 \leq b_n - a \leq b_n - a_n \to 0$. □

## 8.2 Dezimalbruchentwicklung reeller Zahlen

Für eine gegebene Zahl $x \geq 0$ setzen wir $x_0 = [x]$,

$$x_1 = \max\left\{k \in \{0, 1, 2, \ldots, 9\} \;\Big|\; x_0 + \frac{k}{10} \leq x\right\},$$

$$x_2 = \max\left\{k \in \{0, 1, 2, \ldots, 9\} \;\Big|\; x_0 + \frac{x_1}{10} + \frac{k}{100} \leq x\right\} \quad \text{usw.}$$

Sind die Ziffern $x_1, x_2, \ldots, x_n$ schon gefunden, so setzen wir

$$x_{n+1} = \max\left\{k \in \{0, 1, 2, \ldots, 9\} \;\Big|\; x_0 + \frac{x_1}{10} + \cdots + \frac{x_n}{10^n} + \frac{k}{10^{n+1}} \leq x\right\}.$$

Auf diese Weise ist jedem $x \geq 0$ eine ganze Zahl $x_0 \geq 0$ und eine Folge $(x_n)$ von Ziffern zugeordnet, die **Dezimalbruchentwicklung** von $x$. Wir schreiben

$$x = x_0.x_1x_2x_3\ldots \quad \text{oder} \quad x = x_0,x_1x_2x_3\ldots.$$

Ist $x_n = 0$ für $n \geq N$, so erhalten wir die abbrechende Dezimalbruchdarstellung

$$x = x_0.x_1\ldots x_N \quad \text{oder} \quad x = x_0,x_1\ldots x_N.$$

Wir erhalten eine Intervallschachtelung $[a_n, b_n]$, welche $x$ erfaßt, durch

$$a_n = x_0 + \frac{x_1}{10} + \cdots + \frac{x_n}{10^n}, \qquad b_n = a_n + \frac{1}{10^n}.$$

Nach Konstruktion von $x_n$ ist dann

$$a_n \leq x < b_n.$$

## 8 Intervallschachtelungen

Ferner gilt

$$a_{n+1} \geq a_n \quad \text{und} \quad b_{n+1} = a_n + \frac{x_{n+1}}{10^{n+1}} + \frac{1}{10^{n+1}} \leq a_n + \frac{10}{10^{n+1}} = b_n\,.$$

Also ist $[a_{n+1}, b_{n+1}] \subset [a_n, b_n]$ und $b_n - a_n = \left(\frac{1}{10}\right)^n \to 0$.

BEISPIEL: $x = \sqrt[3]{2}$.

Wegen $1^3 < 2 < 2^3$ ist $x_0 = 1$. Durch Probieren erhalten wir

$$\left(1 + \frac{2}{10}\right)^3 = 1.728 < 2 < 2.197 = \left(1 + \frac{3}{10}\right)^3, \text{ somit } x_1 = 2\,.$$

Durch nochmaliges Probieren sehen wir, daß

$$\left(1 + \frac{2}{10} + \frac{5}{100}\right)^3 < 2 < \left(1 + \frac{2}{10} + \frac{6}{100}\right)^3\,.$$

Somit gilt $1.25 < \sqrt[3]{2} < 1.26$.

SATZ. (a) *Bei der oben definierten Dezimalbruchentwicklung kann es nicht vorkommen, daß von einer bestimmten Stelle ab alle Ziffern gleich 9 sind.*

(b) *Ist umgekehrt $x_0 \geq 0$ eine ganze Zahl und $(x_n)$ eine Folge von Ziffern, die nicht von einer bestimmten Stelle ab alle gleich 9 sind, so gibt es genau eine reelle Zahl, die diese Dezimalbruchentwicklung hat.*

(c) *Unterscheiden sich die Dezimalbruchentwicklungen von $x$ und $y$ an irgend einer Stelle, so ist $x \neq y$ und umgekehrt.*

BEWEIS.

(a) Wäre $x_n = 9$ für $n > m$, $x_m < 9$, so wäre für $n > m$

$$a_n = a_m + \frac{9}{10^{m+1}} + \cdots + \frac{9}{10^n}\,, \qquad b_n = a_m + \frac{1}{10^m}$$

(Addition mit Übertrag). Wegen $b_n \to x$ wäre dann $x = a_m + \frac{1}{10^m}$ im Widerspruch zur Definition von $a_m$.

(b) Definieren wir

$$a_n = x_0 + \frac{x_1}{10} + \cdots + \frac{x_n}{10^n}\,, \qquad b_n = a_n + \frac{1}{10^n}\,,$$

so sehen wir wie oben, daß die Intervalle $[a_n, b_n]$ eine Intervallschachtelung bilden. Die von ihr erfaßte Zahl $x$ liegt in $[a_n, b_n]$. Zu zeigen bleibt, daß $x < b_n$ für alle $n \in \mathbb{N}$. Wäre irgendwann einmal $x = b_k$, so wäre auch $x = b_n$ für alle $n \geq k$. Eine einfache Rechnung ÜA zeigt, daß dann $a_{n+1} - a_n = \frac{9}{10^{n+1}}$, also $x_n = 9$ für alle $n > k$, was ausgeschlossen war.

(c) Ist $x_n = y_n$ für $n < m$ und $x_m < y_m$, so ist

$$y - x > \left(y_0 + \cdots + \frac{y_m}{10^m}\right) - \left(x_0 + \cdots + \frac{x_m}{10^m} + \frac{1}{10^m}\right) = \frac{y_m - x_m - 1}{10^m} \geq 0,$$

also $y > x$. □

## 8.3 Gültige Stellen

Definitionsgemäß bedeutet $x = 10.43$, daß $x = 10 + \frac{4}{10} + \frac{3}{100}$. Die Schreibweise $x \approx 3.1416$ soll dagegen besagen, daß die letzte angegebene Stelle aus der Dezimalbruchentwicklung von $x$ durch Rundung entstanden ist. Im vorliegenden Fall ist dann $|x - 3.1416| \leq \frac{1}{2} \cdot 10^{-4}$, und wir sagen, daß $x$ auf 4 Stellen genau angegeben ist.

Physikalische Meßwerte werden auf so viele Stellen angegeben, wie es der Meßgenauigkeit entspricht. Rechnen wir mit solchen Werten, so haben wir auch das Resultat entsprechend seiner Genauigkeit zu runden.

## 8.4 Die Überabzählbarkeit von $\mathbb{R}$

*Schon die Menge $[0, 1[$ läßt sich nicht abzählen, d.h. als Folge schreiben.*

BEWEIS.

Angenommen, $[0, 1[ = \{z_n \mid n \in \mathbb{N}\}$.

Wir können dann die $z_n$ gemäß 8.2 in Dezimalmalbruchdarstellung angeben:

$$z_1 = 0.x_{11}x_{12}x_{13}\ldots$$
$$z_2 = 0.x_{21}x_{22}x_{23}\ldots$$
$$z_3 = 0.x_{31}x_{32}x_{33}\ldots$$
$$\vdots \qquad \ddots$$

Die Zahl $y = 0.y_1y_2y_3\ldots$ mit den Dezimalziffern

$$y_n = \begin{cases} x_{nn} - 1 & \text{falls } x_{nn} \geq 1 \\ 8 & \text{falls } x_{nn} = 0 \end{cases}$$

liegt in $[0, 1[$, kommt aber in dem Schema oben nicht vor, was ein Widerspruch ist. □

## 9 Grenzwertfreie Konvergenzkriterien

### 9.1 Problemstellung

Wir betrachten einige Beispiele:

(a) $a_n = \left(1 + \frac{1}{n}\right)^n$.

Der Taschenrechner liefert

## 9 Grenzwertfreie Konvergenzkriterien

$a_1 = 2$, $a_2 = 2.25$, $a_3 \approx 2.37$, $a_4 \approx 2.441$, $a_5 \approx 2.488$,
$a_6 \approx 2.5216$, ..., $a_{50} \approx 2.6916$.

Es sieht so aus, als ob die $a_n$ laufend ansteigen und unterhalb von 3 bleiben.

(b) $a_n = \sqrt[n]{n}$. Der Taschenrechner liefert $a_1 = 1$, $a_2 \approx 1.414$, $a_3 \approx 1.442$, $a_4 \approx 1.414$, $a_5 \approx 1.397$, $a_6 \approx 1.348$, ..., $a_{10} \approx 1.258$. Hier sieht es so aus, daß von $n = 3$ ab die Glieder dieser Folge immer kleiner werden. Sie liegen sicher alle oberhalb von 1.

(c) Setzen wir $a_1 = 1$, $a_2 = \sqrt{1 + a_1}$, ..., $a_{n+1} = \sqrt{1 + a_n}$, ..., so sind die Glieder der Reihe nach ungefähr 1, 1.414, 1.553, 1.598, 1.611 usw. Der Taschenrechner liefert $a_{10} \approx 1.618$.

(d) Für

$$s_n = \sum_{k=1}^{n} \frac{1}{k^2} \quad \text{ist} \quad s_1 = 1,\ s_2 = 1.25,\ s_3 \approx 1.361,\ s_{10} \approx 1.549\,.$$

In allen diesen Fällen haben wir das Empfinden, daß die Folgen einen Grenzwert $a$ haben. Wir kennen den jeweiligen Grenzwert aber nicht und können so das Kriterium „$\lim_{n \to \infty} a_n = a$, wenn $a_n - a \to 0$" nicht anwenden.

**9.2 Konvergente Folgen.** Die folgenden Kriterien gestatten uns, auf die Existenz des Grenzwerts einer Folge $(a_n)$ zu schließen, ohne daß wir diesen Grenzwert angeben müssen. Wir nennen eine Folge **konvergent**, wenn wir sicher sind, daß sie einen Grenzwert besitzt.

### 9.3 Monotone Folgen

Eine Folge $(a_n)$ heißt **monoton wachsend**, wenn $a_n \leq a_{n+1}$ für alle $n \in \mathbb{N}$. Ist sogar $a_n < a_{n+1}$ für alle $n \in \mathbb{N}$, so heißt die Folge $(a_n)$ **streng monoton wachsend**. Ganz analog sind die Begriffe **monoton fallend** ($a_{n+1} \leq a_n$) und **streng monoton fallend** erklärt.

### 9.4 Das Monotoniekriterium

*Jede monoton wachsende, nach oben beschänkte Folge ist konvergent. Entsprechend ist jede monoton fallende, nach unten beschränkte Folge konvergent.*

BEMERKUNG. Da das Konvergenzverhalten von den ersten Gliedern nicht abhängt, genügt es hier vorauszusetzen, daß die Folge sich von einer bestimmten Stelle ab monoton verhält.

BEWEIS.
Nach dem Supremumsaxiom existiert

$$a = \sup\{a_n \mid n \in \mathbb{N}\}\,.$$

Es wird behauptet, daß $a = \lim_{n\to\infty} a_n$. Ist nämlich $\varepsilon > 0$ vorgegeben, so gibt es ein $n_\varepsilon$, so daß $a - \varepsilon < a_{n_\varepsilon} \leq a$, denn $a - \varepsilon$ ist nicht obere Schranke der Menge $\{a_n \mid n \in \mathbb{N}\}$.

Wegen der Monotonie der Folge $(a_n)$ ist dann auch $a - \varepsilon < a_{n_\varepsilon} \leq a_n \leq a$ für alle $n \geq n_\varepsilon$. Also ist $|a_n - a| = a - a_n < \varepsilon$ für alle $n \geq n_\varepsilon$, und damit ist $(a - a_n)$ eine Nullfolge.

Ist $(a_n)$ monoton fallend und nach unten beschränkt, so wenden wir (a) auf die Folge $(-a_n)$ an. Für $b = \sup\{-a_n \mid n \in \mathbb{N}\}$ folgt nach (a) $b = \lim_{n\to\infty} (-a_n)$, also ist $\lim_{n\to\infty} a_n = -b$. □

### 9.5 Beispiele.

(a) In §3:1 werden wir zeigen, daß $\left(1 + \frac{1}{n}\right)^n$ monoton wächst und die obere Schranke 3 besitzt. Also ist diese Folge konvergent. Den Grenzwert nennen wir e (Eulersche Zahl, e = 2.718281828459...).

(b) $\lim_{n\to\infty} \sqrt[n]{n} = 1$.

Denn für $a_n = \sqrt[n]{n}$ ist $a_n \geq 1$, und für $n \geq 3$ gilt nach (a)

$$\left(\frac{a_n}{a_{n+1}}\right)^{n(n+1)} = \frac{n^{n+1}}{(n+1)^n} = n\left(\frac{n}{n+1}\right)^n = \frac{n}{\left(1 + \frac{1}{n}\right)^n} \geq \frac{n}{3} \geq 1,$$

also $a_n \geq a_{n+1}$. Nach dem Monotoniekriterium hat die Folge einen Grenzwert $a \geq 1$; dieser ist auch Grenzwert der Teilfolge $(a_{2n})$.

Wir zeigen $a = \sqrt{a}$, also $a = 1$:

$$a = \lim_{n\to\infty} a_{2n} = \lim_{n\to\infty} \sqrt[2n]{2n} = \lim_{n\to\infty} \sqrt[2n]{2} \cdot \sqrt{a_n}$$
$$= \lim_{n\to\infty} \sqrt[2n]{2} \cdot \lim_{n\to\infty} \sqrt{a_n} = 1 \cdot \sqrt{a},$$

denn $\sqrt[2n]{2} \to 1$ nach 7.4 und $\sqrt{a_n} \to \sqrt{a}$ nach 7.3(c).

(c) Mit $a_1 = 1$, $a_{n+1} = \sqrt{1 + a_n}$ ist $a_2 = \sqrt{2} > a_1$ und

$$a_{k+1} - a_k = \sqrt{1 + a_k} - \sqrt{1 + a_{k-1}} = \frac{a_k - a_{k-1}}{\sqrt{1 + a_k} + \sqrt{1 + a_{k-1}}}.$$

Also folgt $a_{n+1} > a_n$ per Induktion. Aus $a_{k+1}^2 = 1 + a_k < 2 + a_k$ ergibt sich durch vollständige Induktion $a_n < 2$. Also existiert $\lim_{n\to\infty} a_n = a$, und es ist

$$a = \lim_{n\to\infty} a_{n+1} = \lim_{n\to\infty} \sqrt{1 + a_n} = \sqrt{1 + a},$$

vgl. 6.8 und 7.3 (c). Es folgt $a^2 = 1 + a$, also $a = \frac{1}{2} + \frac{\sqrt{5}}{2}$.

9 Grenzwertfreie Konvergenzkriterien

(d) Die Folge $a_n = \sum_{k=1}^{n} \frac{1}{k^2}$ ist streng monoton wachsend. Durch vollständige Induktion zeigt man $a_n \leq 2 - \frac{1}{n}$ ÜA.

Also existiert $a = \lim_{n \to \infty} a_n$. Wir werden später sehen, daß $a = \frac{\pi^2}{6}$.

## 9.6* Das Cauchy–Kriterium

Die Wichtigkeit dieses Kriteriums läßt sich erst im Zusammenhang mit unendlichen Reihen einsehen. Daher kann der Rest dieses Abschnitts bei der ersten Lektüre übergangen werden.

DEFINITION. Eine Folge $(a_n)$ heißt **Cauchy–Folge**, wenn es zu jedem $\varepsilon > 0$ ein $n_\varepsilon \in \mathbb{N}_0$ gibt, so daß

$$|a_n - a_m| < \varepsilon \qquad \text{für alle } n, m \text{ mit } m, n > n_\varepsilon.$$

SATZ. *Jede Cauchy–Folge besitzt einen Grenzwert.*

Viele Autoren charakterisieren die **Vollständigkeit von** $\mathbb{R}$ durch diese Eigenschaft und verlangen zusätzlich die archimedische Eigenschaft 2.1. Aus beiden zusammen läßt sich dann die Supremumseigenschaft 1.2 beweisen. Der Beweis folgt in 9.9.

*Jede konvergente Folge ist eine Cauchy–Folge.* Dies folgt aus

$$|a_n - a_m| = |a_n - a + a - a_m| \leq |a_n - a| + |a - a_m|.$$

## 9.7* Jede Cauchy–Folge ist beschränkt.

BEWEIS.
Wir wählen $\varepsilon = 1$ und $n_1$ so, daß $|a_n - a_m| < 1$ für $m, n > n_1$. Dann gilt mit $N = n_1 + 1$

$$|a_n| = |a_n - a_N + a_N| \leq |a_n - a_N| + |a_N| < 1 + |a_N|$$

für alle $n > n_1$. Somit ist

$$|a_n| \leq \max\left\{|a_1|, \ldots, |a_{n_1}|, 1 + |a_N|\right\}. \qquad \square$$

## 9.8* Der Satz von Bolzano–Weierstraß.

*Jede beschränkte Folge $(a_n)$ besitzt mindestens eine konvergente Teilfolge.*

BEWEIS durch Intervallhalbierung:
Ist $|a_n| \leq M$ für alle $n$, so setzen wir

$$I_1 = \begin{cases} [-M, 0] & \text{falls } a_n \in [-M, 0] \text{ für unendlich viele } n, \\ [0, M] & \text{sonst.} \end{cases}$$

Ferner setzen wir $n_1 = \min\{n \in \mathbb{N} \mid a_n \in I_1\}$. Dann gilt $a_{n_1} \in I_1$ und $a_n \in I_1$ für unendlich viele $n$. Wir bezeichnen $I_1$ mit $[\alpha_1, \beta_1]$. Jetzt setzen wir

$$I_2 = \begin{cases} \left[\alpha_1, \tfrac{1}{2}(\alpha_1 + \beta_1)\right] & \text{falls } a_n \leq \tfrac{1}{2}(\alpha_1 + \beta_1) \text{ für unendlich viele } n, \\ \left[\tfrac{1}{2}(\alpha_1 + \beta_1), \beta_1\right] & \text{sonst.} \end{cases}$$

Wir bezeichnen das Intervall $I_2$ mit $[\alpha_2, \beta_2]$ und setzen $n_2 = \min\{n > n_1 | a_n \in I_2\}$. Es ist dann $a_{n_2} \in I_2$. Fahren wir so fort, so erhalten wir nach $k$ Schritten ein Intervall $I_k = [\alpha_k, \beta_k]$ mit $I_k \subset I_{k-1}$, $\beta_k - \alpha_k = M/2^k$ und einen Index $n_k$ mit $a_{n_k} \in I_k$. Ferner ist $a_n \in I_k$ für unendlich viele $n$.

Die durch die Intervalle $[\alpha_k, \beta_k]$ gegebene Intervallschachtelung erfaßt eine Zahl $a$ mit $a = \lim\limits_{k\to\infty} \alpha_k = \lim\limits_{k\to\infty} \beta_k$. Wegen $\alpha_k \leq a_{n_k} \leq \beta_k$ folgt auch $a = \lim\limits_{k\to\infty} a_{n_k}$, vgl. 6.6. □

**9.9\* Beweis des Satzes 9.6.**

Sei $(a_n)$ eine Cauchy–Folge. Da sie nach 9.7 beschränkt ist, gibt es nach Bolzano–Weierstraß eine konvergente Teilfolge $(a_{n_k})_k$. Für deren Grenzwert $a = \lim\limits_{k\to\infty} a_{n_k}$ zeigen wir, daß sogar $a = \lim\limits_{n\to\infty} a_n$. Sei $\varepsilon > 0$ gegeben und

(a) $n_\varepsilon$ so gewählt, daß $|a_n - a_m| < \varepsilon$ für $n, m > n_\varepsilon$,

(b) $m$ so gewählt, daß $m > n_\varepsilon$ und $|a_{n_m} - a| < \varepsilon$.

Dann ist $n_m \geq m > n_\varepsilon$, also nach (a), (b)

$$|a - a_n| = |a - a_{n_m} + a_{n_m} - a_n| \leq |a - a_{n_m}| + |a_{n_m} - a_n| < 2\varepsilon \text{ für } n > n_\varepsilon.$$
□

# §3 Elementare Funktionen

## 1 Die Folge $\left(\left(1 + \frac{x}{n}\right)^n\right)$

### 1.1 Das Problem der stetigen Verzinsung

Beträgt der Zinssatz $p\%$, ist $\alpha = \frac{p}{100}$ und $K$ das Anfangskapital, so ist das Kapital nach einem Jahr nicht $K(1 + \alpha)$, sondern

- bei halbjähriger Verzinsung $K\left(1 + \frac{\alpha}{2}\right)^2$,

- bei monatlicher Verzinsung $K\left(1 + \frac{\alpha}{12}\right)^{12}$,

- bei täglicher Verzinsung $K\left(1 + \frac{\alpha}{365}\right)^{365}$, bzw. $K\left(1 + \frac{\alpha}{366}\right)^{366}$ in Schaltjahren.

Wir fragen uns: (a) Gibt es in Schaltjahren mehr Zinsen?

(b) Bei Devisengeschäften wird „stetig verzinst". Wie ist das zu verstehen?

# 1 Die Folge $\left(\left(1+\frac{x}{n}\right)^n\right)$

## 1.2 Radioaktiver Zerfall

Die Zahl $\Delta N$ der in einem kleinen Zeitintervall $\Delta t$ zerfallenden Atome ist näherungsweise proportional zur Zahl $N$ der gerade vorhandenen nichtzerfallenen Atome: $\Delta N = \beta \cdot N \cdot \Delta t$ mit einem Zerfallskonstante genannten Proportionalitätsfaktor $\beta$. Nach der Zeit $\Delta t$ sind also noch ungefähr $N - \Delta N = N(1 - \beta \Delta t)$ Atome nicht zerfallen, dies umso genauer, je kleiner $\Delta t$ ist.

Zur Bestimmung der Zahl $N(t)$ der zur Zeit $t$ vorhandenen nichtzerfallenen Atome teilen wir das Intervall $[0,t]$ in $n$ kleine Abschnitte der Länge $\Delta t = \frac{t}{n}$. Nach dem Zerfallsgesetz oben sind dann zur Zeit $\frac{t}{n}$ noch etwa $N(0) \cdot \left(1 - \beta \frac{t}{n}\right)$ nichtzerfallene Atome vorhanden, nach der Zeit $2\frac{t}{n}$ noch etwa $N(\frac{t}{n}) \cdot \left(1 - \beta \frac{t}{n}\right) = N(0)\left(1 - \beta \frac{t}{n}\right)^2$, nach der Zeit $t = n \cdot \Delta t$ noch etwa $N(0) \cdot \left(1 - \beta \frac{t}{n}\right)^n$. Nehmen wir an, daß die Näherung umso besser wird, je kleiner $\Delta t$, d.h. je größer $n$ wird, so ergibt sich $N(t) = \lim_{n \to \infty} N(0) \cdot \left(1 - \beta \frac{t}{n}\right)^n$.

## 1.3 Das Verhalten von $a_n = \left(1 + \frac{x}{n}\right)^n$ und $b_n = \left(1 - \frac{x}{n}\right)^{-n}$

*Sei $x \in \mathbb{R}$ gegeben und $n_0$ so gewählt, daß $n_0 > -x$, also $n_0 = 1$ für $x \geq 0$. Dann bilden die $[a_n, b_n]$ für $n \geq n_0$ eine Intervallschachtelung, d.h.*

(a) $a_n \leq a_{n+1}$ *für $n \geq n_0$.*

(b) $b_n \geq b_{n+1}$ *für $n \geq n_0$.*

(c) $a_n \leq b_n$ *für $n \geq n_0$.*

(d) $b_n - a_n \to 0$ *für $n \to \infty$.*

(e) *In (a), (b), (c) gilt das Gleichheitszeichen nur für $x = 0$.*

BEWEIS.

(a) Im folgenden wird $1 + \frac{x}{n} > 0$ vorausgesetzt, was im Fall $x \geq 0$ für alle $n \in \mathbb{N}$, im Fall $x < 0$ für $n \geq n_0$ mit $n_0 > |x|$ gilt. Wir definieren $h$ durch

$$\frac{1 + \frac{x}{n+1}}{1 + \frac{x}{n}} = 1 + h, \quad \text{also} \quad h = -\frac{x}{n(n+1)\left(1 + \frac{x}{n}\right)}.$$

Die erste Gleichung zeigt $1 + h > 0$. Nach der Bernoullischen Ungleichung § 1 : 6.6 folgt

$$\begin{aligned}
\frac{a_{n+1}}{a_n} &= \frac{\left(1 + \frac{x}{n+1}\right)^{n+1}}{\left(1 + \frac{x}{n}\right)^n} = \left(1 + \frac{x}{n}\right)(1+h)^{n+1} \\
&\geq \left(1 + \frac{x}{n}\right)(1 + (n+1)h) = \left(1 + \frac{x}{n}\right)\left(1 - \frac{x}{n\left(1 + \frac{x}{n}\right)}\right) = 1,
\end{aligned}$$

also $a_{n+1} \geq a_n$. Wegen $1 + \frac{x}{n} > 0$ gilt Gleichheit nur dann, wenn $(1+h)^{n+1} = 1 + (n+1)h$. Aus dem Beweis der Bernoullischen Ungleichung folgt, daß dies nur für $h = 0$, also $x = 0$ gilt.

(b) Für $n \geq n_0$ ist $n > |x|$, also $1 - \frac{x}{n} > 0$ und daher $\left(1 - \frac{x}{n}\right)^n$ monoton wachsend nach (a). Also ist $b_n = \left(1 - \frac{x}{n}\right)^{-n}$ monoton fallend.

(c) Für $n \geq n_0$ ist

$$\frac{a_n}{b_n} = \left(1 + \frac{x}{n}\right)^n \left(1 - \frac{x}{n}\right)^n = \left(1 - \frac{x^2}{n^2}\right)^n \leq 1,$$

also $a_n \leq b_n$ wegen $b_n > 0$. Offenbar ist $a_n < b_n$ für $x \neq 0$.

(d) Für $n \geq n_0$ gilt nach der Bernoullischen Ungleichung

$$b_n - a_n = b_n \left(1 - \frac{a_n}{b_n}\right) = b_n \left(1 - \left(1 - \frac{x^2}{n^2}\right)^n\right) \leq b_n \frac{x^2}{n} \leq b_{n_0} \frac{x^2}{n}. \qquad \square$$

## 2 Die Exponentialfunktion

Nach dem vorangegangenen Satz 1.3 wird für jedes $x \in \mathbb{R}$ durch die Intervallschachtelung $[a_n, b_n]$ genau eine reelle Zahl $f(x)$ erfaßt, für die also gilt

$$f(x) = \lim_{n \to \infty} \left(1 + \frac{x}{n}\right)^n = \lim_{n \to \infty} \left(1 - \frac{x}{n}\right)^{-n}.$$

### 2.1 Das Exponentialgesetz

Es gilt

(a) $f(0) = 1$

(b) $f(x + y) = f(x) \cdot f(y)$.

FOLGERUNG: $f(x) > 0$ und $f(-x) = \dfrac{1}{f(x)}$ $\boxed{\text{ÜA}}$.

BEWEIS von (b). Nach den Rechenregeln §2:6.7 für Grenzwerte ist

$$f(x+y) - f(x) \cdot f(y) = \lim_{n \to \infty} \left[\left(1 + \frac{x+y}{n}\right)^n - \left(1 + \frac{x}{n}\right)^n \left(1 + \frac{y}{n}\right)^n\right]$$

Die eckige Klammer [...] hat nach der geometrischen Summenformel die Form

$$c^n - (ab)^n = (c - ab) \cdot \sum_{k=1}^{n} c^{n-k} \cdot (ab)^{k-1}.$$

Dabei ist

$$|ab| \leq \left(1 + \frac{|x|}{n}\right) \left(1 + \frac{|y|}{n}\right),$$

$$|c| \le 1 + \frac{|x|}{n} + \frac{|y|}{n} \le 1 + \frac{|x|}{n} + \frac{|y|}{n} + \frac{|x||y|}{n^2} = \left(1 + \frac{|x|}{n}\right)\left(1 + \frac{|y|}{n}\right),$$

$$c - ab = -\frac{xy}{n^2}.$$

Hieraus folgt

$$\begin{aligned}\left|c^{n-k} \cdot (ab)^{k-1}\right| &\le \left(1 + \frac{|x|}{n}\right)^{n-1} \cdot \left(1 + \frac{|y|}{n}\right)^{n-1} \\ &\le \left(1 + \frac{|x|}{n}\right)^n \cdot \left(1 + \frac{|y|}{n}\right)^n \le f(|x|) \cdot f(|y|),\end{aligned}$$

und damit $\left|[\ldots]\right| \le \frac{|x||y|}{n^2} \cdot n \cdot f(|x|) \cdot f(|y|) \to 0$ für $n \to \infty$. □

## 2.2 Definition von $e^x$

Wir definieren die **Eulersche Zahl** durch

$$e := \lim_{n \to \infty} \left(1 + \frac{1}{n}\right)^n = 2.718281828459\ldots$$

und zeigen, daß

$$f(x) = e^x \quad \text{für jede rationale Zahl } x.$$

Im Fall $x = \frac{m}{n} > 0$ mit $m, n \in \mathbb{N}$ gilt nach 2.1

$$\begin{aligned}e^m &= f(1)^m = \underbrace{f(1) \cdot \ldots \cdot f(1)}_{m\text{-mal}} = f(\underbrace{1 + \cdots + 1}_{m\text{-mal}}) = f(m) \\ &= f(nx) = f(\underbrace{x + \cdots + x}_{n\text{-mal}}) = \underbrace{f(x) \cdot \ldots \cdot f(x)}_{n\text{-mal}} = f(x)^n,\end{aligned}$$

somit nach Definition der $n$-ten Wurzel §2:7

$$e^x = e^{\frac{m}{n}} = \sqrt[n]{e^m} = f(x).$$

Im Fall $x = -\frac{m}{n}$ mit $m, n \in \mathbb{N}$ ist

$$f(x) = \frac{1}{f(-x)} = \frac{1}{f(\frac{m}{n})} = \frac{1}{e^{\frac{m}{n}}} = e^{-\frac{m}{n}} = e^x.$$

Die somit für alle rationalen Zahlen $x$ bestehende Identität berechtigt uns zu folgender

DEFINITION. $\quad e^x := \lim_{n \to \infty} \left(1 + \frac{x}{n}\right)^n \quad$ für alle $x \in \mathbb{R}$.

## 2.3 Eigenschaften von $e^x$

(a) $e^{x+y} = e^x \cdot e^y$, $e^0 = 1$ (Exponentialgesetz).

(b) $e^x > 0$.

(c) $e^x \geq 1 + x$ mit Gleichheit nur für $x = 0$.

(d) Aus $x < y$ folgt $e^x < e^y$ (Monotonie).

(e) Für $|x| < 1$ gilt $|e^x - 1| \leq \dfrac{|x|}{1 - |x|}$.

(f) $e^x$ wächst stärker als jede Potenz von $x$, genauer:

Ist $n$ eine feste natürliche Zahl, so gilt $e^x > x^n$ für alle $x > 4n^2$.

(g) $\lim\limits_{n \to \infty} e^{-n} = 0$.

BEWEIS.

(a) wurde in 2.1 gezeigt, (b) folgt aus (a) $\boxed{\text{ÜA}}$.

(c) Für $x > 0$ gilt nach 1.3 (e)

$$1 + x = \left(1 + \frac{x}{1}\right)^1 < \left(1 + \frac{x}{n}\right)^n < e^x.$$

Dieselbe Ungleichung gilt nach 1.3(e), falls $-1 < x < 0$ ($n_0 = 1$). Für $x \leq -1$ ist $e^x > 0 \geq 1 + x$.

(d) Nach (b), (c) ist $e^x > 0$ und $e^t > 1$ für $t > 0$. Für $x < y$ folgt daher

$$e^y - e^x = e^x \left(e^{y-x} - 1\right) > 0.$$

(e) Für $|x| < 1$ fällt $\left(1 - \frac{x}{n}\right)^{-n}$ monoton gegen $e^x$ (1.3 (b), $n_0 = 1$). Daher ist insbesondere $e^x \leq \frac{1}{1-x}$. Also ist $e^x - 1 \leq \frac{1}{1-x} - 1 = \frac{x}{1-x}$. Für $x \geq 0$ ist das schon die Behauptung. Im Fall $-1 < x < 0$ ist nach (c)

$$1 - e^x \leq -x = |x| < \frac{|x|}{1 - |x|}.$$

(f) Ist $x > 4n^2$, so ist $\sqrt{x} > 2n$, also $\frac{x}{2n} > \sqrt{x}$ und somit

$$e^x > \left(1 + \frac{x}{2n}\right)^{2n} > \left(1 + \sqrt{x}\right)^{2n} > \left(\sqrt{x}\right)^{2n} = x^n.$$

(g) $e^n > 1 + n$ nach (c), daher ist $e^{-n} < \frac{1}{1+n}$. $\qquad\square$

**2.4 Radioaktiver Zerfall.** Besitzt ein radioaktives Präparat mit der Zerfallskonstanten $\beta$ zum Zeitpunkt $t = 0$ die Masse $m_0$, so hat es zum Zeitpunkt $t \geq 0$ den unzerfallenen Masseanteil $m_0 \cdot e^{-\beta t}$.

**2.5 Die Größenordnung von $n!$**

Zeigen Sie für $n \geq 2$

$$e \cdot \left(\frac{n}{e}\right)^n < n! < n \cdot e \cdot \left(\frac{n}{e}\right)^n.$$

Multiplizieren Sie dazu jeweils die folgenden Ungleichungen miteinander

$$\left(1 + \frac{1}{k}\right)^k < e \quad (k = 1, \ldots, n-1) \quad \text{und} \quad e < \left(1 - \frac{1}{k}\right)^{-k} \quad (k = 2, \ldots, n).$$

# 3 Funktionen (Abbildungen)

Sind $M$ und $N$ nichtleere Mengen, und ist durch eine Vorschrift $x \mapsto f(x)$ jedem $x \in M$ genau ein Element $f(x) \in N$ zugeordnet, so sprechen wir von einer **Funktion** oder **Abbildung** $f : M \to N$. Das Wort „Funktion" ziehen wir vor, wenn $N$ eine Menge von Zahlen ist; in geometrischen Zusammenhängen sprechen wir eher von Abbildungen, doch sind im Prinzip beide Bezeichnungen möglich.

Für eine reelle Funktion $f : I \to \mathbb{R}$ auf einem Intervall $I$ heißt die Menge aller Punkte der $x,y$-Ebene mit Koordinaten $(x, f(x))$ der **Graph** von $f$.

## 3.1 Beispiele

(a) Die Vorschrift $x \mapsto x^3$ vermittelt eine Funktion $f : \mathbb{R} \to \mathbb{R}$ (Fig.).
(b) *Identische Abbildung.* Ist $M$ eine nichtleere Menge so heißt

$$f : M \to M \quad \text{mit} \quad x \mapsto x$$

die *Identität auf* $M$ und wird mit $\mathbb{1}_M$ bezeichnet (oder kürzer mit $\mathbb{1}$, wenn keine Verwechslungen möglich sind).
(c) Durch die Relation „$y = f(x)$, falls $y^2 = x$" ist keine Funktion gegeben, da jedem $x \neq 0$ zwei Zahlen $y$ mit $y^2 = x$

entsprechen. Dagegen liefert $x \mapsto \sqrt{x}$ eine Funktion $w : \mathbb{R}_+ \to \mathbb{R}_+$.
($\mathbb{R}_+ = \{x \in \mathbb{R} \mid x \geq 0\}$.)

(d) Eine Drehung um den Nullpunkt mit Drehwinkel $\frac{\pi}{2}$ (90°) in der Anschauungsebene $E$ vermittelt eine Abbildung $D : E \to E$, die jedem Punkt $P \in E$ einen Bildpunkt $D(P) \in E$ zuordnet.

(e) Die **Exponentialfunktion** ist durch die Vorschrift $x \mapsto e^x$ gegeben. Hier ist $M = \mathbb{R}$, $N = \mathbb{R}_{>0}$. Wir werden auch die Schreibweise

$$\exp : \mathbb{R} \to \mathbb{R}_{>0}, \ x \mapsto e^x$$

verwenden.

## 3.2 Bezeichnungen, Gleichheit von Funktionen

Ist $f : M \to N$  (lies: $f$ ist eine Funktion bzw. Abbildung von $M$ nach $N$), so heißt $M$ der **Definitionsbereich**, $N$ die **Zielmenge** von $f$. Eine Funktion ist festgelegt durch folgende Angaben:

(a) Angabe des Definitionsbereiches $M$.

(b) Angabe der Vorschrift $x \mapsto f(x)$. Dazu gehört die

(c) Angabe darüber, welcher Art die Bilder $f(x)$ sein sollen, d.h. einer Menge $N \neq \emptyset$, in der die Bilder bzw. Funktionswerte liegen sollen.

Die letztere Angabe ist nicht wesentlich; man wird im allgemeinen mit der Angabe irgend einer einfach formulierbaren Zielmenge $N$ zufrieden sein, ohne den genauen **Wertevorrat** (**Bildmenge**) der Funktion $f : M \to N$, nämlich $\{f(x) \mid x \in M\}$ angeben zu wollen. (Oft ist das auch gar nicht so einfach.) Bei der Definition einer Funktion benützen wir in der Regel eine der folgenden Schreibweisen

$$f : M \to N, \ x \mapsto f(x) \quad \text{oder} \quad f : x \mapsto f(x) \quad \text{für} \quad x \in M.$$

BEISPIELE.

$$f : ]-1,1[ \to \mathbb{R}, \quad x \mapsto \frac{1}{1-x^2}, \qquad g : x \mapsto \frac{1}{x} \quad \text{für} \quad x > 0.$$

Zwei Funktionen $f_1 : M_1 \to N$, $f_2 : M_2 \to N$ heißen **gleich**, wenn

(a) $M_1 = M_2$ und

(b) $f_1(x) = f_2(x)$ für alle $x \in M_1 = M_2$.

Die Gleichheit nimmt also keinen Bezug auf die Zielmenge.

## 3.3 Injektive und surjektive Funktionen

Eine Abbildung, bzw. Funktion, nennt man **injektiv** (**eineindeutig, 1–1– Abbildung**), wenn aus $f(x_1) = f(x_2)$ *stets* $x_1 = x_2$ folgt, oder andersherum, wenn aus $x_1 \neq x_2$ stets $f(x_1) \neq f(x_2)$ folgt. Injektivität bedeutet also, daß die Gleichung $f(x) = y$ für $y \in N$ höchstens eine Lösung $x$ besitzt.

Die Funktion $x \mapsto x^3$ ist injektiv, weil aus

$$0 = x^3 - y^3 = (x-y)\left(x^2 + xy + y^2\right) = \frac{1}{2}(x-y)\left(x^2 + y^2 + (x+y)^2\right)$$

in jedem Falle $x = y$ folgt.
Die Funktion $f : \mathbb{R} \to \mathbb{R}$, $x \mapsto x^2$ ist nicht injektiv wegen $f(1) = f(-1)$. Dagegen ist die auf $\mathbb{R}_+$ eingeschränkte Funktion $x \mapsto x^2$ injektiv.

Anschaulich bedeutet Injektivität einer reellen Funktion $f : M \subset \mathbb{R} \to \mathbb{R}$, daß jede Parallele zur $x$–Achse den Graphen von $f$ höchstens einmal schneidet.

Eine Abbildung $f : M \to N$ heißt **surjektiv**, wenn $N$ die Bildmenge von $f$ ist, d.h. wenn für jedes $y \in N$ die Gleichung $f(x) = y$ wenigstens eine Lösung $x \in M$ besitzt.

BEMERKUNG. Eigentlich ist die Zielmenge nicht wesentlich für die Festlegung einer Funktion. Bei der Surjektivität allerdings kommt es auf $N$ an. Die Funktion $f : \mathbb{R} \to \mathbb{R}$, $x \mapsto x^3$ ist surjektiv, denn die Gleichung $f(x) = y$ hat die Lösung

$$x = \sqrt[3]{y} \quad \text{für } y \geq 0 \quad \text{und} \quad x = -\sqrt[3]{-y} \quad \text{für } y < 0.$$

## 3.4 Bijektive Funktionen und Umkehrfunktionen

Eine Abbildung $f : M \to N$ heißt **bijektive Abbildung** (*Bijektion*) von $M$ auf $N$ (*kurz: $f : M \to N$ ist bijektiv*), wenn sie injektiv und surjektiv ist.

Das bedeutet, daß es zu jedem $y \in N$ genau ein $x \in M$ gibt mit $f(x) = y$. Bezeichnen wir dieses $x$ mit $g(y)$, so ist auf diese Weise eine Abbildung

$$g : N \to M$$

definiert, und nach Definition von $g$ ist $f(g(y)) = y$ für alle $y \in N$, $g(f(x)) = x$ für alle $x \in M$. Die Abbildung $g$ ist ihrerseits injektiv und surjektiv als Abbildung von $N$ nach $M$. Sie heißt **Umkehrabbildung** zu $f$ und wird üblicherweise mit $f^{-1}$ bezeichnet (Nicht zu verwechseln mit $\frac{1}{f}$!).

Daß $g$ surjektiv ist, folgt unmittelbar aus $g(f(x)) = x$. $g$ ist injektiv, denn aus $g(y_1) = g(y_2)$ folgt $y_1 = f(g(y_1)) = f(g(y_2)) = y_2$.

### 3.5 Monotone Funktionen

Eine reelle Funktion $f : I \to \mathbb{R}$ auf einem Intervall $I$ heißt **monoton wachsend**, wenn aus $x < y$ folgt $f(x) \leq f(y)$. Sie heißt **streng monoton wachsend**, wenn aus $x < y$ folgt $f(x) < f(y)$. Entsprechend heißt $f : I \to \mathbb{R}$ monoton fallend (bzw. streng monoton fallend), wenn aus $x < y$ folgt $f(x) \geq f(y)$ (bzw. $f(x) > f(y)$).

Streng monoton wachsende (bzw. fallende) Funktionen $f$ sind injektiv. Denn ist $f(x) = f(y)$, so kann weder $x < y$ (sonst $f(x) < f(y)$) noch $x > y$ (sonst $f(x) > f(y)$) eintreten. Es bleibt $x = y$.

## 4 Die Logarithmusfunktion

**4.1** *Die Exponentialfunktion* $\exp : \mathbb{R} \to \mathbb{R}_{>0}$, $x \mapsto e^x$ *ist bijektiv. Die Umkehrfunktion wird mit*

$$x \mapsto \log x \quad \text{für} \quad x > 0$$

*bezeichnet. Sie ist streng monoton wachsend.*

In der Literatur ist auch die Bezeichnung $\ln x$ (*logarithmus naturalis*) üblich. Auch die Schreibweise $\log(x)$ ist gebräuchlich.

BEWEIS.

Nach 2.3 (d) ist die Exponentialfunktion streng monoton wachsend, also injektiv. Wir wollen nun zeigen, daß sie bezüglich $\mathbb{R}_{>0}$ auch surjektiv ist.

Zu gegebenem $y > 0$ ist die Existenz einer reellen Zahl $a$ mit $e^a = y$ zu zeigen. Hierzu setzen wir $A := \{x \in \mathbb{R} \mid e^x < y\}$. $A$ ist nichtleer, denn wegen $\lim_{n \to \infty} e^{-n} = 0$ nach 2.3 (g) folgt $-n \in A$ für genügend großes $n$. $A$ ist nach oben beschränkt, denn für $x \in A$ gilt nach 2.3 (c) $x \leq e^x - 1 < y - 1$.

Damit existiert $a := \sup A$; wir zeigen $e^a = y$. Nach Definition des Supremums gibt es zu jedem $n \in \mathbb{N}$ ein $x_n \in A$ mit $a - \frac{1}{n} < x_n \leq a$. Hieraus folgt mit der Monotonie der Exponentialfunktion

$$e^{a-\frac{1}{n}} < e^{x_n} < y \leq e^{a+\frac{1}{n}},$$

letzteres wegen $a + \frac{1}{n} \notin A$. Nach 2.3 (e) gilt für $n \to \infty$

$$e^{a-\frac{1}{n}} = e^a \cdot e^{-\frac{1}{n}} \to e^a \quad \text{und} \quad e^{a+\frac{1}{n}} = e^a \cdot e^{\frac{1}{n}} \to e^a,$$

also folgt aus den Ungleichungen nach dem Dreifolgensatz §2:6.6

# 5 Die allgemeine Potenz und der Zehnerlogarithmus

$$e^a \leq y \leq e^a,$$

somit $e^a = y$. □

Die Monotonie des Logarithmus folgt so: Für $0 < x < y$ kann $\log x \geq \log y$ nicht eintreten, denn wegen der Monotonie der Exponentialfunktion hätte dies $x = e^{\log x} \geq e^{\log y} = y$ zur Folge.

### 4.2 Eigenschaften des Logarithmus

(a) $e^{\log y} = y$ für alle $y > 0$, $\log e^x = x$, für alle $x \in \mathbb{R}$, insbesondere gilt $\log 1 = 0$, $\log e = 1$.

(b) $\log(a \cdot b) = \log a + \log b$, $\log \frac{a}{b} = \log a - \log b$ für $a, b > 0$.

(c) $\log(x^n) = n \cdot \log x$ $(x > 0, n \in \mathbb{N})$.

(d) $\log(1+x) < x$ für alle $x > -1$ mit $x \neq 0$.

(e) Der Logarithmus wächst schwächer als jede lineare Funktion $x \mapsto cx$ mit $c > 0$: Ist $n \in \mathbb{N}$ so gewählt, daß $\frac{1}{n} < c$, so ist $\log x < \frac{x}{n} < cx$ für $x > 4n^2$.

BEWEIS.

(a) ist einfach die Eigenschaft der Umkehrfunktion. Alle anderen Behauptungen sind unmittelbare Folgerungen aus 2.3. Die einfachen Beweise werden dem Leser als ÜA eindringlich empfohlen. □

**4.3 Halbwertszeit.** Nach welcher Zeit $T$ ist ein radioaktives Präparat mit dem Zerfallsgesetz $N_0 e^{-\beta t}$ zur Hälfte zerfallen? ÜA

## 5 Die allgemeine Potenz und der Zehnerlogarithmus

**5.1 Vorbemerkung.** In §2:7 wurde $x^y$ definiert für $x > 0$ und rationale Zahlen $y$. Wir zeigen jetzt, daß

$$x^y = e^{y \log x} \text{ für alle } x > 0, \ y \in \mathbb{Q}$$

bzw., was dasselbe ist, $\log x^y = y \log x$.

Für $y = \frac{n}{m}$ $(n, m \in \mathbb{N})$ gilt wegen $n \log x = \log x^n$ nämlich

$$m \log x^{\frac{n}{m}} = m \log \left( \sqrt[m]{x} \right)^n = n \cdot m \cdot \log \sqrt[m]{x} = n \cdot \log x \,.$$

Also ist $\log x^{\frac{n}{m}} = \frac{n}{m} \log x$.

Für $y < 0$ beachten wir, daß $\log \frac{1}{a} = -\log a$.

Die Gleichung $x^y = e^{y \log x}$ schreiben wir jetzt auf irrationale Zahlen $y$ fort:

## 5.2 Definition der allgemeinen Potenz

Für $x > 0$, $y \in \mathbb{R}$ setzen wir

$$x^y := e^{y \log x}.$$

Es gilt ÜA

$(xy)^r = x^r \cdot y^r$,

$(x^r)^s = x^{r \cdot s}$,

$x^{r+s} = x^r \cdot x^s$, insbesondere $x^0 = 1$, $x^{-r} = \dfrac{1}{x^r}$.

## 5.3 Der Zehnerlogarithmus (Dekadischer Logarithmus)
Die Funktion $z : \mathbb{R} \to \mathbb{R}_{>0}$, $x \mapsto 10^x$ ist streng monoton wachsend und bijektiv. Der Beweis bleibt dem Leser als leichte Übungsaufgabe überlassen.

Die Umkehrfunktion nennen wir

$$x \mapsto \log_{10}(x) = \frac{\log(x)}{\log 10}.$$

Der Zehnerlogarithmus tritt im Zusammenhang mit dem pH–Wert in der Chemie auf. Vor der Einführung der Rechenmaschinen wurden numerische Rechnungen sehr häufig mit Hilfe der (Zehner–)Logarithmentafeln ausgeführt.

# 6 Zusammengesetzte Funktionen

## 6.1 Summe, Produkt und Vielfache von Funktionen

(a)  Für Funktionen $f, g : D \to \mathbb{R}$ definieren wir

$f + g : D \to \mathbb{R}$ durch die Vorschrift $x \mapsto f(x) + g(x)$,

$f \cdot g : D \to \mathbb{R}$ durch die Vorschrift $x \mapsto f(x) \cdot g(x)$,

$\lambda f : D \to \mathbb{R}$ durch $x \mapsto \lambda \cdot f(x)$ für $\lambda \in \mathbb{R}$,

$-f : D \to \mathbb{R}$ durch $x \mapsto -f(x)$.

(b) Die durch $x \mapsto 0$ für $x \in D$ definierte Funktion heißt *Nullfunktion* (auf $D$) und wird mit *0* bezeichnet. **Vorsicht!** $f = 0$ heißt $f(x) = 0$ für alle $x \in D$. Man schreibt dafür oft auch $f(x) \equiv 0$. $f \neq 0$ heißt nur, daß $f$ nicht die Nullfunktion ist. Für

$$f(x) = \begin{cases} 1 & \text{für } x = 0, \\ 0 & \text{für alle } x \in \mathbb{R} \text{ mit } x \neq 0 \end{cases}$$

gilt $f \neq 0$.

(c) *Für das Rechnen mit Funktionen gelten dieselben Rechengesetze wie in $\mathbb{Z}$:*

# 7 Polynome und rationale Funktionen

$$f + (g + h) = (f + g) + h, \quad (f \cdot g) \cdot h = f \cdot (g \cdot h).$$

Ferner ist $f + 0 = 0 + f = f$, $f + (-f) = 0$, und die Gleichung $f + g = h$ besitzt bei gegebenen Funktionen $g, h$ die eindeutige Lösung $f = h - g = h + (-g)$. Bezeichnen wir die Funktion $x \mapsto 1$ mit $1$, so ist $1 \cdot f = f \cdot 1 = f$. Schließlich gilt das Distributivgesetz $f \cdot (g + h) = f \cdot g + f \cdot h$.

Die Gleichung $f \cdot g = h$ ist bei gegebenen Funktionen $g, h$ i.a. nicht lösbar.

ÜA  Finden sie ein Gegenbeispiel!

**6.2 Hintereinanderausführung.** Mit $f : D \to M$ und $g : M \to N$ ist durch die Vorschrift

$$x \mapsto g(f(x)) \quad \text{für } x \in D$$

eine Abbildung $h : D \to N$ gegeben. Wir bezeichnen sie mit

$g \circ f$   (lies: $g$ nach $f$).

BEISPIEL. $f(x) = e^x$ für $x \in \mathbb{R}$, $g(x) = \log x$ für $x > 0$. Dann ist $g \circ f = \mathbb{1}$, wo $\mathbb{1} : x \mapsto x$ die identische Abbildung (Identität) auf $\mathbb{R}$ ist. Entsprechend ist $f \circ g = \mathbb{1}_{\mathbb{R}>0}$.

## 7 Polynome und rationale Funktionen

### 7.1 Polynome.

Sei $n \in \mathbb{N}_0$, und seien $a_0, a_1, \ldots, a_n$ reelle Zahlen. Eine Funktion $p$ der Gestalt

$$p : \mathbb{R} \to \mathbb{R}, \quad x \mapsto a_0 + a_1 x + a_2 x^2 + \cdots + a_n x^n$$

heißt ein **Polynom** mit reellen Koeffizienten $a_0, a_1, \ldots, a_n$.

Spezielle Polynome sind die konstanten Funktionen $x \mapsto a_0$ und die Identität $\mathbb{1} : x \mapsto x$.

**Satz vom Koeffizientenvergleich.** *Sind zwei Polynome der Gestalt*

$$p(x) = a_0 + a_1 x + \cdots + a_n x^n \quad \text{und} \quad q(x) = b_0 + b_1 x + \cdots + b_m x^m$$

*mit $a_n \neq 0$ und $b_m \neq 0$ als Funktionen gleich, $p(x) = q(x)$ für alle $x$, so gilt $m = n$ und $a_k = b_k$ für $k = 0, 1, \ldots, n$.*

BEWEIS.

Wir dürfen $n \geq m$ annehmen (sonst Vertauschung der Rollen von $p$ und $q$). Auch $r = p - q$ ist ein Polynom, hat also die Form $r(x) = c_0 + c_1 x + \cdots + c_n x^n$. Zu zeigen ist $c_0 = c_1 = \cdots = c_n = 0$. Nach Voraussetzung gilt $r(x) = 0$ für alle $x \in \mathbb{R}$. Es folgt $0 = r(0) = c_0$ und

$$0 = \frac{r(x)}{x} = c_1 + c_2 x + \cdots + c_n x^{n-1} \quad \text{für } x \neq 0.$$

Für $x_k = \frac{1}{k}$ gilt $\lim_{k \to \infty} x_k = 0$, also mit §2:6.7

$$0 = \lim_{k \to \infty} \frac{r(x_k)}{x_k} = c_1.$$

Nun ist $c_0 = c_1 = 0$, also

$$0 = \frac{r(x)}{x^2} = c_2 + c_3 x + \cdots + c_n x^{n-2} \quad \text{für } x \neq 0.$$

Setzen wir wieder die Nullfolge $(x_k)$ ein, so folgt wie oben $c_2 = 0$ usw. □

Wir erklären den **Grad eines Polynoms** $p(x) = a_0 + a_1 x + \cdots + a_n x^n$ durch

$$\text{Grad}(p) = \begin{cases} n, & \text{falls } a_n \neq 0 \\ -1, & \text{falls } p \text{ das Nullpolynom ist.} \end{cases}$$

Konstante Polynome $p \neq 0$ haben den Grad 0.

### 7.2 Summe und Produkt von Polynomen

*Offenbar ist die Summe zweier Polynome wieder ein Polynom, ebenso ist mit $p$ auch $cp$ ein Polynom für $c \in \mathbb{R}$. Für*

$$p(x) = a_0 + a_1 x + \cdots + a_n x^n, \quad a_n \neq 0, \quad und$$

$$q(x) = b_0 + b_1 x + \cdots + b_m x^m, \quad b_m \neq 0, \quad gilt$$

$$p(x) \cdot q(x) = a_0 b_0 + (a_1 b_0 + a_0 b_1) x + \cdots + a_n b_m x^{n+m}.$$

*Also ist $p \cdot q$ wieder ein Polynom. Bei der Multiplikation zweier vom Nullpolynom verschiedener Polynome addieren sich die Grade:*

$$\text{Grad}(p \cdot q) = \text{Grad}(p) + \text{Grad}(q) \quad \text{für } p \neq 0, \ q \neq 0.$$

Eine übersichtliche Darstellung der Koeffizienten von $p \cdot q$ erhalten wir durch folgende Formel: Es ist

$$p(x) \cdot q(x) = \sum_{k=0}^{n+m} c_k x^k \quad \text{mit} \quad c_k = \sum_{i=0}^{k} a_i b_{k-i} = \sum_{\mu + \nu = k} a_\mu b_\nu.$$

Dabei gilt die Vereinbarung $a_{n+1} = a_{n+2} = \cdots = 0 = b_{m+1} = b_{m+2} \cdots$.

Für die Rechenregeln bei Summe und Produkt gilt das unter 6.1 gesagte. Die Verwandtschaft des Rechnens mit Polynomen und des Rechnens in $\mathbb{Z}$ findet in der Übertragung der Teilbarkeitslehre ihren Niederschlag (vgl. 7.4ff.).

# 7 Polynome und rationale Funktionen

## 7.3 Rationale Funktionen

sind gegeben durch eine Vorschrift $x \mapsto \dfrac{p_1(x)}{p_2(x)}$, wo $p_1$ und $p_2$ Polynome sind und $p_2$ nicht das Nullpolynom ist.

Die Frage nach dem Definitionsbereich $D$ rationaler Funktionen $\dfrac{p_1}{p_2}$ scheint durch die Festsetzung $D = \{x \in \mathbb{R} \mid p_2(x) \neq 0\}$ beantwortet zu sein, doch kann diese Antwort nicht ganz befriedigen.

Betrachten wir beispielsweise $p_1(x) = x^2 - 1$, $p_2(x) = x - 1$, so ist

$$\frac{p_1(x)}{p_2(x)} = \frac{(x-1)(x+1)}{x-1} = x+1 \quad \text{für} \quad x \neq 1.$$

Wir wollen im folgenden die Frage untersuchen, inwieweit sich ein rationaler Ausdruck $\dfrac{p_1(x)}{p_2(x)}$ durch „Kürzen" auf einfachere Form bringen läßt. Diese Frage ist im Zusammenhang mit der Integration von Bedeutung.

## 7.4 Division mit Rest

*Sind $p_1, p_2$ Polynome mit* $\mathrm{Grad}\,(p_2) \geq 1$, *so gibt es eindeutig bestimmte Polynome $q, r$ mit*

$$p_1 = p_2 \cdot q + r \quad \text{und} \quad \mathrm{Grad}\,(r) < \mathrm{Grad}\,(p_2).$$

Die Bestimmung von $q$ und $r$ geschieht nach demselben Divisionsalgorithmus wie bei den ganzen Zahlen. Bei dem Beispiel

$$p_1(x) = -4x^5 + 2x^4 - 14x^3 + 6x^2 - 14x + 10, \qquad p_2(x) = 2x^3 + 3x - 1$$

spricht das folgende Schema für sich:

```
-4x^5 + 2x^4 - 14x^3 + 6x^2 - 14x + 10 : (2x^3 + 3x - 1) = -2x^2 + x - 4
-4x^5        -  6x^3 + 2x^2
─────────────────────────────
         2x^4 - 8x^3 + 4x^2 - 14x
         2x^4        + 3x^2 -   x
         ────────────────────────
              -8x^3 +  x^2 - 13x + 10
              -8x^3        - 12x +  4
              ─────────────────────────
              Rest:   x^2 -   x +  6
```

Ergebnis: $p_1(x) = p_2(x) \cdot (-2x^2 + x - 4) + x^2 - x + 6$.

Dieses Verfahren führt offenbar immer zum Ziel. Die Eindeutigkeit ergibt sich so: Ist $p_1 = p_2 q_1 + r_1 = p_2 q_2 + r_2$, so folgt $p_2 \cdot (q_1 - q_2) = r_2 - r_1$. Wäre $q_1 \neq q_2$, so hätte die linke Seite mindestens den Grad von $p_2$, die rechte Seite aber einen kleineren Grad. Also bleibt nur $q_1 = q_2$ und damit auch $r_1 = r_2$.

## 7.5 Teilbarkeit von Polynomen

Wir sagen „$p_2$ *teilt* $p_1$" (in Zeichen $p_2 \mid p_1$), falls $p_2 \neq 0$ gilt und es ein Polynom $q$ gibt mit $p_1 = p_2 \cdot q$.

Für $p_1(x) = x^2 - 1$, $p_2(x) = x - 1$ gilt beispielsweise $p_1(x) = p_2(x) \cdot (x+1)$, also $p_2 \mid p_1$.

Folgendes ist leicht einzusehen $\boxed{\text{ÜA}}$:

(a) Aus $p_3 \mid p_2$ und $p_2 \mid p_1$ folgt $p_3 \mid p_1$.

(b) Aus $p \mid p_1$ und $p \mid p_2$ folgt $p \mid q_1 p_1 + q_2 p_2$, wenn $q_1, q_2$ irgendwelche Polynome sind.

(c) Ist $p_2 \mid p_1$ und $p_1 \neq 0$, so ist Grad $(p_2) \leq$ Grad $(p_1)$.

(d) Aus $p_2 \mid p_1$ und $p_1 \mid p_2$ folgt, daß es eine Konstante $c \neq 0$ gibt mit $p_1 = cp_2$.

## 7.6 Nullstellen

(a) Eine Zahl $\lambda$ heißt *Nullstelle* von $p$, falls $p(\lambda) = 0$. Das ist genau dann der Fall, wenn $x - \lambda$ ein Teiler von $p(x)$ ist, d.h. wenn es ein Polynom $q$ gibt mit

$$p(x) = (x - \lambda)q(x).$$

Denn ist $p(x) = (x - \lambda)q(x)$, so ist $p(\lambda) = (\lambda - \lambda) \cdot q(\lambda) = 0$. Ist umgekehrt $\lambda$ Nullstelle von $p$, so erhalten wir durch Division mit Rest

$$p(x) = (x - \lambda)q(x) + r,$$

wo $r$ eine Konstante ist (Grad < 1). Einsetzen von $x = \lambda$ liefert $r = 0$.

$\lambda$ heißt $k$-**fache Nullstelle** (bzw. Nullstelle der **Ordnung** oder **Vielfachheit** $k$), wenn es ein Polynom $q$ gibt mit

$$p(x) = (x - \lambda)^k \cdot q(x) \quad \text{und} \quad q(\lambda) \neq 0.$$

(b) SATZ. *Ein Polynom $p$ vom Grad $n \geq 1$ besitzt höchstens $n$ verschiedene Nullstellen.*

Denn hat $p$ die $N$ verschiedenen Nullstellen $\lambda_1, \ldots, \lambda_N$, so ergibt mehrfache Anwendung von (a)

$$p(x) = (x - \lambda_1) \cdot \ldots \cdot (x - \lambda_N) \cdot q(x) = p_2(x) \cdot q(x)$$

mit $N =$ Grad $(p_2) \leq$ Grad $(p) = n$ nach 7.5 (c).

## 7.7 Größter gemeinsamer Teiler

Sind $p_1, p_2$ Polynome mit $p_1 \neq 0$, $p_2 \neq 0$, so heißt das Polynom $g$ *ein größter gemeinsamer Teiler* (**ggT**) von $p_1$ und $p_2$, wenn $g \mid p_1$, $g \mid p_2$ und wenn es keinen gemeinsamen Teiler von $p_1, p_2$ gibt, der einen höheren Grad hat als $g$.

# 7 Polynome und rationale Funktionen

## 7.8 Bestimmung eines ggT nach dem euklidischen Algorithmus

Ist $n = \text{Grad}(p_1) \geq m = \text{Grad}(p_2) \geq 1$, so ergibt sukzessive Division mit Rest Polynome $p_k, q_k$ mit

$$p_1 = p_2 \cdot q_1 + p_3 \qquad (\text{Grad}(p_3) < \text{Grad}(p_2),\ p_3 \neq 0)$$

$$p_2 = p_3 \cdot q_2 + p_4 \qquad (\text{Grad}(p_4) < \text{Grad}(p_3),\ p_4 \neq 0)$$

$$\vdots \qquad\qquad\qquad\qquad \vdots$$

$$p_{k-1} = p_k \cdot q_{k-1} + p_{k+1} \qquad (\text{Grad}(p_{k+1}) < \text{Grad}(p_k),\ p_{k+1} \neq 0)$$

$$p_k = p_{k+1} \cdot q_k$$

Da bei jedem Schritt der Grad des Rests um mindestens 1 reduziert wird, muß spätestens nach $m+1$ Schritten der Rest Null sein.

*Dann ist $p_{k+1}$ ein ggT von $p_1$ und $p_2$, und jeder andere ggT $g$ von $p_1, p_2$ hat die Gestalt $g = c \cdot p_{k+1}$ mit einer Konstanten $c \neq 0$.*

BEWEIS.

(a) Wir beweisen zunächst eine Zwischenbehauptung $(Z)$: Teilt ein Polynom $g$ zwei aufeinanderfolgende der Polynome $p_i$, etwa $g \mid p_\varrho$, $g \mid p_{\varrho+1}$, so teilt $g$ alle $p_i$ $(i = 1, \ldots, k+1)$. In der Tat: ist $\varrho > 1$, so folgt aus $p_{\varrho-1} = p_\varrho q_{\varrho-1} + p_{\varrho+1}$ mit 7.5 (b), daß $g$ auch $p_{\varrho-1}$ teilt, und so fort. Also teilt $g$ alle $p_\varrho$ vorangehenden $p_i$.

Entsprechendes ergibt sich für die nachfolgenden $p_i$: Ist $\varrho < k$, so folgt aus $p_{\varrho+2} = p_\varrho - p_{\varrho+1} q_\varrho$, daß $g$ auch $p_{\varrho+2}$ teilt, und so fort. Soweit die Zwischenbehauptung $(Z)$.

(b) Damit folgt nun sofort, daß $p_{k+1}$ ein Teiler von $p_1$ und $p_2$ ist. Denn $p_{k+1} \mid p_{k+1}$ und $p_{k+1} \mid p_k$ nach der letzten Gleichung.

(c) Ist $g$ irgendein Teiler von $p_1$ und $p_2$, so folgt nach (Z), daß $g$ auch $p_{k+1}$ teilen muß, also höchstens denselben Grad hat wie $p_{k+1}$. Damit ist $p_{k+1}$ ein ggT von $p_1$ und $p_2$. Ist $g$ sogar selbst ein ggT, hat $g$ also denselben Grad wie $p_{k+1}$, so folgt aus $g \mid p_{k+1}$, daß $g = c \cdot p_{k+1}$ mit einer Konstanten $c \neq 0$ (Division mit Rest!). □

## 7.9 Teilerfremde Polynome

*Sind $p_1$ und $p_2$ nichtkonstante teilerfremde Polynome, d.h. ist 1 ein ggT von $p_1$ und $p_2$, so gibt es Polynome $r_1$ und $r_2$ mit*

$$1 = r_1 \cdot p_2 + r_2 \cdot p_1 \quad und \quad \text{Grad}(r_i) < \text{Grad}(p_i)\,, \quad i = 1, 2\,.$$

BEWEIS.

Es sei etwa Grad $(p_2) \leq$ Grad $(p_1)$. Wir schreiben die Gleichungskette des euklidischen Algorithmus in umgekehrter Reihenfolge auf:

$$p_{k+1} = p_{k-1} - p_k \cdot q_{k-1}$$
$$p_k = p_{k-2} - p_{k-1} \cdot q_{k-2}$$
$$\vdots$$
$$p_3 = p_1 - p_2 \cdot q_1 \,.$$

Nach Voraussetzung ist der ggT $p_{k+1}$ eine Konstante $c \neq 0$. Setzen wir in die erste Gleichung sukzessive die folgenden Gleichungen ein, so erhalten wir

$$c = p_{k+1} = p_{k-1} - p_k \cdot q_{k-1} = p_{k-1} - (p_{k-2} - p_{k-1} \cdot q_{k-2}) \cdot q_{k-1}$$
$$= (1 + q_{k-2} \cdot q_{k-1}) \cdot p_{k-1} - q_{k-1} \cdot p_{k-2} = \cdots = f_1 \cdot p_2 + f_2 \cdot p_1$$

mit Polynomen $f_1$ und $f_2$. Division mit Rest ergibt $\frac{1}{c} f_i = p_i \cdot s_i + r_i$ für $i = 1, 2$ mit Grad $(r_i) <$ Grad $(p_i)$. Also gilt

$$1 = \frac{1}{c}(f_1 \cdot p_2 + f_2 \cdot p_1) = r_1 \cdot p_2 + r_2 \cdot p_1 + p_1 \cdot p_2 \cdot (s_1 + s_2) \,.$$

Aus Grad $(p_1 \cdot p_2 \cdot (s_1 + s_2)) =$ Grad $(1 - r_1 \cdot p_2 - r_2 \cdot p_1) <$ Grad $(p_1 \cdot p_2)$ folgt $s_1 + s_2 = 0$. □

## 7.10 Darstellung rationaler Funktionen

Sind $p_1$ und $p_2$ Polynome mit $p_1 \neq 0$, Grad $(p_2) \geq 1$, so bestimme man einen ggT $g$ von $p_1$ und $p_2$ nach 7.8. Ist dann $p_1 = g \cdot q_1$, $p_2 = g \cdot q_2$, so gilt

$$\frac{p_1(x)}{p_2(x)} = \frac{q_1(x)}{q_2(x)} \quad \text{für alle} \quad x \quad \text{mit} \quad p_2(x) \neq 0 \,.$$

Der rationale Ausdruck $\frac{q_1(x)}{q_2(x)}$ ist erklärt auf $D = \{x \in \mathbb{R} \mid q_2(x) \neq 0\}$. Das ist der größtmögliche Definitionsbereich, für den $\frac{p_1}{p_2}$ einen Sinn macht. Man beachte, daß $q_1$ und $q_2$ keine gemeinsame Nullstelle haben.

## 7.11 Aufgaben

(a) Bestimmen Sie einen ggT von

$$2x^4 + 2x^3 + x^2 - x - 1 \quad \text{und} \quad 3x^5 + 3x^4 + 4x^3 - x^2 - x - 2 \,.$$

(b) Vereinfachen Sie $\dfrac{5x^5 - 5x^4 - 11x^3 + 4x^2 - x - 6}{x^4 - x^3 - 11x^2 + 9x + 18}$.

Welche Definitionslücken bleiben?

(c) Bestimmen Sie gemäß 7.9 Polynome $r_1$ und $r_2$ mit $1 = r_1 \cdot p_2 + r_2 \cdot p_1$ für

$$p_1(x) = x^3 - 3x^2 - x + 3, \qquad p_2(x) = x^2 - 4x + 4.$$

# 8 Die trigonometrischen Funktionen

## 8.1 Winkel im Bogenmaß

Wir setzen elementare Kenntnisse der ebenen Schulgeometrie voraus. Einige grundsätzliche Bemerkungen zur Beziehung zwischen Geometrie, Zahlen und Vektoren finden Sie in §5.

Wir wählen in der Ebene ein kartesisches Koordinatensystem. Jeder Punkt $P$ ist durch ein Koordinatenpaar $(x, y)$ beschrieben, wo $x$ und $y$ reelle Zahlen sind.

Der **Einheitskreis** ist die Menge der Punkte $P = (x, y)$ mit $x^2 + y^2 = 1$. Die **Länge** eines Kreisbogens ist definiert als das Supremum der Längen aller einbeschriebenen Sehnenpolygone. Die Bogenlänge des oberen Halbkreises bezeichnen wir mit $\pi$. Dabei ist

$$\pi = 3.14159265358979\ldots.$$

Aus der Anschauung entnehmen wir:

(a) Beim Aneinandersetzen von Bögen addieren sich die Bogenlängen.

(b) Bei Drehungen um den Nullpunkt bleiben die Bogenlängen erhalten. Demnach hat jeder Halbkreis die Bogenlänge $\pi$. Somit hat jeder Viertelkreis die Bogenlänge $\frac{\pi}{2}$, und der Bogen zwischen zwei Nachbarpunkten eines regelmäßigen einbeschriebenen Sechseckes hat die Bogenlänge $\frac{\pi}{3}$.

(c) Jede Zahl aus $[0, 2\pi]$ kommt als Bogenlänge vor.

Wir werden in §24 die Bogenlänge durch ein Integral beschreiben und diese Eigenschaften bestätigt finden.

Zwei vom Kreismittelpunkt ausgehende Strahlen $S_1$ und $S_2$ schneiden den Einheitskreis in zwei Punkten $P_1$ und $P_2$. Den (**nichtorientierten**) **Winkel** $\varphi = \angle(S_1, S_2)$ zwischen $S_1$ und $S_2$ definieren wir als die Länge des kürzeren Kreisbogens zwischen $P_1$ und $P_2$ (Fig.).

Die Angabe von Winkeln im Bogenmaß (RAD) ist für die Mathematik zweckmäßiger als die Angabe im Gradsystem (DEG).

## 8.2 Arcuscosinus und Kosinus

Für jedes $x \in [-1, 1]$ bezeichnen wir die Länge des Kreisbogens zwischen den beiden Punkten mit den Koordinaten $(1, 0)$ und $\left(x, \sqrt{1-x^2}\right)$ mit $\arccos x \in [0, \pi]$.

Aus dem oben Gesagten ergibt sich, daß die hierdurch erklärte Funktion

$$\arccos : [-1, 1] \to [0, \pi]$$

streng monoton fällt und surjektiv ist.

Die **Kosinusfunktion** $\cos : [0, \pi] \to [-1, 1]$ ist erklärt als die Umkehrfunktion von arccos, also in der Figur oben $x = \cos \varphi$. In der folgenden Figur finden Sie die Graphen von arccos (links) und cos (rechts).

ÜA . Lesen Sie am Einheitskreis die Werte $\cos \frac{\pi}{4}$, $\cos \frac{\pi}{3}$, $\cos \frac{2\pi}{3}$ und $\cos \frac{5\pi}{6}$ ab.

## 8.3 Sinus und Kosinus als Funktionen auf $\mathbb{R}$

Für $0 \leq \varphi \leq \pi$ setzen wir

$$\sin \varphi := \sqrt{1 - \cos^2 \varphi}\,.$$

8 Die trigonometrischen Funktionen

Dann liegt der Punkt $P = (\cos\varphi, \sin\varphi)$ auf der oberen Hälfte der Einheitskreislinie, und der Bogen zwischen $(1,0)$ und $P$ hat die Länge $\varphi$, siehe nächste Figur.

Vergewissern Sie sich, daß $\cos(\pi-\varphi) = -\cos\varphi$ und $\sin(\pi-\varphi) = \sin\varphi$ ÜA.
Wir setzen die Funktionen sin, cos zunächst auf das Intervall $]-\pi, 0[$ fort durch die Festsetzungen

$$\cos(-\varphi) := \cos\varphi$$

$$\sin(-\varphi) := -\sin\varphi,$$

jeweils für $0 < \varphi < \pi$.

Geometrisch erhält man den Punkt $(\cos(-\varphi), \sin(-\varphi))$, indem man von $(1,0)$ aus einen Bogen der Länge $\varphi$ im mathematisch negativen Sinn beschreibt (oder, anders ausgedrückt, den Bogen $\varphi$ nach unten anträgt — siehe nebenstehende Figur).

Schließlich setzen wir cos und sin durch die Vorschriften

$$\cos(2\pi k + \varphi) := \cos\varphi$$

$$\sin(2\pi k + \varphi) := \sin\varphi \quad (k \in \mathbb{Z})$$

**$2\pi$-periodisch** auf ganz $\mathbb{R}$ fort. Daß dabei keine Doppeldeutigkeiten auftreten können liegt daran, daß $\cos(-\pi) = \cos\pi$, $\sin(-\pi) = -\sin\pi$.

Diese Festsetzung trägt der Tatsache Rechnung, daß wir wieder im Punkt $P = (\cos\varphi, \sin\varphi)$ ankommen, wenn wir vom Punkt $(1,0)$ aus einen Bogen der Länge $2\pi + \varphi$ im mathematisch positiven Sinn durchlaufen.

## 8.4 Eigenschaften der trigonometrischen Funktionen

(a) *Der Wertevorrat des Kosinus und des Sinus ist jeweils* $[-1, 1]$,

$$\cos 0 = 1, \quad \sin 0 = 0, \quad \cos\frac{\pi}{2} = 0, \quad \sin\frac{\pi}{2} = 1.$$

(b) $\cos^2\varphi + \sin^2\varphi = 1$.

(c) **Periodizität**: $\cos(2\pi k + \varphi) = \cos\varphi$, $\sin(2\pi k + \varphi) = \sin\varphi$ $(k \in \mathbb{Z})$.

(d) **Symmetrieeigenschaften**:

cos *ist eine* **gerade Funktion**, *d.h.* $\cos(-x) = \cos x$.

sin *ist eine* **ungerade Funktion**, *d.h.* $\sin(-x) = -\sin x$.

$\cos(\pi + \varphi) = -\cos\varphi$, $\sin(\pi + \varphi) = -\sin\varphi$.

(e) $\cos\left(\frac{\pi}{2} - \varphi\right) = \sin\varphi$, $\sin\left(\frac{\pi}{2} - \varphi\right) = \cos\varphi$

(f) **Additionstheoreme**:

$$\cos(\varphi + \psi) = \cos\varphi\cos\psi - \sin\varphi\sin\psi$$

$$\sin(\varphi + \psi) = \sin\varphi\cos\psi + \cos\varphi\sin\psi$$

(g) **Halbwinkelformeln**:

$$1 - \cos\varphi = 2\sin^2\tfrac{\varphi}{2},$$

$$1 + \cos\varphi = 2\cos^2\tfrac{\varphi}{2}.$$

BEWEIS.

Die Eigenschaften (a) bis (e) macht man sich leicht am Einheitskreis klar. Die Halbwinkelformeln folgen aus (f) und (b) ÜA. Die Additionstheoreme liest man aus der Figur ab: Wegen der Ähnlichkeit der Dreiecke $OTC$, $OSB$, $QAB$ ist

$$\overline{QA} = \overline{QB}\cos\varphi = \sin\psi\cos\varphi$$

$$\overline{AR} = \overline{BS} = \overline{OB}\sin\varphi = \cos\psi\sin\varphi$$

$$\overline{OS} = \overline{OB}\cos\varphi = \cos\psi\cos\varphi$$

$$\overline{RS} = \overline{AB} = \overline{QB}\sin\varphi = \sin\psi\sin\varphi,$$

woraus sich ergibt:

$$\cos(\varphi + \psi) = \overline{OR} = \overline{OS} - \overline{RS} = \cos\psi \cdot \cos\varphi - \sin\psi \cdot \sin\varphi$$

$$\sin(\varphi + \psi) = \overline{QR} = \overline{QA} + \overline{AR} = \sin\psi \cdot \cos\varphi + \cos\psi \cdot \sin\varphi \qquad \square$$

### 8.5 Der Arcussinus

Für $y \in [0,1]$ setzen wir

$$\arcsin y = \text{Länge des Bogens zwischen } (1,0) \text{ und } (\sqrt{1-y^2}, y).$$

# 8 Die trigonometrischen Funktionen

Für $y \in [-1, 0[$ setzen wir

$$\arcsin y = -\arcsin(-y).$$

Dann ist

$$\arcsin : [-1, +1] \to \left[-\frac{\pi}{2}, \frac{\pi}{2}\right]$$

streng monoton wachsend und surjektiv. Die Umkehrfunktion ist offenbar

$$\sin : \left[-\frac{\pi}{2}, \frac{\pi}{2}\right] \to [-1, 1].$$

Wir skizzieren die Graphen des Sinus (links) und des Arcussinus (rechts):

## 8.6 Tangens, Kotangens und Arcustangens

Die **Tangensfunktion** ist zunächst für $-\frac{\pi}{2} < \varphi < \frac{\pi}{2}$ definiert durch

$$\tan \varphi = \frac{\sin \varphi}{\cos \varphi}$$

der **Kotangens** zunächst durch

$$\cotg \varphi = \frac{\cos \varphi}{\sin \varphi} \quad \text{für } 0 < \varphi < \pi.$$

*Der Tangens wächst streng monoton.*

Denn für $-\frac{\pi}{2} < \varphi < \psi < \frac{\pi}{2}$ folgt aus den Additionstheoremen $\boxed{\text{ÜA}}$

$$\tan \psi - \tan \varphi = \frac{\sin(\psi - \varphi)}{\cos \varphi \cdot \cos \psi}$$

und die rechte Seite ist positiv wegen $0 < \psi - \varphi < \pi$.

Der Tangens $\tan\,:\,]-\frac{\pi}{2},\frac{\pi}{2}[\,\to\mathbb{R}$ ist surjektiv, d.h. hat $\mathbb{R}$ als Bildmenge. Dies werden wir in §8:5.2 beweisen.

Wir definieren den *Arcustangens* als Umkehrfunktion des Tangens:

$$\arctan\,:\,\mathbb{R}\to\,]-\frac{\pi}{2},\frac{\pi}{2}[$$

(nebenstehender Graph). Es ist

$$\arctan 1 = \frac{\pi}{4},$$

$$\arctan \frac{1}{\sqrt{3}} = \frac{\pi}{6}.$$

Diese Formeln werden wir später zur Berechnung von $\pi$ heranziehen.
*Periodische Fortsetzung.* Durch

$$\tan\varphi := \frac{\sin\varphi}{\cos\varphi}$$

für alle $\varphi\in\mathbb{R}$ mit $\cos\varphi\neq 0$ wird der Tangens zu einer $\pi$-periodischen Funktion mit Definitionslücken in den Nullstellen des Kosinus fortgesetzt. Entsprechend verfahren wir beim Kotangens.

## 8.7 Drei wichtige Ungleichungen

(a) $|\sin\varphi|\leq|\varphi|$,

(b) $1-\frac{\varphi^2}{2}\leq\cos\varphi\leq 1$,

(c) $\frac{\tan\varphi}{\varphi}\geq 1$ *für* $0<|\varphi|<\frac{\pi}{2}$.

BEWEIS.

(a) Mit den Bezeichnungen der Figur gilt für $|\varphi|\leq\frac{\pi}{2}$

$$|\sin\varphi| = |y|$$
$$\leq \sqrt{(1-x)^2+y^2} = \overline{EP}$$
$$\leq \text{Bogenlänge zwischen } E \text{ und } P\ =|\varphi|$$

nach Definition der Bogenlänge.

Für $|\varphi|>\frac{\pi}{2}$ ist $|\sin\varphi|\leq 1 < \frac{\pi}{2} < |\varphi|$.

(b) Nach der Halbwinkelformel 8.4 (g) ist

$$0\leq 1-\cos\varphi = 2\left(\sin\tfrac{\varphi}{2}\right)^2 \leq 2\left(\tfrac{\varphi}{2}\right)^2 = \tfrac{1}{2}\varphi^2\,.$$

# 8 Die trigonometrischen Funktionen

(c) Es sei $0 < \varphi < \frac{\pi}{2}$. In das Kreissegment zwischen den Punkten $E = (1,0)$ und $P = (\cos\varphi, \sin\varphi)$ legen wir ein Sehnenpolygon mit monoton angeordneten Punkten $E = A_0, \ldots, A_n = P$.

Diese Kreispunkte projizieren wir längs Strahlen durch den Ursprung auf die Gerade $x = 1$. Bezeichnen wir die Bildpunkte mit $E = A'_0, \ldots, A'_n = P'$, so ist $P' = (1, \tan\varphi)$.

Mit Hilfe des Strahlensatzes ergibt sich mit den Bezeichnungen der Figur

$$\overline{A_{i-1}A_i} = p + q \leq a + b \leq a' + b'$$
$$= \overline{A'_{i-1}A'_i}.$$

Addition dieser Ungleichungen ergibt für die Länge des Sehnenpolygons zwischen $E$ und $P$

$$\sum_{i=1}^{n} \overline{A_{i-1}A_i} \leq \sum_{i=1}^{n} \overline{A'_{i-1}A'_i} = \tan\varphi.$$

Hieraus folgt

$$\varphi = \left\{ \begin{array}{l} \text{Supremum der Längen aller dem Kreissegment} \\ EP \text{ einbeschriebenen Sehnenpolygone} \end{array} \right\} \leq \tan\varphi.$$

Für $-\frac{\pi}{2} < \varphi < 0$ folgt $\tan\varphi/\varphi = \tan(-\varphi)/(-\varphi) \geq 1$. □

## 8.8 Anmerkungen

Die Zurückführung von Kosinus und Sinus auf die Verhältnisse am Einheitskreis ist der natürliche Zugang. Aus systematischer Sicht kann dagegen eingewendet werden, daß Anleihen bei der Geometrie und der Vorgriff auf die Bogenlänge nötig sind. Daher werden in den meisten Analysisbüchern $\cos x$ und $\sin x$ durch Potenzreihen definiert, die Eigenschaften 8.4 und 8.7 analytisch hergeleitet und $\pi$ als kleinste positive Nullstelle von $\cos 2x$ erklärt. Der für uns von Anfang an wichtige Winkelbegriff und der Bezug zur Geometrie bleiben dabei ausgeklammert. Gewonnen wird dadurch außer Methodenreinheit letztlich nichts, denn wie bei [HEUSER 1, Nr. 48 und 67] dargelegt wird, sind die Eigenschaften 8.4, 8.7 und die Potenzreihenentwicklungen von $\cos x$, $\sin x$ vom rein analytischen Standpunkt äquivalent. Letztere werden in § 10 : 1.2 hergeleitet; die Eigenschaften der Bogenlänge werden in § 24 : 2 bewiesen.

## §4 Mengen und Wahrscheinlichkeit

### 1 Einfache Mengenalgebra

#### 1.1 Vereinigung, Durchschnitt, Differenz

Sind $A, B$ Mengen, so nennen wir die Menge

$$A \cup B := \{x \mid x \in A \text{ oder } x \in B\}$$

die **Vereinigung** von $A$ mit $B$. Man beachte den Gebrauch des Wortes „oder": $x \in A \cup B$ bedeutet $x \in A$ oder $x \in B$ oder beides.

Ferner definieren wir den **Durchschnitt** von $A$ und $B$:

$$A \cap B := \{x \in A \text{ und } x \in B\}.$$

Dabei kann der Fall eintreten, daß $A$ und $B$ *disjunkt* sind, d.h. keine gemeinsamen Elemente besitzen; wir schreiben dann $A \cap B = \emptyset$. Durch die Einführung einer *leeren Menge* ist sichergestellt, daß $A \cap B$ *immer* eine Menge ist.

Die **Differenz** von $A$ und $B$ („$A$ ohne $B$") wird definiert durch

$$A \setminus B := \{x \in A \mid x \notin B\}.$$

Auch diese Menge kann leer sein. Es ist manchmal hilfreich, sich wie oben die Verhältnisse an *Venn–Diagrammen* zu verdeutlichen. Dadurch gewinnen die logischen Verknüpfungen „oder", „und", „nicht" eine geometrische Anschaulichkeit.

#### 1.2 Teilmengen, Gleichheit von Mengen

Wir nennen $A$ eine **Teilmenge** von $B$ oder **enthalten** in $B$,

$$A \subset B,$$

wenn jedes Element von $A$ auch zu $B$ gehört.
So ist beispielsweise $A \subset A \cup B$. Denn ist $x \in A$, so ist die Aussage „$x \in A$ oder $x \in B$" richtig. Entsprechend gilt $A \cap B \subset A$.

BEMERKUNG. In der Literatur wird für die Teilmengenbeziehung häufig das Symbol $\subseteq$ verwendet, während $\subset$ für echtes Enthaltensein steht. Für letzteres schreiben wir $A \subset B$, $A \neq B$.

1 Einfache Mengenalgebra 75

**Gleichheit zweier Mengen.** $A = B$ bedeutet $A \subset B$ und $B \subset A$.

## 1.3 Beispiele für den Nachweis der Gleichheit zweier Mengen

Für beliebige Mengen $A$, $B$ gelten die *Distributivgesetze*

$$A \cup (B \cap C) = (A \cup B) \cap (A \cup C), \quad A \cap (B \cup C) = (A \cap B) \cup (A \cap C).$$

BEWEIS der ersten Formel.
(Venn–Diagramme sind kein Beweis, da $A, B, C$ in verschiedener Weise zueinander liegen können. Außerdem denken wir nicht nur an Mengen in der Ebene.)
(a) Wir zeigen $A \cup (B \cap C) \subset (A \cup B) \cap (A \cup C)$.
Für jedes Element $x$ von $A \cup (B \cap C)$ folgt $x \in A$ oder $x \in B \cap C$. Im ersten Fall $x \in A$ folgt $x \in A \cup B$ und $x \in A \cup C$ nach 1.2, also $x \in (A \cup B) \cap (A \cup C)$. Im Fall $x \notin A$ folgt $x \in B$ und $x \in C$, also $x \in A \cup B$ und $x \in A \cup C$ nach 1.2. Also ergibt sich beidesmal $x \in (A \cup B) \cap (A \cup C)$.

(b) Umgekehrt: Aus $x \in (A \cup B) \cap (A \cup C)$ folgt zunächst $x \in A \cup B$ und $x \in A \cup C$. Im Fall $x \in A$ folgt sofort $x \in A \cup (B \cap C)$ nach 1.2, andernfalls muß $x$ in $B$ und in $C$, also in $B \cap C$ enthalten sein. Nach 1.2 liegt dann $x$ auch in $A \cup (B \cap C)$. Somit gehört jedes Element $x$ von $(A \cup B) \cap (A \cup C)$ zu $A \cup (B \cap C)$, d.h. $(A \cup B) \cap (A \cup C) \subset A \cup (B \cap C)$. □

ÜA Beweisen Sie in analoger Weise die zweite Formel.

## 1.4 Weitere Rechenregeln der Mengenalgebra

Unmittelbar aus der Definition von Vereinigung und Durchschnitt folgt
(a) $A \cup B = B \cup A$, $A \cap B = B \cap A$,
(b) $A \cup (B \cup C) = (A \cup B) \cup C$, $A \cap (B \cap C) = (A \cap B) \cap C$
(c) $A = A \cap (A \cup B)$, $A = A \cup (A \cap B)$ ÜA.
(d) Aus $A \subset B$ folgt $A = A \cap B$ und umgekehrt.
(e) Entsprechend ist $A \subset B$ gleichbedeutend mit $B = A \cup B$.

## 1.5 Komplement, de Morgansche Regeln

Betrachtet man nur Teilmengen einer festen Menge $E$, so wird $E \setminus A$ auch als *Komplement von $A$ (bezüglich $E$)* bezeichnet. Es gilt dann offenbar
(a) $E = A \cup (E \setminus A)$ und $A \cap (E \setminus A) = \emptyset$
(b) *De Morgansche Regeln* ÜA

$$E \setminus (A \cap B) = (E \setminus A) \cup (E \setminus B), \quad E \setminus (A \cup B) = (E \setminus A) \cap (E \setminus B).$$

## 1.6 Bildmenge und Urbildmenge

Sei $f : M \to N$ und $A \subset M$. Dann heißt

$$f(A) = \{\, f(x) \mid x \in A \,\}\qquad \text{die \textbf{Bildmenge} (oder das \textbf{Bild}) von } A$$

unter $f$. Für Teilmengen $B$ von $N$ heißt

$$f^{-1}(B) = \{\, x \in M \mid f(x) \in B \,\}\qquad \text{die \textbf{Urbildmenge} (das \textbf{Urbild}) von } B$$

unter $f$. ($f$ braucht nicht invertierbar zu sein!)

$\boxed{\text{ÜA}}$ $f(A \cup B) = f(A) \cup f(B)$. Nicht immer gilt $f(A \cap B) = f(A) \cap f(B)$.
$f^{-1}(C \cup D) = f^{-1}(C) \cup f^{-1}(D)$,    $f^{-1}(C \cap D) = f^{-1}(C) \cap f^{-1}(D)$.

## 2 Exkurs über logisches Schließen und Beweistechnik

### 2.1 Aus $\mathcal{A}$ folgt $\mathcal{B}$ ($\mathcal{A} \Longrightarrow \mathcal{B}$)

Die meisten unserer mathematischen Lehrsätze sind von folgender Art:

Innerhalb eines bestimmten Gegenstandsbereichs folgt unter der Voraussetzung $\mathcal{A}$ die Behauptung $\mathcal{B}$. Wir schreiben dafür

$$\mathcal{A} \Longrightarrow \mathcal{B} \qquad \text{(Aus } \mathcal{A} \text{ folgt } \mathcal{B}\text{; wenn } \mathcal{A}, \text{ dann } \mathcal{B}).$$

BEISPIELE.

(a) *Im Rahmen der Anordnung reeller Zahlen*

$$\mathcal{A} : 0 \leq x < y, \qquad \mathcal{B} : x^2 < y^2.$$

(b) *Rationale Zahlen, Teilbarkeit ganzer Zahlen*

$$\mathcal{A} : r = \frac{p}{q}, \qquad \mathcal{B} : r^2 \neq 2.$$

(c) *Polynome* (vgl. § 3 : 7). Aus $\mathcal{A} : p(\lambda) = 0$ folgt

$$\mathcal{B} : p(x) = (x - \lambda)q(x) \text{ mit einem geeigneten Polynom } q.$$

(d) *Mengen* $\mathcal{A} : x \in A \cap B, \cdot \qquad \mathcal{B} : x \in A$.

### 2.2 Direkter und indirekter Beweis, Widerspruchsbeweis

Der Beweis der Aussage $\mathcal{A} \Longrightarrow \mathcal{B}$ kann auf drei Arten geschehen.

(a) **Direkter Beweis.** *Mit Hilfe der Grundannahmen des jeweiligen Gegenstandsbereichs, schon bewiesener Sätze und der Voraussetzung $\mathcal{A}$ schließen wir mit Hilfe der Logik auf die Richtigkeit von $\mathcal{B}$.*

BEISPIEL. Die Grundannahmen über die Anordnung reeller Zahlen sind $(O_1)$ bis $(O_4)$, vgl. § 1 : 5. Wir zeigen

# 2 Exkurs über logisches Schließen und Beweistechnik

$$0 \leq x < y \Longrightarrow x^2 < y^2 \quad \text{(also } \mathcal{A}(x,y) \Longrightarrow \mathcal{B}(x,y)\text{)}$$

BEWEIS.
Seien $x$, $y$ reelle Zahlen mit $0 \leq x < y$. Es gibt zwei Fälle:

($\alpha$) $x = 0$, also $0 < y$. Nach ($O_4$) folgt durch Multiplikation der Ungleichung $0 < y$ mit $y$, daß $0 < y^2$, also $0 = x^2 < y^2$.

($\beta$) $x > 0$. Nach ($O_2$) folgt $y > 0$. Aus ($O_4$) folgt einerseits $x^2 < xy$ (Multiplikation von $x < y$ mit $x > 0$), andererseits $xy < y^2$ (Multiplikation von $x < y$ mit $y > 0$).

Aus beiden Ungleichungen folgt mit ($O_2$) $x^2 < y^2$. □

(b) **Widerspruchsbeweis.** $\mathcal{A} \Longrightarrow \mathcal{B}$ bedeutet, daß der Fall „$\mathcal{A}$ richtig, $\mathcal{B}$ falsch" nicht eintreten kann. Um das zu zeigen, nehmen wir einmal an, $\mathcal{A}$ sei richtig und $\mathcal{B}$ sei falsch und leiten daraus einen Widerspruch ab, d.h. wir zeigen, daß sich dann eine bestimmte Aussage zusammen mit ihrem Gegenteil ergeben müßte, was natürlich nicht sein kann.

Ein klassisches Beispiel ist der Beweis für die Irrationalität von $\sqrt{2}$ (§ 1:12): Um zu zeigen, daß $r \in \mathbb{Q} \Longrightarrow r^2 \neq 2$ gilt, nahmen wir an, es sei $r \in \mathbb{Q}$ und $r^2 = 2$ und zeigten, daß einerseits

„$r = \dfrac{p}{q}$ mit teilerfremden ganzen Zahlen $p, q$" und andererseits

„$2 \mid p$ und $2 \mid q$" gelten muß.

(c) **Indirekter Beweis.** *Wir zeigen auf direktem Wege: Ist $\mathcal{B}$ falsch, so ist auch $\mathcal{A}$ falsch.* Wenn dann $\mathcal{A}$ richtig ist, so muß auch $\mathcal{B}$ richtig sein, sonst hätten wir einen Widerspruch: $\mathcal{A}$ richtig und $\mathcal{A}$ falsch. Dazu sei noch einmal bemerkt: *Nicht falsch bedeutet richtig* (*tertium non datur*).

BEISPIEL. Für die Anordnung der reellen Zahlen nach ($O_1$) bis ($O_4$) gilt

$$x^2 \leq y^2 \Longrightarrow |x| \leq |y| \quad (\mathcal{A}(x,y) \Longrightarrow \mathcal{B}(x,y))$$

*Indirekter Beweis.* Wäre $|x| > |y|$, so hätten wir nach dem oben bewiesenen Satz $x^2 = |x|^2 > |y|^2 = y^2$, also wäre $\mathcal{A}(x,y)$ falsch. □

*Ex falso quodlibet* (Aus Falschem folgt Alles). Die Aussage $\mathcal{A} \Longrightarrow \mathcal{B}$ wollen wir stets dann als richtig ansehen, wenn die Voraussetzung $\mathcal{A}$ nicht eintreten kann. Daß die leere Menge Teilmenge jeder Menge $A$ ist, bedeutet nach 1.2

$$x \in \emptyset \Longrightarrow x \in A\,.$$

In der Tat: Man zeige uns ein $x \in \emptyset$, und wir zeigen dann, daß $x \in A$.

## 3 Notwendige und hinreichende Bedingungen

**3.1 Zum Sprachgebrauch.** Gilt $\mathcal{A} \implies \mathcal{B}$, so heißt $\mathcal{A}$ eine *hinreichende Bedingung für* $\mathcal{B}$, und $\mathcal{B}$ heißt *eine notwendige Bedingung für* $\mathcal{A}$.

BEISPIEL. Oft reicht es zum Nachweis von $a_n \to 0$ hin, die Bedingung $|a_n| \leq \frac{c}{n}$ nachzuweisen. Diese Bedingung ist also hinreichend für die Nullfolgeneigenschaft, aber nicht notwendig, wie das Beispiel der Folge $\left(\frac{1}{\sqrt{n}}\right)$ zeigt.

### 3.2 Äquivalente Bedingungen

Wir sagen, die Aussagen $\mathcal{A}$ und $\mathcal{B}$ seien *äquivalent* oder *gleichbedeutend* (in Zeichen $\mathcal{A} \iff \mathcal{B}$), wenn $\mathcal{B}$ eine *notwendige und hinreichende Bedingung* für $\mathcal{A}$ ist. Wir sagen in diesem Fall auch: $\mathcal{A}$ ist *genau dann* richtig, wenn $\mathcal{B}$ richtig ist.

BEISPIEL. Für Polynome $p$ vom Grad $\geq 1$ gilt:

$\lambda$ ist Nullstelle von $p \iff x - \lambda$ teilt $p(x)$ (vgl. § 3 : 7.6).

### 3.3 Beachtung der Schlußrichtung beim Lösen von Gleichungen

Die Gleichung

(1) $\quad \sqrt{x^2 - 16} = 2 - x$

führt durch Quadrieren auf die Gleichung

(2) $\quad x^2 - 16 = (2 - x)^2 = 4 - 4x + x^2$, also auf $x = 5$.

Wir sehen aber durch Einsetzen in (1), daß $x = 5$ keine Lösung ist. Es gilt

$(1) \implies (2) \implies x = 5$;

für eine Lösung von (1) folgt notwendig $x = 5$. Der Umkehrschluß „$x = 5 \implies x$ erfüllt (1)" gilt nicht, aus (2) folgt nur $\sqrt{x^2 - 16} = |2 - x|$.

## 4 Beliebige Vereinigungen und Durchschnitte

**4.1 Definition und Beispiele.** Sei $I$ eine nichtleere Menge. Zu jedem $i \in I$ sei eine Menge $A_i$ gegeben. $I$ heißt *Indexmenge* für die Kollektion der $A_i$.

Wir definieren

$$\bigcup_{i \in I} A_i = \{x \mid x \in A_k \text{ für wenigstens ein } k \in I\},$$

$$\bigcap_{i \in I} A_i = \{x \mid x \in A_i \text{ für jedes } i \in I\}.$$

BEISPIELE.

(a) $I = \mathbb{N}$, $A_i = \left[\frac{1}{1+i}, \frac{1}{i}\right]$. Dann gilt $\bigcup_{i \in \mathbb{N}} A_i = ]0,1]$.

Denn ist $x \in \bigcup_{i \in \mathbb{N}} A_i$, so gibt es ein $k \in \mathbb{N}$ mit $x \in \left[\frac{1}{k+1}, \frac{1}{k}\right]$, somit gilt

$0 < \frac{1}{k+1} \leq x \leq \frac{1}{k} \leq 1$.

Umgekehrt, für $x \in ]0,1]$ wählen wir $k := \left[\frac{1}{x}\right] \in \mathbb{N}$, es ist dann $k \leq \frac{1}{x} < k+1$, also $x \in \left[\frac{1}{k+1}, \frac{1}{k}\right]$.

(b) Für die von einer Intervallschachtelung $([a_n, b_n])$ erfasste reelle Zahl $a$ ist

$$\{a\} = \bigcap_{n \in \mathbb{N}} [a_n, b_n].$$

(c) Für $I = \mathbb{R}_{>0}$ und $A_r = \left[\frac{r}{2}, 2r\right]$ ist $\bigcup_{r>0} A_r = \mathbb{R}_{>0}$ $\boxed{\text{ÜA}}$.

## 4.2 Die de Morganschen Regeln

Ist $I \neq \emptyset$ und $A_i \subset E$ für alle $i \in I$, so gilt

$$E \setminus \bigcup_{i \in I} A_i = \bigcap_{i \in I} (E \setminus A_i),$$

$$E \setminus \bigcap_{i \in I} A_i = \bigcup_{i \in I} (E \setminus A_i) \quad \text{(vgl. 1.5).}$$

Denn $x \in E \setminus \bigcup_{i \in I} A_i \iff x \in E$ und $x \notin \bigcup_{i \in I} A_i \iff x \in E$ und es gibt kein $k \in I$ mit $x \in A_k \iff x \in E$ und $x \notin A_k$ für alle $k \in I \iff x \in E \setminus A_k$ für alle $k \in I \iff x \in \bigcap_{k \in I} (E \setminus A_k)$.

Der Beweis der zweiten Formel sei dem Leser als $\boxed{\text{ÜA}}$ überlassen.

# 5 Beispiele zur Wahrscheinlichkeit

## 5.1 Münzwurf

Bei einer längeren Serie von Münzwürfen erwarten wir, daß in etwa der Hälfte aller Fälle die „Zahl" oben liegt (und natürlich dann auch in etwa der Hälfte aller Fälle „Wappen"). Ein Experiment von Karl PEARSON zu Beginn dieses Jahrhunderts ergab beispielsweise bei 24000 Würfen 12012 mal die „Zahl". Dem entspricht eine *relative Häufigkeit* der „Zahl" von $\frac{12012}{24000} = 0.5005$.

Die mathematische Idealisierung solcher Erwartungen und Erfahrungen besteht darin, zu sagen: Bei einer idealen Münze ist die *Wahrscheinlichkeit* für „Zahl" bzw. „Wappen" jeweils $\frac{1}{2}$.

## 5.2 Zweimaliger Münzwurf

Wir werfen zweimal hintereinander eine ideale Münze und notieren die 4 möglichen Ausgänge folgendermaßen:

$(Z,Z)$, $(Z,W)$, $(W,Z)$, $(W,W)$

($Z$ für „Zahl", $W$ für „Wappen"). Die Wahrscheinlichkeit für jeden dieser Ausgänge halten wir für gleich, demnach müßte sie jeweils $\frac{1}{4}$ betragen. Wir können diese Einschätzung auch so plausibel machen: Bei einer größeren Versuchsreihe wird in etwa der Hälfte aller Fälle zuerst $Z$ erscheinen, in der Hälfte dieser Fälle, also in einem Viertel aller Fälle wäre auch das zweite Ergebnis $Z$. Somit ist die Wahrscheinlichkeit für $(Z,Z)$ gegeben durch $\frac{1}{4}$. Gleiches ergibt sich bei der Diskussion der drei anderen Fälle.

## 5.3 Zweimaliges Ziehen aus einem Kartenspiel

Wir ziehen aus einem Paket mit 16 roten und 16 schwarzen Karten hintereinander 2 Karten ohne Zurückstecken. Die Wahrscheinlichkeit, erst Rot und dann Schwarz zu ziehen, ist $\frac{8}{31}$ (warum?). Die Wahrscheinlichkeit für die Kombination (Rot,Rot) ist dagegen $\frac{15}{62}$.

Wir notieren die möglichen Farbkombinationen und ihre Wahrscheinlichkeiten (R für Rot, S für Schwarz):

$(R,R)\ \frac{15}{62}$, $(R,S)\ \frac{8}{31}$, $(S,R)\ \frac{8}{31}$, $(S,S)\ \frac{15}{62}$

## 5.4 Beispiel für die Zweckmäßigkeit des Mengenmodells

Wir werfen zweimal mit einem idealen Würfel und fragen nach der Wahrscheinlichkeit $p$ dafür, daß die Augensumme beider Würfe 5 oder 6 beträgt. Dazu zeichnen wir ein Diagramm aller 36 möglichen Ergebnisse und schraffieren die uns interessierenden Möglichkeiten. Durch Abzählen der Punkte in der schraffierten Fläche $F$ erhalten wir

$$p = \frac{\text{Anzahl der Punkte in } F}{\text{Gesamtzahl der Punkte}}$$

$$= \frac{9}{36} = \frac{1}{4}.$$

## 6 Das mathematische Modell endlicher Zufallsexperimente

### 6.1 Zufallsexperimente und Ereignisse

Das Folgende ist eine Absichtserklärung und keine Definition im mathematischen Sinne.

(a) Ein *Zufallsexperiment* ist ein unter gleichen Bedingungen wiederholbar gedachter Versuch, dessen Ergebnis vom Zufall abhängt. Eine einmalige Durchführung eines Zufallsexperiments heißt *Stichprobe*.

(b) Aussagen über den Ausgang eines Zufallsexperiments heißen *Ereignisse*. Den Ereignissen entsprechen also denkbare Fragen über das Ergebnis eines Zufallsexperiments.

Beim Werfen mit 2 Münzen treten zu den Ereignissen $(Z,Z)$, $(Z,W)$, $(W,Z)$ und $(W,W)$, welche alle möglichen Stichprobenergebnisse wiedergeben, u.a. noch folgende Ereignisse hinzu:

Das Ereignis „Genau einmal $Z$" oder, gleichbedeutend damit, „Genau einmal $W$" (Wahrscheinlichkeit $\frac{1}{2}$)

Das Ereignis „Beide Würfe haben dasselbe Ergebnis" (Wahrscheinlichkeit $\frac{1}{2}$)

Das sichere Ereignis „Irgend eine Kombination von $Z$ und $W$" (Wahrscheinlichkeit 1)

Unmögliches Ereignis „Gleichzeitig $(W,Z)$ und $(Z,W)$" (Wahrscheinlichkeit 0).

**6.2 Verknüpfung von Ereignissen.** Beim Werfen eines idealen Würfels betrachten wir die Ereignisse

$E_1$ „ungerade Augenzahl" (Wahrscheinlichkeit $\frac{1}{2}$) und

$E_2$ „Primzahl", also eine der Zahlen 2, 3 oder 5 (Wahrscheinlichkeit $\frac{1}{2}$).

Das Ereignis „ungerade Primzahl" tritt dann ein, wenn $E_1$ *und* $E_2$ eintreten, entsprechend können wir vom Ereignis $E_1$ *oder* $E_2$ : „Primzahl oder ungerade Augenzahl" sprechen; es tritt ein, wenn eine der Zahlen 1, 2, 3 oder 5 geworfen wird. Schließlich können wir nach der Wahrscheinlichkeit fragen, daß *nicht* $E_1$ eintritt.

Im Beispiel 5.4 haben wir gesehen, wie Ereignisse durch Teilmengen der Menge aller möglichen Stichprobenergebnisse beschrieben werden können. Dem Ereignis $E_1$ *und* $E_2$ entspricht im Mengenbild der Durchschnitt der betreffenden Teilmengen, dem Ereignis $E_1$ *oder* $E_2$ entspricht die Vereinigung.

### 6.3 Endliche Wahrscheinlichkeitsräume

Wir betrachten hier Wahrscheinlichkeitsfragen, die sich durch das folgende mathematische Modell beschreiben lassen:

Eine endliche Menge $\Omega = \{\omega_1, \ldots, \omega_N\}$ von *Merkmalen* (für die Stichprobenergebnisse).

Eine Wahrscheinlichkeitsbelegung: Jedem möglichen Stichprobenergebnis $\omega_k$ ist eine Wahrscheinlichkeit $p_k \in [0,1]$ zugeordnet, wobei $\sum_{k=1}^{N} p_k = 1$ verlangt wird.

$\Omega$ heißt **Merkmalraum** oder **Stichprobenraum**; die Teilmengen von $\Omega$ heißen **Ereignisse**, die einelementigen Ereignisse heißen **Elementarereignisse**. Jedem Ereignis wird durch

$$p(A) = \sum_{\omega_i \in A} p_i$$

eine **Wahrscheinlichkeit** zugeordnet mit

($W_1$)  $0 \leq p(A) \leq 1$

($W_2$)  $p(\Omega) = 1$

($W_3$)  $p(A \cup B) = p(A) + p(B)$,  falls $A \cap B = \emptyset$.

Wir sprechen von einem *endlichen Wahrscheinlichkeitsraum* $(\Omega, p)$; $p$ heißt *Wahrscheinlichkeitsmaß*.

### 6.4 Beispiele

(a) *Münzwurf.* Hier ist $\Omega = \{Z, W\}$, Ereignisse sind $\{Z\}$, $\{W\}$ und $\Omega = \{Z, W\}$ (das sichere Ereignis) sowie $\emptyset$ (das unmögliche Ereignis). Bezeichnen wir das Merkmal „Zahl" mit $\omega_1$, das Merkmal „Wappen" mit $\omega_2$, so ist $p_1 = p_2 = \frac{1}{2}$.

(b) *Zweifacher Münzwurf.* Hier ist $\Omega = \{(Z,Z), (Z,W), (W,Z), (W,W)\}$. Das Ereignis „Genau einmal Zahl" wird durch $A = \{(Z,W), (W,Z)\}$ beschrieben, es hat die Wahrscheinlichkeit $p(A) = \frac{1}{4} + \frac{1}{4} = \frac{1}{2}$.

(c) *Einmaliges Ziehen aus einem Kartenspiel mit 32 Karten.* Wir setzen $\omega_1 = (\clubsuit, \text{As})$, $\omega_2 = (\clubsuit, 10)$, $\omega_3 = (\clubsuit, \text{König})$, $\ldots$, $\omega_8 = (\clubsuit, 7)$, $\omega_9 = (\spadesuit, \text{As})$, $\ldots$, $\omega_{16} = (\spadesuit, 7)$, $\omega_{17} = (\heartsuit, \text{As})$, $\ldots$, $\omega_{24} = (\heartsuit, 7)$, $\omega_{25} = (\diamondsuit, \text{As})$, $\ldots$, $\omega_{32} = (\diamondsuit, 7)$. Die Wahrscheinlichkeit des Ereignisses „Schwarzes Bild", beschrieben durch die Menge

$$A = \{\omega_3, \omega_4, \omega_5, \omega_{11}, \omega_{12}, \omega_{13}\},$$

ist also $p(A) = 6 \cdot \frac{1}{32} = \frac{3}{16}$.

Die Wahrscheinlichkeit, ein Bild zu ziehen, ist

$$p(B) \quad \text{mit} \quad B = \{\omega_3, \omega_4, \omega_5, \omega_{11}, \omega_{12}, \omega_{13}, \omega_{19}, \omega_{20}, \omega_{21}, \omega_{27}, \omega_{28}, \omega_{29}\},$$

also $p(B) = 12 \cdot \frac{1}{32} = \frac{3}{8}$.

## 6.5 Verschiedene Modelle und Eindringtiefen

(a) Interessieren wir uns beim vorangehenden Beispiel nur für die Kartenwerte, so ist der Merkmalraum

$$\Omega_1 = \{\text{As, Zehn, König, Dame, Bube, 9, 8, 7}\}$$

zur Beschreibung ausreichend. Jedes der Elementarereignisse {As}, {Zehn}, {König}, {Dame}, {Bube}, {9}, {8} und {7} muß offenbar als gleich wahrscheinlich angesehen werden, also jeweils die Wahrscheinlichkeit $\frac{1}{8}$ haben. Demnach ist die Wahrscheinlichkeit dafür, ein Bild zu ziehen, gegeben durch

$$p(\{\text{König, Dame, Bube}\}) = 3 \cdot \tfrac{1}{8} = \tfrac{3}{8}.$$

Interessieren wir uns nur für die Farbwerte, so genügt

$$\Omega_2 = \{\clubsuit, \spadesuit, \heartsuit, \diamondsuit\}.$$

Fragen wir nur nach den Farben, so ist es zweckmäßig,

$$\Omega_3 = \{\text{Rot, Schwarz}\}$$

zu betrachten, wobei die Elementarereignisse {Rot}, {Schwarz} jeweils Wahrscheinlichkeit $\frac{1}{2}$ haben.

Für ein und dasselbe Zufallsexperiment können je nach Fragestellung verschiedene Merkmalräume zweckmäßig sein. Fassen wir, wie oben geschehen, Gruppen von Merkmalen zu neuen Merkmalen zusammen, so sprechen wir von einer geringeren *Eindringtiefe*.

(b) *Werfen mit zwei Würfeln.* Es bieten sich zwei Merkmalräume an:

($\alpha$) $\Omega_1 = \{(1,1), (1,2), \ldots, (1,6), (2,1), \ldots, (6,6)\}$, wobei jedes Elementarereignis durch ein geordnetes Paar $(i, k)$ beschrieben wird und jeweils Wahrscheinlichkeit $\frac{1}{36}$ hat, vgl. 5.4.

($\beta$) $\Omega_2 = \{\{1,1\}, \{1,2\}, \ldots, \{1,6\}, \{2,2\}, \{2,3\} \ldots, \{2,6\}, \ldots,$
$\{3,3\}, \{3,4\}, \ldots, \{5,5\}, \{5,6\}, \{6,6\}\}.$

Hier sind die Merkmale ungeordneter Paare, und nicht alle Elementarereignisse sind gleich wahrscheinlich:

$$p_1 = \frac{1}{36}, \ p_2 = \frac{1}{18} = p_3 = p_4 = p_5 = p_6, \ p_7 = \frac{1}{36} \text{ usw.}$$

ÜA  Zeichnen Sie analog zu 5.4 ein Mengendiagramm und bestimmen Sie die Wahrscheinlichkeit für „Augensumme 5 oder 6".

### 6.6 Relative Häufigkeiten

Ein Zufallsexperiment sei durch den Merkmalraum $\Omega = \{\omega_1, \ldots, \omega_N\}$ beschrieben. Es werden $n$ Stichproben gemacht. Dabei trete $n_k$-mal das Ergebnis $\omega_k$ auf $\left(\sum_{k=1}^{N} n_k = n\right)$. Dann heißt

$$h_n(A) = \frac{1}{n} \sum_{\omega_k \in A} n_k$$

die *relative Häufigkeit* des Ereignisses $A$. Offenbar gilt

(1) $0 \leq h_n(A) \leq 1$

(2) $h_n(\Omega) = 1$

(3) $h_n(A \cup B) = h_n(A) + h_n(B)$, falls $A \cap B = \emptyset$.

Setzen wir $p(A) := h_n(A)$, so gelten also die Eigenschaften 6.3 sowie alle daraus folgenden Sätze.

## 7 Das Rechnen mit Wahrscheinlichkeiten

### 7.1 Rechenregeln für Wahrscheinlichkeiten

Auf dem Merkmalraum $\Omega = \{\omega_1, \ldots, \omega_n\}$ sei ein *Wahrscheinlichkeitsmaß* $p$ gegeben mit den Eigenschaften $W_1$, $W_2$ und $W_3$ von 6.3. Dann gilt

(a) $A \subset B \Longrightarrow p(A) \leq p(B)$

(b) $p(\Omega \setminus A) = 1 - p(A)$

(c) $p(A \cup B) = p(A) + p(B) - p(A \cap B)$.

BEWEIS.

(a) Es ist $B = A \cup (B \setminus A)$ und $A \cap (B \setminus A) = \emptyset$, also folgt nach $(W_3)$

$$p(B) = p(A) + p(B \setminus A) \geq p(A).$$

(b) Es ist $\Omega = A \cup (\Omega \setminus A)$ und $A \cap (\Omega \setminus A) = \emptyset$, also ist nach $(W_2)$ und $(W_3)$

$$1 = p(\Omega) = p(A) + p(\Omega \setminus A).$$

(c) Es ist $A \cup B = A \cup (B \setminus A)$ und $A \cap (B \setminus A) = \emptyset$, also $p(A \cup B) = p(A) + p(B \setminus A)$. Ferner ist $B = (A \cap B) \cup (B \setminus A)$ und $(A \cap B) \cap (B \setminus A) = \emptyset$, somit

$$p(B) = p(A \cap B) + p(B \setminus A) \quad \text{oder} \quad p(B \setminus A) = p(B) - p(A \cap B). \quad \square$$

### 7.2 Übungsaufgabe. Geben Sie eine Formel für $p(A \cup B \cup C)$ an.

## 7.3 Der Additionssatz für unvereinbare Ereignisse

Zwei Ereignisse $A$, $B$ heißen *unvereinbar*, wenn $A \cap B = \emptyset$. Entsprechend heißen die Ereignisse $A_1, A_2, \ldots, A_n$ paarweise unvereinbar, wenn $A_i \cap A_k = \emptyset$ für $i \neq k$. In diesem Falle gilt

$$p(A_1 \cup \cdots \cup A_n) = p(A_1) + \cdots + p(A_n).$$

Das folgt leicht aus $(W_3)$ mittels vollständiger Induktion.

## 7.4 Der Produktsatz

Ein Zufallsexperiment sei durch den Merkmalraum $\Omega = \{\omega_1, \ldots, \omega_N\}$ und die Wahrscheinlichkeiten $p_k = p(\{\omega_k\})$ beschrieben. Machen wir zwei Stichproben hintereinander, so können wir das Ergebnis durch ein geordnetes Paar $(\omega_k, \omega_l)$ beschreiben, wo $\omega_k$ das erste, $\omega_l$ das zweite Stichprobenergebnis ist. Ein adäquater Merkmalraum für die beiden Versuche zusammen ist also das „*kartesische Produkt*"

$$\Omega \times \Omega = \{(\omega_1, \omega_1), (\omega_1, \omega_2), \ldots, (\omega_n, \omega_n)\}.$$

Gelten für die erste und zweite Ziehung jeweils dieselben Wahrscheinlichkeiten, so ist die Wahrscheinlichkeit dafür, daß beim ersten Versuch das Ereignis $A$ und beim zweiten Versuch das Ereignis $B$ eintritt, gegeben durch das Produkt $p(A) \cdot p(B)$. Insbesondere ist die Wahrscheinlichkeit für das Merkmal $(\omega_k, \omega_l)$ gegeben durch $p_k \cdot p_l$. Das sehen wir so ein: Ist beispielsweise $p(A) = \frac{3}{4}$, $p(B) = \frac{2}{3}$, so wird in drei Viertel aller Fälle zuerst das Ereignis $A$ eintreten, und in zwei Drittel dieser Fälle, also in $\frac{3}{4} \cdot \frac{2}{3}$ aller Fälle anschließend das Ereignis $B$.

Voraussetzung ist, wie gesagt, daß beim zweiten Versuch wieder dieselben Wahrscheinlichkeiten gelten wie beim ersten. Im Beispiel 5.3 (zweimaliges Ziehen aus einem Kartenspiel ohne Zurückstecken) ist dies nicht der Fall.

*Machen wir unter immer gleichen Bedingungen $n$ Stichproben hintereinander, so multiplizieren sich die Wahrscheinlichkeiten entsprechend: Die Wahrscheinlichkeit dafür, daß in der ersten Stichprobe das Ereignis $A_1$, in der zweiten das Ereignis $A_2$, ..., in der $n$-ten Stichprobe das Ereignis $A_n$ auftritt, ist*

$$p(A_1)p(A_2) \cdots p(A_n).$$

## 7.5 Ein Problem des Chevalier de Méré

Anstoß zur systematischen Untersuchung von Wahrscheinlichkeiten gab 1654 eine Anfrage des Glücksspielers und Mathematikdilettanten de Méré bei Blaise Pascal. Er und seine adligen Mitspieler hatten die Erfahrung gemacht, daß es sich auf Dauer lohnt, bei viermaligem Würfeln darauf zu wetten, daß mindestens einmal die Sechs auftritt. Kein Wunder! Die Wahrscheinlichkeit, bei vier

Würfen nicht ein einziges Mal die Sechs zu erzielen, ist nach dem Multiplikationssatz $\left(\frac{5}{6}\right)^4 \approx 0.482$.

DE MÉRÉ dachte sich daraufhin folgende Wette aus: „Wetten, daß bei 24 Würfen mit zwei Würfeln mindestens ein Sechserpasch (–paar) auftritt?". Er hatte sich das so zurechtgelegt: Die Wahrscheinlichkeit („*facilité*"), nach der Sechs nochmal eine Sechs zu würfeln, ist sechsmal kleiner als die Wahrscheinlichkeit der Sechs. Also muß man sechsmal soviele Würfe ansetzen wie bei der Viererwette, um dieselben Chancen zu haben. Die Mitspieler durchschauten den schlauen Plan nicht und wetteten eifrig dagegen, dies umso lieber, als sie mit schöner Regelmäßigkeit dabei gewannen. De MÉRÉ konnte sich das Scheitern seiner Hypothese nicht erklären. Er dachte auch über folgende Frage nach: Angenommen, den Einsatz erhält, wer als erster $n$ Partien gewonnen hat. Wie ist der Einsatz bei Abbruch des Spiels nach $m$ Partien gerecht aufzuteilen? Mit dem Briefwechsel zwischen PASCAL und FERMAT über die letzte Frage begann die Theorie der Glücksspiele, d.h. der sich aus Symmetrieannahmen mit Hilfe der Kombinatorik (s.u.) ergebenden Folgerungen. Das Verhältnis zwischen Wahrscheinlichkeitsannahmen und beobachteter Häufigkeit (Gesetz der großen Zahl) und die sich daraus ergebenden Anwendungsmöglichkeiten auf andere Problemfelder untersuchte Jakob BERNOULLI in seiner 1713 erschienenen *Ars conjectandi* (Kunst des Vermutens).

ÜA Zeigen Sie, daß die Wahrscheinlichkeit, gegen DE MÉRÉ zu gewinnen, annähernd 0.5086 beträgt.

## 8 Kombinatorische Grundformeln (Teil I)

### 8.1 Laplacesche Wahrscheinlichkeitsräume

Haben alle Elementarereignisse $\{\omega_k\}$ von $\Omega = \{\omega_1, \ldots, \omega_N\}$ dieselbe Wahrscheinlichkeit, so muß diese $\frac{1}{N}$ betragen $\left(\sum p_k = 1\right)$.

Ist $n(A)$ die Elementezahl von $A$, so ist $p(A) = \frac{n(A)}{N}$. In vielen Lehrbüchern findet man die Formulierung

$$p(A) = \frac{\text{Zahl der (für } A\text{) günstigen Fälle}}{\text{Zahl aller möglichen Fälle}}.$$

In solchen „Laplaceschen Wahrscheinlichkeitsräumen" läuft daher die Wahrscheinlichkeitsrechnung auf das Auszählen von Realisierungsmöglichkeiten hinaus, die sogenannte *Kombinatorik*.

(Pierre Simon LAPLACE veröffentlichte 1812 die *Théorie analytique des probabilités* und 1814 seinen *Essay philosophique des probabilités*.)

# 8 Kombinatorische Grundformeln (Teil I)

## 8.2 Permutationen

Wie wahrscheinlich ist es, daß ein Kartenspiel von 32 Karten nach gründlichem Mischen zufällig nach Farben und Werten geordnet ist? („Nach gründlichem Mischen" soll heißen, daß jede denkbare Anordnung als gleich wahrscheinlich angesehen werden kann.) Dies führt uns auf die

**Erste Grundaufgabe**

*Auf wieviele Arten lassen sich die Elemente einer Menge $\Omega = \{\omega_1, \ldots, \omega_N\}$ anordnen, d.h. als geordnetes $n$-tupel $(\omega_{n_1}, \omega_{n_2}, \ldots, \omega_{n_N})$ schreiben?*

Offenbar genügt es, statt der $\omega_1, \ldots, \omega_N$ ihre Nummern $1, \ldots, N$ zu betrachten. Wir fragen also: *Wieviele Möglichkeiten gibt es, die Zahlen des Abschnitts*

$$A_N = \{1, \ldots, N\}$$

*als geordnetes $N$-tupel $(n_1, n_2, \ldots, n_N)$ aufzuschreiben, wobei jede der Zahlen $1, \ldots, N$ in dem $N$-tupel genau einmal vorkommt?*

Jede solche Anordnung bestimmt eine bijektive Abbildung $f : A_N \to A_N$, nämlich $f : k \mapsto n_k$ ($k \in A_N$). Ist umgekehrt $f : A_N \to A_N$ bijektiv, so bestimmt $f$ eine Anordnung von $A_N$, nämlich $(f(1), f(2), \ldots, f(N))$.

Wir können also die erste Grundaufgabe auch so formulieren:

*Wieviele bijektive Abbildungen $f : A_N \to A_N$ gibt es?*

Oder noch allgemeiner: Sind $\Omega = \{\omega_1, \ldots, \omega_N\}$ und $M = \{m_1, \ldots, m_N\}$ zwei $N$-elementige Mengen, so fragen wir nach der Anzahl der bijektiven Abbildungen $g : \Omega \to M$. Denn jede bijektive Abbildung $g : \Omega \to M$ erhält man, indem man die Nummern aufeinander abbildet.

Die gesuchte Anzahl bezeichnen wir mit $P(N)$. Dann ist $P(1) = 1$. Wir wollen jetzt zeigen: $P(n+1) = (n+1)P(n)$. Begründung: Jede bijektive Abbildung $f : A_{n+1} \to A_{n+1}$ kann folgendermaßen festgelegt werden:

(a) Angabe von $f(n+1)$. Dazu gibt es $n+1$ Möglichkeiten.

(b) Angabe einer bijektiven Abbildung von $A_n$ nach $A_{n+1} \setminus \{f(n+1)\}$.

Da beide Mengen $n$–elementig sind, ist dies auf $P(n)$ Arten möglich. Aus der Formel $P(1) = 1$, $P(n+1) = (n+1)P(n)$ folgt sukzessive

$$P(2) = 2, P(3) = 3 \cdot P(2) = 3 \cdot 2 = 6, \ldots, P(N) = N(N-1) \cdot \ldots \cdot 2 \cdot 1 = N!.$$

Das Wort *Permutation* (im Sinne von Umordnung) wird auch für eine bijektive Abbildung $f : M \to M$ einer beliebigen nichtleeren Menge $M$ auf sich verwendet.

*Die Anzahl der Permutationen einer $N$-elementigen Menge beträgt $N!$*

## 8.3 Geordnete Stichproben mit Zurücklegen
### Zweite Grundaufgabe

(a) In einer Urne befinden sich $k$ numerierte Lose $L_1, \ldots, L_k$. Wir wiederholen $n$-mal folgenden Vorgang: Mischen, Ziehen, die gezogene Nummer notieren, das Los zurücklegen. Das Ergebnis ist ein geordnetes $n$-tupel $(k_1, \ldots, k_n)$. Gesucht ist die Anzahl $F(n,k)$ aller solchen $n$–Stichproben.

(b) Mit anderen Worten:
Gesucht ist die Anzahl aller Abbildungen $f : A_n \to A_k$ (allgemeiner: einer $n$-elementigen Menge in eine $k$-elementige).

(c) Auf wieviele Arten lassen sich $n$ unterscheidbare Kugeln $K_1, \ldots, K_n$ auf $k$ Urnen $U_1, \ldots, U_k$ verteilen?

*Die gesuchte Anzahl ist in allen drei Fällen*

$$F(n,k) = k^n.$$

BEWEIS.

Das Problem (c) führen wir so auf das Problem (b) zurück: Wir ordnen jeder Zahl $m \in \{1, \ldots, n\}$ die Nummer derjenigen Urne zu, in welche die Kugel $K_m$ gelegt wurde. Wir haben also nur die Aufgabe (b) zu lösen. Offenbar ist $F(1,k) = k$. Ferner ist $F(n+1,k) = k \cdot F(n,k)$, denn jede Abbildung $f : A_{n+1} \to A_k$ erhalten wir so: Wir legen $f(n+1)$ fest ($k$ Möglichkeiten) und haben dann noch $A_n$ irgendwie in $A_k$ abzubilden ($F(n,k)$ Möglichkeiten). Aus $F(1,k) = 1$, $F(2,k) = k \cdot F(1,k) = k^2$, ..., $F(n+1,k) = kF(n,k)$, ... folgt durch Induktion nach $n$ die Behauptung. □

## 8.4 Anzahl der Teilmengen von $N$-elementigen Mengen

*Die Anzahl der Teilmengen einer $N$-elementigen Menge beträgt $2^N$.*

BEWEIS.

Ist $\Omega = \{\omega_1, \ldots, \omega_N\}$ und $A \subset \Omega$, so betrachten wir die Abbildung

$$f_A : A_N = \{1, \ldots, N\} \to \{0,1\}, \qquad f_A(n) = \begin{cases} 1 & \text{falls } \omega_n \in A \\ 0 & \text{sonst.} \end{cases}$$

$f_\emptyset$ ist die Nullfunktion und $f_\Omega$ die konstante Funktion Eins. Jede Abbildung $f : A_N \to \{0,1\}$ bestimmt umgekehrt eine Teilmenge $B$ von $\Omega$ durch

$$\omega_n \in B \iff f(n) = 1.$$

Nach 8.3 ist die *Anzahl der Abbildungen $f : A_N \to \{0,1\}$ gegeben durch* $2^N$. □

## 8.5 Partitionen

**Dritte Grundaufgabe.** $N$ *unterscheidbare Kugeln* $K_1, \ldots, K_N$ *sollen auf $r$ Urnen* $U_1, \ldots, U_r$ *so verteilt werden, daß sich* $N_1$ *Kugeln in* $U_1, \ldots, N_r$ *Kugeln in* $U_r$ *befinden. Auf wieviele Arten ist das möglich?*

Wir machen uns die Lösung des Problems für $r = 2$ klar; der allgemeine Fall läuft ganz analog. Es genügt auch hier wieder die Nummern der Kugeln statt der Kugeln selbst zu betrachten. Die Urnen $U_1$ und $U_2$ stellen wir uns modellhaft so vor: Wir teilen die Strecke von 0 bis $N$ in $N$ Kästchen:

```
    1               N₁  N₁+1           N₁+N₂
    |__|__|__|__|__|__|__|__|__|__|
         U₁                U₂
```

$U_1$ besteht aus den ersten $N_1$ Kästchen, $U_2$ aus den folgenden $N_2$ Kästchen. Eine Urnenbelegung im Sinne der dritten Grundaufgabe denken wir uns so hergestellt, daß wir die Nummern $1, \ldots, N$ irgendwie auf die $N$ Kästchen verteilen. Diese $N!$ Permutationen von $A_N$ ergeben aber nicht lauter verschiedene Urnenbelegungen im Sinne der Grundaufgabe, vielmehr fallen alle diejenigen zusammen, die durch Permutationen innerhalb $U_1$ und innerhalb $U_2$ auseinander hervorgehen. Jede der gesuchten Urnenbelegungen tritt also unter den $N!$ Permutation $N_1! \cdot N_2!$-mal auf, ihre Anzahl ist demnach $\frac{N!}{N_1!N_2!}$.

Die Verallgemeinerung für $r$ Urnen liegt auf der Hand. Wir notieren das

ERGEBNIS. *Es gibt*

$$\frac{N!}{N_1!N_2!\ldots N_r!}$$

*Möglichkeiten, $N$ unterscheidbare Kugeln auf $r$ Urnen so zu verteilen, daß die $k$-te Urne $N_k$ Kugeln enthält.* (Man beachte $0! = 1$).

Eine verwandte Aufgabenstellung:

*Gegeben $r$ Schreibsymbole („Buchstaben") $b_1, \ldots, b_r$. Wieviele Worte der Länge $N$ lassen sich bilden, die genau $N_1$-mal den „Buchstaben" $b_1$, $N_2$-mal den „Buchstaben" $b_2, \ldots, N_r$-mal den „Buchstaben" $b_r$ enthalten? Die gesuchte Anzahl ist wieder* $\frac{N!}{N_1!\cdots N_r!}$.

BEGRÜNDUNG: Wir bilden $r$ Töpfchen $U_1, \ldots, U_r$. Ist irgendein Wort der Länge $N$ vorgelegt, so erhält jeder darin vorkommende Buchstabe seine Platzziffer. Diese Platzziffer kommt ins Töpfchen $U_k$, wenn an der betreffenden Stelle der Buchstabe $b_k$ steht.

**8.6 Die Boltzmann–Statistik** ist das einfachste Erklärungsmodell der statistischen Thermodynamik. Sie vermag das Verhalten idealer Gase bei relativ hohen Temperaturen einigermaßen zutreffend wiederzugeben. Hierbei denkt man sich $N$ unterscheidbare Teilchen $K_1, \ldots, K_N$, die auf $r$ Energieniveaus $\varepsilon_1, \ldots, \varepsilon_r$ zu verteilen sind. Ein möglicher Zustand des Gases ist gegeben durch eine Verteilung:

$$(Z) \begin{cases} N_1 \text{ Teilchen auf dem Energieniveau } \varepsilon_1 \\ \quad \vdots \\ N_r \text{ Teilchen auf dem Energieniveau } \varepsilon_r \end{cases}$$

Wie wir gesehen haben, läßt sich ein solcher Zustand auf $W(Z) = \frac{N!}{N_1!\ldots N_r!}$ Arten realisieren.

Die Boltzmann–Statistik geht von folgenden Grundannahmen aus:

Gegeben seien die Teilchenzahl $N$, die Gesamtenergie $U$ und die Energieniveaus $\varepsilon_1, \ldots, \varepsilon_r$. Von allen Zuständen $Z$ mit

$$(*) \quad \sum_{k=1}^{r} N_k = N, \quad \sum_{k=1}^{r} \varepsilon_k \cdot N_k = U$$

nimmt das System denjenigen an, für den $W(Z)$ maximal wird. Dies ist so zu verstehen: Durch die Forderung $W(Z) = $ Maximum unter den Nebenbedingungen $(*)$ ist ein Zustand $Z_0$ ausgezeichnet. Dieser wird für 24 Teilchen im folgenden bestimmt; für große Teilchenzahlen geschieht die Berechnung in § 22:6.4.

Der Zustand $Z_0$ ist unter allen Zuständen mit $(*)$ der wahrscheinlichste. Natürlich muß das Wahrscheinlichste nicht immer eintreten; hier verhält es sich aber so, daß der Zustand $Z_0$ und seine Nachbarzustände einerseits zusammen praktisch Wahrscheinlichkeit Eins haben, andererseits makroskopisch nicht unterscheidbar sind. So wird — abgesehen von mikroskopischen Schwankungen — praktisch immer der Zustand $Z_0$ beobachtet.

Das zeichnet sich schon an einfachen Zahlenbeispielen ab:

BEISPIEL 1: 24 Teilchen, Energieniveaus $\varepsilon_1 = 1$, $\varepsilon_2 = 2$, $\varepsilon_3 = 3$, Gesamtenergie 50.

In der Tabelle sind die 12 möglichen Zustände $Z$, die Werte $W(Z)$ auf drei Stellen und die Wahrscheinlichkeit $p$, bezogen auf die 12 möglichen Zustände, eingetragen. Die drei benachbarten Zustände (6,10,8), (7,8,9) und (8,6,10) haben zusammen die Wahrscheinlichkeit 0.816.

| $N_1$ | $N_2$ | $N_3$ | $W/10^{10}$ | $p$ |
|---|---|---|---|---|
| 0 | 22 | 2 | $\approx 0$ | $\approx 0$ |
| 1 | 20 | 3 | $\approx 0$ | $\approx 0$ |
| 2 | 18 | 4 | $\approx 0$ | $\approx 0$ |
| 3 | 16 | 5 | 0.004 | 0.002 |
| 4 | 14 | 6 | 0.041 | 0.017 |
| 5 | 12 | 7 | 0.214 | 0.086 |
| 6 | 10 | 8 | 0.589 | 0.238 |
| 7 | 8 | 9 | 0.841 | 0.340 |
| 8 | 6 | 10 | 0.589 | 0.238 |
| 9 | 4 | 11 | 0.178 | 0.072 |
| 10 | 2 | 12 | 0.018 | 0.007 |
| 11 | 0 | 13 | $\approx 0$ | $\approx 0$ |

BEISPIEL 2: ÜA Machen Sie eine entsprechende Tabelle für 24 Teilchen mit Gesamtenergie 55, verteilt auf die Energieniveaus 1, 2, 4. Von den sieben möglichen Zuständen haben zwei zusammen die Wahrscheinlichkeit 0.83.

## 9 Binomialkoeffizienten und Binomialverteilung

### 9.1 Worte der Länge $n$ aus Nullen und Einsen

Die Anzahl der Worte („strings") der Länge $n$, aus genau $k$ Einsen und $n - k$ Nullen beträgt

$$\frac{n!}{k!(n-k)!}$$

(Das ist ein Spezialfall von 8.5. Wir beachten wieder, daß $0! = 1$).

### 9.2 Binomialkoeffizienten und Pascal–Dreieck

(a) Für $n \in \mathbb{R}$ und $k \in \{0, 1, 2, \ldots\}$ definieren wir den **Binomialkoeffizienten**

$$\binom{n}{k} := \frac{n(n-1)\cdots(n-k+1)}{k!} \quad \text{(lies: } n \text{ über } k\text{)}.$$

Es gilt für alle $n \in \mathbb{R}$ und alle $k \in \mathbb{N}$ ÜA

$$\binom{n+1}{k} = \binom{n}{k-1} + \binom{n}{k}.$$

BEISPIEL: $\binom{\frac{1}{2}}{2} = \frac{\left(\frac{1}{2}\right)\left(\frac{1}{2} - 1\right)}{2} = -\frac{1}{8}$.

(b) Für natürliche Zahlen $n$ und $k = 0, 1, 2, \ldots, n$ ist

$$\binom{n}{k} = \frac{n!}{k!(n-k)!} = \binom{n}{n-k}$$

eine natürliche Zahl (vgl. 9.1). Man erhält diese Binomialzahlen sukzessive aus dem untenstehenden Schema (**Pascal–Dreieck**):

```
                        1
                      ↙   ↘
                    1       1
                  ↙   ↘   ↙   ↘
                1       2       1
              ↙   ↘   ↙   ↘   ↙   ↘
            1       3       3       1
          ↙   ↘   ↙   ↘   ↙   ↘   ↙   ↘
        1       4       6       4       1
      ↙   ↘   ↙   ↘   ↙   ↘   ↙   ↘   ↙   ↘
    1       5      10      10       5       1
  ↙   ↘   ↙   ↘   ↙   ↘   ↙   ↘   ↙   ↘   ↙   ↘
1       6      15      20      15       6       1
```

und so fort — nach dem Bildungsgesetz $\binom{n+1}{k} = \binom{n}{k-1} + \binom{n}{k}$.

## 9.3 Der binomische Lehrsatz

*Für reelle Zahlen $a, b$ und $n \in \mathbb{N}$ ist* $(a+b)^n = \sum_{k=0}^{n} \binom{n}{k} a^k b^{n-k}$.

BEWEIS durch Induktion: ÜA □

Wir wollen diese Formel kombinatorisch begründen. Beim Ausmultiplizieren der linken Seite entstehen, wenn man nicht von der Kommutativität der Multiplikation Gebrauch macht, Worte der Länge $n$ aus den Buchstaben $a$ und $b$:

$$(a+b)(a+b) = aa + ab + ba + bb,$$

$$(a+b)^2(a+b) = aaa + aba + baa + bba + aab + abb + bab + bbb.$$

Beim Ausmultiplizieren von $(a+b)^n$ kommen offenbar alle $2^n$ Worte der Länge $n$ aus den Buchstaben $a, b$ vor. ($2^n$ ist die Zahl der Abbildungen $f : A_n \to \{a, b\}$). Durch die Kommutativität der Multiplikation fallen alle $\binom{n}{k}$ Worte der Länge $n$ zusammen, die $k$-mal den Buchstaben $a$ enthalten.

## 9.4 Binomialverteilung

Ein Ja/Nein-Experiment, dessen Ergebnis

„Effekt tritt ein" (markiert durch die Ziffer 1)
„Effekt tritt nicht ein" (markiert durch die Ziffer 0)

vom Zufall abhängt, wird $n$-mal wiederholt, wobei *jedesmal* die Wahrscheinlichkeit dafür, daß der Effekt eintritt, gleich $p$ ist ($0 < p < 1$, *Erfolgswahrscheinlichkeit*); die *Mißerfolgswahrscheinlichkeit* (Effekt tritt nicht ein) ist dann jedesmal $q = 1 - p$.

BEISPIELE.

(a) $n$-maliger Münzwurf (0 für Wappen, 1 für Zahl, $p = q = \frac{1}{2}$).

(b) Werfen mit einem idealen Würfel, wobei nur das Werfen einer Sechs als Erfolg gewertet wird ($p = \frac{1}{6}$, $q = \frac{5}{6}$)

Das Ergebnis der $n$-Serie wird durch ein Wort der Länge $n$ notiert, bestehend aus Nullen und Einsen.

Die Wahrscheinlichkeit für irgend ein Wort der Länge $n$ aus $k$ Einsen und $n - k$ Nullen ist $p^k \cdot q^{n-k}$ (Produktsatz 7.4). Es gibt $\binom{n}{k}$ solche Worte, das sind $\binom{n}{k}$ disjunkte Ereignisse.

*Also ist die Wahrscheinlichkeit für $k$ Erfolge bei $n$ Versuchen* $\binom{n}{k} p^k q^{n-k}$.

# 9 Binomialkoeffizienten und Binomialverteilung

Nehmen wir als Merkmal die Anzahl der Erfolge, also $\Omega = \{0, 1, \ldots, n\}$ und $p_k = \binom{n}{k} p^k q^{n-k}$, so erhalten wir einen endlichen Wahrscheinlichkeitsraum, denn es ist

$$\sum_{k=1}^{n} p_k = \sum_{k=0}^{n} \binom{n}{k} p^k q^{n-k} = (p+q)^n = 1^n = 1.$$

Die Wahrscheinlichkeit dafür, daß die Zahl der Erfolge in irgend eine Menge $A$ fällt, ist

$$p(A) = \sum_{k \in A} \binom{n}{k} p^k q^{n-k}.$$

**9.5 Beispiel.** Beim 12-maligen Werfen mit einer idealen Münze erwarten wir „im Schnitt" 6-mal das Ergebnis 1 (Zahl) und 6-mal das Ergebnis 0 (Wappen). Was heißt das eigentlich? Das heißt sicher nicht, daß das Ergebnis: „Genau 6-mal die 1, 6-mal die 0" sehr wahrscheinlich ist. In der Tat ist die Wahrscheinlichkeit dafür nur

$$\binom{12}{6} \left(\frac{1}{2}\right)^6 \cdot \left(\frac{1}{2}\right)^6 \approx 0.226.$$

Vielmehr ist gemeint: Die Wahrscheinlichkeit, daß die Zahl der Erfolge nahe bei 6 liegt, ist sehr groß.

Prüfen wir das nach! Die Wahrscheinlichkeit für eine Abweichung von maximal 2 vom erwarteten Wert 6 beträgt (mit $p = q = \frac{1}{2}$)

$$p(\{4,5,6,7,8\}) = \sum_{k=4}^{8} \binom{12}{k} \left(\frac{1}{2}\right)^k \left(\frac{1}{2}\right)^{12-k} = \left(\frac{1}{2}\right)^{12} \sum_{k=4}^{8} \binom{12}{k} \approx 0.854.$$

Die Wahrscheinlichkeit für eine Abweichung von höchstens 3 vom Mittelwert 6 beträgt

$$0.854 + \left(\frac{1}{2}\right)^{12} \cdot \left(\binom{12}{3} + \binom{12}{9}\right) = 0.854 + 2 \cdot \left(\frac{1}{2}\right)^{12} \cdot \binom{12}{3} \approx 0.96.$$

## 9.6* Ein Test zur Widerlegung einer Hypothese

Beim Abfluß von Wasser aus einem kreisrunden Becken, dessen Abflußöffnung ebenfalls kreisrund ist und genau in der Mitte sitzt, bildet sich erfahrungsgemäß ein Wirbel aus, und es scheint, als ob der Uhrzeigersinn („1") vor dem Gegenuhrzeigersinn („0") bevorzugt ist. Wir wollen diese Frage experimentell klären.

Zwei Hypothesen sind gegeneinander abzuwägen:

**Nullhypothese $H_0$**: Beide Drehsinne sind gleichwahrscheinlich ($p = q = \frac{1}{2}$).

**Gegenhypothese** $H_1$: Die Nullhypothese ist falsch.

Die Durchführung eines Experimentes können wir als Münzwurf deuten. $H_0$ bedeutet dann die Annahme einer idealen Münze.

(a) **Entwerfen des Tests.** Wir planen 20 Versuche und nehmen uns vor, $H_0$ zu verwerfen, wenn die Zahl $X$ der Erfolge vom erwarteten Wert 10 um mehr als 6 abweicht. Der „**Ablehnungsbereich**" ist also

$$A = \{0, 1, 2, 3, 17, 18, 19, 20\}$$

(b) **Die Beurteilung des Testverfahrens** geschieht durch Angabe der **Irrtumswahrscheinlichkeit** $\alpha$, das ist die Wahrscheinlichkeit dafür, daß $H_0$ zwar richtig ist, aber das Ergebnis zufällig in den Ablehnungsbereich fällt und wir daher die Hypothese $H_0$ zu Unrecht verwerfen.

Diese ist gegeben durch

$$p(A) = \sum_{k \in A} \binom{20}{k} \left(\frac{1}{2}\right)^k \left(\frac{1}{2}\right)^{20-k} = \left(\frac{1}{2}\right)^{20} \sum_{k \in A} \binom{20}{k}.$$

Wegen $\binom{20}{k} = \binom{20}{20-k}$ vereinfacht sich dieser Ausdruck:

$$p(A) = \left(\frac{1}{2}\right)^{20} \cdot 2 \left(\binom{20}{0} + \binom{20}{1} + \binom{20}{2} + \binom{20}{3}\right)$$

$$= \frac{1 + 20 + 190 + 1140}{2^{19}} \approx 0.0026.$$

(c) Wie verhalten wir uns, wenn 16 Erfolge und 4 Mißerfolge eintreten? Nach unserer Testvereinbarung gilt $H_0$ nicht als widerlegt. Damit ist $H_0$ natürlich noch nicht bewiesen, im Gegenteil: Das Ergebnis spricht immer noch stark gegen $H_0$. Sollten wir nicht vielleicht doch die Fälle $k = 16$ und $k = 4$ in unseren Ablehnungsbereich aufnehmen? Damit steigen doch auch unsere Chancen, $H_0$ verwerfen zu dürfen, was wir ja eigentlich wollten. Allerdings nimmt auch die Irrtumswahrscheinlichkeit zu! Beurteilen wir den Ablehnungsbereich

$$A' = \{0, 1, 2, 3, 4, 16, 17, 18, 19, 20\} = A \cup \{4, 16\},$$

so ergibt sich hier die Irrtumswahrscheinlichkeit

$$\alpha' = p(A') = p(A) + 2 \cdot \left(\frac{1}{2}\right)^{20} \cdot \binom{20}{4} = \alpha + 4845 \cdot 2^{-19} \approx 0.012.$$

Wählen wir gar den Ablehnungsbereich

$$A'' = \{0, 1, 2, 3, 4, 5, 15, 16, 17, 18, 19, 20\}, \text{ so erhalten wir}$$

$$\alpha'' = \alpha' + \left(\frac{1}{2}\right)^{19} \cdot \binom{20}{5} = \alpha' + 15504 \cdot 2^{-19} \approx 0.041.$$

# 9 Binomialkoeffizienten und Binomialverteilung

Man sagt: "Das *Signifikanzniveau* (:= 100 · Irrtumswahrscheinlichkeit) liegt für die erste Testvorschrift bei 0.26%, für die zweite bei 1.2% und für die dritte bei 4.1%".

Im medizinischen Bereich würde letzteres noch toleriert, im naturwissenschaftlichen Bereich ist das 0.3%–Niveau üblich (Irrtum in 0.3% aller Fälle).

(d) *Kann man die Nullhypothese $H_0$ auch experimentell beweisen ?*
Kommen wir nochmals auf Pearsons Experiment 5.1 zurück. Bei 24000 Münzwürfen ergab sich 12012–mal die Zahl. Ist das ein „Beweis" für $p = \frac{1}{2}$ oder nicht eher ein „Beweis" für $p = \frac{12012}{24000} = 0.5005$?

(e) [ÜA] Entwerfen Sie einen Test auf dem 0.3% Niveau für eine Versuchsreihe von 36 Münzwürfen zur Widerlegung der Idealitätsannahme $p = \frac{1}{2}$.

(f) Mit großen Versuchszahlen wird die hier geschilderte Berechnungsmethode für die Irrtumswahrscheinlichkeit immer mühsamer. Eine brauchbare Approximation liefert der *Grenzwertsatz von de Moivre–Laplace* [FREUDENTHAL S. 60–67]: Sei $X_n$ die Anzahl der Erfolge bei $n$–maliger Wiederholung eines Ja/Nein–Experiments mit Erfolgswahrscheinlichkeit $p$,

$$\widehat{X} = np \text{ der sogenannte \textbf{Erwartungswert} für } X_n$$

und

$$\sigma = \sqrt{np(1-p)} \text{ die sogenannte \textbf{Streuung} von } X_n.$$

Dann strebt die Wahrscheinlichkeit dafür, daß

$$|X_n - \widehat{X}| \geq k \cdot \sigma$$

ausfällt, für wachsendes $n$ gegen

$$2\Phi(-k), \text{ wobei } \Phi(x) = \frac{1}{\sqrt{2\pi}} \int_{-\infty}^{x} e^{-\frac{1}{2}t^2} dt.$$

Aus der nebenstehenden Tabelle läßt sich zu vorgegebener Irrtumswahrscheinlichkeit $\alpha$ der Ablehnungsbereich

$$A = \left\{ m \mid |m - np| \geq k \cdot \sigma \right\}$$

für die Hypothese „Die Erfolgswahrscheinlichkeit ist $p$" bei großem $n$ ablesen.

| k | $\alpha = 2\Phi(-k)$ |
|---|---|
| 1 | 0.317 |
| 1.5 | 0.134 |
| 2 | 0.045 |
| 2.5 | 0.012 |
| 2.58 | 0.01 |
| 3 | 0.0027 |
| 4 | 0.000064 |

Für $n = 100$, $p = \frac{1}{2}$ wird beispielsweise $\widehat{X} = 50$, $\sigma = 5$. Bei vorgegebener Irrtumswahrscheinlichkeit $\alpha = 0.01$ hat man $k = 2.58$ zu wählen und erhält mit $k \cdot \sigma \approx 12.9$ den Ablehnungsbereich

$$A = \{0, 1, \ldots, 37\} \cup \{63, 64, \ldots, 100\} \, .$$

Im naturwissenschaftlichen Bereich gilt die $3\sigma$-Regel: Als Ablehnungsbereich wähle man $A = \{m \mid |m - np| \geq 3 \cdot \sigma\}$ (0.27%–Niveau).

## 10* Kombinatorische Grundformeln (Teil II)

### 10.1 Geordnete Stichproben ohne Zurücklegen

**Vierte Grundaufgabe.** In einer Urne befinden sich $n$ unterscheidbare Kugeln (Nr. 1 bis Nr. $n$). Wir ziehen der Reihe nach $k$ Kugeln, ohne sie zurückzulegen und notieren die gezogenen Nummern in ihrer Reihenfolge.

Das Ziehungsergebnis ist ein geordnetes $k$–tupel $(n_1, n_2, \ldots, n_k)$, wobei $n_i \neq n_k$ für $i \neq k$. Gefragt ist nach der Anzahl solcher $n$-tupel.

*Andere Formulierung*: Gesucht ist die Anzahl der injektiven Abbildungen einer $k$–elementigen Menge in eine $n$–elementige (z.B. von $\{1, \ldots, k\}$ in $\{1, \ldots, n\}$). Diese Anzahl beträgt

$$n \cdot (n-1) \cdots (n-k+1) = \frac{n!}{(n-k)!} \, .$$

(Hat man eine Kugel ausgewählt, und das geht auf $n$ Arten, so bleiben für die zweite Ziehung nur $(n-1)$ Kugeln usw.)

BEMERKUNG. Interessiert man sich nicht für die Reihenfolge, sondern nur für die gezogenen Nummern, so geschieht die angemessene Notierung des Ziehungsergebnisses durch das Merkmal

$$\{n_1, \ldots, n_k\} = \text{Menge der gezogenen Nummern}$$

Die Zahl solcher *ungeordneten Stichproben ohne Zurücklegen* beträgt $\binom{n}{k}$ (Ordne jeder Kugel die Zahl 1 zu, falls sie gezogen wurde und die Zahl 0, falls nicht).

### 10.2 Geburtstagsproblem

Geben Sie eine Formel für die Wahrscheinlichkeit, daß im Jahre 1987 von $n$ Zwanzigjährigen mindestens zwei am gleichen Tag Geburtstag haben (Wir setzen voraus, daß jeder Geburtstag gleich wahrscheinlich ist). Werten Sie die Formel mit Hilfe des Taschenrechners für $n = 22, 23$ und $30$ aus.

### 10.3 Ungeordnete Stichproben mit Zurücklegen

**Fünfte Grundaufgabe.** Im Zusammenhang mit der *Bose–Einstein-Statistik* (z.B. für Photonengase) erhebt sich folgende Frage:

Auf wieviele Arten lassen sich $N$ ununterscheidbare Kugeln in $k$ Urnen (*Energieniveaus*) $U_1, \ldots, U_k$ unterbringen?

## 10* Kombinatorische Grundformeln (Teil II)

Andere Variante desselben Problems:
*Wieviele $N$-Stichproben mit Zurücklegen ohne Berücksichtigung der Reihenfolge lassen sich aus einer $k$-elementigen Menge entnehmen?*
Das heißt Ziehen, Nummer notieren, Zurücklegen, Mischen; und das Ganze $N$-mal, wobei als Ziehungsergebnis nur die Menge $\{n_1, \ldots, n_N\}$ der gezogenen Nummern interessiert.
*Das Ergebnis lautet in beiden Fällen* $\binom{N+k-1}{N}$.

BEWEIS.
(a) *Äquivalenz der beiden Aufgabenstellungen.* Haben wir die $N$ Kugeln in den Urnen $U_1, \ldots, U_k$ untergebracht, so läßt sich die Verteilung so beschreiben: Jede Urne wird so oft aufgeführt, wie es der Anzahl der in ihr enthaltenen Kugeln entspricht; die einzelnen Notierungen werden durch einen senkrechten Strich getrennt.

Zahlenbeispiel: $U_1$ enthalte zwei, $U_2$ drei Kugeln, $U_3$ keine und $U_4$ vier Kugeln. Wir notieren die Belegung dann so:

$U_1 \, U_1 \mid U_2 \, U_2 \, U_2 \mid \; \mid U_4 \, U_4 \, U_4 \, U_4$

Noch kürzer und genauso informativ ist die Notierung

1 1 | 2 2 2 | | 4 4 4 4

Unsere $N$-Stichproben notieren wir so: Jede Kugel–Nummer wird so oft aufgeführt, wie sie gezogen wurde, dazwischen eine senkrechte Linie. Also sind beide Aufgabenstellungen auf dieselbe Protokollierung zurückgeführt.

(b) Genauso aussagekräftig wie das Schema

1 1 | 2 2 2 | ... | $k$ ... $k$

ist das Schema

0 0 | 0 0 0 | ... | 0 ... 0

mit $N$ Nullen und $k-1$ Strichen. Die Anzahl solcher Wörter der Länge $N+k-1$ ist nach 9.1 gegeben durch $\binom{N+k-1}{N}$. □

# Kapitel II  Vektorrechnung im $\mathbb{R}^n$

## §5 Vektorrechnung im $\mathbb{R}^2$, komplexe Zahlen

### 1 Vektorielle Größen in der Physik

in der Physik *Skalare Größen* wie Zeit, Masse, Energie und Temperatur sind durch eine Maßzahl und die physikalische Dimension gegeben: 1.4 sec, 13 kg, 10 Joule, $-15°$C usw. In der mathematischen Physik sehen wir von der Dimension ab und beschreiben skalare Größen durch *Zahlen*: $t = 1.4$, $m = 13$, $E = 10$, $T = -15$ usw.

Andere physikalische Größen wie etwa Kraft, Geschwindigkeit, Beschleunigung, Drehimpuls usw. sind durch eine Richtung und einen Betrag gegeben; letzterer ist wieder eine skalare Größe. Wir veranschaulichen solche *vektorielle* oder *gerichtete Größen* durch einen Pfeil, dessen Länge den Betrag der betreffenden Größe angibt.

Das $k$-fache einer Kraft wird durch einen Pfeil gleicher Richtung, aber $k$-facher Länge veranschaulicht, die Gegenkraft durch einen Pfeil gleicher Länge, aber entgegengesetzter Richtung.

Greifen zwei Kräfte $\vec{k}_1$, $\vec{k}_2$ in einem Punkt $P$ an, so bewirken sie insgesamt dasselbe wie eine einzige in $P$ angreifende Kraft. Diese resultierende Kraft $\vec{k}_{\text{res}}$ ergibt sich geometrisch durch die skizzierte Parallelogrammkonstruktion. Umgekehrt werden Kräft nach diesem Prinzip in Komponenten vorgegebener Richtungen zerlegt. Entsprechendes gilt für andere vektorielle Größen.

### 2 Vektoren in der ebenen Geometrie

#### 2.1 Die euklidische Ebene

Wir appellieren im folgenden häufig an die geometrische Anschauung. Dabei wollen wir die Begriffe der ebenen euklidischen Geometrie wie Gerade, Parallele, Strecke, Winkel, Abstand und Flächeninhalt nicht näher erläutern, sondern von der Schule her als geläufig voraussetzen; dasselbe gilt für elementare Lehrsätze wie die Strahlensätze, Sätze über ähnliche und kongruente Dreiecke, Satz von Pythagoras u.a. Zu Grundlagenfragen siehe 2.3.

2 Vektoren in der ebenen Geometrie

## 2.2 Translationen und Vektoren

Eine *Translation* (*Parallelverschiebung*) in der euklidischen Ebene $E$ ist eine Abbildung $v : E \to E$, welche grob gesagt, jeden Punkt in eine feste Richtung um eine feste Strecke verschiebt. Sie ist dadurch gekennzeichnet, daß die vier Punkte $P$, $Q$, $v(Q)$, $v(P)$ jeweils ein *Parallelogramm* bilden (Figur). Eine Translation ist vollständig beschrieben durch Angabe *eines* Punktes $P$ und seines Bildpunktes $P' = v(P)$.

Wir veranschaulichen die Translation durch den „*Translationsvektor*" oder *Verschiebepfeil* $\vec{v} = \overrightarrow{PP'}$.

Statt zu sagen „Die Translation $v$ führt $P$ in $P'$ über" sagen wir „Der Vektor $\vec{v}$ führt $P$ in $P'$ über" oder „$P'$ entsteht aus $P$ durch *Anwendung von* $\vec{v}$" oder auch „$P'$ entsteht aus $P$ durch Antragen von $\vec{v}$".

Die Hintereinanderausführung $w \circ v$ zweier Translationen $v$ und $w$ ist wieder eine Translation; der zugehörige Translationsvektor ergibt sich nach der *Parallelogrammkonstruktion* (siehe Kräfteparallelogramm). Wir bezeichnen ihn mit $\vec{v} + \vec{w}$. Aus der Figur entnehmen wir

$$w \circ v = v \circ w\,; \quad \text{es ist also} \quad \vec{w} + \vec{v} = \vec{v} + \vec{w}\,.$$

Die identische Abbildung, welche jeden Punkt fest läßt, rechnen wir auch zu den Translationen; ihren Translationsvektor bezeichnen wir mit $\vec{0}$ (*Nullvektor*; hier macht es keinen Sinn, von einer Richtung zu sprechen). Translationen sind umkehrbar; den Translationsvektor der Umkehrabbildung $v^{-1}$ von $v$ bezeichnen wir mit $-\vec{v}$. Es ist also $\vec{v} + (-\vec{v}) = \vec{0}$. Der Vektor $-\vec{v}$ hat also dieselbe Länge wie $\vec{v}$, aber entgegengesetzte Richtung, falls $\vec{v}$ nicht der Nullvektor ist.

Den Vektor $\vec{v} + \vec{v}$ bezeichnen wir mit $2 \cdot \vec{v}$; er hat (für $\vec{v} \neq \vec{0}$) dieselbe Richtung wie $\vec{v}$, aber doppelte Länge. Entsprechend soll

$$3 \cdot \vec{v} = 2 \cdot \vec{v} + \vec{v} = \vec{v} + 2 \cdot \vec{v}$$

sein, und $n \cdot \vec{v}$ entspricht der $n$–maligen Ausführung der Translation $v$.

In der Figur ist der Vektor $\frac{1}{3} \cdot \vec{v}$ konstruiert; nach Konstruktion ist

$$3 \cdot \left(\frac{1}{3} \cdot \vec{v}\right) = \vec{v}$$

Entsprechend ist $\frac{1}{m} \cdot \vec{v}$ definiert für $m \in \mathbb{N}$.

Setzen wir

$$\frac{n}{m} \cdot \vec{v} := n \cdot \left(\frac{1}{m} \cdot \vec{v}\right),$$

so hat dieser Vektor dieselbe Richtung wie $\vec{v}$, aber $\frac{n}{m}$-fache Länge.

Seien $P$, $P'$ zwei verschiedene Punkte und $\vec{v} = \overrightarrow{PP'}$ ihr Verbindungsvektor. Tragen wir in $P$ alle Vielfachen $\frac{n}{m} \cdot \vec{v}$, $-\frac{n}{m} \cdot \vec{v}$ an, dann liegen die so entstehenden Punkte auf der Geraden $g$ durch $P$ und $P'$. $g$ enthält noch weitere Punkte, z.B. den in der Figur konstruierten Punkt $P''$; wir bezeichnen $\overrightarrow{PP''}$ mit $\sqrt{2} \cdot \vec{v}$.

Allgemein verstehen wir für $c \in \mathbb{R}_{>0}$ unter $c \cdot \vec{v}$ einen Vektor gleicher Richtung wie $\vec{v}$, aber $c$-facher Länge; $(-c) \cdot \vec{v}$ soll der Gegenvektor $-(c \cdot \vec{v})$ sein. Ferner setzen wir $0 \cdot \vec{v} = \vec{0}$. Damit erreichen wir, daß jeder reellen Zahl $t$ ein Punkt auf $g$ entspricht, nämlich der aus $P$ durch Antragen von $t \cdot \vec{v}$ entstandene. Wir gehen davon aus, daß umgekehrt jedem Punkt $Q \in g$ eindeutig ein *Parameterwert* $t \in \mathbb{R}$ entspricht mit $\overrightarrow{PQ} = t \cdot \vec{v}$.

Bei dieser *Parametrisierung* von $g$ entsprechen sich die Punkte von $g$ und die reellen Zahlen in eindeutiger Weise.

## 2.3 Historische Anmerkungen, Grundlagenfragen

Die Geometrie ist einer der Grundpfeiler der Mathematik. Wie steht es aber mit den Grundlagen der Geometrie? Gibt es — wie bei den reellen Zahlen — einige wenige Grundannahmen (Axiome), aus denen sich alles Wesentliche ableiten läßt und die in ihren Konsequenzen nicht auf Widersprüche führen?

Die erste uns überlieferte Systematik der gesamten Geometrie gab EUKLID von Alexandrien (ca. 300 v. Chr.). Seine *Elemente* gehörten bis in die Neuzeit zum festen und sichersten Bestand der Mathematik. Noch zu EULERs Zeiten wurden die reinen Mathematiker Geometer genannt. Das Werk EUKLIDs gab

## 2 Vektoren in der ebenen Geometrie

in den folgenden zwei Jahrtausenden Anlaß zu einer Fülle von Diskussionen über Fragen mathematischer, semantischer und philosophischer Art, dazu einige Beispiele:

- Was ist eigentlich Geometrie und was sind ihre Gegenstände? (Die ersten beiden „Definitionen" von EUKLID lauten: „Ein Punkt ist, was keine Teile hat, eine Linie (ist) breitenlose Länge").

- Hat EUKLID stillschweigend von bestimmten Grundannahmen Gebrauch gemacht, ohne sie zu benennen?

- Folgt aus den Grundpostulaten der euklidischen Geometrie das berühmte „*Parallelenaxiom*"? Dieses Postulat besagt: Ist in der Figur der Winkel $\alpha+\beta$ kleiner als zwei Rechte, so schneiden sich $g$ und $h$. Es verlangt also, daß es zu $g$ höchstens eine Parallele durch $Q$ gibt, nämlich die Gerade $g$ mit $\beta = 2\,\text{Rechte} - \alpha$. Daraus folgt der Satz über Wechselwinkel bei Parallelen und damit auch, daß die Winkelsumme beim Dreieck zwei Rechte beträgt.

- Ist die geometrische Struktur des physikalischen Raumes eine euklidische? Gilt beispielsweise der Satz über die Winkelsumme auch für astronomische Dreiecke? Ist gar, wie KANT meint, die euklidische Geometrie denknotwendig?

Eine strenge axiomatische Begründung der euklidischen Geometrie wurde erstmals 1899 von David HILBERT gegeben [HILBERT].

HILBERT zeigte, daß sein Axiomensystem keine überflüssigen Axiome enthält, daß es alle wesentlichen Aspekte der euklidischen Geometrie umfaßt, und er führte dessen Widerspruchsfreiheit auf die der reellen Zahlen zurück.

Zuvor war schon die Frage des Parallelenaxioms entschieden worden. Zu Beginn des 19. Jahrhunderts entdeckten Carl Friedrich GAUSS, János BOLYAI und Nikolai Iwanowitsch LOBATSCHEWSKI nichteuklidische Geometrien, in denen das Parallelenaxiom verletzt ist und die nicht weniger in sich begründet sind als die euklidische Geometrie. 1871 gab Felix KLEIN ein einfaches Modell einer nichteuklidischen Geometrie auf der Basis der euklidischen an.

Die Relativitätstheorie hat der Diskussion über Geometrien gekrümmter Räume, wie sie von GAUSS und Bernhard RIEMANN begonnen wurde, neue Aktualität verliehen.

Wir wollen diesen spannenden, aber komplizierten Fragen hier nicht weiter nachgehen, zumal Geometrie nicht unser primäres Ziel ist, und verweisen auf Band 3. Vielmehr wollen wir von der Möglichkeit Gebrauch machen, geometrische Beziehungen durch Zahlen auszudrücken. Wir hatten in 2.2 darauf hingewiesen, daß sich jede Gerade via Parametrisierung als eine Kopie der Zahlengeraden auffassen läßt, und daran werden wir jetzt anknüpfen.

### 2.4 Das Ziel dieses Abschnittes

Durch die Einführung eines kartesischen Koordinatensystems sollen geometrische Betrachtungen auf algebraische und damit auf das Rechnen mit den reellen Zahlen zurückgeführt werden. Es soll gezeigt werden, daß die *Vektorrechnung* diese Aufgabe leistet. Die Bedeutung der Vektorrechnung geht allerdings weit über die Geometrie hinaus, wie die Anwendung in der Physik zeigt und wie wir später in der linearen Algebra sehen werden.

Durch die Vektorrechnung wird die Geometrie nicht überflüssig, sie wird vielmehr im folgenden immer im Hintergrund stehen. Denn erstens sind die Gegenstände der Geometrie unabhängig von der willkürlichen Wahl eines Koordinatensystems. Zweitens werden wir die Begriffe, Formeln und Lehrsätze der Vektorrechnung geometrisch interpretieren. Dadurch kann die geometrische Anschauung als Richtschnur zum Verständnis der Struktur der Rechnungen, zur Entwicklung der Theorie und als Quelle für Beweisideen dienen.

## 3 Koordinatendarstellung von Punkten und Vektoren

### 3.1 Kartesische Koordinatensysteme

Wir zeichnen in der euklidischen Ebene $E$ einen Punkt $O$ aus, den *Nullpunkt* oder *Ursprung*. Durch diesen legen wir eine Gerade $g_1$ (erste Koordinatenachse) und wählen auf ihr einen Einheitspunkt $E_1$ mit Abstand 1 von $O$. Dann ziehen wir durch $O$ eine zu $g_1$ senkrechte Gerade $g_2$ (zweite Koordinatenachse) und wählen auf ihr einen Einheitspunkt $E_2$ mit Abstand 1 vom Ursprung. Nun können wir jedem Punkt $P$ von $E$ ein Koordinatenpaar $(x_1, x_2)$ zuordnen.

3 Koordinatendarstellung von Punkten und Vektoren

Wir schreiben kurz $P = (x_1, x_2)$, d.h. für den rechnerischen Gebrauch unterscheiden wir nicht zwischen dem Punkt und seinem Koordinatenpaar.
Der Abstand zweier Punkte

$$P = (x_1, x_2) \quad \text{und} \quad Q = (y_1, y_2)$$

ist nach der Figur gegeben durch

$$d(P, Q) = \sqrt{(x_1 - y_1)^2 + (x_2 - y_2)^2}.$$

## 3.2 Koordinatendarstellung von Vektoren

Wir wählen ein kartesisches Koordinatensystem in der Ebene und halten es im folgenden fest. Ist $\vec{x}$ ein Vektor, so können wir ihn im Nullpunkt angreifen lassen und erhalten so einen Punkt

$$P = (x_1, x_2) \quad \text{mit} \quad \vec{x} = \overrightarrow{OP}$$

Wir beschreiben $\vec{x}$ durch die

*Koordinatenspalte* $\begin{pmatrix} x_1 \\ x_2 \end{pmatrix}$.

(Die Spaltenschreibweise wird sich später für die Matrizenrechnung als zweckmäßig erweisen). Aus der Figur entnehmen wir, daß

$$\vec{x} = x_1 \vec{e}_1 + x_2 \vec{e}_2$$

mit $\vec{e}_1 = \overrightarrow{OE_1}$ und $\vec{e}_2 = \overrightarrow{OE_2}$.

Als nächstes haben wir das Vielfache $c \cdot \vec{x}$ und die Hintereinanderausführung $\vec{x} + \vec{y}$ in Koordinaten auszudrücken.

Aus der Figur entnehmen wir mit Hilfe des Strahlensatzes, daß das $c$-fache des Vektors $\vec{x}$ die Koordinatendarstellung

$$\begin{pmatrix} cx_1 \\ cx_2 \end{pmatrix}$$

haben wird.

Sind die Vektoren $\vec{x}$, $\vec{y}$ durch die Koordinatenspalten

$$\begin{pmatrix} x_1 \\ x_2 \end{pmatrix} \quad \text{und} \quad \begin{pmatrix} y_1 \\ y_2 \end{pmatrix}$$

beschrieben, so zeigt die nebenstehende Figur, daß der nach der Parallelogramm-Konstruktion zusammengesetzte Vektor $\vec{x} + \vec{y}$ die Koordinatenspalte

$$\begin{pmatrix} x_1 + y_1 \\ x_2 + y_2 \end{pmatrix}$$

haben muß.

### 3.3 Zur Schreibweise

*Koordinatenspalten werden mit halbfetten lateinischen Buchstaben bezeichnet:*

$$\mathbf{x} = \begin{pmatrix} x_1 \\ x_2 \end{pmatrix}, \quad \mathbf{y} = \begin{pmatrix} y_1 \\ y_2 \end{pmatrix}, \quad \mathbf{a} = \begin{pmatrix} a_1 \\ a_2 \end{pmatrix}.$$

Wir beziehen uns in diesem Abschnitt immer auf ein und dasselbe kartesische Koordinatensystem in der Ebene. Dann steht der „Koordinatenvektor" $\mathbf{x} = \begin{pmatrix} x_1 \\ x_2 \end{pmatrix}$ für den Vektor $\vec{x}$; wir dürfen der Einfachheit halber von dem Vektor $\mathbf{x} = \begin{pmatrix} x_1 \\ x_2 \end{pmatrix}$ sprechen. Für handschriftliche Aufzeichnungen empfehlen wir die Schreibweise $\vec{x} = \begin{pmatrix} x_1 \\ x_2 \end{pmatrix}$ (Es sind auch die Schreibweisen $\overrightarrow{x}$, $x^{\downarrow}$ und $\underline{x}$ im Gebrauch).

Im laufenden Text werden wir uns von Fall zu Fall erlauben, aus drucktechnischen Gründen Vektoren durch Zeilenvektoren $(x_1, x_2)$ darzustellen.

Es sei noch einmal wiederholt: Wenn wir im folgenden die Vektoren $\vec{x}$ mit ihren Koordinatenvektoren $\mathbf{x} = \begin{pmatrix} x_1 \\ x_2 \end{pmatrix}$ gleichsetzen, so ist das nur erlaubt, weil wir uns immer auf ein festes Koordinatensystem beziehen. Ein und derselbe Vektor $\vec{x}$ hat in verschiedenen Koordinatensystemen verschiedene Koordinatenvektoren. Auf das Transformationsverhalten der Koordinatenvektoren bei einem Wechsel des Koordinatensystems kommen wir in Kap. IV zurück.

### 3.4 Der Vektorraum $\mathbb{R}^2$

Für das Rechnen mit Vektoren genügt es, ihre Koordinatenspalten bezüglich eines fest gewählten Koordinatensystems zu betrachten. Zu diesem Zweck definieren wir

$$\mathbb{R}^2 := \left\{ \mathbf{x} = \begin{pmatrix} x_1 \\ x_2 \end{pmatrix} \mid x_1, x_2 \in \mathbb{R} \right\}.$$

# 4 Punkte und Vektoren

Die Elemente von $\mathbb{R}^2$ heißen **Vektoren** des $\mathbb{R}^2$, nachfolgend kurz **Vektoren**. Zwei Vektoren $\begin{pmatrix} x_1 \\ x_2 \end{pmatrix}$ und $\begin{pmatrix} y_1 \\ y_2 \end{pmatrix}$ heißen **gleich**, wenn $x_1 = y_1$ *und* $x_2 = y_2$.

$\mathbf{0} = \begin{pmatrix} 0 \\ 0 \end{pmatrix}$ heißt *Nullvektor*, $\mathbf{e}_1 = \begin{pmatrix} 1 \\ 0 \end{pmatrix}$ und $\mathbf{e}_2 = \begin{pmatrix} 0 \\ 1 \end{pmatrix}$ erster und zweiter **Einheitsvektor**.

## 3.5 Die Rechengesetze

Für $\mathbf{x} = \begin{pmatrix} x_1 \\ x_2 \end{pmatrix}$, $\mathbf{y} = \begin{pmatrix} y_1 \\ y_2 \end{pmatrix} \in \mathbb{R}^2$ definieren wir

$$\mathbf{x} + \mathbf{y} := \begin{pmatrix} x_1 + y_1 \\ x_2 + y_2 \end{pmatrix}, \quad c \cdot \mathbf{x} := \begin{pmatrix} cx_1 \\ cx_2 \end{pmatrix} \quad \text{und} \quad -\mathbf{x} := \begin{pmatrix} -x_1 \\ -x_2 \end{pmatrix}.$$

Statt $c \cdot \mathbf{x}$ schreiben wir auch $c\mathbf{x}$.

Dann gelten, wie man leicht nachrechnen kann, folgende Rechenregeln

($A_1$) $(\mathbf{a} + \mathbf{b}) + \mathbf{c} = \mathbf{a} + (\mathbf{b} + \mathbf{c})$

($A_2$) $\mathbf{a} + \mathbf{b} = \mathbf{b} + \mathbf{a}$

($A_3$) $\mathbf{a} + \mathbf{0} = \mathbf{0} + \mathbf{a} = \mathbf{a}$

($A_4$) Die Gleichung $\mathbf{a} + \mathbf{x} = \mathbf{b}$ hat immer genau eine Lösung, nämlich $\mathbf{x} = \mathbf{b} + (-\mathbf{a})$, bezeichnet mit $\mathbf{b} - \mathbf{a}$ (vgl. §1:3.1).

Ferner gilt

$$(c+d) \cdot \mathbf{a} = c \cdot \mathbf{a} + d \cdot \mathbf{a}, \quad c \cdot (\mathbf{a} + \mathbf{b}) = c \cdot \mathbf{a} + c \cdot \mathbf{b},$$

$$c \cdot (d \cdot \mathbf{a}) = cd \cdot \mathbf{a} \quad \text{und} \quad 1 \cdot \mathbf{a} = \mathbf{a}.$$

## 3.6 Übungsaufgabe

Berechnen Sie aus den Angaben der Skizze die Zugkraft im Seil nach dem Kräfteparallelogramm.

# 4 Punkte und Vektoren

Punkte und Vektoren der Ebene sind prinzipiell verschiedene Dinge. Im Zuge einer konsequenten Zurückführung der Geometrie auf Vektorrechnung im $\mathbb{R}^2$ können wir diesen Unterschied aber fallen lassen.

Dazu einige Bemerkungen:

Ist $A = (a_1, a_2)$ ein Punkt der euklidischen Ebene und ist

$$\mathbf{b} = \begin{pmatrix} b_1 \\ b_2 \end{pmatrix}$$

ein Vektor, so entsteht der Punkt

$$C = (a_1 + b_1, a_2 + b_2)$$

aus $A$ durch *Anwendung* (*Antragen*) von **b**. Insbesondere entsteht $A$ durch Anwendung von

$$\mathbf{a} = \begin{pmatrix} a_1 \\ a_2 \end{pmatrix} \text{ auf den Nullpunkt } \mathbf{0}.$$

**a** heißt **Ortsvektor** des Punktes $A$. Der Ortsvektor von $C$ ist also $\mathbf{a} + \mathbf{b}$.

*Für rechnerische Zwecke genügt es, statt der Punkte deren Ortsvektoren zu betrachten.* Statt „Der Punkt $A$ mit Ortsvektor **a**" schreiben wir daher häufig kurz „Der Punkt **a**". In einer Übergangsphase ergänzen wir das in Gedanken zu „Der Punkt ($A$ mit Ortsvektor) **a**", einerseits, um den prinzipiellen Unterschied zwischen Punkten und Vektoren nicht einfach unter den Tisch zu kehren, andererseits, um uns zu vergewissern, daß der Zusatz in Klammern für die Rechnung unwesentlich ist.

Wir wenden uns jetzt dem unter 2.4 formulierten Programm zu, geometrische Begriffe und Sätze in der Sprache der Vektorrechnung zu formulieren.

## 5 Geraden und Strecken, Schnitt zweier Geraden

### 5.1 Parameterdarstellung von Geraden

Sind $A$ und $B$ zwei verschiedene Punkte mit Ortsvektoren **a** und **b** und ist $g$ die Gerade durch $A$ und $B$, so sind die Punkte von $g$ durch die Ortsvektoren $\mathbf{a} + t(\mathbf{b} - \mathbf{a})$ mit $t \in \mathbb{R}$ gegeben. Wir schreiben (mit $\mathbf{v} = \mathbf{b} - \mathbf{a}$)

$$g = \{\mathbf{a} + t\mathbf{v} \mid t \in \mathbb{R}\}$$

und nennen $g$ die Gerade durch den Punkt **a** mit *Richtungsvektor* **v** in *Parameterdarstellung*.
Wir haben in der Figur einige Geradenpunkte durch ihre Parameterwerte $t$ markiert.

### 5.2 Verschiedene Parameterdarstellungen einer Geraden

Die Parametrisierungen

$$t \mapsto \mathbf{a} + t\mathbf{v}, \qquad s \mapsto \mathbf{b} + s\mathbf{w}$$

# 5 Geraden und Strecken, Schnitt zweier Geraden

mit $\mathbf{v} \neq \mathbf{0}$, $\mathbf{w} \neq \mathbf{0}$ beschreiben genau dann dieselbe Gerade, wenn

$$\mathbf{b} = \mathbf{a} + \lambda \mathbf{v} \quad \text{mit geeignetem } \lambda \quad \text{und} \quad \mathbf{w} = \mu \mathbf{v} \quad \text{mit} \quad \mu \neq 0.$$

BEWEIS als ÜA .

## 5.3 Die Verbindungstrecke zweier Punkte mit Ortsvektoren $\mathbf{a}$ und $\mathbf{b}$ ist offenbar

$$\{\mathbf{a} + t(\mathbf{b} - \mathbf{a}) \mid 0 \leq t \leq 1\} = \{\alpha \mathbf{a} + \beta \mathbf{b} \mid \alpha, \beta \geq 0, \ \alpha + \beta = 1\}.$$

Ihr Mittelpunkt ist gegeben durch $\frac{1}{2}(\mathbf{a} + \mathbf{b})$ (Parameterwert $t = \frac{1}{2}$).

## 5.4 Aufgaben

(a) Sei $g = \{\mathbf{a} + t\mathbf{v} \mid t \in \mathbb{R}\}$ mit $\mathbf{a} = (a_1, a_2)$ und $\mathbf{v} = (v_1, v_2) \neq \mathbf{0}$.
Ist $v_1 \neq 0$, so erfüllen die Vektoren $(x, y) \in g$ eine Gleichung $y = mx + b$.
Geben Sie $m$ und $b$ an! Zeigen Sie, daß aus $y = mx + b$ folgt, daß $(x, y) \in g$.
Wie lautet die Geradengleichung im Falle $v_1 = 0$?

(b) Sei eine Gerade $g$ durch die Gleichung $y = mx + b$ gegeben. Geben Sie eine Parametrisierung von $g$ an!

(c) Dasselbe, wenn $g$ durch die Gleichung $x = a$ gegeben ist!

(d) Zahlenbeispiel: $5x + y = 11$.

## 5.5 Schnitt zweier Geraden

Für einen gemeinsamen Punkt der Geraden

$$g = \{\mathbf{a} + s\mathbf{b} \mid s \in \mathbb{R}\} \quad \text{und} \quad h = \{\mathbf{c} + t\mathbf{d} \mid t \in \mathbb{R}\} \quad \text{mit} \quad \mathbf{b} \neq \mathbf{0}, \ \mathbf{d} \neq \mathbf{0}$$

muß die Bedingung $\mathbf{a} + s\mathbf{b} = \mathbf{c} + t\mathbf{d}$ mit geeigneten Parameterwerten $s$ und $t$ erfüllt sein. Für die Komponenten lautet diese Bedingung

$$\begin{cases} sb_1 - td_1 = c_1 - a_1 \\ sb_2 - td_2 = c_2 - a_2 \end{cases}, \quad \text{wobei} \quad \mathbf{a} = \begin{pmatrix} a_1 \\ a_2 \end{pmatrix}, \ \mathbf{b} = \begin{pmatrix} b_1 \\ b_2 \end{pmatrix} \text{ usw.}$$

Das ist ein lineares Gleichungsystem für die Unbekannten $s$ und $t$. Die folgenden Aussagen sind von der geometrischen Vorstellung her klar: Das Gleichungssystem besitzt ein eindeutig bestimmtes Lösungspaar $(s, t)$, wenn $\mathbf{d}$ kein Vielfaches von $\mathbf{b}$ ist. Ist dagegen $\mathbf{d}$ ein Vielfaches von $\mathbf{b}$ („$g$ ist parallel zu $h$"), so fallen $g$ und $h$ zusammen oder haben keinen gemeinsamen Punkt. Daß die Rechnung dasselbe Ergebnis liefert, wird sich gleich zeigen.

## 6 Lineare $2 \times 2$–Gleichungssysteme

### 6.1 Elimination

Gegeben sind reelle Zahlen $a_{11}$, $a_{12}$, $a_{21}$, $a_{22}$, $b_1$, $b_2$. Gesucht sind $x_1$, $x_2$ mit

$(S)$ $\quad\begin{cases} a_{11}x_1 + a_{12}x_2 = b_1 \\ a_{21}x_1 + a_{22}x_2 = b_2 \end{cases}$

Wir versuchen das Gleichungssystem durch Elimination zu lösen. Subtrahieren wir das $a_{12}$–fache der zweiten Zeile von $(S)$ von der mit $a_{22}$ multiplizierten ersten Zeile, so erhalten wir

$$(a_{11}a_{22} - a_{12}a_{21})x_1 = a_{22}b_1 - a_{12}b_2 \, .$$

Entsprechend ergibt $a_{21} \cdot$ (Zeile 1) $- a_{11} \cdot$ (Zeile 2)

$$(a_{12}a_{21} - a_{11}a_{22})x_2 = a_{21}b_1 - a_{11}b_2 \, .$$

Damit haben wir den ersten Teil des folgenden Satzes.

### 6.2 Lösbarkeit und Determinante

(a) Ist die **Determinante**

$$D = a_{11}a_{22} - a_{12}a_{21}$$

des Gleichungssystems $(S)$ von Null verschieden, so hat dieses genau ein Lösungspaar $(x_1, x_2)$, gegeben durch die **Cramersche Regel**

$$x_1 = \frac{1}{D}(a_{22}b_1 - a_{12}b_2) \quad \text{und} \quad x_2 = \frac{1}{D}(a_{11}b_2 - a_{21}b_1) \, .$$

Dies folgt aus 6.1. Die so bestimmten Zahlen $x_1, x_2$ erfüllen $(S)$ $\boxed{\text{ÜA}}$.

(b) Ist die Determinante Null, so ist $(S)$ entweder unlösbar, oder die Menge der Lösungspunkte $(x_1, x_2)$ enthält mindestens eine Gerade.

BEWEIS von (b) durch Diskussion dreier Fälle:

($\alpha$) Sind $a_{11}$, $a_{21}$, $a_{12}$ und $a_{22}$ alle Null, so ist $(S)$ nur erfüllbar, falls $b_1 = b_2 = 0$. In diesem Fall lösen alle $x_1, x_2$ das System $(S)$.

($\beta$) Im Fall $a_{11} = a_{21} = 0$, $|a_{12}| + |a_{22}| > 0$ dürfen wir $a_{12} \neq 0$ annehmen (sonst Vertauschung der beiden Gleichungen). Das System $(S)$ lautet dann $x_2 = \frac{b_1}{a_{12}}$, $a_{22}x_2 = b_2$. Diese Gleichungen sind genau dann miteinander vereinbar, wenn $a_{22}b_1 = a_{12}b_2$. In diesem Fall ist $x_2$ eindeutig bestimmt, und $x_1$ darf beliebig sein.

($\gamma$) Sind $a_{11}$ und $a_{21}$ nicht beide Null, so dürfen wir annehmen, daß $a_{11} \neq 0$ (sonst Vertauschung der Gleichungen). Die Gleichung $a_{11}a_{22} - a_{12}a_{21} = 0$ liefert $a_{22} = \dfrac{a_{12}a_{21}}{a_{11}}$. Multiplikation der ersten Zeile von $(S)$ mit $\dfrac{a_{21}}{a_{11}}$ ergibt dann

# 7 Abstand, Norm, Winkel, ebene Drehungen

$$a_{21}x_1 + a_{22}x_2 = \frac{a_{21}}{a_{11}}b_1$$

Damit dies nicht der zweiten Gleichung von $(S)$ widerspricht, muß $\frac{a_{21}}{a_{11}}b_1 = b_2$ sein. In diesem Falle bestimmt die erste Zeile von $(S)$ schon die Lösungsmenge; diese ist gegeben durch die Geradengleichung

$$x_1 = -\frac{a_{12}}{a_{11}}x_2 + \frac{b_1}{a_{11}}.$$  □

## 6.3 Lineare Abhängigkeit und Unabhängigkeit

Zwei Vektoren **a** und **b** heißen *linear abhängig*, wenn einer von ihnen Vielfaches des anderen ist. So sind $\mathbf{a} = (4, -6)$ und $\mathbf{b} = (-6, 9)$ linear abhängig, denn $\mathbf{b} = -\frac{3}{2}\mathbf{a}$ (und $\mathbf{a} = -\frac{2}{3}\mathbf{b}$).

$\mathbf{a} \neq \mathbf{0}$ und $\mathbf{0}$ sind linear abhängig, da $\mathbf{0} = 0 \cdot \mathbf{a}$. (Im Fall $\mathbf{a} \neq \mathbf{0}$ ist **a** aber kein Vielfaches von **0**.) Statt „nicht linear abhängig" sagen wir *linear unabhängig*.

SATZ. *Zwei Vektoren*

$$\mathbf{a} = \begin{pmatrix} a_1 \\ a_2 \end{pmatrix} \quad \text{und} \quad \mathbf{b} = \begin{pmatrix} b_1 \\ b_2 \end{pmatrix}$$

*sind genau dann linear abhängig, wenn* $a_1 b_2 - a_2 b_1 = 0$.

BEWEIS.

(a) Daß aus $\mathbf{a} = c \cdot \mathbf{b}$ bzw. aus $\mathbf{b} = d \cdot \mathbf{a}$ jeweils $a_1 b_2 - a_2 b_1 = 0$ folgt, ist eine simple ÜA .

(b) Für $a_1 b_2 = a_2 b_1$ und $a_1 \neq 0$ ist

$$b_2 = \frac{b_1}{a_1}a_2 \quad \text{und natürlich} \quad b_1 = \frac{b_1}{a_1}a_1, \quad \text{also} \quad \mathbf{b} = \frac{b_1}{a_1}\mathbf{a}.$$

Analog ergibt sich der Fall $a_1 = 0$, $a_2 \neq 0$. Für $a_1 = a_2 = 0$ folgt $\mathbf{a} = \mathbf{0} = 0 \cdot \mathbf{b}$.  □

# 7 Abstand, Norm, Winkel, ebene Drehungen

Im folgenden seien $\mathbf{a} = \begin{pmatrix} a_1 \\ a_2 \end{pmatrix}$ und $\mathbf{b} = \begin{pmatrix} b_1 \\ b_2 \end{pmatrix}$ die Ortsvektoren der Punkte $A$ und $B$.

## 7.1 Abstand, Norm und Dreiecksungleichung

Der Abstand $d(A, B)$ von $A$ und $B$ ist nach 3.1 gegeben durch

$$\|\mathbf{a} - \mathbf{b}\| := \sqrt{(a_1 - b_1)^2 + (a_2 - b_2)^2}.$$

Dabei ist $\|\mathbf{a}\| = \sqrt{a_1^2 + a_2^2}$ die **Länge** oder **Norm** von **a**, in der Literatur auch mit $|\mathbf{a}|$ bezeichnet.

Es gilt die **Dreiecksungleichung**

$$\|\mathbf{a} + \mathbf{b}\| \leq \|\mathbf{a}\| + \|\mathbf{b}\|.$$

Dieses ist anschaulich klar (vgl. Fig.) und wird im nächsten Abschnitt allgemein für den $\mathbb{R}^n$ bewiesen, vgl. § 6 : 2.6.

### 7.2 Polardarstellung, Drehungen, Winkel, Orthogonalität

(a) Zu jedem Vektor **a** mit $r = \|\mathbf{a}\| > 0$ gibt es genau einen Winkel $\alpha$ (im Bogenmaß) mit

$$\mathbf{a} = r \cdot \begin{pmatrix} \cos\alpha \\ \sin\alpha \end{pmatrix} \quad \text{und} \quad -\pi < \alpha \leq \pi$$

(*Polardarstellung* von **a**). Da $\frac{1}{r} \cdot \mathbf{a}$ die Norm 1 hat, genügt es anzunehmen, daß

$$\mathbf{a} = \begin{pmatrix} a_1 \\ a_2 \end{pmatrix} \quad \text{mit} \quad a_1^2 + a_2^2 = 1.$$

$\alpha$ heißt orientierter Winkel zwischen $\mathbf{e}_1$ und **a**; er ist im Fall $r = 1$ festgelegt durch

$$\alpha = \begin{cases} \arccos a_1 & \text{für } a_2 \geq 0, \\ -\arccos a_1 & \text{für } a_2 < 0. \end{cases}$$

(b) Die Drehung $D_\psi$ mit Angelpunkt $O$ und Drehwinkel $\psi$ läßt $O$ fest und überführt jeden Punkt $A$ mit Ortsvektor $\mathbf{a} = r \cdot \begin{pmatrix} \cos\alpha \\ \sin\alpha \end{pmatrix}$ in den Punkt $B$ mit Ortsvektor $\mathbf{b} = r \cdot \begin{pmatrix} \cos(\alpha+\psi) \\ \sin(\alpha+\psi) \end{pmatrix}$. Im Fall $\psi \geq 0$ sprechen wir von einer *Drehung im mathematisch positiven Sinn* (d.h. gegen den Uhrzeigersinn), im Fall $\psi < 0$ von einer *Drehung im mathematisch negativen Sinn*. Ist $\psi$ ein ganzzahliges Vielfaches von $2\pi$, so wird $A$ in $A$ überführt.

Sind umgekehrt zwei Punkte $A = (\cos\alpha, \sin\alpha)$ und $B = (\cos\beta, \sin\beta)$ auf der Einheitskreislinie gegeben mit $-\pi < \alpha, \beta \leq \pi$, so können wir $\psi$ so bestimmen, daß die Drehung $D_\psi$ den Punkt $A$ in den Punkt $B$ überführt und daß $-\pi < \psi \leq \pi$. Die hierdurch eindeutig bestimmte Zahl $\psi$ heißt **der orientierte Winkel** zwischen $\mathbf{a} = \begin{pmatrix} \cos\alpha \\ \sin\alpha \end{pmatrix}$ und $\mathbf{b} = \begin{pmatrix} \cos\beta \\ \sin\beta \end{pmatrix}$.

Es ist entweder $\psi = \beta - \alpha$ oder $\psi = \beta - \alpha + 2\pi$ oder $\psi = \beta - \alpha - 2\pi$ $\boxed{\text{ÜA}}$; in jedem Fall ist $\psi$ nach (a) eindeutig bestimmt durch

# 7 Abstand, Norm, Winkel, ebene Drehungen

$$\cos\psi = \cos(\beta - \alpha) = \cos\beta\cos\alpha + \sin\beta\sin\alpha$$

$$\sin\psi = \sin(\beta - \alpha) = \sin\beta\cos\alpha - \cos\beta\sin\alpha \,.$$

(c) **Der orientierte Winkel** $\psi$ zwischen zwei nichtverschwindenden Vektoren

$$\mathbf{a} = \begin{pmatrix} a_1 \\ a_2 \end{pmatrix} \quad \text{und} \quad \mathbf{b} = \begin{pmatrix} b_1 \\ b_2 \end{pmatrix}$$

ist definiert als der orientierte Winkel zwischen

$$\frac{\mathbf{a}}{\|\mathbf{a}\|} \quad \text{und} \quad \frac{\mathbf{b}}{\|\mathbf{b}\|}$$

im Sinne von (b). Aus den in (b) angegebenen Formeln ergeben sich mit

$$\cos\alpha = \frac{a_1}{\|\mathbf{a}\|}, \quad \sin\alpha = \frac{a_2}{\|\mathbf{a}\|}, \quad \cos\beta = \frac{b_1}{\|\mathbf{b}\|}, \quad \sin\beta = \frac{b_2}{\|\mathbf{b}\|}$$

die Beziehungen

$$\cos\psi = \frac{a_1 b_1 + a_2 b_2}{\|\mathbf{a}\| \cdot \|\mathbf{b}\|} \quad \text{und} \quad \sin\psi = \frac{a_1 b_2 - a_2 b_1}{\|\mathbf{a}\| \cdot \|\mathbf{b}\|} \,.$$

Beachten Sie: Der orientierte Winkel zwischen $\mathbf{b}$ und $\mathbf{a}$ ist $-\psi$. Nach §3:8.1 ist der nichtorientierte Winkel zwischen $\mathbf{a}$ und $\mathbf{b}$ bzw. zwischen $\mathbf{b}$ und $\mathbf{a}$ durch $|\psi|$ gegeben.

(d) Zwei Vektoren

$$\mathbf{a} = \begin{pmatrix} a_1 \\ a_2 \end{pmatrix}, \quad \mathbf{b} = \begin{pmatrix} b_1 \\ b_2 \end{pmatrix}$$

heißen zueinander **orthogonal** oder **senkrecht**, wenn $a_1 b_1 + a_2 b_2 = 0$.

Sind sie von Null verschieden, so schließen sie einen rechten Winkel ein.

**7.3 Aufgabe.** Gegeben ist ein Dreieck mit den Ecken $O = (0,0)$, $A = (a,0)$ und $B = (b,c)$, wobei $a \neq 0$, $c \neq 0$. Zeigen Sie

(a) Die drei Seitenhalbierenden schneiden sich in einem Punkt $S$. In welchem Verhältnis teilt $S$ die Seitenhalbierenden? Physikalische Deutung von $S$?

(b) Die drei Mittelsenkrechten schneiden sich im Umkreismittelpunkt $M$.

(c) Die drei Höhen (Lote der Eckpunkte auf die gegenüberliegenden Seiten) schneiden sich in einem Punkt $H$.

(d) $M$, $S$ und $H$ liegen auf einer Geraden. In welchem Verhältnis teilt $S$ die Strecke $\overline{MH}$?

## 8 Die komplexen Zahlen

### 8.1 Was sollen die komplexen Zahlen?

In seiner *Ars magna sive de regulis algebraicis* (Nürnberg 1545) gab Geronimo CARDANO für die (im Reellen unlösbare) Gleichung $x(10 - x) = 40$ die „fiktiven Wurzeln" $5 + \sqrt{-15}$ und $5 - \sqrt{-15}$ an. Die heute geläufige Schreibweise $5 + i\sqrt{15}$, $5 - i\sqrt{15}$ mit $i = \sqrt{-1}$, wurde ab 1777 von Leonhard EULER verwendet.

Ende des 16. Jahrhunderts wurde schon ganz unbekümmert mit solchen fiktiven Größen nach den Regeln der Algebra gerechnet, z.B. nach der Regel (in Eulerscher Notation):

$$(*) \quad \begin{cases} (x_1 + ix_2) \cdot (y_1 + iy_2) = x_1 y_1 + i^2 \cdot x_2 y_2 + i(x_1 y_2 + x_2 y_1) \\ \qquad\qquad\qquad\qquad = x_1 y_1 - x_2 y_2 + i(x_1 y_2 + x_2 y_1) \end{cases}$$

Im Jahre 1629 formulierte Albert GIRARD den *Fundamentalsatz der Algebra*, wonach eine Gleichung $n$-ten Grades

$$x^n + a_{n-1} x^{n-1} + \cdots + a_1 x + a_0 = 0$$

$n$ „Wurzeln" hat, wenn man „unmögliche" Wurzeln $a + \sqrt{-b}$ zuläßt. Wir formulieren das heute so: Für jedes Polynom

$$p(x) = x^n + a_{n-1} x^{n-1} + \cdots + a_1 x + a_0$$

gibt es „komplexe Zahlen" $z_k = \alpha_k + i\beta_k$, so daß

$$p(x) = (x - z_1)(x - z_2) \cdots (x - z_n).$$

Der Fundamentalsatz sichert die Existenz mindestens einer Nullstelle und gibt Auskunft darüber, wieviele Nullstellen (mit Vielfachheit) insgesamt zu erwarten sind. Darüberhinaus gestattet die komplexe Rechnung die Vereinheitlichung von Formeln für die Nullstellen, siehe Abschnitt 10.

Wir werden später sehen, daß viele Schwingungsprobleme der Physik auf algebraische Gleichungen führen. Der „Umweg über das Komplexe" wird es uns erlauben, mit *einem* Lösungsansatz sowohl im Falle reeller als auch nichtreeller Nullstellen durchzukommen.

Die komplexen Zahlen sind nicht nur für die Algebra wichtig, sie gestatten auch, viele Rechnungen in der Analysis wie in der Geometrie besonders elegant zu fassen. Wir werden am Ende dieses Abschnitts davon eine Kostprobe geben.

Im 17. und 18. Jahrhundert war man sich über die Tragweite des Fundamentalsatzes klar, und die bedeutendsten Mathematiker des 18. Jahrhunderts versuchten, diesen Satz zu beweisen. Der erste einigermaßen strenge Beweis wurde 1799 von Carl Friedrich GAUSS gegeben. Wir werden später einen sehr einfachen Beweis kennenlernen (§ 27 : 6.4).

# 8 Die komplexen Zahlen

## 8.2 Was sind komplexe Zahlen?

Was soll $i = \sqrt{-1}$ sein? Gibt es so etwas überhaupt? Und wenn man $\sqrt{-1}$ einfach fingiert, kann man denn sicher sein, daß das Rechnen mit solchen Objekten nach den herkömmlichen Regeln nicht auf Widersprüche führt? Dazu ein Beispiel: 1768 stellte EULER folgende „Rechnung" auf:

$$\sqrt{-1} \cdot \sqrt{-4} = \sqrt{4} = 2, \quad \text{da} \quad \sqrt{a} \cdot \sqrt{b} = \sqrt{a \cdot b}.$$

Nach den Regeln der Algebra müßte aber $i \cdot 2i = -2$ sein.

Wie man den komplexen Zahlen eine geometrische Deutung geben und das Rechnen mit ihnen durch Zurückführung auf das Rechnen im $\mathbb{R}^2$ absichern kann, hat 1797 der norwegische Feldmesser Caspar WESSEL dargelegt.

WESSELs Idee präzisieren wir wie folgt:

Im $\mathbb{R}^2$ hatten wir schon eine **Addition**

$$\begin{pmatrix} x_1 \\ x_2 \end{pmatrix} + \begin{pmatrix} y_1 \\ y_2 \end{pmatrix} = \begin{pmatrix} x_1 + y_1 \\ x_2 + y_2 \end{pmatrix}$$

eingeführt. Nun definieren wir eine **Multiplikation**, die auf die Rechenregel (∗) von 8.1 hinauslaufen soll:

$$\begin{pmatrix} x_1 \\ x_2 \end{pmatrix} \cdot \begin{pmatrix} y_1 \\ y_2 \end{pmatrix} = \begin{pmatrix} x_1 y_1 - x_2 y_2 \\ x_1 y_2 + x_2 y_1 \end{pmatrix}.$$

Weiter setzen wir $\mathbf{1} = \begin{pmatrix} 1 \\ 0 \end{pmatrix}$.

Dann gelten neben den Rechengesetzen der Addition für Vektoren des $\mathbb{R}^2$ die Regeln

$(M_1)$ $\mathbf{a} \cdot (\mathbf{b} \cdot \mathbf{c}) = (\mathbf{a} \cdot \mathbf{b}) \cdot \mathbf{c}$.

$(M_2)$ $\mathbf{a} \cdot \mathbf{b} = \mathbf{b} \cdot \mathbf{a}$.

$(M_3)$ $\mathbf{a} \cdot \mathbf{1} = \mathbf{1} \cdot \mathbf{a} = \mathbf{a}$.

$(M_4)$ Die Gleichung $\mathbf{a} \cdot \mathbf{x} = \mathbf{b}$ hat für $\mathbf{a} \neq \mathbf{0}$ genau eine Lösung $\mathbf{x}$.

$(D)$ $(\mathbf{a} + \mathbf{b}) \cdot \mathbf{c} = \mathbf{a} \cdot \mathbf{c} + \mathbf{b} \cdot \mathbf{c}$.

Einen Zahlenbereich mit diesen Rechenregeln nannten wir einen Körper. Der $\mathbb{R}^2$ mit der oben definierten Addition und Multiplikation heißt **Körper der komplexen Zahlen** und wird mit $\mathbb{C}$ bezeichnet.

BEWEIS.

Die Gesetze $(M_1)$, $(M_2)$, $(M_3)$ und $(D)$ sind unmittelbar nachzurechnen, eine einfache ÜA .

Zu $(M_4)$: Für Vektoren

$$\mathbf{a} = \begin{pmatrix} a_1 \\ a_2 \end{pmatrix} \neq \mathbf{0}, \qquad \mathbf{b} = \begin{pmatrix} b_1 \\ b_2 \end{pmatrix} \quad \text{und} \quad \mathbf{x} = \begin{pmatrix} x_1 \\ x_2 \end{pmatrix}$$

bedeutet die Gleichung $\mathbf{a} \cdot \mathbf{x} = \mathbf{b}$ in Komponenten

$$a_1 x_1 - a_2 x_2 = b_1$$
$$a_2 x_1 + a_1 x_2 = b_2.$$

Dieses lineare Gleichungssystem hat die Determinante $a_1^2 + a_2^2 > 0$ und damit eine eindeutig bestimmte Lösung $x_1, x_2$, die nach der Cramerschen Regel berechnet werden kann.

Die Lösung der Gleichung $\mathbf{a} \cdot \mathbf{x} = \mathbf{1}$ bezeichnen wir mit $\dfrac{1}{\mathbf{a}}$. Die Cramersche Regel liefert

$$\frac{1}{\mathbf{a}} = \frac{1}{a_1^2 + a_2^2} \begin{pmatrix} a_1 \\ -a_2 \end{pmatrix}.$$   □

## 8.3 Darstellung komplexer Zahlen

Die eben verwendete Darstellungsform ist zu schwerfällig. Wir gehen deshalb zu der Darstellung $x + iy$ über, die wir wie folgt erhalten:

Jede komplexe Zahl läßt sich schreiben in der Form

$$\begin{pmatrix} x \\ y \end{pmatrix} = \begin{pmatrix} x \\ 0 \end{pmatrix} + \begin{pmatrix} 0 \\ 1 \end{pmatrix} \cdot \begin{pmatrix} y \\ 0 \end{pmatrix},$$

denn es ist

$$\begin{pmatrix} x \\ y \end{pmatrix} = \begin{pmatrix} x \\ 0 \end{pmatrix} + \begin{pmatrix} 0 \\ y \end{pmatrix} \quad \text{und} \quad \begin{pmatrix} 0 \\ 1 \end{pmatrix} \cdot \begin{pmatrix} y \\ 0 \end{pmatrix} = \begin{pmatrix} 0 \cdot y - 1 \cdot 0 \\ 0 \cdot 0 + 1 \cdot y \end{pmatrix} = \begin{pmatrix} 0 \\ y \end{pmatrix}$$

Für die **imaginäre Einheit**

$$i = \begin{pmatrix} 0 \\ 1 \end{pmatrix}$$

gilt

$$i \cdot i = \begin{pmatrix} 0 \\ 1 \end{pmatrix} \cdot \begin{pmatrix} 0 \\ 1 \end{pmatrix} = \begin{pmatrix} 0 \cdot 0 - 1 \cdot 1 \\ 0 \cdot 1 + 0 \cdot 1 \end{pmatrix} = \begin{pmatrix} -1 \\ 0 \end{pmatrix}.$$

Wir schreiben zur Abkürzung

$x$ statt $\begin{pmatrix} x \\ 0 \end{pmatrix}$.

Damit ergibt sich

$$\begin{pmatrix} x \\ y \end{pmatrix} = \begin{pmatrix} x \\ 0 \end{pmatrix} + \begin{pmatrix} 0 \\ 1 \end{pmatrix} \cdot \begin{pmatrix} y \\ 0 \end{pmatrix} = x + iy \quad \text{und} \quad i^2 = -1.$$

Diese **Identifizierung der reellen Zahlen $x$ mit den Punkten** $\begin{pmatrix} x \\ 0 \end{pmatrix}$ **der $x$–Achse** wird durch folgende Tatsachen über die komplexen Rechenoperationen gerechtfertigt:

$$\begin{pmatrix} x_1 \\ 0 \end{pmatrix} + \begin{pmatrix} x_2 \\ 0 \end{pmatrix} = \begin{pmatrix} x_1 + x_2 \\ 0 \end{pmatrix}, \qquad \begin{pmatrix} x_1 \\ 0 \end{pmatrix} \cdot \begin{pmatrix} x_2 \\ 0 \end{pmatrix} = \begin{pmatrix} x_1 x_2 \\ 0 \end{pmatrix}.$$

Anders ausgedrückt: Das komplexe Addieren und Multiplizieren für Punkte $\begin{pmatrix} x \\ 0 \end{pmatrix}$ der $x$-Achse läuft auf das reelle Addieren und Multiplizieren mit Zahlen $x$ hinaus.

Die oben eingeführte Addition und Multiplikation nehmen nun folgende Gestalt an:

$$(x_1 + iy_1) + (x_2 + iy_2) = (x_1 + x_2) + i(y_1 + y_2)$$

$$(x_1 + iy_1) \cdot (x_2 + iy_2) = x_1 x_2 - y_1 y_2 + i(x_1 y_2 + x_2 y_1).$$

Das letztere erhält man nach den Regeln der Algebra unter Beachtung der Tatsache, daß $i^2 = -1$:

$$\begin{aligned}(x_1 + iy_1) \cdot (x_2 + iy_2) &= x_1 x_2 + iy_1 x_2 + ix_1 y_2 + i^2 y_1 y_2 \\ &= x_1 x_2 - y_1 y_2 + i \cdot (x_1 y_2 + x_2 y_1).\end{aligned}$$

## 8.4 Zusammenfassung

Für komplexe Zahlen haben wir zwei Darstellungen:
- als Punkte $(x, y)$ der *Zahlenebene*, wobei sich die reellen Zahlen in der Form $(x, 0)$ wiederfinden,
- in der Form
$$z = x + iy \qquad (x, y \in \mathbb{R}).$$

Zwei komplexe Zahlen $z_1 = x_1 + iy_1$, $z_2 = x_2 + iy_2$ sind genau dann gleich, wenn $x_1 = x_2$ und $y_1 = y_2$. Das folgt direkt aus der Gleichheit für Vektoren des $\mathbb{R}^2$. Daher besitzt eine komplexe Zahl $z$ nur eine Darstellung $x + iy$.

$x$ heißt der **Realteil** von $z$ : $\quad x = \operatorname{Re} z$,
$y$ heißt der **Imaginärteil** von $z$ : $\quad y = \operatorname{Im} z$.

Da die komplexen Zahlen $\mathbb{C} = \{z = x + iy \mid x, y \in \mathbb{R}\}$ einen Körper bilden, gelten alle aus der Algebra bekannten Rechenregeln, wie zum Beispiel

$$(a+b)^n = \sum_{k=0}^{n} \binom{n}{k} a^k b^{n-k},$$

$$\sum_{k=0}^{n} z^k = \frac{1 - z^{n+1}}{1 - z} \quad \text{für} \quad z \neq 1.$$

ÜA Schreiben Sie die folgenden Zahlen in der Form $x + iy$:
(a) $(1+i)(2-i)$  (b) $(1+i)(3-i)(2-i)^2$
(c) $\dfrac{1}{1-i}$  (d) $\dfrac{2+i}{1+i}$  (e) $\left(\dfrac{i}{1+i}\right)^3$.

## 8.5 Konjugiert komplexe Zahlen

Für $z = x + iy$ definieren wir die zu $z$ *konjugiert komplexe Zahl* durch

$$\overline{z} := x - iy.$$

Es gilt ÜA :

$$\overline{z_1 + z_2} = \overline{z_1} + \overline{z_2} \quad \text{und} \quad \overline{z_1 \cdot z_2} = \overline{z_1} \cdot \overline{z_2}.$$

Daraus folgt für endliche Summen

$$\overline{\sum_{k=1}^{n} a_k \cdot b_k} = \sum_{k=1}^{n} \overline{a_k} \cdot \overline{b_k}.$$

Geometrisch bedeutet die Konjugation Spiegelung an der reellen Achse.

## 8.6 Der Betrag einer komplexen Zahl $z = x + iy$ ist definiert durch
ihren Abstand vom Nullpunkt in der Zahlenebene, also durch $\sqrt{x^2 + y^2}$. Da die Auffassung von $z$ als „Zahl" im Vordergrund steht, verwenden wir statt $\|z\|$ das von $\mathbb{R}$ her gewohnte Zeichen $|z|$, also

$$|z| = |x + iy| = \sqrt{x^2 + y^2}.$$

Für den Betrag gilt wie in $\mathbb{R}$ (vgl. §1 : 5.9):
(a) $|z| \geq 0$; $|z| = 0$ nur für $z = 0$.
(b) $|z \cdot w| = |z| \cdot |w|$.

# 8 Die komplexen Zahlen

(c) $|z + w| \leq |z| + |w|$ (Dreiecksungleichung).

(d) $z \cdot \overline{z} = |z|^2$, also $\dfrac{1}{z} = \dfrac{\overline{z}}{|z|^2}$ falls $z \neq 0$.

(e) $\max\{|x|, |y|\} \leq |x + iy| \leq |x| + |y|$.

(f) $\big||z| - |w|\big| \leq |z - w|$ (Dreiecksungleichung nach unten).

BEWEIS.

(a) ist klar; (d) ergibt sich durch Ausmultiplizieren.

(b) als ÜA, rechnen Sie $|z \cdot w|^2$ und $|z|^2 \cdot |w|^2$ aus.

(c) Wird zu Beginn des nächsten Abschnitts nachgeholt.

(f) folgt aus (c) nach dem Muster von § 1 : 5.10 ÜA.

(e) Es ist $x^2 \leq x^2 + y^2$, also $|x| \leq \sqrt{x^2 + y^2}$, entsprechend $|y| \leq \sqrt{x^2 + y^2}$. Nach der Dreiecksungleichung ist $|x + iy| \leq |x| + |iy| = |x| + |y|$. □

## 8.7 Polardarstellung (Teil I)

Für $z = x + iy \neq 0$ ist durch

$$\cos\varphi = \frac{x}{|z|} \quad \text{und} \quad \sin\varphi = \frac{y}{|z|}$$

ein Winkel $\varphi \in \mathbb{R}$ bis auf Vielfache von $2\pi$ festgelegt, vgl. 7.2. Mit diesem ergibt sich folgende Polardarstellung

$$z = |z| \cdot (\cos\varphi + i\sin\varphi).$$

## 8.8 Geometrische Deutung der Rechenoperationen

(a) *Addition.* Die Addition entspricht definitionsgemäß der Addition von Vektoren (Parallelogrammkonstruktion)

(b) *Multiplikation.* Für

$$z = |z| \cdot (\cos\varphi + i\sin\varphi), \qquad w = |w| \cdot (\cos\psi + i\sin\psi),$$

gilt

$$z \cdot w = |z| \cdot |w| \big((\cos\varphi\cos\psi - \sin\varphi\sin\psi) + i(\cos\varphi\sin\psi + \cos\psi\sin\varphi)\big)$$
$$= |z \cdot w| \big(\cos(\varphi + \psi) + i\sin(\varphi + \psi)\big)$$

Somit ist die Abbildung

$$z \mapsto z \cdot w$$

für festes $w \neq 0$ eine **Drehstreckung**: erst Drehung $D_\psi$ um den Winkel $\psi$, dann Streckung mit dem Faktor $|w|$, bzw. umgekehrt.

## 8.9 Übungsaufgaben

(a) Beschreiben Sie die Abbildung $z \mapsto \dfrac{i}{1+i} \cdot z$ geometrisch.

(b) Dasselbe für $z \mapsto (1 + \sqrt{3}\,i)z$.

## 9 Die komplexe Exponentialfunktion

### 9.1 Vorbemerkung

Setzen wir $g(\varphi) = \cos\varphi + i\sin\varphi$, so ist nach der oben durchgeführten Rechnung $g(\varphi)\cdot g(\psi) = g(\varphi+\psi)$, was an die Gleichung $f(x+y) = f(x)\cdot f(y)$ für $f(x) = e^x$ erinnert.

Wir suchen eine Funktion $F : \mathbb{C} \to \mathbb{C}$, welche für alle $z, w \in \mathbb{C}$ das Exponentialgesetz $F(z+w) = F(z)\cdot F(w)$ erfüllt und die eine Fortsetzung der reellen Exponentialfunktion darstellt, also $F(x) = e^x$ für $x \in \mathbb{R}$.

Das Exponentialgesetz verlangt, daß

$$F(x+iy) = F(x)\cdot F(iy) = e^x \cdot F(iy)$$

gilt. Für $x = 0$ müßte sich

$$F(i(\varphi+\psi)) = F(i\varphi)\cdot F(i\psi)$$

ergeben.

### 9.2 Definition. Für $z = x + iy$ setzen wir

$$e^z := e^x(\cos y + i\sin y), \quad \text{insbesondere} \quad e^{i\varphi} = \cos\varphi + i\sin\varphi.$$

Dann ist durch $F(z) = e^z$ eine Fortsetzung der Exponentialfunktion $x \mapsto e^x$ ins Komplexe gegeben mit $F(z+w) = F(z)\cdot F(w)$.

Im Zusammenhang mit Reihenentwicklungen (siehe §7) werden wir sehen, daß dies die einzig vernünftige Art ist, die Funktion $x \mapsto e^x$ ins Komplexe fortzusetzen. Zunächst soll $e^{i\varphi}$ nur eine Abkürzung für $\cos\varphi + i\sin\varphi$ sein, deren Zweckmäßigkeit sich anschließend und später im Zusammenhang mit der Schwingungsgleichung ergeben wird (§ 10). Eine Unverträglichkeit der neuen mit der alten Definition kann nicht eintreten, da $e^{0\cdot i} = \cos 0 + i\sin 0 = 1$.

*Die Funktion $e^z$ hat folgende Eigenschaften* ÜA :

(a) $e^{z+w} = e^z \cdot e^w$.

(b) $e^{iy} = \cos y + i\sin y$.

(c) $\{e^{it} \mid t \in [0, 2\pi[\}$ *ist der Einheitskreis*.

(d) $|e^z| = e^{\operatorname{Re} z}$.

(e) $e^z = e^w \iff z = w + 2\pi i k$ *für ein* $k \in \mathbb{Z}$.

## 9.3 Polardarstellung (Teil II), Argument einer komplexen Zahl

*Jede komplexe Zahl $z$ läßt sich in der Form $z = r \cdot e^{i\varphi}$ darstellen mit $r \geq 0$ und $\varphi \in \mathbb{R}$.*

*$r$ ist durch $z$ eindeutig bestimmt: $r = |z|$. Ist $z \neq 0$, so ist auch die Zahl $e^{i\varphi}$ durch $z$ eindeutig bestimmt.*

Denn für $z = re^{i\varphi}$ ist

$$|z| = |r| \cdot \left|e^{i\varphi}\right| = r \cdot 1 = r.$$

Ist also $z \neq 0$, so ist $|z| > 0$ und somit $e^{i\varphi} = \dfrac{z}{|z|}$.

Dagegen ist $\varphi$ durch $z$ nicht eindeutig bestimmt. Legt man jedoch $\varphi$ durch die Bedingung $-\pi < \varphi \leq \pi$ fest, so entspricht jedem $z \neq 0$ eindeutig ein Winkel $\varphi \in \,]-\pi, \pi]$ mit $z = |z| \cdot e^{i\varphi}$. $\varphi$ heißt das **Argument von** $z$: $\varphi = \arg(z)$.

# 10 Der Fundamentalsatz der Algebra, Beispiele

## 10.1 Quadratische Gleichungen

(a) *Quadratwurzeln.* Für $w = r \cdot e^{i\varphi} \neq 0$ gibt es genau zwei Lösungen $z_1$ und $z_2$ der Gleichung $z^2 = w$. Diese sind

$$z_1 = \sqrt{r}\, e^{\frac{1}{2}i\varphi}, \qquad z_2 = -z_1.$$

Andere Lösungen gibt es nicht, denn aus $z^2 = w$ und $z_1^2 = w$ folgt $0 = z^2 - z_1^2 = (z - z_1)(z + z_1)$, also $z = z_1$ oder $z = -z_1$.

Die Gleichung $z^2 = 0$ hat nur die Lösung $z = 0$.

(b) *Quadratische Ergänzung.* Die Gleichung $z^2 + az + b = 0$ hat für $a, b \in \mathbb{C}$, $a^2 \neq 4b$ genau zwei Lösungen $z_1, z_2 \in \mathbb{C}$. Man erhält sie wie im Reellen durch quadratische Ergänzung, d.h. man schreibt die Gleichung $z^2 + az + b = 0$ in der Form

$$\left(z + \frac{a}{2}\right)^2 = \frac{a^2}{4} - b.$$

Ist $z_0 \in \mathbb{C}$ eine Lösung der Gleichung $z_0^2 = \frac{1}{4}a^2 - b$ (siehe (a)), so sind diese beiden Lösungen gegeben durch

$$z_1 = -\frac{a}{2} + z_0 \quad \text{und} \quad z_2 = -\frac{a}{2} - z_0.$$

Ist $a^2 = 4b$, so fallen $z_1$ und $z_2$ zusammen: $z_1 = z_2 = -\frac{1}{2}a$.

(c) *Der Vietasche Wurzelsatz.* Mit den Bezeichnungen von (b) gilt

$$z_1 + z_2 = -a \quad \text{und} \quad z_1 \cdot z_2 = b.$$

Dies gilt auch im Fall $a^2 = 4b$.

Das erste folgt sofort aus (b), das zweite aus

$$z_1 \cdot z_2 = \left(-\frac{a}{2} - z_0\right)\left(-\frac{a}{2} + z_0\right) = \frac{a^2}{4} - z_0^2 = \frac{a^2}{4} - \left(\frac{a^2}{4} - b\right) = b.$$

(d) *Zusammenfassung.* Für $p(z) = z^2 + az + b$ $(a, b \in \mathbb{C})$ gibt es komplexe Zahlen $z_1, z_2$ mit $p(z) = (z - z_1)(z - z_2)$.

## 10.2 $n$–te Wurzeln

(a) *$n$–te Einheitswurzeln.* Zu jeder vorgegebenen natürlichen Zahl $n$ hat die Gleichung

$$w^n = 1$$

genau $n$ komplexe Lösungen, nämlich

$$w_k = e^{\frac{2\pi i k}{n}} \quad (k = 0, 1, \ldots, n-1).$$

Daß $w_k^n = 1$ $(k = 0, \ldots, n-1)$ gilt, sieht man sofort; ist andererseits $w = re^{i\varphi}$ und $w^n = 1$, so folgt $r^n e^{in\varphi} = 1$, also $r = 1$ und $e^{in\varphi} = 1$, somit $n\varphi = 2\pi m$ mit $m \in \mathbb{Z}$.

$n = 7$

Es gibt dann ein eindeutig bestimmtes $k \in \{0, 1, \ldots, n-1\}$ mit $n \mid (m - k)$. Für dieses gilt $w = e^{i\varphi} = w_k$.

(b) *$n$–te Wurzeln.* Ist $a = re^{i\varphi}$ und $r > 0$, so hat die Gleichung $z^n = a$ genau $n$ Lösungen, nämlich

$$z_0 = \sqrt[n]{r} \cdot e^{i\frac{\varphi}{n}} \quad \text{und} \quad z_k = z_0 \cdot w_k \quad (k = 1, \ldots, n-1)$$

Die Beispiele 10.1 und 10.2 ordnen sich dem folgenden Satz unter:

## 10.3 Der Fundamentalsatz der Algebra

Die Ergebnisse von §3, Abschnitt 7 lassen sich leicht auf komplexe Polynome $p(z) = a_0 + \cdots + a_n z^n$ mit $z = x + iy$, $a_k = \alpha_k + i\beta_k$ übertragen, sobald der Satz vom Koeffizientenvergleich bewiesen ist. Dieser folgt aus der Zerlegung $p(x) = \alpha_0 + \cdots + \alpha_n x^n + i(\beta_0 + \cdots + \beta_n x^n)$ für $x \in \mathbb{R}$ durch Vergleich von Real- und Imaginärteil; die Ausführung wird dem Leser als $\boxed{\text{ÜA}}$ überlassen.

# 10 Der Fundamentalsatz der Algebra, Beispiele

**SATZ.** *Zu jedem komplexen Polynom*

$$p(z) = a_0 + a_1 z + \cdots + a_{n-1} z^{n-1} + z^n,$$

*vom Grad $n \geq 1$ gibt es komplexe Zahlen $z_1, \ldots, z_n$ mit*

$$p(z) = (z - z_1) \cdots (z - z_n) \quad \text{für alle} \quad z \in \mathbb{C}.$$

**BEMERKUNGEN.**

(a) Die $z_k$ sind also komplexe Nullstellen von $p$: $p(z_k) = 0$. Jede Nullstelle von $p$ kommt unter den $z_k$ vor: Ist $p(\lambda) = 0$, so ist $\lambda = z_k$ für wenigstens ein $k \in \{1, \ldots, n\}$, denn ein Produkt ist genau dann Null, wenn wenigstens einer der Faktoren verschwindet.

(b) Es ist möglich, daß gewisse $z_k$ zusammenfallen; im Extremfall $p(z) = z^n$ ist beispielsweise $z_1 = z_2 = \cdots = z_n = 0$.

Wir schreiben den Fundamentalsatz oft in der folgenden Form

$$p(z) = (z - \lambda_1)^{k_1} \cdots (z - \lambda_r)^{k_r}.$$

Hierbei sind $\lambda_1, \ldots, \lambda_r$ nun die *verschiedenen* Nullstellen von $p$, $k_j$ heißt die **Ordnung** oder **algebraische Vielfachheit** der Nullstelle $\lambda_j$.

**BEISPIEL:**

$$z^3 + iz^2 + z + i = (z^2 + 1)(z + i) = (z + i)(z - i)(z + i) = (z + i)^2 \cdot (z - i).$$

Hier hat $\lambda_1 = -i$ die Ordnung $k_1 = 2$, und $\lambda_2 = i$ hat die Ordnung $k_2 = 1$.

(c) Der Beweis des Fundamentalsatzes wird in § 27 im Rahmen der Funktionentheorie gegeben. Wir haben den Satz für $n = 2$ und für $p(z) = z^n - a$ oben bewiesen.

(d) Neben der „Mitternachtsformel" (siehe 10.1) für quadratische Gleichungen finden Sie in den Algebrabüchern die „Cardanischen Formeln" für kubische Gleichungen. Gleichungen vierten Grades lassen sich auf Gleichungen dritten Grades zurückführen. Für Gleichungen vom Grad $n \geq 5$ gibt es dagegen kein Lösungsverfahren, das mit algebraischen Umformungen und dem Ausziehen $k$-ter Wurzeln auskommt. Dieser Sachverhalt wurde 1826 von Niels Hendrik ABEL präzisiert und bewiesen.

Lit.: van der WAERDEN: Algebra 1 (Springer 1975), §§ 63,64.

**10.4 Vietasche Wurzelsätze.** Unter den Voraussetzungen 10.3 gilt

$$\sum_{k=1}^{n} (-z_k) = a_{n-1}, \qquad \prod_{k=1}^{n} (-z_k) = a_0.$$

**BEWEIS:** Induktion ÜA

## 10.5 Nullstellen reeller Polynome

Hat ein Polynom reelle Koeffizienten, so ist mit $z$ auch $\overline{z}$ eine Nullstelle  ÜA .

## 10.6 Aufgaben

(a) Stellen sie $\left(\frac{i}{i+1}\right)^{15}$ in der Form $x + iy$ dar.

(b) Geben Sie alle Lösungen $z \in \mathbb{C}$ der Gleichung $z^4 = -3 \cdot \sqrt{3} + 9i$ an.

## 10.7 Primfaktorzerlegung reeller Polynome

Sei $p$ ein Polynom vom Grad $\geq 1$ mit reellen Koeffizienten. Für eine Nullstelle $\lambda$ von $p$ gibt es zwei Möglichkeiten:

(a) $\lambda$ *ist reell*. Dann läßt sich der Faktor $z - \lambda$ abspalten:

$$p(z) = (z - \lambda) \cdot q(z),$$

wobei $q$ wieder reelle Koeffizienten hat.

(b) $\lambda$ *ist nicht reell*. Nach 10.5 ist dann $\overline{\lambda}$ eine weitere Nullstelle und

$$p(z) = (z - \lambda)(z - \overline{\lambda}) \cdot r(z).$$

Dabei ist

$$(z - \lambda)(z - \overline{\lambda}) = z^2 - 2z \cdot \operatorname{Re} \lambda + |\lambda|^2$$

ein reelles Polynom. Durch Polynomdivision ergibt sich, daß auch $r$ ein reelles Polynom ist.

Zusammen mit dem Fundamentalsatz ergibt sich also:

*Jedes reelle Polynom zerfällt in reelle Polynome vom* Grad $\leq 2$.

# 11 Drehungen und Spiegelungen in komplexer Schreibweise
## 11.1 Die Drehung $D_\alpha$

Die Drehung in der Ebene um den Mittelpunkt $O$ mit dem Drehwinkel $\alpha$ läßt sich in komplexer Schreibweise besonders einfach angeben:

$$D_\alpha : z \mapsto z \cdot e^{i\alpha} \qquad (\text{vgl. } 8.8).$$

Offenbar ist die Hintereinanderausführung von $D_\beta$ und $D_\alpha$,

$$D_\alpha \circ D_\beta = D_{\alpha+\beta} = D_\beta \circ D_\alpha,$$

wieder eine Drehung.

# 11 Drehungen und Spiegelungen in komplexer Schreibweise

## 11.2 Spiegelung an der Ursprungsgeraden

Sei $g = \{t\,\mathbf{a} \mid t \in \mathbb{R}\}$ eine Gerade durch den Nullpunkt. Wir dürfen $\|\mathbf{a}\| = 1$ annehmen, also $\mathbf{a} = (\cos\alpha, \sin\alpha)$. Die Spiegelung $S_\alpha$ an $g$ können wir in komplexer Schreibweise so erhalten: Durch die Drehung $D_{-\alpha}$ drehen wir $g$ in die reelle Achse. Dann führen wir die Spiegelung an der reellen Achse durch, das ist der Übergang $z \mapsto \overline{z}$. Schließlich machen wir die Drehung wieder rückgängig:

$$S_\alpha(z) = e^{i\alpha}(\overline{e^{-i\alpha}z}) = e^{2i\alpha} \cdot \overline{z}.$$

Zur Kontrolle bestimmen wir $S_\alpha$ auf direktem Wege:
Für $z = r \cdot e^{i\varphi}$ ist

$$S_\alpha(z) = z \cdot e^{-2i\psi},$$

wobei $\psi = \varphi - \alpha$ (Fig.). Also ist

$$\begin{aligned}S_\alpha(z) &= z \cdot e^{-2i\psi} = r\,e^{i\varphi}e^{-2i\psi}\\ &= r\,e^{i(\varphi - 2\varphi + 2\alpha)} = r\,e^{-i\varphi}e^{2i\alpha}\\ &= e^{2i\alpha}\,\overline{z}.\end{aligned}$$

## 11.3 Zusammensetzen von Drehungen und Spiegelungen

(a) *Die Hintereinanderausführung zweier Spiegelungen $S_\alpha$ und $S_\beta$ ist eine Drehung $D_\gamma$, wobei $\gamma = 2(\alpha - \beta)$.*

(b) *Die Hintereinanderausführung einer Spiegelung $S_\alpha$ und einer Drehung $D_\beta$ ist eine Spiegelung*:

$$S_\alpha \circ D_\beta = S_\gamma \quad \text{mit} \quad \gamma = \alpha - \frac{\beta}{2},$$

$$D_\beta \circ S_\alpha = S_\delta \quad \text{mit} \quad \delta = \alpha + \frac{\beta}{2}.$$

Der Beweis der beiden Sätze bleibt dem Leser als leichte ÜA überlassen.

## §6 Vektorrechnung im $\mathbb{R}^n$

### 1 Der Vektorraum $\mathbb{R}^n$

#### 1.1 Vektoren im dreidimensionalen Raum

Nach den grundsätzlichen Bemerkungen in §5 über das Verhältnis zwischen Geometrie und Vektorrechnung dürfen wir uns hier kurz fassen. Wir führen im dreidimensionalen euklidischen Raum ein kartesisches Koordinatensystem ein (Fig.) und halten es im folgenden fest. Dann können wir jeden Punkt $P$ des Raumes durch sein

**Koordinatentripel** $(x_1, x_2, x_3)$

beschreiben, kurz $P = (x_1, x_2, x_3)$. Jede gerichtete Größe $\vec{x} = \overrightarrow{PP'}$ (man denke an Translationen, Geschwindigkeiten oder Kräfte) besitzt bezüglich unseres Koordinatensystems eine Koordinatendarstellung; $\vec{x}$ ist gegeben durch einen

**Koordinatenvektor** $\quad \mathbf{x} = \begin{pmatrix} x_1 \\ x_2 \\ x_3 \end{pmatrix}.$

Bei festgehaltenem Koordinatensystem können wir den Vektor $\vec{x}$ mit dem Koordinatenvektor $\mathbf{x}$ identifizieren. Zwischen Punkten $P = (x_1, x_2, x_3)$ und ihren Ortsvektoren $\mathbf{x}$ werden wir nicht unterscheiden.

#### 1.2 Das Rechnen mit Vektoren des $\mathbb{R}^n$

In der Mechanik wird der Zustand eines Systems von $N$ Massenpunkten durch einen Satz von Lage- und Impulskoordinaten beschrieben. Der Zustand eines Massenpunktes, der sich frei im Raum bewegen kann, ist beispielsweise durch sechs Koordinaten

$$x, y, z, mv_x, mv_y, mv_z$$

gegeben, wo $(x, y, z)$ den Ort, $(v_x, v_y, v_z)$ die Geschwindigkeit und $m$ die Masse angibt. Das Rechnen mit solchen Koordinatenvektoren erfordert die Einführung höherdimensionaler Räume. Wir setzen

1 Der Vektorraum $\mathbb{R}^n$

$$\mathbb{R}^n = \left\{ \mathbf{x} = \begin{pmatrix} x_1 \\ \vdots \\ x_n \end{pmatrix} \;\middle|\; x_1, x_2, \ldots, x_n \in \mathbb{R} \right\}$$

Es ist üblich, Vektoren durch *Spalten* darzustellen. Aus Platzgründen erlauben wir uns im laufenden Text hin und wieder die Zeilenschreibung.

*Gleichheit von Vektoren*:

$$\begin{pmatrix} x_1 \\ \vdots \\ x_n \end{pmatrix} = \begin{pmatrix} y_1 \\ \vdots \\ y_n \end{pmatrix} \iff x_1 = y_1,\ x_2 = y_2,\ \ldots,\ x_n = y_n.$$

*Addition und Multiplikation mit Skalaren*: Wir setzen

$$\begin{pmatrix} x_1 \\ \vdots \\ x_n \end{pmatrix} + \begin{pmatrix} y_1 \\ \vdots \\ y_n \end{pmatrix} = \begin{pmatrix} x_1 + y_1 \\ \vdots \\ x_n + y_n \end{pmatrix} \quad \text{und} \quad c \cdot \begin{pmatrix} x_1 \\ \vdots \\ x_n \end{pmatrix} = \begin{pmatrix} cx_1 \\ \vdots \\ cx_n \end{pmatrix}.$$

Dann gelten wieder alle Rechenregeln von § 5 : 3.5.

## 1.3 Zur geometrischen Interpretation: Geraden und Ebenen

Der $n$–dimensionale Raum für $n > 3$ entzieht sich unserer Vorstellung. Dennoch können wir in vielen Zusammenhängen geometrische Vorstellungen und Sprechweisen aus dem $\mathbb{R}^2$ und dem $\mathbb{R}^3$ übernehmen. Dafür zwei Beispiele:

(a) Ist $\mathbf{v} \in \mathbb{R}^3$ nicht der Nullvektor und ist $\mathbf{a} \in \mathbb{R}^3$, so beschreibt

$$g = \{\mathbf{a} + t\mathbf{v} \mid t \in \mathbb{R}\}$$

offenbar eine Gerade im Raum.

Analog definieren wir im $\mathbb{R}^n$ die **Gerade durch a mit Richtungsvektor v** durch

$$g = \{\mathbf{a} + t\mathbf{v} \mid t \in \mathbb{R}\}.$$

(b) **Ebenen.** Zwei Vektoren $\mathbf{u}, \mathbf{v} \in \mathbb{R}^n$ heißen **linear unabhängig**, wenn keiner von ihnen Vielfaches des anderen ist.

Für linear unabhängige Vektoren $\mathbf{u}, \mathbf{v}$ und $\mathbf{a} \in \mathbb{R}^n$ heißt

$$E = \{\mathbf{a} + s\mathbf{u} + t\mathbf{v} \mid s, t \in \mathbb{R}\}$$

*die von u und v aufgespannte Ebene durch den Punkt* **a**, *gegeben in Parameterdarstellung.*

Die Abbildung:
$$\begin{pmatrix} s \\ t \end{pmatrix} \mapsto \mathbf{a} + s\mathbf{u} + t\mathbf{v}$$
ist eine bijektive Abbildung von $\mathbb{R}^2$ nach $E$. In diesem Sinne ist $E$ eine Kopie des $\mathbb{R}^2$.

BEWEIS.

Nach Definition von $E$ ist die Abbildung surjektiv. Die Injektivität ergibt sich so:
Aus $\mathbf{a} + s\mathbf{u} + t\mathbf{v} = \mathbf{a} + s'\mathbf{u} + t'\mathbf{v}$ folgt $(s - s') \cdot \mathbf{u} = (t' - t) \cdot \mathbf{v}$. Wäre $s \neq s'$, so wäre $\mathbf{u} = \frac{t'-t}{s-s'} \mathbf{v}$. Aber $\mathbf{u}$ und $\mathbf{v}$ sollten linear unabhängig sein. Also ist $s = s'$. Entsprechend ergibt sich $t = t'$, also $(s,t) = (s',t')$. □

## 2 Skalarprodukt, Längen, Winkel

### 2.1 Das Skalarprodukt im $\mathbb{R}^n$

Im $\mathbb{R}^2$ ist die Länge $\|\mathbf{x}\|$ eines Vektors $\mathbf{x}$ mit Koordinaten $x_1, x_2$ gegeben durch
$$\|\mathbf{x}\|^2 = x_1 x_1 + x_2 x_2.$$

Nach § 5 : 7.2 gilt für den Winkel $\varphi$ zweier Vektoren $\mathbf{x}, \mathbf{y}$ der Länge 1:
$$\cos\varphi = x_1 y_1 + x_2 y_2.$$

Beidesmal kommt es auf den Ausdruck $x_1 y_1 + x_2 y_2$ an. Im $\mathbb{R}^n$ führen wir einen entsprechenden Ausdruck ein, das **Skalarprodukt**

$$\langle \mathbf{x}, \mathbf{y} \rangle := \sum_{k=1}^{n} x_k y_k \quad \text{für} \quad \mathbf{x} = \begin{pmatrix} x_1 \\ \vdots \\ x_n \end{pmatrix}, \quad \mathbf{y} = \begin{pmatrix} y_1 \\ \vdots \\ y_n \end{pmatrix}.$$

Es soll uns gestatten, Winkel– und Längenmessung auf den $\mathbb{R}^n$ zu übertragen. In der Literatur wird das Skalarprodukt auch mit $\mathbf{x} \cdot \mathbf{y}$ bezeichnet.

### 2.2 Eigenschaften des Skalarprodukts

(a) $\langle \mathbf{x}, \mathbf{x} \rangle \geq 0$ und $= 0$ genau dann, wenn $\mathbf{x} = \mathbf{0}$,

(b) $\langle \mathbf{x}, \mathbf{y} \rangle = \langle \mathbf{y}, \mathbf{x} \rangle$.

(c) $\langle \alpha_1 \mathbf{x}_1 + \alpha_2 \mathbf{x}_2, \mathbf{y} \rangle = \alpha_1 \langle \mathbf{x}_1, \mathbf{y} \rangle + \alpha_2 \langle \mathbf{x}_2, \mathbf{y} \rangle$,
$\langle \mathbf{x}, \beta_1 \mathbf{y}_1 + \beta_2 \mathbf{y}_2 \rangle = \beta_1 \langle \mathbf{x}, \mathbf{y}_1 \rangle + \beta_2 \langle \mathbf{x}, \mathbf{y}_2 \rangle$.

Durch Kombination beider Formeln ergibt sich

(d) $\langle \alpha_1 \mathbf{x}_1 + \alpha_2 \mathbf{x}_2, \beta_1 \mathbf{y}_1 + \beta_2 \mathbf{y}_2 \rangle$
$= \alpha_1 \beta_1 \langle \mathbf{x}_1, \mathbf{y}_1 \rangle + \alpha_1 \beta_2 \langle \mathbf{x}_1, \mathbf{y}_2 \rangle + \alpha_2 \beta_1 \langle \mathbf{x}_2, \mathbf{y}_1 \rangle + \alpha_2 \beta_2 \langle \mathbf{x}_2, \mathbf{y}_2 \rangle$.

(e) Allgemeiner gilt:

$$\Big\langle \sum_{i=1}^{k}\alpha_i\,\mathbf{x}_i\,,\ \sum_{j=1}^{l}\beta_j\,\mathbf{y}_j\,\Big\rangle = \sum_{i=1}^{k}\sum_{j=1}^{l}\alpha_i\beta_j\langle\,\mathbf{x}_i,\mathbf{y}_j\,\rangle.$$

Auf den Beweis von (e) durch Induktion wollen wir verzichten.

## 2.3 Norm und Abstand

Die **Norm** oder **Länge** eines Vektors $\mathbf{x} \in \mathbb{R}^n$ definieren wir durch

$$\|\mathbf{x}\| := \sqrt{\langle\mathbf{x},\mathbf{x}\rangle} = \sqrt{x_1^2 + \cdots + x_n^2}\,.$$

Geometrische Deutung im $\mathbb{R}^3$: $\|\mathbf{x}\|$ ist der Abstand des Punktes $X$ mit Ortsvektor $\mathbf{x}$ vom Nullpunkt. Denn in der Figur ist $d^2 = x_1^2 + x_2^2$ nach dem Satz von Pythagoras. Derselbe Satz liefert für das Dreieck $OFX$:

$$\overline{OX}^2 = d^2 + x_3^2 = x_1^2 + x_2^2 + x_3^2\,.$$

Als **Abstand der Punkte** $X$, $Y$ mit Ortsvektoren $\mathbf{x}$, $\mathbf{y}$ definieren wir

$$d(X,Y) := \|\mathbf{x} - \mathbf{y}\|\,.$$

ÜA  Wie müssen Vektoren $\mathbf{a}, \mathbf{b} \in \mathbb{R}^3$ beschaffen sein, damit die Kurve

$$t \mapsto \cos t \cdot \mathbf{a} + \sin t \cdot \mathbf{b}$$

einen Kreis um $O$ mit Radius $r$ beschreibt?

## 2.4 Geometrische Deutung des Skalarprodukts

Seien $\mathbf{x}, \mathbf{v} \in \mathbb{R}^n$ und $\|\mathbf{v}\| = 1$. Wir suchen auf der Ursprungsgeraden

$$g = \{t\mathbf{v} \mid t \in \mathbb{R}\}$$

den Punkt mit dem kleinsten Abstand zu $\mathbf{x}$, d.h. wir suchen das Minimum von

$$\|\mathbf{x} - t\mathbf{v}\| \quad \text{für} \quad t \in \mathbb{R}\,,$$

falls ein solches existiert. Nach 2.2 gilt unter Beachtung von $\langle\mathbf{v},\mathbf{v}\rangle = 1$

$$\|\mathbf{x} - t\mathbf{v}\|^2 = \langle \mathbf{x} - t\mathbf{v}, \mathbf{x} - t\mathbf{v} \rangle$$
$$= \langle \mathbf{x}, \mathbf{x} \rangle - t\langle \mathbf{v}, \mathbf{x} \rangle - t\langle \mathbf{x}, \mathbf{v} \rangle + t^2\langle \mathbf{v}, \mathbf{v} \rangle$$
$$= \|\mathbf{x}\|^2 - 2t\langle \mathbf{v}, \mathbf{x} \rangle + t^2$$
$$= \|\mathbf{x}\|^2 - \langle \mathbf{v}, \mathbf{x} \rangle^2 + (\langle \mathbf{v}, \mathbf{x} \rangle - t)^2.$$

Das Minimum ergibt sich für $t = \langle \mathbf{v}, \mathbf{x} \rangle$. Damit haben wir den

SATZ. *Der Punkt $P\mathbf{x}$ auf $g$ mit kleinstem Abstand zu $\mathbf{x}$ ist gegeben durch*
$$P\mathbf{x} = \langle \mathbf{v}, \mathbf{x} \rangle \cdot \mathbf{v}.$$

*Für das Abstandsquadrat gilt*

(1)    $\|\mathbf{x} - P\mathbf{x}\|^2 = \|\mathbf{x}\|^2 - \langle \mathbf{v}, \mathbf{x} \rangle^2.$

*Wegen* $\|\mathbf{x} - P\mathbf{x}\|^2 \geq 0$ *folgt*

(2)    $\langle \mathbf{x}, \mathbf{v} \rangle^2 = \langle \mathbf{v}, \mathbf{x} \rangle^2 \leq \|\mathbf{x}\|^2.$

Der Vektor $\mathbf{x} - P\mathbf{x}$ steht senkrecht auf $g$:

(3)    $\langle \mathbf{x} - P\mathbf{x}, t\mathbf{v} \rangle = 0.$

$P\mathbf{x}$ ist also Fußpunkt des Lots von $\mathbf{x}$ auf die Gerade $g$. Deswegen nennen wir $P\mathbf{x}$ die **orthogonale Projektion** von $\mathbf{x}$ auf $g$. Wegen $\langle \mathbf{v}, \mathbf{v} \rangle = 1$ ergibt sich (3) aus

$$\langle t\mathbf{v}, \mathbf{x} - P\mathbf{x} \rangle = \langle t\mathbf{v}, \mathbf{x} - \langle \mathbf{v}, \mathbf{x} \rangle \mathbf{v} \rangle$$
$$= t\big(\langle \mathbf{v}, \mathbf{x} \rangle - \langle \mathbf{v}, \langle \mathbf{v}, \mathbf{x} \rangle \mathbf{v} \rangle\big) = t\big(\langle \mathbf{v}, \mathbf{x} \rangle - \langle \mathbf{v}, \mathbf{x} \rangle \cdot \langle \mathbf{v}, \mathbf{v} \rangle\big) = 0.$$

## 2.5 Die Cauchy–Schwarzsche Ungleichung

*Für* $\mathbf{x}, \mathbf{y} \in \mathbb{R}^n$ *ist*

$$|\langle \mathbf{x}, \mathbf{y} \rangle| \leq \|\mathbf{x}\| \cdot \|\mathbf{y}\|,$$

*und Gleichheit tritt genau dann ein, wenn $\mathbf{x}$ und $\mathbf{y}$ linear abhängig sind.*

BEWEIS.

(a) Ist $\mathbf{y} = \mathbf{0}$, so ist $\langle \mathbf{x}, \mathbf{y} \rangle = 0 = \|\mathbf{x}\| \cdot \|\mathbf{y}\|$, und $\mathbf{x}, \mathbf{y}$ sind linear abhängig.

(b) Ist $\mathbf{y} \neq \mathbf{0}$, so betrachten wir $\mathbf{v} = \frac{\mathbf{y}}{\|\mathbf{y}\|}$. Dann ist $\|\mathbf{v}\| = 1$ und $\mathbf{y} = \|\mathbf{y}\| \cdot \mathbf{v}$. Nach der Gleichung (2) von 2.4 folgt

$$\big|\langle \mathbf{x}, \mathbf{y} \rangle\big| = \big|\langle \mathbf{x}, \|\mathbf{y}\| \cdot \mathbf{v} \rangle\big| = \big|\|\mathbf{y}\|\langle \mathbf{x}, \mathbf{v} \rangle\big| \leq \|\mathbf{y}\| \cdot \|\mathbf{x}\|.$$

## 2 Skalarprodukt, Längen, Winkel

Nach 2.4: (2) gilt das Gleichheitszeichen genau dann, wenn $|\langle \mathbf{x}, \mathbf{v} \rangle| = \|\mathbf{x}\|$, und nach (1) bedeutet dies

$$\mathbf{x} = \langle \mathbf{x}, \mathbf{v} \rangle \cdot \mathbf{v} = \bigl(\langle \mathbf{x}, \mathbf{v} \rangle / \|\mathbf{y}\|\bigr) \cdot \mathbf{y}\,. \qquad \square$$

### 2.6 Eigenschaften der Norm

(a) $\|\mathbf{x}\| \geq 0$, $\|\mathbf{x}\| = 0 \iff \mathbf{x} = \mathbf{0}$,

(b) $\|\lambda \mathbf{x}\| = |\lambda| \cdot \|\mathbf{x}\|$ *für* $\lambda \in \mathbb{R}$,

(c) $\|\mathbf{x} + \mathbf{y}\| \leq \|\mathbf{x}\| + \|\mathbf{y}\|$ (*Dreiecksungleichung*).

*In der Dreiecksungleichung gilt das Gleichheitszeichen dann und nur dann, wenn* $\mathbf{x} = c\mathbf{y}$ *mit* $c \geq 0$ *oder wenn* $\mathbf{y} = \mathbf{0}$.

BEMERKUNG. Damit ist der noch fehlende Beweis für die Dreiecksungleichung in $\mathbb{R}^2$ und $\mathbb{C}$ erbracht.

BEWEIS.

(a) und (b) folgen unmittelbar aus der Definition.

(c) ergibt sich mit Hilfe der Cauchy–Schwarzschen Ungleichung wie folgt:

$$\|\mathbf{x} + \mathbf{y}\|^2 = \langle \mathbf{x} + \mathbf{y}, \mathbf{x} + \mathbf{y} \rangle = \langle \mathbf{x}, \mathbf{x} \rangle + \langle \mathbf{x}, \mathbf{y} \rangle + \langle \mathbf{y}, \mathbf{x} \rangle + \langle \mathbf{y}, \mathbf{y} \rangle$$
$$\leq \|\mathbf{x}\|^2 + 2\|\mathbf{x}\| \cdot \|\mathbf{y}\| + \|\mathbf{y}\|^2 = (\|\mathbf{x}\| + \|\mathbf{y}\|)^2\,.$$

Das Gleichheitszeichen gilt hier genau dann, wenn $\langle \mathbf{x}, \mathbf{y} \rangle = \|\mathbf{x}\| \cdot \|\mathbf{y}\|$. Das bedeutet nach 2.5 entweder $\mathbf{y} = \mathbf{0}$ oder $\mathbf{y} \neq \mathbf{0}$ und $\mathbf{x} = c\mathbf{y}$. Im letzteren Fall ist

$$\|\mathbf{x}\| \cdot \|\mathbf{y}\| = \langle \mathbf{x}, \mathbf{y} \rangle = c \langle \mathbf{y}, \mathbf{y} \rangle\,,$$

also $c > 0$ oder $\mathbf{x} = \mathbf{0}$. $\qquad \square$

### 2.7 Winkel und Orthogonalität

Im $\mathbb{R}^2$ gilt für den Winkel $\varphi$ zwischen $\mathbf{a} = \begin{pmatrix} a_1 \\ a_2 \end{pmatrix} \neq \mathbf{0}$ und $\mathbf{b} = \begin{pmatrix} b_1 \\ b_2 \end{pmatrix} \neq \mathbf{0}$ nach §5:7.2

$$\cos \varphi = \frac{a_1 b_1 + a_2 b_2}{\|\mathbf{a}\| \cdot \|\mathbf{b}\|} = \frac{\langle \mathbf{a}, \mathbf{b} \rangle}{\|\mathbf{a}\| \cdot \|\mathbf{b}\|}\,.$$

Entsprechend ist für Vektoren $\mathbf{a} \neq \mathbf{0}$, $\mathbf{b} \neq \mathbf{0}$ des $\mathbb{R}^n$ ein Winkel $\varphi$ durch

$$\cos \varphi = \frac{\langle \mathbf{a}, \mathbf{b} \rangle}{\|\mathbf{a}\| \cdot \|\mathbf{b}\|} \quad \text{und} \quad 0 \leq \varphi \leq \pi$$

eindeutig bestimmt, der **nichtorientierte Winkel** zwischen $\mathbf{a}$ und $\mathbf{b}$.

Denn nach der Cauchy–Schwarzschen Ungleichung gilt

$$-1 \leq \frac{\langle \mathbf{a}, \mathbf{b} \rangle}{\|\mathbf{a}\| \cdot \|\mathbf{b}\|} \leq 1.$$

Insbesondere ist $\varphi = \frac{\pi}{2} \iff \langle \mathbf{a}, \mathbf{b} \rangle = 0$.

Zwei beliebige Vektoren $\mathbf{a}, \mathbf{b} \in \mathbb{R}^n$ heißen zueinander **orthogonal**, $\mathbf{a} \perp \mathbf{b}$, wenn $\langle \mathbf{a}, \mathbf{b} \rangle = 0$. Entsprechend schreiben wir für eine Teilmenge $M \subset \mathbb{R}^n$

$$\mathbf{a} \perp M, \quad \text{falls} \quad \langle \mathbf{a}, \mathbf{x} \rangle = 0 \quad \text{für alle} \quad \mathbf{x} \in M.$$

### 2.8 Parallelogramm– und Polarisierungsgleichung

*Für* $\mathbf{x}, \mathbf{y} \in \mathbb{R}^n$ *gilt*

(a) $\|\mathbf{x} + \mathbf{y}\|^2 + \|\mathbf{x} - \mathbf{y}\|^2 = 2\|\mathbf{x}\|^2 + 2\|\mathbf{y}\|^2$ (*Parallelogrammgleichung*)

(b) $\langle \mathbf{x}, \mathbf{y} \rangle = \frac{1}{4}\left(\|\mathbf{x} + \mathbf{y}\|^2 - \|\mathbf{x} - \mathbf{y}\|^2\right)$ (*Polarisierungsgleichung*)

Die Beweise ergeben sich durch direktes Nachrechnen ÜA. Geometrische Deutung von (a)?

## 3 Das Vektorprodukt im $\mathbb{R}^3$

### 3.1 Zielsetzung

Zu gegebenen linear unabhängigen Vektoren $\mathbf{a}, \mathbf{b} \in \mathbb{R}^3$ soll ein dritter Vektor $\mathbf{c} \in \mathbb{R}^3$ mit folgenden Eigenschaften bestimmt werden:
(a) $\mathbf{c}$ steht senkrecht auf $\mathbf{a}$ und $\mathbf{b}$,
(b) die Länge von $\mathbf{c}$ ist der Flächeninhalt des von $\mathbf{a}$ und $\mathbf{b}$ aufgespannten Parallelogramms (Figur), also

$$\|\mathbf{c}\| = \|\mathbf{a}\| \cdot \|\mathbf{b}\| \cdot \sin\varphi,$$

wo $0 < \varphi < \pi$ der Winkel zwischen $\mathbf{a}$ und $\mathbf{b}$ ist,
(c) $\mathbf{a}$, $\mathbf{b}$, $\mathbf{c}$ bilden ein *positiv orientiertes Dreibein*, d.h. liegen im Raum wie Daumen, Zeigefinger und Mittelfinger der rechten Hand („Dreifingerregel", Figur).

3 Das Vektorprodukt im $\mathbb{R}^3$

Diese Aufgabenstellung tritt in der Physik beispielsweise bei der Beschreibung des Drehimpulses, der Bewegung eines starren Körpers sowie bei der Bewegung eines Elektrons in einem Magnetfeld auf.

## 3.2 Das Vektorprodukt

Für Vektoren

$$\mathbf{a} = \begin{pmatrix} a_1 \\ a_2 \\ a_3 \end{pmatrix}, \quad \mathbf{b} = \begin{pmatrix} b_1 \\ b_2 \\ b_3 \end{pmatrix}$$

definieren wir das **Vektorprodukt** oder **Kreuzprodukt** durch

$$\mathbf{a} \times \mathbf{b} := \begin{pmatrix} a_2 b_3 - a_3 b_2 \\ a_3 b_1 - a_1 b_3 \\ a_1 b_2 - a_2 b_1 \end{pmatrix}.$$

Andere Bezeichnungen hierfür sind: $[\mathbf{a}, \mathbf{b}]$, $[\mathbf{ab}]$, $\mathbf{a} \wedge \mathbf{b}$.

Es gilt

(a) $\mathbf{a}$ *und* $\mathbf{b}$ *sind genau dann linear unabhängig, wenn* $\mathbf{a} \times \mathbf{b} \neq \mathbf{0}$.

(b) *Sind* $\mathbf{a}$ *und* $\mathbf{b}$ *linear unabhängig, so sind die zu* $\mathbf{a}$ *und zu* $\mathbf{b}$ *senkrechten Vektoren gerade die Vielfachen von* $\mathbf{a} \times \mathbf{b}$.

(c) *Für* $\mathbf{a} \neq \mathbf{0}, \mathbf{b} \neq \mathbf{0}$ *gilt*

$$\|\mathbf{a} \times \mathbf{b}\| = \|\mathbf{a}\| \cdot \|\mathbf{b}\| \cdot \sin\varphi = \sqrt{\|\mathbf{a}\|^2 \cdot \|\mathbf{b}\|^2 - \langle \mathbf{a}, \mathbf{b} \rangle^2},$$

*wo* $\varphi \in [0, \pi]$ *der Winkel zwischen* $\mathbf{a}$ *und* $\mathbf{b}$ *ist*.

BEWEIS.

(a) Wir zeigen: $\mathbf{a}$ und $\mathbf{b}$ sind genau dann linear abhängig, wenn alle Determinanten

$$\Delta_1 = a_2 b_3 - a_3 b_2, \quad \Delta_2 = a_3 b_1 - a_1 b_3, \quad \Delta_3 = a_1 b_2 - a_2 b_1$$

Null sind.

Sind $\mathbf{a}$ und $\mathbf{b}$ linear abhängig, etwa $\mathbf{a} = \lambda \mathbf{b}$, so ergibt sich unmittelbar $\Delta_1 = \Delta_2 = \Delta_3 = 0$.

Sei $\Delta_1 = \Delta_2 = \Delta_3 = 0$. Ist $\mathbf{b} = \mathbf{0}$, so sind $\mathbf{a}$ und $\mathbf{b}$ linear abhängig. Ist $\mathbf{b} \neq \mathbf{0}$, etwa $b_3 \neq 0$, so folgt aus $\Delta_1 = 0$ und $\Delta_2 = 0$:

$$a_2 = \frac{a_3}{b_3} b_2, \quad a_1 = \frac{a_3}{b_3} b_1. \quad \text{Außerdem gilt} \quad a_3 = \frac{a_3}{b_3} b_3.$$

Also ist $\mathbf{a} = \frac{a_3}{b_3}\mathbf{b}$. Ist $b_2 \neq 0$, so ergibt sich in analoger Weise $\mathbf{a} = \frac{a_2}{b_2}\mathbf{b}$; aus $b_1 \neq 0$ folgt $\mathbf{a} = \frac{a_1}{b_1}\mathbf{b}$.

(b) Daß $\mathbf{a}$ und $\mathbf{b}$ senkrecht zu $\mathbf{a} \times \mathbf{b}$ sind, ergibt sich durch Nachrechnen. Sei umgekehrt $\mathbf{x} \perp \mathbf{a}$, $\mathbf{x} \perp \mathbf{b}$. Da $\mathbf{a}$ und $\mathbf{b}$ linear unabhängig sind, ist eine der Determinanten $\Delta_1$, $\Delta_2$, $\Delta_3$ von Null verschieden, etwa $\Delta_3 \neq 0$. Die Bedingungen $\langle \mathbf{a}, \mathbf{x} \rangle = \langle \mathbf{b}, \mathbf{x} \rangle = 0$ lauten komponentenweise

$$\begin{array}{l} a_1 x_1 + a_2 x_2 + a_3 x_3 = 0 \\ b_1 x_1 + b_2 x_2 + b_3 x_3 = 0 \end{array}, \quad \text{d.h.} \quad \begin{array}{l} a_1 x_1 + a_2 x_2 = -a_3 x_3 \\ b_1 x_1 + b_2 x_2 = -b_3 x_3 \end{array}$$

Die Cramersche Regel § 5 : 6.2 ergibt

$$x_1 = \frac{a_2 b_3 - a_3 b_2}{a_1 b_2 - a_2 b_1} x_3 = \frac{\Delta_1}{\Delta_3} x_3, \quad x_2 = \frac{a_3 b_1 - a_1 b_3}{a_1 b_2 - a_2 b_1} x_3 = \frac{\Delta_2}{\Delta_3} x_3.$$

Mit der trivialen Beziehung $x_3 = \frac{\Delta_3}{\Delta_3} x_3$ zusammen ergibt sich

$$\mathbf{x} = \frac{x_3}{\Delta_3} \mathbf{a} \times \mathbf{b}.$$

Die Fälle $\Delta_1 \neq 0$ bzw. $\Delta_2 \neq 0$ werden in analoger Weise behandelt $\boxed{\text{ÜA}}$.

(c) $\|\mathbf{a}\|^2 \|\mathbf{b}\|^2 \sin^2 \varphi = \|\mathbf{a}\|^2 \|\mathbf{b}\|^2 (1 - \cos^2 \varphi) = \|\mathbf{a}\|^2 \|\mathbf{b}\|^2 - \langle \mathbf{a}, \mathbf{b} \rangle^2$

$$= (a_1^2 + a_2^2 + a_3^2)(b_1^2 + b_2^2 + b_3^2) - (a_1 b_1 + a_2 b_2 + a_3 b_3)^2$$

$$= (a_2 b_3 - a_3 b_2)^2 + (a_3 b_1 - a_1 b_3)^2 + (a_1 b_2 - a_2 b_1)^2 = \|\mathbf{a} \times \mathbf{b}\|^2. \quad \square$$

### 3.3 Zur Dreifingerregel

Leistet das Kreuzprodukt das Gewünschte? Ist $\mathbf{c}$ ein Vektor der in 3.1 angegebenen Art, so folgt aus der Forderung (a) zunächst $\mathbf{c} = \lambda \cdot \mathbf{a} \times \mathbf{b}$, siehe 3.2 (a). Aus der Forderung (b) von 3.1 folgt dann $|\lambda| = 1$ nach 3.2 (c), also $\mathbf{c} = \pm \mathbf{a} \times \mathbf{b}$.

Die Forderung (c) (Dreifingerregel) wird über das Vorzeichen entscheiden und $\mathbf{c}$ damit festlegen. Behauptet wird, daß das Dreibein $\mathbf{a}, \mathbf{b}, \mathbf{a} \times \mathbf{b}$ (in dieser Reihenfolge) immer der Dreifingerregel genügt.

(a) Wir prüfen dies für eine einfache Situation nach: Für den orientierten Winkel $\psi$ zwischen den linear unabhängigen Vektoren $(a_1, a_2)$ und $(b_1, b_2)$ der Ebene gilt nach § 5 : 7.2

$$\sin \psi = \frac{a_1 b_2 - a_2 b_1}{\sqrt{(a_1^2 + a_2^2)(b_1^2 + b_2^2)}}.$$

# 3 Das Vektorprodukt im $\mathbb{R}^3$

Ist $a_1 b_2 - a_2 b_1 > 0$, so ist $0 < \psi < \pi$, und die Vektoren

$$\mathbf{a} = \begin{pmatrix} a_1 \\ a_2 \\ 0 \end{pmatrix}, \quad \mathbf{b} = \begin{pmatrix} b_1 \\ b_2 \\ 0 \end{pmatrix}, \quad \mathbf{e}_3 = \begin{pmatrix} 0 \\ 0 \\ 1 \end{pmatrix}$$

genügen offenbar der Dreifingerregel. In diesem Fall ist

$$\mathbf{a} \times \mathbf{b} = \begin{pmatrix} 0 \\ 0 \\ a_1 b_2 - a_2 b_1 \end{pmatrix}$$

tatsächlich ein positives Vielfaches von $\mathbf{e}_3$. Ist $a_1 b_2 - a_2 b_1 < 0$, so genügen $\mathbf{a}$, $\mathbf{b}$ und $-\mathbf{e}_3$ der Dreifingerregel, und $\mathbf{a} \times \mathbf{b}$ ist ein positives Vielfaches von $-\mathbf{e}_3$.

(b) Sind $\mathbf{a}$ und $\mathbf{b}$ in allgemeiner Lage, so werden wir später sehen, daß wir das Dreibein $\mathbf{a}$, $\mathbf{b}$ und $\mathbf{a} \times \mathbf{b}$ starr in die Situation (a) überführen können und von dort auch starr wieder zurück, so daß die Verhältnisse in Bezug auf die Dreifingerregel erhalten bleiben.

### 3.4 Eigenschaften des Vektorproduktes

(a) $\mathbf{a} \times \mathbf{b} = -\mathbf{b} \times \mathbf{a}$ (Schiefsymmetrie).

(b) $(\alpha \mathbf{a} + \beta \mathbf{b}) \times \mathbf{c} = \alpha \mathbf{a} \times \mathbf{c} + \beta \mathbf{b} \times \mathbf{c}$,
$\mathbf{a} \times (\beta \mathbf{b} + \gamma \mathbf{c}) = \beta \mathbf{a} \times \mathbf{b} + \gamma \mathbf{a} \times \mathbf{c}$ (Linearität in jedem Argument).

(c) $(\mathbf{a} \times \mathbf{b}) \times \mathbf{c} = \langle \mathbf{a}, \mathbf{c} \rangle \mathbf{b} - \langle \mathbf{b}, \mathbf{c} \rangle \mathbf{a}$ (Graßmannscher Entwicklungssatz).

(d) $(\mathbf{a} \times \mathbf{b}) \times \mathbf{c} + (\mathbf{b} \times \mathbf{c}) \times \mathbf{a} + (\mathbf{c} \times \mathbf{a}) \times \mathbf{b} = \mathbf{0}$.

Das Vektorprodukt ist also weder kommutativ noch assoziativ.

$\boxed{\text{ÜA}}$. Wann gilt $(\mathbf{a} \times \mathbf{b}) \times \mathbf{c} = \mathbf{a} \times (\mathbf{b} \times \mathbf{c})$?

BEWEIS.

(a) und (b) folgen direkt aus der Koordinatendarstellung 3.2.

(d) folgt aus (c) $\boxed{\text{ÜA}}$.

(c) ergibt sich durch direkte Rechnung:

$$(\mathbf{a} \times \mathbf{b}) \times \mathbf{c} = \begin{pmatrix} a_2 b_3 - a_3 b_2 \\ a_3 b_1 - a_1 b_3 \\ a_1 b_2 - a_2 b_1 \end{pmatrix} \times \begin{pmatrix} c_1 \\ c_2 \\ c_3 \end{pmatrix}$$

$$= \begin{pmatrix} (a_3 b_1 - a_1 b_3)c_3 - (a_1 b_2 - a_2 b_1)c_2 \\ (a_1 b_2 - a_2 b_1)c_1 - (a_2 b_3 - a_3 b_2)c_3 \\ (a_2 b_3 - a_3 b_2)c_2 - (a_3 b_1 - a_1 b_3)c_1 \end{pmatrix}$$

$$= \begin{pmatrix} (a_2 c_2 + a_3 c_3)b_1 - (b_2 c_2 + b_3 c_3)a_1 \\ (a_1 c_1 + a_3 c_3)b_2 - (b_1 c_1 + b_3 c_3)a_2 \\ (a_1 c_1 + a_2 c_2)b_3 - (b_1 c_1 + b_2 c_2)a_3 \end{pmatrix}$$

$$= \begin{pmatrix} (a_1 c_1 + a_2 c_2 + a_3 c_3)b_1 - (b_1 c_1 + b_2 c_2 + b_3 c_3)a_1 \\ (a_1 c_1 + a_2 c_2 + a_3 c_3)b_2 - (b_1 c_1 + b_2 c_2 + b_3 c_3)a_2 \\ (a_1 c_1 + a_2 c_2 + a_3 c_3)b_3 - (b_1 c_1 + b_2 c_2 + b_3 c_3)a_3 \end{pmatrix}$$

$$= \langle \mathbf{a}, \mathbf{c} \rangle \mathbf{b} - \langle \mathbf{b}, \mathbf{c} \rangle \mathbf{a}. \qquad \Box$$

### 3.5* Gleichförmige Kreisbewegung im Raum

Bei einer gleichförmigen Kreisbewegung um den Mittelpunkt $\mathbf{x}_0$ gilt für den Geschwindigkeitsvektor $\dot{\mathbf{x}}(t)$

$$\dot{\mathbf{x}}(t) = \mathbf{w} \times (\mathbf{x}(t) - \mathbf{x}_0).$$

Dabei liegt der *Drehvektor* $\mathbf{w}$ in Richtung der Drehachse, also senkrecht zur Kreisebene, und seine Länge ist die Winkelgeschwindigkeit $\omega$.

Denn zunächst gilt — wir nehmen etwas Differentialrechnung vorweg —

$$\mathbf{x}(t) = \mathbf{x}_0 + r(\cos(\omega t) \cdot \mathbf{a} + \sin(\omega t) \cdot \mathbf{b}),$$

$$\dot{\mathbf{x}}(t) = r\omega(-\sin(\omega t) \cdot \mathbf{a} + \cos(\omega t) \cdot \mathbf{b}),$$

wobei $\mathbf{a}$ und $\mathbf{b}$ zueinander senkrechte Vektoren der Länge 1 in der Bahnebene sind und $r > 0$ der Bahnradius ist. Der Vektor $\mathbf{w} := \omega \cdot \mathbf{a} \times \mathbf{b}$ steht senkrecht zur Bahnebene und hat die Länge $\omega$. Die Behauptung ergibt sich nun mit Hilfe des Graßmannschen Entwicklungssatzes $\boxed{\text{ÜA}}$.

## 4 Entwicklung nach Orthonormalsystemen, Orthonormalbasen

### 4.1 Linearkombinationen, Aufspann, Orthonormalsysteme

Für Vektoren $v_1, \ldots, v_k$ des $\mathbb{R}^n$ heißt die Menge aller **Linearkombinationen**, $t_1 v_1 + \cdots + t_k v_k$ mit $t_1, \ldots, t_k \in \mathbb{R}$ der von $v_1, \ldots, v_k$ aufgespannte Raum (auch Aufspann bzw. lineare Hülle bzw. Erzeugnis der Vektoren $v_1, \ldots, v_k$). Wir schreiben

$$\operatorname{Span}\{v_1, \ldots, v_k\} = \{t_1 v_1 + \cdots + t_k v_k \mid t_1, \ldots t_k \in \mathbb{R}\}.$$

BEISPIEL. Sind $a$ und $b$ linear unabhängig, so ist $\operatorname{Span}\{a, b\}$ eine Ebene durch den Nullpunkt, vgl. 1.3.

Vektoren $v_1, \ldots, v_k$ im $\mathbb{R}^n$ bilden ein **Orthonormalsystem (ONS)**, wenn

$$\langle v_i, v_j \rangle = \delta_{ij} := \begin{cases} 1 & \text{für } i = j \\ 0 & \text{für } i \neq j, \end{cases}$$

d.h. wenn sie die Länge 1 haben und paarweis aufeinander senkrecht stehen.

### 4.2 Orthogonale Projektion

Sei $v_1, \ldots, v_k$ ein Orthonormalsystem und

$$E = \operatorname{Span}\{v_1, \ldots, v_k\}.$$

Wir wollen den Begriff „orthogonale Projektion" von 2.4 verallgemeinern. Dazu suchen wir zu einem gegebenen Vektor $x \in \mathbb{R}^n$ denjenigen Vektor $y \in E$, der zu $x$ den kleinsten Abstand hat. Dieselbe Rechnung wie in 2.4 zeigt ÜA:

$$\left\| x - \sum_{i=1}^{k} t_i v_i \right\|^2 = \|x\|^2 - \sum_{i=1}^{k} \langle v_i, x \rangle^2 + \sum_{i=1}^{k} \left( t_i - \langle v_i, x \rangle \right)^2.$$

Dieser Ausdruck wird genau dann minimal, wenn $t_i = \langle v_i, x \rangle$, $i = 1, \ldots, k$. *Der Punkt auf $E$ mit minimalem Abstand zu $x$ ist also gegeben durch*

$$Px := \sum_{i=1}^{k} \langle v_i, x \rangle v_i.$$

$Px$ heißt die *orthogonale Projektion von $x$ auf $E$.*
$Px$ ist auch dadurch charakterisiert, daß

$$Px \in E, \quad x - Px \perp E.$$

Denn einerseits ist

$$\langle \mathbf{x} - P\mathbf{x}, \sum_{j=1}^{k} t_j \mathbf{v}_j \rangle = \sum_{j=1}^{k} t_j \left( \langle \mathbf{x}, \mathbf{v}_j \rangle - \langle P\mathbf{x}, \mathbf{v}_j \rangle \right) = 0, \text{ da}$$

$$\langle P\mathbf{x}, \mathbf{v}_j \rangle = \langle \sum_{i=1}^{k} \langle \mathbf{x}, \mathbf{v}_i \rangle \mathbf{v}_i, \mathbf{v}_j \rangle = \sum_{i=1}^{k} \langle \mathbf{x}, \mathbf{v}_i \rangle \langle \mathbf{v}_i, \mathbf{v}_j \rangle = \langle \mathbf{x}, \mathbf{v}_j \rangle.$$

Andererseits folgt aus $\mathbf{y} \in E$ und $\mathbf{y} - \mathbf{x} \perp \mathbf{v}_1, \ldots, \mathbf{v}_k$ die Beziehung $\mathbf{y} = P\mathbf{x}$
ÜA.

### 4.3 Ebene und Normale

Sei $E$ eine Ebene im $\mathbb{R}^3$ durch den Nullpunkt,

$$E = \text{Span}\{\mathbf{a}, \mathbf{b}\}.$$

Alle zu $E$ senkrechten Vektoren bilden die *Normale* von $E$:

$$E^\perp := \left\{ \mathbf{x} \in \mathbb{R}^3 \mid \langle \mathbf{x}, \mathbf{v} \rangle = 0 \text{ für alle } \mathbf{v} \in E \right\}.$$

Nach 3.2(a) ist $E^\perp$ die Gerade $\{\lambda \mathbf{n} \mid \lambda \in \mathbb{R}\} = \text{Span}\{\mathbf{n}\}$ mit dem **Einheitsnormalenvektor** $\mathbf{n} = \frac{\mathbf{a} \times \mathbf{b}}{\|\mathbf{a} \times \mathbf{b}\|}$.

*Die zu $\mathbf{n}$ senkrechten Vektoren sind gerade wieder die Vektoren von $E$.* Wir drücken das so aus:

$$E^{\perp\perp} = E.$$

BEWEIS.

(a) Direkt aus der Definition folgt $E \subset E^{\perp\perp}$.

(b) Wir zeigen $E^{\perp\perp} \subset E$. Für die orthogonale Projektion $P$ auf $E$ gilt $\langle P\mathbf{x}, \mathbf{n} \rangle = 0$. Sei $\mathbf{x} \in E^{\perp\perp}$, also $\mathbf{x} \perp \mathbf{n}$. Mit $\mathbf{x} - P\mathbf{x} \perp E$, also $\mathbf{x} - P\mathbf{x} = t\mathbf{n}$ folgt

$$\|\mathbf{x} - P\mathbf{x}\|^2 = \langle \mathbf{x} - P\mathbf{x}, \mathbf{x} - P\mathbf{x} \rangle = \langle \mathbf{x} - P\mathbf{x}, t\mathbf{n} \rangle = t\langle \mathbf{x}, \mathbf{n} \rangle - t\langle P\mathbf{x}, \mathbf{n} \rangle = 0,$$

also $\mathbf{x} - P\mathbf{x} = 0$ und damit $\mathbf{x} = P\mathbf{x} \in E$. □

### 4.4 Orientierung von Orthonormalsystemen im $\mathbb{R}^3$

Bilden die Vektoren $\mathbf{v}_1, \mathbf{v}_2, \mathbf{v}_3$ ein ONS im $\mathbb{R}^3$, so ist entweder

$$\mathbf{v}_3 = \mathbf{v}_1 \times \mathbf{v}_2 \quad \text{oder} \quad \mathbf{v}_3 = -\mathbf{v}_1 \times \mathbf{v}_2.$$

Im ersten Fall sprechen wir von einem *positiv orientierten* ONS (*Rechtssystem*), im zweiten Fall von einem *negativ orientierten* ONS.

BEWEIS.
Da $\mathbf{v}_3$ auf $\mathbf{v}_1$ und $\mathbf{v}_2$ senkrecht steht, gilt $\mathbf{v}_3 = c \cdot \mathbf{v}_1 \times \mathbf{v}_2$ nach 3.2(a). Die Konstante $c$ ergibt sich aus

$$1 = \|\mathbf{v}_3\| = |c| \cdot \|\mathbf{v}_1\| \cdot \|\mathbf{v}_2\| \cdot \sin \tfrac{\pi}{2} = |c|, \text{ also } c = 1 \text{ oder } c = -1. \qquad \square$$

## 4.5 Entwicklung nach Orthonormalbasen im $\mathbb{R}^3$

*Bilden die Vektoren* $\mathbf{v}_1, \mathbf{v}_2, \mathbf{v}_3$ *ein ONS im* $\mathbb{R}^3$, *so läßt sich jeder Vektor* $\mathbf{x} \in \mathbb{R}^3$ *in eindeutiger Weise als Linearkombination* $\mathbf{x} = a_1 \mathbf{v}_1 + a_2 \mathbf{v}_2 + a_3 \mathbf{v}_3$ *schreiben. Die Koeffizienten* $a_i$ *ergeben sich sehr einfach aus* $a_i = \langle \mathbf{v}_i, \mathbf{x} \rangle$, *es ist also*

$$\mathbf{x} = \langle \mathbf{v}_1, \mathbf{x} \rangle \mathbf{v}_1 + \langle \mathbf{v}_2, \mathbf{x} \rangle \mathbf{v}_2 + \langle \mathbf{v}_3, \mathbf{x} \rangle \mathbf{v}_3 \,.$$

In dieser Situation heißt das System der $\mathbf{v}_k$ eine **Orthonormalbasis** für $\mathbb{R}^3$.

BEWEIS.
(a) *Eindeutigkeit*: Aus $\mathbf{x} = a_1 \mathbf{v}_1 + a_2 \mathbf{v}_2 + a_3 \mathbf{v}_3$ folgt

$$\langle \mathbf{v}_k, \mathbf{x} \rangle = \Big\langle \mathbf{v}_k, \sum_{j=1}^{3} a_j \mathbf{v}_j \Big\rangle = \sum_{j=1}^{3} a_j \langle \mathbf{v}_k, \mathbf{v}_j \rangle = a_k$$

wegen $\langle \mathbf{v}_k, \mathbf{v}_j \rangle = \delta_{kj}$.

(b) *Darstellbarkeit*: Wir betrachten die Ebene $E = \mathrm{Span}\{\mathbf{v}_1, \mathbf{v}_2\}$. Die orthogonale Projektion von $\mathbf{x}$ auf $E$ ist

$$P\mathbf{x} = \langle \mathbf{v}_1, \mathbf{x} \rangle \mathbf{v}_1 + \langle \mathbf{v}_2, \mathbf{x} \rangle \mathbf{v}_2 \,.$$

Nach 4.2 ist $\mathbf{x} - P\mathbf{x} \perp E$, also ist $\mathbf{x} - P\mathbf{x}$ ein Vielfaches von $\mathbf{v}_1 \times \mathbf{v}_2$ nach 3.2(a). In 4.4 hatte sich ergeben, daß $\mathbf{v}_1 \times \mathbf{v}_2$ bis auf das Vorzeichen gleich $\mathbf{v}_3$ ist. Also ist $\mathbf{x} = P\mathbf{x} + \lambda \mathbf{v}_3$, und $\lambda$ ergibt sich nach (a): $\lambda = \langle \mathbf{v}_3, \mathbf{x} \rangle$. $\qquad \square$

## 5 Aufgaben

**5.1 Räumliche Drehung.** Berechnen Sie das Bild des Vektors $\mathbf{x} = (1,1,1)$ unter der Drehung $D$ mit Drehvektor $\mathbf{w} = \tfrac{1}{3}(2,2,1)$ und dem Drehwinkel $\tfrac{\pi}{3}$.
Anleitung: Verschaffen Sie sich ein ONS $\mathbf{a}, \mathbf{b}, \mathbf{c}$ mit $\mathbf{c} = \mathbf{w}$, vgl. 3.5.

**5.2 Hessesche Normalform.** Zeigen Sie: Die Ebene $E$ durch $\mathbf{x}_0$ parallel zu $\mathrm{Span}\{\mathbf{a}, \mathbf{b}\}$ ist durch die Gleichung $\langle \mathbf{x} - \mathbf{x}_0, \mathbf{n} \rangle = 0$ gegeben mit $\mathbf{n} = \tfrac{\mathbf{a} \times \mathbf{b}}{\|\mathbf{a} \times \mathbf{b}\|}$. Für jeden Vektor $\mathbf{x} \in \mathbb{R}^3$ ist $d = |\langle \mathbf{x} - \mathbf{x}_0, \mathbf{n} \rangle|$ der Abstand des Punktes $\mathbf{x}$ von $E$.

**5.3** Die Ebene $E$ sei gegeben durch die Gleichung $2x_1 - x_2 + 2x_3 = 3$.

(a) Geben Sie eine Parameterdarstellung von $E$.

(b) Bestimmen Sie den Abstand des Punktes $P = \left(\frac{1}{2}, 2, -4\right)$ von $E$.

(c) Bestimmen Sie die orthogonale Projektion von $P$ auf $E$.

(d) Spiegeln Sie den Punkt $P$ an $E$.

**5.4** Wir betrachten den Zylinder im $\mathbb{R}^3$ mit Achse

$$A = \left\{ \begin{pmatrix} 1 \\ 1 \\ 1 \end{pmatrix} + t \begin{pmatrix} 2 \\ -2 \\ 1 \end{pmatrix} \;\middle|\; t \in \mathbb{R} \right\} \quad \text{und Radius 1.}$$

(a) Warum liegt der Punkt $P = (2, 1, 2)$ auf dem Zylindermantel?

(b) Geben Sie die Tangentialebene $E$ an den Zylinder im Punkt $P$ in Hessescher Normalform an und in Parameterdarstellung.

### 5.5 Das Spatprodukt

Das Volumen des nebenstehenden Spatkristalls ist definiert durch

$$V = F \cdot h,$$

wobei $F$ die Fläche des von **a** und **b** aufgespannten Parallelogramms ist und $h$ die Höhe des Spats über diesem Parallelogramm. Dabei sollen **a** und **b** linear unabhängig sein.

Zeigen Sie $V = |\langle \mathbf{a} \times \mathbf{b}, \mathbf{c} \rangle|$.

HINWEIS: $h$ ist die Länge der orthogonalen Projektion von **c** auf die Normale **n** von Span $\{\mathbf{a}, \mathbf{b}\}$.

**Aufgaben.** (a) Rechnen Sie für das **Spatprodukt** $S(\mathbf{a}, \mathbf{b}, \mathbf{c}) := \langle \mathbf{a} \times \mathbf{b}, \mathbf{c} \rangle$ nach, daß

$$S(\mathbf{b}, \mathbf{c}, \mathbf{a}) = S(\mathbf{c}, \mathbf{a}, \mathbf{b}) = S(\mathbf{a}, \mathbf{b}, \mathbf{c}).$$

(b) Zeigen Sie: Das Spatprodukt ändert sein Vorzeichen bei Vertauschung zweier Einträge, also

$$S(\mathbf{b}, \mathbf{a}, \mathbf{c}) = -S(\mathbf{a}, \mathbf{b}, \mathbf{c}) = S(\mathbf{c}, \mathbf{b}, \mathbf{a}) = -S(\mathbf{c}, \mathbf{a}, \mathbf{b}) \quad \text{usw.}$$

(Eigenschaften des Vektorprodukts, Benützung von (a)).

Auf das Spatprodukt kommen wir in § 17 (Determinanten) noch einmal zurück.

# Kapitel III   Analysis einer Veränderlichen

## §7 Unendliche Reihen

### 1 Reihen im Reellen

**1.1 Problemstellung.** Wie läßt sich dem symbolischen Ausdruck

$$a_0 + a_1 + a_2 + \cdots = \sum_{k=0}^{\infty} a_k$$

ein Sinn geben? Selbstverständlich können wir nicht unendlich viele Zahlen addieren. Wir können jedoch aus den **Partialsummen**

$$s_n = a_0 + a_1 + a_2 + \cdots + a_n = \sum_{k=0}^{n} a_k$$

eine Folge bilden und deren Grenzwert — soweit vorhanden — als die gesuchte „Summe" ansehen. Wir bezeichnen die Folge $(s_n)$ als **Reihe** mit den **Gliedern** $a_k$. Hiermit ist unser Problem auf die Untersuchung von Folgen zurückgeführt, wofür die Konvergenzkriterien von § 2:9 zur Verfügung stehen. Hinzu treten weitere, für Reihen spezifische Konvergenzkriterien.

Reihen gehören zusammen mit den Integralen zu den wichtigsten konstruktiven Hilfsmitteln der Analysis. Mit ihrer Hilfe ist es möglich, Funktionen, Integrale und Lösungen von Differentialgleichungen darzustellen und mit beliebiger Genauigkeit zu berechnen. Hierbei spielen zwei Typen von Reihen eine ausgezeichnete Rolle, die *Potenzreihen*

$$a_0 + a_1 z + a_2 z^2 + \cdots$$

und die *trigonometrischen Reihen*

$$a_0 + (a_1 \cos x + b_1 \sin x) + (a_2 \cos 2x + b_2 \sin 2x) + \cdots.$$

**1.2 Konvergenz und Divergenz von Reihen**

Gegeben seien reelle Zahlen $a_0, a_1, \ldots$. Wir bilden die Partialsummen

$$s_n = a_0 + \cdots + a_n = \sum_{k=0}^{n} a_k.$$

Besitzt die Folge $(s_n)$ einen Grenzwert $a$, so schreiben wir

$$a = \sum_{k=0}^{\infty} a_k$$

und nennen die Reihe $\sum_{k=0}^{\infty} a_k$ **konvergent**; andernfalls heißt diese Reihe **divergent**.

Wir verwenden also das Symbol $\sum_{k=0}^{\infty} a_k$ in zweierlei Bedeutung: Einerseits steht es für die Aufgabe, das Konvergenzverhalten der Folge $(s_n)$ zu untersuchen, andererseits als Abkürzung für ihren Grenzwert $a = \lim_{n\to\infty} s_n$, falls dieser existiert. Eine Gleichung $a = \sum_{k=0}^{\infty} a_k$ lesen wir so: Die Reihe konvergiert, und ihr Grenzwert ist $a$.

Entsprechend steht hinter dem Symbol

$$\sum_{k=N}^{\infty} a_k \quad (N \in \mathbb{N})$$

die Frage nach der Konvergenz und ggf. dem Grenzwert der Folge der Partialsummen

$$s_n = a_N + a_{N+1} + \cdots + a_n = \sum_{k=N}^{n} a_k \quad (n \geq N).$$

### 1.3 Beispiele

(a) Für die **geometrische Reihe** gilt

$$\sum_{k=0}^{\infty} q^k = \frac{1}{1-q} \quad \text{für} \quad |q| < 1.$$

Denn es ist $s_n = 1 + q + q^2 + \cdots + q^n = \dfrac{1-q^{n+1}}{1-q}$ für $q \neq 1$ nach §1:6.11, und für $|q| < 1$ gilt $\lim_{n\to\infty} q^{n+1} = 0$.

(b) Es gilt $\sum_{k=1}^{\infty} \dfrac{1}{k(k+1)} = 1$, denn wegen $\dfrac{1}{k(k+1)} = \dfrac{1}{k} - \dfrac{1}{1+k}$ ergibt sich

$$s_n = \sum_{k=1}^{n} \frac{1}{k(k+1)} = \left(1 - \frac{1}{2}\right) + \left(\frac{1}{2} - \frac{1}{3}\right) + \cdots + \left(\frac{1}{n} - \frac{1}{n+1}\right)$$

$$= 1 - \frac{1}{n+1} \to 1 \quad \text{für} \quad n \to \infty.$$

(c) Die Reihe $\sum_{k=1}^{\infty} \frac{1}{k^2}$ konvergiert, denn die Partialsummen $s_n$ bilden eine monoton wachsende, nach oben beschränkte Folge: Es gilt

$$s_n = s_{n-1} + \frac{1}{n^2} > s_{n-1},$$

1 Reihen im Reellen                                                                 141

und nach der Rechnung in (b) folgt

$$s_n = 1 + \frac{1}{2^2} + \frac{1}{3^2} + \cdots + \frac{1}{n^2}$$
$$< 1 + \frac{1}{1 \cdot 2} + \frac{1}{2 \cdot 3} + \cdots + \frac{1}{(n-1)n} = 1 + 1 - \frac{1}{n} < 2.$$

Den Grenzwert können wir erst in § 28 : 6.3 bestimmen; es ergibt sich $\frac{\pi^2}{6}$.

(d) Die Reihe $\sum_{k=0}^{\infty} (-1)^k$ konvergiert nicht, denn für die Partialsummen gilt

$$s_n = \begin{cases} 1, & \text{falls } n \text{ gerade}, \\ 0, & \text{falls } n \text{ ungerade}. \end{cases}$$

(e) Die **harmonische Reihe** $\sum_{k=1}^{\infty} \frac{1}{k}$ divergiert, denn die Folge der Partialsummen ist unbeschränkt wegen

$$\begin{aligned}
s_{2^n} &= 1 + \frac{1}{2} + \left(\frac{1}{3} + \frac{1}{4}\right) + \left(\frac{1}{5} + \frac{1}{6} + \frac{1}{7} + \frac{1}{8}\right) + \cdots + \\
&\quad + \left(\frac{1}{2^{n-1}+1} + \cdots + \frac{1}{2^n}\right) \\
&> 1 + \frac{1}{2} + 2\frac{1}{4} + 4\frac{1}{8} + \cdots + 2^{n-1} \cdot \frac{1}{2^n} = 1 + \frac{n}{2}
\end{aligned}$$

**1.4 Zur Geschichte.** (a) Die geometrische Progression $1, q, q^2, \ldots$ spielte eine große Rolle für die Zahlentheorie und die Inhaltslehre der Griechen. Buch X der Elemente des EUKLID, auf die sich noch NEWTON berief, beginnt mit dem Satz: „Nimmt man bei Vorliegen zweier ungleicher (gleichartiger) Größen von der größeren ein Stück größer als die Hälfte weg und vom Rest ein Stück größer als die Hälfte und wiederholt das immer, so muß einmal eine Größe übrigbleiben, die kleiner als die kleinere Ausgangsgröße ist." Den anschließenden Zusatz, die jeweilige Wegnahme der Hälfte betreffend, formulieren wir heute so, daß $a - \frac{1}{2}a - \cdots - (\frac{1}{2})^n a$ beliebig klein gemacht werden kann. Daß die Flächen $F_1, F_2$ zweier Kreise sich wie die Quadrate der Durchmesser $d_1, d_2$ verhalten, wird in Buch XII so bewiesen, daß diese Beziehung zunächst für regelmäßige Polyeder gezeigt wird. Mittels Approximation der Kreise durch ein- bzw. umbeschriebene regelmäßige $2^n$-Ecke und Verwendung des obengenannten Satzes werden dann die Annahmen $F_1 : F_2 < d_1^2 : d_2^2$ bzw. $F_1 : F_2 > d_1^2 : d_2^2$ zum Widerspruch geführt. ARCHIMEDES bewies seinen aus mechanischen Überlegungen gewonnenen Satz über die Fläche eines Parabelsegments durch Ausschluß des Gegenteils, indem er das Segment mit einem Netz von Dreiecken überzog und ausnützte, daß $\frac{a}{3} - a \cdot (\frac{1}{4} + \frac{1}{16} + \cdots + (\frac{1}{4})^n)$ beliebig klein gemacht werden kann.

(b) Exhaustionsbeweise dieser Art waren Widerspruchsbeweise und setzten daher schon Kenntnis der richtigen Verhältnisse voraus. Um Verfahren zum systematischen Auffinden von Flächen- und Rauminhalten entwickeln zu können, mußte der Rahmen der strengen griechischen Mathematik zunächst gesprengt werden; dies betraf insbesondere die Auffassung vom unendlich Kleinen und unendlich Großen. Die ersten tastenden Schritte in diese Richtung taten zu Beginn des 17. Jahrhunderts KEPLER (vgl. § 16:5.4), GALILEO und dessen Schüler CAVALIERI (vgl. § 17:4.2).

Pietro MENGOLI (1647), Jan HUDDE (1656) und Niklaus KAUFMANN (MERCATOR, 1668) gaben für die Fläche unter der Hyperbel $\frac{1}{1+t}$ über dem Intervall $[0, x]$, d.h. für $\log(1 + x)$, Darstellungen der Form

$$x - \frac{x^2}{2} + \frac{x^3}{3} - \frac{x^4}{4} + \cdots .$$

In der Folge gewannen Reihenentwicklungen zunehmend an Bedeutung für die Differential- und Integralrechnung, insbesondere als Lösungsansätze für Differentialgleichungen.

(c) So erfolgreich der *Reihenkalkül* im 18. Jahrhundert gehandhabt wurde, so schwankend waren die Vorstellungen über dem *Reihenbegriff* und die für ihn geltenden Regeln. Die Formel $1 - 1 + 1 - 1 + \cdots = \frac{1}{2}$ begründeten LEIBNIZ 1737 über den Grenzwert der arithmetischen Mittel der Teilsummen und EULER 1754/55 durch Einsetzen von $x = -1$ in $\frac{1}{1-x} = 1 + x + x^2 + \cdots$. Für $x = -2$ erhielt Euler $1 - 2 + 4 - 8 + \cdots = \frac{1}{3}$, allerdings war er sich über die Grenzen solcher Betrachtungen im Klaren. Der Mangel an präzisen Kriterien trat offen zutage, als die Diskussion über die Entwickelbarkeit einer Funktion in eine trigonometrischen Reihe, wichtig für Schwingungs- und Wärmeleitungsprobleme, zum Glaubensstreit geriet. Wir verweisen hierzu auf die lesenwerten historischen Anmerkungen bei [HEUSER: Gewöhnliche Differentialgleichungen, VI]. Die strenge Begründung von Konvergenz- und Stetigkeitsbetrachtungen wurde 1816/17 von BOLZANO eingeleitet; die Reihenlehre wurde 1833 von CAUCHY vollendet, vgl. dazu 5.1.

### 1.5 Eigenschaften konvergenter Reihen

(a) *Aus* $\sum_{k=0}^{\infty} a_k = a$ *und* $\sum_{k=0}^{\infty} b_k = b$ *folgt* $\sum_{k=0}^{\infty} (\alpha a_k + \beta b_k) = \alpha a + \beta b$.

(b) *Abänderung von endlich vielen Gliedern ändert das Konvergenzverhalten der Reihe nicht, d.h. konvergente Reihen bleiben konvergent und divergente Reihen bleiben divergent. Aber anders als bei Folgen bewirkt die Abänderung eines Reihengliedes auch eine Änderung des Grenzwertes.*

# 2 Konvergenzkriterien für Reihen

(c) *Die Glieder einer konvergenten Reihe bilden eine Nullfolge.*

Letzteres ist für die Konvergenz der Reihe zwar notwendig, aber nicht hinreichend, wie das Beispiel der harmonischen Reihe zeigt.

Für $|q| \geq 1$ ist $(q^k)$ keine Nullfolge, also divergiert $\sum_{k=0}^{\infty} q^k$ für $|q| \geq 1$.

BEWEIS.

(a) Setzt man $s_n = \sum_{k=0}^{n} a_k$, $t_n = \sum_{k=0}^{n} b_k$, so gilt

$$\sum_{k=0}^{n} (\alpha a_k + \beta b_k) = \alpha s_n + \beta t_n \to \alpha a + \beta b \quad \text{für } n \to \infty.$$

(b) Gilt für zwei Reihen mit den Gliedern $a_k, b_k$ und den Partialsummen $s_n, t_n$

$$a_k = b_k \quad \text{für} \quad k \geq N,$$

so folgt $s_n - (a_0 + a_1 + \cdots + a_N) = t_n - (b_0 + b_1 + \cdots + b_N)$ für $n \geq N$. Die Konvergenz der einen Reihe ist somit gleichwertig mit der Konvergenz der anderen. Im Fall der Konvergenz gilt

$$\sum_{k=0}^{\infty} a_k - (a_0 + a_1 + \cdots + a_N) = \sum_{k=0}^{\infty} b_k - (b_0 + b_1 + \cdots + b_N).$$

(c) Ist eine Reihe $s_n = \sum_{k=0}^{n} a_k$ konvergent mit Grenzwert $a$, so gibt es zu jedem $\varepsilon > 0$ ein $n_\varepsilon$ mit $|a - s_n| < \varepsilon$ für $n > n_\varepsilon$, somit gilt für $n > n_\varepsilon + 1$

$$|a_n| = |s_n - s_{n-1}| \leq |s_n - a| + |a - s_{n-1}| < 2\varepsilon. \qquad \square$$

## 2 Konvergenzkriterien für Reihen

**2.1 Das Monotoniekriterium.** *Eine Reihe $\sum_{k=0}^{\infty} a_k$ mit $a_k \geq 0$ (endlich viele Ausnahmen sind zugelassen) konvergiert genau dann, wenn die Folge der Partialsummen nach oben beschränkt ist.*

BEWEIS.

Ist $a_n \geq 0$ für $n > N$, so ist $s_{n+1} = s_n + a_{n+1} \geq s_n$ für $n > N$, also ist die Folge $(s_n)$ schließlich monoton wachsend. Nach dem Monotoniekriterium §2:9.4 ist eine monoton wachsende Folge genau dann konvergent, wenn sie nach oben beschränkt ist. $\qquad \square$

## 2.2 Das Majorantenkriterium

*Ist von einer bestimmten Nummer $N$ ab $|a_k| \leq b_k$, und ist die Reihe $\sum_{k=0}^{\infty} b_k$ konvergent, so konvergiert auch die Reihe $\sum_{k=0}^{\infty} a_k$.*

Die Reihe $\sum_{k=0}^{\infty} b_k$ heißt **Majorante** für die Reihe $\sum_{k=0}^{\infty} a_k$.

Der Beweis dafür wird in 5.2 gleich für komplexe Reihenglieder geführt und sei bis dahin zurückgestellt.

Das Majorantenkriterium ist von großer praktischer Bedeutung. Die am häufigsten verwendeten Majoranten sind

$$\sum_{k=0}^{\infty} M \cdot r^k \quad (0 \leq r < 1) \quad \text{und} \quad \sum_{k=1}^{\infty} \frac{c}{k^2}.$$

Beide Reihen konvergieren nach 1.3 (a) und (c).

## 2.3 Beispiele für die Anwendung des Majorantenkriteriums

(a) $\sum_{k=0}^{\infty} \dfrac{x^k}{k!}$ konvergiert für jedes $x \in \mathbb{R}$.

Zum Nachweis wählen wir ein $N \in \mathbb{N}$ mit $N > 2|x|$. Für $k \geq N$ gilt dann

$$\left|\frac{x^k}{k!}\right| = \left|\frac{x^N}{N!}\right| \cdot \frac{|x|}{N+1} \cdots \frac{|x|}{k} \leq \frac{|x|^N}{N!} \cdot \left(\frac{1}{2}\right)^{k-N} = \frac{|2x|^N}{N!} \left(\frac{1}{2}\right)^k = M \left(\frac{1}{2}\right)^k,$$

$\sum_{k=0}^{\infty} M \cdot \left(\dfrac{1}{2}\right)^k$ ist also eine Majorante.

(b) $\sum_{k=1}^{\infty} k \cdot q^k$ konvergiert für $|q| < 1$. Zum Beweis benützen wir nochmals den Kunstgriff von § 2 : 5.5. Wir setzen $r := \sqrt{|q|}$ und $a_k := k \cdot q^k$. Dann ist

$$|a_k| = k \cdot r^k \cdot r^k$$

Die Folge $(k \cdot r^k)$ ist als Nullfolge beschränkt, etwa $k \cdot r^k \leq M$ für alle $k \in \mathbb{N}$. Es folgt

$$|a_k| \leq M \cdot r^k,$$

und wegen $0 \leq r < 1$ ist $\sum_{k=1}^{\infty} M r^k$ eine konvergente Majorante.

## 2 Konvergenzkriterien für Reihen

### 2.4 Das Leibniz–Kriterium für alternierende Reihen

*Bilden die positiven Zahlen $a_0, a_1, \ldots$ eine monoton fallende Nullfolge, so konvergiert die Reihe $\sum_{k=0}^{\infty} (-1)^k a_k$. Für die Teilsummen $s_n = \sum_{k=0}^{n} (-1)^k a_k$ und den Grenzwert $s$ einer solchen* **Leibniz–Reihe** *gelten die Abschätzungen*

$$s_{2n+1} \leq s \leq s_{2n} \quad \text{und} \quad |s - s_n| \leq a_n.$$

BEWEIS.
Wir zeigen, daß die Intervalle $[s_{2n+1}, s_{2n}]$ eine Intervallschachtelung bilden:
Wegen $a_{2n-1} \geq a_{2n} \geq a_{2n+1}$ gilt

$$s_{2n+1} = s_{2n-1} + a_{2n} - a_{2n+1} \geq s_{2n-1} = s_{2(n-1)+1},$$

$$s_{2n} = s_{2n-2} - a_{2n-1} + a_{2n} \leq s_{2n-2} = s_{2(n-1)},$$

$$s_{2n} - s_{2n+1} = -(-1)^{2n+1} a_{2n+1} = a_{2n+1} \to 0 \quad \text{für} \quad n \to \infty.$$

Für die von dieser Intervallschachtelung erfaßte Zahl $s$ gilt

$$s = \lim_{n \to \infty} s_{2n} = \lim_{n \to \infty} s_{2n+1}.$$

Für gerades $n$ ist $s_{n+1} \leq s \leq s_n$, also

$$|s - s_n| = s_n - s \leq s_n - s_{n+1} = a_{n+1} \leq a_n;$$

für ungerades $n$ ist $s_n \leq s \leq s_{n-1}$, also

$$|s - s_n| = s - s_n \leq s_{n-1} - s_n = a_n.$$ □

### 2.5 Beispiele

Die folgenden Reihen konvergieren nach dem Leibniz–Kriterium:

$$1 - \frac{1}{2} + \frac{1}{3} - \frac{1}{4} \pm \cdots = \sum_{k=1}^{\infty} (-1)^{k-1} \frac{1}{k},$$

$$1 - \frac{1}{3} + \frac{1}{5} - \frac{1}{7} \pm \cdots = \sum_{k=0}^{\infty} (-1)^k \frac{1}{2k+1},$$

$$\sum_{k=2}^{\infty} (-1)^k \frac{1}{\log k}.$$

## 2.6 Aufgaben

(a) In den Voraussetzungen des Leibniz–Kriteriums ist die Monotonieforderung unentbehrlich. Konstruieren Sie ein Gegenbeispiel durch „Mischen" der beiden Reihen $\sum_{k=1}^{\infty} \frac{1}{k}$ und $\sum_{k=0}^{\infty} \frac{1}{2^k}$.

(b) Warum konvergiert die Reihe $\sum_{k=0}^{\infty} \log(k+1) \cdot e^{\sin k - k}$?

(c) Warum konvergiert die Reihe $\sum_{k=0}^{\infty} (-1)^k \frac{1}{(2k+1) \cdot 3^k}$? Wir bezeichnen den Grenzwert dieser Reihe mit $s$, die Partialsummen wieder mit $s_n$. Geben Sie ein $N$ an mit

$$|s_N - s| < 0.5 \cdot 10^{-4}$$

Berechnen Sie $2 \cdot \sqrt{3} \cdot s_N$. Welche Vermutung ergibt sich für $s$?

(d) Sei $s_n = \sum_{k=1}^{n} (-1)^{k-1} \frac{1}{k} \cdot \left(\frac{1}{4}\right)^k$ und $s = \lim_{n \to \infty} s_n$. (Warum existiert dieser Grenzwert?) Geben Sie ein $N$ an mit $|s_N - s| < 0.5 \cdot 10^{-6}$ und bestimmen Sie $e^{s_N}$ mit dem Taschenrechner. Welche Vermutung drängt sich für $s$ auf?

# 3 Komplexe Folgen, Vollständigkeit von $\mathbb{C}$

## 3.1 Konvergenz komplexer Zahlenfolgen

Eine Folge $(z_n)$ komplexer Zahlen **konvergiert gegen** $z$ oder **hat den Grenzwert** $z$, wenn

$$\lim_{n \to \infty} |z - z_n| = 0.$$

Hierfür schreiben wir

$$\lim_{n \to \infty} z_n = z \quad \text{oder auch} \quad z_n \to z \quad \text{für} \quad n \to \infty.$$

Die Folge $(z_n)$ heißt *konvergent*, wenn sie einen Grenzwert besitzt.

## 3.2 Eigenschaften konvergenter Folgen

(a) Jede konvergente Folge ist beschränkt.

(b) Aus $z_n \to z$ folgt $c \cdot z_n \to c \cdot z$ für $n \to \infty$.

(c) Aus $z_n \to z$ und $w_n \to w$ für $n \to \infty$ folgt

$$z_n + w_n \to z + w \quad \text{und} \quad z_n \cdot w_n \to z \cdot w \quad \text{für} \quad n \to \infty.$$

# 3 Komplexe Folgen, Vollständigkeit von $\mathbb{C}$

(d) Aus $z = \lim\limits_{n\to\infty} z_n$ folgt $z = \lim\limits_{k\to\infty} z_{n_k}$ für jede Teilfolge $(z_{n_k})_k$.

Zum BEWEIS.

Per Definition gilt $z_n \to z$, wenn $(|z - z_n|)$ eine reelle Nullfolge ist. Die für reelle Nullfolgen grundlegenden Beweistechniken sind das Vergleichskriterium §2:4.9 im Kombination mit der Dreiecksungleichung. Nach demselben Prinzip werden wir später die Konvergenz im $\mathbb{R}^n$ und in unendlichdimensionalen Räumen behandeln. Die Beweistechniken für Aussagen vom Typ (a), (b) und (c) sind immer dieselben und sollten deshalb sicher beherrscht werden. Wir überlassen Ihnen daher den Beweis als ÜA. Sollten Sie nicht ohne Hilfe zurechtkommen, so übertragen Sie die Beweise aus §2:5 und §2:6.7.

## 3.3 Zwei Ungleichungen

Die weiteren Betrachtungen stützen sich auf zwei Ungleichungen, die wir schon unter §5:8.6 formuliert und bewiesen haben. Wir geben sie noch einmal wieder:

(a) Für $z = x + iy$ gilt $\max\{|x|, |y|\} \leq |z| \leq |x| + |y|$.

(b) Dreiecksungleichung nach unten: $\big||z| - |w|\big| \leq |z - w|$.

## 3.4 Konvergenz von Real– und Imaginärteil

Für $z_n = x_n + iy_n$ und $z = x + iy$ gilt

$$z_n \to z \iff x_n \to x \text{ und } y_n \to y.$$

BEWEIS.

„$\Longrightarrow$": $|x_n - x| \leq |z_n - z|$ und $|y_n - y| \leq |z_n - z|$ (s.o.). Aus $z_n \to z$, d.h. $|z_n - z| \to 0$ folgt $|x_n - x| \to 0$ und $|y_n - y| \to 0$ nach dem Vergleichssatz für reelle Nullfolgen.

„$\Longleftarrow$": Aus $x_n \to x$, $y_n \to y$ folgt $|x_n - x| + |y_n - y| \to 0$. Es ist aber $|z_n - z| \leq |x_n - x| + |y_n - y|$ (s.o.). □

## 3.5 Weitere Eigenschaften konvergenter Folgen

(a) Aus $z_n \to z$ folgt $|z_n| \to |z|$.

(b) Es gilt $z_n \to z$ genau dann, wenn $\overline{z}_n \to \overline{z}$.

(c) Ist $z_n \to z$ und $z \neq 0$, so gibt es ein $n_0$ mit $|z_n| > \frac{|z|}{2} > 0$ für $n > n_0$. Ferner gilt

$$\frac{1}{z_n} \to \frac{1}{z}.$$

BEWEIS.

(a) Dreiecksungleichung nach unten: $\big||z_n| - |z|\big| \leq |z_n - z|$.

(b) $|z_n - z| = |\overline{z}_n - \overline{z}|$.

(c) Wählen wir $\varepsilon = \dfrac{|z|}{2}$, so gibt es ein $n_0 \in \mathbb{N}$, so daß $|z - z_n| < \varepsilon$ für alle $n > n_0$. Also ist (Dreiecksungleichung nach unten)

$$|z_n| = |z - (z - z_n)| \geq |z| - |z - z_n| > |z| - \varepsilon = \frac{|z|}{2} > 0 \text{ für } n > n_0.$$

Nun folgt $\left|\dfrac{1}{z} - \dfrac{1}{z_n}\right| \leq \dfrac{2|z_n - z|}{|z|^2}$ für $n > n_0$. □

### 3.6 Cauchy–Folgen und Vollständigkeit von $\mathbb{C}$

Eine Folge $(z_n)$ von komplexen Zahlen heißt **Cauchy–Folge** in $\mathbb{C}$, wenn es zu jedem $\varepsilon > 0$ ein $n_\varepsilon \in \mathbb{N}$ gibt, so daß

$$|z_n - z_m| < \varepsilon \text{ für alle } m, n > n_\varepsilon.$$

Wie im Reellen gilt der **Satz über die Vollständigkeit von $\mathbb{C}$**:

*Eine Folge $(z_n)$ ist genau dann konvergent, wenn sie eine Cauchy–Folge ist.*

BEWEIS.

(a) Ist $(z_n)$ eine Cauchy–Folge und sind $\varepsilon, n_\varepsilon$ wie oben gewählt, so folgt nach 3.3 für die Realteile $x_n$ und die Imaginärteile $y_n$ erst recht

$$|x_n - x_m| < \varepsilon, \quad |y_n - y_m| < \varepsilon$$

für $n, m > n_\varepsilon$, d.h. die reellen Folgen $(x_n), (y_n)$ erfüllen die Cauchy–Bedingung. Wegen der Vollständigkeit von $\mathbb{R}$ (§ 2: 9.6) gibt es also reelle Zahlen $x, y$ mit $x_n \to x$ und $y_n \to y$. Für $z = x + iy$ ist dann $z_n \to z$ nach 3.4.

(b) Ist umgekehrt die Folge $(z_n)$ konvergent und $z = \lim\limits_{n \to \infty} z_n$, so ist

$$|z_n - z_m| = |z_n - z + z - z_m| \leq |z_n - z| + |z - z_m|.$$

Wählen wir $n_\varepsilon$ so, daß $|z_k - z| < \varepsilon$ für $k > n_\varepsilon$, so ist $|z_n - z_m| < 2\varepsilon$ für $n, m > n_\varepsilon$. □

## 4 Reihen mit komplexen Gliedern

### 4.1 Konvergenz von Reihen

Sind $a_0, a_1, \ldots$ komplexe Zahlen, so führen wir in völliger Analogie zu den Reihen mit reellen Gliedern die Begriffe Reihe, Partialsumme, Konvergenz und Divergenz einer Reihe ein, vgl. 1.2. Eine Gleichung

$$a = \sum_{k=0}^{\infty} a_k$$

4 Reihen mit komplexen Gliedern

bedeutet wie im Reellen: Die Folge der Partialsummen konvergiert und hat den Grenzwert $a$.

## 4.2 Eigenschaften konvergenter Reihen

(a) *Eine Reihe ist genau dann konvergent, wenn die aus Real– und Imaginärteil der Glieder gebildeten Reihen konvergieren.* In diesem Fall gilt

$$\sum_{k=0}^{\infty}(x_k+iy_k) = \sum_{k=0}^{\infty}x_k + i\sum_{k=0}^{\infty}y_k \,.$$

(b) *Aus* $a = \sum_{k=0}^{\infty} a_k$ *und* $b = \sum_{k=0}^{\infty} b_k$ *folgt für* $\alpha, \beta \in \mathbb{C}$

$$\alpha a + \beta b = \sum_{k=0}^{\infty}(\alpha a_k + \beta b_k)\,.$$

(c) *Eine Abänderung von endlich vielen Gliedern ändert das Konvergenzverhalten einer Reihe nicht. Konvergiert eine der folgenden Reihen, so auch die andere, und es gilt*

$$\sum_{k=0}^{\infty} a_k = a_0 + a_1 + \cdots + a_N + \sum_{k=N+1}^{\infty} a_k \,.$$

(d) *Die Glieder einer konvergenten Reihe bilden eine Nullfolge.*

BEWEIS.

(a) folgt aus 3.4.

(b), (c) und (d) verlaufen wörtlich wie die Beweise im Reellen, vgl. 1.5. □

## 4.3 Die geometrische Reihe im Komplexen

Für alle $z \in \mathbb{C}$ mit $|z| < 1$ konvergiert die geometrische Reihe

$$\sum_{k=0}^{\infty} z^k = \frac{1}{1-z} \qquad \text{für } |z|<1\,.$$

Denn für $|z| < 1$ gilt $\lim\limits_{n\to\infty} |z^{n+1}| = \lim\limits_{n\to\infty} |z|^{n+1} = 0$, also

$$\lim_{n\to\infty}(1+z+\cdots+z^n) = \lim_{n\to\infty}\frac{1-z^{n+1}}{1-z} = \frac{1}{1-z}\,.$$

Im Fall $|z| \geq 1$ konvergiert die Reihe nicht, da die Glieder keine Nullfolge bilden.

**4.4 Aufgaben.** Sei $0 \leq r < 1$ und $\varphi \in \mathbb{R}$.

(a) Bestimmen Sie den Grenzwert der Reihe $\sum_{k=0}^{\infty} r^k e^{ik\varphi}$.

(b) Was ergibt sich für $\sum_{k=1}^{\infty} r^k \cdot \sin k\varphi$ ?

(c) Stellen Sie $\sum_{k=0}^{\infty} r^k e^{ik\varphi} + \sum_{k=1}^{\infty} r^k e^{-ik\varphi}$ in der Form $x + iy$ dar.

(d) Für welche $z \in \mathbb{C}$ konvergiert $\sum_{k=0}^{\infty} e^{kz}$ ?

(e) Geben Sie den (reellen) Grenzwert der Reihe $\sum_{k=0}^{\infty} e^{(i\pi - 1)k}$ an.

## 5 Cauchy–Kriterium und Majorantenkriterium

Augustin–Louis CAUCHY (1789–1857) war einer der Wegbereiter der modernen Analysis. In den *Résumés Analytiques* (Turin 1833) stellte er die erste methodenstrenge systematische Abhandlung über unendliche Reihen vor.

### 5.1 Das Cauchy–Kriterium für Reihen

*Die Reihe $\sum_{k=0}^{\infty} a_k$ ist genau dann konvergent, wenn es zu jedem $\varepsilon > 0$ ein $n_\varepsilon \in \mathbb{N}$ gibt, so daß*

$$\left| \sum_{k=n+1}^{m} a_k \right| < \varepsilon \quad \text{für alle} \quad m > n > n_\varepsilon \ .$$

*gilt.*

BEWEIS.
Wegen $\sum_{k=n+1}^{m} a_k = s_m - s_n$ bedeutet die genannte Bedingung, daß die Folge $(s_n)$ eine Cauchy–Folge in $\mathbb{C}$ ist, also nach 3.6 konvergiert. □

### 5.2 Das Majorantenkriterium.
*Konvergiert die Reihe $\sum_{k=0}^{\infty} b_k$ und gilt*

$$|a_k| \leq b_k \quad \text{für alle} \quad k \text{ von einer bestimmten Nummer } N \text{ ab,}$$

*so konvergiert die Reihe $\sum_{k=0}^{\infty} a_k$, ebenso die Reihe $\sum_{k=0}^{\infty} |a_k|$.*

## 5 Cauchy–Kriterium und Majorantenkriterium

Die Reihe $\sum_{k=0}^{\infty} b_k$ heißt eine **Majorante** für die Reihe $\sum_{k=0}^{\infty} a_k$. Für den Konvergenznachweis komplexer Reihen benützt man fast ausschließlich das Majorantenkriterium. In den meisten Fällen verwendet man als Majorante eine der Reihen

$$\sum_{k=0}^{\infty} Mr^k \quad \text{mit} \quad 0 < r < 1 \quad \text{oder} \quad \sum_{k=1}^{\infty} \frac{c}{k^2}\,.$$

BEWEIS.

Für $m > n \geq N$ ist

$$\left| \sum_{k=n+1}^{m} a_k \right| \leq \sum_{k=n+1}^{m} |a_k| \leq \sum_{k=n+1}^{m} b_k\,.$$

Da die Reihe $\sum_{k=0}^{\infty} b_k$ konvergiert, gibt es nach dem Cauchy–Kriterium zu jedem $\varepsilon > 0$ ein $n_\varepsilon \geq N$, so daß

$$0 \leq \sum_{k=n+1}^{m} b_k < \varepsilon \quad \text{für alle} \quad m > n > n_\varepsilon\,.$$

Für diese $n$ und $m$ ist dann auch

$$\left| \sum_{k=n+1}^{m} a_k \right| \leq \sum_{k=n+1}^{m} |a_k| < \varepsilon\,,$$

d.h. die Reihen $\sum_{k=0}^{\infty} a_k$ und $\sum_{k=0}^{\infty} |a_k|$ erfüllen das Cauchy–Kriterium. □

### 5.3 Ungleichungen für Reihen

*Konvergiert die Reihe* $\sum_{k=0}^{\infty} |a_k|$, *so konvergiert auch die Reihe* $\sum_{k=0}^{\infty} a_k$, *und es gilt*

$$\left| \sum_{k=0}^{\infty} a_k \right| \leq \sum_{k=0}^{\infty} |a_k|\,, \quad \lim_{N \to \infty} \sum_{k=N+1}^{\infty} a_k = 0\,, \quad \lim_{N \to \infty} \sum_{k=N+1}^{\infty} |a_k| = 0\,.$$

BEWEIS.
Wir setzen

$$s_n = \sum_{k=0}^{n} a_k, \quad t_n = \sum_{k=0}^{n} |a_k|, \quad t = \lim_{n \to \infty} t_n\,.$$

Die Konvergenz sämtlicher Reihen $\sum_{k=N+1}^{\infty} a_k$, $\sum_{k=N+1}^{\infty} |a_k|$ ergibt sich aus dem Majorantensatz, insbesondere existiert $s = \lim_{n \to \infty} s_n$. Es folgt mit Hilfe von § 2 : 6.2

$$|s_n| = \Big| \sum_{k=0}^{n} a_k \Big| \leq \sum_{k=0}^{n} |a_k| = t_n \leq t, \quad \text{also}$$

$$\Big| \sum_{k=0}^{\infty} a_k \Big| = |s| = \lim_{n \to \infty} |s_n| \leq t = \sum_{k=0}^{\infty} |a_k|.$$

Aus der Gleichung 4.2 (c): $t - t_N = \sum_{k=N+1}^{\infty} |a_k|$ folgt

$$0 = \lim_{N \to \infty} (t - t_N) = \lim_{N \to \infty} \sum_{k=N+1}^{\infty} |a_k|.$$

Wegen $\Big| \sum_{k=N+1}^{\infty} a_k \Big| \leq \sum_{k=N+1}^{\infty} |a_k|$ (s.o.) folgt $\lim_{N \to \infty} \sum_{k=N+1}^{\infty} a_k = 0.$ □

### 5.4 Beispiele

(a) Die Reihe $\sum_{k=0}^{\infty} \dfrac{z^k}{k!}$ konvergiert für alle $z \in \mathbb{C}$, denn $\sum_{k=0}^{\infty} \dfrac{|z|^k}{k!}$ ist Majorante und konvergiert nach 2.3(a).

(b) Die Reihe $\sum_{k=1}^{\infty} k z^k$ konvergiert für $|z| < 1$, denn sie besitzt die nach 2.3 (b) konvergente Majorante $\sum_{k=1}^{\infty} k|z|^k$.

### 5.5 Aufgaben. Zeigen Sie:

(a) Konvergieren die Reihen $\sum_{k=0}^{\infty} |a_k|^2$ und $\sum_{k=0}^{\infty} |b_k|^2$ mit $a_k, b_k \in \mathbb{C}$, so konvergiert auch $\sum_{k=0}^{\infty} \overline{a}_k b_k$, und es gilt

$$\Big| \sum_{k=0}^{\infty} \overline{a}_k b_k \Big| \leq \frac{1}{2} \left( \sum_{k=0}^{\infty} |a_k|^2 + \sum_{k=0}^{\infty} |b_k|^2 \right).$$

(b) Konvergiert $\sum_{k=1}^{\infty} |a_k|^2$, so auch $\sum_{k=1}^{\infty} \dfrac{a_k}{k}$.

## 6 Umordnung von Reihen

**6.1 Problemstellung.** In endlichen Summen von reellen oder komplexen Zahlen können beliebig Klammern gesetzt und Vertauschungen vorgenommen werden:

# 6 Umordnung von Reihen

$$a_0 + a_1 + \cdots + a_8 = (a_0 + a_1) + (a_2 + a_3 + a_4 + a_5) + (a_6 + a_7 + a_8)$$
$$= a_0 + a_2 + a_7 + a_8 + a_1 + a_5 + a_6 + a_3 + a_4.$$

(a) Gilt für Reihen auch eine Art von Assoziativgesetz? Die Präzisierung dieser Frage lautet: Es sei $n_1 < n_2 < \cdots$ eine Teilfolge in $\mathbb{N}_0 = \{0, 1, 2, \ldots\}$ und

$$b_1 = a_0 + a_1 + \cdots + a_{n_1}, \quad b_2 = a_{n_1+1} + \cdots + a_{n_2}, \quad \cdots.$$

Folgt dann aus $\sum_{n=1}^{\infty} b_n = a$ auch $\sum_{k=0}^{\infty} a_k = a$, d.h. ist Klammerauflösung erlaubt?

Die letzte Frage muß verneint werden, wie das Beispiel

$$a_k = (-1)^k \quad \text{und} \quad b_1 = a_0 + a_1 = 0, \quad b_2 = a_2 + a_3 = 0, \quad \ldots \quad \text{zeigt.}$$

Klammersetzung ist dagegen erlaubt. Denn für die beiden Partialsummen

$$s_n = \sum_{k=0}^{n} a_k, \quad t_m = \sum_{n=1}^{m} b_n \quad \text{gilt} \quad t_m = s_{n_m},$$

also ist $(t_m)$ eine Teilfolge von $(s_n)$ und hat daher denselben Grenzwert.

(b) Gilt für unendliche Reihen das Kommutativgesetz? Betrachten wir eine bijektive Abbildung ("Permutation") $\varphi$ von $\mathbb{N}_0 = \{0, 1, 2, \ldots\}$ auf sich, so enthält die **umgeordnete Reihe** $\sum_{k=0}^{\infty} a_{\varphi(k)}$ wieder alle Glieder $a_k$, nur in anderer Reihenfolge.

Gilt stets $\sum_{k=0}^{\infty} a_k = \sum_{k=0}^{\infty} a_{\varphi(k)}$?

Die Antwort darauf lautet: nein! Dies zeigt zuerst CAUCHY 1833 am Beispiel der Leibniz-Reihe

$$1 - \frac{1}{2} + \frac{1}{3} - \frac{1}{4} + \cdots.$$

Die umgeordnete Reihe

$$\left(1 + \frac{1}{3} - \frac{1}{2}\right) + \left(\frac{1}{5} + \frac{1}{7} - \frac{1}{4}\right) + \left(\frac{1}{9} + \frac{1}{11} - \frac{1}{6}\right) + \left(\frac{1}{13} + \frac{1}{15} - \frac{1}{8}\right) + \cdots$$

hat den 1.5-fachen Grenzwert der ursprünglichen Reihe.

RIEMANN konnte 1866 zeigen, daß sich durch geeignetes Umordnen sogar jeder Grenzwert erzielen läßt, und zwar zeigte er dies für alle Reihen, die nicht absolut konvergent sind, vgl. 6.2. Für Einzelheiten: [MANGOLDT-KNOPP, Bd. 2, Nr. 78 und 80].

## 6.2 Absolute Konvergenz

Die Reihe $\sum_{k=0}^{\infty} a_k$ heißt *absolut konvergent*, wenn $\sum_{k=0}^{\infty} |a_k|$ konvergiert.

Aus der Konvergenz von $\sum_{k=0}^{\infty} |a_k|$ folgt immer die Konvergenz von $\sum_{k=0}^{\infty} a_k$ nach dem Majorantensatz. Die Umkehrung gilt nicht: Zwar konvergiert die Leibniz–Reihe $\sum_{k=1}^{\infty} (-1)^{k-1} \frac{1}{k}$, die Reihe $\sum_{k=1}^{\infty} \left| (-1)^{k-1} \frac{1}{k} \right| = \sum_{k=1}^{\infty} \frac{1}{k}$ aber nicht.

## 6.3 Der Umordnungssatz

*Konvergiert eine Reihe absolut, so konvergiert auch jede Umordnung gegen denselben Grenzwert.*

Darüberhinaus gilt:
*Ist irgend eine Umordnung $\sum a_{\varphi(k)}$ der Reihe $\sum a_k$ absolut konvergent, so konvergiert auch jede Umordnung absolut, insbesondere die gegebene Reihe.*

[MANGOLDT–KNOPP, Bd. 2, Nr. 80].

## 6.4 Doppelreihen

Gegeben sind komplexe Zahlen $a_{ik}$ ($i, k \in \mathbb{N}_0 = \mathbb{N} \cup \{0\}$). Um $\sum_{i,k=0}^{\infty} a_{ik}$ zu definieren, bieten sich verschiedene Wege an:

(a) Man bildet $\sum_{i=0}^{\infty} \left( \sum_{k=0}^{\infty} a_{ik} \right)$, falls die Reihen $b_i = \sum_{k=0}^{\infty} a_{ik}$ und $\sum_{i=0}^{\infty} b_i$ konvergieren.

(b) Man kann $\sum_{i,k=0}^{\infty} a_{ik}$ durch $\sum_{k=0}^{\infty} \left( \sum_{i=0}^{\infty} a_{ik} \right)$ definieren.

(c) Schließlich kann man die $a_{ik}$ durchnumerieren, d.h. die Menge $\{a_{ik} \mid i, k \in \mathbb{N}_0\}$ als Folge $\left( a_{\varphi(n)} \right)$ durchlaufen und $\sum_{n=0}^{\infty} a_{\varphi(n)}$ bilden.

Auf die letzte Möglichkeit wollen wir etwas näher eingehen.

## 6.5 Lineare Anordnung einer Doppelfolge

Unter einer **Anordnung (Abzählung)** der Paare $(i, k)$ ($i, k \in \mathbb{N}_0$) verstehen wir eine bijektive Abbildung $\varphi$ von $\mathbb{N}_0$ auf $\mathbb{N}_0 \times \mathbb{N}_0 = \{(i, k) \mid i, k \in \mathbb{N}_0\}$.

Ist $\varphi(n) = (i, k)$, so schreiben wir $a_{\varphi(n)}$ an Stelle von $a_{ik}$. Ein Beispiel für eine Anordnung von $\mathbb{N}_0 \times \mathbb{N}_0$ hatten wir in §1:11 kennengelernt, wir stellen diesem noch ein zweites gegenüber:

## 6 Umordnung von Reihen

|  Diagonalverfahren | Quadratverfahren |
| --- | --- |

$$\varphi(0) = (0,0), \quad \varphi(3) = (0,2)$$
$$\varphi(8) = (1,2), \quad \text{usw.}$$

$$\varphi(0) = (0,0), \quad \varphi(3) = (0,1)$$
$$\varphi(8) = (2,0), \quad \text{usw.}$$

### 6.6 Der große Umordnungssatz.

*Für jede Doppelfolge $(a_{ik})$ in $\mathbb{C}$ sind die folgenden Aussagen äquivalent:*

(a) $\sum_{k=0}^{\infty} |a_{\varphi(k)}|$ *konvergiert für eine Anordnung $\varphi$,*

(b) $\sum_{k=0}^{\infty} |a_{\varphi(k)}|$ *konvergiert für jede Anordnung $\varphi$,*

(c) $\sum_{i=0}^{\infty} \big( \sum_{k=0}^{\infty} |a_{ik}| \big)$ *konvergiert*

*(dies schließt die Konvergenz aller $\sum_{k=0}^{\infty} |a_{ik}|$ für $i = 0, 1, \ldots$ ein),*

(d) $\sum_{k=0}^{\infty} \big( \sum_{i=0}^{\infty} |a_{ik}| \big)$ *konvergiert*

*(dies schließt die Konvergenz aller $\sum_{i=0}^{\infty} |a_{ik}|$ für $k = 0, 1, 2, \ldots$ ein).*

*Ist eine dieser vier Aussagen erfüllt, so gilt*

$$\sum_{i=0}^{\infty} \big( \sum_{k=0}^{\infty} a_{ik} \big) = \sum_{k=0}^{\infty} \big( \sum_{i=0}^{\infty} a_{ik} \big) = \sum_{j=0}^{\infty} a_{\varphi(j)}$$

*für jede Anordnung $\varphi$.*

Der relativ lange und ziemlich technische Beweis findet sich in [MANGOLDT-KNOPP, Bd. 2, Nr. 81]. Wesentliche Ideen gehen auf CAUCHY zurück.

## 7 Das Cauchy-Produkt

### 7.1 Der Produktsatz von Cauchy

*Sind die Reihen* $a = \sum\limits_{i=0}^{\infty} a_i$ *und* $b = \sum\limits_{k=0}^{\infty} b_k$ *absolut konvergent, so ist auch die Reihe* $c = \sum\limits_{n=0}^{\infty} c_n$ *mit den Gliedern*

$$c_n = a_0 b_n + a_1 b_{n-1} + \cdots + a_{n-1} b_1 + a_n b_0 = \sum_{i+k=n} a_i b_k = \sum_{k=0}^{n} a_k b_{n-k}$$

*absolut konvergent, und es gilt*

$$a \cdot b = \sum_{n=0}^{\infty} c_n \, .$$

Der Beweis läßt sich auf den großen Umordnungssatz zurückführen, siehe dazu [MANGOLDT-KNOPP, Bd. 2, Nr. 82].

BEMERKUNG. Konvergiert keine der beiden Reihen absolut, so gilt der Produktsatz im allgemeinen nicht (CAUCHY 1833).

### 7.2 Die Exponentialreihe

$$E(z) = \sum_{k=0}^{\infty} \frac{z^k}{k!}$$

konvergiert absolut nach 5.4. Es ist

$$E(z+w) = E(z) \cdot E(w) \quad \text{und} \quad E(0) = 1 \, .$$

Denn es gilt $E(z) \cdot E(w) = \sum\limits_{n=0}^{\infty} c_n$ mit

$$c_n = \sum_{k=0}^{n} \frac{z^k}{k!} \frac{w^{n-k}}{(n-k)!} = \frac{1}{n!} \sum_{k=0}^{n} \binom{n}{k} z^k \cdot w^{n-k} = \frac{1}{n!} (z+w)^n \, .$$

Also ist $E(z) \cdot E(w) = \sum\limits_{n=0}^{\infty} \frac{(z+w)^n}{n!} = E(z+w)$.

(Später werden wir sehen, daß $E(z) = e^z = e^x(\cos y + i \sin y)$.)

### 7.3 Aufgabe.
Zeigen Sie mit Hilfe des Produktsatzes

$$\frac{1}{(1-z)^2} = \sum_{n=0}^{\infty} (n+1) z^n \quad \text{für} \quad |z| < 1 \, .$$

# §8 Grenzwerte von Funktionen und Stetigkeit

## 1 Grenzwerte von Funktionen

### 1.1 Das Beispiel $\dfrac{\sin x}{x}$

$f(x) = \frac{\sin x}{x}$ ist zunächst nur für $x \neq 0$ erklärt. Der Graph dieser Funktion deutet aber darauf hin, daß $f$ durch $f(0) := 1$ sinnvoll in den Nullpunkt fortgesetzt wird. Wir präzisieren dies.

### 1.2 Definition und Erläuterung

Die Funktion $f$ sei erklärt in einem nicht einpunktigen Intervall $I$ mit eventueller Ausnahme des Punktes $a \in I$. Wir schreiben

$$\lim_{\substack{x \to a \\ x \in I}} f(x) = b \quad \text{oder} \quad \lim_{I \ni x \to a} f(x) = b$$

($f$ hat an der Stelle $a$ den **Grenzwert** $b$), wenn

$\lim_{n \to \infty} f(x_n) = b$ für **jede** Folge $(x_n)$ in $I \setminus \{a\}$ mit $\lim_{n \to \infty} x_n = a$.

Man beachte, daß in diese Definition der Funktionswert $f(a)$, soweit erklärt, nicht eingeht. Aus drucktechnischen Gründen ziehen wir die Schreibweise

$$\lim_{I \ni x \to a} f(x) = b \text{ vor.}$$

Die Definition umfaßt drei Fälle:

**Rechtsseitiger Grenzwert.** Ist $I = [a, a+r[$ mit $r > 0$ und $\lim_{I \ni x \to a} f(x) = b$, so heißt $b$ der rechtsseitige Grenzwert von $f(x)$ an der Stelle $a$ und wird mit

$$\lim_{x \to a+} f(x) \quad \text{oder kurz} \quad f(a+)$$

bezeichnet. Entsprechend ist der **linksseitige Grenzwert** definiert: Ist $J = ]a-r, a]$ mit $r > 0$, so setzen wir

$$\lim_{x \to a-} f(x) = f(a-) := \lim_{J \ni x \to a} f(x),$$

falls dieser Grenzwert existiert, d.h. falls für jede Folge $(x_n)$ mit $x_n < a$ und $x_n \to a$ die Folge $(f(x_n))$ einen und denselben Grenzwert hat.

Ist schließlich $a$ ein innerer Punkt von $I$, so bezeichnen wir

$\lim\limits_{I \ni x \to a} f(x)$ schlicht mit $\lim\limits_{x \to a} f(x)$.

(zweiseitiger Grenzwert).

Für die **Heaviside–Funktion** $h$

$$h(x) = \begin{cases} 1 & \text{für } x > 0 \\ \frac{1}{2} & \text{für } x = 0 \\ 0 & \text{für } x < 0 \end{cases}$$

existieren die Grenzwerte $h(0+) = 1$ und $h(0-) = 0$, dagegen existiert $\lim\limits_{x \to 0} h(x)$ nicht.

### 1.3 Beispiele

Sehr nützlich für die Bestimmung von Grenzwerten ist der folgende

**Vergleichssatz.** *Gilt* $\lim\limits_{I \ni x \to a} f(x) = \lim\limits_{I \ni x \to a} h(x) = b$ *und* $f(x) \leq g(x) \leq h(x)$ *für alle* $x \in I$ *mit* $0 < |x - a| < \delta$, *so gilt auch* $\lim\limits_{I \ni x \to a} g(x) = b$.

BEWEIS.

Sei $(x_n)$ eine beliebige Folge in $I \setminus \{a\}$ mit $\lim\limits_{n \to \infty} x_n = a$. Dann gibt es ein $n_\delta$ mit $0 < |x_n - a| < \delta$ für $n > n_\delta$. Nach Voraussetzung gilt

$$f(x_n) \leq g(x_n) \leq h(x_n) \quad \text{für} \quad n > n_\delta \quad \text{und}$$

$$\lim_{n \to \infty} f(x_n) = \lim_{n \to \infty} g(x_n) = b.$$

Der Dreifolgensatz §2:6.6 liefert $\lim\limits_{n \to \infty} g(x_n) = b$. □

(a) $\lim\limits_{x \to 0} \cos x = 1$. Denn nach §3:8.7 gilt

$$1 - \frac{x^2}{2} \leq \cos x \leq 1.$$

Die Behauptung folgt aus dem Vergleichssatz wegen $\lim\limits_{x \to 0}(1 - \frac{x^2}{2}) = 1$, was sich aus $\lim\limits_{n \to \infty}(1 - \frac{x_n^2}{2}) = 1$ für beliebige Nullfolgen $(x_n)$ ergibt.

(b) $\lim\limits_{x \to 0} \dfrac{1 - \cos x}{x} = 0$.

Denn aus $1 - \frac{1}{2}x^2 \leq \cos x \leq 1$ folgt $|1 - \cos x| = 1 - \cos x \leq \frac{1}{2}x^2$, also

$$0 \leq \left|\frac{1 - \cos x}{x}\right| \leq \frac{1}{2}|x| \quad \text{für} \quad x \neq 0.$$

# 1 Grenzwerte von Funktionen

(c) $\lim\limits_{x\to 0} \dfrac{\sin x}{x} = 1$.

Wir benützen die in §3 : 8.7 gegebenen Abschätzungen

$$|\sin x| \leq |x| \leq |\tan x| \quad \text{für} \quad |x| < \frac{\pi}{2}.$$

Daraus folgt für $0 < |x| < \frac{\pi}{2}$

$$\cos x = \frac{x}{\tan x} \cdot \frac{\sin x}{x} \leq \frac{\sin x}{x} \leq 1.$$

Damit folgt die Behauptung aus (a) und dem Vergleichssatz.

(d) $\lim\limits_{x\to 0} \dfrac{\sin kx}{x} = k$ für jedes $k \in \mathbb{R}$ ÜA.

(e) $\lim\limits_{x\to 0} \dfrac{e^x - 1}{x} = 1$.

Um den Vergleichssatz anwenden zu können, beweisen wir die Ungleichung

$$\frac{1}{1+|x|} \leq \frac{e^x - 1}{x} \leq \frac{1}{1 - |x|} \quad \text{für} \quad 0 < |x| < 1.$$

Der rechte Teil der Ungleichung wurde in §3 : 2.3 (e) bewiesen. Der andere Teil folgt für $x > 0$ aus $1 + x \leq e^x$, also

$$\frac{e^x - 1}{x} \geq 1 \geq \frac{1}{1+x}.$$

Für $-1 < x < 0$ gilt

$$e^x < \frac{1}{1-x}, \quad \text{also} \quad 1 - e^x \geq 1 - \frac{1}{1-x} = \frac{-x}{1-x}, \quad \text{daraus}$$

$$\frac{e^x - 1}{x} \geq \frac{1}{1-x} = \frac{1}{1+|x|}.$$

(f) $\lim\limits_{x\to 0+} e^{-\frac{1}{x}} = 0$. Dagegen existiert $\lim\limits_{x\to 0-} e^{-\frac{1}{x}}$ nicht.

Denn es gilt für $x > 0$

$$e^{\frac{1}{x}} \geq 1 + \frac{1}{x} > \frac{1}{x} \implies 0 < e^{-\frac{1}{x}} < x.$$

Für $x_n = -\frac{1}{n}$ wird $e^{-\frac{1}{x_n}} = e^n$ beliebig groß.

## 1.4 Beispiel

$\lim\limits_{x\to 0}\sin\dfrac{1}{x}$ existiert nicht: Zu jeder Zahl $c \in [-1,+1]$ gibt es eine Nullfolge $(y_n)$ mit

$$\sin\frac{1}{y_n} \to c, \quad \text{sogar} \quad \sin\frac{1}{y_n} = c.$$

Wir erhalten sie mit $\alpha = \arcsin c$ durch

$$y_n = \frac{1}{\alpha + 2\pi n} \quad \text{für} \quad n = 1, 2, \ldots.$$

## 1.5 Das $\varepsilon$–$\delta$–Kriterium

*Genau dann ist* $\lim\limits_{I \ni x \to a} f(x) = b$, *wenn es zu jedem* $\varepsilon > 0$ *ein* $\delta > 0$ *gibt, so daß*

$|f(x) - b| < \varepsilon$ *für alle* $x \in I$

*mit* $0 < |x - a| < \delta$.

Bei Verkleinerung von $\varepsilon$ wird man auch $\delta$ kleiner wählen müssen (Fig.).

BEWEIS.

„$\Longrightarrow$": Sei $\lim\limits_{I \ni x \to a} f(x) = b$ und sei $\varepsilon > 0$ vorgegeben. Wir behaupten, daß es ein $n_0 \in \mathbb{N}$ gibt mit der Eigenschaft

$|f(x) - b| < \varepsilon$

für alle $x \in I$ mit $0 < |x - a| < \frac{1}{n_0}$.

Wäre das nicht der Fall, so gäbe es zu jeder natürlichen Zahl $n$ mindestens ein $x_n \in I$, für das zwar $0 < |x_n - a| < \frac{1}{n}$, aber nicht $|f(x_n) - b| < \varepsilon$ gilt. Dann wäre aber $x_n \to a, x_n \neq a$, also nach Voraussetzung $\lim\limits_{n \to \infty} f(x_n) = b$, im Widerspruch zu $|f(x_n) - b| \geq \varepsilon$ nach Wahl der $x_n$. Also muß es ein $n_0$ der oben behaupteten Art geben; wir setzen $\delta := \frac{1}{n_0}$.

„$\Longleftarrow$": $f$ erfülle an der Stelle $a$ das $\varepsilon$–$\delta$–Kriterium. Ist $\varepsilon > 0$ vorgegeben, so wählen wir $\delta > 0$ so, daß

$|f(x) - b| < \varepsilon$ für alle $x \in I$ mit $0 < |x - a| < \delta$.

Ist nun $(x_n)$ eine Folge in $I$ mit $x_n \to a$, $x_n \neq a$, so wählen wir $n_0$ so, daß $|x_n - a| < \delta$ für $n > n_0$. Dann ist $|f(x_n) - b| < \varepsilon$ für $n > n_0$ ($n_0$ hängt über $\delta$ von $\varepsilon$ ab). $\square$

1 Grenzwerte von Funktionen										161

**1.6 Folgerung.** Ist $\lim\limits_{I \ni x \to a} f(x) = b > 0$, so gibt es ein $\delta > 0$ mit

$$f(x) > \frac{1}{2} \cdot b \quad \text{für alle} \quad x \in I \quad \text{mit} \quad 0 < |x-a| < \delta.$$

BEWEIS.
Wir wählen $\varepsilon = \frac{b}{2}$ und $\delta > 0$ so, daß

$$|f(x) - b| < \varepsilon \quad \text{für alle} \quad x \in I \quad \text{mit} \quad 0 < |x-a| < \delta.$$

Für diese $x$ ist $f(x) = b + (f(x) - b) \geq b - |f(x) - b| > b - \frac{b}{2} = \frac{b}{2}$. □

**1.7 Folgerung.** Ist $a$ ein innerer Punkt von $I$, so existiert $\lim\limits_{I \ni x \to a} f(x)$ genau dann, wenn die Grenzwerte $\lim\limits_{x \to a+} f(x)$, $\lim\limits_{x \to a-} f(x)$ existieren und gleich sind.

( ÜA , benützen Sie das $\varepsilon$-$\delta$-Kriterium.)

**1.8 Grenzwerte für $x \to \infty$ und $x \to -\infty$**

(a) *Ist $f(x)$ erklärt für alle $x \geq \alpha$, so sagen wir*

$$\lim_{x \to \infty} f(x) = b, \quad \text{falls} \quad \lim_{x \to 0+} f\left(\frac{1}{x}\right) = b.$$

(b) *Ist $f(x)$ für alle $x \leq \beta$ erklärt, so sagen wir*

$$\lim_{x \to -\infty} f(x) = c, \quad \text{falls} \quad \lim_{x \to 0-} f\left(\frac{1}{x}\right) = c.$$

(c) *Anschaulich gesprochen bedeutet $\lim\limits_{x \to \infty} f(x) = b$, daß der Graph von $f$ für große $x$ eine waagrechte Asymptote mit Gleichung $y = b$ hat.*

(d) *Genau dann ist $\lim\limits_{x \to \infty} f(x) = b$, wenn es zu jedem $\varepsilon > 0$ ein $R > 0$ gibt, mit*

$$|f(x) - b| < \varepsilon \quad \text{für alle} \quad x > R.$$

BEWEIS direkt aus dem $\varepsilon$-$\delta$-Kriterium 1.5 unter Berücksichtigung von

$$0 < \frac{1}{x} < \delta \iff x > \frac{1}{\delta} = R.$$

**1.9 Beispiele**

(a) $\lim\limits_{x \to \infty} e^{-x} = 0, \quad \lim\limits_{x \to -\infty} e^{x} = 0.$

Denn nach 1.3 (f) ist $\lim\limits_{x \to 0+} e^{-\frac{1}{x}} = 0$, und für negative $x$ ist $e^{\frac{1}{x}} = e^{-\frac{1}{|x|}}$.

(b) $\lim_{x\to\infty} \arctan x = \frac{\pi}{2}$,  $\lim_{x\to-\infty} \arctan x = -\frac{\pi}{2}$.

Wir zeigen, daß $\lim_{x\to 0+} \arctan \frac{1}{x} = \frac{\pi}{2}$; die zweite Behauptung folgt dann aus $\arctan(-x) = -\arctan x$. Für $x > 0$ ist $\varphi = \arctan \frac{1}{x} \in \,]0, \frac{\pi}{2}[$, und es gilt

$$\frac{1}{x} = \tan \varphi = \frac{\sin\varphi}{\cos\varphi} = \frac{\cos\left(\frac{\pi}{2} - \varphi\right)}{\sin\left(\frac{\pi}{2} - \varphi\right)} = \frac{1}{\tan\left(\frac{\pi}{2} - \varphi\right)},$$

also $x = \tan\left(\frac{\pi}{2} - \varphi\right)$.

Für $0 < x < \frac{\pi}{2}$ gilt die Ungleichung $x < \tan x$ (§ 3: 8.7), also folgt

$$\tan\left(\frac{\pi}{2} - \varphi\right) = x \leq \tan x,$$

und wegen der Monotonie des Tangens folgt

$$\frac{\pi}{2} - \varphi \leq x \quad \text{für} \quad 0 < x < \frac{\pi}{2}.$$

Damit haben wir

$$0 < \frac{\pi}{2} - \arctan \frac{1}{x} \leq x \quad \text{für} \quad 0 < x < \frac{\pi}{2},$$

woraus mit dem Vergleichssatz 1.3 die Behauptung folgt.

(c) Für $b_n \neq 0$ ist

$$\lim_{x\to\pm\infty} \frac{a_0 + a_1 x + \cdots + a_n x^n}{b_0 + b_1 x + \cdots + b_n x^n} = \frac{a_n}{b_n}.$$

(d) Sind $p, q$ reelle Polynome mit Grad$(p) >$ Grad$(q)$, so existieren die Grenzwerte $\lim_{x\to\pm\infty} \frac{p(x)}{q(x)}$ nicht $\boxed{\text{ÜA}}$.

## 1.10 Rechenregeln für Grenzwerte

Ist $\lim f(x) = c$ und $\lim g(x) = d$, so existieren die Grenzwerte

(a) $\lim (\alpha f(x) + \beta g(x)) = \alpha c + \beta d$.

(b) $\lim f(x) \cdot g(x) = c \cdot d$.

(c) $\lim \frac{f(x)}{g(x)} = \frac{c}{d}$,  falls  $d \neq 0$.

Dabei steht $\lim f(x) = c$ für eine der Aussagen $\lim_{I \ni x \to a} f(x) = c$, $\lim_{x\to\infty} f(x) = c$, $\lim_{x\to-\infty} f(x) = c$; entsprechend soll $\lim g(x) = d$ verstanden werden.

## 2 Stetigkeit

BEWEIS.
Direkt aus der Definition und den Rechenregeln für konvergente Folgen. Bei (c) beachte man 1.6 ÜA.

### 1.11 Aufgaben

(a) Bestimmen Sie $\lim\limits_{x\to 0} \dfrac{1-\cos x}{x^2}$ mit Hilfe der Halbwinkelformel § 3 : 8.4 (g).

(b) Bestimmen Sie $\lim\limits_{x\to 0+} \dfrac{1}{x^2} e^{-\frac{1}{x}}$.

(c) Für welche $a, b \in \mathbb{R}$ existiert $\lim\limits_{x\to 0} \left( \dfrac{\sin(ax)}{\sin(bx)} \right)^2$, und was ergibt sich als Grenzwert?

**1.12 Zur Berechnung weiterer Grenzwerte** wird uns die Regel von de l'Hospital dienen, vgl. § 9 : 9.

## 2 Stetigkeit

**2.1 Definition.** Die Funktion $f : I \to \mathbb{R}$ heißt **stetig** an der Stelle $a \in I$, wenn $\lim\limits_{n\to\infty} f(x_n) = f(a)$ für jede Folge $(x_n)$ in $I$ mit $x_n \to a$.

**2.2** SATZ. *Äquivalente Bedingungen sind*:

(a) *$f$ ist stetig an der Stelle $a$.*

(b) $\lim\limits_{I \ni x \to a} f(x) = f(a)$    *(Funktionswert gleich Grenzwert).*

(c) *$\varepsilon$–$\delta$–Kriterium: Zu jedem $\varepsilon > 0$ gibt es ein $\delta > 0$, so daß*

$$|f(x) - f(a)| < \varepsilon \text{ für alle } x \in I \text{ mit } |x-a| < \delta.$$

BEWEIS.

(a) $\implies$ (b): Ist $f$ stetig an der Stelle $a$, so ist $\lim\limits_{n\to\infty} f(x_n) = f(a)$ für alle Folgen $(x_n)$ in $I$ mit $x_n \to a$, also erst recht für alle Folgen $(x_n)$ in $I$ mit $x_n \to a$, $x_n \neq a$.

(b) $\implies$ (c): Nach 1.5 gibt es zu jedem $\varepsilon > 0$ ein $\delta > 0$ mit

$$|f(x) - f(a)| < \varepsilon \text{ für alle } x \in I \text{ mit } 0 < |x-a| < \delta.$$

Für $x = a$ ist natürlich $|f(x) - f(a)| = 0$. Also ist

$$|f(x) - f(a)| < \varepsilon \text{ für alle } x \in I \text{ mit } |x-a| < \delta.$$

(c) $\implies$ (a): Genau wie im zweiten Teil des Beweises 1.5, ÜA.    □

## 2.3 Folgerung.

Ist $f$ stetig an der Stelle $a$ und $f(a) > 0$, so gibt es ein $\delta > 0$, so daß

$$f(x) > \frac{1}{2} \cdot f(a) \quad \text{für alle} \quad x \in I \quad \text{mit} \quad |x - a| < \delta.$$

## 2.4 Stetigkeit in einem Intervall, die Menge C($I$)

$f$ heißt *stetig im Intervall $I$*, wenn $f$ in jedem Punkt von $I$ stetig ist. Die Menge aller stetigen Funktionen $f : I \to \mathbb{R}$ bezeichnen wir mit C($I$). Im Fall $I = [a,b]$ schreiben wir C$[a,b]$ statt C($[a,b]$).

## 2.5 Erste Beispiele

(a) Konstante Funktionen sind stetig, ebenso die Identität $x \mapsto x$.

(b) Der Sinus und der Kosinus sind auf ganz $\mathbb{R}$ stetig. Zum Nachweis zeigen wir zunächst die Stetigkeit im Nullpunkt. Wegen $|\sin x| \leq |x|$ erhalten wir $\lim_{x \to 0} \sin x = 0 = \sin 0$ nach dem Vergleichssatz 1.3. Ferner ist $\lim_{x \to 0} \cos x = 1 = \cos 0$ nach 1.3 (a). Hieraus folgt $\lim_{x \to a} \sin(x - a) = 0$, $\lim_{x \to a} \cos(x - a) = 1$ und daher

$$\sin x = \sin(a + x - a) = \sin a \cdot \cos(x - a) + \cos a \cdot \sin(x - a) \to \sin a$$

für $x \to a$ nach den Rechenregeln 1.10, entsprechend

$$\cos x = \cos(a + x - a) = \cos a \cdot \cos(x - a) - \sin a \cdot \sin(x - a) \to \cos a$$

für $x \to a$.

(c) Die Exponentialfunktion ist stetig auf ganz $\mathbb{R}$. Denn nach §3:2.3 (e) gilt

$$|e^x - e^a| = \left|e^a \left(e^{x-a} - 1\right)\right| \leq e^a \frac{|x - a|}{1 - |x - a|} \quad \text{für} \quad |x - a| < 1,$$

also gilt $\lim_{x \to a} |e^x - e^a| = 0$ nach dem Vergleichssatz 1.3.

(d) Die *Dirichlet–Funktion*, gegeben durch

$$f(x) = \begin{cases} 1 & \text{für } x \in \mathbb{Q} \\ 0 & \text{für } x \notin \mathbb{Q} \end{cases}$$

ist an keiner Stelle stetig $\boxed{\text{ÜA}}$.

(e) Die Funktion $x \mapsto \frac{1}{x}$ ist stetig auf $\mathbb{R}_{>0}$ (und auf $\mathbb{R}_{<0}$). Denn sei $a > 0$. Dann gilt für $x \geq \frac{a}{2}$

$$\left|\frac{1}{x} - \frac{1}{a}\right| = \left|\frac{a - x}{a \cdot x}\right| \leq \frac{2}{a^2} \cdot |x - a| \to 0 \quad \text{für} \quad x \to a$$

nach dem Vergleichssatz.

# 3 Stetigkeit zusammengesetzter Funktionen

## 3.1 Vielfaches, Summe, Produkt

Die folgenden Aussagen können wahlweise auf die Stetigkeit in einem Intervall als auch auf die Stetigkeit in einem einzelnen Punkt bezogen werden. Sie folgen unmittelbar aus 1.10.

(a) *Ist $f$ stetig, so auch $\lambda f : x \mapsto \lambda f(x)$.*

(b) *Sind $f, g$ stetig, so sind auch*

$$f + g : x \mapsto f(x) + g(x) \quad und$$
$$f \cdot g : x \mapsto f(x) \cdot g(x)$$

*stetige Funktionen.*

(c) *Entsprechendes gilt für Summe und Produkt endlich vieler stetiger Funktionen.*

(d) *Sind $f, g$ stetig, so ist*

$$\frac{f}{g} : x \mapsto \frac{f(x)}{g(x)}$$

*an jeder Stelle $a$ mit $g(a) \neq 0$ stetig.*

## 3.2 Polynome sind stetig auf $\mathbb{R}$

Denn jede konstante Funktion ist stetig, ebenso die Identität $\mathbb{1} : x \mapsto x$. Durch wiederholte Anwendung von 3.1 (a), (b), (c) ergibt sich die Behauptung.

Rationale Funktionen $\frac{p}{q}$ sind in allen Punkten $a$ mit $q(a) \neq 0$ stetig. Das ergibt sich aus 3.1 (d). Sind $p$ und $q$ nicht teilerfremd, so läßt sich der Definitionsbereich von $\frac{p}{q}$ durch Kürzen unter Umständen vergrößern.

## 3.3 Betrag und Supremum

Ist $f$ stetig, so auch $|f| : x \mapsto |f(x)|$.

Denn aus $f(x_n) \to f(a)$ folgt $|f(x_n)| \to |f(a)|$.

Das **Supremum** zweier Funktionen $f, g$ ist definiert durch

$$f \vee g : x \mapsto \max\{f(x), g(x)\}\,.$$

Eine einfache Fallunterscheidung ÜA zeigt

$$f \vee g = \frac{1}{2}\left(f + g + |f - g|\right)\,.$$

Sind also $f$ und $g$ stetig, so ist auch $f \vee g$ stetig. Entsprechendes gilt für $f \wedge g : x \mapsto \min\{f(x), g(x)\}$ ÜA.

## 3.4 Hintereinanderausführung

Mit $g : I \to J$ und $f : J \to \mathbb{R}$ ist auch $f \circ g : I \to \mathbb{R}$, $x \mapsto f(g(x))$ stetig.

Denn ist $(x_n)$ eine beliebige Folge in $I$ mit $x_n \to a \in I$, so ist zunächst $\lim_{n\to\infty} g(x_n) = g(a)$. Da $f$ seinerseits an der Stelle $g(a)$ stetig ist, folgt

$$\lim_{n\to\infty} f(g(x_n)) = f(g(a)).$$

## 3.5 Stetige Fortsetzung

Hat $f$ an der Stelle $a \in I$ eine Definitionslücke, und ist $f$ an allen anderen Stellen $x \in I$ stetig, so läßt sich $f$ durch $f(a) := \lim_{I \ni x \to a} f(x)$ zu einer auf $I$ stetigen Funktion ergänzen, falls dieser Grenzwert existiert, vgl. Beispiel 1.1.

Demnach ist durch

$$f(x) = \begin{cases} x \cdot \sin \frac{1}{x} & \text{für } x \neq 0, \\ 0 & \text{für } x = 0 \end{cases}$$

eine auf ganz $\mathbb{R}$ stetige Funktion gegeben. Die Stetigkeit im Nullpunkt folgt wegen $|f(x)| \leq |x|$ aus 1.3, die Stetigkeit in $\mathbb{R} \setminus \{0\}$ aus 2.5 (b), 3.1, 3.4.

## 4 Die Hauptsätze über stetige Funktionen

### 4.1 Der Satz von Bolzano–Weierstraß für kompakte Intervalle

Das entscheidende Hilfsmittel für die kommenden Erörterungen ist der Satz von Bolzano–Weierstraß, den wir in der folgenden Form verwenden.

*Jede Folge in einem kompakten Intervall $[a,b]$ besitzt eine konvergente Teilfolge, deren Grenzwert in $[a,b]$ liegt.*

Denn nach Bolzano–Weierstraß § 2 : 9.8 besitzt jede Folge $(x_n)$ in $[a,b]$ eine konvergente Teilfolge $(x_{n_k})$. Aus $a \leq x_{n_k} \leq b$ für $k = 1, 2, \ldots$ folgt, daß auch der Grenzwert in $[a,b]$ liegt.

Für offene Intervalle $]a,b[$ gilt kein solcher Satz: Die Folge $\left(a + \frac{b-a}{2n}\right)$ liegt in $]a,b[$, ihr Grenzwert aber nicht. Auch in unbeschränkten Intervallen enthält nicht jede Folge eine konvergente Teilfolge, zum Beispiel $I = \mathbb{R}_+$, $x_n = n$.

### 4.2 Beschränktheit stetiger Funktionen auf kompakten Intervallen

*Jede auf einem kompakten Intervall stetige Funktion ist dort beschränkt: Ist $f \in \mathrm{C}[a,b]$, so gibt es eine Schranke $M$ mit $|f(x)| \leq M$ für alle $x \in [a,b]$.*

4 Die Hauptsätze über stetige Funktionen

BEMERKUNGEN.
(a) Auf beschänkten *offenen* Intervallen kann eine stetige Funktion durchaus unbeschränkt sein.
(b) Ist $f : [a,b] \to \mathbb{R}$ unstetig, so braucht $f$ nicht beschränkt zu sein.
Für beide Aussagen liefert die Funktion

$$f(x) = \begin{cases} \dfrac{1}{x} & \text{für } x \neq 0 \\ 0 & \text{für } x = 0 \end{cases}$$

ein Gegenbeispiel, das eine Mal auf dem Definitionsintervall $]0,1[$, das andere Mal auf $[0,1]$.

BEWEIS.
Angenommen, $f$ ist stetig auf $[a,b]$, aber unbeschränkt. Dann gibt es zu jedem $n \in \mathbb{N}$ ein $x_n \in [a,b]$ mit $|f(x_n)| > n$. Ist $(x_{n_k})_k$ eine konvergente Teilfolge von $(x_n)$ mit $x_{n_k} \to x_0 \in [a,b]$, so folgt aus der Stetigkeit $f(x_{n_k}) \to f(x_0)$ für $k \to \infty$. Die Folge $(f(x_{n_k}))_k$ ist als konvergente Folge beschränkt, andererseits ist $|f(x_{n_k})| > n_k \geq k$, ein Widerspruch. □

### 4.3 Der Satz vom Maximum

*Eine auf einem kompakten Intervall stetige Funktion besitzt dort ein Maximum und ein Minimum:* Für $f \in C[a,b]$, gibt es Punkte $x^*, x_* \in [a,b]$ mit

$f(x^*) \geq f(x) \quad \text{für alle } x \in [a,b]$,
$f(x_*) \leq f(x) \quad \text{für alle } x \in [a,b]$.

BEMERKUNGEN. Ist eine der Voraussetzungen nicht erfüllt, so braucht es kein Maximum (bzw. Minimum) zu geben. Dazu einige Beispiele:
(a) *Nichtkompaktes Intervall $I$, stetiges $f$.*

$f(x) = x \qquad \text{auf } I = ]0,1[$
$f(x) = \arctan x \quad \text{auf } I = \mathbb{R}$.

In beiden Fällen wird das Supremum der Funktionswerte nicht angenommen.
(b) *Kompaktes Intervall $I$, unstetiges $f$.* Wir betrachten

$$f(x) = \begin{cases} x & \text{für } -1 < x < +1 \\ 0 & \text{für } x = -1 \quad \text{und} \quad x = +1 \end{cases}.$$

$f$ besitzt im Intervall $[-1,+1]$ weder ein Maximum noch ein Minimum.

BEWEIS.
Wir zeigen, daß $f$ ein Maximum besitzt. Nach 4.2 ist $f$ beschränkt, also existiert

$$s = \sup\{f(x) \mid a \leq x \leq b\}.$$

Zu jedem $n \in \mathbb{N}$ gibt es ein $x_n \in [a,b]$ mit $s - \frac{1}{n} < f(x_n) \leq s$ (Definition des Supremums). Die Folge $(x_n)$ besitzt eine konvergente Teilfolge $(x_{n_k})_k$. Ist $x^* = \lim\limits_{k \to \infty} x_{n_k}$, so gilt $f(x^*) = \lim\limits_{k \to \infty} f(x_{n_k})$ wegen der Stetigkeit von $f$.

Nun ist aber

$$|s - f(x_{n_k})| = s - f(x_{n_k}) < \frac{1}{n_k} \leq \frac{1}{k},$$

also ist $f(x^*) = \lim\limits_{k \to \infty} f(x_{n_k}) = s$. Es folgt $f(x^*) \geq f(x)$ für alle $x \in [a,b]$.

Nach dem gerade Bewiesenen nimmt $-f$ sein Maximum auf $[a,b]$ an, das heißt es gibt ein $x_* \in [a,b]$ mit $-f(x_*) \geq -f(x)$ oder $f(x_*) \leq f(x)$ für alle $x \in [a,b]$.
□

### 4.4 Der Zwischenwertsatz

*Ist $f$ stetig im Intervall $I$ und sind $\alpha, \beta \in I$, so nimmt $f$ jeden Wert zwischen $f(\alpha)$ und $f(\beta)$ an. Ist insbesondere $f(\alpha) < 0$, $f(\beta) > 0$, so hat $f$ zwischen $\alpha$ und $\beta$ eine Nullstelle.*

BEWEIS.

Im folgenden bedeutet o.B.d.A. (ohne Beschränkung der Allgemeinheit), daß diese spezielle Annahme die Allgemeingültigkeit der Argumentation nicht berührt.

Sei also o.B.d.A. $\alpha < \beta$, sonst vertauschen wir die Rollen von $\alpha$ und $\beta$. Ferner dürfen wir annehmen, daß $f(\alpha) < f(\beta)$ (sonst betrachten wir $-f$ statt $f$). Zu zeigen ist: Zu gegebenem $c$ mit $f(\alpha) < c < f(\beta)$ hat die Gleichung $f(x) = c$ eine Lösung $x_0 \in [\alpha, \beta]$. Wir beweisen dies, indem wir ein Iterationsverfahren zur Bestimmung von $x_0$ angeben.

### 4.5 Lösung der Gleichung $f(x) = c$ durch Intervallhalbierung

Sei $f(\alpha) < c < f(\beta)$ und $f$ stetig in $[\alpha, \beta]$. Gesucht ist eine Lösung $x_0$ der Gleichung $f(x) = c$.

Zu diesem Zwecke setzen wir $x_1 = \alpha$, $y_1 = \beta$. Dann setzen wir

$$x_2 = \tfrac{x_1+y_1}{2}, \quad y_2 = y_1 \quad, \text{ falls } f\left(\tfrac{x_1+y_1}{2}\right) < c \text{ bzw.}$$

$$x_2 = x_1, \quad y_2 = \tfrac{x_1+y_1}{2}, \text{ falls } f\left(\tfrac{x_1+y_1}{2}\right) > c.$$

Ist $f\left(\tfrac{x_1+y_1}{2}\right) = c$, so sind wir fertig. Sonst haben wir

$$f(x_2) < c < f(y_2) \quad \text{und} \quad y_2 - x_2 = \frac{1}{2}(y_1 - x_1) = \frac{1}{2}(\beta - \alpha).$$

4 Die Hauptsätze über stetige Funktionen

Nun fahren wir so fort: Haben wir $x_n, y_n$ schon so bestimmt, daß

$$f(x_n) < c < f(y_n), \qquad y_n - x_n = \left(\frac{1}{2}\right)^{n-1}(\beta - \alpha),$$

so setzen wir

$$x_{n+1} = \tfrac{x_n + y_n}{2}, \qquad y_{n+1} = y_n \qquad, \quad \text{falls} \quad f\left(\tfrac{x_n+y_n}{2}\right) < c,$$

$$x_{n+1} = x_n \qquad, \qquad y_{n+1} = \tfrac{x_n + y_n}{2}, \quad \text{falls} \quad f\left(\tfrac{x_n+y_n}{2}\right) > c,$$

und beenden das Verfahren, falls $f\left(\tfrac{x_n+y_n}{2}\right) = c$.
Tritt dieser Fall nie ein, so bilden die Intervalle $[x_n, y_n]$ eine Intervallschachtelung. Für die davon erfaßte Zahl $x_0 = \lim_{n\to\infty} x_n = \lim_{n\to\infty} y_n$ folgt wegen $f(x_n) < c$ die Ungleichung $f(x_0) = \lim_{n\to\infty} f(x_n) \leq c$, und aus $f(y_n) > c$ folgt $f(x_0) = \lim_{n\to\infty} f(y_n) \geq c$. Also ist $f(x_0) = c$. □

**4.6 Aufgabe** Warum besitzt die Gleichung $e^x = x+2$ eine Lösung $x_0 \in [0,2]$? Berechnen Sie $x_0$ durch Intervallhalbierung auf drei gültige Stellen nach dem Komma.

### 4.7 Eine Charakterisierung von Intervallen

*Eine nichtleere Teilmenge $J$ von $\mathbb{R}$ ist genau dann ein Intervall, wenn mit je zwei Zahlen $\alpha < \beta$ in $J$ auch $[\alpha, \beta]$ in $J$ liegt.*

BEWEIS.

„$\Longrightarrow$" liegt auf der Hand.

„$\Longleftarrow$": Die Menge $J$ enthalte zu je zwei Zahlen $\alpha < \beta$ auch das Intervall $[\alpha, \beta]$. Sei $J$ beschränkt und $a = \inf J$, $b = \sup J$. Wir haben zu zeigen, daß $]a, b[ \subset J$. Dann ist $J$ ein Intervall, ganz gleich, ob die Randpunkte dazugehören oder nicht. Sei also $x \in ]a, b[$. Nach Definition des Supremums bzw. Infimums gibt es Zahlen $\alpha, \beta$ mit $a < \alpha < x < \beta < b$. Nach Voraussetzung folgt $[\alpha, \beta] \subset J$, insbesondere $x \in J$.

Für unbeschränkte Mengen $J$ argumentiert man ganz analog $\boxed{\text{ÜA}}$. □

### 4.8 Stetige Bilder von Intervallen

(a) *Ist $f$ stetig auf dem Intervall $I$, so ist die Bildmenge $f(I)$ wieder ein Intervall.*

(b) *Für ein kompaktes Intervall $I$ ist auch $f(I)$ ein kompaktes Intervall.*

BEWEIS.

(a) Für konstantes $f = c$ ist $f(I) = [c, c]$. Für nicht konstantes $f$ ergibt sich die Behauptung aus dem Kriterium 4.7, denn für $\alpha, \beta \in f(I)$ mit $\alpha < \beta$ gilt $[\alpha, \beta] \subset f(I)$ nach dem Zwischenwertsatz.

(b) Ist $I$ ein kompaktes Intervall, so nimmt $f$ nach 4.3 das Minimum und Maximum an:

$$A := \min f(I) \in f(I), \qquad B := \max f(I) \in f(I).$$

Zusammen mit (a) folgt $[A, B] = f(I)$. □

## 5 Die Stetigkeit der Umkehrfunktion

**5.1 Satz.** *Sei $f$ auf dem Intervall $I$ stetig und injektiv. Dann ist $f$ streng monoton, $J = f(I)$ ein Intervall, und $f^{-1} : J \to I$ stetig.*

BEWEIS.

(a) *Monotonie von $f$*:
Wir zeigen zunächst: Sind $x_1, x_2, x_3$ Zahlen in $I$ mit $x_1 < x_2 < x_3$, so ist entweder $f(x_1) < f(x_2) < f(x_3)$ oder $f(x_3) < f(x_2) < f(x_1)$.

Angenommen, dies ist nicht der Fall, etwa $f(x_1) < f(x_3) < f(x_2)$. Dann wählen wir $c \in \,]f(x_3), f(x_2)[\,$ und finden wir nach dem Zwischenwertsatz Zahlen $u \in \,]x_1, x_2[$, $v \in \,]x_2, x_3[$ mit $f(u) = f(v) = c$, im Widerspruch zur Injektivität von $f$. Entsprechend schließen wir in den anderen Fällen.

Wir fixieren nun $a, b \in I$ mit $a < b$ und nehmen o.B.d.A. $f(a) < f(b)$ an (sonst betrachten wir $-f$ statt $f$).

Für beliebige $x < y$ zeigen wir nun $f(x) < f(y)$. Sei zunächst $x < a$. Dann folgt nach dem eingangs gemachten Schluß $f(x) < f(a) < f(b)$, wovon wir nur die erste Ungleichung benutzen. Aus $y < a$ folgt $f(x) < f(y) < f(a)$, aus $y = a$ folgt $f(x) < f(a) = f(y)$, und aus $y > a$ folgt $f(x) < f(a) < f(y)$. Ganz entsprechend schließen wir im Fall $a \geq x$.

(b) *$f^{-1}$ ist stetig*: Wir dürfen annehmen, daß $f$ streng monoton wachsend ist. Es sei $y_0 = f(x_0) \in J$. Falls $x_0$ kein Randpunkt von $I$ ist, wählen wir $\varepsilon > 0$ so klein, daß $[x_0 - \varepsilon, x_0 + \varepsilon] \subset I$ ist. Ferner setzen wir $y_1 = f(x_0 - \varepsilon)$, $y_2 = f(x_0 + \varepsilon)$ und $\delta := \min\{y_0 - y_1, y_2 - y_0\}$. Dann folgt aus $|y - y_0| < \delta$

$$y_1 \leq y_0 - \delta < y < y_0 + \delta \leq y_2.$$

Aus der Monotonie von $f$ ergibt sich

$$x_0 - \varepsilon = f^{-1}(y_1) < f^{-1}(y) < f^{-1}(y_2) = x_0 + \varepsilon,$$

somit $\left|f^{-1}(y) - x_0\right| < \varepsilon$.

Für Randpunkte $x_0$ schließen wir entsprechend $\boxed{\text{ÜA}}$. □

## 5.2 Beispiele

(a) Der Logarithmus ist stetig auf $\mathbb{R}_{>0}$ als Umkehrfunktion der Exponentialfunktion (vgl. 2.5(c)).

(b) Der Arcuscosinus bzw. der Arcussinus sind auf $[-1, 1]$ stetig als Umkehrfunktionen der nach 2.5(b) stetigen Funktionen $\cos : [0, \pi] \to [-1, 1]$ bzw. $\sin : \left[-\frac{\pi}{2}, \frac{\pi}{2}\right] \to [-1, 1]$, vgl. §3:8.2, 8.5.

Der Arcustangens ist stetig auf $\mathbb{R}$ als Umkehrung der stetigen Funktion

$$\tan \,:\, \left]-\frac{\pi}{2}, \frac{\pi}{2}\right[ \,\to\, \mathbb{R}.$$

Letztere ist bijektiv. Wir zeigen zunächst die Surjektivität. Wegen

$$\lim_{x \to \frac{\pi}{2}-} \frac{1}{\tan x} = \lim_{x \to \frac{\pi}{2}-} \frac{\cos x}{\sin x} = 0$$

nimmt der Tangens beliebig große positive Werte an für $0 \leq x < \frac{\pi}{2}$. Nach dem Zwischenwertsatz ist also $\mathbb{R}_+$ der Wertebereich des Tangens auf $\left[0, \frac{\pi}{2}\right[$. Der Rest folgt aus $\tan(-x) = -\tan x$. Nach §3:8.6 ist der Tangens streng monoton, also bijektiv.

(c) Die Quadratwurzel $x \mapsto \sqrt{x}$ ist stetig für $x \geq 0$ als Umkehrfunktion von $x \mapsto x^2$ für $x \geq 0$.

(d) Allgemeine Potenz. Für jedes $a \in \mathbb{R}$ ist die Funktion $x \mapsto x^a = e^{a \log x}$ stetig für $x > 0$. Für $b > 0$ ist $x \mapsto b^x = e^{x \log b}$ stetig auf $\mathbb{R}$.

## 6* Der Satz von der gleichmäßigen Stetigkeit

*Ist $f$ stetig auf dem kompakten Intervall $I$, so gibt es zu jedem $\varepsilon > 0$ ein $\delta > 0$, so daß*

$$|f(x) - f(y)| < \varepsilon \quad \text{für alle} \quad x, y \in I \quad \text{mit} \quad |x - y| < \delta.$$

BEMERKUNGEN.

(a) Diesen Satz benötigen wir erst für die Integralrechnung.

(b) Kennzeichnend für die gleichmäßige Stetigkeit ist, daß $\delta$ zu gegebenem $\varepsilon$ gleichmäßig, d.h. unabhängig von $x$ gewählt werden kann.

(c) Ein Beispiel für nichtgleichmäßige Stetigkeit ist $f(x) = \frac{1}{x}$ auf $]0, 1[$: Fixieren wir $a \in ]0, 1[$, so gilt für jedes $\varepsilon$ mit $0 < \varepsilon < \frac{1}{a}$

$$\left|\frac{1}{x} - \frac{1}{a}\right| < \varepsilon \iff |x - a| < \varepsilon a x = \varepsilon a(x-a) + \varepsilon a^2.$$

Hieraus folgt, daß das größte erlaubte $\delta = \delta_{\max}$ nicht unabhängig von $a$ gewählt werden kann:

$$\delta_{\max} = \frac{\varepsilon a^2}{1 - \varepsilon a}$$

ÜA. (Unterscheiden Sie die Fälle $x \geq a$ und $x \leq a$.)

BEWEIS.
Wir setzen für $n = 1, 2, \ldots$

$$s_n = \sup\left\{ |f(x) - f(y)| \ \bigg| \ x, y \in I \text{ und } |x - y| \leq \frac{1}{n} \right\}.$$

Nach Definition des Supremums gibt es Zahlen $x_n, y_n \in I$ mit

$$s_n - \frac{1}{n} < |f(x_n) - f(y_n)| \leq s_n, \quad \text{also}$$

(*) $\quad 0 \leq s_n < |f(x_n) - f(y_n)| + \dfrac{1}{n}.$

Nach dem Satz von Bolzano–Weierstraß gibt es konvergente Teilfolgen $(x_{n_k})_k$, $(y_{n_k})_k$. Sei $x_0 = \lim\limits_{k \to \infty} x_{n_k}$. Dann ist auch $\lim\limits_{k \to \infty} y_{n_k} = x_0$, denn

$$|x_{n_k} - y_{n_k}| \leq \frac{1}{n_k} \leq \frac{1}{k} \to 0 \quad \text{für} \quad k \to \infty.$$

Wegen der Stetigkeit von $f$ gilt $\lim\limits_{k \to \infty} |f(x_{n_k}) - f(y_{n_k})| = 0$. Aus (*) folgt

$$\lim_{k \to \infty} s_{n_k} = \lim_{k \to \infty} |f(x_{n_k}) - f(y_{n_k})| + \frac{1}{n_k} = 0.$$

Sei jetzt $\varepsilon > 0$ vorgegeben. Wir wählen $k$ so, daß $s_{n_k} < \varepsilon$ und setzen $\delta := \dfrac{1}{n_k}$. Aus $|x - y| < \delta$ folgt dann $|x - y| < \dfrac{1}{n_k}$, also $|f(x) - f(y)| \leq s_{n_k} < \varepsilon$. □

# §9 Differentialrechnung

## 1 Vorbemerkungen

### 1.1 Zum Begriff der Geschwindigkeit

Wir betrachten der Einfachheit halber die Bewegung eines Massenpunktes in der Ebene. Nach Einführung eines festen kartesischen Koordinatensystems können wir seinen Ort zum Zeitpunkt $t$ durch den Koordinatenvektor

$$\mathbf{x}(t) = \begin{pmatrix} x_1(t) \\ x_2(t) \end{pmatrix}$$

beschreiben.

*Gleichförmige Bewegung.* Wirken auf den Massenpunkt keine Kräfte ein, so ist nach dem ersten Newtonschen Gesetz die Bewegung gleichförmig:

$$\mathbf{x}(t) = \mathbf{a} + t\mathbf{v}\,.$$

$\mathbf{v}$ ist der *Geschwindigkeitsvektor*; ist er von Null verschieden, so gibt er die Richtung der gleichförmigen Bewegung an. Für je zwei verschiedene Zeitpunkte $t_0, t_1$ ist

$$\frac{\mathbf{x}(t_1) - \mathbf{x}(t_0)}{t_1 - t_0} = \mathbf{v}\,.$$

Die Zahl $\|\mathbf{v}\|$ heißt die *Geschwindigkeit*, ihre Messung ergibt sich aus der vorangegangenen Beziehung.

*Ungleichförmige Bewegung.* Als angenähertes Maß für den Geschwindigkeitsvektor zum Zeitpunkt $t_0$ kann der Vektor

$$\frac{\mathbf{x}(t_1) - \mathbf{x}(t_0)}{t_1 - t_0}$$

angesehen werden, falls $t_1$ nicht allzu weit von $t_0$ entfernt ist. Dieser Ausdruck hat aber den Nachteil, von dem willkürlich gewählten Zeitpunkt $t_1$ abzuhängen. Je näher $t_1$ an $t_0$ heranrückt, desto besser wird er die momentane Geschwindigkeit beschreiben. Wir definieren daher den *momentanen Geschwindigkeitsvektor* zum Zeitpunkt $t_0$ durch

$$\mathbf{v}(t_0) = \lim_{t \to t_0} \frac{\mathbf{x}(t) - \mathbf{x}(t_0)}{t - t_0} := \begin{pmatrix} \lim\limits_{t \to t_0} \dfrac{x_1(t) - x_1(t_0)}{t - t_0} \\ \lim\limits_{t \to t_0} \dfrac{x_2(t) - x_2(t_0)}{t - t_0} \end{pmatrix},$$

falls beide Grenzwerte existieren. Hiermit haben wir einen für die Entwicklung der Mechanik fundamentalen Begriff eingeführt. Vom meßtechnischen Standpunkt aus machen diese Grenzwerte allerdings wenig Sinn. Durch die unvermeidlichen Meßfehler wird der Ausdruck $\frac{1}{t-t_0}(\mathbf{x}(t) - \mathbf{x}(t_0))$ umso weniger genau ermittelt werden können, je näher $t$ an $t_0$ herankommt, und er wird sinnlos, wenn $t - t_0$ die Meßgenauigkeit unterschreitet.

Dennoch hat der Vektor $\mathbf{v}(t_0)$ eine ganz reale physikalische Bedeutung: Er gibt die Tangentenrichtung an die Bahnkurve an und liefert die Geschwindigkeit derjenigen gleichförmigen Bewegung, mit der der Massenpunkt weiterfliegen würde, wenn zum Zeitpunkt $t_0$ die Zwangskräfte plötzlich wegfallen würden, die ihn auf der Bahn gehalten haben (z.B. Durchschneiden der Schnur bei der skizzierten kreisförmigen Bewegung).

### 1.2 Das Tangentenproblem

Eng verwandt mit dem Problem der Geschwindigkeit ist das Tangentenproblem: Ist $f$ eine auf einem Intervall $I$ erklärte Funktion, so ist für $x \neq x_0$ der Quotient

$$m = \frac{f(x) - f(x_0)}{x - x_0}$$

die Steigung der Sekanten durch die Punkte $(x_0, f(x_0))$ und $(x, f(x))$. Mit den in der Physik gebräuchlichen Bezeichnungen

$\Delta x = x - x_0$ \qquad (Zuwachs des Arguments),

$\Delta y = f(x) - f(x_0)$ \qquad (Zuwachs des Funktionswertes)

ist also $m = \frac{\Delta y}{\Delta x}$.

Bei den bisher bekannten elementaren Funktionen nähern sich für $x \to x_0$ die Sekanten einer Grenzgeraden, der Tangente im Punkt $x_0$, und

$$\lim_{x \to x_0} \frac{f(x) - f(x_0)}{x - x_0} \qquad \text{ist die Steigung dieser Tangente.}$$

# 2 Differenzierbarkeit und Ableitung

## 2.1 Differenzierbarkeit

Im folgenden sei $I$ immer ein echtes Intervall. Eine Funktion $f : I \to \mathbb{R}$ heißt an der Stelle $x_0 \in I$ **differenzierbar**, wenn der Grenzwert

$$f'(x_0) := \lim_{I \ni x \to x_0} \frac{f(x) - f(x_0)}{x - x_0}$$

existiert. In diesem Fall heißt $f'(x_0)$ die **Ableitung von $f$ an der Stelle $x_0$**. Andere Schreibweisen für die Ableitung sind

$$\frac{d}{dx}f(x_0), \quad \frac{d}{dx}f(x)\bigg|_{x=x_0}, \quad \frac{df}{dx}(x_0).$$

Im Zusammenhang mit der letzten Bezeichnungsweise spricht man auch vom „Differentialquotienten". Dies geht auf die Vorstellung aus dem 17. Jahrhundert zurück, daß aus $\Delta x$ schließlich ein $dx$, aus $\Delta y$ schließlich ein $dy$ und aus dem Differenzenquotienten $\frac{\Delta y}{\Delta x}$ schließlich ein Quotient $\frac{dy}{dx}$ der „Differentiale" $dy$ und $dx$ wird.

Faßt man die Veränderliche als Zeit $t$ auf, so ist seit NEWTON die Bezeichnungsweise $\dot{f}(t_0)$ für die Ableitung gebräuchlich.

## 2.2 Differenzierbarkeit und Tangente

Eine äquivalente Formulierung für die Differenzierbarkeit lautet:

*Es gibt eine Zahl $a$, so daß*

$$f(x) = f(x_0) + a \cdot (x - x_0) + R(x, x_0),$$

*wobei für das dadurch definierte Restglied $R(x, x_0)$*

$$\lim_{I \ni x \to x_0} \frac{R(x, x_0)}{x - x_0} = 0$$

*gilt.*
$a$ ist durch diese Beziehung eindeutig bestimmt: $a = f'(x_0)$.
Geometrisch bedeutet das: Es gibt eine Gerade $g$ mit der Gleichung

$$y = f(x_0) + a \cdot (x - x_0),$$

welche sich in der Nähe von $x_0$ besser an den Graphen von $f$ anschmiegt, als jede andere Gerade durch $(x_0, f(x_0))$. Sie heißt die **Tangente** im Punkt $(x_0, f(x_0))$; $f'(x_0)$ ist ihre **Steigung**.

BEWEIS.

(a) Ist $f$ differenzierbar an der Stelle $x_0$ und

$$R(x, x_0) := f(x) - f(x_0) - f'(x_0) \cdot (x - x_0),$$

so ist offenbar

$$\lim_{I \ni x \to x_0} \frac{R(x, x_0)}{x - x_0} = \lim_{I \ni x \to x_0} \frac{f(x) - f(x_0)}{x - x_0} - f'(x_0) = 0.$$

(b) Gibt es eine Zahl $a$, so daß

$$f(x) = f(x_0) + a \cdot (x - x_0) + R(x, x_0), \quad \lim_{I \ni x \to x_0} \frac{R(x, x_0)}{x - x_0} = 0,$$

so hat für $x \neq x_0$

$$\frac{f(x) - f(x_0)}{x - x_0} = a + \frac{R(x, x_0)}{x - x_0}$$

den Grenzwert $a$ für $x \to x_0$. □

### 2.3 Differenzierbarkeit in einem Intervall

Eine Funktion $f$ heißt *im Intervall I differenzierbar*, wenn $f$ in jedem Punkt $x_0 \in I$ differenzierbar ist. In diesem Fall ist die Ableitung

$$f' : I \to \mathbb{R}, \quad x \mapsto f'(x)$$

selbst eine Funktion.

Man beachte: Nach Definition 2.1 ist $f : [a, b] \to \mathbb{R}$ genau dann an der Stelle $a$ differenzierbar, wenn die **rechtsseitige Ableitung**

$$\lim_{x \to a+} \frac{f(x) - f(a)}{x - a}$$

existiert. Entsprechendes gilt für die Stelle $b$, hier wird die Existenz der **linksseitigen Ableitung** verlangt.

### 2.4 Beispiele und Gegenbeispiele

(a) Konstante Funktionen sind überall differenzierbar mit Ableitung 0.

(b) Die Identität $\mathbb{1} : x \mapsto x$ ist auf ganz $\mathbb{R}$ differenzierbar mit Ableitung 1.

(c) Es gilt $\frac{d}{dx} x^2 = 2x$ für alle $x \in \mathbb{R}$. Denn für jedes $x \in \mathbb{R}$ ist

$$\lim_{x \to x_0} \frac{f(x) - f(x_0)}{x - x_0} = \lim_{x \to x_0} \frac{x^2 - x_0^2}{x - x_0} = \lim_{x \to x_0} (x + x_0) = 2x_0.$$

## 2 Differenzierbarkeit und Ableitung

(d) Die Exponentialfunktion ist auf ganz $\mathbb{R}$ differenzierbar, und es gilt

$$\frac{d}{dx}e^x = e^x.$$

Für $x_0 \in \mathbb{R}$ und $x \neq x_0$ gilt nach §8:1.3 (e)

$$\frac{e^x - e^{x_0}}{x - x_0} = e^{x_0} \cdot \frac{e^{(x-x_0)} - 1}{x - x_0} \to e^{x_0} \quad \text{für} \quad x \to x_0.$$

(e) Kosinus und Sinus sind überall differenzierbar, und es gilt

$$\sin' = \cos, \quad \cos' = -\sin.$$

Denn für $x_0 \in \mathbb{R}$ und $h \neq 0$ ist nach den Additionstheoremen

$$\frac{\sin(x_0 + h) - \sin x_0}{h} = \sin x_0 \frac{\cos h - 1}{h} + \cos x_0 \frac{\sin h}{h},$$

$$\frac{\cos(x_0 + h) - \cos x_0}{h} = \cos x_0 \frac{\cos h - 1}{h} - \sin x_0 \frac{\sin h}{h}.$$

Die Behauptung folgt jetzt für $h = x - x_0 \to 0$ aus §8:1.3(b) und (c).

(f) Für $x \neq 0$ ist $\dfrac{d}{dx}\left(\dfrac{1}{x}\right) = -\dfrac{1}{x^2}$.

Denn für $x_0 \neq 0$ und für $0 < |h| < |x_0|$ gilt $x_0 + h \neq 0$ und

$$\frac{1}{h}\left(\frac{1}{x_0 + h} - \frac{1}{x_0}\right) = \frac{x_0 - (x_0 + h)}{h \cdot x_0(x_0 + h)} = -\frac{1}{x_0(x_0 + h)} \to -\frac{1}{x_0^2} \quad \text{für} \quad h \to 0.$$

(g) Die Funktion $x \mapsto |x|$ ist auf $\mathbb{R}$ mit Ausnahme von $x = 0$ differenzierbar $\boxed{\text{ÜA}}$.

### 2.5 Differenzierbarkeit und Stetigkeit

*Ist $f$ an der Stelle $x_0$ differenzierbar, so ist $f$ dort stetig.*

BEWEIS.
Wir setzen $R(x, x_0) = f(x) - f(x_0) - f'(x_0)(x - x_0)$. Nach Voraussetzung ist

$$\lim_{I \ni x \to x_0} \frac{R(x, x_0)}{x - x_0} = \lim_{I \ni x \to x_0} \left( \frac{f(x) - f(x_0)}{x - x_0} - f'(x_0) \right) = 0,$$

also folgt

$$\lim_{I \ni x \to x_0} (f(x) - f(x_0)) = \lim_{I \ni x \to x_0} \big( f(x) - f(x_0) - f'(x_0) \cdot (x - x_0) \big)$$
$$= \lim_{I \ni x \to x_0} R(x, x_0) = \lim_{I \ni x \to x_0} (x - x_0) \frac{R(x, x_0)}{x - x_0} = 0. \quad \Box$$

BEMERKUNG. Aus Stetigkeit folgt im allgemeinen nicht die Differenzierbarkeit, wie wir am Beispiel $x \mapsto |x|$ gesehen haben.

Es gibt sogar Funktionen, die auf ganz $\mathbb{R}$ stetig, aber an keiner Stelle differenzierbar sind, vgl. [MANGOLDT–KNOPP, Bd. 2, Nr. 100].

## 3 Differentiation zusammengesetzter Funktionen

### 3.1 Summen und Produkte

(a) *Sind $f, g : I \to \mathbb{R}$ differenzierbar, so auch $\alpha f + \beta g$ für $\alpha, \beta \in \mathbb{R}$, und es gilt*

$$(\alpha f + \beta g)' = \alpha f' + \beta g'.$$

(b) *Sind $f_1, \ldots, f_n$ differenzierbar in $I$, so ist auch jede Linearkombination $\alpha_1 f_1 + \cdots + \alpha_n f_n$ dort differenzierbar mit*

$$(\alpha_1 f_1 + \cdots \alpha_n f_n)' = \alpha_1 f_1' + \cdots + \alpha_n f_n'.$$

(c) **Produktregel**. *Sind $f, g : I \to \mathbb{R}$ differenzierbar, so auch $f \cdot g$, und es gilt*

$$(f \cdot g)' = f' \cdot g + f \cdot g'.$$

(d) Entsprechende Aussagen gelten für die Differenzierbarkeit in einem Punkt $x_0$.

BEWEIS.

(a) folgt mit Hilfe der Rechengesetze für Grenzwerte aus

$$\frac{(\alpha f(x) + \beta g(x)) - (\alpha f(x_0) + \beta g(x_0))}{x - x_0} = \alpha \frac{f(x) - f(x_0)}{x - x_0} + \beta \frac{g(x) - g(x_0)}{x - x_0}.$$

(b) ergibt sich durch sukzessives Anwenden von (a).

(c) Für $x \neq x_0$ ist

$$\frac{f(x)g(x) - f(x_0)g(x_0)}{x - x_0} = \frac{f(x) - f(x_0)}{x - x_0} g(x) + \frac{g(x) - g(x_0)}{x - x_0} f(x_0).$$

3 Differentiation zusammengesetzter Funktionen

Da $g$ als differenzierbare Funktion stetig ist, folgt $\lim\limits_{I \ni x \to x_0} g(x) = g(x_0)$. Nach den Rechenregeln für Grenzwerte hat die rechte Seite also den Grenzwert

$$f'(x_0)g(x_0) + g'(x_0)f(x_0).$$

□

## 3.2 Die Kettenregel

*Ist $g : I \to J$ an der Stelle $x_0$ differenzierbar und ist $f : J \to \mathbb{R}$ an der Stelle $y_0 = g(x_0)$ differenzierbar, so ist auch*

$$f \circ g : I \to \mathbb{R}$$

*an der Stelle $x_0$ differenzierbar und es gilt*

$$(f \circ g)'(x_0) = f'(y_0) \cdot g'(x_0).$$

$g'(x_0)$ *wird oft „innere Ableitung", $f'(y_0)$ „äußere Ableitung" genannt.*

*Ist $f$ in $J$ und $g$ in $I$ differenzierbar, so gilt also*

$$\frac{d}{dx} f(g(x)) = f'(g(x)) \cdot g'(x).$$

BEWEIS.

Nach 2.2 läßt sich die Voraussetzung über $f$ so fassen:

$$f(y) = f(y_0) + \big(f'(y_0) + r(y, y_0)\big) \cdot (y - y_0) \quad \text{mit} \quad \lim_{J \ni y \to y_0} r(y, y_0) = 0$$

$\Big($Mit den Bezeichnungen 2.2 ist $r(y, y_0) = \frac{R(y, y_0)}{y - y_0}\Big)$. Analog gilt für $g$

$$g(x) = g(x_0) + \big(g'(x_0) + s(x, x_0)\big) \cdot (x - x_0) \quad \text{mit} \quad \lim_{I \ni x \to x_0} s(x, x_0) = 0.$$

Also ist

$$\begin{aligned} f(g(x)) - f(y_0) &= (f'(y_0) + r(g(x), y_0)) \cdot (g(x) - y_0) \\ &= (f'(y_0) + r(g(x), y_0)) \cdot (g'(x_0) + s(x, x_0)) \cdot (x - x_0) \\ &= f'(y_0) \cdot g'(x_0) \cdot (x - x_0) + \varrho(x, x_0) \cdot (x - x_0), \text{ wobei} \end{aligned}$$

$$\varrho(x, x_0) = f'(y_0) \cdot s(x, x_0) + r(g(x), y_0) \cdot \big[g'(x_0) + s(x, x_0)\big] \to 0$$

für $x \to x_0$ nach den Rechenregeln für Grenzwerte und unter Beachtung von $\lim\limits_{x \to x_0} r(g(x), y_0) = 0$; was sich wie in § 8 : 3.4 ergibt.

Damit ist $f \circ g$ differenzierbar und $(f \circ g)'(x_0) = f'(y_0) \cdot g'(x_0)$ nach dem Kriterium 2.2.

□

### 3.3 Die Quotientenregel

Sind $f, g : I \to \mathbb{R}$ differenzierbar, so ist $\frac{f}{g}$ überall dort differenzierbar, wo $g$ keine Nullstellen hat, und es gilt dort

$$\left(\frac{f}{g}\right)' = \frac{f'g - fg'}{g^2}\,.$$

Insbesondere ist für alle $x_0$ mit $g(x_0) \neq 0$

$$\left(\frac{1}{g}\right)'(x_0) = -\frac{g'(x_0)}{g^2(x_0)}\,.$$

BEWEIS.
Die letzte Formel ergibt sich nach der Kettenregel für $F \circ g$ mit $F(y) = \frac{1}{y}$ und 2.4 (f). Die erste folgt dann mit der Produktregel. □

### 3.4 Die Ableitung der $n$-ten Potenz

Für jede ganze Zahl $n$ gilt

$$\frac{d}{dx}x^n = nx^{n-1}$$

für alle $x \in \mathbb{R}$ mit Ausnahme von $x = 0$ im Falle $n < 0$.

BEWEIS.
(a) Für $n = 0$ ist die Behauptung offenbar richtig; für $n \in \mathbb{N}$ ergibt sie sich durch Induktion mit Hilfe der Produktregel $\boxed{\text{ÜA}}$.

(b) Mit $F(y) = \frac{1}{y}$ und $m \in \mathbb{N}$ ergibt die Kettenregel für $x \neq 0$

$$\frac{d}{dx}\left(x^{-m}\right) = \frac{d}{dx}F(x^m) = -\frac{1}{x^{2m}}\left(mx^{m-1}\right) = (-m)x^{-m-1}\,.$$

Für $n = -m$ ist also $(x^n)' = nx^{n-1}$. □

### 3.5 Die Ableitung eines Polynoms

ergibt sich aus der Formel

$$\frac{d}{dx}(a_0 + a_1 x + \cdots + a_n x^n) = a_1 + 2a_2 x + \cdots + na_n x^{n-1}\,.$$

Das folgt unmittelbar aus 3.4 und 3.1.

### 3.6 Die Ableitung der Quadratwurzel

Die Funktion $x \mapsto \sqrt{x}$ ist für $x > 0$ differenzierbar. Es ist

# 4 Mittelwertsätze und Folgerungen

$$\frac{d}{dx}\sqrt{x} = \frac{1}{2\sqrt{x}}.$$

Denn $\dfrac{\sqrt{x} - \sqrt{x_0}}{x - x_0} = \dfrac{1}{\sqrt{x} + \sqrt{x_0}} \to \dfrac{1}{2\sqrt{x_0}}$ für $x \to x_0$ wegen der Stetigkeit der Wurzelfunktion.

## 3.7 Die Ableitung des Tangens

$$\tan'(x) = 1 + \tan^2(x) = \frac{1}{\cos^2 x} \qquad \text{für } |x| < \frac{\pi}{2} \quad \boxed{\text{ÜA}}.$$

## 3.8 Aufgaben

(a) Bestimmen Sie die Ableitung von $\sqrt{1 + x^2} + \dfrac{1}{\sqrt{1 + x^2}}$.

(b) Bestimmen Sie die Ableitung von $\dfrac{\sin x \, e^{\sin x}}{2 + \sin x}$.

(c) Bestimmen Sie $\dfrac{d}{dx}\sqrt{r^2 - x^2}$ für $-r < x < r$ und geben Sie eine geometrische Deutung.

# 4 Mittelwertsätze und Folgerungen

## 4.1 Notwendige Bedingungen für lokale Maxima und Minima

Sei $f$ in einem Intervall $I$ definiert und $x_0$ ein innerer Punkt von $I$. $f$ hat an der Stelle $x_0$ ein **lokales Maximum**, wenn $f(x_0) \geq f(x)$ für alle hinreichend nahe an $x_0$ gelegenen $x$ (d.h. für $|x - x_0| < \delta$ mit geeignetem $\delta > 0$). Entsprechend ist ein **lokales Minimum** definiert. Tritt einer dieser beiden Fälle ein, so sprechen wir von einem **lokalen Extremum**.

SATZ. *Hat $f$ an der Stelle $x_0$ ein lokales Extremum und ist $f$ an der Stelle $x_0$ differenzierbar, so gilt $f'(x_0) = 0$.*

BEWEIS.
Liegt in $x_0$ ein lokales Maximum vor, so ist für $x_0 < x < x_0 + \delta$

$$\frac{f(x) - f(x_0)}{x - x_0} \leq 0, \quad \text{also auch} \quad f'(x_0) = \lim_{x \to x_0+} \frac{f(x) - f(x_0)}{x - x_0} \leq 0.$$

Für $x_0 - \delta < x < x_0$ ist dagegen

$$\frac{f(x) - f(x_0)}{x - x_0} \geq 0, \quad \text{also auch} \quad f'(x_0) = \lim_{x \to x_0-} \frac{f(x) - f(x_0)}{x - x_0} \geq 0.$$

Zusammen ergibt sich $f'(x_0) = 0$. Hat $f$ an einer Stelle $y_0$ lokales Minimum, so hat $-f$ dort ein lokales Maximum, also ist $-f'(y_0) = 0$. □

### 4.2 Der Mittelwertsatz der Differentialrechnung

*Die Funktion $f$ sei auf $[a,b]$ stetig und im Innern $]a,b[$ differenzierbar. Dann gibt es mindestens ein $\vartheta \in ]a,b[$ mit*

$$\frac{f(b) - f(a)}{b - a} = f'(\vartheta).$$

BEMERKUNG. Im Fall $f(a) = f(b) = 0$ ist insbesondere $f'(\vartheta) = 0$ für ein geeignetes $\vartheta \in ]a,b[$. Dies ist der **Satz von Rolle**.

BEWEIS.

(a) Wir beweisen zunächst den Satz von Rolle. Für konstante Funktionen gibt es nichts zu beweisen; wir nehmen also an, daß $f$ nicht konstant ist.

Da $f$ in $[a,b]$ stetig ist, gilt der Satz vom Maximum. Nimmt $f$ sein Maximum an einer Stelle $\vartheta$ im Innern $]a,b[$ an, so ist dort $f'(\vartheta) = 0$ nach 4.1, und wir sind fertig. Andernfalls gilt $f(x) \leq 0$ in $[a,b]$, und das Minimum von $f$ ist negativ, da $f$ nicht konstant ist. In diesem Fall wird also das Minimum an einer inneren Stelle $\vartheta$ angenommen (wegen $f(a) = f(b) = 0$).

(b) Der allgemeine Fall des Mittelwertsatzes wird auf den speziellen Fall (a) durch die Transformation

$$g(x) = f(x) - f(a) - m(x - a), \qquad m = \frac{f(b) - f(a)}{b - a}$$

zurückgeführt: Es ist leicht nachzuprüfen, daß $g$ die Voraussetzungen des Satzes von Rolle erfüllt. Also ist $f'(\vartheta) - m = g'(\vartheta) = 0$ für ein geeignetes $\vartheta \in ]a,b[$. □

### 4.3 Monotonie und Vorzeichen der Ableitung

*Für differenzierbare Funktionen $f : I \to \mathbb{R}$ gilt*

(a) *$f$ ist monoton wachsend genau dann, wenn $f'(x) \geq 0$ für alle $x \in I$.*

(b) *Ist $f'(x) > 0$ für alle $x \in I$, so ist $f$ streng monoton wachsend.*

Entsprechendes gilt für monoton fallende Funktionen.

BEMERKUNG. Das Beispiel $f(x) = x^3$ zeigt, daß eine Funktion streng monoton wachsend sein kann, ohne daß die Ableitung dauernd positiv ist.

BEWEIS.

Für $\alpha, \beta \in I$ mit $\alpha < \beta$ sind auf dem Intervall $[\alpha, \beta]$ die Voraussetzungen des Mittelwertsatzes erfüllt. Also ist

$$f(\beta) - f(\alpha) = (\beta - \alpha)f'(\vartheta) \text{ mit einem geeignetem } \vartheta \in ]\alpha,\beta[\,.$$

Aus dieser Beziehung lassen sich alle Behauptungen ablesen. □

# 5 Differenzierbarkeit der Umkehrfunktion und Beispiele

### 4.4 Das Verschwinden der Ableitung

*Hat eine Funktion im Intervall I überall die Ableitung Null, so ist sie dort konstant.*

BEWEIS.
Wir wählen einen festen Punkt $a \in I$ und erhalten aus dem Mittelwertsatz für jedes $x \in I$

$$f(x) - f(a) = (x-a)f'(\vartheta_x)$$

mit einem geeigneten Zwischenwert $\vartheta_x$ zwischen $x$ und $a$ (Fallunterscheidung $x > a$, $x < a$, $x = a$). Nach Voraussetzung ist $f'(\vartheta_x) = 0$, also ist $f(x) = f(a)$ für jedes $x \in I$. □

### 4.5 Der verallgemeinerte Mittelwertsatz

*Sind $f, g$ auf $[a,b]$ stetig und in $]a,b[$ differenzierbar, ist ferner $g'(x) \neq 0$ für alle $x \in\, ]a,b[$, so gibt es ein $\vartheta \in\, ]a,b[$ mit*

$$\frac{f(b) - f(a)}{g(b) - g(a)} = \frac{f'(\vartheta)}{g'(\vartheta)}.$$

BEWEIS.
Nach dem Mittelwertsatz folgt zunächst $g(b) \neq g(a)$. Wir setzen

$$\varphi(x) = f(x) - f(a) - \frac{f(b) - f(a)}{g(b) - g(a)}(g(x) - g(a)).$$

Dann erfüllt $\varphi$ die Voraussetzungen des Satzes von Rolle, also gibt es ein $\vartheta \in\, ]a,b[$ mit

$$0 = \varphi'(\vartheta) = f'(\vartheta) - \frac{f(b) - f(a)}{g(b) - g(a)} g'(\vartheta). \qquad \square$$

## 5 Differenzierbarkeit der Umkehrfunktion und Beispiele

### 5.1 Die Differenzierbarkeit der Umkehrfunktion

*Sei $f$ im Intervall $I$ differenzierbar und $f'(x)$ entweder stets positiv oder stets negativ. Dann ist $J = f(I)$ wieder ein Intervall, $f : I \to J$ bijektiv, und $f^{-1}$ ist differenzierbar in $J$. Die Ableitung von $f^{-1}$ ist gegeben durch*

$$\left(f^{-1}\right)'(y) = \frac{1}{f'(x)} \quad \text{für} \quad y \in J \quad \text{und} \quad x = f^{-1}(y).$$

MERKREGEL. Die Formel für $\left(f^{-1}\right)'(y)$ ergibt sich durch Differentiation der Gleichung $y = f(f^{-1}(y))$ nach der Kettenregel.

BEWEIS.

Ist $f'(x) > 0$ für alle $x \in I$, so ist $f$ in $I$ streng monoton wachsend nach 4.3, also ist $f$ injektiv. Wegen der Stetigkeit von $f$ ist $J = f(I)$ ein Intervall, und $f^{-1} : J \to I$ ist stetig nach §8:5.1.

Sind nun $y_n, y_0$ verschiedene Punkte in $J$ und $x_n = f^{-1}(y_n), x_0 = f^{-1}(y_0)$ ihre Urbilder, so gilt

$$\frac{f^{-1}(y_n) - f^{-1}(y_0)}{y_n - y_0} = \frac{x_n - x_0}{f(x_n) - f(x_0)}.$$

Gilt $y_n \to y_0$, so folgt wegen der Stetigkeit von $f^{-1}$ auch $x_n \to x_0$, also existiert der Grenzwert

$$\lim_{n \to \infty} \frac{f^{-1}(y_n) - f^{-1}(y_0)}{y_n - y_0} = \lim_{n \to \infty} \frac{x_n - x_0}{f(x_n) - f(x_0)} = \frac{1}{f'(x_0)}$$

für alle Folgen $(y_n)$ mit $y_n \to y_0, y_n \neq y_0$. Das ist die Behauptung im Falle $f' > 0$. Im Fall $f' < 0$ betrachtet man $-f$ statt $f$. □

### 5.2 Die Ableitung des Logarithmus und der allgemeinen Potenz

(a) $\dfrac{d}{dx} \log x = \dfrac{1}{x}$   für   $x > 0$.

Denn der Logarithmus ist die Umkehrfunktion der Exponentialfunktion, die durchweg positive Ableitung hat. Aus 5.1 folgt

$$\log'(y) = \frac{1}{e^{\log y}} = \frac{1}{y} \quad \text{für alle} \quad y \in \mathbb{R}_{>0}.$$

(b) Wegen $a^b = e^{b \log a}$ für $a > 0$ ergibt die Kettenregel

$$\frac{d}{dx} a^x = \log a \cdot a^x \quad \text{für} \quad a > 0 \quad \text{und alle} \quad x \in \mathbb{R},$$

$$\frac{d}{dx} x^b = b \cdot x^{b-1} \quad \text{für} \quad x > 0 \quad \text{und alle} \quad b \in \mathbb{R}.$$

ÜA Bestimmen Sie die Ableitung von $x^x$ für $x > 0$.

### 5.3 Die Ableitung des Arcustangens

Der Tangens ist nach 3.7 in $\left]-\frac{\pi}{2}, \frac{\pi}{2}\right[$ differenzierbar mit der Ableitung

$$\tan'(x) = 1 + \tan^2(x) > 0.$$

Das Bildintervall des Tangens ist $\mathbb{R}$ nach §8:5.2, und für die Umkehrfunktion des Tangens gilt

$$\arctan'(x) = \frac{1}{1+x^2}.$$

Denn mit $x = \arctan(y)$ folgt aus 5.1

$$\arctan'(y) = \frac{1}{\tan'(x)} = \frac{1}{1+\tan^2(x)} = \frac{1}{1+y^2}.$$

## 5.4 Die Ableitungen von Arcussinus und Arcuscosinus

$$\frac{d}{dx}\arcsin x = \frac{1}{\sqrt{1-x^2}}, \qquad \frac{d}{dx}\arccos x = -\frac{1}{\sqrt{1-x^2}} \quad \text{für} \quad |x| < 1 \quad \boxed{\text{ÜA}}.$$

# 6 Höhere Ableitungen und $C^n$–Funktionen

## 6.1 Höhere Ableitungen

Ist $f$ differenzierbar in $I$ und $f' : I \to \mathbb{R}$ wiederum differenzierbar, so heißt $f$ *zweimal differenzierbar* in $I$, und $f'' = (f')'$ heißt die *zweite Ableitung* von $f$. Es ist also

$$f''(x_0) = \lim_{I \ni x \to x_0} \frac{f'(x) - f'(x_0)}{x - x_0}.$$

Ist $f'' : I \to \mathbb{R}$ differenzierbar in $I$, so definieren wir

$$f''' = (f'')' = (f')''.$$

Analog sind $f^{(4)} = (f''')'$, $f^{(5)} = (f^{(4)})'$, $\ldots f^{(n+1)} = (f^{(n)})'$, $\ldots$ definiert, falls die entsprechenden Differentiationen ausführbar sind.

Andere Schreibweisen sind

$$f^{(n)} = \frac{d^n f}{dx^n} = \frac{d^n}{dx^n} f = \left(\frac{d}{dx}\right)^n f.$$

Aus formalen Gründen führen wir noch die *nullte Ableitung* ein durch

$$f^{(0)} := f.$$

## 6.2 Leibniz–Regel

$\boxed{\text{ÜA}}$ Beweisen Sie durch Induktion: Sind $f, g$ $n$–mal differenzierbar im Intervall $I$, so ist dort

$$(f \cdot g)^{(n)} = \sum_{k=0}^{n} \binom{n}{k} f^{(k)} g^{(n-k)}.$$

### 6.3 Beispiele und Aufgaben

(a) Die Exponentialfunktion ist auf ganz $\mathbb{R}$ beliebig oft differenzierbar mit
$$\frac{d^n}{dx^n} e^x = e^x.$$

(b) $\cos''(x) = -\cos x, \quad \sin''(x) = -\sin x.$

(c) Für $p(x) = a_0 + a_1 x + \cdots + a_n x^n$ ist
$$p^{(n)}(x) = n! \cdot a_n \quad \text{und} \quad p^{(n+1)} \equiv 0.$$

(d) ÜA Zeigen Sie, daß die durch
$$f(x) = \begin{cases} e^{-\frac{1}{x^2}} & \text{für } x \neq 0 \\ 0 & \text{für } x = 0 \end{cases}$$
gegebene Funktion $f$ auf ganz $\mathbb{R}$ beliebig oft differenzierbar ist und daß
$$f^{(n)}(0) = 0 \quad \text{für alle} \quad n \in \mathbb{N}.$$

Anleitung: Zeigen Sie per Induktion, daß $f^{(n)}(x) = p_n\left(\frac{1}{x}\right) \cdot e^{-\frac{1}{x^2}}$ mit einem geeignetem Polynom $p_n$ und beachten Sie, daß $\lim\limits_{y \to \infty} y^m \cdot e^{-y} = 0$ für jedes $m \in \mathbb{N}$.

(e) Die durch
$$f(x) = \begin{cases} x^2 \sin \frac{1}{x} & \text{für } x \neq 0 \\ 0 & \text{für } x = 0 \end{cases}$$
gegebene Funktion besitzt folgende Ableitung:
$$f'(x) = \begin{cases} 2x \sin \frac{1}{x} - \cos \frac{1}{x} & \text{für } x \neq 0 \\ 0 & \text{für } x = 0 \text{ nach 2.2.} \end{cases}$$

$f$ ist also genau einmal differenzierbar, denn $f'$ ist unstetig an der Stelle 0.

### 6.4 Stetige Differenzierbarkeit und $C^n$-Funktionen

Eine Funktion heißt **stetig differenzierbar im Intervall** $I$ ($C^1$-**Funktion in** $I$, $C^1$-**differenzierbar in** $I$), wenn $f$ in $I$ differenzierbar und $f'$ dort stetig ist.

Entsprechend heißt $f$ $n$–**mal stetig differenzierbar in** $I$, ($C^n$-**Funktion in** $I$, $C^n$-**differenzierbar in** $I$), wenn $f$ dort $n$–mal differenzierbar und $f^{(n)}$ stetig ist.

Ist $f$ beliebig oft differenzierbar, so nennt man $f$ eine $C^\infty$-**Funktion**. $C^0$-Funktionen sind einfach stetige Funktionen. Die Menge aller $C^n$-Funktionen auf $I$ bezeichnen wir mit

$$C^n(I) \quad \text{bzw. mit} \quad C^n[a,b] \quad \text{für} \quad I=[a,b]\;;$$

die Menge aller in $I$ beliebig oft differenzierbaren Funktionen wird mit $C^\infty(I)$ bezeichnet.

## 7 Taylorentwicklung

### 7.1 Der Satz von Taylor

*Jede Funktion $f \in C^{n+1}(I)$ läßt sich für $x, x_0 \in I$ auf folgende Weise nach Potenzen von $(x-x_0)$ entwickeln:*

$$f(x) = f(x_0) + f'(x_0)(x-x_0) + \cdots + f^{(n)}(x_0)\frac{(x-x_0)^n}{n!} + R_n(x)\;;$$

*dabei ist das Restglied $R_n(x)$ von der Form*

$$R_n(x) = f^{(n+1)}(\Theta)\frac{(x-x_0)^{n+1}}{(n+1)!}$$

*mit einer passenden, zwischen $x_0$ und $x$ liegenden Stelle $\Theta$, das heißt es gilt $\Theta = x_0 + \vartheta \cdot (x-x_0)$ mit $0 < \vartheta < 1$.*

BEMERKUNGEN.

(a) Dieser Satz ist von großer Bedeutung, u.a. aus folgenden Gründen: Mit seiner Hilfe können wir uns einen Überblick über das Verhalten einer Funktion in genügender Nähe des *Entwicklungspunkts* $x_0$ verschaffen. Ferner gestattet er die rasche und genaue Berechnung von Funktionswerten und die Abschätzung des Fehlers, wie wir in den folgenden Beispielen zeigen. Schließlich liefert er Reihenentwicklungen von Funktionen und die Lösungen von Differentialgleichungen durch Reihenansätze.

(b) Der Ausdruck

$$p_n(x) = \sum_{k=0}^n \frac{f^{(k)}(x_0)}{k!}(x-x_0)^k$$

heißt das **Taylorpolynom $n$–ter Ordnung** von $f$ an der Stelle $x_0$. Man beachte, daß der Grad von $p_n$ kleiner als $n$ sein kann.

BEWEIS.

Für $x = x_0$ ist der Satz richtig. Für festes $x \in I$ mit $x \neq x_0$ setzen wir

$$F(t) = f(x) - f(t) - f'(t)(x-t) - \cdots - f^{(n)}(t)\frac{(x-t)^n}{n!},$$

$$G(t) = \frac{(x-t)^{n+1}}{(n+1)!}.$$

Dann zeigt eine leichte Rechnung ÜA, daß

$$F'(t) = -f^{(n+1)}(t)\frac{(x-t)^n}{n!}, \qquad G'(t) = -\frac{(x-t)^n}{n!}.$$

Setzen wir nun $t = x_0$, so erhalten wir aus dem verallgemeinerten Mittelwertsatz 4.5

(∗) $\qquad \dfrac{F(x) - F(x_0)}{G(x) - G(x_0)} = \dfrac{F'(\Theta)}{G'(\Theta)} = f^{(n+1)}(\Theta)$

mit geeignetem, echt zwischen $x$ und $x_0$ liegendem $\Theta$. Für $t = x$ ergibt sich $F(x) = G(x) = 0$, und für $t = x_0$

$$F(x_0) = f(x) - f(x_0) - f'(x_0)(x-x_0) - \cdots - f^{(n)}(x_0) \cdot \frac{(x-x_0)^n}{n!},$$

$$G(x_0) = \frac{(x-x_0)^{n+1}}{(n+1)!}.$$

Aus (∗) folgt $F(x_0) = G(x_0) \cdot f^{(n+1)}(\Theta)$, das ist die Behauptung. □

### 7.2 Die Entwicklung der Exponentialfunktion

Nach dem Satz von Taylor (Entwicklung um den Punkt $x_0 = 0$) ist

$$e^x = 1 + x + \frac{x^2}{2} + \cdots + \frac{x^n}{n!} + \frac{x^{n+1}}{(n+1)!}e^{\vartheta \cdot x} \quad \text{mit} \quad 0 < \vartheta < 1.$$

Wollen wir beispielsweise die Exponentialfunktion im Intervall $[-1, +1]$ durch ein Polynom $p$ auf zwei Stellen nach dem Komma genau approximieren, so leistet das Taylorpolynom 5-ten Grades

$$p(x) = 1 + x + \frac{x^2}{2} + \frac{x^3}{6} + \frac{x^4}{24} + \frac{x^5}{120}$$

das Gewünschte. Es ist nämlich

$$|e^x - p(x)| = \frac{x^6}{720}e^{\vartheta \cdot x} < \frac{e}{720} < 0.0038.$$

ÜA Geben Sie ein Polynom $p$ an mit $|e^x - p(x)| < \frac{1}{2} \cdot 10^{-5}$ für $|x| \leq 2$.

## 7.3 Entwicklungen für den Logarithmus

(a)  Wir betrachten $f(x) = \log(1+x)$ für $x > -1$. Es ist

$$f'(x) = \frac{1}{1+x}, \quad f''(x) = -\frac{1}{(1+x)^2}, \quad f'''(x) = \frac{2}{(1+x)^3}, \quad \text{allgemein}$$

$$f^{(n)}(x) = (-1)^{n-1}\frac{(n-1)!}{(1+x)^n}.$$

Wegen $f(0) = 0, f'(0) = 1, \ldots, f^{(n)}(0) = (-1)^{n-1} \cdot (n-1)!$ ist

$$\log(1+x) = x - \frac{1}{2}x^2 + \frac{1}{3}x^3 - \cdots + \frac{(-1)^{n-1}}{n}x^n + \frac{(-1)^n}{n+1} \cdot \frac{x^{n+1}}{(1+\vartheta x)^{n+1}}$$

mit $0 < \vartheta < 1$. Insbesondere ergibt sich $\boxed{\text{ÜA}}$

$$x - \frac{1}{2}x^2 < \log(1+x) < x \quad \text{für} \quad x > 0.$$

(b)  Für $0 \leq x \leq 1$ erhalten wir aus (a) wegen $1 + \vartheta x \geq 1$

$$\left| \log(1+x) - \left( x - \frac{x^2}{2} + \cdots + (-1)^{n-1}\frac{x^n}{n} \right) \right| \leq \frac{x^{n+1}}{n+1}.$$

Für kleine $x$ geht $\frac{1}{n+1}x^{n+1}$ sehr rasch gegen Null; dafür sorgt vor allem $x^{n+1}$. Für größere $x$ wird die Approximation zusehends schlechter; für $x = 1$ ist der Fehler von der Größenordnung $\frac{1}{n+1}$. Zum Beispiel ist

$$1 - \frac{1}{2} + \frac{1}{3} - \frac{1}{4} + \frac{1}{5} - \frac{1}{6} + \frac{1}{7} - \frac{1}{8} + \frac{1}{9} - \frac{1}{10} + \frac{1}{11} = 0.736544\ldots;$$

der wahre Wert für $\log 2$ ist dagegen $0.6931471805\ldots$

(c)  Eine wesentlich bessere Approximation erhalten wir für $0 \leq x \leq 1$ durch die Transformation

$$1 + x = \frac{1+z}{1-z} \quad \text{bzw.} \quad z = \frac{x}{x+2}.$$

Da $x \mapsto \dfrac{x}{x+2}$ monoton wächst (die Ableitung ist positiv) erhalten wir

$$0 \leq z = \frac{x}{x+2} \leq \frac{1}{1+2} = \frac{1}{3}.$$

Damit wird

$$\log(1+x) = \log\frac{1+z}{1-z} = \log(1+z) - \log(1-z)$$

$$= z - \frac{z^2}{2} + \frac{z^3}{3} + \cdots - \frac{z^{2n}}{2n} + \frac{z^{2n+1}}{2n+1} \cdot \frac{1}{(1+\vartheta_1 z)^{2n+1}}$$

$$+ z + \frac{z^2}{2} + \frac{z^3}{3} + \cdots + \frac{z^{2n}}{2n} + \frac{z^{2n+1}}{2n+1} \cdot \frac{1}{(1-\vartheta_2 z)^{2n+1}}$$

$$= 2\left(z + \frac{z^3}{3} + \cdots + \frac{z^{2n-1}}{2n-1}\right) + r_n(z);$$

dabei ist wegen $\quad 1 + \vartheta_1 z \geq \frac{2}{3}, \; 1 - \vartheta_2 z \geq \frac{2}{3}$

$$|r_n(z)| \leq 2 \cdot \frac{1}{2n+1} \left(\frac{1}{3}\right)^{2n+1} \cdot \left(\frac{3}{2}\right)^{2n+1} = \frac{1}{2n+1}\left(\frac{1}{2}\right)^{2n}.$$

Für $n = 7$ ergibt sich

$$\log 2 \approx 2\left(\frac{1}{3} + \frac{1}{3}\left(\frac{1}{3}\right)^3 + \frac{1}{5}\left(\frac{1}{3}\right)^5 + \frac{1}{7}\left(\frac{1}{3}\right)^7 + \frac{1}{9}\left(\frac{1}{3}\right)^9 + \right.$$

$$\left. + \frac{1}{11}\left(\frac{1}{3}\right)^{11} + \frac{1}{13}\left(\frac{1}{3}\right)^{13}\right)$$

$$= 0.693147170\ldots$$

mit einem Fehler, der garantiert kleiner ist als $\frac{1}{15} \cdot \left(\frac{1}{2}\right)^{14} \approx 0.407 \cdot 10^{-5}$. (In Wirklichkeit ist er ungefähr $10^{-8}$, s.o.)

### 7.4 Entwicklung von Kosinus und Sinus

Es ist

$$\frac{d^n}{dx^n} \cos x = \begin{cases} (-1)^k \cos x & \text{für } n = 2k, \\ (-1)^{k+1} \sin x & \text{für } n = 2k+1 \end{cases}$$

und

$$\frac{d^n}{dx^n} \sin x = \begin{cases} (-1)^k \sin x & \text{für } n = 2k, \\ (-1)^k \cos x & \text{für } n = 2k+1. \end{cases}$$

Daher liefert der Satz von Taylor an der Stelle $x_0 = 0$:

$$\cos x = \sum_{k=0}^{n} (-1)^k \frac{x^{2k}}{(2k)!} + (-1)^{n+1} \frac{x^{2n+2}}{(2n+2)!} \cos(\vartheta_1 x),$$

$$\sin x = \sum_{k=0}^{n-1} (-1)^k \frac{x^{2k+1}}{(2k+1)!} + (-1)^n \frac{x^{2n+1}}{(2n+1)!} \cos(\vartheta_2 x).$$

# 8 Lokale Minima und Maxima

Die folgende Grafik zeigt $\sin x$ zusammen mit den Taylorpolynomen $p_3(x)$, $p_5(x)$, $p_7(x)$, ..., $p_{25}(x)$ dargestellt. Es ist

$$p_3(x) = x - \frac{x^3}{6}, \quad p_5(x) = x - \frac{x^3}{6} + \frac{x^5}{120}, \quad p_7(x) = x - \frac{x^3}{6} + \frac{x^5}{120} - \frac{x^7}{5040}.$$

ÜA  Schätzen Sie die Fehler $|\sin x - p_5(x)|$, $|\sin x - p_7(x)|$ für $|x| \leq \pi$ ab!

ÜA  Geben Sie ein Polynom $p$ möglichst niedrigen Grades an mit

$$|\cos x - p(x)| < \frac{1}{2}10^{-5} \quad \text{für} \quad |x| \leq \frac{1}{2}.$$

# 8 Lokale Minima und Maxima

## 8.1 Notwendige und hinreichende Bedingungen

$f$ sei im offenen Intervall $I$ zweimal stetig differenzierbar und $x_0 \in I$.

(a) *Wenn $f$ an der Stelle $x_0$ ein lokales Minimum besitzt, vgl. 4.1, so ist notwendigerweise*

$$f'(x_0) = 0, \quad f''(x_0) \geq 0.$$

*Hat $f$ an der Stelle $x_0$ ein lokales Maximum, so folgt*

$$f'(x_0) = 0, \quad f''(x_0) \leq 0.$$

(b) *Hinreichend für ein lokales Minimum an der Stelle $x_0$ ist*

$$f'(x_0) = 0, \quad f''(x_0) > 0.$$

*Hinreichend für ein lokales Maximum an der Stelle $x_0$ ist*

$$f'(x_0) = 0, \quad f''(x_0) < 0.$$

BEWEIS.

(b) Ist $f'(x_0) = 0$ und $f''(x_0) > 0$, so gibt es wegen der Stetigkeit von $f''$ ein $\delta > 0$ mit $f''(x) > 0$ für $|x - x_0| < \delta$. Zu jedem solchen $x$ gibt es nach dem Satz von Taylor ein $\Theta$ zwischen $x_0$ und $x$ mit

$$\begin{aligned}f(x) &= f(x_0) + f'(x_0)(x - x_0) + f''(\Theta)\frac{(x - x_0)^2}{2} \\ &= f(x_0) + f''(\Theta)\frac{(x - x_0)^2}{2} > f(x_0)\end{aligned}$$

wegen $f''(\Theta) > 0$.

Ist $f'(x_0) = 0$, $f''(x_0) < 0$, so liegt für $-f$ ein lokales Minimum vor, also hat $f$ an der Stelle $x_0$ ein lokales Maximum.

(a) $f$ habe an der Stelle $x_0$ ein lokales Maximum. Dann folgt $f'(x_0) = 0$ nach 4.1. Wäre $f''(x_0) > 0$, so wäre nach (b) $f(x) > f(x_0)$ für $0 < |x - x_0| < \delta$ mit geeignetem $\delta$. Es muß also $f''(x_0) \leq 0$ sein. Entsprechend argumentiert man bei lokalen Minima. □

BEMERKUNG. Daß bei einem lokalen Minimum an der Stelle $x_0$ nicht notwendigerweise $f''(x_0) > 0$ sein muß, zeigt das Beispiel $f(x) = x^4$ an der Stelle 0. Daß $f'(x_0) = 0, f''(x_0) \geq 0$ nicht hinreichend für ein lokales Minimum ist, zeigt das Beispiel $f(x) = x^3$ an der Stelle $x_0 = 0$.

## 8.2 Zur Bestimmung eines Minimums bzw. Maximums

Ist $f \in C^2[a, b]$, so hat $f$ als stetige Funktion in $[a, b]$ ein *Minimum*, d.h. es gibt ein $x_0 \in [a, b]$ mit

$$f(x_0) \leq f(x) \quad \text{für alle} \quad x \in [a, b] \ .$$

Liegt $x_0$ im Innern von $[a, b]$, so folgt $f'(x_0) = 0, f''(x_0) \geq 0$ nach 8.1. Liegt $x_0$ auf dem Rand, so braucht die Ableitung dort nicht zu verschwinden.

Sind $x_1, \ldots, x_k$ sämtliche innere Punkte von $[a, b]$ mit $f'(x_k) = 0$, $f''(x_k) \geq 0$, so ist $x_0$ unter den Zahlen $a, x_1, \ldots, x_k, b$ zu finden, und zwar durch Größenvergleich der Funktionswerte.

**8.3 Aufgabe.** Ein Kreiszylinder soll so bemessen werden, daß bei festem Volumen $V$ die Oberfläche $F$ minimal wird. In welchem Verhältnis müssen Höhe und Radius stehen? (Warum besitzt $F$ ein absolutes Minimum?)

**8.4 Zum Brechungsgesetz**

Ein Wanderer will in der eingezeichneten Weise vom Punkt $A = (0, -c)$ zum Punkt $B = (a, b)$ gelangen. Seine Geschwindigkeit für $y < 0$ beträgt $v_A$, für $y > 0$ soll sie $v_B > v_A$ sein. Bestimmen Sie die Laufzeit $T(x)$ in Abhängigkeit von der Knickstelle $x$, $0 \leq x \leq a$. Zeigen Sie, daß $T$ ein absolutes Minimum besitzt und daß für dieses das *Snelliussche Brechungsgesetz*

$$\frac{\sin \alpha}{\sin \beta} = \frac{v_A}{v_B}$$

gilt, ÜA .

## 9 Bestimmung von Grenzwerten nach de l'Hospital

### 9.1 Die Regel von de l'Hospital

*Sind $f$ und $g$ differenzierbar in $]a, b]$ und ist*

$$\lim_{x \to a+} f(x) = \lim_{x \to a+} g(x) = 0, \quad \text{so gilt}$$

$$\lim_{x \to a+} \frac{f(x)}{g(x)} = \lim_{x \to a+} \frac{f'(x)}{g'(x)},$$

*falls der letztere Grenzwert existiert. Ein entsprechender Satz gilt für linksseitige bzw. zweiseitige Grenzwerte.*

BEWEIS.
Setzt man $f(a) := 0$ und $g(a) := 0$, so erfüllen $f$ und $g$ in $[a, b]$ die Voraussetzungen des verallgemeinerten Mittelwertsatzes 4.5. Demnach gibt es zu jedem $x \in ]a, b]$ ein $\vartheta \in ]a, x[$ mit

$$\frac{f(x)}{g(x)} = \frac{f(x) - f(a)}{g(x) - g(a)} = \frac{f'(\vartheta)}{g'(\vartheta)}.$$

Ist $(x_n)$ eine Folge in $]a, b]$ mit $x_n \to a$ und sind die $\vartheta_n$ die zugehörigen Zwischenwerte, so geht auch die Folge $(\vartheta_n)$ von rechts gegen $a$, also existiert

$$\lim_{n \to \infty} \frac{f(x_n)}{g(x_n)} = \lim_{n \to \infty} \frac{f'(\vartheta_n)}{g'(\vartheta_n)} = \lim_{x \to a+} \frac{f'(x)}{g'(x)}. \qquad \square$$

## 9.2 Beispiele

(a) $\lim_{x \to 0} \dfrac{\sin x}{x} = \lim_{x \to 0} \dfrac{\cos x}{1} = 1$.

(b) $\lim_{x \to 0} \dfrac{1 - \cos x}{x^2} = \lim_{x \to 0} \dfrac{\sin x}{2x} = \dfrac{1}{2}$ nach (a).

(c) $\lim_{x \to 0} \dfrac{e^x - e^{-x}}{\sin x} = \lim_{x \to 0} \dfrac{e^x + e^{-x}}{\cos x} = 2$.

## 9.3 Grenzwerte für $x \to \infty$

$$\lim_{x \to \infty} \frac{f(x)}{g(x)} = \lim_{x \to \infty} \frac{f'(x)}{g'(x)}$$

gilt unter folgenden Voraussetzungen:

(a) $f$ und $g$ sind differenzierbar für hinreichend große $x$,

(b) $\lim_{x \to \infty} g(x) = \infty$ oder $\lim_{x \to \infty} f(x) = \lim_{x \to \infty} g(x) = 0$,

(c) der in der Behauptung rechtsstehende Grenzwert existiert.

Der Beweis für den Fall $\lim_{x \to \infty} g(x) = \infty$ findet sich bei [HEUSER 1, pp. 287/288]. Der andere Fall ergibt sich aus 9.1 durch Übergang von $x$ zu $\frac{1}{x}$ und $x \to 0+$, vgl. §8:1.8 ÜA.

## 9.4 Beispiele

(a) $\lim_{x \to \infty} \dfrac{\log x}{x^\alpha} = \lim_{x \to \infty} \dfrac{\frac{1}{x}}{\alpha x^{\alpha-1}} = \lim_{x \to \infty} \dfrac{1}{\alpha x^\alpha} = 0$ für $\alpha > 0$.

(b) $\lim_{x \to \infty} x \left( \dfrac{\pi}{2} - \arctan x \right) = \lim_{x \to \infty} \dfrac{\frac{\pi}{2} - \arctan x}{\frac{1}{x}} = \lim_{x \to \infty} \dfrac{x^2}{1 + x^2} = 1$.

## 9.5 Wiederholte Anwendung der de l'Hospitalschen Regel

*Sind $f, g$ $n$-mal differenzierbar in $]a, b]$ und ist*

$$\lim_{x \to a+} f^{(k)}(x) = \lim_{x \to a+} g^{(k)}(x) = 0 \quad \text{für} \quad k = 0, \ldots, n-1, \quad \text{so ist}$$

$$\lim_{x \to a+} \frac{f(x)}{g(x)} = \lim_{x \to a+} \frac{f^{(n)}(x)}{g^{(n)}(x)},$$

*falls der rechtsstehende Grenzwert existiert. Entsprechendes gilt für linksseitige bzw. zweiseitige Grenzwerte.*

Der Beweis ergibt sich unmittelbar durch mehrfache Anwendung von 9.1.

**9.6 Aufgaben.** Bestimmen Sie die folgenden Grenzwerte:
(a) $\lim\limits_{x\to 0} \dfrac{x-\sin x}{x^3}$,  (b) $\lim\limits_{x\to 0} \dfrac{1-\cos(2x)}{1-\cos x}$,
(c) $\lim\limits_{x\to 0} \dfrac{1-\frac{1}{3}x^2 - x\cotg x}{x^4}$  (Erweiterung mit $\sin x$).

# §10 Reihenentwicklungen und Schwingungen

## 1 Taylorreihen

Gilt für das Restglied $R_n$ der Taylorentwicklung §9:7.1 einer $C^\infty$–Funktion $f$

$$\lim_{n\to\infty} R_n(x) = 0 \quad \text{in einem Intervall } I,$$

so läßt sich $f$ dort in eine **Taylorreihe** entwickeln:

$$f(x) = \sum_{k=0}^{\infty} \frac{f^{(k)}(x_0)}{k!} \cdot (x-x_0)^k.$$

### 1.1 Die Exponentialreihe

Es gilt

$$e^x = \sum_{k=0}^{\infty} \frac{x^k}{k!} = 1 + x + \frac{x^2}{2} + \frac{x^3}{6} + \cdots \quad \text{für jedes } x \in \mathbb{R}.$$

Denn nach dem Satz von Taylor ist

$$e^x = \sum_{k=0}^{n} \frac{x^k}{k!} + R_n(x) \quad \text{mit} \quad R_n(x) = \frac{x^{n+1}}{(n+1)!} e^{\vartheta\cdot x}$$

mit einem geeigneten, von $x$ abhängigen $\vartheta = \vartheta_x \in \,]0,1[$. Es folgt

$$\left| e^x - \sum_{k=0}^{n} \frac{x^k}{k!} \right| \leq |R_n(x)| \leq \frac{|x|^{n+1}}{(n+1)!} e^{|x|} \to 0 \quad \text{für} \quad n \to \infty.$$

### 1.2 Kosinus– und Sinusreihe

Für alle $x \in \mathbb{R}$ gilt

$$\cos x = \sum_{k=0}^{\infty} (-1)^k \frac{x^{2k}}{(2k)!} = 1 - \frac{x^2}{2} + \frac{x^4}{4!} - \frac{x^6}{6!} + \cdots.$$

$$\sin x = \sum_{k=0}^{\infty} (-1)^k \frac{x^{2k+1}}{(2k+1)!} = x - \frac{x^3}{3!} + \frac{x^5}{5!} - \frac{x^7}{7!} + \cdots.$$

Denn nach §9:7.4 gilt

$$\left|\cos x - \sum_{k=0}^{n}(-1)^k \frac{x^{2k}}{(2k)!}\right| = \left|(-1)^{n+1}\frac{x^{2n+2}}{(2n+2)!}\cos(\vartheta_1 x)\right| \le \frac{|x|^{2n+2}}{(2n+2)!},$$

$$\left|\sin x - \sum_{k=0}^{n-1}(-1)^k \frac{x^{2k+1}}{(2k+1)!}\right| = \left|(-1)^{n}\frac{x^{2n+1}}{(2n+1)!}\cos(\vartheta_2 x)\right| \le \frac{|x|^{2n+1}}{(2n+1)!},$$

und die rechten Seiten bilden jeweils Nullfolgen.

### 1.3 Die komplexe Exponentialreihe

Die komplexe Exponentialfunktion $e^z$, definiert durch

$$e^z := e^x \cdot (\cos y + i \sin y) \quad \text{für} \quad z = x + iy$$

besitzt für alle $z \in \mathbb{C}$ die Reihenentwicklung

$$e^z = \sum_{n=0}^{\infty} \frac{z^n}{n!}.$$

Denn in §7:7.2 wurde für die durch die Exponentialreihe gegebene Funktion $E(z)$ das Exponentialgesetz

$$E(z+w) = E(z) \cdot E(w)$$

gezeigt. Nach 1.2 ist

$$\begin{aligned}
\cos y + i \sin y &= \left(1 - \frac{y^2}{2!} + \frac{y^4}{4!} - \cdots\right) + i\left(y - \frac{y^3}{3!} + \frac{y^5}{5!} - \cdots\right) \\
&= \left(1 + \frac{(iy)^2}{2!} + \frac{(iy)^4}{4!} + \cdots\right) + \left(iy + \frac{(iy)^3}{3!} + \frac{(iy)^5}{5!} + \cdots\right) \\
&= 1 + iy + \frac{(iy)^2}{2!} + \frac{(iy)^3}{3!} + \cdots = E(iy).
\end{aligned}$$

Zusammen mit

$$e^x = \sum_{k=0}^{\infty} \frac{x^k}{k!} = E(x)$$

und dem Exponentialgesetz folgt

$$\sum_{n=0}^{\infty} \frac{z^n}{n!} = E(z) = E(x+iy) = E(x) \cdot E(iy) = e^x (\cos y + i \sin y).$$

Damit ist die bei den komplexen Zahlen eingeführte Schreibweise

$$e^{i\varphi} = \cos\varphi + i\sin\varphi$$

im nachhinein gerechtfertigt.

# 1 Taylorreihen

## 1.4 Die Logarithmusreihe

Für $-1 < x \leq 1$ besteht die Entwicklung

$$\log(1+x) = \sum_{k=1}^{\infty} (-1)^{k-1} \frac{x^k}{k} = x - \frac{x^2}{2} + \frac{x^3}{3} - \cdots.$$

Insbesondere ist also

$$\log 2 = 1 - \frac{1}{2} + \frac{1}{3} - \cdots.$$

Wir zeigen das zunächst für $x \geq -\frac{1}{2}$; der Rest folgt in 3.3 (b).
Die für $x > -1$ gültige Taylorentwicklung

$$\log(1+x) = \sum_{k=1}^{n} (-1)^{k-1} \frac{x^k}{k} + (-1)^n \frac{x^{n+1}}{n+1} \cdot \frac{1}{(1+\vartheta x)^{n+1}}$$

mit $0 < \vartheta < 1$ erlaubt für $-\frac{1}{2} \leq x \leq 1$ die Restgliedabschätzung:

$$\left| \frac{(-1)^n}{n+1} \left( \frac{x}{1+\vartheta x} \right)^{n+1} \right| \leq \frac{1}{n+1}.$$

Denn für $0 \leq x \leq 1$ ist $1 + \vartheta x \geq 1$, also $0 \leq \frac{x}{1+\vartheta x} \leq 1$. Für $-\frac{1}{2} \leq x \leq 0$ ist $1 + \vartheta x \geq \frac{1}{2}$ und $|x| \leq \frac{1}{2}$, also ebenfalls $\left| \frac{x}{1+\vartheta x} \right| \leq 1$. Damit gilt

$$\left| \log(1+x) - \sum_{k=1}^{n} (-1)^{k-1} \frac{x^k}{k} \right| \leq \frac{1}{n+1} \to 0 \quad \text{für} \quad n \to \infty.$$

## 1.5* Die Stirlingsche Formel

*Es besteht die asymptotische Gleichheit*

$$n! \sim \sqrt{2\pi n} \cdot \left( \frac{n}{e} \right)^n,$$

*worunter wir verstehen, daß*

$$\lim_{n \to \infty} \frac{n!}{\sqrt{2\pi n} \cdot \left( \frac{n}{e} \right)^n} = 1.$$

*Die Quotientenfolge ist streng monoton fallend, und es gilt die Fehlerabschätzung*

$$0 < \frac{n!}{\sqrt{2\pi n} \cdot \left( \frac{n}{e} \right)^n} - 1 < e^{\frac{1}{12(n-1)}} - 1 \quad \text{für} \quad n = 2, 3, \ldots.$$

BEWEIS.

(a) Für
$$a_n = \frac{n!}{\sqrt{n} \cdot \left(\frac{n}{e}\right)^n} \quad \text{und} \quad b_n = \log \frac{a_n}{a_{n+1}} \quad \text{gilt}$$

$$b_n = \log \frac{1}{e} \left(1 + \frac{1}{n}\right)^{n+\frac{1}{2}} = \log \frac{1}{e} + \left(n + \frac{1}{2}\right) \log \left(1 + \frac{1}{n}\right)$$
$$= -1 + \left(n + \frac{1}{2}\right) \cdot \left(\frac{1}{n} - \frac{1}{2n^2} + \frac{1}{3n^3} - \cdots\right)$$
$$= \left(\frac{1}{3} - \frac{1}{4}\right) \frac{1}{n^2} - \left(\frac{1}{4} - \frac{1}{6}\right) \frac{1}{n^3} + \cdots + (-1)^k \left(\frac{1}{k+1} - \frac{1}{2k}\right) \frac{1}{n^k} + \cdots.$$

$b_n$ ist damit als alternierende Reihe $c_2 - c_3 + c_4 - \cdots$ dargestellt mit

$$c_2 = \frac{1}{12n^2}, \quad c_3 = \frac{1}{12n^3}, \quad \frac{c_{n+1}}{c_n} = \frac{n^2}{n^2 + n - 2} \leq 1 \quad \text{für} \quad n \geq 2.$$

Damit sind die Voraussetzungen des Leibniz–Kriteriums § 7 : 2.4 erfüllt. Es folgt

$$\frac{1}{12n^2} - \frac{1}{12n^3} < b_n < \frac{1}{12n^2} \quad \text{für alle} \quad n.$$

Insbesondere ist $b_n > 0$ und damit $a_n > a_{n+1} > 0$ für alle $n$.

(b) Für $m > n > 1$ gilt

$$\log \frac{a_n}{a_m} = \log \frac{a_n}{a_{n+1}} \cdot \frac{a_{n+1}}{a_{n+2}} \cdots \frac{a_{m-1}}{a_m} = b_n + b_{n+1} + \cdots + b_{m-1}$$
$$< \frac{1}{12} \left(\frac{1}{n^2} + \cdots + \frac{1}{(m-1)^2}\right).$$

Nach Grenzübergang $m \to \infty$ ergibt sich für den Grenzwert $a$ der Folge $(a_n)$

$$\log \frac{a_n}{a} \leq \frac{1}{12} \sum_{k=n}^{\infty} \frac{1}{k^2} < \frac{1}{12} \sum_{k=n}^{\infty} \frac{1}{k(k-1)} = \frac{1}{12(n-1)},$$

vgl. § 7 : 1.3 (b), somit

$$0 < \frac{a_n}{a} - 1 < e^{\frac{1}{12(n-1)}} - 1.$$

(c) Für den Grenzwert $a$ läßt sich $a = \sqrt{2\pi} \approx 2.506$ beweisen [FORSTER 1, S. 159 ff.]; wir zeigen hier nur

$$2.488 < a < 2.560.$$

# 1 Taylorreihen

Es ist $a < a_4 < 2.560$. Weiter ist nach (b)

$$\log \frac{a_4}{a} < \frac{1}{12 \cdot (4-1)} = \frac{1}{36},$$

woraus mit $a_4 > 2.559$ zusammen $a > 2.488$ folgt. □

## 1.6 Die Arcustangensreihe und Reihendarstellungen für $\pi$

(a) *Taylorentwicklung.* Für $f(x) = \arctan x$ gilt aufgrund von §9:5.3:

$$f'(x) = \frac{1}{1+x^2}, \quad f''(x) = -\frac{2x}{(1+x^2)^2},$$

$$f'''(x) = -\frac{2}{(1+x^2)^2} + \frac{8x^2}{(1+x^2)^3},$$

$$f^{(4)}(x) = \frac{24x}{(1+x^2)^3} - \frac{48x^3}{(1+x^2)^4}, \quad f^{(5)}(x) = \frac{24}{(1+x^2)^3} + x(\cdots).$$

Daraus erraten wir das Bildungsgesetz

$$f^{(2k+1)}(0) = (-1)^k \cdot (2k)!, \quad f^{(2k)}(0) = 0.$$

und vermuten demnach für die Taylorentwicklung

$$\arctan x = \sum_{k=0}^{n-1} (-1)^k \frac{x^{2k+1}}{2k+1} + R_n(x).$$

Wir bestätigen diese Vermutung mit Hilfe eines Differentiationstricks, der die unübersichtliche Berechnung der höheren Ableitungen umgeht. Hierzu definieren wir

$$R_n(x) := \arctan x - \left( x - \frac{x^3}{3} + \frac{x^5}{5} - \frac{x^7}{7} + \cdots + (-1)^{n-1} \frac{x^{2n-1}}{2n-1} \right).$$

Differentiation ergibt mit der geometrischen Summenformel §1:6.11 (b)

$$R'_n(x) = \frac{1}{1+x^2} - \left( 1 - x^2 + x^4 - \cdots + (-1)^{n-1} x^{2n-2} \right)$$

$$= \frac{1}{1+x^2} - \frac{1-(-x^2)^n}{1-(-x^2)} = (-1)^n \frac{x^{2n}}{1+x^2}.$$

Nach dem verallgemeinerten Mittelwertsatz §9:4.5, angewandt auf $R_n(x)$ und $g(x) = \frac{1}{2n+1} \cdot x^{2n+1}$, ergibt sich

$$\frac{R_n(x) - R_n(0)}{g(x) - g(0)} = \frac{R_n'(\vartheta x)}{g'(\vartheta x)} = \frac{(-1)^n}{1 + (\vartheta x)^2} \quad \text{mit} \quad 0 < \vartheta < 1, \quad \text{also}$$

$$R_n(x) = \frac{(-1)^n}{1 + (\vartheta x)^2} \cdot \frac{x^{2n+1}}{2n+1}.$$

Damit ist unsere Vermutung über die Entwicklung des Arcustangens bestätigt.

(b) **Arcustangensreihe.** Für $|x| \leq 1$ ergibt sich $|R_n(x)| \leq \frac{1}{2n+1}$, also

$$\arctan x = \sum_{k=0}^{\infty} (-1)^k \frac{x^{2k+1}}{2k+1} \quad \text{für} \quad |x| \leq 1.$$

(c) **Reihendarstellungen von $\pi$.**

$$\frac{\pi}{4} = \arctan 1 = \sum_{n=0}^{\infty} (-1)^n \frac{1}{2n+1} = 1 - \frac{1}{3} + \frac{1}{5} - \frac{1}{7} + \cdots.$$

Diese Reihe konvergiert sehr schlecht $\left(|R_n(1)| > \frac{1}{2} \cdot \frac{1}{2n+1}\right)$. Rascher konvergiert die folgende Reihe (vgl. §7, Aufgabe 2.6(c)):

$$\frac{\pi}{6} = \arctan \frac{1}{\sqrt{3}} = \frac{1}{\sqrt{3}} \sum_{n=0}^{\infty} (-1)^n \frac{1}{(2n+1) \cdot 3^n}.$$

### 1.7 Die Binomialreihe

Für $\alpha \in \mathbb{R}$ und $|x| < 1$ gilt

$$(1+x)^\alpha = \sum_{k=0}^{\infty} \binom{\alpha}{k} \cdot x^k \quad \text{mit} \quad \binom{\alpha}{k} = \frac{\alpha(\alpha-1) \cdot \ldots \cdot (\alpha-k+1)}{k!}.$$

Wir zeigen dies zunächst für $x \geq 0$ und verweisen für $x < 0$ auf 3.3(c)

Für $f(x) = (1+x)^\alpha = e^{\alpha \log(1+x)}$ ergibt sich

$$f'(x) = \frac{\alpha}{1+x} f(x), \quad f''(x) = \frac{\alpha(\alpha-1)}{(1+x)^2} f(x), \quad f'''(x) = \frac{\alpha(\alpha-1)(\alpha-2)}{(1+x)^3} f(x),$$

und durch vollständige Induktion ÜA

$$f^{(n)}(x) = \frac{\alpha(\alpha-1) \cdots (\alpha-n+1)}{(1+x)^n} \cdot f(x) = \binom{\alpha}{n} \cdot n! \cdot (1+x)^{\alpha-n}.$$

Daher erhalten wir für $\alpha \in \mathbb{R}$ und $|x| < 1$ die folgende Taylorentwicklung:

$$(1+x)^\alpha = \sum_{k=0}^{n} \binom{\alpha}{k} x^k + R_n(x) \quad \text{mit}$$

$$R_n(x) = \binom{\alpha}{n+1} \cdot (1+\vartheta x)^{\alpha-n-1} \cdot x^{n+1}, \quad 0 < \vartheta < 1.$$

Für festes $x \in [0,1[$ sei $a_k = \binom{\alpha}{k} x^k$. Dann gilt

$$\frac{a_{k+1}}{a_k} = \frac{\alpha-k}{k+1} x, \quad \text{also} \quad \lim_{k\to\infty} \frac{a_{k+1}}{a_k} = -x.$$

Sei $\varepsilon > 0$ so gewählt, daß $|x| + \varepsilon < 1$. Wir wählen $N$ so groß, daß $N \geq \alpha$ und daß für $k \geq N$

$$\left|\frac{a_{k+1}}{a_k} + x\right| < \varepsilon, \quad \text{also} \quad \left|\frac{a_{k+1}}{a_k}\right| < |x| + \varepsilon =: q$$

mit $0 < q < 1$. Für $n \geq N$ gilt dann wegen $(1+\vartheta x)^{n+1-\alpha} \geq 1$

$$|R_n(x)| \leq |a_{n+1}| = \left|\frac{a_{n+1}}{a_n}\right| \cdots \left|\frac{a_{N+1}}{a_N}\right| \cdot |a_N| < q^{n-N+1} |a_N|,$$

also $\lim\limits_{n\to\infty} R_n(x) = 0$ für jedes feste $x \in [0,1[$. □

### 1.8 Beispiel einer nichtentwickelbaren $C^\infty$–Funktion

$$f(x) = \begin{cases} e^{-\frac{1}{x}} & \text{für } x > 0, \\ 0 & \text{für } x \leq 0 \end{cases}$$

ist auf ganz $\mathbb{R}$ beliebig oft differenzierbar mit $f^{(n)}(0) = 0$ für $n = 0, 1, 2, \ldots$, vgl. §9:6.3(d). Daher verschwindet die Taylorreihe mit Entwicklungspunkt $x_0 = 0$ für jedes $x$, stellt also die Funktion $f$ nicht dar.

## 2 Potenzreihen

### 2.1 Konvergenzbereiche von Potenzreihen

Eine **Potenzreihe** ist eine Reihe der Form

$$\sum_{n=0}^{\infty} a_n (z-z_0)^n \quad \text{mit} \quad a_n, z, z_0 \in \mathbb{C}.$$

Für welche $z \in \mathbb{C}$ konvergiert eine solche Reihe? Wie wir gleich sehen werden, können drei typische Fälle eintreten, wofür wir je ein Beispiel geben:

(a) $\sum\limits_{n=0}^{\infty} \dfrac{1}{n!} z^n$ konvergiert für alle $z \in \mathbb{C}$, §7:5.4.

(b) $\sum\limits_{n=0}^{\infty} z^n$ konvergiert genau für $|z| < 1$.

(c) $\sum_{n=0}^{\infty} n!(z-z_0)^n$ konvergiert nur für $z = z_0$,

denn für $z \neq z_0$ bilden die Reihenglieder $n!(z-z_0)^n$ eine unbeschränkte Folge, insbesondere keine Nullfolge, so daß die Reihe nicht konvergieren kann.

## 2.2 Ein Vergleichssatz

(a) *Konvergiert die Reihe* $\sum_{n=0}^{\infty} a_n(z-z_0)^n$ *für* $z = z_1 \neq z_0$, *so konvergiert sie für alle $z$ mit $|z-z_0| < |z_1-z_0|$ absolut.*

(b) *Divergiert die Reihe für $z = z_2$, so divergiert sie auch für alle $z$ mit $|z-z_0| > |z_2-z_0|$.*

BEISPIEL. Die Reihe

$$\sum_{n=1}^{\infty} (-1)^{n-1} \frac{z^n}{n}$$

konvergiert für $z = 1$ (gegen $\log 2$) und divergiert für $z = -1$ (harmonische Reihe). Also konvergiert sie für $|z| < 1$ und divergiert für $|z| > 1$.

BEWEIS.

(a) Die Anwendung des Majorantenkriteriums § 7:5.2, und zwar mit einer geometrischen Reihe als Majorante, ist das entscheidende Hilfsmittel bei Potenzreihen.

Da die Reihe $\sum_{n=0}^{\infty} a_n(z_1-z_0)^n$ konvergiert, bilden die Glieder eine Nullfolge und sind daher beschränkt: $|a_n(z_1-z_0)^n| \leq M$ für alle $n \in \mathbb{N}$ mit einer geeigneten Schranke $M$. Für $|z-z_0| < |z_1-z_0|$ setzen wir

$$q := \frac{|z-z_0|}{|z_1-z_0|} < 1$$

und erhalten $|a_n(z-z_0)^n| = |a_n(z_1-z_0)^n| \cdot |q^n| \leq M \cdot q^n$.

(b) Angenommen $|z-z_0| > |z_2-z_0|$ und $\sum_{n=0}^{\infty} a_n(z-z_0)^n$ konvergiert, dann muß nach (a) auch die Reihe $\sum_{n=0}^{\infty} a_n(z_2-z_0)^n$ konvergieren, Widerspruch! □

## 2.3 Der Konvergenzradius

Wir setzen $w = z - z_0$. Konvergiert die Potenzreihe $\sum_{n=0}^{\infty} a_n w^n$ nicht für alle $w \in \mathbb{C}$, so definieren wir den *Konvergenzradius* dieser Reihe durch

# 2 Potenzreihen

$$R := \sup\left\{\,|w|\,\Big|\,\sum_{n=0}^{\infty} a_n w^n \text{ ist konvergent}\,\right\}.$$

Wir schreiben $R = \infty$, falls $\sum_{n=0}^{\infty} a_n w^n$ für alle $w \in \mathbb{C}$ konvergiert. Dann gilt:

*Die Reihe $\sum_{n=0}^{\infty} a_n(z - z_0)^n$ konvergiert absolut für alle $z$ mit $|z - z_0| < R$ und divergiert für alle $z$ mit $|z - z_0| > R$.*

*Ist $R$ endlich, so gilt $R = \sup\left\{\,r\,\Big|\,\sum_{k=0}^{\infty} |a_n| \cdot r^n \text{ konvergiert}\,\right\}.$*

BEWEIS.
Ist $|z - z_0| < R$ (bzw. $z$ beliebig im Fall $R = \infty$), so gibt es nach Definition von $R$ ein $z_1 \in \mathbb{C}$ mit $|z - z_0| < |z_1 - z_0|$, so daß die Reihe $\sum_{n=0}^{\infty} a_n(z_1 - z_0)^n$ konvergiert. Daher konvergiert $\sum_{n=0}^{\infty} |a_n(z - z_0)^n|$ nach 2.2.

Für $|z - z_0| > R$ kann die Reihe $\sum_{n=0}^{\infty} a_n(z - z_0)^n$ nach Definition von $R$ nicht konvergieren.

Die zweite Darstellung von $R$ ist dem Leser als ÜA überlassen. □

## 2.4 Beispiele für das Verhalten auf dem Rand des Konvergenzkreises

(a) Die geometrische Reihe $\sum_{n=0}^{\infty} z^n$ hat den Konvergenzradius 1 und divergiert für $|z| = 1$.

(b) Die Logarithmusreihe $\sum_{n=1}^{\infty} (-1)^{n-1} \frac{z^n}{n}$ hat nach 2.2 den Konvergenzradius 1 und konvergiert für $z = 1$, ist aber divergent für $z = -1$.

(c) Die Reihe $\sum_{n=1}^{\infty} \frac{1}{n^2} \cdot z^n$ hat für $|z| \leq 1$ die Majorante $\sum_{n=1}^{\infty} \frac{1}{n^2}$, konvergiert also für $|z| \leq 1$. Für $|z| > 1$ bilden die Glieder keine Nullfolge, also ist der Konvergenzradius $R = 1$.

## 2.5 Weitere Beispiele und Übungsaufgaben

(a) $\sum_{n=1}^{\infty} n z^n$ hat den Konvergenzradius 1, denn nach §7 : 2.3 (b) konvergiert $\sum_{n=1}^{\infty} n|z|^n$ für $|z| < 1$, und für $|z| > 1$ ist $(nz^n)$ keine Nullfolge.

(b) Für welche $z$ konvergiert die Reihe $\sum_{n=0}^{\infty} 2^n (z-2)^n$ ?

(c) Wo konvergiert $\sum_{n=1}^{\infty} n^n z^n$ ?

## 3 Gliedweise Differenzierbarkeit und Identitätssatz

### 3.1 Gliedweise Differenzierbarkeit von Potenzreihen

*Sei im folgenden $r > 0$ und $a_0, a_1, \ldots \in \mathbb{R}$. Konvergiert die Reihe*

$$f(x) = \sum_{n=0}^{\infty} a_n (x - x_0)^n \quad \text{im Intervall} \quad ]x_0 - r, x_0 + r[ \, ,$$

*so ist $f$ dort beliebig oft differenzierbar, und die Ableitungen können durch gliedweise Differentiation der Reihe gewonnen werden:*

$$f'(x) = \sum_{n=1}^{\infty} n \cdot a_n (x - x_0)^{n-1},$$

$$f''(x) = \sum_{n=2}^{\infty} n(n-1) a_n (x - x_0)^{n-2},$$

$$f^{(k)}(x) = \sum_{n=k}^{\infty} n(n-1) \cdots (n-k+1) a_n (x - x_0)^{n-k}$$

für $|x - x_0| < r$.

Alle diese Reihen haben denselben Konvergenzradius wie die Reihe für $f$.

Der direkte Beweis ist etwas mühsam; in §12 werden wir mit Hilfe der Integralrechnung einen einfacheren Beweis führen können.

### 3.2 Der Identitätssatz (Satz vom Koeffizientenvergleich)

(a) Ist $f$ im Intervall $]x_0 - r, x_0 + r[$ durch eine Reihe mit reellen Koeffizienten

$$f(x) = \sum_{n=0}^{\infty} a_n (x - x_0)^n,$$

dargestellt, so gilt

$$a_n = \frac{f^{(n)}(x_0)}{n!} \quad (n = 0, 1, 2, \ldots).$$

*Jede für $|x - x_0| < r$ konvergente Potenzreihe mit reellen Koeffizienten ist also eine Taylorreihe.*

(b) *Aus*

3 Gliedweise Differenzierbarkeit und Identitätssatz 205

$$\sum_{n=0}^{\infty} a_n(x-x_0)^n = \sum_{n=0}^{\infty} b_n(x-x_0)^n \quad \text{für} \quad |x-x_0| < r$$

folgt

$$a_n = b_n \quad \text{für} \quad n = 0, 1, 2, \ldots.$$

BEWEIS.
(a) Aus Satz 3.1 ergibt sich unmittelbar

$$f^{(k)}(x_0) = k(k-1)\cdots(k-k+1)a_k = k! \cdot a_k.$$

(b) folgt aus (a) ÜA . □

## 3.3 Beispiele

(a) Für $|x| < 1$ ist $\sum_{n=1}^{\infty} nx^{n-1} = \frac{1}{(1-x)^2} = \frac{d}{dx}\left(\frac{1}{1-x}\right)$.

(b) Für $-1 < x \leq 1$ ist $\log(1+x) = \sum_{n=1}^{\infty}(-1)^{n-1}\frac{x^n}{n}$.

Für $-\frac{1}{2} \leq x \leq 1$ wurde dies schon in 1.4 bewiesen. Der Konvergenzradius der Reihe beträgt aber 1. Setzen wir $f(x) = \sum_{n=1}^{\infty}(-1)^{n-1}\frac{x^n}{n}$ $(-1 < x \leq 1)$, so ergibt gliedweise Differentiation für $-1 < x < 1$:

$$f'(x) = \sum_{n=1}^{\infty}(-1)^{n-1}x^{n-1} = \sum_{k=0}^{\infty}(-x)^k = \frac{1}{1+x} = \frac{d}{dx}\log(1+x).$$

Also ist $f(x) - \log(1+x)$ konstant und damit gleich $f(0) - \log 1 = 0$.

(c) Analog ergibt sich mit 1.7 $\sum_{n=0}^{\infty}\binom{\alpha}{n}x^n = (1+x)^\alpha$ für $|x| < 1$ ÜA .

## 3.4 Analytische Funktionen

Eine Funktion $f$ heißt im offenen Intervall $I$ **reell–analytisch**, wenn es zu jedem Punkt $x_0 \in I$ ein $r > 0$ gibt mit

$$f(x) = \sum_{n=0}^{\infty} a_n(x-x_0)^n \quad \text{für} \quad |x-x_0| < r.$$

Aus $f \in C^\infty(I)$ folgt noch nicht, daß $f$ in $I$ analytisch ist, vgl. 1.8.
ÜA Zeigen Sie, daß $e^x$ in $I = \mathbb{R}$ und $\frac{1}{1-x}$ in $I = ]-1, 1[$ analytisch sind.

## 4 Theorie der Schwingungsgleichung

### 4.1 Zwei Beispiele aus der Physik

(a) Wir denken uns die Masse des in der Figur dargestellten Wagens im Schwerpunkt $S$ vereinigt; dessen Auslenkung aus der Ruhelage zum Zeitpunkt $t$ bezeichnen wir mit $x(t)$. Diese Auslenkung soll eine Rückstellkraft $-k \cdot x(t)$ bewirken (Hookesches Gesetz). Bezeichnen wir die Geschwindigkeit mit $\dot{x}(t)$ und die Beschleunigung mit $\ddot{x}(t)$, so gilt nach dem Newtonschen Gesetz

$$m \cdot \ddot{x}(t) = -d \cdot \dot{x}(t) - k \cdot x(t) + F(t),$$

wobei $-d \cdot \dot{x}(t)$ die Reibungskraft und $F(t)$ eine von außen wirkende zeitabhängige Kraft in $x$-Richtung sein sollen. Wir erhalten so die *Gleichung der erzwungenen Schwingung*

$$\ddot{x}(t) + \frac{d}{m} \cdot \dot{x}(t) + \frac{k}{m} \cdot x(t) = \frac{1}{m} \cdot F(t).$$

Ist $F(t) \equiv 0$, so sprechen wir von der *freien Schwingung*.

(b) Bei dem skizzierten elektrischen Schwingkreis gilt für die angelegte Spannung $U(t)$, den Strom $I(t)$ und die Ladung $Q(t)$ des Kondensators die Beziehung

$$L \cdot \dot{I}(t) + R \cdot I(t) + \frac{1}{C} \cdot Q(t) = U(t).$$

Wegen $\dot{Q}(t) = I(t)$ folgt daraus

$$L \cdot \ddot{I}(t) + R \cdot \dot{I}(t) + \frac{1}{C} I(t) = \dot{U}(t).$$

### 4.2 Die Schwingungsgleichung

Beide Beispiele, obwohl aus verschiedenen Gebieten der Physik stammend, führen auf die gleiche mathematische Fragestellung: Gegeben $a, b \in \mathbb{R}$ und eine stetige Funktion $f$ auf $\mathbb{R}$. Gesucht sind alle **Lösungen** $t \mapsto y(t)$ der **Differentialgleichung**

$$\ddot{y}(t) + a\dot{y}(t) + by(t) = f(t),$$

4 Theorie der Schwingungsgleichung

d.h. alle $C^2$–Funktionen auf $\mathbb{R}$, die dieser Gleichung genügen. Verschwindet $f$ identisch, so sprechen wir von der **homogenen Schwingungsgleichung** oder der **Differentialgleichung der freien Schwingung**. Für $f \neq 0$ heißt die Schwingungsgleichung **inhomogen**. In den meisten Anwendungen ist $a \geq 0$; das Glied $a\dot{y}(t)$ wird dann als Dämpfungs– oder Reibungsterm gedeutet.

**Wegweiser.** Der Rest von Abschnitt 4 betrifft die *Theorie der Schwingungsgleichung*: Wie sieht die Lösungsgesamtheit im homogenen und im inhomogenen Fall aus? Was ist ein Fundamentalsystem? Durch welche Anfangsvorgaben sind die Lösungen $y$ festgelegt? Die Antworten finden Sie in 4.5 und 4.9. Erst nach Klärung dieser Fragen können wir in Abschnitt 5 *die praktischen Lösungsverfahren* behandeln.

## 4.3 Der Begriff des Fundamentalsystems

(a) Sind $y_1, y_2$ zwei Lösungen der homogenen Schwingungsgleichung

($*$) $\quad \ddot{y} + a\dot{y} + by = 0$,

so ist jede **Superposition (Linearkombination)**

$$c_1 y_1 + c_2 y_2 \quad \text{mit} \quad c_1, c_2 \in \mathbb{R}$$

wieder eine Lösung von ($*$) ÜA.

(b) Wir zeigen im folgenden, daß es mindestens ein **Fundamentalsystem** $y_1, y_2$ für ($*$) gibt, d.h. zwei Lösungen $y_1, y_2$ derart, daß sich jede beliebige Lösung $y$ von ($*$) als Linearkombination

$$y = c_1 y_1 + c_2 y_2$$

mit eindeutig bestimmten Konstanten $c_1, c_2$ schreiben läßt.

## 4.4 Die Wronski–Determinante $W(t)$ zweier Lösungen $y_1, y_2$ von ($*$) ist definiert als die Determinante der „Zustandsvektoren"

$$\begin{pmatrix} y_1(t) \\ \dot{y}_1(t) \end{pmatrix} \quad \text{und} \quad \begin{pmatrix} y_2(t) \\ \dot{y}_2(t) \end{pmatrix}, \quad \text{d.h.} \quad W(t) := y_1(t)\dot{y}_2(t) - \dot{y}_1(t)y_2(t).$$

SATZ. $e^{at} W(t)$ *ist konstant, also entweder nirgends Null oder identisch Null.* Dabei ist $a$ die Reibungskonstante in ($*$).

BEWEIS als ÜA: Zeigen Sie mit Hilfe von ($*$), daß $\frac{d}{dt}\left(e^{at} W(t)\right) \equiv 0$.

### 4.5 Fundamentalsysteme und Wronski–Determinante

Zwei Lösungen $y_1, y_2$ von (∗) bilden ein Fundamentalsystem, wenn ihre Wronski–Determinante $W(t)$ von Null verschieden ist.

Für eine beliebige Lösung $y$ gibt es dann also eindeutig bestimmte Zahlen $c_1, c_2$ mit $y = c_1 y_1 + c_2 y_2$. Diese ergeben sich aus den Gleichungen

$$y(0) = c_1 y_1(0) + c_2 y_2(0),$$
$$\dot y(0) = c_1 \dot y_1(0) + c_2 \dot y_2(0).$$

BEWEIS.
Sei $y$ eine Lösung von (∗). Gesucht sind Zahlen $c_1, c_2$ mit

$$c_1 y_1(t) + c_2 y_2(t) = y(t) \quad \text{und damit auch}$$
$$c_1 \dot y_1(t) + c_2 \dot y_2(t) = \dot y(t).$$

Dieses Gleichungssystem besitzt wegen $W(t) \neq 0$ für jedes $t$ eindeutig bestimmte Lösungen $c_1, c_2$, die aber möglicherweise noch von $t$ abhängen. Sie ergeben sich nach der Cramerschen Regel § 5 : 6.2:

$$c_1 = \frac{y(t)\dot y_2(t) - \dot y(t) y_2(t)}{W(t)}, \qquad c_2 = \frac{y_1(t)\dot y(t) - \dot y_1(t) y(t)}{W(t)}.$$

Nach 4.4 sind alle drei auftretenden Wronski–Determinanten konstante Vielfache von $e^{-at}$. Also sind $c_1, c_2$ sogar Konstanten. □

### 4.6 Beispiele für Fundamentalsysteme

Wir geben jetzt konkret Fundamentalsysteme an.

(a) *Freie Schwingung ohne Reibung.* Wir betrachten zunächst die Gleichung

(∗∗)  $\ddot u(t) + k u(t) = 0 \quad \text{mit} \quad k \in \mathbb{R}.$

Für diese erhalten wir ein Fundamentalsystem $u_1, u_2$ durch einen Potenzreihenansatz oder, besser noch, durch den komplexen Exponentialansatz 5.4

$u_1(t) = \cos(\omega t), \quad u_2(t) = \sin(\omega t) \quad \text{im Fall } k = \omega^2 > 0,$

$u_1(t) = 1, \quad u_2(t) = t \quad \text{im Fall } k = 0,$

$u_1(t) = e^{\omega t}, \quad u_2(t) = e^{-\omega t} \quad \text{im Fall } k = -\omega^2 < 0.$

ÜA Zeigen Sie, daß $u_1, u_2$ jeweils Lösungen von (∗∗) mit $W(t) \neq 0$ sind.

(b) *Fundamentalsysteme mit* $u_1(0) = 1$, $\dot u_1(0) = 0$, $u_2(0) = 0$, $\dot u_2(0) = 1$:

$u_1(t) = \cos(\omega t), \quad u_2(t) = \frac{1}{\omega}\sin(\omega t) \quad \text{im Fall } k = \omega^2 > 0,$

$u_1(t) = 1, \quad u_2(t) = t \quad \text{im Fall } k = 0,$

$u_1(t) = \cosh(\omega t), \quad u_2(t) = \frac{1}{\omega}\sinh(\omega t) \quad \text{im Fall } k = -\omega^2 < 0.$

4 Theorie der Schwingungsgleichung

Dabei sind die **Hyperbelfunktionen** cosh und sinh definiert durch

$\cosh x = \frac{1}{2}\left(e^x + e^{-x}\right)$  (**Cosinus hyperbolicus**),
$\sinh x = \frac{1}{2}\left(e^x - e^{-x}\right)$  (**Sinus hyperbolicus**).

(c) *Fundamentalsysteme im allgemeinen Fall* $\ddot{y} + a\dot{y} + by = 0$.
Dieser wird durch folgende Transformation auf den Fall (**) zurückgeführt:

$$\ddot{y}(t) + a\dot{y}(t) + by(t) = 0 \iff$$

für $u(t) = e^{\frac{1}{2}at} y(t)$ gilt $\ddot{u}(t) + ku(t) = 0$ mit $k = b - \frac{a^2}{4}$

ÜA. Damit erhalten wir ein Fundamentalsystem $y_1, y_2$ von (*) durch

$$y_1(t) = e^{-\frac{1}{2}at} u_1(t), \qquad y_2(t) = e^{-\frac{1}{2}at} u_2(t),$$

wobei $u_1, u_2$ wie in (a) oder (b) gewählt sind.

(ÜA: Prüfen Sie das durch Berechnung der Wronski–Determinante nach.)

## 4.7 Existenz– und Eindeutigkeitssatz für die homogene Gleichung

*Zu vorgegebenen Zahlen $t_0, \alpha, \beta \in \mathbb{R}$ gibt es genau eine Lösung $y$ für das* **Anfangswertproblem**

$$\ddot{y} + a\dot{y} + by = 0 \quad \text{mit} \quad y(t_0) = \alpha, \quad \dot{y}(t_0) = \beta.$$

Als **Zustand** eines mechanischen Systems wird ein Satz von Koordinaten bezeichnet, dessen Kenntnis zu einem Zeitpunkt das System für alle Zeiten determiniert. In diesem Sinn ist das Wort **Zustandsvektor** in 4.4 zu verstehen.

BEWEIS.
Genau dann ist $y$ eine Lösung, wenn $u(t) = y(t - t_0)$ eine Lösung von (*) mit $u(0) = \alpha$, $\dot{u}(0) = \beta$ ist ÜA. Zur Bestimmung von $u$ wählen wir ein Fundamentalsystem $y_1, y_2$ gemäß 4.6. Dann muß $u$ die Form $u = c_1 y_1 + c_2 y_2$ haben. Es folgt $\dot{u} = c_1 \dot{y}_1 + c_2 \dot{y}_2$, also

$$c_1 y_1(0) + c_2 y_2(0) = \alpha, \quad \text{und} \quad c_1 \dot{y}_1(0) + c_2 \dot{y}_2(0) = \beta.$$

Bestimmen wir $c_1, c_2$ aus diesen Gleichungen, was nach 4.5 in eindeutiger Weise möglich ist, so leistet $u = c_1 y_1 + c_2 y_2$ das Gewünschte. □

## 4.8 Die Lösungsmenge der erzwungenen Schwingung

Für eine äußere „Zwangskraft" $f \in C(\mathbb{R})$ betrachten wir die inhomogene Schwingungsgleichung

$$\ddot{y}(t) + a\dot{y}(t) + by(t) = f(t), \quad \text{kurz} \quad \ddot{y} + a\dot{y} + by = f.$$

*Ist $y_0 \in C^2(\mathbb{R})$ eine Lösung der inhomogenen Schwingungsgleichung und bilden $y_1, y_2$ ein Fundamentalsystem für die homogene Gleichung, so besteht die Lösungsmenge von $\ddot{y} + a\dot{y} + by = f$ aus allen Funktionen*

$$y = y_0 + c_1 y_1 + c_2 y_2 \quad \text{mit Konstanten} \quad c_1, c_2.$$

BEWEIS.

(a) Ist $y_0$ eine spezielle Lösung der erzwungenen Schwingung, so rechnet man leicht nach $\boxed{\text{ÜA}}$ daß $y = y_0 + c_1 y_1 + c_2 y_2$ ebenfalls eine Lösung von $\ddot{y} + a\dot{y} + by = f$ ist.

(b) Ist $y$ eine beliebige Lösung der inhomogenen Gleichung, so setzen wir $z := y - y_0$. Dann ist

$$\ddot{z} + a\dot{z} + bz = (\ddot{y} + a\dot{y} + by) - (\ddot{y}_0 + a\dot{y}_0 + by_0) = f - f = 0,$$

also $z = c_1 y_1 + c_2 y_2$ nach Definition des Fundamentalsystems. □

### 4.9 Lösung des inhomogenen Anfangswertproblems

$$\ddot{y}(t) + a\dot{y}(t) + by(t) = f(t), \qquad y(t_0) = \alpha, \qquad \dot{y}(t_0) = \beta.$$

*Man suche zuerst ein Fundamentalsystem $y_1, y_2$ für die homogene Gleichung. Dann verschaffe man sich eine spezielle Lösung $y_0$ der inhomogenen Gleichung. Für die Lösung des inhomogenen Anfangswertproblems gilt dann nach 4.8*

$$y = y_0 + c_1 y_1 + c_2 y_2.$$

*Die Konstanten $c_1$ und $c_2$ ergeben sich eindeutig aus dem Gleichungssytem*

$$c_1 \begin{pmatrix} y_1(t_0) \\ \dot{y}_1(t_0) \end{pmatrix} + c_2 \begin{pmatrix} y_2(t_0) \\ \dot{y}_2(t_0) \end{pmatrix} = \begin{pmatrix} \alpha - y_0(t_0) \\ \beta - \dot{y}_0(t_0) \end{pmatrix}.$$

AUFGABE. Lösen Sie das Problem $\ddot{y}(t) + 4y(t) = t$, $y(0) = 1$, $\dot{y}(0) = \frac{1}{2}$.

### 4.10 Potenzreihenansatz.
Die in 4.6 angegebenen Fundamentalsysteme fallen nicht vom Himmel. Bestimmen Sie in den Fällen $k = \omega^2$ bzw. $k = -\omega^2$ die Lösungen der Anfangswertaufgabe 4.6 (b) durch einen Potenzreihenansatz $u(t) = \sum_{n=0}^{\infty} \frac{a_n}{n!} t^n$, zweimalige gliedweise Differentiation, Koeffizientenvergleich und rekursive Bestimmung der $a_n$, wobei $a_0$ und $a_1$ jeweils bekannt sind.

# 5 Lösung der Schwingungsgleichung durch komplexen Ansatz

**5.1 Aufgabenstellung.** Nach dem vorangehenden erhält man die allgemeine Lösung der inhomogenen Gleichung $\ddot{y} + a\dot{y} + by = f$ durch

(1) Aufstellung eines Fundamentalsystems $z_1, z_2$ (das ist immer möglich),

(2) Aufsuchen einer einzigen („partikulären") Lösung $y_0$ der inhomogenen Differentialgleichung.

Sämtliche Lösungen sind dann von der Form $y_0 + c_1 z_1 + c_2 z_2$. Daß es zu jeder stetigen Funktion $f$ eine partikuläre Lösung $y_0$ gibt, wird in Band 2 gezeigt. Für den Augenblick begnügen wir uns damit, für eine größere Klasse von Anregungen $f$ ein Verfahren zur Bestimmung einer partikulären Lösung $y_0$ anzugeben. Dafür, aber auch für die praktische Lösung der homogenen Gleichung, ist der komplexe Ansatz von Vorteil. Als Hinweis möge der Fall $b - \frac{1}{4}a^2 = \omega^2 > 0$ dienen. Hier erhalten wir Fundamentallösungen für die homogene Gleichung durch

$$e^{-\frac{1}{2}at}\cos\omega t = \operatorname{Re}\left(e^{\lambda t}\right), \qquad e^{-\frac{1}{2}at}\sin\omega t = \operatorname{Im}\left(e^{\lambda t}\right)$$

mit $\lambda = -\frac{1}{2}a + i\omega$.

## 5.2 Differentiation komplexwertiger Funktionen

(a) Eine komplexwertige Funktion $z : t \mapsto u(t) + iv(t)$ heißt im Intervall $I$ $C^k$–differenzierbar, wenn $u$ und $v$ dort beide $k$–mal stetig differenzierbar sind. Für $k = 0$ bedeutet dies Stetigkeit von $u$ und $v$.

(b) Ist $z = u + iv$ $C^k$–differenzierbar, so definieren wir

$$\dot{z}(t) = \dot{u}(t) + i \cdot \dot{v}(t), \qquad \ddot{z}(t) = \ddot{u}(t) + i \cdot \ddot{v}(t), \quad \text{usw.}$$

(c) BEISPIEL. Für $\lambda \in \mathbb{C}$, $\lambda = \varrho + i\omega$ gilt

$$\frac{d}{dt}e^{\lambda t} = \lambda e^{\lambda t},$$

wie sich durch Zerlegung von $e^{\lambda t}$ in Real– und Imaginärteil ergibt ÜA.

## 5.3 Komplexwertige Lösungen der Schwingungsgleichung

(a) $z(t) = u(t) + iv(t)$ liefert genau dann eine Lösung der homogenen Schwingungsgleichung, wenn $u$ und $v$ Lösungen der homogenen Schwingungsgleichung sind ÜA.

(b) Für $h = f + ig$, $z = u + iv$ ist die Gleichung

$$\ddot{z} + a\dot{z} + bz = h \qquad \text{äquivalent zu}$$

$$\ddot{u} + a\dot{u} + bu = f \quad \text{und} \quad \ddot{v} + a\dot{v} + bv = g \quad \boxed{\text{ÜA}}.$$

## 5.4 Exponentialansatz und charakteristische Gleichung

Notwendig und hinreichend dafür, daß der **Exponentialansatz** $z(t) = e^{\lambda t}$ ($\lambda \in \mathbb{C}$) eine Lösung der homogenen Schwingungsgleichung $\ddot{z} + a\dot{z} + bz = 0$ liefert, ist die **charakteristische Gleichung**

$$\lambda^2 + a\lambda + b = 0$$

ÜA. Da nach §5:10.1 jede quadratische Gleichung mindestens eine Lösung in der komplexen Zahlenebene besitzt, führt der komplexe Exponentialansatz $z(t) = e^{\lambda t}$ immer zu wenigstens einer Lösung.

Wir haben wieder drei Fälle zu unterscheiden:

(a) $b - \frac{a^2}{4} > 0$. Wir setzen $\omega = \sqrt{b - \frac{a^2}{4}}$.

Die charakteristische Gleichung besitzt die beiden Nullstellen $\lambda = -\frac{a}{2} + i\omega$ und $\overline{\lambda} = -\frac{a}{2} - i\omega$. Für $z = e^{\lambda t}$ bilden

$$z_1(t) = \operatorname{Re} z(t) = e^{-\frac{1}{2}at} \cos \omega t, \qquad z_2(t) = \operatorname{Im} z(t) = e^{-\frac{1}{2}at} \sin \omega t,$$

ein Fundamentalsystem nach 4.6.

(b) $b - \frac{a^2}{4} = -\omega^2 < 0$ mit $\omega > 0$.

Hier hat die charakteristische Gleichung zwei verschiedene reelle Nullstellen, nämlich $\lambda_1 = -\frac{a}{2} + \omega$, $\lambda_2 = -\frac{a}{2} - \omega$. Ein reelles Fundamentalsystem liefern

$$z_1(t) = e^{\lambda_1 t}, \quad z_2(t) = e^{\lambda_2 t}.$$

(c) $b - \frac{a^2}{4} = 0$.

Die charakteristische Gleichung hat die Gestalt $\left(\lambda + \frac{a}{2}\right)^2 = 0$, also die Doppelnullstelle $-\frac{a}{2}$. Der Exponentialansatz liefert nur die Lösung $z_1(t) = e^{-\frac{1}{2}at}$. Nach der Theorie muß es noch eine weitere Fundamentallösung $z_2$ geben. Nach 4.6 ist diese gegeben durch $z_2(t) = t e^{-\frac{1}{2}at}$. Im Fall $a > 0$ spricht man vom *aperiodischen Grenzfall*.

## 5.5 Erzwungene Schwingung mit periodischer Anregung

Gesucht ist eine spezielle Lösung von

(1) $\qquad \ddot{y}(t) + a\dot{y}(t) + by(t) = c \cdot \cos(\omega_0 t - \varphi) \quad \text{mit} \quad c, \omega_0 > 0$.

Die Umskalierung $u(t) = \frac{1}{c} \cdot y\left(t + \frac{\varphi}{\omega_0}\right)$ führt auf

(2) $\qquad \ddot{u}(t) + a\dot{u}(t) + bu(t) = \cos(\omega_0 t)$.

Wir suchen eine komplexwertige Lösung $z$ von

5 Lösung der Schwingungsgleichung durch komplexen Ansatz

(3)  $\ddot{z}(t) + a\dot{z}(t) + bz(t) = e^{i\omega_0 t}$.

Aufgrund von 5.3 (b) wissen wir, daß dann $u_0(t) = \operatorname{Re} z(t)$ eine Lösung der Gleichung (2) liefert.

Für die gesuchte Lösung $z$ machen wir den Exponentialansatz

$$z(t) = k e^{i\omega_0 t} \quad \text{mit} \quad k \in \mathbb{C}.$$

Dann ist $\ddot{z}(t) + a\dot{z}(t) + bz(t) = k e^{i\omega_0 t}\left(-\omega_0^2 + i\omega_0 a + b\right)$. Notwendig und hinreichend dafür, daß $z(t) = k e^{i\omega_0 t}$ eine Lösung von (3) liefert, ist daher die Bedingung

$$k\left(-\omega_0^2 + i\omega_0 a + b\right) = 1.$$

Wir behandeln zunächst den Fall $-\omega_0^2 + i\omega_0 a + b \neq 0$, d.h. daß $i\omega_0$ keine Lösung der charakteristischen Gleichung ist. Das ist bei vorhandener Reibung immer der Fall, denn aus $-\omega_0^2 + i\omega_0 a + b = 0$ folgt für den Imaginärteil $\omega_0 a = 0$. In diesem Fall ergibt sich für $z(t) = k e^{i\omega_0 t}$

$$z(t) = \frac{e^{i\omega_0 t}}{-\omega_0^2 + i\omega_0 a + b} = \frac{b - \omega_0^2 - ia\omega_0}{(b-\omega_0^2)^2 + a^2\omega_0^2} e^{i\omega_0 t} = \frac{\overline{w}}{|w|^2} e^{i\omega_0 t}$$

mit $w = b - \omega_0^2 + ia\omega_0$. Wir bestimmen die Polardarstellung $w = r e^{i\psi}$ und erhalten mit $r = \sqrt{(b-\omega_0^2)^2 + a^2\omega_0^2}$

$$z(t) = \tfrac{1}{r} e^{-i\psi} e^{i\omega_0 t} = \tfrac{1}{r} e^{i(\omega_0 t - \psi)}, \quad \text{also}$$

$$u_0(t) = \operatorname{Re} z(t) = \frac{1}{r}\cos(\omega_0 t - \psi).$$

Die zugehörige Lösung von (1) ist

$$y_0(t) = \frac{c}{r}\cos(\omega_0 t - \varphi - \psi).$$

Im Falle vorhandener, aber nicht zu großer Reibung ($0 < b - \frac{a^2}{4} < b$) ist die allgemeine Lösung von (1) gegeben durch

$$y(t) = y_0(t) + \alpha_1 e^{-\frac{1}{2}at}\cos\omega t + \alpha_2 e^{-\frac{1}{2}at}\sin\omega t.$$

Nach kurzem Einschwingvorgang stellt sich eine harmonische Schwingung mit der Anfangsfrequenz ein, die gegenüber der aufgezwungenen Schwingung die Phasenverschiebung $\psi$ hat.

## 5.6 Potenzreihenansatz im Resonanzfall

Der Fall $-\omega_0^2 + ia\omega_0 + b = 0$ tritt, wie oben gesagt, nur bei fehlender Reibung ein. Es ist dann $b = \omega_0^2 > 0$, also ist die Anregungsfrequenz $\omega_0$ gleich der Eigenfrequenz $\omega = \sqrt{b}$ der freien Schwingung. Wir suchen in diesem Fall eine Lösung der umskalierten Gleichung (2)

(∗) $\quad \ddot{u}(t) + \omega^2 u(t) = \cos \omega t \quad$ mit $\quad u(0) = \dot{u}(0) = 0$.

Dazu machen wir einen Potenzreihenansatz

$$u_0(t) = \sum_{k=2}^{\infty} \frac{a_k}{k!} t^k \quad (a_0 = u(0) = 0, \ a_1 = \dot{u}(0) = 0).$$

Wenn es eine Lösung dieser Form gibt, folgt durch gliedweise Differentiation und Einsetzen in (∗)

$$\sum_{k=0}^{\infty} \left(a_{k+2} + \omega^2 a_k\right) \frac{t^k}{k!} = \sum_{n=0}^{\infty} (-1)^n \frac{(\omega t)^{2n}}{(2n)!}.$$

Koeffizientenvergleich ergibt unter Berücksichtigung von $a_0 = a_1 = 0$

$a_2 = 1, \quad a_3 = 0, \quad a_4 + \omega^2 a_2 = -\omega^2, \quad a_5 + \omega^2 a_3 = 0,$
$a_6 + \omega^2 a_4 = \omega^4, \quad a_7 + \omega^2 a_5 = 0, \ldots.$

Somit gilt

$a_2 = 1, \quad a_4 = -2\omega^2, \quad a_6 = 3\omega^4, \ldots \quad$ und $\quad a_3 = a_5 = a_7 = \cdots = 0$.

Durch Induktion ergibt sich

$$a_{2n} = (-1)^{n-1} n \omega^{2n-2}, \qquad a_{2n+1} = 0$$

für alle $n \in \mathbb{N}$, also

$$u_0(t) = \sum_{n=1}^{\infty} (-1)^{n-1} n \frac{\omega^{2n-2} t^{2n}}{(2n)!} = \frac{t}{2\omega} \sum_{n=1}^{\infty} (-1)^{n-1} \frac{(\omega t)^{2n-1}}{(2n-1)!} = \frac{t}{2\omega} \sin(\omega t).$$

Es ist leicht nachzurechnen, daß $u_0$ eine Lösung von (∗) ist, der Potenzreihenansatz also gerechtfertigt war.

Die mit der Zeit anwachsende Amplitude von $u_0(t)$ führt zur „Resonanzkatastrophe".

## 5.7 Aufgabe

Bestimmen Sie eine komplexwertige Lösung der Differentialgleichung

$$\ddot{z}(t) + a\dot{z}(t) + bz(t) = t e^{i\omega_0 t}$$

im Nichtresonanzfall durch den Ansatz $z(t) = (c + dt) e^{i\omega_0 t}$.

# §11 Integralrechnung

## 1 Treppenfunktionen und ihr Integral

### 1.1 Das Flächenproblem

Gegeben ist eine Funktion

$$f : [a,b] \to \mathbb{R}_+ .$$

Unter welchen Bedingungen kann man der Fläche

$$\{(x,y) \mid a \leq x \leq b, \ 0 \leq y \leq f(x)\}$$

unter dem Graphen von $f$ in vernünftiger Weise einen Flächeninhalt zuschreiben, und wie kann man diesen gegebenenfalls bestimmen?

Für „Treppenfunktionen" (stückweis konstante Funktionen) läßt sich dieser Flächeninhalt elementar angeben. Es liegt nahe, die gegebene Funktion $f$ in geeigneter Weise durch Treppenfunktionen anzunähern und den gesuchten Flächeninhalt durch einen Grenzübergang zu gewinnen.

### 1.2 Treppenfunktionen

Eine Funktion $\varphi : \mathbb{R} \to \mathbb{R}$ heißt **Treppenfunktion**, wenn es endlich viele Zahlen $a_0 < \ldots < a_N$ gibt, so daß

(a) $\varphi$ jeweils konstant ist im Innern $]a_{k-1}, a_k[$ und

(b) $\varphi(x) = 0$ für alle $x$ außerhalb $[a_0, a_N]$.

Auf die Werte $\varphi(a_k)$ kommt es nicht an, weil diese zum Flächeninhalt keinen Beitrag liefern.

$\varphi$ heißt Treppenfunktion auf $[a,b]$, wenn $\varphi(x) = 0$ außerhalb $[a,b]$. Wir sagen auch „$\varphi$ *lebt auf* $[a,b]$".

BEISPIELE.

(a) Ist $I$ ein beschränktes Intervall, so ist die **charakteristische Funktion** von $I$, gegeben durch

$$\chi_I(x) = \begin{cases} 1 & \text{für } x \in I \\ 0 & \text{für } x \notin I, \end{cases}$$

eine Treppenfunktion. Denn ist $a_0$ der linke, $a_1$ der rechte Randpunkt von $I$, so ist $\chi_I(x) = 1$ in $]a_0, a_1[$ und $\chi_I(x) = 0$ außerhalb $[a_0, a_1]$.

(b) Ebenso ist $c \cdot \chi_I$ für jedes $c \in \mathbb{R}$ eine Treppenfunktion.

(c) Für $I = [0, 2[$ und $J = [1, 3[$ ist

$$\varphi = 3\chi_I - 2\chi_J$$

eine Treppenfunktion. Denn mit $a_0 = 0$, $a_1 = 1$, $a_2 = 2$ und $a_3 = 3$ ist $\varphi(x) = 3$ in $]a_0, a_1[$, $\varphi(x) = 1$ in $]a_1, a_2[$, $\varphi(x) = -2$ in $]a_2, a_3[$ und $\varphi(x) = 0$ außerhalb $[a_0, a_3]$.

### 1.3 Darstellung von Treppenfunktionen

Zwei Treppenfunktionen $\varphi, \psi$ heißen **fast überall gleich**,

$$\varphi(x) = \psi(x) \text{ fast überall, kurz } \varphi = \psi \text{ f.ü.},$$

wenn $\varphi(x) \neq \psi(x)$ für höchstens endlich viele $x$ gilt.

Mit $a_0 < a_1 < \cdots < a_N$ sei die Treppenfunktion $\varphi$ auf $[a_0, a_N]$ gegeben durch

$$\varphi(x) = \begin{cases} c_k & \text{in } I_k = ]a_{k-1}, a_k[ \quad (k = 1, \ldots, N) \\ 0 & \text{außerhalb von } [a_0, a_N] \end{cases}$$

und beliebige Werte $\varphi(a_0), \ldots, \varphi(a_N)$. Dann besteht für $\varphi$ die Darstellung

$$\varphi = \sum_{k=1}^{N} c_k \cdot \chi_{I_k} \quad \text{f.ü.}.$$

Für eine Treppenfunktion sind verschiedene solche Darstellungen möglich, z.B.

$$\chi_{[0,3]} = \chi_{]0,1[} + \chi_{]1,3[} \quad \text{f.ü.} = 2\chi_{[0,4]} - \chi_{[0,3]} - 2\chi_{[3,4]} \quad \text{f.ü.}$$

### 1.4 Verknüpfung von Treppenfunktionen

(a) *Mit $\varphi$ sind auch $|\varphi|$ und $c \cdot \varphi$ $(c \in \mathbb{R})$ Treppenfunktionen.*

(b) *Mit $\varphi, \psi$ sind auch $\varphi + \psi$ und $\varphi \cdot \psi$ Treppenfunktionen.*

(a) ist unmittelbar klar. Für (b) wählen wir Darstellungen

$$\varphi = \sum_{k=1}^{N} c_k \chi_{I_k} \quad \text{f.ü.} \quad \text{und} \quad \psi = \sum_{\ell=1}^{M} d_\ell \chi_{J_\ell} \quad \text{f.ü.}$$

mit $I_k = ]a_{k-1}, a_k[$, $J_\ell = ]b_{\ell-1}, b_\ell[$ und $a_0 = b_0$, $a_N = b_M$. Wir betrachten alle nichtleeren Intervalle $I_k \cap J_\ell$ und bringen sie in ihre natürliche Reihenfolge. Aus der „gemeinsamen Darstellung"

$$\varphi = \sum_{k=1}^{N} \sum_{\ell=1}^{M} c_k \cdot \chi_{I_k \cap J_\ell} \quad \text{f.ü.}, \qquad \psi = \sum_{k=1}^{N} \sum_{\ell=1}^{M} d_\ell \cdot \chi_{I_k \cap J_\ell} \quad \text{f.ü.}$$

ergeben sich dann in naheliegender Weise Darstellungen von $\varphi + \psi$ und $\varphi \cdot \psi$ als Treppenfunktionen. ÜA : Führen Sie dies mit Hilfe einer Skizze aus für

$$\varphi = \chi_{[-1,0]} + \tfrac{1}{2}\chi_{]0,1[} - \chi_{[1,3]}, \qquad \psi = \tfrac{1}{2}\chi_{[0,2]} + \chi_{]2,4]}.$$

# 1 Treppenfunktionen und ihr Integral

**1.5 Das Integral von Treppenfunktionen** ist definiert als der Inhalt der Fläche unter dem Graphen, wobei die Anteile unter der $x$-Achse negativ gerechnet werden. Für

$$\varphi = \sum_{k=1}^{N} c_k \chi_{I_k} \text{ f.ü.}, \qquad I_k = \,]a_{k-1}, a_k[\,, \qquad a_0 < a_1 < \cdots < a_N$$

definieren wir also *das Integral* durch

$$\int \varphi := \sum_{k=1}^{N} c_k \,(a_k - a_{k-1})\,.$$

Der Wert des Integrals hängt nicht von der speziellen Darstellung von $\varphi$ ab, insbesondere nicht von den Werten $\varphi(a_k)$. Auf den rein technischen Nachweis sei verzichtet. Allgemein gilt:

$$\varphi = \psi \text{ f.ü.} \implies \int \varphi = \int \psi\,.$$

**1.6 Eigenschaften des Integrals von Treppenfunktionen**

(a) $\int (c_1 \varphi_1 + c_2 \varphi_2) = c_1 \int \varphi_1 + c_2 \int \varphi_2$ (*Linearität*).

(b) Aus $\varphi(x) \geq \psi(x)$ f.ü. folgt $\int \varphi \geq \int \psi$ (*Monotonie*).

(c) Lebt $\varphi$ auf dem Intervall $[a,b]$, so ist

$$\left| \int \varphi \right| \leq \int |\varphi| \leq (b-a) \cdot \max\left\{ |\varphi(x)| \mid a \leq x \leq b \right\}\,.$$

Die Beweise von (a) und (b) sind rein technischer Art und lediglich eine Frage der Notation, vgl. 1.4. Der Beweis von (c) ergibt sich aus

$$\left| \sum_{k=1}^{N} c_k \,(a_k - a_{k-1}) \right| \leq \sum_{k=1}^{N} |c_k| \,(a_k - a_{k-1})$$

$$\leq \max\left\{ |\varphi(x)| \mid a \leq x \leq b \right\} \cdot \sum_{k=1}^{N} (a_k - a_{k-1})$$

$$\leq (b-a) \cdot \max\left\{ |\varphi(x)| \mid a \leq x \leq b \right\}\,.$$

**1.7 Integration über Teilintervalle**

(a) Lebt $\varphi$ auf dem Intervall $[a,b]$, so schreiben wir auch

$$\int_a^b \varphi \quad \text{statt} \quad \int \varphi\,.$$

(b) Für $[c,d] \subset [a,b]$ und jede auf $[a,b]$ lebende Treppenfunktion $\varphi$ ist auch $\psi = \varphi \cdot \chi_{[c,d]}$ eine auf $[c,d]$ lebende Treppenfunktion. Wir definieren

$$\int_c^d \varphi := \int_a^b \varphi \cdot \chi_{[c,d]}.$$

Insbesondere ist $\int_a^a \varphi = 0$.

(c) Für $a \leq b \leq c$ gilt dann

$$\int_a^c \varphi = \int_a^b \varphi + \int_b^c \varphi.$$

## 2 Der gleichmäßige Abstand zweier beschränkter Funktionen

### 2.1 Die Supremumsnorm

(a) Für beschränkte Funktionen $f : [a,b] \to \mathbb{R}$ definieren wir die **Supremumsnorm** durch

$$\|f\| := \sup\left\{|f(x)| \mid x \in [a,b]\right\}.$$

(b) Der **gleichmäßige Abstand** zweier auf $[a,b]$ beschränkter Funktionen $f, g$ ist definiert durch $\|f - g\|$.

$\|f - g\| \leq \varepsilon$ bedeutet also $|f(x) - g(x)| \leq \varepsilon$ für alle $x \in [a,b]$.

Für zwei Treppenfunktionen $\varphi, \psi$ auf $[a,b]$ gilt nach 1.6 (c)

$$\left|\int_a^b \varphi - \int_a^b \psi\right| = \left|\int_a^b (\varphi - \psi)\right| \leq (b-a)\|\varphi - \psi\|.$$

### 2.2 Eigenschaften der Supremumsnorm

(a) $\|f\| \geq 0$, $\|f\| = 0 \iff f = 0$,

(b) $\|cf\| = |c| \cdot \|f\|$ für alle $c \in \mathbb{R}$,

(c) $\|f + g\| \leq \|f\| + \|g\|$    (*Dreiecksungleichung*),

Beachten Sie die Analogie zur euklidischen Norm im $\mathbb{R}^n$.

BEWEIS.

(a) und (b) sind klar. Für (c) beachten wir, daß für alle $x \in [a,b]$

$$|f(x) + g(x)| \leq |f(x)| + |g(x)| \leq \|f\| + \|g\|.$$

Also ist $\|f\| + \|g\|$ eine obere Schranke für die Werte $|f(x) + g(x)|$, und für deren kleinste obere Schranke gilt $\|f + g\| \leq \|f\| + \|g\|$. □

2 Der gleichmäßige Abstand zweier beschränkter Funktionen 219

## 2.3 Approximation stetiger Funktionen durch Treppenfunktionen

*Ist $f$ stetig auf $[a,b]$, so gibt es zu jedem $\varepsilon > 0$ eine Treppenfunktion $\varphi$ auf $[a,b]$ mit*

$$\|f - \varphi\| < \varepsilon.$$

Es gibt somit eine Folge von Treppenfunktionen $\varphi_n$ auf $[a,b]$ mit

$$\|f - \varphi_n\| \to 0 \quad \text{für} \quad n \to \infty.$$

BEWEIS.
Nach dem Satz über die gleichmäßige Stetigkeit § 8:6 gibt es zu gegebenem $\varepsilon > 0$ ein $\delta > 0$ mit $|f(x) - f(y)| < \varepsilon$ für alle $x, y \in [a,b]$ mit $|x - y| < \delta$.
Wir wählen $N \in \mathbb{N}$ so groß, daß

$$h := \frac{b-a}{N} < \delta$$

wird und setzen

$$a_k = a + kh \quad \text{für} \quad k = 0, 1, \ldots, N.$$

Dann ist durch

$$\varphi(x) = \begin{cases} f(a_{k-1}) & \text{für } a_{k-1} \leq x < a_k \quad (k = 1, \ldots, N) \\ f(b) & \text{für } x = b \\ 0 & \text{sonst} \end{cases}$$

eine Treppenfunktion $\varphi$ auf $[a,b]$ definiert mit $\|f - \varphi\| < \varepsilon$.

Wählen wir zu $\varepsilon = \frac{1}{n}$ ($n = 1, 2, \ldots$) jeweils eine Treppenfunktion $\varphi_n$ mit $\|f - \varphi_n\| < \frac{1}{n}$, so erhalten wir Treppenfunktionen $\varphi_n$ mit $\|f - \varphi_n\| \to 0$.
□

Die Fläche unter dem Graphen von $f$ — Teile unter der $x$–Achse negativ gerechnet — ist nach der Figur annähernd gleich

$$\int \varphi = \sum_{k=1}^{N} f(a_{k-1}) \cdot (a_k - a_{k-1}) = \sum_{k=1}^{N} f(a_{k-1}) \cdot h.$$

Dies legt nahe, das Integral über $f$ als Grenzwert von Integralen approximierender Treppenfunktionen zu definieren:

## 3 Integrierbare Funktionen und Eigenschaften des Integrals

### 3.1 Integrierbarkeit

Eine beschränkte Funktion $f : [a,b] \to \mathbb{R}$ heißt **integrierbar**, wenn es eine Folge von Treppenfunktionen $\varphi_n$ auf $[a,b]$ gibt mit $\|f - \varphi_n\| \to 0$.

Für integrierbare Funktionen $f$ existiert der Grenzwert

$$\int\limits_a^b f := \lim_{n \to \infty} \int\limits_a^b \varphi_n$$

und ist unabhängig von der approximierenden Folge $(\varphi_n)$.

Dieser Grenzwert wird das **Integral** von $f$ über $[a,b]$ genannt.

Stetige Funktionen sind nach 2.3 integrierbar.

BEMERKUNGEN. Das so eingeführte Integral wird in der Literatur als *Cauchy*- oder *Regelintegral* bezeichnet. Dieser Zugang verlangt wesentlich geringeren beweistechnischen Aufwand als das in der Literatur häufig verwendete *Riemann–Integral*; die Klasse der Riemann–integrierbaren Funktionen ist allerdings etwas umfangreicher als die der regelintegrierbaren.

Für die Anwendung erweist es sich als notwendig, auch Integrale unbeschränkter Funktionen zu definieren und die Integration über unbeschränkte Intervalle einzuführen (uneigentliches Integral). Das geschieht in § 12. Alle in diesem Band eingeführten Integrale sind Spezialfälle des *Lebesgue–Integrals*, welches wir in Band 2 besprechen.

BEWEIS.

(a) *Existenz des Grenzwertes* $\lim\limits_{n \to \infty} \int \varphi_n$:

Zu gegebenem $\varepsilon > 0$ wählen wir $n_0$ so, daß $\|f - \varphi_n\| < \varepsilon$ für alle $n > n_0$. Dann gilt für $n, m > n_0$

$$\|\varphi_n - \varphi_m\| = \|\varphi_n - f + f - \varphi_m\| \leq \|\varphi_n - f\| + \|f - \varphi_m\| < 2\varepsilon,$$

also

$$\left| \int \varphi_n - \int \varphi_m \right| = \left| \int (\varphi_n - \varphi_m) \right| \leq (b-a) \cdot \|\varphi_n - \varphi_m\| < 2(b-a) \cdot \varepsilon.$$

Nach § 2 : 9.6 hat die Folge $\left( \int \varphi_n \right)$ als Cauchy–Folge einen Grenzwert.

(b) *Unabhängigkeit von der approximierenden Folge*: Ist $\|f - \psi_n\| \to 0$, so ergibt sich wie in (a)

$$\|\varphi_n - \psi_n\| \leq \|\varphi_n - f\| + \|f - \psi_n\| \to 0, \quad \text{also}$$

$$\left| \int \varphi_n - \int \psi_n \right| = \left| \int (\varphi_n - \psi_n) \right| \leq (b-a) \cdot \|\varphi_n - \psi_n\| \to 0, \quad \text{d.h.}$$

$$\lim_{n \to \infty} \int \varphi_n = \lim_{n \to \infty} \int \psi_n. \qquad \square$$

# 3 Integrierbare Funktionen und Eigenschaften des Integrals

## 3.2 Bezeichnungen und Vereinbarungen

(a) Die übliche Bezeichnungsweise ist

$$\int_a^b f(x)\,dx \quad \text{oder auch} \quad \int_a^b f(y)\,dy, \quad \int_a^b f(t)\,dt \quad \text{statt} \quad \int_a^b f.$$

Das Integralzeichen (stilisiertes $S$ für „Summe") wurde 1675 von Gottfried Wilhelm LEIBNIZ eingeführt, ebenso das „Differential" $dx$ unter dem Integralzeichen. LEIBNIZ stellte sich das Integral als eine Summe über alle Ordinatenlinien vor: „*Utile est scribi ... $\int \ell$ pro omn. $\ell$*" ($\int \ell$ für alle $\ell$). Erinnern wir uns an den Beweis 2.3: Für stetige Funktionen $f$ wurde $\int_a^b f(x)\,dx$ durch Summen der Gestalt $\sum_{k=1}^{N} f(x_k) \cdot \Delta x$ angenähert; wir schrieben dort $h$ statt $\Delta x$. Unter $dx$ stellte LEIBNIZ sich die Differenz „nächstliegender" $x$–Werte vor.

Die Bezeichnungsweise hat praktische Vorteile:

$$\int_a^b x\,dx \quad \text{und} \quad \int_a^b e^x\,dx \quad \text{sind deutlicher als} \quad \int_a^b \mathbb{1}_{[a,b]}, \quad \int_a^b \exp.$$

Bei Integralen der Form $\int_a^b f(x,y)\,dx$ bzw. $\int_a^b f(x,y)\,dy$, wie sie in §23 betrachtet werden, geht aus der Schreibweise unmittelbar hervor, bezüglich welcher Variablen integriert werden soll.

(b) Zur Vermeidung lästiger Fallunterscheidungen vereinbaren wir für $a \geq b$

$$\int_a^b f(x)\,dx := -\int_b^a f(x)\,dx.$$

## 3.3 Eigenschaften des Integrals

(a) **Linearität.** *Mit $f_1$ und $f_2$ ist auch $c_1 f_1 + c_2 f_2$ für $c_1, c_2 \in \mathbb{R}$ über $[a,b]$ integrierbar, und es gilt*

$$\int_a^b (c_1 f_1 + c_2 f_2) = c_1 \int_a^b f_1 + c_2 \int_a^b f_2.$$

(b) **Monotonie.** *Sind $f, g$ über $[a,b]$ integrierbar und ist $f(x) \leq g(x)$ für alle $x \in [a,b]$, so gilt*

$$\int_a^b f \leq \int_a^b g.$$

(c) **Abschätzung des Integrals.** *Mit $f$ ist auch $|f|$ über $[a,b]$ integrierbar. Aus $|f(x)| \leq M$ für alle $x \in [a,b]$ folgt*

$$\Big| \int_a^b f \,\Big| \;\leq\; \int_a^b |f| \;\leq\; (b-a) \cdot M \,.$$

(d) *Mit $f, g$ ist auch $f \cdot g$ über $[a,b]$ integrierbar* ÜA.

BEWEIS.

(a) Sind $\varphi_n, \psi_n$ Treppenfunktion mit $\|f_1 - \varphi_n\| \to 0$, $\|f_2 - \psi_n\| \to 0$, so gilt

$$\big\|(c_1 f_1 + c_2 f_2) - (c_1 \varphi_n + c_2 \psi_n)\big\| = \big\|(c_1(f_1 - \varphi_n) + c_2(f_2 - \psi_n)\big\|$$

$$\leq |c_1| \cdot \|f_1 - \varphi_n\| + |c_2| \cdot \|f_2 - \psi_n\| \to 0 \quad \text{für} \quad n \to \infty \,,$$

also ist $c_1 f_1 + c_2 f_2$ integrierbar. Ferner gilt

$$\int_a^b (c_1 f_1 + c_2 f_2) = \lim_{n \to \infty} \int_a^b (c_1 \varphi_n + c_2 \psi_n)$$

$$= \lim_{n \to \infty} \Big( c_1 \int_a^b \varphi_n + c_2 \int_a^b \psi_n \Big) = c_1 \int_a^b f_1 + c_2 \int_a^b f_2$$

wegen der Linearität des Integrals für Treppenfunktionen und nach den Rechenregeln für Grenzwerte.

(b) Wir setzen $h = g - f$. Nach (a) ist $h$ integrierbar und

$$\int_a^b h = \int_a^b g - \int_a^b f \,.$$

Zu zeigen bleibt $\int_a^b h \geq 0$, falls $h(x) \geq 0$ für alle $x \in [a,b]$.
Ist $(\varphi_n)$ eine Folge von Treppenfunktionen mit $\|\varphi_n - h\| \to 0$, so sind auch die $|\varphi_n|$ Treppenfunktionen, und wegen $h \geq 0$ gilt

$$\big| |\varphi_n(x)| - h(x) \big| \leq \big| \varphi_n(x) - h(x) \big| \leq \big\| \varphi_n - h \big\|$$

(Dreiecksungleichung nach unten). Es folgt $\big\| h - |\varphi_n| \big\| \to 0$ und

$$\int_a^b h = \lim_{n \to \infty} \int_a^b |\varphi_n| \geq 0 \,.$$

(c) Wie in (b) ergibt sich $\big\| |f| - |\varphi_n| \big\| \leq \|f - \varphi_n\|$, also die Integrierbarkeit von $|f|$. Wegen $\pm f(x) \leq |f(x)| \leq M$ folgt die Behauptung für die Integrale nach (b):

$$\pm \int_a^b f \leq \int_a^b |f| \leq \int_a^b M \cdot \chi_{[a,b]} = M \cdot (b-a) \,. \qquad \square$$

## 3.4 Integration über Teilintervalle

Sei $f$ über $[a,b]$ integrierbar, $[c,d]$ ein Teilintervall von $[a,b]$ und

$$g : [c,d] \to \mathbb{R}, \quad x \mapsto f(x)$$

die Einschränkung von $f$ auf $[c,d]$. Dann ist $g$ über $[c,d]$ integrierbar. Wir definieren

$$\int_c^d f(x)\,dx := \int_c^d g(x)\,dx\,. \qquad \text{Es gilt dann}$$

$$\int_c^d f = \int_a^b f \cdot \chi_{[c,d]} \quad \text{und}$$

$$\int_\alpha^\gamma f = \int_\alpha^\beta f + \int_\beta^\gamma f$$

für beliebige Zahlen $\alpha, \beta, \gamma \in [a,b]$. BEWEIS als $\boxed{\text{ÜA}}$: Zeigen Sie die letzte Formel erst für $\alpha \leq \beta \leq \gamma$ und beachten Sie dann die Konvention 3.2 (b).

# 4 Zwei wichtige Klassen integrierbarer Funktionen

## 4.1 Stückweis stetige Funktionen

$f : [a,b] \to \mathbb{R}$ heißt *stückweis stetig*, wenn es eine Unterteilung $a = a_0 < a_1 < \cdots < a_N = b$ von $[a,b]$ gibt, so daß $f$ in $]a_{k-1}, a_k[$ stetig ist und die einseitigen Grenzwerte

$$f(a_k+) \qquad (k = 0, 1, \ldots, N-1),$$

$$f(a_k-) \qquad (k = 1, \ldots, N)$$

existieren.

Das bedeutet: Die Einschränkung von $f$ auf $]a_{k-1}, a_k[$ läßt sich zu einer stetigen Funktion $f_k$ auf $[a_{k-1}, a_k]$ fortsetzen $(k = 1, \ldots, N)$.

SATZ. *Stückweis stetige Funktionen sind integrierbar, und es gilt mit den Bezeichnungen oben*

$$\int_a^b f = \sum_{k=1}^N \int_{a_{k-1}}^{a_k} f_k\,.$$

Denn aus den approximierenden Treppenfunktionen für die einzelnen $f_k$ lassen sich leicht solche für $f$ zusammenbauen. Die Behauptung folgt dann aus 3.4.

## 4.2 Monotone Funktionen

*Monotone Funktionen* $f : [a, b] \to \mathbb{R}$ *sind integrierbar.*

BEWEIS.

Sei o.B.d.A. $f$ monoton wachsend. Wir unterteilen das Intervall $[f(a), f(b)]$ in $n$ Teilintervalle der Länge

$$h = \frac{f(b) - f(a)}{n}$$

mit Teilpunkten

$$y_k = f(a) + k \cdot h$$

($k = 0, 1, \ldots, n$) und setzen $a_0 := a$,

$$a_k := \sup \{x \in [a, b] \mid f(x) \leq y_k\}$$

für $k = 1, \ldots, n$.

Wegen der Monotonie von $f$ gilt $a = a_0 \leq a_1 \leq a_2 \leq \cdots \leq a_n = b$. Ferner gilt $f(x) \in \,]y_{k-1}, y_k]$ für $x \in \,]a_{k-1}, a_k[$ ÜA.

Die Treppenfunktion

$$\varphi_n := f(a_0) \cdot \chi_{[a_0, a_0]} + \sum_{k=1}^{n} y_k \cdot \chi_{]a_{k-1}, a_k]}$$

hat die Eigenschaft ÜA

$$\|f - \varphi_n\| \leq \frac{1}{n} \left(f(b) - f(a)\right).$$

□

## 4.3 Bemerkungen und Aufgaben

(a) Funktionen, die sich als Differenz zweier monotoner Funktionen schreiben lassen, heißen **von beschränkter Schwankung**. Solche Funktionen können abzählbar unendlich viele Sprungstellen haben. Dennoch sind sie nach 4.2 und 3.3 integrierbar.

(b) Sei

$$f(x) = \frac{1}{k} + \frac{1}{k+1} \quad \text{in} \quad \left]\frac{1}{k+1}, \frac{1}{k}\right] \quad (k \in \mathbb{N}) \quad \text{und} \quad f(0) = 0.$$

Dann ist $f$ in $[0, 1]$ monoton wachsend mit abzählbar vielen Sprungstellen $\frac{1}{n}$. Approximieren Sie $f$ durch geeignete Treppenfunktionen $\varphi_n$ und zeigen Sie, daß $f$ über $[0, 1]$ integrierbar ist mit Integral 1.

**(c) Approximation des Integrals durch Riemann–Summen.**
Sei $f : [a,b] \to \mathbb{R}$ stetig, $h = \frac{b-a}{n}$ mit $n \in \mathbb{N}$ und $a_k = a + kh$ $(k = 0, 1, \ldots, n)$.
Zeigen Sie für die Riemann–Summen

$$R_n := \sum_{k=1}^{n} f(a_{k-1}) \cdot h, \quad S_n := \sum_{k=1}^{n} f(a_k) \cdot h,$$

daß $\int_a^b f = \lim_{n \to \infty} R_n = \lim_{n \to \infty} S_n$, vgl. 2.3.

# 5 Der Hauptsatz der Differential– und Integralrechnung

## 5.1 Das Integral als Funktion der oberen Grenze

*Für jede über $[a,b]$ integrierbare Funktion $f$ und für festes $x_0 \in [a,b]$ ist das* **unbestimmte Integral**

$$U(x) = \int_{x_0}^{x} f(t)\, dt$$

*stetig in $[a,b]$.*

BEWEIS.
Für $y \geq x$ folgt nach 3.4

$$U(y) - U(x) = \int_{x_0}^{y} f - \int_{x_0}^{x} f = \int_{x}^{y} f.$$

Für $y < x$ ergibt sich analog

$$U(x) - U(y) = \int_{y}^{x} f$$

Also gilt beidesmal $|U(x) - U(y)| \leq \|f\| \cdot |x - y|$. □

BEISPIEL. Für die Heaviside–Funktion $f = \chi_{\mathbb{R}_+}$ ergibt sich das unbestimmte Integral

$$U(x) = \int_0^x f(t)\, dt = \begin{cases} 0 & (x < 0) \\ x & (x \geq 0) \end{cases}.$$

## 5.2 Stammfunktionen

Wir nennen eine Funktion $F : I \to \mathbb{R}$ eine **Stammfunktion** für $f : I \to \mathbb{R}$, wenn $F$ differenzierbar ist und

$$F'(x) = f(x) \quad \text{für alle} \quad x \in I.$$

Besitzt $f$ eine Stammfunktion $F$, so sind sämtliche Stammfunktionen von der Form

$$F + c \quad \text{mit} \quad c \in \mathbb{R}.$$

Denn ist $G(x) = F(x) + c$, so ist $G'(x) = F'(x) = f(x)$. Also ist mit $F$ auch $G$ eine Stammfunktion. Ist umgekehrt $G$ eine beliebige Stammfunktion, so ist $(G - F)' = f - f = 0$, also $G - F$ konstant.

SATZ. *Jede auf einem Intervall I stetige Funktion $f$ besitzt dort Stammfunktionen. Man erhält für jedes $x_0 \in I$ eine Stammfunktion $F$ durch das unbestimmte Integral*

$$F(x) = \int_{x_0}^{x} f(t)\, dt.$$

BEWEIS.

Sei $x$ ein fester Punkt aus $I$ und $\varepsilon > 0$ vorgegeben. Wegen der Stetigkeit von $f$ gibt es ein $\delta > 0$, so daß $|f(y) - f(x)| < \varepsilon$ für alle $x \in I$ mit $|x - y| < \delta$. Nach 5.1 folgt für $0 < |x - y| < \delta$, $y \in I$

$$\frac{F(y) - F(x)}{y - x} = \frac{1}{y - x} \int_{x}^{y} f(t)\, dt = f(x) + \frac{1}{y - x} \int_{x}^{y} (f(t) - f(x))\, dt.$$

Mit der Integralabschätzung 3.3 (c) folgt

$$\left| \frac{F(y) - F(x)}{y - x} - f(x) \right| = \left| \frac{1}{y - x} \int_{x}^{y} \big(f(t) - f(x)\big)\, dt \right| \leq \varepsilon$$

für alle $y \in I$ mit $0 < |y - x| < \delta$. Das ist die Behauptung. □

ÜA Die (unstetige) Heaviside–Funktion 5.1 besitzt keine Stammfunktion $F$ in $[-1, +1]$. Anleitung: Wie hätte $F(x)$ für $x < 0$ bzw. $x > 0$ auszusehen?

### 5.3 Der Hauptsatz der Differential– und Integralrechnung

(a) *Für jede Stammfunktion $F$ von $f \in \mathrm{C}(I)$ und für $a, b \in I$ gilt*

$$\int_{a}^{b} f(x)\, dx = F(b) - F(a).$$

(b) *Für $f \in \mathrm{C}^1(I)$ und $a, x \in I$ gilt*

$$f(x) = f(a) + \int_{a}^{x} f'(t)\, dt.$$

5 Der Hauptsatz der Differential- und Integralrechnung                              227

(c)  Nach 5.2 besitzt jede auf $I$ stetige Funktion $f$ eine Stammfunktion $F$, gegeben durch das unbestimmte Integral $F(x) = \int\limits_a^x f(t)\,dt$.

Die Integration ist in diesem Sinn also die Umkehraufgabe zur Differentiation.

**Bezeichnung.** Wir schreiben den Hauptsatz (a) in der einprägsameren Form

$$\int_a^b f(t)\,dt = F(x)\,\Big|_a^b$$

mit $F(x)\,\Big|_a^b := F(b) - F(a)$ (lies: „$F$ an den Grenzen $a$ und $b$").

BEWEIS.

(a) $U(x) = \int\limits_a^x f(t)\,dt$ liefert eine Stammfunktion $U$ von $f$ nach 5.2. Jede andere Stammfunktion $F$ ist von der Form $F = U + c$. Nach 5.1 ist also

$$F(b) - F(a) = U(b) - U(a) = \int_a^b f(x)\,dx\,.$$

(b) folgt direkt aus (a) mit $f'$ statt $f$ und $x$ statt $b$.                           □

## 5.4 Erste Anwendungen: Integration elementarer Funktionen

Die Kenntnis der Ableitungen elementarer Funktionen gestattet es uns nun, mit einem Schlag eine Fülle von Integrationsaufgaben zu lösen:

(a) $\quad \int\limits_a^b x^\alpha\,dx = \dfrac{x^{\alpha+1}}{\alpha+1}\bigg]_a^b \quad$ für $\quad \alpha \in \mathbb{R},\ \alpha \neq -1$

und alle Intervalle $[a,b]$, in denen $x^\alpha$ definiert ist.

Denn nach §9:5.2 (b) gilt $\dfrac{d}{dx}x^b = b \cdot x^{b-1}$, also gibt $\dfrac{1}{\alpha+1}x^{\alpha+1}$ im Fall $\alpha + 1 \neq 0$ eine Stammfunktion für $x^\alpha$.

(b) $\quad \int\limits_a^b e^{\alpha x}\,dx = \dfrac{1}{\alpha}e^{\alpha x}\bigg|_a^b \quad$ für $\quad \alpha \neq 0$.

Denn es gilt $\dfrac{d}{dx}e^{\alpha x} = \alpha e^{\alpha x}$, also liefert $\dfrac{1}{\alpha}e^{\alpha x}$ eine Stammfunktion zu $e^{\alpha x}$.

(c) $\quad \int\limits_a^b \dfrac{1}{x}\,dx = \log|x|\,\Big|_a^b = \log\dfrac{b}{a} \quad$ für $\quad a \cdot b > 0$.

Denn $f(x) = \frac{1}{x}$ besitzt in $\mathbb{R}_{>0}$ die Stammfunktion $x \mapsto \log x$, in $\mathbb{R}_{<0}$ dagegen die Stammfunktion $x \mapsto \log|x| = \log(-x)$.

(d) $\displaystyle\int_a^b \frac{dx}{1+x^2} = \arctan x \,\Big]_a^b$ nach § 9 : 5.3.

(e) $\displaystyle\int_a^b \frac{dx}{\sqrt{1-x^2}} = \arcsin x \,\Big]_a^b$ für $-1 < a < b < 1$, vgl. § 9 : 5.4.

### 5.5 Zur Geschichte (vgl. § 7 : 1.4)

Die systematische Flächen– und Inhaltsbestimmung der Neuzeit auf der Basis infinitesimaler Betrachtungen beginnt mit Johannes KEPLER. (*Nova stereometria doliorum vinariorum* — Neue Methoden zur Inhaltsbestimmung von Weinfässern, 1615). KEPLER dachte sich beispielsweise die Kugel aus lauter winzigen Kegeln mit Spitze im Mittelpunkt und Basis auf der Oberfläche aufgebaut und fand so für den Inhalt $\frac{1}{3}$ · Oberfläche · Radius.

In GALILEIS *Discorsi e dimostrazioni matematice intorno a due nuove scienze* (1638) wird die gleichförmig beschleunigte Bewegung anhand der nebenstehenden Figur behandelt. (Längs $AB$ sind die Zeiten, längs $CD$ die entsprechend durchlaufenen Strecken zu denken. Die linear anwachsenden Geschwindigkeiten sind als parallele Linien $PQ$, $BE$ abgetragen.) Die Zeit $AB$ ist nach GALILEI dieselbe, die sich bei gleichförmiger Bewegung längs $CD$ mit der halben Endgeschwindigkeit $BF$ ergeben würde. Die Gesamtheit der Parallelen im Rechteck $ABFG$ ist nämlich gleich der Gesamtheit der Parallelen im Dreieck $ABE$. So ergeben sich jeweils gleichviele „Geschwindigkeitsmomente": Was in $ABE$ oben fehlt, wird unten wieder ausgeglichen. Die uns heute naheliegende Deutung der „Momente" als $v \cdot \Delta t$ erfolgte erst später.

Nach GALILEIS Schüler Bonaventura CAVALIERI ist folgendes Prinzip benannt: *Schneidet eine Schar von parallelen Linien aus zwei Figuren jeweils Stücke gleicher Länge aus, so sind beide Figuren flächengleich. Schneidet eine Schar von parallelen Ebenen aus zwei Körpern jeweils flächengleiche Figuren aus, so haben beide Körper gleichen Inhalt*, vgl. die Figur in § 17 : 4.2. Dieses schon von GALILEI verwendete Prinzip findet sich für Einzelfälle bei EUKLID und ARCHIMEDES.

CAVALIERIS *Geometria indivisibilibus ... promota* von 1635 war ein wichtiger

6 Partielle Integration

Schritt in systematischer Hinsicht. CAVALIERI konnte z.B. die Fläche unter der allgemeinen Parabel $x \mapsto x^n$ bestimmen. Die Begründung seiner Verfahren mittels Indivisibler (z.b. Fläche als Gesamtheit indivisibler Linien) war allerdings mehr als problematisch und daher heftig umstritten.

Als Wegbereiter der Differential– und Integralrechnung sind u.a. Blaise PASCAL, Pierre de FERMAT, Christiaan HUYGENS, John WALLIS und NEWTONs Lehrer Isaac BARROW zu nennen; letzterer verstand die Flächenbestimmung bereits als Umkehraufgabe zum Tangentenproblem.

Aus Tangentenbestimmung, Integrationsverfahren, Hauptsatz und Reihenentwicklungen ein geschlossenes Ganzes gemacht zu haben, ist das Verdienst von Isaac NEWTON und Gottfried Wilhelm LEIBNIZ. Nach der schon in §7:1.4 erwähnten *Analysis* (1669) veröffentlichte NEWTON 1671 die *Methodus fluxionum et serierum infinitorum*. LEIBNIZ faßte seine Ergebnisse 1675 und 1684 zusammen: *Methodi tangentium inversae exempla* und *Nova methodus pro maximis et minimis itemque tangentibus*....

NEWTONs Hauptwerk *Philosophiae naturalis principia mathematica* (erschienen 1687) war noch in der Sprache der klassischen Geometrie verfaßt, allerdings mit besonderem Augenmerk auf Grenzübergänge. Es bestimmte die Fragestellungen der Analysis im 18. Jahrhundert.

LEIBNIZ' Verdienst war die Schaffung eines Differential– und Integralkalküls, dessen Notation hinsichtlich der algorithmischen Handhabung aufs genaueste durchdacht war. Wenn auch strenge Begründungen noch weitgehend fehlten, war das Rechnen mit „Differentialen" doch äußerst praktisch und hat auch heute noch heuristischen Wert.

Die Kettenregel in der Formulierung $dx = \frac{dx}{dt} \cdot dt$ wird uns beispielsweise in 7.3 für die Anwendung der Substitutionsregel als Merkhilfe dienen. Näheres zur Geschichte des Calculus finden Sie bei [HEUSER, Analysis 2 XXIX].

## 6 Partielle Integration

**6.1 Vorbemerkung.** Wegen des Hauptsatzes der Differential– und Integralrechnung zieht jede Differentiationsregel eine entsprechende Integrationsregel nach sich. Wir beginnen mit der „Umkehrung" der Produktregel.

### 6.2 Satz von der partiellen Integration

*Für $u, v \in C^1[a, b]$ gilt*

$$\int_a^b u(x) v'(x)\, dx = u(x) \cdot v(x) \Big|_a^b - \int_a^b u'(x) \cdot v(x)\, dx\,.$$

BEWEIS.

Wegen $(u \cdot v)' = u \cdot v' + u' \cdot v$ ist $u \cdot v$ eine Stammfunktion zu $u \cdot v' + u' \cdot v$. Nach dem Hauptsatz folgt

$$u \cdot v \Big|_a^b = \int_a^b (u \cdot v' + u' \cdot v) = \int_a^b u \cdot v' + \int_a^b u' \cdot v \,.$$
□

FOLGERUNG.

$$\int_a^b f(x) \cdot g(x)\, dx = f(x) \cdot G(x) \Big|_a^b - \int_a^b f'(x) \cdot G(x)\, dx\,,$$

falls $f \in C^1[a, b]$, $g \in C[a, b]$ und $G$ eine Stammfunktion von $g$ ist.

Die geschickte Aufspaltung eines gegebenen Integranden in ein Produkt $f \cdot g$ ist Erfahrungs– und Übungssache!

### 6.3 Integration von $p(x) \cdot e^x$ für Polynome $p$

Das Prinzip wird an folgendem Beispiel deutlich: Zur Berechnung von

$$\int_a^b x^2 \cdot e^x \, dx$$

setzen wir $f(x) = x^2$, $g(x) = e^x$, $G(x) = e^x$ und erhalten durch zweimalige partielle Integration

$$\int_a^b x^2 e^x \, dx = x^2 \cdot e^x \Big|_a^b - \int_a^b 2x \cdot e^x \, dx$$

$$= \left(x^2 - 2x\right) \cdot e^x \Big|_a^b + \int_a^b 2 \cdot e^x \, dx = \left(x^2 - 2x + 2\right) \cdot e^x \Big|_a^b \,.$$

### 6.4 Integration von $p(x) \cdot \log x$ für Polynome $p$

Sei $f(x) = \log x$, $g(x) = p(x) = a_0 + a_1 x + \cdots + a_n x^n$ und

$$P(x) = \int_0^x p(t)\, dt = a_0 x + \tfrac{1}{2} a_1 x^2 + \cdots + \tfrac{1}{n+1} a_n x^{n+1} = x \cdot q(x)$$

wobei $q$ wieder ein Polynom $n$–ten Grades ist. Partielle Integration liefert dann

$$\int_a^b \log x \cdot p(x)\, dx = \log x \cdot P(x) \Big|_a^b - \int_a^b \frac{1}{x} \cdot P(x)\, dx$$

$$= x \cdot \log x \cdot q(x) \Big|_a^b - \int_a^b q(x)\, dx\,, \quad \text{falls} \quad a, b > 0\,.$$

# 6 Partielle Integration

Das letzte Integral ergibt sich nach 5.4(a).

Für $p(x) = 1$ erhalten wir insbesondere

$$\int_a^b \log x \, dx = x(\log x - 1)\Big|_a^b \quad \text{für} \quad 0 < a < b.$$

## 6.5 Integrale mit trigonometrischen Funktionen

(a) $\int_a^b \cos^2 x \, dx$.

Wir setzen $f(x) = g(x) = \cos x$, $G(x) = \sin x$ und erhalten mit Hilfe partieller Integration und unter Berücksichtigung von $\sin^2 x = 1 - \cos^2 x$

$$\int_a^b \cos x \cdot \cos x \, dx = \cos x \cdot \sin x \Big|_a^b + \int_a^b \sin x \cdot \sin x \, dx$$

$$= \sin x \cdot \cos x \Big|_a^b + \int_a^b \left(1 - \cos^2 x\right) dx, \quad \text{also}$$

$$2 \int_a^b \cos^2 x \, dx = \sin x \cdot \cos x \Big|_a^b + \int_a^b 1 \, dx \quad \text{und schließlich}$$

$$\int_a^b \cos^2 x \, dx = \tfrac{1}{2}(x + \sin x \cdot \cos x)\Big|_a^b.$$

(b) ÜA Was ergibt sich daraus für $\int_a^b \sin^2 x \, dx$?

(c) Der Trick, mittels mehrfacher partieller Integration auf eine Formel der Gestalt

$$\int_a^b f(x) \cdot g(x) \, dx = h(x)\Big|_a^b + c \cdot \int_a^b f(x) \cdot g(x) \, dx$$

mit $c \neq 1$ abzuzielen, ist häufig nützlich. Man erhält dann

$$\int_a^b f(x) \cdot g(x) \, dx = \frac{1}{1-c} \cdot h(x)\Big|_a^b.$$

(d) ÜA Zeigen Sie mittels zweimaliger partieller Integration die sogenannten *Orthogonalitätsrelationen für die trigonometrischen Funktionen*:

$$\int_{-\pi}^{\pi} \cos nx \cdot \cos mx \, dx = \int_{-\pi}^{\pi} \sin nx \cdot \sin mx \, dx = \pi \cdot \delta_{nm} \quad (n, m \in \mathbb{N}),$$

$$\int\limits_{-\pi}^{\pi} \sin nx \cdot \cos mx \, dx = 0 \quad \text{für alle} \quad n, m \in \mathbb{N}.$$

(e) ÜA Bestimmen Sie $\int\limits_a^b x^2 \sin x \, dx$.

(f) ÜA Bestimmen Sie $\int\limits_a^b e^x \sin x \, dx$ mit Hilfe des Tricks (c).

Weitere Integrale mit trigonometrischen Funktionen werden in Abschnitt 10 behandelt.

### 6.6 Aufgaben

(a) $\int\limits_a^b \dfrac{\log x}{x} \, dx$ für $0 < a < b$. (Beachten Sie 6.5 (a), (c)!)

(b) $\int\limits_a^b x^\alpha \log x \, dx$ für $\alpha \in \mathbb{R}, \alpha \neq -1, 0 < a < b$.

## 7 Die Substitutionsregel

### 7.1 Umkehrung der Kettenregel

*Ist $u : [\alpha, \beta] \to [a, b]$ stetig differenzierbar und $f \in C[a, b]$, so gilt*

$$\int\limits_{u(\alpha)}^{u(\beta)} f(x) \, dx = \int\limits_\alpha^\beta f(u(t)) \cdot u'(t) \, dt.$$

BEWEIS.
Sei $F$ eine Stammfunktion zu $f$. Dann folgt nach der Kettenregel

$$\frac{d}{dt} F(u(t)) = F'(u(t)) \cdot u'(t) = f(u(t)) \cdot u'(t).$$

Der Hauptsatz ergibt also

$$\int\limits_{u(\alpha)}^{u(\beta)} f(x) \, dx = F(x)\Big|_{u(\alpha)}^{u(\beta)} = F(u(t))\Big|_\alpha^\beta = \int\limits_\alpha^\beta \frac{d}{dt} F(u(t)) \, dt$$

$$= \int\limits_\alpha^\beta f(u(t)) \cdot u'(t) \, dt. \qquad \square$$

# 7 Die Substitutionsregel

## 7.2 Der Integrand als Ableitung

Zur Berechnung eines Integrals der Form $\int_a^b g(x)\,dx$ versuchen wir den Integranden in der Form $g(x) = f(u(x)) \cdot u'(x) = \frac{d}{dx} F(u(x))$ zu schreiben, wo $F$ eine Stammfunktion zu $f$ ist. Das Erkennen einer solchen Situation ist Übungssache! Nach 7.1 erhalten wir

$$\int_a^b g(x)\,dx = \int_a^b f(u(x)) \cdot u'(x)\,dx = \int_{u(a)}^{u(b)} f(y)\,dy = F(u(x))\Big|_a^b.$$

BEISPIELE  (a) $\int_a^b x e^{-\frac{1}{2}x^2}\,dx$.

Für $f(y) = e^{-y}$ und $u(x) = \frac{1}{2}x^2$ gilt $x e^{-\frac{1}{2}x^2} = f(u(x)) \cdot u'(x)$. Daher ist

$$\int_a^b x e^{-\frac{1}{2}x^2}\,dx = \int_{u(a)}^{u(b)} e^{-y}\,dy = -e^{-y}\Big|_{u(a)}^{u(b)} = e^{-\frac{1}{2}a^2} - e^{-\frac{1}{2}b^2}.$$

(b) $\int_a^b \dfrac{u'(x)}{u(x)}\,dx = \log \dfrac{u(b)}{u(a)}$, sofern $u(x) \neq 0$ in $[a,b]$.

Dies ergibt sich mit $f(y) = \frac{1}{y}$, $\dfrac{u'(x)}{u(x)} = f(u(x)) \cdot u'(x)$ und

$$\int_a^b \frac{u'(x)}{u(x)}\,dx = \int_{u(a)}^{u(b)} \frac{1}{y}\,dy = \log|y|\Big|_{u(a)}^{u(b)} = \log \frac{|u(b)|}{|u(a)|} = \log \frac{u(b)}{u(a)}.$$

(c) Wegen $\tan x = \dfrac{\sin x}{\cos x} = -\dfrac{\cos' x}{\cos x}$ erhalten wir als Spezialfall

$$\int_a^b \tan x\,dx = \log \frac{\cos a}{\cos b},$$

solange das Intervall $[a,b]$ keine Nullstellen des Kosinus enthält.

(d) Bei Integralen der Form $\int_a^b \sin x \cdot f(\cos x)\,dx$, $\int_a^b \cos x \cdot g(\sin x)\,dx$ kann der Integrand ebenfalls als Ableitung aufgefaßt werden.

(e) ÜA  Bestimmen Sie die Integrale

$$\int_a^b \frac{x^3}{x^4+1}\,dx, \quad \int_a^b \frac{x}{\sqrt{(1+x^2)^3}}\,dx, \quad \int_a^b \frac{x^7}{x^4+2}\,dx.$$

## 7.3 Die Substitutionsregel

Zur Berechnung von $\int_a^b f(x)\,dx$ substituieren (ersetzen) wir $x$ durch $u(t)$, wobei $u : [\alpha, \beta] \to [a, b]$ eine bijektive $C^1$-Funktion ist.

Für $f \in C[a, b]$ gilt nach 7.1 die *Substitutionsregel*

$$\int_a^b f(x)\,dx = \int_{u^{-1}(a)}^{u^{-1}(b)} f(u(t)) \cdot u'(t)\,dt.$$

(Beachten Sie, daß $u^{-1}(b) < u^{-1}(a)$ sein kann!)

In der Sprache des Leibnizschen Differentialkalküls läßt sich die Substitutionsregel leicht merken und handhaben:

Man erhält das transformierte Integral, indem man im Integral $\int_a^b f(x)\,dx$ die folgenden Ersetzungen vornimmt:

$$x = u(t),$$
$$dx = u'(t)\,dt \quad \left(\text{formal aus } \frac{dx}{dt} = u'(t)\right),$$

und Ersetzung der Grenzen $a, b$ für $x$ durch die Grenzen $u^{-1}(a), u^{-1}(b)$ für $t$.

In manchen Fällen (vgl. 7.4 (b)) ergibt sich eine Vereinfachung durch Verwendung der Umkehrfunktion $\varphi = u^{-1} : [a, b] \to [\alpha, \beta]$. Wegen

$$1 = u'(t) \cdot \varphi'(x) \quad \text{mit} \quad x = u(t) \quad \text{bzw.} \quad t = \varphi(x)$$

(Kettenregel) erhält die Substitutionsregel die Gestalt

$$\int_a^b f(x)\,dx = \int_{\varphi(a)}^{\varphi(b)} \left.\frac{f(x)}{\varphi'(x)}\right|_{x=u(t)} dt.$$

Auch hier liefert die Leibnizsche Notation eine Merkhilfe: Aus $t = \varphi(x)$ folgt $dt = \varphi'(x)\,dx$, also $dx = \dfrac{dt}{\varphi'(x)}$.

## 7.4 Beispiele

(a) *Halbkreisfläche.* Zur Berechnung von $\int_{-r}^{r} \sqrt{r^2 - x^2}\,dx$ substituieren wir $x = r \sin t$. Mit $dx = r \cdot \cos t\,dt$, $r^2 - x^2 = r^2 \cos^2 t$ erhalten wir

# 7 Die Substitutionsregel

$$\int_{-r}^{r} \sqrt{r^2 - x^2} \, = \, r^2 \int_{-\pi/2}^{\pi/2} \cos^2 t \, dt \, = \, \frac{\pi}{2} r^2 \quad \text{nach 6.5 (a)}.$$

(b) $\displaystyle\int_{a}^{b} \frac{dx}{\sqrt{1+x^2}}$ und $\displaystyle\int_{a}^{b} \sqrt{1+x^2} \, dx$.

Für die in § 10 : 4.6 (b) eingeführten Hyperbelfunktionen $\sinh x = \frac{1}{2}(e^x - e^{-x})$, $\cosh x = \frac{1}{2}(e^x + e^{-x})$ gilt $\boxed{\text{ÜA}}$

$$1 + \sinh^2 x \, = \, \cosh^2 x, \quad \sinh'(x) \, = \, \cosh(x) > 0,$$
$$x = \sinh t \iff t = \varphi(x) := \log(x + \sqrt{1+x^2}). \quad \text{Mit}$$

$$dt = \varphi'(x) \, dx = \frac{dx}{x + \sqrt{1+x^2}} \cdot \left(1 + \frac{x}{\sqrt{1+x^2}}\right) = \frac{dx}{\sqrt{1+x^2}}$$

erhalten wir

$$\int_{a}^{b} \frac{dx}{\sqrt{1+x^2}} = \int_{\varphi(a)}^{\varphi(b)} dt = t \Big|_{\varphi(a)}^{\varphi(b)} = \log\left(x + \sqrt{1+x^2}\right) \Big|_{a}^{b}.$$

Ferner ergibt sich mit $dx = (\cosh t) \, dt$

$$\int_{a}^{b} \sqrt{1+x^2} \, dx = \int_{\varphi(a)}^{\varphi(b)} (\cosh^2 t) \, dt \, = \, \tfrac{1}{4} \int_{\varphi(a)}^{\varphi(b)} (e^{2t} + e^{-2t} + 2) \, dt$$
$$= \left[\tfrac{1}{8}(e^{2t} - e^{-2t}) + \tfrac{1}{2}t\right]_{\varphi(a)}^{\varphi(b)} \, = \, \tfrac{1}{2}(\sinh t \cdot \cosh t + t) \Big|_{\varphi(a)}^{\varphi(b)}$$
$$= \tfrac{1}{2} \cdot \left[x \cdot \sqrt{1+x^2} + \log(x + \sqrt{1+x^2})\right]_{a}^{b}.$$

(c) $\displaystyle\int_{a}^{b} \frac{1}{\sqrt{x}} \log \sqrt{x} \, dx$ für $0 < a < b$.

Wir setzen $x = t^2$, also $dx = 2t \, dt$ und erhalten

$$\int_{a}^{b} \frac{1}{\sqrt{x}} \log \sqrt{x} \, dx = \int_{\sqrt{a}}^{\sqrt{b}} \frac{1}{t} \log t \cdot 2t \, dt = 2 \int_{\sqrt{a}}^{\sqrt{b}} \log t \, dt$$
$$= 2t \, (\log t - 1) \Big|_{\sqrt{a}}^{\sqrt{b}} \quad \text{nach 6.4}.$$

(d) $\displaystyle\int_a^b \sin\left(\sqrt{x}\right) dx$ für $0 < a < b$.

Wir setzen wieder $t = \sqrt{x}$, d.h. $x = t^2$, $dx = 2t\,dt$ und erhalten

$$\int_a^b \sin\sqrt{x}\,dx = \int_{\sqrt{a}}^{\sqrt{b}} \sin t \cdot 2t\,dt\,.$$

Das letztere Integral wird mit partieller Integration behandelt $\boxed{\text{ÜA}}$.

(e) $\displaystyle\int_a^b \sin(\log x)\,dx \qquad (0 < a < b)$

Setzen wir $x = e^t$, also $dx = e^t\,dt$, so erhalten wir

$$\int_a^b \sin(\log x)\,dx = \int_{\log a}^{\log b} \sin t \cdot e^t\,dt\,.$$

Das letztere Integral ergibt sich durch zweimalige partielle Integration ($\boxed{\text{ÜA}}$, vgl. 6.5(b)).

(f) $\displaystyle\int_a^b \frac{x^7}{x^4 + 1}\,dx$

Wir setzen $t = x^4$, also $dt = 4x^3\,dx$ oder $dx = \dfrac{dt}{4x^3}$ und erhalten nach der Substitutionsregel 7.3

$$\int_a^b \frac{x^7}{x^4+1}\,dx = \frac{1}{4}\int_{a^4}^{b^4} \frac{t\,dt}{t+1} = \frac{1}{4}\int_{a^4}^{b^4}\left(1 - \frac{1}{1+t}\right)dt$$

$$= \frac{1}{4}\Big[t - \log(t+1)\Big]_{a^4}^{b^4}$$

**7.5 Aufgaben**

Geben Sie Stammfunktionen an für

$$\frac{\sqrt{x}}{x+1}\,,\qquad \frac{\sqrt{x}}{1+\sqrt{x}}\,.$$

# 8 Integration rationaler Funktionen

**8.1 Satz.** *Sind $p, q$ reelle Polynome mit $q(x) \neq 0$ in $[a, b]$, so läßt sich das Integral*

$$\int_a^b \frac{p(x)}{q(x)}\,dx$$

*bei Kenntnis der Nullstellen des Nenners formelmäßig angeben.*

Das Verfahren wird im folgenden erklärt.

Es besteht aus einer Zerlegung des Integranden in eine Summe von elementaren Bausteinen (8.2 und 8.3), deren Integrale dann in 8.4–8.6 berechnet werden.

## 8.2 Reduktion des Integranden

Durch Kürzen mit einem größten gemeinsamen Teiler §3 : 7.7 läßt sich erreichen, daß $p$ und $q$ teilerfremd sind. Den höchsten Koeffizienten von $q$ ziehen wir vor das Integral oder schlagen ihn $p$ zu.

Im Fall Grad $(p) \geq$ Grad $(q)$ dividieren wir $p$ durch $q$ mit Rest (§ 3: 7.4) und erhalten dabei Polynome $f$ und $r$ mit

$$\frac{p}{q} = f + \frac{r}{q} \quad \text{und} \quad \text{Grad}(r) < \text{Grad}(q).$$

Die Integration eines Polynoms macht keine Probleme; wir beschäftigen uns deshalb nur noch mit dem restlichen Term $\frac{r}{q}$.

Wir schreiben wieder $p$ statt $r$ und setzen in 8.1 voraus:

(a) $p$ und $q$ sind teilerfremd,

(b) Grad $(p) <$ Grad $(q)$,

(c) der höchste Koeffizient von $q$ ist 1.

## 8.3 Partialbruchzerlegung

*Unter den Voraussetzungen* (a), (b) *und* (c) *von* 8.2 *läßt sich $\frac{p(x)}{q(x)}$ auf eindeutige Weise in eine Summe einfacherer rationaler Ausdrücke zerlegen:*

*Jede reelle Nullstelle $c$ der Vielfachheit $m$ von $q$ liefert dazu den Anteil*

$$\frac{a_1}{x-c} + \frac{a_2}{(x-c)^2} + \cdots + \frac{a_m}{(x-c)^m},$$

*und jedes Paar $c, \overline{c}$ nichtreeller Nullstellen von $q$ mit der Vielfachheit $n$ leistet den Beitrag*

$$\frac{A_1 x + B_1}{x^2 + \alpha x + \beta} + \frac{A_2 x + B_2}{(x^2 + \alpha x + \beta)^2} + \cdots + \frac{A_n x + B_n}{(x^2 + \alpha x + \beta)^n},$$

wobei $x^2 + \alpha x + \beta = (x - c)(x - \bar{c})$. *Die Koeffizienten $a_i, A_k, B_k$ sind reell und eindeutig bestimmt.*

Wir verzichten auf den etwas technischen Beweis und verweisen auf [HEUSER, Bd. 1, Nr. 69], [MANGOLDT–KNOPP, Bd. 2, Nr. 190].

BEISPIEL 1: $\quad \dfrac{p(x)}{q(x)} = \dfrac{5x^2 + 12x + 47}{(x - 3)(x + 5)^2}$.

Der Nenner hat die einfache Nullstelle $x_1 = 3$ und die zweifache Nullstelle $x_2 = -5$. Somit besitzt die Partialbruchzerlegung die Gestalt

$$\frac{p(x)}{q(x)} = \frac{a}{x - 3} + \frac{b}{x + 5} + \frac{c}{(x + 5)^2}.$$

Zur Bestimmung der Koeffizienten $a, b, c$ multiplizieren wir mit $q(x)$ und erhalten

(∗) $\quad 5x^2 + 12x + 47 = a(x + 5)^2 + b(x - 3)(x + 5) + c(x - 3)$.

Durch Ordnen nach Potenzen von $x$ und Koeffizientenvergleich erhalten wir die Gleichungen

$$5 = a + b, \qquad 12 = 10a + 2b + c, \qquad 47 = 25a - 15b - 3c$$

mit der Lösung

$$a = 2, \qquad b = 3, \qquad c = -14.$$

Schneller ergeben sich die Koeffizienten durch Einsetzen der Nullstellen $x_1 = 3$ und $x_2 = -5$ in die Gleichung (∗). Diese gilt zunächst nur außerhalb der Nullstellen, dann jedoch aus Stetigkeitsgründen auch für alle $x \in \mathbb{R}$. Man erhält sofort $a = 2$ und $c = -14$. Den Koeffizienten $b = 3$ findet man durch Differenzieren der Gleichung (∗) und Einsetzen von $x_1 = -5$.

BEISPIEL 2: $\quad \dfrac{p(x)}{q(x)} = \dfrac{3x^2 + 4x + 29}{(x - 1)(x^2 + 4x + 13)}$.

$q(x)$ hat die einfachen Nullstellen $x_1 = 1$, $x_{2/3} = -2 \pm 3i$, besitzt somit die Partialbruchentwicklung

$$\frac{p(x)}{q(x)} = \frac{a}{x - 1} + \frac{Ax + B}{x^2 + 4x + 13}.$$

Multiplikation mit $q(x)$ ergibt

(∗) $\quad 3x^2 + 4x + 29 = a(x^2 + 4x + 13) + (Ax + B)(x - 1)$.

Durch Einsetzen von $x_1 = 1$ erhalten wir

8 Integration rationaler Funktionen

$36 = a \cdot 18$, also $a = 2$.

Zur Bestimmung von $A, B$ empfiehlt sich Koeffizientenvergleich. Man kann aber auch spezielle $x$-Werte in $(*)$ einsetzen, z.B. $x = 0$.

Methoden zur Koeffizientenbestimmung werden ausführlicher beschrieben in [HEUSER Bd. 1, Nr. 69], [MANGOLDT–KNOPP, Bd. 3, Nr. 12].

**8.4** Für das Integral $\int_a^b \dfrac{dx}{(x-c)^k}$, $c \notin [a,b]$, ergibt sich

$$\log(x-c)\Big|_a^b \quad \text{für} \quad k=1 \quad \text{und} \quad \frac{1}{(1-k)(x-c)^{k-1}}\Big|_a^b \quad \text{für} \quad k > 1.$$

**8.5 Reduktion des Integrals** $\displaystyle\int_a^b \dfrac{Ax+B}{(x^2+\alpha x+\beta)^k}\, dx$

Wir zerlegen das Integral in

$$\frac{A}{2}\int_a^b \frac{2x+\alpha}{(x^2+\alpha x+\beta)^k}\,dx + \left(B - \frac{A\alpha}{2}\right)\int_a^b \frac{dx}{(x^2+\alpha x+\beta)^k}$$

Für das erste Integral erhalten wir

$$\begin{cases} \dfrac{A}{2}\cdot \log\left(x^2+\alpha x+\beta\right)\Big|_a^b & \text{für}\quad k=1 \\[2ex] \dfrac{A}{2(1-k)\left(x^2+\alpha x+\beta\right)^{k-1}}\Big|_a^b & \text{für}\quad k>1\,. \end{cases}$$

Das zweite Integral wird mit mit Hilfe der folgenden Rekursionsformel vereinfacht. Im Hinblick auf Abschnitt 9 fassen wir diese gleich allgemein.

**Allgemeine Reduktionsformel.** *Für reelle Zahlen $\alpha, \beta, k$ mit*
$D := (k-1)(4\beta - \alpha^2) \neq 0$ *gilt*

$$\int_a^b \frac{dx}{(x^2+\alpha x+\beta)^k} = \frac{2x+\alpha}{D(x^2+\alpha x+\beta)^{k-1}}\Big|_a^b + \frac{4k-6}{D}\int_a^b \frac{dx}{(x^2+\alpha x+\beta)^{k-1}}\,.$$

Dies ergibt sich aus der direkt zu verifizierenden Identität ÜA

$$\frac{d}{dx}\frac{2x+\alpha}{(x^2+\alpha x+\beta)^{k-1}} = \frac{(k-1)(4\beta-\alpha^2)}{(x^2+\alpha x+\beta)^k} - \frac{2(2k-3)}{(x^2+\alpha x+\beta)^{k-1}}.$$

Ist $k$ eine natürliche Zahl, so kommen wir durch wiederholte Anwendung dieses Reduktionsverfahrens zu folgendem Integral:

**8.6 Das Integral** $\displaystyle\int_a^b \frac{dx}{x^2+\alpha x+\beta}$

Drei Fälle sind zu unterscheiden:

(a) $4\beta > \alpha^2$, d.h. $x^2+\alpha x+\beta$ hat keine reellen Nullstellen. Quadratische Ergänzung liefert

$$x^2+\alpha x+\beta = \left(x+\frac{\alpha}{2}\right)^2 + \beta - \frac{\alpha^2}{4} = \frac{1}{4}\left((2x+\alpha)^2 + 4\beta - \alpha^2\right)$$

$$= \frac{4\beta-\alpha^2}{4}\cdot\left(\frac{(2x+\alpha)^2}{4\beta-\alpha^2}+1\right) = \frac{A^2}{4}(t^2+1),$$

wobei

$$A = \sqrt{4\beta-\alpha^2},\qquad t = \frac{2x+\alpha}{\sqrt{4\beta-\alpha^2}} = \frac{2x+\alpha}{A} = \varphi(x).$$

Für die Substitution $t = \varphi(x)$ gilt $dx = \frac{A}{2}\,dt$, also

$$\int_a^b \frac{dx}{x^2+\alpha x+\beta} = \frac{2}{A}\int_{\varphi(a)}^{\varphi(b)} \frac{dt}{t^2+1} = \frac{2}{A}\arctan\left(\frac{2x+\alpha}{A}\right)\bigg|_a^b.$$

(b) $4\beta < \alpha^2$, d.h. der Nenner hat zwei reelle Nullstellen $x_1, x_2 \notin [a,b]$. Partialbruchzerlegung ergibt mit Hilfe von 5.4 (d)

$$\frac{1}{x^2+\alpha x+\beta} = \frac{1}{(x-x_1)(x-x_2)} = \frac{1}{x_2-x_1}\left(\frac{1}{x-x_2} - \frac{1}{x-x_1}\right),\text{ also}$$

$$\int_a^b \frac{dx}{x^2+\alpha x+\beta} = \frac{1}{x_2-x_1}\left(\int_a^b \frac{dx}{x-x_2} - \int_a^b \frac{dx}{x-x_1}\right)$$

$$= \frac{1}{x_2-x_1}\cdot\log\left(\left|\frac{x-x_2}{x-x_1}\right|\right)\bigg|_a^b.$$

(c) $4\beta = \alpha^2$, also $x^2+\alpha x+\beta = \left(x+\tfrac{1}{2}\alpha\right)^2$.

Dieser Fall wurde in 8.4 behandelt. Es ergibt sich im Fall $-\frac{\alpha}{2} \notin [a,b]$

9 Integrale mit Potenzen von $\sqrt{x^2+\alpha x+\beta}$ 241

$$\int_a^b \frac{dx}{x^2+\alpha x+\beta} = -\frac{2}{2x+\alpha}\Big|_a^b.$$

**8.7 Aufgaben.** Geben Sie zu folgenden rationalen Ausdrücken Stammfunktionen an:

(a) $\dfrac{x^3+x+1}{x^2+2x-3}$  (b) $\dfrac{1}{x^3+7x^2+15x+9}$  (c) $\dfrac{2x+1}{x^2+4x+5}$

(d) $\dfrac{1}{(x^2-4x+5)^2}$  (e) $\dfrac{x^2+1}{(x^3+1)^2}$.

**8.8 Aufgabe.** Seien $\alpha, \beta$ zwei voneinander verschiedene positive Zahlen. Geben Sie Konstanten $A, B$ an mit

$$\frac{1}{(x^2+\alpha^2)(x^2+\beta^2)} = \frac{A}{x^2+\alpha^2} + \frac{B}{x^2+\beta^2}.$$

# 9 Integrale mit Potenzen von $\sqrt{x^2+\alpha x+\beta}$

**9.1 Das Integral** $\displaystyle\int_a^b \frac{dx}{\sqrt{x^2+\alpha x+\beta}}$

(a) Im Fall $4\beta > \alpha^2$ nehmen wir wie in 8.6 (a) quadratische Ergänzung vor:

$$x^2+\alpha x+\beta = \left(x+\frac{\alpha}{2}\right)^2 + \beta - \frac{\alpha^2}{4} = \frac{A^2}{4}\left(t^2+1\right) \quad \text{mit}$$

$$A = \sqrt{4\beta-\alpha^2} \quad \text{und} \quad t = \varphi(x) = \frac{2x+\alpha}{A}.$$

Es ergibt sich

$$\int_a^b \frac{dx}{\sqrt{x^2+\alpha x+\beta}} = \int_{\varphi(a)}^{\varphi(b)} \frac{dt}{\sqrt{t^2+1}} = \log\left(t+\sqrt{1+t^2}\right)\Big|_{\varphi(a)}^{\varphi(b)}$$

nach 7.4 (b).

(b) Im Fall $4\beta < \alpha^2$ gilt $x^2+\alpha x+\beta = (x-x_1)(x-x_2)$ mit $x_1 < x_2$. Für $x_2 < a$ ergibt die Substitution $t = \sqrt{x-x_2}$

$$\int_a^b \frac{dx}{\sqrt{(x-x_1)(x-x_2)}} = \int_{\sqrt{a-x_2}}^{\sqrt{b-x_2}} \frac{2\,dt}{\sqrt{t^2+x_2-x_1}}.$$

Somit sind wir wieder bei (a).

Im Falle $b < x_1 < x_2$ führt die Substitution $t = \sqrt{x_1 - x}$ auf denselben Integranden, aber andere Integrationsgrenzen $\boxed{\text{ÜA}}$.

(c) Für $4\beta = \alpha^2$ haben wir es mit $\displaystyle\int_a^b \frac{dx}{x + \frac{1}{2}\alpha}$ zu tun.

**9.2 Das Integral** $\displaystyle\int_a^b \frac{dx}{\sqrt{(x^2 + \alpha x + \beta)^{2n+1}}}$

mit $n \in \mathbb{N}$, $4\beta \neq \alpha^2$ wird mittels der Reduktionsformel 8.5 auf das Integral 9.1 zurückgeführt. Mit $k = n + \frac{1}{2}$, $D = (k-1)(4\beta - \alpha^2) = (n - \frac{1}{2})(4\beta - \alpha^2)$ und $w(x) = \sqrt{x^2 + \alpha x + \beta}$ erhalten wir aus 8.5 $\boxed{\text{ÜA}}$

$$\int_a^b \frac{dx}{w(x)^{2n+1}} = \left.\frac{2x + \alpha}{D \cdot w(x)^{2n-1}}\right|_a^b + \frac{4(n-1)}{D} \int_a^b \frac{dx}{w(x)^{2n-1}}.$$

Nach $n$ Schritten sind wird beim Integral 9.1.

**9.3 Das Integral** $\displaystyle\int_a^b \sqrt{(x^2 + \alpha x + \beta)^{2n+1}}\, dx$

mit $n \in \mathbb{N}_0$, $4\beta \neq \alpha^2$ führen wir ebenfalls auf das Integral 9.1 zurück, indem wir diesmal die Reduktionsformel 8.5 in „umgekehrter Richtung" verwenden. Mit $k = -n + \frac{1}{2}$, $D = (-n - \frac{1}{2})(4\beta - \alpha^2) = -(n + \frac{1}{2})(4\beta - \alpha^2)$ und $w(x) = \sqrt{x^2 + \alpha x + \beta}$ erhalten wir aus 8.5 $\boxed{\text{ÜA}}$

$$\int_a^b w(x)^{2n+1}\, dx = \left.\frac{2x + \alpha}{4(n+1)} w(x)^{2n+1}\right|_a^b + \frac{(2n+1)(4\beta - \alpha^2)}{8(n+1)} \int_a^b w(x)^{2n-1}\, dx.$$

Nach $n + 1$ Schritten kommen wir zum Integral 9.1.

**9.4 Integrale der Form** $\displaystyle\int_a^b \frac{p(x)}{\sqrt{x^2 + \alpha x + \beta}}\, dx$

mit einem Polynom $p$ vom Grad $n \in \mathbb{N}$ können ebenfalls auf das Integral 9.1 zurückgeführt werden. Die geschieht durch den Ansatz

$$\int_a^b \frac{p(x)}{\sqrt{x^2 + \alpha x + \beta}}\, dx \;=\; q(x)\sqrt{x^2 + \alpha x + \beta}\,\Big|_a^b \;+\; c \cdot \int_a^b \frac{dx}{\sqrt{x^2 + \alpha x + \beta}}$$

mit einem Polynom $q$ vom Grad $n-1$ und einer Konstanten $c$.

Das Polynom $q$ und die Konstante $c$ ergeben sich durch Koeffizientenvergleich aus

$$p(x) - c \;=\; (x^2 + \alpha x + \beta)\cdot q'(x) + (x + \tfrac{1}{2}\alpha)\cdot q(x)\,.$$

AUFGABE. (a) Wie kommt die letzte Gleichung zustande?

(b) Warum funktioniert die Methode des Koeffizientenvergleichs?

(c) Bestimmen Sie $\displaystyle\int_a^b \frac{x\, dx}{\sqrt{1+x^2}}$.

## 9.5 Aufgaben

(a) Zeigen Sie mit dem Reduktionsverfahren 9.3, daß

$$\int_a^b \sqrt{x^2 + c^2}\, dx \;=\; \tfrac{1}{2} c^2 \left[ x\cdot\sqrt{1+x^2} + \log(x + \sqrt{1+x^2})\,\right]_{a/c}^{b/c},$$

vgl. 7.4 (b).

(b) Zeigen Sie, daß $\displaystyle\int_a^b \frac{dx}{\left(\sqrt{1+x^2}\right)^3} \;=\; \frac{x}{\sqrt{1+x^2}}\bigg|_a^b$.

# 10 Übergang zum halben Winkel

## 10.1 Integrale rationaler Funktionen von $\cos x$ und $\sin x$

Solche Integrale lassen sich immer formelmäßig angeben:

Wir substituieren

$$u = \tan\frac{x}{2} \quad \text{bzw.} \quad x = 2\cdot \arctan u$$

und erhalten mit Hilfe von §9 : 3.7

$$du = \frac{1}{2}\left(1 + \tan^2 \frac{x}{2}\right) dx = \frac{1+u^2}{2}\, dx, \quad \text{also} \quad dx = \frac{2}{1+u^2}\, du,$$

$$\sin x = \frac{2\sin\frac{x}{2}\cdot\cos\frac{x}{2}}{\sin^2\frac{x}{2} + \cos^2\frac{x}{2}} = \frac{2\tan\frac{x}{2}}{1+\tan^2\frac{x}{2}} = \frac{2u}{1+u^2},$$

$$\cos x = \frac{\cos^2 \frac{x}{2} - \sin^2 \frac{x}{2}}{\cos^2 \frac{x}{2} + \sin^2 \frac{x}{2}} = \frac{1-u^2}{1+u^2}.$$

Nach Ausführung dieser Substitution ist der Integrand also eine rationale Funktion in $u$, und es kann das Verfahren von Abschnitt 8 angewendet werden.

**10.2 Beispiel** $\displaystyle\int_a^b \frac{dx}{\sin x}$.

Es sei $0 < a < b < \pi$. Durch Substitution $u = \tan \frac{x}{2}$ geht dieses Integral mit $A = \tan \frac{a}{2}$, $B = \tan \frac{b}{2}$ über in

$$\int_A^B \frac{1+u^2}{2u} \cdot \frac{2}{1+u^2}\, du = \int_A^B \frac{du}{u} = \log u \bigg|_A^B = \log \frac{\tan \frac{b}{2}}{\tan \frac{a}{2}}.$$

**10.3 Aufgaben.** Berechnen Sie die Integrale

(a) $\displaystyle\int_a^b \frac{dx}{\cos x} \qquad \left(-\frac{\pi}{2} < a < b < \frac{\pi}{2}\right)$

(b) $\displaystyle\int_a^b \frac{1+\cos^3 x}{\sin x}\, dx \qquad (0 < a < b < \pi)$.

## 11 Schlußbemerkungen

### 11.1 In geschlossener Form integrierbare Funktionen

Ein *geschlossener Ausdruck* entsteht aus den elementaren Funktionen

$$1,\ x,\ e^x,\ \log x,\ \sqrt{x},\ \sin x,\ \cos x,\ \ldots$$

dadurch, daß endlich oft einer der Prozesse Addition, Subtraktion, Multiplikation, Division und Hintereinanderausführung durchgeführt wird. Zum Beispiel ist

$$\log\left(\frac{\sqrt{x} + e^x}{1 + \sin^2(1+x)}\right)$$

ein geschlossener Ausdruck.

Ein *rationaler Ausdruck* in den Funktionen $f_1, \ldots, f_n$ entsteht aus diesen dadurch, daß endlich oft eine der Operationen Addition, Subtraktion, Multiplikation, Division mit ihnen durchgeführt wird.

# 11 Schlußbemerkungen

Folgende Funktionen gestatten die Angabe einer Stammfunktion durch einen geschlossenen Ausdruck:
(a) rationale Ausdrücke in 1 und $x$ (vgl. Abschnitt 8),
(b) rationale Ausdrücke in 1, $x$, $\sqrt{ax+b}$, $\sqrt{cx+d}$,
(c) rationale Ausdrücke in 1, $x$, $\sqrt{x^2+\alpha x+\beta}$,
(d) rationale Ausdrücke in 1, $\sin x$, $\cos x$.

Einzelheiten finden Sie in der angegebenen Literatur.

## 11.2 Nicht in geschlossener Form integrierbare Funktionen

$$e^{-x^2}, \quad \frac{\sin x}{x}, \quad \frac{e^x}{x}, \quad \frac{1}{\log x}, \quad \frac{1}{\sqrt{1-\cos x}}, \quad \frac{1}{\sqrt{1+x^4}}.$$

Diese Funktionen lassen sich nicht in geschlossener Form integrieren, vgl. dazu [MANGOLDT–KNOPP, Bd. 3].

Das hat u.a. die Konsequenz, daß sich die Bogenlänge eines Ellipsenstückes nicht formelmäßig angeben läßt und daß die Differentialgleichung $\ddot{x}+\omega^2 \sin x = 0$ des mathematischen Pendels keine geschlossen darstellbare Lösung zuläßt.

## 11.3 Schlußbemerkungen

Natürlich sind die Funktionen 11.2 über jedes Stetigkeitsintervall integrierbar, nur gibt es eben keinen geschlossenen Ausdruck für die jeweilige Stammfunktion. Mit Computerhilfe (z.b. mit dem Programmpaket MATLAB) läßt sich jedes bestimmte Integral numerisch beliebig genau berechnen; wir werden später einfache Näherungsverfahren diskutieren (Stichworte: Keplersche Faßregel und Simpson–Regel).

Zur Herleitung von Gesetzmäßigkeiten in der Physik kann aber auch im Computerzeitalter auf die exakte Bestimmung von Integralen, sei es durch geschlossene Ausdrücke oder durch Reihen, nicht verzichtet werden.

Die unten angegebene Literatur enthält eine so große Fülle von Beispielen, daß sie unmöglich alle hier aufgenommen werden können. So haben wir uns darauf beschränkt, die wichtigsten Integrationstechniken vorzustellen.

## 11.4 Wie finden Sie weitere Stammfunktionen?

An Lehrbuchliteratur nennen wir [MANGOLDT–KNOPP, Bd. 3], [KAMKE].

Ferner weisen wir auf die Programme MAPLE und MATHEMATICA der Computeralgebra hin, welche in praktisch allen Fällen, in denen dies möglich ist, Stammfunktionen formelmäßig angeben.

# § 12 Vertauschung von Grenzprozessen, uneigentliche Integrale

## 1 Problemstellungen, Beispiele

### 1.1 Worum geht es ?

Die Notwendigkeit strengerer Betrachtungsweisen in der Analysis ergab sich Ende des 18. Jahrhunderts anläßlich folgender Frage, die für die weitere Entwicklung der mathematischen Physik eine Schlüsselrolle spielte:

Gegeben eine Funktion $f : [0, L] \to \mathbb{R}$ mit $f(0) = f(L) = 0$ (z.B. die Gestalt einer an den Enden eingespannten Saite zu einem Zeitpunkt). Läßt sich $f$ in eine Sinusreihe

$$f(x) = \sum_{n=1}^{\infty} a_n \sin \frac{n\pi}{L} x$$

entwickeln?

EULER hielt einer solchen Vorstellung entgegen, daß eine Reihe, deren Glieder analytische Funktionen sind, selbst wieder analytisch sein müsse. Daher komme eine solche Entwicklung für „physikalische Funktionen", z.B. auch solche mit Ecken oder gar Sprüngen, nicht in Frage.

Diese Auffassung ist nur bedingt richtig. Eigenschaften der Reihenglieder wie Differenzierbarkeit oder Integrierbarkeit müssen sich keineswegs auf die Grenzfunktion vererben; hierfür sind Zusatzbedingungen erforderlich. Wir formulieren die Fragestellungen zunächst für Folgen:

Gegeben eine Folge von Funktionen $f_1, f_2, \ldots$ auf einem Intervall $I$, für die

$$f(x) = \lim_{n \to \infty} f_n(x)$$

für alle $x \in I$ existiert.

(a) Unter welchen Voraussetzungen folgt aus der Differenzierbarkeit der $f_n$ die Differenzierbarkeit der Grenzfunktion $f$ und

$$f'(x) = \lim_{n \to \infty} f_n'(x) \,?$$

(b) Wann folgt aus der Integrierbarkeit der $f_n$ die von $f$ und

$$\int_I f = \lim_{n \to \infty} \int_I f_n \,?$$

Für unendliche Reihen

$$f(x) = \sum_{k=0}^{\infty} u_k(x)$$

# 2 Gleichmäßige Konvergenz von Folgen und Reihen

lauten die entsprechenden Fragen:

(a) Folgt aus der Integrierbarkeit der $u_k$ auch die von $f$ und

$$\int_I f = \sum_{k=0}^{\infty} \int_I u_k \qquad \text{(gliedweise Integrierbarkeit)}?$$

(b) Folgt für $C^1$-Funktionen $u_k$ die Differenzierbarkeit von $f$ und

$$f'(x) = \sum_{k=0}^{\infty} u_k'(x) \qquad \text{(gliedweise Differenzierbarkeit)}?$$

Über die Partialsummen $f_n(x) = \sum_{k=0}^{n} u_k(x)$ werden die beiden letzten Fragen unmittelbar auf die ersten zwei zurückgeführt.

## 1.2 Zwei Beispiele

(a) Die Grenzfunktion einer konvergenten Folge von $C^\infty$-Funktionen braucht nicht einmal stetig zu sein. Dies zeigt das Beispiel

$$f_n(x) = x^n \quad \text{für} \quad x \in [0,1].$$

Die $f_n$ sind beliebig oft differenzierbar, und es gilt

$$f_n(x) \to f(x) = \begin{cases} 0 & \text{für } 0 \le x < 1 \\ 1 & \text{für } x = 1. \end{cases}$$

(b) *Im allgemeinen sind Integration und Grenzübergang nicht vertauschbar.*

Für die in der Figur eingezeichneten stetigen Funktionen $f_n$ gilt $\lim_{n \to \infty} f_n(x) = 0$ für alle $x \in [0,1]$.

Für $x = 0$ ist das klar; für $x > 0$ gilt $f_n(x) = 0$ für $\frac{1}{n} < \frac{x}{2}$, also $n > \frac{2}{x}$.

Ferner ist $\int_0^1 f_n(x)\,dx = 1$, somit

$$\int_0^1 \lim_{n \to \infty} f_n \ne \lim_{n \to \infty} \int_0^1 f_n.$$

## 2 Gleichmäßige Konvergenz von Folgen und Reihen

**2.1 Die Supremumsnorm** wurde in § 11 : 2 für reelle Funktionen eingeführt. Im Hinblick auf Potenzreihen fassen wir diese Definition hier etwas allgemeiner:

§ 12 Vertauschung von Grenzprozessen, uneigentliche Integrale

Sei im folgenden $D$ eine beliebige Menge (wir denken zunächst an Teilmengen von $\mathbb{C}$). Eine Funktion $f : D \to \mathbb{C}$ heißt **beschränkt** auf $M \subset D$, wenn die Menge $\{|f(x)| \mid x \in M\}$ beschränkt ist. Ist dies der Fall, so heißt

$$\|f\|_M = \sup\{|f(x)| \mid x \in M\}$$

die **Supremumsnorm** von $f$ bezüglich $M$.

Wie in § 11 : 2 gelten die folgenden Eigenschaften der Norm:

$\|f\|_M = 0$ genau dann, wenn $f$ die Nullfunktion ist,

$\|cf\|_M = |c| \cdot \|f\|_M$ für $c \in \mathbb{C}$,

$\|f + g\|_M \leq \|f\|_M + \|g\|_M$

### 2.2 Gleichmäßige Konvergenz

Für auf $M$ beschränkte Funktionen $f$ und $f_n$ ist die folgende Begriffsbildung von grundlegender Bedeutung:

Die $f_n$ **konvergieren auf $M$ gleichmäßig** gegen $f$, wenn

$$\|f - f_n\|_M \to 0 \quad \text{für} \quad n \to \infty.$$

Wir sagen auch:

$f_n(x) \to f(x)$ gleichmäßig für alle $x \in M$, kurz

$f_n \to f$ gleichmäßig auf $M$.

BEISPIEL. Ist $f : [a,b] \to \mathbb{R}$ integrierbar, so gibt es eine Folge von Treppenfunktionen $\varphi_n$, die auf $[a,b]$ gleichmäßig gegen $f$ konvergieren, vgl. § 11 : 2.3.

### 2.3 Das Verhältnis von gleichmäßiger zu punktweiser Konvergenz

Von der gleichmäßigen Konvergenz ist die **punktweise Konvergenz auf $M$**

$f_n(x) \to f(x)$ für jedes $x \in M$

wohl zu unterscheiden.

*Aus der gleichmäßigen Konvergenz $f_n \to f$ auf $M$ folgt die punktweise.*

Das ergibt sich sofort aus

$$|f(x) - f_n(x)| \leq \|f - f_n\|_M \quad \text{für jedes} \quad x \in M.$$

2 Gleichmäßige Konvergenz von Folgen und Reihen 249

Die Umkehrung gilt jedoch i.a. nicht.

BEISPIEL. (vgl. 1.2). Es gilt $x^n \to 0$ für jedes $x \in [0,1[$. Für $f_n(x) = x^n$ und $f = 0$ ist also $f_n(x) \to f(x)$ punktweise in $M = [0,1[$. Es ist aber

$$\|f - f_n\|_M = \sup\{x^n \mid 0 \le x < 1\} = 1.$$

(Man beachte, daß die $f_n$ auf jedem Intervall $[0,r]$ mit $r < 1$ gleichmäßig gegen Null konvergieren:

$$\|f_n - 0\|_{[0,r]} = \sup\{x^n \mid 0 \le x \le r\} = r^n \to 0 \quad \text{für} \quad n \to \infty.)$$

BEMERKUNG. Punktweise Konvergenz auf $M$ bedeutet: Für jedes $x \in M$ gibt es zu vorgegebenem $\varepsilon > 0$ ein — im allgemeinen von $x$ abhängiges — $n_\varepsilon = n_\varepsilon(x)$, so daß

$$|f(x) - f_n(x)| < \varepsilon \quad \text{für} \quad n > n_\varepsilon(x).$$

(In unserem Beispiel ist $n > \dfrac{\log \varepsilon}{\log x}$ zu wählen.) Bei gleichmäßiger Konvergenz kann $n_\varepsilon$ unabhängig von $x$ gewählt werden.

## 2.4 Das Rechnen mit gleichmäßig konvergenten Folgen

(a) *Konvergiert die Folge $(f_n)$ gleichmäßig auf $M$, so gibt es eine Schranke $C$ mit $\|f_n\|_M \le C$ für $n = 1, 2, \ldots$.*

(b) *Aus der gleichmäßigen Konvergenz $f_n \to f$, $g_n \to g$ auf $M$ folgt die gleichmäßige Konvergenz auf $M$ von*

$$af_n + bg_n \to af + bg \quad \text{für} \quad a, b \in \mathbb{C},$$

$$f_n \cdot g_n \to f \cdot g,$$

$$|f_n| \to |f|.$$

ÜA Geben Sie die Beweise nach dem Muster von §2:6.

## 2.5 Aufgaben

(a) Warum ist die Folge $(f_n)$ in 1.2 (b) nicht gleichmäßig konvergent?

(b) Ist die Folge $h_n$ mit $h_n(x) = \chi_{[-n,n]}$ punktweise konvergent auf $\mathbb{R}$?

(c) Sei $f(x) = e^{-|x|}$, $h_n$ wie in (b) und $f_n = f \cdot h_n$. Zeigen Sie, daß $f_n \to f$ gleichmäßig auf $\mathbb{R}$.

## 2.6 Gleichmäßige Konvergenz von Reihen, Majorantenkriterium

Die reell- oder komplexwertigen Funktionen $f_0, f_1, \ldots$ seien auf einer Menge $D$ definiert, und es sei $M$ eine nichtleere Teilmenge von $D$. Die Reihe

$$\sum_{k=0}^{\infty} f_k(x) \quad \text{mit den Teilsummen} \quad s_n(x) = \sum_{k=0}^{n} f_k(x)$$

heißt **gleichmäßig konvergent auf $M$**, wenn die Teilsummen $s_n$ auf $M$ gleichmäßig gegen eine geeignete Funktion konvergieren.

**Das Majorantenkriterium.** *Der Nachweis der gleichmäßigen Konvergenz einer Reihe $\sum_{k=0}^{\infty} f_k(x)$ auf $M$ wird so gut wie immer durch die Angabe einer Majoranten mit konstanten Gliedern geführt: Gleichmäßige Konvergenz auf $M$ findet sicher dann statt, wenn eine Abschätzung*

$$|f_k(x)| \leq a_k \quad \text{für alle} \quad x \in M \quad \text{und} \quad k = 0, 1, 2, \ldots$$

*gilt und wenn die Reihe $\sum_{k=0}^{\infty} a_k$ konvergiert.*

BEWEIS.
Für jedes feste $x \in M$ konvergiert die Reihe $\sum_{k=0}^{\infty} f_k(x)$ nach dem Majorantenkriterium § 7 : 5.2; den Grenzwert nennen wir $f(x)$. Für $m > n$ gilt

$$|s_m(x) - s_n(x)| = \left| \sum_{k=n+1}^{m} f_k(x) \right| \leq \sum_{k=n+1}^{m} |f_k(x)| \leq \sum_{k=n+1}^{m} a_k \,.$$

Nach dem CAUCHY-Kriterium § 7 : 5.1 gibt es zu vorgegebenem $\varepsilon > 0$ ein $n_0$, so daß

$$\sum_{k=n+1}^{m} a_k < \varepsilon \quad \text{für alle} \quad n > n_0 \quad \text{und alle} \quad m > n \,.$$

Dann gilt für $m > n > n_0$ und für alle $x \in M$

$$|s_m(x) - s_n(x)| < \varepsilon, \quad \text{also für} \quad f(x) = \lim_{m \to \infty} s_m(x)$$

$$|f(x) - s_n(x)| \leq \varepsilon \quad \text{für alle} \quad n > n_0 \quad \text{und alle} \quad x \in M \,.$$

Damit ist $\|f - s_n\|_M \leq \varepsilon$ für $n > n_0$. □

BEISPIEL. $\sum_{n=1}^{\infty} \frac{1}{n^2} \sin(nx)$ konvergiert gleichmäßig für alle $x \in \mathbb{R}$, denn

$$\left|\frac{1}{n^2}\sin(nx)\right| \leq \frac{1}{n^2}, \quad \text{und} \quad \sum_{n=1}^{\infty}\frac{1}{n^2} \quad \text{konvergiert nach § 7 : 1.3 (c)}.$$

## 2.7 Gleichmäßige Konvergenz von Potenzreihen

*Hat die Potenzreihe* $\sum_{n=0}^{\infty} a_n(z-z_0)^n$ *den Konvergenzradius* $R > 0$, *so konvergieren die Reihen*

$$\sum_{n=0}^{\infty} a_n(z-z_0)^n \quad \text{und} \quad \sum_{n=1}^{\infty} n \cdot a_n(z-z_0)^{n-1}$$

*gleichmäßig in jeder Kreisscheibe* $|z-z_0| \leq r$ *für* $0 < r < R$.

BEMERKUNG. *Für die volle Kreisscheibe* $|z-z_0| < R$ *liegt im allgemeinen keine gleichmäßige Konvergenz vor.* Wir wollen uns dieses für Potenzreihen typische Konvergenzverhalten anhand der geometrischen Reihe klar machen. Mit

$$f(z) = \frac{1}{1-z} \quad \text{und} \quad s_n(z) = \sum_{k=0}^{n} z^k = \frac{1-z^{n+1}}{1-z}$$

gilt für $|z| < 1$

$$|f(z) - s_n(z)| = \left|\frac{z^{n+1}}{1-z}\right| \leq \frac{|z|^{n+1}}{1-|z|}.$$

Für $0 \leq z < 1$ gilt dabei das Gleichheitszeichen. Damit haben wir für jedes feste $r$ mit $0 < r < 1$

$$\sup\left\{|f(z) - s_n(z)| \,\Big|\, |z| \leq r\right\} = \frac{r^{n+1}}{1-r},$$

also gleichmäßige Konvergenz für $|z| \leq r$. Für $r \to 1$ wird die Konvergenz immer schlechter. Auf der offenen Einheitskreisscheibe $|z| < 1$ ist $|f(z) - s_n(z)|$ sogar unbeschränkt.

BEWEIS.

(a) Nach § 10 : 2.3 konvergiert die Reihe

$$\sum_{n=0}^{\infty} |a_n| \cdot r^n \quad \text{für} \quad 0 \leq r < R.$$

Für $|z-z_0| \leq r$ liefert die Abschätzung

$$|a_n(z-z_0)^n| \leq |a_n| r^n$$

die gleichmäßige Konvergenz von $\sum_{n=0}^{\infty} a_n(z-z_0)^n$ nach dem Majorantenkriterium.

(b) Wir wählen ein $\varrho$ mit $r < \varrho < R$. Nach (a) konvergiert die Reihe
$$\sum_{n=0}^{\infty} |a_n| \cdot \varrho^n.$$
Ihre Glieder bilden also eine Nullfolge und sind insbesondere beschränkt: $|a_n| \cdot \varrho^n \leq C$ für alle $n$. Für $|z - z_0| \leq r$ haben wir die Abschätzung
$$\left|n a_n (z - z_0)^{n-1}\right| \leq n \cdot |a_n| r^{n-1} = \frac{n}{r} \cdot |a_n| \cdot \varrho^n \cdot \left(\frac{r}{\varrho}\right)^n \leq \frac{n}{r} \cdot C \cdot q^n$$
mit $q = \dfrac{r}{\varrho}$, also $0 < q < 1$.

Die Reihe $\sum\limits_{n=1}^{\infty} \dfrac{n}{r} \cdot C \cdot q^n = \dfrac{C}{r} \sum\limits_{n=1}^{\infty} n \cdot q^n$ konvergiert nach § 7 : 2.3 (b).

Damit ergibt das Majorantenkriterium die gleichmäßige Konvergenz von
$$\sum_{n=1}^{\infty} n \cdot a_n (z - z_0)^{n-1} \quad \text{für} \quad |z - z_0| \leq r.$$

(c) *Der Konvergenzradius der letztgenannten Reihe ist $R$*: Einerseits konvergiert $\sum\limits_{n=1}^{\infty} n |a_n| r^{n-1}$ für jedes $r < R$, wie wir gerade gesehen haben. Andererseits gilt für $|w| > R$ die Abschätzung $\left|n \cdot a_n \cdot w^{n-1}\right| \geq \dfrac{n}{|w|} |a_n \cdot w^n|$, und die Reihe $\sum\limits_{n=0}^{\infty} |a_n \cdot w^n|$ ist divergent nach Definition des Konvergenzradius.

### 2.8 Der Weierstraßsche Approximationssatz

*Jede auf einem kompakten Intervall $[a, b]$ stetige Funktion ist dort gleichmäßiger Limes einer geeigneten Folge von Polynomen.*

Der Beweis wird sich im zweiten Band im Zusammenhang mit Fourierreihen ergeben. Für einen direkten Beweis siehe [BARNER–FLOHR 1, pp. 322–326].

## 3 Vertauschung von Grenzübergängen

### 3.1 Stetigkeit der Grenzfunktion

*Der gleichmäßige Limes einer Folge stetiger Funktionen ist stetig:*
$$f_n \in \mathrm{C}(I), \quad f_n \to f \ \text{gleichmäßig auf} \ I \implies f \in \mathrm{C}(I).$$

BEWEIS.

Zu gegebenem $\varepsilon > 0$ gibt es ein $k \in \mathbb{N}$ mit $\|f - f_k\| < \varepsilon$. Sei $x_0 \in I$. Dann gibt es wegen der Stetigkeit von $f_k$ ein $\delta > 0$ mit

# 3 Vertauschung von Grenzübergängen

$$|f_k(x) - f_k(x_0)| < \varepsilon \quad \text{für alle} \quad x \in I \quad \text{mit} \quad |x - x_0| < \delta\,.$$

Für diese $x$ gilt dann

$$|f(x) - f(x_0)| = |f(x) - f_k(x) + f_k(x) - f_k(x_0) + f_k(x_0) - f(x_0)|$$

$$\leq |f(x) - f_k(x)| + |f_k(x) - f_k(x_0)| + |f_k(x_0) - f(x_0)|$$

$$\leq 2\|f - f_k\|_I + |f_k(x) - f_k(x_0)| < 2\varepsilon + \varepsilon = 3\varepsilon\,. \qquad \square$$

## 3.2 Vertauschung von Integration und Grenzübergang

*Sind die Funktionen $f_n$ über $[a,b]$ integrierbar und konvergieren sie dort gleichmäßig gegen $f$, so ist auch $f$ integrierbar, und es gilt*

$$\int_a^b f(x)\,dx = \lim_{n \to \infty} \int_a^b f_n(x)\,dx$$

BEWEIS.

(a) *Integrierbarkeit von $f$*: Nach Voraussetzung gibt es zu jedem $f_n$ eine Treppenfunktion $\varphi_n$ mit $\|f_n - \varphi_n\| < \dfrac{1}{n}$. Also gilt

$$\|f - \varphi_n\| = \|f - f_n + f_n - \varphi_n\| \leq \|f - f_n\| + \|f_n - \varphi_n\| \to 0$$

für $n \to \infty$. $f$ ist somit als gleichmäßiger Limes der Treppenfunktionen $\varphi_n$ integrierbar.

(b) Die Vertauschbarkeit von Limes und Integral folgt aus

$$\left| \int_a^b f - \int_a^b f_n \right| = \left| \int_a^b (f - f_n) \right| \leq \int_a^b |f - f_n| \leq (b-a)\,\|f - f_n\| \to 0$$

für $n \to \infty$. $\qquad \square$

## 3.3 Gliedweise Integration von Reihen

*Sind die $f_n$ über $[a,b]$ integrierbar und konvergiert die Reihe*

$$f(x) = \sum_{n=0}^{\infty} f_n(x)$$

*gleichmäßig auf $[a,b]$, so ist $f$ über $[a,b]$ integrierbar und*

$$\int_a^b f(x)\,dx = \sum_{n=0}^{\infty} \int_a^b f_n(x)\,dx\,.$$

BEWEIS.

Mit $s_N = \sum_{n=0}^{N} f_n$ folgt nach 3.2

$$\int_a^b f = \lim_{N\to\infty} \int_a^b s_N = \lim_{N\to\infty} \sum_{n=0}^{N} \int_a^b f_n = \sum_{n=0}^{\infty} \int_a^b f_n$$

wegen der Linearität des Integrals. □

### 3.4 Aufgabe

Berechnen Sie $\int_0^1 e^{-\frac{1}{2}x^2}\, dx$ auf zwei Stellen genau. (Leibniz–Reihe!)

### 3.5 Vertauschung von Differentiation und Grenzübergang

*Konvergiert eine Folge* $f_1, f_2, \ldots$ *von* $C^1$*-Funktionen auf* $I$ *in folgendem Sinne:*

$f_n \to f$ *punktweise in* $I$,

$f_n' \to g$ *gleichmäßig auf jedem kompakten Teilintervall von* $I$,

*so ist* $f$ *in* $I$ *stetig differenzierbar und* $f' = g$, *d.h.*

$$\frac{d}{dx} \lim_{n\to\infty} f_n(x) = \lim_{n\to\infty} \frac{d}{dx} f_n(x).$$

BEWEIS.
Sei $x_0 \in I$. Nach dem Hauptsatz der Differential- und Integralrechnung gilt

$$f_n(x) = f_n(x_0) + \int_{x_0}^{x} f_n'(t)\, dt.$$

Lassen wir in dieser Gleichung $n$ gegen unendlich gehen! Nach der Voraussetzung gilt $f_n(x) \to f(x)$, $f_n(x_0) \to f(x_0)$, und wegen der gleichmäßigen Konvergenz $f_n' \to g$ auf $[x_0, x]$ bzw. $[x, x_0]$ erhalten wir

$$f(x) = f(x_0) + \int_{x_0}^{x} g(t)\, dt.$$

Nach 3.1 ist $g$ stetig in $I$, denn jeder Punkt von $I$ liegt in einem geeigneten kompakten Teilintervall von $I$. Nach dem Hauptsatz ist $f$ daher $C^1$-differenzierbar, und es gilt $f' = g$. □

## 3.6 Gliedweise Differentiation von Reihen

*Die Reihe*

$$f(x) = \sum_{n=0}^{\infty} f_n(x)$$

*konvergiere für alle $x \in I$. Wenn alle $f_n$ stetig differenzierbar sind und wenn die gliedweise differenzierte Reihe*

$$\sum_{n=0}^{\infty} f_n'(x)$$

*auf jedem kompakten Teilintervall von $I$ gleichmäßig konvergiert, so ist auch $f$ stetig differenzierbar, und es gilt*

$$f'(x) = \sum_{n=0}^{\infty} f_n'(x).$$

BEWEIS durch Anwendung von 3.5 auf die Teilsummen, vgl. 3.3.

FOLGERUNG. *Hat die Potenzreihe mit reellen Koeffizienten*

$$f(x) = \sum_{n=0}^{\infty} a_n (x - x_0)^n$$

*den Konvergenzradius $R > 0$, so ist $f$ in $]x_0 - R, x_0 + R[$ beliebig oft differenzierbar, und es gilt dort*

$$f'(x) = \sum_{n=1}^{\infty} n a_n (x - x_0)^{n-1}, \quad f''(x) = \sum_{n=2}^{\infty} n(n-1) a_n (x - x_0)^{n-2}$$

*usw.* Das ist die Behauptung § 10 : 3.1, deren Beweis noch ausstand.

BEWEIS.

Jedes $x \in ]x_0 - R, x_0 + R[$ liegt in einem geeigneten Intervall $[x_0 - r, x_0 + r]$ mit $r < R$. In diesem konvergieren die abgeleiteten Reihen gleichmäßig nach 2.7. Somit folgt die Behauptung aus 3.6. □

## 3.7 Aufgaben

(a) Zeigen Sie die $C^1$-Differenzierbarkeit von

$$f(x) = \sum_{n=1}^{\infty} \frac{1}{n} \sin \frac{x}{n} \quad \text{mit} \quad 0 \leq x \leq 1.$$

(b) Geben Sie den Wert der Reihe $\sum_{n=1}^{\infty} n^2 x^n$ für $-1 < x < 1$ in geschlossener Form an, vgl. § 10 : 3.3 (a).

## 4 Uneigentliche Integrale

### 4.1 Vorbereitende Beispiele

(a) *Die Fläche unter $\frac{1}{x^2}$ für $x \geq 1$.*
Wir betrachten im $\mathbb{R}^2$ die unbeschränkte Menge

$$M = \left\{(x,y) \mid x \geq 1,\ 0 \leq y \leq \frac{1}{x^2}\right\},$$

also die Fläche unter dem Graphen von

$$x \mapsto \frac{1}{x^2}$$

über dem Intervall $[1, \infty[$ (Fig.).
Wir schreiben der Fläche $M$ auf folgende Weise einen *Flächeninhalt* $A(M)$ zu:
Zunächst bestimmen wir

$$\int_1^s \frac{dx}{x^2} = -\frac{1}{x}\bigg|_1^s = 1 - \frac{1}{s} \quad \text{für} \quad s > 1$$

und stellen fest, daß dieser Ausdruck für $s \to \infty$ den Grenzwert 1 besitzt. Es ist daher vernünftig, $A(M)$ durch

$$A(M) := \lim_{s \to \infty} \int_1^s \frac{dx}{x^2} = 1$$

zu definieren.

(b) *Die Fläche unter $\frac{1}{\sqrt{x}}$ für $0 < x \leq b$* definieren wir analog durch

$$A = \lim_{s \to 0+} \int_s^b \frac{1}{\sqrt{x}}\,dx = \lim_{s \to 0+} 2\sqrt{x}\,\bigg|_s^b = \lim_{s \to 0+} \left(2\sqrt{b} - 2\sqrt{s}\right) = 2\sqrt{b}$$

(c) Der Fläche unter der Hyperbel $\frac{1}{x}$ über dem Intervall $[1, \infty[$ läßt sich kein Flächeninhalt zuordnen. Denn es gilt

$$\int_1^s \frac{dx}{x} = \log s \to \infty \quad \text{für} \quad s \to \infty.$$

## 4.2 Integration positiver Funktionen über halboffene Intervalle

(a) Wir betrachten zunächst Intervalle $I = [a, b[$ mit $a < b \leq \infty$. Die Funktion $f : I \to \mathbb{R}_+$ sei über jedes kompakte Teilintervall $[a, s]$ integrierbar. (Dies ist z.B. der Fall, wenn $f$ auf $I$ stetig ist.) Das unbestimmte Integral

$$F(s) = \int_a^s f(x)\,dx$$

ist dann monoton wachsend. Bleibt $F(s)$ für $s \to b-$ beschränkt, so nennen wir $f$ über $I$ **integrierbar**. Für integrierbare Funktionen definieren wir das **Integral** durch

$$\int_a^b f(x)\,dx := \lim_{s \to b} \int_a^s f(x)\,dx.$$

Dabei stützen wir uns auf den

SATZ. *Ist $F$ auf $I = [a, b[$ ($a < b \leq \infty$) monoton wachsend und beschränkt, so existiert $\lim_{s \to b-} F(s)$ (bzw. $\lim_{s \to \infty} F(s)$ im Fall $b = \infty$).*

BEWEIS.
Wegen der Beschränktheit von $F$ existiert $A = \sup\{F(s) \mid s \in [a, b[\}$. Zu gegebenem $\varepsilon > 0$ gibt es ein $s_0 \in [a, b[$ mit $A - \varepsilon < F(s_0) \leq A$. Wegen der Monotonie von $F$ gilt dann

$$A - \varepsilon < F(s) \leq A, \quad \text{d.h.} \quad |A - F(s)| < \varepsilon \quad \text{für alle} \quad s > s_0.$$

Im Fall $b = \infty$ ist dies nach § 8 : 1.8 (d) bereits die Behauptung. Im Fall $b \in \mathbb{R}$ bedeutet dies $|A - F(s)| < \varepsilon$ für $0 < |b - s| = b - s < \delta := b - s_0$. □

Statt „$f$ ist über $I$ integrierbar" sagen wir auch „$\int_a^b f$ existiert bzw. konvergiert" oder „$\int_a^b f < \infty$". Ist $f$ nicht integrierbar, so heißt das Integral divergent.

(b) Für Intervalle $I$ der Form $]a, b]$, bzw. $]-\infty, b]$ betrachten wir

$$F(s) = \int_s^b f(x)\,dx,$$

falls $f : I \to \mathbb{R}_+$ über jedes Intervall $[s, b] \subset I$ integrierbar ist. Wir erhalten in analoger Weise, falls $F$ beschränkt ist,

(a) $\int_a^b f(x)\,dx := \lim_{s \to a+} \int_s^b f(x)\,dx$,

(b) $\int\limits_{-\infty}^{b} f(x)\,dx := \lim\limits_{s \to -\infty} \int\limits_{s}^{b} f(x)\,dx$.

Die Integrale (a), (b) werden auch *uneigentliche Integrale* genannt.

**4.3 Beispiel:** $x \mapsto x^\alpha$  $\int\limits_{0}^{1} x^\alpha\,dx$ existiert genau dann, wenn $\alpha > -1$.

In diesem Fall ist der Wert des Integrals $\dfrac{1}{\alpha + 1}$ ÜA.

$\int\limits_{1}^{\infty} \dfrac{dx}{x^\alpha}$ existiert genau dann, wenn $\alpha > 1$.

In diesem Fall ist der Wert des Integrals $\dfrac{1}{\alpha - 1}$ ÜA.

**4.4 Integration positiver Funktionen über offene Intervalle**

Es sei $I = \,]a,b[\,$ mit $-\infty \leq a < b \leq \infty$ und $f : I \to \mathbb{R}_+$ **lokal integrierbar**, d.h. über jedes kompakte Teilintervall von $I$ im Sinne von §11 integrierbar. $f$ heißt (uneigentlich) **über $I$ integrierbar**, wenn für ein geeignetes $x_0 \in I$ die beiden Integrale

$$\int\limits_{a}^{x_0} f(x)\,dx \quad \text{und} \quad \int\limits_{x_0}^{b} f(x)\,dx \quad \text{konvergieren.}$$

Wir setzen dann

$$\int\limits_{a}^{b} f(x)\,dx := \int\limits_{a}^{x_0} f(x)\,dx + \int\limits_{x_0}^{b} f(x)\,dx.$$

Beachten Sie: Existieren die beiden genannten Integrale für *ein* $x_0 \in I$, so existieren sie beide für *alle* $x_0 \in I$, und ihre Summe ist jedesmal dieselbe ÜA.

**4.5 Positiver und negativer Teil einer reellen Funktion**

Ist $M$ eine beliebige nichtleere Menge und $f : M \to \mathbb{R}$, so setzen wir

$$f_+(x) := \begin{cases} f(x) & \text{falls } f(x) > 0 \\ 0 & \text{sonst,} \end{cases} \qquad f_-(x) := \begin{cases} -f(x) & \text{falls } f(x) < 0 \\ 0 & \text{sonst.} \end{cases}$$

Dann ist $f_+ \geq 0$, $f_- \geq 0$, und es gilt ÜA:

$$f = f_+ - f_-, \qquad |f| = f_+ + f_-.$$

ÜA  Skizzieren Sie $f_+$, $f_-$ für $f(x) = \sin x$.

## 4.6 Das Integral für Funktionen beliebigen Vorzeichens

Sei $I$ ein halboffenes oder offenes Intervall, und $f : I \to \mathbb{R}$ sei lokal integrierbar in $I$ (vgl. 4.4). Dann sind auch $f_+ = \frac{1}{2}(|f| + f)$ und $f_- = \frac{1}{2}(|f| - f)$ lokal integrierbar.

$f$ heißt **über $I$ integrierbar**, wenn $f_+$ und $f_-$ über $I$ uneigentlich integrierbar sind (nach 4.3 bzw. 4.4). In diesem Fall setzen wir

$$\int_I f(x)\,dx := \int_I f_+(x)\,dx - \int_I f_-(x)\,dx.$$

Definitionsgemäß ist mit $f$ auch $|f|$ integrierbar, und es gilt

$$\int_I |f(x)|\,dx = \int_I f_+(x)\,dx + \int_I f_-(x)\,dx.$$

*Interpretation*: Wir betrachten die Fläche zwischen dem Graphen von $f$ und der $x$-Achse und definieren deren Flächeninhalt als Differenz der Anteile ober- und unterhalb der Achse.

Die Berechnung des Integrals geschieht wie in 4.3 und 4.4, z.B. gilt

$$\int_a^\infty f(x)\,dx = \lim_{s\to\infty} \int_a^s f(x)\,dx,$$

falls $f$ über $[a, \infty[$ integrierbar ist. Aus der Existenz des rechtstehenden Grenzwertes folgt aber nicht die Integrierbarkcit von $f$. Z.B. existiert

$$\lim_{s\to\infty} \int_0^s \frac{\sin x}{x}\,dx = \frac{\pi}{2} \qquad \text{[BARNER–FLOHR 1, pp. 418, 433]},$$

während $\left|\frac{\sin x}{x}\right|$ nicht über $\mathbb{R}$ integrierbar ist ($\boxed{\text{ÜA}}$: vgl. Bd. 2, §12 : 2.1). Wir weichen hier von der gebräuchlichen Definition des uneigentlichen Integrals ab, um das Integral dem in Band 2 eingeführten Lebesgue–Integral unterzuordnen. Für dieses folgt wie hier aus der Integrierbarkeit von $f$ die von $|f|$.

## 4.7 Die Hauptkriterien für Integrierbarkeit

Sei $I$ ein offenes oder halboffenes Intervall und $f : I \to \mathbb{R}$ lokal integrierbar in $I$. (Das ist zum Beispiel der Fall, wenn $f$ stetig oder in jedem kompakten Intervall stückweis stetig ist.)

*$f$ ist genau dann über $I$ (uneigentlich) integrierbar, wenn eine der beiden folgenden Bedingungen erfüllt ist:*

(a) **Beschränktheitskriterium.** *Es gibt eine Zahl $C \geq 0$ mit*

$$\int_\alpha^\beta |f(x)|\,dx \le C$$

*für alle kompakten Teilintervalle $[\alpha,\beta] \subset I$.*

(b) **Majorantenkriterium.** *Es gibt eine positive, über $I$ integrierbare Funktion $g$ mit*

$$|f(x)| \le g(x) \quad \text{für alle} \quad x \in I\,.$$

BEWEIS.

(a) Ist $f$ über $I$ integrierbar, so sind $f_+$ und $f_-$ über $I$ integrierbar. Dann gilt

$$\int_\alpha^\beta f_+ \le \int_I f_+\,, \qquad \int_\alpha^\beta f_- \le \int_I f_-$$

für alle $[\alpha,\beta] \subset I$ und daher

$$\int_\alpha^\beta |f| = \int_\alpha^\beta f_+ + \int_\alpha^\beta f_- \le \int_I f_+ + \int_I f_- = C\,.$$

Umgekehrt: Gibt es eine Konstante $C$ mit

$$\int_\alpha^\beta f_+ + \int_\alpha^\beta f_- = \int_\alpha^\beta |f| \le C$$

für alle kompakten Teilintervalle $[\alpha,\beta]$ von $I$, so folgt insbesondere

$$\int_\alpha^\beta f_+ \le C\,, \qquad \int_\alpha^\beta f_- \le C$$

und daher die Integrierbarkeit von $f_+$ und $f_-$ nach dem Muster 4.2.

(b) Ist $f$ über $I$ integrierbar, so existiert $\int_I |f(x)|\,dx$ nach 4.6. Wir wählen als Majorante $g(x) = |f(x)|$. Hat umgekehrt $f$ die Majorante $g$, so gilt

$$\int_\alpha^\beta |f(x)|\,dx \le \int_\alpha^\beta g(x)\,dx \le \int_I g(x)\,dx$$

für alle $[\alpha,\beta] \subset I$, also ist $f$ integrierbar nach (a).

### 4.8 Für die Praxis wichtige Majoranten

(a) $\displaystyle\int_a^\infty e^{-\lambda x}\,dx = \frac{1}{\lambda} \cdot e^{\lambda a}$ für $\lambda > 0$.

# 5 Substitution und partielle Integration, Gamma–Funktion

(b) $\int_{-\infty}^{+\infty} \dfrac{dx}{1+x^2} = \pi$.

Denn es gilt $\int_0^y \dfrac{dx}{1+x^2} = \arctan x \Big|_0^y \to \dfrac{\pi}{2}$ für $y \to \infty$.

(c) $\int_{-\infty}^{+\infty} e^{-\frac{1}{2}x^2}\, dx = \sqrt{2\pi}$.

Eine integrierbare Majorante $g$ für $f(x) = e^{-\frac{1}{2}x^2}$ erhalten wir durch

$$g(x) := 1 \quad \text{für} \quad |x| \le 1 \quad \text{und} \quad g(x) = e^{-\frac{1}{2}|x|} \quad \text{für} \quad |x| \ge 1\,.$$

Die Integrierbarkeit folgt daher aus (a).

Daß $f$ das Integral $\sqrt{2\pi}$ hat, können wir erst in § 23 : 8.4 zeigen.

## 4.9 Aufgaben

Konvergieren die folgenden Integrale? Wenn ja, geben Sie ihren Wert an:

(a) $\int_{-1}^{1} \dfrac{dx}{\sqrt{1-x^2}}$, (b) $\int_0^1 \log x\, dx$, (c) $\int_1^\infty \dfrac{\log x}{x}\, dx$, (d) $\int_1^\infty \dfrac{\log x}{x^2}\, dx$.

## 4.10 Rechenregeln für uneigentliche Integrale

(a) Sind $f$ und $g$ über $I$ integrierbar und $a, b \in \mathbb{R}$, so ist auch $af + bg$ über $I$ integrierbar, und es gilt ÜA

$$\int_I (af + bg) = a \int_I f + b \int_I g\,.$$

(b) Ist $f$ über $I$ integrierbar, so gilt ÜA

$$\Big| \int_I f(x)\, dx \Big| \le \int_I |f(x)|\, dx\,.$$

# 5 Substitution und partielle Integration, Gamma–Funktion

## 5.1 Substitution

*Stellvertretend für die anderen Fälle sei der Fall $I = [a, \infty[$ betrachtet. Sei $f$ stetig für $x \ge a$ und über $[a, \infty[$ integrierbar. Ferner sei $\varphi \in \mathrm{C}^1\,[b, \infty[$ mit $\varphi(b) = a$, $\varphi'(x) > 0$ für alle $x > b$ sowie $\lim_{x \to \infty} \varphi(x) = +\infty$. Dann gilt*

$$\int\limits_a^\infty f(x)\,dx = \int\limits_b^\infty f(\varphi(t))\,\varphi'(t)\,dt\,.$$

BEWEIS.
Die gewöhnliche Subsitutionsregel liefert
$$\int\limits_a^{\varphi(s)} |f(x)|\,dx = \int\limits_b^s |f(\varphi(x))|\,\varphi'(x)\,dx\,.$$

Da die linke Seite beschränkt bleibt, gilt das auch für die rechte, also ist $|f \circ \varphi| \cdot \varphi'$ integrierbar. Ferner gilt
$$\int\limits_a^\infty f = \lim_{s\to\infty} \int\limits_a^{\varphi(s)} f = \lim_{s\to\infty} \int\limits_b^s (f \circ \varphi) \cdot \varphi' = \int\limits_b^\infty (f \circ \varphi) \cdot \varphi'\,. \qquad \Box$$

## 5.2 Zum Verhalten integrierbarer Funktionen im Unendlichen

*Für jede über $\mathbb{R}_+$ integrierbare Funktion $f$ gilt*

(a) $\displaystyle\lim_{R\to\infty} \int\limits_{x\geq R} |f(x)|\,dx = 0$,

(b) $\displaystyle\lim_{x\to\infty} f(x) = 0$, *falls $f$ zusätzlich $C^1$-differenzierbar und $f'$ über $[0,\infty[$ integrierbar ist.*

(c) *Entsprechendes gilt für die Integration über $\mathbb{R}_-$.*

BEMERKUNG. $\displaystyle\lim_{|x|\to\infty} f(x) = 0$ gilt i.a. nicht ohne zusätzliche Bedingungen an $f$: Als Gegenbeispiel betrachten wir die skizzierte Wolkenkratzerfunktion $f$, bei der auf jeder Grundlinie $[n, n + \tfrac{1}{2}n^{-3}]$ ein Rechteck der Höhe $n$ steht. Die Funktion $f$ ist zwar unbeschränkt für $x \to \infty$, aber wegen

$$\int\limits_0^{N+1} f(x)\,dx = \frac{1}{2}\sum_{n=1}^N \frac{1}{n^2} < \frac{1}{2}\sum_{n=1}^\infty \frac{1}{n^2}$$

über $\mathbb{R}_+$ integrierbar. Durch Abrundung der Ecken läßt sich $f$ in eine $C^1$-Funktion abändern, die das gleiche Grenzverhalten zeigt.

BEWEIS.

(a) $\displaystyle\int\limits_0^\infty |f| = \lim_{R\to\infty} \int\limits_0^R |f|$, also gilt

5 Substitution und partielle Integration, Gamma–Funktion

$$\int_{x\geq R} |f| = \int_0^\infty |f| - \int_0^R |f| \to 0 \quad \text{für} \quad R \to \infty.$$

(b) Unter den genannten Voraussetzungen existiert der Grenzwert

$$\lim_{x\to\infty} f(x) = \lim_{x\to\infty} \left( f(0) + \int_0^x f'(t)\,dt \right) = f(0) + \int_0^\infty f'(t)\,dt.$$

Wäre $\lim_{x\to\infty} f(x) \neq 0$, so würde $\int_0^\infty |f(x)|\,dx$ nicht konvergieren.

(c) ergibt sich analog. □

### 5.3 Partielle Integration

(a) *Für $f, g \in C^1(\mathbb{R})$ seien $fg, f'g$ und $fg'$ über $\mathbb{R}$ integrierbar. Dann gilt*

$$\int_{-\infty}^{+\infty} f'g = - \int_{-\infty}^{+\infty} fg'.$$

(b) Unter entsprechenden Voraussetzungen für $f, g \in C^1([a, \infty[)$ gilt

$$\int_a^\infty f'g = -f(a) \cdot g(a) - \int_a^\infty fg'.$$

BEWEIS.

(b) Partielle Integration ergibt

$$\int_a^b f'g = f(b) \cdot g(b) - f(a) \cdot g(a) - \int_a^b fg'.$$

Da $(fg)' = f'g + fg'$ integrierbar ist, folgt nach 5.2 (b)

$$\lim_{b\to\infty} f(b) \cdot g(b) = 0 \quad \left( \text{und} \quad \lim_{a\to-\infty} f(a) \cdot g(a) = 0 \text{ im Fall (a)} \right).$$

Die Behauptung (b) folgt für $b \to \infty$; aus (b) folgt (a) für $a \to -\infty$. □

### 5.4 Aufgaben

(a) Zeigen Sie mittels partieller Integration, daß

$$\int_{-\infty}^{+\infty} x^2 e^{-\frac{1}{2}x^2}\,dx = \int_{-\infty}^{+\infty} e^{-\frac{1}{2}x^2}\,dx.$$

(b) Geben Sie die beiden Integrale

§ 12 Vertauschung von Grenzprozessen, uneigentliche Integrale

$$\int_0^\infty e^{-xy} \sin x \, dx \quad \text{und} \quad \int_{-\infty}^{+\infty} e^{-y|x|} \cos x \, dx$$

für $y > 0$ formelmäßig an. Beachten Sie dabei die Bemerkungen von § 11 : 6.5 (c).

### 5.5 Die Gamma–Funktion
ist definiert durch das uneigentliche Integral

$$\Gamma(x) = \int_0^\infty t^{x-1} e^{-t} \, dt.$$

(a) *Dieses Integral konvergiert für $x > 0$.*

(b) *Die Gamma–Funktion ist differenzierbar auf $\mathbb{R}_{>0}$.*

(c) $\Gamma(1) = 1$, $\Gamma(x+1) = x \, \Gamma(x)$ für $x > 0$, also $\Gamma(n+1) = n!$

(d) $\Gamma\left(\frac{1}{2}\right) = \sqrt{\pi}$.

BEWEIS.

(a) Jedes $x > 0$ liegt in einem geeigneten Intervall $[r, R]$ mit $r > 0$. Wir geben im Hinblick auf (c) gleich eine Majorante $g(t)$ für $t^{x-1} e^{-t}$ auf einem solchen Intervall an, nämlich

$$g(t) = \begin{cases} t^{r-1} & \text{für } 0 < t \leq 1 \\ t^R e^{-t} & \text{für } t \geq 1. \end{cases}$$

Dann existiert $\int_0^1 g(t) \, dt$ nach 4.3. Da $e^t$ stärker wächst als jede Potenz von $t$, gibt es eine Konstante $C$ mit $|e^t| \geq C t^{R+2}$ oder $|t^R e^{-t}| \leq \frac{1}{Ct^2}$, somit ist $g$ auch über $[1, \infty[$ integrierbar.

(b) Wir zeigen, daß $\Gamma'(x)$ für $x > 0$ durch das Integral

$$I(x) = \int_0^\infty \log t \cdot t^{x-1} \cdot e^{-t} \, dt$$

gegeben ist, daß also die Differentiation unter dem Integral ausgeführt werden darf. Die Konvergenz dieses Integrals ergibt sich nun ähnlich wie in (a): Sei $0 < 2r < x < R$ und

$$G(t) := \begin{cases} -\log t \cdot t^{2r-1} & \text{für } 0 < t \leq 1 \\ \log t \cdot t^R e^{-t} & \text{für } t \geq 1. \end{cases}$$

Dann ist $G$ eine Majorante für den Integranden von $I(x)$ in $[2r, R]$. Wegen $\lim_{t \to 0+} \log t \cdot t^r = 0$ gibt es eine Konstante $C$ mit

## 5 Substitution und partielle Integration, Gamma–Funktion

$$G(t) \leq C \cdot t^{r-1} \quad \text{für} \quad 0 < t \leq 1,$$

also ist $G$ über $]0,1]$ integrierbar. Wegen $\log t \leq t$ für $t \geq 1$ ist $G(t) \leq t^{R+1} e^{-t}$ für $t \geq 1$, also ist $G$ auch über $[1,\infty[$ integrierbar.

Sei jetzt $0 < h \leq \delta$ mit $\delta = x - 2r$. Dann gilt

$$\frac{\Gamma(x+h) - \Gamma(x)}{h} - I(x) = \int_0^\infty \left( \frac{e^{h \log t} - 1}{h} - \log t \right) t^{x-1} e^{-t} \, dt.$$

Nach dem Satz von Taylor ist

$$e^y - 1 - y = \frac{y^2}{2} e^{\vartheta y} \quad \text{mit} \quad \vartheta \in ]0,1[ \quad \text{also}$$

$$\left| \frac{e^{h \log t} - 1}{h} - \log t \right| = \left| \frac{1}{2} h (\log t)^2 e^{h \vartheta \log t} \right| \leq \frac{1}{2} |h| \cdot H(t) \quad \text{mit}$$

$$H(t) := \begin{cases} (\log t)^2 \cdot t^{-\delta} & \text{für } 0 < t \leq 1 \\ (\log t)^2 \cdot t^{\delta} & \text{für } t \geq 1. \end{cases}$$

Das folgende Integral existiert aus denselben Gründen, wie sie für $G$ geltend gemacht wurden, und wir erhalten

$$\left| \frac{\Gamma(x+h) - \Gamma(x)}{h} - I(x) \right| \leq \frac{|h|}{2} \cdot \int_0^\infty H(t) t^{x-1} e^{-t} \, dt \to 0 \quad \text{für} \quad h \to 0.$$

(c) $\Gamma(1) = \int_0^\infty e^{-t} \, dt = 1$. Partielle Integration ergibt

$$\int_\alpha^\beta t^x e^{-t} \, dt = -t^x e^{-t} \Big|_\alpha^\beta + x \int_\alpha^\beta t^{x-1} e^{-t} \, dt$$

und daraus die Behauptung für $\alpha \to 0+$, $\beta \to +\infty$.

(d) $\Gamma\left(\frac{1}{2}\right) = \int_0^\infty \frac{1}{\sqrt{t}} e^{-t} \, dt$. Die Substitution $t = \frac{1}{2} x^2$ liefert

$$\int_\alpha^\beta \frac{1}{\sqrt{t}} e^{-t} \, dt = \int_{\sqrt{2\alpha}}^{\sqrt{2\beta}} \sqrt{2} \, e^{-\frac{1}{2} x^2} \, dx.$$

Für $\alpha \to 0+$, $\beta \to +\infty$ ergibt sich nach 4.8 (c)

$$\Gamma\left(\tfrac{1}{2}\right) = \sqrt{2} \int_0^\infty e^{-\frac{1}{2} x^2} \, dx = \sqrt{\pi}. \qquad \square$$

## §13 Elementar integrierbare Differentialgleichungen

### 1 Die lineare Differentialgleichung $y' = a(x)y + b(x)$

#### 1.1 Die Abnahme des Luftdrucks mit der Höhe

Der Luftdruck $p(h)$ in der Höhe $h$ über dem Meeresspiegel wird verursacht durch das Gewicht der über einem Quadratmeter lastenden Luftsäule. Nehmen wir konstantes spezifisches Gewicht $\varrho$ an, so besteht die Beziehung

$$p(h - \Delta h) - p(h) = \varrho \cdot \Delta h\,.$$

Da aber $\varrho$ von der Höhe abhängt, $\varrho = \varrho(h)$, gibt diese Gleichung die Verhältnisse nur angenähert wieder. Für $\Delta h \to 0$ ergibt sich als strenge Beziehung

$$p'(h) = \lim_{\Delta h \to 0} \frac{p(h - \Delta h) - p(h)}{-\Delta h} = -\varrho(h)\,.$$

Wir legen die ideale Gasgleichung zwischen $\varrho$, $p$ und der Temperatur $T$ zugrunde:

$$\varrho = \alpha \cdot \frac{p}{T} \quad \text{mit einer geeigneten Konstanten } \alpha\,.$$

(a) Betrachten wir die Temperatur als konstant, so erhalten wir mit $\beta = \frac{\alpha}{T}$ die **Differentialgleichung**

$$p'(h) = -\beta p(h)\,.$$

Unter der Voraussetzung $p(h) > 0$ können wir diese in die Form

$$0 = \frac{p'(h)}{p(h)} + \beta = \frac{d}{dh}\left(\log p(h) + \beta h\right)$$

bringen. Es folgt, daß $\log p(h) + \beta h$ konstant ist, also
$\log p(h) + \beta h \equiv \log p(h_0) + \beta h_0$ oder

$$p(h) = p(h_0) e^{-\beta(h - h_0)} \quad (Barometrische\ Höhenformel)\,.$$

Diese Beziehung ist wegen der Annahme $T = $ const. nur in sehr kleinen Bereichen korrekt.

(b) In Wirklichkeit fällt die Temperatur mit der Höhe. Die einfachste Modellannahme $T(h) = T_0 - bh$ führt auf die *Differentialgleichung der Standardatmosphäre*

$$p'(h) = -\alpha \cdot \frac{p(h)}{T_0 - bh}\,.$$

Es stellt sich die Frage, ob eine solche Beziehung die Funktion $p(h)$ schon festlegt, vorausgesetzt, wir kennen einen Funktionswert $p(h_0)$.

1 Die lineare Differentialgleichung $y' = a(x)y + b(x)$

## 1.2 Die homogene lineare Differentialgleichung erster Ordnung

Die zuletzt gestellte Frage ordnet sich folgender Problemstellung unter:

Zu gegebener stetiger Funktion $a : I \to \mathbb{R}$ und gegebenen Anfangswerten $x_0 \in I$, $y_0 \in \mathbb{R}$ ist eine $C^1$–Funktion $y : I \to \mathbb{R}$ gesucht mit

$$\begin{cases} y'(x) = a(x) \cdot y(x) & \text{für alle} \quad x \in I \\ y(x_0) = y_0 \,. \end{cases}$$

Dies ist das **Anfangswertproblem** für die **homogene, lineare Differentialgleichung erster Ordnung**

$$y'(x) = a(x) \cdot y(x) \,.$$

Für diese schreiben wir auch kurz

$$y' = a \cdot y \quad \text{oder} \quad y' = a(x) \cdot y \,.$$

*Aufstellung einer Lösungsformel*: Sei $y_0 > 0$ und $y$ eine Lösung von $y' = a \cdot y$ mit $y(x_0) = y_0$. Dann ist auch $y(x) > 0$, solange $x$ nahe bei $x_0$ liegt, vgl. §8 : 2.3. Aus der Differentialgleichung

$$a(t) = \frac{y'(t)}{y(t)} \quad \text{folgt durch Integration} \quad \int_{x_0}^{x} a(t)\,dt = \int_{x_0}^{x} \frac{y'(t)}{y(t)}\,dt \,.$$

Nehmen wir im zweiten Integral die Substitution $s = y(t)$ vor und beachten wir $y(x_0) = y_0$, so ergibt sich

$$\int_{x_0}^{x} a(t)\,dt = \int_{y_0}^{y(x)} \frac{ds}{s} = \log y(x) - \log y_0 = \log \frac{y(x)}{y_0}\,, \quad \text{also}$$

$$y(x) = y_0 e^{A(x)} \quad \text{mit} \quad A(x) = \int_{x_0}^{x} a(t)\,dt \,.$$

Im Fall $y_0 < 0$ ergibt sich dieselbe Lösungsformel $\boxed{\text{ÜA}}$.

SATZ. *Das Anfangswertproblem*

$$\begin{cases} y' = a \cdot y \\ y(x_0) = y_0 \end{cases}$$

*besitzt genau eine Lösung auf dem Intervall I. Diese ist gegeben durch*

$$y(x) = y_0 \cdot e^{A(x)} \quad \text{mit} \quad A(x) = \int_{x_0}^{x} a(t)\,dt\,.$$

BEMERKUNG. Die Lösung dieses Anfangswertproblems ist also entweder identisch Null (*triviale Lösung*), oder sie hat keine Nullstellen. Das angegebene Lösungsverfahren liefert somit alle nichttrivialen Lösungen.

BEWEIS.

(a) *Die angegebene Formel liefert eine Lösung*, denn

$$y'(x) = y_0 \cdot e^{A(x)} \cdot A'(x) = y_0 \cdot e^{A(x)} \cdot a(x) = y(x) \cdot a(x)\,,$$

$y(x_0) = y_0$ wegen $A(x_0) = 0$.

(b) *Die angegebene Lösung $y$ ist die einzige*: Denn ist $z : I \to \mathbb{R}$ eine weitere Lösung des Anfangswertproblems, so gilt für $u(x) := z(x)e^{-A(x)}$

$$u'(x) = z'(x)e^{-A(x)} - z(x) \cdot a(x) \cdot e^{-A(x)}$$
$$= (z'(x) - a(x) \cdot z(x))\,e^{-A(x)} = 0\,.$$

Also ist $u$ konstant: $u(x) = u(x_0) = z(x_0) = y_0$. Damit gilt

$$z(x) = u(x)\,e^{A(x)} = y_0 e^{A(x)}\,. \qquad \square$$

BEISPIEL. Das Anfangswertproblem für die Differentialgleichung der Standardatmosphäre lautet

$$p'(x) = -\alpha \cdot \frac{p(x)}{T_0 - bx} \qquad (\alpha, b \text{ positive Konstanten})\,,$$
$$p(0) = p_0\,.$$

Diese ist vom eben behandelten Typ mit

$$a(x) = -\frac{\alpha}{T_0 - bx}\,.$$

Die Stammfunktion $A(x)$ von $a(x)$ mit $A(0) = 0$ ist für $x < \dfrac{T_0}{b}$

$$A(x) = \frac{\alpha}{b} \log\left(1 - \frac{bx}{T_0}\right) = \log\left(1 - \frac{bx}{T_0}\right)^{\frac{\alpha}{b}},$$

also ergibt sich die Lösungsformel

$$p(x) = p_0 \cdot e^{A(x)} = p_0 \cdot \left(1 - \frac{bx}{T_0}\right)^{\frac{\alpha}{b}}\,.$$

## 1.3 Die inhomogene lineare Differentialgleichung erster Ordnung

Diese ist von der Gestalt

$$y'(x) = a(x) \cdot y(x) + b(x),$$

in abgekürzter Schreibweise

$$y' = a \cdot y + b \quad \text{oder} \quad y' = a(x) \cdot y + b(x)$$

mit gegebenen stetigen Funktionen $a, b$ auf einem Intervall $I$.

Bei der Lösung dieser Differentialgleichung macht man Gebrauch von der Lösungsformel für die zugehörige homogene Differentialgleichung $y' = a \cdot y$. Von dieser wissen wir nach 1.2, daß sämtliche Lösungen die Gestalt

$$y(x) = c \cdot e^{A(x)}$$

haben, wobei $A(x)$ irgendeine Stammfunktion von $a(x)$ und $c \in \mathbb{R}$ eine Konstante ist.

Wir versuchen nun, Lösungen der inhomogenen Differentialgleichung durch den Ansatz

$$y(x) = c(x) \cdot e^{A(x)}$$

zu gewinnen, wobei $c$ eine geeignete $C^1$–Funktion auf $I$ ist. Diesen auf LAGRANGE zurückgehenden Trick nennt man **Variation der Konstanten**.

Für die so angesetzte Funktion $y$ ergibt sich

$$\begin{aligned} y'(x) &= c'(x) \cdot e^{A(x)} + c(x) \cdot a(x) \cdot e^{A(x)} \\ &= c'(x) e^{A(x)} + a(x) \cdot y(x). \end{aligned}$$

Die Differentialgleichung $y'(x) = a(x) \cdot y(x) + b(x)$ ist genau dann erfüllt, wenn

$$c'(x) e^{A(x)} = b(x) \quad \text{für alle} \quad x \in I,$$

oder, hierzu äquivalent, wenn

$$c'(x) = e^{-A(x)} \cdot b(x) \quad \text{für alle} \quad x \in I \quad \text{bzw.}$$

$$c(x) = y_0 + \int\limits_{x_0}^{x} e^{-A(s)} \cdot b(s)\, ds$$

mit $x_0 \in I$ und einer Integrationskonstanten $y_0$. Für $y(x) = c(x) e^{A(x)}$ gilt dann $y(x_0) = c(x_0) = y_0$. Die Variation der Konstanten führt uns zu folgendem

SATZ. *Das Anfangswertproblem für die inhomogene lineare Differentialgleichung*

$$\begin{cases} y' = a \cdot y + b \\ y(x_0) = y_0 \end{cases}$$

*besitzt auf dem Intervall I genau eine Lösung, und diese ist gegeben durch*

$$y(x) = y_0 \cdot e^{A(x)} + \int_{x_0}^{x} e^{A(x)-A(s)} \cdot b(s)\, ds \quad \text{mit} \quad A(x) = \int_{x_0}^{x} a(t)\, dt\,.$$

BEMERKUNG. Es ist nicht notwendig, die fertige Lösungsformel auswendig zu lernen. Man merkt sich besser das Lösungsverfahren:

- Lösung der zugehörigen homogenen Differentialgleichung $y' = a \cdot y$. Hierbei erhält man $y(x) = c \cdot e^{A(x)}$.
- Variation der Konstanten mit dem Ansatz $y(x) = c(x) \cdot e^{A(x)}$.

BEWEIS.
Daß die angegebene Formel eine Lösung des Anfangswertproblems liefert, ist leicht nachzurechnen ÜA.

Zum Nachweis der eindeutigen Lösbarkeit setzen wir

$$w(x) = \int_{x_0}^{x} e^{A(x)-A(s)} \cdot b(s)\, ds = e^{A(x)} \int_{x_0}^{x} e^{-A(s)} b(s)\, ds\,. \qquad \text{Dann gilt}$$

$$w'(x) = a(x) \cdot w(x) + b(x)\,, \quad w(x_0) = 0\,.$$

Für jede Lösung $z$ des inhomogenen Anfangswertproblems ist $u = z - w$ eine Lösung der homogenen Differentialgleichung $u' = a \cdot u$ mit

$$u(x_0) = z(x_0) - w(x_0) = y_0\,.$$

Nach der Eindeutigkeitsaussage 1.2 folgt

$$u(x) = y_0 \cdot e^{A(x)}\,, \quad \text{also}$$

$$z(x) = u(x) + w(x) = y_0 \cdot e^{A(x)} + \int_{x_0}^{x} e^{A(x)-A(s)} \cdot b(s)\, ds\,. \qquad \square$$

## 1.4 Aufgaben

Lösen Sie die Anfangswertprobleme
(a) $y'(x) = \lambda y(x) + c \cdot e^{\lambda x}$, $y(0) = y_0$.
(b) $y'(x) = \lambda y(x) + (cx + d)\, e^{\lambda x}$, $y(0) = y_0$.

## 2 Zwei aufschlußreiche Beispiele

### 2.1 Die spezielle Riccati–Gleichung

Wir betrachten das Anfangswertproblem

$$\begin{cases} y'(x) = 2xy^2(x) \\ y(0) = y_0 > 0 \, . \end{cases}$$

Für eine Lösung $y$ dieses Problems gilt wegen $y(0) > 0$ auch $y(t) > 0$ in einer geeigneten Umgebung von 0. In dieser Umgebung gilt dann

$$2t = \frac{y'(t)}{y^2(t)}, \qquad y(0) = y_0 \, .$$

Integration und Substitution $s = y(t)$ liefert

$$x^2 = 2 \int_0^x t\,dt = \int_0^x \frac{y'(t)}{y^2(t)}\,dt = \int_{y_0}^{y(x)} \frac{ds}{s^2} = \frac{1}{y_0} - \frac{1}{y(x)} \, .$$

Durch Auflösung dieser Gleichung nach $y(x)$ erhalten wir

$$y(x) = \frac{y_0}{1 - y_0 x^2} \, .$$

Man rechnet leicht nach, daß diese Formel für $|x| < \frac{1}{\sqrt{y_0}}$ auch wirklich eine Lösung liefert. Offenbar läßt sich die Lösung nicht über das Intervall

$$I_0 = \left] -\frac{1}{\sqrt{y_0}}, \frac{1}{\sqrt{y_0}} \right[$$

hinaus fortsetzen, denn $y$ wird an den Intervallenden unbeschränkt (Fig.).

SCHLUSSFOLGERUNG. Bei einer Differentialgleichung der Form

$$y'(x) = a(x)y^2(x)$$

kann es geschehen, daß die Lösungen nicht auf dem vollen Definitionsintervall von $a(x)$ existieren.

## 2.2 Der auslaufende Becher

(a) Am Boden eines zylindrischen Bechers mit Durchmesser $2R$ befindet sich ein kreisförmiges Ausflußrohr mit Durchmesser $2\varrho$ (Fig.). Die Höhe des Wasserspiegels zum Zeitpunkt 0 sei $h_0$. Gesucht ist der Wasserstand $h(t)$ zum Zeitpunkt $t$ und die Auslaufzeit $T$.

Beim Auslaufen eines kleinen Volumens $\Delta V$ nimmt die potentielle Energie um $g \cdot \Delta V \cdot h(t)$ ab; die kinetische Energie nimmt um $\frac{1}{2}v(t)^2 \Delta V$ zu, wo $v(t)$ die Ausflußgeschwindigkeit zum Zeitpunkt $t$ ist. Würde keine Arbeit gegen die Zähigkeit geleistet, so lieferte der Energieerhaltungssatz $v(t) = \sqrt{2gh(t)}$ (Torricelli–Gesetz).

In Wirklichkeit werden nur etwa 60% der potentiellen Energie in kinetische umgesetzt, das ergibt $v(t) = \alpha\sqrt{gh(t)}$ mit $\alpha \approx 0.6 \cdot \sqrt{2} \approx 0.85$.

Offenbar gilt

$$-\frac{\dot{h}(t)}{v(t)} = \frac{\varrho^2}{R^2}, \quad \text{somit} \quad \dot{h}(t) = -2c\sqrt{h(t)} \quad \text{mit} \quad 2c = \frac{\varrho^2 \alpha \sqrt{g}}{R^2}.$$

(b) Wir lösen das *Anfangswertproblem*

$$\dot{h} = -2c\sqrt{h}, \qquad h(0) = h_0 > 0$$

nach dem schon bewährten Muster: Für eine Lösung $h$ gilt, solange sie positiv ist,

$$-2c = \frac{\dot{h}(\tau)}{\sqrt{h(\tau)}}.$$

Integration von 0 bis $t$ und Substitution $s = h(\tau)$ ergibt

$$-2ct = -2c\int_0^t d\tau = \int_0^t \frac{\dot{h}(\tau)}{\sqrt{h(\tau)}}\,d\tau = \int_{h_0}^{h(t)} \frac{ds}{\sqrt{s}}$$

$$= 2\sqrt{s}\,\Big|_{h_0}^{h(t)} = 2\left(\sqrt{h(t)} - \sqrt{h_0}\right).$$

Lösen wir diese Gleichung nach $h(t)$ auf, so erhalten wir

$$h(t) = \left(\sqrt{h_0} - ct\right)^2 \quad \text{für} \quad t < \frac{\sqrt{h_0}}{c}.$$

Die Auslaufzeit ist also $T = \frac{\sqrt{h_0}}{c}$. Was geschieht für größere $t$? Der physikalische Ablauf wird beschrieben durch

$$h(t) = \begin{cases} \left(\sqrt{h_0} - ct\right)^2 & \text{für} \quad 0 \leq t < T \\ 0 & \text{für} \quad t \geq T. \end{cases}$$

Hierdurch ist eine $C^1$–differenzierbare Lösung gegeben. Aus der Figur und der vorangehenden Rechnung entnehmen wir: Durch den Zustand zu irgendeinem Zeitpunkt ist das zukünftige Verhalten eindeutig festgelegt. Bei leerem Becher läßt sich aber die Vergangenheit nicht mehr rekonstruieren. Dies bedeutet:

*Das Anfangswertproblem*

$$\dot{h} = -2c\sqrt{h}, \quad h(t_0) = 0$$

*ist nicht eindeutig lösbar*!

## 3 Die separierte Differentialgleichung $y' = a(x) \cdot b(y)$

### 3.1 Vorbemerkung zum Existenzbereich der Lösung

Gegeben seien stetige Funktionen $a : I \to \mathbb{R}$, $b : J \to \mathbb{R}$ und $x_0 \in I$, $y_0 \in J$.

Das Anfangswertproblem für die **separierte Differentialgleichung** (DGL *mit getrennten Variablen*) lautet: Gesucht ist eine $C^1$–Funktion $y : I_0 \to J$ auf einem Teilintervall $I_0$ von $I$ mit

$$\begin{cases} y'(x) = a(x) \cdot b(y(x)) & \text{für} \quad x \in I_0, \\ y(x_0) = y_0. \end{cases}$$

Dabei muß selbstverständlich $x_0 \in I_0$ und $y(x) \in J$ für alle $x \in I_0$ gelten. Jede solche Funktion heißt **Lösung des Anfangswertproblems** (AWP). Die separierte DGL schreiben wir kurz in der Form

$$y' = a(x) \cdot b(y).$$

Hier kann $b$ in nichtlinearer Weise von $y$ abhängen. In diesem Fall ist damit zu rechnen, daß das Existenzintervall $I_0$ der Lösung nicht das volle Definitionsintervall $I$ von $b$ ist, siehe Beispiel 2.1. Eine andere typische Situation dieser Art zeigt die Figur. Sie stellt die Lösung eines Differentialgleichungsproblems dar, das wir in 3.8 (a) stellen.

Wir nennen eine Lösung $y : I_0 \to \mathbb{R}$ **maximal definiert (maximal)**, wenn sie nicht als Lösung auf ein umfassenderes Intervall fortgesetzt werden kann.

$I = \mathbb{R}, \quad J = ]0, \pi[$

Das AWP heißt **eindeutig lösbar**, wenn für je zwei Lösungen

$$y_1 : I_1 \to \mathbb{R}, \quad y_2 : I_2 \to \mathbb{R}$$

stets $y_1(x) = y_2(x)$ für $x \in I_1 \cap I_2$ gilt. Das muß, wie wir im Beispiel 2.2 gesehen haben, nicht immer der Fall sein. Beachten Sie: Gleichheit zweier Lösungen beinhaltet Gleichheit der Definitionsbereiche.

**3.2 Das Lösungsverfahren** für das Anfangswertproblem

$$y'(x) = a(x) \cdot b(y), \quad y(x_0) = y_0.$$

Ähnlich wie bei $y' = a(x) y$ integrieren wir die DGL zunächst unter der zusätzlichen Bedingung, daß $b$ keine Nullstellen in $J$ besitzt. Dann gilt für jede Lösung $y : I_0 \to J$ des Anfangswertproblems

$$\frac{y'(t)}{b(y(t))} = a(t), \quad \text{also} \quad \int_{x_0}^{x} \frac{y'(t)}{b(y(t))} \, dt = \int_{x_0}^{x} a(t) \, dt.$$

Die Substitution $s = y(t)$ im linken Integral führt unter Beachtung von $y(x_0) = y_0$ auf

$$\int_{y_0}^{y(x)} \frac{ds}{b(s)} = \int_{x_0}^{x} a(t) \, dt.$$

Dies stellt eine Gleichung für $y(x)$ dar. Das wird deutlicher, wenn wir diese Gleichung in der Form

(∗) $\quad B(y(x)) = A(x)$

3 Die separierte Differentialgleichung $y' = a(x) \cdot b(y)$

schreiben mit den Stammfunktionen

$$A(x) = \int_{x_0}^{x} a(t)\, dt, \qquad B(y) = \int_{y_0}^{y} \frac{ds}{b(s)}\,.$$

$y(x)$ ist durch (∗) eindeutig bestimmt, denn $B'(y) = \frac{1}{b(y)}$ hat nach Voraussetzung festes Vorzeichen, also ist $B$ streng monoton und damit injektiv.

Wir haben jetzt noch die Gleichung (∗) nach $y(x)$ aufzulösen, was in vielen Fällen formelmäßig möglich ist. Für die Fälle, wo die explizite Auflösung nicht möglich ist, sichert der folgende Satz 3.3 die Existenz einer Lösung.

Genau nach diesem Muster waren wir auch beim Beispiel $y'(x) = 2\,x\,y^2(x)$ vorgegangen, vgl. 2.1. Dort war $x_0 = 0$,

$$A(x) = x^2, \qquad B(y) = -\frac{1}{y} + \frac{1}{y_0}\,,$$

und die Auflösung der Gleichung $B(y(x)) = A(x)$ ergab

$$y(x) = \frac{y_0}{1 - y_0 x^2}\,.$$

BEMERKUNGEN.

(a) Es ist auch hier nicht notwendig, sich die Lösungsformel zu merken, sondern nur das Verfahren.

(b) In der Leibnizschen Differentialschreibweise stellt sich dieses kurz und knapp so dar:

$$\frac{dy}{dx} = a(x) \cdot b(y) \;\Longrightarrow\; \frac{dy}{b(y)} = a(x)\, dx \;\Longrightarrow\; \int_{y_0}^{y} \frac{dy}{b(y)} = \int_{x_0}^{x} a(x)\, dx\,.$$

Diese Merkregel wird durch die vorangegangene Herleitung gerechtfertigt.

### 3.3 Lokaler Existenz– und Eindeutigkeitssatz für $b(y) \neq 0$

*Gegeben seien stetige Funktionen auf offenen Intervallen*

$$a : I \to \mathbb{R}, \qquad b : J \to \mathbb{R}$$

*und Zahlen $x_0 \in I$, $y_0 \in J$. Ferner sei $b(y) \neq 0$ für alle $y \in J$. Dann besitzt das Anfangswertproblem*

$$\begin{cases} y' = a(x) \cdot b(y) \\ y(x_0) = y_0 \end{cases}$$

*eine Lösung $y$, die mindestens in einer Umgebung $]x_0 - \delta, x_0 + \delta[$ definiert ist. Sie ergibt sich nach dem in 3.2 beschriebenen Verfahren.*

*Weiter ist das Anfangswertproblem im Rechteck $I \times J$ eindeutig lösbar im Sinne von 3.1.*

BEWEIS.

(a) Die Eindeutigkeit wurde in 3.2 festgestellt.

(b) Gemäß 3.2 setzen wir

$$A(x) := \int_{x_0}^{x} a(t)\,dt, \qquad B(y) := \int_{y_0}^{y} \frac{ds}{b(s)} \qquad \text{für } x \in I, \ y \in J.$$

$A$ und $B$ sind $C^1$–Funktionen mit $A(x_0) = B(y_0) = 0$. Da $B'(y) = \frac{1}{b(y)}$ nach Voraussetzung festes Vorzeichen hat, ist $B$ streng monoton und besitzt nach dem Umkehrsatz § 9 : 5.1 eine $C^1$–differenzierbare Umkehrfunktion $B^{-1}$.

(c) Es gibt ein $\varepsilon > 0$ mit $]-\varepsilon, \varepsilon[ \subset B(J)$, sonst wäre wegen der strengen Monotonie von $B$ der Punkt $y_0 = B^{-1}(0)$ ein Randpunkt von $J$.

(d) Es gibt ein $\delta > 0$ mit $A(x) \in\ ]-\varepsilon, \varepsilon[$ für $x \in I_0 := ]x_0 - \delta, x_0 + \delta[$. Das folgt aus der Stetigkeit von $A$ an der Stelle $x_0$ und $A(x_0) = 0$.

(e) Damit ist $y(x) = B^{-1}(A(x))$ für $x \in I_0$ definiert und löst dort das Anfangswertproblem: Zunächst einmal ist $y(x_0) = B^{-1}(A(x_0)) = B^{-1}(0) = y_0$. Weiter ist $y$ $C^1$–differenzierbar nach (b). Aus der Identität $B(y(x)) = A(x)$ für $x \in I_0$ folgt schließlich

$$a(x) = \frac{d}{dx} A(x) = \frac{d}{dx} B(y(x)) = B'(y(x)) \cdot y'(x) = \frac{1}{b(y(x))} \cdot y'(x),$$

d.h. $y$ erfüllt die Differentialgleichung. $\square$

BEISPIEL.

$$y' = \frac{\cos x}{1 + \cos y}, \qquad y(0) = 0.$$

Das Integrationsverfahren 3.2 führt auf die Gleichung

$$y(x) + \sin y(x) = \sin x \qquad \boxed{\text{ÜA}}.$$

Diese Gleichung läßt sich nicht explizit, d.h. formelmäßig nach $y(x)$ auflösen. Der Existenzsatz sichert auch hier eine eindeutig bestimmte lokale Lösung.

3 Die separierte Differentialgleichung $y' = a(x) \cdot b(y)$

## 3.4 Der Fall einer isolierten Nullstelle von $b$

Das Anfangswertproblem

$$y' = a(x) \cdot b(y), \qquad y(x_0) = y_0$$

wird im Fall $b(y_0) = 0$ durch die konstante Funktion $y = y_0$ gelöst, wie man sofort verifiziert.

Das Beispiel 2.2 (b) zeigt, daß in diese konstante Lösung noch weitere, nicht konstante Lösungen des Anfangswertproblems einmünden können.

Solche Phänomene werden ausgeschlossen, wenn wir an die Funktion $b$ die stärkere Forderung der stetigen Differenzierbarkeit stellen:

SATZ. *Ist unter den bisherigen Voraussetzungen die Funktion $b$ zusätzlich $C^1$-differenzierbar auf $J$ und ist $y_0$ eine isolierte Nullstelle von $b$, so ist die konstante Funktion $y_0$ die einzige Lösung des Anfangswertproblems*

$$y' = a(x) \cdot b(y), \qquad y(x_0) = y_0.$$

Dabei heißt $y_0$ *isolierte Nullstelle* der Funktion $b$, wenn $b(y_0) = 0$ und $b(y) \neq 0$ für $0 < |y - y_0| < \varepsilon$ mit geeignetem $\varepsilon > 0$.

BEWEIS.

Angenommen, eine weitere Lösung $y$ mündet im Punkt $(\alpha, y_0)$ in die konstante Lösung von rechts oben her ein, also

$$y(\alpha) = y_0 \quad \text{und} \quad y(x) > y_0 \quad \text{für} \quad \alpha < x \leq \alpha + \delta.$$

Da $y$ an der Stelle $\alpha$ stetig ist, können wir $\delta$ so klein wählen, daß mit dem obengenannten $\varepsilon$

$$y_0 < y(x) \leq y_0 + \frac{\varepsilon}{2} \quad \text{für} \quad \alpha < x \leq \alpha + \delta.$$

Wir setzen $\beta = \alpha + \delta$, $\gamma = y(\beta)$ und integrieren die Differentialgleichung gemäß 3.2 von $x \in \,]\alpha, \beta]$ bis $\beta$:

$$\int_{y(x)}^{\gamma} \frac{ds}{b(s)} = \int_{x}^{\beta} a(t)\,dt.$$

Durch Grenzübergang $x \to \alpha+$ ergibt sich die Existenz des Grenzwertes

$$\lim_{x \to \alpha+} \int_{y(x)}^{\gamma} \frac{ds}{b(s)} = \lim_{x \to \alpha+} \int_{x}^{\beta} a(t)\,dt = \int_{\alpha}^{\beta} a(t)\,dt.$$

Das ist aber unmöglich: Nach dem Mittelwertsatz gilt

$$|b(s)| = |b(s) - b(y_0)| = \left|b'(\vartheta) \cdot (s - y_0)\right| \leq L \cdot (s - y_0) \quad \text{mit}$$

$$L = \max\left\{\left|b'(s)\right| \mid y_0 \leq s \leq y_0 + \varepsilon\right\}.$$

Wegen des festen Vorzeichens von $b(s)$ in $y_0 < s \leq y_0 + \varepsilon$ folgt

$$\left|\int_{y(x)}^{\gamma} \frac{ds}{b(s)}\right| = \int_{y(x)}^{\gamma} \frac{ds}{|b(s)|} \geq \frac{1}{L} \int_{y(x)}^{\gamma} \frac{ds}{s - y_0} \to \infty \quad \text{für} \quad x \to \alpha+ . \qquad \square$$

### 3.5 Der globale Existenz- und Eindeutigkeitssatz

*Das Anfangswertproblem auf $I \times J$*

$$\begin{cases} y' = a(x) \cdot b(y) \\ y(x_0) = y_0 \end{cases}$$

*ist für beliebig vorgegebene $x_0 \in I$, $y_0 \in J$ eindeutig lösbar und besitzt eine maximale Lösung $y : I_0 \to J$ auf einem offenen Intervall $I_0$, falls folgende Bedingungen erfüllt sind:*

*a ist stetig auf dem offenen Intervall $I$, $b$ ist $C^1$-differenzierbar auf dem offenen Intervall $J$ und besitzt dort höchstens endlich viele Nullstellen. Wir erhalten die maximale Lösung $y$ und ihr Definitionsintervall $I_0$ wie folgt.*

*Im Fall $b(y_0) = 0$ ist $I_0 = I$ und $y$ konstant gleich $y_0$.*

*Im Fall $b(y_0) \neq 0$ sei $J_0$ das größte, $y_0$ enthaltende Teilintervall von $J$ ohne Nullstellen von $b$, und es seien*

$$A(x) := \int_{x_0}^{x} a(t)\, dt, \qquad B(y) := \int_{y_0}^{y} \frac{ds}{b(s)} \quad \text{für} \quad x \in I, \; y_0 \in J_0.$$

*Dann ist $I_0$ das größte Teilintervall von $I$ mit $x_0 \in I_0$ und $A(I_0) \subset B(J_0)$. Die maximale Lösung $y : I_0 \to J_0$ ist eindeutig bestimmt durch die Gleichung*

$$B(y(x)) = A(x) \quad \text{für} \quad x \in I_0.$$

BEWEIS.

(a) Im Fall $b(y_0) = 0$ ist die konstante Funktion $y : I \to J$, $x \mapsto y_0$ eine maximale Lösung. Die Eindeutigkeit ergibt sich aus 3.4. Sei also $b(y_0) \neq 0$.

(b) Nach Wahl von $J_0$ hat $1/b$ dort ein festes Vorzeichen. Daher ist die Stammfunktion $B : J_0 \to K_0 := B(J_0)$ streng monoton und besitzt eine $C^1$-Umkehrung $B^{-1} : K_0 \to J_0$. Nach §8:2.3 ist $J_0$ offen, d.h. kein Punkt

# 3 Die separierte Differentialgleichung $y' = a(x) \cdot b(y)$

von $J_0$ kann Randpunkt von $J_0$ sein. Daß $K_0$ ein Intervall ist, folgt aus dem Zwischenwertsatz; die Offenheit von $K_0$ folgt wie im Beweis 3.3.

(c) Für eine Lösung $y$ mit $y(x_0) = y_0$ gilt $y(x) \in J_0$, also $b(y(x)) \neq 0$. Denn wäre $y(x_1)$ ein Randpunkt von $J_0$, also $b(y(x_1)) = 0$, so wäre $y$ konstant nach 3.4. Nach dem Beweis 3.3 erfüllt die Lösung $y$ auf ihrem Existenzintervall also die Gleichung $B(y(x)) = A(x)$. Daraus folgt die

(d) *Eindeutigkeit.* Sind $y_1 : I_1 \to J_0$, $y_2 : I_2 \to J_0$ zwei Lösungen, so folgt für $x \in I_1 \cap I_2$ nach (c)  $B(y_1(x)) = B(y_2(x))$,  also $y_1(x) = y_2(x)$ wegen der Injektivität von $B$.

(e) *Existenz einer maximalen Lösung.* Nach Wahl von $I_0$ gilt $A(I_0) \subset B(J_0) = K_0$. Somit ist durch $y : I_0 \to J_0$, $x \mapsto B^{-1}(A(x))$ eine $C^1$-Funktion gegeben, die nach den Überlegungen im Beweisteil 3.2 (e) das Anfangswertproblem löst. Für jede andere Lösung $\widetilde{y} : \widetilde{I} \to J$ des AWPs gilt nach (c) $\widetilde{y}(\widetilde{I}) \subset J_0$ und $A(x) = B(\widetilde{y}(x))$ für $x \in \widetilde{I}$, somit $A(\widetilde{I}) \subset B(J_0)$. Es folgt $\widetilde{I} \subset I_0$.

(f) $I_0$ *ist offen.* Angenommen, das ist nicht der Fall, z.B. $I_0 = ]\alpha, \beta]$. Für die maximale Lösung $y : I_0 \to J_0$ sei $\gamma = y(\beta)$. Dann hat das AWP $z' = a(x) \cdot b(z)$, $z(\beta) = \gamma$ nach 3.3 (e) eine in einer Umgebung $]\beta - \delta, \beta + \delta[$ ($\delta > 0$) definierte lokale Lösung $z$. Diese muß nach (d) in $]\beta - \delta, \beta]$ mit $y$ übereinstimmen. Somit läßt sich $y$ zu einer auf $]\alpha, \beta + \delta[$ definierten Lösung fortsetzen im Widerspruch zur Maximalität von $I_0$. □

**3.6 Bemerkungen.** Ist die Gleichung $B(y(x)) = A(x)$ explizit nach $y(x)$ auflösbar, so gibt der letzte Satz das Verfahren zur konkreten Bestimmung der maximalen Lösung. In den anderen Fällen liefert er zunächst nur eine theoretische Existenzaussage. Dennoch ist er auch von großer praktischer Bedeutung. Denn nachdem erst einmal die Lösbarkeit des Anfangswertproblems gesichert ist, kann eines der gängigen numerischen Verfahren zur näherungsweisen Berechnung der Lösung angesetzt werden; Näheres dazu in [HAIRER–NØRSETT–WANNER].

**3.7 Beispiel.** Das Anfangswertproblem $y' = x \cdot (1 + y^2)$, $y(-\sqrt{2\pi}) = 1$.
Hier ist $I = J = J_0 = \mathbb{R}$ und

$$A(x) = \frac{1}{2}\left(x^2 - 2\pi\right),$$

$$B(y) = \int_1^y \frac{dt}{1+t^2} = \arctan y - \arctan 1 = \arctan y - \frac{\pi}{4}.$$

Der Wertebereich des Arcustangens ist $\left]-\frac{\pi}{2}, \frac{\pi}{2}\right[$, wir haben also

$$B(J_0) = \left]-\frac{3}{4}\pi, \frac{1}{4}\pi\right[.$$

Die Bedingung $A(x) \in B(J_0)$ führt auf

$$x^2 \in \left]\frac{\pi}{2}, \frac{5\pi}{2}\right[, \quad \text{also} \quad \sqrt{\frac{\pi}{2}} < |x| < \sqrt{\frac{5\pi}{2}}.$$

Das größtmögliche Intervall $I_0$ mit $x_0 = -\sqrt{2\pi} \in I_0$ und $A(I_0) \subset B(J_0)$ ist

$$I_0 = \left]-\sqrt{\frac{5\pi}{2}}, -\sqrt{\frac{\pi}{2}}\right[.$$

Die Auflösung der Gleichung

$$\arctan y(x) - \tfrac{\pi}{4} = \tfrac{1}{2}\left(x^2 - 2\pi\right) \quad \text{nach } y \text{ liefert}$$

$$y(x) = \tan\left(\frac{x^2}{2} - \frac{3\pi}{4}\right) \quad \text{für} \quad -\sqrt{\frac{5\pi}{2}} < x < -\sqrt{\frac{\pi}{2}}.$$

### 3.8 Aufgaben

(a) Bestimmen Sie die maximale Lösung für das Anfangswertproblem

$$y' = \frac{x^2}{\sin y}, \qquad y(0) = \frac{\pi}{3} \qquad \text{(vgl. die Fig. in 3.1)}.$$

(b) Gegeben ist die DGL $y' = \frac{\cos x}{\cos y}$. In welchen Bereichen sind die beiden folgenden Anfangswertaufgaben lösbar bzw. eindeutig lösbar?

  (1)  $y(0) = \frac{\pi}{6}$,   (2)  $y(0) = -\pi$.

(c) Geben Sie die maximale Lösung des Anfangswertproblems

$$y' = \cos x \cdot \sin y, \quad y(0) = \frac{\pi}{3} \quad \text{an.}$$

## 4 Zurückführung auf getrennte Variable

Differentialgleichungen vom Typ

$$y' = F\left(\frac{ax + by + c}{dx + ey + f}\right)$$

lassen sich durch Substitution auf eine DGL mit getrennten Variablen zurückführen. Wir zeigen dies für zwei Spezialfälle.

(a) Die DGL $y' = F(ax + by + c)$  mit  $b \neq 0$.

Für jede Lösung $y$ erfüllt $u(x) = ax + by(x) + c$ die DGL

$$u'(x) = a + by'(x) = a + b\,F(u(x)).$$

Das ist DGL der Form $u' = g(u)$. Erfüllt umgekehrt $u$ diese DGL, so erfüllt $y(x) = \frac{1}{b}(u(x) - ax - c)$ die ursprüngliche DGL $\boxed{\text{ÜA}}$.

(b) *Die Differentialgleichung* $y' = F\left(\frac{y}{x}\right)$.

Sei $F \in C(\mathbb{R})$ und $y \in C^1(\mathbb{R}_{>0})$ eine Lösung. Setzen wir

$$u(x) = \frac{y(x)}{x}, \quad \text{so gilt} \quad u'(x) = \frac{1}{x}\bigl(F(u(x)) - u(x)\bigr).$$

Das ist eine separierte DGL. Erfüllt umgekehrt $u$ diese DGL, so erfüllt $y(x) = x \cdot u(x)$ die ursprüngliche $\boxed{\text{ÜA}}$.

Man beachte: Aus jeder Lösung $y \in C^1(\mathbb{R}_{>0})$ entsteht durch $z(x) = -y(-x)$ mit $x < 0$ eine Lösung $z$ auf $\mathbb{R}_{<0}$ $\boxed{\text{ÜA}}$.

## 5 Wegweiser: Differentialgleichungen in Band 1 und Band 2

(a) *Weitere Differentialgleichungen erster Ordnung*: In Kapitel VI, §24 werden Differentialgleichungen der Form

$$\frac{d}{dx}U(x, y(x)) = P(x, y(x)) + Q(x, y(x)) \cdot y'(x) = 0$$

(*exakte Differentialgleichungen*) und verwandte Differentialgleichungen untersucht.

(b) *Die Schwingungsgleichung* $\ddot{x}(t) + a\dot{x}(t) + bx(t) = f(t)$ als Differentialgleichung zweiter Ordnung wurde in §10 abgehandelt.

(c) *Systeme von Differentialgleichungen mit konstanten Koeffizienten* werden im Rahmen der linearen Algebra behandelt: in §18 : 5.2 Systeme erster Ordnung und in §20 : 5 die Differentialgleichungen gekoppelter Systeme von Massenpunkten in linearisierter Form.

(d) *Nachschlagewerk über gewöhnliche Differentialgleichungen*. Die meisten bekannten Lösungen und Lösungsmethoden sind bei [KAMKE] in systematischer Form zusammengestellt.

(e) Für die allgemeine Theorie gewöhnlicher Differentialgleichungen, für deren qualitative Theorie und für singuläre Differentialgleichungen 2. Ordnung verweisen wir auf Band 2, Kapitel II.

# Kapitel IV  Lineare Algebra

## § 14 Vektorräume

### 1 Wovon handelt die lineare Algebra?

#### 1.1 Lineare Gleichungen

Ausgangspunkt der linearen Algebra sind *lineare Gleichungen*

$$L(u) = v$$

verschiedenster Art. Wir geben zunächst Beispiele, stellen anschließend fest, was diese gemeinsam haben und formulieren dann die Problemstellungen.

(a) **Lineare Gleichungssysteme** wie zum Beispiel

$$\begin{cases} 2x_1 + x_2 - x_3 = y_1 \\ -7x_1 - 5x_2 + 3x_3 = y_2 \end{cases}, \quad \text{kurz} \quad L(\mathbf{u}) = \mathbf{v}, \quad \text{mit}$$

$$\mathbf{u} = \begin{pmatrix} x_1 \\ x_2 \\ x_3 \end{pmatrix}, \quad \mathbf{v} = \begin{pmatrix} y_1 \\ y_2 \end{pmatrix}, \quad L(\mathbf{u}) = \begin{pmatrix} 2x_1 + x_2 - x_3 \\ -7x_1 - 5x_2 + 3x_3 \end{pmatrix}.$$

Gegeben ist $\mathbf{v}$, gesucht sind alle Lösungen $\mathbf{u}$.

(b) **Schwingungsgleichung.** Gegeben $v(t) = \cos \omega t$. Gesucht sind alle $C^2$-Funktionen $u$ mit

$$\ddot{u} + a\dot{u} + bu = v.$$

Wir können auch diese Gleichung in die Kurzform $L(u) = v$ bringen.

(c) **Potentialgleichung**

$$\frac{\partial^2 u}{\partial x^2}(x,y) + \frac{\partial^2 u}{\partial y^2}(x,y) = v(x,y), \quad \text{kurz} \quad \Delta u = v.$$

Dabei soll $\dfrac{\partial^2 u}{\partial x^2}(x,y)$ die zweite Ableitung von $u(x,y)$ nach $x$ bei konstantem $y$ bedeuten, entsprechend ist die zweite partielle Ableitung nach $y$ definiert.

(d) **Wellengleichung.** Im Zusammenhang mit der schwingenden Saite sind Lösungen $u$ der Gleichung

$$\frac{\partial^2 u}{\partial t^2} - \frac{\partial^2 u}{\partial x^2} = 0, \quad \text{kurz} \quad L(u) = 0,$$

# 1 Wovon handelt die lineare Algebra?

gesucht.

*Was haben diese Probleme gemeinsam?*

In allen Beispielen hat die Abbildung $L : u \mapsto L(u)$ die Eigenschaft

$$L(\alpha_1 u_1 + \alpha_2 u_2) = \alpha_1 L(u_1) + \alpha_2 L(u_2).$$

Wir sagen: $L$ ist eine **lineare Abbildung**.

*Problemstellungen*: Gibt es Lösungen $u$? Wenn ja, sind diese eindeutig bestimmt? Wenn nicht, was läßt sich über die Gesamtheit der Lösungen sagen? Ohne die Frage nach der Lösbarkeit untersuchen zu müssen, können wir über die Struktur des Lösungsraums $\{u \mid L(u) = v\}$ folgendes sagen:

- Die homogene Gleichung $L(u) = 0$ besitzt immer die (uninteressante) Lösung $u = 0$; sie heißt die **triviale Lösung**.

- Sind $u_1$ und $u_2$ Lösungen der homogenen Gleichung, so ist auch jede **Linearkombination** oder **Superposition**

    $$\alpha_1 u_1 + \alpha_2 u_2$$

    eine Lösung. Wir sagen: Die Lösungen bilden einen **Vektorraum**.

- Ist $u_0$ eine *spezielle* Lösung der inhomogenen Gleichung $L(u) = v$, so erhält man *sämtliche* Lösungen der inhomogenen Gleichung in der Form

    $$u_0 + u,$$

    wobei $u$ die Lösungen der homogenen Gleichung durchläuft.

Diese Ergebnisse haben wir für die Schwingungsgleichung schon bewiesen, vgl. § 10 : 4.3 und 4.8; sie ergeben sich genauso für beliebige lineare Gleichungen.

## 1.2 Die Wahl geeigneter Koordinatensysteme

In der Vektorrechnung haben wir für die euklidische Ebene bzw. für den Raum ein Koordinatensystem ausgezeichnet und ein für allemal festgehalten. Die Beschreibung geometrischer Sachverhalte erfolgte dann nur noch mit Hilfe von Koordinatenspalten bezüglich dieses Systems.

Für viele Fragestellungen ist es aber von entscheidender Bedeutung, das Koordinatensystem zu wechseln und passend zu dem vorliegenden Problem auszuwählen, man denke etwa an die Hauptträgheitsachsen bei der Kreiselbewegung. Eine wichtige Frage ist dann die nach dem Transformationsverhalten einer Größe bei Wechsel des Bezugssystems.

Wir haben in Zukunft deutlich zu unterscheiden zwischen den eigentlich interessierenden geometrischen und physikalischen Objekten und deren verschiedenen Koordinatendarstellungen. Dementsprechend werden wir soweit wie möglich eine koordinatenunabhängige Formulierung der Theorie bevorzugen.

## 2 Vektorräume

**2.1 Definition.** Eine nichtleere Menge $V$ heißt **Vektorraum über $\mathbb{R}$ bzw. über $\mathbb{C}$**, wenn auf $V$ eine Addition und eine Multiplikation mit Zahlen aus $\mathbb{R}$ bzw. $\mathbb{C}$ erklärt ist, so daß die von der Vektorrechnung her geläufigen Rechenregeln gelten. Diese lauten:

Mit $u$ und $v$ gehört auch $u+v$ zu $V$. Ferner enthält $V$ ein ausgezeichnetes Element $\theta$, und es gilt

($A_1$) $(u+v)+w = u+(v+w)$,

($A_2$) $u+v = v+u$,

($A_3$) $u+\theta = u$,

($A_4$) die Gleichung $u+x = v$ besitzt stets genau eine Lösung $x$.

Mit $u \in V$, $\alpha \in \mathbb{R}$ (bzw. $\alpha \in \mathbb{C}$) gehört auch $\alpha \cdot u$ zu $V$, und es gilt:

($S_1$) $(\alpha+\beta)\cdot u = \alpha \cdot u + \beta \cdot u$,

($S_2$) $\alpha \cdot (u+v) = \alpha u + \alpha v$,

($S_3$) $\alpha \cdot (\beta \cdot u) = (\alpha\beta) \cdot u$,

($S_4$) $1 \cdot u = u$.

Die Elemente von $V$ nennen wir **Vektoren**.

Die Elemente des jeweils zugrundeliegenden Zahlkörpers $\mathbb{R}$ oder $\mathbb{C}$ nennen wir **Skalare**. Solange die Theorie für $\mathbb{R}$ und $\mathbb{C}$ gemeinsam formuliert werden kann, bezeichnen wir den jeweils zugrundeliegenden Zahlkörper einheitlich mit $\mathbb{K}$ und sprechen von einem Vektorraum über $\mathbb{K}$. Oft schreiben wir $\alpha u$ statt $\alpha \cdot u$.

Das bezüglich der Addition neutrale Element $\theta$ heißt der **Nullvektor**.

Die eindeutig bestimmte Lösung $x$ der Gleichung $u + x = \theta$ wird wie üblich mit $-u$ bezeichnet; die Lösung der Gleichung $u+x = v$ heißt wieder $x = v - u$.

### 2.2 Die Beispiele $\mathbb{R}^n$ und $\mathbb{C}^n$

(a) $\mathbb{R}^n$ ist ein Vektorraum über $\mathbb{R}$. Dies wurde in §5:3.5 und §6:1.2 festgestellt.

(b) Ganz analog ist

$$\mathbb{C}^n = \left\{ \mathbf{z} = \begin{pmatrix} z_1 \\ \vdots \\ z_n \end{pmatrix} \;\middle|\; z_1,\ldots,z_n \in \mathbb{C} \right\}$$

ein $\mathbb{C}$-*Vektorraum* ( = Vektorraum über $\mathbb{C}$) mit den Verknüpfungen

2 Vektorräume

$$\mathbf{z}+\mathbf{w} = \begin{pmatrix} z_1+w_1 \\ \vdots \\ z_n+w_n \end{pmatrix}, \quad \alpha\cdot\mathbf{z} = \begin{pmatrix} \alpha z_1 \\ \vdots \\ \alpha z_n \end{pmatrix} \quad (\alpha \in \mathbb{C}).$$

Die Gleichheit zweier Vektoren ist wie im $\mathbb{R}^n$ definiert.

Die beiden Fälle $\mathbb{R}^n$ und $\mathbb{C}^n$ fassen wir unter der Bezeichnung $\mathbb{K}^n$ zusammen, wo $\mathbb{K}$ wahlweise $\mathbb{R}$ oder $\mathbb{C}$ bedeuten kann.

**$\mathbb{K}$ als Vektorraum.** Wir interpretieren die Zahlen von $\mathbb{K}$ gleichermaßen als Vektoren und als Skalare. Die Multiplikation mit Skalaren ist dann die gewöhnliche Multiplikation von Zahlen. Es ist leicht zu sehen, daß die Vektorraumaxiome erfüllt sind; sie sind in den Körperaxiomen enthalten. Wir fassen diesen Vektorraum als Spezialfall des $\mathbb{K}^n$ für $n=1$ auf.

## 2.3 Der Folgenraum

Wir bezeichnen komplexe Zahlenfolgen $(z_n)$ mit

$$z = (z_1, z_2, \ldots).$$

Die Menge der komplexen Folgen mit der Gleichheit $(z_1, z_2, \ldots) = (w_1, w_2, \ldots)$ $\iff z_k = w_k$ $(k = 1, 2, \ldots)$ und den Verknüpfungen

$$(z_1, z_2, \ldots) + (w_1, w_2, \ldots) = (z_1+w_1, z_2+w_2, \ldots),$$
$$\alpha \cdot (z_1, z_2, \ldots) = (\alpha z_1, \alpha z_2, \ldots)$$

wird zu einem $\mathbb{C}$–Vektorraum, dem *Folgenraum* über $\mathbb{C}$.

## 2.4 Funktionenräume

Ist $M$ eine nichtleere Menge, $\mathbb{K}$ einer der Zahlkörper $\mathbb{R}$ oder $\mathbb{C}$, so wird

$$\mathcal{F}(M, \mathbb{K}) = \{f \mid f : M \to \mathbb{K}\}$$

mit der üblichen Gleichheitsdefinition und den Verknüpfungen

$$f + g : x \mapsto f(x) + g(x)$$
$$\alpha \cdot f : x \mapsto \alpha f(x)$$

ein Vektorraum über $\mathbb{K}$, wie leicht nachzuprüfen ist. Die Beispiele $\mathbb{K}^n$ und der Folgenraum sind Spezialfälle: Wir können eine Funktion $f : \{1, \ldots, n\} \to \mathbb{K}$ durch den Spaltenvektor

$$\begin{pmatrix} f(1) \\ \vdots \\ f(n) \end{pmatrix} \in \mathbb{K}^n \quad \text{charakterisieren und umgekehrt.}$$

Eine Folge $(z_n)$ ist gegeben durch eine Abbildung

$$f : \mathbb{N} \to \mathbb{K}; \quad n \mapsto z_n .$$

Die Rechenregeln im $\mathbb{K}^n$ bzw. im Folgenraum entsprechen dabei den Rechenregeln in $\mathcal{F}(M, \mathbb{K})$ ÜA.

Weitere Vektorräume erhalten wir anschließend durch Betrachtung von Teilräumen von $\mathcal{F}(M, \mathbb{K})$. Zunächst aber noch einige

### 2.5 Bemerkungen zu den Vektorraumaxiomen

(a) In diesen Axiomen ist alles enthalten, was wir vom Rechnen im $\mathbb{R}^n$ her kennen, insbesondere die Rechenregeln

$$0 \cdot u = 0, \quad (-1) \cdot u = -u, \quad \alpha \cdot 0 = 0$$

ÜA, vgl. §1:3.4.

(b) Keines der Axiome ist überflüssig. Die Forderung $1 \cdot u = u$ soll beispielsweise sicherstellen, daß die Addition im Vektorraum und die Addition im Zahlenraum zueinander passen:

$$u + u = 1 \cdot u + 1 \cdot u = (1 + 1) \cdot u = 2 \cdot u$$
$$u + u + u = (u + u) + u = 2 \cdot u + 1 \cdot u = 3 \cdot u \quad \text{usw.}$$

Definieren wir im $\mathbb{R}^2$ die Addition wie üblich, die Multiplikation mit reellen Zahlen $\alpha$ dagegen durch

$$\alpha \begin{pmatrix} x_1 \\ x_2 \end{pmatrix} = \begin{pmatrix} \alpha x_1 \\ 0 \end{pmatrix},$$

so sind alle Vektorraumaxiome erfüllt mit Ausnahme von $1 \cdot u = u$.

### 2.6 Lineare Algebra und Geometrie

Die Vektorraumaxiome sind zunächst algebraische Rechenregeln, die in bestimmten Bereichen gelten, z.B. im Folgenraum. Genauso wie wir im $\mathbb{R}^n$ mit der Vektorrechnung bestimmte geometrische Vorstellungen verbinden, wollen wir es auch bei allgemeinen Vektorräumen halten. Wir sprechen wieder von der „Geraden" $\{a + tv \mid t \in \mathbb{K}\}$ durch den „Punkt" $a$ mit Richtungsvektor $v \neq 0$ oder von der durch zwei linear unabhängige „Vektoren" $u$ und $v$ „aufgespannten Ebene" $E$ durch den „Punkt" $a$:

$$E = \{a + su + tv \mid s, t \in \mathbb{K}\} \, ;$$

dabei wird lineare Unabhängigkeit wie im $\mathbb{R}^n$ definiert, siehe Abschnitt 5.

In vielen Fällen, besonders bei Vektorräumen mit Skalarprodukt, macht die geometrische Interpretation die algebraischen Rechnungen erst durchsichtig und vermittelt die Intuition zur Schaffung neuer Begriffe und für Beweisansätze. Dies gilt mit Einschränkungen auch für komplexe Vektorräume. Der Standpunkt, Funktionen als Vektoren aufzufassen und geometrische Vorstellungen soweit wie möglich auf Funktionenräume zu übertragen, hat sich für die moderne Analysis als äußerst fruchtbar erwiesen.

## 3 Teilräume

**3.1 Definition.** *Ist $V$ ein $\mathbb{K}$-Vektorraum ($\mathbb{K}$ steht für $\mathbb{R}$ oder $\mathbb{C}$), so nennen wir eine nichtleere Teilmenge $U$ einen* **Teilraum** *oder* **Untervektorraum** *von $V$, wenn mit $u, v$ auch jede Linearkombination $\alpha u + \beta v$ für $\alpha, \beta \in \mathbb{K}$ zu $U$ gehört. Gleichbedeutend damit sind die Bedingungen*

$$u \in U, \; \alpha \in \mathbb{K} \implies \alpha u \in U,$$
$$u, v \in U \implies u + v \in U,$$

*die oft zum Nachweis der Teilraumeigenschaft dienen. Aus der ersten folgt $0 = 0 \cdot u \in U$.*

*Ein Teilraum $U$ ist mit den von $V$ geerbten Verknüpfungen selbst wieder ein $\mathbb{K}$-Vektorraum, weil $0 \in U$ gilt, die Verknüpfungen nicht aus $U$ herausführen und die Vektorraumaxiome insbesondere für alle Vektoren aus $U$ erfüllt sind.*

### 3.2 Beispiele und Aufgaben

(a) $\{0\}$ ist immer ein Teilraum von $V$, ebenso $V$ selbst.

(b) Die Lösungen $\mathbf{x} = (x_1, \ldots, x_n) \in \mathbb{R}^n$ der Gleichung

$$a_1 x_1 + a_2 x_2 + \cdots + a_n x_n = 0$$

bilden einen Teilraum des $\mathbb{R}^n$ ÜA.

(c) Der Durchschnitt beliebig vieler Teilräume von $V$ ist wieder ein Teilraum von $V$ ÜA.

(d) Daher bilden auch die Lösungen $\mathbf{x} \in \mathbb{R}^n$ des Gleichungssystems

$$a_{11} x_1 + \cdots + a_{1n} x_n = 0$$
$$a_{21} x_1 + \cdots + a_{2n} x_n = 0$$
$$\vdots \qquad\qquad \vdots$$
$$a_{m1} x_1 + \cdots + a_{mn} x_n = 0$$

einen Teilraum von $\mathbb{R}^n$ nach (b) und (c).

(e) ÜA Wann ist für zwei Teilräume $U_1, U_2$ des $\mathbb{R}^2$ auch $U_1 \cup U_2$ ein Teilraum?

## 3.3 Beispiele reeller Funktionenräume

Für ein reelles Intervall $I$ bilden nach 2.4 alle Funktionen

$$u : I \to \mathbb{R}$$

einen Vektorraum $V$ über $\mathbb{R}$.

Jede nichtleere Teilmenge $U$ von $V$ mit

$$u, v \in U \implies \alpha u + \beta v \in U \quad \text{für} \quad \alpha, \beta \in \mathbb{R}$$

ist ein Teilraum von $V$, also für sich selbst genommen ein Vektorraum über $\mathbb{R}$. So erhalten wir folgende Beispiele von $\mathbb{R}$–Vektorräumen:

(a) Die Menge C$(I)$ der stetigen Funktionen $f : I \to \mathbb{R}$.

(b) Die Menge C$^1(I)$ der stetig differenzierbaren Funktionen.

(c) Die über das Intervall $I$ integrierbaren Funktionen.

(d) Die Lösungen $u \in$ C$^1(I)$ der DGL $\dot{u}(t) = a(t) \cdot u(t)$.

## 3.4 Die komplexen Funktionenräume C$^k(I)$

Ist $I$ ein reelles Intervall, so bilden die Funktionen

$$f : I \to \mathbb{C}\,; \quad x \mapsto u(x) + iv(x)$$

einen Vektorraum über $\mathbb{C}$.

(a) $f$ heißt $k$–mal stetig differenzierbar, wenn $u$ und $v$ $k$–mal stetig differenzierbar sind. Die Gesamtheit dieser Funktionen bildet einen Vektorraum über $\mathbb{C}$; wir bezeichnen ihn ebenfalls mit C$^k(I)$. Für den Vektorraum der stetigen, komplexwertigen Funktionen schreiben wir C$(I)$ oder C$^0(I)$.

(b) Die komplexwertigen Lösungen $y$ der Schwingungsgleichung

$$\ddot{y} + a\dot{y} + by = 0$$

bilden einen Teilraum von C$^\infty(\mathbb{R})$, vgl. §10:5.

## 3.5 Polynome

(a) Die Polynome $p : x \mapsto a_0 + a_1 x + \cdots + a_n x^n$ mit Koeffizienten aus $\mathbb{K} = \mathbb{R}$ oder $\mathbb{C}$ bilden einen Vektorraum über $\mathbb{K}$, bezeichnet mit $\mathcal{P}_\mathbb{K}$. Denn die Summe zweier Polynome ist wieder ein Polynom, und mit $p$ ist auch $\alpha p$ ein Polynom.

(b) Die Polynome vom Grad $\leq n$ bilden einen Teilraum.

# 4 Linearkombinationen, lineare Hülle, Erzeugendensystem

## 4.1 Linearkombinationen und Aufspann

Jeder Vektor der Form

$$\alpha_1 v_1 + \cdots + \alpha_n v_n = \sum_{k=1}^{n} \alpha_k v_k \quad \text{mit} \quad \alpha_1, \ldots \alpha_n \in \mathbb{K}$$

heißt **Linearkombination** der Vektoren $v_1, \ldots, v_n \in V$. Dabei ist, wie im folgenden immer, $V$ ein Vektorraum über $\mathbb{K}$. Die Menge aller Linearkombinationen aus $v_1, \ldots, v_n$ heißt ihr **Aufspann** oder ihre **lineare Hülle**, bezeichnet mit

Span $\{v_1, \ldots, v_n\}$ .

*Dieser Aufspann ist ein Teilraum von $V$* ÜA .

Die Vektoren $v_1, \ldots, v_n$ heißen ein **Erzeugendensystem** für

$U = \text{Span } \{v_1, \ldots, v_n\}$ ;

$U$ heißt auch **der von $v_1, \ldots, v_n$ erzeugte Teilraum**.

BEISPIELE.

(a) Für jeden Vektor $\mathbf{v} \neq \mathbf{0}$ des $\mathbb{R}^3$ ist

Span $\{\mathbf{v}\} = \{t\mathbf{v} \mid t \in \mathbb{R}\}$

die Ursprungsgerade mit Richtungsvektor $\mathbf{v}$.

(b) Sind $\mathbf{u}$ und $\mathbf{v}$ linear unabhängige Vektoren des $\mathbb{R}^3$, d.h. gilt weder $\mathbf{u} = \alpha\mathbf{v}$ noch $\mathbf{v} = \beta\mathbf{u}$, so ist

Span $\{\mathbf{u}, \mathbf{v}\} = \{s\mathbf{u} + t\mathbf{v} \mid s, t \in \mathbb{R}\}$

die von $\mathbf{u}$ und $\mathbf{v}$ aufgespannte Ursprungsebene.

(c) Setzen wir $p_k(x) = x^k$ $(k = 0, 1, \ldots, n)$, so ist

Span $\{p_0, p_1, \ldots, p_n\}$

der Vektorraum der Polynome vom Grad $\leq n$.

## 4.2 Die lineare Hülle einer Menge $M$

Für nichtleere Teilmengen $M$ eines Vektorraumes $V$ bezeichnet

Span $M$

die Menge aller Linearkombinationen aus je endlich vielen Vektoren aus $M$.
Span $M$ heißt auch hier *lineare Hülle* oder *Aufspann von* $M$ und ist ein Teilraum
von $V$ ÜA.

BEISPIEL. Im Funktionenraum $\mathcal{F}(\mathbb{K}, \mathbb{K})$ seien $p_k$ wieder die Potenzen $x \mapsto x^k$.
Dann ist Span $\{p_0, p_1, \ldots\}$ der Vektorraum $\mathcal{P}$ aller Polynome mit Koeffizienten
aus $\mathbb{K}$.

### 4.3 Aufgabe.

(a) Für jede von Null verschiedene Zahl $a \in \mathbb{K}$ ist

$$\text{Span}\{v_1, v_2, \ldots, v_n\} = \text{Span}\{av_1, v_2, \ldots, v_n\}.$$

(b) Für beliebiges $a \in \mathbb{K}$ gilt

$$\text{Span}\{v_1, v_2, \ldots, v_n\} = \text{Span}\{v_1 + av_2, v_2, \ldots, v_n\}.$$

## 5 Lineare Abhängigkeit und Unabhängigkeit

### 5.1 Vorbemerkung.
In § 5 und § 6 wurden zwei Vektoren $\mathbf{a}, \mathbf{b}$ des $\mathbb{R}^n$ linear
abhängig genannt, wenn einer von ihnen ein Vielfaches des andern ist. Drei
Vektoren $\mathbf{a}, \mathbf{b}, \mathbf{c}$ nannten wir linear abhängig, wenn wenigstens einer von ihnen
eine Linearkombination der übrigen ist. Das Prüfen auf lineare Abhängigkeit ist
wegen der notwendigen Fallunterscheidungen etwas umständlich. Die folgende
Definition ist besser zu handhaben.

### 5.2 Lineare Abhängigkeit und Unabhängigkeit

Vektoren $v_1, \ldots, v_n$ eines $\mathbb{K}$–Vektorraums $V$ heißen **linear abhängig** (l.a.),
wenn es Skalare $\alpha_1, \ldots, \alpha_n \in \mathbb{K}$ gibt, die nicht alle Null sind, so daß

$$\alpha_1 v_1 + \ldots + \alpha_n v_n = 0.$$

Andernfalls heißen sie **linear unabhängig** (l.u.).

*Lineare Unabhängigkeit ist genau dann gegeben, wenn aus*

$$\alpha_1 v_1 + \ldots + \alpha_n v_n = 0$$

*notwendig* $\alpha_1 = \ldots = \alpha_n = 0$ *folgt.*

Für $n = 1$ besagt die lineare Unabhängigkeit eines Vektors $v_1$ einfach $v_1 \neq 0$.
Die hier gegebene Definition besagt dasselbe wie die von § 6:

SATZ. *Für $n \geq 2$ sind $v_1, \ldots, v_n$ genau dann linear abhängig, wenn wenigstens
einer von ihnen eine Linearkombination der übrigen ist.*

BEWEIS.

(a) Gilt $\alpha_1 v_1 + \ldots + \alpha_n v_n = 0$ und ist $\alpha_m \neq 0$, so folgt

5 Lineare Abhängigkeit und Unabhängigkeit

$$v_m = \sum_{k \neq m} \left(-\frac{\alpha_k}{\alpha_m}\right) \cdot v_k.$$

(b) Ist einer der Vektoren $v_1, \ldots, v_n$ Linearkombination der übrigen, etwa $v_1 = \alpha_2 v_2 + \ldots + \alpha_n v_n$, so folgt

$$(-1) \cdot v_1 + \alpha_2 v_2 + \ldots + \alpha_n v_n = 0,$$

also lineare Abhängigkeit wegen $\alpha_1 = -1 \neq 0$. □

**Definition.** *Eine beliebige nichtleere Teilmenge $M$ von $V$ heißt linear unabhängig, wenn je endlich viele Vektoren aus $M$ linear unabhängig sind.*

### 5.3 Beispiele
(a) Im $\mathbb{K}^n$ sind die Einheitsvektoren

$$\mathbf{e}_1 = \begin{pmatrix} 1 \\ 0 \\ 0 \\ \vdots \\ 0 \end{pmatrix}, \quad \mathbf{e}_2 = \begin{pmatrix} 0 \\ 1 \\ 0 \\ \vdots \\ 0 \end{pmatrix}, \quad \ldots, \quad \mathbf{e}_n = \begin{pmatrix} 0 \\ 0 \\ 0 \\ \vdots \\ 1 \end{pmatrix}$$

linear unabhängig. Denn aus $\alpha_1 \mathbf{e}_1 + \ldots + \alpha_n \mathbf{e}_n = \mathbf{0}$ folgt

$$\begin{pmatrix} \alpha_1 \\ \vdots \\ \alpha_n \end{pmatrix} = \mathbf{0}, \quad \text{also} \quad \alpha_1 = \ldots = \alpha_n = 0.$$

(b) Die durch $p_0(x) = 1$, $p_1(x) = x$, $\ldots$, $p_n(x) = x^n$ gegebenen Polynome sind linear unabhängig. Denn aus $\alpha_0 p_0 + \ldots + \alpha_n p_n = 0$ folgt, daß

$$\alpha_0 + \alpha_1 x + \cdots + \alpha_n x^n$$

für alle $x \in \mathbb{R}$ verschwindet. Aufspalten in Real– und Imaginärteil und Koeffizientenvergleich nach § 3 : 7.1 liefern $\alpha_0 = \cdots = \alpha_n = 0$.

Die Menge $M = \{p_0, p_1, \ldots\}$ ist daher eine linear unabhängige Menge im Vektorraum $\mathcal{P}$ der Polynome.

### 5.4 Prüfen auf lineare Unabhängigkeit im $\mathbb{K}^n$
Sind die Vektoren

$$\mathbf{u} = \begin{pmatrix} 1 \\ 0 \\ -1 \\ 0 \end{pmatrix}, \quad \mathbf{v} = \begin{pmatrix} 0 \\ 1 \\ 1 \\ -2 \end{pmatrix}, \quad \mathbf{w} = \begin{pmatrix} 3 \\ -1 \\ -4 \\ 2 \end{pmatrix}$$

des $\mathbb{R}^4$ linear unabhängig? Dazu ist zu prüfen, ob die Gleichung

$$x_1\mathbf{u} + x_2\mathbf{v} + x_3\mathbf{w} = \mathbf{0}, \quad \text{in Koordinaten}$$

$$\begin{aligned} x_1 \quad &+ 3x_3 = 0 \\ x_2 &- x_3 = 0 \\ -x_1 + x_2 &- 4x_3 = 0 \\ -2x_2 &+ 2x_3 = 0, \end{aligned}$$

nur die triviale Lösung $x_1 = x_2 = x_3 = 0$ besitzt. Aus den ersten beiden Gleichungen folgt

$$x_1 = -3x_3, \quad x_2 = x_3.$$

Setzen wir dies in die restlichen Gleichungen ein, so sind diese identisch erfüllt, insbesondere ergeben die Werte

$$x_1 = -3, \quad x_2 = 1, \quad x_3 = 1$$

eine Lösung des Gleichungssystems. Damit haben wir

$$-3\mathbf{u} + \mathbf{v} + \mathbf{w} = \mathbf{0};$$

die Vektoren $\mathbf{u}$, $\mathbf{v}$ und $\mathbf{w}$ sind also linear abhängig.

Wir halten fest: *Das Prüfen auf lineare Abhängigkeit von Vektoren* $\mathbf{v}_1, \ldots, \mathbf{v}_m$ *des* $\mathbb{K}^n$ *führt auf ein homogenes System von* $n$ *linearen Gleichungen für* $m$ *Unbekannte.*

### 5.5 Aufgaben

(a) Bilden die Vektoren $\mathbf{v}_1, \ldots, \mathbf{v}_m$ ein Orthonormalsystem im $\mathbb{R}^n$, d.h. gilt $\langle \mathbf{v}_i, \mathbf{v}_k \rangle = \delta_{ik}$ (vgl. §6:4.2), so sind sie linear unabhängig.

(b) Zeigen Sie, daß die durch

$$f(x) = \log \frac{(1+x)^2}{1+x^2}, \quad g(x) = \log\left(1 + 2x^2 + x^4\right), \quad h(x) = \log(1+x)$$

gegebenen Funktionen $f, g, h \in C[0,1]$ linear abhängig sind.

## 6 Vektorräume mit Basis

**6.1 Basen.** Ein geordnetes $n$–Tupel

$$\mathcal{B} = (v_1, \ldots, v_n)$$

# 6 Vektorräume mit Basis

von Vektoren des $\mathbb{K}$–Vektorraums $V$ heißt eine **Basis von $V$**, wenn sich jeder Vektor $v \in V$ als eine Linearkombination

$$v = \alpha_1 v_1 + \alpha_2 v_2 + \ldots + \alpha_n v_n$$

mit eindeutig bestimmten Koeffizienten $\alpha_1, \ldots, \alpha_n$ darstellen läßt (**Basisdarstellung von $v$**).

Die durch $v$ eindeutig bestimmten Zahlen $\alpha_1, \ldots, \alpha_n$ heißen die Koordinaten von $v$ bezüglich der Basis $\mathcal{B}$, sie werden zu einem **Koordinatenvektor**

$$(v)_\mathcal{B} = \begin{pmatrix} \alpha_1 \\ \vdots \\ \alpha_n \end{pmatrix}$$

zusammengefaßt.

SATZ. $\mathcal{B} = (v_1, \ldots, v_n)$ *ist genau dann eine Basis, wenn $v_1, \ldots, v_n$ ein linear unabhängiges Erzeugendensystem ist.*

BEWEIS.
(a) Sei $\mathcal{B} = (v_1, \ldots, v_n)$ eine Basis. Nach Definition gilt

$$V = \mathrm{Span}\{v_1, \ldots, v_n\}\,.$$

Aus $\alpha_1 v_1 + \ldots + \alpha_n v_n = 0 = 0 \cdot v_1 + \ldots + 0 \cdot v_n$ folgt wegen der Eindeutigkeit der Basisdarstellung $\alpha_1 = \ldots = \alpha_n = 0$, also sind die $v_1, \ldots, v_n$ linear unabhängig.

(b) Sei $v_1, \ldots, v_n$ ein linear unabhängiges Erzeugendensystem. Dann ist jeder Vektor $v \in V$ eine Linearkombination

$$v = \alpha_1 v_1 + \ldots + \alpha_n v_n\,.$$

Die Zahlen $\alpha_1, \ldots, \alpha_n$ sind eindeutig bestimmt, denn aus

$$v = \beta_1 v_1 + \ldots + \beta_n v_n \quad \text{folgt} \quad (\alpha_1 - \beta_1)v_1 + \ldots + (\alpha_n - \beta_n)v_n = 0\,,$$

also $\alpha_1 = \beta_1, \ldots, \alpha_n = \beta_n$ wegen der linearen Unabhängigkeit. $\square$

## 6.2 Beispiele

(a) **Die kanonische Basis oder Standardbasis $\mathcal{K}$ des $\mathbb{K}^n$** ist gegeben durch

$$\mathbf{e}_1 = \begin{pmatrix} 1 \\ 0 \\ 0 \\ \vdots \\ 0 \end{pmatrix}, \quad \mathbf{e}_2 = \begin{pmatrix} 0 \\ 1 \\ 0 \\ \vdots \\ 0 \end{pmatrix}, \quad \ldots, \quad \mathbf{e}_n = \begin{pmatrix} 0 \\ 0 \\ 0 \\ \vdots \\ 1 \end{pmatrix}\,.$$

(b) **Lösungsbasis für die Schwingungsgleichung** $\ddot y + a\dot y + by = 0$. Bilden zwei Lösungen $y_1, y_2$ ein Fundamentalsystem, d.h. ist die Wronski–Determinante $W \neq 0$, so besitzt jede Lösung $y$ der homogenen Gleichung eine Darstellung der Form

$$y = c_1 y_1 + c_2 y_2$$

mit eindeutig bestimmten Koeffizienten $c_1, c_2$. Daher ist $\mathcal{B} = (y_1, y_2)$ eine Basis des Lösungsraumes $V$ der homogenen Gleichung, ebenso $\mathcal{B}' = (y_2, y_1)$.

(c) **Die Polynome vom Grad $\leq n$.** Für den Vektorraum $\mathcal{P}_\mathbb{K}^n$ der Polynome vom Grad $\leq n$ mit Koeffizienten aus $\mathbb{K}$ ist eine Basis gegeben durch die **Potenzen**

$$p_0(x) = 1, \quad p_1(x) = x, \quad \ldots, \quad p_n(x) = x^n.$$

Jedes Polynom $x \mapsto a_0 + a_1 x + \cdots + a_n x^n$ hat die Form

$$p = a_0 \cdot p_0 + \cdots + a_n \cdot p_n,$$

und die Koeffizienten sind nach 5.3 (b) eindeutig bestimmt.

(d) ÜA Geben Sie eine Basis für den Lösungsraum der DGL $y' = a(x)y$ an.

## 6.3 Eine Basis für den Vektorraum aller Polynome

Für den Vektorraum $\mathcal{P}_\mathbb{K}$ aller Polynome mit Koeffizienten aus $\mathbb{K}$ bilden die Potenzen $p_k : x \mapsto x^k$ ($k = 0, 1, 2, \ldots$) ein linear unabhängiges Erzeugendensystem. Wir sagen auch in diesem Fall, daß $\mathcal{B} = (p_0, p_1, p_2, \ldots)$ eine Basis für den $\mathcal{P}_\mathbb{K}$ ist. Jedem Polynom $p : x \mapsto a_0 + a_1 x + \cdots + a_n x^n$ entspricht bezüglich dieser Basis die Koordinatenfolge

$$(p)_\mathcal{B} = (a_0, a_1, \ldots, a_n, 0, 0, 0, \ldots).$$

## 6.4 Die Dimension eines Vektorraums

Der Dimensionsbegriff beruht auf dem folgenden

SATZ. *Besitzt ein Vektorraum $V$ eine Basis aus $n$ Vektoren, so besteht auch jede andere Basis aus $n$ Vektoren.*

Die somit von der gewählten Basis unabhängige Kennzahl $n$ des Vektorraums $V$ nennen wir die **Dimension von $V$** und schreiben

$$\dim V = n.$$

Für $V = \{0\}$ setzen wir $\dim V := 0$.

Besitzt ein Vektorraum keine endliche Basis, so bezeichnen wir ihn als **unendlichdimensional**.

# 6 Vektorräume mit Basis

In diesem Band beschäftigen wir uns größtenteils mit endlichdimensionalen Vektorräumen.

Der Beweis des Satzes ergibt sich unmittelbar aus dem folgenden

**Hilfssatz.** *Ist $b_1, \ldots, b_n$ ein Erzeugendensystem für $V$ und sind $a_1, \ldots, a_m$ linear unabhängige Vektoren in $V$, so gilt $m \leq n$.*

BEWEIS.
Wir zeigen durch Induktion nach $n$ die äquivalente Aussage: *Hat ein Vektorraum $V$ ein Erzeugendensystem $b_1, \ldots, b_n$, so ist jede aus $m > n$ Vektoren bestehende Kollektion $a_1, \ldots, a_m$ in $V$ linear abhängig.*

$n = 1$: $b_1$ erzeuge $V$. Für Vektoren $a_1, \ldots, a_m$ $(m > 1)$ gilt dann $a_i = \alpha_i b_1$ mit $i = 1, \ldots, m$. Seien nicht alle $\alpha_i$ gleich Null, etwa $\alpha_1 \neq 0$. Dann sind schon $a_1, a_2$ linear abhängig wegen $\alpha_2 a_1 - \alpha_1 a_2 = \alpha_2 \alpha_1 b_1 - \alpha_1 \alpha_2 b_1 = 0$.

Die Behauptung sei für $n - 1$ richtig. In $V = \operatorname{Span}\{b_1, \ldots, b_n\}$ seien Vektoren $a_1, \ldots, a_m$ $(m > n)$ gegeben. Dann gibt es Zahlen $\alpha_{ik} \in \mathbb{K}$ mit

$$a_i = \sum_{k=1}^{n} \alpha_{ik} b_k \quad (i = 1, \ldots, m).$$

Durch geeignete Umnumerierung der $a_i$ und $b_k$ kann erreicht werden, daß $\alpha_{11} \neq 0$. (Wären alle $\alpha_{ik} = 0$, so wäre jedes $a_i = 0$, also $a_1, \ldots, a_m$ linear abhängig.) Die $m - 1$ Vektoren

$$c_i := a_i - \frac{\alpha_{i1}}{\alpha_{11}} a_1 = \sum_{k=1}^{n} \frac{\alpha_{11} \alpha_{ik} - \alpha_{i1} \alpha_{1k}}{\alpha_{11}} b_k \quad (i = 2, \ldots, m)$$

liegen in $\operatorname{Span}\{b_2, \ldots, b_n\}$, da der Koeffizient von $b_1$ Null ist, und es gilt $m-1 > n-1$. Nach Induktionsvoraussetzung sind die $c_2, \ldots, c_m$ linear abhängig, es gibt also Zahlen $\lambda_2, \ldots, \lambda_m$, die nicht sämtlich Null sind, und für die

$$0 = \sum_{i=2}^{m} \lambda_i c_i = \sum_{i=2}^{m} \lambda_i \left( a_i - \frac{\alpha_{i1}}{\alpha_{11}} a_1 \right) = \sum_{i=1}^{m} \lambda_i a_i \quad \text{mit} \quad \lambda_1 = -\frac{1}{\alpha_{11}} \sum_{i=2}^{m} \lambda_i \alpha_{i1},$$

und nicht alle $\lambda_i$ sind Null. Also sind $a_1, \ldots, a_m$ linear abhängig. □

## 6.5 Basisergänzungssatz

*Ist $b_1, \ldots, b_n$ ein Erzeugendensystem von $V$ und sind $a_1, \ldots, a_m$ linear unabhängige Vektoren in $V$, die keine Basis von $V$ bilden, so lassen sich die $a_1, \ldots, a_m$ durch Hinzunahme geeigneter $b_k$ zu einer Basis von $V$ ergänzen.*

Diesen Satz beweisen wir zusammen mit dem

**6.6 Basisauswahlsatz.** *Besitzt der Vektorraum $V \neq \{0\}$ ein endliches Erzeugendensystem $b_1, \ldots, b_n$, so läßt sich aus diesem eine Basis für $V$ auswählen.*

Auf diesen beiden Sätzen und der Invarianz 6.4 der Dimension basieren alle weiteren Schlüsse der endlichdimensionalen linearen Algebra.

BEWEIS.

Für 6.5 sei $A = \{a_1, \ldots, a_m\}$, $M = \{a_1, \ldots, a_m, b_1, \ldots, b_n\}$. Wir betrachten alle Mengen $S$ mit

$$A \subset S \subset M \quad \text{und} \quad V = \text{Span}\, S.$$

$M$ selbst ist eine solche Menge. Unter ihnen gibt es eine Menge $S_0$ mit kleinster Elementezahl, vgl. § 1 : 6.1. Dann sind die Vektoren von $S_0$ linear unabhängig, d.h. keiner der Vektoren von $S_0$ läßt sich durch die übrigen ausdrücken:

(a) Wäre ein $b_k \in S_0$ Linearkombination der restlichen Vektoren von $S_0$, so wäre $S_0$ nicht minimal.

(b) Wäre ein $a_l \in S_0$ Linearkombination der übrigen Vektoren von $S_0$, so müßte dabei irgend ein $b_k$ einen von Null verschiedenen Vorfaktor haben, da $a_1, \ldots, a_m$ linear unabhängig sind. Dieses $b_k$ wäre dann eine Linearkombination der restlichen Vektoren von $S_0$ , und wir wären wieder bei (a). Also enthält $S_0$ ein linear unabhängiges Erzeugendensystem, das heißt nach 6.1 eine Basis.

Für den Beweis des Basisauswahlsatzes 6.6 wiederholen wir diese Argumentation mit $A = \emptyset$, $M = \{b_1, \ldots, b_n\}$. □

FOLGERUNGEN.

(a) *In einem $n$–dimensionalen Vektorraum bilden je $n$ linear unabhängige Vektoren eine Basis.*

(b) *Hat ein Teilraum $W$ von $V$ die gleiche endliche Dimension wie $V$, so ist $V = W$.*

BEWEIS.

(a) Ist eine unmittelbare Folge des Basisergänzungssatzes ÜA.

(b) Sei $\mathcal{A} = (a_1, \ldots, a_n)$ eine Basis für $W$ und $\mathcal{B} = (b_1, \ldots, b_n)$ eine Basis von $V$. Wäre $W$ ein echter Teilraum von $V$, so wäre $\mathcal{A}$ keine Basis für $V$, ließe sich also durch Hinzunahme geeigneter $b_k$ zu einer Basis für $V$ ergänzen. Damit wäre $\dim V > n$. □

**6.7 Aufgabe**

Warum bilden die Polynome $a_1(x) = 1 + x + x^2$, $a_2(x) = 3x^2 - 2$ keine Basis für den Vektorraum $\mathcal{P}_\mathbb{C}^2$ aller Polynome vom Grad $\leq 2$?

Ergänzen Sie $a_1, a_2$ durch Hinzunahme einer der Potenzen $1, x, x^2$ zu einer Basis für $\mathcal{P}_\mathbb{C}^2$. (Nachweis der Basiseigenschaft nicht vergessen!)

# § 15 Lineare Abbildungen und Matrizen

## 1 Beispiele linearer Abbildungen

### 1.1 Lineare Abbildungen

Eine Abbildung $L : V \to W$ zwischen Vektorräumen $V, W$ über demselben Körper $\mathbb{K}$ heißt **linear**, wenn

$$L(\alpha_1 u_1 + \alpha_2 u_2) = \alpha_1 L(u_1) + \alpha_2 L(u_2)$$

für beliebige Vektoren $u_1, u_2 \in V$ und Skalare $\alpha_1, \alpha_2 \in \mathbb{K}$.

Es ist üblich, bei linearen Abbildungen auch

$$Lu \quad \text{statt} \quad L(u)$$

zu schreiben. Lineare Abbildungen werden oft auch **lineare Operatoren** genannt, vor allem bei unendlichdimensionalen Räumen. Ist $W = \mathbb{K}$, so spricht man von **Linearformen** oder **linearen Funktionalen** auf $V$.

Wie schon in § 14 erwähnt, gilt ein Hauptinteresse der linearen Algebra den linearen Gleichungen $Lu = b$, wobei $L$ eine lineare Abbildung ist.

**Einfache Eigenschaften linearer Abbildungen $L$**

(a) $L0 = 0$.

(b) $L(u+v) = Lu + Lv$, $L(\alpha u) = \alpha \cdot Lu$.

Umgekehrt folgt aus diesen beiden Gleichungen die Linearität von $L$.

(c) $L\left(\sum_{k=1}^{n} \alpha_k u_k\right) = \sum_{k=1}^{n} \alpha_k L u_k$.

Die erste Gleichung müßte genaugenommen $L0_V = 0_W$ lauten. Sie ergibt sich aus $L0 = L(0 \cdot 0 + 0 \cdot 0) = 0 \cdot L0 + 0 \cdot L0 = 0$.

(b) ist eine einfache $\boxed{\text{ÜA}}$; (c) ergibt sich durch Induktion nach (b).

### 1.2 Beispiele

(a) Die einfachsten linearen Abbildungen sind

    der **Nulloperator** $\quad 0 : V \to W, \quad u \mapsto 0 \quad$ und

    die **Identität** auf $V \quad \mathbb{1} = \mathbb{1}_V : V \to V, \quad u \mapsto u$.

(b) *Der Ableitungsoperator*:

Sei $I$ ein reelles Intervall, $V = C^1(I)$ und $W = C(I)$. Dann ist

$$D : u \mapsto u'$$

eine lineare Abbildung von $V$ nach $W$.

(c) *Der Differentialoperator der Schwingungsgleichung*:
Für $a, b \in \mathbb{R}$ ist

$$u \mapsto Lu = \ddot{u} + a\dot{u} + bu, \qquad C^2(\mathbb{R}) \to C^0(\mathbb{R})$$

ein linearer Operator.

(d) *Das Integral*: Ist $I$ ein reelles Intervall und $V$ der Vektorraum aller über $I$ integrierbaren Funktionen, so liefert $Lu = \int_I u(x)\,dx$ eine Linearform auf $V$.

### 1.3 Beispiele aus der ebenen Geometrie

(a) *Orthogonale Projektion auf eine Gerade*. Sei $\|\mathbf{a}\| = 1$ und $g = \text{Span}\{\mathbf{a}\}$. Nach §6:2.4 ist die orthogonale Projektion eines Vektors $\mathbf{x}$ auf $g$ gegeben durch $P\mathbf{x} = \langle \mathbf{a}, \mathbf{x} \rangle \cdot \mathbf{a}$. ÜA Zeigen Sie, daß $P$ linear ist.

(b) *Drehungen in der Ebene*. Die Drehung $D_\alpha$ um den Ursprung mit dem Winkel $\alpha$ ordnet jedem Punkt $\mathbf{x} = (x_1, x_2)$ den Bildpunkt

$$D_\alpha \mathbf{x} = \begin{pmatrix} x_1 \cos\alpha - x_2 \sin\alpha \\ x_1 \sin\alpha + x_2 \cos\alpha \end{pmatrix} \quad \text{zu.}$$

Das ergibt sich am einfachsten durch komplexe Rechnung: Nach §5:11.1 gilt für $D_\alpha \mathbf{x} = (y_1, y_2)$

$$(y_1 + iy_2) = e^{i\alpha}(x_1 + ix_2) = (\cos\alpha + i\sin\alpha) \cdot (x_1 + ix_2)$$
$$= (x_1 \cos\alpha - x_2 \sin\alpha) + i(x_1 \sin\alpha + x_2 \cos\alpha).$$

ÜA Zeigen Sie, daß $D_\alpha$ eine lineare Abbildung ist.

(c) *Spiegelung an einer Geraden*. Sei $g = \text{Span}\{\mathbf{a}\}$ eine Ursprungsgerade in der Ebene und $\mathbf{a}$ ein Vektor der Länge 1. Die Spiegelung $S_g$ an der Geraden $g$ ordnet dem Punkt $\mathbf{x}$ den Bildpunkt

$$S_g \mathbf{x} = \mathbf{x} + 2 \cdot (P\mathbf{x} - \mathbf{x})$$

zu, wo $P\mathbf{x}$ die orthogonale Projektion von $\mathbf{x}$ auf $g$ ist (Fig.).

Nach (a) gilt also

$$S_g \mathbf{x} = 2 \cdot \langle \mathbf{a}, \mathbf{x} \rangle \cdot \mathbf{a} - \mathbf{x},$$

und $S_g$ ist linear ÜA .

## 2 Die Dimensionsformel

### 2.1 Kern und Bild einer linearen Abbildung

*Für lineare Abbildungen $L : V \to W$ gilt*

(a) $\operatorname{Bild} L = \{Lu \mid u \in V\}$ *ist ein Teilraum von $W$.*

(b) $\operatorname{Kern} L = \{u \in V \mid Lu = 0\}$ *ist ein Teilraum von $V$.*

(c) $L$ *ist genau dann injektiv, wenn* $\operatorname{Kern} L = \{0\}$.

BEWEIS.
(a) Wegen $0 = L0$ ist $\operatorname{Bild} L$ nicht leer. Gehören $v_1 = Lu_1$ und $v_2 = Lu_2$ zum Bild von $L$, so gilt $\alpha_1 v_1 + \alpha_2 v_2 = \alpha_1 Lu_1 + \alpha_2 Lu_2 = L(\alpha_1 u_1 + \alpha_2 u_2) \in \operatorname{Bild} L$.

(b) Wegen $L0 = 0$ ist $\operatorname{Kern} L$ nicht leer. Gehören $u_1, u_2$ zu $\operatorname{Kern} L$ und sind $\alpha_1, \alpha_2 \in \mathbb{K}$, so gilt $L(\alpha_1 u_1 + \alpha_2 u_2) = \alpha_1 Lu_1 + \alpha_2 Lu_2 = \alpha_1 \cdot 0 + \alpha_2 \cdot 0 = 0$,

(c) Sei $L$ injektiv. Dann hat die Gleichung $Lu = 0$ nur eine einzige Lösung $u$, nämlich $u = 0$. Also ist $\operatorname{Kern} L = \{0\}$.

Ist umgekehrt $\operatorname{Kern} L = \{0\}$, so folgt aus $Lu_1 = Lu_2$ wegen der Linearität von $L$ die Gleichung $L(u_1 - u_2) = Lu_1 - Lu_2 = 0$, also $u_1 - u_2 \in \operatorname{Kern} L$ und damit $u_1 - u_2 = 0$, d.h. $u_1 = u_2$. Also ist $L$ injektiv.

FOLGERUNG. *Die Lösungen der homogenen Gleichung $Lu = 0$ bilden einen Vektorraum.*

Es sei nochmals an das Beispiel der Schwingungsgleichung erinnert: Die Lösungen von $Lu = \ddot{u} + a\dot{u} + bu = 0$ bilden einen Vektorraum der Dimension 2.

### 2.2 Dimensionsformel

*Der Vektorraum $V$ habe die endliche Dimension $n$, und $L : V \to W$ sei linear. Dann gilt*

$$\dim \operatorname{Kern} L + \dim \operatorname{Bild} L = n.$$

Die Dimension des Bildraumes heißt auch der **Rang** von $L$. Die Dimensionsformel ist fundamental für die Theorie linearer Gleichungssysteme, vgl. § 16. Das nebenstehende Schema beschreibt die Situation symbolisch.

BEWEIS.
Im Fall $L = 0$ ist $\operatorname{Kern} L = V$ und $\dim \operatorname{Bild} L = \dim\{0\} = 0$ nach Definition 6.4. Somit stimmt die Dimensionsformel. Sei jetzt $L \neq 0$ und $\dim \operatorname{Kern} L = m$.

Wegen $L \neq 0$ gilt $m < n$. Im Fall $m > 0$ wählen wir eine Basis $(b_1, \ldots, b_m)$ für Kern $L$ und ergänzen diese gemäß §14:6.5 zu einer Basis $(b_1, \ldots, b_m, \ldots, b_n)$ von $V$; im Fall $m = 0$ wählen wir einfach irgend eine Basis $(b_1, \ldots, b_n)$ für $V$.

Wir zeigen, daß

$$(Lb_{m+1}, \ldots, Lb_n)$$

eine Basis für Bild $L$ ist. Da diese aus $n - m$ Vektoren besteht, ist dann die Dimensionsformel bewiesen.

(a) Zunächst gilt Bild $L = \text{Span}\{Lb_{m+1}, \ldots, Lb_n\}$. Denn einerseits enthält Bild $L$ mit den Vektoren $Lb_{m+1}, \ldots, Lb_n$ auch deren Aufspann. Andererseits gilt für $u = \sum_{k=1}^{n} x_k b_k$ wegen $Lb_k = 0$ für $k \leq m$

$$Lu = \sum_{k=1}^{n} x_k Lb_k = \sum_{k=1}^{m} x_k Lb_k + \sum_{k=m+1}^{n} x_k Lb_k$$

$$= \sum_{k=m+1}^{n} x_k Lb_k \in \text{Span}\{Lb_{m+1}, \ldots, Lb_n\}.$$

(b) Zum Beweis der linearen Unabhängigkeit der $Lb_{m+1}, \ldots, Lb_n$ ist zu zeigen

$$\sum_{k=m+1}^{n} x_k Lb_k = 0 \implies x_{m+1} = \cdots = x_n = 0.$$

Sei also $\sum_{k=m+1}^{n} x_k Lb_k = 0$. Für

$$u := \sum_{k=m+1}^{n} x_k b_k$$

bedeutet dies wegen der Linearität von $L$, daß $Lu = 0$, also $u \in \text{Kern } L$. Im Fall $m = 0$ folgt $u = 0$, also $\sum_{k=m+1}^{n} x_k b_k = 0$, im Fall $m > 0$ gibt es Zahlen $y_1, \ldots, y_m$ mit

$$\sum_{k=m+1}^{n} x_k b_k = u = \sum_{k=1}^{m} y_k b_k.$$

In beiden Fällen folgt aus der Eindeutigkeit der Basisdarstellung von $u$

$$x_{m+1} = \cdots = x_n = 0.$$

□

# 3 Verknüpfung linearer Abbildungen

## 3.1 Der Vektorraum $\mathcal{L}(V, W)$

Sind $L_1, L_2 : V \to W$ lineare Abbildungen und $\alpha_1, \alpha_2 \in \mathbb{K}$, so ist auch

$$\alpha_1 L_1 + \alpha_2 L_2 : u \mapsto \alpha_1 L_1 u + \alpha_2 L_2 u$$

eine lineare Abbildung von $V$ nach $W$ ÜA .

*Damit bilden die linearen Abbildungen $L : V \to W$ ihrerseits einen $\mathbb{K}$-Vektorraum, bezeichnet mit $\mathcal{L}(V, W)$. Im Falle $V = W$ schreiben wir $\mathcal{L}(V)$ statt $\mathcal{L}(V, V)$.*

## 3.2 Die Hintereinanderausführung linearer Abbildungen

Für zwei lineare Abbildungen zwischen $\mathbb{K}$–Vektorräumen

$$U \xrightarrow{T} V \xrightarrow{S} W$$

ist die Hintereinanderausführung $S \circ T : U \to W$ wieder eine lineare Abbildung ÜA .

**Schreibweise:** Wir schreiben $ST$ statt $S \circ T$.

# 4 Lineare Abbildungen und Matrizen

Für den Rest dieses Abschnittes sei grundsätzlich $V$ ein Vektorraum der Dimension $n$ und $W$ ein Vektorraum der Dimension $m$, beide über demselben Körper $\mathbb{K}$.

## 4.1 Beschreibung einer linearen Abbildung mit Hilfe von Basen

*Sei $(v_1, \ldots, v_n)$ eine Basis von $V$.*

(a) *Eine lineare Abbildung $L : V \to W$ ist durch Kenntnis der Bildvektoren $Lv_1, \ldots, Lv_n$ vollständig beschrieben.*

(b) *Zu vorgegebenen Vektoren $b_1, \ldots, b_n \in W$ gibt es genau eine lineare Abbildung $L : V \to W$ mit*

$$Lv_1 = b_1, \quad \ldots, \quad Lv_n = b_n.$$

BEWEIS.

(a) Besitzt $u \in V$ die Basisdarstellung $u = \sum_{k=1}^{n} x_k v_k$ ($x_k \in \mathbb{K}$), so gilt

$$Lu = \sum_{k=1}^{n} x_k Lv_k.$$

(b) Gegeben sind $b_1, \ldots, b_n$. Gesucht ist eine lineare Abbildung $L : V \to W$ mit $Lv_k = b_k$ $(k = 1, \ldots, n)$. Gemäß (a) muß $Lu$ für $u = \sum_{k=1}^{n} x_k v_k \in V$ durch
$$Lu := \sum_{k=1}^{n} x_k b_k$$
definiert werden. Der Nachweis, daß die so erklärte Abbildung $L$ linear ist, sei den Lesern als $\boxed{\text{ÜA}}$ überlassen.

## 4.2 Die Matrix einer linearen Abbildung bezüglich gegebener Basen

Wir wählen Basen

$$\mathcal{A} = (v_1, \ldots, v_n) \quad \text{für} \quad V, \qquad \mathcal{B} = (w_1, \ldots, w_m) \quad \text{für} \quad W.$$

Zur Beschreibung einer linearen Abbildung $L : V \to W$ reicht es nach 4.1 völlig aus, die Bilder $Lv_1, \ldots, Lv_n$ anzugeben. Bezüglich der Basis $\mathcal{B}$ besitzt jedes $Lv_k$ eine Basisdarstellung

$$Lv_k = \sum_{i=1}^{m} a_{ik} w_i$$

mit eindeutig bestimmten Koeffizienten $a_{ik}$. Wir ordnen diese in einem rechteckigen Schema

$$\begin{pmatrix} a_{11} & a_{12} & \cdots & a_{1n} \\ a_{21} & a_{22} & \cdots & a_{2n} \\ \vdots & \vdots & \ddots & \vdots \\ a_{m1} & a_{m2} & \cdots & a_{mn} \end{pmatrix}$$

an und nennen dieses Schema die **Matrix von $L$ bezüglich der Basen $\mathcal{A}$ und $\mathcal{B}$**, bezeichnet mit $M_{\mathcal{A}}^{\mathcal{B}}(L)$.

Matrizen werden (bei fest gewählten Basen) mit lateinischen Großbuchstaben abgekürzt, üblich sind die Schreibweisen

$$A = \begin{pmatrix} a_{11} & \cdots & a_{1n} \\ \vdots & \ddots & \vdots \\ a_{m1} & \cdots & a_{mn} \end{pmatrix} = (a_{ik})_{m \times n}, \quad \text{kurz} \quad (a_{ik}).$$

Wir sprechen von einer $m \times n$–**Matrix** ($m$ Zeilen, $n$ Spalten). Die $a_{ik}$ heißen *Koeffizienten, Komponenten* oder *Einträge von $A$*.

MERKE: *Die Spalten von $A = M_{\mathcal{A}}^{\mathcal{B}}(L)$ enthalten die Bilder der Basisvektoren in Koordinatendarstellung bezüglich $\mathcal{B}$; für die $k$–te Spalte von $A$ gilt*

$$\begin{pmatrix} a_{1k} \\ \vdots \\ a_{mk} \end{pmatrix} = (Lv_k)_{\mathcal{B}} \qquad \text{(Koordinatendarstellung von } Lv_k \text{ bezüglich } \mathcal{B}\text{).}$$

## 4.3 Quadratische Matrizen

(a) Im Fall $V = W$ werden wir in der Regel im Bild– und Urbildraum dieselbe Basis $\mathcal{B}$ wählen; statt $M_{\mathcal{B}}^{\mathcal{B}}(L)$ schreiben wir dann $M_{\mathcal{B}}(L)$.

(b) Die identische Abbildung $\mathbb{1} : V \to V$, $u \mapsto u$ besitzt als Matrix $M_{\mathcal{B}}(\mathbb{1})$ bezüglich jeder Basis $\mathcal{B}$ von $V$ die **Einheitsmatrix**

$$E_n = \begin{pmatrix} 1 & 0 & \cdots & 0 \\ 0 & 1 & & 0 \\ \vdots & 0 & \ddots & \vdots \\ 0 & 0 & \cdots & 1 \end{pmatrix}_{n \times n} = (\delta_{ik})_{n \times n} \quad \text{mit} \quad \delta_{ik} = \begin{cases} 0 & \text{für } i \neq k \\ 1 & \text{für } i = k. \end{cases}$$

Meistens schreiben wir $E$ statt $E_n$.

(c) Zur Nullabbildung $0$ gehört die **Nullmatrix** $O = \begin{pmatrix} 0 & \cdots & 0 \\ \vdots & \ddots & \vdots \\ 0 & \cdots & 0 \end{pmatrix}$.

(d) **Drehungen im $\mathbb{R}^2$.** Wir verwenden die kanonische Basis $\mathcal{K} = (\mathbf{e}_1, \mathbf{e}_2)$. Bei der Drehung $D_\alpha$ um den Ursprung mit Drehwinkel $\alpha$ ergibt sich

$$D_\alpha \mathbf{e}_1 = \begin{pmatrix} \cos \alpha \\ \sin \alpha \end{pmatrix}, \qquad D_\alpha \mathbf{e}_2 = \begin{pmatrix} -\sin \alpha \\ \cos \alpha \end{pmatrix} \qquad \text{(vgl. 1.3 (b)), also}$$

$$M_{\mathcal{K}}(D_\alpha) = \begin{pmatrix} \cos \alpha & -\sin \alpha \\ \sin \alpha & \cos \alpha \end{pmatrix}.$$

(e) **Spiegelung an einer Geraden.** Sei $\mathbf{a} = \begin{pmatrix} a_1 \\ a_2 \end{pmatrix}$ ein Vektor der Länge 1, $g = \operatorname{Span}\{\mathbf{a}\}$ und

$$L\mathbf{x} = S_g \mathbf{x} = 2\langle \mathbf{a}, \mathbf{x} \rangle \mathbf{a} - \mathbf{x}, \quad \text{vgl. 1.3 (c).}$$

Die Matrix von $L$ bezüglich der kanonischen Basis ergibt sich durch

$$L\mathbf{e}_1 = 2a_1 \mathbf{a} - \mathbf{e}_1 = \begin{pmatrix} 2a_1^2 - 1 \\ 2a_1 a_2 \end{pmatrix}, \quad L\mathbf{e}_2 = 2a_2 \mathbf{a} - \mathbf{e}_2 = \begin{pmatrix} 2a_1 a_2 \\ 2a_2^2 - 1 \end{pmatrix},$$

$$M_{\mathcal{K}}(L) = \begin{pmatrix} 2a_1^2 - 1 & 2a_1 a_2 \\ 2a_1 a_2 & 2a_2^2 - 1 \end{pmatrix}.$$

Eine der Spiegelung $L$ besonders gut angepaßte Basis ist durch $\mathcal{B} = (\mathbf{a}, \mathbf{b})$ gegeben, wo $\mathbf{b}$ der zu $\mathbf{a}$ senkrechte Vektor $\begin{pmatrix} -a_2 \\ a_1 \end{pmatrix}$ ist. Es gilt $L\mathbf{a} = \mathbf{a} = 1 \cdot \mathbf{a} + 0 \cdot \mathbf{b}$, $L\mathbf{b} = -\mathbf{b} = 0 \cdot \mathbf{a} - 1 \cdot \mathbf{b}$.

Also hat $M_\mathcal{B}(L)$ die besonders einfache Gestalt $\begin{pmatrix} 1 & 0 \\ 0 & -1 \end{pmatrix}$.

Man darf also nicht den Fehler machen, aus $L\mathbf{a} = \mathbf{a}$ und $L\mathbf{b} = -\mathbf{b}$ auf die Matrix $\begin{pmatrix} a_1 & a_2 \\ a_2 & -a_1 \end{pmatrix}$ zu schließen. Die letztere Matrix wäre $M_\mathcal{B}^\mathcal{K}(L)$!

(f) *Der Ableitungsoperator* $D = d/dx$ *auf* $\mathcal{P}_\mathbb{R}^2$, dem Vektorraum der reellen Polynome vom Grad $\leq 2$, hat bezüglich der Basis $\mathcal{B} = (p_0, p_1, p_2)$ der Potenzen $p_k(x) = x^k$ die Matrixdarstellung ÜA

$$M_\mathcal{B}(D) = \begin{pmatrix} 0 & 1 & 0 \\ 0 & 0 & 2 \\ 0 & 0 & 0 \end{pmatrix}.$$

**4.4 Linearformen auf $V$.** Wir wählen eine Basis $\mathcal{B} = (v_1, \ldots, v_n)$ von $V$. Als kanonische Basis für den eindimensionalen Vektorraum $\mathbb{K}$ wählen wir die Zahl 1.

Jede lineare Abbildung $L : V \to \mathbb{K}$ besitzt dann die $1 \times n$–Matrix (Zeilenmatrix)

$$M_\mathcal{B}^\mathcal{K}(L) = (Lv_1, \ldots, Lv_n).$$

Hat beispielsweise der Vektor $\mathbf{a} \in \mathbb{R}^n$ die Komponenten $a_1, \ldots, a_n$ und ist $L(\mathbf{x}) = \langle \mathbf{a}, \mathbf{x} \rangle$, so hat $L$ bezüglich der kanonischen Basen in $\mathbb{R}^n$ und $\mathbb{R}$ die Zeilenmatrix $(a_1, a_2, \ldots, a_n)$.

**4.5 Berechnung des Bildvektors (Matrix–Vektor–Multiplikation)**

Sei $M_\mathcal{A}^\mathcal{B}(L) = A = (a_{ik})_{m \times n}$. Die Koordinatendarstellungen des Vektors $u \in V$ und seines Bildvektors $Lu$ seien gegeben durch

$$(u)_\mathcal{A} = \begin{pmatrix} x_1 \\ \vdots \\ x_n \end{pmatrix} = \mathbf{x}, \qquad (Lu)_\mathcal{B} = \begin{pmatrix} y_1 \\ \vdots \\ y_m \end{pmatrix} = \mathbf{y}.$$

Dann bestehen die Gleichungen

$$y_i = \sum_{k=1}^n a_{ik} x_k \qquad (i = 1, \ldots, m).$$

5 Matrizenrechnung

Wir fassen diese Gleichungen in die Kurzform

$$\mathbf{y} = A\mathbf{x}\,.$$

Die so definierte Matrix–Vektor–Multiplikation ergibt sich nach dem folgenden Schema:

$$\begin{pmatrix} a_{11} & a_{12} & \cdots & a_{1n} \\ \vdots & \vdots & & \vdots \\ \boxed{a_{i1} \quad a_{i2} \quad \cdots \quad a_{in}} \\ \vdots & \vdots & & \vdots \\ a_{m1} & a_{m2} & \cdots & a_{mn} \end{pmatrix} \begin{pmatrix} x_1 \\ x_2 \\ \vdots \\ x_n \end{pmatrix} \qquad y_i = a_{i1}x_1 + a_{i2}x_2 + \cdots + a_{in}x_n$$

Zur Berechnung von $y_i = (A\mathbf{x})_i$ denke man sich den Vektor $\mathbf{x}$ über die $i$-te Zeile gelegt und bilde die Summe der Produkte übereinanderstehender Koeffizienten.

BEWEIS.
Für $u = x_1 v_1 + \cdots + x_n v_n$ gilt

$$\begin{aligned}
Lu &= x_1 L v_1 + \cdots + x_n L v_n \\
&= x_1 \left( a_{11} w_1 + a_{21} w_2 + \cdots a_{m1} w_m \right) \\
&\quad + x_2 \left( a_{12} w_1 + a_{22} w_2 + \cdots a_{m2} w_m \right) \\
&\quad \vdots \\
&\quad + x_n \left( a_{1n} w_1 + a_{2n} w_2 + \cdots a_{mn} w_m \right) \\
&= w_1 \left( a_{11} x_1 + a_{12} x_2 + \cdots + a_{1n} x_n \right) \\
&\quad + w_2 \left( a_{21} x_1 + a_{22} x_2 + \cdots + a_{2n} x_n \right) \\
&\quad \vdots \\
&\quad + w_m \left( a_{m1} x_1 + a_{m2} x_2 + \cdots + a_{mn} x_n \right).
\end{aligned}$$

□

BEISPIEL. Rechnen Sie nach, daß

$$\begin{pmatrix} -1 & 2 & 1 & 0 \\ 1 & -1 & 0 & 1 \\ 2 & 1 & -3 & 1 \end{pmatrix} \begin{pmatrix} 1 \\ 2 \\ 3 \\ 4 \end{pmatrix} = \begin{pmatrix} 6 \\ 3 \\ -1 \end{pmatrix}.$$

# 5 Matrizenrechnung

## 5.1 Zielsetzung

Wir wollen für die linearen Abbildungen $S, T : V \to W$ mit Matrizen $A = M_{\mathcal{A}}^{\mathcal{B}}(S)$, $B = M_{\mathcal{A}}^{\mathcal{B}}(T)$ die Matrix von $\lambda S + \mu T$ berechnen; diese werden wir mit

$\lambda A + \mu B$ bezeichnen. Ferner wollen wir im Falle

$$U \xrightarrow{T} V \xrightarrow{S} W$$

die Matrix der Hintereinanderausführung $ST$ bestimmen. Diese bezeichnen wir mit $A \cdot B = M_{\mathcal{A}}^{\mathcal{C}}(ST)$, wobei $B = M_{\mathcal{A}}^{\mathcal{B}}(T)$ und $A = M_{\mathcal{B}}^{\mathcal{C}}(S)$. Schließlich wollen wir die Rechenregeln für den so definierten Matrizenkalkül untersuchen.

### 5.2 Summe und Vielfaches von Matrizen

(a) *Haben die linearen Abbildungen $S, T : V \to W$ bezüglich fest gewählter Basen $\mathcal{A}$ für $V$, $\mathcal{B}$ für $W$ die $m \times n$-Matrizen*

$$M_{\mathcal{A}}^{\mathcal{B}}(S) = A = (a_{ik}), \qquad M_{\mathcal{A}}^{\mathcal{B}}(T) = B = (b_{ik}),$$

*so ist die Matrix von $S + T$ gegeben durch*

$$A + B := (a_{ik} + b_{ik}) \qquad (\textit{koeffizientenweise Addition}).$$

(b) *Die Matrix von $\lambda S$ ($\lambda \in \mathbb{K}$) ist gegeben durch*

$$\lambda A := (\lambda a_{ik}).$$

Die Matrix von $\lambda S + \mu T$ ist demnach $(\lambda a_{ik} + \mu b_{ik})$.

BEWEIS.

Wir beweisen die zuletzt gemachte Behauptung, die beiden ersten sind darin enthalten. Sei $\mathcal{A} = (v_1, \ldots, v_n)$ und $\mathcal{B} = (w_1, \ldots, w_m)$. Die Matrix $C = (c_{ik})$ von $\lambda S + \mu T$ bezüglich dieser Basen ist nach 4.1 eindeutig bestimmt durch

$$(\lambda S + \mu T) v_k = \sum_{i=1}^{m} c_{ik} w_i \qquad (k = 1, \ldots, n).$$

Nun ist aber

$$(\lambda S + \mu T) v_k = \lambda S v_k + \mu T v_k$$

$$= \lambda \sum_{i=1}^{m} a_{ik} w_i + \mu \sum_{i=1}^{m} b_{ik} w_i = \sum_{i=1}^{m} (\lambda a_{ik} + \mu b_{ik}) w_i. \qquad \square$$

### 5.3 Matrizenmultiplikation

Gegeben sind lineare Abbildungen

$$U \xrightarrow{T} V \xrightarrow{S} W$$

zwischen den Vektorräumen $U, V, W$ über $\mathbb{K}$ mit den Basen

$$\mathcal{A} = (u_1, \ldots, u_n) \quad \text{für} \quad U,$$

$$\mathcal{B} = (v_1, \ldots, v_m) \quad \text{für} \quad V,$$

$$\mathcal{C} = (w_1, \ldots, w_l) \quad \text{für} \quad W.$$

Die zu diesen Basen gehörigen Matrizen seien

$$A = M_{\mathcal{B}}^{\mathcal{C}}(S), \qquad B = M_{\mathcal{A}}^{\mathcal{B}}(T).$$

Die Matrix von $ST$ bezüglich der Basen $\mathcal{A}$ und $\mathcal{C}$ bezeichnen wir mit

$$A \cdot B = (c_{ik})_{l \times n}.$$

Dann gilt

$$c_{ik} = \sum_{j=1}^{m} a_{ij} \cdot b_{jk} \qquad (i = 1, \ldots, l;\ k = 1, \ldots, n).$$

BEMERKUNGEN.

(a) *Als Merkregel und zur praktischen Berechnung dient das folgende Schema*:

$$\begin{pmatrix} a_{11} & \cdots & a_{1m} \\ \vdots & & \vdots \\ \boxed{a_{i1} \cdots a_{im}} \\ \vdots & & \vdots \\ a_{l1} & \cdots & a_{lm} \end{pmatrix} \begin{pmatrix} b_{11} & \cdots & \boxed{b_{1k}} & \cdots & b_{1n} \\ \vdots & & \vdots & & \vdots \\ b_{m1} & \cdots & \boxed{b_{mk}} & \cdots & b_{mn} \end{pmatrix} = \begin{pmatrix} c_{11} & \cdots & c_{1n} \\ \vdots & \boxed{c_{ik}} & \vdots \\ c_{l1} & \cdots & c_{ln} \end{pmatrix}$$

(b) *Die $k$-te Spalte von $A \cdot B$ entsteht durch Matrix–Vektor–Multiplikation $A\mathbf{b}_k$, wobei $\mathbf{b}_k$ die $k$-te Spalte von $B$ ist.*

(c) Statt $A \cdot B$ schreiben wir auch $AB$.

BEWEIS.
Nach Definition der $c_{ik}$ gilt

$$(*) \qquad ST\, u_k = S(T\, u_k) = \sum_{i=1}^{l} c_{ik} w_i.$$

Wir berechnen nun $S(T\, u_k)$ für festgehaltenes $k$. Dazu geben wir die Basisdarstellung von $T\, u_k$ an:

$$T\, u_k = \sum_{j=1}^{m} y_j v_j \quad \text{mit} \quad y_j = b_{jk}$$

nach Definition der Matrix $B$. Daraus ergibt sich

$$S(T\,u_k) = \sum_{j=1}^{m} y_j S\,v_j\,.$$

Nach Definition der Matrix $A$ gilt $S\,v_j = \sum_{i=1}^{l} a_{ij}w_i$, also

$$S(T\,u_k) = \sum_{j=1}^{m} y_j \sum_{i=1}^{l} a_{ij} w_i = \sum_{i=1}^{l} w_i \sum_{j=1}^{m} a_{ij} y_j = \sum_{i=1}^{l} w_i \sum_{j=1}^{m} a_{ij} b_{jk}$$

nach Definition der $y_j$. Vergleich mit $(*)$ ergibt die behauptete Formel für die $c_{ik}$ wegen der Eindeutigkeit der Basisdarstellung. □

**5.4 Beispiele.** Rechnen Sie die folgenden Ergebnisse nach:

(a) Für $A = \begin{pmatrix} 1 & -2 & 3 \\ 2 & 1 & -3 \end{pmatrix}$ und $B = \begin{pmatrix} 2 & -1 \\ 1 & 0 \\ -1 & 1 \end{pmatrix}$ gilt

$$AB = \begin{pmatrix} -3 & 2 \\ 8 & -5 \end{pmatrix} \quad \text{und} \quad BA = \begin{pmatrix} 0 & -5 & 9 \\ 1 & -2 & 3 \\ 1 & 3 & -6 \end{pmatrix}.$$

(b) Für $A = (i, -i, 1)$ und $B = \begin{pmatrix} 1 & 1 \\ i & -1 \\ -i & i \end{pmatrix}$ gilt $AB = (1, 3i)$.

$BA$ macht aus Formatgründen keinen Sinn!

## 5.5 Rechenregeln

(a) *Bei fest gewählten Basen $\mathcal{A}$ von $V$ und $\mathcal{B}$ von $W$ gibt es zu jeder $m \times n$-Matrix $A$ genau eine lineare Abbildung $L : V \to W$ mit*

$$A = M_{\mathcal{A}}^{\mathcal{B}}(L)\,.$$

(b) *Die $m \times n$-Matrizen mit Koeffizienten aus $\mathbb{K}$ bilden einen $\mathbb{K}$-Vektorraum der Dimension $n \cdot m$.*

(c) *Für die Multiplikation (sofern aus Formatgründen möglich) gilt*

$$A(BC) = (AB)C \quad (Assoziativgesetz),$$

$$A(B+C) = AB + AC\,, \quad (A+B)C = AC + BC \quad (Distributivgesetze).$$

BEWEIS.

(a) folgt direkt aus 4.1 (b).

(b) Die Vektorraumeigenschaft ist leicht nachzuprüfen. Eine Basis bilden alle diejenigen $m \times n$–Matrizen, bei denen ein Koeffizient Eins ist und alle anderen Null sind.

(c) Die Distributivität ergibt sich direkt aus der Formel 5.3 für $c_{ik}$. Zur Assoziativität: Seien $R, S, T$ die zu $A, B, C$ gehörigen linearen Abbildungen bezüglich der jeweiligen Basen. Dann ist $A(BC)$ die Matrix von $R(ST) = (RS)T$, und die letztere Abbildung hat die Matrix $(AB)C$. □

## 5.6 Die Algebra der $n \times n$–Matrizen

Bei fest gewählter Basis $\mathcal{B} = (v_1, \ldots, v_n)$ von $V$ gehört zu jeder linearen Abbildung $T \in \mathcal{L}(V)$ eine quadratische Matrix $A = M_\mathcal{B}(T)$ mit der $k$–ten Spalte $(Tv_k)_\mathcal{B}$. Umgekehrt entspricht jeder $n \times n$–Matrix $A$ genau eine lineare Abbildung $T \in \mathcal{L}(V)$ mit $M_\mathcal{B}(T) = A$. Nach Definition der Matrixoperationen gilt

$$M_\mathcal{B}(\alpha S + \beta T) = \alpha M_\mathcal{B}(S) + \beta M_\mathcal{B}(T), \qquad M_\mathcal{B}(ST) = M_\mathcal{B}(S) \cdot M_\mathcal{B}(T).$$

Damit korrespondieren die Verknüpfungen von linearen Abbildungen mit denen der Matrizen. Wir fassen die Rechenregeln zusammen:

(a) *Die $n \times n$–Matrizen mit Koeffizienten aus $\mathbb{K}$ bilden einen $\mathbb{K}$–Vektorraum der Dimension $n^2$, bezeichnet mit $\mathcal{M}(n, \mathbb{K})$.*

(b) *Die Multiplikation ist assoziativ und distributiv.*

(c) *Es gilt $(\alpha A) \cdot (\beta B) = \alpha\beta \cdot AB$.*

(d) *Es gibt ein neutrales Element der Multiplikation, nämlich die Einheitsmatrix $E_n$, vgl. 4.3 (b).*

(e) *Die Multiplikation ist für $n \geq 2$ nicht kommutativ:*

Gegenbeispiel:

$$A = \begin{pmatrix} 0 & 1 \\ 0 & 0 \end{pmatrix}, \quad B = \begin{pmatrix} 0 & 0 \\ 1 & 0 \end{pmatrix}, \quad AB = \begin{pmatrix} 1 & 0 \\ 0 & 0 \end{pmatrix}, \quad BA = \begin{pmatrix} 0 & 0 \\ 0 & 1 \end{pmatrix}.$$

(f) *Die Multiplikation ist für $n \geq 2$ nicht nullteilerfrei, das heißt im allgemeinen folgt aus $AB = 0$ nicht $A = 0$ oder $B = 0$.*

Gegenbeispiel: Für die Matrix $A$ in (e) gilt $A^2 = A \cdot A = 0$.

Die Mathematiker fassen diese Eigenschaften so zusammen:
*Die Menge $\mathcal{M}(n, \mathbb{K})$ der $n \times n$–Matrizen über $\mathbb{K}$ bildet eine nichtkommutative Algebra mit Einselement.*

## 6 Invertierbare lineare Abbildungen und reguläre Matrizen

### 6.1 Linearität der Umkehrabbildung

*Ist eine lineare Abbildung $L : V \to W$ bijektiv, so ist die Umkehrabbildung $L^{-1} : W \to V$ ebenfalls linear.*

BEWEIS.

Seien $w_1, w_2 \in W$ und $\alpha_1, \alpha_2 \in \mathbb{K}$. Wegen der Bijektivität von $L$ gibt es eindeutig bestimmte Vektoren $u_1, u_2 \in V$ mit

$$w_1 = L(u_1), \quad w_2 = L(u_2) \quad \text{bzw.} \quad u_1 = L^{-1}(w_1), \quad u_2 = L^{-1}(w_2).$$

Wegen der Linearität von $L$ folgt

$$L(\alpha_1 u_1 + \alpha_2 u_2) = \alpha_1 L(u_1) + \alpha_2 L(u_2) = \alpha_1 w_1 + \alpha_2 w_2, \quad \text{also}$$

$$L^{-1}(\alpha_1 w_1 + \alpha_2 w_2) = \alpha_1 u_1 + \alpha_2 u_2 = \alpha_1 L^{-1}(w_1) + \alpha_2 L^{-1}(w_2). \qquad \square$$

### 6.2 Bedingungen für die Umkehrbarkeit im endlichdimensionalen Fall

Für endlichdimensionale Räume $V, W$ gilt wegen der Dimensionsformel 2.2:

(a) *Eine lineare Abbildung $L : V \to W$ kann nur umkehrbar sein, wenn $\dim V = \dim W$.*

(b) *Haben $V$ und $W$ dieselbe endliche Dimension, so gilt für eine lineare Abbildung $L : V \to W$:*

$$L \text{ ist bijektiv} \iff L \text{ ist injektiv} \iff L \text{ ist surjektiv}.$$

ÜA Führen Sie die sehr einfachen Beweise mit Hilfe der Dimensionsformel durch. Beachten Sie dabei 2.1(c): $L$ ist injektiv $\iff$ Kern $L = \{0\}$.

BEMERKUNG. In unendlichdimensionalen Räumen ist (b) nicht mehr richtig. Im Vektorraum $\mathcal{P}_\mathbb{R}$ der reellen Polynome ist beispielsweise der Ableitungsoperator surjektiv, aber nicht injektiv ÜA.

Im Folgenraum § 14:2.3 ist der „Rechtsshift"

$$R : (x_1, x_2, \ldots) \mapsto (0, x_1, x_2, \ldots)$$

injektiv aber nicht surjektiv ÜA.

### 6.3 Invertierbare Matrizen

(a) Eine quadratische Matrix $A \in \mathcal{M}(n, \mathbb{K})$ heißt **invertierbar** oder **regulär**, wenn es eine Matrix $B \in \mathcal{M}(n, \mathbb{K})$ gibt mit

$$AB = BA = E.$$

*Die Matrix $B$ ist durch diese Bedingung eindeutig bestimmt und wird mit $A^{-1}$ bezeichnet.*

(b) *Der Vektorraum $V$ besitze die Basis $\mathcal{B} = (v_1, \ldots, v_n)$, und es sei $A = M_\mathcal{B}(L)$. Regularität von $A$ bedeutet Invertierbarkeit von $L$; es ist dann $A^{-1} = M_\mathcal{B}\left(L^{-1}\right)$.*

BEWEIS.
Wir beginnen mit der zweiten Behauptung. Sei $A = M_\mathcal{B}(L)$, $B = M_\mathcal{B}\left(L^{-1}\right)$ und $E = M_\mathcal{B}(\mathbb{1})$ die Einheitsmatrix. Aus $LL^{-1} = L^{-1}L = \mathbb{1}$ folgt für die Matrizen $AB = BA = E$.

Sei umgekehrt $AB = BA = E$. Wir betrachten die linearen Abbildungen

$$S : \mathbb{K}^n \to \mathbb{K}^n, \quad \mathbf{x} \mapsto A\mathbf{x} \quad \text{und} \quad T : \mathbb{K}^n \to \mathbb{K}^n, \quad \mathbf{x} \mapsto B\mathbf{x}.$$

Für diese gilt $M_\mathcal{K}(S) = A$ und $M_\mathcal{K}(T) = B$ ÜA. Nach Voraussetzung gilt

$$M_\mathcal{K}(ST) = AB = E, \quad \text{ebenso} \quad M_\mathcal{K}(TS) = BA = E,$$

also $ST = TS = \mathbb{1}$. Damit ist $S$ invertierbar, $T = S^{-1}$ und $B = M_\mathcal{K}(S^{-1})$. Das beweist auch die Behauptung (a). □

ZUSATZ. *Gilt für zwei $n \times n$-Matrizen $AB = E$, so sind beide invertierbar und zueinander invers.*

Denn für die zugehörigen linearen Abbildungen $S, T$ gilt $S \circ T = \mathbb{1}$, also ist $S$ surjektiv und $T$ injektiv ÜA. Damit sind beide Abbildungen nach 6.2(b) invertierbar und $S^{-1} = T$, $T^{-1} = S$. Für die zugehörigen Matrizen folgt $A^{-1} = B$, $B^{-1} = A$ nach (b).

## 6.4 Die Inverse eines Produkts

*Sind $A, B$ invertierbare Matrizen, so ist auch $AB$ invertierbar und*

$$(AB)^{-1} = B^{-1}A^{-1}.$$

Denn es gilt

$$(AB)(B^{-1}A^{-1}) = A(BB^{-1})A^{-1} = AEA^{-1} = AA^{-1} = E,$$

Die Behauptung folgt aus dem Zusatz 6.3.

# 7 Basiswechsel und Koordinatentransformation

## 7.1 Übergang zu einer anderen Basis

Bezüglich einer Ausgangsbasis $\mathcal{A} = (u_1, \ldots, u_n)$ von $V$ besitze der Vektor $u \in V$ die Basisdarstellung $u = \sum_{k=1}^{n} x_k u_k$. Gehen wir zu einer neuen Basis $\mathcal{B} = (v_1, \ldots, v_n)$ über, so besitzt derselbe Vektor $u$ dort die Basisdarstellung $u = \sum_{k=1}^{n} y_k v_k$. Wie rechnet man die Koordinatenvektoren

$$(u)_\mathcal{A} = \mathbf{x} = \begin{pmatrix} x_1 \\ \vdots \\ x_n \end{pmatrix}, \qquad (u)_\mathcal{B} = \mathbf{y} = \begin{pmatrix} y_1 \\ \vdots \\ y_n \end{pmatrix}$$

ineinander um?

Eng mit dieser Frage verbunden ist die nach der Umrechnung der Matrixdarstellungen $A = M_\mathcal{A}(L)$, $B = M_\mathcal{B}(L)$ einer linearen Abbildung $L \in \mathcal{L}(V)$. Zur Untersuchung beider Fragen definieren wir

### 7.2 Die Transformationsmatrix $S$

Die $k$–te Spalte der Matrix $S$ soll den Koordinatenvektor $(v_k)_\mathcal{A}$ von $v_k$ bezüglich der Ausgangsbasis $\mathcal{A}$ enthalten. (In den meisten Anwendungen ist $\mathcal{A}$ die kanonische Basis.) Nach Definition 4.2 ist also

$$S = M_\mathcal{B}^\mathcal{A}(\mathbb{1}).$$

Damit ist $S$ regulär, und die inverse Matrix ist gegeben durch

$$S^{-1} = M_\mathcal{A}^\mathcal{B}(\mathbb{1});$$

sie enthält in der $k$–ten Spalte den Koordinatenvektor $(u_k)_\mathcal{B}$.

BEWEIS.

Wir erinnern uns an die Definition des Matrizenprodukts: Tragen die Vektorräume $U, V, W$ die Basen $\mathcal{A}, \mathcal{B}, \mathcal{C}$ und gilt

$$U \xrightarrow{L_1} V \xrightarrow{L_2} W, \quad \text{so ist}$$

$$M_\mathcal{A}^\mathcal{C}(L_2 L_1) = M_\mathcal{B}^\mathcal{C}(L_2) \cdot M_\mathcal{A}^\mathcal{B}(L_1).$$

Wir spezialisieren $U = V = W$ und $L_1 = L_2 = \mathbb{1}$ sowie $\mathcal{C} = \mathcal{A}$. Dann ergibt sich

$$E_n = M_\mathcal{A}^\mathcal{A}(\mathbb{1}) = M_\mathcal{A}^\mathcal{A}(\mathbb{1} \circ \mathbb{1}) = M_\mathcal{B}^\mathcal{A}(\mathbb{1}) \cdot M_\mathcal{A}^\mathcal{B}(\mathbb{1}) = S \cdot M_\mathcal{A}^\mathcal{B}(\mathbb{1}),$$

woraus die Regularität von $S$ und die Behauptung $S^{-1} = M_\mathcal{A}^\mathcal{B}(\mathbb{1})$ folgen, siehe Zusatz zu 6.3. □

### 7.3 Transformationsverhalten von Koordinatenvektoren und Matrizen

*Zwischen den Matrizen $B = M_\mathcal{B}(L)$ und $A = M_\mathcal{A}(L)$ besteht die Beziehung*

$$B = S^{-1} A S,$$

wobei $S$ die Transformationsmatrix 7.2 ist.

Für die Koordinatenvektoren $\mathbf{x} = (u)_\mathcal{A}$ und $\mathbf{y} = (u)_\mathcal{B}$ gilt

$\mathbf{x} = S\mathbf{y}$ bzw. $\mathbf{y} = S^{-1}\mathbf{x}$.

BEMERKUNGEN.

Anwendungen finden Sie in § 18. Dort ist $\mathcal{A}$ die kanonische Basis.

Zwei $n \times n$–Matrizen $A, B$, die zu derselben linearen Abbildung bezüglich verschiedener Basen gehören, für die also $B = S^{-1}AS$ mit einer geeigneten regulären Matrix $S$ gilt, heißen zueinander **ähnlich**.

BEWEIS.

(a) Nach den Bemerkungen im Beweis 7.2 folgt

$$\begin{aligned} B &= M_\mathcal{B}(L) = M_\mathcal{B}^\mathcal{B}(\mathbb{1}\,L) = M_\mathcal{A}^\mathcal{B}(\mathbb{1}) \cdot M_\mathcal{B}^\mathcal{A}(L) = S^{-1}M_\mathcal{B}^\mathcal{A}(L) \\ &= S^{-1}M_\mathcal{B}^\mathcal{A}(L\,\mathbb{1}) = S^{-1}M_\mathcal{A}^\mathcal{A}(L) \cdot M_\mathcal{B}^\mathcal{A}(\mathbb{1}) = S^{-1}AS\,. \end{aligned}$$

(b) Für $\mathbf{y} = (u)_\mathcal{B}$, $\mathbf{x} = (u)_\mathcal{A}$ und $S = M_\mathcal{B}^\mathcal{A}(\mathbb{1})$ folgt aus 4.5

$\mathbf{x} = (\mathbb{1}u)_\mathcal{A} = M_\mathcal{B}^\mathcal{A}(\mathbb{1})(u)_\mathcal{B} = S\mathbf{y}$.

Die Formel $\mathbf{y} = S^{-1}\mathbf{x}$ folgt daraus durch Multiplikation mit $S^{-1}$. □

## § 16 Lineare Gleichungen

### 1 Problemstellungen und Beispiele

#### 1.1 Lineare Gleichungssysteme

Ein lineares Gleichungssystem mit $m$ Gleichungen für $n$ Unbekannte, (kurz ein $m \times n$–Gleichungssystem) hat die Form

$$\begin{aligned} a_{11}x_1 + a_{12}x_2 + \cdots + a_{1n}x_n &= b_1 \\ a_{21}x_1 + a_{22}x_2 + \cdots + a_{2n}x_n &= b_2 \\ \vdots \qquad \vdots \qquad\quad \vdots \qquad\quad \vdots& \\ a_{m1}x_1 + a_{m2}x_2 + \cdots + a_{mn}x_n &= b_m\,. \end{aligned}$$

Gegeben sind hierbei die Koeffizienten $a_{ik} \in \mathbb{K}$ und die Zahlen $b_k \in \mathbb{K}$ auf der „rechten Seite". Gesucht sind alle Vektoren $\mathbf{x} = (x_1, \ldots, x_n) \in \mathbb{K}^n$, welche diese Gleichungen erfüllen.

Mit Hilfe der Matrix–Vektor–Multiplikation § 15:4.5 können wir das System in die kompaktere Form

$$A\mathbf{x} = \mathbf{b}$$

bringen; dabei ist

$$A = \begin{pmatrix} a_{11} & \cdots & a_{1n} \\ \vdots & & \vdots \\ a_{m1} & \cdots & a_{mn} \end{pmatrix}, \quad \mathbf{x} = \begin{pmatrix} x_1 \\ \vdots \\ x_n \end{pmatrix} \in \mathbb{K}^n, \quad \mathbf{b} = \begin{pmatrix} b_1 \\ \vdots \\ b_m \end{pmatrix} \in \mathbb{K}^m.$$

### 1.2 Beispiele für lineare Gleichungssysteme

(a) *Schnitt zweier Ebenen.* Eine Ebene im $\mathbb{R}^3$ ist gegeben durch eine Gleichung $a_1x_1 + a_2x_2 + a_3x_3 = b$ (vgl. § 6:5.2). Der Schnitt zweier Ebenen führt demnach auf ein $2 \times 3$–Gleichungssystem.

(b) *Basisdarstellung.* Ist $\mathcal{A} = (\mathbf{a}_1, \cdots, \mathbf{a}_n)$ eine Basis des $\mathbb{K}^n$, so führt die Bestimmung der Basisdarstellung

$$\mathbf{u} = x_1\mathbf{a}_1 + \cdots + x_n\mathbf{a}_n$$

eines vorgegebenen Vektors $\mathbf{u}$ auf ein $n \times n$–Gleichungssystem.

(c) *Das Nachprüfen der linearen Unabhängigkeit* von $m$ Vektoren des $\mathbb{K}^n$ führt nach § 14:5.4 auf ein homogenes $n \times m$–Gleichungssystem $A\mathbf{x} = \mathbf{0}$.

### 1.3 Allgemeine lineare Gleichungen

Gegeben ist eine lineare Abbildung $L : V \to W$ und ein Vektor $b \in W$. Gesucht sind alle Lösungen $u \in V$ der **linearen Gleichung**

$$Lu = b.$$

Im Fall $b = 0$ heißt die Gleichung **homogen**; ist die „rechte Seite" $b$ von Null verschieden, so sprechen wir von einer **inhomogenen Gleichung**. Beispiele wurden in § 14:1.1 gegeben.

Die linearen Gleichungssysteme ordnen sich diesem allgemeinen Konzept als Spezialfall unter mit $V = \mathbb{K}^n$, $W = \mathbb{K}^m$ und $L : \mathbf{x} \mapsto A\mathbf{x}$.

## 2 Allgemeines zur Lösbarkeit und zur Lösungsmenge

### 2.1 Eindeutige und universelle Lösbarkeit des Problems $Lu = v$

(a) Ist $L$ injektiv, so hat die Gleichung $Lu = b$ für jedes $b \in W$ höchstens eine Lösung $u$. Man spricht dann von **eindeutiger Lösbarkeit des Problems** $Lu = b$. Die Ausdrucksweise „eindeutig lösbar" wird in der Mathematik immer

# 3 Rangbedingungen

im folgenden Sinn gebraucht: Wenn das Problem überhaupt eine Lösung besitzt, so ist diese eindeutig bestimmt. Nach § 15 : 2.1 ist die eindeutige Lösbarkeit des Problems $Lu = b$ äquivalent zu Kern$(L) = \{0\}$, d.h. dazu, daß die homogene Gleichung $Lu = 0$ nur die triviale Lösung $u = 0$ besitzt.

(b) Ist $L : V \to W$ surjektiv, so hat die Gleichung $Lu = b$ für jedes $b \in W$ mindestens eine Lösung $u$. Man sagt dann „Das Problem $Lu = b$ ist **universell lösbar**".

Ist $L : V \to W$ bijektiv, so ist das Problem $Lu = b$ **universell und eindeutig lösbar**, d.h. die Gleichung $Lu = b$ besitzt für jedes $b \in W$ genau eine Lösung $u = L^{-1}b$.

## 2.2 Struktur des Lösungsraums

(a) *Die Lösungsmenge $\mathcal{L}_0$ der homogenen Gleichung ist ein Teilraum von $V$, nämlich* Kern $L$.

(b) *Ist $u_0$ eine spezielle Lösung der inhomogenen Gleichung $Lu = b$, so ist die Lösungsmenge $\mathcal{L}_b$ dieser Gleichung gegeben durch*

$$\mathcal{L}_b = u_0 + \mathcal{L}_0 := \{u_0 + u \mid u \in \mathcal{L}_0\}\,.$$

Beides ergibt sich unmittelbar aus der Linearität von $L$ $\boxed{\text{ÜA}}$, vgl. § 14 : 1.1.

Eine Teilmenge

$$u_0 + U = \{u_0 + u \mid u \in U\}\,,$$

die aus einem Teilraum $U$ von $V$ durch Verschieben um einen Vektor $u_0$ hervorgeht, heißt **affiner Teilraum** von $V$. $\mathcal{L}_b$ ist also entweder leer oder ein affiner Teilraum.

# 3 Rangbedingungen

## 3.1 Der Rang einer Matrix

*Für eine $m \times n$–Matrix $A = (a_{ik})$ mit Koeffizienten aus $\mathbb{K}$ sind folgende drei Zahlen gleich:*

(a) *Die Maximalzahl linear unabhängiger Zeilenvektoren* (**Zeilenrang**),

(b) *die Maximalzahl linear unabhängiger Spaltenvektoren* (**Spaltenrang**),

(c) *die Dimension des Bildraumes der linearen Abbildung*

$$\mathbf{x} \mapsto A\mathbf{x}\,, \quad \mathbb{K}^n \to \mathbb{K}^m\,,$$

*die wir der Einfachheit halber wieder mit $A$ bezeichnen.*

*Diese Zahl nennen wir den **Rang** von $A$* (Rang $A$, vgl. § 15 : 2.2).

BEWEIS.
Wir zeigen, daß der Spaltenrang gleich der Dimension von Bild $A$ ist. Die Spalten von $A$ sind

$$A\mathbf{e}_1, \ldots, A\mathbf{e}_n.$$

Sie bilden ein Erzeugendensystem für Bild $L$, wie wir uns schon bei der Dimensionsformel klargemacht haben. Nach dem Basisauswahlsatz können wir aus ihr eine Basis für Bild $L$ auswählen. Die Länge dieser Basis ist aber definitionsgemäß der Spaltenrang von $A$.

Daß Zeilenrang und Spaltenrang übereinstimmen, ergibt sich anschließend im Rahmen des Eliminationsverfahrens 4.6. □

### 3.2 Beispiele und Aufgaben

(a) Die Matrix $\begin{pmatrix} 1 & -2 & 4 & 0 & 5 \\ -2 & 1 & -1 & 2 & -6 \\ -1 & -1 & 3 & 2 & -1 \end{pmatrix}$ hat den Rang 2, denn die beiden ersten Zeilen sind linear unabhängig, und ihre Summe ergibt die dritte.

(b) Bestimmen Sie den Rang von $\begin{pmatrix} 1 & 2 & 3 & 4 \\ 1 & -2 & -3 & 3 \\ -1 & 6 & 9 & -2 \end{pmatrix}$.

(c) Sei $A = \begin{pmatrix} a_{11} & \cdots & a_{1n} \\ \vdots & \ddots & \vdots \\ 0 & & a_{nn} \\ 0 & \cdots & 0 \\ \vdots & \ddots & \vdots \\ 0 & \cdots & 0 \end{pmatrix}$ mit von Null verschiedenen Diagonalelementen

$a_{11}, \ldots, a_{nn}$. Zeigen Sie, daß Spaltenrang und Zeilenrang jeweils gleich $n$ sind.

(d) Dasselbe für $B = \begin{pmatrix} a_{11} & \cdots & a_{1n} & \cdots & a_{1m} \\ \vdots & \ddots & \vdots & & \vdots \\ 0 & & a_{nn} & \cdots & a_{nm} \end{pmatrix}$ mit $a_{11} \cdot a_{22} \cdot \ldots \cdot a_{nn} \neq 0$.

### 3.3 Die Rangbedingungen

*Hat $V$ die Dimension $n$, $W$ die Dimension $m$, so ist die lineare Abbildung $L : V \to W$ genau dann injektiv, wenn $\text{Rang}\, L = n$ und genau dann surjektiv, wenn $\text{Rang}\, L = m$.*

*Demnach ist das lineare Gleichungsproblem $A\mathbf{x} = \mathbf{b}$ eindeutig lösbar genau dann, wenn $\text{Rang}\, A = n$ und universell lösbar genau dann, wenn $\text{Rang}\, A = m$.*

Der Beweis ergibt sich unmittelbar aus der Dimensionsformel §15 : 2.2 ÜA.

# 4 Das Eliminationsverfahren für lineare Gleichungssysteme

## 4.1 Herstellung der Zeilenstufenform

Wir erläutern das Verfahren an einem Beispiel. Für die allgemeine Durchführung verweisen wir auf [FISCHER, 1.5].

Es sollen alle Lösungen des folgenden Gleichungssystems bestimmt werden:

$$
\begin{aligned}
4x_2 + 4x_3 + 3x_4 - 2x_5 &= 16 \\
-3x_1 - 3x_2 + 3x_3 + x_4 - 2x_5 &= -2 \\
2x_2 + 2x_3 + 3x_4 - 4x_5 &= 14 \\
4x_1 - x_2 - 9x_3 - 2x_4 - x_5 &= -5
\end{aligned}
$$

1. Schritt: Die Reihenfolge der Gleichungen ist für die Lösungsmenge unerheblich. Wir stellen die Gleichungen so um, daß in der obersten Zeile (Kopfzeile) der Koeffizient von $x_1$ von Null verschieden ist, dies erreichen wir durch Vertauschen der ersten und der zweiten Zeile. Um unnötige Schreibarbeit zu vermeiden, stellen wir das umgestellte Gleichungssystem gleich schematisch dar:

$$
\begin{array}{rrrrr|r}
-3 & -3 & 3 & 1 & -2 & -2 \\
0 & 4 & 4 & 3 & -2 & 16 \\
0 & 2 & 2 & 3 & -4 & 14 \\
4 & -1 & -9 & -2 & -1 & -5
\end{array}
$$

2. Schritt: *Normierung der Kopfzeile*. Multiplikation einer Zeile mit einem von Null verschiedenen Faktor ändert die Lösungsmenge nicht. Wir multiplizieren die erste Zeile mit $-\frac{1}{3}$ und erhalten

$$
\begin{array}{rrrrr|r}
1 & 1 & -1 & -\frac{1}{3} & \frac{2}{3} & \frac{2}{3} \\
0 & 4 & 4 & 3 & -2 & 16 \\
0 & 2 & 2 & 3 & -4 & 14 \\
4 & -1 & -9 & -2 & -1 & -5
\end{array}
$$

3. Schritt: *Elimination von $x_1$ aus allen Gleichungen bis auf die erste*. Wir subtrahieren das vierfache der Kopfzeile von der letzten und erhalten

$$
\begin{array}{rrrrr|r}
1 & 1 & -1 & -\frac{1}{3} & \frac{2}{3} & \frac{2}{3} \\
0 & 4 & 4 & 3 & -2 & 16 \\
0 & 2 & 2 & 3 & -4 & 14 \\
0 & -5 & -5 & -\frac{2}{3} & -\frac{11}{3} & -\frac{23}{3}
\end{array}
$$

Daß sich bei dieser Operation die Lösungsmenge nicht ändert, wird in 4.6 gezeigt. Die erste Zeile und die erste Spalte bleiben im folgenden unverändert. Wir schleppen sie nicht weiter mit und betrachten nur noch das Restschema.

4. Schritt: *Normierung der Kopfzeile im Restsystem.* Durch Multiplikation der ersten verbleibenden Zeile mit $\frac{1}{4}$ erhalten wir das Restsystem

$$\begin{array}{cccc|c} 1 & 1 & \frac{3}{4} & -\frac{1}{2} & 4 \\ 2 & 2 & 3 & -4 & 14 \\ -5 & -5 & -\frac{2}{3} & -\frac{11}{3} & -\frac{23}{3} \end{array}$$

5. Schritt: *Elimination von $x_2$ aus den letzten beiden Gleichungen.* Wir subtrahieren das zweifache der Kopfzeile von der zweiten und addieren das fünffache der Kopfzeile zur dritten. Ergebnis:

$$\begin{array}{cccc|c} 1 & 1 & \frac{3}{4} & -\frac{1}{2} & 4 \\ 0 & 0 & \frac{3}{2} & -3 & 6 \\ 0 & 0 & \frac{37}{12} & -\frac{37}{6} & \frac{37}{3} \end{array}$$

6. Schritt: Die Koeffizienten von $x_3$ sind zufälligerweise Null. Wir lassen im folgenden alles unverändert bis auf das Restsystem

$$\begin{array}{cc|c} \frac{3}{2} & -3 & 6 \\ \frac{37}{12} & -\frac{37}{6} & \frac{37}{3} \end{array}$$

7. Schritt: *Normierung der Kopfzeile ergibt*

$$\begin{array}{cc|c} 1 & -2 & 4 \\ \frac{37}{12} & -\frac{37}{6} & \frac{37}{3} \end{array}$$

8. Schritt: *Elimination von $x_4$.* Subtraktion des $\frac{37}{12}$-fachen der Kopfzeile von der letzten ergibt das Schema

$$\begin{array}{cc|c} 1 & -2 & 4 \\ 0 & 0 & 0 \end{array}$$

9. Schritt: *Die Zeilenstufenform.* Wir fassen das Ergebnis der Umformungen schematisch zusammen:

$$\begin{array}{ccccc|c} 1 & 1 & -1 & -\frac{1}{3} & \frac{2}{3} & \frac{2}{3} \\ 0 & 1 & 1 & \frac{3}{4} & -\frac{1}{2} & 4 \\ 0 & 0 & 0 & 1 & -2 & 4 \\ 0 & 0 & 0 & 0 & 0 & 0 \end{array}$$

4 Das Eliminationsverfahren für lineare Gleichungssysteme

Diesem Schema entsprechen die umgeformten Gleichungen
$$x_1 + x_2 - x_3 - \tfrac{1}{3}x_4 + \tfrac{2}{3}x_5 = \tfrac{2}{3}$$
$$x_2 + x_3 + \tfrac{3}{4}x_4 - \tfrac{1}{2}x_5 = 4$$
$$x_4 - 2x_5 = 4.$$

## 4.2 Auflösung der Gleichungen in Zeilenstufenform

In den zuletzt notierten Gleichungen sind zwei Unbekannte frei wählbar, beispielsweise $x_3$ und $x_5$. Wir setzen $x_3 = s$, $x_5 = t$ willkürlich fest und rollen die Gleichungen von hinten her auf.

Aus der letzten folgt $x_4 = 4 + 2t$. Setzen wir dies in die vorletzte Gleichung ein, so erhalten wir $x_2 = 1 - s - t$.

Gehen wir damit in die erste Gleichung, so erhalten wir $x_1 = 1 + 2s + t$. Damit ergibt sich der allgemeine Lösungsvektor

$$\mathbf{x} = \begin{pmatrix} 1 \\ 1 \\ 0 \\ 4 \\ 0 \end{pmatrix} + s \begin{pmatrix} 2 \\ -1 \\ 1 \\ 0 \\ 0 \end{pmatrix} + t \begin{pmatrix} 1 \\ -1 \\ 0 \\ 2 \\ 1 \end{pmatrix}.$$

Daß alle diese Vektoren das ursprüngliche System befriedigen, wird in 4.6 begründet. Die Lösungsmenge ist also eine Ebene im fünfdimensionalen Raum.

## 4.3 Mögliche Endergebnisse, Zahl der Freiheitsgrade

(a) *Die komprimierte Stufenform.* Bei der Automatisierung der Elimination ist der Fall vorzusehen, daß im Restsystem die erste Spalte Null wird. Wir vertauschen diese dann mit einer nachfolgenden, von Null verschiedenen. Gibt es keine solche mehr, so beenden wir das Verfahren und erhalten als Endschema

[Stufenschema links mit Einsen auf der Diagonale und Nullen darunter, rechte Spalte $c_1, \ldots, c_n, 0, \ldots, 0, c_m$]   oder   [Stufenschema rechts mit letzter Stufe $c_r$ und Nullen darunter bis $c_m$]

Im ersten Fall kann $n = m$ im zweiten $r = m$ sein. Vertauschen von Spalten läuft auf eine Umnummerierung der Unbekannten hinaus, die in einer Indexliste zu verwalten ist.

Nach 3.2 (c), (d) sind der Zeilenrang und der Spaltenrang der Matrizen links vom Strich jeweils gleich der Anzahl der Stufen.

(b) Die erste der beiden Stufenformen entsteht im Fall der eindeutigen Lösbarkeit (Rang $(A) = n$). Notwendig und hinreichend für die Lösbarkeit des zugehörigen Gleichungssystems ist das Verschwinden der letzten Komponenten $c_{n+1}, \ldots, c_m$ der umgeformten rechten Seite.

(c) Letzteres gilt auch für die zweite der oben skizzierten Zeilenstufenformen. Haben wir hier $r$ Stufen, d.h. Rang $A = r$, so können wir im Falle der Lösbarkeit genau $n-r$ Unbekannte frei wählen; die restlichen sind dann eindeutig bestimmt. In der Physik spricht man auch von $n - r$ **Freiheitsgraden**.

### 4.4 Simultane Elimination bei mehreren rechten Seiten

Gegeben sind $A$ und $\mathbf{b}_1, \ldots, \mathbf{b}_k$. Gesucht sind Vektoren $\mathbf{x}_1, \ldots, \mathbf{x}_k$ mit

$$A\mathbf{x}_1 = \mathbf{b}_1, \quad \ldots, \quad A\mathbf{x}_k = \mathbf{b}_k.$$

Wir brauchen das Eliminationsverfahren für die Matrix $A$ natürlich nur einmal durchzuführen. Daher ist es zweckmäßig, die Matrix $B$ mit den Spalten $\mathbf{b}_1, \ldots, \mathbf{b}_k$ zu bilden und das Eliminationsverfahren gleich für das Schema

$$A \mid B$$

durchzuführen.

### 4.5 Zur Berechnung der inversen Matrix

wenden wir gemäß 4.4 das Eliminationsverfahren auf das Schema $A \mid E$ an, wo $E$ die Einheitsmatrix ist. Es ergibt sich ein System $A' \mid E'$ in Stufenform. Für die nun notwendige Auflösung nach 4.2 ergibt sich eine weitere Vereinfachung, wenn wir wie im folgenden Beispiel verfahren.

Für

$$A = \begin{pmatrix} 0 & 1 & -1 \\ 1 & 3 & 2 \\ 2 & -1 & 12 \end{pmatrix}$$

führt das Eliminationsverfahren nach Vertauschung der ersten beiden Zeilen auf folgendes Schema $A' \mid E'$ in Stufenform

$$\begin{array}{rrr|rrr} 1 & 3 & 2 & 0 & 1 & 0 \\ 0 & 1 & -1 & 1 & 0 & 0 \\ 0 & 0 & 1 & 7 & -2 & 1 \end{array}$$

ÜA. Subtraktion der mit 3 multiplizierten zweiten Zeile von der ersten ergibt das Schema

4 Das Eliminationsverfahren für lineare Gleichungssysteme        321

$$\begin{array}{ccc|ccc} 1 & 0 & 5 & -3 & 1 & 0 \\ 0 & 1 & -1 & 1 & 0 & 0 \\ 0 & 0 & 1 & 7 & -2 & 1 \end{array}.$$

Addieren wir nun noch die dritte Zeile zur zweiten und subtrahieren wir anschließend ihr fünffaches von der ersten, so erhalten wir

$$\begin{array}{ccc|ccc} 1 & 0 & 0 & -38 & 11 & -5 \\ 0 & 1 & 0 & 8 & -2 & 1 \\ 0 & 0 & 1 & 7 & -2 & 1 \end{array}.$$

Denken wir uns das Auflösungsverfahren 4.2 durchgeführt, so erkennen wir, daß die rechte Matrix des Schemas die gesuchte Inverse ist.

## 4.6 Begründung des Eliminationsverfahrens

SATZ. *Bei jeder der elementaren Umformungen*

- *Vertauschung zweier Zeilen*
- *Multiplikation einer Zeile mit einer von Null verschiedenen Zahl*
- *Addition eines Vielfachen einer Zeile zu einer anderen*

*bleiben erhalten*

(a) *die Lösungsmenge,*

(b) *der Zeilenrang und*

(c) *der Spaltenrang.*

FOLGERUNG. Aus (b) und (c) ergibt sich der zu 3.1 noch fehlende Nachweis von Zeilenrang = Spaltenrang, denn dies gilt für Stufenmatrizen nach 3.2 (c), (d).

BEWEIS.

(a) Jede Lösung **x** des ursprünglichen Gleichungssystems erfüllt auch das umgeformte System. Da sich jede elementare Umformung durch eine entsprechende rückgängig machen läßt, ist das umgeformte Gleichungssystem also äquivalent zum ursprünglichen.

(b) Nach 3.1 ist der Zeilenrang die Dimension des Aufspanns der Zeilenvektoren. Dieser Aufspann wird aber durch Zeilenvertauschung nicht geändert, und nach § 14 : 4.3 auch nicht bei den anderen Umformungen.

(c) Da die Lösungsmenge des homogenen Systems $A\mathbf{x} = \mathbf{0}$ unverändert bleibt, ändert sich die Dimension des Kerns einer Matrix bei elementaren Umformungen nicht. Es gilt aber nach der Rangformel 3.1 und der Dimensionsformel

$$\text{Spaltenrang}\,(A) = \dim \text{Bild}\,A = n - \dim \text{Kern}\,A\,. \qquad \square$$

**4.7 Aufgaben.** (a) *Basisdarstellung.* Gegeben sind die Vektoren

$$\mathbf{a}_1 = \begin{pmatrix} 6 \\ 4 \\ 2 \end{pmatrix}, \quad \mathbf{a}_2 = \begin{pmatrix} -7 \\ 3 \\ 1 \end{pmatrix}, \quad \mathbf{a}_3 = \begin{pmatrix} 1 \\ -2 \\ 1 \end{pmatrix} \text{ und } \mathbf{b} = \begin{pmatrix} 1 \\ 2 \\ 3 \end{pmatrix}.$$

Zeigen Sie, daß $\mathcal{A} = (\mathbf{a}_1, \mathbf{a}_2, \mathbf{a}_3)$ eine Basis für $\mathbb{R}^3$ ist und geben Sie die Basisdarstellung $(\mathbf{b})_\mathcal{A}$ an.

(b) Geben Sie alle Lösungen $\mathbf{x} \in \mathbb{C}^3$ des Gleichungssystems $A\mathbf{x} = \mathbf{b}$ mit

$$A = \begin{pmatrix} -1 & i & i \\ i & i & 2i+1 \\ 1 & -2 & 2i-1 \end{pmatrix} \quad \text{und} \quad \mathbf{b} = \begin{pmatrix} i-2 \\ 2i-1 \\ -1-2i \end{pmatrix}.$$

(c) Bestimmen Sie die Inverse der Matrix

$$\begin{pmatrix} 2 & 0 & -1 \\ 1 & 1 & 0 \\ 1 & 1 & \frac{1}{2} \end{pmatrix}.$$

(d) Geben Sie alle Lösungen des homogenen Systems $A\mathbf{x} = \mathbf{0}$ und des inhomogenen Systems $A\mathbf{x} = \mathbf{b}$ für

$$A = \begin{pmatrix} 2 & -3 & 1 & -7 & 0 \\ 3 & 2 & 8 & 9 & 13 \\ -3 & 4 & -2 & 9 & -1 \\ 2 & 3 & 7 & 1 & 6 \\ 2 & 1 & 5 & -1 & 8 \end{pmatrix}, \quad \mathbf{b} = \begin{pmatrix} 0 \\ 13 \\ -1 \\ 2 \\ 2 \end{pmatrix}.$$

# 5 Interpolation und numerische Quadratur

## 5.1 Das Interpolationsproblem

Gegeben sind *Stützstellen*

$$x_0 < x_1 < \cdots < x_n$$

und Zahlenwerte $y_0, y_1, \ldots, y_n \in \mathbb{R}$.
Gesucht ist ein Polynom $p$ vom Grad $\leq n$ mit

$$p(x_0) = y_0, \ldots, p(x_n) = y_n.$$

Wir formulieren diese Aufgabe als lineares Gleichungsproblem:

5 Interpolation und numerische Quadratur

Auf dem Vektorraum $\mathcal{P}_\mathbb{R}^n$ der reellen Polynome vom Grad $\leq n$ definieren wir die Abbildung

$$L : \mathcal{P}_\mathbb{R}^n \to \mathbb{R}^{n+1}, \quad Lp = \begin{pmatrix} p(x_0) \\ \vdots \\ p(x_n) \end{pmatrix}.$$

Diese ist offenbar linear. Die Interpolationsaufgabe lautet dann:

Gegeben $\mathbf{y} = \sum_{k=0}^n y_k \mathbf{e}_{k+1} \in \mathbb{R}^{n+1}$. Gesucht ein Polynom $p \in \mathcal{P}_\mathbb{R}^n$ mit $Lp = \mathbf{y}$.

**5.2 Die Interpolationsaufgabe ist universell und eindeutig lösbar.**
Dazu haben wir zu zeigen, daß $L$ bijektiv ist. Für die Injektivität beachten wir: $p \in \operatorname{Kern} L$ bedeutet

$$p(x_0) = p(x_1) = \cdots = p(x_n) = 0,$$

d.h. $p$ hat $n+1$ verschiedene Nullstellen. Wegen Grad $(p) \leq n$ folgt daraus $p = 0$. Die Surjektivität ergibt sich aus der Dimensionsformel:

$$\dim \operatorname{Bild} L = \dim \mathcal{P}_\mathbb{R}^n - \dim \operatorname{Kern} L = n + 1 - 0 = n + 1.$$

**5.3 Bestimmung des Interpolationspolynoms**

Die Lösung $p$ der Aufgabe $Lp = \mathbf{y}$ ist gegeben durch $p = L^{-1}\mathbf{y}$. Dabei ist die Abbildung $L^{-1}$ linear (vgl. §15:6.1) und durch die Wirkung auf die kanonische Basis $\mathbf{e}_1, \ldots, \mathbf{e}_{n+1}$ eindeutig bestimmt:

$$L^{-1}\mathbf{y} = L^{-1}(y_0 \mathbf{e}_1 + \cdots + y_n \mathbf{e}_{n+1}) = y_0 L^{-1}\mathbf{e}_1 + \cdots + y_n L^{-1}\mathbf{e}_{n+1}.$$

Die Polynome $\ell_k = L^{-1}(\mathbf{e}_{k+1})$ heißen **Lagrange–Polynome**.

Definitionsgemäß gilt $\ell_k(x_j) = 0$ für $j \neq k$ und $\ell_k(x_k) = 1$.

Aus der Kenntnis der Nullstellen von $\ell_k$ ergibt sich

$$\ell_k(x) = c_k \prod_{\substack{j=0 \\ j \neq k}}^n (x - x_j) \quad \text{mit einer geeigneten Konstanten } c_k.$$

Diese ergibt sich aus der Bedingung

$$1 = \ell_k(x_k) = c_k \prod_{j \neq k} (x_k - x_j).$$

Somit ist die eindeutig bestimmte Lösung $p$ der Interpolationsaufgabe $Lp = \mathbf{y}$ gegeben durch

$$p(x) = \sum_{k=0}^{n} y_k \ell_k(x) \quad \text{mit} \quad \ell_k(x) = \prod_{\substack{j=0 \\ j \neq k}}^{n} \frac{x - x_j}{x_k - x_j}.$$

### 5.4 Keplersche Faßregel und Simpson–Regel

(a) Zur näherungsweisen Berechnung von

$$\int_a^b f(x)\,dx$$

betrachten wir die Stützstellen $x_0 = a$, $x_1 = \frac{1}{2}(a+b)$ und $x_2 = b$. Ferner setzen wir $y_0 = f(x_0)$, $y_1 = f(x_1)$ und $y_2 = f(x_2)$ und bestimmen das Polynom $p$ vom Grad $\leq 2$ mit $p(x_0) = y_0$, $p(x_1) = y_1$, $p(x_2) = y_2$. So erhalten wir einen Näherungswert für $\int_a^b f(x)\,dx$ durch

$$\int_a^b p(x)\,dx = \frac{b-a}{6}(y_0 + 4y_1 + y_2).$$

ÜA Bestätigen Sie dieses Ergebnis durch formelmäßige Durchführung der Interpolation.

In seiner *Nova steriometria* von 1615 gab Johannes KEPLER eine Formel für den Inhalt von Weinfässern an, die auf dieser Näherungsformel beruht.

(b) Eine sehr brauchbare Näherung für $\int_a^b f(x)\,dx$ liefert die **Simpson–Regel**: Das Intervall $[a,b]$ wird in $n$ gleichgroße Intervalle zerlegt, und auf jedes dieser Intervalle wird die Keplersche Faßregel angewendet. Setzt man

$$h = \frac{1}{2n}(b-a) \quad \text{und} \quad x_k = a + k \cdot h \quad (k = 0, \ldots, 2n),$$

so ergibt sich der folgende Näherungswert $I$ für $\int_a^b f(x)\,dx$:

$$I = \frac{h}{3}\left(f(a) + f(b) + 2\sum_{k=1}^{n-1} f(x_{2k}) + 4\sum_{k=0}^{n-1} f(x_{2k+1})\right).$$

Für $C^4$–Funktionen $f$ ist der Fehler

$$I - \int_a^b f(x)\,dx = \frac{(b-a)^5}{2880 \cdot n^4} f^{(4)}(\vartheta) \quad \text{mit einem} \quad \vartheta \in\,]a,b[\,.$$

[MANGOLDT–KNOPP, Bd. 3, Nr. 49].

# 6 Die Methode der kleinsten Quadrate

## 6.1 Ausgleichsgeraden

Zwischen den Meßgrößen $X, Y$ wird eine Beziehung der Form

$$Y = aX + b$$

mit unbekannten Parametern $a, b$ vermutet. Das Experiment ergibt für $(X, Y)$ Wertepaare

$$(x_1, y_1), \ldots, (x_m, y_m).$$

Wegen der unvermeidbaren Meßfehler liegen die Punkte $(x_k, y_k)$ nicht alle auf einer Geraden.

Wir bestimmen eine Ausgleichsgerade durch diese Punktwolke nach der **Methode der kleinsten Quadrate**: Für eine beliebige Gerade $g$ mit der Gleichung $y = ax + b$ sei

$$Q(a,b) = \sum_{k=1}^{m} (ax_k + b - y_k)^2$$

die Summe der vertikalen Abstandsquadrate der Punkte $(x_k, y_k)$ von der Geraden $g$. Wir wollen im folgenden $a, b$ so bestimmen, daß $Q(a,b)$ minimal wird.

## 6.2 Ausgleichsparabeln.

Zwischen den Meßgrößen $X, Y$ wird ein quadratischer Zusammenhang

$$Y = a_0 + a_1 X + a_2 X^2$$

vermutet; gemessen werden die Paare $(x_1, y_1), \ldots, (x_m, y_m)$. Die Methode der kleinsten Quadrate besteht hier darin, $a_0, a_1, a_2$ so zu wählen, daß

$$\sum_{k=1}^{m} \left(a_0 + a_1 x_k + a_2 x_k^2 - y_k\right)^2 = \text{Min.}$$

Wir behandeln die Aufgaben 6.1, 6.2 als Spezialfall der folgenden.

## 6.3 Überbestimmte Gleichungen und kleinste Quadrate

Gegeben ist eine $m \times n$–Matrix $A$ mit $m > n = \text{Rang}\, A$ und ein Vektor $\mathbf{y} \in \mathbb{R}^m$. Dann ist das Gleichungssystem $A\mathbf{x} = \mathbf{y}$ im allgemeinen unlösbar, wenn nicht gerade $\mathbf{y}$ in Bild $A$ liegt (zu viele Bedingungen an die Unbekannten).

Wir suchen als Kompromißlösung einen Vektor **u** mit Komponenten $u_1, \ldots, u_n$, welcher die Gleichung $A\mathbf{u} = \mathbf{y}$ zwar nicht exakt, aber doch „so gut wie möglich" erfüllt. Wie oben verlangen wir, daß das Abstandsquadrat

$$\|A\mathbf{u} - \mathbf{y}\|^2 = \sum_{i=1}^{m} \Big( \sum_{k=1}^{n} a_{ik} u_k - y_i \Big)^2$$

minimal wird.

BEISPIELE. Bei der Ausgleichsgeraden bzw. der Ausgleichsparabel ist

$$A = \begin{pmatrix} 1 & x_1 \\ 1 & x_2 \\ \vdots & \vdots \\ 1 & x_m \end{pmatrix} \quad \text{bzw.} \quad A = \begin{pmatrix} 1 & x_1 & x_1^2 \\ 1 & x_2 & x_2^2 \\ \vdots & \vdots & \vdots \\ 1 & x_m & x_m^2 \end{pmatrix} \quad \text{und}$$

$$\mathbf{u} = \begin{pmatrix} b \\ a \end{pmatrix} \quad \text{bzw.} \quad \mathbf{u} = \begin{pmatrix} a_0 \\ a_1 \\ a_2 \end{pmatrix}.$$

Als notwendige Bedingung für ein Minimum ergibt sich: Die Ableitung dieses Ausdrucks nach $u_j$ bei festgehaltenen $u_1, \ldots, u_{j-1}, u_{j+1}, \ldots, u_n$, bezeichnet mit $\frac{\partial}{\partial u_j}$, muß Null sein. Für $j = 1, \ldots n$ muß also gelten

$$0 = \frac{\partial}{\partial u_j} \sum_{i=1}^{m} \Big( \sum_{k=1}^{n} a_{ik} u_k - y_i \Big)^2 = 2 \sum_{i=1}^{m} a_{ij} \Big( \sum_{k=1}^{n} a_{ik} u_k - y_i \Big)$$

$$= 2 \sum_{k=1}^{n} u_k \sum_{i=1}^{m} a_{ij} a_{ik} - 2 \sum_{i=1}^{m} a_{ij} y_i \,.$$

Wir definieren die zu $A$ **transponierte Matrix** $A^T$ von $A$ durch

$$A^T = \begin{pmatrix} a_{11} & a_{21} & a_{31} & \cdots\cdots & a_{m1} \\ a_{12} & a_{22} & a_{32} & \cdots\cdots & a_{m2} \\ \vdots & \vdots & \vdots & & \vdots \\ a_{1n} & a_{2n} & a_{3n} & \cdots\cdots & a_{mn} \end{pmatrix}.$$

Dann sind $b_{jk} = \sum_{i=1}^{m} a_{ij} a_{ik}$ die Koeffizienten von $A^T A$, und $\sum_{i=1}^{m} a_{ij} y_i$ ist die $j$-te Komponente von $A^T \mathbf{y}$.

Die notwendigen Bedingungen lassen sich jetzt so zusammenfassen:

$$A^T A \mathbf{u} = A^T \mathbf{y} \,.$$

Das sind die **Gaußschen Normalgleichungen**.
In § 20 : 4.7 und § 22 : 4.6 wird gezeigt, daß diese universell und eindeutig lösbar sind und daß die Lösung u den Ausdruck $\|A\mathbf{u} - \mathbf{y}\|^2$ zum Minimum macht.

## § 17 Determinanten

### 1 Beispiele

#### 1.1 Die 2 × 2–Determinante
Nach § 5 : 6.2 ist das lineare Gleichungsproblem

$$a_{11}x_1 + a_{12}x_2 = b_1$$
$$a_{21}x_1 + a_{22}x_2 = b_2$$

genau dann universell und eindeutig lösbar, wenn die Determinante der zugehörigen Matrix, im folgenden bezeichnet mit

$$\begin{vmatrix} a_{11} & a_{12} \\ a_{21} & a_{22} \end{vmatrix} := a_{11}a_{22} - a_{12}a_{21},$$

von Null verschieden ist. Dies ergab sich durch Elimination und bleibt somit auch für komplexe Koeffizienten gültig.

Nach § 5 : 6.3 sind die Vektoren $\mathbf{a} = \begin{pmatrix} a_1 \\ a_2 \end{pmatrix}$, $\mathbf{b} = \begin{pmatrix} b_1 \\ b_2 \end{pmatrix}$ genau dann linear unabhängig, wenn

$$\det(\mathbf{a}, \mathbf{b}) := a_1 b_2 - a_2 b_1$$

von Null verschieden ist. Die Determinante einer 2 × 2–Matrix $A$ hat die Form $\det(\mathbf{a}_1, \mathbf{a}_2)$, wo $\mathbf{a}_1, \mathbf{a}_2$ die Spalten von $A$ sind.

Die so erklärte Determinantenfunktion det hat die Eigenschaften $\boxed{\text{ÜA}}$

(a) $\mathbf{x} \mapsto \det(\mathbf{x}, \mathbf{b})$ und $\mathbf{y} \mapsto \det(\mathbf{a}, \mathbf{y})$ sind Linearformen,

(b) $\det(\mathbf{b}, \mathbf{a}) = -\det(\mathbf{a}, \mathbf{b})$,

(c) $\det(\mathbf{e}_1, \mathbf{e}_2) = 1$.

#### 1.2 Die 3 × 3–Determinante
Das lineare Gleichungssystem

$$a_{11}x_1 + a_{12}x_2 + a_{13}x_3 = b_1$$
$$a_{21}x_1 + a_{22}x_2 + a_{23}x_3 = b_2$$
$$a_{31}x_1 + a_{32}x_2 + a_{33}x_3 = b_3$$

bringen wir in die Form

(*) $\quad x_1 \cdot \mathbf{a}_1 + x_2 \cdot \mathbf{a}_2 + x_3 \cdot \mathbf{a}_3 = \mathbf{b}\,,\qquad$ wobei

$$\mathbf{a}_1 = \begin{pmatrix} a_{11} \\ a_{21} \\ a_{31} \end{pmatrix}, \qquad \mathbf{a}_2 = \begin{pmatrix} a_{12} \\ a_{22} \\ a_{32} \end{pmatrix}, \qquad \mathbf{a}_3 = \begin{pmatrix} a_{13} \\ a_{23} \\ a_{33} \end{pmatrix}, \qquad \mathbf{b} = \begin{pmatrix} b_1 \\ b_2 \\ b_3 \end{pmatrix}.$$

Mit dem Vektorprodukt § 6 : 3.2 ergibt sich wegen $\mathbf{a}_1 \times \mathbf{a}_1 = \mathbf{0} = \mathbf{a}_2 \times \mathbf{a}_2$

$$x_1 \cdot \mathbf{a}_1 \times \mathbf{a}_2 + x_3 \cdot \mathbf{a}_3 \times \mathbf{a}_2 = \mathbf{b} \times \mathbf{a}_2\,,$$
$$x_2 \cdot \mathbf{a}_1 \times \mathbf{a}_2 + x_3 \cdot \mathbf{a}_1 \times \mathbf{a}_3 = \mathbf{a}_1 \times \mathbf{b}\,.$$

Wegen $\mathbf{a}_3 \times \mathbf{a}_2 \perp \mathbf{a}_3$, $\mathbf{a}_1 \times \mathbf{a}_2 \perp \mathbf{a}_1$ und $\mathbf{a}_1 \times \mathbf{a}_3 \perp \mathbf{a}_3$ folgt

(1) $\quad x_1 \cdot \langle\, \mathbf{a}_1 \times \mathbf{a}_2, \mathbf{a}_3 \,\rangle = \langle\, \mathbf{b} \times \mathbf{a}_2, \mathbf{a}_3 \,\rangle\,,$

(2) $\quad x_2 \cdot \langle\, \mathbf{a}_1 \times \mathbf{a}_2, \mathbf{a}_3 \,\rangle = \langle\, \mathbf{a}_1 \times \mathbf{b}, \mathbf{a}_3 \,\rangle\,,$

$\quad\;\; x_3 \cdot \langle\, \mathbf{a}_1 \times \mathbf{a}_3, \mathbf{a}_2 \,\rangle = \langle\, \mathbf{a}_1 \times \mathbf{b}, \mathbf{a}_2 \,\rangle\,.$

Nach § 6 : 5.5 (b) gilt $\langle\, \mathbf{a} \times \mathbf{c}, \mathbf{b} \,\rangle = -\langle\, \mathbf{a} \times \mathbf{b}, \mathbf{c} \,\rangle$. Also ergibt die letzte Gleichung

(3) $\quad x_3 \cdot \langle\, \mathbf{a}_1 \times \mathbf{a}_2, \mathbf{a}_3 \,\rangle = \langle\, \mathbf{a}_1 \times \mathbf{a}_2, \mathbf{b} \,\rangle\,.$

Das Gleichungssystem (*) ist also genau dann eindeutig (und damit auch universell) lösbar, wenn

$$S(\mathbf{a}_1, \mathbf{a}_2, \mathbf{a}_3) \;=\; \langle\, \mathbf{a}_1 \times \mathbf{a}_2, \mathbf{a}_3 \,\rangle$$

von Null verschieden ist; die Lösung ergibt sich dann aus der Cramerschen Regel (1),(2),(3). Eine kleine Rechnung ergibt $\boxed{\text{ÜA}}$

$$S(\mathbf{x}, \mathbf{y}, \mathbf{z}) \;=\; (x_2 y_3 - x_3 y_2) z_1 + (x_3 y_1 - x_1 y_3) z_2 + (x_1 y_2 - x_2 y_1) z_3\,.$$

Definieren wir $S(\mathbf{x}, \mathbf{y}, \mathbf{z})$ für $\mathbf{x}, \mathbf{y}, \mathbf{z} \in \mathbb{C}^3$ durch diese Formel, so bleiben die oben angestellten Überlegungen auch im Komplexen gültig.

Folgende Eigenschaften von $S$ lassen sich leicht nachprüfen (vgl. § 6 : 5.5):

(a) $S$ ist linear in jeder der Variablen $\mathbf{x}, \mathbf{y}, \mathbf{z}$, z.B.

$$S(\mathbf{x}, \mathbf{y}, \alpha \mathbf{z}_1 + \beta \mathbf{z}_2) = \alpha\, S(\mathbf{x}, \mathbf{y}, \mathbf{z}_1) + \beta\, S(\mathbf{x}, \mathbf{y}, \mathbf{z}_2)\,,$$

(b) bei Vertauschen zweier Argumente ändert sich das Vorzeichen, z.B.

$$S(\mathbf{x}, \mathbf{z}, \mathbf{y}) = -S(\mathbf{x}, \mathbf{y}, \mathbf{z}) = S(\mathbf{z}, \mathbf{y}, \mathbf{x}) = -S(\mathbf{y}, \mathbf{z}, \mathbf{x})\,,$$

(c) $S(\mathbf{e}_1, \mathbf{e}_2, \mathbf{e}_3) = 1$ für die kanonischen Basisvektoren.

## 2 Die Definition der Determinante

### 2.1 Zum Vorgehen

Analog zu den oben betrachteten Fällen $n = 2, 3$ läßt sich für jede $n \times n$–Matrix $A$ eine Kennzahl (Determinante) definieren, die Auskunft über die Lösbarkeit des Gleichungssystems $Ax = b$ gibt und eine Lösungsdarstellung mittels der Cramer–Regel gestattet. Diese kann prinzipiell wie oben als Summe vorzeichenbehafteter Produkte von Matrixkoeffizienten dargestellt werden, doch wird ein solcher Ansatz für wachsendes $n$ sowohl für die Rechnung als auch beweistechnisch zu kompliziert und unübersichtlich. Wir beschreiben daher einen anderen Weg:

Eine $n \times n$–Matrix $A$ ist durch das $n$–tupel $(\mathbf{a}_1, \mathbf{a}_2, \ldots \mathbf{a}_n)$ ihrer Spalten gegeben. Wir beschreiben die Determinante von $A$ als Funktion $\det(\mathbf{a}_1, \ldots, \mathbf{a}_n)$ dieser Spalten. Deren Definitionsbereich ist

$$\underbrace{\mathbb{K}^n \times \cdots \times \mathbb{K}^n}_{n\text{-mal}} := \{(\mathbf{a}_1, \ldots, \mathbf{a}_n) \mid \mathbf{a}_k \in \mathbb{K}^n\} \ .$$

Von dieser Funktion verlangen wir lediglich die für $n = 2, 3$ angegebenen Eigenschaften (a), (b), (c), sinnvoll auf $n$ Variable fortgeschrieben. Es zeigt sich, daß sie dadurch bereits eindeutig bestimmt ist und daß aus (a), (b) und (c) weitere Eigenschaften folgen: $\det(\mathbf{a}_1, \ldots, \mathbf{a}_n)$ zeigt an, ob die Vektoren $\mathbf{a}_1, \ldots, \mathbf{a}_n$ linear unabhängig sind, gibt bis aufs Vorzeichen das Volumen des von diesen Vektoren aufgespannten Parallelflachs und ermöglicht die Orientierung von Basen.

Wir fassen die Determinante also wahlweise als Kennzahl für $n \times n$–Matrizen $A$ oder als Funktion von $n$ Vektoren auf, die wir als Spalten einer Matrix deuten.

Die Existenz einer Determinante mit den verlangten Eigenschaften ergibt sich durch rekursive Definition: Die $n \times n$–Determinante wird durch „Entwicklung nach Zeilen bzw. Spalten" auf $(n-1) \times (n-1)$–Determinanten zurückgeführt. Dies liefert gleichzeitig ein Berechnungsverfahren.

### 2.2 Determinantenformen

**Definition.** Eine Abbildung $F : \mathbb{K}^n \times \cdots \times \mathbb{K}^n \to \mathbb{K}$ $(n \geq 2)$ heißt

(a) **Multilinearform** auf $\mathbb{K}^n$, kurz **$n$–Form**, wenn $F$ in jedem der $n$ Argumente (Spalten) linear bei festgehaltenen restlichen Spalten ist:

$$F(\ldots, \alpha\mathbf{x} + \beta\mathbf{y}, \ldots) = \alpha F(\ldots, \mathbf{x}, \ldots) + \beta F(\ldots, \mathbf{y}, \ldots) ,$$

(b) **alternierende Multilinearform** auf $\mathbb{K}^n$, wenn (a) gilt und wenn $F$ beim Vertauschen zweier Spalten das Vorzeichen ändert:

$$F(\ldots, \mathbf{a}_i, \ldots, \mathbf{a}_j, \ldots) = -F(\ldots, \mathbf{a}_j, \ldots, \mathbf{a}_i, \ldots) ,$$

(c) **Determinantenform**, wenn (a) und (b) erfüllt sind und $F(\mathbf{e}_1,\ldots,\mathbf{e}_n) = 1$ für die kanonische Basis $\mathbf{e}_1,\ldots,\mathbf{e}_n$ des $\mathbb{K}^n$ gilt.

BEMERKUNG. Der Begriff „Determinantenform" wird in der Literatur nicht einheitlich verwendet.

In 1.1, 1.2 haben wir für $n = 2$ und $n = 3$ Beispiele von Determinantenformen angegeben.

### 2.3 Alternierende Formen und lineare Unabhängigkeit

*Für eine alternierende Multilinearform $F$ gilt: Sind $\mathbf{a}_1,\ldots,\mathbf{a}_n$ linear abhängig, so folgt $F(\mathbf{a}_1,\ldots,\mathbf{a}_n) = 0$. Insbesondere ist $F(\mathbf{a}_1,\ldots,\mathbf{a}_n) = 0$, falls zwei Einträge gleich sind: $\mathbf{a}_i = \mathbf{a}_k$ für $i \neq k$.*

BEWEIS.

Ist $F$ alternierend, so ergibt sich durch Vertauschen von Einträgen

$$F(\ldots,\mathbf{a},\ldots,\mathbf{a},\ldots) = -F(\ldots,\mathbf{a},\ldots,\mathbf{a},\ldots), \quad \text{also} \quad F(\ldots,\mathbf{a},\ldots,\mathbf{a},\ldots) = 0.$$

Seien $\mathbf{a}_1,\ldots,\mathbf{a}_n$ linear abhängig, etwa $\mathbf{a}_1 = \sum_{k=2}^{n} c_k \mathbf{a}_k$. Dann gilt wegen der Linearität im ersten Argument

$$F(\mathbf{a}_1,\ldots,\mathbf{a}_n) = \sum_{k=2}^{n} c_k F(\mathbf{a}_k, \mathbf{a}_2, \ldots, \mathbf{a}_k, \ldots) = 0. \qquad \square$$

Das Verschwinden von $F$ bei zwei gleichen Argumenten ist typisch für alternierende $n$–Formen:

### 2.4* Ein Kriterium für das Alternieren einer $n$–Form

*Gilt für eine $n$-Form $F(\mathbf{a}_1,\ldots,\mathbf{a}_n) = 0$, falls zwei benachbarte Argumente gleich sind ($\mathbf{a}_k = \mathbf{a}_{k+1}$), so ist sie alternierend.*

BEWEIS.

Wegen der Multilinearität gilt

$$\begin{aligned} 0 &= F(\ldots, \mathbf{a}+\mathbf{b}, \mathbf{a}+\mathbf{b}, \ldots) \\ &= F(\ldots, \mathbf{a}, \mathbf{a}, \ldots) + F(\ldots, \mathbf{a}, \mathbf{b}, \ldots) + F(\ldots, \mathbf{b}, \mathbf{a}, \ldots) + F(\ldots, \mathbf{b}, \mathbf{b}, \ldots) \\ &= F(\ldots, \mathbf{a}, \mathbf{b}, \ldots) + F(\ldots, \mathbf{b}, \mathbf{a}, \ldots), \end{aligned}$$

also ändert $F$ sein Vorzeichen bei Vertauschung benachbarter Argumente. Sind $\mathbf{a}_j, \mathbf{a}_k$ ($j < k$) nicht benachbart, so erreichen wir durch sukzessives Vertauschen benachbarter Argumente, daß $\mathbf{a}_j$ und $\mathbf{a}_k$ die Plätze tauschen; dazu sind $2s - 1$ Vertauschungen nötig mit $s = k - j$ ÜA . Bei jeder Vertauschung wechselt $F$ das Vorzeichen. Es gilt also

$$\begin{aligned} F(\ldots, \mathbf{a}_j, \ldots, \mathbf{a}_k, \ldots) &= (-1)^{2s-1} F(\ldots, \mathbf{a}_k, \ldots, \mathbf{a}_j, \ldots) \\ &= -F(\ldots, \mathbf{a}_k, \ldots, \mathbf{a}_j, \ldots). \end{aligned} \qquad \square$$

2 Die Definition der Determinante

## 2.5 Der Hauptsatz über Determinanten

(a) *Für jedes $n \geq 2$ gibt es genau eine Determinantenform auf $\mathbb{K}^n$. Wir bezeichnen sie mit* $\det(\mathbf{a}_1, \ldots, \mathbf{a}_n)$.

(b) *Hat die $n \times n$–Matrix $A = (a_{ik})$ die Spalten $\mathbf{a}_1, \ldots, \mathbf{a}_n \in \mathbb{K}^n$, so heißt $\det(\mathbf{a}_1, \ldots, \mathbf{a}_n)$ die* **Determinante von $A$**, *bezeichnet mit*

$$|A| = \det A = \begin{vmatrix} a_{11} & \cdots & a_{1n} \\ \vdots & \ddots & \vdots \\ a_{n1} & \cdots & a_{nn} \end{vmatrix}, \quad \text{auch} \quad |(a_{ik})|.$$

(c) **Laplacescher Entwicklungssatz.** *Die Determinante einer $n \times n$–Matrix $A = (a_{ik})$ läßt sich auf $2n$ Weisen durch $(n-1) \times (n-1)$–Determinanten ausdrücken:*

$$|A| = \sum_{j=1}^{n} (-1)^{i+j} a_{ij} |A_{ij}| \quad (\textit{Entwicklung nach der $i$–ten Zeile})$$

$$= \sum_{j=1}^{n} (-1)^{j+k} a_{jk} |A_{jk}| \quad (\textit{Entwicklung nach der $k$–ten Spalte}).$$

*Dabei bedeutet $A_{ij}$ diejenige $(n-1) \times (n-1)$–Matrix, welche aus $A$ durch Streichen der $i$–ten Zeile und der $j$–ten Spalte hervorgeht.*

Der Beweis erfolgt in 2.7, 2.8, 3.1 und kann bei der ersten Lektüre übergangen werden.

## 2.6 Beispiele und Aufgaben

(a) Durch Entwicklung nach der letzten Spalte erhalten wir

$$\begin{vmatrix} a_{11} & a_{12} & a_{13} \\ a_{21} & a_{22} & a_{23} \\ a_{31} & a_{32} & a_{33} \end{vmatrix} = a_{13} \begin{vmatrix} a_{21} & a_{22} \\ a_{31} & a_{32} \end{vmatrix} - a_{23} \begin{vmatrix} a_{11} & a_{12} \\ a_{31} & a_{32} \end{vmatrix} + a_{33} \begin{vmatrix} a_{11} & a_{12} \\ a_{21} & a_{22} \end{vmatrix}$$

$$= a_{13}(a_{21}a_{32} - a_{31}a_{22}) - a_{23}(a_{11}a_{32} - a_{31}a_{12}) + a_{33}(a_{11}a_{22} - a_{21}a_{12}).$$

Im Falle reeller Koeffizienten ist dies das *Spatprodukt* $\langle \mathbf{a}_1 \times \mathbf{a}_2, \mathbf{a}_3 \rangle$ aus den Spaltenvektoren $\mathbf{a}_1, \mathbf{a}_2, \mathbf{a}_3$, vgl. 1.2.

(b) Zweckmäßigerweise wird man nach solchen Zeilen oder Spalten entwickeln, welche möglichst viele Nullen enthalten. Im folgenden Beispiel entwickeln wir nach der zweiten Spalte:

$$\begin{vmatrix} 2 & 1 & 2 & 2 \\ 1 & 0 & 1 & 1 \\ -2 & 0 & 1 & -2 \\ 3 & 4 & 1 & 0 \end{vmatrix} = -1 \cdot \begin{vmatrix} 1 & 1 & 1 \\ -2 & 1 & -2 \\ 3 & 1 & 0 \end{vmatrix} + 4 \cdot \begin{vmatrix} 2 & 2 & 2 \\ 1 & 1 & 1 \\ -2 & 1 & -2 \end{vmatrix}.$$

Die zweite Determinante ist nach 2.3 Null wegen Gleichheit zweier Spalten. Die erste entwickeln wir nach der letzten Zeile:

$$\begin{vmatrix} 1 & 1 & 1 \\ -2 & 1 & -2 \\ 3 & 1 & 0 \end{vmatrix} = 3 \cdot \begin{vmatrix} 1 & 1 \\ 1 & -2 \end{vmatrix} - 1 \cdot \begin{vmatrix} 1 & 1 \\ -2 & -2 \end{vmatrix} = 3 \cdot \begin{vmatrix} 1 & 1 \\ 1 & -2 \end{vmatrix} - 1 \cdot 0 = -9.$$

Die gesuchte Determinante hat also den Wert 9.

(c) Rechnen Sie nach, daß $\begin{vmatrix} 1 & 5 & -1 & 0 & 4 \\ 0 & 2 & 0 & 0 & 3 \\ 2 & 7 & 0 & 3 & 0 \\ 6 & -3 & 4 & 0 & 1 \\ 0 & 8 & 1 & -4 & 6 \end{vmatrix} = 1223$.

(d) Beweisen Sie mittels vollständiger Induktion, daß

$$\begin{vmatrix} a_{11} & \cdots & a_{1n} \\ & \ddots & \vdots \\ 0 & & a_{nn} \end{vmatrix} = \begin{vmatrix} a_{11} & & 0 \\ \vdots & \ddots & \\ a_{n1} & \cdots & a_{nn} \end{vmatrix} = a_{11} \cdot a_{22} \cdot \ldots \cdot a_{nn}.$$

**2.7\* Der Eindeutigkeitssatz für alternierende $n$-Formen**

(a) *Gilt für eine alternierende $n$-Form $F(\mathbf{e}_1, \ldots, \mathbf{e}_n) = 0$, so ist $F = 0$.*

(b) *Stimmen daher zwei alternierende $n$-Formen $F$ und $G$ auf der kanonischen Basis überein, so sind sie gleich. Insbesondere gibt es höchstens eine Determinantenform auf $\mathbb{K}^n$.*

BEWEIS.

(b) folgt unmittelbar aus (a), denn $H = F - G$ ist eine alternierende $n$-Form mit $H(\mathbf{e}_1, \ldots, \mathbf{e}_n) = 0$.

(a) beweisen wir der einfachern Notation wegen nur für $n = 3$. Sei also $F$ eine alternierende 3-Form mit $F(\mathbf{e}_1, \mathbf{e}_2, \mathbf{e}_3) = 0$. Wir zeigen zunächst, daß

$$F(\mathbf{e}_{\nu_1}, \mathbf{e}_{\nu_2}, \mathbf{e}_{\nu_3}) = 0 \quad \text{für beliebige} \quad \nu_1, \nu_2, \nu_3 \in \{1, 2, 3\}.$$

Dies ist nach 2.3 sicher richtig, wenn zwei Indizes $\nu_k, \nu_\ell$ für $k \neq \ell$ übereinstimmen. Es bleibt der Fall $\nu_k \neq \nu_\ell$, d.h. daß das Tripel $(\nu_1, \nu_2, \nu_3)$ durch Umordnung (Permutation) aus dem Tripel $(1, 2, 3)$ entstanden ist. Eine solche läßt sich durch sukzessives Vertauschen zweier Argumente herbeiführen ÜA. Es folgt $F(\mathbf{e}_{\nu_1}, \mathbf{e}_{\nu_2}, \mathbf{e}_{\nu_3}) = \pm F(\mathbf{e}_1, \mathbf{e}_2, \mathbf{e}_3) = 0$.

Für beliebige Vektoren $\mathbf{x} = \sum_{k=1}^{3} x_k \mathbf{e}_k$, $\mathbf{y} = \sum_{\ell=1}^{3} y_\ell \mathbf{e}_\ell$, $\mathbf{z} = \sum_{m=1}^{3} z_m \mathbf{e}_m$ erhalten wir somit wegen der Multilinearität von $F$

$$F(\mathbf{x}, \mathbf{y}, \mathbf{z}) = \sum_{k=1}^{3} \sum_{\ell=1}^{3} \sum_{m=1}^{3} x_k y_\ell z_m F(\mathbf{e}_k, \mathbf{e}_\ell, \mathbf{e}_m) = 0. \qquad \square$$

## 2 Die Definition der Determinante

### 2.8* Konstruktion der $n \times n$–Determinante durch Entwicklung nach Zeilen

Hier soll durch Induktion gezeigt werden, daß es zu jedem $n \geq 2$ eine Determinantenform $D_n$ auf $\mathbb{K}^n$ gibt. Gleichzeitig soll der Laplacesche Entwicklungssatz nach Zeilen bewiesen werden. Der Entwicklungssatz nach Spalten ergibt sich in 3.1.

(a) Für $n = 2$ liefert $D_2(A) = a_{11}a_{22} - a_{12}a_{21}$ eine Determinantenform in den Spalten von $A = (a_{ik})$, und das ist nach 2.7 die einzige.

(b) *Induktionsschritt*. Wir nehmen an, für $n \geq 3$ sei schon eine Determinantenform $D_{n-1}$ auf $\mathbb{K}^{n-1}$ gegeben. Wir wählen ein beliebiges $i \in \{1, \ldots, n\}$ und halten es fest. Für $n \times n$–Matrizen A definieren wir gemäß dem Laplaceschen Entwicklungssatz

$$(*) \quad D_n(A) := \sum_{j=1}^{n} (-1)^{i+j} a_{ij} D_{n-1}(A_{ij}) \,.$$

Wir zeigen, daß $D_n$ eine Determinantenform in den Spalten $\mathbf{a}_1, \ldots, \mathbf{a}_n$ von $A$ liefert.

*Die Multilinearität von $D_n$* ist gegeben, wenn jeder der Ausdrücke $a_{ij}D_{n-1}(A_{ij})$ eine $n$–Form liefert. Die Abbildung $\mathbf{a}_j \mapsto a_{ij}D_{n-1}(A_{ij})$ ist linear, da $\mathbf{a}_j$ in $A_{ij}$ nicht auftritt. Für $k \neq j$ hängt $a_{ij}$ nicht von $\mathbf{a}_k$ ab, und nach Induktionsvoraussetzung ist $\mathbf{a}_k \mapsto D_{n-1}(A_{ij})$ linear. Damit hängt $a_{ij}D_{n-1}(A_{ij})$ linear von $\mathbf{a}_k$ ab. Also ist jeder Ausdruck $a_{ij}D_{n-1}(A_{ij})$ eine $n$–Form in $\mathbf{a}_1, \ldots, \mathbf{a}_n$.

*$D_n$ ist alternierend*. Nach 2.4 genügt der Nachweis, daß $D_n(A)$ Null wird, falls zwei benachbarte Spalten gleich sind. Sei etwa $\mathbf{a}_k = \mathbf{a}_{k+1}$. Dann hat $A_{ij}$ für $j \neq k$, $j \neq k + 1$ zwei gleiche Spalten, also ist $D_{n-1}(A_{ij}) = 0$ nach Induktionsvoraussetzung und 2.3. Von der Summe $(*)$ bleibt nur noch

$$D_n(A) = (-1)^{i+k} a_{ik} D_{n-1}(A_{ik}) + (-1)^{i+k+1} a_{i,k+1} D_{n-1}(A_{i,k+1}) \,.$$

Wegen $\mathbf{a}_k = \mathbf{a}_{k+1}$ gilt aber $a_{ik} = a_{i,k+1}$ und $A_{ik} = A_{i,k+1}$. Daher ist $D_n(A) = 0$.

*Für die Einheitsmatrix $E$ ist $D_n(E) = 1$.* Denn für $j \neq i$ hat $E_{ij}$ die $i$-te Spalte $\mathbf{0}$, und $E_{ii}$ ist die $(n-1) \times (n-1)$–Einheitsmatrix, also ist nach Induktionsvoraussetzung $D_{n-1}(E_{ii}) = 1$. Es folgt

$$D_n(E) = \sum_{j=1}^{n}(-1)^{i+j}\delta_{ij}D_{n-1}(E_{ij}) = (-1)^{i+i}D_{n-1}(E_{ii}) = D_{n-1}(E_{ii}) \,.$$

(c) *Ergebnis*. Nach dem Induktionsprinzip gibt es für jedes $n \geq 2$ wenigstens eine Determinantenform $D_n$ auf $\mathbb{K}^n$. Die scheinbare Willkür der Wahl von $i$ in $(*)$ erledigt sich mit dem Eindeutigkeitssatz 2.7: Da es höchstens eine $n$–Determinantenform geben kann, liefert $(*)$ für jedes $i$ dasselbe.

## 3 Die Eigenschaften der Determinante

### 3.1 Die Determinante der Transponierten

Es gilt $\left|A^T\right| = |A|$. Dabei ist $A^T$ die zu $A$ transponierte Matrix:

$$A^T = \begin{pmatrix} a_{11} & a_{21} & \cdots & a_{n1} \\ a_{12} & a_{22} & \cdots & a_{n2} \\ \vdots & \vdots & \ddots & \vdots \\ a_{1n} & a_{2n} & \cdots & a_{nn} \end{pmatrix} \quad \text{für} \quad A = \begin{pmatrix} a_{11} & a_{12} & \cdots & a_{1n} \\ a_{21} & a_{22} & \cdots & a_{2n} \\ \vdots & \vdots & \ddots & \vdots \\ a_{n1} & a_{n2} & \cdots & a_{nn} \end{pmatrix}.$$

BEWEIS.

Offenbar ist $\begin{vmatrix} a_{11} & a_{21} \\ a_{12} & a_{22} \end{vmatrix} = a_{11}a_{22} - a_{21}a_{12} = \begin{vmatrix} a_{11} & a_{12} \\ a_{21} & a_{22} \end{vmatrix}$. Sei also $n > 2$. Es gilt $\left|A^T\right| = \det(\mathbf{z}_1, \ldots, \mathbf{z}_n)$, wo $\mathbf{z}_1, \ldots, \mathbf{z}_n$ die Zeilenvektoren von $A$ sind. Wir betrachten andererseits $D(\mathbf{z}_1, \ldots, \mathbf{z}_n) = |A|$, aufgefaßt als Funktion der Zeilen $\mathbf{z}_k$. Für jedes $i \in \{1, \ldots, n\}$ ist $D$ linear in $\mathbf{z}_i$. Das ergibt sich durch Entwickeln nach der $i$-ten Zeile gemäß 2.8 $(*)$:

$$(*) \qquad D(\mathbf{z}_1, \ldots, \mathbf{z}_n) = |A| = \sum_{j=1}^{n} (-1)^{i+j} a_{ij} |A_{ij}|.$$

Bei dieser Entwicklung kommt $\mathbf{z}_i$ nicht in $A_{ij}$ vor.

Damit ist $D$ eine $n$–Form. Ferner ist $D(\mathbf{e}_1, \ldots, \mathbf{e}_n) = |E| = 1$. Wir zeigen jetzt, daß $D$ alternierend ist. Sei $\mathbf{z}_k = \mathbf{z}_{k+1}$. Wir betrachten die Entwicklung $(*)$ für ein von $k$ und $k+1$ verschiedenes $i$. Bei dieser ist $|A_{ij}| = 0$ für jedes $j$. Denn $A_{ij}$ hat zwei gleiche Zeilen, also nicht den vollen Rang $n-1$. Somit sind auch die Spalten von $A_{ij}$ linear abhängig, und nach 2.3 ergibt sich $|A_{ij}| = 0$.

Nach dem Eindeutigkeitssatz 2.7 für Determinantenformen folgt

$$|A| = D(\mathbf{z}_1, \ldots, \mathbf{z}_n) = \det(\mathbf{z}_1, \ldots, \mathbf{z}_n) = \left|A^T\right|. \qquad \square$$

**Beweis des Laplaceschen Satzes** über Entwicklung nach Spalten. Wir beachten, daß $\left(A^T\right)_{kj} = (A_{jk})^T$, also $\left|\left(A^T\right)_{kj}\right| = |A_{jk}|$. Somit folgt mit 2.8

$$|A| = \left|A^T\right| = \sum_{j=1}^{n} (-1)^{k+j} a_{kj}^T \left|\left(A^T\right)_{kj}\right| = \sum_{j=1}^{n} (-1)^{j+k} a_{jk} |A_{jk}|. \qquad \square$$

### 3.2 Multiplikationssatz und Folgerungen

(a) *Für $n \times n$–Matrizen $A, B$ gilt $|AB| = |A| \cdot |B|$.*

(b) *Für invertierbare Matrizen $A$ gilt $|A| \neq 0$ und*

$$\left|A^{-1}\right| = \frac{1}{|A|}.$$

# 3 Die Eigenschaften der Determinante

(c) $A$ ist genau dann invertierbar, wenn $|A| \neq 0$. Es gilt also

$|A| \neq 0 \iff$ Das Gleichungssystem $A\mathbf{x} = \mathbf{b}$ ist universell und eindeutig lösbar
$\iff$ Die Spalten von $A$ sind linear unabhiängig
$\iff$ Die Zeilen von $A$ sind linear unabhiängig
$\iff \operatorname{Rang} A = n$.

BEWEIS.

(a) Sind $\mathbf{b}_1, \ldots, \mathbf{b}_n$ die Spalten von $B$, so hat $AB$ die Spalten $A\mathbf{b}_1, \ldots, A\mathbf{b}_n$. Für festes $A$ und beliebige Matrizen $B$ betrachten wir

$$F(\mathbf{b}_1, \ldots, \mathbf{b}_n) := \det(A\mathbf{b}_1, \ldots, A\mathbf{b}_n) = |AB|.$$

$F$ ist linear in jedem $\mathbf{b}_k$ als Hintereinanderausführung der linearen Abbildungen $\mathbf{b}_k \mapsto A\mathbf{b}_k$ und $\mathbf{a}_k \mapsto \det(\mathbf{a}_1, \ldots, \mathbf{a}_k, \ldots, \mathbf{a}_n)$. Ferner ist $F$ alternierend. Schließlich gilt mit den Spalten $\mathbf{a}_k = A\mathbf{e}_k$ von $A$

$$F(\mathbf{e}_1, \ldots, \mathbf{e}_n) = \det(\mathbf{a}_1, \ldots, \mathbf{a}_n) = |A|.$$

Durch $G(\mathbf{b}_1, \ldots, \mathbf{b}_n) = |A| \det(\mathbf{b}_1, \ldots, \mathbf{b}_n) = |A| \cdot |B|$ ist ebenfalls eine $n$–Form $G$ gegeben mit $G(\mathbf{e}_1, \ldots, \mathbf{e}_n) = |A|$. Nach dem Eindeutigkeitssatz 2.7 folgt $F = G$, d.h. $|AB| = |A| \cdot |B|$.

(b) folgt nach dem Multiplikationssatz wegen $1 = |E| = |AA^{-1}| = |A| \cdot |A^{-1}|$.

(c) Ist $A$ invertierbar, so folgt $|A| \neq 0$ aus $1 = |E| = |A \cdot A^{-1}| = |A| \cdot |A^{-1}|$. Ist $A$ nicht invertierbar, so sind nach §16:3.3 die Spalten $\mathbf{a}_1, \ldots, \mathbf{a}_n$ linear abhängig, und mit 2.3 folgt $|A| = 0$. □

## 3.3 Die Determinante einer linearen Abbildung

(a) *Ähnliche Matrizen haben gleiche Determinante:* $|S^{-1}AS| = |A|$.

(b) *Sei $V$ ein Vektorraum der Dimension $n$, $L : V \to V$ ein linearer Operator und $\mathcal{B}$ eine Basis von $V$. Die Zahl $|M_\mathcal{B}(L)|$ hängt nicht von der Basis $\mathcal{B}$ ab. Wir bezeichnen sie mit* $\det L$.

BEWEIS.

(a) Nach dem Multiplikationssatz 3.2 (a) und nach 3.2 (b) gilt

$$|S^{-1}AS| = |S^{-1}| \cdot |AS| = |S^{-1}| \cdot |A| \cdot |S| = |A|.$$

(b) Sind $\mathcal{A}$ und $\mathcal{B}$ zwei Basen von $V$, $A = M_\mathcal{A}(L)$ und $B = M_\mathcal{B}(L)$, so gilt nach §15:7.3 $B = S^{-1}AS$ mit einer Transformationsmatrix $S$, also folgt $|B| = |A|$. □

[ÜA] Zeigen Sie, daß für lineare Operatoren $L_1, L_2 : V \to V$ der Multiplikationssatz $\det(L_1 L_2) = \det L_1 \cdot \det L_2$ gilt.

### 3.4 Die Matrix der Adjunkten

Zu gegebener $n \times n$–Matrix $A = (a_{ik})$ wollen wir eine Matrix $A^{\#} = (a_{ik}^{\#})$ bestimmen mit der Eigenschaft

(a) $A \cdot A^{\#} = A^{\#} \cdot A = |A| \cdot E$.

Ist eine solche Matrix $A^{\#}$ gefunden, so gilt im Fall der Invertierbarkeit von $A$

(b) $A^{-1} = \dfrac{1}{|A|} A^{\#}$.

In Koordinatenschreibweise bedeutet die Forderung (a)

(c) $\sum\limits_{j=1}^{n} a_{ij} a_{jk}^{\#} = \sum\limits_{j=1}^{n} a_{ij}^{\#} a_{jk} = |A| \cdot \delta_{ik} \quad (i, k = 1, \ldots, n)$.

Für $i = k$ ist insbesondere zu fordern

$$\sum_{j=1}^{n} a_{ij} a_{ji}^{\#} = \sum_{j=1}^{n} a_{jk} a_{kj}^{\#} = |A|.$$

Der Vergleich mit dem Laplaceschen Entwicklungssatz 2.5 (c) legt es nahe,

$$a_{ik}^{\#} := (-1)^{i+k} |A_{ki}| \quad \text{für} \quad i, k = 1, \ldots, n$$

zu setzen, genannt die **Adjunkte** von $a_{ki}$.

Bei dieser Wahl ist (c) auch für $i \neq k$ richtig. Denn nach dem Entwicklungssatz ist

$$\sum_{j=1}^{n} a_{ij} a_{jk}^{\#} = \sum_{j=1}^{n} (-1)^{j+k} a_{ij} |A_{kj}|$$

die Determinante derjenigen Matrix, die aus $A$ entsteht, wenn man die $k$–te Zeile durch die $i$–te ersetzt. Weil diese Matrix zwei gleiche Zeilen besitzt, verschwindet nach 3.2 ihre Determinante (Spaltenrang $< n$). Somit ist

$$\sum_{j=1}^{n} a_{ij} a_{jk}^{\#} = 0 \quad \text{für} \quad i \neq k.$$

Analog ergibt sich $\sum\limits_{j=1}^{n} a_{ij}^{\#} a_{jk} = 0 \quad \text{für} \quad i \neq k$.

### 3.5 Die Cramersche Regel

*Für eine invertierbare $n \times n$–Matrix $A = (\mathbf{a}_1, \ldots, \mathbf{a}_n)$ über $\mathbb{K}$ und $\mathbf{b} \in \mathbb{K}^n$ ist die eindeutig bestimmte Lösung des Gleichungssystems $A\mathbf{x} = \mathbf{b}$ gegeben durch*

$$x_i = \frac{1}{|A|} \det(\mathbf{a}_1, \ldots, \mathbf{a}_{i-1}, \mathbf{b}, \mathbf{a}_{i+1}, \ldots, \mathbf{a}_n) \quad \text{für} \quad i = 1, \ldots, n.$$

## 3 Die Eigenschaften der Determinante

Die im Zähler stehende Matrix entsteht also aus $A$ durch Ersetzen der $i$-ten Spalte durch den Vektor **b**. Für $n = 3$ liefert die Cramersche Regel (vgl. 1.2)

$$x_1 = \frac{1}{|A|} \begin{vmatrix} b_1 & a_{12} & a_{13} \\ b_2 & a_{22} & a_{23} \\ b_3 & a_{32} & a_{33} \end{vmatrix}, \quad x_2 = \frac{1}{|A|} \begin{vmatrix} a_{11} & b_1 & a_{13} \\ a_{21} & b_2 & a_{23} \\ a_{31} & b_3 & a_{33} \end{vmatrix}, \quad x_3 = \frac{1}{|A|} \begin{vmatrix} a_{11} & a_{12} & b_1 \\ a_{21} & a_{22} & b_2 \\ a_{31} & a_{32} & b_3 \end{vmatrix}.$$

BEMERKUNG. Zur praktischen Berechnung der Lösung ist die Cramersche Regel nur für $2 \times 2$–Gleichungssysteme sinnvoll, denn für $n \geq 3$ werden für die Determinantenberechnung viel mehr Rechenschritte benötigt als beim Eliminationsverfahren in § 16 : 4.1, vgl. 3.6.

Die Cramersche Regel ist jedoch wichtig für den Nachweis, daß die Lösungen $x_1, \ldots, x_n$ „stetig" von den Matrixkoeffizienten $a_{ik}$ und den $b_j$ abhängen.

BEWEIS.
Für die eindeutig bestimmte Lösung **x** des Gleichungssystems $A\mathbf{x} = \mathbf{b}$ gilt nach 3.4

$$\mathbf{x} = A^{-1}\mathbf{b} = \frac{1}{|A|} A^{\#}\mathbf{b}, \quad \text{also}$$

$$|A|x_i = \sum_{k=1}^{n} a_{ik}^{\#} b_k = \sum_{k=1}^{n} (-1)^{i+k} b_k |A_{ki}| = \det(\mathbf{a}_1, \ldots, \mathbf{a}_{i-1}, \mathbf{b}, \mathbf{a}_{i+1}, \ldots, \mathbf{a}_n)$$

(Entwicklung nach der $i$-ten Spalte). □

### 3.6 Zur Berechnung von Determinanten

Die Determinante einer $n \times n$–Matrix $A$ ändert sich nicht, wenn ein Vielfaches einer Zeile von einer anderen subtrahiert wird ÜA. Durch solche Umformungen (Elimination ohne Normierung der Kopfzeile) läßt sich $A$ in eine „obere Dreiecksmatrix" $D$ überführen. Nach 2.6 (c) ist $|A| = |D|$ das Produkt der Diagonalelemente von $D$.

AUFGABE.

(a) Bestimmen Sie die Anzahl $E_n$ der auszuführenden Rechenoperationen bei Automatisierung dieses Verfahrens zur Berechnung von $|A|$. (Es ergibt sich ein Polynom dritten Grades in $n$.)

(b) Bei systematischer Anwendung des Laplaceschen Entwicklungssatzes sind $L(n)$ Rechenoperationen anzusetzen. Bestimmen Sie $L(n)$ (Größenordnung $n!$).

(c) Stellen Sie für $n = 2, \ldots, 10$ die Zahlen $E(n)$, $L(n)$ in Tabellenform zusammen. Von welchem $n$ ab ist die Eliminationsmethode weniger rechenaufwendig?

## 4 Das Volumen von Parallelflachen

### 4.1 Definition

Unter einem $n$–dimensionalen **Parallelflach** oder **Parallelotop** verstehen wir eine Menge der Gestalt

$$P(\mathbf{a}_1, \ldots, \mathbf{a}_n) = \Big\{ \sum_{i=1}^n t_i \mathbf{a}_i \mid 0 \leq t_i \leq 1 \quad \text{für} \quad i = 1, \ldots, n \Big\}$$

und jede aus einer solchen Menge durch Translation hervorgehende.

Für $n = 1$ ist ein Parallelflach eine Strecke, für $n = 2$ ein Parallelogramm und für $n = 3$ ein Spat (vgl. § 6 : 5.5).

$$P(\mathbf{e}_1, \ldots, \mathbf{e}_n) = \{\mathbf{x} \in \mathbb{R}^n \mid 0 \leq x_i \leq 1 \quad \text{für} \quad i = 1, \ldots, n\}$$

ist der $n$–dimensionale Einheitswürfel.

### 4.2 Grundeigenschaften des $n$–dimensionalen Volumens

(a) *Der Flächeninhalt des von* $\mathbf{a}_1 = \begin{pmatrix} a_{11} \\ a_{21} \end{pmatrix}$, $\mathbf{a}_2 = \begin{pmatrix} a_{12} \\ a_{22} \end{pmatrix} \in \mathbb{R}^2$ *aufgespannten Parallelogramms ist gegeben durch*

$$\|\mathbf{a}_1\| \cdot \|\mathbf{a}_2\| \cdot |\sin \varphi| = |a_{11}a_{22} - a_{12}a_{21}| = |\det(\mathbf{a}_1, \mathbf{a}_2)|,$$

vgl. § 6 : 3.

(b) *Der Rauminhalt $V$ des von $\mathbf{a}_1, \mathbf{a}_2, \mathbf{a}_3$ aufgespannten Spats ist nach § 6 : 5.5 gegeben durch* $|\langle \mathbf{a}_1 \times \mathbf{a}_2, \mathbf{a}_3 \rangle|$. Aus 1.2 und 2.6 (a) entnehmen wir

$$V = |\det(\mathbf{a}_1, \mathbf{a}_2, \mathbf{a}_3)|.$$

(c) Die Einführung eines Volumenbegriffs für $n$–dimensionale Figuren erweist sich sowohl in der Physik (statistische Mechanik) als auch von der mehrdimensionalen Integralrechnung her als notwendig. Wir beschränken uns an dieser Stelle auf das Volumen von Parallelflachen und wollen den Volumenbegriff aus einfachen plausiblen Grundannahmen ableiten.

Zunächst soll das Volumen zweier Parallelflache, die durch eine Translation auseinander hervorgehen, gleich sein, das heißt, das Volumen eines Parallelflaches $\mathbf{a}_0 + P(\mathbf{a}_1, \ldots, \mathbf{a}_n)$ soll nur von den aufspannenden Vektoren $\mathbf{a}_1, \ldots, \mathbf{a}_n$ abhängen. Wir bezeichnen es mit $V(\mathbf{a}_1, \ldots, \mathbf{a}_n)$.

Für die Funktion $V$ stellen wir die drei Forderungen auf:

(a) *Positive Homogenität in jeder Richtung*:

$$V(\ldots, \mathbf{a}_{i-1}, \alpha \mathbf{a}_i, \mathbf{a}_{i+1}, \ldots) = |\alpha| \cdot V(\mathbf{a}_1, \ldots, \mathbf{a}_n)$$

für jedes $i = 1, \ldots, n$ und $\alpha \in \mathbb{R}$.

4 Das Volumen von Parallelflachen

(b) *Cavalierisches Prinzip*:

$$V(\ldots, \mathbf{a}_i + \alpha\mathbf{a}_k, \ldots, \mathbf{a}_k, \ldots) = V(\ldots, \mathbf{a}_i, \ldots, \mathbf{a}_k, \ldots)$$

für $\alpha \in \mathbb{R}$ und $i \neq k$.

(c) *Der Einheitswürfel hat das Volumen* 1: $V(\mathbf{e}_1, \ldots, \mathbf{e}_n) = 1$.

Die Eigenschaft (a) bedeutet, daß bei einer Streckung bzw. einer Stauchung mit einer positiven Zahl $\alpha$ sich das Volumen um den gleichen Faktor ändert.

CAVALIERI nützte folgendes, schon von ARCHIMEDES, KEPLER und GALILEO verwendete Prinzip systematisch aus: Schneidet jede zu einer Grundebene parallele Ebene aus zwei Raumkörpern jeweils flächengleiche Figuren aus, so sind diese Körper volumengleich. Ihm genügte als Begründung, daß die Körper aus den Schnittfiguren aufgebaut sind. Demnach wäre ein Spat ein Stapel dünner Blätter, dessen Volumen sich beim Verrutschen nicht ändert.

## 4.3 Volumen und Determinante

*Es gibt genau eine Funktion* $V : \mathbb{R}^n \times \cdots \times \mathbb{R}^n \to \mathbb{R}$, *welche die Forderungen* (a), (b) *und* (c) *erfüllt; sie ist gegeben durch*

$$V(\mathbf{a}_1, \ldots, \mathbf{a}_n) = |\det(\mathbf{a}_1, \ldots, \mathbf{a}_n)|.$$

$V(\mathbf{a}_1, \ldots, \mathbf{a}_n)$ *heißt das n–dimensionale Volumen des Parallelflachs*

$$\mathbf{a}_0 + P(\mathbf{a}_1, \ldots, \mathbf{a}_n).$$

BEWEISSKIZZE.

(a) $|\det(\mathbf{a}_1, \ldots, \mathbf{a}_n)|$ hat die Eigenschaften (a), (b), (c) von 4.2 ÜA.

(b) Für eine Funktion $V$ mit den Eigenschaften (a), (b), (c) von 4.2 sei

$$F(\mathbf{a}_1, \ldots, \mathbf{a}_n) := \frac{V(\mathbf{a}_1, \ldots, \mathbf{a}_n)}{|\det(\mathbf{a}_1, \ldots, \mathbf{a}_n)|} \det(\mathbf{a}_1, \ldots, \mathbf{a}_n),$$

falls $\mathbf{a}_1, \ldots, \mathbf{a}_n$ linear unabhängig sind und $F(\mathbf{a}_1, \ldots, \mathbf{a}_n) := 0$ sonst. Zu zeigen ist, daß $F$ eine Determinantenform ist. Um die Linearität von $F$ in der (o.B.d.A.) ersten Variablen $\mathbf{a}_1$ nachzuweisen, setze man $\mathbf{a}_1 = \alpha\mathbf{x} + \beta\mathbf{y}$ und untersuche die drei Fälle

(i) $\mathbf{a}_2, \ldots, \mathbf{a}_n$ sind linear abhängig,
(ii) $\beta \mathbf{y}$ ist eine Linearkombination von $\mathbf{a}_2, \ldots, \mathbf{a}_n$,
(iii) $\alpha \mathbf{x}$ ist eine Linearkombination von $\beta \mathbf{y}, \mathbf{a}_2, \ldots, \mathbf{a}_n$ ÜA.

Daß $F$ alterniert, ergibt sich nach 2.4. Weitere Einzelheiten finden Sie bei [SPERNER]. □

### 4.4 Volumenänderung unter affinen Abbildungen

Eine Abbildung $T : \mathbb{R}^n \to \mathbb{R}^n$ der Gestalt

$$\mathbf{x} \mapsto A\mathbf{x} + \mathbf{c}$$

mit einer $n \times n$–Matrix $A$ und einem festen Vektor $\mathbf{c} \in \mathbb{R}^n$ heißt **affine Abbildung** des $\mathbb{R}^n$.

Für ein Parallelflach $P = \mathbf{a}_0 + P(\mathbf{a}_1, \ldots, \mathbf{a}_n)$ ist die Bildmenge unter $T$,

$$T(P) = T(\mathbf{a}_0) + P(A\mathbf{a}_1, \ldots, A\mathbf{a}_n),$$

wieder ein Parallelflach ÜA. Für das Volumen $V(T(P))$ gilt der

**Satz.** *Unter einer affinen Abbildung*

$$T : \mathbf{x} \mapsto A\mathbf{x} + \mathbf{c}$$

*wird das Volumen jedes Parallelflachs $P$ um den Faktor $|\det A|$ geändert:*

$$V(T(P)) = |\det A| \cdot V(P).$$

BEWEIS.
Wegen der Translationsinvarianz des Volumens erhalten wir aus 4.3

$$V(T(P)) = |\det(A\mathbf{a}_1, \ldots, A\mathbf{a}_n)|, \quad V(P) = |\det(\mathbf{a}_1, \ldots, \mathbf{a}_n)| = |\det B|,$$

wobei $B$ die Matrix mit den Spalten $\mathbf{a}_1, \ldots, \mathbf{a}_n$ ist.

Die Matrix $AB$ hat die Spalten $A\mathbf{a}_1, \ldots, A\mathbf{a}_n$, also gilt nach dem Multiplikationssatz $V(T(P)) = |\det(AB)| = |\det A \cdot \det B| = |\det A| \cdot V(P).$ □

### 4.5 Aufgabe

Für Vektoren $\mathbf{a}_1, \ldots, \mathbf{a}_n$ des $\mathbb{R}^n$ heißt die Matrix mit den Koeffizienten

$$g_{ik} = \langle \mathbf{a}_i, \mathbf{a}_k \rangle \quad (i, k = 1, \ldots, n)$$

die **Gramsche Matrix** und $g = \det(g_{ik})$ die **Gramsche Determinante**.
Zeigen Sie für das Volumen des von $\mathbf{a}_1, \ldots, \mathbf{a}_n$ aufgespannten Parallelflachs

$$V(\mathbf{a}_1, \ldots, \mathbf{a}_n) = \sqrt{g}.$$

# 5* Orientierung und Determinante

## 5.1 Orientierung eines $n$–dimensionalen Vektorraums

Zwei Basen $\mathcal{A} = (a_1, \ldots, a_n)$, $\mathcal{B} = (b_1, \ldots, b_n)$ eines reellen Vektorraumes $V$ heißen **gleich orientiert**, wenn die Transformationsmatrix $S = M_\mathcal{B}^\mathcal{A}(\mathbb{1})$ positive Determinante hat. Sie heißen **entgegengesetzt orientiert**, wenn $\det S$ negativ ist.

Im Fall $n = 1$ heißen die Basen $\mathcal{A} = \{a\}$, $\mathcal{B} = \{b\}$ gleich orientiert, wenn $b$ ein positives Vielfaches von $a$ ist, sonst entgegengesetzt orientiert.

Die Gesamtheit aller Basen von $V$ zerfällt so in zwei disjunkte Klassen gleich orientierter Basen. Im $\mathbb{R}^3$ ist eine dieser Klassen in natürlicher Weise vor der anderen ausgezeichnet: Man nennt üblicherweise die kanonische Basis und alle gleich orientierten Basen positiv orientiert. Auf einer Ursprungsebene des $\mathbb{R}^3$ gibt es keine in natürlicher Weise ausgezeichnete Orientierung; man kann die Ebene von zwei verschiedenen Seiten her betrachten. Um auch hier einen Orientierungssinn einzuführen, hat man eine bestimmte Basis auszuwählen und als positiv orientiert festzulegen.

Allgemein heißt $V$ ein **orientierter Vektorraum**, wenn eine bestimmte Basis $\mathcal{B}$ als **positiv orientiert** ausgezeichnet ist. Dann heißen alle zu $\mathcal{B}$ gleich orientierten Basen positiv orientiert, die anderen **negativ orientiert**.

Im $\mathbb{R}^n$ zeichnen wir immer die kanonische Basis als positiv orientiert aus.

Das Vektorprodukt zweier linear unabhängiger Vektoren $\mathbf{a}, \mathbf{b} \in \mathbb{R}^3$ hat die Eigenschaft, daß die Basis $(\mathbf{a}, \mathbf{b}, \mathbf{a} \times \mathbf{b})$ die gleiche Orientierung hat wie die kanonische. Denn für die Determinante ( = Spatprodukt) gilt

$$\det(\mathbf{a}, \mathbf{b}, \mathbf{a} \times \mathbf{b}) = \langle \mathbf{a} \times \mathbf{b}, \mathbf{a} \times \mathbf{b} \rangle > 0.$$

Damit ist nicht bewiesen, daß das Vektorprodukt der Dreifingerregel genügt. Die hier gegebene algebraische Charakterisierung der Orientierung beschreibt nur einen Teil dessen, woran wir bei der Orientierung des physikalischen Anschauungsraumes denken, beispielsweise, daß bei der Kreiselbewegung eines starren Systems von Massenpunkten die Orientierung erhalten bleibt. Näheres zur Frage einer „topologischen" Beschreibung des Begriffs „gleichorientiert" finden Sie bei [G. FISCHER, 4.4].

## 5.2 Orientierungstreue lineare Abbildungen

Ein bijektiver linearer Operator $T$ eines $n$–dimensionalen reellen Vektorraumes heißt **orientierungstreu**, wenn $T$ jede Basis in eine gleichorientierte Basis überführt. *$T$ ist genau dann orientierungstreu, wenn $\det T > 0$.* Denn ist $\mathcal{A} = (a_1, \ldots, a_n)$ eine Basis von $V$ und $\mathcal{B} = (Ta_1, \ldots, Ta_n)$, so ist die Transformationsmatrix $S = M_\mathcal{B}^\mathcal{A}(\mathbb{1})$ von $\mathcal{A}$ nach $\mathcal{B}$ im Sinne von 5.1 gerade die Matrix $M_\mathcal{A}(T)$, und es gilt $\det M_\mathcal{A}(T) = \det T$.

## 5.3 Beispiele

(a) Drehungen in der Ebene sind orientierungstreu. Nach § 15 : 4.3 hat die Drehung $D_\alpha$ bezüglich der kanonischen Basis die Matrix

$$\begin{pmatrix} \cos\alpha & -\sin\alpha \\ \sin\alpha & \cos\alpha \end{pmatrix} \text{ mit Determinante } 1.$$

(b) Spiegelungen an einer Geraden der Ebene sind nicht orientierungstreu. Nach § 15 : 4.3 (c) hat eine Spiegelung bezüglich einer geeigneten Basis die Matrix

$$\begin{pmatrix} 1 & 0 \\ 0 & -1 \end{pmatrix} \text{ mit Determinante } -1.$$

# § 18 Eigenwerte und Eigenvektoren

## 1 Diagonalisierbarkeit und Eigenwertproblem

### 1.1 Gekoppelte Pendel

Zwei starre Pendel der Masse $m$ sind durch eine Feder verbunden, welche in der Ruhelage $\varphi_1 = 0$, $\varphi_2 = 0$ entspannt ist (Fig.). Wir dürfen uns ihre Massen in den Schwerpunkten konzentriert denken. Die Newtonschen Bewegungsgleichungen lauten bei kleinen Auslenkungen

$$ml\ddot\varphi_1 = -mg\varphi_1 + k(\varphi_2 - \varphi_1), \quad ml\ddot\varphi_2 = -mg\varphi_2 - k(\varphi_2 - \varphi_1).$$

Mit den Abkürzungen $x_1 = ml\varphi_1$, $x_2 = ml\varphi_2$, $\alpha = \frac{g}{l}$, $\beta = \frac{k}{ml}$ erhalten wir das System von Differentialgleichungen

$$\ddot x_1 = -\alpha x_1 + \beta(x_2 - x_1), \quad \ddot x_2 = -\alpha x_2 - \beta(x_2 - x_1).$$

Die beiden Differentialgleichungen sind miteinander gekoppelt; keine kann für sich allein gelöst werden. Wir schreiben das System in der Form

$$\ddot{\mathbf{x}}(t) = A\mathbf{x}(t) \quad \text{mit} \quad A = \begin{pmatrix} -\alpha-\beta & \beta \\ \beta & -\alpha-\beta \end{pmatrix} \quad \text{und} \quad \mathbf{x}(t) = \begin{pmatrix} x_1(t) \\ x_2(t) \end{pmatrix}.$$

Wir versuchen nun dieses System mit Hilfe einer Koordinatentransformation zu entkoppeln. Ist $S$ eine zeitunabhängige, invertierbare Matrix, so führen wir zunächst wie in § 15 : 7 neue Funktionen $y_1, y_2$ ein mit

1 Diagonalisierbarkeit und Eigenwertproblem

$$\mathbf{y}(t) = \begin{pmatrix} y_1(t) \\ y_2(t) \end{pmatrix} = S^{-1}\mathbf{x}(t), \qquad \mathbf{x}(t) = S\mathbf{y}(t).$$

Für $\mathbf{y}(t)$ erhalten wir durch Einsetzen in $\ddot{\mathbf{x}}(t) = A\mathbf{x}(t)$ ein transformiertes System

$$S\ddot{\mathbf{y}}(t) = \tfrac{d^2}{dt^2} S\mathbf{y}(t) = \ddot{\mathbf{x}}(t) = A\mathbf{x}(t) = AS\mathbf{y}(t), \quad \text{also}$$

(∗)   $\ddot{\mathbf{y}}(t) = S^{-1}AS\mathbf{y}(t)$.

Wir suchen nun eine Matrix $S$, für die $S^{-1}AS$ eine Diagonalmatrix ist:

$$S^{-1}AS = \begin{pmatrix} \lambda_1 & 0 \\ 0 & \lambda_2 \end{pmatrix}.$$

Dann ist (∗) äquivalent zu den zwei Schwingungsgleichungen

$$\ddot{y}_1(t) = \lambda_1 y_1(t), \qquad \ddot{y}_2(t) = \lambda_2 y_2(t),$$

die unabhängig voneinander lösbar sind. Die Bestimmung von $S$ und die Lösung des Pendelproblems erfolgt in 5.1. Wegen der Tragweite solcher Entkopplungsansätze (vgl. 5.2 und § 20:5) definieren wir:

## 1.2 Diagonalisierbarkeit und Eigenwertproblem

Eine $n \times n$–Matrix $A$ mit Koeffizienten aus $\mathbb{K}$ heißt **diagonalähnlich** (oder **diagonalisierbar**) über $\mathbb{K}$, wenn es eine invertierbare $n \times n$–Matrix $S$ mit Koeffizienten aus $\mathbb{K}$ gibt, so daß $S^{-1}AS$ Diagonalgestalt hat:

$$S^{-1}AS = \begin{pmatrix} \lambda_1 & & 0 \\ & \ddots & \\ 0 & & \lambda_n \end{pmatrix} =: D \quad \text{mit } \lambda_1, \ldots, \lambda_n \in \mathbb{K}.$$

Sind $\mathbf{v}_1, \ldots, \mathbf{v}_n$ die (linear unabhängigen) Spalten von $S$, so ist die Beziehung

$$S^{-1}AS = D \quad \text{bzw.} \quad AS = SD$$

äquivalent zu den Gleichungen ÜA

$$A\mathbf{v}_1 = \lambda_1 \mathbf{v}_1, \ldots, A\mathbf{v}_n = \lambda_n \mathbf{v}_n.$$

Die Bestimmung von $S$ führt auf folgendes **Eigenwertproblem**: Gesucht sind alle $\lambda \in \mathbb{K}$, für welche die Gleichung $A\mathbf{x} = \lambda\mathbf{x}$ nichttriviale Lösungen $\mathbf{x}$ besitzt. Jede solche Lösung $\mathbf{x}$ heißt **Eigenvektor** von $A$ zum **Eigenwert** $\lambda$. *$A$ ist somit genau dann diagonalähnlich, wenn es eine Basis $(\mathbf{v}_1, \ldots, \mathbf{v}_n)$ aus Eigenvektoren gibt.*

## 2 Eigenwerte und Eigenvektoren

### 2.1 Eigenwerte und Eigenvektoren linearer Operatoren

In diesem Band entwickeln wir die Eigenwerttheorie nur für den endlichdimensionalen Fall. Eigenwerte und Eigenvektoren von Operatoren in unendlichdimensionalen Vektorräumen spielen jedoch für die Lösung linearer partieller Differentialgleichungen und für die Quantenmechanik in Band 2 eine so tragende Rolle, daß wir diese Begriffe hier gleich allgemein fassen sollten. Auch für gekoppelte Systeme von Massenpunkten ist es zweckmäßig, Eigenwerte von Operatoren zu betrachten (§ 20 : 5.2).

Sei $V$ ein Vektorraum über $\mathbb{K}$, $U$ ein Teilraum und $T : U \to V$ ein linearer Operator. Im endlichdimensionalen Fall ist immer $U = V$. Eine Zahl $\lambda \in \mathbb{K}$ heißt **Eigenwert** von $T$, wenn es einen von Null verschiedenen Vektor $v \in U$ gibt mit $Tv = \lambda v$. $v$ heißt dann **Eigenvektor** von $T$ zum Eigenwert $\lambda$.

$\lambda$ ist genau dann ein Eigenwert von $T$, wenn die lineare Abbildung

$$u \mapsto Tu - \lambda u = (T - \lambda \mathbb{1})u$$

nicht injektiv ist, d.h. wenn Kern $(T-\lambda \mathbb{1})$ nicht nur aus dem Nullvektor besteht. Wir bezeichnen dann $N_\lambda := \text{Kern}\,(T - \lambda \mathbb{1})$ als den zu $\lambda$ gehörigen **Eigenraum**. Er enthält alle Eigenvektoren zum Eigenwert $\lambda$ und den Nullvektor.

BEISPIELE.

(a) Die *Identität* $\mathbb{1} : u \mapsto u$ besitzt nur den Eigenwert 1; der zugehörige Eigenraum ist ganz $V$. Entsprechend hat der Nulloperator nur den Eigenwert 0.

(b) *Die Spiegelung im* $\mathbb{R}^3$ an der Ebene Span $\{\mathbf{a}, \mathbf{b}\}$ besitzt die beiden Eigenwerte

   1 mit Eigenraum $N_1 = \text{Span}\,\{\mathbf{a}, \mathbf{b}\}$

   $-1$ mit Eigenraum $N_{-1} = \text{Span}\,\{\mathbf{a} \times \mathbf{b}\}$.

(c) *Die Drehung im* $\mathbb{R}^2$ *um den Nullpunkt mit Drehwinkel* $\frac{\pi}{2}$ *besitzt keine Eigenwerte*. Denn kein von Null verschiedener Vektor wird in ein Vielfaches von sich übergeführt.

(d) Im Zusammenhang mit Saitenschwingungen und mit Wärmeleitungsproblemen behandeln wir in Band 2 Beispiele von folgendem (unendlichdimensionalen) Typ:

$$V = C[0,1], \quad U = \{u \in C^2[0,1] \mid u(0) = u(1) = 0\}, \quad T : U \to V, \quad u \mapsto -u''.$$

AUFGABE. Zeigen Sie, daß $T$ genau die Eigenwerte $\lambda_n = n^2\pi^2$ ($n \in \mathbb{N}$) besitzt, und daß die Eigenräume $N_{\lambda_n}$ eindimensional sind.

## 2 Eigenwerte und Eigenvektoren

### 2.2 Lineare Unabhängigkeit von Eigenvektoren

(a) SATZ. *Eigenvektoren zu verschiedenen Eigenwerten sind linear unabhängig*: Sind $\mu_1, \ldots, \mu_m$ voneinander verschiedene Eigenwerte von $T$ und $v_1, \ldots, v_m$ zugehörige Eigenvektoren, so sind diese linear unabhängig.

(b) FOLGERUNG. Sind $\mu_1, \ldots, \mu_m$ voneinander verschiedene Eigenwerte von $T$ und sind $\mathcal{B}_i$ Basen für $N_i := \operatorname{Kern}(T - \mu_i \mathbb{1})$ $(i = 1, \ldots, m)$, so bilden diese zusammengenommen eine linear unabhängige Menge $M$.

BEWEIS.
(a) ist klar für $m = 1$, da $v_1 \neq 0$. Sei die Behauptung für $m \geq 1$ richtig, und für die Eigenvektoren $v_1, \ldots, v_{m+1}$ von $T$ zu den Eigenwerten $\mu_1, \ldots, \mu_{m+1}$ gelte

(1) $\quad \alpha_1 v_1 + \cdots + \alpha_{m+1} v_{m+1} = 0$. Es folgt

$$0 = (T - \mu_{m+1}\mathbb{1})0 = (T - \mu_{m+1}\mathbb{1})\Big( \sum_{k=1}^{m+1} \alpha_k v_k \Big)$$
$$= \sum_{k=1}^{m+1} \alpha_k (Tv_k - \mu_{m+1} v_k) = \sum_{k=1}^{m} \alpha_k (\mu_k - \mu_{m+1}) v_k.$$

Da $v_1, \ldots, v_m$ nach Voraussetzung linear unabhängig sind, folgt $\alpha_k(\mu_k - \mu_{m+1}) = 0$ für $k = 1, \ldots, m$, also $\alpha_1 = \cdots = \alpha_m = 0$ wegen $\mu_k \neq \mu_{m+1}$ für $k \leq m$. Aus (1) folgt $\alpha_{m+1} v_{m+1} = 0$, also auch $\alpha_{m+1} = 0$ wegen $v_{m+1} \neq 0$.

(b) Seien $v_{ik}$ für $k = 1, \ldots, n_i$ die Vektoren der Basis $\mathcal{B}_i$ für $N_i$ $(i = 1, \ldots, m)$, also $M = \{v_{ik} \mid i = 1, \ldots, m; \; k = 1, \ldots, n_i\}$. Angenommen

$$\sum_{i=1}^{m} \sum_{k=1}^{n_i} \alpha_{ik} v_{ik} = 0, \quad \text{d.h.} \quad \sum_{i=1}^{m} w_i = 0 \quad \text{mit} \quad w_i := \sum_{k=1}^{n_i} \alpha_{ik} v_{ik} \in N_i.$$

Keiner der Vektoren $w_i$ kann Eigenvektor sein, sonst würde sich aus $\sum w_i = 0$ ein Widerspruch zu (a) ergeben. Somit folgt für $1 \leq i \leq m$

$$0 = w_i = \sum_{k=1}^{n_i} \alpha_{ik} v_{ik}, \quad \text{also} \quad \alpha_{ik} = 0 \quad \text{für} \quad k = 1, \ldots, n_i$$

wegen der linearen Unabhängigkeit der Vektoren $v_{ik}$ von $\mathcal{B}_i$. $\square$

### 2.3 Eigenwerte und Eigenräume ähnlicher Matrizen

(a) Für eine Matrix $A \in \mathcal{M}(n, \mathbb{K})$ sind die Eigenwerte und Eigenvektoren gemäß 1.2 diejenigen des Operators $T : \mathbb{K}^n \to \mathbb{K}^n$, $\mathbf{x} \mapsto A\mathbf{x}$, den wir auch mit $A$ bezeichnen.

(b) Sei $V$ ein $n$–dimensionaler $\mathbb{K}$–Vektorraum mit Basis $\mathcal{A}$, $T : V \to V$ linear und $A = M_\mathcal{A}(T)$. Für den Koordinatenvektor $\mathbf{x} = (v)_\mathcal{A}$ von $v \in V$ bezüglich $\mathcal{A}$ gilt dann $Tv = \lambda v \iff A\mathbf{x} = \lambda \mathbf{x}$. Nach §15:6.2 ist die Koordinatenabbildung $v \mapsto (v)_\mathcal{A}$ dimensionserhaltend. Es folgt

$$\dim \operatorname{Kern}(T - \lambda \mathbb{1}) = \dim \operatorname{Kern}(A - \lambda E) = \dim \{\mathbf{x} \in \mathbb{K}^n \mid A\mathbf{x} = \lambda \mathbf{x}\}$$

für jede Matrixdarstellung von $T$. Somit haben ähnliche Matrizen dieselben Eigenwerte, und die zugehörigen Eigenräume haben gleiche Dimension.

## 3 Das charakteristische Polynom

### 3.1 Das charakteristische Polynom einer Matrix

SATZ. (a) *Für eine $n \times n$-Matrix $A$ mit Koeffizienten aus $\mathbb{K}$ ist durch*

$$p_A(x) := \det(A - xE)$$

*ein Polynom $n$-ten Grades definiert*, **das charakteristische Polynom** *von $A$.*
*Es hat die Gestalt* $\quad p_A(x) = (-x)^n + (\text{Spur } A) \cdot (-x)^{n-1} + \cdots + \det A$.

Dabei ist die **Spur** von $A$ die Summe der Diagonalelemente von $A$:

$$\text{Spur } A = \sum_{k=1}^{n} a_{kk}.$$

(b) *Eine Zahl $\lambda \in \mathbb{K}$ ist genau dann Eigenwert von $A$, wenn*

$$\det(A - \lambda E) = 0,$$

*d.h. wenn $\lambda$ eine Nullstelle des charakteristischen Polynoms in $\mathbb{K}$ ist.*

BEMERKUNG. Im Fall $\mathbb{K} = \mathbb{C}$ gibt es nach dem Fundamentalsatz der Algebra immer mindestens einen Eigenwert. Im Fall $\mathbb{K} = \mathbb{R}$ braucht das nicht zu gelten; für die Matrix $A$ einer ebenen Drehung um $\pi/2$ gilt z.B.

$$A = \begin{pmatrix} 0 & -1 \\ 1 & 0 \end{pmatrix}, \quad p_A(x) = \begin{vmatrix} -x & -1 \\ 1 & -x \end{vmatrix} = x^2 + 1.$$

BEWEIS.
(b) $\lambda$ ist genau dann Eigenwert, wenn die Gleichung $(A - \lambda E)\mathbf{x} = \mathbf{0}$ eine nichttriviale Lösung $\mathbf{x} \neq \mathbf{0}$ hat; das bedeutet, daß $A - \lambda E$ nicht invertierbar ist, also $\det(A - \lambda E) = 0$ nach §17:3.2(c).

(a) (1) Zunächst bestimmen wir das konstante Glied in $p_A(x)$:

$$p_A(0) = \det(A - 0 \cdot E) = \det A.$$

(2) Alsdann stellen wir fest: Sind $A$ und $B$ beliebige $n \times n$-Matrizen, so ist $\det(A - xB)$ ein Polynom vom Grad $\leq n$. Der einfache Induktionsbeweis durch Entwicklung nach der letzten Spalte sei dem Leser als ÜA überlassen.
(3) Die restlichen Behauptungen (a) beweisen wir für $n \geq 2$ mit der Variante §1:6.8 des Induktionsprinzips.
Für $n = 2$ ist

$$p_A(x) = \begin{vmatrix} a_{11} - x & a_{12} \\ a_{21} & a_{22} - x \end{vmatrix} = x^2 - (a_{11} + a_{22})x + a_{11}a_{22} - a_{12}a_{21}.$$

3 Das charakteristische Polynom 347

Die Behauptung sei für alle $k \times k$–Matrizen mit $k < n$ schon richtig und $A$ eine $n \times n$–Matrix, $n \geq 3$. Entwicklung nach der ersten Zeile liefert

$$\begin{vmatrix} a_{11} - x & a_{12} & \cdots & a_{1n} \\ a_{21} & a_{22} - x & & a_{2n} \\ \vdots & \vdots & \ddots & \vdots \\ a_{n1} & a_{n2} & \cdots & a_{nn} - x \end{vmatrix} = (a_{11} - x)P_1(x) + \sum_{k=2}^{n}(-1)^{k-1} a_{1k} P_k(x).$$

Nach Induktionsannahme ist

$$P_1(x) = \begin{vmatrix} a_{22} - x & \cdots & a_{2n} \\ \vdots & \ddots & \vdots \\ a_{n2} & \cdots & a_{nn} - x \end{vmatrix} = (-x)^{n-1} + \left(\sum_{k=2}^{n} a_{kk}\right)(-x)^{n-2} + \cdots.$$

Ferner sind die $P_k$ Polynome vom Grad $\leq n - 2$. Das ergibt sich durch Entwicklung nach der ersten Spalte, welche $x$ nicht enthält, und durch Anwendung der Feststellung (2).

Damit haben wir insgesamt

$$\det(A - xE) = (a_{11} - x)\left((-x)^{n-1} + \left(\sum_{k=2}^{n} a_{kk}\right)(-x)^{n-2}\right) + q(x)$$

$$= (-x)^n + \left(\sum_{k=1}^{n} a_{kk}\right)(-x)^{n-1} + r(x)$$

mit Restpolynomen $q$ und $r$ vom Grad $\leq n - 2$. □

## 3.2 Das charakteristische Polynom eines linearen Operators

Sei $V$ ein endlichdimensionaler Vektorraum über $\mathbb{K}$ und $T \in \mathcal{L}(V)$. Hat $T$ bezüglich irgend einer Basis $\mathcal{A}$ von $V$ die Matrix $A$, so definieren wir **das charakteristische Polynom $p_T$ von $T$** durch

$$p_T(x) = p_A(x) = \det(A - xE).$$

In diese Definition geht die Wahl der Basis nicht mit ein, denn es gilt der

**Satz.** *Ähnliche Matrizen haben dasselbe charakteristische Polynom.*

BEWEIS.
Sei $A = M_\mathcal{A}(T)$ und $B = M_\mathcal{B}(T)$. Dann gibt es nach §15:7.3 eine Transformationsmatrix $S$ mit $B = S^{-1}AS$. Daher gilt

$$p_B(x) = |B - xE| = \left|S^{-1}AS - xS^{-1}ES\right|$$

$$= \left|S^{-1}(A - xE)S\right| = |S|^{-1}|A - xE| \cdot |S| = |A - xE| = p_A(x)$$

nach dem Multiplikationssatz für Determinanten §17:3.2(a), (b). □

### 3.3 Algebraische und geometrische Vielfachheit

Ein Eigenwert $\lambda$ von $T$ hat die **algebraische Vielfachheit** oder **Ordnung** $k$, wenn $\lambda$ eine $k$–fache Nullstelle des charakteristischen Polynoms ist, d.h. wenn es ein Polynom $q$ gibt mit

$$p_T(x) = (x - \lambda)^k q(x) \quad \text{und} \quad q(\lambda) \neq 0.$$

Man spricht in diesem Fall auch von einem **$k$–fachen Eigenwert**.

Die **geometrische Vielfachheit** eines Eigenwerts $\lambda$ von $T$ ist definiert als die Dimension des zugehörigen Eigenraums $N_\lambda$.

BEISPIEL. Für die Matrix

$$A = \begin{pmatrix} \lambda & 1 \\ 0 & \lambda \end{pmatrix}$$

gilt $p_A(x) = (x - \lambda)^2$, also ist $\lambda$ zweifacher Eigenwert. Der Eigenraum ist

$$N_\lambda = \text{Kern}\,(A - \lambda E) = \text{Kern}\,\begin{pmatrix} 0 & 1 \\ 0 & 0 \end{pmatrix} = \text{Span}\,\{\mathbf{e}_1\}.$$

Die geometrische Vielfachheit ist somit 1. Allgemein gilt der

**Satz.** *Die geometrische Vielfachheit ist höchstens gleich der algebraischen.*

BEWEIS [FISCHER, S. 171].

### 3.4 Summe und Produkt der Eigenwerte

*Sind $\mu_1, \ldots, \mu_r$ die verschiedenen komplexen Nullstellen des charakteristischen Polynoms von $A$, $k_1, \ldots, k_r$ die entsprechenden Ordnungen, so gilt*

$$\text{Spur}\,A = k_1 \mu_1 + \cdots + k_r \mu_r,$$

$$\det A = \mu_1^{k_1} \cdots \mu_r^{k_r}.$$

BEWEIS: Direkt aus 3.1 (b) und den Vietaschen Wurzelsätzen § 5 : 10.4. □

## 4 Diagonalisierbarkeit von Operatoren

### 4.1 Ein Kriterium für die Diagonalisierbarkeit von Operatoren

Ein linearer Operator $T$ eines $n$–dimensionalen Vektorraumes $V$ über $\mathbb{K}$ heißt **diagonalisierbar**, wenn es eine aus Eigenvektoren von $T$ bestehende Basis $\mathcal{B} = (v_1, \ldots, v_n)$ für $V$ gibt, für die also gilt

$$T v_k = \lambda_k v_k \quad \text{mit} \quad \lambda_k \in \mathbb{K} \quad \text{für} \quad k = 1, \ldots, n.$$

# 4 Diagonalisierbarkeit von Operatoren

Das bedeutet für die Koeffizientenmatrix bezüglich dieser Basis

$$M_\mathcal{B}(T) = D = \begin{pmatrix} \lambda_1 & & 0 \\ & \ddots & \\ 0 & & \lambda_n \end{pmatrix}.$$

SATZ. *T ist genau dann diagonalisierbar, wenn $p_T$ über $\mathbb{K}$ zerfällt und für jede Nullstelle von $p_T$ die algebraische und die geometrische Vielfachheit übereinstimmen.*

*Insbesondere ist ein Operator T sicher dann diagonalisierbar, wenn sein charakteristisches Polynom n verschiedene Nullstellen in $\mathbb{K}$ hat.*

BEWEIS.

(a) Sei $T$ diagonalisierbar, $Tv_k = \lambda_k v_k$ $(k = 1, \ldots, n)$ und $\mathcal{B} = (v_1, \ldots, v_n)$ eine Basis für $V$. Die Matrix $M_\mathcal{B}(T)$ ist dann die oben angegebene Diagonalmatrix $D$. Nach 3.2 ist $p_T(x) = p_D(x) = |D - xE|$. Seien $\mu_1, \ldots, \mu_r$ die *verschiedenen* Nullstellen von $p_T$ und $k_1, \ldots, k_r$ die zugehörigen algebraischen Vielfachheiten. Durch eventuelle Umordnung der Basisvektoren können wir erreichen, daß

$$\lambda_1 = \cdots = \lambda_{k_1} = \mu_1, \quad \ldots, \quad \lambda_{n-k_r+1} = \cdots = \lambda_n = \mu_r.$$

Es genügt zu zeigen, daß $\dim N_{\mu_1} = k_1$, denn der allgemeine Fall $\dim N_{\mu_i} = k_i$ kann durch Umnumerierung der Basisvektoren auf diesen speziellen Fall zurückgeführt werden.

Hat der Koordinatenvektor $\mathbf{x} = (u)_\mathcal{B}$ die Komponenten $x_1, \ldots, x_n$, so gilt

$$u \in N_{\mu_1} \iff (D - \mu_1 E)\mathbf{x} = \mathbf{0} \iff (\lambda_k - \mu_1)x_k = 0 \quad \text{für} \quad k > k_1$$
$$\iff x_k = 0 \quad \text{für} \quad k > k_1 \iff \mathbf{x} \in \text{Span}\{\mathbf{e}_1, \ldots, \mathbf{e}_{k_1}\}.$$

Nach 2.3 folgt $\dim N_{\mu_1}(T) = \dim \text{Kern}(D - \mu_1 E) = k_1$.

(b) Seien $\mu_1, \ldots, \mu_r$ die verschiedenen Eigenwerte von $T$, $k_1, \ldots, k_r$ ihre Ordnungen und $\dim N_{\mu_i} = k_i$ $(i = 1, \ldots, r)$, und es gelte $\sum_{i=1}^{r} k_i = n$. Wir wählen Basen $\mathcal{B}_1$ für $N_{\mu_1}, \ldots, \mathcal{B}_r$ für $N_{\mu_r}$. Nach 2.2 (b) bilden die Vektoren von $\mathcal{B}_1 \cup \cdots \cup \mathcal{B}_r$ ein System von $n$ linear unabhängigen Vektoren und damit eine Basis für $V$.

(c) Hat $T$ lauter verschiedene Eigenwerte $\lambda_1, \ldots, \lambda_n$ und sind $v_1, \ldots, v_n$ jeweils zugehörige Eigenvektoren, so sind diese nach 2.2 linear unabhängig, bilden also eine Eigenvektorbasis für $V$. □

## 4.2 Spiegelungen

Sind $\mathbf{b}_1$ und $\mathbf{b}_2$ linear unabhängige Vektoren des $\mathbb{R}^3$ und ist $E = \text{Span}\{\mathbf{b}_1, \mathbf{b}_2\}$, so hat die Spiegelung $S$ an der Ebene $E$ bezüglich der Basis $\mathcal{B} = (\mathbf{b}_1, \mathbf{b}_2, \mathbf{b}_3)$ mit $\mathbf{b}_3 = \mathbf{b}_1 \times \mathbf{b}_2$ die Matrix

$$M_{\mathcal{B}}(S) = \begin{pmatrix} 1 & 0 & 0 \\ 0 & 1 & 0 \\ 0 & 0 & -1 \end{pmatrix},$$

also ist $S$ diagonalisierbar.

**4.3 Beispiel.** Die Matrix

$$A = \begin{pmatrix} 2 & 1 & \frac{1}{2} \\ 1 & 2 & \frac{1}{2} \\ 2 & 2 & 2 \end{pmatrix}$$

hat das charakteristische Polynom $p_A(x) = (2-x)^3 - 3(2-x) + 2 = z^3 - 3z + 2$ mit $z = 2 - x$ ÜA. Offenbar ist $z = 1$ eine Nullstelle. Polynomdivision ergibt $(z^3 - 3z + 2) = (z-1)(z^2 + z - 2)$ ÜA.

Wegen $z^2 + z + 2 = (z-1)(z+2)$ hat $A$ die Eigenwerte

$$\mu_1 = 1 \text{ (zweifach)} \quad \text{und} \quad \mu_2 = 4.$$

Der Eigenraum $N_1$ zum Eigenwert 1 ist

$$\text{Kern}\,(A - 1 \cdot E) = \text{Kern} \begin{pmatrix} 1 & 1 & \frac{1}{2} \\ 1 & 1 & \frac{1}{2} \\ 2 & 2 & 1 \end{pmatrix}.$$

Diese Matrix hat den Rang 1, also einen zweidimensionalen Kern. Somit ist $A$ diagonalähnlich nach dem Kriterium 4.1 (c).

$N_1 = \text{Kern}\,(A - E)$ ist die Lösungsmenge der Gleichung

$$2x_1 + 2x_2 + x_3 = 0.$$

Wir können $x_1 = s$ und $x_2 = t$ frei wählen und erhalten die Lösungsvektoren

$$\begin{pmatrix} s \\ t \\ -2s - 2t \end{pmatrix} = s \begin{pmatrix} 1 \\ 0 \\ -2 \end{pmatrix} + t \begin{pmatrix} 0 \\ 1 \\ -2 \end{pmatrix} = s\mathbf{b}_1 + t\mathbf{b}_2.$$

Somit gilt $N_1 = \text{Span}\,\{\mathbf{b}_1, \mathbf{b}_2\}$.

ÜA Bestimmen Sie $N_4 = \text{Kern}\,(A - 4 \cdot E) = \text{Span}\,\{\mathbf{b}_3\}$.

**4.4 Beispiel.** Die $n \times n$-Matrix

$$A = \begin{pmatrix} \alpha+1 & 1 & \cdots & 1 \\ 1 & \alpha+1 & \cdots & 1 \\ \vdots & \vdots & \ddots & \vdots \\ 1 & 1 & \cdots & \alpha+1 \end{pmatrix} = \begin{pmatrix} 1 & 1 & \cdots & 1 \\ 1 & 1 & \cdots & 1 \\ \vdots & \vdots & \ddots & \vdots \\ 1 & 1 & \cdots & 1 \end{pmatrix} + \alpha E = B + \alpha E$$

besitzt offenbar den Eigenwert $\alpha$, denn $A - \alpha E = B$ hat den Rang 1. Daher gilt nach der Dimensionsformel

$$\dim N_\alpha = \dim \mathrm{Kern}\,(A - \alpha E) = n - 1\,.$$

Nach der Spurbedingung 3.4 ist Spur $A = n(\alpha + 1)$ die Summe aller komplexen Nullstellen von $p_A$, multipliziert mit ihrer Ordnung. Damit ist $\alpha$ nicht die einzige (und damit $n$–fache) Nullstelle, vielmehr muß $\alpha$ nach 3.3 die Ordnung $n - 1$ haben. Der noch fehlende Eigenwert $\lambda$ ergibt sich aus der Spurbedingung als

$$\lambda = (\alpha + 1)n - (n - 1)\alpha = \alpha + n\,.$$

$A$ ist also diagonalähnlich über $\mathbb{R}$ nach 4.1.

Eine Basis für $N_\alpha$ erhalten wir mit Hilfe von $\mathbf{e} = (1, 1, \ldots, 1)^T$ durch $\mathbf{b}_k = \mathbf{e} - n\mathbf{e}_k$ $(k = 1, \ldots, n-1)$. $\mathbf{e}$ selbst ist ein Eigenvektor zum Eigenwert $\alpha + n$.

**4.5 Aufgabe.** Zeigen Sie, daß der durch

$$T\mathbf{e}_1 = \mathbf{0}\,, \qquad T\mathbf{e}_k = \mathbf{e}_{k-1} \quad (k = 2, \ldots, n)$$

gegebene Operator $T \in \mathcal{L}(\mathbb{R}^n)$ nicht diagonalisierbar ist.

# 5 Entkopplung von Systemen linearer Differentialgleichungen

## 5.1 Zwei gekoppelte Pendel (vgl. 1.1)

Gesucht ist eine invertierbare Matrix $S$ mit $S^{-1}AS = \begin{pmatrix} \lambda_1 & 0 \\ 0 & \lambda_2 \end{pmatrix}$, wobei

$$A = \begin{pmatrix} -\alpha - \beta & \beta \\ \beta & -\alpha - \beta \end{pmatrix} \quad \text{mit} \quad \alpha > 0,\ \beta > 0\,.$$

Nach 1.2 müssen die Spalten von $S$ eine Eigenvektorbasis enthalten. Das charakteristische Polynom von $A$ ist $p_A(x) = (\alpha + \beta + x)^2 - \beta^2$. Also hat $A$ die Eigenwerte $-\alpha$ und $-\alpha - 2\beta$. Da beide voneinander verschieden sind, ist $A$ diagonalähnlich nach 4.1. Es gilt

$$\mathrm{Kern}\,(A + \alpha E) = \mathrm{Kern}\,\begin{pmatrix} -\beta & \beta \\ \beta & -\beta \end{pmatrix} = \mathrm{Span}\,\left\{\begin{pmatrix} 1 \\ 1 \end{pmatrix}\right\},$$

$$\mathrm{Kern}\,(A + (\alpha + 2\beta)E) = \mathrm{Kern}\,\begin{pmatrix} \beta & \beta \\ \beta & \beta \end{pmatrix} = \mathrm{Span}\,\left\{\begin{pmatrix} 1 \\ -1 \end{pmatrix}\right\}\,.$$

Setzen wir daher

$$S = \begin{pmatrix} 1 & 1 \\ 1 & -1 \end{pmatrix}, \quad S^{-1} = \frac{1}{2}\begin{pmatrix} 1 & 1 \\ 1 & -1 \end{pmatrix}, \quad \mathbf{y}(t) = S^{-1}\mathbf{x}(t),$$

so erhalten wir für $\mathbf{y} = \begin{pmatrix} y_1(t) \\ y_2(t) \end{pmatrix}$ das System

$$\ddot{\mathbf{y}}(t) = S^{-1}\ddot{\mathbf{x}}(t) = S^{-1}A\mathbf{x}(t) = S^{-1}AS\mathbf{y}(t) = \begin{pmatrix} -\alpha & 0 \\ 0 & -\alpha - 2\beta \end{pmatrix}\mathbf{y}(t),$$

also die beiden entkoppelten Differentialgleichungen

$$\ddot{y}_1(t) + \omega_1^2 y_1(t) = 0 \quad \text{mit} \quad \omega_1 = \sqrt{\alpha},$$
$$\ddot{y}_2(t) + \omega_2^2 y_2(t) = 0 \quad \text{mit} \quad \omega_2 = \sqrt{\alpha + 2\beta}.$$

Schreiben wir für $\mathbf{x}(t)$ einfachheitshalber die Anfangsbedingungen

$$\mathbf{x}(0) = \mathbf{a} = \begin{pmatrix} a_1 \\ a_2 \end{pmatrix}, \quad \dot{\mathbf{x}}(0) = \mathbf{0}$$

vor, so ergeben sich für $\mathbf{y}(t)$ die Anfangsbedingungen

$$\mathbf{y}(0) = S^{-1}\mathbf{x}(0) = \frac{1}{2}\begin{pmatrix} a_1 + a_2 \\ a_1 - a_2 \end{pmatrix}, \quad \dot{\mathbf{y}}(0) = S^{-1}\dot{\mathbf{x}}(0) = \mathbf{0}.$$

Daher ergibt sich

$$y_1(t) = \frac{1}{2}(a_1 + a_2)\cos\omega_1 t, \quad y_2(t) = \frac{1}{2}(a_1 - a_2)\cos\omega_2 t \quad \text{und}$$

$$\mathbf{x}(t) = S\mathbf{y}(t) = \begin{pmatrix} 1 & 1 \\ 1 & -1 \end{pmatrix}\mathbf{y}(t) = y_1(t)\begin{pmatrix} 1 \\ 1 \end{pmatrix} + y_2(t)\begin{pmatrix} 1 \\ -1 \end{pmatrix}.$$

## 5.2 Systeme linearer DGln 1. Ordnung mit konstanten Koeffizienten

Die Differentialgleichungen

$$\begin{aligned} \dot{x}_1(t) &= a_{11}x_1(t) + \cdots + a_{1n}x_n(t) \\ &\vdots \\ \dot{x}_n(t) &= a_{n1}x_1(t) + \cdots + a_{nn}x_n(t) \end{aligned}$$

sind gekoppelt; keine dieser Gleichungen kann für sich gelöst werden. Wir schreiben das System in der Form $\dot{\mathbf{x}} = A\mathbf{x}$ und stellen die Anfangsbedingung $\mathbf{x}(0) = \mathbf{a}$. Angenommen, $A$ ist diagonalähnlich:

$$S^{-1}AS = \begin{pmatrix} \lambda_1 & & 0 \\ & \ddots & \\ 0 & & \lambda_n \end{pmatrix}.$$

Führen wir den Vektor $\mathbf{y}(t) = S^{-1}\mathbf{x}(t)$ ein, so ergibt sich für $\mathbf{y}(t)$ das System

$$\dot{\mathbf{y}}(t) = S^{-1}\dot{\mathbf{x}}(t) = S^{-1}AS\mathbf{y}(t) = \begin{pmatrix} \lambda_1 & & 0 \\ & \ddots & \\ 0 & & \lambda_n \end{pmatrix}\mathbf{y}(t).$$

Wir erhalten also die entkoppelten Differentialgleichungen

$$\dot{y}_1(t) = \lambda_1 y_1(t), \quad \ldots, \quad \dot{y}_n(t) = \lambda_n y_n(t).$$

Die Anfangsbedingungen ergeben sich aus $\mathbf{y}(0) = S^{-1}\mathbf{x}(0) = S^{-1}\mathbf{a} = \mathbf{b}$. Mit den Komponenten $b_1, \ldots, b_n$ von $\mathbf{b}$ erhalten wir

$$y_1(t) = b_1 e^{\lambda_1 t}, \quad \ldots, \quad y_n(t) = b_n e^{\lambda_n t}.$$

Hat $S$ die Spalten $\mathbf{u}_1, \ldots, \mathbf{u}_n$ mit $A\mathbf{u}_k = \lambda_k \mathbf{u}_k$, so wird

$$\mathbf{x}(t) = S\mathbf{y}(t) = y_1(t)\mathbf{u}_1 + \cdots + y_n(t)\mathbf{u}_n.$$

## §19 Skalarprodukte, Orthonormalsysteme und unitäre Gruppen

### 1 Skalarprodukträume

#### 1.1 Skalarprodukte

Ein Vektorraum $V$ über $\mathbb{K}$ heißt **Skalarproduktraum**, wenn zu je zwei Vektoren $u, v \in V$ ein

**Skalarprodukt** (inneres Produkt) $\quad \langle u, v \rangle \in \mathbb{K}$

erklärt ist mit folgenden Rechenregeln:

(a) $\langle u, \alpha_1 v_1 + \alpha_2 v_2 \rangle = \alpha_1 \langle u, v_1 \rangle + \alpha_2 \langle u, v_2 \rangle$
(*Linearität im zweiten Argument*),

(b) $\langle u, v \rangle = \overline{\langle v, u \rangle}$ (*Symmetrie*),

(c) $\langle u, u \rangle \geq 0$, und $\langle u, u \rangle = 0$ genau für $u = 0$ (*positive Definitheit*).

Im Fall $\mathbb{K} = \mathbb{R}$ besagt (b): $\langle u, v \rangle = \langle v, u \rangle$.

Im Fall $\mathbb{K} = \mathbb{C}$ ist die Funktion $u \mapsto \langle u, v \rangle$ **antilinear**:

$$\langle \alpha_1 u_1 + \alpha_2 u_2, v \rangle = \overline{\alpha}_1 \langle u_1, v \rangle + \overline{\alpha}_2 \langle u_2, v \rangle.$$

Das folgt sofort aus (a) und (b) ÜA.

## 1.2 Eigenschaften des Skalarprodukts

(a) $\left\langle \sum_{k=1}^{m} \alpha_k u_k, \sum_{l=1}^{n} \beta_l v_l \right\rangle = \sum_{k=1}^{m} \sum_{l=1}^{n} \overline{\alpha}_k \beta_l \langle u_k, v_l \rangle$,

(b) Aus $\langle u, v \rangle = 0$ für alle $u \in V$ folgt $v = 0$ und umgekehrt $\boxed{\text{ÜA}}$.

## 1.3 Beispiele

(a) $\mathbb{R}^n$ mit dem natürlichen Skalarprodukt $\langle \mathbf{x}, \mathbf{y} \rangle = \sum_{k=1}^{n} x_k y_k$.

(b) $\mathbb{C}^n$ mit dem natürlichen Skalarprodukt $\langle \mathbf{x}, \mathbf{y} \rangle = \sum_{k=1}^{n} \overline{x}_k y_k$.

(c) Für komplexwertige Funktionen $f = u + iv$ mit $u, v \in C[a,b]$ setzen wir

$$\int_a^b f(x)\,dx := \int_a^b u(x)\,dx + i\int_a^b v(x)\,dx, \qquad \langle f, g \rangle = \int_a^b \overline{f(x)}\,g(x)\,dx.$$

Die Eigenschaften (a), (b) eines Skalarprodukts sind leicht nachzuprüfen $\boxed{\text{ÜA}}$. Für die Eigenschaft (c) beachten wir, daß

$$\langle f, f \rangle = \int_a^b |f(x)|^2\,dx \geq 0.$$

Ist $f \neq 0$, so gibt es eine Stelle $x_0 \in [a,b]$ mit $f(x_0) \neq 0$. Wegen der Stetigkeit von $|f| = \sqrt{u^2 + v^2}$ gibt es dann ein $\delta > 0$ mit

$$|f(x)| \geq \frac{1}{2}|f(x_0)| =: \varrho \quad \text{für alle} \quad x \in [a,b] \quad \text{mit} \quad |x - x_0| \leq \delta.$$

Hieraus folgt

$$\int_a^b |f(x)|^2\,dx \geq \int_{|x-x_0|\leq \delta} |f(x)|^2\,dx \geq \delta \cdot \varrho^2 > 0.$$

## 1.4 Der Hilbertsche Folgenraum $\ell^2$

(a) Die Menge $\ell^2$ aller komplexen Folgen $a = (a_1, a_2, \ldots)$, für welche die Reihe $\sum_{k=1}^{\infty} |a_k|^2$ konvergiert, ist ein Vektorraum über $\mathbb{C}$.

(b) Für $a = (a_1, a_2, \ldots)$, $b = (b_1, b_2, \ldots) \in \ell^2$ konvergiert die Reihe

$$\langle a, b \rangle := \sum_{k=1}^{\infty} \overline{a}_k b_k$$

# 1 Skalarprodukträume

und liefert für $\ell^2$ ein Skalarprodukt.

BEWEIS.

(a) Für $a = (a_1, a_2, \ldots) \in \ell^2$ und $\lambda \in \mathbb{C}$ konvergiert die Reihe $\sum\limits_{k=1}^{\infty} |\lambda a_k|^2$, also ist auch $\lambda a = (\lambda a_1, \lambda a_2, \ldots) \in \ell^2$. Es gilt (vgl. §1:5.11)

$$|a_k + b_k|^2 \leq 2|a_k|^2 + 2|b_k|^2 \quad \text{und}$$

$$|\overline{a}_k b_k| = |a_k| \cdot |b_k| \leq \frac{1}{2}\left(|a_k|^2 + |b_k|^2\right),$$

also konvergieren für $a, b \in \ell^2$ die Reihen

$$\sum_{k=1}^{\infty} |a_k + b_k|^2 \quad \text{und} \quad \sum_{k=1}^{\infty} \overline{a}_k b_k$$

nach dem Majorantenkriterium. Daher gilt $a + b = (a_1 + b_1, a_2 + b_2, \ldots) \in \ell^2$, ferner macht die Reihe für das Skalarprodukt einen Sinn.

(b) Die Linearität von $x \mapsto \langle a, x \rangle$ folgt aus den Rechengesetzen für Reihen. Weiter gilt

$$\langle a, b \rangle = \lim_{n \to \infty} \sum_{k=1}^{n} \overline{a}_k b_k = \lim_{n \to \infty} \overline{\sum_{k=1}^{n} \overline{b}_k a_k} = \overline{\langle b, a \rangle}.$$

Aus $\langle a, a \rangle = \sum\limits_{k=1}^{\infty} |a_k|^2 = 0$ folgt $a_1 = a_2 = \cdots = 0$, also $a = 0$. □

## 1.5 Norm und Cauchy–Schwarzsche Ungleichung

Wir definieren analog zu §6:2.3

$$\|u\| := \sqrt{\langle u, u \rangle}.$$

*Dann gilt die Cauchy–Schwarzsche Ungleichung*

$$|\langle u, v \rangle| \leq \|u\| \cdot \|v\|,$$

*wobei Gleichheit genau dann eintritt, wenn $u$ und $v$ linear abhängig sind. Für die Norm gelten die Eigenschaften*

(a) $\|u\| \geq 0$, $\quad \|u\| = 0$ *genau dann, wenn $u = 0$.*

(b) $\|\alpha u\| = |\alpha| \cdot \|u\|$.

(c) $\|u + v\| \leq \|u\| + \|v\|$ *(Dreiecksungleichung).*

BEWEIS.
Die Beweisidee wurde für das natürliche Skalarprodukt im $\mathbb{R}^n$ in § 6 : 2.4 ausführlich geometrisch begründet. Wir dürfen uns daher darauf beschränken, die Rechnungen auf die allgemeinere Situation zu übertragen.

Die ersten beiden Eigenschaften der Norm sind klar; die Dreiecksungleichung wird ähnlich wie in § 6 auf Cauchy–Schwarz zurückgeführt:

$$\|u+v\|^2 = \langle u+v, u+v \rangle = \langle u,u \rangle + \langle u,v \rangle + \langle v,u \rangle + \langle v,v \rangle$$
$$= \|u\|^2 + 2\operatorname{Re}\langle u,v \rangle + \|v\|^2 \leq \|u\|^2 + 2\|u\|\cdot\|v\| + \|v\|^2 = \bigl(\|u\| + \|v\|\bigr)^2 \,.$$

Für die Cauchy–Schwarzsche Ungleichung unterscheiden wir drei Fälle:

($\alpha$) Im Fall $v = 0$ gilt $|\langle u,v \rangle| = 0 = \|u\|\cdot\|v\|$, und $u,v$ sind linear abhängig.

($\beta$) Im Fall $\|v\| = 1$ gilt für alle $\lambda \in \mathbb{K}$

$$\|u - \lambda v\|^2 = \langle u - \lambda v, u - \lambda v \rangle = \langle u,u \rangle - \overline{\lambda}\langle v,u \rangle - \lambda\langle u,v \rangle + \overline{\lambda}\cdot\lambda$$
$$= \|u\|^2 - \langle u,v \rangle\cdot\langle v,u \rangle + \bigl(\overline{\lambda} - \langle u,v \rangle\bigr)\cdot\bigl(\lambda - \langle v,u \rangle\bigr)$$
$$= \|u\|^2 - |\langle u,v \rangle|^2 + |\lambda - \langle v,u \rangle|^2\,.$$

Dieser Ausdruck wird minimal für $\lambda = \langle v,u \rangle$. Damit ist

$$\|u\|^2 - |\langle u,v \rangle|^2 = \|u - \langle v,u \rangle v\|^2 \geq 0\,,$$

und das Gleichheitszeichen gilt genau dann, wenn $u = \langle v,u \rangle v$.

($\gamma$) Ist $v \neq 0$, so hat $w = \dfrac{v}{\|v\|}$ die Norm 1 nach (b). Nach Beweisteil ($\beta$) folgt

$$|\langle u,w \rangle| = \frac{|\langle u,v \rangle|}{\|v\|} \leq \|u\|\,, \quad \text{also} \quad |\langle u,v \rangle| \leq \|u\|\cdot\|v\|\,,$$

wobei Gleichheit genau dann eintritt, wenn

$$u = \langle w,u \rangle w = \frac{1}{\|v\|^2}\langle v,u \rangle v\,. \qquad \square$$

## 2 Orthonormalsysteme und orthogonale Projektionen

### 2.1 Orthonormalsysteme

Zwei Vektoren $u,v$ eines Skalarproduktraumes $V$ nennen wir **orthogonal**, wenn $\langle u,v \rangle = 0$, und wir schreiben dafür $u \perp v$. Weiter soll für eine nichtleere Teilmenge $A$ von $V$ $u \perp A$ bedeuten, daß $u \perp v$ für jeden Vektor $v \in A$ gilt.

Für nichtleere Teilmengen $A \subset V$ heißt

$$A^\perp = \bigl\{u \in V \mid u \perp A\bigr\}$$

das **orthogonale Komplement** von $A$.

Eine endliche oder abzählbare Menge von Vektoren $v_1, v_2, \ldots$ in $V$ bildet ein **Orthonormalsystem (ONS)**, wenn gilt

$$\langle v_i, v_k \rangle = \delta_{ik} = \begin{cases} 1 & \text{für } i = k \\ 0 & \text{für } i \neq k. \end{cases}$$

BEISPIELE.

(a) Die Standardvektoren $\mathbf{e}_1, \ldots, \mathbf{e}_n$ bilden ein Orthonormalsystem im $\mathbb{R}^n$ (und im $\mathbb{C}^n$) bezüglich des natürlichen Skalarproduktes.

(b) In $C[-\pi, \pi]$, versehen mit dem Skalarprodukt $\langle u, v \rangle = \int\limits_{-\pi}^{\pi} \overline{u(x)}\, v(x)\, dx$

(vgl. 1.3 (c)), bilden die Funktionen $v_1, v_2, \ldots$ mit

$$v_1(x) = \tfrac{1}{\sqrt{2\pi}}, \qquad v_2(x) = \tfrac{1}{\sqrt{\pi}} \sin x, \qquad v_3(x) = \tfrac{1}{\sqrt{\pi}} \cos x,$$

$$v_4(x) = \tfrac{1}{\sqrt{\pi}} \sin 2x, \qquad v_5(x) = \tfrac{1}{\sqrt{\pi}} \cos 2x,$$

$$v_{2k}(x) = \tfrac{1}{\sqrt{\pi}} \sin kx, \qquad v_{2k+1}(x) = \tfrac{1}{\sqrt{\pi}} \cos kx,$$

ein Orthonormalsystem, vgl. § 11 : 6.5.

## 2.2 Entwicklung nach Orthonormalbasen

*Jedes Orthonormalsystem $v_1, v_2, \ldots$ ist linear unabhängig, d.h. je endlich viele dieser Vektoren sind linear unabhängig.*

Denn aus

$$\sum_{i=1}^{n} \alpha_i v_i = 0 \quad \text{mit} \quad \alpha_1, \ldots, \alpha_n \in \mathbb{K}$$

folgt für $k = 1, \ldots, n$

$$0 = \Big\langle v_k, \sum_{i=1}^{n} \alpha_i v_i \Big\rangle = \sum_{i=1}^{n} \alpha_i \langle v_i, v_k \rangle = \alpha_k.$$

Hieraus ergibt sich:

(a) *Ist $v_1, \ldots, v_n$ ein ONS in einem $n$–dimensionalen Skalarproduktraum $V$, so ist $(v_1, \ldots, v_n)$ eine Basis für $V$.*

(b) *Die Basisdarstellung eines Vektors $u \in V$ bezüglich einer solchen **Orthonormalbasis** (ONB) ergibt sich auf sehr einfache Weise durch*

$$u = \langle v_1, u \rangle v_1 + \cdots + \langle v_n, u \rangle v_n = \sum_{k=1}^{n} \langle v_k, u \rangle v_k.$$

(c) *Für* $u, v \in V$ *ist*

$$\langle u, v \rangle = \sum_{k=1}^{n} \overline{\langle v_k, u \rangle} \langle v_k, v \rangle,$$

*insbesondere gilt die* **Parsevalsche Gleichung**

$$\|u\|^2 = \sum_{k=1}^{n} |\langle v_k, u \rangle|^2.$$

BEWEIS.

(a) $n$ linear unabhängige Vektoren bilden in einem $n$–dimensionalen Vektorraum eine Basis.

(b) Zu jedem $u \in V$ gibt es $\alpha_1, \ldots, \alpha_n \in \mathbb{K}$ mit $u = \sum_{i=1}^{n} \alpha_i v_i$. Hieraus folgt für $k = 1, \ldots, n$

$$\langle v_k, u \rangle = \left\langle v_k, \sum_{i=1}^{n} \alpha_i v_i \right\rangle = \sum_{i=1}^{n} \alpha_i \langle v_k, v_i \rangle = \alpha_k.$$

(c) Für $u, v \in V$ gilt nach (b)

$$u = \sum_{i=1}^{n} \langle v_i, u \rangle v_i, \qquad v = \sum_{k=1}^{n} \langle v_k, v \rangle v_k,$$

also ist nach 1.2 (a)

$$\langle u, v \rangle = \left\langle \sum_{i=1}^{n} \langle v_i, u \rangle v_i, \sum_{k=1}^{n} \langle v_k, v \rangle v_k \right\rangle$$
$$= \sum_{i,k=1}^{n} \overline{\langle v_i, u \rangle} \langle v_k, v \rangle \langle v_i, v_k \rangle = \sum_{k=1}^{n} \overline{\langle v_k, u \rangle} \langle v_k, v \rangle. \qquad \square$$

### 2.3 Orthogonale Projektionen

Es sei $V$ ein Skalarproduktraum, $v_1, \ldots, v_m$ ein ONS in $V$ und

$$W = \text{Span}\{v_1, \ldots, v_m\}.$$

Analog zu § 6 : 4.2 gilt dann der

SATZ. *Für* $u \in V$ *und*

$$Pu := \sum_{k=1}^{m} \langle v_k, u \rangle v_k \quad gilt$$

(a) $\|u - Pu\| = \min\{\|u - w\| \mid w \in W\}$,

# 2 Orthonormalsysteme und orthogonale Projektionen

(b) $\|u - Pu\|^2 = \|u\|^2 - \sum_{k=1}^{m} |\langle v_k, u \rangle|^2$

(c) $u - Pu \perp W$, d.h. $\langle u - Pu, w \rangle = 0$ *für alle* $w \in W$.

$Pu$ heißt die **orthogonale Projektion** auf $W$.

Durch Übertragung der im Beweis von 1.5 verwendeten „quadratischen Ergänzung" ergibt eine leichte Rechnung ÜA

$$\Big\| u - \sum_{k=1}^{m} \lambda_k v_k \Big\|^2 = \|u\|^2 - \sum_{k=1}^{m} |\langle v_k, u \rangle|^2 + \sum_{k=1}^{m} |\lambda_k - \langle v_k, u \rangle|^2,$$

woraus die erste Behauptung unmittelbar folgt. Die zweite ergibt sich aus

$$\langle u - Pu, v_j \rangle = \Big\langle u - \sum_{k=1}^{m} \langle v_k, u \rangle v_k, v_j \Big\rangle$$

$$= \langle u, v_j \rangle - \sum_{k=1}^{m} \overline{\langle v_k, u \rangle} \langle v_k, v_j \rangle = \langle u, v_j \rangle - \overline{\langle v_j, u \rangle} = 0,$$

also auch $\langle u - Pu, w \rangle = 0$ für $w = \sum_{j=1}^{m} \lambda_j v_j$ wegen der Linearität der Funktion $v \mapsto \langle u - Pu, v \rangle$.

## 2.4 Eigenschaften der orthogonalen Projektion $P$

$P : V \to V$ ist ein linearer Operator mit den Eigenschaften

(a) $P^2 = P$,

(b) $\langle u, Pv \rangle = \langle Pu, v \rangle$ *für alle* $u, v \in V$.

BEWEIS.
Die Linearität ergibt sich aus der Darstellung 2.3 für $Pu$, da die Funktionen $u \mapsto \langle v_k, u \rangle v_k$ linear sind. $P^2 = P$ folgt wegen $Pu \in W$.
Es gilt

$$\langle Pu, v \rangle - \langle u, Pv \rangle = \langle Pu, v - Pv \rangle - \langle u - Pu, Pv \rangle = 0,$$

da $u - Pu$ und $v - Pv$ orthogonal zu $W$ und damit zu $Pu, Pv$ sind. □

## 2.5 Beste Approximation im Quadratmittel

Sei $v_1, v_2, \ldots$ das in 2.1 angegebene Orthonormalsystem der trigonometrischen Funktionen. Eine wichtige Aufgabe der mathematischen Physik besteht darin, eine gegebene Funktion $u$ durch Linearkombinationen $s_m = \sum_{k=1}^{m} \lambda_k v_k$ möglichst gut „im Quadratmittel" zu approximieren, das heißt die $\lambda_k$ so zu wählen, daß

§ 19 Skalarprodukte, Orthonormalsysteme und unitäre Gruppen

$$\int_{-\pi}^{\pi} |u(x) - s_m(x)|^2 \, dx$$ möglichst klein wird. Wir haben es also mit dem Skalarprodukt $\langle u, v \rangle = \int_{-\pi}^{\pi} \overline{u}(x) \, v(x) \, dx$ zu tun. Nach 2.3 wird die beste Approximation durch $\lambda_k = \langle v_k, u \rangle$ geliefert, und es gilt

$$\left\| u - \sum_{k=1}^{m} \langle v_k, u \rangle v_k \right\|^2 = \|u\|^2 - \sum_{k=1}^{m} |\langle v_k, u \rangle|^2 \quad \text{für jedes} \quad m \in \mathbb{N}.$$

**Aufgabe.** Sei $u(x) = \dfrac{x}{2} - \dfrac{x^3}{18}$. Bestimmen Sie $m$ und $\lambda_1, \ldots, \lambda_m$ so, daß

$$\int_{-\pi}^{\pi} \left| u - \sum_{k=1}^{m} \lambda_k v_k \right|^2 = \left\| u - \sum_{k=1}^{m} \lambda_k v_k \right\|^2 < 0.006.$$

## 3 Das Orthonormalisierungsverfahren von Gram–Schmidt

### 3.1 Das Verfahren

Wir konstruieren aus einer gegebenen endlichen oder abzählbaren Menge linear unabhängiger Vektoren $u_1, u_2, \ldots$ eines Skalarproduktraumes ein Orthonormalsystem $v_1, v_2, \ldots$ mit

$$\text{Span}\{v_1, \ldots, v_n\} = \text{Span}\{u_1, \ldots, u_n\} \quad \text{für} \quad n = 1, 2, \ldots.$$

**1. Schritt.** Nach Voraussetzung ist $u_1 \neq 0$. Wir setzen $v_1 := \dfrac{u_1}{\|u_1\|}$. Dann ist $\|v_1\| = 1$ wegen $\|\alpha u_1\| = |\alpha| \|u_1\|$. Ferner gilt $\text{Span}\{u_1\} = \text{Span}\{v_1\}$.

**2. Schritt.** $P_1$ sei die orthogonale Projektion auf

$$W_1 = \text{Span}\{u_1\} = \text{Span}\{v_1\}.$$

Dann gilt $u_2 - P_1 u_2 \perp W_1$ (Fig.). Da $u_1, u_2$ linear unabhängig sind, liegt $u_2$ nicht in $W_1$, also ist $u_2 \neq P_1 u_2$. Für

$$v_2 = \frac{u_2 - P_1 u_2}{\|u_2 - P_1 u_2\|}$$

gilt $\|v_2\| = 1$ und $v_2 \perp v_1$. Da $v_1, v_2$ beide in $W_2 = \text{Span}\{u_1, u_2\}$ liegen und nach 2.2 linear unabhängig sind, folgt $\text{Span}\{v_1, v_2\} = W_2$.

**$n$-ter Schritt.** Seien $v_1, \ldots, v_{n-1}$ schon konstruiert mit

$$\text{Span}\{v_1, \ldots, v_{n-1}\} = \text{Span}\{u_1, \ldots, u_{n-1}\} =: W_{n-1},$$

# 3 Das Orthonormalisierungsverfahren von Gram–Schmidt

und sei $P_{n-1}$ die orthogonale Projektion auf $W_{n-1}$. Dann gilt

$$u_n - P_{n-1}u_n \perp W_{n-1} \quad \text{und} \quad u_n - P_{n-1}u_n \neq 0,$$

sonst wäre $u_n = P_{n-1}u_n \in W_{n-1}$ eine Linearkombination von $u_1, \ldots, u_{n-1}$.
Für

$$v_n = \frac{u_n - P_{n-1}u_n}{\|u_n - P_{n-1}u_n\|}$$

gilt dann $\|v_n\| = 1$, $v_n \perp W_{n-1}$, also $v_n \perp v_1, \ldots, v_{n-1}$. Also bilden $v_1, \ldots, v_n$ ein ONS, das in dem $n$–dimensionalen Vektorraum $W_n = \text{Span}\{u_1, \ldots, u_n\}$ liegt. Da die Vektoren $v_1, \ldots, v_n$ linear unabhängig sind nach 2.2, bilden sie eine Basis für $W_n$.

Bei abzählbar vielen linear unabhängigen Vektoren $u_1, u_2, \ldots$ folgt jetzt die Existenz des behaupteten ONS $v_1, v_2, \ldots$ per Induktion. □

## 3.2 Existenz von Orthonormalbasen

SATZ. *Für jeden $n$–dimensionalen Skalarproduktraum $V$ gilt:*

(a) *$V$ besitzt eine Orthonormalbasis.*

(b) *Jedes ONS $v_1, \ldots, v_m$ läßt sich zu einer ONB $(v_1, \ldots, v_n)$ für $V$ ergänzen.*

(c) *Für $U = \text{Span}\{v_1, \ldots, v_m\}$ gilt dann $U^\perp = \text{Span}\{v_{m+1}, \ldots, v_n\}$, somit*

$$\dim U + \dim U^\perp = n.$$

BEWEIS. (a) folgt direkt aus 3.1. Für (b) ergänzen wir das ONS $v_1, \ldots, v_m$ nach § 14 : 6.5 zu einer Basis $(v_1, \ldots, v_m, u_{m+1}, u_n)$ von $V$ und führen die Schritte $m, m+1, \ldots, n$ des Orthonormalisierungsverfahrens durch.

(c) folgt aus $u = \sum_{k=1}^{m} \langle v_k, u \rangle v_k + \sum_{k=m+1}^{n} \langle v_k, u \rangle v_k$. □

## 3.3 Die Legendrepolynome

In $C[-1, 1]$ mit dem Skalarprodukt $\langle u, v \rangle = \int_{-1}^{1} \overline{u(x)}\, v(x)\, dx$ liefern die Potenzen $u_0(x) = 1$, $u_1(x) = x$, ..., $u_n(x) = x^n$, ... eine abzählbare Menge linear unabhängiger Vektoren. Das Gram–Schmidtsche Verfahren liefert ein ONS $v_0, v_1, v_2, \ldots$. Die durch $P_n(x) = \sqrt{\frac{2}{2n+1}}\, v_n(x)$ gegebenen Polynome $P_n$ heißen *Legendre-Polynome*.

ÜA Bestimmen Sie nach dem Gram–Schmidtschen Verfahren die Polynome $v_0, v_1, v_2, v_3$. Zur Kontrolle: $P_n(1) = 1$ (ohne Beweis).

## 4 Unitäre Abbildungen und Matrizen

### 4.1 Polarisierungsgleichung und Parallelogrammgleichung

(a) In jedem Skalarproduktraum über $\mathbb{R}$ gilt ( ÜA )

$$\langle u, v \rangle = \tfrac{1}{4} \left( \|u+v\|^2 - \|u-v\|^2 \right).$$

(b) In jedem Skalarproduktraum über $\mathbb{C}$ gilt ( ÜA )

$$\langle u, v \rangle = \tfrac{1}{4} \left( \|u+v\|^2 - \|u-v\|^2 + i\|u-iv\|^2 - i\|u+iv\|^2 \right).$$

(c) In jedem Skalarproduktraum gilt die **Parallelogrammgleichung**

$$\|u+v\|^2 + \|u-v\|^2 = 2\|u\|^2 + 2\|v\|^2.$$

### 4.2 Isometrien und unitäre Abbildungen

(a) Ein linearer Operator $T$ eines Skalarproduktraumes $V$ heißt **Isometrie**, wenn

$$\|Tu\| = \|u\|$$

für alle $u \in V$. Ist $T$ zusätzlich surjektiv, so heißt $T$ **unitär**.

(b) Für Isometrien $T$ gilt $\langle Tu, Tv \rangle = \langle u, v \rangle$. Im $\mathbb{R}^n$ mit dem natürlichen Skalarprodukt bedeutet dies: *Isometrien sind winkeltreu*, vgl. §6:2.7.

(c) *In endlichdimensionalen Skalarprodukträumen ist jede Isometrie unitär*.

Im Hilbertschen Folgenraum $\ell^2$ (1.4) dagegen ist die Abbildung

$$T : (x_1, x_2, \ldots) \mapsto (0, x_1, x_2, \ldots)$$

eine Isometrie, aber nicht surjektiv.

BEWEIS.

(b) folgt direkt aus der Polarisierungsgleichung 4.1.

(c) Jede Isometrie ist offensichtlich injektiv: $\|Tu\| = 0 \implies \|u\| = 0 \implies u = 0$. Nach der Dimensionsformel folgt dann auch die Surjektivität. □

### 4.3 Die adjungierte Matrix $A^*$

Zu jeder $m \times n$–Matrix $A = (a_{ik})$ definieren wir die **adjungierte Matrix**

$$A^* := \overline{A}^T, \quad \text{also} \quad a^*_{ik} = \overline{a}_{ki}.$$

Für reelle Matrizen ist $A^* = A^T$.

Für $n \times n$–Matrizen $A$ mit Koeffizienten aus $\mathbb{K}$ gilt:

4 Unitäre Abbildungen und Matrizen

(a) $\langle \mathbf{x}, A\mathbf{y} \rangle = \langle A^*\mathbf{x}, \mathbf{y} \rangle$ mit dem natürlichen Skalarprodukt.

(b) $\det A^* = \overline{\det A}$.

(c) $\operatorname{Rang} A^* = \operatorname{Rang} A$.

(d) $\lambda$ ist genau dann Eigenwert von $A$, wenn $\overline{\lambda}$ Eigenwert von $A^*$ ist. Dabei gilt: $\dim \operatorname{Kern}(A - \lambda E) = \dim \operatorname{Kern}(A^* - \overline{\lambda}E)$.

BEWEIS.

(a) $\langle \mathbf{x}, A\mathbf{y} \rangle = \sum_{i=1}^{n} \overline{x}_i \sum_{k=1}^{n} a_{ik} y_k = \sum_{k=1}^{n} y_k \overline{\sum_{i=1}^{n} \overline{a}_{ik} x_i} = \langle A^*\mathbf{x}, \mathbf{y} \rangle$

(b) Für $2 \times 2$–Matrizen $A = \begin{pmatrix} a_{11} & a_{12} \\ a_{21} & a_{22} \end{pmatrix}$ gilt

$$\det A^* = \begin{vmatrix} \overline{a}_{11} & \overline{a}_{21} \\ \overline{a}_{12} & \overline{a}_{22} \end{vmatrix} = \overline{a}_{11}\overline{a}_{22} - \overline{a}_{12}\overline{a}_{21} = \overline{a_{11}a_{22} - a_{12}a_{21}} = \overline{\det A}.$$

Der allgemeine Fall ergibt sich daraus durch Induktion mit Hilfe des Laplaceschen Entwicklungssatzes ÜA.

(c) Genau dann sind die Vektoren $\mathbf{a}_1, \ldots, \mathbf{a}_r$ linear unabhängig, wenn die Vektoren $\overline{\mathbf{a}}_1, \ldots, \overline{\mathbf{a}}_r$ mit den konjugiert komplexen Komponenten linear unabhängig sind ÜA. Die Behauptung folgt jetzt aus der Gleichheit von Zeilenrang und Spaltenrang.

(d) Nach (c) gilt $\operatorname{Rang}(A - \lambda E) = \operatorname{Rang}(A^* - \overline{\lambda}E)$, also $\dim \operatorname{Kern}(A - \lambda E) = \dim \operatorname{Kern}(A^* - \overline{\lambda}E)$ nach der Dimensionsformel. □

**Zusatz.** (a) *Für $m \times k$–Matrizen $A$ und $k \times n$–Matrizen $B$ gilt*

$$(AB)^* = B^*A^*.$$

(b) *Für $m \times n$–Matrizen $A$ ist $A^*A$ eine $n \times n$–Matrix mit*

$$\langle \mathbf{x}, A^*A\mathbf{x} \rangle = \|A\mathbf{x}\|^2,$$

wobei links das natürliche Skalarprodukt im $\mathbb{K}^n$, rechts die Norm in $\mathbb{K}^m$ stehen.

BEWEIS als ÜA. Für (b) fasse man Spaltenvektoren $\mathbf{x}, \mathbf{y}$ als $n \times 1$–Matrizen $X, Y$ auf und beachte, daß $\langle \mathbf{x}, \mathbf{y} \rangle = X^*Y$.

## 4.4 Die Matrix einer unitären Abbildung, unitäre und orthogonale Matrizen

*In endlichdimensionalen Skalarprodukträumen sind unitäre Abbildungen dadurch ausgezeichnet, daß ihre Matrizen $A$ bezüglich jeder Orthonormalbasis $\mathcal{B}$* **unitär** *sind, d.h.*

$$A^* = A^{-1}, \qquad AA^* = A^*A = E.$$

Reelle unitäre Matrizen heißen **orthogonal**. Sie haben die Eigenschaft

$$A^T = A^{-1}, \qquad AA^T = A^T A = E.$$

BEWEIS.
(a) Sei $T$ ein unitärer Operator und $\mathcal{B} = (v_1, \ldots, v_n)$ eine Orthonormalbasis. Wegen $\langle Tv_i, Tv_k \rangle = \langle v_i, v_k \rangle = \delta_{ik}$ bilden die

$$u_1 = Tv_1, \quad u_2 = Tv_2, \quad \ldots, \quad u_n = Tv_n$$

wieder eine Orthonormalbasis. Nach 2.2 (b) gilt

$$Tv_i = u_i = \sum_{k=1}^n \langle v_k, u_i \rangle v_k.$$

Für $A = M_\mathcal{B}(T) = (a_{ik})$ gilt also $a_{ki} = \langle v_k, u_i \rangle$. Da die $v_k$ ein ONS bilden, gilt nach 2.2 (c)

$$\delta_{ij} = \langle u_i, u_j \rangle = \sum_{k=1}^n \overline{\langle v_k, u_i \rangle} \langle v_k, u_j \rangle = \sum_{k=1}^n \overline{a_{ki}} \cdot a_{kj} = \sum_{k=1}^n a_{ik}^* \cdot a_{kj},$$

also $A^* A = E$. Die Behauptung folgt aus dem Zusatz zu § 15 : 6.3.

(b) Sei $M_\mathcal{B}(T) = A$ unitär, also $A^* A = E$. Nach 4.3 gilt dann

$$\|A\mathbf{x}\|^2 = \langle \mathbf{x}, A^* A\mathbf{x} \rangle = \langle \mathbf{x}, E\mathbf{x} \rangle = \|\mathbf{x}\|^2$$

mit dem natürlichen Skalarprodukt und der zugehörigen Norm im $\mathbb{K}^n$ (siehe 4.3 Zusatz (b)). Da $\mathcal{B}$ eine ONB ist, folgt nach der Parsevalschen Gleichung 2.2 (c) für $\mathbf{x} = (u)_\mathcal{B}$, $A\mathbf{x} = (Tu)_\mathcal{B}$ und der Norm $\|\cdot\|_V$ in $V$

$$\|u\|_V = \|\mathbf{x}\| = \|A\mathbf{x}\| = \|Tu\|_V,$$

also ist $T$ unitär. □

SATZ. *Eine $n \times n$–Matrix $A$ über $\mathbb{K}$ ist genau dann unitär, wenn ihre Spaltenvektoren (bzw. Zeilenvektoren) ein Orthonormalsystem im $\mathbb{K}^n$ mit dem natürlichen Skalarprodukt bilden.*

Denn für die Spalten $\mathbf{a}_k$ von $A$ gilt $\langle \mathbf{a}_i, \mathbf{a}_k \rangle = (A^* A)_{ik}$. Daraus folgt für den

### 4.5 Basiswechsel zwischen Orthonormalbasen

*Die Transformationsmatrix $S$ eines Basiswechsels zwischen Orthonormalbasen ist unitär, und bei unitären Koordinatentransformationen gehen Orthonormalbasen des $\mathbb{K}^n$ mit dem natürlichen Skalarprodukt in Orthonormalbasen über.*

## 4 Unitäre Abbildungen und Matrizen

### 4.6 Eigenschaften unitärer Matrizen $S$

(a) *Jede komplexe Nullstelle $\lambda$ des charakteristischen Polynoms liegt auf dem Einheitskreis:* $|\lambda| = 1$.

(b) $|\det S| = 1$.

(c) *Die Spaltenvektoren bilden eine ONB des $\mathbb{K}^n$ mit dem natürlichen Skalarprodukt,* vgl. Satz 4.4.

BEWEIS.

(a) Die Abbildung $\mathbf{x} \mapsto S\mathbf{x}$ des $\mathbb{C}^n$, versehen mit dem natürlichen Skalarprodukt, ist unitär nach 4.4. Für die Eigenvektoren $\mathbf{u}$ zum Eigenwert $\lambda$ gilt daher $|\lambda| \cdot \|\mathbf{u}\| = \|\lambda \mathbf{u}\| = \|S\mathbf{u}\| = \|\mathbf{u}\|$, also $|\lambda| = 1$.

(b) Aus $S^*S = E$ folgt
$$1 = \det E = \det(S^*S) = \det S^* \cdot \det S = \overline{\det S} \cdot \det S = |\det S|^2\,. \qquad \Box$$

### 4.7 Ebene unitäre Abbildungen

Sei $T$ eine Isometrie auf einem zweidimensionalen Skalarproduktraum $V$ über $\mathbb{R}$ und $\mathcal{B}$ eine ONB für $V$. Dann ergeben sich für die Matrix $M_\mathcal{B}(T)$ zwei Fälle:

(a) Determinante 1: $\begin{pmatrix} \cos\varphi & -\sin\varphi \\ \sin\varphi & \cos\varphi \end{pmatrix}$ (Drehmatrix, vgl. §15 : 4.3),

(b) Determinante $-1$: $\begin{pmatrix} \cos\varphi & \sin\varphi \\ \sin\varphi & -\cos\varphi \end{pmatrix}$ (Spiegelung, s.u.).

Denn nach 4.4 ist die Matrix orthogonal. Da die Spalten nach 4.6 eine ONB bilden, können wir die erste Spalte in der Form $\begin{pmatrix} \cos\varphi \\ \sin\varphi \end{pmatrix}$ ansetzen. Die einzigen dazu senkrechten Vektoren der Länge 1 sind $\pm \begin{pmatrix} \sin\varphi \\ -\cos\varphi \end{pmatrix}$.

AUFGABE. Weisen Sie nach, daß die zweite Matrix zu einer Spiegelung an einer Ursprungsgeraden gehört (vgl. §5 : 11.2, §15 : 4.3 (e)).

### 4.8 Drehungen im $\mathbb{R}^3$

Eine Drehung im $\mathbb{R}^3$ ist vollständig beschrieben durch einen Drehvektor $\mathbf{u}$ der Länge 1 und einen Drehwinkel $\varphi \in [0, 2\pi[$. Für eine Matrixdarstellung verschaffen wir uns einen beliebigen, zu $\mathbf{u}$ senkrechten Vektor $\mathbf{v}$ der Länge 1 (z.B. durch $\frac{\mathbf{u} \times \mathbf{a}}{\|\mathbf{u} \times \mathbf{a}\|}$ mit einem von $\mathbf{u}$ linear unabhängigen Vektor $\mathbf{a}$). Die ONB $\mathcal{B} = (\mathbf{u}, \mathbf{v}, \mathbf{u} \times \mathbf{v})$ ist positiv orientiert wegen

$$\det(\mathbf{u}, \mathbf{v}, \mathbf{u} \times \mathbf{v}) = S(\mathbf{u}, \mathbf{v}, \mathbf{u} \times \mathbf{v}) = \langle \mathbf{u} \times \mathbf{v}, \mathbf{u} \times \mathbf{v} \rangle = 1\,.$$

Da $\mathbf{u}$ fest bleibt und da $V = \text{Span}\{\mathbf{v}, \mathbf{w}\}$ durch eine ebene Drehung in sich übergeführt wird, ergibt sich nach 4.7 als Drehmatrix bezüglich $\mathcal{B}$

$$D_\varphi = \begin{pmatrix} 1 & 0 & 0 \\ 0 & \cos\varphi & -\sin\varphi \\ 0 & \sin\varphi & \cos\varphi \end{pmatrix}.$$

Eine leichte Rechnung [ÜA] zeigt $D_\varphi^T D_\varphi = E$ und $\det D_\varphi = 1$, also ist die Drehung eine unitäre und orientierungstreue Abbildung. Ferner gilt offenbar

$$D_\varphi^T = D_\varphi^{-1} = D_{-\varphi}.$$

### 4.9 Die unitären Abbildungen des $\mathbb{R}^3$

Sei $T$ eine Isometrie des $\mathbb{R}^3$. Das charakteristische Polynom $p_T$ hat reelle Koeffizienten, also ist mit $\lambda$ auch $\overline{\lambda}$ eine Nullstelle (vgl. § 5 : 10.5). Insbesondere gibt es wenigstens einen reellen Eigenwert $\lambda_1$. Wir dürfen annehmen, daß

$$\lambda_1 = \det T.$$

Denn für $p_T(x) = (\lambda_1 - x)(\lambda_2 - x)(\lambda_3 - x)$ gilt $\lambda_1 \cdot \lambda_2 \cdot \lambda_3 = \det T$ nach § 18 : 3.4. Für reelle $\lambda_1, \lambda_2, \lambda_3$ folgt die Behauptung wegen $\lambda_k \in \{-1, 1\}$ nach 4.6. Ist $\lambda_2$ nicht reell, so gilt $\lambda_3 = \overline{\lambda}_2$, also $\lambda_2 \cdot \lambda_3 = |\lambda_2|^2 = 1$ nach 4.6.

Sei $\mathbf{u}$ ein zu $\lambda_1$ gehöriger Eigenvektor von $T$ mit $\|\mathbf{u}\| = 1$. Die zu $\mathbf{u}$ senkrechte Ursprungsebene $E$ wird durch $T$ in sich übergeführt. Denn aus $\langle \mathbf{v}, \mathbf{u} \rangle = 0$ folgt wegen $T\mathbf{u} = \lambda_1 \mathbf{u}$ und $\langle T\mathbf{v}, T\mathbf{u} \rangle = \langle \mathbf{v}, \mathbf{u} \rangle$

$$\lambda_1 \langle T\mathbf{v}, \mathbf{u} \rangle = \langle T\mathbf{v}, T\mathbf{u} \rangle = \langle \mathbf{v}, \mathbf{u} \rangle = 0, \quad \text{also} \quad T\mathbf{v} \in E.$$

Auf die Vektoren von $E$ wirkt $T$ wie eine ebene Isometrie. Ergebnis:

(a) *Die orientierungstreuen unitären Abbildungen $T$ des $\mathbb{R}^3$ ($\lambda_1 = \det T = 1$) sind genau die Drehungen.*

Führen wir nämlich eine ONB $\mathcal{B} = (\mathbf{u}, \mathbf{v}, \mathbf{u} \times \mathbf{v})$ ein, so ist nach 4.4 und 4.7

$$M_\mathcal{B}(T) = \begin{pmatrix} 1 & 0 & 0 \\ 0 & \cos\varphi & -\sin\varphi \\ 0 & \sin\varphi & \cos\varphi \end{pmatrix} \quad \text{oder} \quad M_\mathcal{B}(T) = \begin{pmatrix} 1 & 0 & 0 \\ 0 & \cos\varphi & \sin\varphi \\ 0 & \sin\varphi & -\cos\varphi \end{pmatrix}.$$

Wegen $\det T = 1$ bleibt nur die erste Möglichkeit.

(b) *Die unitären Abbildungen des $\mathbb{R}^3$ mit Determinante $-1$ sind Drehspiegelungen.* Denn wie oben bleibt nur

$$M_\mathcal{B}(T) = \begin{pmatrix} -1 & 0 & 0 \\ 0 & \cos\varphi & -\sin\varphi \\ 0 & \sin\varphi & \cos\varphi \end{pmatrix}.$$

Für $\varphi = 0$ ergibt sich die Spiegelung an der Ebene Span $\{\mathbf{v}, \mathbf{w}\}$; für $\varphi = \pi$ ergibt sich die „Punktspiegelung" $\mathbf{x} \mapsto -\mathbf{x}$.

# 5 Matrix– und Transformationsgruppen

## 5.1 Matrixgruppen

$\mathcal{M}(n, \mathbb{K})$ bezeichne die Algebra aller $n \times n$–Matrizen mit Koeffizienten aus $\mathbb{K}$. Eine Teilmenge $\mathcal{G}$ von $\mathcal{M}(n, \mathbb{K})$ bildet eine **Matrixgruppe**, wenn gilt:

(a) Mit je zwei Matrizen gehört auch das Produkt zu $\mathcal{G}$.

(b) Die Einheitsmatrix $E$ gehört zu $\mathcal{G}$.

(c) Alle Matrizen $A \in \mathcal{G}$ sind invertierbar mit $A^{-1} \in \mathcal{G}$.

BEISPIELE

(a) Alle invertierbaren $n \times n$–Matrizen bilden die **lineare Gruppe GL$(n, \mathbb{K})$** („general linear group").

(b) Die unitären komplexen $n \times n$–Matrizen bilden die **unitäre Gruppe U$_n$**.

(c) Die orthogonalen $n \times n$–Matrizen bilden die **orthogonale Gruppe O$_n$**.

(d) Die orthogonalen Matrizen mit Determinante 1 bilden die **spezielle orthogonale Gruppe SO$_n$**. Die SO$_3$ besteht nach 4.9 aus allen Drehmatrizen.

(e) Die **Kreisgruppe** besteht aus den Matrizen $\mathrm{e}^{it}E$, $t \in \mathbb{R}$.

[ÜA] Weisen Sie jeweils die Gruppeneigenschaft nach.

## 5.2 Transformationsgruppen

Sei $M \neq \emptyset$. Eine Menge $\mathcal{G}$ von bijektiven Abbildungen $F : M \to M$ heißt eine **Transformationsgruppe** auf $M$, wenn folgendes gilt:

(a) Mit $F, G$ gehört auch $F \circ G$ zu $\mathcal{G}$.

(b) Die Identität $\mathbb{1}$ gehört zu $\mathcal{G}$.

(c) Mit $F$ gehört auch $F^{-1}$ zu $\mathcal{G}$.

BEISPIELE

(a) Alle bijektiven Abbildungen $F : M \to M$ bilden eine Gruppe.

(b) Die unitären Abbildungen eines Skalarproduktraumes $V$ bilden die **unitäre Gruppe von $V$**.

(c) **Die Translationsgruppe** eines Vektorraumes $V$ besteht aus allen Translationen

$$T_a : u \mapsto a + u$$

Dabei ist $T_a \circ T_b = T_{a+b} = T_b \circ T_a$.

[ÜA] Prüfen Sie jeweils die Gruppeneigenschaften nach.

## 5.3 Längentreue Abbildungen

Sei $V$ ein reeller Skalarproduktraum und $F : V \to V$ längentreu, d.h.

$$\|F(u) - F(v)\| = \|u - v\| \quad \text{für alle} \quad u, v \in V.$$

Dann gibt es eine Isometrie $T$ von $V$ mit

$$F(u) = F(0) + Tu \quad \text{für alle} \quad u \in V.$$

BEWEIS ALS AUFGABE. Zeigen Sie, daß $f$ mit $u \mapsto f(u) = F(u) - F(0)$ isometrisch und linear ist mit den Zwischenschritten $f(0) = 0$, $\|f(u)\| = \|u\|$, $\|f(u) + f(v)\| = \|u + v\|$, $\langle f(u), f(v) \rangle = \langle u, v \rangle$, $f(u + v) = f(u) + f(v)$, $f(\alpha u) = \alpha f(u)$, wobei Sie mehrfach die Parallelogrammgleichung und die Polarisierungsgleichung 4.1 benützen.

## 5.4 Bewegungen eines starren Körpers, die Bewegungsgruppe

Bei einer Bewegung eines starren Körpers bleiben die Abstände von je zwei Massenpunkten unverändert; weiter bleibt die Orientierung erhalten. Bringt man also einen starren Körper von einer Lage in eine neue Lage, so geht der Ortsvektor $\mathbf{x}$ eines Massenpunktes über in den Ortsvektor $\mathbf{a} + D\mathbf{x}$ mit $\mathbf{a} \in \mathbb{R}^3$ und einer Drehmatrix $D \in SO_3$. Abbildungen der Form

$$\mathbf{x} \mapsto \mathbf{a} + D\mathbf{x} \quad \text{mit} \quad \mathbf{a} \in \mathbb{R}^3, \quad D \in SO_3$$

heißen **Bewegungen** des $\mathbb{R}^3$. Sie bilden eine Gruppe, die **Bewegungsgruppe** des $\mathbb{R}^3$.

Die Bewegung in Abhängigkeit von der Zeit $t$ beschreiben wir demgemäß durch eine Schar von Bewegungen des $\mathbb{R}^3$

$$\mathbf{x} \mapsto F_t(\mathbf{x}) = \mathbf{a}(t) + D(t)\mathbf{x} \quad \text{mit} \quad F_0 = \mathbb{1}.$$

Hierbei sind die Koeffizienten von $\mathbf{a}(t) \in \mathbb{R}^3$ und $D(t) \in SO_3$ differenzierbare Funktionen von $t$. Die Bahn eines Massenpunktes im Raum ist dabei gegeben durch die Kurve

$$t \mapsto F_t(\mathbf{x}_0) =: \mathbf{x}(t),$$

wobei $\mathbf{x}(0) = \mathbf{x}_0$ der Ortsvektor zur Zeit $t = 0$ ist.

## 5.5* Der momentane Drehvektor einer Bewegung

Wir betrachten die Bewegung eines starren Körpers, bei der ein Punkt festgehalten wird (Kreiselbewegung). Diesen Fixpunkt $O$ wählen wir als Ursprung des Koordinatensystems.

## 5 Matrix- und Transformationsgruppen

Die Bahn eines Massenpunktes mit Ortsvektor $\mathbf{x}_0$ zur Zeit $t = 0$ wird dann beschrieben durch

$$\mathbf{x}(t) = D(t)\mathbf{x}_0.$$

Wir nehmen an, daß die Komponenten $d_{ik}(t)$ von $D(t)$ $C^1$-differenzierbar sind und definieren die Ableitung der Matrix $D$ durch

$$\dot{D}(t) := \left(\dot{d}_{ik}(t)\right).$$

Wir zeigen im folgenden, daß es einen Vektor $\mathbf{w}(t)$ gibt, so daß für den Ortsvektor $\mathbf{x}(t)$ eines beliebigen Massenpunkts zum Zeitpunkt $t$

$$\dot{\mathbf{x}}(t) = \mathbf{w}(t) \times \mathbf{x}(t),$$

gilt; $\mathbf{w}(t)$ heißt **der momentane Drehvektor** der Bewegung. Seine Komponenten hängen stetig von $t$ ab, und in Anlehnung an die Betrachtungen in § 6 : 3.5 für die gleichförmige Kreisbewegung eines Massenpunkts ist seine Länge $\omega(t) = \|\mathbf{w}(t)\|$ als **momentane Winkelgeschwindigkeit** aufzufassen.

Die Isometrie von $D(t)$ bedeutet $D(t)^{-1} = D(t)^T$, also folgt für $\mathbf{x}(t) = D(t)\mathbf{x}_0$

$$\dot{\mathbf{x}}(t) = \dot{D}(t)\mathbf{x}_0 = \dot{D}(t)D(t)^{-1}\mathbf{x}(t) = \dot{D}(t)D(t)^T\mathbf{x}(t).$$

Wir lassen der Übersichtlichkeit halber die Argumente $t$ weg und setzen

$$A := \dot{D}D^T.$$

Komponentenweise Differentiation und die Produktregel ergeben

$$0 = \dot{E} = (DD^T)\dot{} = \dot{D}D^T + D\dot{D}^T = \dot{D}D^T + (\dot{D}D^T)^T = A + A^T.$$

Also ist $A$ schiefsymmetrisch, d.h. $A^T = -A$, und damit

$$A = \begin{pmatrix} 0 & -w_3 & w_2 \\ w_3 & 0 & -w_1 \\ -w_2 & w_1 & 0 \end{pmatrix}$$

mit geeigneten Zahlen $w_1, w_2, w_3$. Fassen wir diese Zahlen zu einem Vektor $\mathbf{w}$ zusammen, so folgt

$$\dot{D}D^T\mathbf{x} = A\mathbf{x} = \begin{pmatrix} 0 & -w_3 & w_2 \\ w_3 & 0 & -w_1 \\ -w_2 & w_1 & 0 \end{pmatrix} \begin{pmatrix} x_1 \\ x_2 \\ x_3 \end{pmatrix} = \begin{pmatrix} w_2 x_3 - w_3 x_2 \\ w_3 x_1 - w_1 x_3 \\ w_1 x_2 - w_2 x_1 \end{pmatrix} = \mathbf{w} \times \mathbf{x}.$$

Tragen wir nun $t$ wieder ein, so erhalten wir die Behauptung:

$$\dot{\mathbf{x}}(t) = \dot{D}(t)D(t)^T\mathbf{x}(t) = A(t)\mathbf{x}(t) = \mathbf{w}(t) \times \mathbf{x}(t).$$

## 5.6* Der Trägheitstensor und das Trägheitsellipsoid

Bei der eben beschriebenen Kreisbewegung führen wir ein körperfestes Koordinatensystem mit Ursprung $O$ und den Basisvektoren $D(t)\mathbf{e}_1$, $D(t)\mathbf{e}_2$, $D(t)\mathbf{e}_3$ ein. Der Drehvektor $\mathbf{w}(t)$ hat in diesem System den Koordinatenvektor $\mathbf{u}(t) = D(t)^{-1}\mathbf{w}(t) = D(t)^T \mathbf{w}(t)$ mit Komponenten $u_1(t), u_2(t), u_3(t)$.

Wir zeigen zunächst, daß sich die kinetische Energie darstellen läßt durch

$$T(t) = \tfrac{1}{2} \sum_{i=1}^{3} \sum_{k=1}^{3} \Theta_{ik} u_i(t) u_k(t) = \tfrac{1}{2} \langle \mathbf{u}(t), \Theta \mathbf{u}(t) \rangle,$$

wobei die Koeffizienten $\Theta_{ik} = \Theta_{ki}$ der Matrix $\Theta$ nur von der Massenverteilung des Körpers und der Lage des Fixpunktes abhängen. Zur Berechnung der $\Theta_{ik}$ nehmen wir der Einfachheit halber an, daß der Körper aus endlich vielen, starr verbundenen Einzelmassen $m_1, \ldots, m_N$ mit Ortsvektoren $\mathbf{y}_1, \ldots, \mathbf{y}_N$ im körperfesten System besteht. Die Komponenten von $\mathbf{y}_j$ seien $y_{j1}, y_{j2}, y_{j3}$. Mit den Bezeichnungen 5.5 gilt also

$$\mathbf{x}_j(t) = D(t)\mathbf{y}_j \quad \text{und} \quad \mathbf{w}(t) = D(t)\mathbf{u}(t).$$

Für die folgenden Rechnungen beachten wir, daß nach § 6 : 3.2 (c)

$$\|\mathbf{a} \times \mathbf{b}\|^2 = \|\mathbf{a}\|^2 \cdot \|\mathbf{b}\|^2 - \langle \mathbf{a}, \mathbf{b} \rangle^2,$$

ferner nützen wir die Isometrieeigenschaft von $D(t)$ aus, d.h.

$$\|D(t)\mathbf{a}\| = \|\mathbf{a}\|, \quad \langle D(t)\mathbf{a}, D(t)\mathbf{b} \rangle = \langle \mathbf{a}, \mathbf{b} \rangle.$$

Damit erhalten wir für die kinetische Energie

$$T(t) = \tfrac{1}{2} \sum_{j=1}^{N} m_j \|\dot{\mathbf{x}}_j(t)\|^2 = \tfrac{1}{2} \sum_{j=1}^{N} m_j \|\mathbf{w}(t) \times \mathbf{x}_j(t)\|^2$$

$$= \tfrac{1}{2} \sum_{j=1}^{N} m_j \left( \|\mathbf{w}(t)\|^2 \cdot \|\mathbf{x}_j(t)\|^2 - \langle \mathbf{w}(t), \mathbf{x}_j(t) \rangle^2 \right)$$

$$= \tfrac{1}{2} \sum_{j=1}^{N} m_j \left( \|D(t)\mathbf{u}(t)\|^2 \cdot \|D(t)\mathbf{y}_j\|^2 - \langle D(t)\mathbf{u}(t), D(t)\mathbf{y}_j \rangle^2 \right)$$

$$= \tfrac{1}{2} \sum_{j=1}^{N} m_j \left( \|\mathbf{u}(t)\|^2 \cdot \|\mathbf{y}_j\|^2 - \langle \mathbf{u}(t), \mathbf{y}_j \rangle^2 \right)$$

$$= \tfrac{1}{2} \sum_{j=1}^{N} m_j \left( \|\mathbf{y}_j\|^2 \sum_{i=1}^{3} \sum_{k=1}^{3} \delta_{ik} u_i(t) u_k(t) - \sum_{i=1}^{3} u_i(t) y_{ji} \sum_{k=1}^{3} u_k(t) y_{jk} \right)$$

$$= \tfrac{1}{2} \sum_{i=1}^{3} \sum_{k=1}^{3} \Theta_{ik} u_i(t) u_k(t) \quad \text{mit}$$

5 Matrix- und Transformationsgruppen

$$\Theta_{ik} = \sum_{j=1}^{N} m_j \left( \|\mathbf{y}_j\|^2 \delta_{ik} - y_{ji} y_{jk} \right).$$

Zur Interpretation betrachten wir folgenden Spezialfall: Wir halten im Körper eine durch den Punkt $O$ gehende Achse mit Richtungsvektor $\mathbf{u}$ fest und lassen den Körper um diese Achse mit konstanter Winkelgeschwindigkeit $\omega = \|\mathbf{u}\|$ rotieren. Dann liefert $\frac{1}{2}\langle \mathbf{u}, \Theta \mathbf{u} \rangle$ die Rotationsenergie.

Die Funktion $\mathbf{u} \mapsto \frac{1}{2}\langle \mathbf{u}, \Theta \mathbf{u} \rangle$ heißt **Trägheitstensor**. Sie ist allein durch die Massenverteilung bezüglich $O$ bestimmt und erspart es uns, die oben beschriebenen Rotationen wirklich ausführen zu müssen.

Die Fläche $\{\mathbf{x} \in \mathbb{R}^3 \mid \langle \mathbf{x}, \Theta \mathbf{x} \rangle = 1\}$ heißt **Trägheitsellipsoid**, Näheres in § 20 : 4.

Im Fall $\|\mathbf{u}\| = 1$ ist der in $\langle \mathbf{u}, \Theta \mathbf{u} \rangle$ auftretende Ausdruck

$$\|\mathbf{u}\|^2 \|\mathbf{y}_j\|^2 - \langle \mathbf{u}, \mathbf{y}_j \rangle^2 = \|\mathbf{y}_j\|^2 - \langle \mathbf{u}, \mathbf{y}_j \rangle^2$$

nach § 6 : 2.4 (1) nichts anderes als das Abstandsquadrat $\|\mathbf{y}_j - \langle \mathbf{u}, \mathbf{y}_j \rangle \mathbf{u}\|^2$ des Punktes $\mathbf{y}_j$ von der Drehachse $\{s\mathbf{u} \mid s \in \mathbb{R}\}$.

Funktionen $\mathbf{u} \mapsto \langle \mathbf{u}, A\mathbf{u} \rangle$ mit $A^T = A$ heißen quadratische Formen. Diese und das Transformationsverhalten bei Übergang zu einer anderen Basis werden im folgenden Paragraphen untersucht.

## 5.7 Die Galilei–Gruppe

Wir wenden auf die kanonische Basis des $\mathbb{R}^3$ erst die Drehmatrix $D$ und anschließend die Translation $\mathbf{a}$ an. Das so erhaltene Koordinatensystem wird vom Zeitpunkt $\tau$ an mit gleichförmiger Geschwindigkeit $\mathbf{v}$ bewegt und gleichzeitig die Uhr im neuen Koordinatensystem auf Null gestellt.

Ist $t$ die Zeit im bewegten System und hat ein Punkt des Raumes im bewegten System den Koordinatenvektor $\mathbf{x}$, so sind die Zeiten und Ortsvektoren im ortsfesten System

$$t' = t + \tau$$
$$\mathbf{x}' = \mathbf{a} + D\mathbf{x} + t\mathbf{v}$$

Fassen wir Zeit und Ort zu Vektoren $\begin{pmatrix} t \\ \mathbf{x} \end{pmatrix}$ des $\mathbb{R}^4$ zusammen, so sind alle Koordinatentransformationen zwischen gleichförmig bewegten Inertialsystemen von der Form

$$\begin{pmatrix} t \\ \mathbf{x} \end{pmatrix} \mapsto \begin{pmatrix} t + \tau \\ \mathbf{a} + D\mathbf{x} + t\mathbf{v} \end{pmatrix}.$$

Diese Transformationen bilden die *Galilei–Gruppe*.

ÜA Weisen Sie die Gruppeneigenschaft nach!

## §20 Symmetrische Operatoren und quadratische Formen

### 1 Quadratische Formen

**1.1 Vorbemerkungen.** Die von HILBERT 1904–1906 begründete Methode, Integral- und Differentialgleichungsprobleme auf Minimalprobleme quadratischer Formen zurückzuführen, gehört heute zum festen Bestand der Analysis, siehe Band 2. Die Korrespondenz zwischen symmetrischen Operatoren und quadratischen Formen, hier nur im Endlichdimensionalen untersucht, ist fundamental für die Eigenwerttheorie und die statistische Deutung der Quantenmechanik (Band 2).

**1.2 Quadratische Formen** auf einem $\mathbb{K}$–Vektorraum $V$ sind Funktionen

$$Q : V \times V \to \mathbb{K},$$

die symmetrisch und im zweiten Argument linear sind:

$$Q(u,v) = \overline{Q(v,u)},$$

$$Q(u, \alpha_1 v_1 + \alpha_2 v_2) = \alpha_1 Q(u, v_1) + \alpha_2 Q(u, v_2).$$

Wie beim Skalarprodukt folgt die Antilinearität im ersten Argument:

$$Q(\alpha_1 u_1 + \alpha_2 u_2, v) = \overline{\alpha}_1 Q(u_1, v) + \overline{\alpha}_2 Q(u_2, v).$$

Ferner ist $Q(u,u)$ reell wegen der Symmetriebedingung. Im Unterschied zum Skalarprodukt darf eine quadratische Form auch negative Werte annehmen, und es darf $Q(u,u) = 0$ auch für Vektoren $u \neq 0$ eintreten.

Eine quadratische Form heißt **positiv definit**, wenn $Q(u,u) > 0$ für alle $u \neq 0$. In diesem Fall liefert $\langle u,v \rangle := Q(u,v)$ ein Skalarprodukt.

In der Literatur finden Sie auch die Bezeichnungen *symmetrische Bilinearform* ($\mathbb{K} = \mathbb{R}$) und *hermitesche Sesquilinearform* ($\mathbb{K} = \mathbb{C}$).

**1.3 Beispiele**

(a) Für jedes Skalarprodukt liefert $Q(u,v) = \langle u,v \rangle$ eine positiv definite quadratische Form.

(b) Für eine $n \times n$–Matrix $A$ mit $A^* = A$ ist durch

$$Q(\mathbf{x}, \mathbf{y}) = \langle \mathbf{x}, A\mathbf{y} \rangle = \sum_{i=1}^{n} \sum_{k=1}^{n} a_{ik} \overline{x}_i y_k$$

# 1 Quadratische Formen

eine quadratische Form auf $\mathbb{K}^n$ gegeben ÜA.

(c) Die *Lorentzform* hat bezüglich geeigneter Basen die Darstellung

$$Q(\mathbf{x},\mathbf{y}) = x_1 y_1 + x_2 y_2 + x_3 y_3 - x_4 y_4\,.$$

Diese Form kann sowohl positive als auch negative Werte annehmen. Sie separiert in der speziellen Relativitätstheorie Raum und Zeit.

(d) Für jede reellwertige, auf $[a,b]$ stetige Funktion $\varrho$ liefert

$$Q(u,v) = \int_a^b \varrho(t)\,\overline{u(t)}\,v(t)\,dt$$

eine quadratische Form auf den komplexwertigen stetigen Funktionen.

## 1.4 Parallelogramm– und Polarisierungsgleichung

(a) Wir schreiben zur Abkürzung $Q(u)$ statt $Q(u,u)$.

Es gelten die **Parallelogrammgleichung**

$$Q(u+v) + Q(u-v) = 2Q(u) + 2Q(v)$$

und die **reelle** und **komplexe Polarisierungsgleichung**

$$Q(u,v) = \frac{1}{4}\bigl(Q(u+v) - Q(u-v)\bigr) \quad \text{für} \quad \mathbb{K} = \mathbb{R}\,,$$

$$Q(u,v) = \tfrac{1}{4}\bigl(Q(u+v) - Q(u-v)\bigr) - \tfrac{i}{4}\bigl(Q(u+iv) - Q(u-iv)\bigr)$$

für $\mathbb{K} = \mathbb{C}$ ÜA. *Hiernach ist eine quadratische Form schon durch die reellwertige Funktion*

$$u \mapsto Q(u)$$

*bestimmt;* für diese ist ebenfalls die Bezeichnung „quadratische Form" üblich.

(b) Für einen beliebigen linearen Operator $T$ auf einem Skalarproduktraum $V$ über $\mathbb{C}$ gilt die **Polarisierungsgleichung** ÜA

$$\langle u, Tv \rangle = \tfrac{1}{4}\bigl(\langle u+v, T(u+v)\rangle - \langle u-v, T(u-v)\rangle\bigr)$$
$$\quad - \tfrac{i}{4}\bigl(\langle u+iv, T(u+iv)\rangle - \langle u-iv, T(u-iv)\rangle\bigr) \quad \text{für } u,v \in V.$$

Daher ist $T$ allein schon durch die Funktion $u \mapsto \langle u, Tu\rangle$ bestimmt: Aus $\langle u, Su\rangle = \langle u, Tu\rangle$ für alle $u \in V$ folgt mit der Polarisierungsgleichung für $S-T$, daß $\langle u, (S-T)v\rangle = 0$ für alle $u,v \in V$, also $(S-T)v = 0$ für alle $v \in V$ nach §19:1.2 (b).

## 1.5 Matrizen quadratischer Formen, Transformationsverhalten

(a) *Hat der Skalarproduktraum $V$ die Basis $\mathcal{A} = (u_1, \ldots, u_n)$, so ordnen wir jeder quadratischen Form $Q$ auf $V$ die Matrix*

$$A = M_{\mathcal{A}}(Q) = (Q(u_i, u_k))$$

*zu. Wegen der Symmetrie von $Q$ gilt $A^* = A$.*

(b) *Für $u = \sum_{i=1}^{n} x_i u_i$ und $v = \sum_{k=1}^{n} y_k u_k$ ist dann*

$$Q(u,v) = \sum_{i=1}^{n}\sum_{k=1}^{n} a_{ik}\overline{x}_i y_k = \langle \mathbf{x}, A\mathbf{y} \rangle$$

*mit dem natürlichen Skalarprodukt auf $\mathbb{K}^n$ und mit $\mathbf{x} = (u)_{\mathcal{A}}$, $\mathbf{y} = (v)_{\mathcal{A}}$.*

(c) *Ist $B$ die Matrix der quadratischen Form $Q$ bezüglich der Basis $\mathcal{B} = (v_1, \ldots, v_n)$ und $S$ die Transformationsmatrix des Basiswechsels, so gilt*

$$B = S^* A S.$$

BEWEIS.

Der erste Teil von (b) ergibt sich leicht aus der Linearität von $Q$ in der zweiten und der Antilinearität in der ersten Veränderlichen. Der zweite Teil folgt aus

$$\langle \mathbf{x}, A\mathbf{y} \rangle = \sum_{i=1}^{n} \overline{x}_i \Big( \sum_{k=1}^{n} a_{ik} y_k \Big).$$

Für (c) sei $\mathbf{x} = (u)_{\mathcal{A}}$, $\mathbf{x}' = (u)_{\mathcal{B}}$, $\mathbf{y} = (v)_{\mathcal{A}}$, $\mathbf{y}' = (v)_{\mathcal{B}}$. Dann gilt $\mathbf{x} = S\mathbf{x}'$, $\mathbf{y} = S\mathbf{y}'$, also

$$Q(u,v) = \langle \mathbf{x}, A\mathbf{y} \rangle = \langle S\mathbf{x}', AS\mathbf{y}' \rangle = \langle \mathbf{x}', S^* AS\mathbf{y}' \rangle,$$

andererseits $Q(u,v) = \langle \mathbf{x}', B\mathbf{y}' \rangle$. Für $\mathbf{x}' = \mathbf{e}_i$, $\mathbf{y}' = \mathbf{e}_k$ ergibt sich
$$b_{ik} = (S^* AS)_{ik}. \qquad \square$$

## 2 Symmetrische Operatoren und quadratische Formen

### 2.1 Symmetrische Operatoren

Ein linearer Operator $T : V \to V$ auf einem Skalarproduktraum $V$ heißt **symmetrisch**, wenn

$$\langle Tu, v \rangle = \langle u, Tv \rangle \quad \text{für alle} \quad u,v \in V.$$

BEISPIELE. (a) Auf $\mathbb{K}^n$ mit dem natürlichen Skalarprodukt ist der Operator $T : \mathbf{x} \mapsto A\mathbf{x}$ genau dann symmetrisch, wenn $A = A^*$.

(b) Orthogonale Projektionen sind nach § 19 : 2.4 (b) symmetrisch.

## 2 Symmetrische Operatoren und quadratische Formen

SATZ. (a) *Sind $S, T$ symmetrisch, so auch*

$\alpha S + \beta T$ *für* $\alpha, \beta \in \mathbb{R}$.

(b) *Ist $T$ symmetrisch und invertierbar, so ist auch $T^{-1}$ symmetrisch.*

(c) *Ein Operator $T$ auf einem Skalarproduktraum $V$ über $\mathbb{C}$ ist genau dann symmetrisch, wenn $\langle u, Tu \rangle$ reellwertig ist für alle $u \in V$.*

BEWEIS als ÜA; für (c) ist die Polarisierungsgleichung 1.4 (b) zu verwenden.

### 2.2 Die zugehörige quadratische Form

(a) *Zu jedem symmetrischen Operator $T$ auf $V$ ist durch*

$$Q(u,v) = \langle u, Tv \rangle$$

*eine quadratische Form $Q$ auf $V$ definiert* ÜA.

(b) *Ist $Q$ eine quadratische Form auf einem endlichdimensionalen Skalarproduktraum $V$, so gibt es genau einen symmetrischen Operator $T$ auf $V$ mit*

$Q(u) = \langle u, Tu \rangle$ *für alle* $u \in V$.

*Mit den Polarisierungsgleichungen* 1.4 (a), (b) *folgt*

$Q(u,v) = \langle u, Tv \rangle$ *für alle* $u, v \in V$.

BEWEIS.

(1) Die *Eindeutigkeit* wurde in 1.4 (b) gezeigt.

(2) *Existenz.* Wir wählen eine ONB $\mathcal{A} = (u_1, \ldots, u_n)$ für $V$ und setzen

$a_{ik} = Q(u_i, u_k)$.

Für einen Operator $T$ der gewünschten Art muß gelten

$\langle u_i, Tu_k \rangle = a_{ik}$, also nach § 19 : 2.2 (b)

$$Tu_k = \sum_{i=1}^{n} \langle u_i, Tu_k \rangle u_i = \sum_{i=1}^{n} a_{ik} u_i.$$

Wir definieren jetzt $T$ als denjenigen Operator, der bezüglich der ONB $\mathcal{A}$ die Matrix $(a_{ik})$ besitzt. Dieser Operator ist symmetrisch, denn für

$u = \sum_{i=1}^{n} x_i u_i$, $v = \sum_{k=1}^{n} y_k u_k$ gilt

$\langle Tu_i, u_k \rangle = \overline{\langle u_k, Tu_i \rangle} = \overline{Q(u_k, u_i)} = Q(u_i, u_k) = \langle u_i, Tu_k \rangle$, also

$$\langle Tu,v\rangle = \Big\langle \sum_{i=1}^{n}x_iTu_i\,,\,\sum_{k=1}^{n}y_ku_k\Big\rangle = \sum_{i=1}^{n}\sum_{k=1}^{n}\overline{x}_iy_k\langle Tu_i,u_k\rangle$$

$$= \sum_{i=1}^{n}\sum_{k=1}^{n}\overline{x}_iy_k\langle u_i,Tu_k\rangle = \Big\langle \sum_{i=1}^{n}x_iu_i\,,\,\sum_{k=1}^{n}y_kTu_k\Big\rangle = \langle u,Tv\rangle\,. \quad \square$$

## 2.3 Symmetrische Operatoren und symmetrische Matrizen

*Die Matrix $A$ eines symmetrischen Operators bezüglich einer Orthonormalbasis ist* **symmetrisch***, d.h.*

$$A^* = A\,.$$

(*Im Fall* $\mathbb{K} = \mathbb{C}$ *spricht man auch von hermiteschen Matrizen*).

*Für symmetrische Matrizen $A$ ist der Operator $\mathbf{x} \mapsto A\mathbf{x}$ des $\mathbb{K}^n$ symmetrisch bezüglich des natürlichen Skalarproduktes.*

Das erste folgt aus dem vorangehenden Beweis, das zweite aus § 19 : 4.3 (a).

## 3 Die Diagonalisierbarkeit symmetrischer Operatoren

### 3.1 Eigenwerte und Eigenvektoren symmetrischer Operatoren

*Für symmetrische Operatoren $T$ in beliebigen Skalarprodukträumen $V$ gilt*:

(a) *Alle Eigenwerte sind reell.*

(b) *Eigenvektoren zu verschiedenen Eigenwerten sind zueinander orthogonal.*

(c) *Ist $u$ ein Eigenvektor von $T$, so ist der zu $u$ senkrechte Teilraum*

$$W = \{u\}^{\perp} = \{v \in V \mid \langle u,v\rangle = 0\}$$

$T$–**invariant**, *d.h. wird durch $T$ in sich übergeführt*: $T(W) \subset W$.

Beweis.

(a) Aus der Eigenwertgleichung $Tu = \lambda u$ mit $u \neq 0$ folgt

$$(\lambda - \overline{\lambda})\langle u,u\rangle = \langle u,\lambda u\rangle - \langle \lambda u,u\rangle = \langle u,Tu\rangle - \langle Tu,u\rangle = 0\,,$$

also $\lambda = \overline{\lambda}$ wegen $\langle u,u\rangle \neq 0$.

(b) Aus $Tu = \lambda u$, $Tv = \mu v$ mit reellen Zahlen $\lambda \neq \mu$ folgt

$$(\lambda - \mu)\langle u,v\rangle = \langle \lambda u,v\rangle - \langle u,\mu v\rangle = \langle Tu,v\rangle - \langle u,Tv\rangle = 0\,,$$

also $\langle u,v\rangle = 0$ wegen $\lambda - \mu \neq 0$.

(c) Für $w \in W$ gilt $\langle Tw,u\rangle = \langle w,Tu\rangle = \langle w,\lambda u\rangle = \lambda\langle w,u\rangle = 0$, also ist auch $Tw$ orthogonal zu $u$. $\quad \square$

3 Die Diagonalisierbarkeit symmetrischer Operatoren 377

## 3.2 Die Existenz von Eigenwerten

*Jeder symmetrische Operator $T$ eines endlichdimensionalen Skalarproduktraumes $V$ besitzt wenigstens einen reellen Eigenwert.*

BEWEIS.

(a) Im Fall $\mathbb{K} = \mathbb{C}$ besitzt das charakteristische Polynom $p_T$ von $T$ nach dem Hauptsatz der Algebra eine Nullstelle $\lambda \in \mathbb{C}$. Diese ist ein Eigenwert von $T$ und reell nach 3.1.

(b) Im Fall $\mathbb{K} = \mathbb{R}$ wählen wir eine Orthonormalbasis $\mathcal{B}$ für $V$. Die Matrix $A = M_\mathcal{B}(T)$ ist symmetrisch nach 2.3. Fassen wir $A$ als Abbildung $\mathbf{x} \mapsto A\mathbf{x}$ des $\mathbb{C}^n$ auf, so erhalten wir einen symmetrischen Operator des $\mathbb{C}^n$ mit dem natürlichen Skalarprodukt: $\langle \mathbf{x}, A\mathbf{y} \rangle = \langle A^*\mathbf{x}, \mathbf{y} \rangle = \langle A\mathbf{x}, \mathbf{y} \rangle$.
Nach (a) besitzt $A$ einen reellen Eigenwert $\lambda$, d.h. das charakteristische Polynom $p_A = p_T$ besitzt eine reelle Nullstelle. □

## 3.3 Diagonalisierbarkeit symmetrischer Operatoren

*Jeder symmetrische Operator auf einem endlichdimensionalen Skalarproduktraum ist diagonalisierbar: Es gibt eine Orthonormalbasis für $V$ aus Eigenvektoren von $T$.*

BEWEIS.

Im Fall $\dim V = 1$ ist jeder lineare Operator $T : V \to V$ diagonalisierbar, denn ist $V = \text{Span}\{v\}$ mit $v \neq 0$, so gibt es wegen $Tv \in V$ ein $\lambda \in \mathbb{K}$ mit $Tv = \lambda v$.
Sei die Behauptung für alle Skalarprodukträume der Dimension $n$ richtig, $V$ ein $(n+1)$-dimensionaler Skalarproduktraum und $T : V \to V$ symmetrisch.

Nach 3.2 besitzt $T$ einen reellen Eigenwert $\lambda_1$. Wir wählen einen zugehörigen Eigenvektor $v_1$ mit $\|v_1\| = 1$. Der zu $v_1$ senkrechte Teilraum $W_1$ wird von $T$ in sich übergeführt nach 3.1 (c). Daher ist die Einschränkung $T_1$ von $T$ auf $W_1$ ein symmetrischer Operator auf dem Skalarproduktraum $W_1$. Dabei hat $W_1$ die Dimension $n$, denn $W_1$ ist der Kern der Projektion $u \mapsto \langle v_1, u \rangle v_1$, deren Bildraum eindimensional ist. Für $T_1 : W_1 \to W_1$ gibt es nach Voraussetzung eine ONB $v_2, \ldots, v_{n+1}$ von $W_1$ und Zahlen $\lambda_k \in \mathbb{K}$ mit

$$T_1 v_k = \lambda_1 v_k, \quad \text{also auch} \quad T v_k = \lambda_k v_k \quad (k = 2, \ldots, n+1).$$

Also bilden $v_1, \ldots, v_{n+1}$ eine ONB für $V$ mit $Tv_k = \lambda_k v_k$ $(k = 1, \ldots, n+1)$. □

BEMERKUNG. Die $T$-Invarianz von $W$ ist der entscheidende Punkt! Für den Operator

$$A : \mathbb{R}^2 \to \mathbb{R}^2, \quad \begin{pmatrix} x_1 \\ x_2 \end{pmatrix} \mapsto \begin{pmatrix} 0 & 1 \\ 0 & 0 \end{pmatrix} \begin{pmatrix} x_1 \\ x_2 \end{pmatrix} = \begin{pmatrix} x_2 \\ 0 \end{pmatrix}$$

ist 0 einziger Eigenwert mit Eigenraum Span $\{\mathbf{e}_1\}$. Also ist $A$ nicht diagonalisierbar (§ 18 : 4.1). Der Orthogonalraum $\mathbf{e}_1^\perp = \text{Span}\{\mathbf{e}_2\}$ ist nicht $A$-invariant.

### 3.4 Diagonalisierung von symmetrischen Matrizen

Die Matrix $A \in \mathcal{M}(n, \mathbb{K})$ sei symmetrisch, d.h. es sei $A^* = A$. Nach 2.3 ist $A : \mathbb{K}^n \to \mathbb{K}^n$ ein symmetrischer Operator bezüglich des natürlichen Skalarproduktes. Wir können daher nach 3.3 eine Orthonormalbasis $\mathbf{v}_1, \ldots, \mathbf{v}_n$ des $\mathbb{K}^n$ aus Eigenvektoren von $A$ finden:

$$A\mathbf{v}_j = \lambda_j \mathbf{v}_j \quad \text{für} \quad j = 1, \ldots, n \quad \text{mit} \quad \lambda_1, \ldots, \lambda_n \in \mathbb{R},$$

$$\langle \mathbf{v}_i, \mathbf{v}_k \rangle = \delta_{ik} \quad \text{für} \quad i, k = 1, \ldots, n.$$

Bilden wir die Transformationsmatrix $S$ mit den Spalten $\mathbf{v}_1, \ldots, \mathbf{v}_n$, so lassen sich die Gleichungen $\langle \mathbf{v}_k, \mathbf{v}_j \rangle = \delta_{kj}$ in die folgende Gestalt bringen:

$$S^*S = E, \quad \text{d.h.} \quad S^{-1} = S^*.$$

Damit haben wir nach § 18 : 1.2

$$S^*AS = S^{-1}AS = \begin{pmatrix} \lambda_1 & & 0 \\ & \ddots & \\ 0 & & \lambda_n \end{pmatrix}.$$

BEMERKUNG zur praktischen Bestimmung der ONB $(\mathbf{v}_1, \ldots, \mathbf{v}_n)$ und damit von $S$. Ist $\mu$ eine $k$–fache Nullstelle des charakteristischen Polynoms, so muß $\mu$ nach § 18 : 4.1 $k$–mal unter den $\lambda_1, \ldots, \lambda_n$ vorkommen, und der zugehörige Eigenvektorraum ist $k$–dimensional. Die Auflösung der Eigenwertgleichung

$$(A - \mu E)\mathbf{x} = 0$$

mittels Elimination liefert i.a. zunächst nur $k$ linear unabhängige Eigenvektoren; aus diesen kann dann aber mit Hilfe des Gram–Schmidtschen Verfahrens eine ONB für den Eigenraum $N_\mu$ bestimmt werden. Eigenräume $N_\mu$ und $N_\nu$ für $\mu \neq \nu$ sind nach 3.1 (b) zueinander orthogonal. Die ONB aller Eigenräume ergeben daher zusammen ein ONS aus $n$ Vektoren, d.h. eine Basis des $\mathbb{K}^n$.

## 4 Hauptachsentransformation quadratischer Formen

### 4.1 Hauptachsendarstellung einer quadratischen Form

*Sei $V$ ein $n$-dimensionaler Skalarproduktraum und $Q$ eine quadratische Form, also*

$$Q(u) = \langle u, Tu \rangle$$

*mit einem symmetrischen Operator $T$ (siehe 2.2 (b)). Nach 3.3 gibt es eine ONB $\mathcal{B} = (v_1, \ldots, v_n)$ aus Eigenvektoren von $T$:*

# 4 Hauptachsentransformation quadratischer Formen

$$Tv_1 = \lambda_1 v_1, \quad \ldots, \quad Tv_n = \lambda_n v_n.$$

*Dann hat $Q$ bezüglich $\mathcal{B}$ die Hauptachsendarstellung*

$$Q(u) = \sum_{k=1}^{n} \lambda_k |y_k|^2 \quad \text{für jeden Vektor} \quad u = \sum_{k=1}^{n} y_k v_k.$$

Die Geraden Span $\{v_k\}$ heißen *Hauptachsen* von $Q$.

BEWEIS.
In § 19 : 2.2 wurde gezeigt, daß jedes $u \in V$ die Basisdarstellung

$$u = \sum_{k=1}^{n} y_k v_k \quad \text{mit} \quad y_k = \langle v_k, u \rangle$$

besitzt und daß $\langle u, v \rangle = \sum_{k=1}^{n} \overline{\langle v_k, u \rangle} \cdot \langle v_k, v \rangle = \sum_{k=1}^{n} \overline{y}_k \langle v_k, v \rangle$.
Für $v = Tu$ ist insbesondere

$$\langle v_k, Tu \rangle = \langle Tv_k, u \rangle = \lambda_k \langle v_k, u \rangle = \lambda_k y_k, \qquad \text{also}$$

$$Q(u) = \langle u, Tu \rangle = \sum_{k=1}^{n} \lambda_k |y_k|^2 \qquad \left(\text{und } \|u\|^2 = \sum_{k=1}^{n} |y_k|^2\right). \qquad \square$$

**Folgerung (Rayleigh–Prinzip)**
*Sind die Eigenwerte von $T$ der Größe nach geordnet, $\lambda_1 \leq \cdots \leq \lambda_n$, so gilt*

$$\lambda_1 = \min\{Q(u) \mid \|u\| = 1\}, \qquad \lambda_n = \max\{Q(u) \mid \|u\| = 1\}$$

$\boxed{\text{ÜA}}$, beachten Sie $\|u\|^2 = \sum_{k=1}^{n} |y_k|^2$).

## 4.2 Die Hauptachsentransformation im $\mathbb{K}^n$

Sei jetzt $V = \mathbb{K}^n$ mit dem natürlichen Skalarprodukt und

$$Q(\mathbf{x}) = \sum_{i=1}^{n}\sum_{k=1}^{n} a_{ik}\overline{x}_i x_k = \langle \mathbf{x}, A\mathbf{x} \rangle$$

mit einer symmetrischen Matrix $A$. Wir bestimmen eine ONB $\mathcal{B} = (\mathbf{v}_1, \ldots, \mathbf{v}_n)$ aus Eigenvektoren von $A$. Das durch $\mathcal{B}$ bestimmte kartesische Koordinatensystem heißt Hauptachsensystem. $S$ sei die Transformationsmatrix mit den Spalten $\mathbf{v}_1, \ldots, \mathbf{v}_n$ und $\mathbf{y} = S^{-1}\mathbf{x} = S^*\mathbf{x}$ der Koordinatenvektor von $\mathbf{x}$ mit Komponenten $y_1, \ldots, y_n$ im Hauptachsensystem. Dann gilt

$$Q(\mathbf{x}) = \lambda_1|y_1|^2 + \cdots + \lambda_n|y_n|^2.$$

Das folgt direkt aus $\langle \mathbf{x}, A\mathbf{x} \rangle = \langle S\mathbf{y}, AS\mathbf{y} \rangle = \langle \mathbf{y}, S^*AS\mathbf{y} \rangle$ und

$$S^*AS = \begin{pmatrix} \lambda_1 & & 0 \\ & \ddots & \\ 0 & & \lambda_n \end{pmatrix}.$$

### 4.3 Hauptachsen eines Ellipsoids

Hat eine reelle symmetrische $3 \times 3$–Matrix $A = (a_{ik})$ positive Eigenwerte $\lambda_1$, $\lambda_2$, $\lambda_3$, so beschreibt die Gleichung

$$Q(\mathbf{x}) = \sum_{i=1}^{3} \sum_{k=1}^{3} a_{ik} x_i x_k = 1$$

ein Ellipsoid. Dies erkennt man nach Ausführung der Hauptachsentransformation: Ist $S$ die Transformationsmatrix und sind $\lambda_1$, $\lambda_2$, $\lambda_3$ die Eigenwerte, so gilt mit $\mathbf{x} = S\mathbf{y}$ bzw. $\mathbf{y} = S^{-1}\mathbf{x} = S^T\mathbf{x}$

$$1 = Q(\mathbf{x}) = \lambda_1 y_1^2 + \lambda_2 y_2^2 + \lambda_3 y_3^2 = \left(\frac{y_1}{a_1}\right)^2 + \left(\frac{y_2}{a_2}\right)^2 + \left(\frac{y_3}{a_3}\right)^2.$$

Hierbei sind $a_1 = \frac{1}{\sqrt{\lambda_1}}$, $a_2 = \frac{1}{\sqrt{\lambda_2}}$, $a_3 = \frac{1}{\sqrt{\lambda_3}}$ die Hauptachsenabschnitte des Ellisoids. Wie man der Gleichung entnimmt, sind dies die Abstände zwischen den Durchstoßpunkten der Hauptachsen durch das Ellipsoid und dem Ursprung.

Beim Trägheitsellipsoid eines starren Körpers (vgl. § 19 : 5.6) bezeichnet man die Hauptachsen als *Hauptträgheitsachsen*.

Nach dem Rayleigh–Prinzip 4.1 gilt: Unter allen Drehungen mit festem Drehvektor liefert die Drehung um eine Hauptträgheitsachse zum größten Eigenwert die größte kinetische Energie, entsprechend ist die kinetische Energie bei Drehung um eine Hauptachse zum kleinsten Eigenwert minimal.

### 4.4 Kegelschnitte und Flächen zweiter Ordnung

(a) Durch die Gleichung $a_{11}x^2 + 2a_{12}xy + a_{22}y^2 + a_1 x + a_2 y = c$ ist — von entarteten Fällen abgesehen — ein Kegelschnitt (Ellipse, Hyperbel oder Parabel) beschrieben.

(b) Die Gleichung $\sum_{i=1}^{3}\sum_{k=1}^{3} a_{ik}x_i x_k + \sum_{i=1}^{3} a_i x_i = c$ beschreibt im allgemeinen eine Fläche zweiter Ordnung (Ellipsoid, Hyperboloid, Paraboloid, Kegel oder Zylinder), wenn man von entarteten Fällen absieht.

(c) Beidesmal handelt es sich um eine Gleichung

$$\langle \mathbf{x}, A\mathbf{x} \rangle + \langle \mathbf{a}, \mathbf{x} \rangle = c,$$

# 4 Hauptachsentransformation quadratischer Formen

welche durch die Hauptachsentransformation $\mathbf{x} = S\mathbf{y}$ in die Form

$$\langle \mathbf{y}, S^*AS\mathbf{y} \rangle + \langle S^*\mathbf{a}, \mathbf{y} \rangle = c, \quad \text{also}$$

$$\sum_{k=1}^{n} \lambda_k y_k^2 + \sum_{k=1}^{n} b_k y_k = c \quad (n = 2 \text{ oder } 3)$$

übergeführt wird. Aus dieser ergibt sich dann die geometrische Gestalt der Lösungsmenge der Gleichung $\langle \mathbf{x}, A\mathbf{x} \rangle + \langle \mathbf{a}, \mathbf{x} \rangle = c$. Eine vorzügliche Analyse aller möglichen Fälle finden Sie bei [PICKERT, Abschnitt 23].

## 4.5 Aufgabe

Bestimmen Sie die Gestalt des Kegelschnittes mit der Gleichung

$$x_1^2 + 4x_1x_2 + 4x_2^2 + 2x_1 - x_2 = 5.$$

## 4.6 Positive Definitheit und Vorzeichen der Eigenwerte

Ein symmetrischer Operator $T$ auf einem Skalarproduktraum $V$ heißt
- **positiv** ($T \geq 0$), wenn $\langle u, Tu \rangle \geq 0$ für alle $u \in V$,
- **positiv definit** ($T > 0$), wenn $\langle u, Tu \rangle > 0$ für alle $u \in V$ mit $u \neq 0$.

Diese Begriffe wendet man auch auf symmetrische Matrizen an, wobei die quadratische Form $\langle \mathbf{x}, A\mathbf{x} \rangle$ mit dem natürlichen Skalarprodukt betrachtet wird.

**Satz.** *In einem endlichdimensionalen Skalarproduktraum gilt*
- $T \geq 0$ *genau dann, wenn* $\lambda \geq 0$ *für alle Eigenwerte* $\lambda$ *von* $T$ *und*
- $T > 0$ *genau dann, wenn alle Eigenwerte von* $T$ *echt positiv sind. Im letzteren Fall ist* $T$ *invertierbar, denn 0 ist kein Eigenwert.*

BEWEIS.
Die erste Behauptung folgt sofort aus der Darstellung 4.1:

$$\langle u, Tu \rangle = \sum_{k=1}^{n} \lambda_k |y_k|^2 \quad \text{für} \quad u = \sum_{k=1}^{n} y_k v_k.$$

Sind alle Eigenwerte des Operators $T$ positiv, so ist $\langle u, Tu \rangle = 0$ nur dann, wenn $y_1 = \cdots = y_n = 0$, also $u = 0$. Ist umgekehrt $T$ positiv definit, so gilt

$$0 < \langle v_k, Tv_k \rangle = \langle v_k, \lambda_k v_k \rangle = \lambda_k \quad \text{für} \quad k = 1, \ldots, n. \qquad \square$$

## 4.7 Beispiele positiver Matrizen

(a) **Die Matrix der Gaußschen Normalgleichungen**, vgl. §16:6.3. *Für eine reelle* $m \times n$–*Matrix* $A$ *mit* Rang $A = n < m$ *ist die* $n \times n$–*Matrix* $A^T A$ *positiv definit, also insbesondere invertierbar.*

Denn fassen wir den Spaltenvektor $\mathbf{x}$ als $n \times 1$–Matrix auf, so ergibt sich

$$\langle \mathbf{x}, A^T A\mathbf{x} \rangle = \mathbf{x}^T A^T A\mathbf{x} = (A\mathbf{x})^T A\mathbf{x} = \|A\mathbf{x}\|^2 \geq 0\,;$$

die Norm auf der rechten Seite ist die von $\mathbb{R}^m$. Nach der Dimensionsformel ist $\dim \operatorname{Kern} A = 0$, also $\langle \mathbf{x}, A^T A\mathbf{x} \rangle = 0 \iff A\mathbf{x} = \mathbf{0} \iff \mathbf{x} = \mathbf{0}$.

(b) **Matrizen mit überwiegender Hauptdiagonale.** *Gilt für die Diagonalelemente einer (reellen oder komplexen) symmetrischen Matrix $A = (a_{ik})$*

$$a_{ii} > \sum_{k \neq i} |a_{ik}|\,, \quad i = 1, \ldots, n\,,$$

*so ist $A$ positiv definit.*

Wir zeigen, daß alle Eigenwerte echt positiv sind. Sei $\mathbf{x} \neq \mathbf{0}$, $A\mathbf{x} = \lambda \mathbf{x}$ und $x_i$ eine betragsgrößte Komponente von $\mathbf{x}$. Aus $A\mathbf{x} = \lambda\mathbf{x}$ folgt insbesondere

$$(\lambda - a_{ii})x_i = \sum_{k \neq i} a_{ik} x_k\,, \quad \text{also}$$

$$|a_{ii} - \lambda| \cdot |x_i| \leq \sum_{k \neq i} |a_{ik}| \cdot |x_k| \leq |x_i| \sum_{k \neq i} |a_{ik}|\,.$$

Wegen $|x_i| > 0$ folgt daraus $|a_{ii} - \lambda| \leq \sum_{k \neq i} |a_{ik}| < a_{ii}$, also liegt $\lambda$ im Intervall mit Mittelpunkt $a_{ii} > 0$ und halber Länge $a_{ii}$, ist also positiv.

## 5 Gekoppelte Systeme von Massenpunkten

### 5.1 Ein diskretes Saitenmodell

Wir denken uns auf einer gespannten elastischen, masselosen Schnur in gleichen Abständen $n$ punktförmige Einzelmassen $m$ angeheftet, die reine Transversalschwingungen ausführen. Die Auslenkung $y_k(t)$ des $k$-ten Massenpunkts aus der Ruhelage $y = 0$ sei jeweils klein. Dann ist die auf ihn wirkende Rückstellkraft $f_k$ näherungsweise proportional zu der Summe der Auslenkungsdifferenzen $y_{k-1} - y_k$ nach links und $y_{k+1} - y_k$ nach rechts. Mit einer Proportionalitätskonstanten $c > 0$ gilt also

$$f_1 = -cy_1 + c(y_2 - y_1)$$
$$f_2 = c(y_1 - y_2) + c(y_3 - y_2)$$
$$\vdots$$
$$f_n = c(y_{n-1} - y_n) - cy_n\,.$$

Nach dem zweiten Newtonschen Gesetz ergibt sich $m\ddot{y}_k(t) = f_k(t)$ für $k = 1,\ldots,n$. Mit $a = \sqrt{\frac{c}{m}}$ erhalten wir so das System von Differentialgleichungen

$$\begin{aligned}
\ddot{y}_1(t) + a^2(2y_1(t) - y_2(t)) &= 0 \\
\ddot{y}_2(t) + a^2(-y_1(t) + 2y_2(t) - y_3(t)) &= 0 \\
&\vdots \\
\ddot{y}_n(t) + a^2(-y_{n-1}(t) + 2y_n(t)) &= 0,
\end{aligned}$$

welches wir in der Form

$$\ddot{\mathbf{y}}(t) + a^2 A\mathbf{y}(t) = \mathbf{0}$$

notieren. Die Matrix $A$ ist positiv definit, denn es gilt $\boxed{\text{ÜA}}$

$$\begin{aligned}
\langle \mathbf{x}, A\mathbf{x} \rangle &= 2x_1^2 - 2x_1x_2 + 2x_2^2 - 2x_2x_3 + \cdots - 2x_{n-1}x_n + 2x_n^2 \\
&= x_1^2 + (x_1 - x_2)^2 + (x_2 - x_3)^2 + \cdots + (x_{n-1} - x_n)^2 + x_n^2.
\end{aligned}$$

## 5.2 Allgemeine gekoppelte Systeme

Ein System von $N$ räumlich angeordneten, durch Federn gekoppelten Massenpunkten soll kleine elastische Schwingungen um eine stabile Gleichgewichtslage herum ausführen. Die Auslenkung des $k$-ten Massenpunktes $m_k$ aus seiner Ruhelage sei $(x_k, y_k, z_k)$. Wir fassen diese Zahlentripel zu einem Vektor $\mathbf{x} = (x_1, y_1, z_1, \ldots, x_N, y_N, z_N) \in \mathbb{R}^{3N}$ zusammen. Bei sehr kleinen Auslenkungen dürfen wir annehmen, daß potentielle Energie $U$ und kinetische Energie $T$ quadratische Formen sind:

$$U(\mathbf{x}) = \tfrac{1}{2}\langle \mathbf{x}, A\mathbf{x} \rangle, \qquad T(\dot{\mathbf{x}}) = \tfrac{1}{2}\langle \dot{\mathbf{x}}, B\dot{\mathbf{x}} \rangle.$$

In vielen Fällen ist

$$B = \begin{pmatrix} b_1 & & 0 \\ & \ddots & \\ 0 & & b_{3N} \end{pmatrix},$$

mit $b_1 = b_2 = b_3 = m_1$ usw. Die Euler–Lagrangeschen Bewegungsgleichungen lauten in Matrix–Vektorschreibweise

$$B\ddot{\mathbf{x}}(t) + A\mathbf{x}(t) = \mathbf{0}.$$

Wir wollen voraussetzen, daß $A$ und $B$ positiv definite Matrizen sind. Dann ist insbesondere $B$ invertierbar, und die Bewegungsgleichungen können in der Form

$$\ddot{\mathbf{x}} + B^{-1}A\mathbf{x} = \mathbf{0}$$

geschrieben werden. Die Matrix $C = B^{-1}A$ ist in der Regel nicht symmetrisch, wohl aber diagonalähnlich, wie im folgenden gezeigt werden soll.

### 5.3 Simultane Hauptachsentransformation

(a) *Sind $A, B$ symmetrische Matrizen mit $B > 0$, so ist die Matrix $B^{-1}A$ diagonalähnlich mit reellen Eigenwerten. Genauer:*

*Es gibt eine Basis $\mathcal{B} = (\mathbf{v}_1, \ldots, \mathbf{v}_n)$ des $\mathbb{K}^n$ und reelle Zahlen $\lambda_1, \ldots, \lambda_n$ mit*

$$A\mathbf{v}_1 = \lambda_1 B\mathbf{v}_1, \quad \ldots, \quad A\mathbf{v}_n = \lambda_n B\mathbf{v}_n \quad \text{sowie} \quad \langle \mathbf{v}_i, B\mathbf{v}_k \rangle = \delta_{ik}.$$

*Die Zahlen $\lambda_k$ sind die Nullstellen des Polynoms $p(x) = \det(A - xB)$.*

(b) *Für $\mathbf{x} = y_1 \mathbf{v}_1 + \cdots + y_n \mathbf{v}_n$ gilt dann mit dem natürlichen Skalarprodukt*

$$\langle \mathbf{x}, A\mathbf{x} \rangle = \sum_{k=1}^n \lambda_k |y_k|^2, \qquad \langle \mathbf{x}, B\mathbf{x} \rangle = \sum_{k=1}^n |y_k|^2.$$

BEMERKUNGEN. (c) $B^{-1}A$ ist genau dann symmetrisch, wenn $AB = BA$.

(d) $\mathcal{B}$ ist im allgemeinen keine ONB bezüglich des natürlichen Skalarproduktes!

BEWEIS.

(a) Da die Matrix $B$ positiv definit ist, wird durch

$$\langle \mathbf{u}, \mathbf{v} \rangle_B := \langle \mathbf{u}, B\mathbf{v} \rangle$$

neben dem natürlichen Skalarprodukt $\langle \cdot, \cdot \rangle$ ein weiteres definiert. Der Operator $T : \mathbf{x} \mapsto B^{-1}A\mathbf{x}$ ist bezüglich dieses Skalarproduktes symmetrisch:

$$\langle \mathbf{u}, B^{-1}A\mathbf{v} \rangle_B = \langle \mathbf{u}, BB^{-1}A\mathbf{v} \rangle = \langle \mathbf{u}, A\mathbf{v} \rangle = \langle A\mathbf{u}, \mathbf{v} \rangle$$
$$= \langle A\mathbf{u}, B^{-1}B\mathbf{v} \rangle = \langle B^{-1}A\mathbf{u}, B\mathbf{v} \rangle = \langle B^{-1}A\mathbf{u}, \mathbf{v} \rangle_B,$$

da $B^{-1}$ nach 2.1(b) symmetrisch ist. Also gibt es für $\mathbb{K}^n$, versehen mit dem Skalarprodukt $\langle \cdot, \cdot \rangle_B$, eine ONB $\mathcal{B} = (\mathbf{v}_1, \ldots \mathbf{v}_n)$ aus Eigenvektoren von $T$ zu reellen Eigenwerten:

$$T\mathbf{v}_k = B^{-1}A\mathbf{v}_k = \lambda_k \mathbf{v}_k, \quad \text{d.h.} \quad A\mathbf{v}_k = \lambda_k B\mathbf{v}_k,$$

$$\langle \mathbf{v}_i, \mathbf{v}_k \rangle_B = \delta_{ik}.$$

Der Rest folgt aus $|B^{-1}A - xE| = |B^{-1}(A - xB)| = |B^{-1}| \cdot |A - xB|$.

(b) folgt aus 4.1 mit $\langle \mathbf{x}, T\mathbf{x} \rangle_B = \langle \mathbf{x}, A\mathbf{x} \rangle$, $\langle \mathbf{x}, B\mathbf{x} \rangle = \langle \mathbf{x}, \mathbf{x} \rangle_B$.

(c) Ist $B^{-1}A$ symmetrisch, so gilt nach §19:4.3, Zusatz (a)

$$B^{-1}A = (B^{-1}A)^* = A^*(B^{-1})^* = AB^{-1}, \quad \text{da } B^{-1} \text{ symmetrisch ist.}$$

Multiplikation mit $B$ von links und rechts liefert $AB = BA$. Aus $AB = BA$ folgt analog $B^{-1}A = AB^{-1} = A^*(B^{-1})^* = (B^{-1}A)^*$ durch Multiplikation mit $B^{-1}$ von links und rechts $\boxed{\text{ÜA}}$. □

### 5.4 Lösung des Problems gekoppelter Massenpunkte

Wir betrachten für $A > 0$, $B > 0$ das Anfangswertproblem

$$B\ddot{\mathbf{x}}(t) + A\mathbf{x}(t) = \mathbf{0}$$

mit vorgeschriebenen Anfangsdaten $\mathbf{x}(0) = \mathbf{x}_0$, $\dot{\mathbf{x}}(0) = \mathbf{x}_1$.

Gemäß 5.3 bestimmen wir eine Basis $(\mathbf{v}_1, \ldots, \mathbf{v}_n)$ des $\mathbb{R}^n$ mit

$$A\mathbf{v}_k = \lambda_k B\mathbf{v}_k, \quad \langle \mathbf{v}_i, \mathbf{v}_k \rangle_B = \langle \mathbf{v}_i, B\mathbf{v}_k \rangle = \delta_{ik}.$$

Nach 5.3 (b) sind alle $\lambda_k$ echt positiv wegen $A > 0$.

Jeder Lösungsvektor $\mathbf{x}(t)$ besitzt eine Basisdarstellung

$$(*) \quad \mathbf{x}(t) = \sum_{k=1}^n y_k(t)\mathbf{v}_k; \quad \text{dabei gilt nach § 19 : 2.2 (b)}$$

$$y_k(t) = \langle \mathbf{v}_k, \mathbf{x}(t) \rangle_B = \langle \mathbf{v}_k, B\mathbf{x}(t) \rangle = \langle B\mathbf{v}_k, \mathbf{x}(t) \rangle.$$

Daher gilt

$$\ddot{y}_k(t) = \langle B\mathbf{v}_k, \ddot{\mathbf{x}}(t) \rangle = \langle \mathbf{v}_k, B\ddot{\mathbf{x}}(t) \rangle = -\langle \mathbf{v}_k, A\mathbf{x}(t) \rangle$$
$$= -\langle A\mathbf{v}_k, \mathbf{x}(t) \rangle = -\lambda_k \langle B\mathbf{v}_k, \mathbf{x}(t) \rangle = -\lambda_k y_k(t).$$

Mit $\omega_k = \sqrt{\lambda_k}$ erhalten wir also die gewöhnlichen Schwingungsgleichungen

$$\ddot{y}_k(t) + \omega_k^2 y_k(t) = 0$$

mit den allgemeinen Lösungen

$$y_k(t) = a_k \cos \omega_k t + b_k \sin \omega_k t \quad (k = 1, \ldots, n).$$

*Die Koeffizienten* $a_k = y_k(0)$, $b_k = \frac{1}{\omega_k}\dot{y}_k(0)$ *ergeben sich aus* $(*)$:

$$\mathbf{x}_0 = \mathbf{x}(0) = \sum_{k=1}^n a_k \mathbf{v}_k, \quad \mathbf{x}_1 = \dot{\mathbf{x}}(0) = \sum_{k=1}^n \omega_k b_k \mathbf{v}_k, \quad \text{daraus}$$

$$a_k = \langle B\mathbf{v}_k, \mathbf{x}_0 \rangle, \quad b_k = \frac{1}{\omega_k} \langle B\mathbf{v}_k, \mathbf{x}_1 \rangle.$$

Dadurch sind $y_1(t), \ldots, y_n(t)$ und damit $\mathbf{x}(t)$ eindeutig bestimmt. Daß $(*)$ mit diesen $a_k, b_k$ tatsächlich eine Lösung liefert, ist leicht nachzurechnen.

# Kapitel V   Analysis mehrerer Variabler

## § 21   Topologische Grundbegriffe normierter Räume

### 1   Normierte Räume

**1.1 Vorbemerkungen.** Auch in der mehrdimensionalen Analysis sind die Begriffe „Konvergenz", „Stetigkeit", „Differenzierbarkeit" fundamental. Neu hinzu treten „topologische" Begriffe, welche die Gestalt von Punktmengen betreffen, wie „offen", „kompakt", „zusammenhängend". Alle diese Begriffe können auf den Begriff des Abstands zweier Punkte, also letztlich auf die euklidische Norm zurückgeführt werden.

Der Begriff der Norm ist uns schon in mehreren Kontexten begegnet. Normen treten in Band 2 bei unendlichdimensionalen Funktionenräumen unterschiedlichster Ausprägung auf, z.B. im Zusammenhang mit der Quantenmechanik. Die Begriffe und Sätze dieses Abschnittes sind zwar für den $\mathbb{R}^n$ gedacht, doch fast alle Schlüsse bleiben in beliebigen normierten Räumen gültig. Daher halten wir die Formulierungen dieses Abschnittes allgemein; dem Leser bleibt unbenommen, dabei an die Gerade, die Ebene oder den Raum zu denken.

### 1.2  Norm und Abstand

Ein Vektorraum $V$ über $\mathbb{K}$ ( $= \mathbb{R}$ oder $\mathbb{C}$) heißt **normierter Raum**, wenn er mit einer **Norm** versehen ist, worunter wir eine reellwertige Funktion $u \mapsto \|u\|$ auf $V$ mit folgenden Eigenschaften verstehen:

(a) $\|u\| \geq 0$   und   $\|u\| = 0 \iff u = 0$,

(b) $\|\alpha u\| = |\alpha| \cdot \|u\|$   für   $\alpha \in \mathbb{K}$,

(c) $\|u + v\| \leq \|u\| + \|v\|$   (*Dreiecksungleichung*).

Als direkte Folgerungen aus (a), (b) und (c) ergeben sich

(d) $\left\| \sum_{k=1}^{m} \alpha_k u_k \right\| \leq \sum_{k=1}^{m} |\alpha_k| \cdot \|u_k\|$   für   $\alpha_k \in \mathbb{K}, \, u_k \in V$,

(e) $\bigl| \|u\| - \|v\| \bigr| \leq \|u - v\|$   (*Dreiecksungleichung nach unten*).

Der Nachweis von (e) erfolgt nach dem Muster von §7:3.3 ÜA.

Für $u, v \in V$ nennen wir $\|u - v\|$ den **Abstand** von $u$ und $v$. Sind $A, B \subset V$ nichtleere Mengen, so bezeichnen wir

$$\operatorname{dist}(A, B) := \inf \bigl\{ \|u - v\| \mid u \in A, v \in B \bigr\}$$

als **Abstand** der Mengen $A$ und $B$. Für $u \in V$, $r > 0$ nennen wir die Menge

# 1 Normierte Räume

$$K_r(u) := \{v \in V \mid \|v - u\| < r\}$$

die **offene Kugel** um $u$ mit Radius $r$.

Eine Teilmenge $M$ von $V$ heißt **beschränkt**, wenn es ein $R > 0$ gibt mit $\|u\| \leq R$ für alle $u \in M$.

## 1.3 Beispiele von Normen in $\mathbb{R}^n$ und $\mathbb{C}^n$

Analog zur euklidischen Norm $\|\mathbf{x}\| := \sqrt{x_1^2 + \cdots + x_n^2}$ im $\mathbb{R}^n$ (vgl. §6:2.3) definieren wir die euklidische Norm im $\mathbb{C}^n$ durch

$$\|\mathbf{x}\| := \sqrt{|x_1|^2 + \cdots + |x_n|^2}\,.$$

Im $\mathbb{K}^n$ ( $= \mathbb{R}^n$ oder $\mathbb{C}^n$) lassen sich noch weitere Normen definieren:
*Jedes Skalarprodukt liefert eine Norm.* Weitere wichtige Normen sind

$$\|\mathbf{x}\|_1 := |x_1| + \cdots + |x_n|, \quad \|\mathbf{x}\|_\infty := \max\{|x_1|, \ldots, |x_n|\}\,.$$

Die euklidische Norm wird manchmal auch mit $\|\cdot\|_2$ bezeichnet.

ÜA. Weisen Sie die Normeigenschaften nach und zeichnen Sie die Einheitskugeln $K_1(\mathbf{0})$ im $\mathbb{R}^2$ für die Normen $\|\cdot\|_1$ und $\|\cdot\|_\infty$.

Zwischen diesen drei Normen bestehen die Beziehungen

$$\frac{1}{\sqrt{n}} \|\mathbf{x}\| \leq \|\mathbf{x}\|_\infty \leq \|\mathbf{x}\|_1 \leq \sqrt{n}\, \|\mathbf{x}\|\,,$$

letzteres nach der Cauchy–Schwarzschen Ungleichung:

$$\sum_{k=1}^n 1 \cdot |x_k| \leq \sqrt{1^2 + \cdots + 1^2} \cdot \sqrt{|x_1|^2 + \cdots + |x_n|^2}\,.$$

Wenn nichts anderes gesagt wird, verwenden wir im $\mathbb{K}^n$ die euklidische Norm.

*Es sei hervorgehoben, daß der Betrag auf $\mathbb{R}$ bzw. $\mathbb{C}$ die Eigenschaften einer Norm hat. $\mathbb{R}$ und $\mathbb{C}$ mit dem üblichen Abstandsbegriff sind im folgenden miteinbezogen.*

## 1.4 Normen auf unendlichdimensionalen Vektorräumen

(a)  C$[a,b]$ sei der Vektorraum der stetigen Funktionen auf dem kompakten Intervall $[a,b]$. In §12:2.1 wurde gezeigt, daß durch

$$\|f\|_\infty := \max\{|f(x)| \mid a \leq x \leq b\}$$

eine Norm auf C$[a,b]$ gegeben ist, die Supremumsnorm.

(b)  Für den Hilbertschen Folgenraum

$$\ell^2 = \left\{\, a = (a_1, a_2, \ldots) \mid a_k \in \mathbb{C},\ \sum_{k=1}^{\infty} |a_k|^2 \ \text{konvergiert} \,\right\}$$

ist durch $\|a\| := \bigl(\sum_{k=1}^{\infty} |a_k|^2\bigr)^{\frac{1}{2}}$ eine Norm gegeben, vgl. § 19 : 1.4.

## 2 Konvergente Folgen

**2.1 Definition.** Es sei $V$ ein normierter Raum und $(u_k)$ eine Folge in $V$. Wir sagen, die Folge **konvergiert gegen** $u \in V$ oder hat den **Grenzwert (Limes)** $u$, wenn

$$\lim_{k \to \infty} \|u - u_k\| = 0\,.$$

Wir schreiben dafür

$$u = \lim_{k \to \infty} u_k \quad \text{oder} \quad u_k \to u \quad \text{für} \quad k \to \infty\,.$$

### 2.2 Eigenschaften konvergenter Folgen

(a) *Eine konvergente Folge kann nur einen Grenzwert besitzen.*

(b) *Eine konvergente Folge $(u_k)$ ist beschränkt, d.h. es gibt ein $r > 0$ mit*

$$\|u_k\| < r \quad \text{für} \quad k = 1, 2, \ldots\,.$$

BEWEIS.

(a) Aus $u_k \to u$, $u_k \to v$ für $k \to \infty$ folgt

$$\|u - v\| = \|(u - u_k) + (u_k - v)\| \leq \|u - u_k\| + \|u_k - v\| \to 0$$

für $k \to \infty$, also $u = v$.

(b) Da $(\|u - u_k\|)$ eine Nullfolge in $\mathbb{R}$ ist, ist sie beschränkt: $\|u - u_k\| < s$ für $k = 1, 2, \ldots$. Es folgt

$$\|u_k\| = \|u + (u_k - u)\| \leq \|u\| + \|u_k - u\| < \|u\| + s =: r\,. \qquad \square$$

### 2.3 Das Rechnen mit konvergenten Folgen

(a) *Aus $u_k \to u$, $v_k \to v$ folgt $\alpha u_k + \beta v_k \to \alpha u + \beta v$ für $\alpha, \beta \in \mathbb{K}$.*

(b) *Aus $u_k \to u$ folgt $\|u_k\| \to \|u\|$.*

(c) *Ist $(u_k)$ konvergent, so konvergiert auch jede Teilfolge von $(u_k)$ und hat denselben Grenzwert.*

BEWEIS.

Wortwörtlich wie in § 2. ÜA : Führen Sie die Beweise aus, ohne an der angegebenen Stelle nachzusehen. $\qquad \square$

## 2.4 Äquivalente Normen, Konvergenz im $\mathbb{R}^n$

(a) Zwei Normen $\|\cdot\|_1$, $\|\cdot\|_2$ auf $V$ heißen **äquivalent**, wenn es Konstanten $a, b > 0$ gibt mit

$$\|u\|_1 \leq a \cdot \|u\|_2, \qquad \|u\|_2 \leq b \cdot \|u\|_1 \qquad \text{für alle} \quad u \in V.$$

In diesem Fall gilt $\|u - u_k\|_1 \to 0 \iff \|u - u_k\|_2 \to 0$, d.h. *äquivalente Normen führen auf denselben Konvergenzbegriff.*

(b) *Nach 1.3 sind die dort erklärten Normen $\|\cdot\|$, $\|\cdot\|_1$, $\|\cdot\|_\infty$ paarweise äquivalent. Die Konvergenz $u_k \to u$ in jeder dieser Normen ist äquivalent zur koordinatenweisen Konvergenz.*

Nach (a) gilt nämlich $\|u - u_k\| \to 0 \iff \|u - u_k\|_1 \to 0 \iff \|u - u_k\|_\infty \to 0$. Hat $u - u_k$ die Koordinaten $x_{k,i}$ ($i = 1, \ldots, n$), so folgt aus koordinatenweiser Konvergenz $\lim\limits_{k \to \infty} x_{k,i} = 0$ die Beziehung $\|u - u_k\|_1 = \sum\limits_{i=1}^{n} |x_{k,i}| \to 0$.

Wegen $|x_{k,i}| \leq \|u - u_k\|_\infty$ folgt aus $\|u - u_k\|_\infty \to 0$ die koordinatenweise Konvergenz. □

# 3 Offene und abgeschlossene Mengen

## 3.1 Offene Mengen

Das Konzept der Ableitung einer Funktion mehrerer Veränderlicher in einem Punkt erfordert die Kenntnis der Funktion in einer ganzen Umgebung dieses Punktes. Wir lassen deshalb als Definitionsbereiche differenzierbarer Funktionen nur offene Mengen zu:

Eine Teilmenge $\Omega$ eines normierten Raumes $V$ heißt **offen**, wenn $\Omega$ mit jedem Punkt $u$ auch noch eine Kugel $K_\varepsilon(u)$ um $u$ enthält.

*Die $r$–Kugel um $u \in V$*

$$K_r(u) = \{v \in V \mid \|v - u\| < r\}$$

*ist offen; dies rechtfertigt die Bezeichnung „offene Kugel".*

Denn mit $v \in K_r(u)$ liegt auch die Kugel $K_\varepsilon(v)$ mit $\varepsilon = r - \|u - v\| > 0$ noch in $K_r(u)$, wie man mit Hilfe der Dreiecksungleichung sofort nachprüft.

In $\mathbb{R}$ sind die Intervalle der Form $]a, b[$, $]a, \infty[$ und $]-\infty, b[$ offen, ÜA .

## 3.2 Eigenschaften offener Mengen

(a) $\emptyset$ *und $V$ sind offene Mengen.*

(b) *Die Vereinigung von beliebig vielen offenen Mengen ist offen.*

(c) *Der Durchschnitt endlich vieler offener Mengen ist offen.*

Der Durchschnitt unendlich vieler offener Mengen muß nicht offen sein. Zum Beispiel ist

$$\bigcap_{n=1}^{\infty} K_{\frac{1}{n}}(0) = \{0\}$$

keine offene Menge.

BEWEIS.

(a) Die Offenheit von $V$ ist offensichtlich. Aus Gründen formaler Zweckmäßigkeit setzen wir die leere Menge als offen fest. Das ist auch deshalb gerechtfertigt, weil die Aussage $u \in \emptyset \implies K_r(u) \subset \emptyset$ nach den Verabredungen §4:2.2 richtig ist.

(b) bleibt als leichte ÜA dem Leser überlassen.

(c) Seien $\Omega_1, \ldots, \Omega_m$ offene Mengen in $V$ und sei $u \in \Omega_1 \cap \cdots \cap \Omega_m$. Dann gehört $u$ zu jedem $\Omega_k$, es gibt also Radien $r_k > 0$ mit $K_{r_k}(u) \subset \Omega_k$. Setzen wir $r = \min\{r_1, \ldots, r_m\}$, so gilt $K_r(u) \subset \Omega_1 \cap \cdots \cap \Omega_m$. □

## 3.3 Aufgaben

(a) Zeigen Sie, daß jeder *Halbraum* im $\mathbb{R}^n$

$$\{\mathbf{x} \in \mathbb{R}^n \mid \langle \mathbf{x}, \mathbf{a} \rangle > b\} \quad \text{mit} \quad \mathbf{a} \neq \mathbf{0},\ b \in \mathbb{R}$$

eine offene Menge ist.

(b) Folgern Sie hieraus zusammen mit der Durchschnittseigenschaft 3.2 (c), daß $\{\mathbf{x} \in \mathbb{R}^n \mid a_k < x_k < b_k$ für $k = 1, \ldots, n\}$ eine offene Menge im $\mathbb{R}^n$ ist.

(c) Zeigen Sie: Zwei äquivalente Normen auf $V$ (vgl. 2.4) erzeugen dieselbe „Topologie", d.h. der Begriff offene Menge ist für beide Mengen derselbe.

## 3.4 Abgeschlossene Mengen

Eine Teilmenge $A$ eines normierten Raumes $V$ heißt **abgeschlossen**, wenn mit jeder konvergenten Folge, deren Glieder in $A$ liegen, auch der Grenzwert zu $A$ gehört:

$$u_k \to u,\ u_k \in A \implies u \in A.$$

# 3 Offene und abgeschlossene Mengen

BEISPIELE

(a) In $\mathbb{R}$ sind Intervalle der Form $[a,b]$, $[a,\infty[$ und $]-\infty,b]$ abgeschlossen, man beachte dazu § 2 : 6.2.

(b) Die Menge $N$ der Nullstellen einer stetigen Funktion $f : [a,b] \to \mathbb{R}$ ist abgeschlossen. Denn aus $x_k \in N$, $x_k \to x$, folgt nach (a) $x \in [a,b]$, und wegen der Stetigkeit von $f$ folgt $f(x) = \lim_{k\to\infty} f(x_k) = 0$, also $x \in N$.

## 3.5 Komplemente von offenen und abgeschlossenen Mengen

*In einem normierten Raum $V$ ist eine Teilmenge $\Omega$ genau dann offen, wenn ihr Komplement $V \setminus \Omega$ abgeschlossen ist.*

Hieraus folgt unmittelbar, daß $A \subset V$ genau dann abgeschlossen ist, wenn $V \setminus A$ offen ist.

BEWEIS.

"$\implies$": $\Omega$ sei offen. Zum Nachweis der Abgeschlossenheit von $V \setminus \Omega$ ist zu zeigen

$$u_k \in V \setminus \Omega, \quad u_k \to u \implies u \in V \setminus \Omega.$$

Wäre $u \in \Omega$, so würde nach Voraussetzung $K_\varepsilon(u) \subset \Omega$ für ein $\varepsilon > 0$ gelten. Wegen $u_k \to u$ gäbe es ein $n_\varepsilon$ mit

$$\|u - u_k\| < \varepsilon \quad \text{für} \quad k > n_\varepsilon,$$

d.h. $u_k \in K_\varepsilon(u) \subset \Omega$ für $k > n_\varepsilon$, was ein Widerspruch zu $u_k \in V \setminus \Omega$ ist.

"$\impliedby$": Sei $A$ abgeschlossen, $\Omega = V \setminus A$ und $u \in \Omega$. Angenommen, es gibt kein $r > 0$ mit $K_r(u) \subset \Omega$. Dann gibt es zu jedem $k \in \mathbb{N}$ ein $u_k \in K_{1/k}(u)$ mit $u_k \notin \Omega$, d.h. $u_k \in A$. Wegen $\|u - u_k\| < \frac{1}{k}$ gilt $\lim_{k\to\infty} u_k = u$. Da $A$ abgeschlossen ist, folgt $u \in A$ im Widerspruch zu $u \in V \setminus A$. □

## 3.6 Eigenschaften abgeschlossener Mengen

(a) *$\emptyset$ und $V$ sind abgeschlossene Mengen,*

(b) *der Durchschnitt beliebig vieler abgeschlossener Mengen ist abgeschlossen,*

(c) *die Vereinigung endlich vieler abgeschlossener Mengen ist abgeschlossen.*

Die Vereinigung unendlich vieler abgeschlossener Mengen braucht nicht abgeschlossen zu sein. Dies zeigt das Beispiel

$$\bigcup_{n=1}^{\infty} \left[-1 + \tfrac{1}{n}, 1 - \tfrac{1}{n}\right] = \,]-1,1[\,.$$

Der Beweis ergibt sich unmittelbar mit Hilfe der de Morganschen Regeln § 4 : 4.2, aus 3.5 und aus den Eigenschaften offener Mengen 3.2, ÜA .

## 4 Inneres, Äußeres, Abschluß und Rand einer Menge

### 4.1 Definition

Für Teilmengen $M$ eines normierten Raumes $V$ treffen wir folgende Definitionen:

Ein Punkt $u \in V$ heißt **innerer Punkt** von $M$, wenn es ein $r > 0$ gibt mit $K_r(u) \subset M$. Die Menge $\overset{\circ}{M}$ aller inneren Punkte heißt **Inneres** von $M$.

$u \in V$ heißt **äußerer Punkt** von $M$, wenn es ein $r > 0$ gibt, so daß $K_r(u) \cap M$ leer ist, d.h. wenn $u$ innerer Punkt von $V \setminus M$ ist.

Ein Punkt $u \in V$ heißt **Randpunkt** von $M$, wenn jede offene Kugel $K_r(u)$ sowohl $M$ als auch das Komplement $V \setminus M$ trifft. Die Menge der Randpunkte von $M$ heißt **Rand** von $M$ und wird mit $\partial M$ bezeichnet.

Der **Abschluß** oder die **abgeschlossene Hülle** von $M$ ist definiert durch

$$\overline{M} := \{u \in V \mid u \text{ ist Grenzwert einer Folge aus } M\}.$$

SATZ. (a) *Jeder Punkt $u \in V$ gehört zu genau einer der Mengen $\overset{\circ}{M}$, $\partial M$, $(V \setminus M)^\circ$, d.h. er ist entweder innerer Punkt, Randpunkt oder äußerer Punkt.*

(b) *Es besteht die Beziehung* $\overset{\circ}{M} \subset M \subset \overline{M}$.

(c) $u \in \overline{M} \iff$ *für jedes $r > 0$ gilt $K_r(u) \cap M \neq \emptyset$.*

BEWEIS.

(a) und (b) folgen unmittelbar aus den Definitionen ÜA.

(c) „$\Longrightarrow$": Gilt $u = \lim_{k \to \infty} u_k$ mit einer Folge $(u_k)$ aus $M$, so gibt es zu jedem $r > 0$ ein $n_r$ mit $\|u - u_k\| < r$, d.h. mit $u_k \in K_r(u)$ für $n > n_r$.

„$\Longleftarrow$": Gilt $K_r(u) \cap M \neq \emptyset$ für jedes $r > 0$, so gibt es zu jedem $k \in \mathbb{N}$ ein $u_k \in M$ mit $u_k \in K_{1/k}(u)$, d.h. $\|u - u_k\| < \frac{1}{k}$. □

### 4.2 Beispiele in $\mathbb{R}$

(a) Für $I = [a, b[$ gilt $\overset{\circ}{I} = ]a, b[$, $\partial I = \{a, b\}$, $\overline{I} = [a, b]$.

(b) Für $I = ]a, \infty[$ gilt $\overline{I} = [a, \infty[$, $\partial I = \{a\}$ und $\overset{\circ}{I} = I$.

(c) ÜA Was ergibt sich für $\overline{\mathbb{Z}}$, $\partial \mathbb{Z}$ und $\overset{\circ}{\mathbb{Z}}$?

(d) $\overline{\mathbb{Q}} = \mathbb{R}$, denn jede reelle Zahl ist Grenzwert einer geeigneten Folge rationaler Zahlen. $\overset{\circ}{\mathbb{Q}}$ ist leer, denn in jeder Umgebung einer rationalen Zahl liegen irrationale Zahlen.

Mehrdimensionale Beispiele ergeben sich mit Hilfe stetiger Funktionen in 7.6.

4 Inneres, Äußeres, Abschluß und Rand einer Menge

**4.3 Eigenschaften von Innerem, Abschluß und Rand**

(a) *Das Innere $\overset{\circ}{M}$ einer Menge $M$ ist offen, also auch das Äußere $(V \setminus M)^\circ$.*

(b) *$\overline{M}$ ist das Komplement des Äußeren und daher abgeschlossen.*

(c) *$M$ ist genau dann abgeschlossen, wenn $M = \overline{M}$.*

(d) *$M \subset N \implies \overline{M} \subset \overline{N}$.*

(e) *$\overline{M} = \overset{\circ}{M} \cup \partial M$.*

(f) *$\partial M = \overline{M} \setminus \overset{\circ}{M}$, insbesondere ist $\partial M$ abgeschlossen.*

BEWEIS.

(a) Sei $u \in \overset{\circ}{M}$. Dann gibt es definitionsgemäß ein $r > 0$ mit $K_r(u) \subset M$. Wir zeigen, daß sogar $K_r(u) \subset \overset{\circ}{M}$ gilt, womit die Offenheit von $\overset{\circ}{M}$ bewiesen ist: Zu jedem $v \in K_r(u)$ gibt es nach 3.1 ein $\varepsilon > 0$ mit $K_\varepsilon(v) \subset K_r(u)$, also $K_\varepsilon(v) \subset M$.

(b) Nach 4.1 (c) gelten folgenden Äquivalenzen:
$$u \notin \overline{M} \iff \text{Es gibt ein } r > 0 \text{ mit } K_r(u) \cap M = \emptyset \iff u \in (V \setminus M)^\circ.$$

(c) Aus $M = \overline{M}$ folgt nach (b) die Abgeschlossenheit von $M$. Sei umgekehrt $M$ abgeschlossen. Wegen $M \subset \overline{M}$ nach 4.1 (b) bleibt zu zeigen $\overline{M} \subset M$. Sei also $u \in \overline{M}$, d.h. $u = \lim_{k \to \infty} u_k$ mit einer Folge $(u_k)$ aus $M$. Da $M$ abgeschlossen ist, folgt $u \in M$.

(d) und (f) als ÜA. Hinweis für (f): Zeigen Sie mit 4.1 (c), daß $\overline{M} \setminus \overset{\circ}{M} \subset \partial M$. Warum ist $\partial M \subset \overline{M}$ und $\partial M \cap \overset{\circ}{M} = \emptyset$?

(e) folgt aus (f). □

**4.4 Aufgaben.** (a) $M$ ist offen $\iff M = \overset{\circ}{M} \iff M \cap \partial M = \emptyset$;

$M$ ist abgeschlossen $\iff \partial M \subset M$.

(b) $\overline{K_r(u)} = \{u \in V \mid \|u - v\| \leq r\}$, $\partial K_r(u) = \{v \in V \mid \|u - v\| = r\}$.

(c) Für $M \neq \emptyset$ gilt $u \in \overline{M} \iff \operatorname{dist}(u, M) = 0$.

**4.5 Dichte Teilmengen**

Eine Teilmenge $M$ von $V$ heißt **dicht** in $V$, wenn $\overline{M} = V$.

BEISPIELE. (a) $\mathbb{Q}$ ist dicht in $\mathbb{R}$.

(b) Aus dem Weierstraßschen Approximationssatz §12 : 2.8 folgt: Die Polynomfunktionen $p : [a, b] \to \mathbb{R}$ liegen bezüglich der Supremumsnorm dicht in $C[a, b]$.

## 5 Vollständigkeit

### 5.1 Cauchy–Folgen

Eine Folge $(u_n)$ in einem normierten Raum $V$ heißt **Cauchy–Folge**, wenn es zu jedem $\varepsilon > 0$ ein $n_\varepsilon \in \mathbb{N}$ gibt mit

$$\|u_m - u_n\| < \varepsilon \quad \text{für} \quad m, n > n_\varepsilon.$$

Es gilt:

(a) *Jede konvergente Folge ist eine Cauchy–Folge.*

(b) *Jede Cauchy–Folge ist beschränkt.*

(c) *Ist $(u_n)$ eine Cauchy–Folge und besitzt jede Teilfolge $(u_{n_k})$ einen Grenzwert $u$, so ist die Folge $(u_n)$ selbst konvergent mit Grenzwert $u$.*

BEWEIS als ÜA nach den Mustern in § 2 : 9.6, 9.7, 9.9.

### 5.2 Vollständigkeit

Eine Teilmenge $M$ eines normierten Raumes $V$ heißt **vollständig**, wenn jede Cauchy–Folge aus $M$ gegen einen Grenzwert in $M$ konvergiert.

Ein vollständiger normierter Raum heißt auch **Banachraum**.

In § 2 hatten wir von der Vollständigkeit von $\mathbb{R}$ im Sinne der Ordnung gesprochen. Aus dieser folgte die Vollständigkeit von $\mathbb{R}$ im hier angegebenen Normsinn, vgl. § 2 : 9.6. Nach § 7 : 3.6 ist $\mathbb{C}$ vollständig. Daraus folgt

### 5.3 Die Vollständigkeit von $\mathbb{R}^n$ und $\mathbb{C}^n$

$\mathbb{R}^n$ und $\mathbb{C}^n$ *sind vollständig in jeder der Normen* $\|\cdot\|$, $\|\cdot\|_1$, $\|\cdot\|_\infty$ *von* 1.3.

BEWEIS.

Der Begriff der Cauchy–Folge läuft in allen drei Normen auf dasselbe hinaus, vgl. 2.4. Ist $(\mathbf{u}_k)$ eine Cauchy–Folge, so gilt für die $i$–ten Koordinaten

$$|u_{k,i} - u_{m,i}| \leq \|\mathbf{u}_k - \mathbf{u}_m\|_\infty,$$

also bilden die $i$–ten Koordinaten jeweils Cauchy–Folgen in $\mathbb{R}$ bzw. $\mathbb{C}$. Wegen der Vollständigkeit von $\mathbb{R}$ bzw. $\mathbb{C}$ existiert

$$u_i = \lim_{k \to \infty} u_{k,i} \quad \text{für} \quad i = 1, \ldots, n.$$

Die Vektoren $\mathbf{u}_k$ konvergieren also koordinatenweise gegen einen Vektor $\mathbf{u} \in \mathbb{K}^n$. Nach 2.4 folgt die Konvergenz $\mathbf{u}_k \to \mathbf{u}$ in jeder der angegebenen Normen. □

## 5.4 Die Vollständigkeit von C[a, b]

(a) C[a, b], versehen mit der Supremumsnorm

$$\|f\|_\infty = \max\left\{|f(x)| \mid a \leq x \leq b\right\},$$

ist vollständig.

(b) $C^1[a, b]$ ist in derselben Norm nicht vollständig.

(c) C[a, b] ist mit der zum Skalarprodukt $\langle f, g \rangle = \int\limits_a^b \overline{f}\, g$ gehörigen Norm unvollständig. Näheres dazu in Band 2.

BEWEIS.
(a) Sei $(f_n)$ eine Cauchy–Folge in C[a, b], d.h. zu jedem $\varepsilon > 0$ gebe es ein $n_\varepsilon$ mit

$$\|f_m - f_n\|_\infty < \varepsilon \quad \text{für} \quad m, n > n_\varepsilon.$$

Für jedes feste $x \in [a, b]$ folgt

$$|f_m(x) - f_n(x)| \leq \|f_m - f_n\|_\infty < \varepsilon \quad \text{für} \quad m, n > n_\varepsilon.$$

Das bedeutet, daß $(f_n(x))$ eine Cauchy–Folge in $\mathbb{K}$ ist. Bezeichnen wir deren Grenzwert mit $f(x)$, so ist

$$|f(x) - f_n(x)| = \lim_{m \to \infty} |f_m(x) - f_n(x)| \leq \varepsilon \quad \text{für} \quad n > n_\varepsilon.$$

Die Folge $(f_n)$ konvergiert also gleichmäßig gegen $f$. Nach § 12:3.1 ist $f$ stetig.

(b) Sei $f \in C[a, b] \setminus C^1[a, b]$. Nach dem Weierstraßschen Approximationssatz ist $f$ gleichmäßiger Limes von Polynomen $p_n$. Diese bilden eine Cauchy–Folge in $C^1[a, b]$ mit der Supremumsnorm, deren Limes $f$ aber nach Voraussetzung nicht zu $C^1[a, b]$ gehört. □

## 6 Kompakte Teilmengen

### 6.1 Der Satz von Bolzano–Weierstraß in $\mathbb{R}^n$ und $\mathbb{C}^n$

Ist $M \subset \mathbb{K}^n$ eine beschränkte Menge, d.h. $M \subset K_r(0)$ für ein $r > 0$, so besitzt jede Folge aus $M$ eine konvergente Teilfolge.

BEWEIS.
(a) *Beweis für den $\mathbb{R}^2$*: $(\mathbf{x}_n) = (a_n, b_n)$ sei eine beschränkte Folge in $\mathbb{R}^2$. Wegen

$$|a_n|, |b_n| \leq \|\mathbf{x}_n\| < r \quad \text{für} \quad n = 1, 2, \ldots$$

sind $(a_n)$ und $(b_n)$ beschränkte Folgen in $\mathbb{R}$. Nach Bolzano–Weierstraß § 2 : 9.8 besitzt $(a_n)$ eine konvergente Teilfolge: $a_{n_k} \to a$. Weiter besitzt die Folge $(b_{n_k})_k$ eine konvergente Teilfolge: $b_{m_j} \to b$. Setzen wir $\mathbf{x} = (a,b)$, so gilt

$$\left\|\mathbf{x} - \mathbf{x}_{m_j}\right\|_1 = \left|a - a_{m_j}\right| + \left|b - b_{m_j}\right| \to 0 \quad \text{für} \quad j \to \infty.$$

(b) Der Beweis für den $\mathbb{R}^n$ mit $n > 2$ ist nun reine Routine: $n$–maliges Auswählen von Teilfolgen nach dem Muster von (a).

(c) Da $\mathbb{C}$ mit $\mathbb{R}^2$ identifiziert ist $\left(|x+iy| = \sqrt{x^2+y^2}\right)$, folgt die Behauptung für $\mathbb{C}$ aus (a). Der Beweis für $\mathbb{C}^2$ verläuft jetzt ganz analog zu (a), und der Beweis für $\mathbb{C}^n$ ergibt sich wie in (b). □

Hiernach sind wir also sicher, daß die Folge $\left(e^{i\sqrt{2}k}\right)$ in $\mathbb{C}$ eine konvergente Teilfolge besitzt.

ÜA Wählen sie aus der Folge $\left(\cos\frac{\pi k}{3}, i^k\right)$ in $\mathbb{C}^2$ konvergente Teilfolgen aus. Welche Grenzwerte können auftreten?

## 6.2 Kompakte Mengen

(a) Eine Teilmenge $M$ eines normierten Raumes $V$ heißt **kompakt**, wenn jede Folge aus $M$ eine konvergente Teilfolge mit Grenzwert in $M$ enthält.

SATZ. *Jede kompakte Menge ist beschränkt und abgeschlossen.*

BEWEIS.
(i) *Abgeschlossenheit*: Sei $(u_n)$ eine konvergente Folge in $M$, $u_n \to u$. Nach Voraussetzung besitzt $(u_n)$ eine konvergente Teilfolge mit Grenzwert $v \in M$, also ist $u = v \in M$.

(ii) *Beschränktheit*: Ist $M$ nicht beschränkt, so gibt es zu jedem $n = 1,2,\ldots$ ein $u_n \in M$ mit $\|u_n\| > n$. Dann ist auch jede Teilfolge unbeschränkt, kann also nicht konvergieren nach 2.2 (b). □

(b) SATZ. *Im $\mathbb{R}^n$ und $\mathbb{C}^n$ gilt auch die Umkehrung: Jede beschränkte und abgeschlossene Menge in $\mathbb{K}^n$ ist kompakt.*

Einpunktige Mengen sind also kompakt. Intervalle $[a,b]$ mit $a,b \in \mathbb{R}$ hatten wir in § 1 zu Recht kompakte Intervalle genannt.

BEWEIS.
Ist $M \subset \mathbb{K}^n$ beschränkt, so besitzt jede Folge aus $M$ nach Bolzano–Weierstraß eine konvergente Teilfolge. Ist $M$ auch abgeschlossen, so gehört der Grenzwert zu $M$. □

(c) *In jedem normierten Raum $V$ ist die Einheitskugel $\{v \in V \mid \|v\| \leq 1\}$ beschränkt und abgeschlossen* ÜA. *In unendlichdimensionalen Räumen ist sie jedoch nicht kompakt.*

Wir zeigen dies für Skalarprodukträume: Mit Hilfe des Orthonormalisierungsverfahrens § 19 : 3.1 können wir uns ein Orthonormalsystem $v_1, v_2, \ldots$ in $V$ verschaffen. Für dieses gilt

$$\|v_n\| = 1 \quad \text{und} \quad \|v_m - v_n\|^2 = \|v_m\|^2 + \|v_n\|^2 = 2.$$

Keine Teilfolge von $(v_n)$ kann konvergieren, weil keine Teilfolge eine Cauchy–Folge sein kann.

(d) SATZ. *Jede kompakte Menge ist vollständig.*

Denn ist $M$ kompakt und $(u_n)$ eine Cauchy–Folge in $M$, so gibt es eine Teilfolge $(u_{n_k})_k$, die gegen $u \in M$ konvergiert. Nach 5.1 (c) konvergiert dann die Folge $(u_n)$ selbst gegen $u$.

## 6.3 Der Überdeckungssatz von Heine–Borel

*Eine Teilmenge $M$ eines normierten Raumes $V$ ist genau dann kompakt, wenn es zu jeder beliebigen Überdeckung von $M$ durch offene Mengen,*

$$M \subset \bigcup_{i \in I} \Omega_i, \quad \Omega_i \subset V \text{ offen,}$$

*eine endliche Teilüberdeckung gibt,*

$$M \subset \Omega_{i_1} \cup \cdots \cup \Omega_{i_p}.$$

Wir verzichten auf den nicht ganz einfachen Beweis und verweisen auf [HEUSER Bd. 2, § 157].

# 7 Stetige Funktionen

## 7.1 Grenzwerte und Stetigkeit von Funktionen

Es seien $V_1$ und $V_2$ normierte Räume mit Normen $\|\cdot\|_1$, $\|\cdot\|_2$ und $f : M \to V_2$ eine Funktion auf einer Teilmenge $M \subset V_1$. Diese häufig auftretende Situation kennzeichnen wir kurz durch die Schreibweise

$$f : V_1 \supset M \to V_2.$$

(a) Sei $f : V_1 \supset M \to V_2$ und $u_0 \in \overline{M}$. Wir definieren

$$\lim_{M \ni u \to u_0} f(u) = v \quad :\Longleftrightarrow \quad \lim_{n \to \infty} f(u_n) = v$$

für *jede* Folge $(u_n)$ aus $M$ mit $u_n \to u_0$.
Äquivalent dazu ist die Bedingung: Zu jedem $\varepsilon > 0$ gibt es ein $\delta > 0$ mit

$$\|f(u) - f(u_0)\|_2 < \varepsilon \quad \text{für alle} \quad u \in M \quad \text{mit} \quad 0 < \|u - u_0\|_1 < \delta.$$

Dies ergibt sich durch sinngemäße Übertragung von §8:1.5.

(b) Die Funktion $f : V_1 \supset M \to V_2$ heißt **stetig an der Stelle** $u_0 \in M$, wenn

$$f(u_k) \to f(u_0) \quad \text{für } \textit{jede} \text{ Folge } (u_k) \text{ in } M \text{ mit } u_k \to u_0,$$

d.h. wenn $f(u_0) = \lim_{M \ni u \to u_0} f(u)$ gilt. Äquivalent dazu ist nach (a) die Bedingung

Zu jedem $\varepsilon > 0$ gibt es ein $\delta > 0$ mit

$$\|f(u) - f(u_0)\|_2 < \varepsilon \quad \text{für alle} \quad u \in M \quad \text{mit} \quad \|u - u_0\|_1 < \delta, \quad \text{kurz}$$

$$f(M \cap K_\delta(u_0)) \subset K_\varepsilon(f(u_0));$$

dabei bezeichnet $f(A)$ die Bildmenge von $A \subset M$ unter $f$.

(c) Eine Funktion $f : V_1 \supset M \to V_2$ $f$ heißt **stetig**, wenn sie in jedem Punkt $a \in M$ stetig ist.

### 7.2 Beispiele stetiger Funktionen

(a) Jede konstante Funktion $V_1 \to V_2$ ist stetig.

(b) Die Identität $\mathbb{1} : V \to V$, $u \mapsto u$ ist stetig.

(c) Jede lineare Abbildung $A : \mathbb{R}^n \to \mathbb{R}^m$, $\mathbf{x} \mapsto A\mathbf{x}$ ist stetig.

Denn mit $A = (a_{ik})$ gilt nach der Cauchy–Schwarzschen Ungleichung

$$\|A\mathbf{x}\|^2 = \sum_{i=1}^{m} \Big( \sum_{k=1}^{n} a_{ik} x_k \Big)^2 \leq \sum_{i=1}^{m} \Big( \sum_{k=1}^{n} a_{ik}^2 \Big) \Big( \sum_{k=1}^{n} x_k^2 \Big) = \|A\|_2^2 \cdot \|\mathbf{x}\|^2 \quad \text{mit}$$

$$\|A\|_2 = \Big( \sum_{i=1}^{m} \sum_{k=1}^{n} a_{ik}^2 \Big)^{\frac{1}{2}}. \quad \text{Hieraus folgt}$$

$$\|A\mathbf{x} - A\mathbf{y}\| = \|A(\mathbf{x} - \mathbf{y})\| \leq \|A\|_2 \cdot \|\mathbf{x} - \mathbf{y}\|,$$

woran wir unmittelbar die Stetigkeit ablesen.

(d) Skalarprodukte sind stetig, d.h. die Abbildung $f : u \mapsto \langle u, v \rangle$ von einem Skalarproduktraum $V$ über $\mathbb{K}$ in den Körper $\mathbb{K}$ ist stetig. Das folgt sofort aus der Cauchy–Schwarzschen Ungleichung:

$$\big|\langle v, u \rangle - \langle v, u_0 \rangle\big| = \big|\langle v, u - u_0 \rangle\big| \leq \|v\| \cdot \|u - u_0\|.$$

(e) Normen sind stetig: In jedem normierten Raum $V$ gilt

$$u_n \to u_0 \implies \|u_n\| \to \|u_0\|.$$

Das folgt aus $\big|\|u_n\| - \|u_0\|\big| \leq \|u_n - u_0\|$ nach 1.2 (e).

7 Stetige Funktionen

## 7.3 Hintereinanderausführung stetiger Funktionen

Gegeben sind zwei Funktionen

$$f : V_1 \supset M \to V_2, \qquad g : V_2 \supset N \to V_3 \quad \text{mit} \quad f(M) \subset N.$$

SATZ. *Aus der Stetigkeit von $f$ im Punkt $u_0 \in M$ und der Stetigkeit von $g$ im Punkt $v_0 = f(u_0)$ folgt die Stetigkeit von $g \circ f : M \to V_3$ im Punkt $u_0$.*

Der Beweis ergibt sich unmittelbar aus der Definition 7.1 (b) ÜA.

## 7.4 Linearkombination stetiger Funktionen

*Seien $V_1$ und $V_2$ normierte Räume über dem gleichen Körper $\mathbb{K}$ und sei $M$ eine Teilmenge von $V_1$. Aus der Stetigkeit der Funktionen*

$$f, g : V_1 \supset M \to V_2$$

*folgt die Stetigkeit jeder Linearkombination*

$$af + bg : V_1 \supset M \to V_2 \qquad (a, b \in \mathbb{K}).$$

*Die Gesamtheit aller stetigen Funktionen von $M$ nach $V_2$ bildet somit einen $\mathbb{K}$-Vektorraum.*

Dies folgt unmittelbar aus der Abschätzung

$$\|(af + bg)(u) - (af + bg)(u_0)\|_2 = \|a(f(u) - f(u_0)) + b(g(u) - g(u_0))\|_2$$
$$\leq |a| \cdot \|f(u) - f(u_0)\|_2 + |b| \cdot \|g(u) - g(u_0)\|_2.$$

## 7.5 Produkt stetiger Funktionen.

*Ist $V$ ein normierter Vektorraum über $\mathbb{K}$ und sind*

$$f, g : V \supset M \to \mathbb{K}$$

*stetige Funktionen, so ist auch $f \cdot g$ stetig auf $M$.*

Denn $f(u_n) \to f(u_0), \quad g(u_n) \to g(u_0) \implies f(u_n)g(u_n) \to f(u_0)g(u_0)$
(Rechnen mit konvergenten Folgen in $\mathbb{K}$).

## 7.6 Das Urbild offener und abgeschlossener Mengen

Wir erinnern an die Definition der Urbildmenge

$$f^{-1}(B) = \{u \in M \mid f(u) \in B\}$$

für eine Funktion $f : V_1 \supset M \to V_2$ und $B \subset V_2$.

SATZ. *Für eine stetige Funktion $f : V_1 \supset M \to V_2$ gilt:*
(a) *Ist $M$ offen, so ist $f^{-1}(B)$ offen für jede offene Menge $B \subset V_2$.*

(b) *Ist $M$ abgeschlossen, so ist $f^{-1}(B)$ abgeschlossen für jede abgeschlossene Menge $B \subset V_2$.*

BEMERKUNG. *Dieser Satz gestattet es, durch Ungleichungen mit stetigen Funktionen beschriebene Mengen als offen bzw. abgeschlossen zu erkennen.*

So sind beispielsweise für stetige Funktionen $f, g : V \supset M \to \mathbb{R}$ die Mengen

$$\{u \in M \mid f(u) \geq 0\} = f^{-1}(\mathbb{R}_+) \text{ abgeschlossen, falls } M \text{ abgeschlossen,}$$
$$\{u \in M \mid f(u) < g(u)\} = (g-f)^{-1}(\mathbb{R}_{>0}) \text{ offen, falls } M \text{ offen ist und}$$
$$\{u \in M \mid f(u) \cdot g(u) = c\} \text{ abgeschlossen, falls } M \text{ abgeschlossen ist.}$$

BEWEIS.

(a) Sei $B \subset V_2$ offen. Für jedes $u_0 \in f^{-1}(B)$ ist $v_0 := f(u_0) \in B$, also gibt es ein $\varepsilon > 0$ mit $K_\varepsilon(v_0) \subset B$. Wegen der Stetigkeit von $f$ gibt es ein $\delta > 0$ mit $f(M \cap K_\delta(u_0)) \subset K_\varepsilon(v_0) \subset B$. Da $M$ offen in $V_1$ ist, kann $\delta > 0$ gleich so klein gewählt werden, daß $K_\delta(u_0) \subset M$. Damit gilt $f(K_\delta(u_0)) = f(M \cap K_\delta(u_0)) \subset B$ bzw. $K_\delta(u_0) \subset f^{-1}(B)$.

(b) Sei $B \subset V_2$ abgeschlossen und $(u_k)$ eine Folge in $f^{-1}(B)$ mit Grenzwert $u$ ($u \in M$ wegen $M = \overline{M}$). Zu zeigen ist $u \in f^{-1}(B)$. Wegen der Stetigkeit ist $f(u) = \lim_{k \to \infty} f(u_k)$. Dabei ist $f(u_k) \in B$, also auch $f(u) \in B$ wegen der Abgeschlossenheit von $B$. $f(u) \in B$ bedeutet aber $u \in f^{-1}(B)$. □

### 7.7 Stetigkeit der Abstandsfunktion

*Für den Abstand $\operatorname{dist}(u, M) = \inf\{\|u - w\| \mid w \in M\}$ eines Punktes $u$ von einer nichtleeren Menge $M$ gilt*

$$\left|\operatorname{dist}(u, M) - \operatorname{dist}(v, M)\right| \leq \|u - v\|.$$

*Insbesondere ist die Abstandsfunktion $u \mapsto \operatorname{dist}(u, M)$ stetig.*

BEWEIS.

Sei $v \in V$ und $\varepsilon > 0$. Dann gibt es nach Definition des Infimums ein $w \in M$ mit

$$\|v - w\| < \operatorname{dist}(v, M) + \varepsilon.$$

Hieraus folgt für $u \in V$

$$\operatorname{dist}(u, M) \leq \|u - w\| = \|u - v + v - w\| \leq \|u - v\| + \|v - w\|$$
$$\leq \|u - v\| + \operatorname{dist}(v, M) + \varepsilon \text{ für jedes } \varepsilon > 0, \text{ also}$$
$$\operatorname{dist}(u, M) - \operatorname{dist}(v, M) \leq \|u - v\|.$$

Durch Vertauschen der Rollen von $u$ und $v$ folgt die Behauptung. □

# 8 Stetige Funktionen auf kompakten Mengen

## 8.1 Stetige Bilder kompakter Mengen sind kompakt

*Ist $f : V_1 \supset M \to V_2$ stetig und $K \subset M$ kompakt, so ist $f(K)$ kompakt.*

BEWEIS.
Sei $(v_n)$ eine Folge in $f(K)$, d.h. $v_n = f(u_n)$ mit $u_n \in K$. Wegen der Kompaktheit von $K$ gibt es eine Teilfolge $(u_{n_k})$, deren Limes $u$ in $K$ liegt. Wegen der Stetigkeit von $f$ folgt

$$v_{n_k} = f(u_{n_k}) \to f(u) \in f(K).$$ □

## 8.2 Der Satz vom Maximum und vom Minimum

*Jede auf einer nichtleeren kompakten Menge stetige, reellwertige Funktion besitzt dort ein Maximum und ein Minimum.*

BEWEIS.
Es genügt den Satz vom Maximum zu beweisen; der Satz vom Minimum folgt dann durch Betrachtung von $-f$. Sei also $f : V \supset K \to \mathbb{R}$ stetig und $K$ kompakt. Nach 8.1 ist $f(K)$ eine nichtleere kompakte Teilmenge von $\mathbb{R}$, damit beschränkt und abgeschlossen. Sei $s = \sup f(K)$. Dann gibt es eine Folge $(s_n) \in f(K)$ mit $s_n \to s$. Da $f(K)$ abgeschlossen ist, folgt $s \in f(K)$, also $s = f(u)$ mit geeignetem $u \in K$. □

Im $\mathbb{R}^n$ charakterisiert der Satz vom Maximum die kompakten Mengen:

AUFGABE. Zeigen Sie: Eine nichtleere Teilmenge $M$ des $\mathbb{R}^n$ ist genau dann kompakt, wenn jede stetige Funktion $f : M \to \mathbb{R}$ ein Maximum besitzt. (Betrachten Sie geeignete Abstandsfunktionen.)

## 8.3 Der Abstand zu kompakten Mengen

(a) *Der Abstand eines Punktes $u \in V$ zu einer kompakten Menge $K \subset V$ wird angenommen:*
Es gibt einen Punkt $v \in K$ mit $\|u - v\| = \text{dist}(u, K)$. Dies folgt direkt aus 8.2 wegen der Stetigkeit der Abstandsfunktion $v \mapsto \|u - v\|$.

(b) *Im $\mathbb{R}^n$ wird auch der Abstand eines Punktes $\mathbf{u}$ zu jeder abgeschlossenen Menge $A$ angenommen.* Denn ist $r > \text{dist}(\mathbf{u}, A)$ und $K$ die kompakte Menge $\overline{K_r(\mathbf{u})} \cap A$, so gilt $\text{dist}(\mathbf{u}, A) = \text{dist}(\mathbf{u}, K)$ ÜA.

In unendlichdimensionalen normierten Räumen ist die Aussage (b) i.a. unrichtig.

(c) *Seien $A$ und $K$ disjunkte nichtleere Teilmengen eines normierten Raumes $V$, $A$ sei abgeschlossen, und $K$ sei kompakt. Dann haben diese Mengen einen positiven Abstand.*

Der Abstand zweier disjunkter abgeschlossener Mengen kann dagegen Null sein. Beispiel in der Ebene: $x$-Achse und Graph der Exponentialfunktion ÜA.

BEWEIS.
Nach 7.7 ist die Funktion $u \mapsto \text{dist}(u, A)$ stetig auf $K$, nimmt dort also ihr Minimum an. Wäre dieses Null, so gäbe es ein $v \in K$ mit $\text{dist}(v, A) = 0$. Nach 4.4 (c) wäre dann $v \in A$ im Widerspruch zu $A \cap K = \emptyset$. □

### 8.4 Gleichmäßige Stetigkeit

*Eine auf einer kompakten Menge $K$ stetige Funktion $f : V_1 \supset K \to V_2$ ist dort gleichmäßig stetig, d.h. zu jedem $\varepsilon > 0$ gibt es ein $\delta > 0$, so daß*

$$\left\|f(u) - f(v)\right\|_2 < \varepsilon \quad \text{für alle} \quad u, v \in K \quad \text{mit} \quad \|u - v\|_1 < \delta.$$

Dies ergibt sich durch Übertragung des Beweises § 8, Abschnitt 6; dieser verwendet nur die Bolzano–Weierstraß–Eigenschaft und die Stetigkeit von $f$ ÜA.

## 9 Zusammenhang, Gebiete

### 9.1 Wege

Eine stetige Abbildung

$$\varphi : [a, b] \to V, \quad t \mapsto \varphi(t)$$

definiert einen Weg in $V$ mit Endpunkten $\varphi(a)$ und $\varphi(b)$.

BEISPIELE.
(a) Für $u, v \in V$ liefert $\varphi : t \mapsto u + t(v - u)$ für $0 \leq t \leq 1$ die Strecke zwischen $u$ und $v$. Die Stetigkeit folgt aus

$$\left\|\varphi(s) - \varphi(t)\right\| = \left\|(s - t)(v - u)\right\| = |s - t| \cdot \|v - u\|.$$

(b) Für $u, v, w \in V$ liefert

$$\varphi(t) = \begin{cases} u + t(v - u) & \text{für} \quad 0 \leq t \leq 1 \\ v + (t - 1)(w - v) & \text{für} \quad 1 \leq t \leq 2 \end{cases}$$

einen Weg. Die Bildmenge entsteht durch Aneinandersetzen der Strecken zwischen $u$ und $v$ sowie zwischen $v$ und $w$.

(c) Verbindet man die Punkte $u_0, u_1, \ldots, u_N \in V$ durch Strecken, so erhält man einen *Polygonzug mit Endpunkten $u_0$ und $u_N$*, gegeben durch eine stetige Abbildung $\varphi : [0, N] \to V$ nach dem Muster von (b).

**Aneinandersetzen von Wegen.** Sind $\varphi_1 : [a,b] \to V$, $\varphi_2 : [c,d] \to V$ Wege mit $\varphi_1(b) = \varphi_2(c)$, so liefert

$$\psi(t) = \begin{cases} \varphi_1(t) & \text{für} \quad a \leq t \leq b \\ \varphi_2(c + (t-b)) & \text{für} \quad b \leq t \leq b+d-c \end{cases}$$

einen Weg $\psi : [a, b+d-c] \to V$.

## 9.2 Zusammenhängende Mengen

Eine Menge $M \subset V$ heißt **wegzusammenhängend**, wenn sich je zwei Punkte von $M$ durch einen Weg verbinden lassen, der ganz in $M$ verläuft.

BEISPIELE

(a) *Die Kugel $K_r(u_0)$ in $V$ ist wegzusammenhängend*, weil sich je zwei Punkte $u, v \in K_r(u_0)$ durch eine Strecke in $K_r(u_0)$ verbinden lassen $\boxed{\text{ÜA}}$.

(b) *In $\mathbb{R}$ sind die wegzusammenhängenden Mengen die Intervalle*. Denn zwei Punkte $a < b$ eines Intervalls lassen sich durch den Weg $\varphi : [a,b] \to [a,b], t \to t$ verbinden. Ist umgekehrt $M \subset \mathbb{R}$ wegzusammenhängend, so gibt es zu je zwei Punkten $\alpha < \beta$ aus $M$ eine stetige Funktion $\varphi : [a,b] \to M$ mit $\varphi(a) = \alpha$, $\varphi(b) = \beta$. Nach dem Zwischenwertsatz ist $[\alpha, \beta] \subset \varphi([a,b]) \subset M$. Also ist $M$ ein Intervall nach dem Hilfssatz § 8:4.7.

(c) Nicht zusammenhängend ist eine aus zwei disjunkten Kreisscheiben bestehende Menge $M$ in $\mathbb{R}^2$, etwa

$$(x-1)^2 + y^2 < 1, \qquad (x+1)^2 + y^2 < 1.$$

Jeder Weg $t \mapsto \boldsymbol{\varphi}(t) = (\varphi_1(t), \varphi_2(t))$ mit Endpunkten in verschiedenen Kreisscheiben muß $M$ verlassen. Dies scheint evident; eine strenge Begründung ergibt sich durch Anwendung des Zwischenwertsatzes für $\varphi_1$ $\boxed{\text{ÜA}}$.

## 9.3 Stetige Bilder wegzusammenhängender Mengen

*Ist $f : V_1 \supset M \to V_2$ stetig und $M$ wegzusammenhängend, so ist auch $f(M)$ wegzusammenhängend.*

Insbesondere ist das Bild einer wegzusammenhängenden Menge unter einer reellwertigen stetigen Funktion ein Intervall.

BEWEIS.

Für $v_1, v_2 \in f(M)$ wählen wir $u_1, u_2 \in M$ mit $f(u_1) = v_1$ und $f(u_2) = v_2$. Nach Voraussetzung gibt es einen Weg $\varphi : [a,b] \to V_1$ in $M$ mit $\varphi(a) = u_1$, $\varphi(b) = u_2$. Die Hintereinanderausführung von $\varphi$ und $f$,

$$\psi = f \circ \varphi : [a,b] \to V_2,$$

ist ein Weg in $f(M)$ mit $\psi(a) = v_1$, $\psi(b) = v_2$. $f(M)$ ist somit wegzusammenhängend. □

### 9.4 Gebiete und polygonale Wege

Eine nichtleere, offene, wegzusammenhängende Menge $\Omega \subset \mathbb{R}^n$ heißt ein **Gebiet**.

SATZ. *In einem Gebiet $\Omega$ lassen sich je zwei Punkte durch einen Polygonzug verbinden, der ganz in $\Omega$ verläuft.*

BEWEISSKIZZE.

$\mathbf{x}, \mathbf{y} \in \Omega$ seien beliebige Punkte, und $\varphi : [a,b] \to \mathbb{R}^n$ sei ein Weg von $\mathbf{x}$ nach $\mathbf{y}$ mit $K := \varphi([a,b]) \subset \Omega$. Als stetiges Bild eines kompakten Intervalls ist $K$ eine kompakte Menge. Da $\partial\Omega$ abgeschlossen und zu $K$ disjunkt ist, ist $r := \mathrm{dist}(K, \partial\Omega) > 0$ nach 8.3. Wegen der gleichmäßigen Stetigkeit von $\varphi$ können wir Zwischenpunkte $a = t_0 < t_1 < \cdots < t_N = b$ finden mit

$$\|\varphi(t_{k-1}) - \varphi(t_k)\| < r \quad \text{für} \quad k = 1, \ldots, N.$$

Die Strecke zwischen $\varphi(t_{k-1})$ und $\varphi(t_k)$ liegt ganz in $\Omega$, somit auch das Polygon mit den Ecken $\mathbf{x} = \varphi(t_0), \varphi(t_1), \ldots, \varphi(t_N) = \mathbf{y}$. □

## § 22 Differentialrechnung im $\mathbb{R}^n$

### 1 Differenzierbarkeit und Ableitung

#### 1.1 Zur Notation

Im folgenden ist $\Omega \subset \mathbb{R}^n$ immer ein **Gebiet**, d.h. offen und wegzusammenhängend. Unter einer **Umgebung** eines Punktes $\mathbf{a} \in \Omega$ verstehen wir ein Gebiet $U$ mit $\mathbf{a} \in U$, z.B. eine Kugel $K_r(\mathbf{a})$. Eine **Umgebung einer kompakten Menge** $K$ ist ein Gebiet $U$ mit $K \subset U$.

Die Formulierung „für $|t| \ll 1$" soll bedeuten „für alle hinreichend kleinen $t$".

Wir betrachten Abbildungen

$$\mathbf{f} : \mathbb{R}^n \supset \Omega \to \mathbb{R}^m, \quad \mathbf{x} \mapsto \mathbf{f}(\mathbf{x}) = \begin{pmatrix} f_1(\mathbf{x}) \\ \vdots \\ f_m(\mathbf{x}) \end{pmatrix} = f_1(\mathbf{x})\mathbf{e}_1 + \cdots + f_m(\mathbf{x})\mathbf{e}_m.$$

# 1 Differenzierbarkeit und Ableitung

Die Funktionen $f_k : \Omega \to \mathbb{R}$ mit $k = 1, \ldots, m$ heißen die *Komponentenfunktionen* von **f**. Für $m \geq 2$ heißt $\mathbf{f} : \Omega \to \mathbb{R}^m$ *vektorwertige Funktion*, für $m = 1$ *Funktion* oder *Skalarfunktion f*.

Aus Platzgründen verwenden wir häufig die Zeilenschreibweise:

$$\mathbf{x} = (x_1, \ldots, x_n),$$

$$\mathbf{f}(\mathbf{x}) = (f_1(\mathbf{x}), \ldots, f_m(\mathbf{x})) = (f_1(x_1, \ldots, x_n), \ldots, f_m(x_1, \ldots, x_n)).$$

Wenn nichts anderes gesagt wird, verwenden wir immer das natürliche Skalarprodukt und die euklidische Norm; dabei bezeichnen wir die Normen in $\mathbb{R}^n$ und $\mathbb{R}^m$ mit demselben Symbol $\|\cdot\|$, solange keine Verwechslungen möglich sind.

Unter dem **kartesischen Produkt** $A \times B$ zweier Mengen $A \subset \mathbb{R}^n$, $B \subset \mathbb{R}^m$ verstehen wir die Menge

$$\big\{(\mathbf{x}, \mathbf{y}) = (x_1, \ldots, x_n, y_1, \ldots, y_m) \mid \mathbf{x} \in A, \ \mathbf{y} \in B\big\} \subset \mathbb{R}^{n+m}.$$

Lineare Abbildungen $A : \mathbb{R}^n \to \mathbb{R}^m$ beschreiben wir durch ihre Matrizen bezüglich der kanonischen Basen. Wir unterscheiden daher nicht zwischen der linearen Abbildung und ihrer Matrix. Nach § 21 : 7.2 gilt für Matrizen $A = (a_{ik})$

$$\|A\mathbf{x}\| \leq \|A\|_2 \cdot \|\mathbf{x}\| \quad \text{mit} \quad \|A\|_2 = \Big( \sum_{i=1}^{m} \sum_{k=1}^{n} |a_{ik}|^2 \Big)^{\frac{1}{2}}.$$

## 1.2 Differenzierbarkeit und Ableitung

Eine Abbildung $\mathbf{f} : \mathbb{R}^n \supset \Omega \to \mathbb{R}^m$ heißt an der Stelle $\mathbf{a} \in \Omega$ **differenzierbar**, wenn es eine lineare Abbildung $A : \mathbb{R}^n \to \mathbb{R}^m$ gibt, so daß für alle $\mathbf{x} \in \Omega$

$$\mathbf{f}(\mathbf{x}) = \mathbf{f}(\mathbf{a}) + A(\mathbf{x} - \mathbf{a}) + \mathbf{R}(\mathbf{x} - \mathbf{a}) \quad \text{mit} \quad \lim_{\mathbf{x} \to \mathbf{a}} \frac{\mathbf{R}(\mathbf{x} - \mathbf{a})}{\|\mathbf{x} - \mathbf{a}\|} = \mathbf{0}.$$

*Differenzierbarkeit an der Stelle* **a** *bedeutet also, daß* **f** *in einer Umgebung von* **a** *durch eine affine Abbildung*

$$\mathbf{x} \mapsto \mathbf{f}(\mathbf{a}) + A(\mathbf{x} - \mathbf{a})$$

*so gut approximiert werden kann, daß der Fehler*

$$\mathbf{R}(\mathbf{x} - \mathbf{a}) = \mathbf{f}(\mathbf{x}) - \mathbf{f}(\mathbf{a}) - A(\mathbf{x} - \mathbf{a})$$

*für* $\mathbf{x} \to \mathbf{a}$ *stärker als von erster Ordnung gegen Null geht* (vgl. § 9 : 2.2).

*Die lineare Abbildung $A$ ist durch diese Bedingung eindeutig bestimmt; sie heißt* **Ableitung von f an der Stelle a** *und wird wahlweise mit*

$$d\mathbf{f}(\mathbf{a}), \quad \mathbf{f}'(\mathbf{a}), \quad D\mathbf{f}(\mathbf{a})$$

*bezeichnet*. Die Eindeutigkeit zeigen wir unter 1.5.

Die Differenzierbarkeit an der Stelle **a** drücken wir auch so aus:

$$\mathbf{f(a+h) = f(a)} + df(\mathbf{a})\mathbf{h} + \mathbf{R(h)} \quad \text{für} \quad \|\mathbf{h}\| \ll 1, \quad \text{wobei} \quad \lim_{\mathbf{h} \to \mathbf{0}} \frac{\mathbf{R(h)}}{\|\mathbf{h}\|} = \mathbf{0}.$$

Da $\Omega$ offen ist, gilt $K_r(\mathbf{a}) \subset \Omega$ für $r \ll 1$. Die Beziehung für $\mathbf{f(a+h)}$ macht dann für $\|\mathbf{h}\| < r$ einen Sinn.

**f** heißt *im Gebiet $\Omega$ differenzierbar*, wenn **f** an jeder Stelle $\mathbf{a} \in \Omega$ differenzierbar ist.

### 1.3 Beispiele und Anmerkungen

(a) Eine affine Abbildung $\mathbf{f} : \mathbb{R}^n \to \mathbb{R}^m$, $\mathbf{x} \mapsto \mathbf{c} + A\mathbf{x}$ ist überall differenzierbar, und es gilt $\mathbf{f}'(\mathbf{a}) = A$ für alle $\mathbf{a} \in \Omega$. Denn

$$\mathbf{f(x) = f(a)} + A(\mathbf{x-a}) \quad \text{mit Rest} \quad \mathbf{R = 0}.$$

(b) *Eine quadratische Form* $Q(\mathbf{x}) = \langle \mathbf{x}, A\mathbf{x} \rangle$ auf $\mathbb{R}^n$ mit $A^T = A$ ist überall differenzierbar; für die Ableitung gilt $Q'(\mathbf{a})\mathbf{h} = 2\langle A\mathbf{a}, \mathbf{h} \rangle$.
ÜA : Verwenden Sie die Abschätzung $\|A\mathbf{h}\| \leq \|A\|_2 \|\mathbf{h}\|$.

(c) BEMERKUNG. Der praktische Nachweis der Differenzierbarkeit und die Berechnung der Ableitung werden unter 1.6 behandelt.

(d) *Zusammenhang mit der Differentialrechnung einer Veränderlichen*. Für differenzierbare Funktionen $f : \mathbb{R} \supset \Omega \to \mathbb{R}$ gilt nach §9:2.2

$$f(x) = f(a) + f'(a) \cdot (x-a) + R(x-a) \quad \text{mit} \quad \lim_{h \to 0} \frac{R(h)}{h} = 0.$$

Die Ableitung im Sinne der Definition 1.2 ist die lineare Abbildung

$$h \mapsto f'(a) \cdot h.$$

Wir haben diese bisher stillschweigend mit der Zahl $f'(a)$ identifiziert. Der Unterschied in den beiden Auffassungen wird dadurch deutlich, daß im Sinne der Definition 1.2 die linearen Funktionen $x \mapsto ax$ die einzigen sind, die mit ihrer Ableitung übereinstimmen.

(e) BEMERKUNG. **f** ist genau dann an der Stelle $\mathbf{a} \in \Omega$ differenzierbar, wenn

$$\mathbf{g(x) = f(x+a)} \quad \text{mit} \quad \mathbf{x+a} \in \Omega$$

an der Stelle **0** differenzierbar ist. ÜA : Machen Sie sich das klar!

# 1 Differenzierbarkeit und Ableitung

## 1.4 Differenzierbarkeit und Stetigkeit

*Ist* $\mathbf{f} : \mathbb{R}^n \supset \Omega \to \mathbb{R}^m$ *an der Stelle* $\mathbf{a} \in \Omega$ *differenzierbar, so ist* $\mathbf{f}$ *dort stetig.*

BEWEIS.
Wir verwenden die Bezeichnungen von 1.2. Wegen $\lim\limits_{\mathbf{h} \to \mathbf{0}} \frac{\mathbf{R(h)}}{\|\mathbf{h}\|} = \mathbf{0}$ gibt es zu $\varepsilon = 1$ ein $\delta > 0$, so daß $K_\delta(\mathbf{a}) \in \Omega$ und

$$\frac{\|\mathbf{R(h)}\|}{\|\mathbf{h}\|} < \varepsilon = 1 \quad \text{für alle} \quad \mathbf{h} \quad \text{mit} \quad 0 < \|\mathbf{h}\| < \delta\,.$$

Nach 1.1 gilt $\|A\mathbf{h}\| \leq \|A\|_2 \cdot \|\mathbf{h}\|$. Damit erhalten wir

$$\|\mathbf{f(a+h)} - \mathbf{f(a)}\| = \|A\mathbf{h} + \mathbf{R(h)}\| \leq \bigl(\|A\|_2 + 1\bigr)\|\mathbf{h}\|\,. \qquad \square$$

## 1.5 Partielle Ableitungen und Jacobimatrix

Für $f : \mathbb{R}^n \supset \Omega \to \mathbb{R}$ und $\mathbf{a} = (a_1, \ldots, a_n) \in \Omega$ betrachten wir die Funktion einer Variablen

$$t \mapsto f(\mathbf{a} + t\,\mathbf{e}_k) = f(a_1, \ldots, a_{k-1}, a_k + t, a_{k+1}, \ldots, a_n)\,,$$

wo $\mathbf{e}_k$ der $k$-te kanonische Basisvektor des $\mathbb{R}^n$ ist. Falls diese Funktion an der Stelle $t = 0$ differenzierbar ist, nennen wir

$$\frac{\partial f}{\partial x_k}(\mathbf{a}) := \frac{d}{dt} f(\mathbf{a} + t\,\mathbf{e}_k)\bigg|_{t=0}$$

die **partielle Ableitung** von $f$ nach der Variablen $x_k$ an der Stelle $\mathbf{a}$. Wir differenzieren also $f$ nach der Variablen $x_k$, wobei wir die anderen Variablen als Konstante behandeln.

Es ist üblich, bei anderer Benennung der Variablen die partiellen Ableitungen auch mit dem Variablennamen zu versehen, z.B. bei $f(x, y, z)$

$$\frac{\partial f}{\partial x}(x, y, z)\,, \qquad \frac{\partial f}{\partial y}(x, y, z)\,, \qquad \frac{\partial f}{\partial z}(x, y, z)\,.$$

Sehr praktisch sind auch die folgenden Bezeichnungen:

$$\partial_1 f(\mathbf{a}), \ldots, \partial_n f(\mathbf{a}) \quad \text{bzw.} \quad \partial_x f(x, y, z),\ \partial_y f(x, y, z),\ \partial_z f(x, y, z)\,.$$

BEISPIEL. Für $f(x, y, z) = x^2 e^y + \sin z$ ist

$$\frac{\partial f}{\partial x}(x, y, z) = 2x e^y\,, \qquad \frac{\partial f}{\partial y}(x, y, z) = x^2 e^y\,, \qquad \frac{\partial f}{\partial z}(x, y, z) = \cos z\,.$$

SATZ. *Ist* $\mathbf{f} : \mathbb{R}^n \supset \Omega \to \mathbb{R}^m$ *in* $\mathbf{a} \in \Omega$ *differenzierbar, so sind die Komponentenfunktionen* $f_1, \ldots, f_m$ *in* $\mathbf{a}$ *partiell differenzierbar, und die Ableitung* $d\mathbf{f}(\mathbf{a})$ *hat bezüglich der kanonischen Basen von* $\mathbb{R}^n$ *und* $\mathbb{R}^m$ *die* **Jacobimatrix**

$$\begin{pmatrix} \dfrac{\partial f_1}{\partial x_1}(\mathbf{a}) & \cdots & \dfrac{\partial f_1}{\partial x_n}(\mathbf{a}) \\ \vdots & & \vdots \\ \dfrac{\partial f_m}{\partial x_1}(\mathbf{a}) & \cdots & \dfrac{\partial f_m}{\partial x_n}(\mathbf{a}) \end{pmatrix} = \left(\dfrac{\partial f_i}{\partial x_k}(\mathbf{a})\right) = (\partial_k f_i(\mathbf{a})).$$

*Insbesondere ist die Ableitung durch* $\mathbf{f}$ *und* $\mathbf{a}$ *eindeutig bestimmt.*

Da wir durchweg mit den kanonischen Basen arbeiten, identifizieren wir die Ableitung mit der Jacobimatrix:

$$d\mathbf{f}(\mathbf{a}) = \left(\dfrac{\partial f_i}{\partial x_k}(\mathbf{a})\right) = (\partial_k f_i(\mathbf{a})).$$

Die Spalten von $d\mathbf{f}(\mathbf{a})$ bezeichnen wir mit $\partial_1 \mathbf{f}(\mathbf{a}), \ldots, \partial_n \mathbf{f}(\mathbf{a})$.

BEWEIS.

Bezeichnen wir die kanonische Basis von $\mathbb{R}^n$ wie üblich sowie die von $\mathbb{R}^m$ mit $\mathbf{e}'_1, \ldots, \mathbf{e}'_m$, so ist nach Definition der Matrix einer linearen Abbildung zu zeigen:

$$d\mathbf{f}(\mathbf{a})\mathbf{e}_k = \sum_{i=1}^{m} \dfrac{\partial f_i}{\partial x_k}(\mathbf{a})\mathbf{e}'_i \quad \text{für} \quad k = 1, \ldots, n.$$

Das ergibt sich durch Grenzübergang $t \to 0$ ($t \neq 0$) aus den Beziehungen

$$\sum_{i=1}^{m} \dfrac{f_i(\mathbf{a}+t\,\mathbf{e}_k) - f_i(\mathbf{a})}{t}\,\mathbf{e}'_i = \dfrac{\mathbf{f}(\mathbf{a}+t\,\mathbf{e}_k) - \mathbf{f}(\mathbf{a})}{t}$$
$$= \dfrac{d\mathbf{f}(\mathbf{a})(t\,\mathbf{e}_k) + \mathbf{R}(t\,\mathbf{e}_k)}{t} = d\mathbf{f}(\mathbf{a})\mathbf{e}_k \pm \dfrac{\mathbf{R}(t\,\mathbf{e}_k)}{\|t\,\mathbf{e}_k\|}\ :$$

Die rechte Seite hat nach Voraussetzung den Limes $d\mathbf{f}(\mathbf{a})\mathbf{e}_k$. Also existiert auch der Limes der linken Seite, und zwar koordinatenweise nach § 21 : 2.4. □

Für eine Funktion $f : \mathbb{R}^n \supset \Omega \to \mathbb{R}$ erhalten wir insbesondere

$$df(\mathbf{a})\mathbf{h} = \dfrac{\partial f}{\partial x_1}(\mathbf{a}) \cdot h_1 + \cdots + \dfrac{\partial f}{\partial x_n}(\mathbf{a}) \cdot h_n$$

für jeden Vektor $\mathbf{h} = (h_1, \ldots, h_n) \in \mathbb{R}^n$.

In der Physikliteratur wird hierfür häufig nach klassischem Vorbild (unter Fortlassung aller Argumente)

$$df = \dfrac{\partial f}{\partial x_1}\,dx_1 + \cdots + \dfrac{\partial f}{\partial x_n}\,dx_n$$

geschrieben. Man sollte die „Differentiale" $df, dx_1, \ldots, dx_n$ besser nicht als „unendlich kleine Größen" deuten; das kann Verwirrung stiften. Eine korrek-

1 Differenzierbarkeit und Ableitung

te Interpretation wäre: $dx_k$ ist die Linearform $\mathbb{R}^n \to \mathbb{R}$, die jedem Vektor $\mathbf{h} = (h_1, \ldots, h_n)$ seine $k$-te Komponente $h_k$ zuordnet.

## 1.6 Das Hauptkriterium für Differenzierbarkeit

*Existieren für* $\mathbf{f} : \mathbb{R}^n \supset \Omega \to \mathbb{R}^m$ *die partiellen Ableitungen der Komponenten* $f_1, \ldots, f_m$ *an jeder Stelle in* $\Omega$ *und sind diese stetige Funktionen auf* $\Omega$, *so ist* $\mathbf{f}$ *in ganz* $\Omega$ *differenzierbar. Die Ableitung ist durch die Jacobische Matrix gegeben*:

$$d\mathbf{f}(\mathbf{x}) = \left( \frac{\partial f_i}{\partial x_k}(\mathbf{x}) \right) \quad \text{für} \quad \mathbf{x} \in \Omega.$$

Mit Hilfe dieses Satzes ist die Entscheidung über Differenzierbarkeit und die Berechnung der Ableitung relativ einfach, da partielle Ableitungen mit Hilfe der gewöhnlichen Differentialrechnung bestimmt werden können.

BEWEIS.
(a) Zunächst sei $f$ eine reellwertige Funktion zweier Variablen. Wir dürfen o.B.d.A. annehmen, daß

$$f : \mathbb{R}^2 \supset \Omega \to \mathbb{R} \quad \text{und} \quad \mathbf{a} = (0,0) \in \Omega,$$

vgl. 1.3 (e). Zu gegebenem $\varepsilon > 0$ gibt es wegen der Stetigkeit der partiellen Ableitungen ein $\delta > 0$ mit $K_\delta(0,0) \subset \Omega$ und

$$\left| \partial_x f(x,y) - \partial_x f(0,0) \right| < \varepsilon, \quad \left| \partial_y f(x,y) - \partial_y f(0,0) \right| < \varepsilon$$

für alle $(x,y) \in K_\delta(0,0)$.

Sei im folgenden $(x,y) \in K_\delta(0,0)$. Dann liegt auch der Streckenzug mit den Ecken $(0,0)$, $(x,0)$, $(x,y)$ ganz in $K_\delta(0,0)$.

Mit dem Hauptsatz der Differential– und Integralrechnung ergibt sich

$$(*) \quad f(x,y) = f(x,0) + \int_0^y \partial_y f(x,t)\, dt$$
$$= f(0,0) + \int_0^x \partial_x f(s,0)\, ds + \int_0^y \partial_y f(x,t)\, dt.$$

Diese Darstellung nützen wir wie folgt aus: Zunächst schreiben wir $f(x,y)$ in der Form

$$f(x,y) = f(0,0) + x \cdot \partial_x f(0,0) + y \cdot \partial_y f(0,0) + R(x,y) \quad \text{mit}$$

$$R(x,y) = f(x,y) - f(0,0) - x \cdot \partial_x f(0,0) - y \cdot \partial_y f(0,0). \quad \text{Mit } (*) \text{ folgt}$$

$$R(x,y) = \int_0^x (\partial_x f(s,0) - \partial_x f(0,0))\, ds + \int_0^y (\partial_y f(x,t) - \partial_y f(0,0))\, dt, \quad \text{also}$$

$$|R(x,y)| \leq \left| \int_0^x |\partial_x f(s,0) - \partial_x f(0,0)|\, ds \right| + \left| \int_0^y |\partial_y f(x,t) - \partial_y f(0,0)|\, dt \right|$$

$$\leq |x| \cdot \varepsilon + |y| \cdot \varepsilon \leq 2\sqrt{x^2+y^2} \cdot \varepsilon \quad \text{für} \quad \sqrt{x^2+y^2} < \delta.$$

Somit gilt

$$\lim_{(x,y) \to (0,0)} \frac{R(x,y)}{\sqrt{x^2+y^2}} = 0,$$

was die Differenzierbarkeit von $f$ an der Stelle $(0,0)$ bedeutet.

(b) Bei einer Funktion von $n \geq 3$ Variablen $f : \mathbb{R}^n \supset \Omega \to \mathbb{R}$ gehen wir ganz entsprechend vor, indem wir $\mathbf{a} = \mathbf{0}$ und $\mathbf{x}$ durch den achsenparallelen Polygonzug mit den Ecken

$$(0,\ldots,0),\ (x_1,0,\ldots,0),\ (x_1,x_2,0,\ldots,0),\ldots,(x_1,\ldots,x_n)$$

verbinden.

(c) Es sei nun $\mathbf{f} : \mathbb{R}^n \supset \Omega \to \mathbb{R}^m$. Nach (a) und (b) ist jede Komponentenfunktion $f_i$ an jeder Stelle $\mathbf{a} \in \Omega$ differenzierbar, es gilt also für $i = 1, \ldots, m$

$$f_i(\mathbf{a}+\mathbf{h}) = f_i(\mathbf{a}) + \sum_{k=1}^{n} \frac{\partial f_i}{\partial x_k}(\mathbf{a}) h_k + R_i(\mathbf{h}) \quad \text{mit} \quad \lim_{\mathbf{h} \to \mathbf{0}} \frac{R_i(\mathbf{h})}{\|\mathbf{h}\|} = 0.$$

Hieraus folgt mit der kanonischen Basis $(\mathbf{e}_1,\ldots,\mathbf{e}_m)$ von $\mathbb{R}^m$

$$\mathbf{f}(\mathbf{a}+\mathbf{h}) = \sum_{i=1}^{m} f_i(\mathbf{a}+\mathbf{h})\mathbf{e}_i$$

$$= \sum_{i=1}^{m} f_i(\mathbf{a})\mathbf{e}_i + \sum_{i=1}^{m}\sum_{k=1}^{n} \frac{\partial f_i}{\partial x_k}(\mathbf{a}) h_k \mathbf{e}_i + \sum_{i=1}^{m} R_i(\mathbf{h})\mathbf{e}_i$$

$$= \mathbf{f}(\mathbf{a}) + A\mathbf{h} + \mathbf{R}(\mathbf{h}),$$

wobei $A = \left( \frac{\partial f_i}{\partial x_k}(\mathbf{a}) \right)$ die Jacobimatrix ist und $\mathbf{R}(\mathbf{h}) := \sum_{i=1}^{m} R_i(\mathbf{h}) \mathbf{e}_i$ gesetzt wurde. Es gilt somit nach der Dreiecksungleichung

# 1 Differenzierbarkeit und Ableitung

$$\frac{\|\mathbf{R}(\mathbf{h})\|}{\|\mathbf{h}\|} \leq \sum_{i=1}^{m} \frac{|R_i(\mathbf{h})|}{\|\mathbf{h}\|} \to 0 \quad \text{für} \quad \mathbf{h} \to \mathbf{0}\,. \qquad \square$$

## 1.7 Beispiele und Anmerkungen

(a) $\mathbf{f} : \mathbb{R}^2 \to \mathbb{R}^2$, $\begin{pmatrix} x \\ y \end{pmatrix} \mapsto \begin{pmatrix} e^x \cdot \cos y \\ e^x \cdot \sin y \end{pmatrix}$.

Die Komponenten $f_1(x,y) = e^x \cos y$, $f_2(x,y) = e^x \sin y$ sind partiell differenzierbar, und es ist

$$\frac{\partial f_1}{\partial x}(x,y) = e^x \cdot \cos y\,, \qquad \frac{\partial f_1}{\partial y}(x,y) = -e^x \cdot \sin y\,,$$

$$\frac{\partial f_2}{\partial x}(x,y) = e^x \cdot \sin y\,, \qquad \frac{\partial f_2}{\partial y}(x,y) = e^x \cdot \cos y\,.$$

Da die partiellen Ableitungen stetig sind, ist $\mathbf{f}$ nach 1.6 differenzierbar und besitzt die Ableitung

$$\begin{pmatrix} e^x \cdot \cos y & -e^x \cdot \sin y \\ e^x \cdot \sin y & e^x \cdot \cos y \end{pmatrix}\,.$$

(b) **Partielle und totale Differenzierbarkeit.** In der Physik ist auch die Bezeichnung „total differenzierbar" statt „differenzierbar" gebräuchlich. Aus totaler Differenzierbarkeit folgt nach Satz 1.6 die Existenz der partiellen Ableitungen. Allein aus der Existenz der partiellen Ableitungen folgt noch nicht die Differenzierbarkeit. Sei z.B.

$$f(x,y) = \frac{xy}{x^2+y^2} \quad \text{für} \quad \begin{pmatrix} x \\ y \end{pmatrix} \neq \begin{pmatrix} 0 \\ 0 \end{pmatrix} \quad \text{und} \quad f(0,0) = 0\,.$$

Dann existieren die partiellen Ableitungen in jedem Punkt $\mathbf{a} \in \mathbb{R}^2$, insbesondere gilt $\partial_x f(0,0) = \partial_y f(0,0) = 0$ ÜA.

$$\lim_{x \to 0} f(x,0) = 0\,, \qquad \lim_{x \to 0} f(x,x) = \frac{1}{2}\,.$$

Also kann $f$ an der Stelle $(0,0)$ nicht differenzierbar sein. Nach 1.6 können also auch die partiellen Ableitungen nicht stetig sein. ÜA Prüfen Sie das nach!

(c) Berechnen Sie die Jacobi–Matrix und deren Determinante für die beiden Abbildungen $\mathbb{R}^2 \to \mathbb{R}^2$ bzw. $\mathbb{R}^3 \to \mathbb{R}^3$:

$$\begin{pmatrix} r \\ \varphi \end{pmatrix} \mapsto \begin{pmatrix} r \cdot \cos \varphi \\ r \cdot \sin \varphi \end{pmatrix}\,, \qquad \begin{pmatrix} r \\ \vartheta \\ \varphi \end{pmatrix} \mapsto \begin{pmatrix} r \cdot \cos \varphi \cdot \sin \vartheta \\ r \cdot \sin \varphi \cdot \sin \vartheta \\ r \cdot \cos \vartheta \end{pmatrix}\,.$$

## 2 Rechenregeln für differenzierbare Funktionen

### 2.1 Die Kettenregel

*Sei* $\mathbf{g} : \mathbb{R}^n \supset \Omega \to \mathbb{R}^m$ *an der Stelle* $\mathbf{x} \in \Omega$ *differenzierbar, ferner sei* $\mathbf{f} : \mathbb{R}^m \supset \Omega' \to \mathbb{R}^l$ *an der Stelle* $\mathbf{y} = \mathbf{g}(\mathbf{x}) \in \Omega'$ *differenzierbar und* $g(\Omega) \subset \Omega'$, *also*

$$\Omega \xrightarrow{\mathbf{g}} \Omega' \xrightarrow{\mathbf{f}} \mathbb{R}^l.$$

*Dann ist auch die Hintereinanderausführung* $\mathbf{f} \circ \mathbf{g} : \Omega \to \mathbb{R}^l$ *an der Stelle* $\mathbf{x}$ *differenzierbar, und es gilt*

$$d(\mathbf{f} \circ \mathbf{g})(\mathbf{x}) = d\mathbf{f}(\mathbf{y})\, d\mathbf{g}(\mathbf{x}).$$

Für die Jacobimatrizen ergibt sich nach Ausführung der Matrizenmultiplikation

$$\frac{\partial (f_i \circ \mathbf{g})}{\partial x_k}(\mathbf{x}) = \sum_{j=1}^m \frac{\partial f_i}{\partial y_j}(\mathbf{y}) \cdot \frac{\partial g_j}{\partial x_k}(\mathbf{x}) \quad \text{mit} \quad i = 1, \ldots, l;\ k = 1, \ldots, n.$$

BEWEIS.

Wir setzen zur Abkürzung $A = d\mathbf{g}(\mathbf{x})$, $B = d\mathbf{f}(\mathbf{y})$. Nach Voraussetzung gilt

$$\mathbf{g}(\mathbf{x} + \mathbf{h}) = \mathbf{g}(\mathbf{x}) + A\mathbf{h} + \mathbf{R}(\mathbf{h}) \quad \text{und} \quad \lim_{\mathbf{h} \to \mathbf{0}} \frac{\mathbf{R}(\mathbf{h})}{\|\mathbf{h}\|} = \mathbf{0},$$

$$\mathbf{f}(\mathbf{y} + \mathbf{k}) = \mathbf{f}(\mathbf{y}) + B\mathbf{k} + \mathbf{S}(\mathbf{k}) \quad \text{und} \quad \lim_{\mathbf{k} \to \mathbf{0}} \frac{\mathbf{S}(\mathbf{k})}{\|\mathbf{k}\|} = \mathbf{0}.$$

Hieraus ergibt sich

$$(\mathbf{f} \circ \mathbf{g})(\mathbf{x} + \mathbf{h}) = \mathbf{f}(\mathbf{g}(\mathbf{x} + \mathbf{h})) = \mathbf{f}(\mathbf{g}(\mathbf{x}) + A\mathbf{h} + \mathbf{R}(\mathbf{h}))$$

$$= \mathbf{f}(\mathbf{g}(\mathbf{x})) + B \cdot (A\mathbf{h} + \mathbf{R}(\mathbf{h})) + \mathbf{S}(A\mathbf{h} + \mathbf{R}(\mathbf{h}))$$

$$= (\mathbf{f} \circ \mathbf{g})(\mathbf{x}) + BA\mathbf{h} + \mathbf{T}(\mathbf{h}), \quad \text{wobei}$$

$$\mathbf{T}(\mathbf{h}) := B\mathbf{R}(\mathbf{h}) + \mathbf{S}(A\mathbf{h} + \mathbf{R}(\mathbf{h})).$$

Wir zeigen $\frac{\mathbf{T}(\mathbf{h})}{\|\mathbf{h}\|} \to \mathbf{0}$ für $\mathbf{h} \to \mathbf{0}$: Zu gegebenem $\varepsilon > 0$ mit $\varepsilon \leq 1$ gibt es nach Voraussetzung Zahlen $\delta_1, \delta_2 > 0$ mit $K_{\delta_1}(\mathbf{x}) \subset \Omega$, $K_{\delta_2}(\mathbf{y}) \subset \Omega'$ und

$$\|\mathbf{R}(\mathbf{h})\| \leq \varepsilon \|\mathbf{h}\| \quad \text{für} \quad \|\mathbf{h}\| < \delta_1, \qquad \|\mathbf{S}(\mathbf{k})\| \leq \varepsilon \|\mathbf{k}\| \quad \text{für} \quad \|\mathbf{k}\| < \delta_2.$$

Setzen wir

$$\delta := \min\left\{\delta_1, \frac{\delta_2}{\|A\|_2 + 1}\right\},$$

## 2 Rechenregeln für differenzierbare Funktionen

so gilt für $\|\mathbf{h}\| < \delta$

$$\|B\mathbf{R}(\mathbf{h})\| \leq \|B\|_2 \cdot \|\mathbf{R}(\mathbf{h})\| \leq \|B\|_2 \cdot \varepsilon \cdot \|\mathbf{h}\|,$$

$$\|A\mathbf{h} + \mathbf{R}(\mathbf{h})\| \leq \|A\|_2 \cdot \|\mathbf{h}\| + \varepsilon \cdot \|\mathbf{h}\| \leq \left(\|A\|_2 + 1\right) \cdot \|\mathbf{h}\| < \delta_2.$$

Für $\mathbf{k} := A\mathbf{h} + \mathbf{R}(\mathbf{h})$ gilt somit $\|\mathbf{k}\| < \delta_1$, also $\mathbf{y} + \mathbf{k} \in \Omega'$ und

$$\|\mathbf{T}(\mathbf{h})\| \leq \|B\|_2 \cdot \varepsilon \cdot \|\mathbf{h}\| + \varepsilon \cdot \|A\mathbf{h} + \mathbf{R}(\mathbf{h})\| \leq \varepsilon \left(\|B\|_2 + \|A\|_2 + 1\right) \cdot \|\mathbf{h}\|.$$

□

**2.2 Aufgabe.** Für $x > 0, y > 0$ und $u, v \in \mathbb{R}$ seien

$$\mathbf{f}(u,v) = \begin{pmatrix} u^2 - v^2 \\ 2uv \end{pmatrix} \quad \text{und} \quad \mathbf{g}(x,y) = 2 \begin{pmatrix} \log \sqrt{x^2 + y^2} \\ \arctan \frac{y}{x} \end{pmatrix}.$$

Bestimmen Sie die Ableitung $d(\mathbf{f} \circ \mathbf{g})(x,y)$.

**2.3 Linearität der Ableitung.** Sind $\mathbf{f}, \mathbf{g} : \mathbb{R}^n \supset \Omega \to \mathbb{R}^m$ an der Stelle $\mathbf{a} \in \Omega$ differenzierbar, so ist auch $\alpha \mathbf{f} + \beta \mathbf{g} : \mathbf{x} \mapsto \alpha \mathbf{f}(\mathbf{x}) + \beta \mathbf{g}(\mathbf{x})$ für $\alpha, \beta \in \mathbb{R}$ dort differenzierbar, und es gilt

$$d(\alpha \mathbf{f} + \beta \mathbf{g})(\mathbf{a}) = \alpha d\mathbf{f}(\mathbf{a}) + \beta d\mathbf{g}(\mathbf{a}) \quad \boxed{\text{ÜA}}.$$

**2.4 Produkt- und Quotientenregel**

(a) Mit $f, g : \mathbb{R}^n \supset \Omega \to \mathbb{R}$ ist auch $f \cdot g$ an der Stelle $\mathbf{a} \in \Omega$ differenzierbar, und es gilt

$$d(f \cdot g)(\mathbf{a}) = f(\mathbf{a}) dg(\mathbf{a}) + g(\mathbf{a}) df(\mathbf{a}).$$

(b) Im Fall $g(\mathbf{a}) \neq 0$ folgt ferner die Differenzierbarkeit von $f/g$ und

$$d\left(\frac{f}{g}\right)(\mathbf{a}) = \frac{g(\mathbf{a}) df(\mathbf{a}) - f(\mathbf{a}) dg(\mathbf{a})}{g(\mathbf{a})^2}.$$

Bei Fortlassen der Argumente erhalten die beiden Regeln die übersichtliche Gestalt

$$d(fg) = f\, dg + g\, df, \qquad d\left(\frac{f}{g}\right) = \frac{g\, df - f\, dg}{g^2}.$$

BEWEIS.

(a) Sei $F(u,v) = u \cdot v$. Dann ist $dF(u,v)$ eine $1 \times 2$–Matrix:

$$dF(u,v) = (v, u),$$

und die Kettenregel ergibt mit $\mathbf{G}(\mathbf{x}) = \begin{pmatrix} f(\mathbf{x}) \\ g(\mathbf{x}) \end{pmatrix}$

$$d(fg)(\mathbf{x}) = d(F \circ \mathbf{G})(\mathbf{x}) = (g(\mathbf{x}), f(\mathbf{x})) \, d\mathbf{G}(\mathbf{x}) = g(\mathbf{x}) \, df(\mathbf{x}) + f(\mathbf{x}) \, dg(\mathbf{x})$$

ÜA. (Wie sieht die Matrix $d\mathbf{G}(\mathbf{x})$ aus?)

(b) Analog zu (a) mit $H(u,v) = \dfrac{u}{v}$  ÜA. □

## 2.5 $C^r$-Funktionen und $C^r$-Abbildungen

(a) Eine Abbildung $\mathbf{f} : \mathbb{R}^n \supset \Omega \to \mathbb{R}^m$ heißt **stetig differenzierbar** ($\mathbf{C^1}$-**differenzierbar**, $\mathbf{C^1}$-**Abbildung**) auf $\Omega$, wenn alle partiellen Ableitungen $\partial_i f_k$ auf $\Omega$ existieren und dort stetig sind. Nach dem Hauptkriterium 1.6 sind $C^1$-Abbildungen differenzierbar auf $\Omega$. Die Gesamtheit aller $C^1$-Abbildungen $\mathbf{f} : \Omega \to \mathbb{R}^m$ bezeichnen wir mit $C^1(\Omega, \mathbb{R}^m)$. $\mathbf{C^1}$-**Funktionen** sind stetig differenzierbare Funktionen $f : \Omega \to \mathbb{R}$; ihre Gesamtheit wird mit $C^1(\Omega)$ bezeichnet. Nach 2.3 und §21:7.4 ist $C^1(\Omega, \mathbb{R}^m)$ ein Vektorraum über $\mathbb{R}$.

(b) Eine $C^1$-Funktion $f : \mathbb{R}^n \supset \Omega \to \mathbb{R}$ heißt $\mathbf{C^2}$-**differenzierbar** auf $\Omega$, wenn alle partiellen Ableitungen $\partial_j f$ dort $C^1$-differenzierbar sind, d.h. wenn ihre partiellen Ableitungen

$$\partial_i \partial_j f = \frac{\partial^2 f}{\partial x_i \partial x_j} := \frac{\partial}{\partial x_i}\left(\frac{\partial f}{\partial x_j}\right)$$

in $\Omega$ existieren und dort stetig sind. $f$ heißt $C^3$-differenzierbar auf $\Omega$, wenn die $\partial_i \partial_j f$ ihrerseits stetig partiell differenzierbar sind, wenn also

$$\partial_i \partial_j \partial_k f = \frac{\partial^3 f}{\partial x_i \partial x_j \partial x_k} := \frac{\partial}{\partial x_i}\left(\frac{\partial^2 f}{\partial x_j \partial x_k}\right)$$

auf $\Omega$ existieren und stetig sind. Entsprechend ist $\mathbf{C^r}$-**Differenzierbarkeit** ($r = 0, 1, 2, \ldots, \infty$) definiert. In 2.6 werden wir zeigen, daß es auf die Reihenfolge der Differentiation nicht ankommt. Die Gesamtheit aller $C^r$-differenzierbaren Funktionen bezeichnen wir mit $C^r(\Omega)$; die stetigen Funktionen werden auch $C^0$-Funktionen genannt.

Eine vektorwertige Funktion heißt $\mathbf{C^r}$-**Abbildung** ($\mathbf{f} \in C^r(\Omega, \mathbb{R}^m)$) wenn alle Komponentenfunktionen zu $C^r(\Omega)$ gehören, ($r = 0, 1, 2, \ldots, \infty$).

SATZ. *Für jedes $r \geq 0$ ist $C^r(\Omega, \mathbb{R}^m)$ ein Vektorraum über $\mathbb{R}$.*

BEWEIS.
Die Vektorraumeigenschaft der stetigen Funktionen ist bekannt. Die übrigen Behauptungen folgen leicht durch Induktion nach $r$  ÜA. □

## 2 Rechenregeln für differenzierbare Funktionen

### 2.6 Vertauschbarkeit der partiellen Ableitungen

*Für jede $C^2$-Funktion $f$ auf $\Omega \subset \mathbb{R}^n$ gilt nach Hermann Amandus* SCHWARZ:

$$\frac{\partial}{\partial x_i}\frac{\partial}{\partial x_k}f = \frac{\partial}{\partial x_k}\frac{\partial}{\partial x_i}f \quad \text{für} \quad i,k = 1,\ldots,n.$$

Der Beweis stützt sich auf den folgenden

SATZ über Parameterintegrale. *Ist $g: \mathbb{R}^2 \supset \Omega \to \mathbb{R}$ $C^1$-differenzierbar und ist das Rechteck $[a,b] \times [c,d]$ ganz in $\Omega$ gelegen, so liefert*

$$G(x) = \int_c^d g(x,y)\,dy$$

*eine auf ganz $[a,b]$ stetig differenzierbare Funktion mit*

$$G'(x) = \int_c^d \frac{\partial g}{\partial x}(x,y)\,dy.$$

Der Beweis wäre an dieser Stelle zwar nicht schwer zu führen, soll aber in allgemeinerer Form unter § 23:2.3 gegeben werden.

BEWEIS von 2.6.

Für einen gegebenen Punkt $\mathbf{a} \in \Omega$ und $i \neq k$ setzen wir

$$\varphi(u,v) := f(\mathbf{a} + u\mathbf{e}_i + v\mathbf{e}_k).$$

Zu zeigen ist dann $\partial_u \partial_v \varphi(0,0) = \partial_v \partial_u \varphi(0,0)$.

Die Funktion $\varphi$ ist in einer Umgebung $U$ des Nullpunktes definiert. $U$ enthält eine Kreisscheibe $K_\delta(0,0)$ mit $\delta > 0$ und diese wieder ein kompaktes Quadrat

$$Q = \{(u,v) \mid |u| \leq r,\ |v| \leq r\} \quad \left(r = \tfrac{\delta}{2} > 0\right).$$

Der Hauptsatz der Differential– und Integralrechnung liefert

$$\varphi(u,v) = \varphi(u,0) + \int_0^v \partial_v \varphi(u,t)\,dt.$$

in $Q$, und nach dem Satz über Parameterintegrale für $g = \partial_v \varphi$ gilt

$$\partial_u \varphi(u,v) - \partial_u \varphi(u,0) = \int_0^v \partial_u \partial_v \varphi(u,t)\,dt.$$

Daraus folgt nach dem Hauptsatz der Differential– und Integralrechnung

$$\partial_v \partial_u \varphi(u,v) = \partial_u \partial_v \varphi(u,v) \quad \text{im Quadrat } Q. \qquad \square$$

**2.7 Aufgaben.** (a) Die Funktionen $\mathbf{x} \mapsto \cos\langle \mathbf{k}, \mathbf{x} \rangle$, $\mathbf{x} \mapsto \sin\langle \mathbf{k}, \mathbf{x} \rangle$ mit $\mathbf{k} \in \mathbb{R}^n$ sind beliebig oft differenzierbar. Beide genügen der Differentialgleichung $\Delta f + \|\mathbf{k}\|^2 \cdot f = 0$ mit $\Delta = \partial_1 \partial_1 + \cdots + \partial_n \partial_n$.

(b) Die Funktion $\mathbf{x} \mapsto e^{-\frac{1}{\|\mathbf{x}\|^2}}$ für $\mathbf{x} \neq \mathbf{0}$ ist bei geeigneter Fortsetzung in den Nullpunkt $C^\infty$–differenzierbar auf $\mathbb{R}^n$. Verwenden Sie § 9 : 6.3 (d).

(c) Seien $F, G : \mathbb{R} \to \mathbb{R}$ beliebige $C^2$–Funktionen und $c > 0$. Zeigen Sie für $u(t,x) := F(x + ct) + G(x - ct)$, daß $u \in C^2(\mathbb{R}^3)$ und der „Wellengleichung"

$$\frac{1}{c^2} \cdot \frac{\partial^2 u}{\partial t^2} = \frac{\partial^2 u}{\partial x^2}$$

genügt. Machen Sie sich klar, wie sich der Graph der beiden Funktionen $x \mapsto F(x + ct)$, $x \mapsto G(x - ct)$ in Abhängigkeit des Zeitparameters $t$ bewegt.

## 3 Reellwertige Funktionen: Gradient, Richtungsableitungen und Hauptsatz

### 3.1 Der Gradient

Für $C^1$–Funktionen $f : \Omega \to \mathbb{R}$ ist die Ableitung an einer festen Stelle $\mathbf{a} \in \Omega$ eine Linearform:

$$df(\mathbf{a}) : \mathbb{R}^n \to \mathbb{R}, \qquad \mathbf{h} \mapsto df(\mathbf{a})\,\mathbf{h}.$$

Sie wird auch **Differential** genannt. Die Jacobi–Matrix ist

$$\bigl(\partial_1 f(\mathbf{a}), \ldots, \partial_n f(\mathbf{a})\bigr).$$

Für $\mathbf{h} = \sum_{k=1}^n h_k \mathbf{e}_k$ erhalten wir die Koordinatendarstellung

$$df(\mathbf{a})\,\mathbf{h} = \sum_{k=1}^n \partial_k f(\mathbf{a}) \cdot h_k.$$

Es ist zweckmäßig, diese Summe als Skalarprodukt der Vektoren

$$\nabla f(\mathbf{a}) = \begin{pmatrix} \partial_1 f(\mathbf{a}) \\ \vdots \\ \partial_n f(\mathbf{a}) \end{pmatrix}, \qquad \mathbf{h} = \begin{pmatrix} h_1 \\ \vdots \\ h_n \end{pmatrix}$$

aufzufassen, also

$$df(\mathbf{a})\,\mathbf{h} = \langle \nabla f(\mathbf{a}), \mathbf{h} \rangle.$$

# 3 Reellwertige Funktionen: Gradient, Richtungsableitung, Hauptsatz

Der Vektor $\nabla f(\mathbf{a})$ heißt **Gradient** von $f$ an der Stelle $\mathbf{a}$; der Name ergibt sich aus der Interpretation 3.2.

Die Ableitungsregeln 2.3, 2.4 lauten in Gradientenschreibweise

(a) $\nabla(\alpha f + \beta g) = \alpha \cdot \nabla f + \beta \cdot \nabla g$ (*Linearität des Gradienten*),

(b) $\nabla(f \cdot g) = f \cdot \nabla g + g \cdot \nabla f$ (*Produktregel*),

(c) $\nabla \left( \dfrac{f}{g} \right) = \dfrac{g \cdot \nabla f - f \cdot \nabla g}{g^2}$ (*Quotientenregel*);

*letzteres wie in 2.5 außerhalb der Nullstellenmenge von $g$.*

[ÜA] Zeigen Sie für den euklidischen Abstand von $\mathbf{x} \in \mathbb{R}^n$ zum Ursprung, also
$\mathbf{x} \mapsto f(\mathbf{x}) := \|\mathbf{x}\| = \sqrt{\sum_{k=1}^{n} x_k^2}$: $f$ ist $C^1$–differenzierbar außerhalb des Ursprungs, und für $\mathbf{x} \neq \mathbf{0}$ gilt $\nabla f(\mathbf{x}) = \frac{\mathbf{x}}{\|\mathbf{x}\|}$.

## 3.2 Kettenregel und Richtungsableitung

Unter einem **C¹–Weg** im $\mathbb{R}^n$ verstehen wir eine $C^1$–Abbildung

$$\boldsymbol{\varphi} : I \to \mathbb{R}^n$$

auf einem reellen Intervall $I$. Die Bildmenge $\boldsymbol{\varphi}(I)$ heißt **Spur** von $\boldsymbol{\varphi}$. Für jedes $t_0 \in I$ ist der **Tangentenvektor** durch

$$\dot{\boldsymbol{\varphi}}(t_0) := \lim_{t \to t_0} \frac{\boldsymbol{\varphi}(t) - \boldsymbol{\varphi}(t_0)}{t - t_0} = \begin{pmatrix} \dot{\varphi}_1(t_0) \\ \vdots \\ \dot{\varphi}_n(t_0) \end{pmatrix}$$

definiert; in Randpunkten von $I$ ist die Ableitung als einseitiger Grenzwert im Sinne von § 9 : 2.3 zu verstehen. Die Stetigkeit von $t \mapsto \dot{\boldsymbol{\varphi}}(t)$ ist gleichbedeutend mit der Stetigkeit der Funktionen $t \mapsto \dot{\varphi}_k(t)$ für $k = 1, \ldots, n$.

Deuten wir $\boldsymbol{\varphi}(t)$ als den Ort eines Massenpunktes zum Zeitpunkt $t$, so ist $\dot{\boldsymbol{\varphi}}(t)$ der Geschwindigkeitsvektor.

**Die Kettenregel.** Ist $f \in C^1(\Omega)$ und $\boldsymbol{\varphi} : I \to \Omega$ ein $C^1$–Weg, so gilt

$$\frac{d}{dt} f(\boldsymbol{\varphi}(t)) = \langle \nabla f(\boldsymbol{\varphi}(t)), \dot{\boldsymbol{\varphi}}(t) \rangle = \sum_{k=1}^{n} \partial_k f(\boldsymbol{\varphi}(t)) \cdot \dot{\varphi}_k(t).$$

BEWEIS.

(a) Für offene Intervalle $I$ folgt das direkt aus der Kettenregel 2.1:

$$\frac{d}{dt}f(\varphi(t)) = df(\mathbf{x}) \cdot d\varphi(t) \quad \text{mit} \quad \mathbf{x} = \varphi(t), \quad \text{wobei}$$

$$df(\mathbf{x}) = (\partial_1 f(\mathbf{x}), \ldots, \partial_n f(\mathbf{x})) \quad \text{und} \quad d\varphi(t) = \dot{\varphi}(t).$$

(b) Sei $I$ nicht offen und $a$ ein Randpunkt von $I$, etwa der linke. Durch $\varphi(t) := \varphi(a) + (t-a)\dot{\varphi}(a)$ für $a - \delta < t \leq a$ läßt sich $\varphi$ in stetig differenzierbarer Weise über $I$ hinaus fortsetzen. Wegen der Stetigkeit von $\varphi$ und der Offenheit von $\Omega$ gilt $\varphi(t) \in \Omega$ für genügend kleines $\delta$. Wir dürfen also immer die Situation (a) unterstellen. □

**Die Richtungsableitung** von $f$ an der Stelle $\mathbf{a}$ in Richtung $\mathbf{v}$ ist definiert durch

$$\partial_\mathbf{v} f(\mathbf{a}) := \frac{d}{dt} f(\mathbf{a} + t\mathbf{v}) \Big|_{t=0}.$$

Nach der Kettenregel, angewandt auf $\varphi(t) = \mathbf{a} + t\mathbf{v}$, $\dot{\varphi}(t) = \mathbf{v}$, ergibt sich

$$\partial_\mathbf{v} f(\mathbf{a}) = \langle \nabla f(\mathbf{a}), \mathbf{v} \rangle.$$

Für $\mathbf{v} = \mathbf{e}_i$ ist $\partial_\mathbf{v} f(\mathbf{a})$ die partielle Ableitung $\partial_i f(\mathbf{a})$. Für $\|\mathbf{v}\| = 1$ gibt die Funktion $t \mapsto f(\mathbf{a} + t\mathbf{v})$ das Verhalten der Funktion $f$ längs der Geraden $g = \{\mathbf{a} + t\mathbf{v} \mid t \in \mathbb{R}\}$ im gleichen Maßstab wieder, also ist $\partial_\mathbf{v} f(\mathbf{a})$ die Steigung des Graphen von $f$ längs dieser Geraden. Daher wird der Begriff „Richtungsableitung" in der Literatur z.T. nur für Vektoren $\mathbf{v}$ der Länge 1 verwendet.

**Gradient und Richtung stärksten Anstiegs.** Im Fall $\|\mathbf{v}\| = 1$ gilt nach der Cauchy–Schwarzschen Ungleichung

$$|\partial_\mathbf{v} f(\mathbf{a})| = |\langle \nabla f(\mathbf{a}), \mathbf{v} \rangle| \leq \|\nabla f(\mathbf{a})\|,$$

und im Fall $\nabla f(\mathbf{a}) \neq \mathbf{0}$ wird die größtmögliche Anstiegsrate $\|\nabla f(\mathbf{a})\|$ genau dann erreicht, wenn

$$\mathbf{v} = \frac{\nabla f(\mathbf{a})}{\|\nabla f(\mathbf{a})\|}.$$

Somit gibt $\nabla f(\mathbf{a})$ die Richtung stärksten Fortschreitens (lat. *gradiens*: fortschreitend) an.

### 3.3 Aufgaben

(a) Eine Punktmasse an der Stelle $\mathbf{a}$ erzeugt das Gravitationspotential

$$U(\mathbf{x}) = -\frac{\gamma m}{\|\mathbf{x} - \mathbf{a}\|}.$$

3 Reellwertige Funktionen: Gradient, Richtungsableitung, Hauptsatz 419

Berechnen Sie die Gravitationskraft $\nabla U(\mathbf{x})$ auf eine Einheitsmasse im Punkt $\mathbf{x} \neq \mathbf{a}$.

(b) Berechnen Sie $\nabla F(\|\mathbf{x}\|)$ für $\mathbf{x} \neq \mathbf{0}$, wobei $F$ eine $C^1$–Funktion auf $\mathbb{R}_{>0}$ ist.

## 3.4 Der Hauptsatz der Differential– und Integralrechnung im $\mathbb{R}^n$ und der Schrankensatz

(a) Sei $f : \mathbb{R}^n \supset \Omega \to \mathbb{R}$ eine $C^1$–Funktion und $\varphi : [\alpha, \beta] \to \Omega$ ein $C^1$–Weg mit den Endpunkten $\mathbf{a} = \varphi(\alpha)$, $\mathbf{b} = \varphi(\beta)$. Dann gilt die folgende Version des Hauptsatzes der Differential– und Integralrechnung:

$$f(\mathbf{b}) - f(\mathbf{a}) = \int_\alpha^\beta \langle \nabla f(\varphi(t)), \dot{\varphi}(t) \rangle \, dt \,.$$

Dies folgt mit Hilfe des Hauptsatzes § 11:5.3 und der Kettenregel 3.2 aus

$$f(\mathbf{b}) - f(\mathbf{a}) = f(\varphi(\beta)) - f(\varphi(\alpha)) = \int_\alpha^\beta \tfrac{d}{dt} f(\varphi(t)) \, dt$$

$$= \int_\alpha^\beta \langle \nabla f(\varphi(t)), \dot{\varphi}(t) \rangle \, dt \,.$$

Wir kommen auf diese Beziehung im Zusammenhang mit konservativen Vektorfeldern und ihren Potentialen zurück (§ 24:5.2). Der Hauptsatz erlaubt es, aus Informationen über die Ableitung Schlüsse auf das Verhalten der Funktion im Großen zu ziehen. Eine erste Folgerung ist der

(b) **Schrankensatz.** (i) *Sei $f \in C^1(\Omega)$, und die Verbindungsstrecke $S$ der Punkte $\mathbf{a}$ und $\mathbf{b}$ liege ganz in $\Omega$. Dann gilt*

$$|f(\mathbf{b}) - f(\mathbf{a})| \leq M \cdot \|\mathbf{b} - \mathbf{a}\| \quad \text{mit} \quad M = \max\{\|\nabla f(\mathbf{x})\| \mid \mathbf{x} \in S\} \,.$$

(ii) Für vektorwertige Abbildungen $\mathbf{f} : \mathbb{R}^n \supset \Omega \to \mathbb{R}^m$ gilt unter entsprechenden Voraussetzungen

$$\|\mathbf{f}(\mathbf{b}) - \mathbf{f}(\mathbf{a})\| \leq L \cdot \|\mathbf{b} - \mathbf{a}\| \quad \text{mit} \quad L = \max\{\|df(\mathbf{x})\|_2 \mid \mathbf{x} \in S\} \,.$$

BEWEIS.

(i) Mit $\varphi(t) = \mathbf{a} + t(\mathbf{b} - \mathbf{a})$ für $0 \leq t \leq 1$ ergibt sich aus (a) mit Hilfe der Cauchy–Schwarzschen Ungleichung

$$|f(\mathbf{b}) - f(\mathbf{a})| = \left| \int_0^1 \langle \nabla f(\varphi(t)), \mathbf{b} - \mathbf{a} \rangle \, dt \right| \leq \int_0^1 |\langle \nabla f(\varphi(t)), \mathbf{b} - \mathbf{a} \rangle| \, dt$$

$$\leq \int_0^1 \|\nabla f(\varphi(t))\| \cdot \|\mathbf{b} - \mathbf{a}\| \, dt \leq M \cdot \|\mathbf{b} - \mathbf{a}\| \,.$$

(ii) Aus $|f_i(\mathbf{b}) - f_i(\mathbf{a})|^2 \leq \|\mathbf{b}-\mathbf{a}\|^2 \left(\int\limits_0^1 \|\nabla f_i(\boldsymbol{\varphi}(t))\|\, dt\right)^2$ nach (i) folgt mit

$\left|\int\limits_0^1 u \cdot 1\right|^2 \leq \int\limits_0^1 |u|^2 \cdot \int\limits_0^1 1^2$ (Cauchy–Schwarz für $\langle u, v\rangle = \int\limits_0^1 \overline{u} \cdot v$)

$$\|\mathbf{f}(\mathbf{b}) - \mathbf{f}(\mathbf{a})\|^2 \leq \|\mathbf{b}-\mathbf{a}\|^2 \cdot \int\limits_0^1 \sum_{i=1}^m \|\nabla f_i(\boldsymbol{\varphi}(t))\|^2\, dt\,.$$ □

### 3.5 Das Verschwinden der Ableitung

*Verschwindet der Gradient einer $C^1$-Funktion $f$ auf einem Gebiet $\Omega$, so ist $f$ dort konstant.*

BEMERKUNG. An dieser Stelle wird klar, warum wir als Definitionsbereiche differenzierbarer Funktionen nur Gebiete verwenden. Ohne die Voraussetzung des Wegzusammenhangs folgt aus dem Verschwinden der Ableitung nicht die Konstanz von $f$. Ist beispielsweise $\Omega = \Omega_1 \cup \Omega_2$ mit disjunkten offenen Mengen $\Omega_1$ und $\Omega_2$ und ist $f(\mathbf{x}) = 1$ für $\mathbf{x} \in \Omega_1$, $f(\mathbf{x}) = 2$ für $\mathbf{x} \in \Omega_2$, so ist $\nabla f(\mathbf{x}) = 0$ für alle $\mathbf{x} \in \Omega$, aber $f$ nicht konstant.

BEWEIS.
Wir fixieren einen Punkt $\mathbf{x}_0 \in \Omega$. Ein beliebiger Punkt $\mathbf{x} \in \Omega$ läßt sich nach § 21:9.4 mit $\mathbf{x}_0$ durch einen polygonalen Weg mit Ecken $\mathbf{x}_0, \mathbf{x}_1, \ldots, \mathbf{x}_N = \mathbf{x}$ verbinden. Anwendung des Mittelwertsatzes 3.4 auf die einzelnen Verbindungsstrecken ergibt

$$f(\mathbf{x}_0) = f(\mathbf{x}_1) = \cdots = f(\mathbf{x}_N) = f(\mathbf{x})\,.$$ □

### 3.6 Aufgaben. Zeigen Sie:

(a) Eine $C^1$-Funktion $f$ auf der gelochten Ebene $\mathbb{R}^2 \setminus \{\mathbf{0}\}$ ist genau dann *kreissymmetrisch* oder *radial*, d.h. von der Form $f(\mathbf{x}) = F(\|\mathbf{x}\|)$ mit einer $C^1$-Funktion $F$ auf $\mathbb{R}_{>0}$, wenn

$$-x_2 \partial_1 f(x_1, x_2) + x_1 \partial_2 f(x_1, x_2) = 0$$

für alle $\mathbf{x} = (x_1, x_2) \neq \mathbf{0}$.

Hinweis für „$\Longleftarrow$": Zeigen Sie, daß $f$ auf jeder Kreislinie $\|\mathbf{x}\| = r > 0$ einen konstanten Wert $F(r)$ hat und weisen Sie die $C^1$-Differenzierbarkeit von $F$ nach.

(b) Eine Funktion $f : \mathbb{R}^n \setminus \{\mathbf{0}\} \to \mathbb{R}$ heißt *positiv homogen vom Grad* $p \in \mathbb{R}$, wenn $f(t\mathbf{x}) = t^p \cdot f(\mathbf{x})$ für jedes $t > 0$ und $\mathbf{x} \neq \mathbf{0}$ gilt. Z.B. ist $f(\mathbf{x}) = \sqrt{|x_1 \cdots x_n|}$ positiv homogen vom Grad $\frac{n}{2}$. Zeigen Sie für $C^1$-Funktionen mit dieser Eigenschaft die *Eulersche Relation* $p \cdot f(\mathbf{x}) = \langle \nabla f(\mathbf{x}), \mathbf{x}\rangle$.

# 4 Der Satz von Taylor

## 4.1 Zur Methode

Die Taylorentwicklung einer Funktion $f \in C^r(\Omega)$ an einer Stelle $\mathbf{a} \in \Omega$ läßt sich wie folgt auf die eindimensionale Taylorentwicklung zurückführen: Wir untersuchen $f$ längs aller in $\Omega$ liegenden Strecken $[\mathbf{a}, \mathbf{a} + \mathbf{h}] := \{\mathbf{a} + t\mathbf{h} \mid 0 \leq t \leq 1\}$, betrachten also $g : [0,1] \to \mathbb{R}$, $t \mapsto f(\mathbf{a} + t\mathbf{h})$. Die Taylorentwicklung von $g(1)$ im Nullpunkt ergibt eine Entwicklung von $f(\mathbf{a} + \mathbf{h})$. Da es ein $\delta > 0$ gibt mit $K_\delta(\mathbf{a}) \subset \Omega$, gilt $[\mathbf{a}, \mathbf{a} + \mathbf{h}] \subset \Omega$ für $\|\mathbf{h}\| < \delta$. Die Taylorentwicklung $g(1) = g(0) + g'(\vartheta)$ ergibt den

**Mittelwertsatz.** *Sei $f \in C^1(\Omega)$, und die Strecke $[\mathbf{a}, \mathbf{a} + \mathbf{h}]$ liege in $\Omega$. Dann gibt es ein $\vartheta \in \,]0,1[$, so daß*

$$f(\mathbf{a} + \mathbf{h}) = f(\mathbf{a}) + \langle \nabla f(\mathbf{a} + \vartheta \mathbf{h}), \mathbf{h} \rangle.$$

BEWEIS als ÜA.

## 4.2 Taylorentwicklung zweiter Ordnung

*Sei $f \in C^2(\Omega)$ und $\mathbf{a} \in \Omega$. Dann gibt es zu jedem Vektor $\mathbf{h} = (h_1, \ldots, h_n)$, für den die Strecke $[\mathbf{a}, \mathbf{a} + \mathbf{h}]$ in $\Omega$ liegt, ein $\vartheta \in \,]0,1[$ mit*

$$f(\mathbf{a} + \mathbf{h}) = f(\mathbf{a}) + \sum_{k=1}^n \partial_k f(\mathbf{a}) h_k + \frac{1}{2} \sum_{i=1}^n \sum_{k=1}^n \partial_i \partial_k f(\mathbf{a} + \vartheta \mathbf{h}) h_i h_k.$$

Wir schreiben jetzt $f'(\mathbf{x})$ für die Jacobi–Matrix und bezeichnen die Matrix der zweiten partiellen Ableitungen (**Hesse–Matrix**) mit

$$f''(\mathbf{x}) = \bigl(\partial_i \partial_k f(\mathbf{x})\bigr).$$

Diese ist symmetrisch wegen der Vertauschbarkeit der Differentiationsreihenfolge (2.6).

Die Taylorentwicklung von $f$ erhält damit die besonders einprägsame Form

$$f(\mathbf{a} + \mathbf{h}) = f(\mathbf{a}) + f'(\mathbf{a})\mathbf{h} + \frac{1}{2} \langle \mathbf{h}, f''(\mathbf{a} + \vartheta \mathbf{h}) \mathbf{h} \rangle.$$

BEWEIS.
Nach der Kettenregel gilt für $g(t) = f(\mathbf{a} + t\mathbf{h})$

$$g'(t) = \sum_{k=1}^n \partial_k f(\mathbf{a} + t\mathbf{h}) \cdot h_k, \quad \text{also}$$

$$g''(t) = \sum_{k=1}^n h_k \sum_{i=1}^n \partial_i \partial_k f(\mathbf{a} + t\mathbf{h}) h_i = \sum_{i=1}^n \sum_{k=1}^n \partial_i \partial_k f(\mathbf{a} + t\mathbf{h}) h_i h_k.$$

Die Behauptung folgt jetzt aus

$$g(1) = g(0) + g'(0) + \tfrac{1}{2}g''(\vartheta).$$  □

**4.3 Taylorentwicklungen höherer Ordnung** lassen sich ebenfalls nach der oben geschilderten Methode gewinnen. Wie man die auftretenden Vielfachsummen in den höheren partiellen Ableitungen mit Hilfe der „Multiindexschreibweise" in eine überschaubarere Form bringen kann, finden Sie in Bd. 2, §11 und bei [BARNER–FLOHR, Bd. 2, §14.4].

**4.4 Aufgaben.** (a) Approximieren Sie $1.04^{0.98}$ mittels Taylorentwicklung zweiter Ordnung von $x^y$ an der Stelle $\mathbf{a} = (1,1)$. Schätzen Sie den Fehler ab.

(b) Geben Sie für eine $C^3$-Funktion $f : \mathbb{R}^2 \to \mathbb{R}$ die Taylorentwicklung dritter Ordnung an.

(c) Bestimmen Sie das Taylorpolynom mit Gliedern bis zur dritten Ordnung für $f(x,y) = e^x \cdot \cos y$ im Nullpunkt. Vergleichen Sie dieses mit dem Produkt der gewöhnlichen Taylorpolynome $\left(1 + x + \frac{x^2}{2} + \frac{x^3}{6}\right)\left(1 - \frac{y^2}{2}\right)$.

**4.5 Lokale Extrema**

Eine Funktion $f : \mathbb{R}^n \supset \Omega \to \mathbb{R}$ hat in $\mathbf{a} \in \Omega$ ein **lokales Minimum (Maximum)**, wenn es ein $r > 0$ gibt mit

$$f(\mathbf{a}) \leq f(\mathbf{x}) \qquad (f(\mathbf{a}) \geq f(\mathbf{x})) \qquad \text{für alle} \quad \mathbf{x} \in K_r(\mathbf{a}) \subset \Omega.$$

Ein lokales Minimum oder Maximum heißt auch lokales Extremum.

Ein Punkt $\mathbf{a} \in \Omega$ heißt ein **stationärer** oder **kritischer Punkt** einer $C^1$-Funktion $f : \Omega \to \mathbb{R}$, falls $\nabla f(\mathbf{a}) = \mathbf{0}$.

Die Bedingungen für ein lokales Extremum lassen sich völlig analog zum eindimensionalen Fall formulieren. Dazu erinnern wir an den Begriff „positive Matrix" §20:4.6: Für symmetrische Matrizen $A$ bedeutet $A \geq 0$, daß $\langle \mathbf{h}, A\mathbf{h} \rangle \geq 0$ für alle $\mathbf{h} \in \mathbb{R}^n$ gilt. $A > 0$ bedeutet die positive Definitheit dieser quadratischen Form und ist gleichbedeutend damit, daß alle Eigenwerte von $A$ positiv sind.

SATZ.

(a) *Hat $f \in C^2(\Omega)$ in $\mathbf{a} \in \Omega$ ein lokales Minimum (Maximum), so ist notwendigerweise*

$$f'(\mathbf{a}) = 0 \quad und \quad f''(\mathbf{a}) \geq 0 \qquad \bigl(f''(\mathbf{a}) \leq 0\bigr).$$

(b) *Die Bedingungen*

$$f'(\mathbf{a}) = 0 \quad und \quad f''(\mathbf{a}) > 0 \qquad \bigl(f''(\mathbf{a}) < 0\bigr)$$

# 4 Der Satz von Taylor

*sind hinreichend für ein lokales Minimum (Maximum) an der Stelle* $\mathbf{a} \in \Omega$.

(c) *Nimmt die quadratische Form* $\mathbf{h} \mapsto \langle f''(\mathbf{a})\mathbf{h}, \mathbf{h} \rangle$ *sowohl positive als auch negative Werte an, so ist* $\mathbf{a}$ *keine Extremalstelle von* $f$.

BEWEIS.

(a) Für einen festen Vektor $\mathbf{h}$ betrachten wir

$$g(t) = f(\mathbf{a} + t\mathbf{h}) \quad \text{für} \quad |t| \ll 1.$$

Hat $f$ an der Stelle $\mathbf{a}$ ein lokales Minimum, so gilt

$$g(t) = f(\mathbf{a} + t\mathbf{h}) \geq f(\mathbf{a}) = g(0),$$

also hat $g$ an der Stelle 0 ein lokales Minimum. Mit 4.2 und §9:8.1 folgt

$$g'(0) = \langle \nabla f(\mathbf{a}), \mathbf{h} \rangle = 0 \quad \text{und}$$

$$g''(0) = \sum_{i=1}^{n}\sum_{k=1}^{n} \partial_i \partial_k f(\mathbf{a}) h_i h_k = \langle \mathbf{h}, f''(\mathbf{a})\mathbf{h} \rangle \geq 0,$$

dies für alle $\mathbf{h} \in \mathbb{R}^n$. Aus der ersten Beziehung folgt $f'(\mathbf{a}) = \nabla f(\mathbf{a}) = \mathbf{0}$.

(b) Die Hesse–Matrix $f''(\mathbf{a})$ sei positiv definit und $\lambda > 0$ ihr kleinster Eigenwert. Nach §20:4.1 gilt

$$\langle \mathbf{h}, f''(\mathbf{a})\mathbf{h} \rangle \geq \lambda \cdot \|\mathbf{h}\|^2 \quad \text{für alle} \quad \mathbf{h} \in \mathbb{R}^n.$$

Wir behaupten, daß es ein $\delta > 0$ gibt mit $K_\delta(\mathbf{a}) \subset \Omega$ und

(∗) $\quad \langle \mathbf{h}, f''(\mathbf{x})\mathbf{h} \rangle \geq \frac{\lambda}{2} \cdot \|\mathbf{h}\|^2 \quad \text{für alle} \quad \mathbf{x} \in K_\delta(\mathbf{a}) \text{ und alle } \mathbf{h} \in \mathbb{R}^n.$

Ist dies gezeigt, so folgt aus der Taylorentwicklung 4.2 mit $\nabla f(\mathbf{a}) = \mathbf{0}$

$$f(\mathbf{a} + \mathbf{h}) - f(\mathbf{a}) = \frac{1}{2}\langle \mathbf{h}, f''(\mathbf{a} + \vartheta \mathbf{h})\mathbf{h} \rangle \geq \frac{\lambda}{4} \cdot \|\mathbf{h}\|^2 > 0$$

für $\mathbf{h} \neq \mathbf{0}$ und $\mathbf{x} := \mathbf{a} + \mathbf{h} \in K_\delta(\mathbf{a})$, was die Behauptung darstellt.

Zum Nachweis von (∗) nützen wir die Stetigkeit von $\partial_i \partial_k f$ aus: Zu $\varepsilon = \frac{\lambda}{2 \cdot n}$ gibt es ein $\delta > 0$ mit $K_\delta(\mathbf{a}) \in \Omega$ und

$$\left| \partial_i \partial_k f(\mathbf{x}) - \partial_i \partial_k f(\mathbf{a}) \right| < \frac{\lambda}{2 \cdot n} \quad \text{für} \quad \|\mathbf{x} - \mathbf{a}\| < \delta$$

und $i, k = 1, \ldots, n$. Für $\mathbf{x} \in K_\delta(\mathbf{a})$ ist dann

$$\left\| f''(\mathbf{x}) - f''(\mathbf{a}) \right\|_2 = \Big( \sum_{i=1}^{n}\sum_{k=1}^{n} |\partial_i \partial_k f(\mathbf{x}) - \partial_i \partial_k f(\mathbf{a})|^2 \Big)^{\frac{1}{2}} < \frac{\lambda}{2}.$$

Mit Cauchy–Schwarz und der Abschätzung 1.1 folgt dann

$$\langle \mathbf{h}, f''(\mathbf{x})\mathbf{h} \rangle = \langle \mathbf{h}, f''(\mathbf{a})\mathbf{h} \rangle + \langle \mathbf{h}, (f''(\mathbf{x}) - f''(\mathbf{a}))\mathbf{h} \rangle$$
$$\geq \lambda \|\mathbf{h}\|^2 - \|\mathbf{h}\| \cdot \|(f''(\mathbf{x}) - f''(\mathbf{a}))\mathbf{h}\| \geq \lambda\|\mathbf{h}\|^2 - \|f''(\mathbf{x}) - f''(\mathbf{a})\|_2 \|\mathbf{h}\|^2$$
$$\geq \frac{\lambda}{2}\|\mathbf{h}\|^2 \quad \text{für alle } \mathbf{x} \in K_\delta(\mathbf{a}) \text{ und alle } \mathbf{h} \in \mathbb{R}^n.$$

Ist die Hesse–Matrix negativ definit, so betrachten wir $-f$ statt $f$.

(c) folgt direkt aus (a). □

### 4.6 Zur Methode der kleinsten Quadrate (vgl. §16:6.3 und §20:4.7)

Gegeben sei eine $m \times n$–Matrix $A$ mit $m > n$ und Rang $A = n$ sowie ein Vektor $\mathbf{y} \in \mathbb{R}^m$. *Wir zeigen, daß*

$$f(\mathbf{x}) = \|A\mathbf{x} - \mathbf{y}\|^2$$

*eine eindeutig bestimmte Minimalstelle hat: Für die eindeutig bestimmte Lösung* $\mathbf{a}$ *von* $A^T A \mathbf{x} = A^T \mathbf{y}$ *gilt* $f(\mathbf{a}) < f(\mathbf{x})$ *für alle* $\mathbf{x} \in \mathbb{R}^n$ *mit* $\mathbf{x} \neq \mathbf{a}$.

Nach §16:6.3 gilt mit der symmetrischen $n \times n$–Matrix $A^T A = (c_{ik})$

$$\partial_j f(\mathbf{x}) = 2\sum_{k=1}^n c_{jk} x_k - 2\sum_{i=1}^m a_{ij} y_i, \quad \text{also} \quad \nabla f(\mathbf{x}) = 2\left(A^T A \mathbf{x} - A^T \mathbf{y}\right).$$

Wegen $\partial_i \partial_j f(\mathbf{x}) = 2c_{ji} = 2c_{ij}$ gilt $f''(\mathbf{x}) = 2A^T A$ für alle $\mathbf{x} \in \mathbb{R}^n$. Nach §20:4.7 ist die Matrix $A^T A$ positiv definit, und die Gleichung

$$\nabla f(\mathbf{x}) = \mathbf{0} \iff A^T A \mathbf{x} = A^T \mathbf{y}$$

ist eindeutig lösbar. Bezeichnen wir die Lösung mit $\mathbf{a}$, so gilt nach dem Satz von Taylor

$$f(\mathbf{a} + \mathbf{h}) = f(\mathbf{a}) + \langle \mathbf{h}, A^T A \mathbf{h} \rangle > f(\mathbf{a}) \quad \text{für alle} \quad \mathbf{h} \neq \mathbf{0}.$$

Also gilt $f(\mathbf{a}) < f(\mathbf{x})$ für alle $\mathbf{x} \in \mathbb{R}^n$ mit $\mathbf{x} \neq \mathbf{a}$.

### 4.7 Der Graph einer Funktion

Eine Vorstellung vom Verlauf einer Funktion $f : \mathbb{R}^2 \supset \Omega \to \mathbb{R}$ können wir uns mit Hilfe des **Graphen**

$$\big\{(x, y, f(x,y)) \mid (x,y) \in \Omega\big\}$$

verschaffen.

Wir fixieren $(a, b) \in \Omega$ und setzen $\mathbf{F}(x,y) := (x, y, f(x,y))$. Dann sind

$$s \mapsto \mathbf{F}(a+s,b), \qquad t \mapsto \mathbf{F}(a,b+t) \quad \text{mit} \quad |s|,|t| \ll 1$$

Wege auf dem Graphen, genannt **Koordinatenlinien** durch $\mathbf{F}(a,b)$. Deren Tangentenvektoren in $s=0$ bzw. $t=0$ sind

$$\mathbf{v}_1 = \frac{d}{ds}\mathbf{F}(a+s,b)\bigg|_{s=0} = \partial_x \mathbf{F}(a,b) = \begin{pmatrix} 1 \\ 0 \\ \partial_x f(a,b) \end{pmatrix},$$

$$\mathbf{v}_2 = \frac{d}{dt}\mathbf{F}(a,b+t)\bigg|_{t=0} = \partial_y \mathbf{F}(a,b) = \begin{pmatrix} 0 \\ 1 \\ \partial_y f(a,b) \end{pmatrix}.$$

Die von $\mathbf{v}_1, \mathbf{v}_2$ aufgespannte Ebene durch $\mathbf{F}(a,b)$ ist die **Tangentialebene** des Graphen im Punkt $\mathbf{F}(a,b)$.

In einem stationären Punkt $(a,b)$ von $f$ ist $\mathbf{v}_1 = \mathbf{e}_1$, $\mathbf{v}_2 = \mathbf{e}_2$, d.h. die Tangentialebene durch $\mathbf{F}(a,b)$ ist parallel zur $x,y$–Ebene.

Die nebenstehende Figur zeigt ein Stück des Graphen der Funktion $f(x,y) = \frac{1}{2}y^2 + 1 - \cos x$. Die Funktion hat in $(0,0)$ ein lokales Minimum und in $(-\pi, 0)$ einen stationären Punkt, in dem kein lokales Extremum vorliegt, ÜA.

Da der Graph in der Umgebung des Punktes $\mathbf{F}(-\pi, 0) = (-\pi, 0, 0)$ eine sattelförmige Gestalt hat, nennt man allgemein einen stationären Punkt, in dem kein lokales Extremum vorliegt, einen **Sattelpunkt**.

ÜA Geben Sie zwei Wege durch den Sattelpunkt $(-\pi, 0)$ an, in denen $f$ ansteigt, bzw. absteigt.

## 4.8 Aufgaben

(a) Bestimmen Sie die im Quadrat $Q = [0, 2\pi] \times [0, 2\pi]$ liegenden stationären Punkte von $f(x,y) = \frac{1}{2}(\cos x + \sin y)^2 + \cos x \cdot \sin y$, und untersuchen Sie diese auf ihre Extremaleigenschaften. Bestimmen Sie das Maximum und das Minimum von $f$ auf $Q$.

(b) Sei $f(x,y) = 3x^2 + 4xy + 2y^2 + x^2y^2$. Besitzt $f$ ein Maximum bzw. ein Minimum auf $\mathbb{R}^2$? Wenn ja, geben Sie dieselben an.

## 5 Der Umkehrsatz und der Satz über implizite Funktionen

### 5.1 Diffeomorphismen

Eine Abbildung $\mathbf{f} : U \to V$ von Gebieten $U, V \subset \mathbb{R}^n$ heißt $\mathbf{C^r}$**-Diffeomorphismus zwischen $U$ und $V$** ($r \geq 1$), wenn $\mathbf{f}$ eine $C^r$-Abbildung ist und eine $C^r$-differenzierbare Umkehrabbildung $f^{-1} : V \to U$ besitzt.

Diffeomorphismen werden oft auch **Koordinatentransformationen** genannt. Das einfachste Beispiel einer Koordinatentransformation ist die Beziehung zwischen Polarkoordinaten und kartesischen Koordinaten in der Ebene:

$$\mathbf{f} : \begin{pmatrix} r \\ \varphi \end{pmatrix} \mapsto \begin{pmatrix} x \\ y \end{pmatrix} = \begin{pmatrix} r \cdot \cos\varphi \\ r \cdot \sin\varphi \end{pmatrix}.$$

Diese Abbildung ist ein $C^\infty$-Diffeomorphismus, wenn wir sie geeignet einschränken, z.B. auf das Gebiet

$$U = \{(r,\varphi) \mid r > 0, \ -\pi < \varphi < \pi\}.$$

Als Bildmenge ergibt sich die längs der negativen $x$–Achse geschlitzte Ebene

$$V = \mathbb{R}^2 \setminus \{(x,0) \mid x \leq 0\}.$$

Offenbar ist $\mathbf{f} : U \to V$ $C^\infty$-differenzierbar. Die Bijektivität und die explizite Angabe der Umkehrfunktion ergibt sich aus der nebenstehenden Figur: Wir erhalten $\mathbf{f}^{-1}$ durch

$$r = \sqrt{x^2 + y^2}, \quad \varphi = 2\arctan\frac{y}{x+r}.$$

ÜA : Rechnen Sie nach, daß $f \circ g = \mathbb{1}_V$, $g \circ f = \mathbb{1}_U$ für die durch $(x,y) \mapsto (r,\varphi)$ gegebene $C^\infty$-Abbildung.

Meist ist die explizite Angabe der Umkehrabbildung zu mühsam oder unmöglich. Der folgende Satz und der Umkehrsatz 5.2 geben ein notwendiges und hinreichendes Kriterium für die Diffeomorphismuseigenschaft, das keine explizite Kenntnis der Umkehrfunktion verlangt.

SATZ. *Für einen $C^r$-Diffeomorphismus* $\mathbf{f} : U \to V$ *ist die Jacobi-Matrix* $d\mathbf{f}(\mathbf{x})$ *an jeder Stelle* $\mathbf{x} \in U$ *invertierbar. Für* $\mathbf{g} = \mathbf{f}^{-1} : V \to U$ *gilt*

$$d\mathbf{g}(\mathbf{y}) = d\mathbf{f}(\mathbf{x})^{-1} \quad \textit{für} \quad \mathbf{x} \in U \quad \textit{und} \quad \mathbf{y} = f(\mathbf{x}) \in V.$$

5 Der Umkehrsatz und der Satz über implizite Funktionen       427

Das ergibt sich sofort mit der Kettenregel: Aus $\mathbf{g} \circ \mathbf{f} = \mathbb{1}_U$ folgt

$$E = d\mathbb{1}_U = d(\mathbf{g} \circ \mathbf{f})(\mathbf{x}) = d\mathbf{g}(\mathbf{y}) \, d\mathbf{f}(\mathbf{x}).$$

Mit Hilfe dieses Satzes können wir in vielen Fällen auch ohne explizite Kenntnis der Umkehrabbildung deren Ableitung bestimmen.

Für die Polarkoordinatentransformation

$$\mathbf{f}: \begin{pmatrix} r \\ \varphi \end{pmatrix} \mapsto \begin{pmatrix} r \cdot \cos\varphi \\ r \cdot \sin\varphi \end{pmatrix} \quad \text{mit} \quad d\mathbf{f}(r,\varphi) = \begin{pmatrix} \cos\varphi & -r\sin\varphi \\ \sin\varphi & r\cos\varphi \end{pmatrix}$$

ist beispielsweise leicht nachzuprüfen, daß

$$(d\mathbf{f}(r,\varphi))^{-1} = \frac{1}{r} \cdot \begin{pmatrix} r\cos\varphi & r\sin\varphi \\ -\sin\varphi & \cos\varphi \end{pmatrix}.$$

Mit $x = r\cos\varphi$, $y = r\sin\varphi$ erhalten wir also für die Umkehrabbildung $\mathbf{g}$

$$d\mathbf{g}(x,y) = \frac{1}{x^2 + y^2} \cdot \begin{pmatrix} x \cdot \sqrt{x^2+y^2} & y \cdot \sqrt{x^2+y^2} \\ -y & x \end{pmatrix}.$$

## 5.2 Der Umkehrsatz

*Sei $\mathbf{f}: \mathbb{R}^n \supset \Omega \to \mathbb{R}^n$ eine $C^r$-Abbildung $(r \geq 1)$, deren Jacobi–Matrix $d\mathbf{f}(\mathbf{a})$ an der Stelle $\mathbf{a} \in \Omega$ invertierbar ist. Dann gibt es eine Umgebung $U$ von $\mathbf{a}$ in $\Omega$ und eine Umgebung $V$ von $\mathbf{f}(\mathbf{a})$, so daß die auf $U$ eingeschränkte Abbildung*

$$\mathbf{f}\big|_U : U \to V, \quad \mathbf{x} \mapsto \mathbf{f}(\mathbf{x})$$

*ein $C^r$-Diffeomorphismus zwischen $U$ und $V$ ist.*

Der Umkehrsatz, auch **Satz von der lokalen Umkehrbarkeit** genannt, sichert also die $C^r$-Umkehrbarkeit von $\mathbf{f}$ „im Kleinen", d.h. nach Einschränkung auf eine geeignete Umgebung von $\mathbf{a}$.

Auf die Darstellung des Beweises verzichten wir aus Platzgründen und verweisen auf [BARNER–FLOHR, Bd. 2, § 14.6], [HEUSER, Bd. 2, § 171]. Einen besonders schönen, elementaren Beweis finden Sie bei [SPIVAK, Thm. 2.11].

Halten Sie sich vor Augen, daß die explizite Angabe der Umkehrabbildung im allgemeinen unmöglich ist, so zum Beispiel bei

$$\begin{pmatrix} x \\ y \end{pmatrix} \mapsto \begin{pmatrix} x + y + e^x \\ x + y + e^y \end{pmatrix}.$$

Aus dem Umkehrsatz folgt aber, daß diese Abbildung ein $C^\infty$-Diffeomorphismus zwischen einer geeigneten Umgebung $U$ von $(0,0)$ und einer geeigneten Umgebung $V$ von $(1,1)$ ist ÜA.

FOLGERUNG. *Ist die $C^r$-Abbildung $\mathbf{f} : \mathbb{R}^n \supset \Omega \to \mathbb{R}^n$ mit $r \geq 1$ auf dem Gebiet $\Omega$ injektiv und ist $d\mathbf{f}(\mathbf{x})$ an jeder Stelle $\mathbf{x} \in \Omega$ invertierbar, so ist $\Omega' := \mathbf{f}(\Omega)$ ein Gebiet und $\mathbf{f}$ ein $C^r$-Diffeomorphismus zwischen $\Omega$ und $\Omega'$.*

Denn zu jedem Punkt $\mathbf{b} = \mathbf{f}(\mathbf{a}) \in \Omega'$ gibt es nach 5.2 eine Umgebung $V \subset \Omega'$, die Bildmenge einer Umgebung $U$ von $\mathbf{a}$ unter dem $C^r$-Diffeomorphismus $\mathbf{f}\big|_U$ ist. Somit ist $\Omega'$ offen; ferner besitzt $\mathbf{f}\big|_U$ eine $C^r$-Umkehrung $\mathbf{g}_U$, die auf $V$ mit $\mathbf{f}^{-1}$ übereinstimmt. Schließlich ist $\Omega'$ wegzusammenhängend nach § 21 : 9.3.

### 5.3 Problemstellungen bei nichtlinearen Gleichungen

Sei $f$ eine $C^1$-Funktion auf einem Gebiet $\Omega$. Unter der Auflösung der Gleichung

$$f(x_1, \ldots, x_n) = 0$$

nach einer Variablen, etwa nach $x_n$, verstehen wir eine $C^1$-Funktion $\varphi$ mit der Eigenschaft

$$f(x_1, \ldots, x_n) = 0 \iff x_n = \varphi(x_1, \ldots, x_{n-1}).$$

Voraussetzung ist natürlich, daß es überhaupt Lösungen dieser Gleichung gibt, d.h. die Existenz wenigstens eines Lösungspunktes $\mathbf{c} = (c_1, \ldots, c_n)$ mit $f(\mathbf{c}) = 0$.

Bei nichtlinearen Funktionen $f$ wird die formelmäßige Angabe solch einer „impliziten Funktion" $\varphi$ im allgemeinen unmöglich sein, wie zum Beispiel bei der Gleichung $e^{x+y} + x + y^2 - 2 = 0$.

Wir haben deshalb als erstes zu klären, unter welchen Bedingungen die Auflösung einer Gleichung wenigstens theoretisch möglich ist.

Eine Auflösung wird im allgemeinen nur lokal, das heißt in einer Umgebung des Lösungspunktes $\mathbf{c}$ möglich sein. Wir machen uns dies an der Kreisgleichung $x^2 + y^2 - 1 = 0$ klar. Für $y > 0$ liefert $\varphi(x) = \sqrt{1-x^2}$ eine Auflösung nach $y$, für $y < 0$ haben wir $\varphi(x) = -\sqrt{1-x^2}$ zu wählen. In Umgebung der Lösungspunkte $(1,0)$ und $(-1,0)$ können wir die Gleichung $x^2 + y^2 - 1 = 0$ zwar nicht nach $y$, dafür aber jeweils nach $x$ auflösen. (Machen Sie eine Skizze!)

Ist die Existenz einer differenzierbaren Auflösung $\varphi$ der Gleichung $f(x, y) = 0$ nach $y$ in einer Umgebung des Lösungspunktes $(a, b)$ gesichert, so folgt aus der Gleichung $f(x, \varphi(x)) = 0$ für $|x - a| \ll 1$ nach der Kettenregel

$$0 = \frac{d}{dx} f(x, \varphi(x))\bigg|_{x=a} = \partial_x f(a, b) + \partial_y f(a, b) \cdot \varphi'(a).$$

Im Fall $\partial_y f(a, b) \neq 0$ können wir damit $\varphi'(a)$ berechnen, ohne die implizite Funktion $\varphi$ formelmäßig zu kennen. Entsprechendes gilt für Funktionen von drei und mehr Veränderlichen.

*Zustandsgleichungen.* Zwischen dem Druck $p$, dem Molvolumen $v$ und der Temperatur $T$ eines Gases besteht eine Zustandsgleichung $F(p, v, T) = 0$, z.B.

## 5 Der Umkehrsatz und der Satz über implizite Funktionen

$$\left(p + \frac{a}{v^2}\right)(v-b) - RT = 0 \quad \text{beim van der Waalsschen Gas.}$$

Denken wir uns die Gleichung $F(p, v, T)$ in einer Umgebung von $(p_0, v_0, T_0)$ nach $v$ aufgelöst:

$$F(p, v, T) = 0 \iff v = \varphi(p, T).$$

Dann heißt $\kappa = -\frac{1}{v}\frac{\partial \varphi}{\partial p}$ die *Kompressibilität*, $\alpha = \frac{1}{v}\frac{\partial \varphi}{\partial T}$ *der thermische Ausdehnungskoeffizient*. In der Physik bezeichnet man häufig

$$\frac{\partial \varphi}{\partial p} \quad \text{mit} \quad \left(\frac{\partial v}{\partial p}\right)_T, \quad \frac{\partial \varphi}{\partial T} \quad \text{mit} \quad \left(\frac{\partial v}{\partial T}\right)_p.$$

Die Auflösung nach $v$ ist schon beim van der Waalsschen Gas schwierig. Aus der Gleichung $F(p, \varphi(p, T), T) = 0$ folgt aber durch Differentiation nach $p$ mit $v = \varphi(p, T)$

$$\frac{\partial F}{\partial p}(p, v, T) + \frac{\partial F}{\partial v}(p, v, T) \cdot \frac{\partial \varphi}{\partial p}(p, T) = 0,$$

woraus sich im Fall $\frac{\partial F}{\partial v} \neq 0$ sofort $\frac{\partial \varphi}{\partial p}(p, T)$ ergibt. Analog ergibt sich $\frac{\partial \varphi}{\partial T}$.

### 5.4 Der Satz über implizite Funktionen

Wir verwenden im folgenden Satz die Schreibweise

$$\mathbb{R}^{p+m} = \mathbb{R}^p \times \mathbb{R}^m = \left\{(\mathbf{x}, \mathbf{y}) \mid \mathbf{x} = (x_1, \ldots, x_p),\ \mathbf{y} = (y_1, \ldots, y_m)\right\}.$$

SATZ. *Sei* $\mathbf{f} : \mathbb{R}^p \times \mathbb{R}^m \supset \Omega \to \mathbb{R}^m$ *eine* $C^r$*-Abbildung mit* $r \geq 1$. *An der Stelle* $\mathbf{c} = (\mathbf{a}, \mathbf{b}) \in \Omega$ *mit* $\mathbf{f}(\mathbf{c}) = \mathbf{0}$ *sei die* **Auflösebedingung**

$$\det\left(\frac{\partial f_i}{\partial y_k}(\mathbf{c})\right) \neq 0$$

*erfüllt. Dann gibt es Umgebungen* $U, V$ *mit*

$$\mathbf{a} \in U \subset \mathbb{R}^p, \quad \mathbf{b} \in V \subset \mathbb{R}^m, \quad U \times V \subset \Omega,$$

*so daß die Gleichung* $\mathbf{f}(\mathbf{x}, \mathbf{y}) = \mathbf{0}$ *in* $U \times V$ *eindeutig nach* $\mathbf{y}$ *auflösbar ist: Es gibt genau eine* $C^r$*-Abbildung* $\varphi : U \to V$ *mit der Eigenschaft*

$$\mathbf{f}(\mathbf{x}, \mathbf{y}) = \mathbf{0} \iff \mathbf{y} = \varphi(\mathbf{x}) \quad \text{für} \quad (\mathbf{x}, \mathbf{y}) \in U \times V.$$

Durch die Gleichung $\mathbf{f}(\mathbf{x}, \mathbf{y}) = \mathbf{0}$ ist $\varphi$ also **implizit** bestimmt, während die **explizite** (formelmäßige) Angabe häufig nicht möglich ist.

Der Beweis folgt in 5.7 nach der Diskussion der Anwendungssituationen.

BEISPIEL. Für $f(x,y) = \operatorname{Re}(x+iy)^k$ mit $k \geq 2$ ist an der Stelle $(0,0)$ die Auflösebedingung verletzt. Durch Polardarstellung sehen wir, daß die Nullstellenmenge aus $k$ Ursprungsgeraden besteht. Eine Auflösung der Gleichung $f(x,y) = 0$ nach $x$ oder $y$ ist also in der Nähe des Nullpunkts unmöglich.

### 5.5 Parametrisierung von Lösungsmannigfaltigkeiten

Es sei $1 \leq m < n$ und $\mathbf{f} : \mathbb{R}^n \supset \Omega \to \mathbb{R}^m$ eine $C^r$–Abbildung mit $r \geq 1$. Die Nullstellenmenge

$$N := \left\{ \mathbf{x} \in \Omega \mid \mathbf{f}(\mathbf{x}) = \mathbf{0} \right\}, \quad \text{kurz} \quad \{\mathbf{f} = \mathbf{0}\},$$

heißt **Lösungsmannigfaltigkeit**, wenn $N$ nicht leer ist und die Gradienten der Komponentenfunktionen

$$\nabla f_1(\mathbf{x}), \ldots, \nabla f_m(\mathbf{x})$$

in jedem Punkt $\mathbf{x} \in N$ linear unabhängig sind. Dies bedeutet, daß die Jacobi–Matrix $d\mathbf{f}(\mathbf{x})$ in jedem Punkt $\mathbf{x}$ von $N$ den Maximalrang $m$ besitzt ($m$ linear unabhängige Zeilen). Wir diskutieren zunächst den Fall $m = 1$.

(a) **Eine Gleichung.** Für $m = 1$ ist die nichtleere Menge $N = \{f = 0\}$ eine Lösungsmannigfaltigkeit, wenn der Gradient von $f$ in keinem Punkt von $N$ verschwindet. Fixieren wir ein $\mathbf{c} \in N$ und ist etwa $\partial_i f(\mathbf{c}) \neq 0$, so bezeichnen wir $x_i$ mit $y$ und fassen die übrigen Koordinaten zu einem Vektor $\mathbf{x} = (x_1, \ldots, x_{n-1})$ zusammen. Dann wird $N$ durch die Gleichung

$$g(\mathbf{x}, y) := f(\ldots, x_{i-1}, y, x_{i+1}, \ldots) = 0$$

beschrieben, wobei jetzt $\partial_n g(\mathbf{a}, b) \neq 0$. Wir dürfen demnach davon ausgehen, daß $f$ selbst die Auflösebedingung $\partial_n f(\mathbf{a}, b)$ des Satzes über implizite Funktionen mit $p = n - 1$, $m = 1$ erfüllt. Dann können wir die Gleichung $f(x_1, \ldots, x_n) = 0$ in einer Umgebung von $\mathbf{c} = (\mathbf{a}, b)$ nach $x_n = y$ auflösen:

$$f(x_1, \ldots, x_{n-1}, y) = 0 \iff y = \varphi(x_1, \ldots, x_{n-1})$$

mit einer in einer Umgebung von $\mathbf{a}$ definierten $C^1$–Funktion $\varphi$ (Figur in (b)). Die Ableitungen von $\varphi$ an der Stelle $\mathbf{a}$ lassen sich aus den Ableitungen von $f$ an der Stelle $\mathbf{c}$ berechnen: Differenzieren wir die Gleichung

$$0 = f\left(x_1, \ldots, x_{n-1}, \varphi(x_1, \ldots, x_{n-1})\right)$$

nach $x_i$, so erhalten wir mit der Kettenregel

$$0 = \partial_i f(\mathbf{c}) + \partial_n f(\mathbf{c})\, \partial_i \varphi(\mathbf{a}), \quad \text{also} \quad \partial_i \varphi(\mathbf{a}) = -\frac{\partial_i f(\mathbf{c})}{\partial_n f(\mathbf{c})}.$$

# 5 Der Umkehrsatz und der Satz über implizite Funktionen

Durch mehrfaches Ableiten der obigen Gleichung lassen sich alle höheren Ableitungen von $\varphi$ bis zur Ordnung $r$ aus $f$ bestimmen.

(b) **Mehrere Gleichungen.** Sei $N = \{\mathbf{f} = \mathbf{0}\}$ eine Lösungsmannigfaltigkeit, $\mathbf{c} \in N$ und Rang $d\mathbf{f}(\mathbf{c}) = m$. Wir dürfen wieder — ggf. nach Umgruppierung und Umbenennung der Variablen — annehmen, daß $N = \{(\mathbf{x}, \mathbf{y}) \mid \mathbf{f}(\mathbf{x}, \mathbf{y}) = \mathbf{0}\}$ mit $\mathbf{x} = (x_1, \ldots, x_p)$, $\mathbf{y} = (y_1, \ldots, y_m)$, und daß für $\mathbf{c} = (\mathbf{a}, \mathbf{b})$ die Auflösebedingung

$$\det\left(\frac{\partial f_i}{\partial y_k}(\mathbf{c})\right) \neq 0$$

des Satzes über implizite Funktionen erfüllt ist. Wir können dann das Gleichungssystem $\mathbf{f}(\mathbf{x}, \mathbf{y}) = \mathbf{0}$ in einer Umgebung $W$ von $\mathbf{c}$ nach $y_1, \ldots, y_m$ auflösen:

$$y_1 = \varphi_1(x_1, \ldots, x_p),$$
$$\vdots$$
$$y_m = \varphi_m(x_1, \ldots, x_p),$$

wobei $\varphi_1, \ldots, \varphi_m$ $C^r$-Funktionen in einer Umgebung $U$ von $\mathbf{a}$ sind.

*Aufgrund des Satzes über implizite Funktionen können wir also die Lösungsmannigfaltigkeit $N = \{\mathbf{f}(\mathbf{x}) = \mathbf{0}\}$ lokal durch $p$ Parameter beschreiben. Wir sagen, $N$ hat die* **Dimension** *$p$ oder $N$ besitzt $p$* **Freiheitsgrade**.

Die Ableitungen der Funktionen $\varphi_1, \ldots, \varphi_m$ erhalten wir analog zu (a) durch Differentiation der $m$ Gleichungen

$$f_i\big(x_1, \ldots, x_p, \varphi_1(x_1, \ldots, x_p), \ldots, \varphi_m(x_1, \ldots, x_p)\big) = 0$$

nach den freien Variablen $x_1, \ldots, x_p$. Es ergibt sich ein lineares Gleichungssystem mit der Matrix $\left(\frac{\partial f_i}{\partial y_k}(\mathbf{c})\right)$.

## 5.6 Aufgaben

(a) Zeigen Sie, daß das Gleichungssystem

$$f_1(x, y, z) = x + z - e^{x+2y} + e^{x+y+z} = 0$$
$$f_2(x, y, z) = x + y + z + 2\sin(x + y + z) = 0$$

in einer Umgebung des Nullpunktes nach $x$ und $y$ aufgelöst werden kann und bestimmen Sie den Tangentenvektor der Lösungskurve an der Stelle $z = 0$. Geben Sie einen möglichst großen Bereich an, in dem die Auflösung möglich ist.

(b) Bestimmen Sie für die durch $f(x,y,z) = 0$ mit $\nabla f(x,y,z) \neq \mathbf{0}$ gegebene Fläche die Tangentialebene in einem Punkt $(x_0, y_0, z_0)$ mit

$$f(x_0, y_0, z_0) = 0, \qquad \partial_z f(x_0, y_0, z_0) \neq 0.$$

Was ergibt sich für das Ellipsoid mit der Gleichung

$$f(x,y,z) = \frac{x^2}{a^2} + \frac{y^2}{b^2} + \frac{z^2}{c^2} - 1 = 0$$

an der Stelle $(x_0, y_0, z_0) = \frac{1}{\sqrt{3}}(a, b, c)$ ?

### 5.7 Zum Beweis des Satzes über implizite Funktionen

(a) Im Fall $p = m = 1$ geben wir einen elementaren Beweis mit Hilfe des Zwischenwertsatzes. Wir dürfen o.B.d.A. $(a, b) = (0,0)$, $\partial_y f(0,0) > 0$ annehmen.

Wegen der Stetigkeit von $\partial_y f$ gibt es ein $r > 0$ mit

$$\partial_y f(x, y) > 0 \quad \text{für} \quad |x|, |y| \leq r.$$

Wir setzen

$$R = \{(x,y) \mid |x| \leq r, |y| \leq r\},$$

$$\lambda = \min\{\partial_y f(x,y) \mid (x,y) \in R\},$$

$$\mu = \max\{|\partial_x f(x,y)| \mid (x,y) \in R\}.$$

Weil $y \mapsto f(0, y)$ streng monoton steigt, gilt $f(0, -r) < f(0, 0) = 0 < f(0, r)$.

Wegen der Stetigkeit der Funktionen $x \mapsto f(x, -r)$ und $x \mapsto f(x, r)$ finden wir ein $\varrho > 0$ mit

$$f(x, -r) < 0 < f(x, r) \quad \text{für} \quad |x| < \varrho \leq r.$$

Für jedes $x \in \ ]-\varrho, \varrho[$ wechselt die streng monotone Funktion $y \mapsto f(x, y)$ ihr Vorzeichen, besitzt somit nach dem Zwischenwertsatz genau eine Nullstelle in $]-r, r[$, die wir mit $\varphi(x)$ bezeichnen.

Für jedes $x \in U := \ ]-\varrho, \varrho[$ ist also $\varphi(x) \in V := \ ]-r, r[$, und es gilt für $(x, y) \in U \times V$:

$$f(x, y) = 0 \iff y = \varphi(x).$$

## 5 Der Umkehrsatz und der Satz über implizite Funktionen

Nach dem Mittelwertsatz gibt es Zahlen $\vartheta_1 = \vartheta_1(x,h)$, $\vartheta_2 = \vartheta_2(x,h)$ in $]0,1[$, so daß mit der Abkürzung $k = \varphi(x+h) - \varphi(x)$

$$
\begin{aligned}
0 &= f(x+h, \varphi(x+h)) - f(x, \varphi(x)) \\
(*) \quad &= f(x+h, \varphi(x+h)) - f(x+h, \varphi(x)) + f(x+h, \varphi(x)) - f(x, \varphi(x)) \\
&= \partial_y f(x+h, \varphi(x) + \vartheta_2 k) \cdot k + \partial_x f(x+\vartheta_1 h, \varphi(x)) \cdot h \, .
\end{aligned}
$$

Hiermit erhalten wir die Stetigkeit von $\varphi$:

$$
\left| \varphi(x+h) - \varphi(x) \right| = |k| = \left| \frac{\partial_x f(x+\vartheta_1 h, \varphi(x))}{\partial_y f(x+h, \varphi(x) + \vartheta_2 k)} \cdot h \right| \leq \frac{\mu}{\lambda} |h| \, .
$$

Aus (*) und der Stetigkeit ($k \to 0$ für $h \to 0$) folgt die Differenzierbarkeit von $\varphi$:

$$
\begin{aligned}
\varphi'(x) &= \lim_{h \to 0} \frac{\varphi(x+h) - \varphi(x)}{h} = -\lim_{h \to 0} \frac{\partial_x f(x+\vartheta_1 h, \varphi(x))}{\partial_y f(x+h, \varphi(x) + \vartheta_2 k)} \\
&= -\frac{\partial_x f(x, \varphi(x))}{\partial_y f(x, \varphi(x))} \, .
\end{aligned}
$$

Da $\partial_x f$ und $\partial_y f$ $(r-1)$-mal stetig differenzierbar sind, gilt dies auch für $\varphi'$.

(b) Der Beweis läßt sich im Fall $\partial_n f(\mathbf{c}) \neq 0$ relativ leicht auf eine Gleichung $f(x_1, \ldots, x_{n-1}, y) = 0$ verallgemeinern. Hält man alle $x_i$ mit Ausnahme einer Variablen $x_k$ fest, so ergibt sich wie in (a) die stetige partielle Differenzierbarkeit der Auflösung $y = \varphi_k(x_k)$.

(c) *Im Fall beliebiger Dimension geben wir eine Beweisskizze mit Hilfe des Umkehrsatzes:* Wir erweitern $\mathbf{f} : \mathbb{R}^{p+m} \supset \Omega \to \mathbb{R}^m$ zur Abbildung

$$\mathbf{F} : \Omega \to \mathbb{R}^{p+m}, \quad (\mathbf{x}, \mathbf{y}) \mapsto (\mathbf{x}, \mathbf{f}(\mathbf{x}, \mathbf{y})) \, .$$

$F$ ist $C^r$-differenzierbar, und es gilt mit $\mathbf{c} = (\mathbf{a}, \mathbf{b})$

$$\mathbf{F}(\mathbf{c}) = (\mathbf{a}, \mathbf{f}(\mathbf{a}, \mathbf{b})) = (\mathbf{a}, \mathbf{0}) \, .$$

Für die Jacobimatrix rechnet man aus

$$
d\mathbf{F}(\mathbf{c}) = \left( \begin{array}{ccc|ccc} 1 & & 0 & 0 & & 0 \\ & \ddots & & & \ddots & \\ 0 & & 1 & 0 & & 0 \\ \hline & \dfrac{\partial f_i}{\partial x_j}(\mathbf{c}) & & & \dfrac{\partial f_i}{\partial y_k}(\mathbf{c}) & \end{array} \right) \begin{array}{l} \left.\vphantom{\begin{array}{c}1\\ \ddots \\ 1\end{array}}\right\} p \\ \\ \left.\vphantom{\dfrac{\partial f_i}{\partial x_j}}\right\} m \end{array}
$$

Diese Matrix besitzt $p+m$ linear unabhängige Zeilen, ist somit umkehrbar. Nach dem Umkehrsatz 5.2 besitzt $\mathbf{F}$ eine lokale $C^r$-differenzierbare Umkehrabbildung $\mathbf{G}$, für die wir schreiben

$$\mathbf{G} : \begin{pmatrix} \mathbf{u} \\ \mathbf{v} \end{pmatrix} \mapsto \begin{pmatrix} \mathbf{\Psi}(\mathbf{u},\mathbf{v}) \\ \mathbf{\Phi}(\mathbf{u},\mathbf{v}) \end{pmatrix} \in \mathbb{R}^p \times \mathbb{R}^m.$$

Es gilt

(a) $\begin{pmatrix} \mathbf{u} \\ \mathbf{v} \end{pmatrix} = \mathbf{F}(\mathbf{G}(\mathbf{u},\mathbf{v})) = \begin{pmatrix} \mathbf{\Psi}(\mathbf{u},\mathbf{v}) \\ \mathbf{f}(\mathbf{G}(\mathbf{u},\mathbf{v})) \end{pmatrix}$ für $(\mathbf{u},\mathbf{v})$ nahe $(\mathbf{a},\mathbf{0})$,

(b) $\begin{pmatrix} \mathbf{x} \\ \mathbf{y} \end{pmatrix} = \mathbf{G}(\mathbf{F}(\mathbf{x},\mathbf{y})) = \mathbf{G}(\mathbf{x},\mathbf{f}(\mathbf{x},\mathbf{y}))$ für $(\mathbf{x},\mathbf{y})$ nahe $(\mathbf{a},\mathbf{b})$.

Setzen wir in (a) $\mathbf{v} = \mathbf{0}$, so ergibt sich

$$\mathbf{u} = \mathbf{\Psi}(\mathbf{u},\mathbf{0}) \quad \text{und} \quad \mathbf{0} = \mathbf{f}(\mathbf{G}(\mathbf{u},\mathbf{0})) = \mathbf{f}(\mathbf{u},\mathbf{\Phi}(\mathbf{u},\mathbf{0})).$$

Wir definieren $\boldsymbol{\varphi}$ durch $\boldsymbol{\varphi}(\mathbf{u}) := \mathbf{\Phi}(\mathbf{u},\mathbf{0})$. Diese Abbildung ist $C^r$-differenzierbar in einer Umgebung von $\mathbf{a}$, und es gilt $\mathbf{f}(\mathbf{x},\boldsymbol{\varphi}(\mathbf{x})) = \mathbf{0}$. Umgekehrt folgt aus $\mathbf{f}(\mathbf{x},\mathbf{y}) = \mathbf{0}$ nach (b)

$$\begin{pmatrix} \mathbf{x} \\ \mathbf{y} \end{pmatrix} = \mathbf{G}(\mathbf{x},\mathbf{0}) = \begin{pmatrix} \mathbf{\Psi}(\mathbf{x},\mathbf{0}) \\ \mathbf{\Phi}(\mathbf{x},\mathbf{0}) \end{pmatrix} = \begin{pmatrix} \mathbf{x} \\ \boldsymbol{\varphi}(\mathbf{x}) \end{pmatrix}. \qquad \square$$

### 5.8 Niveau- und Gradientenlinien

Es sei $f : \mathbb{R}^2 \supset \Omega \to \mathbb{R}$ eine $C^1$-Funktion. Für $c \in \mathbb{R}$ nennen wir

$$N_c := \big\{(x,y) \in \Omega \mid f(x,y) = c\big\}$$

eine **Niveaumenge** von $f$. Ist $N_c$ nichtleer und

$$\nabla f(x,y) \neq (0,0) \quad \text{für alle} \quad (x,y) \in N_c,$$

so ist $N_c = \{f - c = 0\}$ eine eindimensionale Lösungsmannigfaltigkeit und kann nach 5.5 lokal durch $C^1$-Wege

$$t \mapsto (t, y(t)) \quad \text{oder} \quad t \mapsto (x(t), t)$$

beschrieben werden. Wir nennen in diesem Fall $N_c$ eine **Niveaulinie**.

# 5 Der Umkehrsatz und der Satz über implizite Funktionen

BEISPIEL. Für
$$f(x,y) = 1 - (x^2 - 1)^2 - y^2$$
ist $N_c$ für $c < 0$ eine geschlossene Kurve; für $0 < c < 1$ besteht $N_c$ aus zwei geschlossenen Kurven. $N_0$ ist keine Niveaulinie, wird aber zu einer solchen, wenn der stationäre Punkt $(0,0)$ entfernt wird. $N_1$ besteht aus den stationären Punkten $(1,0)$ und $(-1,0)$ und ist deshalb keine Niveaulinie.

Unter einer **Gradientenlinie** von $f$ verstehen wir einen $C^1$-Weg $\boldsymbol{\psi} : I \mapsto \Omega$ ($I$ ein offenes Intervall), dessen Tangentenvektor nirgends verschwindet und an jeder Stelle in Richtung des Gradienten von $f$ zeigt:

$$\dot{\boldsymbol{\psi}}(t) = \lambda(t) \cdot \nabla f(\boldsymbol{\psi}(t)) \neq \mathbf{0} \quad \text{mit} \quad \lambda(t) > 0.$$

SATZ. *Gradientenlinien und Niveaulinien schneiden sich in rechten Winkeln.*

Denn beschreibt $s \mapsto \boldsymbol{\varphi}(s) = (s, y(s))$ (oder $(x(s), s)$) lokal eine Niveaulinie $N_c$ und ist $t \mapsto \boldsymbol{\psi}(t)$ eine Gradientenlinie mit $\boldsymbol{\psi}(t_0) = \boldsymbol{\varphi}(s_0) =: \mathbf{a}$, so folgt aus $f(\boldsymbol{\varphi}(s)) = c$ nach der Kettenregel

$$0 = \frac{d}{ds} f(\boldsymbol{\varphi}(s))\Big|_{s=s_0} = \langle \nabla f(\mathbf{a}), \dot{\boldsymbol{\varphi}}(s_0) \rangle$$

$$= \frac{\langle \dot{\boldsymbol{\psi}}(t_0), \dot{\boldsymbol{\varphi}}(s_0) \rangle}{\lambda(t_0)}.$$

Die nebenstehende Figur zeigt die Niveau- und Gradientenlinien einer Funktion mit zwei lokalen Maxima und einem Sattelpunkt, darunter den Graphen dieser Funktion. Fassen wir diesen als eine Landschaft auf, so entspricht jeder Niveaulinie eine Höhenlinie (Fig.). Wie in 3.2 gezeigt wurde, zeigt der Gradient von $f$ in jedem nichtstationären Punkt der Landkarte in Richtung des steilsten Anstiegs.

Für den Wanderer im Graphengebirge ist $t \mapsto \big(x(t), y(t), f(x(t), y(t))\big)$ ein Weg steilsten Anstiegs, wenn $t \mapsto (x(t), y(t))$ eine Gradientenlinie ist.

Für den Wanderer im Graphengebirge ist $t \mapsto \bigl(x(t), y(t), f(x(t), y(t))\bigr)$ ein Weg steilsten Anstiegs, wenn $t \mapsto (x(t), y(t))$ eine Gradientenlinie ist.

[ÜA] (a) Wie muß für den Wanderer im Graphengebirge auf dem Weg steilsten Anstiegs der Faktor $\lambda(t)$ in Abhängigkeit von der Zeit $t$ gewählt werden, damit er mit der konstanten Geschwindigkeit $v > 0$ voran kommt?

(b) Begegnet er einem auf einer Höhenlinie laufenden Spaziergänger, so schneiden sich ihre beiden Wege senkrecht.

Für $C^1$-Funktionen von $n \geq 3$ Variablen sind die Niveaumengen $N_c \neq \emptyset$, auf denen der Gradient nicht verschwindet, $(n-1)$-dimensionale Lösungsmannigfaltigkeiten, genannt **Niveauflächen**. Auch diese werden von Gradientenlinien orthogonal durchsetzt.

## 6 Lokale Extrema unter Nebenbedingungen

### 6.1 Notwendige Bedingungen, Lagrange–Multiplikatoren

Gegeben seien $C^1$-Funktionen $g, f_1, \ldots, f_m$ auf $\Omega \subset \mathbb{R}^n$, und es sei $m < n$. $N$ sei die Lösungsmenge des Gleichungssystems

$$f_1(\mathbf{x}) = 0, \ldots, f_m(\mathbf{x}) = 0.$$

Wir suchen die lokalen Minima der Funktion $g$ auf der Menge $N$, also diejenigen Punkte $\mathbf{c} \in N$ mit der Eigenschaft

$$g(\mathbf{c}) \leq g(\mathbf{x}) \quad \text{für alle} \quad \mathbf{x} \in N \cap K_r(\mathbf{c})$$

mit einem geeigneten $r > 0$.

Entsprechend sind lokale Maxima von $g$ unter der Bedingung $\mathbf{x} \in N$ definiert. Diese Punkte bezeichnen wir als die **lokalen Extrema von $g$ unter den Nebenbedingungen** $f_1 = 0, \ldots, f_m = 0$.

Der folgende Satz erspart uns die explizite Auflösung des Gleichungssystems und liefert eine einfache notwendige Bedingung für die lokalen Extrema.

SATZ. *Sei $N$ eine Lösungsmannigfaltigkeit und $g$ habe unter den Nebenbedingungen $f_1 = 0, \ldots, f_m = 0$ an der Stelle $\mathbf{c} \in N$ ein lokales Extremum. Dann gibt es eindeutig bestimmte Zahlen (**Lagrange–Multiplikatoren**) $\lambda_1, \ldots, \lambda_m \in \mathbb{R}$ mit*

$$\nabla g(\mathbf{c}) = \sum_{j=1}^m \lambda_j \nabla f_j(\mathbf{c}),$$

*d.h. die Funktion $g - \sum_{j=1}^m \lambda_j f_j$ hat in $\mathbf{c}$ einen stationären Punkt.*

## 6 Lokale Extrema unter Nebenbedingungen

Zur Bestimmung einer Extremalstelle $\mathbf{c} = (c_1, \ldots, c_n)$ hat man also für die $n+m$ Unbekannten $c_1, \ldots, c_n, \lambda_1, \ldots, \lambda_m$ die $n + m$ Gleichungen

$$f_i(c_1, \ldots, c_n) = 0 \qquad i = 1, \ldots, m,$$

$$\partial_k g(c_1, \ldots, c_n) = \sum_{j=1}^{m} \lambda_j \partial_k f_j(c_1, \ldots, c_n) \qquad k = 1, \ldots, n$$

zu lösen.

BEWEIS.
Gemäß 5.5 (b) können wir nach Umnumerierung und Umbenennung der Variablen die Menge $N$ durch die Gleichung $\mathbf{f}(\mathbf{x}, \mathbf{y}) = \mathbf{0}$ beschreiben. Nach dem Satz über implizite Funktionen mit $p = n - m$ gibt es eine Umgebung $U \times V$ von $\mathbf{c} = (\mathbf{a}, \mathbf{b})$ und eine $C^1$-Abbildung $\boldsymbol{\varphi} = (\varphi_1, \ldots, \varphi_m) : U \to V$ mit $\boldsymbol{\varphi}(\mathbf{a}) = \mathbf{b}$ und

$$\mathbf{f}(\mathbf{x}, \mathbf{y}) = \mathbf{0} \iff \mathbf{y} = \boldsymbol{\varphi}(\mathbf{x}) \quad \text{in } U \times V.$$

Nach Voraussetzung hat $g(\mathbf{x}, \boldsymbol{\varphi}(\mathbf{x}))$ an der Stelle $\mathbf{a}$ ein lokales Extremum (jetzt ohne Nebenbedingungen). Ferner gilt $f_k(\mathbf{x}, \boldsymbol{\varphi}(\mathbf{x})) = 0$ in $U$ für $k = 1, \ldots, m$. Mit der Kettenregel folgt für $i = 1, \ldots, p$ wegen $(\mathbf{a}, \boldsymbol{\varphi}(\mathbf{a})) = \mathbf{c}$

$$\partial_i g(\mathbf{c}) + \sum_{j=1}^{m} \partial_{p+j} g(\mathbf{c}) \cdot \partial_i \varphi_j(\mathbf{a}) = 0,$$

$$\partial_i f_k(\mathbf{c}) + \sum_{j=1}^{m} \partial_{p+j} f_k(\mathbf{c}) \cdot \partial_i \varphi_j(\mathbf{a}) = 0, \qquad (k = 1, \ldots, m).$$

Für $\mathbf{v}_i := \mathbf{e}_i + \sum_{j=p+1}^{n} \partial_i \varphi_j(\mathbf{a}) \mathbf{e}_j \quad (i = 1, \ldots, p)$ gilt also

$$\langle \mathbf{v}_i, \nabla g(\mathbf{c}) \rangle = 0 \quad \text{und}$$

$$\langle \mathbf{v}_i, \nabla f_k(\mathbf{c}) \rangle = 0 \qquad (k = 1, \ldots, m),$$

d.h. die Vektoren $\nabla g(\mathbf{c}), \nabla f_1(\bar{c}), \ldots, \nabla f_m(\mathbf{c})$ liegen im Orthogonalraum $U^\perp$ von $U = \mathrm{Span}\{\mathbf{v}_1, \ldots, \mathbf{v}_p\}$. Die Matrix mit den Spalten $\mathbf{v}_1, \ldots, \mathbf{v}_p$ hat die Gestalt

$$\begin{pmatrix} E_p \\ d\boldsymbol{\varphi}(\mathbf{a}) \end{pmatrix}_{n \times p} \qquad \text{mit der } p \times p\text{-Einheitsmatrix } E_p$$

und hat somit den Rang $p$. Also sind $\mathbf{v}_1, \ldots, \mathbf{v}_p$ linear unabhängig. Es folgt $\dim U = p$, also $\dim U^\perp = n - p = m$ nach §19:3.2 (c).
Da $\nabla f_1(\mathbf{c}), \ldots, \nabla f_m(\mathbf{c})$ nach Voraussetzung linear unabhiängig sind, bilden Sie eine Basis von $U^\perp$, also gilt $\nabla g(\mathbf{c}) = \lambda_1 \nabla f_1(\mathbf{c}) + \cdots + \lambda_m \nabla f_m(\mathbf{c})$ mit eindeutig bestimmten Zahlen $\lambda_1, \ldots, \lambda_m$. □

## 6.2 Hinreichende Bedingungen

$g, f_1, \ldots, f_m$ seien $C^2$-Funktionen auf $\Omega \subset \mathbb{R}^n$ mit $m < n$. Die Lösungsmenge $N$ von $f_1 = \cdots = f_m = 0$ sei wie in 6.1 eine Lösungsmannigfaltigkeit.

*Hinreichend für ein lokales Minimum von $g$ unter den Nebenbedingungen $f_1 = \cdots = f_m = 0$ an der Stelle $\mathbf{c} \in N$ ist die Existenz von Zahlen $\lambda_1, \ldots, \lambda_m \in \mathbb{R}$, so daß für*

$$G := g - \sum_{j=1}^m \lambda_j f_j$$

*folgendes gilt:*

(a) $\nabla G(\mathbf{c}) = \mathbf{0}$,

(b) $\langle \mathbf{v}, G''(\mathbf{c})\mathbf{v} \rangle > 0$ *für alle Vektoren $\mathbf{v} \neq \mathbf{0}$, die senkrecht auf den Gradienten $\nabla f_1(\mathbf{c}), \ldots, \nabla f_m(\mathbf{c})$ stehen.*

Beweis als AUFGABE für Interessierte. Setzen Sie $\mathbf{\Phi}(\mathbf{x}) := (\mathbf{x}, \varphi(\mathbf{x}))$ mit der Auflösung $\varphi$. Berechnen Sie $\partial_i \partial_j (g \circ \mathbf{\Phi})(\mathbf{c})$ und eliminieren Sie die darin auftretenden zweiten partiellen Ableitungen von $\mathbf{\Phi}$, indem Sie $\partial_i \partial_j (f_k \circ \mathbf{\Phi}) = 0$ und $\nabla G(\mathbf{c}) = \mathbf{0}$ ausnützen. Es ergibt sich $(g \circ \mathbf{\Phi})''(\mathbf{c}) = (G \circ \mathbf{\Phi})''(\mathbf{c}) = \mathbf{\Phi}'^T G''(\mathbf{c})\mathbf{\Phi}'$.

Beachten Sie Span $\{\nabla f_1(\mathbf{c}), \ldots, \nabla f_m(\mathbf{c})\}^\perp = $ Span $\{\partial_1 \mathbf{\Phi}(\mathbf{a}), \ldots, \partial_p \mathbf{\Phi}(\mathbf{a})\}$.

## 6.3 Aufgaben

(a) Für $a > 0$ und $ac - b^2 > 0$ seien

$$g(x,y) = x^2 + y^2 \quad \text{und} \quad f(x,y) = ax^2 + 2bxy + cy^2 - 1.$$

Zeigen Sie, daß die Bestimmung lokaler Extrema von $g$ unter der Nebenbedingung $f = 0$ auf ein Eigenwertproblem führt und die Hauptachsen der Ellipse (bzw. des Kreises) $f(x,y) = 0$ liefert, vgl. § 20 : 4.3.

(b) Die Herstellungskosten einer Kiste ohne Deckel seien proportional zur Oberfläche plus $\frac{3}{4}$ mal der Summe der Kantenquadrate, also durch

$$f(x,y,z) = xy + 2xz + 2yz + \frac{3}{2}x^2 + \frac{3}{2}y^2 + 3z^2$$

mit den Kantenlängen $x, y, z$ gegeben. Machen Sie das Volumen $xyz$ zum Maximum unter der Nebenbedingung $f(x,y,z) = 32$.

(c) Seien $f(x,y,z) = x^2 + \frac{1}{2}y^2 + \frac{1}{2}z^2$, $g(x,y,z) = x^2 + 2xy - \frac{2}{3}z^3$. Bestimmen Sie das Maximum von $g(x,y,z)$ unter der Nebenbedingung $f(x,y,z) \leq 1$. (Existenz des Maximums? Wie steht es mit lokalen Extrema im Innern $\{f < 1\}$? Die Methode des Lagrange–Multiplikators für $\{f = 1\}$ führt auf vier Gleichungen mit zehn Lösungen, die miteinander zu vergleichen sind.)

6 Lokale Extrema unter Nebenbedingungen

## 6.4 Anwendung auf die Boltzmann–Statistik

In § 4 : 8.6 wurde nach Bedingungen dafür gefragt, daß

$$W = \frac{N!}{N_1! \cdot \ldots \cdot N_r!} \quad \text{mit} \quad N = \sum_{i=1}^{r} N_i$$

maximal wird unter den Nebenbedingungen, daß die Teilchenzahl $N$ und die Energie $U = \sum_{i=1}^{r} \varepsilon_i N_i$ konstant sind. Zur analytischen Behandlung dieser Frage bei sehr großen Besetzungszahlen $N_i$ werden diese wie kontinuierliche Variable behandelt. Mit Hilfe der Stirling–Approximation $n! \sim \sqrt{2\pi n}\left(\frac{n}{e}\right)^n$ ergibt sich ÜA

$$\log W \sim N \log N - \sum_{i=1}^{r} N_i \log N_i + \tfrac{1}{2} \log N - \tfrac{1}{2} \sum_{i=1}^{r} \log N_i - \tfrac{r-1}{2} \log 2\pi \,,$$

wobei $N = \sum_{i=1}^{r} N_i$ einzutragen ist. Wir bezeichnen die rechte Seite dieser Näherungsgleichung mit $g(N_1, \ldots, N_r)$ und fragen nach einem Maximum von $g$ unter den Nebenbedingungen $f_1(N_1, \ldots, N_r) := \sum_{i=1}^{r} N_i = \text{const.} = N_0$ und $f_2(N_1, \ldots, N_r) := \sum_{i=1}^{r} \varepsilon_i N_i = \text{const.} = U_0$. Für ein solches gibt es Lagrange–Parameter $\lambda_1 = -\alpha$, $\lambda_2 = -\beta$ mit $\nabla g + \alpha \nabla f_1 + \beta \nabla f_2 = 0$. Aus

$$\frac{\partial g}{\partial N_k} = \log N - \log N_k + \frac{1}{2N} - \frac{1}{2N_k} \quad (N = N_1 + \cdots + N_r),$$

$$\frac{\partial f_1}{\partial N_k} = 1, \quad \frac{\partial f_2}{\partial N_k} = \varepsilon_k$$

für $k = 1, \ldots, r$ folgt daher

$$\log N_0 - \log N_k + \frac{1}{2N_0} - \frac{1}{2N_k} + \alpha + \beta \varepsilon_k = 0,$$

und nach Vernachlässigung von $1/2N_0$, $1/2N_k$ ergibt sich

$$\frac{N_k}{N_0} = e^{\alpha + \beta \varepsilon_k}.$$

Wegen $\sum_{k=1}^{r} N_k = N_0$ folgt $e^{\alpha} \sum_{k=1}^{r} e^{\beta \varepsilon_k} = 1$, also $\alpha = -\log \sum_{k=1}^{r} e^{\beta \varepsilon_k}$.

Mit der *Zustandssumme* $\sigma = \sum_{k=1}^{r} e^{\beta \varepsilon_k}$ erhalten wir die *Besetzungszahlen*

$$N_k = \frac{N_0}{\sigma} \cdot e^{\beta \varepsilon_k}.$$

In der Thermodynamik zeigt sich, daß $\beta = -\frac{1}{kT}$ mit der absoluten Temperatur $T$ und der Boltzmann–Konstanten $k$. Ferner wird $S = k \cdot \log W_{\max}$ als *Entropie* bezeichnet. Nach Vernachlässigung aller relativ kleinen Terme in der Näherungsformel für $\log W_{\max}$ erhalten wir mit $N$ statt $N_0$

$$S = k \left( N \log N - \sum_{i=1}^{r} N_i \log N_i \right) = -kN \sum_{i=1}^{r} \frac{N_i}{N} \log \frac{N_i}{N}$$

$$= kN \log \sigma + \frac{1}{T} \cdot U \quad \text{mit} \quad U = \frac{N}{\sigma} \sum_{i=1}^{r} \varepsilon_i e^{-\varepsilon_i/kT}, \quad \sigma = \sum_{i=1}^{r} e^{-\varepsilon_i/kT}.$$

# § 23 Integralrechnung im $\mathbb{R}^n$

## 1 Das Integral für Treppenfunktionen

### 1.1 $n$–dimensionale Quader

Unter einem **$n$–dimensionalen Quader** oder **$n$–dimensionalen Intervall** verstehen wir das kartesische Produkt von $n$ beschränkten eindimensionalen Intervallen $I_1, \ldots, I_n$,

$$I = I_1 \times \cdots \times I_n.$$

Außer der Beschränktheit unterliegen die Intervalle $I_1, \ldots, I_n$ keiner Bedingung; sie dürfen offen, abgeschlossen, halboffen und einpunktig sein. Es sei wieder

$$\chi_I(\mathbf{x}) = \begin{cases} 1 & \text{für } \mathbf{x} \in I \\ 0 & \text{für } \mathbf{x} \notin I \end{cases} \quad \text{die charakteristische Funktion von } I.$$

Das **Volumen** $V(I) = V^n(I)$ eines Quaders definieren wir als Produkt aller Seitenlängen, also

$$V(I) = (b_1 - a_1) \cdot \ldots \cdot (b_n - a_n),$$

wenn $a_k \leq b_k$ die Intervallgrenzen von $I_k$ sind. Ein Quader heißt **entartet**, wenn sein Volumen 0 ist, d.h. wenn mindestens eines der $I_k$ einpunktig ist.

Das Volumen ist *translationsinvariant*:

$$V(\mathbf{c} + I) = V(I) \quad \text{für jede Translation mit einem Vektor } \mathbf{c}.$$

# 1 Das Integral für Treppenfunktionen

## 1.2 Rasterung von Quadersystemen

Seien $I_1, \ldots, I_N \subset \mathbb{R}^n$ kompakte Quader. Dann gibt es kompakte Quader $J_1, \ldots, J_M$ im $\mathbb{R}^n$ mit paarweise disjunktem Innern,

$$\overset{\circ}{J}_i \cap \overset{\circ}{J}_k = \emptyset \quad \text{für} \quad i \neq k,$$

so daß

$$I_1 \cup \cdots \cup I_N = J_1 \cup \cdots \cup J_M$$

gilt und jedes $I_j$ die Vereinigung geeigneter $J_k$ ist.

Wir nennen $J_1, \ldots, J_M$ eine **Rasterung** von $I_1, \ldots, I_N$.

Im ebenen Fall $n = 2$ verlängern wir sämtliche bei den $I_1, \ldots, I_N$ vorkommenden Rechteckseiten zu Geraden in der Ebene. In diesem Raster markieren wir alle Rechtecke, die in einem der $I_j$ liegen und bezeichnen diese mit $J_1, \ldots, J_M$.

Im Fall $n \geq 3$ gehen wir genauso vor; die Rasterung des $\mathbb{R}^n$ erfolgt durch Verlängerung aller Seitenflächen.

## 1.3 Treppenfunktionen

Sei $I \subset \mathbb{R}^n$ ein kompakter Quader. Jede reelle Linearkombination

$$\varphi = \sum_{k=1}^{N} a_k \chi_{I_k}$$

aus charakteristischen Funktionen von Quadern $I_k \subset I$ heißt **Treppenfunktion auf $I$**. Die Treppenfunktionen (TF) auf $I$ bilden also einen Vektorraum über $\mathbb{R}$, auf dem $\|\varphi\| = \|\varphi\|_\infty = \max\{|\varphi(\mathbf{x})| \mid \mathbf{x} \in I\}$ eine Norm liefert.

Zwei TF $\varphi, \psi$ nennen wir **äquivalent** oder **fast überall gleich** ($\varphi = \psi$ f.ü.), wenn sie sich höchstens auf Quaderrändern unterscheiden. Für jede TF $\varphi$ gibt es kompakte Quader $J_i$ mit paarweis disjunktem Innern, so daß

$$\varphi = \sum_{i=1}^{M} c_i \chi_{J_i} \quad \text{f.ü.}$$

(**disjunkte Darstellung**). Zu je zwei TF $\varphi, \psi$ gibt es eine gemeinsame disjunkte Darstellung

$$\varphi = \sum_{i=1}^{M} c_i \chi_{J_i} \quad \text{f.ü.}, \qquad \psi = \sum_{i=1}^{M} d_i \chi_{J_i} \quad \text{f.ü.}$$

Beides ergibt sich nach 1.2 durch Rasterung aller in $\varphi$ bzw. in $\varphi$ und $\psi$ auftretenden Quader. Es folgt

$$\alpha\varphi + \beta\psi = \sum_{i=1}^{M} (\alpha c_i + \beta d_i) \cdot \chi_{J_i} \quad \text{f.ü.}, \qquad |\varphi| = \sum_{i=1}^{M} |c_i| \cdot \chi_{J_i} \quad \text{f.ü..}$$

### 1.4 Das Integral von Treppenfunktionen

Für eine Treppenfunktion $\varphi$ auf $I$ in disjunkter Darstellung

$$\varphi = \sum_{k=1}^{N} c_k \chi_{I_k} \quad \text{f.ü.}$$

definieren wir das Integral durch

$$\int_I \varphi := \sum_{k=1}^{N} c_k \cdot V(I_k).$$

Wir schreiben dafür auch $\int_I \varphi(\mathbf{x}) \, d^n\mathbf{x}$.

Daß diese Definition Sinn macht, d.h. daß die Art der Darstellung keine Rolle spielt, sei den Lesern als $\boxed{\text{ÜA}}$ überlassen. (Zwei äquivalente disjunkte Darstellungen von $\varphi$ lassen sich mittels gemeinsamer Rasterung aller auftretenden Quader durch eine verfeinerte disjunkte Darstellung mit gleichem Integral ersetzen.)

Für einen Quader $J \subset I$ setzen wir

$$\int_J \varphi = \int_J \varphi(\mathbf{x}) \, d^n\mathbf{x} := \int_I \varphi \cdot \chi_J.$$

### 1.5 Eigenschaften des Integrals für Treppenfunktionen

(a) *Äquivalente Treppenfunktionen haben dasselbe Integral.*

(b) $\int_I (\alpha\varphi + \beta\psi) = \alpha \int_I \varphi + \beta \int_I \psi \qquad$ (*Linearität*).

(c) $\varphi \geq 0 \;\; f.\ddot{u}. \implies \int_I \varphi \geq 0$,

$\varphi \leq \psi \;\; f.\ddot{u}. \implies \int_I \varphi \leq \int_I \psi \qquad$ (*Monotonie*).

(d) $\left| \int_I \varphi \right| \leq \int_I |\varphi| \leq \|\varphi\| \cdot V(I)$.

(e) *Für jede (auch nicht disjunkte) Darstellung* $\varphi = \sum_{k=1}^{N} c_k \chi_{I_k}$ *von $\varphi$ gilt*

$$\int_I \varphi = \sum_{k=1}^{N} c_k \cdot V(I_k).$$

1 Das Integral für Treppenfunktionen

Die Aussage (a) folgt per Definition; (b) ergibt sich durch gemeinsame disjunkte Darstellung von $\varphi, \psi$ gemäß 1.3.

Für (c) ist zu beachten, daß bei disjunkter Darstellung $\varphi = \sum_{k=1}^{N} c_k \chi_{I_k}$

$\varphi \geq 0$ f.ü. $\iff$ $c_k \geq 0$ für alle $I_k$ mit $V(I_k) > 0$.

Der Rest von (c) ergibt sich durch Betrachtung der TF $\psi - \varphi \geq 0$ und Ausnützung der Linearität. (e) folgt direkt aus (b).

Zu (d): Ist $\varphi = \sum_{k=1}^{N} c_k \chi_{I_k}$ in disjunkter Darstellung, so gilt $|c_k| \leq \|\varphi\|$.

## 1.6 Sukzessive Integration

Seien $I \subset \mathbb{R}^p$, $J \subset \mathbb{R}^q$ kompakte Quader. Vektoren $\mathbf{z} \in \mathbb{R}^{p+q}$ schreiben wir in der Form

$$\mathbf{z} = (x_1, \ldots, x_p, y_1, \ldots, y_q) = (\mathbf{x}, \mathbf{y}).$$

Dann gilt für jede Treppenfunktion $\varphi$ auf $I \times J$:

(a) *Für jedes feste* $\mathbf{x} \in I$ *liefert* $\mathbf{y} \mapsto \varphi(\mathbf{x}, \mathbf{y})$ *eine Treppenfunktion auf* $J$,

(b) $\psi(\mathbf{x}) = \int_J \varphi(\mathbf{x}, \mathbf{y}) \, d^q \mathbf{y}$ *ist eine Treppenfunktion auf* $I$,

(c) $\int_{I \times J} \varphi(\mathbf{z}) \, d^{p+q}\mathbf{z} = \int_I \psi(\mathbf{x}) \, d^p\mathbf{x} = \int_I \left( \int_J \varphi(\mathbf{x}, \mathbf{y}) \, d^q\mathbf{y} \right) d^p\mathbf{x}$.

BEWEIS.
Jede Treppenfunktion $\varphi$ auf $I \times J$ hat die Form

$$\varphi = \sum_{k=1}^{N} c_k \chi_{I_k \times J_k}.$$

Für festes $\mathbf{x} \in I$ liefert

$$\mathbf{y} \mapsto \varphi(\mathbf{x}, \mathbf{y}) = \sum_{k=1}^{N} (c_k \cdot \chi_{I_k}(\mathbf{x})) \cdot \chi_{J_k}(\mathbf{y})$$

definitionsgemäß eine Treppenfunktion auf $J$ mit

$$\int_J \varphi(\mathbf{x}, \mathbf{y}) \, d^q\mathbf{y} = \sum_{k=1}^{N} c_k \chi_{I_k}(\mathbf{x}) \cdot V^q(J_k) =: \psi(\mathbf{x}).$$

Dies stellt eine Treppenfunktion auf $I$ dar. Nach 1.5 (e) folgt

$$\int_I \psi(\mathbf{x})\, d^p\mathbf{x} = \sum_{k=1}^N c_k V^q(J_k) \cdot V^p(I_k) = \sum_{k=1}^N c_k V^{p+q}(I_k \times J_k)$$
$$= \int_{I \times J} \varphi(\mathbf{z})\, d^{p+q}\mathbf{z}\,. \qquad \square$$

**1.7 Additivität des Integrals.** *Für jede Zerlegung eines Quaders $I$,*

$$I = \bigcup_{i=1}^N I_k \quad \text{mit} \quad \overset{\circ}{I}_i \cap \overset{\circ}{I}_j = \emptyset \quad \text{für} \quad i \neq j \quad \text{gilt} \quad \int_I \varphi = \sum_{i=1}^N \int_{I_i} \varphi\,.$$

Der Beweis ergibt sich, indem man aus $I_1, \ldots, I_N$ und den in $\varphi$ auftretenden Quadern eine Rasterung herstellt, ÜA.

## 2 Integration stetiger Funktionen über kompakte Quader

### 2.1 Definition des Integrals

*Jede auf einem kompakten Quader $I$ stetige Funktion $f$ ist gleichmäßiger Limes von Treppenfunktionen $\varphi_k$ auf $I$. Für diese existiert $\lim\limits_{k\to\infty} \int_I \varphi_k$, und dieser Grenzwert ist für jede approximierende Folge derselbe.*

Wir erklären das **Integral** von $f$ durch

$$\int_I f(\mathbf{x})\, d^n\mathbf{x} := \lim_{k\to\infty} \int_I \varphi_k\,.$$

Häufig bezeichnen wir dieses Integral kurz mit $\int_I f$.

Der Beweis ergibt sich wörtlich wie in §11:2.3 und §11:3.1. ÜA: Führen Sie den Beweis, ohne an der genannten Stelle nachzusehen!

Hinter dem Symbol $d^n\mathbf{x}$ ($=dx_1\, dx_2 \cdots dx_n$, auch $d\mathbf{x}$, $dV^n$ oder $dV^n(\mathbf{x})$ geschrieben) steht die Vorstellung eines „$n$–dimensionalen Volumenelements", vgl. §11:3.2. — Für $n=2,3$ sind die folgenden Schreibweisen üblich:

$$\int_{a_1}^{b_1}\int_{a_2}^{b_2} f(x,y)\, dx\, dy \quad \text{statt} \quad \int_I f \quad \text{für} \quad I = [a_1,b_1] \times [a_2,b_2]\,,$$

$$\int_{a_1}^{b_1}\int_{a_2}^{b_2}\int_{a_3}^{b_3} f(x,y,z)\, dx\, dy\, dz \quad \text{für} \quad I = [a_1,b_1] \times [a_2,b_2] \times [a_3,b_3]\,.$$

$\int_I f(x,y)\, dx\, dy$ deuten wir im Fall $f \geq 0$ als Volumen des Körpers zwischen dem Rechteck $I$ in der $(x,y)$-Ebene und dem Graphen von $f$ über $I$.

## 2 Integration stetiger Funktionen über kompakte Quader

### 2.2 Eigenschaften des Integrals

(a) $\int_I (\alpha f(\mathbf{x}) + \beta g(\mathbf{x}))\, d^n\mathbf{x} = \alpha \int_I f(\mathbf{x})\, d^n\mathbf{x} + \beta \int_I g(\mathbf{x})\, d^n\mathbf{x}$  (*Linearität*),

(b) $f \leq g \implies \int_I f(\mathbf{x})\, d^n\mathbf{x} \leq \int_I g(\mathbf{x})\, d^n\mathbf{x}$  (*Monotonie*),

(c) $\left| \int_I f(\mathbf{x})\, d^n\mathbf{x} \right| \leq \int_I |f(\mathbf{x})|\, d^n\mathbf{x} \leq \|f\| \cdot V(I)$,

(d) $\int_I |f(\mathbf{x})|\, d^n\mathbf{x} = 0 \implies f = 0$.

Dabei ist $\|f\| = \max\{|f(\mathbf{x})| \mid \mathbf{x} \in I\}$. Für die Beweise gilt das oben Gesagte.

### 2.3 Parameterintegrale

(a) *Sei $I$ ein kompakter Quader im $\mathbb{R}^n$ und $\Omega$ ein Gebiet im $\mathbb{R}^m$. Ist $f(\mathbf{x}, \mathbf{y})$ als Funktion aller Variablen stetig in $I \times \Omega$, so ist*

$$F(\mathbf{y}) := \int_I f(\mathbf{x}, \mathbf{y})\, d^n\mathbf{x}$$

*stetig in $\Omega$.*

(b) *Existieren zusätzlich alle partiellen Ableitungen $\frac{\partial f}{\partial y_k}(\mathbf{x}, \mathbf{y})$ in $I \times \Omega$ und sind diese dort stetig, so ist $F$ eine $C^1$-Funktion auf $\Omega$, und es gilt*

$$\frac{\partial F}{\partial y_k}(\mathbf{y}) = \int_I \frac{\partial f}{\partial y_k}(\mathbf{x}, \mathbf{y})\, d^n\mathbf{x} \qquad (k = 1, \ldots, m).$$

BEWEIS.

(a) Wir fixieren ein $\mathbf{y} \in \Omega$ und wählen $r > 0$ so, daß $K = \overline{K_r(\mathbf{y})} \subset \Omega$. Da $f$ auf $I \times K$ gleichmäßig stetig ist, gibt es zu gegebenem $\varepsilon > 0$ ein $\delta$ mit $0 < \delta < r$, so daß $|f(\mathbf{x}, \mathbf{z}) - f(\mathbf{x}, \mathbf{y})| < \varepsilon$ für alle $\mathbf{x} \in I$ und alle $\mathbf{z}, \mathbf{y} \in K$ mit $\|\mathbf{z} - \mathbf{y}\| < \delta$. Nach 2.2 (c) gilt für $\|\mathbf{z} - \mathbf{y}\| < \delta$

$$|F(\mathbf{z}) - F(\mathbf{y})| = \left| \int_I (f(\mathbf{x}, \mathbf{z}) - f(\mathbf{x}, \mathbf{y}))\, d^n\mathbf{x} \right| \leq \varepsilon \cdot V(I).$$

(b) Nach § 22 : 1.6 und (a) genügt es, den Fall $m = 1$, also $F(\mathbf{x}, t) = \int_I f(\mathbf{x}, t)\, d^n\mathbf{x}$ zu betrachten. Wie oben fixieren wir $t$, wählen $K = [t-r, t+r] \subset \Omega$ und finden ein $\varrho > 0$ mit $\left| \frac{\partial f}{\partial t}(\mathbf{x}, s) - \frac{\partial f}{\partial t}(\mathbf{x}, t) \right| < \varepsilon$ für alle $(\mathbf{x}, s) \in I \times K$ mit $|s - t| < \varrho$. Nach dem Mittelwertsatz für $t \mapsto f(\mathbf{x}, t)$ gibt es zu jedem $\mathbf{x} \in I$ und für alle $s, t$ mit $0 < |s - t| < \varrho$ eine echt zwischen $s$ und $t$ liegende Zahl $\vartheta$, so daß

$$\left| \frac{f(\mathbf{x}, s) - f(\mathbf{x}, t)}{s - t} - \frac{\partial f}{\partial t}(\mathbf{x}, t) \right| = \left| \frac{\partial f}{\partial t}(\mathbf{x}, \vartheta) - \frac{\partial f}{\partial t}(\mathbf{x}, t) \right| < \varepsilon,$$

denn es gilt $0 < |\vartheta - t| < \varrho$. Somit haben wir für $0 < |s - t| < \varrho$

$$\left| \frac{F(s) - F(t)}{s - t} - \int_I \frac{\partial f}{\partial t}(\mathbf{x}, t) \, d^n\mathbf{x} \right| = \left| \int_I \left( \frac{f(\mathbf{x}, s) - f(\mathbf{x}, t)}{s - t} - \frac{\partial f}{\partial t}(\mathbf{x}, t) \right) d^n\mathbf{x} \right|$$

$$\leq \varepsilon \cdot V(I).$$

Daher existiert $F'(t) = \int_I \frac{\partial f}{\partial t}(\mathbf{x}, t) \, d^n\mathbf{x}$ und ist nach (a) stetig in $t$. □

### 2.4 Sukzessive Integration

(a) *Für eine auf einem Rechteck $[a, b] \times [c, d]$ stetige Funktionen $f$ gilt*

$$\int_a^b \int_c^d f(x, y) \, dx \, dy = \int_a^b \Big( \int_c^d f(x, y) \, dy \Big) \, dx = \int_c^d \Big( \int_a^b f(x, y) \, dx \Big) \, dy.$$

*Das Integral über ein Rechteck läßt sich also auf die sukzessive Berechnung gewöhnlicher Integrale zurückführen.* Man beachte, daß nach 2.3

$$F(x) = \int_c^d f(x, y) \, dy \quad \text{und} \quad G(y) = \int_a^b f(x, y) \, dx$$

stetige Funktionen liefern.

(b) *Ganz analog gilt für jede auf einem Quader $I \times J$ stetige Funktion $f$*

$$\int_{I \times J} f(\mathbf{x}, \mathbf{y}) \, d^p\mathbf{x} \, d^q\mathbf{y} = \int_I \Big( \int_J f(\mathbf{x}, \mathbf{y}) \, d^q\mathbf{y} \Big) \, d^p\mathbf{x} = \int_J \Big( \int_I f(\mathbf{x}, \mathbf{y}) \, d^p\mathbf{x} \Big) \, d^q\mathbf{y},$$

*wobei $I \subset \mathbb{R}^p$, $J \subset \mathbb{R}^q$ kompakte Quader sind.* Daher läßt sich das $n$-dimensionale Integral letztlich auf die sukzessive Berechnung gewöhnlicher eindimensionaler Integrale zurückführen: Für $I = [a_1, b_1] \times \cdots \times [a_n, b_n]$ gilt

$$\int_I f(\mathbf{x}) \, d^n\mathbf{x} = \int_{a_1}^{b_1} \Big( \int_{a_2}^{b_2} \cdots \Big( \int_{a_n}^{b_n} f(x_1, \ldots, x_n) \, dx_n \Big) \cdots \Big) \, dx_2 \Big) \, dx_1,$$

wobei die Reihenfolge der Integration keine Rolle spielt.

BEWEIS.

(a) Nach Definition des Integrals gibt es Treppenfunktionen $\varphi_k$ mit

$$\|f - \varphi_k\| < \frac{1}{k} \quad \text{und} \quad \int_a^b \int_c^d \varphi_k(x, y) \, dx \, dy \to \int_a^b \int_c^d f(x, y) \, dx \, dy.$$

Dabei gilt nach 1.6

## 2 Integration stetiger Funktionen über kompakte Quader

$$\int_a^b \int_c^d \varphi_k(x,y)\,dx\,dy = \int_a^b \left( \int_c^d \varphi_k(x,y)\,dy \right) dx = \int_a^b \psi_k(x)\,dx, \qquad \text{wobei}$$

$$\psi_k(x) = \int_c^d \varphi_k(x,y)\,dy$$

wieder Treppenfunktionen sind. Für diese gilt

$$\left| F(x) - \psi_k(x) \right| = \left| \int_c^d (f(x,y) - \varphi_k(x,y))\,dy \right| \leq \frac{d-c}{k}, \qquad \text{also}$$

$$\left| \int_a^b F(x)\,dx - \int_a^b \int_c^d \varphi_k(x,y)\,dx\,dy \right| = \left| \int_a^b \left( F(x) - \psi_k(x) \right) dx \right| \leq \frac{(b-a)(d-c)}{k}.$$

Es folgt

$$\int_a^b \int_c^d f(x,y)\,dx\,dy = \lim_{k \to \infty} \int_a^b \int_c^d \varphi_k(x,y)\,dx\,dy = \int_a^b F(x)\,dx = \int_a^b \left( \int_c^d f(x,y)\,dy \right) dx.$$

Vertauschen der beiden Rollen von $x$ und $y$ liefert die zweite Behauptung.

(b) ergibt sich völlig analog. □

### 2.5* Additivität des Integrals

(a) *Ist ein kompakter Quader $I$ die Vereinigung kompakter Quader $I_1, \ldots, I_N$ mit $\overset{\circ}{I_k} \cap \overset{\circ}{I_l} = \emptyset$ für $k \neq l$, so gilt*

$$\int_I f(\mathbf{x})\,d^n\mathbf{x} = \sum_{k=1}^N \int_{I_k} f(\mathbf{x})\,d^n\mathbf{x}.$$

(b) *Für den kompakten Quader $I$ gelte $\overset{\circ}{I} = \bigcup_{k=1}^{\infty} I_k$, wobei die $I_k$ kompakte Quader mit paarweis disjunktem Innern sind, und jeder kompakte Quader $J \subset \overset{\circ}{I}$ wurde von endlich vielen der $I_k$ überdeckt. Dann gilt*

$$\int_I f(\mathbf{x})\,d^n\mathbf{x} = \sum_{k=1}^{\infty} \int_{I_k} f(\mathbf{x})\,d^n\mathbf{x}.$$

BEWEIS.

(a) Für jede Treppenfunktion $\varphi$ gilt nach 1.7

$$\int_I \varphi = \sum_{k=1}^N \int_{I_k} \varphi.$$

Sind $\varphi_j$ Treppenfunktionen mit $\|f - \varphi_j\| \to 0$ und $\int_I \varphi_j \to \int_I f$, so folgt die Behauptung durch Grenzübergang.

(b) Zu vorgegebenem $\varepsilon > 0$ können wir einen kompakten Quader $J \subset \overset{\circ}{I}$ wählen mit $V(I) - V(J) < \varepsilon$. Nach Voraussetzung gibt es ein $N$ mit $J \subset \bigcup_{k=1}^{N} I_k$. Durch Rasterung verschaffen wir uns endlich viele Quader $J_1, \ldots, J_M$ mit paarweise disjunktem Innern, so daß $I = I_1 \cup \cdots \cup I_N \cup J_1 \cup \cdots \cup J_M$. Dann ergibt sich nach (a)

$$\left| \int_I f - \sum_{k=1}^{N} \int_{I_k} f \right| = \left| \sum_{i=1}^{M} \int_{J_i} f \right| \leq \|f\| \cdot \sum_{i=1}^{M} V(J_i) \leq \varepsilon \cdot \|f\|. \qquad \square$$

## 3 Das Volumen von Rotationskörpern

### 3.1 Das Volumen zwischen zwei Graphen

*Sind $g \leq h$ stetige Funktionen auf dem kompakten Rechteck $I = [a,b] \times [c,d]$, so ist das Volumen des Bereichs $Z$ zwischen den beiden Graphen,*

$$Z = \left\{ (x,y,z) \mid a \leq x \leq b,\ c \leq y \leq d,\ g(x,y) \leq z \leq h(x,y) \right\},$$

gegeben durch

$$V(Z) = \int_a^b \int_c^d \bigl( h(x,y) - g(x,y) \bigr)\, dx\, dy.$$

Das ist anschaulich plausibel und ordnet sich der in Abschnitt 7 gegebenen allgemeinen Volumendefinition unter.

### 3.2 Das Volumen von Rotationskörpern im $\mathbb{R}^3$

Sei $r : [a,b] \to [0,R]$ eine stetige Funktion. Durch Rotation der Fläche

$$\left\{ (x,y,z) \mid a \leq x \leq b,\ y = 0,\ 0 \leq z \leq r(x) \right\}$$

um die $x$–Achse entsteht ein Rotationskörper

$$K = \left\{ (x,y,z) \mid a \leq x \leq b,\ y^2 + z^2 \leq r(x)^2 \right\}.$$

(Machen Sie sich das anhand einer Skizze klar!)

Setzen wir für $a \leq x \leq b$, $-R \leq y \leq R$

$$f(x,y) = \begin{cases} \sqrt{r(x)^2 - y^2}, & \text{falls } |y| \leq r(x) \\ 0 & \text{für } r(x) < |y| \leq R, \end{cases}$$

4 Das Integral stetiger Funktionen über offene Mengen

so ist $f$ stetig auf $[a,b] \times [-R,R]$ und $V(K)$ gleich dem Volumen von

$$K^* = \left\{ (x,y,z) \mid (x,y) \in [a,b] \times [-R,R], -f(x,y) \le z \le f(x,y) \right\}.$$

Also gilt nach 2.4

$$V(K) = 2 \int_a^b \int_{-R}^R f(x,y) \, dx \, dy = 2 \int_a^b \Big( \int_{-r(x)}^{r(x)} \sqrt{r(x)^2 - y^2} \, dy \Big) \, dx.$$

Nach § 11 : 7.4 (a) erhalten wir

$$V(K) = 2 \int_a^b \tfrac{\pi}{2} r(x)^2 \, dx = \pi \int_a^b r(x)^2 \, dx.$$

Das Volumen ergibt sich also durch Aufintegrieren über alle an $K$ beteiligten Kreisscheiben.

### 3.3 Das Kugelvolumen

Im Fall $r(x) = \sqrt{R^2 - x^2}$ ergibt sich das Volumen von $\overline{K_R(\mathbf{0})}$ durch

$$\pi \int_{-R}^R \left( R^2 - x^2 \right) dx = \pi \left( 2R^3 - \tfrac{2}{3} R^3 \right) = \tfrac{4}{3}\pi R^3.$$

### 3.4 Aufgabe.
Berechnen Sie das Volumen eines senkrechten Kreiskegels mit Höhe $h$ und Grundkreisradius $R$, dessen Spitze im Nullpunkt und dessen Achse in der positiven $x$–Achse liegt.

## 4 Das Integral stetiger Funktionen über offene Mengen

### 4.1 Quaderzerlegung offener Mengen

*Zu jeder nichtleeren offenen Teilmenge $\Omega$ des $\mathbb{R}^n$ gibt es eine Folge von kompakten Quadern $I_1, I_2, \ldots$ mit paarweise disjunktem Innern, so daß*

(a) $\Omega = \bigcup_{k=1}^\infty I_k$,

(b) *jede kompakte Teilmenge von $\Omega$ bereits durch endlich viele dieser Quader überdeckt wird.*

Jede solche Zerlegung von $\Omega$ nennen wir eine **Quaderzerlegung** von $\Omega$.

Wir führen den Beweis der einfacheren Notation halber nur für $n = 2$; der Allgemeinheit wird dadurch kein Abbruch getan.

BEWEIS.

(a) Wir überziehen die Ebene mit dem Netz aller Geraden $x = k$, $y = l$ mit $k, l \in \mathbb{Z}$. Die so entstehenden kompakten Einheitsquadrate nennen wir Quadrate nullter Stufe. $K_0$ sei die Vereinigung aller Quadrate nullter Stufe, welche in $\Omega$ liegen. Nun unterteilen wir das Quadratnetz durch Einziehen von Halbierungslinien. Es entstehen Quadrate erster Stufe mit Kantenlänge $\frac{1}{2}$ und mit Eckpunktkoordinaten der Form $\frac{1}{2}m$ mit $m \in \mathbb{Z}$. $K_1$ sei die Vereinigung aller Quadrate erster Stufe, welche nicht in $K_0$ liegen (Fig.).

Durch weiteres Einziehen von Halbierungslinien gewinnen wir Quadrate zweiter Stufe; $K_2$ ist dann die Vereinigung aller Quadrate zweiter Stufe in $\Omega$, welche nicht zu $K_0 \cup K_1$ gehören. Fahren wir mit diesem Verfahren fort, so erhalten wir Quadratvereinigungen $K_0, K_1, \ldots$ mit $\bigcup_{i=0}^{\infty} K_i \subset \Omega$.

Wir zeigen $\Omega \subset \bigcup_{i=0}^{\infty} K_i$. Sei $\mathbf{x}_0 \in \Omega$ und $K_r(\mathbf{x}_0) \subset \Omega$. Für $2^{-m} \cdot \sqrt{2} < r$ liegt jedes Quadrat $m$–ter Stufe, welches $\mathbf{x}_0$ enthält, ganz in $\Omega$, wird also spätestens durch $K_m$ erfaßt. Also gilt $\mathbf{x}_0 \in \bigcup_{i=0}^{m} K_i \subset \bigcup_{i=0}^{\infty} K_i$.

Die Vereinigung aller $K_i$ enthält genau abzählbar unendlich viele Quadrate. Überabzählbar viele können es nicht sein, denn die linken unteren Eckpunkte haben rationale Koordinaten, und jeder dieser Eckpunkte kommt nur einmal vor. Endlich viele können es auch nicht sein, denn die Vereinigung endlich vieler kompakter Quadrate ist kompakt und nicht offen.

(b) Ist $K$ eine kompakte Teilmenge von $\Omega$, so gibt es ein $r > 0$ mit $K_r(\mathbf{x}) \subset \Omega$ für alle $\mathbf{x} \in K$. Für $\Omega = \mathbb{R}^2$ ist dies klar. Andernfalls hat $\Omega$ einen Randpunkt, und wir setzen $r = \frac{1}{2}\mathrm{dist}\,(K, \partial\Omega)$. Wir wählen ein $m \in \mathbb{N}$ mit $2^{-m} \cdot \sqrt{2} < r$ und erkennen wie oben, daß $K \subset \bigcup_{i=0}^{m} K_i$. Alle Quadrate in $\bigcup_{i=0}^{m} K_i$ haben mindestens Kantenlänge $2^{-m}$. Da $K$ beschränkt ist, genügen endlich viele von ihnen, um $K$ zu überdecken. □

### 4.2 Das Integral über offene Mengen

Sei $f$ auf der offenen Menge $\Omega \subset \mathbb{R}^n$ stetig. $f$ heißt über $\Omega$ **integrierbar**, wenn es eine Zahl $M \geq 0$ gibt, so daß

## 4 Das Integral stetiger Funktionen über offene Mengen 451

$$\sum_{k=1}^{N} \int_{I_k} |f(\mathbf{x})|\, d^n\mathbf{x} \leq M$$

für je endlich viele kompakte Quader $I_1, \ldots, I_N$ in $\Omega$ mit paarweise disjunktem Innern.

Für eine über $\Omega$ integrierbare Funktion $f$ definieren wir das **Integral** durch

$$\int_\Omega f = \int_\Omega f(\mathbf{x})\, d^n\mathbf{x} := \sum_{k=1}^{\infty} \int_{I_k} f(\mathbf{x})\, d^n\mathbf{x},$$

wobei $I_1, I_2, \ldots$ irgendeine Quaderzerlegung von $\Omega$ ist.

SATZ. *Die rechtsstehende Reihe konvergiert und hat für jede Quaderzerlegung von $\Omega$ denselben Wert.*

BEMERKUNGEN. (a) Diese Integraldefinition entspricht dem uneigentlichen Integral über offene Intervalle in $\mathbb{R}$ ([ÜA], vgl. § 12:4).

(b) Ist $f$ auf einem kompakten Quader $I$ stetig, so ist $f$ nach 2.5 (b) auch über das Innere von $I$ im Sinne von 4.2 integrierbar, und es gilt für $\Omega = \overset{\circ}{I}$

$$\int_\Omega f = \int_I f \,.$$

(c) Die Hilfsmittel zur praktischen Berechnung des Integrals (Ausschöpfungssatz, Transformationssatz, sukzessive Integration) werden später bereitgestellt.

BEWEIS der Konvergenz und Eindeutigkeit.

Die absolute Konvergenz der Reihe folgt aus

$$\sum_{k=1}^{N} \Big| \int_{I_k} f(\mathbf{x})\, d^n\mathbf{x} \Big| \leq \sum_{k=1}^{N} \int_{I_k} |f(\mathbf{x})|\, d^n\mathbf{x} \leq M \quad \text{für alle} \quad N \in \mathbb{N}\,.$$

Die Unabhängigkeit von der speziellen Quaderzerlegung ergibt sich auf folgende Weise: Sei $\Omega = \bigcup_{k=1}^{\infty} I_k = \bigcup_{l=1}^{\infty} J_l$. Dann ist $I_k \cap J_l$ wieder ein (evtl. entarteter) Quader oder aber leer. Man kann sich leicht klarmachen, daß die nichtleeren $I_k \cap J_l$ bei geeigneter Durchnumerierung eine Quaderzerlegung von $\Omega$ liefern. Wegen $I_k = \bigcup_{l=1}^{\infty} I_k \cap J_l$ und $J_l = \bigcup_{k=1}^{\infty} I_k \cap J_l$ gilt nach 2.5 (b)

$$\int_{I_k} f = \sum_{l=1}^{\infty} \int_{I_k \cap J_l} f \quad \text{und} \quad \int_{J_l} f = \sum_{k=1}^{\infty} \int_{I_k \cap J_l} f, \quad \text{dasselbe für } |f|.$$

Aus dem großen Umordnungssatz für Reihen § 7:6.6 folgt

$$\sum_{k=1}^{\infty} \int_{I_k} f = \sum_{k=1}^{\infty} \Big( \sum_{l=1}^{\infty} \int_{I_k \cap J_l} f \Big) = \sum_{l=1}^{\infty} \Big( \sum_{k=1}^{\infty} \int_{I_k \cap J_l} f \Big) = \sum_{l=1}^{\infty} \int_{J_l} f\,. \qquad \square$$

## 4.3 Eigenschaften des Integrals

(a) **Linearität.** Mit $f$ und $g$ ist auch $\alpha f + \beta g$ über $\Omega$ integrierbar und

$$\int_\Omega \bigl(\alpha f(\mathbf{x}) + \beta g(\mathbf{x})\bigr)\, d^n\mathbf{x} = \alpha \int_\Omega f(\mathbf{x})\, d^n\mathbf{x} + \beta \int_\Omega g(\mathbf{x})\, d^n\mathbf{x}.$$

(b) **Monotonie.** Für integrierbare Funktionen $f, g$ mit $f \leq g$ gilt

$$\int_\Omega f(\mathbf{x})\, d^n\mathbf{x} \leq \int_\Omega g(\mathbf{x})\, d^n\mathbf{x}.$$

(c) **Integralabschätzung.** Definitionsgemäß ist $f$ genau dann über $\Omega$ integrierbar, wenn $|f|$ über $\Omega$ integrierbar ist. Es gilt dann

$$\left| \int_\Omega f(\mathbf{x})\, d^n\mathbf{x} \right| \leq \int_\Omega |f(\mathbf{x})|\, d^n\mathbf{x}.$$

(d) **Majorantensatz.** Ist $f : \Omega \to \mathbb{R}$ stetig und gibt es eine integrierbare Funktion (Majorante) $g : \Omega \to \mathbb{R}_+$ mit $|f| \leq g$, so ist $f$ über $\Omega$ integrierbar.

(e) **Zerlegung in positiven und negativen Teil.** Eine stetige Funktion $f$ ist genau dann über $\Omega$ integrierbar, wenn ihr positiver und negativer Teil

$$f_+ = \tfrac{1}{2}\bigl(|f| + f\bigr), \qquad f_- = \tfrac{1}{2}\bigl(|f| - f\bigr)$$

beide über $\Omega$ integrierbar sind. Es gilt dann

$$\int_\Omega f(\mathbf{x})\, d^n\mathbf{x} = \int_\Omega f_+(\mathbf{x})\, d^n\mathbf{x} - \int_\Omega f_-(\mathbf{x})\, d^n\mathbf{x}.$$

(f) Ist $f$ über $\Omega$ integrierbar, so ist $f$ auch über jede offene Teilmenge $\Omega_0$ von $\Omega$ integrierbar und es gilt

$$\int_{\Omega_0} |f(\mathbf{x})|\, d^n\mathbf{x} \leq \int_\Omega |f(\mathbf{x})|\, d^n\mathbf{x}.$$

Alle Beweise ergeben sich in einfacher Weise aus der Definition und den entsprechenden Eigenschaften des Integrals über kompakte Quader ÜA .

## 4.4* Additivität des Integrals

Seien $\Omega_1, \Omega_2, \ldots$ paarweis disjunkte offene Mengen. Eine auf $\Omega = \bigcup_k \Omega_k$ stetige Funktion $f$ ist genau dann über $\Omega$ integrierbar, wenn $f$ über jedes $\Omega_k$ integrierbar ist und die Reihe $\sum_{k=1}^\infty \int_{\Omega_k} |f|$ konvergiert. Es gilt dann

$$\int_\Omega f(\mathbf{x})\, d^n\mathbf{x} = \sum_{k=1}^\infty \int_{\Omega_k} f(\mathbf{x})\, d^n\mathbf{x}.$$

# 4 Das Integral stetiger Funktionen über offene Mengen

BEWEIS als ÜA: Quaderzerlegungen von $\Omega_1, \Omega_2, \ldots$ ergeben zusammen bei geeigneter Numerierung eine Quaderzerlegung von $\Omega$. Nun folgt die Behauptung aus dem großen Umordnungssatz §7:6.6. □

## 4.5 Integrierbarkeit beschränkter stetiger Funktionen

*Jede auf einer beschränkten offenen Menge $\Omega$ beschränkte stetige Funktion ist über $\Omega$ integrierbar.*

BEWEIS.
Nach Voraussetzung gibt es einen kompakten Quader $I$ mit $\Omega \subset I$ und eine Schranke $C$ für $|f(\mathbf{x})|$. Sind $I_1, \ldots, I_N$ kompakte Quader in $\Omega$ mit paarweise disjunktem Innern, so gilt

$$\sum_{k=1}^{N} \int_{I_k} |f(\mathbf{x})| \, d^n\mathbf{x} \leq C \cdot \sum_{k=1}^{N} V(I_k) \leq C \cdot V(I).$$ □

## 4.6 Ausschöpfende Folgen

Die offenen Mengen $\Omega_1 \subset \Omega_2 \subset \Omega_3 \subset \cdots$ bilden eine **Ausschöpfung** von $\Omega$, wenn

$$\Omega = \bigcup_{k=1}^{\infty} \Omega_k \quad \text{und} \quad \overline{\Omega}_k \text{ jeweils eine kompakte Teilmenge von } \Omega \text{ ist.}$$

BEISPIELE.

(a) Die Rechtecke $\Omega_k = \,]-k,k[\,\times\,]-k,k[$ schöpfen $\mathbb{R}^2$ aus.

(b) Sei $\Omega = \bigcup_{k=1}^{\infty} I_k$ eine Quaderzerlegung und $\Omega_N$ das Innere von $V_N = \bigcup_{k=1}^{N} I_k$.
Die $\Omega_N$ bilden eine aufsteigende Folge mit $\overline{\Omega}_N \subset \Omega$. Jeder Punkt $\mathbf{x}_0 \in \Omega$ liegt in wenigstens einem Quader $I_k$. Liegt er im Innern, so gehört er zu $\Omega_k$. Liegt $\mathbf{x}_0$ auf dem Rand von $I_k$, so gibt es noch weitere $I_l$ mit $\mathbf{x}_0 \in I_l$. Man macht sich leicht klar, daß $\mathbf{x}_0$ im Innern der Vereinigung aller (endlich vielen) $I_l$ mit $\mathbf{x}_0 \in I_l$ liegt.

BEMERKUNG zu (b). *Sei $\Omega_1 \subset \Omega_2 \subset \cdots$ eine beliebige ausschöpfende Folge. Dann gibt es zu jedem $\Omega_k$ ein $V_N$ mit $\overline{\Omega}_k \subset V_N$, und jede kompakte Teilmenge $K$ von $\Omega$ liegt in einem geeigneten $\Omega_l$.* Denn einerseits ist $\overline{\Omega}_k$ kompakt und wird daher nach 4.1 schon von endlich vielen der $I_1, I_2, \ldots$ überdeckt. Ist andererseits $K \subset \Omega$ kompakt, so liegt jeder Punkt von $K$ in einem geeigneten $\Omega_i$. Nach dem Überdeckungssatz von Heine–Borel §21:6.3 genügen daher endlich viele $\Omega_i$, um $K$ zu überdecken. Als $\Omega_l$ nehmen wir deren Vereinigung.

## 4.7 Der Ausschöpfungssatz

*Sei $\Omega_1 \subset \Omega_2 \subset \cdots$ eine Ausschöpfung von $\Omega$. Eine stetige Funktion $f$ ist genau dann über $\Omega$ integrierbar, wenn die Folge der Integrale*

$$\int_{\Omega_k} |f(\mathbf{x})| \, d^n\mathbf{x}$$

*beschränkt ist. In diesem Fall gilt*

$$\int_\Omega f(\mathbf{x}) \, d^n\mathbf{x} = \lim_{k\to\infty} \int_{\Omega_k} f(\mathbf{x}) \, d^n\mathbf{x}.$$

Man beachte, daß $f$ auf jeder der kompakten Mengen $\overline{\Omega}_k$ beschränkt, also $|f|$ über jedes $\Omega_k$ integrierbar ist nach 4.5.

BEWEIS.
Aus der Integrierbarkeit von $f$ folgt $\int_{\Omega_k} |f| \leq \int_\Omega |f|$ nach 4.3 (f). Sei umgekehrt die Folge der Integrale $\int_{\Omega_k} |f|$ beschränkt. Dann sind auch die Integrale $\int_{\Omega_k} f_+$ und $\int_{\Omega_k} f_-$ beschränkt. Nach 4.3 (b) genügt es daher, den Satz für stetige Funktionen $f \geq 0$ zu beweisen. Für diese existiert $\alpha := \lim_{k\to\infty} \int_{\Omega_k} f$ nach dem Monotoniekriterium. Sei $I_1, I_2, \ldots$ eine Quaderzerlegung von $\Omega$. Nach der Bemerkung 4.6 gibt es zu jedem $V_N = I_1 \cup \cdots \cup I_N$ ein $\Omega_l$ mit $V_N \subset \Omega_l$, also $\sum_{k=1}^{N} \int_{I_k} f \leq \int_{\Omega_l} f \leq \alpha$. Somit ist $f$ nach 4.2 integrierbar mit $\int_\Omega f \leq \alpha$. Da es zu jedem $\Omega_k$ ein $V_N$ mit $\Omega_k \subset V_N$ gibt, gilt $\alpha = \lim_{k\to\infty} \int_{\Omega_k} f \leq \lim_{N\to\infty} \int_{V_N} f = \int_\Omega f$. □

## 5 Parameterintegrale über offene Mengen

### 5.1 Stetigkeit von Parameterintegralen

*Seien $\Omega_0 \subset \mathbb{R}^m$, $\Omega \subset \mathbb{R}^n$ offene Mengen, und es sei $f(\mathbf{x}, \mathbf{y})$ stetig für alle $(\mathbf{x}, \mathbf{y}) \in \Omega_0 \times \Omega$. Zu jedem kompakten Quader $K \subset \Omega_0$ gebe es eine integrierbare, stetige Funktion $g_K : \Omega \to \mathbb{R}_+$ mit*

$$|f(\mathbf{x}, \mathbf{y})| \leq g_K(\mathbf{y}) \quad \text{für alle} \quad \mathbf{y} \in \Omega \text{ und alle } \mathbf{x} \in K.$$

*Dann ist*

$$F(\mathbf{x}) = \int_\Omega f(\mathbf{x}, \mathbf{y}) \, d^n\mathbf{y}$$

*stetig auf $\Omega_0$.*

BEMERKUNG. Die Voraussetzung ist insbesondere erfüllt, wenn es eine von $K$ unabhängige Majorante $g$ gibt. Diese Voraussetzung ist jedoch für viele Anwendungen zu grob.

5 Parameterintegrale über offene Mengen

BEWEIS.

Sei $\mathbf{x}_0 \in \Omega_0$, $K \subset \Omega_0$ ein kompakter Quader mit $\mathbf{x}_0$ im Innern von $K$ und $g = g_K$ die dazu passende Majorante. Zu gegebenem $\varepsilon > 0$ wählen wir Intervalle $I_1, \ldots, I_N$ aus einer Quaderzerlegung von $\Omega$ so aus, daß für $V_N = I_1 \cup \cdots \cup I_N$

$$\int\limits_{\Omega \setminus V_N} g = \int\limits_{\Omega} g - \sum_{k=1}^{N} \int\limits_{I_k} g < \varepsilon.$$

Nach 2.3 (a) gibt es ein $\delta > 0$ mit $K_\delta(\mathbf{x}_0) \subset K$, so daß

$$\sum_{k=1}^{N} \Big| \int\limits_{I_k} \big(f(\mathbf{x}, \mathbf{y}) - f(\mathbf{x}_0, \mathbf{y})\big) \, d^n\mathbf{y} \Big| < \varepsilon \quad \text{für} \quad \|\mathbf{x} - \mathbf{x}_0\| < \delta.$$

Es gilt dann für $\|\mathbf{x} - \mathbf{x}_0\| < \delta$

$$|F(\mathbf{x}) - F(\mathbf{x}_0)| = \Big| \int\limits_{\Omega} \big(f(\mathbf{x}, \mathbf{y}) - f(\mathbf{x}_0, \mathbf{y})\big) \, d^n\mathbf{y} \Big|$$

$$\leq \Big| \int\limits_{V_N} \big(f(\mathbf{x}, \mathbf{y}) - f(\mathbf{x}_0, \mathbf{y})\big) \, d\mathbf{y} \Big| + \int\limits_{\Omega \setminus V_N} \big(|f(\mathbf{x}, \mathbf{y})| + |f(\mathbf{x}_0, \mathbf{y})|\big) \, d^n\mathbf{y}$$

$$\leq \sum_{k=1}^{N} \Big| \int\limits_{I_k} \big(f(\mathbf{x}, \mathbf{y}) - f(\mathbf{x}_0, \mathbf{y})\big) \, d\mathbf{y} \Big| + 2 \int\limits_{\Omega \setminus V_N} g < 3\varepsilon. \qquad \square$$

### 5.2 Differenzierbarkeit von Parameterintegralen

*Unter den Voraussetzungen 5.1 sei $f$ zusätzlich auf $\Omega_0 \times \Omega$ stetig nach $\mathbf{x}$ differenzierbar, und zu jedem kompakten Quader $K \subset \Omega_0$ gebe es eine integrierbare, stetige Funktion $h_K$ mit*

$$\Big|\frac{\partial f}{\partial x_i}(\mathbf{x}, \mathbf{y})\Big| \leq h_K(\mathbf{y}) \quad \text{für alle} \quad (\mathbf{x}, \mathbf{y}) \in K \times \Omega \quad \text{und} \quad i = 1, \ldots, m.$$

*Dann ist $F$ eine $C^1$-Funktion auf $\Omega_0$, und es gilt*

$$\frac{\partial F}{\partial x_i}(\mathbf{x}) = \int\limits_{\Omega} \frac{\partial f}{\partial x_i}(\mathbf{x}, \mathbf{y}) \, d^n\mathbf{y} \quad \text{für} \quad i = 1, \ldots, m.$$

Der Beweis ergibt sich nach dem Vorbild von 5.1 mit Hilfe von 2.3 (b) $\boxed{\text{ÜA}}$.

### 5.3 Parameterintegrale mit stetigen Grenzen

Im folgenden schreiben wir $\mathbf{u} < \mathbf{v}$, wenn für alle Komponenten die Beziehung $u_i < v_i$ gilt. Ist $Q$ der offene Quader $\{\mathbf{x} \mid \mathbf{u} < \mathbf{x} < \mathbf{v}\}$, so schreiben wir

$$\int\limits_{\mathbf{u}}^{\mathbf{v}} f(\mathbf{x}) \, d^n\mathbf{x} \qquad \text{an Stelle von} \qquad \int\limits_{Q} f(\mathbf{x}) \, d^n\mathbf{x}.$$

SATZ. *Sei* $\Omega \subset \mathbb{R}^n$ *offen, und* $\mathbf{g}, \mathbf{h} : \Omega \to \mathbb{R}^m$ *seien stetige Funktionen mit* $\mathbf{g}(\mathbf{x}) < \mathbf{h}(\mathbf{x})$ *für alle* $\mathbf{x} \in \Omega$. *Ferner sei* $f(\mathbf{x}, \mathbf{y})$ *stetig für alle* $\mathbf{x} \in \Omega$ *und alle* $\mathbf{y} \in \mathbb{R}^m$ *mit* $\mathbf{g}(\mathbf{x}) < \mathbf{y} < \mathbf{h}(\mathbf{x})$. *Schließlich gebe es zu jedem kompakten Quader* $I \subset \Omega$ *eine Konstante* $C_I$ *mit* $|f(\mathbf{x}, \mathbf{y})| \leq C_I$ *für alle* $\mathbf{x} \in I$ *und alle* $\mathbf{y} \in \mathbb{R}^m$ *mit* $\mathbf{g}(\mathbf{x}) < \mathbf{y} < \mathbf{h}(\mathbf{x})$.

*Dann ist*

$$F(\mathbf{x}) = \int_{\mathbf{g}(\mathbf{x})}^{\mathbf{h}(\mathbf{x})} f(\mathbf{x}, \mathbf{y}) \, d^m \mathbf{y}$$

*stetig in* $\Omega$.

BEMERKUNG. $f$ muß nicht beschränkt sein!

BEWEISSKIZZE.
Der Einfachheit halber sei $m = 1$. Zu jedem $\mathbf{x}_0 \in \Omega$ und gegebenem $\varepsilon > 0$ gibt es einen Quader

$$I = \left\{ \mathbf{x} \mid \|\mathbf{x} - \mathbf{x}_0\|_\infty \leq \delta \right\}, \quad \text{so daß}$$

$|g(\mathbf{x}) - g(\mathbf{x}_0)| \leq \varepsilon, \ |h(\mathbf{x}) - h(\mathbf{x}_0)| \leq \varepsilon$
für alle $\mathbf{x} \in I$. Für diese $\mathbf{x}$ ist

$$F(\mathbf{x}) - F(\mathbf{x}_0) = \int_{\mathbf{g}(\mathbf{x}_0) + \varepsilon}^{\mathbf{h}(\mathbf{x}_0) - \varepsilon} \bigl( f(\mathbf{x}, \mathbf{y}) - f(\mathbf{x}_0, \mathbf{y}) \bigr) \, d^m \mathbf{y} + R(\mathbf{x}, \mathbf{x}_0)$$

mit $R(\mathbf{x}, \mathbf{x}_0) \leq 4\varepsilon \cdot C_I \cdot V(I)$. Das Integral auf der rechten Seite ist wieder ein Integral über einen festen kompakten Quader und strebt nach der Bemerkung 5.1 gegen Null für $\mathbf{x} \to \mathbf{x}_0$. □

## 6 Sukzessive Integration

### 6.1 Integration über die Ebene

*Hinreichend für die Integrierbarkeit einer stetigen Funktion* $f$ *über* $\mathbb{R}^2$ *sind die folgenden Bedingungen*

(a) *Zu jedem kompakten Intervall* $I$ *gibt es eine integrierbare Majorante* $g_I$ *mit*

$$|f(x, y)| \leq g_I(y) \quad \text{für alle } y \in \mathbb{R} \text{ und alle } x \in I.$$

(b) $G(x) = \int_{-\infty}^{+\infty} |f(x, y)| \, dy$ *ist integrierbar über* $\mathbb{R}$. *Unter diesen Voraussetzungen sind* $G(x)$ *und* $F(x) = \int_{-\infty}^{+\infty} f(x, y) \, dy$ *stetig, und es gilt*

## 6 Sukzessive Integration

$$\iint_{\mathbb{R}^2} f(x,y)\,dx\,dy = \int_{-\infty}^{+\infty} F(x)\,dx = \int_{-\infty}^{+\infty} \Big( \int_{-\infty}^{+\infty} f(x,y)\,dy \Big)\,dx$$

BEWEIS.

(a) Die Konvergenz des Integrals für $G$ folgt nach dem Majorantenkriterium für gewöhnliche uneigentliche Integrale.

(b) $F$ und $G$ sind stetig nach 5.1.

(c) $f_+$ und $f_-$ erfüllen dieselben Voraussetzungen wie $f$. Es genügt also nach 4.3 (c), den Satz für positive stetige Funktionen $f$ zu beweisen.

(d) *Die Integrierbarkeit von $f$.* Jede Vereinigung kompakter Rechtecke liegt in einem geeigneten Rechteck $[-R, R] \times [-R, R]$. Für ein solches gilt unter der Voraussetzung $f \geq 0$ (also $F = G$)

$$\int_{-R}^{R}\int_{-R}^{R} f(x,y)\,dx\,dy = \int_{-R}^{R} \Big( \int_{-R}^{R} f(x,y)\,dy \Big)\,dx \leq \int_{-R}^{R} F(x)\,dx$$

$$\leq \int_{-\infty}^{+\infty} F(x)\,dx =: M\,.$$

Also ist die Integrierbarkeitsvoraussetzung 4.2 erfüllt und $\displaystyle\int_{\mathbb{R}^2} f \leq \int_{-\infty}^{+\infty} F$.

(e) Wir zeigen $\displaystyle\int_{-\infty}^{+\infty} F \leq \iint_{\mathbb{R}^2} f + \varepsilon$ für jedes $\varepsilon > 0$. Dazu wählen wir ein $M > 0$ so, daß

(1) $\quad \displaystyle\int_{-\infty}^{+\infty} F(x)\,dx < \int_{-M}^{M} F(x)\,dx + \frac{\varepsilon}{2}\,,$

ferner eine stetige Majorante $g = g_M$ mit

(2) $\quad |f(x,y)| \leq g(y) \quad$ für alle $\quad y \in \mathbb{R}$ und alle $x \in [-M, M]\,.$

Nun wählen wir $N$ so, daß

(3) $\quad \displaystyle\int_{|y|\geq N} g(y)\,dy = \int_{-\infty}^{+\infty} g(y)\,dy - \int_{-N}^{N} g(y)\,dy < \frac{\varepsilon}{4M}\,.$

Dann ergibt sich aus (1), (2), (3)

$$\int_{-\infty}^{+\infty} F(x)\,dx \leq \int_{-M}^{M} \Big( \int_{-N}^{N} f(x,y)\,dy \Big)\,dx + \int_{-M}^{M} \Big( \int_{|y|\geq N} g(y)\,dy \Big)\,dx + \frac{\varepsilon}{2}$$

$$\leq \int_{\mathbb{R}^2} f(x,y)\,dx\,dy + \varepsilon \qquad \text{und somit die Behauptung (e)}. \quad \square$$

### 6.2 Vertauschung der Integrationsreihenfolge

*Erfüllt $f(x,y)$ die Voraussetzungen 6.1 und $f(y,x)$ entsprechende Voraussetzungen (Vertauschung der Rollen von $x$ und $y$), so gilt*

$$\int\limits_{-\infty}^{+\infty}\int\limits_{-\infty}^{+\infty} f(x,y)\,dx\,dy = \int\limits_{-\infty}^{+\infty} \Big( \int\limits_{-\infty}^{+\infty} f(x,y)\,dy \Big)\,dx = \int\limits_{-\infty}^{+\infty} \Big( \int\limits_{-\infty}^{+\infty} f(x,y)\,dx \Big)\,dy.$$

BEMERKUNG. Unter den Voraussetzungen 6.1 allein ist die Konvergenz des Integrals $\int\limits_{-\infty}^{+\infty} f(x,y)\,dx$ für alle $y \in \mathbb{R}$ noch nicht gesichert. Für $f(x,y) = e^{-|y|(1+x^2)}$ gilt z.B. $|f(x,y)| = e^{-|y|}e^{-|y|x^2} \le e^{-|y|}$. Ferner ist

$$F(x) = G(x) = \int\limits_{-\infty}^{+\infty} e^{-|y|(1+x^2)}\,dy = 2\int\limits_{0}^{\infty} e^{-y(1+x^2)}\,dy = \frac{2}{1+x^2}$$

über $\mathbb{R}$ integrierbar. Aber $\int\limits_{-\infty}^{+\infty} f(x,0)\,dx$ existiert nicht.

### 6.3 Sukzessive Integration im $\mathbb{R}^n$.

Sei $n = p+q$ und $f(\mathbf{x},\mathbf{y})$ stetig für alle $\mathbf{x} \in \mathbb{R}^p$, $\mathbf{y} \in \mathbb{R}^q$. Dann ergibt sich die zu 6.2 analoge Formel

$$\int\limits_{\mathbb{R}^n} f(\mathbf{z})\,d^n\mathbf{z} = \int\limits_{\mathbb{R}^p} \Big( \int\limits_{\mathbb{R}^q} f(\mathbf{x},\mathbf{y})\,d^q\mathbf{y} \Big)\,d^p\mathbf{x} = \int\limits_{\mathbb{R}^q} \Big( \int\limits_{\mathbb{R}^p} f(\mathbf{x},\mathbf{y})\,d^p\mathbf{x} \Big)\,d^q\mathbf{y}$$

bei sinngemäßer Übertragung der Voraussetzungen 6.1 und 6.2. Auch der Beweis kann wortwörtlich übernommen werden.

### 6.4 Ein allgemeiner Satz über sukzessive Integration

Wir verwenden die Bezeichnungen von 5.3.

SATZ. *Sei $\Omega_0$ ein Gebiet des $\mathbb{R}^n$, und $\mathbf{g}, \mathbf{h} : \Omega_0 \to \mathbb{R}^m$ seien stetige Funktionen mit $\mathbf{g}(\mathbf{x}) < \mathbf{h}(\mathbf{x})$ für alle $\mathbf{x} \in \Omega_0$. Schließlich sei $f$ stetig auf*

$$\Omega = \big\{ (\mathbf{x},\mathbf{y}) \in \mathbb{R}^{n+m} \mid \mathbf{x} \in \Omega_0,\ \mathbf{g}(\mathbf{x}) < \mathbf{y} < \mathbf{h}(\mathbf{x}) \big\}.$$

*Gibt es dann zu jedem kompakten Quader $I \subset \Omega_0$ eine Konstante $C_I$ mit $|f(\mathbf{x},\mathbf{y})| \le C_I$ für alle $\mathbf{x} \in I$, $\mathbf{g}(\mathbf{x}) < \mathbf{y} < \mathbf{h}(\mathbf{x})$, so sind*

$$F(\mathbf{x}) = \int\limits_{\mathbf{g}(\mathbf{x})}^{\mathbf{h}(\mathbf{x})} f(\mathbf{x},\mathbf{y})\,d^m\mathbf{y} \quad \text{und} \quad G(\mathbf{x}) = \int\limits_{\mathbf{g}(\mathbf{x})}^{\mathbf{h}(\mathbf{x})} |f(\mathbf{x},\mathbf{y})|\,d^m\mathbf{y}$$

*stetig in $\Omega_0$. Ist $G$ über $\Omega_0$ integrierbar, so ist auch $f$ über $\Omega$ integrierbar und*

# 6 Sukzessive Integration

$$\int_\Omega f(\mathbf{z})\, d^{n+m}\mathbf{z} = \int_{\Omega_0} F(\mathbf{x})\, d^n\mathbf{x} = \int_{\Omega_0} \Big( \int_{\mathbf{g}(\mathbf{x})}^{\mathbf{h}(\mathbf{x})} f(\mathbf{x},\mathbf{y})\, d^m\mathbf{y} \Big)\, d^n\mathbf{x}.$$

Diese Voraussetzungen sind z.B. dann erfüllt, wenn $\Omega$ in einem kompakten Quader liegt, auf dem $f$ stetig ist.

Der Beweis ergibt sich ähnlich wie der von 6.1 und wird wegen des technischen Aufwandes weggelassen.

## 6.5 Anwendung im $\mathbb{R}^3$

Das Gebiet $\Omega \subset \mathbb{R}^3$ sei wie folgt durch Graphen stetiger Funktionen begrenzt:

$$\Omega = \big\{ (x,y,z) \mid a < x < b,\ g_1(x) < y < h_1(x),\ g_2(x,y) < z < h_2(x,y) \big\},$$

wobei $g_1(x) < h_1(x)$ stetig auf $]a,b[$ und $g_2(x,y) < h_2(x,y)$ auf

$$\Omega_0 = \big\{ (x,y) \mid a < x < b,\ g_1(x) < y < h_1(x) \big\}$$

stetig sind. Dann ergibt zweifache Anwendung von 6.4

$$\int_\Omega f(x,y,z)\, dx\, dy\, dz = \int_a^b \Big( \int_{g_1(x)}^{h_1(x)} \Big( \int_{g_2(x,y)}^{h_2(x,y)} f(x,y,z)\, dz \Big)\, dy \Big)\, dx.$$

$\boxed{\text{ÜA}}$ Formulieren Sie Bedingungen für die Richtigkeit dieser Formel.

## 6.6 Beispiele und Aufgaben

(a) Nach 6.4 und §11 : 7.4 (a) gilt

$$\int_{x^2+y^2<1} 1\, dx\, dy = \int_{-1}^{1} \Big( \int_{-\sqrt{1-x^2}}^{\sqrt{1-x^2}} 1\, dy \Big)\, dx = 2\int_{-1}^{1} \sqrt{1-x^2}\, dx = \pi.$$

(b) Zeigen Sie: Konvergieren für die auf $\mathbb{R}$ stetigen Funktionen $f, g$ die uneigentlichen Integrale $\int_{-\infty}^{+\infty} f(x)\, dx$, $\int_{-\infty}^{+\infty} g(y)\, dy$, so ist $f(x) \cdot g(y)$ über $\mathbb{R}^2$ integrierbar, und es gilt

$$\int_{-\infty}^{+\infty}\int_{-\infty}^{+\infty} f(x)\, g(y)\, dx\, dy = \Big( \int_{-\infty}^{+\infty} f(x)\, dx \Big) \cdot \Big( \int_{-\infty}^{+\infty} g(y)\, dy \Big).$$

(c) Zeigen Sie, daß $(x-y) \cdot e^{-(x+y)}$ über $\mathbb{R}_{>0} \times \mathbb{R}_{>0}$ integrierbar ist und bestimmen Sie das Integral.

## 7 Das $n$-dimensionale Volumen

### 7.1 Das Volumen offener Mengen

Besitzt die offene Menge $\Omega \subset \mathbb{R}^n$ die Quaderdarstellung $\Omega = \bigcup_{k=1}^{\infty} I_k$, so definieren wir ihr **$n$-dimensionales Volumen** durch

$$V^n(\Omega) := \sum_{k=1}^{\infty} V^n(I_k),$$

falls diese Reihe konvergiert. Andernfalls setzen wir $V^n(\Omega) := \infty$. Diese Definition ist unabhängig von der speziellen Quaderdarstellung. Das ergibt sich aus 4.2, wenn man beachtet, daß

$$V^n(\Omega) = \int_\Omega 1 \, d^n\mathbf{x}.$$

Für kompakte Quader $I \subset \mathbb{R}^n$ ist $V^n(\overset{\circ}{I})$ nach 2.5 (b) der elementargeometrische Inhalt, d.h. das Produkt der Kantenlängen.

Bei Teilmengen des $\mathbb{R}^2$ sprechen wir vom Flächeninhalt, im $\mathbb{R}^3$ vom Rauminhalt. Wenn keine Verwechslungen möglich sind, schreiben wir $V(\Omega)$ statt $V^n(\Omega)$.

Beschränkte offene Mengen besitzen nach 4.5 stets endliches Volumen. Aber auch eine unbeschränkte Menge kann endliches Volumen haben, wie z.B.

$$\Omega = \left\{ (x,y) \in \mathbb{R}^2 \mid x > 1, \ 0 < y < \frac{1}{x^2} \right\}.$$

Mit $g(x) = 0$, $h(x) = \dfrac{1}{x^2}$ ergibt sich nach 6.4

$$V^2(\Omega) = \int_\Omega 1 \, dx \, dy = \int_1^{\infty} \left( \int_0^{h(x)} 1 \, dy \right) dx = \int_1^{\infty} \frac{1}{x^2} \, dx = 1.$$

### 7.2 Das Volumen von Parallelflachen

Für das Innere $\Omega$ eines von den Vektoren $\mathbf{a}_1, \ldots, \mathbf{a}_n$ aufgespannten Parallelflachs wird sich in 8.2 das Volumen

$$V^n(\Omega) = \left| \det(\mathbf{a}_1, \ldots, \mathbf{a}_n) \right|$$

ergeben. Dieses Ergebnis stellt die Verbindung zu dem in §17:4 axiomatisch eingeführten Volumenbegriff her.

# 7 Das n–dimensionale Volumen

## 7.3 Das Volumen zwischen zwei Graphen

*Sei $\Omega_0$ eine beschränkte offene Menge des $\mathbb{R}^{n-1}$, und seien $g, h : \Omega_0 \to \mathbb{R}$ stetig und beschränkt mit $g(\mathbf{x}) < h(\mathbf{x})$ für alle $\mathbf{x} \in \Omega_0$. Dann gilt für das n-dimensionale Volumen der Menge*

$$\Omega = \{(\mathbf{x}, y) \in \mathbb{R}^n \mid \mathbf{x} \in \Omega_0, \ g(\mathbf{x}) < y < h(\mathbf{x})\}$$

*die Formel*

$$V^n(\Omega) = \int_{\Omega_0} \big(h(\mathbf{x}) - g(\mathbf{x})\big) \, d^{n-1}\mathbf{x}.$$

Das folgt wegen $V^n(\Omega) = \int_\Omega 1$ direkt aus 6.4.

BEISPIELE

(a) Die Fläche zwischen der $x$–Achse und dem Graphen einer stetigen Funktion $f : I \to \mathbb{R}_{>0}$ ($I$ ein offenes Intervall) ist demnach $\int_I f(x) \, dx$.

(b) Ist $K$ ein Rotationskörper der in 3.2 beschriebenen Art, so gilt für das Volumen von $\overset{\circ}{K}$ die Beziehung $V^3(\overset{\circ}{K}) = \pi \int_a^b r(x)^2 \, dx$.

Im folgenden untersuchen wir den Beitrag der Ränder zum Volumen.

## 7.4 Nullmengen

*Problemstellung.* Gegeben ist eine offene Menge $\Omega$ endlichen Volumens und eine kompakte Teilmenge $K$. Dann sind $\overset{\circ}{K}$ und $\Omega \setminus K$ ebenfalls offene Mengen endlichen Volumens. Unter welchen Bedingungen leistet $\partial K$ keinen Beitrag zum Volumen, d.h. wann gilt

$$V^n(\Omega) = V^n(\overset{\circ}{K}) + V^n(\Omega \setminus K) \,?$$

Wenn der Rand von $K$ allzu ausgefranst ist, gilt diese Beziehung nicht. Wir wollen im folgenden präzisieren, was wir unter einem gutartigen Rand verstehen.

**Definition.** Eine beschränkte Menge $M \subset \mathbb{R}^n$ heißt eine **Nullmenge** (auch Jordan–Nullmenge), wenn es zu jedem $\varepsilon > 0$ endlich viele Quader $I_1, \ldots, I_N$ gibt mit

$$M \subset \bigcup_{k=1}^N I_k \quad \text{und} \quad \sum_{k=1}^N V^n(I_k) < \varepsilon.$$

Eine unbeschränkte Menge heißt Nullmenge, wenn jede beschränkte Teilmenge eine Nullmenge ist. Demnach ist jede Teilmenge einer Nullmenge wieder eine Nullmenge, und eine endliche Vereinigung von Nullmengen ist wieder eine Nullmenge ÜA.

Entartete Quader sind Nullmengen, also auch jede Randfläche eines Quaders und damit auch jede „Koordinatenebene" $\{(x_1, \ldots, x_n) \mid x_k = c\}$. Nichtleere offene Mengen sind keine Nullmengen $\boxed{\text{ÜA}}$.

In der Lebesgueschen Integrationstheorie (siehe Band 2) wird der Begriff „Nullmenge" etwas weiter gefaßt.

**Beispiele von Nullmengen**

(a) *Graphen stetiger Funktionen.* Ist $I \subset \mathbb{R}^{n-1}$ ein kompakter Quader und $f : I \to \mathbb{R}$ stetig, so ist der Graph

$$\{(\mathbf{x}, f(\mathbf{x})) \mid \mathbf{x} \in I\}$$

eine Nullmenge im $\mathbb{R}^n$ $\boxed{\text{ÜA}}$.

(b) $C^1$-*Bilder von Nullmengen.* Sei $m \geq n$ und $\varphi : \mathbb{R}^n \supset \Omega \to \mathbb{R}^m$ eine $C^1$-Abbildung. Liegt die $V^n$-Nullmenge $N$ in einer kompakten Teilmenge $K \subset \Omega$, so ist $\varphi(N)$ eine Nullmenge im $\mathbb{R}^m$. Insbesondere sind $C^1$-Bilder von Quaderrändern Nullmengen.

Der BEWEIS und mehr über (Jordan–)Nullmengen finden Sie bei [HEUSER 2, §202].

### 7.5 Das Integral über gutberandete kompakte Mengen

Eine Menge $M$ heißt **gutberandet**, wenn ihr Rand eine Nullmenge ist.

SATZ. *Ist $\Omega$ offen und $K$ eine gutberandete kompakte Teilmenge von $\Omega$, so gilt für alle über $\Omega$ integrierbaren Funktionen $f$*

$$\int_\Omega f(\mathbf{x})\, d^n\mathbf{x} = \int_{\overset{\circ}{K}} f(\mathbf{x})\, d^n\mathbf{x} + \int_{\Omega \setminus K} f(\mathbf{x})\, d^n\mathbf{x}.$$

Wir definieren daher das Integral über die kompakte Menge $K$ durch

$$\int_K f(\mathbf{x})\, d^n\mathbf{x} := \int_{\overset{\circ}{K}} f(\mathbf{x})\, d^n\mathbf{x}.$$

Hat $\Omega$ endlichen Inhalt, so gilt für gutberandete kompakte Mengen $K \subset \Omega$

$$V(\Omega) = V(\overset{\circ}{K}) + V(\Omega \setminus K),$$

und wir definieren $V(K) := V(\overset{\circ}{K})$, $V(\partial K) := 0$.

# 8 Der Transformationssatz und Anwendungen

BEWEIS.

Es genügt wieder, positive Funktionen $f$ zu betrachten. Nach 4.3(f) und 4.4 mit $\Omega = \overset{\circ}{K}$, $\Omega_2 = \Omega \setminus K$, $\Omega_k = \emptyset$ für $k \geq 3$ folgt

$$\int_\Omega f \geq \int_{\overset{\circ}{K}} f + \int_{\Omega\setminus K} f.$$

Wir wählen eine endliche Vereinigung $B$ kompakter Quader mit $\partial K \subset B$ und setzen $M := \max\{f(\mathbf{x}) \mid \mathbf{x} \in B\}$. Sei $\varepsilon > 0$ vorgegeben und $\partial K \subset I_1 \cup \cdots \cup I_N$ mit $\sum_{k=1}^N V(I_k) < \varepsilon$. Nach 1.2 dürfen wir voraussetzen, daß die $I_k$ kompakt sind und disjunktes Inneres haben. Ferner dürfen wir sie so klein wählen, daß $B_\varepsilon := I_1 \cup \cdots \cup I_N \subset B$. Offenbar läßt sich $\Omega$ wie folgt disjunkt zerlegen:

$$\Omega = (\overset{\circ}{K} \setminus B_\varepsilon) \cup B_\varepsilon \cup (\Omega \setminus (K \cup B_\varepsilon)) = \Omega_1 \cup B_\varepsilon \cup \Omega_2,$$

wobei $\Omega_1, \Omega_2$ offen sind. Aus den Quaderzerlegungen

$$\Omega_1 = \bigcup_{i=1}^\infty Q_i, \qquad \Omega_2 = \bigcup_{j=1}^\infty R_j$$

entsteht durch Hinzunahme von $I_1, \ldots, I_N$ eine Quaderzerlegung von $\Omega$. Nach Definition des Integrals und nach 4.3(f) folgt

$$\int_\Omega f = \int_{\Omega_1} f + \int_{\Omega_2} f + \sum_{k=1}^N \int_{I_k} f \leq \int_{\overset{\circ}{K}} f + \int_{\Omega\setminus K} f + \varepsilon \cdot M. \qquad \square$$

# 8 Der Transformationssatz und Anwendungen

## 8.1 Der Transformationssatz

Sei $\varphi : [a, b] \to [\alpha, \beta]$ bijektiv und $C^1$–differenzierbar mit $\varphi'(x) \neq 0$. Dann gilt

$$\int_\alpha^\beta f(y)\,dy = \int_a^b f(\varphi(x)) \cdot |\varphi'(x)|\,dx,$$

wie sich aus der Substitutionsregel §11:7.1 durch Fallunterscheidung $\varphi' > 0$, $\varphi' < 0$ ergibt. Dem entspricht im $\mathbb{R}^n$ der folgende

SATZ. *Seien $\Omega, \Omega'$ offene Mengen im $\mathbb{R}^n$ und $\varphi : \Omega \to \Omega'$ ein $C^1$–Diffeomorphismus, d.h. bijektiv und mitsamt der Umkehrabbildung $C^1$–differenzierbar. Dann gilt*

$$\int_{\varphi(\Omega)} f(\mathbf{y})\,d^n\mathbf{y} = \int_\Omega f(\varphi(\mathbf{x})) \cdot |\det \varphi'(\mathbf{x})|\,d^n\mathbf{x}$$

*für alle Funktionen* $f \in C(\Omega)$, *für welche eines der beiden Integrale konvergiert.*

Der Beweis des Satzes ist sehr aufwendig; wir verweisen auf [FORSTER 3, pp. 16–21] und [BARNER–FLOHR Bd. 2, 16.4, pp. 314–325].

Die folgenden Betrachtungen für $n = 2$ sollen den Satz plausibel machen:

(a) Nach Definition des Integrals über offene Mengen genügt es, den Satz für Rechtecke $I$ zu beweisen:

$$\int_{\varphi(I)} f(\mathbf{y}) \, d^2\mathbf{y} = \int_I f(\varphi(\mathbf{x})) |\det \varphi'(\mathbf{x})| \, d^2\mathbf{x}.$$

Da die Ränder nach 7.4, 7.5 keine Rolle spielen, dürfen wir $I$ als kompakt voraussetzen.

(b) Wir überziehen $I$ schachbrettartig mit einem Netz kleiner Rechtecke $I_k = [\mathbf{x}_k, \mathbf{y}_k]$ mit Flächeninhalt $V(I_k)$ und bilden für $g(\mathbf{x}) = f(\varphi(\mathbf{x}))|\det \varphi'(\mathbf{x})|$ die zugehörige Treppenfunktion $\sum_{k=1}^{N} g(\mathbf{x}_k)\chi_{I_k}$. Dann wird

$$\int_I f(\varphi(\mathbf{x}))|\det \varphi'(\mathbf{x})| \, d^2\mathbf{x} = \int_I g(\mathbf{x}) \, d^2\mathbf{x} \approx \sum_{k=1}^{N} g(\mathbf{x}_k) V(I_k),$$

dies umso genauer, je feiner die Rasterunterteilung gewählt ist.

(c) $\varphi(\mathbf{x})$ kann auf jedem Teilrechteck $I_k$ in guter Näherung durch den affinen Ausdruck

$$\varphi(\mathbf{x}_k) + \varphi'(\mathbf{x}_k)(\mathbf{x} - \mathbf{x}_k)$$

ersetzt werden. Dann wird $\varphi(I_k)$ näherungsweise ein Parallelogramm mit Inhalt $|\det \varphi'(\mathbf{x}_k)| \cdot V(I_k)$, vgl. §17:4.4.

(d) Die Rastereinteilung von $I$ erzeugt auf $\varphi(I)$ ein krummliniges Raster; die Bilder $\varphi(I_k)$ sind dabei nahezu Parallelogramme $P_k$, auf denen $f$ näherungsweise konstant ist. Daher gilt

$$\int_{\varphi(I)} f(\mathbf{y}) \, d^2\mathbf{y} \approx \sum_{k=1}^{N} f(\varphi(\mathbf{x}_k)) \cdot V(P_k) = \sum_{k=1}^{N} f(\varphi(\mathbf{x}_k))|\det \varphi'(\mathbf{x}_k)| \cdot V(I_k)$$

$$\approx \int_I f(\varphi(\mathbf{x}))|\det \varphi'(\mathbf{x})| \, d^2\mathbf{x}.$$

8 Der Transformationssatz und Anwendungen

## 8.2 Folgerungen für das Volumen

(a) *Das Volumen eines Parallelflachs* $P = \mathbf{a} + \{t_1 \mathbf{a}_1 + \cdots + t_n \mathbf{a}_n \mid 0 \leq t_i \leq 1\}$ *ist* $V^n(P) = |\det(\mathbf{a}_1, \ldots, \mathbf{a}_n)|$. Denn ist $A$ die Matrix mit den Spalten $\mathbf{a}_1, \ldots, \mathbf{a}_n$ und $\boldsymbol{\varphi}(\mathbf{x}) = \mathbf{a} + A\mathbf{x}$, so ist $P$ das Bild des Einheitswürfels $W$ unter $\boldsymbol{\varphi}$, und $\boldsymbol{\varphi}'$ ist die Abbildung $\mathbf{x} \mapsto A\mathbf{x}$. Also gilt nach 8.1

$$V^n(P) = \int_P 1\, d^n\mathbf{y} = \int_W 1 \cdot |\det A|\, d^n\mathbf{x} = |\det A| \cdot V^n(W) = |\det A|.$$

(b) *Das Volumen ist bewegungsinvariant.* Ist $T$ die Bewegung $\mathbf{x} \mapsto \mathbf{a} + A\mathbf{x}$ mit $\det A = 1$, so gilt $V(\Omega) = V(T(\Omega))$.

## 8.3 Kugelsymmetrische Potentiale

Sei $V$ stetig auf $\mathbb{R}_{>0}$. Dann heißt die Funktion

$$f : \mathbf{x} \to V(\|\mathbf{x}\|), \quad \mathbf{x} \in \mathbb{R}^3 \setminus \{0\}$$

ein *kugelsymmetrisches Potential*.

(a) Ist $A \in SO_3$ und $f$ über $\Omega = K_R(\mathbf{0}) \setminus \{\mathbf{0}\}$ integrierbar, so gilt

$$\int_{0 < \|\mathbf{x}\| < R} V(\|\mathbf{x}\|)\, d^3\mathbf{x} = \int_{0 < \|\mathbf{x}\| < R} V(\|A\mathbf{x}\|)\, d^3\mathbf{x} \quad \boxed{\text{ÜA}}.$$

(b) **Die Transformation auf Kugelkoordinaten** ist gegeben durch

$$\boldsymbol{\Phi} : \begin{pmatrix} r \\ \vartheta \\ \varphi \end{pmatrix} \mapsto \begin{pmatrix} r \sin\vartheta \cos\varphi \\ r \sin\vartheta \sin\varphi \\ r \cos\vartheta \end{pmatrix}$$

für $r > 0$, $0 < \vartheta < \pi$, $0 < \varphi < 2\pi$.

Dann gilt $\det \boldsymbol{\Phi}'(r, \vartheta, \varphi) = r^2 \sin\vartheta$ $\boxed{\text{ÜA}}$.

SATZ. *Ist $V$ stetig auf $]0, R]$ und ist $r^2 V(r)$ über $]0, R]$ integrierbar, so gilt*

$$\int_{0 < \|\mathbf{x}\| < R} V(\|\mathbf{x}\|) d^3\mathbf{x} = 4\pi \int_0^R r^2 V(r)\, dr.$$

*Insbesondere ist*

$$\int_{0 < \|\mathbf{x}\| < R} \frac{d^3\mathbf{x}}{\|\mathbf{x}\|} = 2\pi R^2 \quad \text{und} \quad \int_{0 < \|\mathbf{x}\| < R} \frac{d^3\mathbf{x}}{\|\mathbf{x}\|^2} = 4\pi R.$$

BEWEIS.
Sei $0 < \varrho < R$. Das Bild des Quaders $Q = \,]\varrho, R[\,\times\,]0, \frac{\pi}{2}[\,\times\,]0, 2\pi[\,$ unter $\Phi$ ist bis auf einen Schlitz, also bis auf eine Nullmenge, eine halbe Kugelschale. Nach (a) und dem Transformationssatz folgt durch sukzessive Integration

$$\int\limits_{\varrho<\|\mathbf{x}\|<R} V(\|\mathbf{x}\|)d^3\mathbf{x} = 2\int\limits_{\Phi(Q)} V(\|\mathbf{x}\|)d^3\mathbf{x} = 2\int\limits_{\varrho}^{R}\int\limits_{0}^{\frac{\pi}{2}}\int\limits_{0}^{2\pi} r^2 V(r) \sin\vartheta\, dr\, d\vartheta\, d\varphi$$

$$= 2\int\limits_{\varrho}^{R}\int\limits_{0}^{\frac{\pi}{2}} \Big(\, r^2 V(r) \sin\vartheta \int\limits_{0}^{2\pi} d\varphi\,\Big)\, dr\, d\vartheta$$

$$= 4\pi\int\limits_{\varrho}^{R} \Big(\, r^2 V(r) \int\limits_{0}^{\frac{\pi}{2}} \sin\vartheta\, d\vartheta\,\Big)\, dr = 4\pi\int\limits_{\varrho}^{R} r^2 V(r)\, dr\,.$$

Die rechte Seite ist beschränkt, also folgt die Behauptung nach dem Ausschöpfungssatz für $\varrho \to 0$. Der Rest als $\boxed{\text{ÜA}}$. □

### 8.4 Das Gaußsche Fehlerintegral

Als Anwendung der Integrationstheorie zeigen wir

$$\int\limits_{-\infty}^{+\infty} e^{-\frac{1}{2}x^2}\, dx \;=\; \sqrt{2\pi}\,.$$

BEWEIS.

(a) Das Integral $A := \int\limits_{-\infty}^{+\infty} e^{-\frac{1}{2}x^2}\, dx$ existiert nach § 12 : 4.8 (c).

(b) *Zurückführung auf ein Doppelintegral.* Die Folgerung 6.6 (b) des Satzes 6.1 über sukzessive Integration ergibt, angewandt auf

$$f(x,y) \,:=\, e^{-\frac{1}{2}(x^2+y^2)} \,=\, e^{-\frac{1}{2}x^2}\cdot e^{-\frac{1}{2}y^2}\,,$$

$$A^2 \;=\; \int\limits_{-\infty}^{+\infty} e^{-\frac{1}{2}x^2}\, dx \,\cdot\, \int\limits_{-\infty}^{+\infty} e^{-\frac{1}{2}y^2}\, dy \;=\; \int\limits_{-\infty}^{+\infty}\int\limits_{-\infty}^{+\infty} f(x,y)\, dx\, dy\,.$$

Nach dem *Ausschöpfungssatz* 4.7 gilt

$$A^2 \;=\; \lim_{n\to\infty} \iint\limits_{\Omega_n} f(x,y)\, dx\, dy \quad \text{mit}$$

$$\Omega_n \,:=\, \Big\{(x,y)\;\Big|\;\tfrac{1}{n} < \sqrt{x^2+y^2} < n\,\Big\}\,.$$

# 8 Der Transformationssatz und Anwendungen

(d) Sei $\Omega'_n := \Omega_n \setminus \{(x,0) \mid x \leq 0\}$. Da der Schlitz $\Omega_n \setminus \Omega'_n$ eine Nullmenge ist, gilt

$$A^2 = \lim_{n \to \infty} \iint_{\Omega'_n} f(x,y)\, dx\, dy\,.$$

(e) *Transformation auf Polarkoordinaten.* Das Gebiet $\Omega'_n$ ist nach §22:5.1 das diffeomorphe Bild des Rechtecks $]\frac{1}{n}, n[\,\times\,]-\pi, \pi[$ unter

$$\varphi : \begin{pmatrix} r \\ \varphi \end{pmatrix} \mapsto \begin{pmatrix} r \cos\varphi \\ r \sin\varphi \end{pmatrix}$$

mit $\det \varphi'(r,\varphi) = r\,.$

Aus dem Transformationssatz folgt mit Hilfe sukzessiver Integration

$$\iint_{\Omega'_n} f(x,y)\, dx\, dy = \int_{1/n}^{n} \int_{-\pi}^{\pi} r\, e^{-\frac{1}{2}r^2}\, d\varphi\, dr = \int_{1/n}^{n} \left( r e^{-\frac{1}{2}r^2} \int_{-\pi}^{\pi} 1\, d\varphi \right) dr$$

$$= 2\pi \int_{1/n}^{n} r\, e^{-\frac{1}{2}r^2}\, dr = -2\pi \int_{1/n}^{n} \frac{d}{dr}\, e^{-\frac{1}{2}r^2}\, dr = -2\pi e^{-\frac{1}{2}r^2} \Big]_{1/n}^{n}$$

$$= 2\pi \left( e^{-1/2n^2} - e^{-n^2/2} \right).$$

(f) Mit (d) folgt $A^2 = \lim_{n \to \infty} 2\pi \left( e^{-1/2n^2} - e^{-n^2/2} \right) = 2\pi.$ □

# Kapitel VI  Vektoranalysis

## §24 Kurvenintegrale

### 1 Kurvenstücke

#### 1.1 Reguläre Kurven

Wir nennen eine $C^1$-Kurve auf einem Intervall $I$,

$$\boldsymbol{\alpha} : I \to \mathbb{R}^n, \quad t \mapsto \boldsymbol{\alpha}(t) = \begin{pmatrix} \alpha_1(t) \\ \vdots \\ \alpha_n(t) \end{pmatrix},$$

**regulär**, wenn der Tangentenvektor $\dot{\boldsymbol{\alpha}}(t)$ an keiner Stelle $t \in I$ verschwindet.

Die Bildmenge $\boldsymbol{\alpha}(I)$ nennen wir die **Spur** von $\boldsymbol{\alpha}$, vgl. §22:3.2.

BEISPIELE.

(a) Die **Archimedische Spirale**

$$t \mapsto \begin{pmatrix} t \cdot \cos t \\ t \cdot \sin t \end{pmatrix}$$

ist für $t > 0$ eine reguläre Kurve.

(b) Die **Schraubenlinie**

$$t \mapsto \begin{pmatrix} r \cdot \cos t \\ r \cdot \sin t \\ h \cdot t \end{pmatrix} \quad (t \in \mathbb{R})$$

ist ebenfalls regulär, falls $r^2 + h^2 > 0$.

(c) Die **Zykloide**

$$t \mapsto \begin{pmatrix} t - \sin t \\ 1 - \cos t \end{pmatrix} \quad (t \in \mathbb{R})$$

ist nicht regulär, weil der Tangentenvektor an den Stellen $t = 0, \pm 2\pi, \ldots$ verschwindet.

ÜA Verifizieren Sie, daß die Zykloide durch Abrollen eines Kreises vom Radius 1 auf der $x$-Achse entsteht.

Bestimmen Sie den Grenzwert des Tangenteneinheitsvektors $\frac{\dot{\boldsymbol{\alpha}}(t)}{\|\dot{\boldsymbol{\alpha}}(t)\|}$ bei rechts- und linksseitiger Annäherung an $t = 0$.

# 1 Kurvenstücke

## 1.2 Kurvenstücke

Eine Menge $C \subset \mathbb{R}^n$ heißt $C^r$–**Kurvenstück**, kurz **Kurvenstück**, wenn $C$ die Spur einer injektiven, regulären $C^r$-Kurve $\boldsymbol{\alpha} : [a,b] \to \mathbb{R}^n$ mit $r \geq 1$, $a < b$ ist.

Jede solche Darstellung $\boldsymbol{\alpha}$ von $C$ nennen wir eine $C^r$–**Parametrisierung** von $C$, kurz **Parametrisierung**.

Die ganze Schraubenlinie ist kein Kurvenstück, wohl aber das Bild jedes kompakten Intervalls unter der Parametrisierung 1.1 (b).

## 1.3 Parametertransformationen

*Zu je zwei $C^r$-Parametrisierungen eines Kurvenstückes $C$,*

$$\boldsymbol{\alpha} : [a,b] \to \mathbb{R}^n, \qquad \boldsymbol{\beta} : [c,d] \to \mathbb{R}^n,$$

*gibt es einen $C^r$-Diffeomorphismus $h$ von $[a,b]$ auf $[c,d]$, welcher beide ineinander überführt:*

$$\boldsymbol{\alpha}(t) = \boldsymbol{\beta}(h(t)) \quad \text{für jedes} \quad t \in [a,b] \ .$$

Wir nennen $h$ eine **Parametertransformation** von $C$. Die Diffeomorphieeigenschaft besagt: $h$ bildet $[a,b]$ bijektiv auf $[c,d]$ ab und $h, h^{-1}$ sind beide $C^r$-differenzierbar. Aus der Kettenregel folgt, daß $h'(t) \neq 0$ für jedes $t \in [a,b]$.

BEWEISSKIZZE.
Durch $h(t) := \boldsymbol{\beta}^{-1} \circ \boldsymbol{\alpha}(t)$ ist eine bijektive Abbildung $[a,b] \to [c,d]$ definiert.

Zum Nachweis der $C^r$-Differenzierbarkeit von $h$ reicht es, zu jedem $s_0 \in [a,b]$ eine Umgebung zu finden, auf der $h$ $C^r$-differenzierbar ist. (In den Randpunkten sind einseitige Umgebungen zu betrachten.) Ist das gezeigt, so ergibt sich durch Vertauschung der Rollen von $\boldsymbol{\alpha}, \boldsymbol{\beta}$, daß auch $h^{-1}$ $C^r$-differenzierbar ist.

Es sei $s_0 \in [a,b]$ und $t_0 := h(s_0)$, also $\boldsymbol{\alpha}(s_0) = \boldsymbol{\beta}(t_0)$.

Wegen $\dot{\boldsymbol{\beta}}(t_0) \neq \mathbf{0}$ ist wenigstens eine Komponente von Null verschieden, es sei dies $\beta_k(t_0)$. Nach dem Umkehrsatz §22:5.2 besitzt $t \mapsto \beta_k(t)$ eine $C^r$-differenzierbare Umkehrfunktion $f$ auf einer Umgebung von $\beta_k(t_0)$. Für die Kurve $\tau \mapsto \boldsymbol{\gamma}(\tau) := \boldsymbol{\beta} \circ f(\tau)$ gilt dort $\gamma_k(\tau) = \beta_k \circ f(\tau) = \tau$. Hieraus folgt

$$\boldsymbol{\alpha} = \boldsymbol{\beta} \circ h = \boldsymbol{\beta} \circ f \circ f^{-1} \circ h = \boldsymbol{\gamma} \circ f^{-1} \circ h, \quad \text{insbesondere}$$

$$\alpha_k = \gamma_k \circ f^{-1} \circ h = f^{-1} \circ h, \quad \text{d.h.} \quad h = f \circ \alpha_k \ .$$

Damit ist $h$ als Hintereinanderausführung der beiden $C^r$-differenzierbaren Funktionen $f$ und $\alpha_k$ eine $C^r$-differenzierbare Funktion auf einer Umgebung von $s_0$.

Einen ausführlicheren Beweis findet man in [BARNER–FLOHR II, §17.5]. □

## 2 Länge und Bogenlänge

### 2.1 Die Länge eines Kurvenstücks

*Die Länge $L(C)$ eines Kurvenstücks $C$ ist definiert als das Supremum der Längen aller in $C$ einbeschriebenen Sehnenpolygone.*

SATZ. *Für jede $C^1$-Parametrisierung $\boldsymbol{\alpha} : [a,b] \to \mathbb{R}^n$ von $C$ gilt*
$$L(C) = L(\boldsymbol{\alpha}) := \int_a^b \|\dot{\boldsymbol{\alpha}}(t)\|\, dt\,.$$

BEWEISSKIZZE (für Einzelheiten siehe [HEUSER, Bd. 2, § 177]).

(a) Sei $\mathcal{Z} : a = t_0 < t_1 < \cdots < t_N = b$ eine Zerlegung von $[a,b]$ und
$$\ell(\mathcal{Z}) = \sum_{j=1}^{N} \|\boldsymbol{\alpha}(t_j) - \boldsymbol{\alpha}(t_{j-1})\|$$
die Länge des Sehnenpolygons mit Eckpunkten $\boldsymbol{\alpha}(t_0), \ldots, \boldsymbol{\alpha}(t_N)$ (Fig.). Nehmen wir zu $\mathcal{Z}$ zusätzliche Teilpunkte hinzu, so entsteht eine Zerlegung $\mathcal{Z}'$ mit $\ell(\mathcal{Z}') \geq \ell(\mathcal{Z})$ (Dreiecksungleichung). Für das Supremum sind also nur die fein unterteilten Zerlegungen interessant:
$$\varrho(\mathcal{Z}) = \max\{t_j - t_{j-1} \mid j = 1, \ldots, N\} \ll 1\,.$$

(b) Für eine solche Zerlegung und für $g_j(t) := \|\boldsymbol{\alpha}(t) - \boldsymbol{\alpha}(t_{j-1})\|$ gilt $\boxed{\text{ÜA}}$
$$g_j'(t) = \frac{d}{dt}\, g_j(t) = \frac{1}{g_j(t)} \langle \boldsymbol{\alpha}(t) - \boldsymbol{\alpha}(t_{j-1}), \dot{\boldsymbol{\alpha}}(t) \rangle \quad \text{für} \quad t \neq t_{j-1} \quad \text{und}$$
$$g_j'(t_{j-1}) = \|\dot{\boldsymbol{\alpha}}(t_{j-1})\| = \lim_{t \to t_{j-1}} g_j'(t)\,.$$

Nach dem Mittelwertsatz gibt es Zwischenstellen $\vartheta_j \in\, ]t_{j-1}, t_j[$ mit

$(*)$  $\ell(\mathcal{Z}) = \sum_{j=1}^{N} g_j(t_j) = \sum_{j=1}^{N} \big( g_j(t_j) - g_j(t_{j-1}) \big) = \sum_{j=1}^{N} g_j'(\vartheta_j) \cdot (t_j - t_{j-1})\,,$

also $\ell(\mathcal{Z}) \leq (b-a) \cdot \max\{g_j'(x) \mid t_{j-1} \leq x \leq t_j,\ j = 1, \ldots, N\}$, woraus die Existenz des Supremums folgt. Für hinreichend kleines $\varrho(\mathcal{Z})$ folgt aus $(*)$
$$\ell(\mathcal{Z}) \approx \sum_{j=1}^{N} g_j'(t_{j-1})(t_j - t_{j-1}) = \sum_{j=1}^{N} \|\dot{\boldsymbol{\alpha}}(t_{j-1})\|(t_j - t_{j-1}) \approx \int_a^b \|\dot{\boldsymbol{\alpha}}(t)\|\, dt\,,$$
dies umso genauer, je kleiner $\varrho(\mathcal{Z})$ ist, vgl. § 11 : 4.3 (c). □

Für $C^1$-Kurven $\boldsymbol{\alpha} : I \to \mathbb{R}^n$ auf einem beliebigen Intervall $I$ setzen wir

## 2 Länge und Bogenlänge

$$L_a^b(\boldsymbol{\alpha}) := \int_a^b \|\dot{\boldsymbol{\alpha}}(t)\|\, dt \quad \text{für} \quad a,b \in I, \quad a \leq b.$$

Aus der Additivität des Integrals ergibt sich unmittelbar

$$L_a^c(\boldsymbol{\alpha}) = L_a^b(\boldsymbol{\alpha}) + L_b^c(\boldsymbol{\alpha}) \cdot \text{ für } \quad a \leq b \leq c, \qquad \text{vgl. } \S\, 3:8.1.$$

### 2.2 Aufgaben und Beispiele

(a) Für ebene Kurven in Graphenform: $\boldsymbol{\alpha}(t) = (t, y(t))$ oder $\boldsymbol{\alpha}(t) = (y(t), t)$ ist

$$L_a^b(\boldsymbol{\alpha}) = \int_a^b \sqrt{1 + \dot{y}^2(t)}\, dt.$$

(b) Zeigen Sie, daß die Länge einer ebenen Kurve der Gestalt

$$t \mapsto \boldsymbol{\alpha}(t) = \begin{pmatrix} x_0 + r(t)\cos\omega(t) \\ y_0 + r(t)\sin\omega(t) \end{pmatrix}$$

durch $L_a^b(\boldsymbol{\alpha}) = \int_a^b \sqrt{\dot{r}^2 + r^2\dot{\omega}^2}\, dt$ gegeben ist.

(c) Insbesondere gilt für die *Länge eines Kreisbogens* vom Radius $R > 0$, also

$$r(t) \equiv R, \quad \omega(t) = t \quad \text{für} \quad \varphi \leq t \leq \psi \quad \text{und} \quad \psi - \varphi \leq 2\pi,$$

$$L_\varphi^\psi(\boldsymbol{\alpha}) = R \cdot (\psi - \varphi), \qquad \text{vgl. } \S\, 3:8.1.$$

(d) Berechnen Sie $L_\pi^{2\pi}$ für die Archimedische Spirale 1.1 (a).

### 2.3 Die Invarianz gegenüber Parametertransformationen folgt zwar
schon aus 2.1, kann aber auch direkt nachgerechnet werden:

Seien $\boldsymbol{\alpha} : [a,b] \to \mathbb{R}^n$ und $\boldsymbol{\beta} : [c,d] \to \mathbb{R}^n$ zwei $C^1$-Parametrisierungen von $C$. Dann gibt es nach 1.3 eine $C^1$-Parametertransformation $h$ von $[a,b]$ auf $[c,d]$ mit $\boldsymbol{\alpha} = \boldsymbol{\beta} \circ h$. Nach der Kettenregel ist $\dot{\boldsymbol{\alpha}}(t) = \dot{\boldsymbol{\beta}}(h(t)) \cdot \dot{h}(t)$, und mit der Substitutionsregel in der Version §23:8.1 ergibt sich

$$L(\boldsymbol{\alpha}) = \int_a^b \|\dot{\boldsymbol{\alpha}}(t)\|\, dt = \int_a^b \|\dot{\boldsymbol{\beta}}(h(t)) \cdot \dot{h}(t)\|\, dt = \int_a^b \|\dot{\boldsymbol{\beta}}(h(t))\| \cdot |\dot{h}(t)|\, dt$$

$$= \int_c^d \|\dot{\boldsymbol{\beta}}(s)\|\, ds = L(\boldsymbol{\beta}).$$

### 2.4 Invarianz der Länge unter Bewegungen

*Ist* $\mathbf{x} \mapsto T\mathbf{x} = \mathbf{c} + A\mathbf{x}$ *eine Bewegung des* $\mathbb{R}^n$, *d.h.* $\mathbf{c} \in \mathbb{R}^n$ *und* $A$ *eine orthogonale* $n \times n$-*Matrix, so gilt* $L(T(C)) = L(C)$ *für jedes Kurvenstück* $C$ ÜA.

## 2.5 Parametrisierung durch die Bogenlänge

$\alpha : I \to \mathbb{R}^n$ sei eine reguläre $C^1$-Kurve und $t_0 \in I$. Die durch

$$h(t) := L_{t_0}^t(\alpha) = \int_{t_0}^t \|\dot{\alpha}(\tau)\|\, d\tau$$

definierte Funktion $h$ ist ein $C^1$-Diffeomorphismus von $I$ auf $J := h(I)$; sie ist wegen $\dot{h}(t) = \|\dot{\alpha}(t)\| > 0$ streng monoton steigend. Durch

$$s \mapsto \beta(s) := \alpha(h^{-1}(s)), \quad J \to \mathbb{R}^n$$

ist eine reguläre $C^1$-Kurve gegeben, welche die gleiche Spur wie $\alpha$ hat. Aus $\alpha(t) = \beta(h(t))$ für alle $t \in I$ folgt mit der Kettenregel

$$\|\dot{\alpha}(t)\| = \left\|\dot{\beta}(h(t)) \cdot \dot{h}(t)\right\| = \left\|\dot{\beta}(h(t))\right\| \cdot \|\dot{\alpha}(t)\| \quad \text{für jedes} \quad t \in I,$$

also $\left\|\dot{\beta}(s)\right\| = 1$ für jedes $s \in J$. Es gilt somit

$$\int_{s_0}^s \left\|\dot{\beta}(\sigma)\right\| d\sigma = \int_{s_0}^s 1\, d\sigma = s - s_0.$$

Bei dieser Parametrisierung gibt der Parameter $s$ jeweils die Länge der Kurve zwischen einem festen Kurvenpunkt und dem Punkt $\beta(s)$ an. Wir sagen, die Spur $\alpha(I) = \beta(J)$ sei **durch die Bogenlänge parametrisiert**.

Insbesondere besitzt jedes Kurvenstück eine Bogenlängenparametrisierung; der Bogenlängenparameter ist bis auf eine additive Konstante eindeutig bestimmt.

ÜA. Geben Sie die Bogenlängenparametrisierung für einen Kreis vom Radius $r$ und für die Schraubenlinie an.

## 2.6 Ketten von Kurvenstücken

Sind $C_1, \ldots, C_N$ Kurvenstücke im $\mathbb{R}^n$, von denen sich je zwei in höchstens endlich vielen Punkten treffen, so nennen wir die Vereinigung $C = C_1 \cup \cdots \cup C_N$ eine **Kette von Kurvenstücken**.

BEISPIEL. Eine aus zwei achsenparallelen, disjunkten Rechteckkurven bestehende Menge in der Ebene ($N = 8$).

Als **Länge** einer solchen Kette definieren wir

$$L(C) = L(C_1) + \cdots + L(C_N).$$

Diese Längendefinition ist unabhängig von der gewählten Zerlegung von $C$ in Kurvenstücke (ohne Beweis).

# 3 Skalare Kurvenintegrale

## 3.1 Das Kurvenintegral über Kurvenstücke

Auf einem Kurvenstück $C$ sei eine reellwertige Funktion $\mathbf{x} \mapsto f(\mathbf{x})$ gegeben mit der Eigenschaft, daß für mindestens eine Parametrisierung $\boldsymbol{\alpha} : [a,b] \to \mathbb{R}^n$ von $C$ die Funktion $t \mapsto f(\boldsymbol{\alpha}(t))$ stetig ist. Dies ist nach 1.3 dann für jede Parametrisierung von $C$ der Fall.

Das **skalare Kurven– oder Wegintegral** von $f$ über $C$ erklären wir durch

$$\int_C f\, ds = \int_C f(\mathbf{x})\, ds := \int_a^b f(\boldsymbol{\alpha}(t)) \cdot \|\dot{\boldsymbol{\alpha}}(t)\|\, dt\,,$$

Wie die Kurvenlänge ist auch dieses Integral unabhängig von der gewählten Parametrisierung $\boldsymbol{\alpha}$, vgl. 2.3.

Das Symbol $ds$ steht für das **skalare Bogenelement** $\|\dot{\boldsymbol{\alpha}}(t)\|\, dt$.

## 3.2 Das Kurvenintegral über Ketten

Es sei $C = C_1 \cup \cdots \cup C_N$ eine Kette von Kurvenstücken und $f : C \to \mathbb{R}$ eine Funktion, die auf jedem Kurvenstück $C_1, \ldots, C_N$ stetig im Sinne von 3.1 ist. Dann setzen wir

$$\int_C f\, ds = \int_C f(\mathbf{x})\, ds := \int_{C_1} f\, ds + \cdots + \int_{C_N} f\, ds\,.$$

Dieses Integral hängt nicht von der Zerlegung von $C$ in stückweis glatte Kurven ab; auch hier ersparen wir uns den Beweis.

## 3.3 Eigenschaftem des skalaren Kurvenintegrals

(a) $\int_C (af + bg)\, ds = a \int_C f\, ds + b \int_C g\, ds$  (*Linearität*),

(b) $\left| \int_C f\, ds \right| \leq L(C) \cdot \sup \{|f(\mathbf{x})| \mid \mathbf{x} \in C\}$  $\boxed{\text{ÜA}}$.

## 3.4 Skalare Kurvenintegrale in der Physik

Ein Draht der Massendichte $\mu(\mathbf{x})$ (Masse pro Längeneinheit) sei durch ein Kurvenstück oder eine Kurvenkette $C \subset \mathbb{R}^3$ idealisiert. Dann ist

$$M = \int_C \mu\, ds$$

die *Gesamtmasse* des Drahtes. Meistens schreibt man $dm$ für $\mu\, ds$. Der Vektor **s** mit den Komponenten

$$s_k = \tfrac{1}{M} \int_C x_k\, dm \qquad (k = 1, 2, 3)$$

ist der *Schwerpunkt*.

Das *Trägheitsmoment* des Drahtes bezüglich einer beliebigen Ursprungsgeraden $g = \{t\,\mathbf{w} \mid t \in \mathbb{R}\}$ mit $\|\mathbf{w}\| = 1$ ist gegeben durch

$$\int_C \operatorname{dist}(\mathbf{x}, g)^2 \, dm \quad \text{mit}$$

$$\operatorname{dist}(\mathbf{x}, g)^2 = \left\|\mathbf{x} - \langle \mathbf{x}, \mathbf{w} \rangle \mathbf{w}\right\|^2 = \|\mathbf{x}\|^2 - \langle \mathbf{x}, \mathbf{w} \rangle^2, \qquad \text{vgl. § 19 : 5.6.}$$

AUFGABE. Berechnen Sie den Schwerpunkt eines Seiltänzers mit Balancierstange: Der Seiltänzer wird durch das Kurvenstück $C_1 = \{(0, t) \mid 0 \leq t \leq 1.8\}$ (sehr schematisch) beschrieben, es soll die Massendichte $\mu_1 = 32$ haben. Die Balancierstange ist gegeben durch $C_2 = \{(t, 1.2 - 0.05\,t^2) \mid |t| \leq 4\}$ und $\mu_2 = 2$.

## 4 Vektorielle Kurvenintegrale

### 4.1 Vektorfelder

Unter einem **Vektorfeld** auf $\Omega \subset \mathbb{R}^n$ verstehen wir eine stetige Abbildung

$$\mathbf{v} : \Omega \to \mathbb{R}^n, \qquad \mathbf{x} \mapsto \mathbf{v}(\mathbf{x}) = \begin{pmatrix} v_1(\mathbf{x}) \\ \vdots \\ v_n(\mathbf{x}) \end{pmatrix},$$

wobei wir uns jeden Vektor $\mathbf{v}(\mathbf{x})$ mit seinem Fußpunkt an die Stelle $\mathbf{x}$ angeheftet denken. Sind alle Komponentenfunktionen $v_1, \ldots, v_n$ $C^r$–differenzierbar, so sprechen wir von einem $\mathbf{C^r}$–**Vektorfeld**.

Beispiele von Vektorfeldern in der Physik liefern Geschwindigkeitsfelder von Gasen und Flüssigkeiten, Gravitationsfelder, elektrische und magnetische Felder. Diese hängen im allgemeinen noch vom Parameter Zeit ab.

Der Geschwindigkeitsvektor $\mathbf{v}(\mathbf{x})$ einer Luftströmung an der Stelle $\mathbf{x} \in \mathbb{R}^3$ ist tangential zu der durch den Punkt $\mathbf{x}$ laufenden Stromlinie (Fig.); er ist natürlicherweise an die Stelle $\mathbf{x}$ angeheftet. Beim Windkanaltest wird die Geschwindigkeitsrichtung der Strömung oft durch Papierstreifen sichtbar gemacht.

## 4 Vektorielle Kurvenintegrale

### 4.2 Das vektorielle Kurvenintegral für Parametrisierungen

Für ein Vektorfeld $\mathbf{v}$ auf $\Omega \subset \mathbb{R}^n$ und eine reguläre $C^1$–Kurve $\boldsymbol{\alpha} : [a,b] \to \mathbb{R}^n$ in $\Omega$ definieren wir das **vektorielle Kurven–** oder **Wegintegral** durch

$$\int_{\boldsymbol{\alpha}} \mathbf{v} \bullet d\mathbf{x} := \int_a^b \langle \mathbf{v}(\boldsymbol{\alpha}(t)), \dot{\boldsymbol{\alpha}}(t) \rangle \, dt\,.$$

Das Symbol $d\mathbf{x}$ (oft auch mit $d\mathbf{s}$ bezeichnet) steht für das **vektorielle Bogenelement** $\dot{\boldsymbol{\alpha}}(t)\,dt$. Der Punkt zwischen $\mathbf{v}$ und $d\mathbf{x}$ kommt von der andernorts verwendeten Bezeichnung $\mathbf{x} \bullet \mathbf{y}$ für das Skalarprodukt $\langle \mathbf{x}, \mathbf{y} \rangle$.

Andere Schreibweisen sind:

$$\int_{\boldsymbol{\alpha}} \mathbf{v}(\mathbf{x}) \bullet d\mathbf{x}\,, \qquad \int_{\boldsymbol{\alpha}} \mathbf{v} \bullet d\mathbf{s}\,, \qquad \int_{\boldsymbol{\alpha}} v_1\,dx_1 + \cdots + v_n\,dx_n\,,$$

speziell in der Ebene und im Raum

$$\int_{\boldsymbol{\alpha}} P\,dx + Q\,dy\,, \quad \text{bzw.} \quad \int_{\boldsymbol{\alpha}} P\,dx + Q\,dy + R\,dz\,.$$

Aus der Darstellung

$$\mathbf{v} \bullet d\mathbf{x} = \mathbf{v} \bullet \dot{\boldsymbol{\alpha}}(t)\,dt = \left( \mathbf{v} \bullet \frac{\dot{\boldsymbol{\alpha}}}{\|\dot{\boldsymbol{\alpha}}\|} \right) \cdot (\|\dot{\boldsymbol{\alpha}}\|\,dt) = v_{\text{tan}}\,ds$$

entnehmen wir, daß das vektorielle Wegintegral als skalares Wegintegral über die Tangentialkomponente des Vektorfeldes aufgefaßt werden kann.

Beispiele für vektorielle Wegintegrale in der Physik:

| Vektorfeld | Wegintegral |
|---|---|
| Kraftfeld | Arbeit |
| Geschwindigkeitsfeld | Zirkulation |
| elektrische Feldstärke | elektrische Spannung |
| infinitesimale Wärmeänderung | Wärmemenge |

BEISPIEL.

Ein Massenpunkt im Ursprung erzeugt ein Gravitationsfeld, das bis auf einen konstanten Faktor gegeben ist durch

$$\mathbf{K}(\mathbf{x}) = -\frac{\mathbf{x}}{\|\mathbf{x}\|^3} = -\frac{1}{(x^2+y^2+z^2)^{\frac{3}{2}}} \begin{pmatrix} x \\ y \\ z \end{pmatrix} \quad \text{für} \quad \mathbf{x} = \begin{pmatrix} x \\ y \\ z \end{pmatrix} \neq \mathbf{0}\,.$$

Wird ein zweiter Massenpunkt der Masse 1 längs einer Kurve $\boldsymbol{\alpha} : [a,b] \to \mathbb{R}^3 \setminus \{\mathbf{0}\}$ bewegt, so ist die an ihm geleistete *Arbeit* das Wegintegral

$$-\int_\alpha K_{\tan} ds = -\int_\alpha \mathbf{K} \bullet d\mathbf{x} = \int_a^b \frac{x(t)\,\dot{x}(t) + y(t)\,\dot{y}(t) + z(t)\,\dot{z}(t)}{(x^2(t) + y^2(t) + z^2(t))^{\frac{3}{2}}}\,dt\,.$$

ÜA Zeigen Sie, daß in diesem Kraftfeld längs geschlossener Wege $\bigl(\boldsymbol\alpha(a) = \boldsymbol\alpha(b)\bigr)$ keine Arbeit geleistet wird.

*Hinweis*: Schreiben Sie $\int_\alpha \mathbf{K} \bullet d\mathbf{x}$ in der Form $\int_a^b \frac{d}{dt}(\ldots)\,dt$.

### 4.3 Verhalten bei Umparametrisierungen, Orientierung

Sei $C$ ein $C^1$–Kurvenstück in $\Omega$ und $\boldsymbol\alpha$, $\boldsymbol\beta$ zwei $C^1$–Parametrisierungen, vgl. 1.2. Nach 1.3 gibt es eine Parametertransformation $h$ mit $\boldsymbol\alpha = \boldsymbol\beta \circ h$. Dann ergibt sich mit der Kettenregel ähnlich wie in 2.3 ÜA

$$\int_\alpha \mathbf{v} \bullet d\mathbf{x} = \begin{cases} \int_\beta \mathbf{v} \bullet d\mathbf{x}, & \text{falls } \dot h > 0, \text{ aber} \\ -\int_\beta \mathbf{v} \bullet d\mathbf{x}, & \text{falls } \dot h < 0. \end{cases}$$

Eine **Orientierung** (Festlegung des Durchlaufsinns) von $C$ besteht darin, eine bestimmte $C^1$–Parametrisierung $\boldsymbol\beta$ als positiv auszuzeichnen und jede $C^1$–Parametrisierung $\boldsymbol\alpha = \boldsymbol\beta \circ h$ mit $\dot h > 0$ als **positive Parametrisierung** zu bezeichnen. Auf diese Weise entsteht ein **orientiertes Kurvenstück**.

Eine Parametertransformation $h$ mit $\dot h > 0$ heißt **orientierungstreu**. Nur unter solchen bleibt das vektorielle Kurvenintegral invariant. Bei Umparametrisierungen $\boldsymbol\alpha = \boldsymbol\beta \circ h$ mit $\dot h < 0$ sprechen wir von einer **Änderung des Durchlaufsinns**. Diese bewirkt eine Vorzeichenänderung des vektoriellen Kurvenintegrals bei gegebenem Vektorfeld.

### 4.4 Das Wegintegral für stückweis glatte Kurven

Gegeben seien ein Vektorfeld $\mathbf{v}$ auf $\Omega \subset \mathbb{R}^n$ und reguläre Kurven $\boldsymbol\alpha_k : [a_k, b_k] \to \mathbb{R}^n$ in $\Omega$, $k = 1, \ldots, N$. Ist der Endpunkt $\boldsymbol\alpha_{k-1}(b_{k-1})$ gleich dem Anfangspunkt $\boldsymbol\alpha_k(a_k)$ für $k = 2, \ldots, N$, so heißt die Kollektion $\boldsymbol\alpha_1, \ldots, \boldsymbol\alpha_N$ eine **stückweis glatte Kurve** oder ein **stückweis glatter Weg**. Wir bezeichnen sie mit $\boldsymbol\alpha = \boldsymbol\alpha_1 + \cdots \boldsymbol\alpha_N$ und definieren das **Wegintegral** über $\boldsymbol\alpha$ durch

$$\int_\alpha \mathbf{v} \bullet d\mathbf{x} := \int_{\alpha_1} \mathbf{v} \bullet d\mathbf{x} + \cdots + \int_{\alpha_N} \mathbf{v} \bullet d\mathbf{x}\,.$$

$\boldsymbol\alpha_1(a_1)$ ist der **Anfangspunkt** und $\boldsymbol\alpha_N(b_N)$ ist der **Endpunkt** von $\boldsymbol\alpha$. Wir sagen auch, $\boldsymbol\alpha$ *ist eine Kurve von* $\boldsymbol\alpha_1(a_1)$ *nach* $\boldsymbol\alpha_N(b_N)$. $\boldsymbol\alpha$ heißt **geschlossen**, wenn Anfangs– und Endpunkt gleich sind.

4 Vektorielle Kurvenintegrale

Unter der **Spur** von $\boldsymbol{\alpha}$ verstehen wir die Vereinigung der Spuren von $\boldsymbol{\alpha}_1, \ldots, \boldsymbol{\alpha}_N$, weiter setzen wir $L(\boldsymbol{\alpha}) = L(\boldsymbol{\alpha}_1) + \cdots + L(\boldsymbol{\alpha}_N)$.

Wie bei polygonalen Wegen (vgl. §21:9.1) können wir eine stückweis glatte Kurve mit Hilfe einer einzigen Parametrisierung $\boldsymbol{\beta} : I \to \mathbb{R}^n$ beschreiben, $\boldsymbol{\beta}$ ist dabei stetig und stückweis $C^1$–differenzierbar. Für die Definition des Integrals ist das jedoch unwichtig.

## 4.5 Rechenregeln

*Es seien* $\mathbf{v}, \mathbf{w}$ *Vektorfelder auf* $\Omega$, $\boldsymbol{\alpha}, \boldsymbol{\beta}$ *stückweis glatte Kurven in* $\Omega$ *und* $a, b \in \mathbb{R}$. *Dann gilt*:

(a) $\int\limits_{\alpha+\beta} \mathbf{v} \cdot d\mathbf{x} = \int\limits_{\alpha} \mathbf{v} \cdot d\mathbf{x} + \int\limits_{\beta} \mathbf{v} \cdot d\mathbf{x}$,

(b) $\int\limits_{\alpha} (a\mathbf{v} + b\mathbf{w}) \cdot d\mathbf{x} = a \int\limits_{\alpha} \mathbf{v} \cdot d\mathbf{x} + b \int\limits_{\alpha} \mathbf{w} \cdot d\mathbf{x}$,

(c) $\left| \int\limits_{\alpha} \mathbf{v} \cdot d\mathbf{x} \right| \leq L(\boldsymbol{\alpha}) \cdot \sup \{ \|\mathbf{v}(\mathbf{x})\| \mid \mathbf{x} \in \text{Spur}(\boldsymbol{\alpha}) \}$.

BEWEIS.

(a) und (b) folgen unmittelbar aus der Definition.

(c) folgt aus

$$\left| \int\limits_{\alpha} \mathbf{v} \cdot d\mathbf{x} \right| \leq \left| \int\limits_{\alpha_1} \mathbf{v} \cdot d\mathbf{x} \right| + \cdots + \left| \int\limits_{\alpha_N} \mathbf{v} \cdot d\mathbf{x} \right|,$$

wobei jeweils

$$\left| \int\limits_{\alpha_k} \mathbf{v} \cdot d\mathbf{x} \right| = \left| \int\limits_a^b \langle \mathbf{v}(\boldsymbol{\alpha}_k(t)), \dot{\boldsymbol{\alpha}}_k(t) \rangle \, dt \right| \leq \int\limits_a^b \|\mathbf{v}(\boldsymbol{\alpha}_k(t))\| \cdot \|\dot{\boldsymbol{\alpha}}_k(t)\| \, dt$$

$$\leq L(\boldsymbol{\alpha}_k) \cdot \sup \{ \|\mathbf{v}(\mathbf{x})\| \mid \mathbf{x} \in \text{Spur}(\boldsymbol{\alpha}) \}$$

nach Cauchy–Schwarz und der Definition von $L(\boldsymbol{\alpha}_k)$. □

## 4.6 Aufgaben

(a) Berechnen Sie für das ebene Vektorfeld $\mathbf{v}(x, y) = (x^2, xy)$ und die beiden skizzierten Kurven $\gamma_1$ und $\gamma_2$ die Kurvenintegrale.

(b) Fließt durch einen in der $z$–Achse liegenden Draht ein konstanter Strom, so erzeugt dieser nach dem Biot–Savartschen Gesetz ein Magnetfeld außerhalb des Drahtes, das bis auf einen konstanten Faktor gegeben ist durch

$$\mathbf{H}(x,y,z) = \frac{1}{x^2+y^2} \begin{pmatrix} -y \\ x \\ 0 \end{pmatrix}.$$

Berechnen Sie das Wegintegral über $\mathbf{H}$ längs einer Kreislinie in der $x,y$–Ebene mit Radius $r > 0$ und dem Ursprung als Mittelpunkt.

(c) **Die Leibnizsche Sektorformel.** $C = \{(x(t),y(t)) \mid a \leq t \leq b\}$ sei ein ebenes Kurvenstück, das den Ursprung nicht enthält und das von jedem Strahl durch den Ursprung höchstens einmal und nicht tangential getroffen wird.

Zeigen Sie, daß $\frac{1}{2} \int_C x\, dy - y\, dx$ (Bezeichnungen von 4.2) bis auf das Vorzeichen der Flächeninhalt des Gebietes $\Omega$ ist, das von $C$ und den beiden Strecken in der Figur begrenzt wird.

*Anleitung*: Fassen Sie $\Omega$ als Bild des Rechteckes $]0,1[ \times ]a,b[$ unter der Koordinatentransformation

$$\varphi : (s,t) \mapsto \bigl(s \cdot x(t), s \cdot y(t)\bigr)$$

auf und wenden Sie den Transformationssatz für Integrale an.

## 5 Konservative Vektorfelder und Potentiale

### 5.1 Konservative Vektorfelder

Ein Vektorfeld $\mathbf{v}$ auf $\Omega \subset \mathbb{R}^n$ heißt **konservativ** oder **exakt**, wenn das Kurvenintegral $\int_\gamma \mathbf{v} \bullet d\mathbf{x}$ über stückweis glatte Wege in $\Omega$ nur von den Endpunkten der Kurve $\gamma$, nicht aber vom übrigen Verlauf abhängt: $\int_{\gamma_1} \mathbf{v} \bullet d\mathbf{x} = \int_{\gamma_2} \mathbf{v} \bullet d\mathbf{x}$,

falls $\gamma_1$ und $\gamma_2$ den gleichen Anfangspunkt $\mathbf{x}_0$ und den gleichen Endpunkt $\mathbf{x}_1$ besitzen. Wir dürfen in diesem Fall das Kurvenintegral ohne Angabe des Integrationsweges mit

$$\int_{\mathbf{x}_0}^{\mathbf{x}_1} \mathbf{v} \bullet d\mathbf{x}$$

bezeichnen.

## 5 Konservative Vektorfelder und Potentiale

Man überzeugt sich leicht, daß das Vektorfeld **v** genau dann konservativ ist, wenn das Kurvenintegral über alle geschlossenen stückweis glatten Kurven in $\Omega$ verschwindet.

Ein wichtiges Beispiel eines konservativen Vektorfeldes ist das Gravitationsfeld eines Massenpunktes 4.2. Dagegen ist das Magnetfeld in Aufgabe 4.6 (b) nicht konservativ.

### 5.2 Potentiale

*Ein Vektorfeld **v** auf $\Omega \subset \mathbb{R}^n$ ist konservativ genau dann, wenn es eine $C^1$-Funktion $U : \Omega \to \mathbb{R}$ gibt mit*

$$\mathbf{v} = \nabla U.$$

*In integrierter Form lautet diese Beziehung*

$$\int_\gamma \mathbf{v} \bullet d\mathbf{x} = U(\mathbf{x}_1) - U(\mathbf{x}_0)$$

*für jede stückweis glatte Kurve $\gamma$ in $\Omega$ von $\mathbf{x}_0$ nach $\mathbf{x}_1$.*

Wir nennen $U$ eine **Stammfunktion** oder ein **Potential** des Vektorfelds **v**. Nach §22:3.5 sind Potentiale nur bis auf additive Konstanten festgelegt. Beachten Sie: In der Physik sind Potentiale oft durch $\nabla U = -\mathbf{v}$ definiert.

BEWEIS.

(a) Jedes Gradientenfeld $\mathbf{v} = \nabla U$ ist konservativ: Für jede $C^1$-Kurve $\gamma : [a, b] \to \Omega$ von **a** nach **b** gilt nach der Kettenregel §22:3.2

$$\frac{d}{dt} U(\gamma(t)) = \langle \nabla U(\gamma(t)), \dot\gamma(t) \rangle = \langle \mathbf{v}(\gamma(t)), \dot\gamma(t) \rangle, \quad \text{also}$$

$$\int_\gamma \mathbf{v} \bullet d\mathbf{x} = \int_a^b \langle \mathbf{v}(\gamma(t)), \dot\gamma(t) \rangle \, dt = \int_a^b \frac{d}{dt} U(\gamma(t)) \, dt$$

$$= U(\gamma(b)) - U(\gamma(a)) = U(\mathbf{b}) - U(\mathbf{a}).$$

Hieraus folgt auch für jede stückweis glatte Kurve $\gamma = \gamma_1 + \cdots + \gamma_N$ mit den Eckpunkten $\mathbf{x}_0, \ldots, \mathbf{x}_N$

$$\int_\gamma \mathbf{v} \bullet d\mathbf{x} = \sum_{k=1}^N \int_{\gamma_k} \mathbf{v} \bullet d\mathbf{x} = \sum_{k=1}^N (U(\mathbf{x}_k) - U(\mathbf{x}_{k-1})) = U(\mathbf{x}_N) - U(\mathbf{x}_0).$$

Das Wegintegral hängt somit nur von den Endpunkten von $\gamma$ ab.

(b) Jedes konservative Vektorfeld $\mathbf{v} : \Omega \to \mathbb{R}^n$ besitzt eine Stammfunktion: Wir wählen einen festen „Aufpunkt" $\mathbf{x}_0 \in \Omega$. Nach 5.1 ist mit den dortigen Bezeichnungen durch $U(\mathbf{x}_0) := 0$ und

$$U(\mathbf{x}) := \int_{\mathbf{x}_0}^{\mathbf{x}} \mathbf{v} \bullet d\mathbf{x}$$

eine Funktion auf $\Omega$ bestimmt. Wir zeigen, daß $U$ eine Stammfunktion von $\mathbf{v}$ ist. Es sei $\mathbf{a} \in \Omega$ und $W \subset \Omega$ ein Würfel mit Mittelpunkt $\mathbf{a}$ und Seitenlänge $2r$. Für $k = 1, \ldots, n$ und $|h| < r$ liegt das Segment zwischen $\mathbf{a}$ und $\mathbf{a} + h\mathbf{e}_k$ in $W$ und damit in $\Omega$. Es gilt für $|h| < r$

$$\begin{aligned} U(\mathbf{a} + h\mathbf{e}_k) - U(\mathbf{a}) &= \int_{\mathbf{x}_0}^{\mathbf{a}+h\mathbf{e}_k} \mathbf{v} \bullet d\mathbf{x} - \int_{\mathbf{x}_0}^{\mathbf{a}} \mathbf{v} \bullet d\mathbf{x} \\ &= \int_{\mathbf{a}}^{\mathbf{a}+h\mathbf{e}_k} \mathbf{v} \bullet d\mathbf{x} = \int_0^h \langle \mathbf{v}(\mathbf{a} + t\,\mathbf{e}_k), \mathbf{e}_k \rangle \, dt \\ &= \int_0^h v_k(\mathbf{a} + t\,\mathbf{e}_k)\, dt\,. \end{aligned}$$

Nach dem Hauptsatz der Differential- und Integralrechnung ist

$$h \mapsto U(\mathbf{a} + h\,\mathbf{e}_k)$$

differenzierbar, und es gilt

$$\frac{\partial U}{\partial x_k}(\mathbf{a}) = \frac{d}{dh}\,U(\mathbf{a}+h\mathbf{e}_k)\,\Big|_{h=0} = v_k(\mathbf{a})\,.$$

Somit ist $U$ eine $C^1$-Funktion auf $\Omega$ mit $\nabla U = \mathbf{v}$, d.h. $U$ ist eine Stammfunktion von $\mathbf{v}$. □

AUFGABE. Zeigen Sie, daß jedes *Zentralfeld* $\mathbf{v}(\mathbf{x}) = k(r)(\mathbf{x} - \mathbf{x}_0)$ mit $\mathbf{x}_0 \in \mathbb{R}^n$ und einer stetigen Funktion $k$ von $r = \|\mathbf{x} - \mathbf{x}_0\| > 0$ ein Potential besitzt.

*Hinweis*: Machen Sie einen Ansatz $U(\mathbf{x}) = u(r)$.

## 5.3 Einfache Gebiete

Ein Gebiet $\Omega \subset \mathbb{R}^n$ heißt **sternförmig**, wenn es einen Punkt $\mathbf{x}_0 \in \Omega$ gibt, so daß mit jedem Punkt $\mathbf{x}$ auch die Verbindungsstrecke zwischen $\mathbf{x}_0$ und $\mathbf{x}$ in $\Omega$ liegt. Man kann also vom „Zentrum" $\mathbf{x}_0$ aus jeden Punkt von $\Omega$ „sehen".

Jede Kugel und jeder Quader $]a_1, b_1[ \times \cdots \times ]a_n, b_n[$ ist sternförmig. Weitere Beispiele sternförmiger Gebiete sind:

# 5 Konservative Vektorfelder und Potentiale

Ein Gebiet $\Omega \subset \mathbb{R}^n$ nennen wir **einfach**, wenn es das $C^2$–diffeomorphe Bild eines sternförmigen Gebietes im $\mathbb{R}^n$ ist.

Ein einfaches Gebiet entsteht also durch „Verbiegen" eines sternförmigen Gebietes.

BEISPIELE.

(a) Der geschlitzte Kreisring

$$\Omega = \left\{ (x,y) \mid r < \sqrt{x^2 + y^2} < R \right\}$$
$$\setminus \left\{ (x,0) \mid x \geq 0 \right\}$$

ist einfach, weil er als Bild eines offenen Rechteckes unter einem $C^2$–Diffeomorphismus darstellbar ist.

ÜA Geben Sie den Diffeomorphismus an!

(b) Das Komplement der archimedischen Spirale $\{(t\cos t, t\sin t) \mid t \geq 0\}$ in der Ebene ist ein einfaches Gebiet.

ÜA Konstruieren Sie einen geeigneten Diffeomorphismus.

## 5.4 Die Integrabilitätsbedingungen

Wie sieht man einem gegebenen Vektorfeld **v** an, daß es ein Potential besitzt?

Notwendig hierfür sind die **Integrabilitätsbedingungen**

$$\frac{\partial v_i}{\partial x_k} = \frac{\partial v_k}{\partial x_i} \quad \text{für} \quad i \neq k \,.$$

Denn hat **v** ein Potential $U$, so folgt aus $v_i = \partial_i U$ wegen der Vertauschbarkeit der partiellen Ableitungen §22:2.6

$$\frac{\partial v_i}{\partial x_k} = \frac{\partial}{\partial x_k}\frac{\partial U}{\partial x_i} = \frac{\partial}{\partial x_i}\frac{\partial U}{\partial x_k} = \frac{\partial v_k}{\partial x_i}.$$

Vektorfelder im $\mathbb{R}^3$ mit dieser Eigenschaft heißen auch **rotationsfrei**.

*Die Integrabilitätsbedingungen sind aber nicht hinreichend für die Existenz eines Potentials!* Hierfür liefert das Magnetfeld **H** in 4.6 (b) ein Gegenbeispiel. Man verifiziert leicht, daß **H** die Integrabilitätsbedingung erfüllt ÜA. **H** kann aber kein Potential besitzen, denn das Wegintegral über eine den Draht umlaufende Kreislinie verschwindet nicht.

**5.5 Eine hinreichende Bedingung für die Existenz von Potentialen**

*Ein $C^1$-Vektorfeld* **v** *auf $\Omega$ besitzt ein Potential, wenn es die Integrabilitätsbedingungen*

$$\frac{\partial v_i}{\partial x_k} = \frac{\partial v_k}{\partial x_i} \quad \text{für} \quad i \neq k$$

*erfüllt, und wenn $\Omega$ ein einfaches Gebiet ist.*

Hiernach kann das Definitionsgebiet des betrachteten Magnetfeldes **H** nicht einfach sein, denn **H** ist nicht konservativ. Das Definitionsgebiet $\Omega_\mathbf{H}$ dieses Vektorfeldes ist der $\mathbb{R}^3$ ohne die $z$–Achse. Was unterscheidet $\Omega_\mathbf{H}$ von einem einfachen Gebiet? In einem einfachen Gebiet läßt sich jede geschlossene Kurve stetig auf einem Punkt zusammenziehen, ohne bei diesem Deformationsprozeß $\Omega$ zu verlassen. (Warum?) In $\Omega_\mathbf{H}$ ist das nicht möglich: Beim Versuch, den Einheitskreis der $x,y$–Ebene zu einem Punkt zusammenzuziehen, bleibt man unweigerlich an der $z$–Achse hängen.

FOLGERUNG. *Ist $\Omega$ ein beliebiges Gebiet und erfüllt das Vektorfeld* **v** *dort die Integrabilitätsbedingungen, so besitzt* **v** *in einer Umgebung jedes Punktes ein Potential.*

Denn für jeden Punkt gibt es eine einfache Umgebung in $\Omega$, etwa eine Kugel. Diese lokalen Potentiale lassen sich aber nicht immer widerspruchsfrei zu einem Potential auf ganz $\Omega$ zusammenheften.

BEWEIS.

(a) *Sternförmige Gebiete $\Omega$.* Wir dürfen o.B.d.A. annehmen, daß wir alle Punkte von $\Omega$ vom Nullpunkt aus „sehen" können. Sei

$$\alpha_\mathbf{x} = \{t\,\mathbf{x} \mid 0 \leq t \leq 1\} \quad \text{die Verbindungsstrecke von } \mathbf{0} \text{ und } \mathbf{x}.$$

Wir definieren

## 5 Konservative Vektorfelder und Potentiale

$$V(\mathbf{x}) = \int_{\alpha_{\mathbf{x}}} \mathbf{v} \bullet d\mathbf{x} = \int_0^1 \langle \mathbf{v}(t\,\mathbf{x}), \mathbf{x} \rangle \, dt = \int_0^1 \sum_{i=1}^n v_i(t\,\mathbf{x}) \cdot x_i \, dt \,.$$

Nach dem Satz § 23 : 2.3 über Parameterintegrale folgt

$$\partial_k V(\mathbf{x}) = \int_0^1 \sum_{i=1}^n \partial_k v_i(t\,\mathbf{x}) \cdot t x_i \, dt + \int_0^1 v_k(t\,\mathbf{x}) \, dt \,.$$

Partielle Integration des zweiten Integrals ergibt

$$\begin{aligned}\int_0^1 v_k(t\,\mathbf{x}) \, dt &= t v_k(t\,\mathbf{x}) \Big|_0^1 - \int_0^1 t \cdot \frac{d}{dt} v_k(t\,\mathbf{x}) \, dt \\ &= v_k(\mathbf{x}) - \int_0^1 t \sum_{i=1}^n \partial_i v_k(t\,\mathbf{x}) \cdot x_i \, dt \,.\end{aligned}$$

Zusammen mit den Integrabilitätsbedingungen $\partial_i v_k = \partial_k v_i$ folgt die Behauptung $\partial_k V(\mathbf{x}) = v_k(\mathbf{x})$ für $k = 1, \ldots, n$.

(b) $\Omega$ *sei einfach*, d.h. $\Omega = \varphi(\Omega_0)$ mit einem sternförmigen Gebiet $\Omega_0 \subset \mathbb{R}^n$ und einem $C^2$-Diffeomorphismus $\varphi$ von $\Omega_0$ nach $\Omega$.

Der Beweis besteht darin, das auf $\Omega$ gegebene Vektorfeld $\mathbf{v}$ mittels $\varphi$ nach $\Omega_0$ zu verpflanzen („zurückzuholen"), für das verpflanzte Vektorfeld $\mathbf{w}$ auf $\Omega_0$ die Integrabilitätsbedingungen nachzuweisen und schließlich das nach (a) existierende Potential für $\mathbf{w}$ von $\Omega_0$ wieder nach $\Omega$ zu transportieren.

Wie das zurückgeholte Vektorfeld $\mathbf{w}$ auszusehen hat, machen wir uns folgendermaßen klar: Angenommen, $\mathbf{v}$ hat schon ein Potential $V : \Omega \to \mathbb{R}$. Für $W := V \circ \varphi : \Omega_0 \to \mathbb{R}$ gilt dann nach der Kettenregel

$$\partial_k W = \partial_k (V \circ \varphi) = \langle (\nabla V) \circ \varphi, \partial_k \varphi \rangle = \langle \mathbf{v} \circ \varphi, \partial_k \varphi \rangle$$

für $k = 1, \ldots, n$, d.h. $W$ ist ein Potential für das Vektorfeld

$$\mathbf{w} := \sum_{k=1}^n \langle \mathbf{v} \circ \varphi, \partial_k \varphi \rangle \mathbf{e}_k \quad \text{auf} \quad \Omega_0 \,.$$

(c) Zur Konstruktion einer Stammfunktion für das Vektorfeld $\mathbf{v}$ auf $\Omega$ definieren wir nun aufgrund dieser Vorüberlegung das zurückgeholte Vektorfeld durch

$$\mathbf{w} = \sum_{k=1}^n w_k \mathbf{e}_k := \sum_{k=1}^n \langle \mathbf{v} \circ \varphi, \partial_k \varphi \rangle \mathbf{e}_k \,.$$

$\mathbf{w}$ ist ein $C^1$-Vektorfeld auf $\Omega_0$. Mit $\partial_i \partial_k \varphi = \partial_k \partial_i \varphi$ und $\partial_l v_j = \partial_j v_l$ ergibt sich für $\mathbf{w}$ die Integrabilitätsbedingung mit Hilfe der Kettenregel:

$$\partial_i w_k = \partial_i \langle \mathbf{v} \circ \boldsymbol{\varphi}, \partial_k \boldsymbol{\varphi} \rangle = \partial_i \sum_{j=1}^{n} (v_j \circ \boldsymbol{\varphi}) \partial_k \varphi_j$$

$$= \sum_{j=1}^{n} \sum_{l=1}^{n} \big((\partial_l v_j) \circ \boldsymbol{\varphi}\big) \, \partial_i \varphi_l \, \partial_k \varphi_j + \sum_{j=1}^{n} (v_j \circ \boldsymbol{\varphi}) \partial_i \partial_k \varphi_j$$

$$= \sum_{l=1}^{n} \sum_{j=1}^{n} \big((\partial_j v_l) \circ \boldsymbol{\varphi}\big) \, \partial_i \varphi_l \, \partial_k \varphi_j + \sum_{j=1}^{n} (v_j \circ \boldsymbol{\varphi}) \partial_k \partial_i \varphi_j$$

$$= \partial_k \sum_{l=1}^{n} (v_l \circ \boldsymbol{\varphi}) \partial_i \varphi_l = \partial_k w_i \quad \text{für} \quad i \neq k.$$

Gemäß (a) besitzt das Vektorfeld **w** auf dem sternförmigen Gebiet $\Omega_0$ ein Potential $W : \Omega_0 \to \mathbb{R}$. Wir zeigen, daß

$$V := W \circ \boldsymbol{\varphi}^{-1} : \Omega \to \mathbb{R}$$

ein Potential von **v** ist:

Aus $W = V \circ \boldsymbol{\varphi}$ folgt für $\mathbf{x} \in \Omega_0$, $\mathbf{y} := \boldsymbol{\varphi}(\mathbf{x})$ nach Definition von **w** und mit Hilfe der Kettenregel

$$\langle \mathbf{v}(\mathbf{y}), \partial_i \boldsymbol{\varphi}(\mathbf{x}) \rangle = w_i(\mathbf{x}) = \partial_i W(\mathbf{x}) = \partial_i (V \circ \boldsymbol{\varphi})(\mathbf{x}) = \langle \nabla V(\mathbf{y}), \partial_i \boldsymbol{\varphi}(\mathbf{x}) \rangle,$$

also $\langle \mathbf{v}(\mathbf{y}) - \nabla V(\mathbf{y}), \partial_i \boldsymbol{\varphi}(\mathbf{x}) \rangle = 0$ für $i = 1, \ldots, n$.

Da $\boldsymbol{\varphi}$ ein Diffeomorphismus ist, bilden die Spaltenvektoren $\partial_1 \boldsymbol{\varphi}(\mathbf{x}), \ldots, \partial_n \boldsymbol{\varphi}(\mathbf{x})$ der Jacobi–Matrix eine Basis des $\mathbb{R}^n$, also ist $\mathbf{v}(\mathbf{y}) - \nabla V(\mathbf{y})$ orthogonal zu allen Vektoren des $\mathbb{R}^n$. Es folgt

$$\mathbf{v}(\mathbf{y}) - \nabla V(\mathbf{y}) = \mathbf{0} \quad \text{für jedes} \quad \mathbf{y} \in \Omega. \qquad \square$$

### 5.6 Zur praktischen Bestimmung von Potentialen

Allgemein erhalten wir eine Stammfunktion durch $U(\mathbf{x}) = \int_{\mathbf{x}_0}^{\mathbf{x}} \mathbf{v} \bullet d\mathbf{x}$, wobei längs irgend eines Verbindungsweges zwischen $\mathbf{x}_0$ und $\mathbf{x}$ zu integrieren ist. Ist $\Omega = \mathbb{R}^n$ oder ein achsenparalleler Quader, so können Wege aus achsenparallelen Stücken gewählt werden:

(a) *Ebene Vektorfelder.* Erfüllt das $C^1$–Vektorfeld $\mathbf{v}(x, y) = (P(x, y), Q(x, y))$ im $\mathbb{R}^2$ oder einem achsenparallelen Rechteck die Integrabilitätsbedingung $\partial_y P = \partial_x Q$, so erhalten wir eine Stammfunktion $U$ wie folgt:

Wir halten $y$ fest und bestimmen eine Stammfunktion $x \mapsto p(x, y)$ für $x \mapsto P(x, y)$, also mit $\partial_x p(x, y) = P(x, y)$. Die allgemeine Lösung $U$ der Gleichung $\partial_x U(x, y) = P(x, y)$ enthält noch eine Integrationskonstante $q(y)$, ist also von der Form

(1) $\quad U(x, y) = p(x, y) + q(y)$.

# 5 Konservative Vektorfelder und Potentiale

Damit $U$ auch die Gleichung $\partial_y U(x,y) = Q(x,y)$ erfüllt, muß für $q$ gelten

(2) $\quad q'(y) = Q(x,y) - \partial_y p(x,y)$.

Die rechte Seite ist aufgrund der Integrabilitätsbedingung von $x$ unabhängig:

$$\partial_x(Q - \partial_y p) = \partial_x Q - \partial_x \partial_y p = \partial_x Q - \partial_y \partial_x p = \partial_x Q - \partial_y P = 0\,.$$

Bestimmen wir nun eine Stammfunktion $q$ für $r(y) = Q(x,y) - \partial_y p(x,y)$, so ist durch (1) eine Stammfunktion $U$ gegeben.

(b) *Räumliche Vektorfelder.* Das Vektorfeld $\mathbf{v} = (P, Q, R)$ erfülle im $\mathbb{R}^3$ oder auf einem achsenparallelen Quader die Integrabilitätsbedingungen. Wir halten $(y, z)$ fest und bestimmen eine Stammfunktion $x \mapsto p(x, y, z)$ für $x \mapsto P(x, y, z)$. Die Integrationskonstante ist jetzt von der Form $q(y, z)$:

(1) $\quad U(x, y, z) = p(x, y, z) + q(y, z)$.

Hierdurch ist $\partial_x U = P$ erfüllt, und die beiden restlichen Gradientengleichungen führen auf

(2) $\quad \partial_y q = Q - \partial_y p\,, \qquad \partial_z q = R - \partial_z p$.

Hierbei hängen die rechten Seiten aufgrund der Integrabilitätsbedingungen nur von $y$ und $z$ ab.

Die Bestimmung von $q$ aus (2) erfolgt nun wie in (a) beschrieben.

**5.7 Aufgabe.** Prüfen Sie nach, daß das Vektorfeld

$$\mathbf{v}(x, y, z) = \begin{pmatrix} y\,e^{xy} \sin z + x + y \\ x\,e^{xy} \sin z + x + y - z \\ e^{xy} \cos z - y + z \end{pmatrix}$$

konservativ ist und bestimmen Sie ein Potential.

## 5.8 Exakte Differentialgleichungen

Durch $\mathbf{v}(x,y) = \bigl(P(x,y), Q(x,y)\bigr)$ sei ein $C^1$–Vektorfeld auf $\Omega \subset \mathbb{R}^2$ gegeben, und es sei $Q(x,y) \neq 0$ auf $\Omega$. Die Differentialgleichung

(∗) $\quad P(x, y(x)) + Q(x, y(x)) \cdot y'(x) = 0$

heißt **exakt**, wenn das Vektorfeld $\mathbf{v}$ exakt ist, d.h. auf $\Omega$ ein Potential $U$ besitzt.

SATZ. *Das Vektorfeld $\mathbf{v}$ habe in $\Omega$ ein Potential $U$. Dann ist die Anfangswertaufgabe*

$$P(x,y) + Q(x,y) \cdot y' = 0\,, \qquad y(x_0) = y_0 \quad \text{mit} \quad (x_0, y_0) \in \Omega$$

*eindeutig lösbar. Man erhält eine Lösung $y$ durch Auflösung der Gleichung $U(x,y) = U(x_0, y_0)$ nach $y$.*

BEWEIS.
Für jede Lösung $y$ gilt $\frac{d}{dx}U(x,y(x)) = 0$, also $U(x,y(x)) = $ const. $= U(x_0, y_0)$.
Wegen $\partial_y U(x,y) = Q(x,y) \neq 0$ besitzt die Gleichung $U(x,y) = U(x_0, y_0)$ eine eindeutige lokale Auflösung nach $y$ mit $y(x_0) = y_0$ (Satz über implizite Funktionen).
Für diese gilt $U(x, y(x)) = U(x_0, y_0)$, also nach der Kettenregel

$$0 = \frac{d}{dx}U(x,y(x)) = P(x,y(x)) + Q(x,y(x)) \cdot y'(x).\qquad\square$$

**Aufgabe.** Lösen Sie die Anfangswertaufgabe

$$y' = -\frac{2x + \cos(x+y)}{\cos(x+y)}, \qquad y(0) = 0 \quad \text{für} \quad |x+y| < \frac{\pi}{2}.$$

### 5.9 Integrierende Faktoren

Ist $c : \Omega \to \mathbb{R}$ eine $C^1$-Funktion ohne Nullstellen, so ist die Differentialgleichung

$$P(x,y) + Q(x,y) \cdot y' = 0$$

äquivalent zur Differentialgleichung $c(x,y) \cdot P(x,y) + c(x,y)Q(x,y) \cdot y' = 0$, die wir in der Form

$$F(x,y) + G(x,y) \cdot y' = 0$$

notieren. Ist das Vektorfeld $\mathbf{v} = (P,Q)$ nicht exakt, so kann man versuchen, $c$ so zu bestimmen, daß $\mathbf{w} = (F,G)$ ein exaktes Vektorfeld wird. Gelingt dies, so heißt $c$ ein **integrierender Faktor** für das Vektorfeld $(P,Q)$.

**Aufgaben**

(a) Lösen Sie die Anfangswertaufgabe

$$y' = -\frac{xy^3}{1 + 2x^2y^2}, \qquad y(2) = \frac{1}{2}$$

mit Hilfe eines integrierenden Faktors $c(y)$.

(b) Seien $a, b \in C^1(I)$ und $b(y) \neq 0$ für alle $y \in I$. Die Differentialgleichung $-a(x)b(y) + y' = 0$ mit getrennten Variablen (vgl. §13:3) ist i.a. nicht exakt. Bestimmen Sie einen integrierenden Faktor.

# 6* Kurvenintegrale und Potentiale in der Thermodynamik

## 6.1 Der erste Hauptsatz

Wir betrachten als einfachstes thermodynamisches System ein Mol eines Gases in einem Behälter mit Volumen $v$, Druck $p$ und Temperatur $T$. Diese drei Größen sind durch eine für das Gas typische Zustandsgleichung

$$F(T, v, p) = 0$$

verbunden, z.B.

$p \cdot v = RT$  für ein ideales Gas,

$\left(p + \frac{a}{v^2}\right)(v - b) = RT$

für ein van der Waalssches Gas.

Wir nehmen die Zustandsgleichung als nach $p$ aufgelöst an und schreiben also $p = p(T, v)$ (vgl. § 22 : 5.3).

Wir wollen die Änderung $\Delta Q$ des Wärmeinhalts bei Übergang von einem Zustand $(T, v)$ zu einem Nachbarzustand $(T + \Delta T, v + \Delta v)$ bestimmen. Die dafür angesetzte erste Näherung

$$\Delta Q = Q_1(T, v) \Delta T + Q_2(T, v) \Delta v \qquad \text{für kleine } \Delta T, \Delta v$$

($Q_1 = c_v$ = spezifische Wärme bei konstantem Volumen) kann in dieser Form mißverständlich sein. Ihre korrekte Interpretation gewinnen wir erst durch die Beschreibung globaler Änderungen mittels Kurvenintegralen:

Bei einer Zustandsänderung des Systems längs eines Weges $\alpha$ in der $(T, v)$–Ebene von $(T_0, v_0)$ nach $(T_1, v_1)$ ist die Wärmeänderung das Wegintegral über das Vektorfeld $(Q_1, Q_2)$, also ist in der Notation von 4.2

$$\Delta Q = \int_\alpha Q_1 \, dT + Q_2 \, dv\,.$$

Für den Integranden wird meistens

$$\delta Q = Q_1 dT + Q_2 \, dv$$

geschrieben. Das Symbol $\delta Q$ soll zum Ausdruck bringen, daß das Vektorfeld $(Q_1, Q_2)$ nicht konservativ ist.

Für ein ideales Gas ist beispielsweise $c_v$ konstant und

$$\delta Q = c_v\, dT + p\, dv = c_v\, dT + \frac{RT}{v}\, dv\,.$$

Bei dem nebenstehend skizzierten Kreisprozeß $\boldsymbol{\alpha}$ ergibt sich $\boxed{\text{ÜA}}$

$$\int_\alpha \delta Q = R(T_2 - T_1)\log\tfrac{v_2}{v_1} \neq 0\,.$$

Für das Vektorfeld $\delta A = (0, p)$ ergibt

$$\int_\alpha \delta A = \int_\alpha p\, dv$$

die bei einer Zustandsänderung längs eines Weges $\boldsymbol{\alpha}$ vom System geleistete mechanische Arbeit. Denn in der ersten Figur ist $K = p \cdot F$ die auf die Kolbenfläche $F$ wirkende Kraft, also $\int p\, dv = \int p\, F\, ds = \int K\, ds$ mit $dv = F\, ds$.

Der *erste Hauptsatz der Thermodynamik* besagt:

$$\delta Q - \delta A = Q_1\, dT + (Q_2 - p)\, dv$$

ist ein „totales Differential", d.h. das Vektorfeld $(Q_1, Q_2 - p)$ ist exakt und besitzt daher ein Potential $U$.

$U = U(T, v)$ heißt **innere Energie** des Gases.

### 6.2 Der zweite Hauptsatz der Thermodynamik

besagt, daß das Vektorfeld $\frac{1}{T}(Q_1, Q_2)$ exakt ist, also ein Potential $S$ besitzt. $\left(\frac{1}{T}\right.$ ist also ein integrierender Faktor für das Vektorfeld $(Q_1, Q_2)$, vgl. 5.9.$\left.\right)$

$S = S(T, v)$ ist die **Entropie** des Gases.

Die beiden Hauptsätze liefern

$$\frac{\partial U}{\partial T} = Q_1,\qquad \frac{\partial U}{\partial v} = Q_2 - p,\qquad \frac{\partial S}{\partial T} = \frac{Q_1}{T},\qquad \frac{\partial S}{\partial v} = \frac{Q_2}{T}\,.$$

Hieraus ergibt sich

$$\begin{aligned}0 &= \frac{\partial}{\partial v}\frac{\partial S}{\partial T} - \frac{\partial}{\partial T}\frac{\partial S}{\partial v} = \frac{\partial}{\partial v}\left(\frac{1}{T}\frac{\partial U}{\partial T}\right) - \frac{\partial}{\partial T}\left(\frac{1}{T}\left(\frac{\partial U}{\partial v} + p\right)\right)\\ &= \frac{1}{T}\frac{\partial}{\partial v}\frac{\partial U}{\partial T} + \frac{1}{T^2}\left(\frac{\partial U}{\partial v} + p\right) - \frac{1}{T}\left(\frac{\partial}{\partial T}\frac{\partial U}{\partial v} + \frac{\partial p}{\partial T}\right)\\ &= \frac{1}{T^2}\left(\frac{\partial U}{\partial v} + p - T\cdot\frac{\partial p}{\partial T}\right)\,.\end{aligned}$$

# 7 Divergenz, Laplaceoperator, Rotation, Vektorpotentiale

Als Folgerung aus den beiden Hauptsätzen erhalten wir somit eine Verknüpfung von Energie, Temperatur und Druck:

$$\frac{\partial U}{\partial v} = T\frac{\partial p}{\partial T} - p.$$

**Aufgaben.** Folgern Sie mit Hilfe dieser Beziehung:

(a) Für ein ideales Gas ist $U = c_v \cdot T$.

(b) Für ein van der Waalssches Gas gilt $U = -\frac{a}{v} + f(T)$.

(c) Gilt für ein Gas $U = U(T)$, so gilt

$$p = T \cdot g(v) \quad \text{und} \quad S = S_1(T) + S_2(v).$$

(d) Gilt $U = U(T)$ und $p \cdot v = h(T)$, so handelt es sich um ein ideales Gas.

## 7 Divergenz, Laplaceoperator, Rotation, Vektorpotentiale

### 7.1 Divergenz, Laplaceoperator und Rotation

Für ein $C^1$-Vektorfeld $\mathbf{v} = (v_1, \ldots, v_n)$ auf $\Omega \subset \mathbb{R}^n$ erklären wir die **Divergenz** durch

$$\operatorname{div} \mathbf{v} = \frac{\partial v_1}{\partial x_1} + \cdots + \frac{\partial v_n}{\partial x_n}.$$

Für eine $C^2$-Funktion $U : \Omega \to \mathbb{R}$ setzen wir

$$\Delta U = \frac{\partial^2 U}{\partial x_1^2} + \cdots + \frac{\partial^2 U}{\partial x_n^2} = \operatorname{div} \nabla U.$$

$\Delta$, oft auch $-\Delta$, wird als **Laplaceoperator** bezeichnet.

Die **Rotation** eines $C^1$-Vektorfeldes $\mathbf{v}$ auf $\Omega \subset \mathbb{R}^3$ ist definiert durch

$$\operatorname{rot} \mathbf{v} = \begin{pmatrix} \partial_2 v_3 - \partial_3 v_2 \\ \partial_3 v_1 - \partial_1 v_3 \\ \partial_1 v_2 - \partial_2 v_1 \end{pmatrix}.$$

In der Physikliteratur finden sich auch die Schreibweisen

$$\operatorname{div} \mathbf{v} = \nabla \bullet \mathbf{v}, \qquad \Delta U = \nabla^2 U, \qquad \operatorname{rot} \mathbf{v} = \nabla \times \mathbf{v}.$$

Diese Differentialoperatoren spielen in der Mathematischen Physik eine fundamentale Rolle, besonders in der Kontinuumsmechanik und Elektrodynamik, vgl. dazu §26:6.

## 7.2 Rechenregeln

Unter geeigneten Differenzierbarkeitsvoraussetzungen gilt:

(a) $\operatorname{rot} \nabla U = \mathbf{0}$

(b) $\operatorname{div} \operatorname{rot} \mathbf{v} = 0$

(c) $\operatorname{div}(f \cdot \mathbf{v}) = \langle \nabla f, \mathbf{v} \rangle + f \cdot \operatorname{div} \mathbf{v}$

(d) $\operatorname{rot} \operatorname{rot} \mathbf{v} = \nabla \operatorname{div} \mathbf{v} - \Delta \mathbf{v}$

(e) $\operatorname{div}(\mathbf{v} \times \mathbf{w}) = \langle \operatorname{rot} \mathbf{v}, \mathbf{w} \rangle - \langle \mathbf{v}, \operatorname{rot} \mathbf{w} \rangle$

(f) $\operatorname{rot}(f \cdot \mathbf{v}) = (\nabla f) \times \mathbf{v} + f \cdot \operatorname{rot} \mathbf{v}$

(g) $\operatorname{rot}(\mathbf{v} \times \mathbf{w}) = (\operatorname{div} \mathbf{w}) \cdot \mathbf{v} - (\operatorname{div} \mathbf{v}) \cdot \mathbf{w} + d\mathbf{v} \cdot \mathbf{w} - d\mathbf{w} \cdot \mathbf{v}$.

In (d) ist der Laplaceoperator komponentenweise wirkend zu verstehen.

BEWEIS als ÜA. (a), (b) und (c) sollte jeder nachrechnen.

## 7.3* Vektorpotentiale

Ein $C^1$-Vektorfeld $\mathbf{w}$ auf $\Omega \subset \mathbb{R}^3$ heißt **Vektorpotential** für $\mathbf{v}$, wenn

$$\mathbf{v} = \operatorname{rot} \mathbf{w}.$$

Notwendig für die Existenz eines Vektorpotentials von $\mathbf{v}$ ist nach 7.2 (b)

$$\operatorname{div} \mathbf{v} = 0.$$

SATZ. *In einem sternförmigen Gebiet $\Omega \subset \mathbb{R}^3$ ist die Bedingung* $\operatorname{div} \mathbf{v} = 0$ *hinreichend für die Existenz eines Vektorpotentials. Ist $\mathbf{x}_0 \in \Omega$ ein Zentrum von $\Omega$, so ist ein Vektorpotential gegeben durch*

$$\mathbf{w}(\mathbf{x}) = \int_0^1 t\, \mathbf{v}(\boldsymbol{\alpha}(t)) \times \dot{\boldsymbol{\alpha}}(t)\, dt \quad \text{mit} \quad \boldsymbol{\alpha}(t) = \mathbf{x}_0 + t(\mathbf{x} - \mathbf{x}_0).$$

*Jedes weitere Vektorpotential von $\mathbf{v}$ unterscheidet sich von diesem nur durch ein Gradientenfeld.*

BEWEIS als Aufgabe. Die letzte Behauptung folgt unmittelbar aus 5.5. Sei o.B.d.A. $\mathbf{x}_0 = \mathbf{0}$ und $\mathbf{w}$ wie oben definiert. Rechnen Sie unter Verwendung von 7.2 (g) nach, daß

$$\operatorname{rot} \mathbf{w}(\mathbf{x}) = \int_0^1 \frac{d}{dt}(t^2 \mathbf{v}(t\mathbf{x}))\, dt = \mathbf{v}(\mathbf{x}). \qquad \square$$

# § 25 Oberflächenintegrale

## 1 Flächenstücke im $\mathbb{R}^3$

### 1.1 Flächenparametrisierungen

Unter einer **Flächenparametrisierung** verstehen wir eine injektive $C^r$-Abbildung ($r \geq 1$) auf einem Gebiet $U \subset \mathbb{R}^2$,

$$\boldsymbol{\Phi} : U \to \mathbb{R}^3,$$

$$\mathbf{u} = (u_1, u_2) \mapsto \boldsymbol{\Phi}(\mathbf{u}) = \begin{pmatrix} \Phi_1(\mathbf{u}) \\ \Phi_2(\mathbf{u}) \\ \Phi_3(\mathbf{u}) \end{pmatrix},$$

deren partielle Ableitungen

$$\partial_1 \boldsymbol{\Phi}(\mathbf{u}) = \begin{pmatrix} \partial_1 \Phi_1(\mathbf{u}) \\ \partial_1 \Phi_2(\mathbf{u}) \\ \partial_1 \Phi_3(\mathbf{u}) \end{pmatrix},$$

$$\partial_2 \boldsymbol{\Phi}(\mathbf{u}) = \begin{pmatrix} \partial_2 \Phi_1(\mathbf{u}) \\ \partial_2 \Phi_2(\mathbf{u}) \\ \partial_2 \Phi_3(\mathbf{u}) \end{pmatrix}$$

an jeder Stelle $\mathbf{u} \in U$ linear unabhängig sind.

Für eine feste Stelle $\mathbf{u} = (u_1, u_2)$ des Parameterbereiches $U$ sind

$$s \mapsto \boldsymbol{\Phi}(u_1 + s, u_2) \quad \text{und} \quad t \mapsto \boldsymbol{\Phi}(u_1, u_2 + t) \quad \text{mit} \quad |s|, |t| \ll 1$$

$C^1$-Kurven auf der Bildmenge $\boldsymbol{\Phi}(U)$. Die Tangentenvektoren dieser **Koordinatenlinien** sind

$$\partial_1 \boldsymbol{\Phi}(\mathbf{u}) = \frac{d}{ds} \boldsymbol{\Phi}(u_1 + s, u_2) \bigg|_{s=0}, \quad \partial_2 \boldsymbol{\Phi}(\mathbf{u}) = \frac{d}{dt} \boldsymbol{\Phi}(u_1, u_2 + t) \bigg|_{t=0}.$$

Wir nennen $\partial_1 \boldsymbol{\Phi}(\mathbf{u})$, $\partial_2 \boldsymbol{\Phi}(\mathbf{u})$ die **Tangentenvektoren** von $\boldsymbol{\Phi}$ an der Stelle $\mathbf{u}$.

Die lineare Unabhängigkeit dieser Tangentenvektoren für jedes $\mathbf{u} \in U$ stellt sicher, daß die Bildmenge von $\boldsymbol{\Phi}$ unserer Vorstellung von einer Fläche als einem zweidimensionalen Gebilde im Raum entspricht.

BEISPIELE.

Ebene $\quad (u_1, u_2) \mapsto \mathbf{a} + u_1 \mathbf{a}_1 + u_2 \mathbf{a}_2$,

obere/untere Hemisphäre $\quad \mathbf{u} \mapsto \begin{pmatrix} u_1 \\ u_2 \\ \pm\sqrt{1 - \|\mathbf{u}\|^2} \end{pmatrix}$, $\quad \|\mathbf{u}\| < 1$,

Sphäre ohne Nullmeridian $\quad (\varphi, \vartheta) \mapsto \begin{pmatrix} \sin\vartheta \cdot \cos\varphi \\ \sin\vartheta \cdot \sin\varphi \\ \cos\vartheta \end{pmatrix}$, $\quad \begin{cases} 0 < \varphi < 2\pi \\ 0 < \vartheta < \pi, \end{cases}$

geschlitzer Kreiskegelmantel $\quad (z, \varphi) \mapsto \begin{pmatrix} z \cdot \cos\varphi \\ z \cdot \sin\varphi \\ z \end{pmatrix}$, $\quad \begin{cases} z > 0 \\ 0 < \varphi < 2\pi. \end{cases}$

ÜA Zeigen Sie, daß die vier Beispiele Flächenparametrisierungen darstellen. Verschaffen Sie sich eine Vorstellung von den Abbildungen, indem Sie einige Koordinatenlinien skizzieren.

### 1.2 Beispiele und Aufgaben

(a) Eine Parametrisierung der Gestalt

$$\mathbf{u} = (u_1, u_2) \mapsto \boldsymbol{\Phi}(\mathbf{u}) = \begin{pmatrix} u_1 \\ u_2 \\ \varphi(\mathbf{u}) \end{pmatrix}$$

beschreibt einen Graphen über der $x, y$–Ebene, vgl. § 22:4.7.

ÜA Bestimmen Sie für diese Parametrisierung $\partial_1 \boldsymbol{\Phi} \times \partial_2 \boldsymbol{\Phi}$.

(b) In der rechten Hälfte der $x, z$–Ebene sei eine injektive und reguläre $C^1$–Kurve $t \mapsto \bigl(r(t), z(t)\bigr)$ gegeben. Läßt man dieses Kurvenstück um die $z$–Achse im Raum rotieren, so entsteht eine **Rotationsfläche**. Jede die $z$–Achse enthaltende Halbebene schneidet aus dieser eine **Meridiankurve** heraus.

ÜA Geben Sie für die Rotationsfläche eine Parametrisierung an. Betrachten Sie insbesondere den Spezialfall des **Torus**, der durch Rotation einer Kreislinie entsteht (den Mittelpunkt des Kreises kann man einfachheitshalber auf die $x$–Achse legen).

### 1.3 Flächenstücke

Eine Menge $M \subset \mathbb{R}^3$ heißt **Flächenstück** ($C^r$–**Flächenstück** mit $r \geq 1$), wenn sie das Bild einer $C^r$–Flächenparametrisierung $\boldsymbol{\Phi} : \mathbb{R}^2 \supset U \to \mathbb{R}^3$ mit stetiger Umkehrabbildung $\boldsymbol{\Phi}^{-1} : M \to U$ ist. Jede solche Abbildung heißt eine **Parametrisierung** für $M$.

# 1 Flächenstücke im $\mathbb{R}^3$

Flächenstücke sind die zweidimensionalen Analoga zu den Kurvenstücken. Parametrisierungen von Kurvenstücken haben einen kompakten Parameterbereich. Bei Flächenstücken setzen wir den Parameterbereich als offen voraus, um Schwierigkeiten bei der Differenzierbarkeit am Rand aus dem Wege zu gehen.

Die Stetigkeit der Umkehrabbildung einer Parametrisierung muß nun extra gefordert werden; wir benötigen sie beim Beweis des fundamentalen Satzes über die Parametertransformation 1.4 und für die Orientierbarkeit. Diese Bedingung schließt Figuren mit „approximativen" Selbstdurchdringungen (Fig.) aus.

Alle vier Beispiele von Parametrisierungen in 1.1 haben Flächenstücke als Bildmengen. Darüberhinaus ist jeder Graph im $\mathbb{R}^3$ ein Flächenstück.

## 1.4 Parametertransformationen

*Zu je zwei zulässigen $C^r$-Parametrisierungen $\boldsymbol{\Phi} : U \to \mathbb{R}^3$, $\boldsymbol{\Psi} : V \to \mathbb{R}^3$ eines $C^r$-Flächenstückes gibt es einen $C^r$-Diffeomorphismus $\mathbf{h}$ von $U$ auf $V$ mit*

$$\boldsymbol{\Phi} = \boldsymbol{\Psi} \circ \mathbf{h}.$$

$\mathbf{h}$ heißt **Parametertransformation** zwischen $\boldsymbol{\Psi}$ und $\boldsymbol{\Phi}$.

Der Beweis verläuft ähnlich dem für Kurven (vgl. die Beweisskizze § 24 : 1.3); wir verweisen auf Bd. 2, § 11 : 1.3 und [BARNER–FLOHR II] § 17:5.

## 1.5 Stereographische Projektion

Für $\mathbf{u} = (u_1, u_2) \in \mathbb{R}^2$ verbinden wir den „Nordpol" $N = (0, 0, 1)$ der Einheitssphäre

$$S^2 = \left\{ \mathbf{x} \in \mathbb{R}^3 \mid \|\mathbf{x}\| = 1 \right\}$$

mit dem Punkt $(u_1, u_2, 0)$ durch eine Gerade. Der von $N$ verschiedene Durchstoßpunkt $\Phi(\mathbf{u})$ dieser Gerade durch die Sphäre ist gegeben durch

$$\boldsymbol{\Phi}(\mathbf{u}) = \frac{1}{\|\mathbf{u}\|^2 + 1} \begin{pmatrix} 2u_1 \\ 2u_2 \\ \|\mathbf{u}\|^2 - 1 \end{pmatrix}.$$

SATZ. $\boldsymbol{\Phi} : \mathbb{R}^2 \to \mathbb{R}^3$ *ist eine zulässige Parametrisierung der im Nordpol gelochten Sphäre* $S^2 \setminus \{N\}$.

BEWEIS als ÜA. Verfizieren Sie zuerst die Formel für $\boldsymbol{\Phi}$ und bestimmen Sie die Umkehrabbildung.

## 2 Der Flächeninhalt von Flächenstücken

### 2.1 Der Flächeninhalt einer Parametrisierung

Für eine Flächenparametrisierung $\boldsymbol{\Phi} : \mathbb{R}^2 \supset U \to \mathbb{R}^3$ setzen wir

$$g_{ik} := \langle \partial_i \boldsymbol{\Phi}, \partial_k \boldsymbol{\Phi} \rangle \quad \text{für} \quad i,k = 1,2, \quad g = \det(g_{ik}) = \begin{vmatrix} g_{11} & g_{12} \\ g_{21} & g_{22} \end{vmatrix} \quad \text{und}$$

$$A(\boldsymbol{\Phi}) := \int_U \sqrt{g(\mathbf{u})}\, du_1\, du_2, \qquad \text{falls dieses Integral konvergiert.}$$

Wir machen plausibel, daß $A(\boldsymbol{\Phi})$ den Flächeninhalt der Fläche $\boldsymbol{\Phi}(U) \subset \mathbb{R}^3$ mißt.

Es gilt

$$\|\partial_1 \boldsymbol{\Phi}(\mathbf{u}) \times \partial_2 \boldsymbol{\Phi}(\mathbf{u})\| = \sqrt{g(\mathbf{u})}.$$

Denn mit $\mathbf{v}_1 = \partial_1 \boldsymbol{\Phi}(\mathbf{u})$, $\mathbf{v}_2 = \partial_2 \boldsymbol{\Phi}(\mathbf{u})$ und dem von $\mathbf{v}_1$ und $\mathbf{v}_2$ eingeschlossenen Winkel $\varphi$ ergibt sich

$$\begin{aligned}\|\mathbf{v}_1 \times \mathbf{v}_2\|^2 &= \|\mathbf{v}_1\|^2 \cdot \|\mathbf{v}_2\|^2 \cdot \sin^2 \varphi = \|\mathbf{v}_1\|^2 \cdot \|\mathbf{v}_2\|^2 (1 - \cos^2 \varphi) \\ &= \|\mathbf{v}_1\|^2 \cdot \|\mathbf{v}_2\|^2 - \langle \mathbf{v}_1, \mathbf{v}_2 \rangle^2 = g(\mathbf{u}).\end{aligned}$$

Wir fixieren im Parametergebiet $U$ eine Stelle $\mathbf{u} = (u_1, u_2)$, ein kleines Rechteck $R = [u_1, u_1 + \Delta u_1] \times [u_2, u_2 + \Delta u_2]$ und betrachten die lineare Approximation $\boldsymbol{\Psi}$ für $\boldsymbol{\Phi}$ an der Stelle $\mathbf{u}$, d.h.

$$\boldsymbol{\Psi}(\mathbf{u} + \mathbf{h}) - \boldsymbol{\Phi}(\mathbf{u}) = h_1 \partial_1 \boldsymbol{\Phi}(\mathbf{u}) + h_2 \partial_2 \boldsymbol{\Phi}(\mathbf{u}).$$

Den Flächeninhalt des krummen Vierecks $\boldsymbol{\Phi}(R)$ sehen wir als approximiert an durch den Flächeninhalt des Parallelogrammes $\boldsymbol{\Psi}(R)$. Letzteres wird von den Vektoren $\Delta u_1 \cdot \mathbf{v}_1$, $\Delta u_2 \cdot \mathbf{v}_2$ aufgespannt, besitzt also den Flächeninhalt

$$\begin{aligned}\|\Delta u_1 \cdot \mathbf{v}_1 \times \Delta u_2 \cdot \mathbf{v}_2\| &= \|\mathbf{v}_1 \times \mathbf{v}_2\| \cdot \Delta u_1 \Delta u_2 \\ &= \sqrt{g(\mathbf{u})}\, \Delta u_1 \Delta u_2.\end{aligned}$$

## 2 Der Flächeninhalt von Flächenstücken

Denken wir uns nun das Parametergebiet $U$ nahezu ausgeschöpft durch solche kleinen Rechtecke mit Eckpunkten $\mathbf{u}_1, \ldots, \mathbf{u}_N$ und Seitenlängen $\Delta u_1, \Delta u_2$, so ist der Flächeninhalt von $\mathbf{\Phi}(U)$ näherungsweise

$$\sum_{k=1}^{N} \sqrt{g(\mathbf{u}_k)}\, \Delta u_1\, \Delta u_2 \,.$$

Diese Summe wiederum approximiert für kleine $\Delta u_1, \Delta u_2$ das Integral

$$\int_U \sqrt{g(\mathbf{u})}\, du_1\, du_2 \,.$$

### 2.2 Der Inhalt eines Flächenstücks

Die vorangehende Betrachtung legt es nahe, den **Flächeninhalt** $A(M)$ eines Flächenstücks $M \subset \mathbb{R}^3$ wie folgt zu definieren: Wir setzen

$$A(M) := A(\mathbf{\Phi})\,,$$

falls es eine zulässige Parametrisierung $\mathbf{\Phi} : \mathbb{R}^2 \supset U \to \mathbb{R}^3$ gibt, für die das Integral $A(\mathbf{\Phi}) = \int_U \sqrt{g}\, du_1\, du_2$ konvergiert und $A(M) = \infty$ sonst (Bezeichnungen wie in 2.1). Wir zeigen die Unabhängigkeit von der Parametrisierung. Sei $\mathbf{\Psi} : \mathbb{R}^2 \supset V \to M$ eine weitere zulässige Parametrisierung und

$$g^* = \det(g^*_{ik})\,, \qquad g^*_{ik} = \langle \partial_i \mathbf{\Psi}, \partial_k \mathbf{\Psi} \rangle \quad \text{für} \quad i,k = 1,2 \,.$$

Nach 1.4 gilt $\mathbf{\Phi} = \mathbf{\Psi} \circ \mathbf{h}$ mit einem $C^1$-Diffeomorphismus $\mathbf{h} : U \to V$. Mit der Kettenregel folgt nach kurzer Rechnung $\boxed{\text{ÜA}}$

$$\partial_1 \mathbf{\Phi} \times \partial_2 \mathbf{\Phi} = \bigl((\partial_1 \mathbf{\Psi}) \circ \mathbf{h}\bigr) \times \bigl((\partial_2 \mathbf{\Psi}) \circ \mathbf{h}\bigr) \cdot (\partial_1 h_1\, \partial_2 h_2 - \partial_1 h_2\, \partial_2 h_1) \,.$$

Daher gilt

$$\sqrt{g} = \|\partial_1 \mathbf{\Phi} \times \partial_2 \mathbf{\Phi}\| = |\det d\mathbf{h}| \cdot \|(\partial_1 \mathbf{\Psi}) \circ \mathbf{h} \times (\partial_2 \mathbf{\Psi}) \circ \mathbf{h}\| = |\det d\mathbf{h}| \cdot \sqrt{g^* \circ \mathbf{h}} \,.$$

Der Transformationssatz ergibt, falls eines der beiden Integrale konvergiert,

$$\int_U \sqrt{g}\, du_1\, du_2 = \int_U \sqrt{g^* \circ \mathbf{h}} \cdot |\det d\mathbf{h}|\, du_1\, du_2 = \int_V \sqrt{g^*}\, dv_1\, dv_2 \,.$$

BEMERKUNGEN. Das Symbol $\sqrt{g}\, du_1\, du_2$ wird das **skalare Oberflächenelement** genannt und mit $do$, $dA$ oder $dS$ bezeichnet.

$$g = \det(g_{ik}) = \begin{vmatrix} g_{11} & g_{12} \\ g_{21} & g_{22} \end{vmatrix}$$

ist die **Gramsche Determinante**. In der Literatur finden sich auch noch die von C.F. GAUSS eingeführten Bezeichnungen

$$E, F, G \quad \text{für} \quad g_{11},\ g_{12} = g_{21},\ g_{22}\,.$$

Bei dieser Notation lautet das Oberflächenintegral

$$A(M) = \int_U \sqrt{EG - F^2}\, du_1\, du_2\,.$$

## 2.3 Der Flächeninhalt niederdimensionaler Mengen

*Die Herausnahme einer stückweis glatten Kurve oder von endlich vielen Punkten aus einem Flächenstück M ändert den Flächeninhalt nicht.*

Wir wollen den Beweis nicht explizit ausführen. Er beruht auf der Tatsache, daß das Urbild einer stückweis glatten Kurve auf $M$ unter einer Flächenparametrisierung wieder eine stückweis glatte Kurve ist. Die Spur einer solchen ist nach §23:7.4(b) eine Nullmenge im $\mathbb{R}^2$ und ändert deshalb das Integral $\int \sqrt{g}\, du_1\, du_2$ nicht.

Wir treffen allgemein die

VEREINBARUNG. Der Spur von stückweis glatten Kurven und endlich vielen Punkten wird der Flächeninhalt 0 zugeschrieben.

## 2.4 Der Flächeninhalt einer Sphäre

Wir betrachten die $r$–Sphäre mit dem Ursprung als Mittelpunkt

$$S_r = \left\{(x,y,z) \mid \sqrt{x^2 + y^2 + z^2} = r\right\}.$$

$S_r$ ist kein Flächenstück. Nehmen wir aber aus $S_r$ den Nullmeridian heraus, d.h. betrachten wir

$$S'_r = S_r \setminus N \quad \text{mit} \quad N = \left\{(\cos\vartheta, 0, \sin\vartheta) \mid 0 \leq \vartheta \leq \pi\right\},$$

so erhalten wir ein Flächenstück $S'_r$, das sich von der Sphäre nur um eine glatte Kurve unterscheidet. Die geschlitzte Sphäre $S'_r$ läßt sich durch Kugelkoordinaten parametrisieren:

$$\boldsymbol{\Phi} : U \to \mathbb{R}^3, \quad (\varphi, \vartheta) \mapsto \begin{pmatrix} r \cdot \sin\vartheta \cos\varphi \\ r \cdot \sin\vartheta \sin\varphi \\ r \cdot \cos\vartheta \end{pmatrix}$$

mit dem Parametergebiet

$$U = \left\{(\varphi, \vartheta) \mid 0 < \varphi < 2\pi,\ 0 < \vartheta < \pi\right\}.$$

## 2 Der Flächeninhalt von Flächenstücken

Es ergibt sich:

$$\partial_\varphi \Phi = \begin{pmatrix} -r \cdot \sin\vartheta \cdot \sin\varphi \\ r \cdot \sin\vartheta \cdot \cos\varphi \\ 0 \end{pmatrix}, \qquad \partial_\vartheta \Phi = \begin{pmatrix} r \cdot \cos\vartheta \cdot \cos\varphi \\ r \cdot \cos\vartheta \cdot \sin\varphi \\ -r \cdot \sin\vartheta \end{pmatrix},$$

$$g_{\varphi\varphi} = \langle \partial_\varphi \Phi, \partial_\varphi \Phi \rangle = r^2 \cdot \sin^2 \vartheta,$$

$$g_{\varphi\vartheta} = \langle \partial_\varphi \Phi, \partial_\vartheta \Phi \rangle = 0,$$

$$g_{\vartheta\vartheta} = \langle \partial_\vartheta \Phi, \partial_\vartheta \Phi \rangle = r^2,$$

$$g = \begin{vmatrix} g_{\varphi\varphi} & g_{\varphi\vartheta} \\ g_{\varphi\vartheta} & g_{\vartheta\vartheta} \end{vmatrix} = \begin{vmatrix} r^2 \cdot \sin^2\vartheta & 0 \\ 0 & r^2 \end{vmatrix} = r^4 \cdot \sin^2 \vartheta.$$

Nach der Vereinbarung 2.3 erhalten wir

$$A(S_r) = A(S_r \setminus N) = \int_U \sqrt{g}\, d\varphi\, d\vartheta = \int_0^\pi \left( \int_0^{2\pi} r^2 \cdot \sin\vartheta\, d\varphi \right) d\vartheta$$

$$= 2\pi r^2 \int_0^\pi \sin\vartheta\, d\vartheta = 4\pi r^2.$$

### 2.5 Beispiele und Aufgaben

(a) Für die Parametrisierung eines Graphen $\Phi(\mathbf{u}) = (u_1, u_2, \varphi(\mathbf{u}))$ über dem Parametergebiet $U \subset \mathbb{R}^2$ ergibt sich als Flächeninhalt

$$A = \int_U \sqrt{1 + \|\nabla\varphi\|^2}\, du_1\, du_2 \qquad \boxed{\text{ÜA}}.$$

(b) Die durch die Parametrisierung

$$(u,v) \mapsto \begin{pmatrix} r(u) \cdot \cos v \\ r(u) \cdot \sin v \\ z(u) \end{pmatrix}, \quad a < u < b, \ 0 < v < 2\pi$$

gegebene (geschlitzte) Rotationsfläche hat den Flächeninhalt

$$A = 2\pi \int_a^b r(u)\, \sqrt{\dot r^2(u) + \dot z^2(u)}\, du \qquad \boxed{\text{ÜA}}.$$

(c) Bestimmen Sie den Flächeninhalt des Torus 1.2 (b) mit Radien $0 < r < R$. Auch hier erfaßt die Parametrisierung nur den geschlitzten Torus.

(d) Berechnen Sie den Inhalt der Sphärenkappe mit Radius $r$ und Höhe $h$:

$$\left\{ (x,y,z) \mid \sqrt{x^2 + y^2 + z^2} = r,\ z > r - h \right\}.$$

## 2.6 Verhalten des Flächeninhalts unter Transformationen

(a) *Der Flächeninhalt eines Flächenstückes $M$ bleibt unter einer Bewegung $T$ des $\mathbb{R}^3$ erhalten:*

$$A(T(M)) = A(M).$$

(b) Bei der Streckung $\mathbf{x} \mapsto T_r(\mathbf{x}) = r\mathbf{x}$ ergibt sich

$$A(T_r(M)) = r^2 A(M)$$

BEWEIS als $\boxed{\text{ÜA}}$.

## 3 Oberflächenintegrale

### 3.1 Skalare Oberflächenintegrale

Für ein Flächenstück $M \subset \mathbb{R}^3$ und eine stetige Funktion $f : M \to \mathbb{R}$ definieren wir das **skalare Oberflächenintegral** von $f$ über $M$ durch

$$\int_M f \, do = \int_M f(\mathbf{x}) \, do(\mathbf{x}) := \int_U f(\mathbf{\Phi}(\mathbf{u})) \cdot \sqrt{g(\mathbf{u})} \, du_1 \, du_2,$$

falls dieses Integral konvergiert. Hierbei ist $\mathbf{\Phi} : U \to \mathbb{R}^3$ eine zulässige Parametrisierung von $M$ und $g$ wie in 2.2 die Gramsche Determinante von $\mathbf{\Phi}$. Das Symbol $do$ steht für das Oberflächenelement $\sqrt{g} \, du_1 \, du_2$.

Die Unabhängigkeit des Integrals von der gewählten Parametrisierung ergibt sich wie in 2.2.

### 3.2 Zwiebelweise Integration

*Für jede auf der Kugel $K_R = K_R(\mathbf{0}) \subset \mathbb{R}^3$ stetige und integrierbare Funktion $f$ gilt*

$$\int_{K_R} f(\mathbf{x}) \, d^3\mathbf{x} = \int_0^R \Big( \int_{S_r} f \, do \Big) \, dr = \int_0^R r^2 \Big( \int_{S_1} f(r\mathbf{x}) \, do(\mathbf{x}) \Big) \, dr,$$

*wobei $S_r$ die Sphäre vom Radius $r$ bezeichnet.*

BEWEIS.

Die längs des Meridians $N = \big\{(x,0,z) \mid x \geq 0, \ z \in \mathbb{R}\big\}$ geschlitzte Kugel $K'_R = K_R \setminus N$ ist das diffeomorphe Bild des Quaders

$$\Omega = \big\{(r, \vartheta, \varphi) \mid 0 < r < R, \ 0 < \vartheta < \pi, \ 0 < \varphi < 2\pi\big\}$$

unter der Transformation auf Kugelkoordinaten

3 Oberflächenintegrale

$$\mathbf{h} : (r, \vartheta, \varphi) \mapsto \begin{pmatrix} r\sin\vartheta\cos\varphi \\ r\sin\vartheta\sin\varphi \\ r\cos\vartheta \end{pmatrix} \quad \text{mit} \quad \det(d\mathbf{h}) = r^2\sin\vartheta\,.$$

Gleichzeitig ist für jedes feste $r > 0$

$$(\vartheta, \varphi) \mapsto \mathbf{h}(r, \vartheta, \varphi) \quad \text{auf} \quad ]0, \pi[\,\times\,]0, 2\pi[$$

eine zulässige Parametrisierung der geschlitzten Sphäre

$$S_r' = S_r \setminus N \quad \text{mit} \quad N = \left\{ (\cos\vartheta, 0, \sin\vartheta) \mid 0 \leq \vartheta \leq \pi \right\},$$

die bis auf die Reihenfolge der Parameter mit der in 2.4 angegebenen übereinstimmt. Das Oberflächenelement ist also $r^2 \sin\vartheta\,d\vartheta\,d\varphi$. Daher ist nach der Vereinbarung 2.3

$$\int_{S_r} f\,do = \int_{S_r'} f\,do = \int_0^\pi \int_0^{2\pi} f(\mathbf{h}(r,\vartheta,\varphi))\,r^2\sin\vartheta\,d\vartheta\,d\varphi\,.$$

Nach dem Transformationssatz für Integrale § 23:8.1 ergibt sich unter Vernachlässigung der Nullmenge $N$

$$\int_{K_R} f(\mathbf{x})\,d^3\mathbf{x} = \int_{K_R'} f(\mathbf{x})\,d^3\mathbf{x} = \int_\Omega f\circ\mathbf{h}\cdot|\det d\mathbf{h}|\,dr\,d\vartheta\,d\varphi$$

$$= \int_0^R \Big( \int_0^\pi \int_0^{2\pi} f(\mathbf{h}(r,\vartheta,\varphi))\,r^2\sin\vartheta\,d\vartheta\,d\varphi \Big)\,dr\,,$$

letzteres nach dem Satz § 23:2.4 über sukzessive Integration. □

### 3.3 Orientierte Flächenstücke

In § 17:5.1 hatten wir die Frage der Orientierung einer Ursprungsebene

$$E = \left\{ u_1\mathbf{a}_1 + u_2\mathbf{a}_2 \mid u_1, u_2 \in \mathbb{R} \right\}$$

angeschnitten und festgestellt, daß es zwei Möglichkeiten der Orientierung von $E$ gibt. Entsprechendes gilt für Flächenstücke:

Gegeben sei ein Flächenstück $M$ im $\mathbb{R}^3$. Zwei zulässige Parametrisierungen $\boldsymbol{\Phi}$ und $\boldsymbol{\Psi}$ von $M$ nennen wir **gleichorientiert**, wenn für die Parametertransformation $\mathbf{h}$ mit $\boldsymbol{\Phi} = \boldsymbol{\Psi}\circ\mathbf{h}$ (vgl. 1.4) die Bedingung

$$\det(d\mathbf{h}) > 0$$

gilt; andernfalls heißen $\boldsymbol{\Phi}$ und $\boldsymbol{\Psi}$ **entgegengesetzt orientiert**. Das Flächenstück besitzt also zwei Klassen von untereinander gleichorientierten Parametrisierungen oder, wie wir sagen, zwei **Orientierungen**.

Wir erhalten ein **orientiertes Flächenstück**, wenn wir eine der beiden Orientierungen auszeichnen; dies kann durch Auszeichnung einer Parametrisierung erfolgen. Jede Parametrisierung der ausgezeichneten Klasse nennen wir eine **positive Parametrisierung**, die Parametrisierungen der zweiten Klasse heißen **negative Parametrisierungen**. (Vergleichen Sie dazu § 24 : 4.3.)

Der einfachen Notation halber bezeichnen wir das orientierte Flächenstück auch wieder mit $M$ und das entgegengesetzt orientierte mit $-M$.

Geometrisch bedeutet Orientierung die Auszeichnung eines **Einheitsnormalenfeldes** auf $M$, d.h. eines stetigen Vektorfeldes $\mathbf{n} : M \to \mathbb{R}^3$ mit $\|\mathbf{n}(\mathbf{x})\| = 1$ für $\mathbf{x} \in M$:

SATZ. *Für ein orientiertes Flächenstück $M$ gibt es genau ein Einheitsnormalenfeld $\mathbf{x} \mapsto \mathbf{n}(\mathbf{x})$ mit der Eigenschaft*

$$(*) \quad \mathbf{n}(\mathbf{x}) = \pm \frac{\partial_1 \mathbf{\Phi} \times \partial_2 \mathbf{\Phi}}{\|\partial_1 \mathbf{\Phi} \times \partial_2 \mathbf{\Phi}\|}(\mathbf{u}) \quad \text{mit} \quad \mathbf{x} = \mathbf{\Phi}(\mathbf{u}),$$

*wobei das Pluszeichen für positive, das Minuszeichen für negative Parametrisierungen $\mathbf{\Phi}$ gilt.*

Umgekehrt kann $(*)$ bei gegebenem Einheitsnormalenfeld $\mathbf{n}$ zur Orientierung von $M$ dienen.

Der zu $\mathbf{n}(\mathbf{x})$ senkrechte 2–dimensionale Teilraum des $\mathbb{R}^3$ heißt **Tangentialraum**. Dieser wird von $\partial_1\mathbf{\Phi}(\mathbf{u})$, $\partial_2\mathbf{\Phi}(\mathbf{u})$ aufgespannt. Verschiebt man den Tangentialraum in den Flächenpunkt $\mathbf{x}$, so erhält man die **Tangentialebene** an $M$ im Punkt $\mathbf{x}$. Wir denken uns auch $\mathbf{n}(\mathbf{x})$ an den Flächenpunkt $\mathbf{x}$ angeheftet (Fig.).

BEWEIS.
Wir wählen eine positive Parametrisierung $\mathbf{\Psi}$ und setzen

$$\mathbf{n}(\mathbf{x}) := \frac{\partial_1 \mathbf{\Psi} \times \partial_2 \mathbf{\Psi}}{\|\partial_1 \mathbf{\Psi} \times \partial_2 \mathbf{\Psi}\|}(\mathbf{\Psi}^{-1}(\mathbf{x})).$$

Nach 1.3 ist $\mathbf{\Psi}^{-1}$ stetig, also auch $\mathbf{n}$. Ferner gilt $(*)$: Ist $\mathbf{\Phi}$ eine beliebige zulässige Parametrisierung von $M$, so gibt es nach 1.4 eine Parametertransformation $\mathbf{h}$ mit $\mathbf{\Psi} = \mathbf{\Phi} \circ \mathbf{h}$. Wie in 2.2 gezeigt wurde, gilt mit $\mathbf{v} := \mathbf{h}(\mathbf{u})$

$$\partial_1\mathbf{\Psi}(\mathbf{u}) \times \partial_2\mathbf{\Psi}(\mathbf{u}) = c \cdot \partial_1\mathbf{\Phi}(\mathbf{v}) \times \partial_2\mathbf{\Phi}(\mathbf{v}) \quad \text{mit} \quad c = \det(d\mathbf{h}(\mathbf{u})). \quad \square$$

# 3 Oberflächenintegrale

## 3.4 Aufgabe

Berechnen Sie das (nicht normierte) Normalenfeld $\partial_r \Phi \times \partial_\varphi \Phi$ für die Parametrisierung $\Phi(r,\varphi) = (r\cos\varphi, r\sin\varphi, \varphi)$ einer *Wendelfläche* mit $r > 0$, $\varphi \in \mathbb{R}$ und veranschaulichen Sie sich die Richtung dieses Feldes relativ zur Fläche.

## 3.5 Das vektorielle Oberflächenintegral

Sei $M$ ein orientiertes Flächenstück und $\mathbf{v} : \mathbf{x} \mapsto \mathbf{v}(\mathbf{x})$ ein auf $M$ stetiges Vektorfeld. Wir definieren das **vektorielle Oberflächenintegral** durch

$$\int_M \mathbf{v} \bullet d\mathbf{o} = \int_M \mathbf{v}(\mathbf{x}) \bullet d\mathbf{o}(\mathbf{x}) := \pm \int_U \langle \mathbf{v} \circ \Phi, \partial_1\Phi \times \partial_2\Phi \rangle \, du_1 \, du_2,$$

wobei $\Phi : \mathbb{R}^2 \supset U \to \mathbb{R}^3$ eine zulässige Parametrisierung von $M$ ist und das Vorzeichen positiv oder negativ gewählt wird, je nachdem, ob die Parametrisierung $\Phi$ positiv oder negativ ist.

Auch hier ist die Endlichkeit des Integrals extra zu verlangen. Die Unabhängigkeit von der Parametrisierung ergibt sich wie in 2.2 $\boxed{\text{ÜA}}$.

Das Symbol $d\mathbf{o}$ steht für das **vektorielle Oberflächenelement**.

$$d\mathbf{o} = \pm\, \partial_1\Phi \times \partial_2\Phi \, du_1 \, du_2 \,.$$

Zu dem skalaren Oberflächenelement $do = \sqrt{g}\, du_1\, du_2$ besteht die Beziehung

$$d\mathbf{o} = \pm \frac{\partial_1\Phi \times \partial_2\Phi}{\sqrt{g}} \sqrt{g}\, du_1\, du_2 = \mathbf{n}\, do,$$

denn nach der Bemerkung 2.1 und nach 3.3 gilt

$$\sqrt{g} = \|\partial_1\Phi \times \partial_2\Phi\| \quad \text{und} \quad \mathbf{n} = \pm \frac{\partial_1\Phi \times \partial_2\Phi}{\sqrt{g}} \,.$$

Das vektorielle Oberflächenintegral kann damit auch als skalares Oberflächenintegral geschrieben werden:

$$\int_M \mathbf{v} \bullet d\mathbf{o} = \int_M \mathbf{v} \bullet \mathbf{n}\, do \,.$$

Dies ist das skalare Oberflächenintegral über die Normalkomponente von $\mathbf{v}$ und wird daher auch der **Fluß** von $\mathbf{v}$ durch $M$ genannt.

Bei der praktischen Behandlung des Oberflächenintegrals kann die folgende Determinantendarstellung nützlich sein:

$$\langle \mathbf{v} \circ \boldsymbol{\Phi}, \partial_1 \boldsymbol{\Phi} \times \partial_2 \boldsymbol{\Phi} \rangle = \begin{vmatrix} v_1 \circ \boldsymbol{\Phi} & v_2 \circ \boldsymbol{\Phi} & v_3 \circ \boldsymbol{\Phi} \\ \partial_1 \Phi_1 & \partial_1 \Phi_2 & \partial_1 \Phi_3 \\ \partial_2 \Phi_1 & \partial_2 \Phi_2 & \partial_2 \Phi_3 \end{vmatrix}.$$

(Die linke Seite ist das Spatprodukt von $\mathbf{v} \circ \boldsymbol{\Phi}$, $\partial_1 \boldsymbol{\Phi}$, $\partial_2 \boldsymbol{\Phi}$, die rechte wegen $\det A^T = \det A$ die Determinante dieser Vektoren, vgl. § 17 : 4.2.)

**Aufgaben**

Berechnen Sie die folgenden Oberflächenintegrale. Die Orientierung der Flächenstücke ist dabei festgelegt durch die Angabe eines Einheitsnormalenvektors.

(a) $M = \{(x, y, z) \mid x^2 + y^2 = 2z < 1\}$ (Rotationsparaboloid),
$\mathbf{v}(x, y, z) = (x^3, x^2 y, xyz)$, $\mathbf{n}(0, 0, 0) = (0, 0, -1)$.

(b) $M = \{(r \cos \varphi, r \sin \varphi, \varphi) \mid 0 < r < 1, \ -\pi < \varphi < \pi\}$ (Schraubenfläche),
$\mathbf{v}(x, y, z) = (y, -x, z)$, $\mathbf{n}\left(\frac{1}{2}, 0, 0\right) = \left(0, -\frac{2}{\sqrt{5}}, \frac{1}{\sqrt{5}}\right)$.

# § 26 Die Integralsätze von Stokes, Gauß und Green

## 1 Übersicht

Die Integralsätze sind mehrdimensionale Versionen des Hauptsatzes der Differential- und Integralrechnung

$$\int_a^b f' \, dx = f(b) - f(a).$$

Zu diesen können wir die uns schon bekannte Beziehung

$$\int_\gamma \nabla U \bullet d\mathbf{x} = U(\mathbf{x}_1) - U(\mathbf{x}_0)$$

rechnen (vgl. § 24 : 5.2). Die hier behandelten Integralsätze von Stokes und Gauß formulieren wir in der Schreibweise der klassischen Vektoranalysis, wie sie überwiegend in der Physikliteratur verwendet wird:

$$\int_M \operatorname{rot} \mathbf{v} \bullet d\mathbf{o} = \int_{\partial M} \mathbf{v} \bullet d\mathbf{x},$$

$$\int_\Omega \operatorname{div} \mathbf{v} \, d^3 \mathbf{x} = \int_{\partial \Omega} \mathbf{v} \bullet d\mathbf{o}.$$

# 2 Der Integralsatz von Stokes

Der Beweisaufwand für die Integralsätze hängt wesentlich von der Allgemeinheit der betrachteten Integrationsmengen ab. Bei deren Auswahl müssen wir einen Kompromiß schließen, soll einerseits der begriffliche Aufwand in vertretbaren Grenzen bleiben und andererseits hinreichende Allgemeinheit für die Anwendungen in der Physik erreicht werden.

Wir betrachten hier *Pflasterketten* als Integrationsmengen und lassen uns von dem in [GRAUERT–LIEB, Kap. III] vorgestellten Konzept leiten.

Es sei erwähnt, daß sich sämtliche Integralsätze (auch für höhere Dimensionen) mit Hilfe des Differentialformenkalküls in die einheitliche und prägnante Form

$$\int_M d\omega = \int_{\partial M} \omega$$

bringen lassen, vgl. [ARNOLD, Ch. 7], [BARNER–FLOHR II, § 17.6], [FORSTER 3, § 21], [GRAUERT–LIEB, Kap. III], [HEUSER 2, Nr. 216] und [SPIVAK, 4]. Diese allgemeine Gestalt wird z.B. in der Hamiltonschen Mechanik und in der Relativitätstheorie benötigt.

## 2 Der Integralsatz von Stokes

### 2.1 Der Integralsatz für Rechtecke

Sei $R = ]a,b[\times]c,d[$ ein offenes Rechteck im $\mathbb{R}^2$, $P_1$ und $P_2$ seien $C^1$-Funktionen in einer Umgebung von $\overline{R}$. Dann gilt

$$\int_R (\partial_1 P_2 - \partial_2 P_1)\, dx_1\, dx_2 = \int_{\partial R} P_1\, dx_1 + P_2\, dx_2\,.$$

Dabei ist das auf der rechten Seite stehende Integral zu verstehen als die Summe der vier Wegintegrale

$$\int_{\sigma_k} P_1\, dx_1 + P_2\, dx_2 \quad (k=1,\ldots,4)$$

des Vektorfeldes $(P_1, P_2)$ über die im mathematisch positiven Sinn durchlaufenen Rechteckseiten:

$\sigma_1 : [a,b] \to \mathbb{R}^2,\ t \mapsto \begin{pmatrix} t \\ c \end{pmatrix}$

$\sigma_2 : [c,d] \to \mathbb{R}^2,\ t \mapsto \begin{pmatrix} b \\ t \end{pmatrix}$

$\sigma_3 : [a,b] \to \mathbb{R}^2,\ t \mapsto \begin{pmatrix} a+b-t \\ d \end{pmatrix} \qquad \sigma_4 : [c,d] \to \mathbb{R}^2,\ t \mapsto \begin{pmatrix} a \\ c+d-t \end{pmatrix}.$

BEMERKUNG. Statt der Parametrisierung $\sigma_k$ der $k$-ten Rechteckseite können wir nach § 24 : 4.3 auch jede andere Parametrisierung $\alpha_k$ wählen, welche dasselbe Wegintegral ergibt, die also durch eine orientierungstreue Parametertransformation $h$ ($h > 0$) mit $\sigma_k$ verbunden ist. Bei jeder solchen Parametrisierung wird die Rechteckseite so durchlaufen, daß $R$ zur Linken liegt.

BEWEIS.
Sukzessive Integration und Anwendung des Hauptsatzes der Differential– und Integralrechnung ergibt, da $\partial_1 P_2$ auf $\overline{R}$ stetig ist,

$$\int_R \partial_1 P_2\, dx_1\, dx_2 = \int_{\overline{R}} \partial_1 P_2\, dx_1\, dx_2 = \int_c^d \left( \int_a^b \frac{\partial P_2}{\partial x_1}(x_1, x_2)\, dx_1 \right) dx_2$$

$$= \int_c^d \bigl( P_2(b, x_2) - P_2(a, x_2) \bigr)\, dx_2 = \int_{\sigma_2} P_2\, dx_2 + \int_{\sigma_4} P_2\, dx_2$$

$$= \int_{\sigma_1} P_2\, dx_2 + \int_{\sigma_2} P_2\, dx_2 + \int_{\sigma_3} P_2\, dx_2 + \int_{\sigma_4} P_2\, dx_2 = \int_{\partial R} P_2\, dx_2\,,$$

denn

$$\int_{\sigma_1} P_2\, dx_2 = \int_a^b \left\langle \begin{pmatrix} 0 \\ P_2(t,c) \end{pmatrix}, \begin{pmatrix} 1 \\ 0 \end{pmatrix} \right\rangle dt = 0\,, \quad \text{entsprechend} \quad \int_{\sigma_3} P_2\, dx_2 = 0\,.$$

Ebenso erhalten wir

$$\int_R \partial_2 P_1\, dx_1\, dx_2 = \int_a^b \left( \int_c^d \frac{\partial P_1}{\partial x_2}(x_1, x_2)\, dx_2 \right) dx_1$$

$$= \int_a^b \bigl( P_1(x_1, d) - P_1(x_1, c) \bigr)\, dx_1 = -\int_{\sigma_3} P_1\, dx_1 - \int_{\sigma_1} P_1\, dx_1$$

$$= -\left( \int_{\sigma_1} P_1\, dx_1 + \int_{\sigma_2} P_1\, dx_1 + \int_{\sigma_3} P_1\, dx_1 + \int_{\sigma_4} P_1\, dx_1 \right) = -\int_{\partial R} P_1\, dx_1\,.$$

Subtraktion der beiden Gleichungen ergibt die Behauptung. □

## 2.2 Zweidimensionale Pflaster im $\mathbb{R}^3$

Wie erweitert man den Integralsatz auf kompliziertere Figuren, z.B. auf ein deformiertes Rechteck?

Im Beweis von 2.1 wenden wir den Hauptsatz der Differential- und Integralrechnung sowohl auf die $x_1$-Koordinate als auch auf die $x_2$-Koordinate an, integrieren also längs Koordinatenlinien $x_2 = $ const. bzw. $x_1 = $ const.

Auch im allgemeinen Fall benötigen wir zwei Scharen von Integrationslinien, die „von Rand zu Rand" laufen. Bei der Auswahl solcher Integrationswege passen wir uns flexibel der Geometrie der betrachteten Figur an — vorausgesetzt natürlich, die Figur hat keinen zu wilden Rand. Ist eine Figur das differenzierbare Bild eines abgeschlossenen Rechteckes (die Abbildung hat noch gewissen Nichtentartungsbedingungen zu genügen), so erhalten wir Integrationslinien „von Rand zu Rand" als Bilder der Koordinatenlinien des Urbildrechtecks unter dieser Abbildung.

Dies ist der einfache Grundgedanke, der dem Konzept des *Pflasters* zugrunde liegt! Ein Pflaster ist, grob gesagt, das $C^2$-Bild eines Rechtecks, wobei zugelassen ist, daß Rechtecksseiten auf einen Punkt zuammengezogen werden (Beispiel: Dreieck, s.u.) und daß zwei Rechtecksseiten zu einer Seite verklebt werden (Beispiel: geschlitzte Kreisscheibe, Figur unten).

ÜA  Bevor Sie weiterlesen, stellen Sie das Dreieck und die geschlitzte Kreisscheibe als differenzierbare Bilder von Rechtecken dar.

Wir präzisieren nun dieses Konzept, und zwar gleich für Flächenstücke im Raum.

Als Parameterbereich legen wir einfachheitshalber das Einheitsquadrat $[0,1]^2 := [0,1] \times [0,1]$ zugrunde; eine Übertragung der folgenden Definition auf beliebige Rechtecke ist leicht möglich. Das Innere von $[0,1]^2$ bezeichnen wir mit $E^2 = ]0,1[^2$. Wie in 2.1 seien $\sigma_1, \sigma_2, \sigma_3, \sigma_4$ die kanonischen Randparametrisierungen, durch die das Einheitsquadrat im mathematisch positiven Sinn umlaufen wird.

DEFINITION. Ein **zweidimensionales Pflaster** im $\mathbb{R}^3$ ist ein orientiertes Flächenstück $M$, für das es eine $C^2$–Abbildung

$$\Phi : \mathbb{R}^2 \supset U \to \mathbb{R}^3$$

auf einer Umgebung $U$ von $[0,1]^2$ gibt mit folgenden Eigenschaften:

(a) Die Einschränkung von $\Phi$ auf $]0,1[^2$ ist eine positive Flächenparametrisierung von $M$.

(b) Für $k = 1,2,3,4$ ist die **$k$–te Seitenkurve** von $\Phi$

$$\varphi_k = \Phi \circ \sigma_k, \qquad \text{eingeschränkt auf } ]0,1[,$$

entweder konstant (**entartet**) oder injektiv und regulär.

(c) Für die **Seiten**, d.h. die Spuren $\varphi_k(]0,1[)$ gilt: Jede nichtentartete Seite trifft höchstens eine weitere nichtentartete. Trifft sich die $j$–te Seite mit der $k$–ten ($j \neq k$), so gibt es eine $C^1$–Parametertransformation $h : [0,1] \to [0,1]$ mit $\varphi_j = \varphi_k \circ h$ und $\dot{h} < 0$.

Die Abbildung $\Phi$ nennen wir eine **Pflasterparametrisierung** für $M$. Wir schreiben im folgenden kurz $\Phi : [0,1]^2 \to \mathbb{R}^3$, da es auf das Verhalten von $\Phi$ außerhalb $[0,1]^2$ nicht ankommt.

Eine Pflasterparametrisierung liefert also ein deformiertes Bild des Einheitsquadrats $[0,1]^2$ im $\mathbb{R}^3$, wobei das Bild des offenen Einheitsquadrates $E^2 = ]0,1[^2$ ein Flächenstück ist, dessen Orientierung durch $\Phi$ gegeben ist.

Die Bedingung (b) läßt ausdrücklich zu, daß Quadratseiten unter $\Phi$ zu einem Punkt entarten. Bei Nichtentartung ist zugelassen, daß das Bild $\varphi_k([0,1])$ einer vollen Quadratseite eine geschlossene Kurve ist.

Die Bedingung (c) erlaubt das Verkleben von je zwei nichtentarteten Seiten unter der einschränkenden Bedingung, daß die Klebestelle unter $\varphi_j$ und $\varphi_k$ in entgegengesetzter Richtung durchlaufen wird.

Der Begriff des Pflasters sollte durch die vorangehenden und die nachfolgenden Beispiele hinreichend klar werden. Es sei angemerkt, daß sich die hier eingeführten Begriffe Pflaster und Pflasterparametrisierung nicht genau mit den in [GRAUERT–LIEB Bd. III] verwendeten decken.

## 2 Der Integralsatz von Stokes

**Beispiele und Aufgaben**

(a) Für $0 < \Theta \leq 2\pi$ ist

$$\Phi : [0,1]^2 \to \mathbb{R}^3, \quad \begin{pmatrix} u_1 \\ u_2 \end{pmatrix} \mapsto \begin{pmatrix} \cos(\Theta u_1) \\ \sin(\Theta u_1) \\ u_2 \end{pmatrix}$$

eine Pflasterparametrisierung für ein Zylindermantelstück mit Öffnungswinkel $2\pi - \Theta$ (Fig.). Alle vier Seiten sind nicht entartet. Für $\Theta = 2\pi$ ist der Zylindermantel geschlossen; die Klebstelle wird hierbei von $\varphi_2$ und $\varphi_4$ in entgegengesetzter Richtung parametrisiert.

(b) Durch

$$\Phi : [0,1]^2 \to \mathbb{R}^3, \quad (u_1, u_2) \mapsto \begin{pmatrix} u_1 \\ u_1 u_2 \\ 0 \end{pmatrix}$$

ist eine Pflasterparametrisierung eines ebenen Dreiecks gegeben. Die zu $\varphi_4$ gehörige Seite entartet zu einem Punkt, die restlichen Seiten sind nichtentartet und treffen sich nicht. (Nach Definition gehören die Endpunkte nicht dazu.)

(c) Durch

$$\Phi : [0,1]^2 \to \mathbb{R}^3,$$

$$(u_1, u_2) \mapsto \begin{pmatrix} u_1 \cdot \cos 2\pi u_2 \\ u_1 \cdot \sin 2\pi u_2 \\ 0 \end{pmatrix}$$

ist eine Pflasterparametrisierung der längs der positiven $x$–Achse geschlitzten Einheitskreisscheibe in der $x,y$–Ebene gegeben. Hierbei ist $\varphi_4$ entartet, $\varphi_2$ parametrisiert die Kreislinie im mathematisch positiven Sinn, und $\varphi_1, \varphi_3$ parametrisieren den Schlitz in entgegengesetzter Richtung.

ÜA Verifizieren Sie diese Aussagen, und studieren Sie das Abbildungsverhalten von $\Phi$ durch Betrachtung der Koordinatenlinien $u_1 = $ const und $u_2 = $ const.

(d) Zeigen Sie, daß durch die Kugelkoordinaten § 25 : 2.4 mit $\vartheta = \pi u_1$, $\varphi = 2\pi u_2$ eine Pflasterparametrisierung der längs des Nullmeridians geschlitzten Sphäre gegeben ist, und geben Sie die Seitenparametrisierungen $\varphi_k$ an.

(e) Zeigen Sie, daß die Darstellung des zweifach geschlitzten Torus (vergleiche § 25 : 1.2 (b)),

$$\Phi \;:\; [0,1]^2 \to \mathbb{R}^3, \quad (u_1, u_2) \mapsto \begin{pmatrix} (R + r\cos 2\pi u_2)\cos 2\pi u_1 \\ (R + r\cos 2\pi u_2)\sin 2\pi u_1 \\ r\sin 2\pi u_2 \end{pmatrix},$$

für $0 < r < R$ eine Pflasterparametrisierung ist.

(f) Geben Sie eine Pflasterparametrisierung für ein Kegelmantelstück an.

### 2.3 Integration über den Pflasterrand

Das Integral über den Rand eines Pflasters $M$ mit Pflasterparametrisierung $\Phi : [0,1]^2 \to \mathbb{R}^3$ definieren wir wie folgt: Von den vier Seitenkurven

$$\varphi_k = \Phi \circ \sigma_k \;:\; [0,1] \to \mathbb{R}^3 \quad (k = 1, 2, 3, 4)$$

von $\Phi$ streichen wir die entarteten und entfernen dann noch die Paare $\varphi_j, \varphi_k$, die das gleiche Kurvenstück in entgegengesetzter Richtung parametrisieren.

Danach mögen $\varphi_{i_1}, \ldots, \varphi_{i_m}$ übrig bleiben ($0 \le m \le 4$); $m = 0$ steht für den Fall, daß keine Seite übrigbleibt, wie etwa bei der geschlitzten Sphäre oder beim zweifach geschlitzten Torus. Die orientierte Randkurve $\partial M$ ist definiert als die Kollektion der übrigbleibenden Kurven bzw. durch $\partial M = \emptyset$ für $m = 0$. Für ein Vektorfeld $\mathbf{v}$ auf einer Umgebung von $\overline{M}$ definieren wir

$$\int_{\partial M} \mathbf{v} \bullet d\mathbf{x} := \int_{\varphi_{i_1}} \mathbf{v} \bullet d\mathbf{x} + \cdots + \int_{\varphi_{i_m}} \mathbf{v} \bullet d\mathbf{x}$$

für $m > 0$ und $\int_{\partial M} \mathbf{v} \bullet d\mathbf{x} = 0$ für $m = 0$.

Daß die Wahl der Pflasterparametrisierung für das *Randintegral* keine Rolle spielt, ergibt sich aus dem folgenden Satz von Stokes. Die Untersuchung der Frage, ob der *Pflasterrand* $\partial M$ nur vom orientierten Flächenstück $M$, nicht aber von der Parametrisierung abhängt, wäre in voller Allgemeinheit zu aufwendig; für die Anwendung ist sie sekundär und im Einzelfall meist problemlos. Beachten Sie: Die Spur von $\partial M$ kann wie beim geschlitzten Zylindermantel aus getrennten Kurvenspuren bestehen, vgl. 2.5.

### 2.4 Der Integralsatz von Stokes für Pflaster im $\mathbb{R}^3$

*Ist* $\mathbf{v}$ *ein* $C^1$-*Vektorfeld auf* $\Omega \subset \mathbb{R}^3$ *und* $M$ *ein Pflaster mit* $\overline{M} \subset \Omega$, *so gilt*

$$\int_M \operatorname{rot} \mathbf{v} \bullet d\mathbf{o} = \int_{\partial M} \mathbf{v} \bullet d\mathbf{x}.$$

BEWEIS.

Der Beweisgedanke ist einfach: Wir holen das Vektorfeld mit Hilfe einer Parametrisierung $\Phi$ auf das Einheitsquadrat zurück (vgl. § 24 : 5.5) und wenden auf das zurückgeholte Vektorfeld $(P_1, P_2)$ den Integralsatz 2.1 für Rechtecke an.

## 2 Der Integralsatz von Stokes

(a) Mit den Bezeichnungen 2.3 gilt

$$\int_{\partial M} \mathbf{v} \bullet d\mathbf{x} = \sum_{k=1}^{m} \int_{\varphi_{i_k}} \mathbf{v} \bullet d\mathbf{x} = \sum_{j=1}^{4} \int_{\varphi_j} \mathbf{v} \bullet d\mathbf{x},$$

denn in der letzten Summe liefern die entarteten $\varphi_j$ keinen Beitrag, und die Integrale über die $\varphi_j$, welche nicht in $\partial M$ erscheinen, heben sich wegen der entgegengesetzten Orientierung paarweise weg (vgl. §24:4.3). Ist $\partial M = \emptyset$, so ist die letzte Summe Null.

(b) Seien $\sigma_{j_1}$ und $\sigma_{j_2}$ die Komponenten von $\boldsymbol{\sigma}_j$, der Parametrisierung der Quaderseiten. Mit der Kettenregel folgt aus $\boldsymbol{\varphi}_j = \boldsymbol{\Phi} \circ \boldsymbol{\sigma}_j$

$$\dot{\boldsymbol{\varphi}}_j = ((\partial_1 \boldsymbol{\Phi}) \circ \boldsymbol{\sigma}_j) \dot{\sigma}_{j_1} + ((\partial_2 \boldsymbol{\Phi}) \circ \boldsymbol{\sigma}_j) \dot{\sigma}_{j_2}.$$

Also gilt

$$\int_{\varphi_j} \mathbf{v} \bullet d\mathbf{x} = \int_0^1 \langle \mathbf{v} \circ \boldsymbol{\varphi}_j, \dot{\boldsymbol{\varphi}}_j \rangle dt$$

$$= \int_0^1 \Big( \langle \mathbf{v} \circ \boldsymbol{\Phi} \circ \boldsymbol{\sigma}_j, (\partial_1 \boldsymbol{\Phi}) \circ \boldsymbol{\sigma}_j \rangle \dot{\sigma}_{j_1} + \langle \mathbf{v} \circ \boldsymbol{\Phi} \circ \boldsymbol{\sigma}_j, (\partial_2 \boldsymbol{\Phi}) \circ \boldsymbol{\sigma}_j \rangle \dot{\sigma}_{j_2} \Big) dt$$

$$= \int_{\sigma_j} P_1 \, du_1 + P_2 \, du_2 \quad \text{mit}$$

$$P_i = \langle \mathbf{v} \circ \boldsymbol{\Phi}, \partial_i \boldsymbol{\Phi} \rangle \quad \text{für} \quad i = 1, 2.$$

Daher gilt nach dem Integralsatz 2.1 für das Einheitsquadrat

$$(*) \quad \int_{\partial M} \mathbf{v} \bullet d\mathbf{x} = \sum_{j=1}^{4} \int_{\sigma_j} P_1 \, du_1 + P_2 \, du_2$$

$$= \int_{\partial E^2} P_1 \, du_1 + P_2 \, du_2 = \int_{E^2} (\partial_1 P_2 - \partial_2 P_1) \, du_1 \, du_2.$$

(c) Wir zerlegen das Vektorfeld $\mathbf{v}$ in seine Komponenten $\mathbf{v} = v_1 \mathbf{e}_1 + v_2 \mathbf{e}_2 + v_3 \mathbf{e}_3$. Wegen der Linearität aller auftretenden Integrale genügt es, den Integralsatz für die Vektorfelder $v_k \mathbf{e}_k$ zu beweisen. Wie die folgende Rechnung zeigt, bedeutet es keine Beschränkung der Allgemeinheit, wenn wir dies nur für $v_1 \mathbf{e}_1$ ausführen.

(d) Wir betrachten also ein einkomponentiges Vektorfeld $\mathbf{v} = f \mathbf{e}_1$ mit einer $C^1$-Funktion $f$ auf $\Omega$. Für dieses gilt

$$P_i = \langle (f \circ \boldsymbol{\Phi}) \mathbf{e}_1, \partial_i \boldsymbol{\Phi} \rangle = (f \circ \boldsymbol{\Phi}) \cdot \partial_i \Phi_1 \qquad (i = 1, 2).$$

Die Kettenregel liefert (mit den Abkürzungen $f$ für $f \circ \boldsymbol{\Phi}$, $\partial_k f$ für $(\partial_k f) \circ \boldsymbol{\Phi}$)

$$\partial_1 P_2 = \partial_1\partial_2\Phi_1 \cdot f + \partial_2\Phi_1 \cdot \sum_{k=1}^{3} \partial_k f \cdot \partial_1\Phi_k,$$

$$\partial_2 P_1 = \partial_2\partial_1\Phi_1 \cdot f + \partial_1\Phi_1 \cdot \sum_{k=1}^{3} \partial_k f \cdot \partial_2\Phi_k.$$

Damit ergibt sich für den Integranden des letzten Integrals in (∗) unter Beachtung von $\partial_1\partial_2\Phi = \partial_2\partial_1\Phi$ (deshalb die Voraussetzung $\Phi \in C^2$ für Pflasterparametrisierungen)

$$\partial_1 P_2 - \partial_2 P_1 = \partial_2 f \cdot (\partial_1\Phi_2 \cdot \partial_2\Phi_1 - \partial_1\Phi_1 \cdot \partial_2\Phi_2)$$

$$+ \partial_3 f \cdot (\partial_1\Phi_3 \cdot \partial_2\Phi_1 - \partial_1\Phi_1 \cdot \partial_2\Phi_3).$$

Auf der anderen Seite ist

$$\operatorname{rot} \mathbf{v} = \operatorname{rot}(f \cdot \mathbf{e}_1) = \partial_3 f \cdot \mathbf{e}_2 - \partial_2 f \cdot \mathbf{e}_3.$$

Weil $\Phi$ eine positive Parametrisierung von $M$ ist (vgl. § 25 : 3.3), gilt

$$d\mathbf{o} = \partial_1\Phi \times \partial_2\Phi \, du_1\, du_2 = \Big( (\partial_1\Phi_2 \cdot \partial_2\Phi_3 - \partial_1\Phi_3 \cdot \partial_2\Phi_2)\mathbf{e}_1$$

$$+ (\partial_1\Phi_3 \cdot \partial_2\Phi_1 - \partial_1\Phi_1 \cdot \partial_2\Phi_3)\mathbf{e}_2$$

$$+ (\partial_1\Phi_1 \cdot \partial_2\Phi_2 - \partial_1\Phi_2 \cdot \partial_2\Phi_1)\mathbf{e}_3 \Big) \, du_1\, du_2.$$

Berechnung von $\operatorname{rot} \mathbf{v} \bullet d\mathbf{o} = \langle \operatorname{rot}\mathbf{v}, d\mathbf{o}\rangle$ und Vergleich mit oben ergibt

$$(\partial_1 P_2 - \partial_2 P_1)\, du_1\, du_2 = (\operatorname{rot}\mathbf{v}) \circ \Phi \bullet d\mathbf{o},$$

so daß wir mit (∗) erhalten

$$\int_{\partial M} \mathbf{v} \bullet d\mathbf{x} = \int_{E^2} \big\langle (\operatorname{rot}\mathbf{v}) \circ \Phi,\ \partial_1\Phi \times \partial_2\Phi \big\rangle du_1\, du_2 = \int_M \operatorname{rot}\mathbf{v} \bullet d\mathbf{o}. \quad \Box$$

**2.5 Beispiel.** Wir betrachten das Zylinderstück $Z$

$$\{(x,y,z) \mid x^2 + y^2 = 1,\ 0 < z < 1\}.$$

Schlitzen wir dieses Zylinderstück längs einer Mantellinie auf, etwa längs

$$N = \{(1,0,z) \mid 0 < z < 1\},$$

so erhalten wir ein Flächenstück $M = Z \setminus N$. Wir orientieren $M$ durch Auszeichnung des nach außen weisenden Einheitsnormalenfeldes $\mathbf{n}$.

Die Zylinderkoordinaten liefern eine Pflasterparametrisierung von $M$ wie in 2.2 (a), dessen Rand aus den beiden Kreisen $\alpha = \varphi_1$, $\beta = \varphi_3$ besteht (Fig.). Für ein Vektorfeld $\mathbf{v}$ auf einer Umgebung von $Z$ liefert der Integralsatz von Stokes damit

$$\int_Z \operatorname{rot} \mathbf{v} \bullet d\mathbf{o} = \int_M \operatorname{rot} \mathbf{v} \bullet d\mathbf{o} = \int_{\partial M} \mathbf{v} \bullet d\mathbf{x} = \int_\alpha \mathbf{v} \bullet d\mathbf{x} + \int_\beta \mathbf{v} \bullet d\mathbf{x}.$$

### 2.6 Aufgaben

(a) Was liefert der Integralsatz von Stokes für eine Sphäre und einen Torus?

(b) Bewegt sich ein zweidimensionales Pflaster mit dem Geschwindigkeitsfeld $\mathbf{v} = \mathbf{v}(t, \mathbf{x})$ im Raum und ist $\mathbf{B}$ ein konstantes Vektorfeld, so gilt

$$\frac{d}{dt} \int_{M_t} \mathbf{B} \bullet d\mathbf{o} = \int_{C_t} (\mathbf{B} \times \mathbf{v}) \bullet d\mathbf{x},$$

dabei sind $M_t$ das Pflaster und $C_t = \partial M_t$ dessen Pflasterrand zur Zeit $t$.

Diese Beziehung ergibt das Faradaysche Induktionsgesetz bei konstantem Magnetfeld $\mathbf{B}$ und bewegter Leiterschleife $C_t$.

*Anleitung.* Betrachten Sie eine bezüglich aller drei Variablen $C^2$–differenzierbare Pflasterparametrisierung $(u_1, u_2) \mapsto \mathbf{\Phi}(t, u_1, u_2)$ für $M_t$. Für deren Zeitableitung $\mathbf{V} := \partial \mathbf{\Phi}/\partial t$ gilt $\mathbf{V} = \mathbf{v} \circ \mathbf{\Phi}$. Zeigen Sie vor Anwendung des ebenen Stokesschen Satzes

$$\frac{\partial}{\partial t} \langle \mathbf{B}, \partial_1 \mathbf{\Phi} \times \partial_2 \mathbf{\Phi} \rangle = \langle \mathbf{B}, \partial_1 \mathbf{V} \times \partial_2 \mathbf{\Phi} + \partial_1 \mathbf{\Phi} \times \partial_2 \mathbf{V} \rangle$$
$$= \partial_1 \langle \mathbf{B}, \mathbf{V} \times \partial_2 \mathbf{\Phi} \rangle - \partial_2 \langle \mathbf{B}, \mathbf{V} \times \partial_1 \mathbf{\Phi} \rangle.$$

### 2.7 Zweidimensionale Pflasterketten im $\mathbb{R}^3$

In einem weiteren Schritt wollen wir nun den Gültigkeitsbereich des Integralsatzes auf Figuren erweitern, die durch regelmäßiges Aneinandersetzen von Pflastern entstehen. Hierdurch erhalten wir stückweis glatte Flächen im Raum und die in der Funktionentheorie wichtigen mehrfach gelochten Gebiete in der Ebene.

DEFINITION. Unter einer **zweidimensionalen Pflasterkette** $M$ im $\mathbb{R}^3$ verstehen wir eine Kollektion von Pflasterparametrisierungen

$$\mathbf{\Phi}_1, \ldots, \mathbf{\Phi}_N : [0,1]^2 \to \mathbb{R}^3,$$

so daß mit den Bezeichnungen von 2.2 und

$$M_i := \mathbf{\Phi}_i(E^2), \qquad \varphi_{ij} := \mathbf{\Phi}_i \circ \boldsymbol{\sigma}_j : [0,1] \to \mathbb{R}^3$$

für $i = 1, \ldots, N$; $j = 1, 2, 3, 4$ folgendes gilt:

(a) $M_i \cap M_k = \emptyset$ für $i \neq k$.

(b) Eine nichtentartete Seite $\varphi_{ij}(]0,1[)$ kann höchstens eine weitere nichtentartete treffen. Geschieht dies etwa mit $\varphi_{kl}(]0,1[)$, so stimmen beide überein und werden durch ihre Parametrisierungen entgegengesetzt orientiert, d.h. es gibt eine Parametertransformation

$$h : [0,1] \to [0,1]$$

mit $\varphi_{ij} = \varphi_{kl} \circ h$ und $\dot{h} < 0$.

Für eine Pflasterkette schreiben wir

$$M = M_1 + \cdots + M_N.$$

Die Vereinigungsmenge aller Pflaster mitsamt ihren Randseiten bezeichnen wir mit

$$|M| = \overline{M}_1 \cup \cdots \cup \overline{M}_N.$$

Für ein auf $|M|$ gegebenes Vektorfeld **v** erklären wir das **Oberflächenintegral über die Pflasterkette** $M$ durch

$$\int_M \mathbf{v} \bullet d\mathbf{o} := \int_{M_1} \mathbf{v} \bullet d\mathbf{o} + \cdots + \int_{M_N} \mathbf{v} \bullet d\mathbf{o}.$$

Den **Pflasterkettenrand** $\partial M$ definieren wir wie in 2.3: Von den sämtlichen Seitenkurven $\varphi_{ij}$ ($i = 1, \ldots, N$, $j = 1, 2, 3, 4$) streichen wir zunächst die entarteten und dann alle Paare von Seiten, die sich gemäß (b) treffen und entgegengesetzt durchlaufen werden.

Die übrig bleibenden bezeichnen wir mit $\psi_1, \ldots, \psi_m$ und ihre Kollektion mit $\partial M$. ($\partial M = \emptyset$, falls keine Seite übrig bleibt.)

Das Integral von **v** über $\partial M$ definieren wir durch

$$\int_{\partial M} \mathbf{v} \bullet d\mathbf{x} := \int_{\psi_1} \mathbf{v} \bullet d\mathbf{x} + \cdots + \int_{\psi_m} \mathbf{v} \bullet d\mathbf{x} \quad \text{bzw.} = 0, \quad \text{falls } \partial M = \emptyset.$$

Die Unabhängigkeit des Randintegrals von den Parametrisierungen ergibt sich aus 2.8; für die Parameterinvarianz von $\partial M$ gilt das in 2.3 Gesagte.

## 2.8 Der Integralsatz von Stokes für Pflasterketten im $\mathbb{R}^3$

*Ist $M = M_1 + \cdots + M_N$ eine Pflasterkette im $\mathbb{R}^3$ und **v** ein $C^1$-Vektorfeld in einem Gebiet $\Omega$ mit $|M| \subset \Omega$, so gilt*

$$\int_M \operatorname{rot} \mathbf{v} \bullet d\mathbf{o} = \int_{\partial M} \mathbf{v} \bullet d\mathbf{x}.$$

BEWEIS.
Wie in 2.4 (a) ergibt sich

$$\int_{\partial M} \mathbf{v} \bullet d\mathbf{x} = \sum_{k=1}^{m} \int_{\psi_k} \mathbf{v} \bullet d\mathbf{x} = \sum_{i=1}^{N} \sum_{j=1}^{4} \int_{\varphi_{ij}} \mathbf{v} \bullet d\mathbf{x}.$$

Nach 2.4 gilt für jedes einzelne Pflaster $M_i$

$$\int_{M_i} \operatorname{rot} \mathbf{v} \bullet d\mathbf{o} = \sum_{j=1}^{4} \int_{\varphi_{ij}} \mathbf{v} \bullet d\mathbf{x}.$$

Die Behauptung folgt jetzt durch Addition der letzten Gleichungen. □

## 3 Der Stokessche Integralsatz in der Ebene

### 3.1 Ebene Flächenstücke und ebene Pflaster

Liegt ein Flächenstück $M$ in der $x_1, x_2$–Ebene des $\mathbb{R}^3$, so ergeben sich eine Reihe von Vereinfachungen. Erstens wird $M$ grundsätzlich durch das Einheitsnormalenfeld $\mathbf{e}_3$ orientiert. Für $\mathbf{\Phi} = (\Phi_1, \Phi_2, 0)$ gilt

$$\partial_1 \mathbf{\Phi} \times \partial_2 \mathbf{\Phi} = (\partial_1 \Phi_1 \cdot \partial_2 \Phi_2 - \partial_1 \Phi_2 \cdot \partial_2 \Phi_1) \mathbf{e}_3 \quad \boxed{\text{ÜA}}.$$

Wir lassen nun die dritte Komponente fort, beschreiben also $M$ durch die wieder mit $\mathbf{\Phi}$ bezeichnete Parametrisierung

$$\mathbf{\Phi} = \begin{pmatrix} \Phi_1 \\ \Phi_2 \end{pmatrix} : \mathbb{R}^2 \supset U \to \mathbb{R}^2.$$

Damit ergibt sich für das vektorielle und skalare Oberflächenelement

$$d\mathbf{o} = \left|\det(d\mathbf{\Phi})\right| \cdot \mathbf{e}_3 \, du_1 \, du_2, \qquad do = \left|\det(d\mathbf{\Phi})\right| du_1 \, du_2.$$

Das skalare Oberflächenintegral reduziert sich daher auf das gewöhnliche Integral über die Menge $M$:

$$\int_M f \, do = \int_U f(\mathbf{\Phi}(\mathbf{u})) \cdot |\det d\mathbf{\Phi}(\mathbf{u}))| \, du_1 \, du_2 = \int_M f(x,y) \, dx \, dy$$

nach dem Transformationssatz für Integrale.

*Für ebene Pflaster $M$ gilt mit den vorangehenden Bezeichnungen $\det(d\mathbf{\Phi}) > 0$, d.h. die Pflasterparametrisierung ist auf dem offenen Einheitsquadrat orientierungstreu.*

Denn nach der Pflasterbedingung (a) von 2.2 soll $\mathbf{\Phi}$ (als Abbildung in den $\mathbb{R}^3$ aufgefaßt) eine positive Parametrisierung sein, d.h. $\partial_1 \mathbf{\Phi} \times \partial_2 \mathbf{\Phi}$ soll ein positives Vielfaches des Einheitsnormalenvektors $\mathbf{e}_3$ sein.

## 3.2 Ebene Vektorfelder

In einer Reihe von Anwendungen können Vektorfelder der Physik durch ebene Felder

$$\mathbf{v} : \begin{pmatrix} x \\ y \end{pmatrix} \mapsto \begin{pmatrix} v_1(x,y) \\ v_2(x,y) \end{pmatrix}$$

beschrieben werden.

Das ist beispielsweise immer dann der Fall, wenn das räumliche Feld folgende Gestalt hat

$$(*) \quad \mathbf{v} : \begin{pmatrix} x \\ y \\ z \end{pmatrix} \mapsto \begin{pmatrix} v_1(x,y) \\ v_2(x,y) \\ 0 \end{pmatrix}$$

BEISPIELE.

(a) Luftströmung um eine unendlich lange Tragfläche (Fig.).

(b) Fließt durch die $z$–Achse ein konstanter Strom, so läßt sich das Magnetfeld durch das ebene Feld

$$\begin{pmatrix} x \\ y \end{pmatrix} \mapsto \frac{1}{x^2 + y^2} \begin{pmatrix} -y \\ x \end{pmatrix}$$

beschreiben, vgl. §24 : 4.6 (b).

(c) *Kugel- und achsensymmetrische Felder* können durch einen einzigen ebenen Schnitt beschrieben werden.

Für ein räumliches $C^1$–Vektorfeld der Gestalt $(*)$ gilt ÜA

$$\operatorname{rot} \mathbf{v} = (\partial_1 v_2 - \partial_2 v_1) \cdot \mathbf{e}_3 \,.$$

Für ebene Pflaster $M$ gilt mit den Bezeichnungen 3.1

$$d\mathbf{o} = do \cdot \mathbf{e}_3 = \det(d\mathbf{\Phi}) \cdot \mathbf{e}_3 \, du_1 \, du_2 \,,$$

also für das Vektorfeld $(*)$

$$\int_M \operatorname{rot} \mathbf{v} \bullet d\mathbf{o} = \int_M \langle \operatorname{rot} \mathbf{v}, \mathbf{e}_3 \rangle \, do = \int_M (\partial_1 v_2 - \partial_2 v_1) \, dx \, dy \,.$$

Nach Definition des Wegintegrals für ebene Kurvenketten folgt

$$\int_M \operatorname{rot} \mathbf{v} \bullet d\mathbf{o} = \int_{\partial M} \mathbf{v} \bullet d\mathbf{x} = \int_{\partial M} v_1 \, dx + v_2 \, dy \,.$$

# 3 Der Stokessche Integralsatz in der Ebene

## 3.3 Der Stokessche Integralsatz für die Ebene

Sei $M$ eine ebene Pflasterkette. Dann gilt für jedes in einer Umgebung von $|M|$ erklärte $C^1$-Vektorfeld $(P, Q)$

$$\int\limits_{|M|} (\partial_x Q - \partial_y P) \, dx \, dy = \int\limits_{\partial M} P \, dx + Q \, dy$$

mit der Bezeichnung §24:4.2. Das ergibt sich nach den vorbereitenden Bemerkungen 3.1, 3.2 nun unmittelbar aus 2.8, wenn wir $v_1 = P$ und $v_2 = Q$ setzen.

## 3.4 Die Orientierungregel für ebene Pflaster

Sei $\boldsymbol{\Phi} : [0,1]^2 \to \mathbb{R}^2$ eine Pflasterparametrisierung. Dann ist $\det(d\boldsymbol{\Phi}) > 0$ im Innern des Einheitsrechtecks nach 3.1. Ein Punkt $\mathbf{x} = \boldsymbol{\Phi}(\mathbf{u})$ heißt *regulärer Randpunkt* von $\boldsymbol{\Phi}$, wenn er auf einer nichtentarteten Seite $\varphi_k$ liegt und wenn $\det d\boldsymbol{\Phi}(\mathbf{u}) > 0$. In diesem Fall läßt sich leicht zeigen, daß in der Nähe von $\mathbf{x}$ beim Durchlaufen der Pflasterseite $\varphi_k$ das Pflaster zur Linken liegt. Denn das gilt beim Umlaufen des Einheitsrechtecks durch die $\sigma_k$, und $\boldsymbol{\Phi}$ ist in einer Umgebung von $\mathbf{u}$ orientierungstreu.

## 3.5 Der Stokessche Satz für die Einheitskreisscheibe

Für die Kreisscheibe $K = K_1(\mathbf{0})$ und den im mathematisch positiv durchlaufenen Rand $\partial K$ gilt

$$\int\limits_K (\partial_x Q - \partial_y P) \, dx \, dy = \int\limits_{\partial K} P \, dx + Q \, dy \, .$$

Denn in 2.2 hatten wir gesehen, daß unter der Parametrisierung

$$\begin{pmatrix} u \\ v \end{pmatrix} \mapsto \begin{pmatrix} u \cos 2\pi v \\ u \sin 2\pi v \end{pmatrix}$$

die längs der positiven Achse geschlitzte Kreisscheibe $K'$ ein Pflaster ist, wobei $\partial K$ durch $\varphi_2$ parametrisiert wird. Die Behauptung folgt jetzt wegen

$$\int\limits_{K'} (\partial_x Q - \partial_y P) \, dx \, dy = \int\limits_K (\partial_x Q - \partial_y P) \, dx \, dy \, .$$

ANMERKUNG. Auch die ungeschlitzte Kreisscheibe kann durch „Aufblasen" eines einbeschriebenen Quadrats als Pflaster mit vier nichtentarteten Seiten (= Viertelskreisbögen) parametrisiert werden; die Rechnung erfordert aber etwas Nachdenken ÜA. Die oben gegebene Parametrisierung durch Polarkoordinaten ist einfacher und natürlicher.

## 3.6 Einfaches Umlaufen eines Punktes

Sei $\boldsymbol{\alpha} = \boldsymbol{\alpha}_1 + \cdots + \boldsymbol{\alpha}_N$ ein stückweis glatter, geschlossener Weg mit $C = \text{Spur}(\boldsymbol{\alpha})$ in der gelochten Ebene $\mathbb{R}^2 \setminus \{\mathbf{0}\}$ und mit Parametrisierung $t \mapsto (x(t), y(t))$ für $a \le t \le b$, vgl. §24:4.4. Die $\boldsymbol{\alpha}_k : [a_{k-1}, a_k] \to \mathbb{R}^2$ seien $C^2$–differenzierbar ($a = a_0 < a_1 < \cdots < a_N = b$).

Wir sagen: **$\boldsymbol{\alpha}$ umläuft den Nullpunkt einfach positiv** (einmal im positiven Sinn ohne Rückläufigkeit), wenn

(a) jeder von **0** ausgehende Strahl $\boldsymbol{\alpha}(t)$ für genau ein $t \in [a, b[$ trifft und

(b) $x(t)\dot{y}(t) - \dot{x}(t)y(t) > 0$ für jede der Teilkurven $\boldsymbol{\alpha}_k$ gilt.

SATZ. *Unter diesen Voraussetzungen läßt sich das Ringgebiet zwischen $\partial K_\varrho(\mathbf{0})$ und $C$ für $0 < \varrho < \text{dist}(\mathbf{0}, C)$ als Pflasterkette darstellen.*

Der Pflasterkettenrand besteht aus der Kurve $\boldsymbol{\alpha}$ und der im Uhrzeigersinn orientierten Kreislinie $x^2 + y^2 = \varrho^2$.

BEWEIS.

Wir geben für jedes $k$ eine Pflasterparametrisierung des durch $\partial K_\varrho(\mathbf{0})$, die Spur $(\boldsymbol{\alpha}_k)$ und die Ursprungsstrahlen durch $\boldsymbol{\alpha}_k(a_{k-1}), \boldsymbol{\alpha}_k(a_k)$ begrenzten Gebiets an.

(I) Im Hinblick auf die Funktionentheorie (§27) stellen wir $\boldsymbol{\alpha}_k$ in komplexer Schreibweise dar: $z(t) = x(t) + i\,y(t)$ für $a_{k-1} \le t \le a_k$. Dann gibt es $C^2$–Funktionen $r, \Theta$ mit $\Theta(t) \in [0, 2\pi[$, $z(t) = r(t)\,\mathrm{e}^{i\Theta(t)}$ und $\dot{\Theta}(t) > 0$ für $a_{k-1} \le t \le a_k$. Letzteres bedeutet, daß $z(t)$ den Nullpunkt im mathematisch positiven Sinn umläuft.

Die $C^2$–Differenzierbarkeit von $r(t)$ und $\Theta(t)$ folgt aus der Existenz lokaler $C^\infty$–Umkehrabbildungen $\varphi$ der Transformation auf Polarkoordinaten und aus $(r(t), \Theta(t)) = \varphi(x(t), y(t))$. Das Vorzeichen von $\dot{\Theta}$ ergibt sich aus

$$\frac{\dot{z}}{z} = \frac{\dot{r}\,\mathrm{e}^{i\Theta} + ir\dot{\Theta}\,\mathrm{e}^{i\Theta}}{r\,\mathrm{e}^{i\Theta}} = \frac{\dot{r}}{r} + i\dot{\Theta}, \quad \text{also}$$

$$\dot{\Theta} = \text{Im}\,\frac{\dot{z}}{z} = \text{Im}\,\frac{\dot{x} + i\dot{y}}{x + iy} = \frac{x\dot{y} - \dot{x}y}{x^2 + y^2} > 0\,.$$

(II) *Herstellung einer Pflasterparametrisierung zu $[a_{k-1}, a_k]$*. Wir verwenden wieder die komplexe Schreibweise und definieren

$$\Phi(s, t) := s\,z(t) + (1-s)\varrho\,\mathrm{e}^{i\Theta(t)} \qquad (0 \le s \le 1,\ a_{k-1} \le t \le a_k)\,.$$

4 Der Integralsatz von Gauß

Für festes $t$ durchläuft $s \mapsto \Phi(s,t)$ das radiale Segment zwischen dem Kreispunkt $\varrho \mathrm{e}^{\mathrm{i}\Theta(t)}$ und $z(t)$. Die Bildmenge von $\Phi$ ist der Bereich zwischen der Kreislinie und der Kurve $\boldsymbol{\alpha}$ im Winkelbereich $[\Theta(a_{k-1}), \Theta(a_k)]$, letzteres nach Voraussetzung (a). Man rechnet für $\boldsymbol{\Phi} = (\operatorname{Re}\Phi, \operatorname{Im}\Phi)$ leicht nach ÜA, daß

$$\det(d\boldsymbol{\Phi}(s,t)) = \left[(r(t) - \varrho)\left(s \cdot r(t) + (1-s)\varrho\right) + \varrho \cdot s \cdot r(t)\right] \cdot \dot{\Theta}(t) > 0.$$

$\boldsymbol{\Phi}$ läßt sich natürlich zu einer $C^2$–Abbildung über $[0,1] \times [a_{k-1}, a_k]$ hinaus fortsetzen, indem $\boldsymbol{\alpha}_k$ geeignet fortgesetzt wird.

Zur Injektivität von $\boldsymbol{\Phi}$: Jeder Bildpunkt bestimmt das zugehörige $t$ eindeutig. Das zugehörige $s$ erhalten wir aus $s\left(r(t) - \varrho\right) + \varrho = |\Phi(s,t)|$. Die Durchlaufung des Pflasterrands (vier nichtentartete Seiten) ergibt sich aus der Figur.

(c) Durch Zusammensetzen der zu den einzelnen Intervallen $[a_{k-1}, a_k]$ konstruierten Pflaster erhalten wir offenbar eine Pflasterkette, denn zwei verschiedene Seiten treffen sich nur längs Radien und werden entgegengesetzt durchlaufen.

□

## 4 Der Integralsatz von Gauß

### 4.1 Der Integralsatz für den Einheitswürfel im $\mathbb{R}^3$

Den dreidimensionalen, offenen Einheitswürfel bezeichnen wir mit

$$E^3 := \left\{(x_1, x_2, x_3) \mid 0 < x_1, x_2, x_3 < 1\right\}.$$

Die sechs Seitenflächen des Würfels numerieren wir wie folgt durch:

$$E_{1\mu} := \left\{(\mu, x_2, x_3) \mid 0 < x_2, x_3 < 1\right\} \quad (\mu = 0, 1)$$
$$E_{2\mu} := \left\{(x_1, \mu, x_3) \mid 0 < x_1, x_3 < 1\right\} \quad (\mu = 0, 1)$$
$$E_{3\mu} := \left\{(x_1, x_2, \mu) \mid 0 < x_1, x_2 < 1\right\} \quad (\mu = 0, 1).$$

Diese Seiten orientieren wir durch Auszeichnung der folgenden Einheitsnormalenfelder $\mathbf{n}$:

$\mathbf{n} = -\mathbf{e}_j$ auf $E_{j0}$,

$\mathbf{n} = \mathbf{e}_j$ auf $E_{j1}$

für $j = 1, 2, 3$. Der Leser mache sich klar, daß alle sechs Normalenfelder vom Würfel weg weisen; wir sprechen vom **äußeren Einheitsnormalenfeld** auf dem Rand $\partial E^3$.

§ 26 Die Integralsätze von Stokes, Gauß und Green

SATZ. (a) *Ist* $\mathbf{v}$ *ein* $C^1$-*Vektorfeld auf einer Umgebung des abgeschlossenen Einheitswürfels* $\overline{E^3}$, *so gilt*

$$\int_{E^3} \operatorname{div} \mathbf{v}\, d^3\mathbf{x} = \int_{\partial E^3} \mathbf{v} \bullet d\mathbf{o}.$$

*Das Integral auf der rechten Seite ist dabei wie folgt definiert:*

$$\int_{\partial E^3} \mathbf{v} \bullet d\mathbf{o} := \sum_{j=1}^{3}\sum_{\mu=0}^{1} \int_{E_{j\mu}} \mathbf{v} \bullet d\mathbf{o} = \sum_{j=1}^{3}\sum_{\mu=0}^{1} \int_{E_{j\mu}} \mathbf{v} \bullet \mathbf{n}\, do.$$

(b) *Die Behauptung des Satzes bleibt unter den folgenden schwächeren Voraussetzungen richtig:* $\mathbf{v}$ *ist stetig auf* $\overline{E^3}$, $C^1$-*differenzierbar im Innern* $E^3$, *und die partiellen Ableitungen* $\partial_k v_k$ *sind beschränkt in* $E^3$.

(c) Aus dem Beweis geht hervor, daß der Satz ebenso für beliebige achsenparallele Quader des $\mathbb{R}^3$ anstelle des Einheitswürfels gilt.

Wir legen kanonische Parametrisierungen $\mathbf{\Lambda}_{j\mu} : \overline{E^2} \to \overline{E}_{j\mu}$ der Würfelseiten fest durch

$$\mathbf{\Lambda}_{10}(u_1, u_2) = (0, u_2, u_1), \qquad \mathbf{\Lambda}_{11}(u_1, u_2) = (1, u_1, u_2),$$
$$\mathbf{\Lambda}_{20}(u_1, u_2) = (u_1, 0, u_2), \qquad \mathbf{\Lambda}_{21}(u_1, u_2) = (u_2, 1, u_1),$$
$$\mathbf{\Lambda}_{30}(u_1, u_2) = (u_2, u_1, 0), \qquad \mathbf{\Lambda}_{31}(u_1, u_2) = (u_1, u_2, 1)$$

für $0 \leq u_1, u_2 \leq 1$. Die Einschränkung von $\mathbf{\Lambda}_{j\mu}$ auf das offene Einheitsquadrat $E^2$ ist jeweils eine positive Parametrisierung von $E_{j\mu}$ ÜA. $\mathbf{\Lambda}_{j\mu}^-(u_1, u_2) = \mathbf{\Lambda}_{j\mu}(u_2, u_1)$ liefert eine negative Parametrisierung von $E_{j\mu}$.

BEWEIS.

(a) Zur besseren Übersicht führen wir den Beweis zunächst unter der schärferen Voraussetzung (a). Wegen $\mathbf{n} = \mathbf{e}_j$ auf $E_{j1}$ und $\mathbf{n} = -\mathbf{e}_j$ auf $E_{j0}$ gilt

$$\int_{E_{j\mu}} \mathbf{v} \bullet d\mathbf{o} = \int_{E_{j\mu}} \mathbf{v} \bullet \mathbf{n}\, do = (-1)^{\mu+1} \int_{E_{j\mu}} \mathbf{v} \bullet \mathbf{e}_j\, do = (-1)^{\mu+1} \int_{E_{j\mu}} v_j\, do.$$

Weiter ist

$$\int_{E^3} \partial_1 v_1\, d^3\mathbf{x} = \int_0^1\int_0^1 \Big( \int_0^1 \frac{\partial v_1}{\partial x_1}(x_1, x_2, x_3)\, dx_1 \Big)\, dx_2\, dx_3$$

$$= \int_0^1\int_0^1 \big( v_1(1, x_2, x_3) - v_1(0, x_2, x_3) \big)\, dx_2\, dx_3$$

$$= \int_0^1\int_0^1 (v_1 \circ \mathbf{\Lambda}_{11})(x_1, x_2)\, dx_1\, dx_2 - \int_0^1\int_0^1 (v_1 \circ \mathbf{\Lambda}_{10})(x_1, x_2)\, dx_1\, dx_2$$

4 Der Integralsatz von Gauß

$$= \int_{E_{11}} v_1\, do + \int_{E_{10}} v_1\, do = \int_{E_{11}} \mathbf{v} \bullet d\mathbf{o} + \int_{E_{10}} \mathbf{v} \bullet d\mathbf{o}.$$

Analog erhalten wir

$$\int_{E^3} \partial_2 v_2\, d^3\mathbf{x} = \int_{E_{21}} \mathbf{v}\bullet d\mathbf{o} + \int_{E_{20}} \mathbf{v}\bullet d\mathbf{o}, \quad \int_{E^3} \partial_3 v_3\, d^3\mathbf{x} = \int_{E_{31}} \mathbf{v}\bullet d\mathbf{o} + \int_{E_{30}} \mathbf{v}\bullet d\mathbf{o}.$$

Durch Addition dieser drei Gleichungen folgt dann

$$\int_{E^3} \operatorname{div} \mathbf{v}\, d^3\mathbf{x} = \int_{E^3} (\partial_1 v_1 + \partial_2 v_2 + \partial_3 v_3)\, d^3\mathbf{x} = \sum_{j=1}^{3}\sum_{\mu=0}^{1} \int_{E_{j\mu}} \mathbf{v}\bullet d\mathbf{o} = \int_{\partial E^3} \mathbf{v}\bullet d\mathbf{o}.$$

(b) Unter den schwächeren Voraussetzungen (b) ist der Beweis (a) wie folgt zu modifizieren: Nach § 23 : 4.5, 6.4 sind die Funktionen $\partial_k v_k$ jeweils über $E^3$ integrierbar, und die Integrale lassen sich sukzessiv berechnen, z.B. gilt

$$\int_{E^3} \partial_1 v_1\, d^3\mathbf{x} = \int_0^1 \int_0^1 \Big( \int_0^1 \partial_1 v_1(x_1, x_2, x_3)\, dx_1 \Big)\, dx_2\, dx_3.$$

Für das innere Integral gilt dabei wegen der Stetigkeit von $\partial_1 v_1$ auf $\overline{E^3}$

$$\int_0^1 \partial_1 v_1(x_1, x_2, x_3)\, dx_1 = \lim_{\varrho \to 0} \int_\varrho^{1-\varrho} \partial_1 v_1(x_1, x_2, x_3)\, dx_1$$
$$= \lim_{\varrho \to 0} \big(v_1(1-\varrho, x_2, x_3) - v_1(\varrho, x_2, x_3)\big) = v_1(1, x_2, x_3) - v_1(0, x_2, x_3).$$

Der Rest des Beweises (a) kann voll übernommen werden. □

## 4.2 Dreidimensionale Pflaster

Wir gehen ähnlich wie bei zweidimensionalen Pflastern vor. Dreidimensionale Pflaster sind differenzierbare Bilder von abgeschlossenen Quadern im $\mathbb{R}^3$. Wir definieren sie so, daß sich mit ihrer Hilfe eine möglichst große Vielfalt von Körpern im Raum darstellen läßt, wie z.B. verbogene Quader, Prismen, Pyramiden und geschlitzte Kugeln.

Durch regelmäßiges Zusammensetzen von dreidimensionalen Pflastern zu Ketten lassen sich darüberhinaus kompliziertere Figuren bilden. Auf dreidimensionale Pflasterketten werden wir jedoch nicht eingehen; der Leser kann bei Bedarf die Definition für zweidimensionale Pflasterketten 2.7 unschwer auf den dreidimensionalen Fall übertragen.

$E^2 = \,]0,1[^2$ bezeichne wieder das offene Einheitsquadrat und $E^3 = \,]0,1[^3$ den offenen Einheitswürfel. $\Lambda_{j\mu}$ seien die in 4.1 eingeführten Seitenparametrisierungen des Einheitswürfels.

DEFINITION. Wir nennen ein Gebiet $\Omega_0 \subset \mathbb{R}^3$ ein **dreidimensionales Pflaster**, wenn es eine Umgebung $U$ von $[0,1]^3$ und eine $C^2$–Abbildung

$$\mathbf{h} : U \to \mathbb{R}^3$$

gibt mit folgenden Eigenschaften:

(a) Die Einschränkung von $\mathbf{h}$ auf $E^3$ ist ein orientierungstreuer Diffeomorphismus ($\det d\mathbf{h} > 0$) zwischen dem offenen Einheitswürfel $E^3$ und $\Omega_0$.

(b) Für $j = 1, 2, 3$, $\mu = 0, 1$ ist die Einschränkung von

$$\mathbf{\Phi}_{j\mu} := \mathbf{h} \circ \mathbf{\Lambda}_{j\mu} : [0,1] \times [0,1] \to \mathbb{R}^3$$

auf $E^2$ entweder eine Parametrisierung der **Seite** $M_{j\mu} := \mathbf{\Phi}_{j\mu}(E^2)$ als Flächenstück, oder die Jacobimatrix $d\mathbf{\Phi}_{j\mu}$ hat Rang $\leq 1$. Im letzten Fall nennen wir $\mathbf{\Phi}_{j\mu}$ bzw. die Seite $M_{j\mu}$ entartet.

(c) Treffen sich zwei nichtentartete Seiten, $M_{j\mu} \cap M_{k\nu} \neq \emptyset$ für $(j, \mu) \neq (k, \nu)$, so fallen sie zusammen und werden durch $\mathbf{\Phi}_{j\mu}$ und $\mathbf{\Phi}_{k\nu}$ entgegengesetzt orientiert, d.h. es existiert ein $C^2$–Diffeomorphismus $\mathbf{f}$ von $E^2$ auf sich mit $\mathbf{\Phi}_{j\mu} = \mathbf{\Phi}_{k\nu} \circ \mathbf{f}$ und $\det d\mathbf{f} < 0$.

$\mathbf{h} : [0,1]^3 \to \mathbb{R}^3$ nennen wir eine **Pflasterparametrisierung** von $\Omega_0$. Die nach (b) zugelassene Entartung von Würfelseiten unter der Abbildung $\mathbf{h}$ erlaubt es, auch Figuren mit weniger als sechs Seitenflächen als dreidimensionale Pflaster darzustellen, z.B. quadratische Pyramiden und Prismen. Nach (c) ist das Verkleben zweier Pflasterseiten möglich; auf diese Weise lassen sich die geschlitzte Kugel und der geschlitzte Zylinder als dreidimensionale Pflaster realisieren.

BEISPIELE UND AUFGABEN.

(a) Zeigen Sie, daß die Kugelkoordinaten eine Pflasterparametrisierung der Kugel $K_R(\mathbf{0})$ liefern, die längs der Halbebene

$$N = \{(x, 0, z) \mid x \geq 0,\ z \in \mathbb{R}\}$$

geschlitzt ist. Welche Würfelseiten $E_{j\mu}$ degenerieren, welche werden verklebt?

(b) Geben Sie eine Pflasterparametrisierung für die quadratische Pyramide.

(c) Desgleichen für das nebenstehend abgebildete Sechsseit.

(d) Läßt sich ein durch die Halbebene $N$ ($N$ wie in (a)) geschlitzter Kreiskegel als dreidimensionales Pflaster schreiben?

## 4.3 Gaußsche Gebiete

(a) Für ein dreidimensionales Pflaster $\Omega_0$ mit Pflasterparametrisierung $\mathbf{h}$ bezeichnen wir wie in 4.2 die Seitenparametrisierungen mit $\Phi_{j\mu} = \mathbf{h} \circ \Lambda_{j\mu}$ und die Seiten mit $M_{j\mu} = \Phi_{j\mu}(E^2)$. Von den nichtentarteten Seiten nehmen wir alle weg, die gemäß 4.2 (c) paarweis verklebt anfallen und bezeichnen die Kollektion der übrigbleibenden nichtentarteten Seiten mit $\partial \mathbf{h} = \{M_1, \ldots, M_m\}$ ($1 \leq m \leq 6$).

Zum besseren Verständnis der folgenden Definition betrachten wir als Beispiel die gemäß 4.2 (a) geschlitzte Kugel $\Omega_0 = K_r(\mathbf{0}) \setminus N$. Hier besteht $\partial \mathbf{h}$ nur aus $M_1 := M_{11}$, das ist bis auf den Nullmeridian die Sphäre $\partial K_R(\mathbf{0})$. Die übrigen Seiten liefern zusammen den Kugelschlitz $K_R(\mathbf{0}) \cap N$.

(b) Als **Gaußsches Gebiet** bezeichnen wir ein beschränktes Gebiet $\Omega$, zu dem es ein Pflaster $\Omega_0 = \mathbf{h}(E^3) \subset \Omega$ gibt mit folgenden Eigenschaften (Bezeichnungen wie in (a)):

– Der topologische Rand $\partial \Omega$ ist die Vereinigung der $\overline{M}_k \in \partial \mathbf{h}$,

– $\Omega \setminus \Omega_0$ liegt in der Vereinigung der restlichen $\overline{M}_{j\mu}$,

– die $M_k \in \partial \mathbf{h}$ sind durch ihre Seitenparametrisierung $\Phi_k$ so orientiert, daß der Normalenvektor nach außen weist.

(Bei näherer Analyse erweist sich die letzte Forderung als überflüssig.)

Demnach ist die Vollkugel $K_R(\mathbf{0})$ ein Gaußsches Gebiet; $\Omega_0$ ist die gemäß 4.2 (a) geschlitzte Kugel, die ihrerseits kein Gaußsches Gebiet ist. Ein Pflaster ohne Entartungen oder Verklebungen ist selbst ein Gaußsches Gebiet. Auch die Vollkugel kann durch „Aufblasen" eines einbeschriebenen Würfels als ein solches Pflaster erhalten werden ÜA, doch ist dies weder einfach noch angemessen.

(c) Für ein Gaußsches Gebiet $\Omega$ definieren wir in naheliegender Weise

$$\int_{\partial\Omega} \mathbf{v} \bullet d\mathbf{o} := \sum_{k=1}^{m} \int_{M_k} \mathbf{v} \bullet d\mathbf{o},$$

Bezeichnungen wie oben. Die Unabhängigkeit von der Parametrisierung $\mathbf{h}$ ergibt sich anschließend aus dem Gaußschen Satz. Die Integrale auf der rechten Seite sind für jedes auf $\overline{\Omega}$ stetige Vektorfeld endlich, ferner gilt

(∗) $\quad \int_{\partial\Omega} \mathbf{v} \bullet d\mathbf{o} = \sum_{j=1}^{3} \sum_{\mu=0}^{1} \int_{E^2} \langle \mathbf{v} \circ \Phi_{j\mu}, \partial_1 \Phi_{j\mu} \times \partial_2 \Phi_{j\mu} \rangle \, du_1 \, du_2$.

Denn die Integrale für die entarteten $\Phi_{j\mu}$ sind Null, da $\partial_1 \Phi_{j\mu}, \partial_2 \Phi_{j\mu}$ linear abhängig sind, und für jedes Paar verklebter, also entgegengesetzt orientierter Seiten heben sich die Integrale weg.

BEMERKUNG. Das Oberflächenintegral über die $R$–Sphäre ist also definiert als das Integral über die geschlitzte $R$–Sphäre. Dies entspricht der Konvention § 25:2.3.

## 4.4 Der Gaußsche Integralsatz

*Ist $\Omega \subset \mathbb{R}^3$ ein Gaußsches Gebiet und $\mathbf{v}$ ein $C^1$-Vektorfeld auf einer Umgebung von $\overline{\Omega}$, so gilt*

$$\int\limits_{\Omega} \operatorname{div} \mathbf{v}\, d^3\mathbf{x} \;=\; \int\limits_{\partial \Omega} \mathbf{v} \bullet d\mathbf{o} \;=\; \int\limits_{\partial \Omega} \mathbf{v} \bullet \mathbf{n}\, do\,.$$

*Hierbei ist $\mathbf{n}$ das äußere Einheitsnormalenfeld auf den Randseiten von $\Omega$.*

BEMERKUNG. Der Satz gilt auch unter folgenden schwächeren Voraussetzungen: $\mathbf{v}$ ist stetig auf $\overline{\Omega}$, $C^1$-differenzierbar in $\Omega$, und die partiellen Ableitungen $\partial_k v_k$ sind beschränkt. Letzteres sichert die Endlichkeit des linken Integrals, vgl. § 23 : 4.5.

Der BEWEIS verläuft ganz nach dem Muster des zweidimensionalen Falles 2.4. Wir geben deshalb aus Platzgründen nur die wichtigsten Schritte an und überlassen dem Leser die (zum Teil länglichen) Rechnungen.

Wir wählen für $\Omega$ eine Pflasterparametrisierung $\mathbf{h}$ und verwenden die Bezeichnungen $\boldsymbol{\Lambda}_{j\mu}$, $\boldsymbol{\Phi}_{j\mu}$, $M_{j\mu}$ von 4.1 und 4.2. Weiter setzen wir

$$a_{ik} = \langle\, \mathbf{v} \circ \mathbf{h}\,,\; \partial_i \mathbf{h} \times \partial_k \mathbf{h}\,\rangle\,,\quad \mathbf{w} = a_{12}\mathbf{e}_3 + a_{23}\mathbf{e}_1 + a_{31}\mathbf{e}_2$$

und bezeichnen das äußere Einheitsnormalenfeld des Würfelrandes $\partial E^3$ mit $\mathbf{N}$.

(a) Für festes $(j,\mu)$ gilt mit $\boldsymbol{\Lambda} := \boldsymbol{\Lambda}_{j\mu}$, $\boldsymbol{\Phi} := \boldsymbol{\Phi}_{j\mu}$

$$\langle\,\mathbf{v}\circ\boldsymbol{\Phi}\,,\; \partial_1\boldsymbol{\Phi} \times \partial_2\boldsymbol{\Phi}\,\rangle \;=\; \langle\,\mathbf{w}\circ\boldsymbol{\Lambda}\,,\; \partial_1\boldsymbol{\Lambda} \times \partial_2\boldsymbol{\Lambda}\,\rangle \;=\; \langle\,\mathbf{w}\circ\boldsymbol{\Lambda}\,,\; \mathbf{N}\,\rangle\,.$$

Dies ergibt sich durch Anwendung der Kettenregel auf $\boldsymbol{\Phi} = \mathbf{h}\circ\boldsymbol{\Lambda}$.

(b) Hieraus folgt zusammen mit der Gleichung 4.3 (∗) und dem Gaußschen Integralsatz für den Einheitswürfel 4.1

$$\int\limits_{\partial\Omega} \mathbf{v} \bullet \mathbf{n}\, do \;=\; \int\limits_{\partial E^3} \mathbf{w} \bullet \mathbf{N}\, do \;=\; \int\limits_{E^3} \operatorname{div} \mathbf{w}\, d^3\mathbf{u}\,.$$

(c) Es gilt

$$\operatorname{div} \mathbf{w} = \bigl((\operatorname{div} \mathbf{v}) \circ \mathbf{h}\bigr) \cdot \det(d\mathbf{h})\,.$$

Bei der Herleitung ist $\partial_i \partial_k \mathbf{h} = \partial_k \partial_i \mathbf{h}$ zu beachten.

(d) Die Anwendung des Transformationssatzes für Integrale auf den orientierungstreuen Diffeomorphismus $\mathbf{h} : E^3 \to \Omega$ (d.h. $\det d\mathbf{h} > 0$) liefert

$$\int\limits_{\partial\Omega} \mathbf{v}\bullet\mathbf{n}\, do \;=\; \int\limits_{E^3} \operatorname{div} \mathbf{w}\, d^3\mathbf{u} \;=\; \int\limits_{E^3} \bigl((\operatorname{div} \mathbf{v})\circ \mathbf{h}\bigr)\cdot |\det(d\mathbf{h})|\, d^3\mathbf{u}$$

$$= \int\limits_{\Omega} \operatorname{div}\mathbf{v}\, d^3\mathbf{x}\,. \qquad \Box$$

# 5 Anwendungen des Gaußschen Satzes, Greensche Formeln

## 5.1 Der Gaußsche Integralsatz für die Kugel

Nach den Überlegungen 4.3 und dem Gaußschen Satz gilt

$$\int_{K_R(\mathbf{a})} \operatorname{div} \mathbf{v}\, d^3\mathbf{x} = \int_{\partial K_R(\mathbf{a})} \mathbf{v} \bullet \mathbf{n}\, do$$

unter den Voraussetzungen 4.4 über $\mathbf{v}$. Dabei ist $\mathbf{n}$ das äußere Normalenfeld.

## 5.2 Aufgabe.
$\Omega \subset \mathbb{R}^3$ sei die Pyramide mit der Spitze $\mathbf{e}_3$ und dem Quadrat $Q = \{(x,y,0) \mid |x| < 1, |y| < 1\}$ als Grundseite. Ferner sei $\mathbf{v}$ das Vektorfeld $(x,y,z) \mapsto (x^4, z^3, y^2)$. Berechnen Sie zunächst das Integral $\int_Q \mathbf{v} \bullet d\mathbf{o}$ und dann mit Hilfe des Gaußschen Satzes das Integral $\int_M \mathbf{v} \bullet d\mathbf{o}$ über die Mantelfläche $M = \partial\Omega \setminus Q$ (zu verstehen als Summe der Integrale über die vier Mantelseiten).

## 5.3 Volumen als Oberflächenintegral

Zeigen Sie für Gaußsche Gebiete $\Omega$:

$$V^3(\Omega) = \tfrac{1}{3} \int_{\partial\Omega} \mathbf{x} \bullet d\mathbf{o}\,.$$

## 5.4 Raumwinkel

Das zweidimensionale Pflaster $M \subset \mathbb{R}^3 \setminus \{\mathbf{0}\}$ werde von jedem vom Ursprung ausgehenden Strahl höchstens einmal und nicht tangential getroffen. $M_1$ sei das durch die Zentralprojektion $\mathbf{x} \mapsto \mathbf{x}/\|\mathbf{x}\|$ von $M$ auf die Einheitssphäre entstehende Pflaster und $\mathbf{n}$ das vom Ursprung wegweisende Einheitsnormalenfeld auf $M$. Zeigen Sie:

$$\int_M \frac{\langle \mathbf{n}(\mathbf{x}), \mathbf{x} \rangle}{\|\mathbf{x}\|^3}\, do(\mathbf{x}) = A(M_1) = \text{Flächeninhalt von } M_1.$$

$A(M_1)$ heißt der vom Ursprung aus gesehene **Raumwinkel** von $M$.

*Anleitung:* Wenden Sie den Gaußschen Integralsatz auf das divergenzfreie Vektorfeld $\mathbf{v}(\mathbf{x}) = \mathbf{x}/\|\mathbf{x}\|^3$ und das Gebiet $\Omega_r$ an, welches durch $M$ und $M_r = \{r\mathbf{x} \mid \mathbf{x} \in M_1\}$ ($r \ll 1$) sowie die $M$ und $M_r$ „streifenden" Ursprungsstrahlen begrenzt wird (Kegelstumpf).

## 5.5 Die vektoriellen Versionen des Gaußschen Integralsatzes

Unter geeigneten Voraussetzungen gilt:

$$\int_\Omega \nabla p\, d^3\mathbf{x} = \int_{\partial\Omega} p\,\mathbf{n}\, do\,, \qquad \int_\Omega \operatorname{rot}\mathbf{v}\, d^3\mathbf{x} = \int_{\partial\Omega} \mathbf{n}\times\mathbf{v}\, do\,.$$

Die Integrale werden hierbei komponentenweise gebildet.

BEWEIS als ÜA:

Wenden Sie den Gaußschen Integralsatz auf die einkomponentigen Vektorfelder $\mathbf{v} = f\cdot\mathbf{e}_i$ an und setzen Sie die dabei entstehenden drei Integralformeln geeignet zusammen. Beachten Sie § 24 : 7.2

### 5.6 Partielle Integration

Sei $\Omega$ ein Gaußsches Gebiet. Die Funktionen $u, v$ seien $C^1$–differenzierbar in einer Umgebung von $\overline{\Omega}$, und eine von ihnen verschwinde auf $\partial\Omega$. Dann gilt für $k = 1, 2, 3$

$$\int_\Omega u\, \frac{\partial v}{\partial x_k}\, d^3\mathbf{x} \;=\; -\int_\Omega \frac{\partial u}{\partial x_k}\, v\, d^3\mathbf{x}\,.$$

BEMERKUNG. Die Formel bleibt richtig unter den schwächeren Voraussetzungen $u, v \in C^1(\Omega) \cap C^0(\overline{\Omega})$, Beschränktheit der partiellen Ableitungen von $u, v$ auf $\Omega$ und $u\cdot v = 0$ auf $\partial\Omega$.

Beweis als Übungsaufgabe; beachten Sie den Hinweis in 5.5.

### 5.7 Die Greenschen Integralformeln

*Sei $\Omega \subset \mathbb{R}^3$ ein Gaußsches Gebiet und $u, v$ seien $C^2$-Funktionen in einer Umgebung von $\overline{\Omega}$. Dann gilt*

(a) $\displaystyle\int_\Omega \left(\langle \nabla u, \nabla v\rangle + u\Delta v\right) d^3\mathbf{x} \;=\; \int_{\partial\Omega} u\cdot\partial_\mathbf{n} v\, do\,,$

(b) $\displaystyle\int_\Omega \left(u\Delta v - v\Delta u\right) d^3\mathbf{x} \;=\; \int_{\partial\Omega} \left(u\cdot\partial_\mathbf{n} v - v\cdot\partial_\mathbf{n} u\right) do\,.$

*Hierbei ist $\partial_\mathbf{n} u(\mathbf{x}) = \langle \nabla u(\mathbf{x}), \mathbf{n}(\mathbf{x})\rangle$, oft auch bezeichnet mit $\dfrac{\partial u}{\partial \mathbf{n}}(\mathbf{x})$, die Ableitung von $u$ in Richtung des äußeren Einheitsnormalenfeldes $\mathbf{n}$ von $\partial\Omega$ (§ 22 : 3.2).*

BEMERKUNG. Die beiden Integralformeln gelten noch unter den schwächeren Bedingungen: $u, v$ sind $C^2$–differenzierbar in $\Omega$ und lassen sich mitsamt ihren partiellen Ableitungen erster Ordnung stetig auf $\overline{\Omega}$ fortsetzen; ferner seien die zweiten partiellen Ableitungen beschränkt auf $\Omega$. Dies ergibt sich aus der Bemerkung zum Gaußschen Integralsatz 4.4.

BEWEIS.
(a) ergibt sich durch Anwendung des Gaußschen Integralsatzes auf das Vektorfeld $\mathbf{w} := u \cdot \nabla v$. Denn mit der Produktregel § 24:7.2 (c),

$$\operatorname{div} \mathbf{w} = \operatorname{div}(u \cdot \nabla v) = \langle \nabla u, \nabla v \rangle + u \Delta v,$$

erhalten wir

$$\int_\Omega \left( \langle \nabla u, \nabla v \rangle + u \Delta v \right) d^3\mathbf{x} = \int_\Omega \operatorname{div} \mathbf{w}\, d^3\mathbf{x} = \int_{\partial\Omega} \langle \mathbf{w}, \mathbf{n} \rangle\, do$$

$$= \int_{\partial\Omega} u \langle \nabla v, \mathbf{n} \rangle\, do = \int_{\partial\Omega} u \cdot \frac{\partial v}{\partial \mathbf{n}}\, do.$$

(b) folgt unmittelbar durch zweimalige Anwendung von (a). □

AUFGABE. Erfüllt $u \neq 0$ die Voraussetzungen für die Greenschen Formeln, ist ferner $u(\mathbf{x}) = 0$ für $\mathbf{x} \in \partial\Omega$ und gilt die Eigenwertgleichung

$$-\Delta u = \lambda u$$

auf $\Omega$, so ist $\lambda$ positiv.

*Hinweis*: Multiplizieren Sie die Eigenwertgleichung mit $u$, und wenden Sie eine der Greenschen Formeln an!

# 6 Anwendungen der Integralsätze in der Physik

## 6.1 Massenerhaltungssatz und Kontinuitätsgleichung

$\mathbf{v}(t, \mathbf{x})$ sei das Geschwindigkeitsfeld einer Flüssigkeits– oder Gasströmung und $\varrho(t, \mathbf{x})$ die Massendichte zur Zeit $t$ an der Stelle $\mathbf{x}$. Die in einem Raumgebiet $\Omega$ zur Zeit $t$ enthaltene Masse ist gegeben durch das Integral

$$\int_\Omega \varrho(t, \mathbf{x})\, d^3\mathbf{x}.$$

Die pro Zeiteinheit durch den Rand $\partial\Omega$ nach außen fließende Masse ist

$$\int_{\partial\Omega} \varrho\, \mathbf{v} \bullet \mathbf{n}\, do,$$

wobei $\mathbf{n}$ das äußere Einheitsfeld von $\Omega$ ist.

Massenerhaltung bedeutet somit

§ 26 Die Integralsätze von Stokes, Gauß und Green

$$\underbrace{\frac{d}{dt} \int_\Omega \varrho(t,\mathbf{x})\, d^3\mathbf{x}}_{\text{Zunahme an Masse in }\Omega} + \underbrace{\int_{\partial\Omega} \varrho\, \mathbf{v} \bullet \mathbf{n}\, do}_{\text{Abfluß an Masse durch }\partial\Omega} = 0$$

für jedes Raumgebiet $\Omega \subset \mathbb{R}^3$ und jeden Zeitpunkt $t$. Dies ist die *integrale Fassung des Massenerhaltungssatzes*. Zur Herleitung der differentiellen Fassung wenden wir auf das zweite Integral den Gaußschen Integralsatz an und erhalten

$$\int_\Omega \left( \frac{\partial \varrho}{\partial t} + \operatorname{div}(\varrho\, \mathbf{v}) \right) d^3\mathbf{x} = 0$$

für jedes Raumgebiet $\Omega$. Daraus folgt die **Kontinuitätsgleichung**

$$\frac{\partial \varrho}{\partial t} + \operatorname{div}(\varrho\, \mathbf{v}) = 0.$$

als *differentielle Fassung des Massenerhaltungssatzes*.

Denn wäre $\partial_t \varrho + \operatorname{div}(\varrho\, \mathbf{v})$ an einer Stelle $\mathbf{a}$ von Null verschieden, etwa positiv, so wäre dies auch in einer Umgebung $\Omega = K_r(\mathbf{a})$ der Fall, also wäre das Integral über dieses $\Omega$ positiv.

Bei der Strömung einer inkompressiblen Flüssigkeit ist die Dichte $\varrho$ konstant, also gilt $\operatorname{div}(\varrho\, \mathbf{v}) = \varrho \operatorname{div} \mathbf{v}$. Wir sprechen von einer *inkompressiblen stationären Strömung*, wenn $\varrho$ zeitlich und räumlich konstant ist. In diesem Fall gilt

$$\operatorname{div} \mathbf{v} = 0.$$

BEMERKUNGEN. Die vorangehenden Betrachtungen behalten ihre Gültigkeit weit über die Hydrodynamik hinaus, beispielsweise kann $\varrho$ die elektrische Ladungsverteilung bedeuten. Mit Hilfe der Kontinuitätsgleichung wird auch die zeitabhängige Wärmeleitungsgleichung hergeleitet.

### 6.2 Physikalische Deutung von Divergenz und Rotation

*Für ein $C^1$-Vektorfeld $\mathbf{v}$ auf $\Omega \subset \mathbb{R}^3$ lassen sich Divergenz und Rotation in jedem Punkt durch Integralmittelwerte darstellen:*

$$(\operatorname{div} \mathbf{v})(\mathbf{a}) = \lim_{r \to 0} \frac{3}{4\pi r^3} \int_{S_r(\mathbf{a})} \mathbf{v} \bullet \mathbf{n}\, do.$$

*Hierbei ist $S_r(\mathbf{a}) = \left\{ \mathbf{x} \in \mathbb{R}^3 \mid \|\mathbf{x} - \mathbf{a}\| = r \right\}$ die $r$-Sphäre um $\mathbf{a}$, und $\mathbf{n}$ ist das äußere Einheitsnormalenfeld. Für jeden Vektor $\mathbf{e}$ der Länge 1 gilt*

$$\langle (\operatorname{rot} \mathbf{v})(\mathbf{a}), \mathbf{e} \rangle = \lim_{r \to 0} \frac{1}{\pi r^2} \int_{C_r(\mathbf{a},\mathbf{e})} \mathbf{v} \bullet d\mathbf{x}; \quad \textit{dabei ist}$$

## 6 Anwendungen der Integralsätze in der Physik

$$C_r(\mathbf{a},\mathbf{e}) = S_r(\mathbf{a}) \cap \{\mathbf{x} \in \mathbb{R}^3 \mid \langle \mathbf{x}-\mathbf{a},\mathbf{e}\rangle = 0\}$$

*der $r$-Kreis um $\mathbf{a}$ senkrecht zu $\mathbf{e}$. Dieser Kreis ist so zu durchlaufen, daß für $\mathbf{x} \in C_r(\mathbf{a},\mathbf{e})$ die Vektoren $\mathbf{e}$, $\mathbf{x}-\mathbf{a}$ und der Tangentenvektor in $\mathbf{x}$ der Dreifingerregel genügen.*

**Physikalische Deutung.** Bei Flüssigkeitsströmungen ist $\int_{S_r(\mathbf{a})} \mathbf{v} \bullet \mathbf{n}\, do$ nach 6.1 die durch den Rand einer kleinen Kugel $K_r(\mathbf{a})$ pro Zeiteinheit strömende Flüssigkeitsmenge, der Fluß durch $S_r(\mathbf{a})$. Ist dieser positiv (bzw. negativ), so muß in $K_r(\mathbf{a})$ eine Quelle (bzw. Senke) vorhanden sein. Aus der ersten der beiden Formeln ergibt sich, daß $\operatorname{div}\mathbf{v}(\mathbf{a})$ als **Quelldichte** an der Stelle $\mathbf{a}$ interpretiert werden kann.

Aus der zweiten Formel ergibt sich die Interpretation von $\operatorname{rot}\mathbf{v}(\mathbf{a})$ als **flächenhafte Wirbeldichte**: Das Wegintegral $\int_{C_r(\mathbf{a},\mathbf{e})} \mathbf{v} \bullet d\mathbf{x}$ (Zirkulation längs $C_r(\mathbf{a},\mathbf{e})$) mißt den Grad der Wirbelbildung um $\mathbf{a}$ in der Fläche senkrecht zu $\mathbf{e}$.

BEWEIS.

(a) Für jede stetige Funktion $f$ auf $\Omega$ gilt

$$f(\mathbf{a}) = \lim_{r\to 0} \frac{1}{V^3(K_r(\mathbf{a}))} \int_{K_r(\mathbf{a})} f\, d^3\mathbf{x} = \lim_{r\to 0} \frac{3}{4\pi r^3} \int_{K_r(\mathbf{a})} f\, d^3\mathbf{x}.$$

Denn wählen wir zu $\varepsilon > 0$ ein $\delta > 0$ mit

$$\bigl|f(\mathbf{x}) - f(\mathbf{a})\bigr| \leq \varepsilon \quad \text{für} \quad \|\mathbf{x}-\mathbf{a}\| \leq \delta,$$

so folgt für $0 < r \leq \delta$

$$\left| f(\mathbf{a}) - \frac{3}{4\pi r^3} \int_{K_r(\mathbf{a})} f(\mathbf{x})\, d^3\mathbf{x} \right| = \frac{3}{4\pi r^3} \left| \int_{K_r(\mathbf{a})} (f(\mathbf{a})-f(\mathbf{x}))\, d^3\mathbf{x} \right|$$

$$\leq \frac{3}{4\pi r^3} \int_{K_r(\mathbf{a})} \bigl|f(\mathbf{a})-f(\mathbf{x})\bigr|\, d^3\mathbf{x} \leq \varepsilon.$$

(b) Hieraus folgt zusammen mit dem Gaußschen Integralsatz

$$(\operatorname{div}\mathbf{v})(\mathbf{a}) = \lim_{r\to 0} \frac{3}{4\pi r^3} \int_{K_r(\mathbf{a})} \operatorname{div}\mathbf{v}\, d^3\mathbf{x} = \lim_{r\to 0} \frac{3}{4\pi r^3} \int_{S_r(\mathbf{a})} \mathbf{v} \bullet \mathbf{n}\, do.$$

(c) Die zweite Identität folgt ebenso mit Hilfe des Stokesschen Integralsatzes, angewandt auf die Kreisscheibe $K_r(\mathbf{a},\mathbf{e})$ mit Normalenvektor $\mathbf{n} = \mathbf{e}$ und Rand $C_r(\mathbf{a},\mathbf{e})$:

$$\langle (\operatorname{rot}\mathbf{v})(\mathbf{a}),\mathbf{e}\rangle = \lim_{r\to 0} \frac{1}{\pi r^2} \int_{K_r(\mathbf{a},\mathbf{e})} \operatorname{rot}\mathbf{v} \bullet \mathbf{n}\, do = \lim_{r\to 0} \frac{1}{\pi r^2} \int_{C_r(\mathbf{a},\mathbf{e})} \mathbf{v} \bullet d\mathbf{x}. \quad \square$$

## 6.3 Das Beschleunigungsfeld einer Flüssigkeitströmung

Bezeichnet $\mathbf{v}(t,\mathbf{x})$ die Geschwindigkeit und $\mathbf{b}(t,\mathbf{x})$ die Beschleunigung eines Teilchens, das sich zur Zeit $t$ im Raumpunkt $\mathbf{x} \in \mathbb{R}^3$ befindet, so besteht die Beziehung

$$\mathbf{b}(t,\mathbf{x}) = \left(\frac{\partial \mathbf{v}}{\partial t} + \sum_{i=1}^{3} v_i \frac{\partial \mathbf{v}}{\partial x_i}\right)(t,\mathbf{x}).$$

Denn ist $t \mapsto \boldsymbol{\alpha}(t)$ die Bahn eines Teilchens, so hat dieses zur Zeit $t$ im Raumpunkt $\mathbf{x} = \boldsymbol{\alpha}(t)$ die Geschwindigkeit $\dot{\boldsymbol{\alpha}}(t) = \mathbf{v}(t,\boldsymbol{\alpha}(t))$ und damit die Beschleunigung

$$\mathbf{b}(t,\mathbf{x}) = \ddot{\boldsymbol{\alpha}}(t) = \frac{d}{dt}\mathbf{v}(t,\boldsymbol{\alpha}(t)) = \frac{\partial \mathbf{v}}{\partial t}(t,\boldsymbol{\alpha}(t)) + \sum_{i=1}^{3} \frac{\partial \mathbf{v}}{\partial x_i}(t,\boldsymbol{\alpha}(t)) \cdot \dot{\alpha}_i(t)$$

$$= \frac{\partial \mathbf{v}}{\partial t}(t,\mathbf{x}) + \sum_{i=1}^{3} \frac{\partial \mathbf{v}}{\partial x_i}(t,\mathbf{x}) \cdot v_i(t,\mathbf{x}).$$

## 6.4 Der Impulserhaltungssatz für ideale Flüssigkeiten

Auf ein deformierbares Medium können zwei Arten von Kräften einwirken, *Raumkräfte* (z.B. Gravitationskräfte) und *Oberflächenkräfte*. Sie lassen sich durch eine Kraftdichte $\mathbf{G}(t,\mathbf{x})$ pro Masseneinheit beschreiben. Die auf ein räumliches Gebiet zur Zeit $t$ wirkende Raumkraft ist also durch das vektorwertige Integral

$$\int_\Omega \mathbf{G}(t,\mathbf{x})\, \varrho(t,\mathbf{x})\, d^3\mathbf{x} = \sum_{i=1}^{3} \mathbf{e}_i \int_\Omega G_i(t,\mathbf{x})\, \varrho(t,\mathbf{x})\, d^3\mathbf{x}$$

gegeben.

Oberflächenkräfte sind bei einer idealen (nicht zähen) Flüssigkeit durch den Skalardruck $p(t,\mathbf{x}) \geq 0$ beschreibbar. Greift man zum Zeitpunkt $t$ ein Raumteil $\Omega \subset \mathbb{R}^3$ heraus, so muß zur Erhaltung des Gleichgewichts auf $\Omega$ die Oberflächenkraft

$$-\int_{\partial\Omega} p(t,\mathbf{x})\mathbf{n}(\mathbf{x})\, do = -\sum_{i=1}^{3} \mathbf{e}_i \int_{\partial\Omega} p(t,\mathbf{x})\, n_i(\mathbf{x})\, do,$$

wirken, wobei $\mathbf{n}$ das äußere Einheitsnormalenfeld von $\Omega$ ist. Die Druckkraft greift an jedem Oberflächenelement senkrecht an, weil die Flüssigkeitsteilchen frei verschiebbar sind.

Bezeichnet $\mathbf{b}(t,\mathbf{x})$ den Beschleunigungsvektor des Teilchens, das sich zur Zeit $t$ an der Stelle $\mathbf{x}$ befindet, so wird Impulserhaltung beschrieben durch die Kräftebilanz

# 6 Anwendungen der Integralsätze in der Physik

$$\underbrace{\int_\Omega \varrho\, \mathbf{b}\, d^3\mathbf{x}}_{\text{Beschleunigungskraft}} = \underbrace{\int_\Omega \varrho\, \mathbf{G}\, d^3\mathbf{x}}_{\text{Raumkraft}} + \underbrace{\int_{\partial\Omega} (-p\,\mathbf{n})\, do}_{\text{Oberflächenkraft}}$$

für jedes Raumgebiet $\Omega$ und jeden Zeitpunkt $t$.

Die differentielle Fassung des Impulserhaltungssatzes gewinnen wir, indem wir auf das dritte Integral den Gaußschen Integralsatz in der vektoriellen Fassung 5.5 anwenden:

$$\int_{\partial\Omega} p\,\mathbf{n}\, do = \int_\Omega \nabla p\, d^3\mathbf{x}\,.$$

Hiermit ergibt sich $\int_\Omega (\varrho\,\mathbf{b} - \varrho\,\mathbf{G} + \nabla p)\, d^3\mathbf{x} = \mathbf{0}$ für jedes $\Omega \subset \mathbb{R}^3$, woraus wir wie in 6.1 die Gleichung

$$\varrho\,\mathbf{b} = \varrho\,\mathbf{G} - \nabla p$$

erhalten. Drücken wir die Beschleunigung $\mathbf{b}$ gemäß 6.3 durch die Geschwindigkeit aus, so ergibt sich als differentielle Form des Impulserhaltungssatzes

$$\frac{\partial \mathbf{v}}{\partial t} + \sum_{i=1}^{3} v_i \frac{\partial \mathbf{v}}{\partial x_i} = \mathbf{G} - \frac{1}{\varrho}\nabla p\,.$$

Diese drei Gleichungen, zusammen mit der Kontinuitätsgleichung 6.1, sind die **Eulerschen Gleichungen der Hydrodynamik** (1755).

Eine Anwendung der integralen Form des Impulserhaltungssatzes ist das **Archimedische Prinzip**:

Taucht man in eine ruhende Flüssigkeit einen Körper ein, so wirkt auf diesen eine Auftriebskraft, deren Betrag dem Gewicht der verdrängten Flüssigkeit entspricht.

Denn ist $g$ die Erdbeschleunigung und $\Omega$ der vom Körper eingenommene Raum, so ergibt sich mit

$$\mathbf{v} = \mathbf{0}\,, \qquad \mathbf{G} = -g\,\mathbf{e}_3\,,$$

und dem Impulserhaltungssatz

$$\int_{\partial\Omega} (-p\,\mathbf{n})\, do = -\int_\Omega \varrho\,\mathbf{G}\, d^3\mathbf{x} = \int_\Omega \varrho g\,\mathbf{e}_3\, d^3\mathbf{x} = A \cdot \mathbf{e}_3\,,$$

dabei ist

$$A = \int_\Omega \varrho g \, d^3 \mathbf{x}$$

das Gewicht der verdrängten Flüssigkeit.

## 6.5 Ebene stationäre, inkompressible, wirbelfreie Strömungen

Wir betrachten die Strömung eines inkompressiblen Gases mit Massenerhaltung und einem stationären (zeitlich konstanten) Geschwindigkeitsfeld $\mathbf{v}(\mathbf{x})$. Bildet dieses Feld keine Wirbel, d.h. verschwindet die *Zirkulation* $\int_\gamma \mathbf{v} \bullet d\mathbf{x} = 0$ für jede geschlossene Kurve $\gamma$, so besteht nach § 24 : 5.4 die Integrabilitätsbedingung

$$\operatorname{rot} \mathbf{v} = \mathbf{0}.$$

Die Inkompressibilität bedeutet nach 6.1

$$\operatorname{div} \mathbf{v} = 0.$$

Ist nun die räumliche Konfiguration in jeder Ebene $z = \text{const}$ gleich, wie z.B. beim Modell eines unendlich langen Tragflügels, vergleiche dazu die Figur in 3.2, so können wir uns auf ein ebenes Modell beschränken:

$$v_1 = v_1(x,y), \qquad v_2 = v_2(x,y), \qquad v_3 = 0.$$

Wirbelfreiheit und Inkompressibilität bedeuten in diesem Fall dann

$$\frac{\partial v_2}{\partial x} - \frac{\partial v_1}{\partial y} = 0, \qquad \frac{\partial v_1}{\partial x} + \frac{\partial v_2}{\partial y} = 0.$$

Ebene Felder, die diesen Differentialgleichungen genügen, werden mittels komplexer Rechnung behandelt. Auf diese Weise werden solche Strömungsprobleme eine Anwendung der (komplexen) Funktionentheorie, der wir uns nun zuwenden.

# Kapitel VII  Einführung in die Funktionentheorie

## § 27 Die Hauptsätze der Funktionentheorie

### 1 Holomorphie und Cauchy–Riemannsche DGln

#### 1.1 Topologie in der Zahlenebene

Die Auffassung des $\mathbb{R}^2$ als komplexe Zahlenebene und das Ausnützen der multiplikativen Struktur von $\mathbb{C}$ geben der Vektoranalysis in $\mathbb{R}^2$ ein ganz neues Gesicht. Die daraus entstandene Funktionentheorie ist ein selbständiges Gebiet der Mathematik und ein wichtiges Hilfsmittel für alle Bereiche der Analysis.

Für zwei komplexe Zahlen $z_1 = x_1+iy_1$, $z_2 = x_2+iy_2$ ist $|z_1 - z_2|$ der euklidische Abstand der Vektoren $\begin{pmatrix} x_1 \\ y_1 \end{pmatrix}$ und $\begin{pmatrix} x_2 \\ y_2 \end{pmatrix}$ im $\mathbb{R}^2$. Daher können wir alle topologischen Begriffe des $\mathbb{R}^2$ auf $\mathbb{C}$ übertragen. So heißt eine Menge $M \subset \mathbb{C}$ offen bzw. abgeschlossen bzw. kompakt usw., wenn sie als Teilmenge des $\mathbb{R}^2$ die entsprechenden Eigenschaften hat. Die Konvergenz $z_n \to z$ bedeutet $|z - z_n| \to 0$ oder, gleichbedeutend damit, $\operatorname{Re} z_n \to \operatorname{Re} z$ und $\operatorname{Im} z_n \to \operatorname{Im} z$; näheres dazu in § 7 : 3.

In der Funktionentheorie betrachten wir **komplexe Funktionen**

$$f : \Omega \to \mathbb{C}, \quad z \mapsto f(z).$$

Dabei bezeichnet $\Omega$ stets ein Gebiet in der Zahlenebene. Eine solche Funktion hat also die Form

$$x + iy \mapsto u(x,y) + i\,v(x,y).$$

BEISPIEL: $z = x + iy \mapsto e^z = e^x \cos y + i\,e^x \sin y$.

**Grenzwerte komplexer Funktionen.** Ist $U$ eine Umgebung von $a \in \mathbb{C}$ und $f$ in $U \setminus \{a\}$ erklärt, so schreiben wir

$$\lim_{z \to a} f(z) = b,$$

falls $\lim_{n \to \infty} f(z_n) = b$ für **jede** Folge $(z_n)$ in $U \setminus \{a\}$ mit $z_n \to a$, vgl. § 21 : 7.1.

Aus $\lim_{z \to a} f(z) = b$ folgt insbesondere für reelle $h$

$$\lim_{h \to 0} f(a + h) = b \quad \text{und} \quad \lim_{h \to 0} f(a + ih) = b.$$

§ 27 Die Hauptsätze der Funktionentheorie

BEISPIEL. $\lim_{z\to 0} \dfrac{e^z - 1}{z} = 1$. Denn für $0 < |z| < 1$ gilt nach § 10:1.3

$$\left|\frac{e^z - 1}{z} - 1\right| = \left|\frac{e^z - 1 - z}{z}\right| = \left|\sum_{k=2}^{\infty} \frac{z^{k-1}}{k!}\right| \le \sum_{k=2}^{\infty} |z|^{k-1} = \frac{|z|}{1 - |z|}.$$

*Aus der Existenz der Grenzwerte*

$$\lim_{z\to a} f(z) = b, \quad \lim_{z\to a} g(z) = c$$

*folgt wie im Reellen die Existenz der Grenzwerte*

$$\lim_{z\to a} |f(z)| = |b|,$$

$$\lim_{z\to a} \big(\alpha f(z) + \beta g(z)\big) = \alpha b + \beta c \quad \text{für} \quad \alpha, \beta \in \mathbb{C},$$

$$\lim_{z\to a} f(z) \cdot g(z) = b \cdot c$$

$$\lim_{z\to a} \frac{f(z)}{g(z)} = \frac{b}{c}, \quad \text{falls} \quad c \ne 0.$$

Das wird genauso wie in § 8 bewiesen $\boxed{\text{ÜA}}$; der Nachweis kann auch durch Rückgriff auf Real- und Imaginärteil geführt werden.

Den Begriff Stetigkeit und die Rechenregeln hierfür entnehmen wir § 21:7.

### 1.2 Komplexe Differenzierbarkeit

Eine komplexe Funktion $f : \Omega \to \mathbb{C}$ heißt an der Stelle $a \in \Omega$ **komplex differenzierbar**, wenn die **komplexe Ableitung**

$$\lim_{z\to a} \frac{f(z) - f(a)}{z - a} =: f'(a)$$

existiert. Diese wird auch mit $\frac{df}{dz}(a)$ bezeichnet. Bevor wir diesen Begriff näher analysieren, formulieren wir die wichtigsten

**Eigenschaften der komplexen Differentiation**

(a) *Ist $f$ an der Stelle $a$ differenzierbar, so ist $f$ dort stetig.*

(b) *Sind $f, g : \Omega \to \mathbb{C}$ an der Stelle $a \in \Omega$ differenzierbar, so existieren auch die folgenden Ableitungen:*

$$(\alpha f + \beta g)'(a) = \alpha f'(a) + \beta g'(a) \quad \text{für} \quad \alpha, \beta \in \mathbb{C},$$

$$(fg)'(a) = f'(a)g(a) + f(a)g'(a) \quad (Produktregel),$$

# 1 Holomorphie und Cauchy–Riemannsche DGln

$$\left(\frac{f}{g}\right)'(a) = \frac{f'(a)g(a) - f(a)g'(a)}{g(a)^2}, \quad \text{falls} \quad g(a) \neq 0 \quad (\textit{Quotientenregel}).$$

(c) **Kettenregel.** *Sei* $g : \Omega \to \Omega'$ *an der Stelle* $a$ *differenzierbar und* $f : \Omega' \to \mathbb{C}$ *an der Stelle* $g(a)$ *differenzierbar. Dann ist* $f \circ g : \Omega \to \mathbb{C}$ *an der Stelle* $a$ *differenzierbar, und es gilt*

$$(f \circ g)'(a) = f'(g(a)) \cdot g'(a).$$

Die Beweise zu (a),(b) stützen sich auf die Rechenregeln für Grenzwerte und ergeben sich völlig analog zu §9 ÜA. (c) folgt wie in §9:3.2 ÜA.

BEISPIELE.

(a) Konstante Funktionen sind überall differenzierbar mit Ableitung Null.

(b) Die Identität $z \mapsto z$ ist überall differenzierbar mit Ableitung 1.

(c) Jedes komplexe Polynom $p(z) = a_0 + a_1 z + \cdots + a_n z^n$ ist überall differenzierbar und hat die Ableitung $p'(z) = a_1 + 2a_2 z + \cdots + n a_n z^{n-1}$.

(d) $\dfrac{d}{dz}\left(\dfrac{1}{z}\right) = -\dfrac{1}{z^2}$ für $z \neq 0$.

(e) $\dfrac{d}{dz} e^z = e^z$.

BEWEIS.

(a) und (b) direkt aus der Definition, (c) und (d) aus den Rechenregeln ÜA.

(e) folgt aus $\dfrac{e^z - e^a}{z - a} = e^a \dfrac{e^{z-a} - 1}{z - a} \to e^a$ nach 1.1. □

## 1.3 Holomorphe Funktionen

Eine Funktion $f : \Omega \to \mathbb{C}$ heißt **holomorph**, wenn $f$ in jedem Punkt von $\Omega$ stetig komplex differenzierbar ist, d.h. wenn die Funktion $z \mapsto f'(z)$ auf ganz $\Omega$ erklärt und dort stetig ist.

Alle in 1.2 genannten Funktionen sind holomorph.

Sind $f, g : \Omega \to \mathbb{C}$ holomorph, so auch

$af + bg$ für $a, b \in \mathbb{C}$,

$f \cdot g$,

$\dfrac{f}{g}$ außerhalb der Nullstellenmenge von $g$.

Das folgt aus 1.2 und, was die Stetigkeit der Ableitung anbetrifft, aus den Rechenregeln 1.1 für Grenzwerte.

SATZ. *Eine komplexe Funktion*

$$f : z = x + iy \mapsto u(x,y) + iv(x,y)$$

*ist genau dann holomorph, wenn $u$ und $v$ als reellwertige Funktionen auf $\Omega \subset \mathbb{R}^2$ $C^1$-differenzierbar sind und die* **Cauchy–Riemannschen Differentialgleichungen**

$$\frac{\partial u}{\partial x} = \frac{\partial v}{\partial y}, \qquad \frac{\partial v}{\partial x} = -\frac{\partial u}{\partial y}.$$

*erfüllen. Es gilt dann*

$$f'(x+iy) = \frac{\partial u}{\partial x}(x,y) + i\frac{\partial v}{\partial x}(x,y) = \frac{\partial v}{\partial y}(x,y) - i\frac{\partial u}{\partial y}(x,y).$$

ÜA. Verifizieren Sie dies für $f(z) = z^2$ und $f(z) = e^z$, vgl. 1.2 (e).

Zeigen Sie mit Hilfe dieses Satzes, daß $z \mapsto \overline{z}$ nicht holomorph ist.

BEWEIS.

(a) Sei $f$ holomorph und $z_0 = x_0 + iy_0 \in \Omega$. Nach 1.1 gilt für reelle $h \neq 0$

$$f'(z_0) = \lim_{h \to 0} \frac{u(x_0+h, y_0) - u(x_0, y_0)}{h} + i \lim_{h \to 0} \frac{v(x_0+h, y_0) - v(x_0, y_0)}{h}$$
$$= \frac{\partial u}{\partial x}(x_0, y_0) + i\frac{\partial v}{\partial x}(x_0, y_0).$$

Andererseits ergibt sich für $ih \to 0$, $0 \neq h \in \mathbb{R}$

$$f'(z_0) = \lim_{h \to 0} \frac{u(x_0, y_0+h) - u(x_0, y_0)}{ih} + i \lim_{h \to 0} \frac{v(x_0, y_0+h) - v(x_0, y_0)}{ih}$$
$$= -i\frac{\partial u}{\partial y}(x_0, y_0) + \frac{\partial v}{\partial y}(x_0, y_0).$$

Durch Vergleich von Real– und Imaginärteil ergeben sich die Cauchy–Riemannschen Differentialgleichungen. Die Stetigkeit von $z \mapsto f'(z)$ ist äquivalent zur stetigen Differenzierbarkeit von $u = \operatorname{Re} f$ und $v = \operatorname{Im} f$.

(b) Seien $u, v : \mathbb{R}^2 \supset \Omega \to \mathbb{R}$ stetig differenzierbar, und die Cauchy–Riemannschen Differentialgleichungen seien erfüllt. Dann gilt an jeder festen Stelle $z_0 = x_0 + iy_0 \in \Omega$ und für $h = s + it$, $|s|, |t| \ll 1$.

$$\begin{aligned}
f(z_0 + h) &= u(x_0+s, y_0+t) + i\, v(x_0+s, y_0+t) \\
&= u(x_0, y_0) + \partial_x u(x_0, y_0) \cdot s + \partial_y u(x_0, y_0) \cdot t + r_1(s,t) + \\
&\quad + i\big(\, v(x_0, y_0) + \partial_x v(x_0, y_0) \cdot s + \partial_y v(x_0, y_0) \cdot t + r_2(s,t)\,\big) \qquad \text{mit}
\end{aligned}$$

$$\lim_{|h|\to 0} \frac{r_1(s,t)}{|h|} = \lim_{|h|\to 0} \frac{r_2(s,t)}{|h|} = 0.$$

Mit $r(s+it) := r_1(s,t) + ir_2(s,t)$ und $\partial_y u = -\partial_x v$, $\partial_y v = \partial_x u$ erhalten wir also

$$f(z_0 + h) = f(z_0) + \big(\partial_x u(x_0,y_0) + i\,\partial_x v(x_0,y_0)\big)\cdot(s+it) + r(h)$$

und daraus für $h \neq 0$

$$\frac{f(z_0+h) - f(z_0)}{h} = \frac{\partial u}{\partial x}(x_0,y_0) + i\frac{\partial v}{\partial x}(x_0,y_0) + \frac{r(h)}{h} \quad \text{mit} \quad \lim_{h\to 0}\frac{r(h)}{h} = 0.$$

Daraus folgt die Differenzierbarkeit von $f$ an der Stelle $z_0$, die behauptete Formel für $f'(z_0)$ und die Stetigkeit von $f'$ an der Stelle $z_0$. □

### 1.4 Holomorphe Funktionen und ebene Strömungen

Die Cauchy–Riemannschen Dgln. bedeuten, daß die Vektorfelder $(u,-v)$ und $(v,u)$ divergenzfrei sind und die Integrabilitätsbedingungen erfüllen.

Ist umgekehrt $(v_1,v_2)$ das Geschwindigkeitsfeld einer ebenen, stationären, inkompressiblen und wirbelfreien Strömung (vgl. § 26 : 6.5), so sind die Funktionen

$$x + iy \mapsto v_1(x,y) - i\,v_2(x,y) \quad \text{und} \quad x + iy \mapsto v_2(x,y) + i\,v_1(x,y)$$

holomorph.

### 1.5 Das Verschwinden der Ableitung

*Ist $f$ holomorph und $f' = 0$ im Gebiet $\Omega$, so ist $f$ in $\Omega$ konstant.*

Das folgt sofort aus dem entsprechenden Satz für das Vektorfeld $(u,-v)$.

## 2 Komplexe Kurvenintegrale und Stammfunktionen

### 2.1 Stückweis glatte Kurven in $\mathbb{C}$

Ebene $C^1$–Kurvenstücke beschreiben wir künftig durch eine Parametrisierung

$$\gamma : t \mapsto z(t) = x(t) + i\,y(t), \qquad a \leq t \leq b.$$

Abweichend vom bisherigen Gebrauch bezeichnen wir jede positive Umparametrisierung ebenfalls mit $\gamma$. Somit steht $\gamma$ für ein orientiertes Kurvenstück, vgl. § 24 : 4.3. Das umgekehrt durchlaufene Kurvenstück bezeichnen wir mit $-\gamma$.

Die Länge von $\gamma$ ist gegeben durch

$$L(\gamma) = \int_a^b \sqrt{\dot x(t)^2 + \dot y(t)^2}\,dt = \int_a^b |\dot z(t)|\,dt\,;$$

$\dot{z}(t) := \dot{x}(t) + i\,\dot{y}(t)$ tritt an Stelle des Tangentenvektors einer Parametrisierung. Unter einer **Kurve** oder einem **Weg** $\gamma$ verstehen wir im folgenden immer eine orientierte Kurvenspur, die gemäß § 24 : 4.4 durch Aneinanderhängen von orientierten $C^1$–Kurvenstücken $\gamma_1, \ldots, \gamma_N$ entsteht. Wir schreiben

$$\gamma = \gamma_1 + \cdots + \gamma_N\,.$$

Die **Länge** von $\gamma$ ist

$$L(\gamma) = L(\gamma_1) + \cdots + L(\gamma_N)\,.$$

Die im mathematisch positiven Sinn durchlaufene Kreislinie $|z - z_0| = r$ mit $r > 0$ erhält im folgenden die besondere Bezeichnung

$$C_r(z_0) : t \mapsto z_0 + r \cdot e^{it} \quad (0 \leq t \leq 2\pi)\,.$$

Bei Durchlaufung im Uhrzeigersinn wird sie mit $-C_r(z_0)$ bezeichnet.

**Kettenregel.** *Ist $f$ holomorph in $\Omega$ und $t \mapsto z(t)$ $C^1$–differenzierbar mit $z(t) \in \Omega$, so gilt*

$$\frac{d}{dt} f(z(t)) = f'(z(t)) \cdot \dot{z}(t)\,.$$

BEWEIS.
Wir setzen $f(x+iy) = u(x,y) + iv(x,y)$, $z(t) = x(t) + iy(t)$. Mit der Kettenregel (vgl. § 22 : 3.2) und den Cauchy–Riemannschen Differentialgleichungen ergibt sich (wir unterdrücken der Übersichtlichkeit halber die Argumente):

$$\begin{aligned}
\frac{d}{dt}\left(f(z(t)\right) &= \frac{d}{dt}\left(u(x(t),y(t)) + iv(x(t),y(t))\right) \\
&= \frac{\partial u}{\partial x} \cdot \dot{x} + \frac{\partial u}{\partial y} \cdot \dot{y} + i\left(\frac{\partial v}{\partial x} \cdot \dot{x} + \frac{\partial v}{\partial y} \cdot \dot{y}\right) \\
&= \left(\frac{\partial u}{\partial x} + i\frac{\partial v}{\partial x}\right) \cdot (\dot{x} + i\dot{y}) = f'(z(t)) \cdot \dot{z}(t)\,. \qquad \square
\end{aligned}$$

### 2.2 Komplexe Kurvenintegrale

(a) Für $F(t) = U(t) + iV(t)$ mit stetigen Funktionen $U, V : [a,b] \to \mathbb{R}$ setzen wir

$$\int_a^b F(t)\,dt := \int_a^b U(t)\,dt + i\int_a^b V(t)\,dt\,.$$

Aus dem Hauptsatz folgt für $U, V \in C^1[a,b]$

## 2 Komplexe Kurvenintegrale und Stammfunktionen

$$\int_a^b \dot{F}(t)\,dt = F(b) - F(a) \quad \text{mit} \quad \dot{F}(t) = \dot{U}(t) + i\,\dot{V}(t).$$

(b) Sei $f : \Omega \to \mathbb{C}$ stetig und $\gamma$ ein durch $z : [a,b] \to \mathbb{C}$ gegebenes orientiertes $C^1$-Kurvenstück in $\Omega$. Dann definieren wir

$$\int_\gamma f(z)\,dz := \int_a^b f(z(t)) \cdot \dot{z}(t)\,dt.$$

Dies macht Sinn, denn wie in § 24 : 4.3 ergibt sich, daß die rechte Seite für jede positive Parametrisierung von $\gamma$ denselben Wert hat, und daß bei Änderung des Durchlaufsinns

$$\int_{-\gamma} f(z)\,dz = -\int_\gamma f(z)\,dz.$$

(c) *Für stückweis glatte Wege* $\gamma = \gamma_1 + \cdots + \gamma_N$ *setzen wir*

$$\int_\gamma f(z)\,dz := \int_{\gamma_1} f(z)\,dz + \cdots + \int_{\gamma_N} f(z)\,dz.$$

Das Kurvenintegral ist linear:

$$\int_\gamma (a\,f(z) + b\,g(z))\,dz = a \int_\gamma f(z)\,dz + b \int_\gamma g(z)\,dz \quad \text{für} \quad a,b \in \mathbb{C}.$$

**Integralabschätzung.** *Gilt* $|f(z)| \le M$ *auf der Spur von* $\gamma$*, so folgt*

$$\left| \int_\gamma f(z)\,dz \right| \le M \cdot L(\gamma).$$

BEWEIS.
Es genügt, dies für $C^1$-Kurvenstücke zu zeigen. Sei

$$F(t) := f(z(t)) \cdot \dot{z}(t) = U(t) + i\,V(t).$$

Die Polardarstellung des Kurvenintegrals sei $\int_\gamma f(z)\,dz = r\,e^{i\varphi}$. Dann gilt

$$\left| \int_\gamma f(z)\,dz \right| = \left| \int_a^b F(t)\,dt \right| = r = \operatorname{Re}(r) = \operatorname{Re}\left( e^{-i\varphi} \int_a^b F(t)\,dt \right)$$

$$= \int_a^b \operatorname{Re}\left( e^{-i\varphi} F(t) \right) dt \le \int_a^b \left| e^{-i\varphi} F(t) \right| dt = \int_a^b |F(t)|\,dt$$

$$\le \int_a^b M \cdot |\dot{z}(t)|\,dt = M \cdot L(\gamma). \qquad \square$$

## 2.3 Zurückführung auf vektorielle Kurvenintegrale im $\mathbb{R}^2$

*Sei $f(x+iy) = u(x,y) + iv(x,y)$ stetig in $\Omega$ und $\gamma$ ein Weg in $\Omega$. Dann gilt*

$$\int_\gamma f(z)\,dz = \int_\gamma (u\,dx - v\,dy) + i \int_\gamma (v\,dx + u\,dy)$$

$$= \int_\gamma \mathbf{f} \bullet d\mathbf{x} + i \int_\gamma \mathbf{g} \bullet d\mathbf{x}$$

*mit den Vektorfeldern* $\mathbf{f} = (u, -v)$ *und* $\mathbf{g} = (v, u)$, *vgl. 1.4.*

*Ist $f$ insbesondere holomorph in einer Umgebung $\Omega$ von $\gamma$, so erfüllen beide Vektorfelder die Integrabilitätsbedingungen in $\Omega$.*

Dieser Satz erlaubt uns die Übertragung der Ergebnisse von §24:5 über Wegunabhängigkeit und Existenz von Potentialen auf komplexe Kurvenintegrale.

Der Beweis ist eine einfache ÜA.

## 2.4 Kurvenintegrale über Kreislinien

Für das Kurvenintegral über die Kreislinie in Standardparametrisierung

$$C_r(z_0) : t \mapsto z_0 + r\,e^{it} \qquad (0 \leq t \leq 2\pi) \qquad \text{ergibt sich}$$

$$\int_{C_r(z_0)} f(z)\,dz = ir \int_0^{2\pi} f\left(z_0 + r\,e^{it}\right) e^{it}\,dt\,.$$

In der Literatur finden Sie auch die Bezeichnungen

$$\int_{|z-z_0|=r} f(z)\,dz\,, \qquad \oint_{\gamma_r(z_0)} f(z)\,dz\,.$$

## 2.5 Die Grundformeln der Funktionentheorie

$$\int_{C_r(z_0)} \frac{dz}{z-z_0} = 2\pi i\,,$$

$$\int_{C_r(z_0)} (z-z_0)^n\,dz = 0 \quad \text{für alle} \quad n \in \mathbb{Z} \quad \text{mit} \quad n \neq -1\,.$$

BEWEIS.

$$\int_{C_r(z_0)} (z-z_0)^n\,dz = \int_0^{2\pi} \left(r\,e^{it}\right)^n ir\,e^{it}\,dt = ir^{n+1} \int_0^{2\pi} e^{i(n+1)t}\,dt$$

$$= ir^{n+1} \int_0^{2\pi} \left(\cos(n+1)t + i\sin(n+1)t\right)\,dt = \begin{cases} 0 & \text{für} \quad n+1 \neq 0 \\ 2\pi i & \text{für} \quad n+1 = 0\,. \end{cases} \qquad \square$$

## 2 Komplexe Kurvenintegrale und Stammfunktionen

### 2.6 Stammfunktionen

(a) SATZ. *Sei $f : \Omega \to \mathbb{C}$ eine stetige Funktion, für die das komplexe Kurvenintegral wegunabhängig ist, d.h.*

$$\int_{\gamma_1} f(z)\,dz = \int_{\gamma_2} f(z)\,dz$$

*für je zwei Wege $\gamma_1, \gamma_2$ in $\Omega$ mit gleichen Anfangs– und Endpunkten.*
*Wir wählen einen festen Punkt $z_0 \in \Omega$ und setzen*

$$F(z) \;=\; \int_{z_0}^{z} f(w)\,dw \;:=\; \int_{\gamma} f(w)\,dw\,,$$

*wobei $\gamma$ irgend eine Verbindungskurve in $\Omega$ von $z_0$ nach $z$ ist. Dann ist $F$ holomorph und eine Stammfunktion für $f$, d.h. $F'(z) = f(z)$ für alle $z \in \Omega$.*

BEWEIS.
Schreiben wir $F(z) = U(x,y) + iV(x,y)$ für $z = x + iy$, so gilt nach 2.3

$$U(x,y) = \int_{z_0}^{z} (u\,dx - v\,dy)\,, \qquad V(x,y) = \int_{z_0}^{z} (v\,dx + u\,dy)\,.$$

Nach Voraussetzung sind die Vektorfelder $(u, -v)$ und $(v, u)$ konservativ, also liefern $U$ und $V$ jeweils zugehörige Stammfunktionen nach §24:5.2. Das bedeutet, daß $U$ und $V$ jeweils $C^1$–Funktionen auf $\Omega$ sind mit

$$\frac{\partial U}{\partial x} = u\,, \quad \frac{\partial U}{\partial y} = -v\,, \quad \frac{\partial V}{\partial x} = v\,, \quad \frac{\partial V}{\partial y} = u\,.$$

Damit erfüllen $U$ und $V$ die Cauchy–Riemannschen Differentialgleichungen. Nach 1.3 ist $F$ holomorph, und es gilt

$$F'(x+iy) = \frac{\partial U}{\partial x}(x,y) + i\frac{\partial V}{\partial x}(x,y) = u(x,y) + iv(x,y) = f(x+iy)\,. \quad \Box$$

(b) FOLGERUNG. *Ist $\Omega$ ein einfaches Gebiet und $f$ holomorph in $\Omega$, so besitzt $f$ in $\Omega$ eine Stammfunktion $F$, und es gilt*

$$\int_{\gamma} f(z)\,dz = 0$$

*für jeden geschlossenen Weg $\gamma$ in $\Omega$.*

BEWEIS.
Wegen der Cauchy–Riemannschen Differentialgleichungen erfüllen die Vektorfelder $(u, -v)$ und $(v, u)$ die Integrablitätsbedingungen §24:5.5. Daher ist das Integral

$$\int_\gamma f(z)\,dz = \int_\gamma (u\,dx - v\,dy) + i \int_\gamma (v\,dx + u\,dy)$$

wegunabhängig, und wir erhalten wie oben eine Stammfunktion $F$. □

### 2.7 Der komplexe Logarithmus

(a) Die geschlitzte Ebene $\mathbb{C} \setminus \mathbb{R}_- = \{z = r\,e^{i\varphi} \mid r > 0, -\pi < \varphi < \pi\}$ ist sternförmig, und $f(z) = 1/z$ ist dort holomorph, besitzt also eine Stammfunktion $F$ mit $F(1) = 0$.

Für $z = r \cdot e^{i\varphi}$ mit $r > 0$, $-\pi < \varphi < \pi$ erhalten wir

$$F(z) = \int_{\gamma_z} \frac{dw}{w} = \log r + i\varphi,$$

indem wir längs des skizzierten Wegs $\gamma_z = \gamma_r + \gamma_\varphi$ mit

$$\gamma_r = \{1 + s(r-1) \mid 0 \leq s \leq 1\},$$
$$\gamma_\varphi = \{r \cdot e^{it\varphi} \mid 0 \leq t \leq 1\}$$

integrieren ÜA.

DEFINITION. *Für* $z = r\,e^{i\varphi}$, $r > 0$, $-\pi < \varphi < \pi$ *liefert*

$$\log z := \int_1^z \frac{dw}{w} = \log r + i\varphi$$

*eine Stammfunktion von* $\frac{1}{z}$. *Diese wird* **Hauptzweig des Logarithmus** *genannt*. Unmittelbar aus der Definition folgt

$$e^{\log z} = z \quad \text{für} \quad z \in \mathbb{C} \setminus \mathbb{R}_- \quad \text{und} \quad \log e^w = w \quad \text{für} \quad |\operatorname{Im} w| < \pi.$$

(b) Sei $\Omega$ ein einfaches Gebiet mit $0 \notin \Omega$. Eine in $\Omega$ holomorphe Funktion $F$ heißt ein **Zweig des Logarithmus**, wenn

$$e^{F(z)} = z \quad \text{für alle} \quad z \in \Omega.$$

SATZ. *Zu jedem einfachen Gebiet* $\Omega$ *mit* $0 \notin \Omega$ *gibt es unendlich viele Zweige des Logarithmus. Diese unterscheiden sich um ganzzahlige Vielfache von* $2\pi i$.

BEWEIS.
Wir fixieren ein $a \in \Omega \setminus \mathbb{R}_-$. Da $f(z) = \frac{1}{z}$ in $\Omega$ holomorph ist, gibt es nach 2.6 (b) eine Stammfunktion $F$ für $f$ mit $F(a) = \log a$. Es folgt

$$\frac{d}{dz}\left(\frac{1}{z}\cdot e^{F(z)}\right) = -\frac{1}{z^2}\cdot e^{F(z)} + \frac{1}{z}e^{F(z)}\cdot F'(z) = \left(-\frac{1}{z^2}+\frac{1}{z^2}\right)e^{F(z)} = 0,$$

also gilt nach 1.5 für alle $z \in \Omega$

$$\frac{1}{z}\cdot e^{F(z)} \;=\; \text{const} \;=\; \frac{1}{a}\cdot e^{F(a)} \;=\; \frac{1}{a}\cdot e^{\log a} \;=\; 1\,.$$

Für $n \in \mathbb{Z}$ gilt $e^{2\pi i n} = 1$, also ist auch $F + 2\pi i n$ ein Zweig des Logarithmus. Ist $G$ ein Zweig des Logarithmus, so gibt es wegen $e^{G(z)} = z = e^{F(z)}$ zu jedem $z \in \Omega$ eine ganze Zahl $k(z)$ mit $G(z) = F(z) + 2\pi i \cdot k(z)$. Da

$$z \mapsto k(z) = \frac{1}{2\pi i}\bigl(G(z) - F(z)\bigr)$$

stetig und ganzzahlig ist, folgt die Konstanz von $k(z)$. □

## 2.8 Zweige der Quadratwurzel

In der geschlitzten Ebene $\Omega = \mathbb{C}\setminus\mathbb{R}_-$ gibt es genau zwei holomorphe Funktionen $f_1, f_2$ mit $(f_k(z))^2 = z$ für $k = 1, 2$.

ÜA. Geben Sie $f_1, f_2$ mit Hilfe des komplexen Logarithmus an.

## 2.9 Kompakte Konvergenz und Vertauschung von Integral und Limes

*Konvergiert eine Folge stetiger Funktionen $f_n : \Omega \to \mathbb{C}$ gleichmäßig auf jeder kompakten Teilmenge von $\Omega$, so sprechen wir von **kompakter Konvergenz** auf $\Omega$. Die Grenzfunktion $f = \lim\limits_{n\to\infty} f_n$ ist dann ebenfalls stetig auf $\Omega$, und es gilt für jeden Weg $\gamma$ in $\Omega$*

$$\int_\gamma f(z)\,dz = \lim_{n\to\infty} \int_\gamma f_n(z)\,dz\,.$$

BEWEIS.
Für jede kompakte Menge $K \subset \Omega$ bilden die $f_n$ eine Cauchy–Folge in der Norm

$$\|u\|_K \;=\; \max\bigl\{|u(z)| \mid z \in K\bigr\}\,.$$

Da $\mathbb{C}$ vollständig ist, ergibt sich (mit $K = \{z\}$) die Existenz des Grenzwerts

$$f(z) \;=\; \lim_{n\to\infty} f_n(z)$$

für alle $z \in \Omega$. Wegen $\|f - f_n\|_K = \lim\limits_{m\to\infty} \|f_m - f_n\|_K$ (Stetigkeit der Norm) gilt $f_n \to f$ gleichmäßig auf jeder kompakten Menge $K \subset \Omega$. Die Stetigkeit von $f$ auf jeder Kreisscheibe $\overline{K_r(z_0)} \subset \Omega$ und damit in jedem Punkt $z_0 \in \Omega$ ergibt sich durch Übertragung des Beweises §12:3.1. Da die Spur von $\gamma$ kompakt ist, folgt nach 2.2 (c)

$$\left| \int_\gamma f(z)\,dz - \int_\gamma f_n(z)\,dz \right| \leq \left| \int_\gamma (f(z)-f_n(z))\,dz \right| \leq \|f - f_n\|_\gamma \cdot L(\gamma) \to 0 \, . \quad \square$$

## 3 Analytische Funktionen

### 3.1 Gliedweise Differenzierbarkeit von Potenzreihen

*Besitzt die Funktion $f$ eine Potenzreihendarstellung*

$$f(z) = \sum_{n=0}^{\infty} a_n (z - z_0)^n$$

*für $|z - z_0| < R$ mit $0 < R \leq \infty$, so ist $f$ dort beliebig oft komplex differenzierbar. Die Ableitungen $f', f'', \ldots$ ergeben sich durch gliedweise Differentiation der Reihe.*

BEWEIS.

(a) Nach § 12 : 2.7 konvergiert die Reihe $g(z) = \sum\limits_{n=1}^{\infty} n\, a_n (z - z_0)^{n-1}$ gleichmäßig in jeder kompakten Kreisscheibe $|z - z_0| \leq r$ mit $r < R$. Da jeder Weg in $\Omega = K_R(z_0)$ in einer solchen Kreisscheibe liegt, folgt nach 2.9

$$(*) \quad \int_\gamma g(w)\,dw = \sum_{n=1}^{\infty} n\, a_n \int_\gamma (w - z_0)^{n-1}\,dw \, .$$

Wir zeigen, daß $f$ eine Stammfunktion zu $g$ ist.

Das Kurvenintegral für die holomorphe Funktion $z \mapsto (z - z_0)^{n-1}$ ist wegunabhängig, da $\Omega$ ein einfaches Gebiet ist (2.6 (b)). Also ist auch das Kurvenintegral über die stetige Funktion $g$ wegunabhängig wegen $(*)$, d.h. $g$ besitzt eine Stammfunktion nach 2.6 (a). Diese berechnen wir durch Integration längs der Strecke $\gamma_z$ von $z_0$ nach $z$ mit der Parametrisierung

$$z(t) = z_0 + t(z - z_0)\,, \quad 0 \leq t \leq 1\,.$$

Wir erhalten mit $\dot z(t) = z - z_0$

$$\int_{\gamma_z} (w - z_0)^{n-1}\,dw = \int_0^1 t^{n-1}(z - z_0)^n\,dt = (z - z_0)^n \int_0^1 t^{n-1}\,dt = \frac{(z - z_0)^n}{n}\,.$$

Aus $(*)$ ergibt sich

$$\int_{\gamma_z} g(w)\,dw = \sum_{n=1}^{\infty} n a_n \cdot \frac{(z - z_0)^n}{n} = f(z) - a_0\,.$$

3 Analytische Funktionen 543

Nach 2.6 (a) folgt $g(z) = \frac{d}{dz}(f(z) - a_0) = f'(z)$.

(b) Dasselbe Argument, angewandt auf $f'(z) = \sum\limits_{n=1}^{\infty} n\, a_n (z - z_0)^{n-1}$, ergibt $f''(z) = \sum\limits_{n=2}^{\infty} n(n-1) a_n (z - z_0)^{n-2}$. Die Behauptung folgt so per Induktion. □

## 3.2 Analytische Funktionen

*Eine Funktion $f : \Omega \to \mathbb{C}$ heißt* **analytisch**, *wenn es zu jedem $z_0 \in \Omega$ ein $R > 0$ gibt, so daß $f$ in der Kreisscheibe $K_R(z_0)$ eine Potenzreihenentwicklung*

$$f(z) = \sum_{n=0}^{\infty} a_n (z - z_0)^n$$

*besitzt. Nach 3.1 ist $f$ dann beliebig oft komplex differenzierbar in $\Omega$. Die Koeffizienten der Reihenentwicklungen sind eindeutig bestimmt:*

$$a_n = \frac{f^{(n)}(z_0)}{n!} \quad \text{für} \quad n = 0, 1, \ldots.$$

Denn es gilt $f^{(n)}(z) = \sum\limits_{k=n}^{\infty} k(k-1)\cdots(k-n+1) a_k (z - z_0)^{k-n}$ für $|z - z_0| < R$ nach 3.1. Daraus folgt $f^{(n)}(z_0) = n! \cdot a_n$.

ÜA  Zeigen Sie: Mit $f, g$ sind auch alle Linearkombinationen und $f \cdot g$ analytisch in $\Omega$. Verwenden Sie für $f \cdot g$ das Cauchy–Produkt.

## 3.3 Der Identitätssatz für analytische Funktionen

*Zwei auf $\Omega$ analytische Funktionen $f$ und $g$ stimmen schon dann auf ganz $\Omega$ überein, wenn sie nur auf einer Folge $(z_n)$ übereinstimmen mit $z_n \to z_0 \in \Omega$ und $z_n \neq z_0$.*

BEWEIS.

(a) Nach Voraussetzung gibt es ein $R > 0$ mit

$$f(z) = \sum_{k=0}^{\infty} a_k (z - z_0)^k, \quad g(z) = \sum_{k=0}^{\infty} b_k (z - z_0)^k \quad \text{für} \quad |z - z_0| < R.$$

Wir zeigen zunächst $a_k = b_k$ für alle $k \geq 0$, also $f(z) = g(z)$ in $K_R(z_0)$. Angenommen, das ist nicht der Fall. Wir setzen $m = \min\{k \geq 0 \mid a_k \neq b_k\}$. Dann gilt

$$f(z) - g(z) = (z-z_0)^m \sum_{k=0}^{\infty} c_k (z-z_0)^k \quad \text{mit} \quad c_0 = a_m - b_m \neq 0.$$

$h(z) = \sum_{k=0}^{\infty} c_k (z-z_0)^k$ ist holomorph, also stetig. Es folgt $\lim_{z \to z_0} h(z) = h(z_0) = c_0$.
Damit ergibt sich aber ein Widerspruch:

$$0 \neq c_0 = \lim_{n \to \infty} h(z_n) = \lim_{n \to \infty} \frac{f(z_n) - g(z_n)}{(z_n - z_0)^m} = 0.$$

(b) Sei $z_1$ ein beliebiger Punkt in $\Omega$ und $\gamma : [0, N] \to \Omega$ ein polygonaler Weg, der $z_0$ und $z_1$ in $\Omega$ verbindet: $\gamma(0) = z_0$, $\gamma(N) = z_1$, vgl. § 21:9.1, 9.4. Dieser verläuft ein Stück weit in $K_R(z_0)$, etwa für $0 \leq t < \delta$ (Stetigkeit von $\gamma$). Für

$$s_0 = \sup \left\{ s \in [0, N] \mid f(\gamma(t)) = g(\gamma(t)) \quad \text{für} \quad t \in [0, s] \right\}$$

gilt also $s_0 > 0$. Daher gibt es Zahlen $t_n < s_0$ mit $t_n \to s_0$, $\gamma(t_n) \neq \gamma(s_0)$ und $f(\gamma(t_n)) = g(\gamma(t_n))$. Wie in (a) folgt, daß es ein $r > 0$ gibt mit $f(z) = g(z)$ in $K_r(\gamma(s_0))$. Wäre $s_0 < N$, so ergäbe sich wie oben $\gamma(t) \in K_r(\gamma(s_0))$ für $s_0 \leq t < \delta_1$ im Widerspruch zur Supremumseigenschaft von $s_0$. Also ist $s_0 = N$, insbesondere $f(z_1) = g(z_1)$. □

### 3.4 Beispiele

(a) Für festes $w \in \mathbb{C}$ ist $f(z) = \frac{1}{w-z}$ analytisch in $\Omega = \mathbb{C} \setminus \{w\}$. Denn ist $z_0 \in \Omega$, so gilt für $|z - z_0| < R := |w - z_0|$

$$\frac{1}{w-z} = \frac{1}{w - z_0 + z_0 - z} = \frac{1}{w - z_0} \cdot \frac{1}{1 - \frac{z-z_0}{w-z_0}} = \sum_{n=0}^{\infty} \frac{(z-z_0)^n}{(w-z_0)^{n+1}}.$$

(b) $e^z$ ist analytisch in der ganzen Zahlenebene wegen

$$e^z = e^{z_0} e^{z-z_0} = \sum_{n=0}^{\infty} \frac{e^{z_0}}{n!} (z-z_0)^n.$$

### 3.5 Nullstellen analytischer Funktionen

*$f$ sei auf $\Omega$ analytisch und nicht konstant.*

(a) *Ist $z_0 \in \Omega$ eine Nullstelle von $f$, so gibt es ein $k \in \mathbb{N}$ und in einer Umgebung von $z_0$ eine holomorphe Funktion $g$ mit*

$$f(z) = (z-z_0)^k g(z), \quad g(z_0) \neq 0.$$

*Die Zahl $k$ heißt* **Ordnung der Nullstelle** $z_0$.

(b) *Genau dann hat $f$ an der Stelle $z_0$ eine Nullstelle $k$-ter Ordnung, wenn*

$$f(z_0) = f'(z_0) = \cdots = f^{(k-1)}(z_0) = 0, \qquad f^{(k)}(z_0) \neq 0.$$

(c) *In jeder kompakten Teilmenge von $\Omega$ hat $f$ höchstens endlich viele Nullstellen.*

BEWEIS: ÜA mit Hilfe von 3.1, 3.2, 3.3.

## 4 Der Cauchysche Integralsatz

Wir geben für diesen fundamentalen Satz zwei Varianten.

### 4.1 Der Cauchysche Integralsatz für einfache Gebiete

*Sei $f$ holomorph in einem einfachen Gebiet $\Omega$. Dann gilt*

$$\int_\gamma f(z)\,dz = 0$$

*für jeden geschlossenen Weg $\gamma$ in $\Omega$.*

Das besagt die Folgerung (b) von 2.6.

Wir nennen einen geschlossenen Weg $\gamma$ in $\Omega$ **einfach gelagert**, wenn es ein einfaches Teilgebiet $\Omega' \subset \Omega$ gibt, das die Spur von $\gamma$ enthält (Fig.).

Als FOLGERUNG aus dem Cauchyschen Integralsatz ergibt sich nun

$$\int_\gamma f(z)\,dz = 0$$

*für jede in $\Omega$ holomorphe Funktion $f$ und jeden einfach gelagerten Weg $\gamma$.*

BEMERKUNG.
Der Kreisring $\varrho < |z - z_0| < R$ ist kein einfaches Gebiet, denn für jedes $r \in ]\varrho, R[$ gilt $\int_{C_r(0)} \dfrac{dz}{z} = 2\pi i$ nach 2.5. Dieses Beispiel zeigt auch, daß der Cauchysche Integralsatz nicht für beliebige Gebiete gilt.

### 4.2 Die Pflasterversion des Cauchyschen Integralsatzes

*Ist $f$ holomorph in $\Omega$, so gilt*

$$\int_{\partial M} f(z)\,dz = 0$$

*für jede Pflasterkette $M$ mit $|M| \subset \Omega$.*

Das folgt aus dem Integralsatz von
Stokes § 26 : 3.3, da wir das komplexe
Kurvenintegral nach 2.3 auf vektorielle
Kurvenintegrale zurückführen können.

Im nebenstehenden Beispiel ist $\gamma$ zusammen mit $-C_r(z_0)$ der Rand $\partial M$ der eingezeichneten Viererkette $M$. Für jede in der gelochten Ebene $\mathbb{C} \setminus \{z_0\}$ holomorphe Funktion $f$ gilt daher

$$\int_\gamma f(z)\,dz - \int_{C_r(z_0)} f(z)\,dz = \int_{\partial M} f(z)\,dz = 0, \quad \text{d.h.}$$

$$\int_\gamma f(z)\,dz = \int_{C_r(z_0)} f(z)\,dz.$$

Das ist eine typische Situation, die wir im folgenden genauer betrachten.

### 4.3 Einfaches Umlaufen eines Punktes

(a) Wir erinnern an die Definition § 26 : 3.6, die wir hier folgendermaßen fassen: Ein geschlossener Weg $\gamma = \gamma_1 + \cdots + \gamma_N$ in der gelochten Ebene $\mathbb{C} \setminus \{0\}$ **umläuft den Ursprung einfach positiv**, wenn seine Spur von jedem Strahl $\{t e^{i\varphi} \mid t \geq 0\}$ in genau einem Punkt $z(\varphi)$ getroffen wird, und wenn $\varphi \mapsto z(\varphi)$ eine positive Parametrisierung von $\gamma$ ist. Dabei verlangen wir, daß die $\gamma_k$ orientierte $C^2$-Kurvenstücke sind.

Das **Innere** von $\gamma$ ist die Menge $\{r \cdot z(\varphi) \mid 0 \leq r < 1,\ 0 \leq \varphi < 2\pi\}$.

(b) Ein geschlossener Weg $\gamma$ in $\mathbb{C} \setminus \{z_0\}$ **umläuft den Punkt $z_0$ einfach positiv**, wenn der verschobene Weg $\gamma - z_0$ den Ursprung einfach positiv umläuft. Es ist klar, wie das Innere jetzt zu verstehen ist.

Im Beispiel 4.2 umläuft $\gamma$ den Punkt $z_0$ einfach positiv.

Ein Kreis $C_r(a)$ umläuft jeden seiner inneren Punkte einfach positiv ÜA.

Aus dem Pflastersatz § 26 : 3.6 ergibt sich: Umläuft $\gamma$ den Punkt $z_0$ einfach positiv, so sind wie im Beispiel 4.2 für hinreichend kleines $r$ die beiden Kurven $\gamma$ und $-C_r(z_0)$ der Rand $\partial M$ einer Pflasterkette $M$, die das Ringgebiet zwischen den beiden Kurven ausfüllt.

### 4.4 Homologiesatz

*Sei $f$ im gelochten Gebiet $\Omega \setminus \{z_0\}$ holomorph, $z_0 \in \Omega$. Die Kurve $\gamma$ liege mitsamt ihrem Inneren in $\Omega$ und umlaufe den Punkt $z_0$ einfach positiv. Dann gilt für hinreichend kleines $r > 0$:*

$$\int_\gamma f(z)\,dz = \int_{C_r(z_0)} f(z)\,dz.$$

BEMERKUNG. Allgemein nennen wir zwei geschlossene Wege $\gamma_1$ und $\gamma_2$ **homolog in** $\Omega$, wenn $\int_{\gamma_1} f(z)\,dz = \int_{\gamma_2} f(z)\,dz$ für jede in $\Omega$ holomorphe Funktion $f$. Die Wege $\gamma$ und $C_r(z_0)$ sind also homolog in $\Omega \setminus \{z_0\}$.

## 5 Die Cauchysche Integralformel und ihre Konsequenzen

### 5.1 Die Cauchysche Integralformel für Kreise

*Sei $f$ holomorph in $\Omega$ und $\overline{K_r(z_0)} \subset \Omega$. Dann gilt*

$$f(z) = \frac{1}{2\pi i} \int_{C_r(z_0)} \frac{f(w)}{w-z}\,dw$$

*für alle $z \in K_r(z_0)$. Die Werte von $f$ im Innern des Kreises $K_r(z_0)$ sind also schon durch die Werte von $f$ auf der Kreislinie festgelegt.*

BEWEIS.

Sei $z$ ein fester Punkt in $K_r(z_0)$ und $\varepsilon > 0$ so gewählt, daß $\overline{K_\varepsilon(z)} \subset K_r(z_0)$. Die Funktion

$$w \mapsto \frac{f(w) - f(z)}{w - z}$$

ist holomorph in $\Omega \setminus \{z\}$.
Die den Punkt $z$ einfach positiv umlaufenden Kreislinien $\gamma_1 = C_\varepsilon(z)$ und $\gamma_0 = C_r(z_0)$ sind homolog im gelochten Gebiet $\Omega \setminus \{z\}$ nach 4.4. Also gilt

$$\int_{C_r(z_0)} \frac{f(w) - f(z)}{w - z}\,dw = \int_{C_\varepsilon(z)} \frac{f(w) - f(z)}{w - z}\,dw.$$

Der Integrand ist für $w \neq z$ stetig und hat für $w \to z$ den Grenzwert $f'(z)$. Also ist er beschränkt für $|w - z_0| \leq r$, $w \neq z$. Bezeichnen wir die Schranke mit $M$, so gilt

$$\left| \int_{C_r(z_0)} \frac{f(w) - f(z)}{w - z}\,dw \right| = \left| \int_{C_\varepsilon(z)} \frac{f(w) - f(z)}{w - z}\,dw \right| \leq 2\pi\varepsilon \cdot M$$

für jedes $\varepsilon > 0$. Es folgt

$$0 = \int_{C_r(z_0)} \frac{f(w) - f(z)}{w - z}\, dw = \int_{C_r(z_0)} \frac{f(w)}{w - z}\, dw - f(z) \int_{C_r(z_0)} \frac{dw}{w - z}.$$

Wegen der Homologie von $C_\varepsilon(z)$ und $C_r(z_0)$ in $K_R(z_0) \setminus \{z\}$ ist schließlich

$$\int_{C_r(z_0)} \frac{dw}{w - z} = \int_{C_\varepsilon(z)} \frac{dw}{w - z} = 2\pi i \qquad \text{nach den Grundformeln 2.5.} \qquad \square$$

### 5.2 Die Cauchysche Integralformel für einfach positiv umlaufende Wege

*Sei $\gamma$ ein geschlossener Weg, der jeden von ihm umschlossenen Punkt einfach positiv umläuft (vgl. 4.4). $\gamma$ liege mitsamt seinem Innern in einem Gebiet $\Omega$, in welchem $f$ holomorph ist. Dann gilt*

$$f(z) = \frac{1}{2\pi i} \int_\gamma \frac{f(w)}{w - z}\, dw$$

*für alle Punkte $z$ im Innern von $\gamma$.*

Denn sei $z$ im Innern von $\gamma$. Nach 4.4 gibt es ein $\varepsilon > 0$, so daß $C_\varepsilon(z)$ bezüglich $\Omega \setminus \{z\}$ homolog zu $\gamma$ ist. Die Behauptung folgt jetzt mit dem Homologiesatz aus 5.1 mit $z_0 = z$, $r = \varepsilon$.

### 5.3 Potenzreihenentwicklung holomorpher Funktionen

*Jede in einem Gebiet $\Omega$ holomorphe Funktion $f$ ist analytisch in $\Omega$, insbesondere beliebig oft komplex differenzierbar.*

*Der Konvergenzradius der Reihenentwicklung $f(z) = \sum_{n=0}^{\infty} a_n (z - z_0)^n$ um einen Punkt $z_0 \in \Omega$ ist mindestens $R = \operatorname{dist}(z_0, \partial\Omega)$.*

*Für die Koeffizienten $a_n$ gelten die **Cauchy–Formeln***

$$a_n = \frac{f^{(n)}(z_0)}{n!} = \frac{1}{2\pi i} \int_{C_r(z_0)} \frac{f(z)}{(z - z_0)^{n+1}}\, dz$$

*für jedes $r$ mit $0 < r < R$.*

BEWEIS.
Sei $0 < r < R$, d.h. $\overline{K_r(z_0)} \subset \Omega$. Dann gilt nach der Cauchyschen Integralformel

$$f(z) = \frac{1}{2\pi i} \int_{C_r(z_0)} \frac{f(w)}{w - z}\, dw \quad \text{für} \quad |z - z_0| < r.$$

# 5 Die Cauchysche Integralformel und ihre Konsequenzen

Nach 3.4 (a) läßt sich $\frac{1}{w-z}$ für $|z - z_0| < |w - z_0|$ in eine geometrische Reihe entwickeln:

$$\frac{1}{w-z} = \sum_{n=0}^{\infty} \frac{(z-z_0)^n}{(w-z_0)^{n+1}}.$$

Für festes $z$ mit $|z - z_0| < r$ konvergiert die Reihe

$$\frac{f(w)}{w-z} = \sum_{n=0}^{\infty} (z-z_0)^n \frac{f(w)}{(w-z_0)^{n+1}}$$

auf der Kreislinie $|w - z_0| = r$ gleichmäßig bezüglich $w$, denn mit

$$M = \max\{|f(w)| \mid |w - z_0| = r\} \quad \text{und} \quad \varrho = \frac{|z-z_0|}{r} < 1 \quad \text{gilt}$$

$$\left|\frac{f(w) \cdot (z-z_0)^n}{(w-z_0)^{n+1}}\right| \leq \frac{M}{r} \varrho^n.$$

Daher ist gliedweise Integration erlaubt und liefert

$$f(z) = \frac{1}{2\pi i} \int_{C_r(z_0)} \frac{f(w)}{w-z} \, dw = \frac{1}{2\pi i} \int_{C_r(z_0)} \sum_{n=0}^{\infty} \frac{f(w)}{(w-z_0)^{n+1}} (z-z_0)^n \, dw$$

$$= \sum_{n=0}^{\infty} (z-z_0)^n \frac{1}{2\pi i} \int_{C_r(z_0)} \frac{f(w)}{(w-z_0)^{n+1}} \, dw. \qquad \square$$

## 5.4 Der Identitätssatz für holomorphe Funktionen

*Stimmen zwei in einem Gebiet holomorphe Funktionen $f, g$ auf einem in $\Omega$ gelegenen Kurvenstück überein, so stimmen sie auf $\Omega$ überein.*

*Die Gleichheit folgt schon, wenn es eine gegen $z_0 \in \Omega$ strebende Folge $(z_n)$ gibt mit $z_n \neq z_0$ und $f(z_n) = g(z_n)$.*

Denn nach 5.3 sind beide Funktionen analytisch, also können wir den Identitätssatz 3.3 anwenden.

## 5.5 Zur Fortsetzung reeller analytischer Funktionen

(a) Die einzige Möglichkeit, die reelle Exponentialfunktion holomorph ins Komplexe fortzusetzen, ist gegeben durch

$$e^z = e^{x+iy} = e^x(\cos y + i \sin y) = \sum_{n=0}^{\infty} \frac{z^n}{n!} \quad \text{für} \quad z = x + iy.$$

Denn $e^z$ ist holomorph in $\mathbb{C}$. Eine andere holomorphe Fortsetzung kann es nicht geben: Sind zwei Funktionen in einem Gebiet $\Omega$ holomorph, welches einen Abschnitt der reellen Achse enthält und stimmen Sie auf diesem Abschnitt überein, so stimmen sie nach 5.4 auf ganz $\Omega$ überein.

(b) Entsprechend besitzen die trigonometrischen Funktionen cos und sin eindeutig bestimmte analytische Fortsetzungen

$$\cos z := \frac{e^{iz} + e^{-iz}}{2} = \sum_{n=0}^{\infty}(-1)^n \frac{z^{2n}}{(2n)!} \quad \text{(\textbf{komplexer Kosinus})},$$

$$\sin z := \frac{e^{iz} - e^{-iz}}{2i} = \sum_{n=0}^{\infty}(-1)^n \frac{z^{2n+1}}{(2n+1)!} \quad \text{(\textbf{komplexer Sinus})}.$$

Denn die Reihen konvergieren für alle reellen $x$, also ist der Konvergenzradius $R = \infty$, somit konvergieren sie in der ganzen Ebene und stellen holomorphe Funktionen dar.

Aus dem Identitätssatz folgen sofort die Additionstheoreme, $\cos^2 z + \sin^2 z = 1$ und

$$\cos(z + 2\pi n) = \cos z, \quad \sin(z + 2\pi n) = \sin z \quad \text{für alle} \quad n \in \mathbb{N}.$$

ÜA Zeigen Sie: $\sin z = 0 \iff z = n\pi$ mit $n \in \mathbb{Z}$.

(c) *Für den Hauptzweig des Logarithmus 2.7 gilt*

$$\log(1+z) = \sum_{n=1}^{\infty}(-1)^{n-1}\frac{z^n}{n} \quad \text{für} \quad |z| < 1.$$

Denn die linke und die rechte Seite sind holomorph für $|z| < 1$ und stimmen für reelle $z \in \,]-1,1[$ mit dem reellen Logarithmus $\log(1+z)$ überein.

## 6 Ganze Funktionen und Satz von Liouville

### 6.1 Abschätzung der Koeffizienten einer Reihenentwicklung

*Sei* $f(z) = \sum_{n=0}^{\infty} a_n(z-z_0)^n$ *für* $|z-z_0| < R$. *Für* $0 < r < R$ *setzen wir*

$$M(f,r) := \max\left\{|f(z)| \,\big|\, |z-z_0| = r\right\}.$$

*Dann gilt*

$$|a_n| \leq \frac{M(f,r)}{r^n} \quad \text{für} \quad n = 0,1,2,\ldots.$$

# 6 Ganze Funktionen und Satz von Liouville

BEWEIS.

$f$ ist holomorph für $|z - z_0| < R$ nach 3.1. Aus der Potenzreihenentwicklung 5.3 und der Integralabschätzung 2.2 folgt

$$|a_n| = \frac{1}{2\pi} \left| \int_{C_r(z_0)} \frac{f(z)}{(z-z_0)^{n+1}} dz \right| \leq \frac{1}{2\pi} \cdot 2\pi r \cdot \frac{M(f,r)}{r^{n+1}} = \frac{M(f,r)}{r^n}. \quad \square$$

## 6.2 Ganze Funktionen

Eine auf ganz $\mathbb{C}$ holomorphe Funktion heißt **ganze Funktion**. Nach dem Satz 5.3 über Potenzreihenentwicklungen besitzen solche Funktionen eine überall konvergente Reihenentwicklung

$$f(z) = \sum_{n=0}^{\infty} a_n z^n.$$

BEISPIELE: Polynome, die komplexe Exponentialfunktion, komplexer Kosinus und Sinus, vgl. 5.5 (b).

## 6.3 Der Satz von Liouville. *Jede beschränkte ganze Funktion ist konstant.*

BEWEIS.

Sei $f : \mathbb{C} \to \mathbb{C}$ holomorph und $|f(z)| \leq M$ für alle $z \in \mathbb{C}$. Dann besitzt $f$ eine überall konvergente Reihenentwicklung

$$f(z) = \sum_{n=0}^{\infty} a_n z^n.$$

Für die Koeffizienten $a_n$ gilt nach 6.1

$$|a_n| \leq \frac{M}{r^n} \quad \text{für jedes} \quad r > 0.$$

Für $r \to \infty$ folgt $a_n = 0$ für alle $n \in \mathbb{N}$, also $f(z) \equiv a_0$. $\quad \square$

## 6.4 Der Fundamentalsatz der Algebra

*Jedes nichtkonstante Polynom mit komplexen Koeffizienten besitzt wenigstens eine Nullstelle in $\mathbb{C}$. Daraus folgt unmittelbar der Fundamentalsatz der Algebra § 5 : 10.3.*

BEWEIS.

(a) Sei $p(z) = a_0 + \cdots + a_n z^n$ mit $a_n \neq 0$, $n \geq 1$.

Wegen $\lim\limits_{|z| \to \infty} \left| \frac{p(z)}{z^n} \right| = |a_n| > 0$ gibt es ein $R > 0$, so daß

$$\left|\frac{p(z)}{z^n}\right| \geq \frac{1}{2}|a_n| > 0 \quad \text{für} \quad |z| \geq R.$$

Hieraus folgt

$$\frac{1}{|p(z)|} \leq \frac{2}{|a_n| \cdot R^n} =: M \quad \text{für} \quad |z| \geq R.$$

(b) Angenommen $p(z) \neq 0$ für alle $z \in \mathbb{C}$. Dann ist $f = \frac{1}{p}$ eine ganze Funktion. Sie ist nach (a) beschränkt für $|z| \geq R$ und als stetige Funktion auch für $|z| \leq R$ beschränkt. Nach dem Satz von Liouville folgt, daß $f$ und damit auch $p$ konstant sind, ein Widerspruch. Also besitzt $p$ wenigstens eine Nullstelle $\lambda_1$ in $\mathbb{C}$.

(c) Im Fall Grad$(p) \geq 2$ ist $p(z) = (z - \lambda_1)q(z)$ mit Grad$(q) \geq 1$. Nach dem vorangehenden besitzt dann auch $q$ eine Nullstelle $\lambda_2$ in $\mathbb{C}$. Fahren wir so fort, so erhalten wir schließlich

$$p(z) = a_n(z - \lambda_1)(z - \lambda_2) \cdots (z - \lambda_n).$$  □

## 7 Der Satz von Morera und Folgerungen

### 7.1 Der Satz von Morera

*Ist $f : \Omega \to \mathbb{C}$ stetig und gilt*

$$\int_\gamma f(z)\, dz = 0 \quad \text{für jeden geschlossenen, einfach gelagerten Weg } \gamma \text{ in } \Omega,$$

*so ist $f$ holomorph in $\Omega$.*

BEWEIS.
Auf jeder Kreisscheibe $K_r(z_0) \subset \Omega$ besitzt $f$ nach 2.6 eine lokale Stammfunktion $F$. Nach 5.3 ist $F$ beliebig oft komplex differenzierbar, also ist $f = F'$ holomorph auf jedem $K_r(z_0) \subset \Omega$.  □

### 7.2 Vertauschung von Differentiation und Grenzübergang

*Die in $\Omega$ holomorphen Funktionen $f_n$ seien kompakt konvergent gegen eine Funktion $f$, d.h. $f_n(z) \to f(z)$ gleichmäßig auf jeder kompakten Teilmenge von $\Omega$. Dann ist $f$ holomorph in $\Omega$, und es gilt*

$$f_n^{(k)}(z) \to f^{(k)}(z) \quad \text{für} \quad k = 1, 2, \ldots$$

*im Sinne der kompakten Konvergenz.*

FOLGERUNG. *Eine kompakt konvergente Reihe aus holomorphen Funktionen ist beliebig oft gliedweise differenzierbar.*

BEWEIS.

(a) *Holomorphie von $f$*. Sei $\gamma \in \Omega$ ein einfach gelagerter Weg. Nach dem Cauchyschen Integralsatz gilt $\int_\gamma f_n(z)\,dz = 0$. Aus der kompakten Konvergenz folgt nach 2.9 die Stetigkeit von $f$ und die Vertauschbarkeit von Integral und Limes. Also gilt $\int_\gamma f(z)\,dz = 0$, und $f$ ist nach dem Satz von Morera holomorph.

(b) Sei $K$ eine kompakte Teilmenge von $\Omega$ und $r = \frac{1}{2} \cdot \operatorname{dist}(K, \partial\Omega)$. Wir betrachten die um einen „$r$–Streifen" vergrößerte Menge

$$K_r = \{z \in \mathbb{C} \mid \; |z - z_0| \leq r \text{ für geeignetes } z_0 \in K\}$$
$$= \{z \in \mathbb{C} \mid \; \operatorname{dist}(z, K) \leq r\}.$$

Diese Menge ist offenbar beschränkt und abgeschlossen $\boxed{\text{ÜA}}$, also kompakt. Nach Wahl von $r$ ist $K_r \subset \Omega$. Für $z_0 \in K$ dürfen wir nun die Cauchy-Formeln 5.3 anwenden:

$$f^{(k)}(z_0) - f_n^{(k)}(z_0) = \frac{k!}{2\pi i} \int\limits_{C_r(z_0)} \frac{f(z) - f_n(z)}{(z - z_0)^{k+1}}\,dz.$$

Also gilt nach den Abschätzungen 6.1

$$\left|f^{(k)}(z_0) - f_n^{(k)}(z_0)\right| \leq \frac{k!}{r^k} \cdot \max\left\{|f(z) - f_n(z)| \,\big|\, |z - z_0| \leq r\right\}$$
$$\leq \frac{k!}{r^k} \cdot \max\left\{|f(z) - f_n(z)| \,\big|\, z \in K_r\right\}.$$

Dies zeigt, daß $f_n^{(k)} \to f^{(k)}$ gleichmäßig auf $K$ für $n \to \infty$. □

## 8 Zusammenfassung der Hauptsätze

Für stetige Funktionen $f$ auf $\Omega$ sind folgende Aussagen äquivalent:

(a) $f$ ist holomorph in $\Omega$.

(b) $f$ ist analytisch in $\Omega$.

(c) $f(x + iy) = u(x, y) + iv(x, y)$ mit $C^1$–Funktionen $u, v : \Omega \to \mathbb{R}$, welche die Cauchy-Riemannschen Differentialgleichungen

$$\frac{\partial u}{\partial x} = \frac{\partial v}{\partial y}, \qquad \frac{\partial v}{\partial x} = -\frac{\partial u}{\partial y}$$

erfüllen.

(d) $\int_\gamma f(z)\,dz = 0$ für jeden geschlossenen, einfach gelagerten Weg $\gamma$ in $\Omega$.

# § 28 Isolierte Singularitäten, Laurent–Reihen und Residuensatz

## 1 Einteilung isolierter Singularitäten

### 1.1 Hebbare Singularitäten

Ist $f(z)$ in einer Umgebung des Punktes $z_0$ mit Ausnahme des Punktes $z_0$ selbst erklärt und holomorph, so heißt $z_0$ eine **isolierte Singularität** von $f$.

BEISPIELE. Der Nullpunkt ist eine isolierte Singularität für

$$\frac{\sin z}{z}, \quad \frac{1}{z}, \quad e^{1/z}.$$

Eine isolierte Singularität ist zunächst nichts weiter als eine Definitionslücke. Die erste Frage lautet daher, ob sich eine solche Lücke durch geeignete Festsetzung von $f(z_0)$ schließen läßt. Für $z \neq 0$ gilt beispielsweise (vgl. die Definition § 27 : 5.5 (b) von $\sin z$)

$$\frac{\sin z}{z} = \frac{1}{z} \sum_{n=0}^{\infty} (-1)^n \frac{z^{2n+1}}{(2n+1)!} = 1 - \frac{z^2}{3!} + \frac{z^4}{5!} + \cdots =: g(z).$$

Die Reihe für $g(z)$ konvergiert für alle $z$ und stellt somit eine ganze Funktion dar mit

$$g(z) = \begin{cases} \dfrac{\sin z}{z} & \text{für} \quad z \neq 0 \\ 1 & \text{für} \quad z = 0. \end{cases}$$

**Definition.** *Eine isolierte Singularität $z_0$ von $f$ heißt* **hebbare Singularität***, wenn es eine in einer Umgebung $U$ von $z_0$ holomorphe Funktion $g$ gibt mit $f(z) = g(z)$ für alle $z \in U$ mit $z \neq z_0$.*

BEISPIELE. $\dfrac{z^3 - 1}{z - 1}$ hat eine hebbare Singularität an der Stelle 1, $\dfrac{e^z - 1}{z}$ hat eine hebbare Singularität an der Stelle 0 ÜA .

### 1.2 Pole und wesentliche Singularitäten

Für die Funktion $f(z) = \frac{1}{z}$ liegt an der Stelle $z = 0$ keine hebbare Singularität vor, denn es gilt $\lim\limits_{z \to 0} |f(z)| = \infty$. Dasselbe gilt für $f(z) = \frac{\cos z}{\sin z}$ an den Stellen $n\pi$, $n \in \mathbb{Z}$.

Kompliziert liegen die Verhältnisse für $f(z) = e^{\frac{1}{z}}$ bei Annäherung an $z = 0$. Hier gilt

$$\lim_{n\to\infty} f\left(\tfrac{1}{n}\right) = \lim_{n\to\infty} e^n = \infty\,, \quad \lim_{n\to\infty} f\left(-\tfrac{1}{n}\right) = \lim_{n\to\infty} e^{-n} = 0 \quad \text{und}$$

$$\lim_{n\to\infty} f\left(\tfrac{1}{2\pi i n}\right) = \lim_{n\to\infty} e^{2\pi i n} = 1\,.$$

**Definition.** Sei $f$ holomorph für $0 < |z - z_0| < R$. $z_0$ heißt **Polstelle (Pol)** von $f$, wenn $\lim\limits_{z\to z_0} |f(z)| = \infty$, d.h. $\lim\limits_{z\to z_0} \frac{1}{|f(z)|} = 0$. Ist $z_0$ weder eine hebbare Singularität noch eine Polstelle, so heißt $z_0$ **wesentliche Singularität**.

## 2 Die Laurent–Entwicklung

Auch in einer Umgebung einer Singularität läßt sich das Verhalten von $f$ genau untersuchen. Dies ist möglich mit einem neuen Typ von Reihen, den Laurent–Reihen. Hierzu zunächst ein einfaches Beispiel.

### 2.1 Die Entwicklung von $\dfrac{1}{w-z}$

Seien $w, z_0$ feste komplexe Zahlen.

(a) Für $|z - z_0| < |w - z_0|$ gilt für $\frac{1}{w-z}$ eine herkömmliche Potenzreihenentwicklung nach $z$:

$$\frac{1}{w-z} = \sum_{n=0}^{\infty} \frac{(z-z_0)^n}{(w-z_0)^{n+1}} = \sum_{n=0}^{\infty} a_n \cdot (z-z_0)^n$$

gleichmäßig in jeder kompakten Kreisscheibe $\left|\frac{z-z_0}{w-z_0}\right| \le \varrho < 1$.

(b) Für $|z - z_0| > |w - z_0|$ gilt dagegen

$$\frac{1}{w-z} = -\sum_{n=0}^{\infty} (w-z_0)^n \frac{1}{(z-z_0)^{n+1}} = \sum_{n=1}^{\infty} \frac{a_{-n}}{(z-z_0)^n}$$

gleichmäßig in jedem Außenbereich

$$1 < r \le \frac{|z-z_0|}{|w-z_0|}\,.$$

ÜA Skizzieren Sie die Bereiche (a) und (b).

BEWEIS.

(a) wurde bereits beim Beweis der Cauchyschen Integralformel benützt, vgl. dazu § 27 : 3.4 (a).

(b) folgt aus (a) durch Vertauschen der Rollen von $z$ und $w$ und mit $r = \frac{1}{\varrho}$. □

## 2.2 Laurent–Reihen

Eine Reihe der Form $\sum_{n=-\infty}^{+\infty} a_n(z-z_0)^n$ heißt **Laurent–Reihe**. Sie heißt konvergent an der Stelle $z$, wenn jede der Reihen

$$r(z) = \sum_{n=0}^{\infty} a_n(z-z_0)^n, \quad h(z) = \sum_{n=-\infty}^{-1} a_n(z-z_0)^n = \sum_{n=1}^{\infty} a_{-n}\frac{1}{(z-z_0)^n}$$

an der Stelle $z$ konvergiert. Im Falle der Konvergenz setzen wir

$$\sum_{n=-\infty}^{+\infty} a_n(z-z_0)^n := h(z) + r(z).$$

Die Reihe für $h(z)$ heißt **singulärer Teil** oder **Hauptteil**, die Reihe für $r(z)$ heißt **regulärer Teil** oder **Nebenteil** der Laurent–Reihe.

SATZ. *Konvergiert die Reihe*

$$\sum_{n=1}^{\infty} a_{-n}\frac{1}{(z-z_0)^n}$$

*für $z = z_1$, so konvergiert sie absolut für alle $z$ mit $|z-z_0| > |z_1-z_0|$. Divergiert sie für $z = z_2$, so divergiert sie für alle $z$ mit $|z-z_0| < |z_2-z_0|$.*

Das ergibt sich mit $w = \frac{1}{z-z_0}$ unmittelbar aus dem entsprechenden Satz für die Potenzreihe $\sum_{n=1}^{\infty} a_{-n} w^n$, vgl. §10:2.2.

Konvergiert der Hauptteil also für $z = z_1$ und der reguläre Teil für $z = z_2$ mit $\varrho = |z_1-z_0| < R = |z_2-z_0|$, so konvergiert die Laurent–Reihe im **Ringgebiet** $\varrho < |z-z_0| < R$.

## 2.3 Eigenschaften von Laurent–Reihen

*Konvergiert die Laurent–Reihe*

$$\sum_{n=-\infty}^{+\infty} a_n(z-z_0)^n$$

*im Ringgebiet $\varrho < |z-z_0| < R$ $(0 \leq \varrho < R \leq \infty)$ gegen $f(z)$, so konvergiert sie gleichmäßig in jedem kompakten Kreisring $\varrho + \varepsilon \leq |z-z_0| \leq r$ mit $\varepsilon > 0$, $r < R$. Daher ist $f$ holomorph nach §27:7.2.*

*Für die Koeffizienten $a_n$ gelten die Cauchyschen Integralformeln*

$$a_n = \frac{1}{2\pi i} \int_{C_r(z_0)} \frac{f(w)}{(w-z_0)^{n+1}} dw$$

*für jedes $r$ mit $\varrho < r < R$.*

FOLGERUNG. *(Identitätssatz für Laurent–Reihen): Gilt*

$$\sum_{n=-\infty}^{+\infty} a_n(z-z_0)^n = \sum_{n=-\infty}^{+\infty} b_n(z-z_0)^n$$

*für $\varrho < |z - z_0| < R$, so folgt $a_n = b_n$ für alle $n \in \mathbb{Z}$.*

BEWEIS.
Die gleichmäßige Konvergenz des regulären Teils für $|z - z_0| \leq r$ ist aus der Theorie der Potenzreihen bekannt. Sei $|z_2 - z_0| = \varrho + \frac{1}{2}\varepsilon$. Dann konvergiert die Reihe $\sum_{n=1}^{\infty} \dfrac{a_{-n}}{(z_2-z_0)^n}$ absolut, insbesondere bilden die Glieder eine Nullfolge. Also gibt es ein $M$ mit $|a_{-n}| \leq M \cdot |z_2 - z_0|^n$. Für $|z - z_0| \geq \varrho + \varepsilon$ gilt dann

$$\left|\frac{a_{-n}}{(z-z_0)^n}\right| = \frac{|a_{-n}|}{|z_2-z_0|^n}\left|\frac{z_2-z_0}{z-z_0}\right|^n \leq M \cdot \left(\frac{\varrho + \frac{1}{2}\varepsilon}{\varrho+\varepsilon}\right)^n.$$

Somit konvergiert der Hauptteil für $|z - z_0| \geq \varrho + \varepsilon$ gleichmäßig nach dem Majorantenkriterium.

Da jede kompakte Teilmenge von $\varrho < |z - z_0| < R$ in einem kompakten Kreisring der oben beschriebenen Art liegt, ist die Laurent–Reihe kompakt konvergent und damit die Grenzfunktion $f$ holomorph (vgl. §27:7.2).

Für $\varrho < r < R$ ergibt gliedweise Integration (vgl. §27:2.9) unter Berücksichtigung der Grundformeln §27:2.5

$$\int_{C_r(z_0)} \frac{f(w)}{(w-z_0)^{k+1}}\,dw = \sum_{n=-\infty}^{+\infty} a_n \int_{C_r(z_0)} (w-z_0)^{n-k-1}\,dw = 2\pi i a_k. \qquad \square$$

### 2.4 Laurent–Entwicklung in Ringgebieten

*Sei $f$ holomorph in einem Ringgebiet*

$$\Omega = \left\{z \in \mathbb{C} \mid \varrho < |z-z_0| < R\right\} \quad \text{mit } 0 \leq \varrho < R \leq \infty.$$

*Dann besitzt $f$ dort eine Reihenentwicklung*

$$f(z) = \sum_{n=-\infty}^{+\infty} a_n(z-z_0)^n,$$

*welche in jedem kompakten Teil von $\Omega$ gleichmäßig konvergiert. Die Koeffizienten $a_n$ ergeben sich aus den Cauchyschen Formeln*

$$a_n = \frac{1}{2\pi i} \int_{C_r(z_0)} \frac{f(w)}{(w-z_0)^{n+1}} dw \qquad (n \in \mathbb{Z},\ \varrho < r < R).$$

BEWEIS.

Sei $z$ ein fester Punkt in $\Omega$ und
$\varrho < r_1 < |z - z_0| < r_2 < R$.
Wir betrachten die in der Figur angedeuteten Wege $\gamma_1, \gamma_2$, welche die Kreise $C_{r_1}(z_0)$, $C_{r_2}(z_0)$ benützen und zwei radiale Strecken gemeinsam haben. (Die Spalte sollen nur die Figur deutlich machen.) Dann gilt

$$\int_{\gamma_2} \frac{f(w)}{w-z} dw = 0 \quad \text{und}$$

$$\frac{1}{2\pi i} \int_{\gamma_1} \frac{f(w)}{w-z} dw = f(z).$$

Die erste Beziehung folgt aus dem Cauchyschen Integralsatz, da $\gamma_2$ der orientierte Rand eines in $\Omega \setminus \{z\}$ gelegenen Pflasters ist. Die zweite ergibt sich nach der Cauchyschen Integralformel, da $\gamma_1$ den Punkt $z$ einfach positiv umläuft (vgl. § 27:4.4 und Fig. § 27:4.3). Da sich die Integrale über die gegensinnig durchlaufenen radialen Strecken fortheben, erhalten wir

$$2\pi i f(z) = \int_{\gamma_1} \frac{f(w)}{w-z} dw + \int_{\gamma_2} \frac{f(w)}{w-z} dw$$

$$= \int_{C_{r_2}(z_0)} \frac{f(w)}{w-z} dw - \int_{C_{r_1}(z_0)} \frac{f(w)}{w-z} dw.$$

Auf $C_{r_2}(z_0)$ gilt $|w - z_0| = r_2 > |z - z_0|$, also nach 2.1 (a)

$$\frac{1}{w-z} = \sum_{n=0}^{\infty} \frac{(z-z_0)^n}{(w-z_0)^{n+1}}$$

gleichmäßig bezüglich $w$ nach dem Majorantensatz.
Auf $C_{r_1}(z_0)$ gilt $|w - z_0| = r_1 < |z - z_0|$, also nach 2.1 (b)

$$-\frac{1}{w-z} = \sum_{k=0}^{\infty} \frac{(w-z_0)^k}{(z-z_0)^{k+1}} = \sum_{n=-\infty}^{-1} \frac{(z-z_0)^n}{(w-z_0)^{n+1}} \qquad \text{gleichmäßig in } w.$$

## 2 Die Laurent-Entwicklung

Daraus ergibt sich durch gliedweise Integration

$$2\pi i f(z) = \sum_{n=0}^{\infty}(z-z_0)^n \int_{C_{r_2}(z_0)} \frac{f(w)\,dw}{(w-z_0)^{n+1}} + \sum_{n=-\infty}^{-1}(z-z_0)^n \int_{C_{r_1}(z_0)} \frac{f(w)\,dw}{(w-z_0)^{n+1}},$$

also ist $f$ durch eine Laurent–Reihe dargestellt. Die restlichen Behauptungen (kompakte Konvergenz und Cauchy–Formeln) folgen aus 2.3. □

### 2.5 Abschätzung der Koeffizienten

Sei $f(z) = \sum_{n=-\infty}^{+\infty} a_n(z-z_0)^n$ für $0 \leq \varrho < |z-z_0| < R$.

Für $\varrho < r < R$ sei $M(f,r) = \max\{|f(z)| \mid |z-z_0| = r\}$. Dann gilt

$$|a_n| \leq \frac{M(f,r)}{r^n} \quad \text{für alle} \quad n \in \mathbb{Z}.$$

Das ergibt sich wie in §27:6.1.

### 2.6 Aufgaben

(a) Sei $f(z) = \frac{1}{z}$. Geben Sie die Laurent–Entwicklung und ihren Konvergenzbereich um einen beliebigen Punkt $z_0$ herum an. Warum ist der Fall $z_0 = 0$ trivial?

(b) Entwickeln Sie $f(z) = \frac{1}{(z-a)(z-b)}$ für $a \neq b$ in Laurent–Reihen um die Punkte $z_0 = a$, $z_0 = b$. Was ergibt sich für $a = b$?

(c) Geben Sie die Laurent–Reihe von $e^{-\frac{1}{z}}$ für $|z| > 0$ an.

### 2.7 Entwicklung des Kotangens

Nach §27:5.5 (b) ist $\cotg z = \frac{\cos z}{\sin z}$ holomorph für alle $z \neq n\pi$, $n \in \mathbb{Z}$. Wir geben eine Laurent–Entwicklung für $0 < |z| < \pi$ an. Dazu beachten wir, daß

$$z \cdot \cotg z = \frac{z}{\sin z} \cdot \cos z$$

an der Stelle 0 nach 1.1 eine hebbare Singularität besitzt. Daher gibt es eine Potenzreihenentwicklung

$$z \cdot \cotg z = \sum_{n=0}^{\infty} a_n z^n \quad \text{für} \quad |z| < \pi.$$

Die Koeffizienten $a_n$ ergeben sich aus der Beziehung $z \cdot \cos z = z \cdot \cotg z \cdot \sin z$, also

$$z \cos z = z - \frac{z^3}{2!} + \frac{z^5}{4!} - \frac{z^7}{6!} \pm \cdots = z \cdot \cotg z \cdot \sin z$$

$$= \left(a_0 + a_1 z + a_2 z^2 + a_3 z^3 + a_4 z^4 + \cdots\right) \cdot \left(z - \frac{z^3}{3!} + \frac{z^5}{5!} - \frac{z^7}{7!} \cdots\right)$$

$$= a_0 z + a_1 z^2 + \left(a_2 - \frac{a_0}{3!}\right) z^3 + \left(a_3 - \frac{a_1}{3!}\right) z^4 + \left(a_4 - \frac{a_2}{3!} + \frac{a_0}{5!}\right) z^5$$

$$+ \left(a_5 - \frac{a_3}{3!} + \frac{a_1}{5!}\right) z^6 + \left(a_6 - \frac{a_4}{3!} + \frac{a_2}{5!} - \frac{a_0}{7!}\right) z^7 + \cdots.$$

Koeffizientenvergleich liefert $a_1 = a_3 = a_5 = \cdots = 0$ und $a_0 = 1$, $a_2 = -\frac{1}{3}$, $a_4 = -\frac{1}{45}$, $a_6 = -\frac{2}{945}$ $\boxed{\text{ÜA}}$. Somit erhalten wir *eine* und damit *die* Laurent-Entwicklung

$$\cotg z = \frac{1}{z} - \frac{1}{3} z - \frac{1}{45} z^3 - \frac{2}{945} z^5 - \cdots \quad \text{für} \quad 0 < |z| < \pi.$$

## 3 Charakterisierung isolierter Singularitäten

### 3.1 Der Satz von Riemann

*Ist $f$ holomorph und beschränkt für $0 < |z - z_0| < R$, so ist $z_0$ eine hebbare Singularität von $f$.*

BEWEIS.

Sei $|f(z)| \leq M$ für $0 < |z - z_0| < R$ und $0 < r < R$. Dann gilt für die Koeffizienten $a_n$ der Laurent-Entwicklung $f(z) = \sum\limits_{n=-\infty}^{+\infty} a_n (z - z_0)^n$

$$|a_n| \leq \frac{M}{r^n}$$

nach den Abschätzungen 2.5. Insbesondere folgt

$$|a_{-n}| \leq M \cdot r^n \quad \text{für alle} \quad n \in \mathbb{N}.$$

Für $r \to 0$ folgt $a_{-n} = 0$ für alle $n \in \mathbb{N}$, also

$$f(z) = \sum_{n=0}^{\infty} a_n (z - z_0)^n \quad \text{für} \quad 0 < |z - z_0| < R.$$

Die rechte Seite ist aber holomorph für $|z - z_0| < R$. □

## 3.2 Charakterisierung von Polstellen

*Die für $0 < |z - z_0| < R$ holomorphe Funktion $f$ hat genau dann einen Pol in $z_0$, wenn die Laurent-Reihe die Form*

$$f(z) = \sum_{n=-m}^{\infty} a_n(z - z_0)^n \qquad (m \in \mathbb{N},\ a_{-m} \neq 0)$$

*hat, wenn also der singuläre Teil aus endlich vielen Gliedern besteht.* Die dadurch bestimmte Zahl $m$ heißt **Ordnung des Pols** $z_0$.

BEWEIS.

(a) Hat die Laurent-Reihe die angegebene Form, so gilt

$$f(z) = \frac{1}{(z - z_0)^m}\left(a_{-m} + a_{-m+1}(z - z_0) + \cdots\right) = \frac{1}{(z - z_0)^m}\, g(z)\,.$$

Dabei ist $g$ als Potenzreihe holomorph in einer Umgebung von $z_0$ und $g(z_0) = a_{-m} \neq 0$. Daher gilt $\lim\limits_{z \to z_0} |f(z)| = \infty$.

(b) Sei $\lim\limits_{z \to z_0} |f(z)| = \infty$, d.h. $\lim\limits_{z \to z_0} \frac{1}{f(z)} = 0$. Dann gibt es ein $r > 0$ mit $f(z) \neq 0$ für $0 < |z - z_0| < r$. Nach dem Satz von Riemann ist die durch

$$F(z) = \begin{cases} \dfrac{1}{f(z)} & \text{für } z \neq z_0 \\ 0 & \text{für } z = z_0 \end{cases}$$

definierte Funktion $F$ holomorph, also

$$F(z) = \sum_{n=0}^{\infty} b_n(z - z_0)^n \quad \text{für} \quad |z - z_0| < r\,.$$

Wegen $F(z_0) = 0$ gilt $b_0 = 0$. Sei $b_m$ der erste nichtverschwindende Koeffizient in dieser Reihe, also

$$F(z) = (z - z_0)^m \left(b_m + b_{m+1}(z - z_0) + \cdots\right) = (z - z_0)^m G(z)$$

mit $G(z_0) \neq 0$. Dann gilt $G(z) \neq 0$ in einer Umgebung $K_\varrho(z_0)$, also

$$f(z) = \frac{1}{F(z)} = \frac{1}{(z - z_0)^m}\, \frac{1}{G(z)} \quad \text{für} \quad 0 < |z - z_0| < \varrho\,.$$

Bezeichnen wir die Potenzreihenentwicklung von $\frac{1}{G}$ mit

$$\frac{1}{G(z)} = a_{-m} + a_{-m+1}(z - z_0) + \cdots,$$

so folgt die Behauptung. □

### 3.3 Kriterien für Pole $m$-ter Ordnung

(a) *Eine isolierte Singularität $z_0$ von $f$ ist genau dann ein Pol $m$-ter Ordnung, wenn* $\lim\limits_{z \to z_0} (z - z_0)^m f(z)$ *existiert und von Null verschieden ist.*

(b) *Hat die in Umgebung von $z_0$ holomorphe Funktion $g$ in $z_0$ eine Nullstelle $m$-ter Ordnung, so hat $\frac{1}{g}$ in $z_0$ einen Pol $m$-ter Ordnung,* vgl. § 27 : 3.5.

Die Beweise folgen aus den vorangehenden Betrachtungen ÜA.

### 3.4 Wesentliche Singularitäten, Satz von Casorati–Weierstraß

Nach dem Vorangehenden hat $f$ an der Stelle $z_0$ genau dann eine wesentliche Singularität, wenn der Hauptteil der Laurent–Entwicklung unendlich viele nichtverschwindende Glieder hat.

**Satz von Casorati–Weierstraß.** *Ist $z_0$ eine wesentliche Singularität von $f$, so gibt es zu jedem $a \in \mathbb{C}$ eine Folge $(z_n)$ mit $z_n \to z_0$ und $f(z_n) \to a$. Ferner gibt es eine Folge $(w_n)$ mit $w_n \to z_0$ und $|f(w_n)| \to \infty$.*

Die erste Aussage bedeutet: Für jede noch so kleine gelochte Umgebung $U = K_r(z_0) \setminus \{z_0\}$ ist die Bildmenge $f(U)$ dicht in $\mathbb{C}$, d.h. $\overline{f(U)} = \mathbb{C}$.

BEWEIS.

Sei $B_n = \left\{ z \in \mathbb{C} \mid 0 < |z - z_0| < \frac{1}{n} \right\}$. Da $f$ nach dem Satz von Riemann auf $B_n$ unbeschränkt ist, gibt es zu jedem $n \in \mathbb{N}$ ein $w_n \in B_n$ mit $|f(w_n)| \geq n$. Damit gilt $w_n \to z_0$ und $|f(w_n)| \to \infty$ für $n \to \infty$.

Wir zeigen, daß $\overline{f(B_n)} = \mathbb{C}$ für jedes $n \in \mathbb{N}$. Angenommen $\overline{f(B_n)} \neq \mathbb{C}$. Dann ist $\mathbb{C} \setminus \overline{f(B_n)}$ nichtleer und offen. Also gibt es ein $c \in \mathbb{C}$ und ein $r > 0$ mit $K_r(c) \cap \overline{f(B_n)} = \emptyset$, also $K_r(c) \cap f(B_n) = \emptyset$. Es folgt

$$|f(z) - c| \geq r, \quad \text{d.h.} \quad \frac{1}{|f(z) - c|} \leq \frac{1}{r} \quad \text{für jedes} \quad z \in B_n.$$

Nach dem Satz von Riemann gibt es also eine für $|z - z_0| < \frac{1}{n}$ holomorphe Funktion $g$ mit

$$g(z) = \begin{cases} \dfrac{1}{f(z) - c} & \text{für} \quad 0 < |z - z_0| < \dfrac{1}{n} \\ 0 & \text{für} \quad z = z_0, \end{cases}$$

letzteres wegen $|f(w_n)| \to \infty$. Nach 3.3 (b) hat $f(z) - c = 1/g(z)$ an der Stelle $z_0$ einen Pol im Widerspruch zur Voraussetzung.

Also ist $f(B_n)$ dicht in $\mathbb{C}$ für jedes $n$, insbesondere gibt es zu jedem $a \in \mathbb{C}$ und jedem $n \in \mathbb{N}$ ein $z_n \in B_n$ (also $|z_n - z_0| < \frac{1}{n}$) mit $|f(z_n) - a| < \frac{1}{n}$. □

## 3.5 Das Verhalten ganzer Funktionen im Unendlichen

Eine ganze Funktion, die kein Polynom ist, heißt **ganz–transzendent**.

Sei $f(z) = \sum_{n=0}^{\infty} a_n z^n$ für alle $z \in \mathbb{C}$. Dann gilt

$$f\left(\tfrac{1}{z}\right) = \sum_{n=0}^{\infty} a_n \frac{1}{z^n} = \sum_{-\infty}^{0} a_{-n} z^n \quad \text{für} \quad z \neq 0.$$

Daraus folgt: Für ganz–transzendente Funktionen $f$ hat $f\left(\tfrac{1}{z}\right)$ an der Stelle 0 eine wesentliche Singularität; für Polynome $p$ vom Grad $n \geq 1$ hat $p\left(\tfrac{1}{z}\right)$ an der Stelle 0 einen Pol $n$–ter Ordnung. Direkt aus 3.4 folgt der

**Satz von Casorati–Weierstraß für ganz–transzendente Funktionen.**
*Es gibt zu jedem $a \in \mathbb{C}$ eine Folge $(z_n)$ mit $|z_n| \to \infty$ und $f(z_n) \to a$. Ferner gibt es eine Folge $(w_n)$ mit $|w_n| \to \infty$, $|f(w_n)| \to \infty$.*

### 3.6 Der Satz von Picard

Besitzt $f$ an der Stelle $z_0$ eine wesentliche Singularität, so gibt es ein $a \in \mathbb{C}$, so daß $f$ in jeder Umgebung von $z_0$ alle Werte von $\mathbb{C} \setminus \{a\}$ annimmt (ohne Beweis).

ÜA Verifizieren Sie dies für $e^{\frac{1}{z}}$ in der Nähe des Nullpunkts.

## 4 Der Residuenkalkül

### 4.1 Das Residuum

Hat die in $\Omega \setminus \{z_0\}$ holomorphe Funktion an der Stelle $z_0 \in \Omega$ eine isolierte Singularität, so gibt es eine Laurent–Entwicklung $f(z) = \sum_{n=-\infty}^{+\infty} a_n(z-z_0)^n$ für $0 < |z - z_0| < R$ mit $R > 0$. Der Koeffizient $a_{-1}$ heißt **Residuum von $f$ an der Stelle $z_0$**, bezeichnet mit $\operatorname{Res}(f, z_0)$. Seine Kenntnis ermöglicht die Berechnung des Integrals von $f$ bei einfacher Umlaufung von $z_0$, denn es gilt

$$\operatorname{Res}(f, z_0) = a_{-1} = \frac{1}{2\pi i} \int_{C_r(z_0)} f(z)\, dz = \frac{1}{2\pi i} \int_{\gamma} f(z)\, dz$$

für $0 < r < R$ und jeden geschlossenen Weg $\gamma$, der $z_0$ einfach positiv umläuft und mitsamt seinem Innern in $\Omega$ liegt. Dies ist die *einfachste Form des Residuensatzes*. Die Darstellung von $a_{-1}$ als Kreisintegral folgt aus 2.4. Die letzte Gleichung ergibt sich für $0 < r < \operatorname{dist}(z_0, \operatorname{Spur}\gamma)$ aus dem Homologiesatz § 27 : 4.4, ebenso der Rest, da alle Kreislinien $C_r(z_0)$ mit $0 < r < R$ bezüglich $\Omega \setminus \{z_0\}$ homolog sind. Bei Integration von $f$ um $z_0$ herum bleibt also genau dann kein

Rückstand (lat. *residuum*), wenn $a_{-1} = 0$. Dies gilt nicht nur, wenn $z_0$ eine hebbare Singularität ist (Cauchyscher Integralsatz), sondern auch z.B. für $f(z) = 1/(z - z_0)^n$ mit $n \geq 2$.

### 4.2 Zur Berechnung des Residuums

ohne explizite Angabe der Laurent–Reihe sind folgende Rechenregeln nützlich:

(a) $\operatorname{Res}(f, z_0) = \lim\limits_{z \to z_0} (z - z_0) \cdot f(z)$, *falls dieser Grenzwert existiert*, d.h. falls $z_0$ eine hebbare Singularität oder ein Pol 1. Ordnung ist.

(b) $\operatorname{Res}(\alpha f + \beta g, z_0) = \alpha \operatorname{Res}(f, z_0) + \beta \operatorname{Res}(g, z_0)$ für $\alpha, \beta \in \mathbb{C}$.

(c) Hat $f$ an der Stelle $z_0$ einen Pol 1. Ordnung und ist $g$ holomorph in einer Umgebung von $z_0$, so gilt

$$\operatorname{Res}(f \cdot g, z_0) = g(z_0) \operatorname{Res}(f, z_0).$$

(d) *Hat $f$ an der Stelle $z_0$ eine einfache Nullstelle, so gilt*

$$\operatorname{Res}\left(\frac{1}{f}, z_0\right) = \frac{1}{f'(z_0)}.$$

(a) und (b) folgen direkt aus der Laurent–Entwicklung; (c) und (d) folgen aus (a) ÜA.

### 4.3 Beispiele

(a) Sei $f(z) = \dfrac{1}{1 + z^4} = \dfrac{1}{(z - z_0)(z - z_1)(z - z_2)(z - z_3)}$ mit

$$z_k = e^{\frac{i\pi}{4}(1+2k)} \qquad k = (0, 1, 2, 3).$$

Dann gilt nach 4.2 (d) mit $g(z) = 1 + z^4$

$$\operatorname{Res}(f, z_k) = \frac{1}{g'(z_k)} = \frac{1}{4z_k^3} = -\frac{1}{4} z_k \quad \text{wegen} \quad z_k^4 = -1.$$

(b) Für $f(z) = \dfrac{z}{1 - \cos z}$ und $z \neq 0$ gilt

$$z \cdot f(z) = \frac{z^2}{2\sin^2 \frac{z}{2}} = 2 \cdot g\left(\frac{z}{2}\right) \quad \text{mit} \quad g(z) = \frac{z^2}{\sin^2 z}.$$

Nach 4.2 (a) gilt also $\operatorname{Res}(f, 0) = \lim\limits_{z \to 0} z \cdot f(z) = 2$.

## 5 Der Residuensatz

*Sei $f$ holomorph in $\Omega$ mit Ausnahme isolierter Singularitäten. Trifft der geschlossene Weg $\gamma$ in $\Omega$ keine Singularität, so gilt*

$$\int_\gamma f(z)\,dz = 2\pi i \sum_{k=1}^{N} \operatorname{Res}(f, z_k),$$

*wobei $z_1, \ldots, z_N$ die von $\gamma$ umschlossenen Singularitäten sind. Wir präzisieren diese Voraussetzungen wie folgt:*

(a) *$\gamma$ ist der Rand einer Pflasterkette $M = M_1 + \cdots + M_m$ mit $|M| \subset \Omega$.*

(b) *Jede der Singularitäten $z_j$ liegt in einem der $M_k$ und wird von $\partial M_k$ einfach positiv umlaufen.*

(c) *Jedes Pflaster $M_k$ enthält höchstens eine Singularität.*

BEWEIS.
Es gilt $\int_{\partial M_i} f(z)\,dz = 0$ für jedes Pflaster $M_i$, welches keine Singularität enthält (Pflasterversion des Cauchyschen Integralsatzes § 27 : 4.2). Enthält ein Pflaster $M_j$ eine Singularität $z_k$, so gilt nach 4.1

$$\int_{\partial M_j} f(z)\,dz = 2\pi i \cdot \operatorname{Res}(f, z_k).$$

Die Behauptung folgt jetzt aus der Pflasterketteneigenschaft:

$$\int_{\partial M} f(z)\,dz = \sum_{i=1}^{m} \int_{\partial M_i} f(z)\,dz. \qquad \square$$

## 6 Berechnung von Reihen mit Hilfe des Residuensatzes

### 6.1 Die Hilfsfunktion $\pi\cotg \pi z$

Nach 2.7 gilt für $f(z) = \pi\cotg \pi z$ und $|z| < 1$

$$f(z) = \frac{1}{z} - \frac{\pi^2}{3}z - \frac{\pi^4}{45}z^3 - \frac{2\pi^6}{945}z^5 - \cdots.$$

Nach 3.3 (b) und 4.2 (c), (d) hat der Kotangens an den Stellen $n\pi$ ($n \in \mathbb{Z}$) einfache Pole mit Residuum 1 ÜA. Also hat $f$ an allen ganzzahligen Stellen einfache Pole mit Residuum 1 und ist sonst holomorph.

## 6.2 Die Reihe $\sum_{q(n)\neq 0} \dfrac{p(n)}{q(n)}$

*Sind $p, q$ teilerfremde Polynome mit* Grad $(q) \geq 2 +$ Grad $(p)$, *so gilt*

$$\sum_{\substack{n=-\infty \\ q(n)\neq 0}}^{+\infty} \frac{p(n)}{q(n)} = - \sum_{q(a)=0} \operatorname{Res}\left(\frac{p}{q} f, a\right),$$

*wobei $f(z) = \pi \cotg \pi z$ ist und die rechte Summe über alle Nullstellen von $q$ erstreckt wird.*

BEWEIS.

Wir betrachten den eingezeichneten Weg $\gamma_N$, wobei $N$ so groß gewählt ist, daß das Innere $I(\gamma_N)$ sämtliche Nullstellen von $q$ enthält. Nach dem Residuensatz gilt für $g(z) = \frac{p(z)}{q(z)} \cdot f(z)$

$$\int_{\gamma_N} g(z)\, dz = 2\pi i \sum_{z_k \in I(\gamma_N)} \operatorname{Res}(g, z_k).$$

Die Singularitäten $z_k$ von $g$ teilen sich auf in

(a) Die $n \in \mathbb{Z}$ mit $q(n) \neq 0$. Für diese gilt wegen 4.2 (c) und Res $(f, n) = 1$

$$\operatorname{Res}(g, n) = \frac{p(n)}{q(n)}.$$

(b) Die Nullstellen von $q$. Also gilt mit $M_N = \{n \in I(\gamma_N) \mid q(n) \neq 0\}$

$$\sum_{n \in M_N} \operatorname{Res}(g, n) + \sum_{q(a)=0} \operatorname{Res}(g, a) = \frac{1}{2\pi i} \int_{\gamma_N} g(z)\, dz.$$

Nach Voraussetzung ist $\frac{p(z)}{q(z)} z^2$ beschränkt für $|z| \to \infty$. Also gilt

$$\frac{|p(z)|}{|q(z)|} \leq \frac{C}{|z|^2} \quad \text{für genügend große } z \text{ mit geeigneter Schranke } C.$$

Daher existiert

$$\lim_{N \to \infty} \sum_{n \in M_N} \frac{p(n)}{q(n)} = \sum_{\substack{n \in \mathbb{Z} \\ q(n)\neq 0}} \frac{p(n)}{q(n)}.$$

Wir haben also nur noch zu zeigen, daß

$$\lim_{N\to\infty} \int_{\gamma_N} g(z)\,dz = 0.$$

Für $z = x + iy$, $y > 0$ gilt $|e^{iz}| = e^{\operatorname{Re} iz} = e^{-y}$ und $|e^{-iz}| = e^y$, also

$$|\cotg z| = \left|\frac{e^{iz} + e^{-iz}}{e^{iz} - e^{-iz}}\right| \leq \frac{|e^{-iz}| + |e^{iz}|}{||e^{-iz}| - |e^{iz}||} = \frac{e^y + e^{-y}}{e^y - e^{-y}} = \frac{e^{2y} + 1}{e^{2y} - 1}.$$

Für $z = x + iy$, $y < 0$ ergibt sich analog ÜA

$$|\cotg z| \leq \frac{e^{-2y} + 1}{e^{-2y} - 1}, \quad \text{also insgesamt für } |y| \geq \frac{1}{\pi}$$

$$|\cotg \pi z| \leq \frac{e^{2\pi|y|} + 1}{e^{2\pi|y|} - 1} = 1 + \frac{2}{e^{2\pi|y|} - 1} \leq 1 + \frac{2}{e^2 - 1} < 2.$$

Für $z = \pm\left(N + \frac{1}{2}\right) + iy$, $|y| \leq \frac{1}{\pi}$ gilt wegen $e^{\pm i\left(N+\frac{1}{2}\right)\pi} = (-1)^N \cdot (\pm i)$

$$|\cotg \pi z| = \left|\frac{e^{-\pi y} - e^{\pi y}}{e^{-\pi y} + e^{\pi y}}\right| = \frac{e^{2\pi|y|} - 1}{1 + e^{2\pi|y|}} < 1 \quad \boxed{\text{ÜA}}.$$

Insgesamt gilt $|\cotg \pi z| < 2$ für alle $z$ auf $\gamma_N$ und somit für $N \to \infty$

$$\left|\int_{\gamma_N} \pi \cotg(\pi z) \cdot \frac{p(z)}{q(z)}\,dz\right| \leq 2\pi \cdot \frac{C}{\left(N + \frac{1}{2}\right)^2} \cdot L(\gamma_N) \leq \frac{16\pi C}{N + \frac{1}{2}} \to 0. \quad \square$$

## 6.3 Die Eulerschen Formeln

$$\sum_{n=1}^{\infty} \frac{1}{n^2} = \frac{\pi^2}{6}, \qquad \sum_{n=1}^{\infty} \frac{1}{n^4} = \frac{\pi^4}{90}, \qquad \sum_{n=1}^{\infty} \frac{1}{n^6} = \frac{\pi^6}{945}$$

(EULER 1734).

BEWEIS.

(a) Sei $p(z) = 1$, $q(z) = z^2$. Aus 6.1 entnehmen wir

$$\frac{\pi \cotg \pi z}{z^2} = \frac{1}{z^3} - \frac{\pi^2}{3}\frac{1}{z} - \frac{\pi^4}{45}z - \frac{2\pi^6}{945}z^3 - \cdots$$

mit Residuum $-\frac{\pi^2}{3}$ an der Stelle 0. Nach 6.2 ergibt sich

$$\sum_{0 \neq n \in \mathbb{Z}} \frac{1}{n^2} = \frac{\pi^2}{3}.$$

(b) Die beiden anderen Formeln ergeben sich ganz analog mit $q(z) = z^4$ bzw. $q(z) = z^6$ ÜA.

## 7 Berechnung von Integralen mit Hilfe des Residuensatzes

### 7.1 Integrale der Form $\int\limits_{-\infty}^{+\infty} f(x)\,dx$

Sei $f$ holomorph in $\mathbb{C}$ mit Ausnahme endlich vieler isolierter Singularitäten $z_1, \ldots, z_N$, die nicht auf der reellen Achse liegen. Ferner sei

$$|f(z)| \leq \frac{C}{|z|^2} \quad \text{für} \quad |z| \geq r \quad \text{und} \quad \operatorname{Im} z \geq 0.$$

*Dann gilt*

$$\int\limits_{-\infty}^{+\infty} f(x)\,dx = 2\pi i \sum_{\operatorname{Im} z_k > 0} \operatorname{Res}(f, z_k).$$

BEWEIS.

Das Integral konvergiert nach dem Majorantenkriterium. Sei $R > r$ so groß gewählt, daß alle $z_k$ im Innern von $K_R(0)$ liegen. $\gamma_R$ sei der oben skizzierte Weg. Dann gilt nach dem Residuensatz

$$\int\limits_{\gamma_R} f(z)\,dz = 2\pi i \sum_{\operatorname{Im}(z_k) > 0} \operatorname{Res}(f, z_k).$$

Andererseits ist

$$\int\limits_{\gamma_R} f(z)\,dz = \int\limits_{-R}^{R} f(x)\,dx + \int\limits_0^\pi iR f\left(Re^{it}\right) e^{it}\,dt, \quad \text{wobei}$$

$$\left| \int\limits_0^\pi iR f\left(Re^{it}\right) e^{it}\,dt \right| \leq \pi R \cdot \frac{C}{R^2} \to 0 \quad \text{für} \quad R \to \infty. \quad \text{Also gilt}$$

$$2\pi i \cdot \sum_{\operatorname{Im} z_k > 0} \operatorname{Res}(f, z_k) = \lim_{R \to \infty} \int\limits_{\gamma_R} f(z)\,dz = \lim_{R \to \infty} \int\limits_{-R}^{R} f(x)\,dx = \int\limits_{-\infty}^{+\infty} f(x)\,dx. \quad \square$$

BEMERKUNG. Erfüllt $f$ die Abklingbedingung in der unteren Halbebene $\operatorname{Im} z \leq 0$, so gilt eine ähnliche Formel $\boxed{\text{ÜA}}$.

### 7.2 Beispiel $\int\limits_{-\infty}^{+\infty} \dfrac{dx}{1+x^4} = \dfrac{\pi}{\sqrt{2}}$.

Denn $f(z) = \frac{1}{1+z^4}$ hat nach 4.4 (a) in der oberen Halbebene die einfachen Pole $z_1 = e^{\frac{\pi i}{4}}$, $z_2 = e^{\frac{3\pi i}{4}}$ mit Residuen

$$\operatorname{Res}(f, z_1) \;=\; -\tfrac{1}{4}z_1 = -\tfrac{1}{4}\mathrm{e}^{\frac{\pi i}{4}} = -\tfrac{1}{4}\left(\cos\tfrac{\pi}{4} + i\sin\tfrac{\pi}{4}\right),$$

$$\operatorname{Res}(f, z_2) \;=\; -\tfrac{1}{4}z_2 = -\tfrac{1}{4}\mathrm{e}^{\frac{3\pi i}{4}} = -\tfrac{1}{4}\left(\cos\tfrac{3\pi}{4} + i\sin\tfrac{3\pi}{4}\right).$$ Also gilt

$$2\pi i\left(\operatorname{Res}(f, z_1) + \operatorname{Res}(f, z_2)\right) = -\pi i\left(i\sin\tfrac{\pi}{4}\right) = \pi\sin\tfrac{\pi}{4} = \tfrac{\pi}{\sqrt{2}}\,.$$

**7.3 Aufgaben.** Bestimmen Sie mit Hilfe des Residuensatzes die Integrale

$$\int\limits_{-\infty}^{+\infty}\frac{dx}{1+x^6}\,,\qquad \int\limits_{-\infty}^{+\infty}\frac{dx}{x^4+5x^2+4}\,,\qquad \int\limits_{-\infty}^{+\infty}\frac{x^2+1}{x^6+1}\,dx,\qquad \int\limits_{-\infty}^{+\infty}\frac{\cos x}{1+x^4}\,dx.$$

Verwenden Sie für das letzte Integral $f(z) = \mathrm{e}^{iz}/(1+z^4)$.

## 7.4 Berechnung von Fourierintegralen $\int\limits_{-\infty}^{+\infty} f(t)\mathrm{e}^{ixt}\,dt$

Unter den Voraussetzungen 7.1 für $f$ sei $g(z) := f(z)\cdot\mathrm{e}^{ixz}$ mit festem $x \in \mathbb{R}$. Dann gilt

$$\int\limits_{-\infty}^{+\infty} f(t)\,\mathrm{e}^{ixt}\,dt = \begin{cases} 2\pi i \sum\limits_{\operatorname{Im} z_k > 0} \operatorname{Res}(g, z_k) & \text{für } x > 0,\\[1ex] -2\pi i \sum\limits_{\operatorname{Im} z_k < 0} \operatorname{Res}(g, z_k) & \text{für } x < 0. \end{cases}$$

ZUSATZ. Werden die Voraussetzungen 7.1 abgeschwächt durch die Bedingungen $|f(z)| \leq C/|z|$ für $|z| \geq R$, $\operatorname{Im} z \geq 0$, so braucht das Integral $\int\limits_{-\infty}^{+\infty} f(t)\,\mathrm{e}^{ixt}\,dt$ nicht mehr zu konvergieren. Die Formel 7.4 bleibt dennoch bestehen, wenn wir das Integral

$$\int\limits_{-\infty}^{+\infty} f(t)\,\mathrm{e}^{ixt}\,dt$$

durch den **Cauchyschen Hauptwert**

$$\lim_{R\to\infty}\int\limits_{-R}^{R} f(t)\,\mathrm{e}^{ixt}\,dt$$

ersetzen.

§ 28 Isolierte Singularitäten, Laurent–Reihen und Residuensatz

BEWEIS.

Wir führen den Beweis gleich unter der schwächeren Voraussetzung des Zusatzes. Sei $x > 0$. Dann ist mit den Bezeichnungen 7.1

$$\int_{\gamma_R} g(z)\,dz \;=\; \int_{-R}^{R} g(x)\,dx + iR\int_0^\pi e^{it}\, g\left(Re^{it}\right)\,dt\,.$$

Dabei gilt

$$\left|g\left(Re^{it}\right)\right| \;=\; \left|e^{iRxe^{it}} f\left(Re^{it}\right)\right| \;\leq\; e^{-Rx\sin t}\cdot\frac{C}{R} \quad \text{und}$$

$$\sin t \;\geq\; t - \frac{t^3}{6} = t\left(1 - \frac{t^2}{6}\right) \;\geq\; \frac{1}{2}t \quad \text{für } 0 \leq t \leq \tfrac{\pi}{2}\,, \quad \text{somit}$$

$$\left|\,R\int_0^\pi e^{it} g\left(Re^{it}\right)\,dt\,\right| \;\leq\; 2C\int_0^{\pi/2} e^{-Rx\sin t}\,dt \;\leq\; 2C\int_0^{\pi/2} e^{-\tfrac{1}{2}Rxt}\,dt$$

$$= \;\frac{4C}{Rx}\left(1 - e^{-\tfrac{1}{4}R\pi x}\right) \;\to\; 0 \quad \text{für } R\to\infty$$

und festes $x > 0$. Die zweite Formel folgt aus der ersten mit der Substitution $s = -t$:

$$\int_{-\infty}^{+\infty} f(t)\,e^{ixt}\,dt \;=\; \int_{-\infty}^{+\infty} f(-s)\,e^{-ixs}\,ds \;=\; \int_{-\infty}^{+\infty} f(-s)\,e^{i|x|s}\,ds$$

$$= \;2\pi i \sum_{\operatorname{Im} z_k > 0} \operatorname{Res}(h, z_k) \quad \text{mit}$$

$$h(z) = f(-z)\,e^{i|x|z} = f(-z)\,e^{-ixz} = g(-z)\,.$$

Der Rest des Beweises ergibt sich mit der folgenden Aufgabe (a). □

**Aufgaben.**

(a) Zeigen Sie mit Hilfe der Laurent–Reihe: Ist $-z_0$ eine isolierte Singularität von $g$ und $h(z) = g(-z)$, so gilt $\operatorname{Res}(h, z_0) = -\operatorname{Res}(g, -z_0)$.

(b) Berechnen Sie $\;g(x) := \displaystyle\int_{-\infty}^{+\infty} \frac{e^{ixt}}{1+t^2}\,dt\;$ für beliebige $x \in \mathbb{R}$.

(c) Berechnen Sie auf direktem Wege $\;\frac{1}{2\pi}\displaystyle\int_{-\infty}^{+\infty} g(t)\,e^{-ixt}\,dt$.

# Namen und Lebensdaten

ABEL, Niels Hendrik (1802–1829)

ARCHIMEDES von Syrakus (287?–212 v.Chr.)

ARISTOTELES von Stagira (384–322 v.Chr.)

BARROW, Isaac (1630–1677)

BERNOULLI, Jakob (1655–1705)

BERNOULLI, Johann (1667–1748)

BERNOULLI, Daniel (1700–1782)

BOLYAI, János (1802–1860)

BOLZANO, Bernard (1781–1848)

BUDDHA (ca. 560–480 v.Chr.)

CANTOR, Georg (1845–1918)

CARDANO, Geronimo (1501–1576)

CAUCHY, Augustin–Louis (1789–1857)

CAVALIERI, Bonaventura (1598–1647)

DEDEKIND, Richard (1831–1916)

DIRICHLET, Gustav Peter Lejeune (1805–1859)

EUDOXOS von Knidos (ca. 408–355 v.Chr.)

EUKLID von Alexandrien (um 300 v.Chr.)

EULER, Leonard (1707–1783)

FERMAT, Pierre de (1601–1665)

FOURIER, Jean Baptiste Joseph (1768–1830)

GALILEO GALILEI (1564–1642)

GAUSS, Carl Friedrich (1777–1855)

GIRARD, Albert (1595–1632)

GREGORIUS a S. VINCENTIO (GRÉGOIRE de Saint Vincent) (1584–1667)

GREGORY, James (1638–1675)

HAMILTON, Sir William Rowan (1805–1865)

HILBERT, David (1862–1943)

L'HOSPITAL, Guillaume François Antoine de (1661–1704)

HUDDE, Jan (1628–1704)

HUYGENS, Christiaan (1629–1695)

JACOBI, Carl Gustav Jacob (1804–1851)

KEPLER, Johannes (1571–1630)

KLEIN, Felix (1849–1925)

LAGRANGE, Joseph Louis (1736–1813)

LAPLACE, Pierre Simon (1749–1827)

LAURENT, Pierre (1813–1854)

LEIBNIZ, Gottfried Wilhelm (1646–1716)

LOBATSCHEWSKI, Iwanowitsch (1793–1856)

MENGOLI, Pietro (1625–1686)

MERCATOR (KAUFFMANN), Nikolaus (1620–1687)

MÉRÉ, Chevalier de (1610–1685)

NEWTON, Isaac (1643–1727)

ORESME, Nikolaus (1323?–1382)

PASCAL, Blaise (1623–1662)

RIEMANN, Bernhard (1826–1866)

TAYLOR, Brook (1685–1731)

VIETA (Viète), François (1540–1603)

WALLIS, John (1616–1703)

WEIERSTRASS, Karl (1815–1897)

# Literaturverzeichnis

### Analysis und Vektoranalysis

ARNOLD, V.I.: Mathematical Methods of Classical Mechanics.
New York–Heidelberg–Berlin: Springer 1978

BARNER, M.; FLOHR, F.: Analysis I, II. Berlin–New York: de Gruyter 1974/83

DO CARMO, M. P.: Differentialgeometrie von Kurven und Flächen.
Braunschweig–Wiesbaden: Vieweg 1983

COURANT, R.; JOHN, F.: Introduction to Calculus and Analysis 1, 2.
New York–London–Sidney: Wiley Interscience Publishers 1965/74

FLEMING, W.: Functions of Several Variables.
New York–Heidelberg–Berlin: Springer 1977

FORSTER, O.: Analysis 1, 2, 3. Braunschweig: Vieweg 1979/81

GRAUERT, H.; LIEB, I.: Differential- und Integralrechnung III.
Berlin–Heidelberg–New York: Springer 1977

HEUSER, H.: Lehrbuch der Analysis, Teil 1,2. Stuttgart: Teubner 1982/83

KÖNIGSBERGER, K.: Analysis 1,2. Berlin: Springer 1990/93

V. MANGOLDT, H.; KNOPP, K.: Einführung in die höhere Mathematik, Bd. 1–3.
Stuttgart: Hirzel (11. Aufl.) 1962

SPIVAK, M.: Calculus on Manifolds. New York–Amsterdam: Benjamin 1965

WALTER, W.: Analysis I, II. Berlin: Springer 1989/90

### Lineare Algebra und Analytische Geometrie

BEUTELSPACHER, A.: Lineare Algebra. Braunschweig: Vieweg 1994

FISCHER, G.: Lineare Algebra. Braunschweig: Vieweg 1975

FISCHER, G.: Analytische Geometrie. Braunschweig: Vieweg 1978

PICKERT, G.: Analytische Geometrie. Leipzig: Akad. Verlagsgesellschaft 1955

SPERNER, E.: Einführung in die Analytische Geometrie (1. Teil).
Göttingen: Vandenhoeck & Ruprecht 1959

ZIESCHANG, H.: Lineare Algebra und Geometrie. Stuttgart: Teubner 1997.

### Wahrscheinlichkeitsrechnung

FREUDENTHAL, H.: Wahrscheinlichkeitsrechnung und Statistik.
München: Oldenbourg 1963

KRENGEL, U.: Wahrscheinlichkeit und Statistik. Braunschweig: Vieweg 1988

### Numerische Mathematik

DEUFLHARD, P.; HOHMANN, A.: Numerische Mathematik. Berlin: de Gruyter 1991

HAIRER, E.; NØRSETT, S.P.; WANNER, G.: Solving Ordinary Differential Equations I. Berlin–Heidelberg–New York: Springer 1987

SCHWARZ, H.R.: Numerische Mathematik. Stuttgart: Teubner 1993

## Gewöhnliche Differentialgleichungen

BRAUN, M.: Differentialgleichungen und ihre Anwendungen.
Berlin–Heidelberg–New York: Springer 1979

HEUSER, H.: Gewöhnliche Differentialgleichungen. Stuttgart: Teubner 1989

KAMKE, E.: Differentialgleichungen: Lösungsmethoden und Lösungen.
Leipzig: Akad. Verlagsgesellschaft 1959

## Funktionentheorie

FREITAG, E.; BUSAM, R.: Funktionentheorie. Berlin–Heidelberg–New York: Springer 2000

MARSDEN, J.E.: Basic Complex Analysis. San Francisco: Freeman 1970

REMMERT, R.: Funktionentheorie I.
Berlin–Heidelberg–New York–Tokyo: Springer 1984

## Methoden der Mathematischen Physik

ARFKEN, G.: Mathematical Methods for Physicists.
New York–San Francisco–London: Academic Press 1970

COURANT, R. und HILBERT, D.: Methoden der Mathematischen Physik 1, 2.
Berlin–Heidelberg–New York: Springer 1968

## Grundlagen und Geschichte

BARON, Margaret E.: The origins of the Infinitesimal Calculus.
Oxford–New York–Braunschweig: Pergamon Press 1969

CANTOR, M.: Vorlesungen über Geschichte der Mathematik I, II, III.
Leipzig: Teubner 1894/92/98

DEDEKIND, R.: Was sind und was sollen die Zahlen?
Braunschweig: Vieweg 1961 (Nachdruck)

HANKEL, H.: Zur Geschichte der Mathematik in Altertum und Mittelalter.
Hildesheim: Olms 1965

HILBERT, D.: Grundlagen der Geometrie. Stuttgart: Teubner 1962

HOFMANN, J.E.: Geschichte der Mathematik I, II, III.
Sammlung Göschen 226/226a, 875, 882. Berlin: de Gruyter 1963/1957

TROPFKE, J.; GERICKE, H.; REICH, K.; VOGEL, K.: Geschichte der Elementarmathematik Bd. 1 (4. Aufl.) Berlin: de Gruyter 1980

# Symbole und Abkürzungen

$\in (m \in M)$, 11
$\notin (m \notin M)$, 11
$\mathbb{R}, \mathbb{Q}, \mathbb{Z}, \mathbb{N}, \mathbb{N}_0$, 11
$\{x \mid E(x)\}$, 11
$\{f(x) \mid x \in M\}$, 11
$\subset, \supset$, 11
$n \mid m$, 15
$a < b, a > b$, 15
$a \leq b, a \geq b$, 16
$|a|$, 17, 116
$\sum_{k=l}^{m}$, 22
$\prod_{k=l}^{m}$, 22
$n!$, 22, 197
$[a, b]$, $[a, \infty[$, $]-\infty, b]$ u.a., 23
$]a, b[$, $]a, \infty[$, $[a, b[$ usw., 24
$\mathbb{R}_+$, 24
$\mathbb{R}_{>0}$, 24
$\max M$, 25
$\min M$, 25
$\sup M$, 28
$\inf M$, 28
$[x]$, 30
$\text{INT}(x)$, 30
$\sqrt{a}$, 30
$\lim_{n \to \infty} a_n$, 34, 39, 146, 388
$\sqrt[m]{a}$, 42
$a^b$, 43, 60
$\approx (\pi \approx 3.14)$, 46
e (Eulersche Zahl), 53
$e^x$, 53, 54
$f : M \to N$, 55, 56
$\mapsto (x \mapsto f(x))$, 55, 56
$\mathbb{1}, \mathbb{1}_M$, 55, 297
log, 58, 540
$\log_{10}$, 60
$f \circ g$, 61
Grad $(p)$, 62
ggT, 64
$\pi$, 67

arccos, 68
cos, 68, 550
sin, 69, 550
arcsin, 70
tan, 71
cotg, 71
arctan, 72
$\cup, \cap$, 74
$A \setminus B$, 74
$\subset, \supset$, 74
$f(A)$ (Bildmenge), 76
$f^{-1}(A)$ (Urbildmenge), 76
$\Longrightarrow$, 76
$\Longleftrightarrow$, 78
$\bigcup_{i \in I}, \bigcap_{i \in I}$, 78
$\binom{n}{k}$ allgemein, 91
$\vec{v}$ (Translation), 99
$\mathbf{x}, \mathbf{y}$ (Koordinatenvektoren), 104, 124
$\vec{x}$ (Vektoren handschriftlich), 104
$\mathbb{R}^2$, 104
$\|\mathbf{x}\|$, 109, 127, 386
$\mathbb{C}$, 113, 115, 116
$i$ (imaginäre Einheit), 114
Re $z$, 116
Im $z$, 116
$\overline{a}, \overline{z}$ (konjugiert), 116
$|a|$ (komplexe Zahlen), 116
$e^{i\varphi}$, 118
$e^z$, 118, 196
arg, 119
$\mathbb{R}^n$, 125
$\langle \mathbf{x}, \mathbf{y} \rangle$, 126, 354
$\mathbf{a} \perp \mathbf{b}, \mathbf{a} \perp M$, 129
$\mathbf{a} \times \mathbf{b}$, 131
Span $\{\mathbf{v}_1, \ldots, \mathbf{v}_n\}$, 135
ONS, 135, 357
$M^\perp$, 136, 357
$\sum_{k=0}^{\infty} a_k, \sum_{k=N}^{\infty} a_k$, 139, 140, 149
$\lim_{I \ni x \to a} f(x), \lim_{M \ni u \to u_0} f(u)$, 157, 397

Symbole und Abkürzungen

$\lim_{x \to a+} f(x)$, $\lim_{x \to a-} f(x)$, 157
$f(a+)$, $f(a-)$, 157
$\lim_{x \to a} f(x)$, 158
$\lim_{x \to a}$, 531
$\lim_{x \to \infty} f(x)$, $\lim_{x \to -\infty} f(x)$, 161
$C[a,b]$, $C(I)$, 164
o.B.d.A., 168
$f'(a)$, 175, 532
$C^1$-diff.bar, $C^n$-diff.bar, 186, 414
$C^\infty$-differenzierbar, 187, 414
cosh, 209
sinh, 209
$\chi_I$ (charakteristische Fkt.), 215, 440
f.ü., 216, 441
$F(x)\big|_a^b$, 227
$f_+$, $f_-$, 258
$\mathbb{C}^n$, 284
$C[a,b]$, $C(I)$, 288
$\mathcal{P}_\mathbb{K}$, 288
Span $\{v_1, \ldots, v_n\}$, Span $M$, 289
$(v)_\mathcal{B}$, 293
$\mathcal{K}$ (kanonische Basis), 293
$\mathcal{P}_\mathbb{K}^n$, 294
$\dim V$, 294
Bild $L$, 299
Kern $L$, 299
$\mathcal{L}(V)$, $\mathcal{L}(V,W)$, 301
$M_\mathcal{A}^\mathcal{B}(L)$, 302
$M_\mathcal{B}(L)$, 303
$E$, $E_n$, 303
$\mathcal{M}(n, \mathbb{K})$, 309
Rang $A$, 315
$A^T$, 326
$\det(\mathbf{a}_1, \ldots, \mathbf{a}_n)$, $\det A$, 331
$|A|$, Determinante, 331
$N_\lambda$, 344
$\langle u, v \rangle$, 353
$\ell^2$, 354
$\|u\|$, 355, 386
ONB, 357
$A^*$, 362
$GL(n, \mathbb{K})$, 367
$U_n$, $O_n$, 367

$SO_n$, 367
$Q(u)$ (Quadratische Form), 372
$\operatorname{dist}(A, B)$, 386
$K_r(u)$, 387
$\|\mathbf{x}\|_1$, $\|\mathbf{x}\|_\infty$, 387
$\overset{\circ}{M}$ (Inneres), 392
$\partial M$ (Rand), 392
$\overline{M}$ (Abschluß), 392
$f : V \supset M \to W$, 397
$|t| \ll 1$, 404
$\mathbf{f}'(\mathbf{a})$, 405
$d\mathbf{f}(\mathbf{a})$, $D\mathbf{f}(\mathbf{a})$, 405
$\frac{\partial f}{\partial x}$, $\frac{\partial f}{\partial x_k}$, , 407
$\partial_k f$, $\partial_x f$, $\partial_y f$, $\partial_z f$, 407
$C^r$-Abbildung $(0 \le r \le \infty)$, 414
$\nabla f$, 416
$\partial_\mathbf{v} f$ (Richtungsableitung), 418
$f''(\mathbf{x})$ (Hesse–Matrix), 421
$V^n(\Omega)$, 460
$L(C)$, 470, 473, 476
$\int_C f\,ds$, 473
$\int^\alpha \mathbf{v} \bullet d\mathbf{x}$, 475
$\int^\alpha P\,dx + Q\,dy$, 475
$\boldsymbol{\alpha} = \boldsymbol{\alpha}_1 + \cdots + \boldsymbol{\alpha}_n$, 476
$\operatorname{div} \mathbf{v}$, 489
$\Delta u$, 489
$\operatorname{rot} \mathbf{v}$, 489
$\operatorname{div} \mathbf{v}$, 489
$g_{ik}$, $g$, 494
$A(\boldsymbol{\Phi})$, $A(M)$, 494
$\int_M f\,do$, 498
$\int_M \mathbf{v} \bullet d\mathbf{o}$, 501
$\partial M$ (Pflasterrand), 508
$|M|$ (Pflasterketten), 512
$\partial \mathbf{h}$ (3–dim Pflasterkette), 521
$\gamma$, $-\gamma$ (orient. Kurvenst. in $\mathbb{C}$), 535
$\gamma = \gamma_1 + \cdots + \gamma_N$ (Kurvenketten), 536
$L(\gamma)$, 536
$C_r(z_0)$, $-C_r(z_0)$, 536
$\operatorname{Res}(f, z_0)$, Residuum, 563

# Index

Abbildung, 55
Abbildung, lineare, 283, 297
Abgeschlossene Menge, 390
Ableitung, 175
    $n$–te, 185
    im $\mathbb{R}^n$, 405
    komplexe, 532
    partielle, 407
Abschluß einer Menge, 392
absolute Konvergenz von Reihen, 154
Abstand, 109, 127, 386
Abstand Punkt—Menge, 400
Abzählbarkeit von $\mathbb{Q}$, 26
Additionstheoreme für sin, cos, 70
adjungierte Matrix, 362
Adjunkte, 336
ähnliche Matrizen, 313
Äußeres einer Menge, 392
affine Abbildung, 340
affiner Teilraum, 315
Algebra der $n \times n$–Matrizen, 309
alternierende Multilinearform, 329
analytisch, 543
analytisch (reell), 205
Anfangswertproblem, 209, 210, 267, 273, 385
Anordnung einer Doppelfolge, 154
archimedische Anordnung, 26
Archimedisches Prinzip, 529
Arcuscosinus, 68
Arcussinus, 70
Arcustangens, 71, 199
Arcustangensreihe, 200
Argument, 119
Aufspann, 135, 289
Ausgleichsgerade, 325
Ausgleichsparabel, 325
Ausschöpfung offener Mengen, 453
Ausschöpfungssatz, 453

Banachraum, 394
Basis, 293
Basisauswahlsatz, 296
Basisdarstellung, 293

Basisergänzungssatz, 295
Basiswechsel, 311
Bedingungen
    äquivalente, 78
    hinreichende, 78
    notwendige, 78
Bernoullische Ungleichung, 21
beschränkte Menge, 24, 387
beste Approximation, 359
Betrag, 17
Betrag einer komplexen Zahl, 116
Bewegungsgruppe, 368
bijektiv, 57
Bildmenge, 56, 76
Binomialkoeffizient, 91
Binomialreihe, 200
Binomialverteilung, 92
binomischer Lehrsatz, 92
Bogenelement
    skalares, 473
    vektorielles, 475
Bogenlängenparametrisierung, 472
Bogenlänge (Einheitskreis), 67, 471
Boltzmann–Statistik, 90, 439
Bolzano–Weierstraß, 49, 166, 395

$C^\infty$–Funktion, 187, 414
$C^n$–differenzierbar, 186, 414
$C^r$–Abbildung ($0 \leq r \leq \infty$), 414
$C^r$–Diffeomorphismus, 426
$C^r$–Kurvenstück, 469
Cantorsches Diagonalverfahren, 26
Cauchy–Folge, 49, 148, 394
Cauchy–Formeln, 548
Cauchy–Kriterium, 49, 150
Cauchy–Produkt, 156
Cauchy–Schwarz, 128, 355
Cauchysche Integralformel, 547
Cauchyscher Integralsatz, 545
Cavalierisches Prinzip, 228
charakteristische Funktion, 215, 440
charakteristische Gleichung, 212
charakteristisches Polynom, 346
    eines Operators, 347

# Index

Cosinus hyperbolicus, 209
Cramersche Regel, 108, 336

de Morgansche Regeln, 75, 79
Definitionsbereich, 56
Determinante, 331
   $2 \times 2$, 108, 327
   einer linearen Abbildung, 335
Determinantenform, 330
Dezimalbruchentwicklung, 44
diagonalähnliche Matrix, 343
diagonalisierbare Matrix, 343
diagonalisierbarer Operator, 348
dichte Teilmenge, 393
Diffeomorphismus, 426
Differential, 416
Differentialgleichung, 266
   exakte, 485
   Existenz- und Eindeut.satz, 278
   lineare homogene 1. Ordng., 267
   lineare inhomogene 1. Ordng., 269
   separierte, 273
   Wegweiser, 281
Differenz von Mengen, 74
differenzierbare Abbildung, 405
Differenzierbarkeit
   $\mathbf{f} : \mathbb{R}^n \supset \Omega \to \mathbb{R}^m$, 405
   $f : I \to \mathbb{R}$, 175
   der Umkehrfunktion, 183
   komplexe, 532
   stetige, 186
   totale, 411
Dimension
   einer Lösungsmannigfaltigkeit, 431
   eines Vektorraums, 294
Dimensionsformel, 299
Dirichlet-Funktion, 164
Divergenz, 489
   von Reihen, 139
Division mit Rest (Polynome), 63
Doppelreihe, 154
Drehspiegelung, 366
Drehstreckung, 117
Drehung, 365
   ebene, 122
Dreiecksungleichung, 18, 110, 117, 129, 355, 386
   nach unten, 18, 147, 386
Dreifingerregel, 130
Dreifolgensatz, 40
Durchschnitt
   beliebig vieler Mengen, 78
   zweier Mengen, 74

Ebene, 125, 136, 286
Eigenraum, 344
Eigenvektor
   eines Operators, 344
Eigenwert
   eines Operators, 344
eindeutige Lösbarkeit, 314
   von Anfangswertproblemen, 274
Eindringtiefe, 83
einfach umlaufende Wege, 516
einfaches Gebiet, 481
einfaches Umlaufen eines Punktes, 546
Einheitskreis, 67
Einheitsnormalenfeld, 500
   äußeres, 517
Einheitswurzeln, 120
Elementarereignis, 86
Elimination, 108, 317
Ellipsoid, 380
Entkopplung, 342, 351, 385
Entwicklung nach ONB, 137, 358
Ereignis, 81, 82
Erzeugendensystem, 289
euklidische Ebene, 98
Euklidischer Algorithmus, 65
Eulersche Gl. der Hydrodynamik, 529
Eulersche Zahl e, 53
exakte Differentialgleichung, 485
explizit, 276, 429
Exponentialansatz, 212, 213
Exponentialfunktion
   komplexe, 118, 196
   reelle, 52
Exponentialgesetz, 54, 196
Exponentialreihe, 156, 195
Extrema
   lokale, 422
   lokale unter Nebenbed., 436

Fakultät, 22, 197

fast überall, 216, 441
Flächen zweiter Ordnung, 380
Flächeninhalt
    einer Flächenparametrisierung, 494
    eines Flächenstücks, 495
Flächenparametrisierung, 491
Flächenstück, 492
    orientiertes, 499
Folge, 32
Folgenraum, 285
Freiheitsgrad, 320, 431
Fundamentalsatz der Algebra, 112, 120
Fundamentalsystem, 207
Funktion, 55
    analytische, 543
    beschränkte, 248
    gerade, 70
    holomorphe, 533
    rationale, 63
    ungerade, 70
    zusammengesetzte, 60
Funktional, lineares, 297

Galilei Gruppe, 371
Gamma-Funktion, 264
ganz-transzendent, 563
ganze Funktion, 551
Gaußsche Normalgleichungen, 326, 381
Gaußscher Integralsatz, 522
Gaußsches Gebiet, 521
Gebiet, 404
    einfaches, 481
    sternförmiges, 480
gekoppelte Pendel, 342
gekoppelte Systeme
    $\dot{x} = Ax$, 352
    von Massenpunkten, 383
geometrische Reihe, 140, 149
geometrische Summenformel, 23
gerade Funktion, 70
geschlossener Ausdruck, 244
Geschwindigkeit, 173
Gleichheit von Mengen, 74
gleichmäßige Konvergenz, 248
    von Potenzreihen, 251
    von Reihen, 250

gleichmäßige Stetigkeit, 171, 402
gleichmäßiger Abstand von Fkt., 218
gleichorientiert, 499
Gleichungssystem, lineares, 313
Gleichungssysteme (2 × 2), 108
gliedweise Differentiation, 254
gliedweise Integration, 253
größter gemeinsamer Teiler, 64
Grad eines Polynoms, 62
Gradient, 416
Gradientenlinie, 435
Gram-Schmidtsches Verfahren, 360
Gramsche Determinante, 340, 496
Gramsche Matrix, 340
Graph, 55, 424
Graßmannscher Entwicklungssatz, 133
Greensche Formeln, 524
Grenzwert
    einer Folge, 38, 146, 388
    einer Funktion, 157
    einer komplexen Funktion, 531
Grenzwertsatz von Moivre-Laplace, 95
Grundformeln Funktionentheorie, 538
Gruppe
    orthogonale, 367
    speziell orthogonale, 367
    unitäre, 367
    von Transformationen, 367
Gruppe von Abbildungen, 367
gültige Stellen, 46
gutberandete Mengen, 462

Halbwinkelformel, 70
harmonische Reihe, 141
Hauptachsendarstellung, 378
Hauptachsentransformation, 378
    simultane, 384
Hauptsatz der Differential-
    und Integralrechnung, 226
Hauptteil der Laurent-Reihe, 556
Heaviside-Funktion, 158
Heine-Borelscher Überdeckungssatz, 397
Hesse-Matrix, 421
Hessesche Normalform, 137
Hilbertscher Folgenraum, 354
hinreichende Bedingungen, 438

# Index

höhere Ableitungen, 185
holomorph, 533
homogene Gleichung $Lx = 0$, 314
homolog in $\Omega$, 547
Homologie geschlossener Wege, 547
de l'Hospitalsche Regel, 193
Hyperbelfunktionen, 209
    cosh, sinh, 209

Identität, 297
Imaginärteil, 116
implizite Funktion, 429
Induktionsbeweis, 19, 21
Infimum, 28
Inhalt gutberandeter kompakter Mengen, 462
inhomogene Gleichung $Lx = b$, 314
injektiv, 57
innerer Punkt, 392
Inneres einer Menge, 392
Inneres eines geschlossenen Weges, 546
inneres Produkt, 353
Integrabilitätsbedingungen, 481
Integral, Integrierbarkeit
    über $[a, b]$, 220
    über kompakte Mengen, 462
    über kompakte Quader, 444
    über offene Mengen, 450
    uneigentlich, 258
    von Treppenfunktionen, 217, 442
Integralsatz
    von Gauß, 522
Integralsatz von Stokes
    für die Kreisscheibe, 515
    für Pflaster im $\mathbb{R}^3$, 508
    für Pflasterketten, 512
    für Rechtecke, 503
integrierender Faktor, 486
Interpolationsproblem, 322
Intervall, 23
    $n$-dimensionales, 440
    kompaktes, 24
Intervallschachtelung, 43
invariante Teilräume, 376
invertierbarer Operator, 309
Irrtumswahrscheinlichkeit, 94

Isometrie, 362

Jacobimatrix, 407

$\mathbb{K}$–Vektorraum, 287
kanonische Basis, 293
kartesisches Koordinatensystem, 102
kartesisches Produkt, 85, 405
Kegelschnitt, 380
Keplersche Faßregel, 324
Kern einer linearen Abbildung, 299
Kettenregel
    für $C^1$-Wege, 417
    für $\mathbf{f} : \mathbb{R}^n \to \mathbb{R}^m$, 412
    für $f : \mathbb{R}^n \to \mathbb{R}$, 417
    gewöhnl. Differentialrechnung, 179
kleinste Quadrate, 325
Koeffizientenvergleich, 61, 204
Körper, 15
kompakte Mengen, 396
Komplement, 75
komplex differenzierbar, 532
komplexe Zahlen, 113, 115
komplexer Ansatz für die Schwingungsgleichung, 211
konjugiert komplex, 116
Kontinuitätsgleichung, 526
Konvergenz
    gleichmäßige, 248
    in normierten Räumen, 388
    kompakte, 541
    punktweise, 248
    von Folgen, 47
    von komplexen Folgen, 146
    von Reihen, 139
Konvergenzradius, 202
Koordinatenlinien, 491
Koordinatensystem, kartesisches, 102
Koordinatentransformation, 311
Koordinatenvektor, 104, 124, 293
Kosinus, 68, 550
Kosinusreihe, 195
Kotangens, 71, 559
Kräfteparallelogramm, 98, 99
Kreuzprodukt, 131
kritischer Punkt, 422

Kugelkoordinaten, 465, 496
kugelsymmetrische Potentiale, 465
Kurve
  geschlossene, 476
  orientierte in $\mathbb{C}$, 536
  reguläre, 468
  Spur, 468
  stückweis glatte, 476
Kurvenintegral
  komplexes, 536
  skalares, 473
  vektorielles, 475, 476
Kurvenkette, 472
Kurvenstück, 469

Länge
  einer Kurve, 472, 536
  eines Kurvenstücks, 470
längentreue Abbildungen, 368
Lagrange–Multiplikatoren, 436
Lagrange–Polynom, 323
Laplaceoperator, 489
Laplacescher Entwicklungssatz, 331
Laurent–Reihe, 556
Legendrepolynome, 361
Leibniz–Kriterium, 145
Leibniz–Regel, 185
Leibniz–Reihe, 145
Leibnizsche Sektorformel, 478
linear abhängig, 109, 125, 290
linear unabhängig, 109, 125, 290
linear unabhängige Menge, 291
lineare Abbildung, 283, 297
lineare Gleichung, 314
lineare Hülle, 289
linearer Operator, 297
Linearform, 297
Linearkombination, 135, 289
linksseitiger Grenzwert, 157
Lösungsmannigfaltigkeit, 430
Logarithmus
  dekadischer, 60
  Hauptzweig, 540
  komplexer, 540
  reeller, 58
  Zweig, 540

Logarithmusreihe, 197
lokal integrierbar, 258
lokale Extrema unter Nebenbedingungen, 436
lokale Umkehrbarkeit, 427
lokales Extremum, 422
lokales Maximum, 181, 191, 422
lokales Minimum, 181, 191, 422

Münzwurf, 79
Majorante, 151
Majorantenkriterium, 144, 150, 250
  für Integrale, 260, 452
Matrix
  adjungierte, 362
  diagonalähnliche, 343
  diagonalisierbare, 343
  einer linearen Abbildung, 302
  hermitesche, 376
  invertierbare, 310
  orthogonale, 363
  positive, 381
  reguläre, 310
  symmetrische, 376
  transponierte, 334
  unitäre, 363
Matrix–Vektor–Multiplikation, 305
Matrixgruppen, 367
Matrizenmultiplikation, 306
Matrizenrechnung, 305
maximale Lösung, 274
Maximum einer Menge, 25
Maximum, lokales, 181, 191, 422
Mengenalgebra, 75
Mengenmodell, 80
Merkmalraum, 82
Minimum einer Menge, 25
Minimum, lokales, 181, 191, 422
Mittelwertsatz, 182
  für $C^1(\Omega)$, 421
  verallgemeinerter, 183
momentaner Drehvektor, 369
monotone Folge, 47
monotone Funktion, 58
Monotoniekriterium, 47, 143
Multilinearform, 329

# Index

Multiplikationssatz für Determinanten, 334

$n$-Form, 329
nichtorientierter Winkel, 111
Niveaufläche, 436
Niveaulinie, 434
Niveaumenge, 434
Norm, 109, 127, 355, 386
Normale, 136
normierter Raum, 386
Nullfolge, 33
Nullhypothese, 93
Nullmenge, 461
Nulloperator, 297
Nullstelle
    $k$-fache, 64
    $k$-ter Ordnung, 544
    Ordnung, 121
    von Polynomen, 64
nullteilerfrei, 309

o.B.d.A., 168
Oberflächenelement, 495
    vektorielles, 501
Oberflächenintegral
    skalares, 498
    vektorielles, 501
offene Menge, 389
ONB, 137, 357
ONS, 135, 357
Operator
    linearer, 297
    positiver definiter, 381
    symmetrischer, 374
Ordnung der reellen Zahlen, 15
Ordnung einer Nullstelle, 64, 121, 544
Ordnung eines Pols, 561
Orientierung
    eines Flächenstückes, 499
    eines Vektorraums, 341
    und Determinante, 341
    von Kurvenstücken, 476
orientierungstreuer Operator, 341
orthogonal, 130, 356
orthogonale Projektion, 128, 135, 359

orthogonales Komplement, 356
Orthonormalbasis, 137, 357
Orthonormalisierungsverfahren, 360
Orthonormalsystem, 135, 357
Ortsvektor, 106, 124

Parallelenaxiom, 101
Parallelflach, 338
Parallelogrammgleichung, 130, 362
    für quadratische Formen, 373
Parallelotop, 338
Parameterdarstellung
    Ebene, 125
    Gerade, 106, 125
Parameterintegrale, 415, 445, 454
    mit stetigen Grenzen, 455
Parametertransformation, 469, 493
Parametrisierung
    Bogenlänge, 472
    durch die Bogenlänge, 472
    negative von Flächen, 500
    positive von Flächen, 500
    positive von Kurven, 476
    von Flächenstücken, 492
    von Kurvenstücken, 469
Parsevalsche Gleichung, 358
Partialbruchzerlegung, 237
Partialsumme, 139
partielle Ableitung, 407
partielle Integration, 229, 263
Pascal–Dreieck, 92
Permutation, 87
Pflaster
    dreidimensionales, 519
    ebenes, 513
    zweidimensionales, 506
Pflasterketten, 511
Pflasterparametrisierung, 506
$\pi$–Reihendarstellung, 200
Pol, 555
Polardarstellung, 110, 117, 119
Polarisierungsgleichung
    für lineare Operatoren, 373
    für quadratische Formen, 373
    für Skalarprodukte, 130, 362
Polstelle, 555

Polynome
    ggT, 64
    Primfaktorzerlegung, 122
    reelle, 61
positiv definit
    Operator, 381
    quadratische Form, 372
positiv orientiert
    Basis, 341
    Dreibein, 130
    ONS im $\mathbb{R}^3$, 136
positive Flächenparametrisierung, 500
positive Matrix, 381
positiver Operator, 381
Potential
    eines Vektorfeldes, 479
    kugelsymmetrisches, 465
Potenz
    rationale, 42
    reelle, 60
Potenzreihe, 201
Potenzreihenansatz, 210, 214
Primfaktorzerlegung, 122
Produktregel, 178
Produktregel im $\mathbb{R}^n$, 413, 417
Projektion
    orthogonale, 128, 135, 359
Punkte und Vektoren, 105

Quader, $n$-dimensionaler, 440
Quaderzerlegung offener Mengen, 449
quadratische Form, 372
    positiv definite, 372
quadratische Gleichung in $\mathbb{C}$, 119
Quotientenregel, 180
Quotientenregel im $\mathbb{R}^n$, 413, 417

Rand einer Menge, 392
Randpunkt, 392
Rang einer linearen Abbildung, 299
Rang einer Matrix, 315
Rasterung, 441
rationale Funktion, 63
Raumwinkel, 523
Rayleigh–Prinzip, 379
Realteil, 115

Rechnen mit Grenzwerten, 40, 146, 388
Rechnen mit Nullfolgen, 37
rechtsseitiger Grenzwert, 157
reelle Zahlen, 13
Regelintegral, 219
reguläre Kurve, 468
Reihe, 139
Reihe mit komplexen Gliedern, 148
relative Häufigkeiten, 84
Residuensatz, 565
Residuum, 563
Richtungsableitung, 418
Rotation, 489
Rotationsfläche, 492
rotationsfrei, 482

Sattelpunkt, 425
Satz
    von Bolzano–Weierstraß, 395
    von Casorati–Weierstraß, 563
    von Liouville, 551
    von Morera, 552
    von Picard, 563
    von Riemann, 560
    von Rolle, 182
    von Taylor, 187, 421
Satz über implizite Funktionen, 429
Satz vom Maximum, 167, 401
Schranke, 24
    obere, 24
    untere, 24
Schrankensatz, 419
Schwingungsgleichung, 206
separierte Differentialgleichung, 273
Simpson–Regel, 324
Singularität
    hebbare, 554
    isolierte, 554
Sinus, 69, 550
Sinus hyperbolicus, 209
Sinusreihe, 195
Skalarprodukt
    allgemeines, 353
    im $\mathbb{R}^n$, 126
Skalarproduktraum, 353
Spaltenrang, 315

# Index

Spatprodukt, 138
Sphäre, 496
Spiegelung im $\mathbb{R}^3$, 349
Spiegelung, ebene, 123
Spur einer Kurve, 417, 468, 477
Spur einer Matrix, 346
Stammfunktion, 225, 479
Stammfunktion im Komplexen, 539
Standardbasis, 293
stationärer Punkt, 422
Stellen, gültige, 46
sternförmiges Gebiet, 480
stetig differenzierbar, 186, 414
Stetigkeit
    der Umkehrfunktion, 170
    einer reellen Funktion, 163
    in normierten Räumen, 398
Stichprobe, 81
Stichprobenraum, 82
Stirlingsche Formel, 197
Stokesscher Integralsatz, 508, 512
streng monoton, 58
stückweis glatte Kurve, 476
stückweis glatter Weg, 476
stückweis stetig, 223
Substitutionsregel, 232, 261
sukzessive Integration, 446, 456, 458
Supremum, 28
    zweier Funktionen, 165
Supremumsaxiom, 28
Supremumsnorm, 218, 247
surjektiv, 57
symmetrische Matrix, 376
symmetrischer Operator, 374

Tangens, 71
Tangente, 175
Tangentenvektor, 417
Tangentenvektoren bei Flächen, 491
Tangentialebene, 500
Tangentialraum, 500
Taylor, Satz von, 187
Taylorpolynom, 187
Taylorreihe, 195
Teilbarkeit, 15
Teilbarkeit von Polynomen, 64

teilerfremde Polynome, 65
Teilfolge, 33
Teilmenge, 74
    dichte, 393
Teilraum, 287
Testen von Hypothesen, 93
Torus, 492, 507, 508
Trägheitsellipsoid, 371
Trägheitstensor, 371
Transformationsmatrix, 312
Transformationssatz für Integrale, 463
Transitivität, 15
Translation, 99
transponierte Matrix, 326, 332, 334
Treppenfunktion, 215, 441
Treppenfunktion auf $I$, 215
Trichotomie, 15
triviale Lösung, 268, 283

Überabzählbarkeit von $\mathbb{R}$, 46
überwiegende Hauptdiagonale, 382
Umgebung, 404
Umkehrabbildung, 57
    einer linearen Abbildung, 310
Umkehrbarkeit, lokale, 427
Umkehrsatz für $C^r$-Abbildungen, 427
Umordnungssatz
    für Reihen, 154
    großer für Doppelreihen, 155
Umparametrisierung, 476
unbestimmtes Integral, 225
uneigentliches Integral, 257, 259
unendlichdimensional, 294
ungerade Funktion, 70
Ungleichungen für Reihen, 151
unitäre Abbildung, 362
unitäre Gruppe, 367
universelle Lösbarkeit, 315
Unterraum, 287
Urbildmenge, 76

Variation der Konstanten, 269
Vektor, 98, 284
    im $\mathbb{R}^2$, 105
    im $\mathbb{R}^n$, 125

Vektorfeld, 474
    ebenes, 514
    exaktes, 478
    konservatives, 478
    rotationsfreies, 482
Vektorpotential, 490
Vektorprodukt, 131
Vektorraum, 284
Venn–Diagramme, 74
verallgemeinerter Mittelwertsatz, 183
Vereinigung
    beliebig vieler Mengen, 78
    zweier Mengen, 74
Vergleichskriterium, 36
Vertauschbarkeit
    der Integrationsreihenfolge, 458
    der Summationsreihenfolge, 155
    partieller Ableitungen, 415
    von Differentiation und Grenzübergang, 254
    von Limes und Integral, 253
Vielfachheit
    algebraische, 64, 121, 348
    geometrische, 348
Vietasche Wurzelsätze, 121
vollständige Induktion, 19, 21
Vollständigkeit
    in normierten Räumen, 394
    von $\mathbb{C}$, 148
    von $\mathbb{R}$, 28, 49
    von $\mathbb{R}^n$, 394
Volumen
    $n$–dimensionales, 460
    eines Quaders, 440
    und Determinante, 339
    von Parallelflachen, 338, 460
    von Rotationskörpern, 448
    zwischen zwei Graphen, 461

Wahrscheinlichkeit, 82
Wahrscheinlichkeiten
    Addition von, 85
    Produkt von, 85
Wahrscheinlichkeitsmaß, 82
Wahrscheinlichkeitsraum
    endlicher, 82
    Laplacescher, 86
Weg, 402, 417, 536
    einfach gelagerter, 545
    stückweis glatter, 476
Wege, aneinandergesetzte, 403
Wegintegral
    skalares, 473
    vektorielles, 475, 476
wegzusammenhängende Menge, 403
Weierstraßscher Approx.satz, 252
Wertevorrat, 56
wesentliche Singularität, 555
Winkel
    im $\mathbb{R}^n$, 129
    im Bogenmaß, 67
    nichtorientierter, 67, 111, 129
    orientierter, 110, 111
winkeltreu, 362
Wronski–Determinante, 207
Wurzel, $m$–te, 42

Zahl, komplexe, 112, 113
Zahlenebene, 115
Zahlenfolge, 32
Zahlengerade, 13
Zeilenmatrix, 304
Zeilenrang, 315
Zeilenstufenform, 317
Zielmenge, 56
Zufallsexperiment, 81
Zusammenhang, 403
Zustand, 209
Zustandsgleichung, 428
Zustandsvektor, 207, 209
zwiebelweise Integration, 498
Zwischenwertsatz, 168
Zykloide, 468